Cadence 高速PCB设计实战攻略（配视频教程）

◎李 增 林超文 蒋修国 编著

電子工業出版社
Publishing House of Electronics Industry
北京 · BEIJING

内 容 简 介

本书是由长期在业界著名设计公司从事第一线的高速电路设计开发工程师编写的，书内融合了作者工作十多年以来接触并熟练使用 Cadence 相关 EDA 工具的经验、体会和心得。本书力求用工程师能够听懂的语言进行知识点讲解，用最为简洁的操作，让读者在短时间内快速、彻底掌握 Cadence 的使用技巧。

本书立足实践，结合实际工作中的案例，并加以辅助分析。在 PCB 设计领域，真正的高手能够将 PCB 设计做成一件艺术品。那么高手们是如何锻炼而成的呢？一方面需要自己的勤奋实践，俗话说得好，高手们都是用大量的 PCB 设计“堆”出来的；另一方面更需要有“武功秘籍”。希望本书能成为高手们手中的一本秘籍。

本书可作为在校电子类的大学生、Layout 工程师、电子工程师、硬件工程师、EMC/SI/PI 工程师、信号仿真工程师，以及有志于从事电子电路 PCB 设计的开发人员的参考书。

图书在版编目（CIP）数据

Cadence 高速 PCB 设计实战攻略/李增，林超文，蒋修国编著. —北京：电子工业出版社，2016.6
（EDA 设计智汇馆高手速成系列）
配视频教程

ISBN 978-7-121-28502-8

Ⅰ. ①C… Ⅱ. ①李… ②林… ③蒋… Ⅲ. ①印刷电路－计算机辅助设计 Ⅳ. ①TN410.2

中国版本图书馆 CIP 数据核字（2016）第 066165 号

策划编辑：王敬栋
责任编辑：底 波
印　　刷：北京盛通数码印刷有限公司
装　　订：北京盛通数码印刷有限公司
出版发行：电子工业出版社
　　　　　北京市海淀区万寿路 173 信箱　邮编 100036
开　　本：787×1 092　1/16　印张：41.5　字数：1062 千字
版　　次：2016 年 6 月第 1 版
印　　次：2024 年 8 月第 16 次印刷
定　　价：99.00 元（含光盘1张）

凡所购买电子工业出版社图书有缺损问题，请向购买书店调换。若书店售缺，请与本社发行部联系，联系及邮购电话：(010)88254888，88258888。

质量投诉请发邮件至 zlts@phei.com.cn，盗版侵权举报请发邮件至 dbqq@phei.com.cn。

本书咨询联系方式：wangjd@phei.com.cn。

作者介绍

第一作者：李增（中间）

深圳某外企公司研发部经理。有深厚的模拟电路和数字电路及程序设计功底，一直从事电子类的产品设计开发工作，曾经任职 Layout 工程师、电子工程师、高级硬件工程师等职务。热爱开发工作，擅长模拟电路和高速数字电路的相关设计工作，曾多次带领团队独立完成开发项目，并成功上市商用。在长期的开发中积累了较多的经验及快速电子类产品开发的精悍流程和开发技巧。熟悉 Allegro、OrCAD、Sigrity、PADS、AD、Multisim、ADS 等 EDA 工具，通过长期不懈地学习、探索与总结，已初步形成了一套基于高速 PCB 设计的实践经验及理论。

第二作者：林超文（右一）

深圳市英达维诺电路科技有限公司创始人兼技术总监；EDA365 论坛荣誉版主，目前负责 EDA365 论坛 PADS 版块的管理与维护；EDA 设计智汇馆金牌讲师；曾任职兴森科技 CAD 事业部二部经理，十余年高速 PCB 设计与 EDA 培训经验；长期专注于军用和民用产品的 PCB 设计及培训工作，具备丰富的 PCB 设计实践和工程经验，擅长航空电子类、医疗工控类、数码电子类的产品设计，曾在北京、上海、深圳等地主讲多场关于高速 PCB 设计方法和印制板设计技术的公益培训和讲座。其系列书籍被业内人士评为“PCB 设计师成长之路实战经典”、“高速 PCB 设计的宝典”。

第三作者：蒋修国（左一）

信号完整性和电源完整性资深工程师，现任深圳大型设备公司高速互连实验室负责人。多年高速互连电路仿真设计经验，熟悉大型服务器、交换机、高速背板以及测试夹具硬件设计，对高速互连的有源和无源仿真设计都有非常深入的研究，尤其擅长高速数字电路的设计以及问题的解决。信号完整性（SI_PI_EMC）微信公众号管理员。

前　言

PCB 设计是电子工程师、硬件工程师、EMC/SI/PI 工程师、信号仿真工程师等的基本功，无论何种电路设计或仿真分析最后都要通过 PCB 电路板进行互连实现。随着电子产品功能的日益复杂和性能的不断提高，PCB 设计的密度及其相关器件的频率都在不断攀升，加之 HDI（高密度互连）加工工艺及高密度小型的器件封装技术的发展给今天的 PCB 设计带来了更为严肃的挑战。为了高可靠、短时间内完成 PCB 设计工作，就需要一款高性能的 EDA 软件，Cadence 当之无愧地成为首选，一直以来受到了广大工程师的青睐和推崇。

Cadence 是一款强大的电子设计系统软件，它涵盖了电子设计的整个流程，包括原理图设计、PCB 板图绘制、布线封装、仿真和信号分析等都可以通过此软件来实现。本书选取了当前使用最广泛的原理图 OrCAD Capture CIS 和 Allegro 系统互连设计平台作为案例，对板级系统互连做重点讲解。

从板级电路设计来看，电路设计的主要流程概括起来分为 3 个阶段，即原理图设计阶段、PCB 设计阶段和生产文件输出阶段。

原理图设计阶段，主要的工作有原理图的绘制、原理图元件库的制作、DRC 错误的检查、网络表的输出等。使用的工具主要为 OrCAD Capture CIS，其本身为原理图设计软件，提供了原理图的输入与分析的环境，能够真正完成工程的同步设计，并且与 Allegro 高度集成，无论从此原理图输入软件导出到 PCB 设计软件，还是从 PCB 设计软件反标回来都是非常方便的。

PCB 设计阶段，主要工作有元件封装的制作、网络表的导入、板框的绘制、Constraint Manager 约束规则的设置、元件的布局、元件的布线、层叠的设置、阻抗的计算模板应用、电源和地平面的处理、测试点、MARK 点、丝印处理、HDI 高密度芯片、高速内存 DDR 设计等。使用的工具为 Allegro PCB Editor 、Allegro PCB SI 等。PCB 设计阶段是最耗费时间的阶段，也是最重要的阶段，工作量最大的是布局、布线、仿真等步骤。硬件工程师在此阶段应对原理图中各自电路模块的功能做详细了解，掌握芯片的电源需求，熟悉芯片的功能；能够做好电源功率的分配，并且分清楚电路中各个模块的作用，以便于在布局中对电路分区域、分模块来布置。能够对电路的关键信号 USB、LVDS、HDMI、PCI - E、DDR 有一定的认识；能够从原理图中来区分这些常见的接口电路；对拥有这些接口电路的芯片有一定的时序概念。高速 PCB 设计中要求工程师对信号完整性和电源完整性有研究，能够计算阻抗、分析微带线和带状线布线规划；能够利用 Allegro PCB SI 的工具对布局和布线进行约束评估，可以基于 IBIS 或 DML 模型建立及提取电路模型，设置激励源进行仿真分析，通过分析来建立起布线约束。

生产文件输出阶段，主要的工作有元件标号丝印的处理、钻孔文件的输出、Artwork 光绘文件的生成、BOM 表的处理等。生产文件输出阶段主要使用工具为 Allegro PCB Editor。

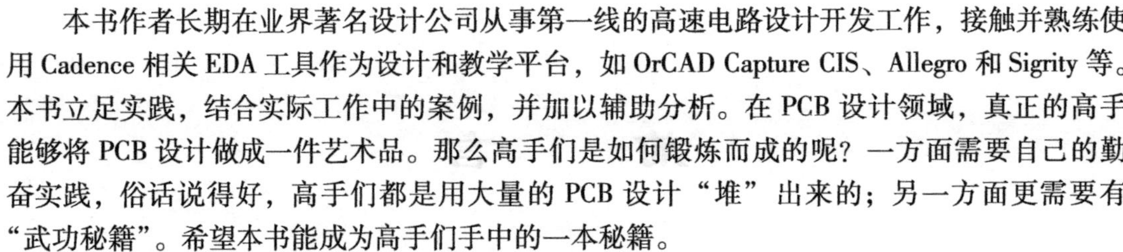

本书作者长期在业界著名设计公司从事第一线的高速电路设计开发工作，接触并熟练使用 Cadence 相关 EDA 工具作为设计和教学平台，如 OrCAD Capture CIS、Allegro 和 Sigrity 等。本书立足实践，结合实际工作中的案例，并加以辅助分析。在 PCB 设计领域，真正的高手能够将 PCB 设计做成一件艺术品。那么高手们是如何锻炼而成的呢？一方面需要自己的勤奋实践，俗话说得好，高手们都是用大量的 PCB 设计“堆”出来的；另一方面更需要有“武功秘籍”。希望本书能成为高手们手中的一本秘籍。

全书共有 20 章，各章的内容介绍如下。

第 1 章介绍了原理图 OrCAD Capture CIS 工具的使用，主要内容有新建工程，库文件的使用，修改元件属性，元件互连，浏览工程及搜索，元件的基本操作，创建新元件库，元件增加封装，原理图编号，DRC 检查，创建 BOM 清单等。因篇幅所限，本章的内容采用简述的方式进行。

第 2 章介绍了 Cadence 的板级电路设计的主体流程，即原理图设计阶段、PCB 设计阶段和生产文件输出阶段。介绍了 Allegro PCB 设计流程和各阶段的设计内容。

第 3 章介绍了 Allegro PCB Editor 的工作界面和基本功能，主要内容有 Design Parameters 界面介绍，栅格点设置，Groups、Classes 和 SubClasses，层面显示控制和颜色设置，常用组件，脚本录制，用户参数及变量设置，Script 脚本做成快捷键，常用键盘命令，文件类型等。

第 4 章介绍了焊盘知识及制作办法，主要内容有元件知识，元件开发工具，元件制作和调用流程，PCB 的正片和负片，焊盘结构，焊盘的命名规则，通孔焊盘，表贴焊盘，Flash Symbol，元件引脚尺寸和焊盘尺寸的关系等。并给出了 4 个实例：安装孔、自定义表贴焊盘、空心焊盘、不规则带通孔焊盘。这 4 种焊盘可以涵盖所有常见的焊盘类型，读者可以参考这 4 种焊盘制作的流程，制作出实际工程中的常见焊盘。

第 5 章介绍了元件封装命令及封装制作，主要内容有各种元件的命名方法，元件库命名方法，利用向导制作元件封装。并给出 6 个实例来说明不同类型的元件制作办法，读者可以参考这 6 个实例，制作出工程中所需要的元件封装库。

第 6 章介绍了电路板的创建和设置，主要内容有电路板的组成要素，使用向导创建电路板，手动创建电路板，导入板框，板框倒角，设置允许布线和摆放区域，创建和添加安装孔，尺寸标注，设置叠层等。

第 7 章讲解了 Netlist 网络表解读及导入，主要内容有网络表的作用，Allegro 网络表的导出及解读，Other 网络表的导出及解读，Device 文件解读，元件库的路径加载设置，Allegro 和 Other 网络表的导入，网络表导入常见错误及解决办法等。

第 8 章讲解了 PCB 板的叠层和阻抗，主要内容有 PCB 叠层的构成，层数的确定，叠层的设置，常用的叠层结构，电路板特性阻抗，阻抗的计算，厂商的叠层和阻抗模板的使用，Polar SI9000 阻抗计算等。

第 9 章讲解了电路板的布局，主要内容有 PCB 布局的要求，布局的一般原则，布局的准备工作，手工布局摆放的相关窗口及功能，手工元件摆放的命令，Capture 和 Allegro 的交互布局，导出元件库，更新元件，元件布局导出和导入，焊盘的更新、替换、编辑，阵列过孔的使用，模块复用等。

第 10 章讲解了 Constraint Manager 约束管理器，主要内容有约束管理器的相关知识介绍，各种约束规则的检查开关设置，默认和新建物理约束、过孔约束、间距约束、同网络间距约束、NET CLASS 的相关约束、区域约束、DRC、电气布线约束及应用等。其中对高速走线中经常用到的拓扑约束、最大/最小线延迟和线长约束、总线长约束、差分线约束、相对等长约束等都做了详细的实例讲解。

第 11 章讲解了电路板布线，主要内容有布线的基本原则，布线的规划，布线常用命令及功能，差分线的注意事项，布线群组的注意事项，布线高级命令及功能，布线优化 Gloss，布线时钟要求，布线 USB 接口设计建议、HDMI 接口设计建议、NAND Flash 设计建议等。

第 12 章讲解了电源和地平面处理，主要内容有电源和地平面处理的意义和基本原则，内层铺铜与分割，铜皮挖空与增加网络、删除孤岛、合并铜皮、设置铜皮的属性等。

第 13 章讲解了制作和添加测试点与 MARK 点，主要内容有测试点的要求，测试点的制作，自动添加测试点，手动添加测试点，设置加入测试点的属性、MARK 点制作规范、MARK 点制作与放置等。

第 14 章讲解了元件重新编号和反标，主要内容有部分元件重新编号，整体元件重新编号，用 PCB 文件反标，用 Allegro 网络表同步等。

第 15 章讲解了丝印信息处理和 BMP 文件导入，主要内容有丝印的基本要求，字号参数调整，丝印的相关层，手工修改元件编号，Auto Silkscreen 生成丝印，手工调整和添加丝印，丝印导入相关处理等。

第 16 章讲解了 DRC 错误检查，主要内容有 Display Status 窗口的使用技巧，DRC 错误排除，报告检查，常见的 DRC 错误代码等。

第 17 章讲解了 Gerber 光绘文件输出，主要内容有 Gerber 文件格式说明，输出前的准备，生成钻孔数据，Artwork 参数设置，底片操作与设置，光绘文件的输出和其他操作等。

第 18 章讲解了电路板设计中的高级技巧，主要内容有团队合作设计，数据的导入和导出，电路板拼板，设计锁定，无焊盘功能，模型导入和 3D 预览，可装配性检查，跨分割检查，Shape 编辑模式，新增的绘图命令等。

第 19 章讲解了 HDI 高密度板设计应用，主要内容有 HDI 高密度互连技术、通孔、盲孔、埋孔选择，HDI 的分类，HDI 设置及应用，相关的设置和约束，埋入式元件设置，埋入式元件数据输出等。

第 20 章讲解了高速电路 DDR 内存 PCB 设计，主要内容有 DDR 内存相关知识，DDR 的拓扑结构，DDR 的设计要求，DDR 的设计规则，DDR 常见的布局布线办法等。并给出了实例 DDR2 的 PCB 设计（4 片 DDR）和 DDR3 的 PCB 设计（4 片 DDR），均从元件布局、信号分组、建立线宽及线距、拓扑约束、等长设置、走线规划扇出、电源处理、布线等全面介绍了 DDR 的 PCB 设计技巧。

本书内容融合了作者十多年来工作的经验、体会和心得。本书反馈邮箱为 396268890@qq. com，真诚希望能得到来自读者的宝贵意见和建议。同时，为保证学习效果，特开通了本书的读者交流 QQ 群（群号：511682661）。书中部分实例文件和视频教程也可在 QQ 群中下载。

由于日常工作繁忙，本书前期经过大量的准备工作，历经两年时间，期间查阅了大量设计资料，参考和引用了很多同类资料的相关内容和 Cadence 公司的相关技术资料，在此向这些资料的作者和 Cadence 公司致以深深的谢意。在本书编写过程中，还得到了李亚琦工程师的大力支持，在此向他表示衷心的感谢。

高速 PCB 设计领域不断发展，同时作者也在不断学习，由于编写时间紧促和编著者水平有限，不足之处在所难免，敬请广大读者给予批评指正。

作　者

2016 年 1 月于深圳

目　　录

第1章 原理图 OrCAD Capture CIS

1.1 OrCAD Capture CIS 基础使用

程序界面启动 OrCAD Capture CIS 的方法，在开始菜单程序 Programs 中找到 Cadence 目录，选择 OrCAD Capture CIS 即可，如图 1.1 所示。

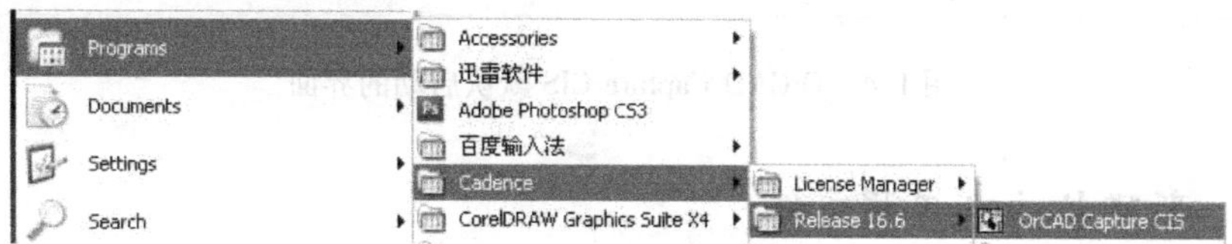

图 1.1 启动 OrCAD Capture CIS

启动后弹出选择对话框，该对话框中有很多程序组件，选择常用的 OrCAD Capture CIS 组件后单击 OK 按钮即可完成软件的启动，如图 1.2 和图 1.3 所示（注意：很多老工程师可能会喜欢使用 OrCAD Capture 这个组件，该组件和 OrCAD Capture CIS 相比只是少了数据库调用和管理方面的功能，其他基本操作都是一致的，因此选择哪个组件请根据读者自己的习惯进行即可）。

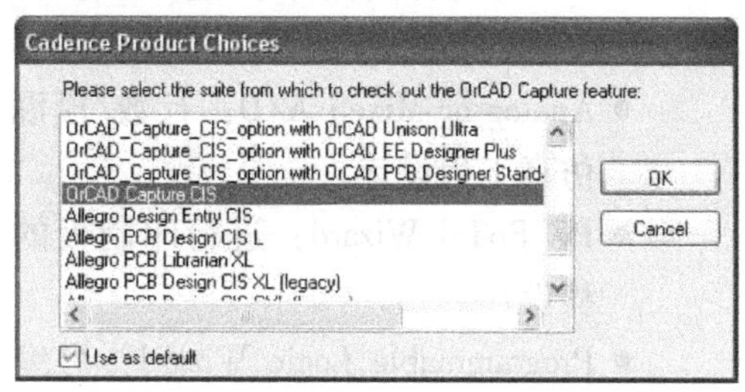

图 1.2 OrCAD Capture

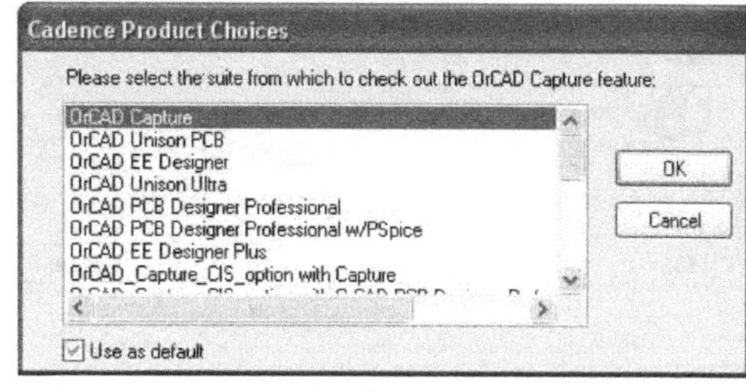

图 1.3 OrCAD Capture CIS

小知识：

若勾选 Use as default 复选项后启动就会默认当前选择中的组件启动，不再出现组件选择对话框。若不勾选 Use as default 复选项下次启动后还会出现组件选择的对话框。

OrCAD Capture CIS 默认启动的界面如图 1.4 所示，上面部分是命令菜单，右侧是快捷命令图标，中间是画图区域，最下面是消息提示窗口。

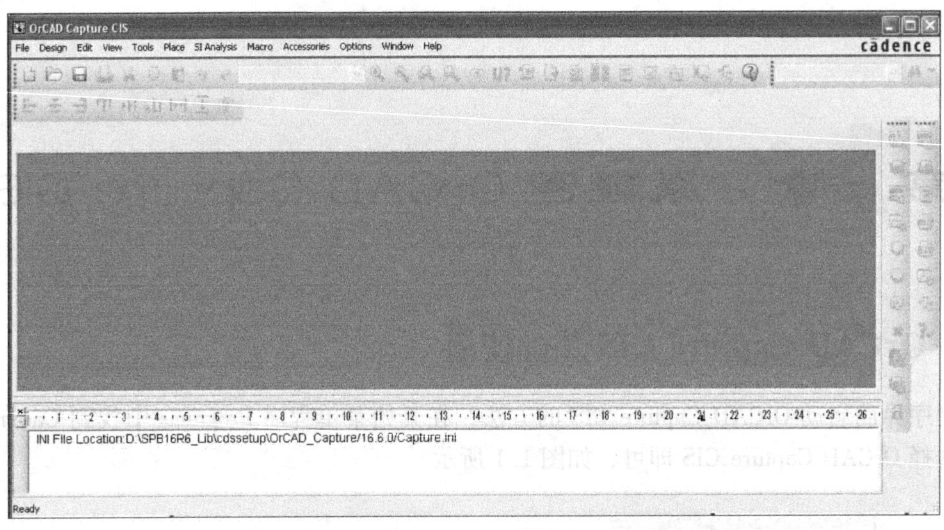

图 1.4　OrCAD Capture CIS 默认启动的界面

1.1.1　新建 Project 工程文件

软件打开之后，这时界面中间的画图区域是空白的，只有最下面的消息窗口显示软件启动载入的信息，右侧的工具栏快捷按钮等都处于灰色不可用状态。现在新建立一个工程 project 01，选择 File 菜单下的 New Project 弹出 New Project 对话框，如图 1.5 所示。

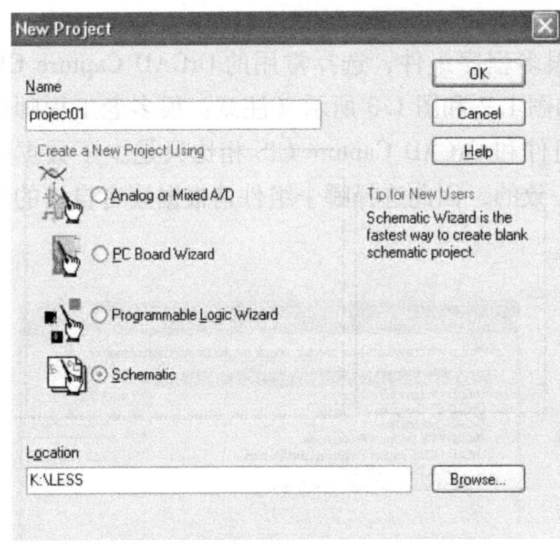

图 1.5　新建一个工程 project 01

（1）界面功能介绍如下。

- Name：项目名字，产生 DSN 文件的工程的名字。
- Analog or Mixed A/D：行数/模混合仿真工程设计。
- PC Board Wizard：进行印制板的工程设计。
- Programmable Logic Wizard：可编程器件的工程设计。
- Schematic：进行原理图的工程设计。
- Location：项目路径。

（2）选择要建立的工程类型。因为我们要用它进行原理图设计，所以选择 Schematic 选项。在 Name 对话框中为你的工程起一个名字，最好由字母及数字组成，不要加其他符号，如空格、#、+等。下面 Location 对话框是工程放置在哪个文件夹，可以单击右边的 Browse 按钮选择位置或在某个位置建立新的文件夹，本例已经事先建立 K:LESS\的文件夹，把工程放在这里。单击右侧的 OK 按钮，工程即新建完成，其界面如图 1.6 所示。

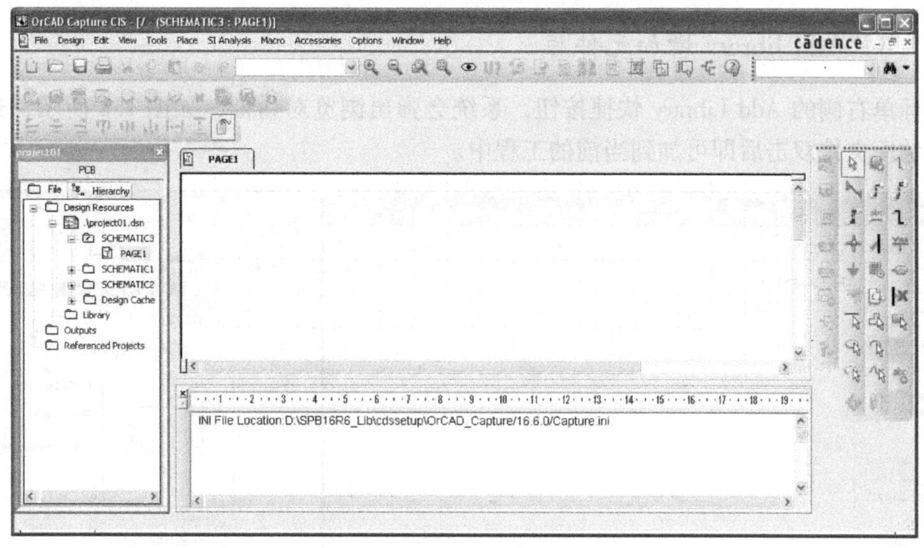

图 1.6　新建工程完成界面

(3) OrCAD Capture CIS 最经典的界面有 4 个主要工作窗口。

① 项目管理窗口：默认左侧是项目管理显示，用来管理与原理图相关的一系列文件，比如增加 Page 或删除 Page，新建立 Schematic 和库文件的新建等操作，这相当于 Windows 的资源管理器。

② Schematic 绘制窗口：默认中间部分是绘制窗口，用来绘制原理图 Page 页面，相当于一张图纸。

③ 消息窗口 Session Log：默认最下面是消息窗口，用于显示相关操作的提示和出错信息。

④ 工具快捷按钮窗口：默认右侧是工具快捷按钮窗口，绘制原理图常见的工具快捷图标都可以在这里找到，单击鼠标就可以进入相关命令状态，用来放置工作各种元件、网络、标注等。

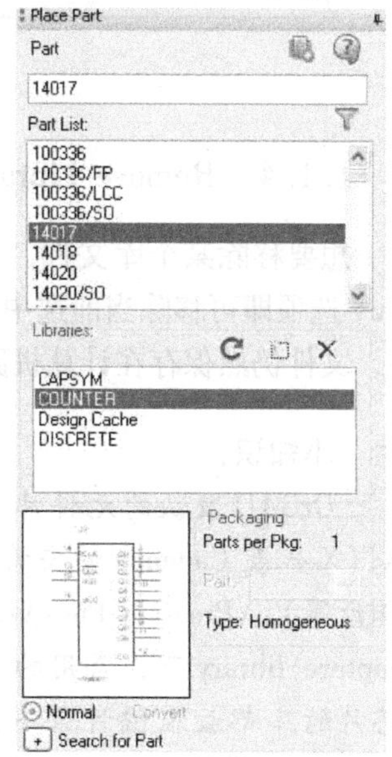

图 1.7　进入放置元件对话框

1.1.2　普通元件放置方法（快捷键 P）

(1) 在新建好的工程中，打开原理图页面，在 Place 菜单，选 Part 选项或按快捷键 P，即可进入放置元件对话框窗口，如图 1.7 所示。

小知识：

用鼠标单击右侧快捷图标栏上的图标也会进入放置元件对话框。

在该对话框中，Part 选项中列出当前已经选中的元件，Part List 选项会罗列出当前库中所有的元件，用鼠标单击可以选择库中已经存在的任何一个元件。Libraries 选项会显示选中的那个库。Parts Per Pkg 选项会显示当前已选中的元件是 Parts，左侧会显示元件的预览显示图。

1.1.3 Add library 增加元件库

鼠标单右侧的 Add Library 快捷按钮，系统会弹出浏览对话框，如图 1.8 所示，选择到预加入的库文件双击后即可加到当前的工程中。

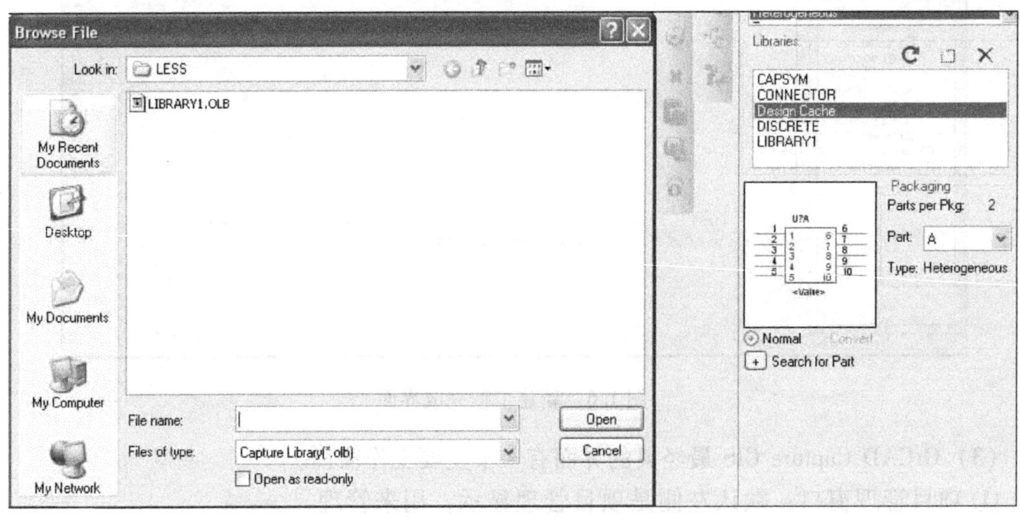

图 1.8　浏览对话框

1.1.4 Remove Library 移除元件库

想要移除某个库文件，在 Libraries 选项中选中想要移除的库文件后，右击 Remove Library 选项即可移除当前选中的库文件，如图 1.9 所示（注意：Remove Library 只是移除库文件，文件仍然保存在计算机路径上，而并没有被删除）。

小知识：

OrCAD 默认的元件库文件路径是在安装目标下 X（X 代表 Cadence 的安装目录，通常情况是 C 盘或 D 盘等）：\Program Files\Cadence\SPB_16.6\Tools\capture\library 下，常用的一些电阻、电容、连接器、芯片的库都放在该目录下，在实际的工程中，可以通过查收或搜索的方式到该目录下查收所需要的元件。

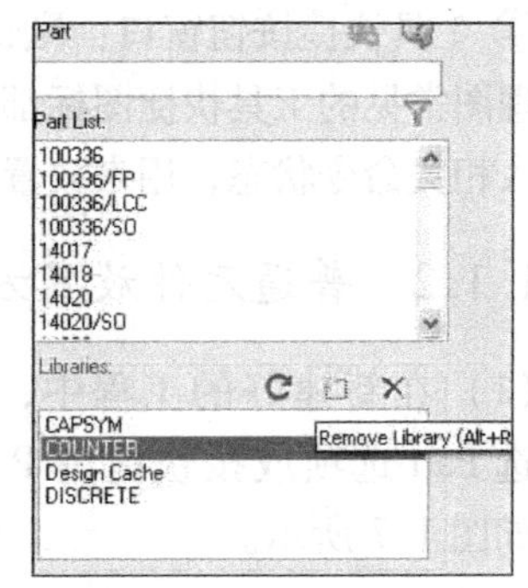

图 1.9　Remove Library 移除元件库

1.1.5 当前库元件的搜索办法

（1）在 Part 对话框中填写所需的元件名称，系统会自动在当前选择库文件中进行搜索，搜索到后单击该元件名称，元件会默认挂在鼠标上，单击后即可将其放在原理图的页面中（如搜索 DM54161 和 HD74HC4060），如图 1.10 所示。

（2）若在 Libraries 选项中选择不同的库文件，可以在 Part 对话框中填入元件名对不同元件库进行搜索，如图 1.11 所示。

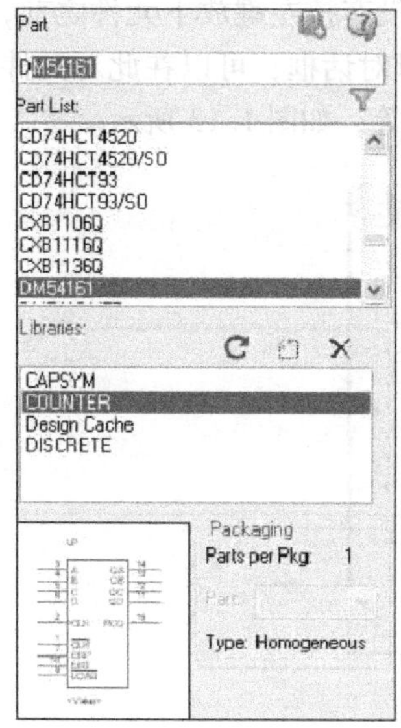

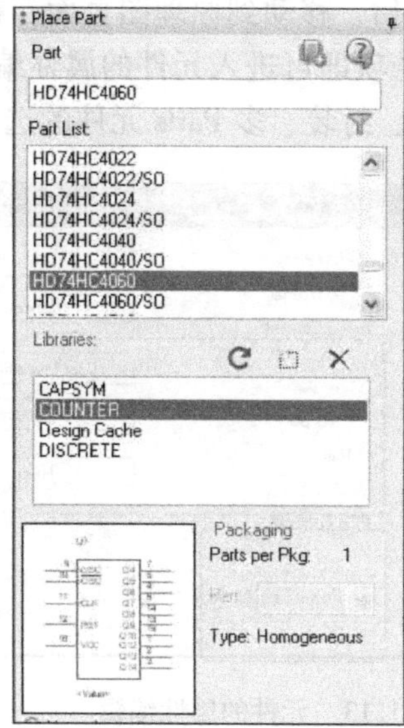

图 1.10　搜索当前库元件

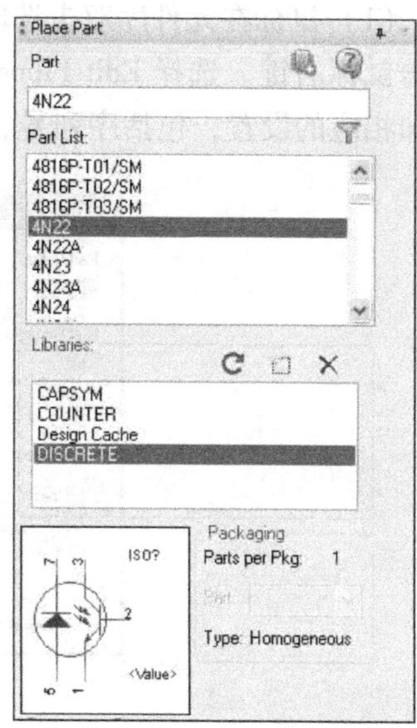

图 1.11　对不同元件库进行搜索

1.1.6　使用 Part Search 选项来搜索

系统会在安装目录下提供常用的电阻、电容、连接器、芯片等元件库，在需要时可使用系统提供的 Part Search 选项到元件库目录下搜索元件。单击右侧 Part Search 前面的 + 可以打开元件库中的元件搜索功能。Search For 下面写入需要搜索的元件名称，Path 后面填入需要搜索的元件库路径，单击右侧的搜索按钮即可对元件库进行搜索。搜索完成后在 Libraries 下面列出搜索到的元件库信息，若想将已经搜索到的元件库加入到当前的工程中来可以单击 Select the library to add 后面的 Add 按钮即可加入，如图 1.12 所示。（注意：搜索可以支持通配符 *，搜索时若有型号不确定可以使用 * 代替，然后在搜索到的 Libraries 中查找需要的元件。）

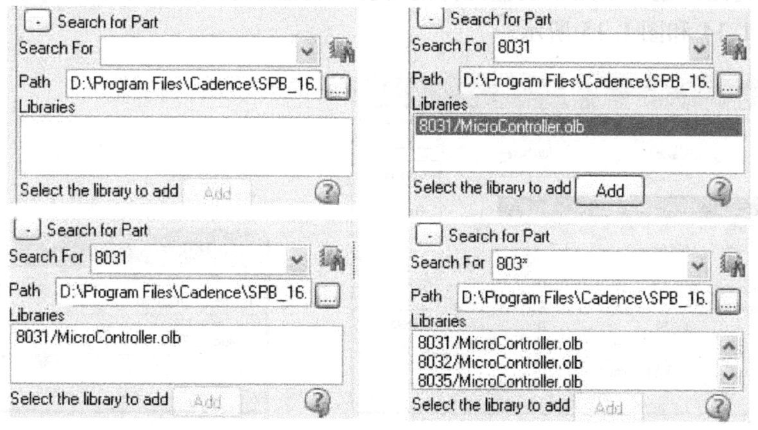

图 1.12　使用 Part Search 选项来搜索

1.1.7　元件的属性编辑

（1）鼠标在元件库双击选取元件后，移动到原理图页面，在没有按左键放下元件之前，单击鼠标右键，选择 Edit Properties 选项即可进入元件的属性编辑对话框，可以在此对元件增加相应的设置，包括序列号、名称、封装、多 Parts 元件的选择等，如图 1.13 所示。

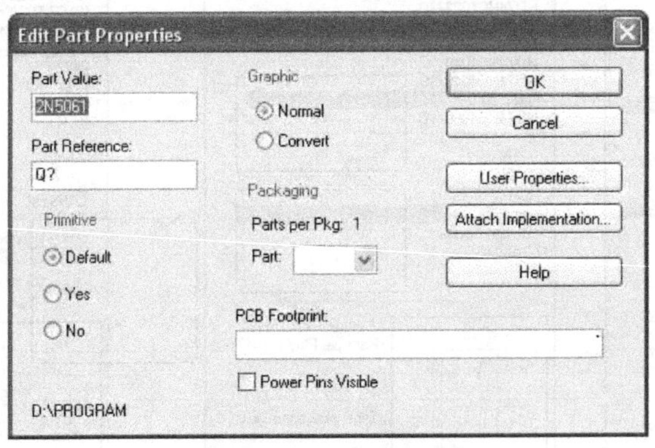

图 1.13　元件的属性编辑

- Part Value：元件值。
- Part Reference：元件序列号。
- Primitive：设定元件是否为基本组件。Default 为无件，默认；Yes 为基本组件；No 为非基本组件（阶层式电路之类）。
- Graphic：Normal 为一般图形显示；Convert 为转换图形显示。
- Packaging：Part per Pkg 为一个封装下面有几个 Parts；Part 为选取第几部分 Part。
- PCB Footprint：PCB 封装名称。
- Power Pin Visible：电源引脚是否显示。

（2）单击 User Properties 选项可进入元件的用户属性编辑对话框，单击 New 按钮可以给元件增加新的属性，也可以用来设置元件的哪些项目显示或不显示，显示字体、颜色、旋转角度等，如图 1.14 和图 1.15 所示。

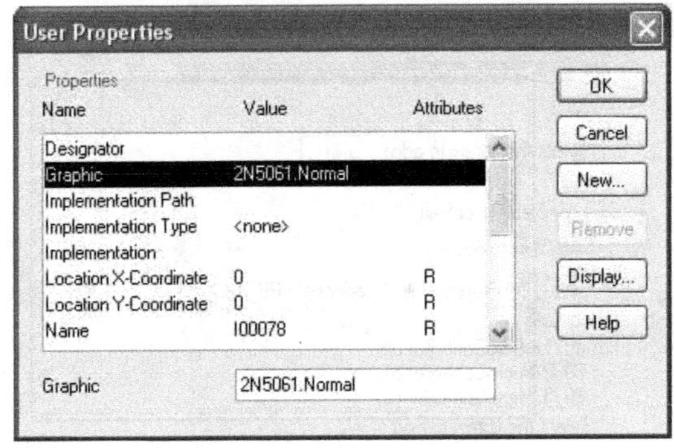

图 1.14　选中对象

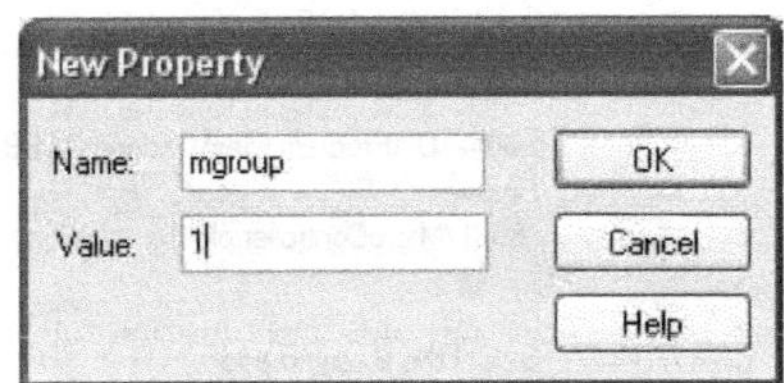

图 1.15　弹出对话框

小知识：

通常情况下，习惯保持默认的颜色、字体、旋转角度等信息，不用做过多修改。使用 User Properties 选项可以很方便地针对某个元件的属性进行修改，推荐修改元件值、修改元件的颜色，修改元件的某些属性不显示、给元件增加新的属性等在此处修改，使用很方便，如图 1.16 所示。

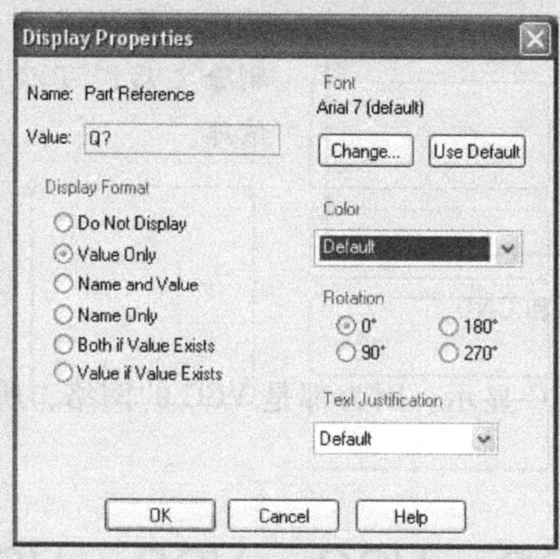

图 1.16　进入元件的用户属性编辑对话框

(3) 此外当元件已经摆放在原理图页面之后，用鼠标双击该元件或用鼠标选择之后右键选择 Edit Properties 命令即可进入编辑选项，也可以对元件的信息进行修改，如常用的位号、封装等。

1.1.8　放置电源和 GND 的方法

(1) 选择原理图中右侧的 Place Power 图标和 Place Gnd 图标即可完成电源和 GND 图形放置，如图 1.17 和图 1.18 所示。

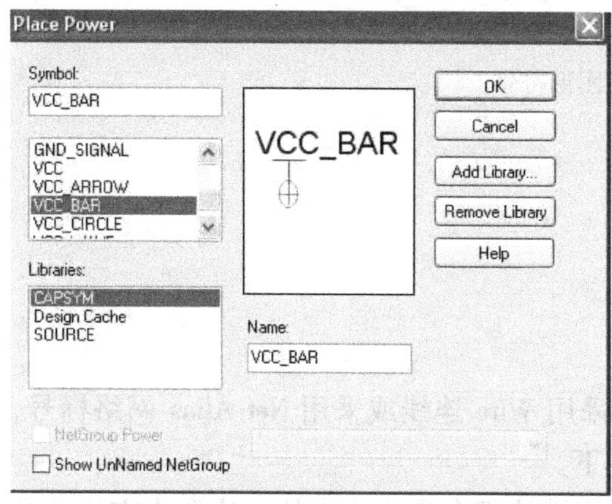

图 1.17　放置电源和 GND

小知识：

VCC 和 GND 的图标有很多种，默认网络的名称是不同的。实际使用中很多工程师都因需要对网络的名称进行修改，比如 VCC1.2、VCC、VCC3.4 等。但若忘记使用多种电源符号则会造成电压都短接。良好的习惯是不同的电压或 GND 都采用不同的图标来表示，用不同的网络，这样可以避免错误。特别说明，不管哪种格式的图标，若网络标号是一样的，则软件会默认为同一个网络，请在实际使用中注意。

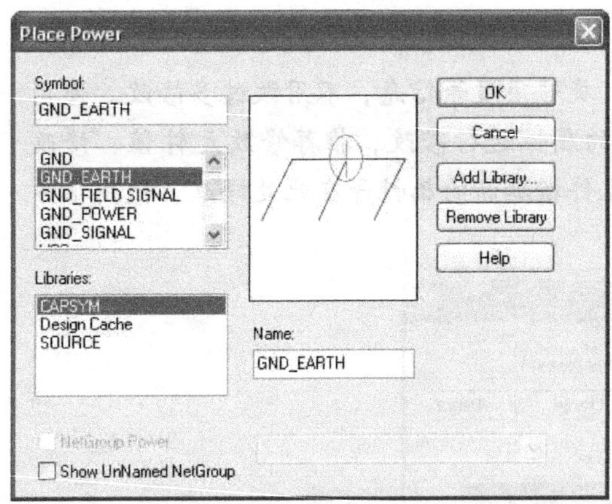

图 1.18　放置不同电源和 GND

小知识：

VCC 和 GND 的图标符号 Capture CIS 也是作为一个特殊的元件来对待的，保存在安装目录下的 capsym. olb 库文件中，默认情况已经加载该库文件。若将此库文件移除后就无法放置 VCC 和 GND 的图标符号，不小心删除之后，可以自行到安装目录下去增加该库。

（2）4 种不同图标的 VCC 显示，因为都是 VCC 的网络，所以它们在逻辑上都是相同的，如图 1.19 所示。

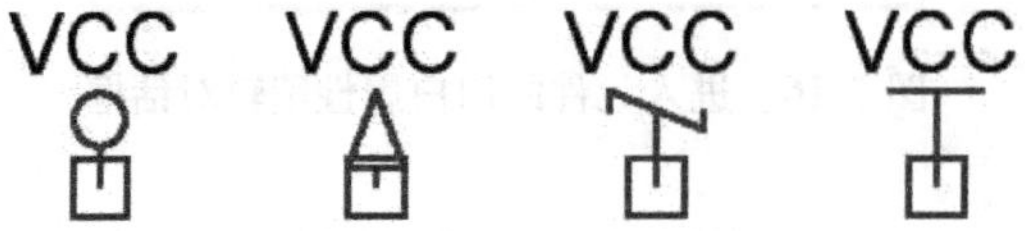

图 1.19　VCC 的图形符号

（3）4 种不同图标的 GND 显示，若网络是相同的，则在逻辑上它们也都是相同的，如图 1.20 所示。

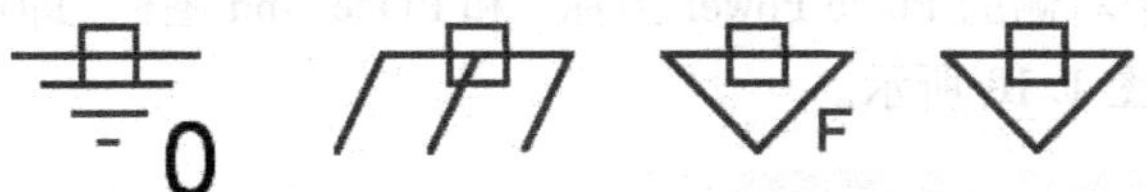

图 1.20　GND 的图形符号

1.2　元件的各种连接办法

1.2.1　同一个页面内建立互连线连接

同一个页面内建立联系常用的方法有两个，采用 Wire 连线或采用 Net Alias 网络标号，Wire 连线和 Net Alias 网络标号的方法具体介绍如下。

（1）电阻、电容、连接器、芯片等元件的引脚默认都会有个小方块，这个小方块就是引脚用来连接走线的地方（也可以用来连接 GND 和电源的符号或放置网络标号），如图 1.21 所示。

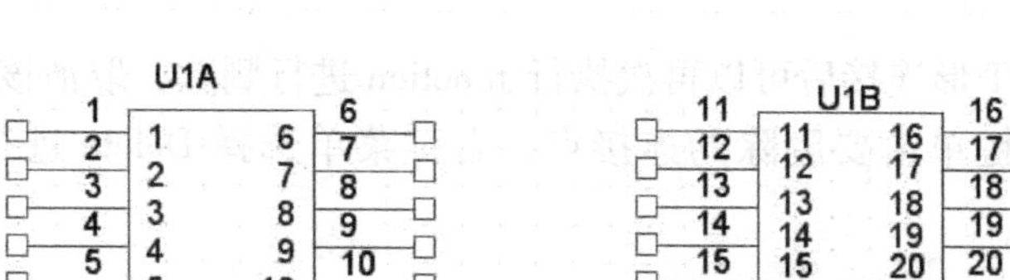

图 1.21　引脚用来连接走线的小方块

（2）使用 Wire 连线的操作方式是用鼠标选择 Place—Wire 或单击右侧的图标（快捷键 W），鼠标左键选择起点，放开左键后拖动鼠标直接画线，如图 1.22 和图 1.23 所示。如果某个元件的引脚是起点，用鼠标左键在该引脚的小方块上单击后选择为起点（注意引脚上的小方块会消失），放开左键后拖动鼠标直接画线。如果某个元件的引脚是终点，对其终点引脚小方块之后单击即可连接，画线完成。如果画线终点悬空，双击鼠标左键可以结束当前画线。在画线过程中，每次默认的旋转角度是 90°，若想画任意角度的连接线，可以按住 Shift 键。

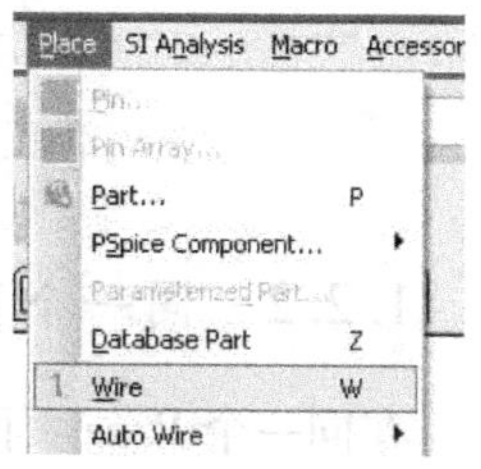

图 1.22　Wire 连线命令

小知识：

使用快捷键 W 可以快速进入画线模式。

画线后引线和元件引脚连接上之后，引脚上的小方块会自动消失，若连接后引脚不消失，引脚就未连接上。

若鼠标画线后经常连接不上引脚，可以打开栅格点自动捕获。

画线也可以使用复制、粘贴命令，对于同组方向走线，使用复制、粘贴会很方便。

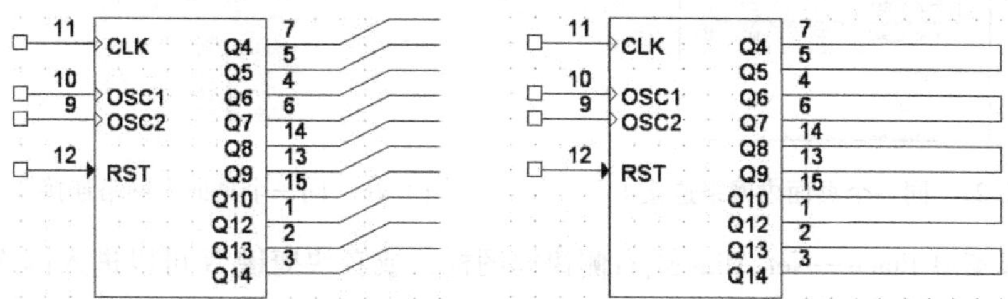

图 1.23　使用 Wire 开始连线

（3）在画线过程中，如果端点属 T 形连接，程序将自动设置一个连接点（Junction）来表示两条线同网络有连接关系。T 形连接也可以使用菜单 Place—Junction 或使用右侧的快捷图标（快捷键 J）来手动放置，通常用来短接两个网络，如图 1.24 和图 1.25 所示。

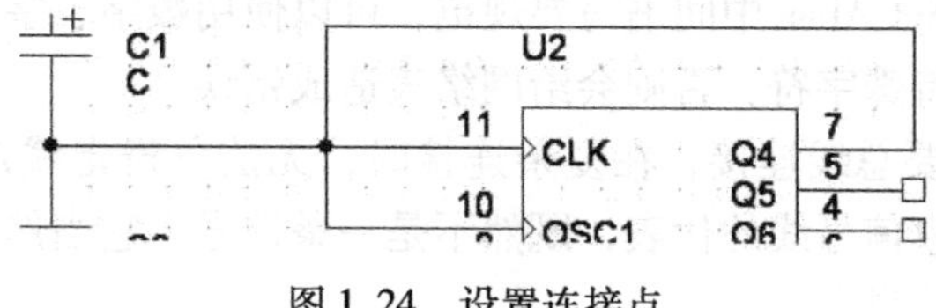

图 1.24　设置连接点

（4）手动放置的T形连接后可以再次执行 Junction 进行删除，取消该连接点。也可以按住S键之后用鼠标左键单击要删除的连接点，右键菜单选择 Delete 进行删除，如图 1.26 所示。

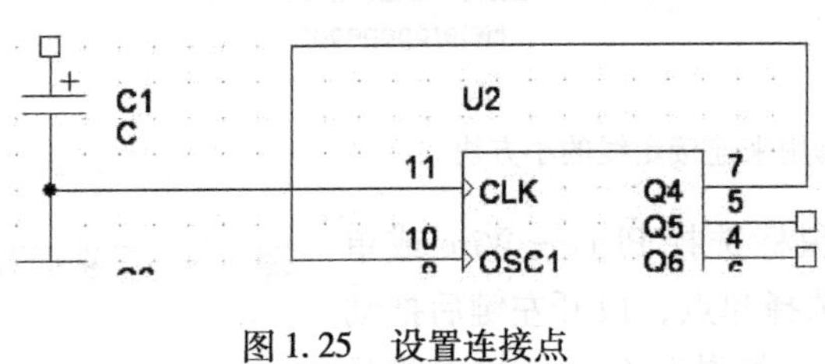

图 1.25 设置连接点

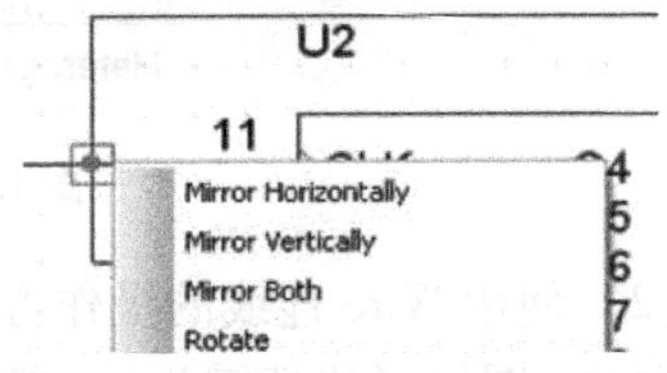

图 1.26 删除连接点

1.2.2 同一个页面内 NET 连接

在同一个 Page 页面内，电路比较复杂难以分辨时，可以使用 Net 网络标号的方式来进行电路的连接，此种方式可以简化电路的连接线使电路流向看上去较为清晰。下面介绍 Net Alias 使用加了网络名称的器件，如图 1.27 和图 1.28 所示。

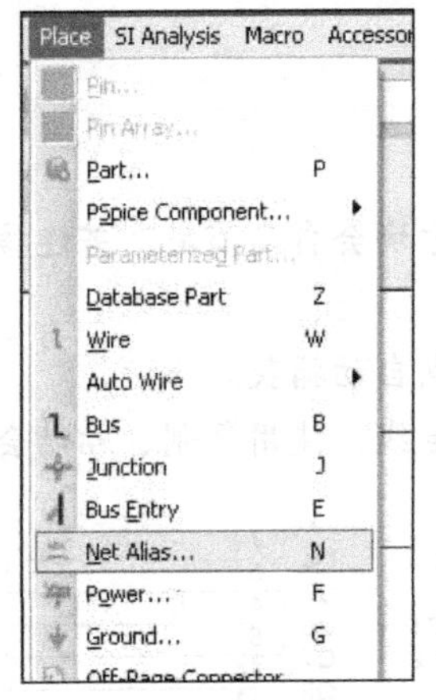

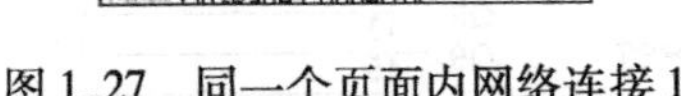

图 1.27 同一个页面内网络连接 1

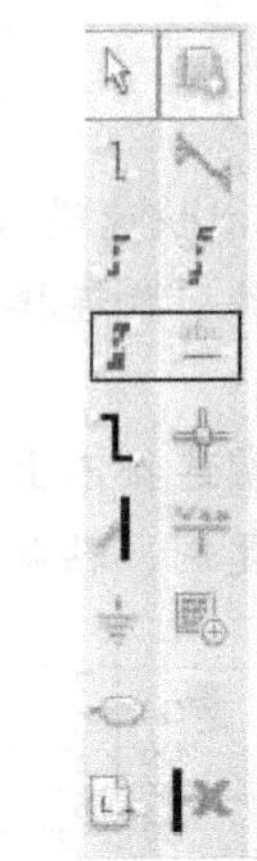

图 1.28 同一个页面内网络连接 2

（1）选择菜单 Place—Net Alias 或右侧快捷图标，或者快捷键 N 可以进入网络标号方式放置状态。

（2）在 Place Net Alias 对话框中，Alias 选项中输入网络名称，然后放在需要定义 Net 名称的连接线上即可，如图 1.29 所示。

（3）Net Alias 只能放在连接线或总线上，不能直接放在元件的引脚上。Net Alias 最后一位是数字的情况下，连续放置软件默认会自动增加，比如 4、5、6 等。若最后一位是字母，则不会自动增加。Net Alias 中间书写要规范，可以使用数字、字母、下画线来命名，但不要用中画线、#、! 等特殊字符，否则会给网络表造成错误。

（4）在有些时候需要总线连接，在复杂连接时，无法分辨走线走向时也可以使用总线来画电路图。总线是一束信号线的代表，既然不是一条信号，它当然比信号线还要粗，它与信号线有类似的电气连接意义。

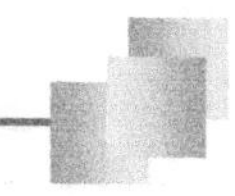

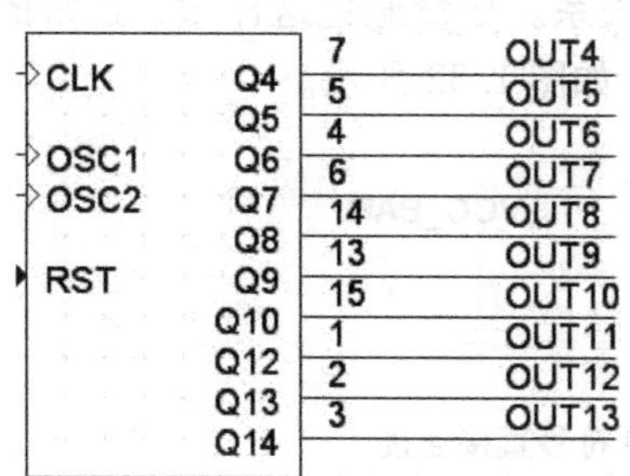

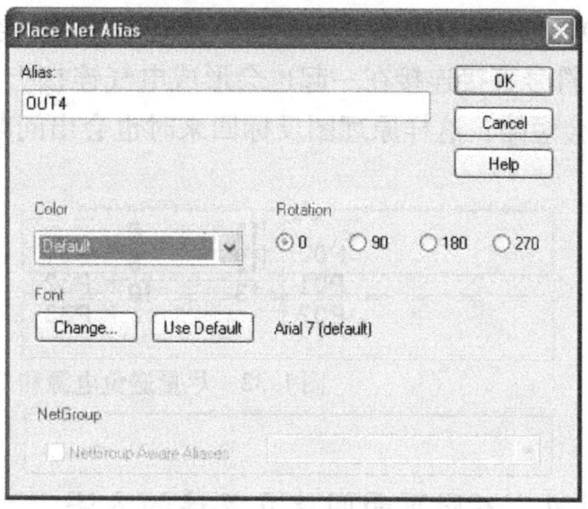

图 1.29　Place Net Alias 对话框

1.2.3　无电气连接的引脚，放置无连接标记

（1）针对在原理图中有些元件的引脚是需要悬空的，没有任何电气连接的引脚，可以放置无连接标记，选择菜单 Place—No Connect 或右侧快捷图标，或者快捷键 X 可以进入无连接标记放置状态，用鼠标在需要放置无连接标记的引脚上单击即可完成放置，如图 1.30 所示。

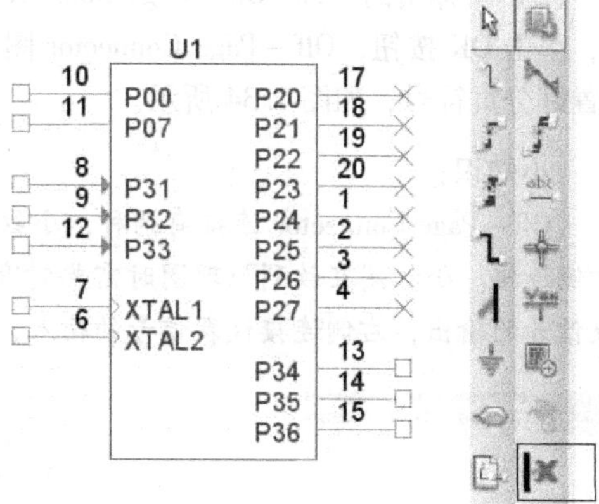

图 1.30　放置无连接标记

（2）无电气连接的引脚，若不放置无连接标记，引脚悬空，默认进行 DRC 检查时会报告错误，若不需要报告错误可以将 DRC 报告选择关闭。鼠标选择 Tools—Design Rules Check—Electrical Rules 页面中的 Check unconnected pins 未勾选，如图 1.31 所示。

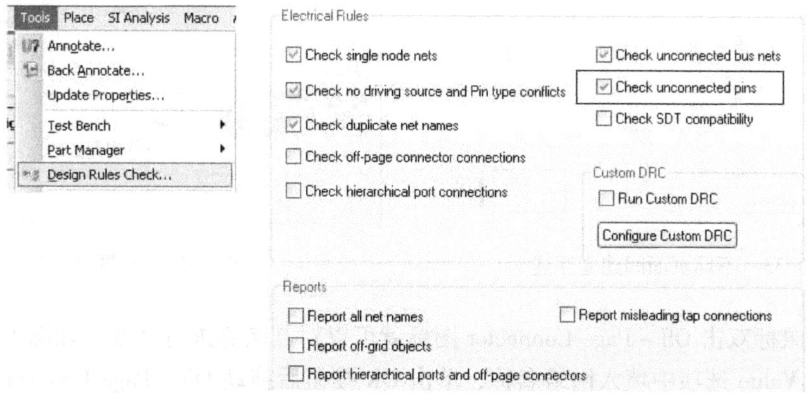

图 1.31　取消勾选 Check unconnected pins 选项

（3）元件的引脚和引脚之间直接连在一起，会生成网络电气上存在连接关系，但电源和 GND 符号直接连接在一起也会形成电气连接上的关系。尽量避免这样做，正常的电源和 GND 不会短路，这样原理图反标回来时也会出问题，如图 1.32 所示。

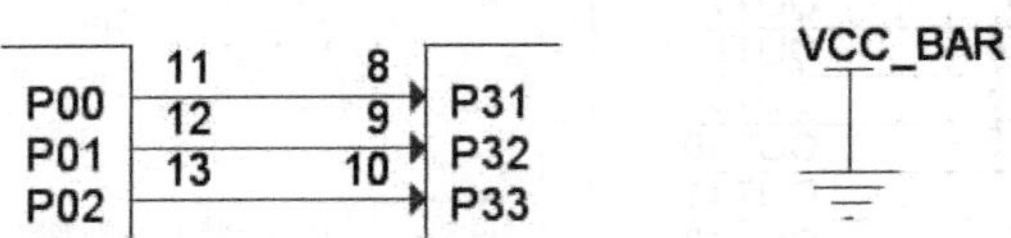

图 1.32　尽量避免电源和 GND 符号直接连接

1.2.4　不同页面间建立互连的方法

（1）在不同页面间建立互连，可以使用 Off－Page Connector 符号来进行，用鼠标在 Place—Off－Page Connector 的菜单下选择命令或者选中右侧快捷按钮中 Place Off－Page Connector 快捷图标，如图 1.33 所示。

（2）在弹出的 Place Off－Page Connector 对话框中，选择合适的 Off－Page Connector 图标，单击 OK 按钮，Off－Page Connector 图标会悬挂在鼠标上，在原理图页面鼠标单击即可放置好分页符号，如图 1.34 所示。

小知识：

Off－Page Connector 连接有两种，小红圈在左侧的表示左侧连接；小红圈在右侧的表示右侧连接。小红圈在放到原理图时需要对准元件的引脚 pin 或网络线单击。一般左侧连接代表信号的输出，右侧连接代表信号的输入，规范时会让原理图信号流清晰，推进此方法。

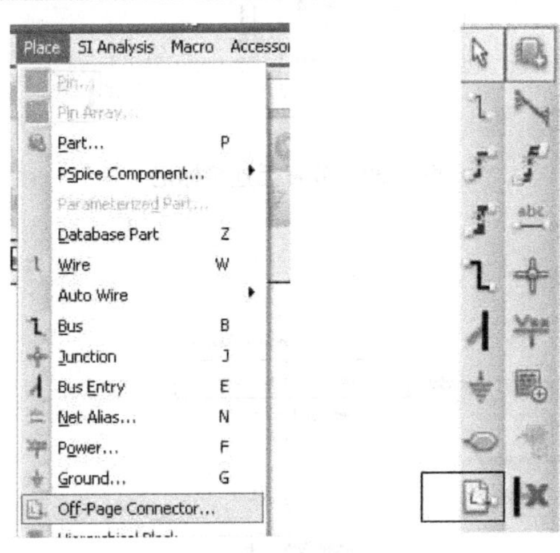

图 1.33　不同页面间建立互连

图 1.34　放置分页符

（3）用鼠标双击 Off－Page Connector 图标就可以对其名称进行修改，如图 1.35 所示。

（4）在 Value 选项中填入网络名称，单击 OK 按钮后拖动 Off－Page Connector 图标原理图页面需要连接的网络。同样在另一个 Page 页面中，在该网络的另一端也放好同名的 Off－

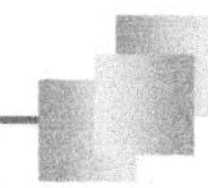

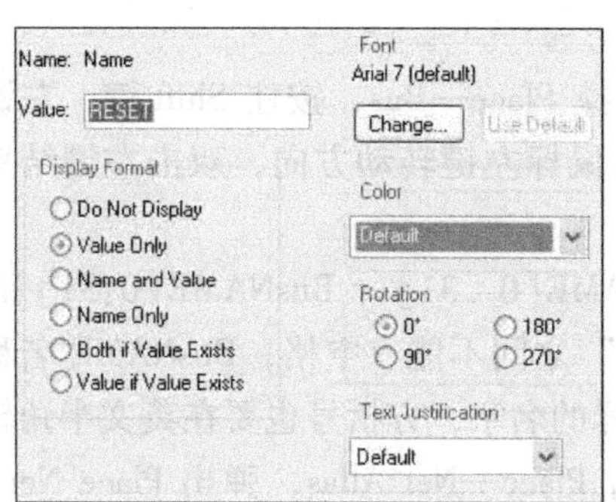

图 1.35　修改分页符

Page Connector 图标即可，这样就通过 Off - Page Connector 图标在两个 Page 原理图页面建立了电气连接，如图 1.36 所示。

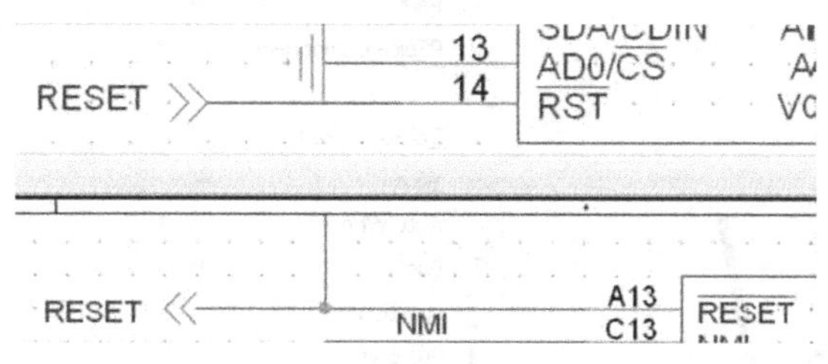

图 1.36　分页符建立连接

1.2.5　总线的使用方法

电路比较复杂的信号线呈现规律时可以用 Bus 总线的方式来连接走线，总线是一束信号线的代表，既然不是一条信号，它当然比信号线还要粗，它与信号线有类似的电气连接意义。如常见的 DDR 内存的地址线和数据线及数学芯片的 I/O 分配等都会用到总线的方式来连接，总线的使用方法如下。

（1）命令选择，鼠标选择 Place—Bus 或者右侧快捷图标进入 Bus 放置命令，如图 1.37 所示。

（2）在原理图内鼠标左键选择总线起点，移动鼠标画线，若需要转向鼠标左键单击页面可转向，默认 90°转角，如图 1.38 所示。

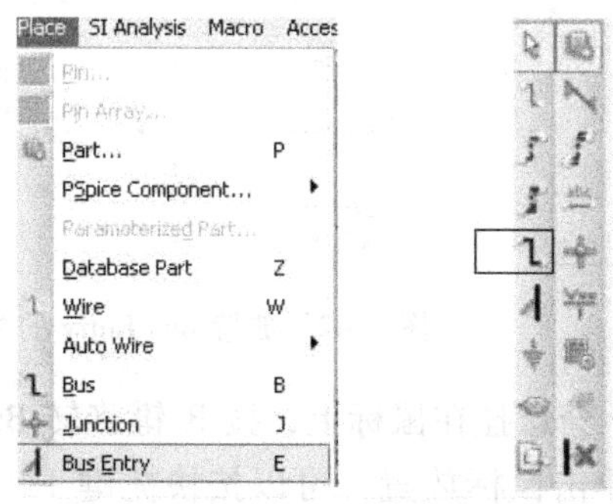

图 1.37　放置总线的两种方式

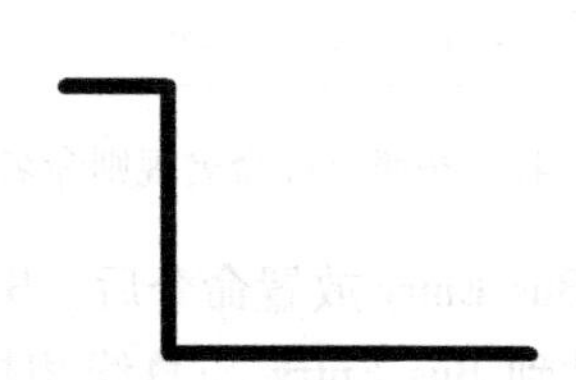

图 1.38　放置 90°转角总线

（3）放置非 90°转角总线方法，用鼠标选择 Place—Bus，按住 Shift 键，左键单击选择起点，拖动鼠标即可画出任意角度总线，单击鼠标左键转动方向，双击左键结束总线，如图 1.39 所示。

（4）总线命名，总线的命名规则为 BusNAME[0..31]、BusNAME[0:31]和 BusNAME[0-31]三种形式。但要注意 BusNAME 和“[”之间不能有空格，BusNAME 名称不能以数字结束，不能用 BusNAME00、BusNAME02 这样的名字，方括号也要在英文半角输入法下进行。放置总线的命令是 Net Alias，用鼠标单击 Place—Net Alias，弹出 Place Net Alias 对话框，或者单击右侧快捷图标进入 Net Alias 放置命令对话框，如图 1.40 所示。

图 1.39　放置非 90°转角总线

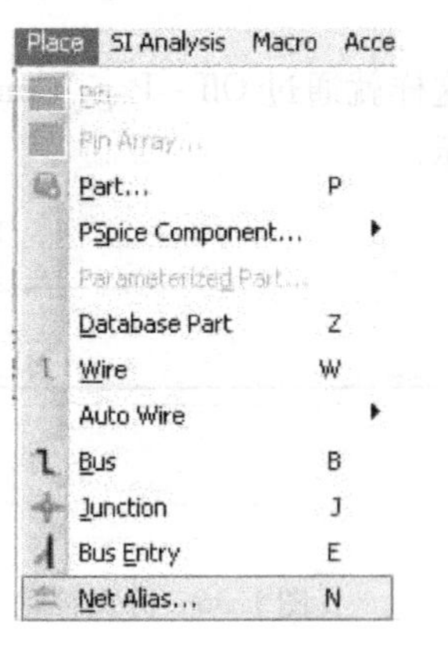

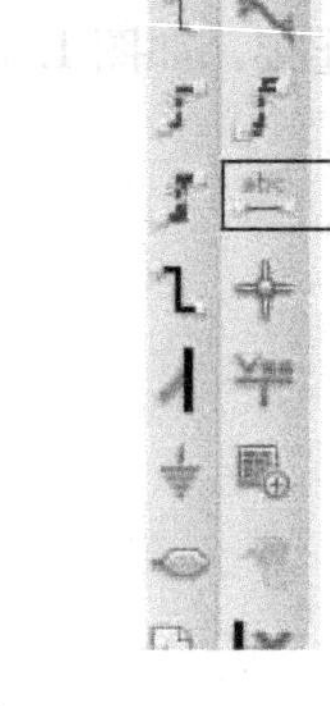

图 1.40　总线命名

（5）按照总线命名规则命名，在 Alias 栏中输入总线的名称后单击 OK 按钮，放置到总线上即完成放置。Bus[0:10]代表总线内有 10 根线分别是 Bus0、Bus1、Bus2、Bus3、Bus4、Bus5、Bus6、Bus7、Bus8、Bus9，如图 1.41 所示。

（6）总线与信号线连接 Bus Entry 放置，放置总线入口 Bus Entry，鼠标选择 Place—Bus Entry 或快捷键 E 或单击右侧快捷图标后进入 Bus Entry 放置命令对话框，如图 1.42 所示。

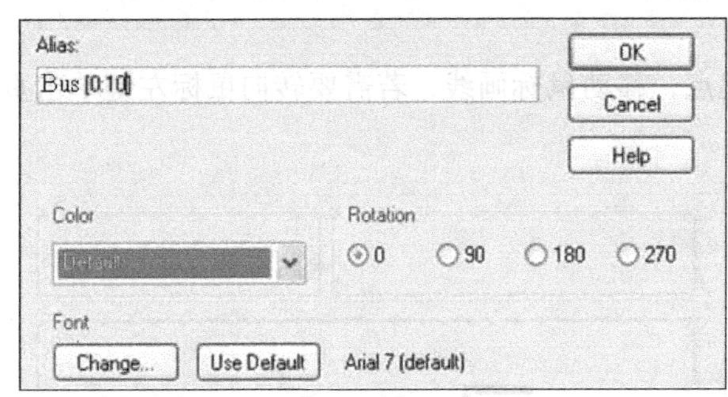

图 1.41　按照总线命名规则命名

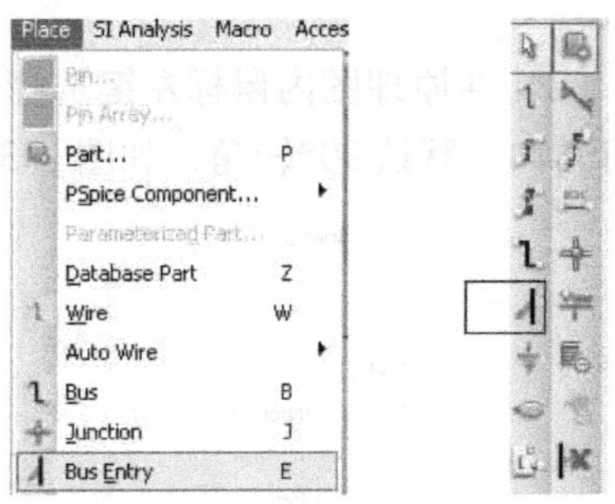

图 1.42　放置 Bus Entry 的两种方式

（7）选择 Bus Entry 放置命令后，Bus Entry 会悬挂在鼠标上，按 R 键旋转 Bus Entry 方向，将鼠标移动到 Bus Entry 与总线相接处，单击鼠标放置，可以按快捷键 F4 重复放置，然后使用 Wire 把一个引脚和总线的一个入口相连。给 Wire 添加 Net Alias，命名规则如下：

如果总线名称为 Bus[0:10]，则 Wire 名称必须是 Bus0，Bus1，…，Bus9 这样的格式。注意 Wire 所在网络作为总线的成员，单个网络中不能有方括号出现，如图 1.43 所示。

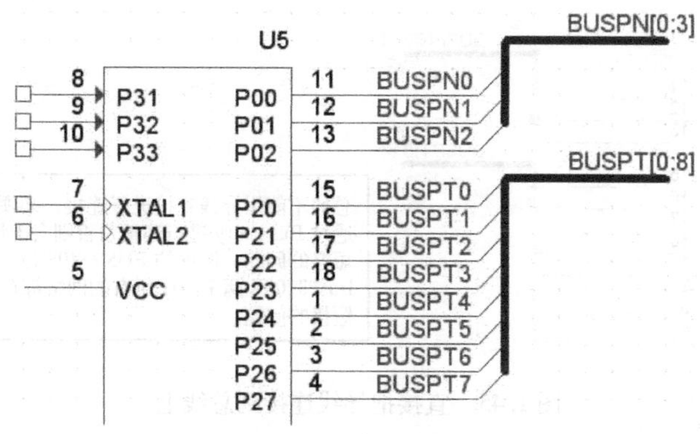

图 1.43　命名 Bus Entry

1.2.6　总线中的说明

Bus 在总线中的具体说明如下。

(1) Bus 总线和 Wire 信号线之间只能通过网络名称实现电气互连。

(2) Bus 总线没有全局属性，不能 Page to Page 地多页面连接，若要多页面连接需要用 Off - Page Connector。

(3) 如果不用总线入口，而把 Wire 线直接连到总线上，在连接处也显示连接点，但这时并没有形成真正的电气连接。总线必须通过 Bus Entry 和 Wire 导线线段实现相互连接，并且总线和信号线都要命名，且符合命名规则。

(4) 两段总线如果形成 T 形连接，则自动放置连接点，电气上是互连关系。两段十字形的总线默认没有连接点，要形成电气互连，必须手动放置连接点。

(5) 常见的错误做法：总线出入点不能直接连接在引脚连接点上，需要先放一段 Wire 导线，否则会有 DRC 错误提示。

(6) 几种常见的总线连接错误情况说明：无连接或者忘记及错误书写网络名称，如图 1.44 所示。

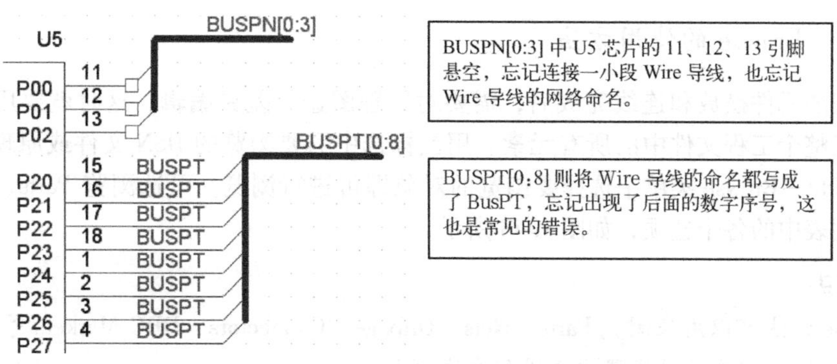

图 1.44　无连接或者忘记及错误书写网络名称

（7）几种常见的总线连接错误情况说明：直接把导线连接到总线上，这样会导致短接，如图 1.45 所示。

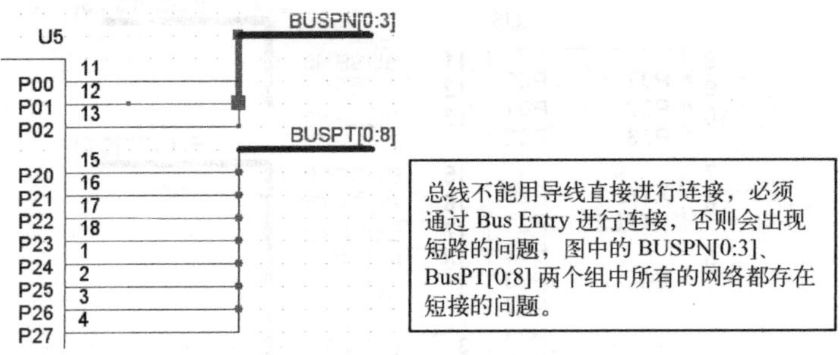

图 1.45　直接把导线连接到总线上

（8）总线网络名标识，是用来标识总线的网络名称，不过这个网络名称并不强调其实质的意义，目的是辅助读图，以下为标识文件格式。表示走线是从 BUSPT0 开始到 BUSPT7 共 8 条。总线表示的几种格式：BUSPT[0:7]、Data[0-7] 和 Data[0..7]，如图 1.46 所示。

BUSPT[0:8]　　BUSPT[0-8]　　BUSPT[0..8]

图 1.46　总线表示的几种格式

（9）Offpage 与 Port 的使用，当设计的原理图有多页，Page 与 Page 间的元件引脚需要互连时，就需要使用 Offpage 或 Port 来连接（连接 Wire 网络和总线都是可以的），如图 1.47 所示。

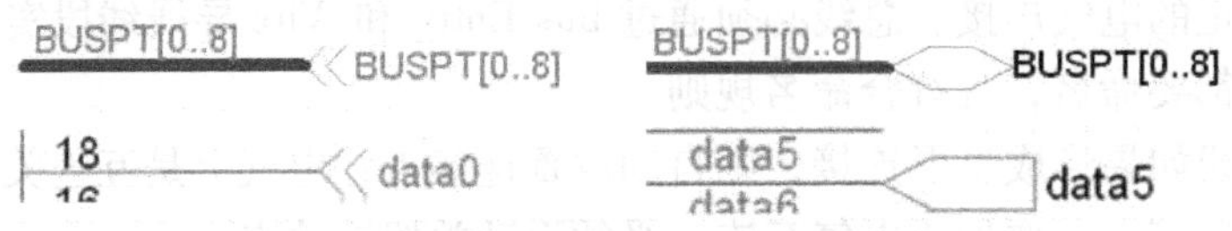

图 1.47　Offpage 与 Port 的使用

1.3　浏览工程及使用技巧

1.3.1　Browse 的使用方法

当原理图元件摆放和连线完成后，需要对原理图进行差错编辑，这时就要用到 Browse 命令来浏览整个工程文件中的所有元素。用鼠标选中需要浏览的 DSN 文件或原理图页面文件夹，在 Edit—Browse 菜单中选择要浏览的对象即可进行浏览。可选浏览 Parts、Nets 等右侧的下拉列表中的各个选项，如图 1.48 所示。

小知识：

Browse 方法可以用来浏览 Parts、Nets、Offpage Connectors、DRC Markers 等，选择相应的对象就进入相应的过滤器中去进行分类浏览。

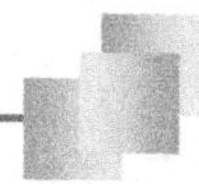

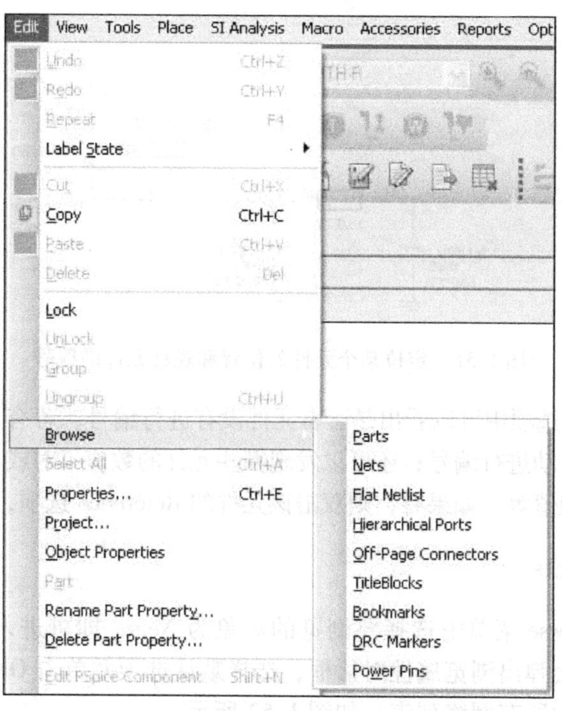

图 1.48　浏览整个工程文件中的所有元素

1.3.2　浏览 Parts 元件

（1）在 Edit—Browse 菜单中选择要浏览的对象为 Parts，即可进入元件浏览对话框，进入元件浏览对话框后会弹出浏览属性对话框，如图 1.49 所示，选择默认选项并单击 OK 按钮之后，软件就会打开当前工程中用到的所有元件列表，如图 1.50 所示。

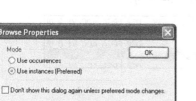

图 1.49　弹出 Browse Properties 对话框

Reference	Value	Source Part	Source Library	Page	Schematic
AGND-JACK	TEST_POINT	TEST_POINT	E:\XSBASE-2...	P33:ALC2...	CORE-M S...
AGND1	TEST_POINT	TEST_POINT	E:\XSBASE-2...	P33:ALC2...	CORE-M S...
ANT1	ECT81800...	ANTENNA_7	D:\6516\MI6...	P37: WIFI	CORE-M S...
ANT2	ECT81800...	ANTENNA_7	D:\6516\MI6...	P37: WIFI	CORE-M S...
B1201	BLM18PG2...	L0603	D:\BOM_DAT...	P30: DISP...	CORE-M S...
B1202	BLM18PG2...	L0603	D:\BOM_DAT...	P30: DISP...	CORE-M S...
C1	0.01UF/25...	CAP_1	C:\USERS\RI...	P10: Soc (...	CORE-M S...
C2	0.01UF/25...	CAP_1	C:\USERS\RI...	P10: Soc (...	CORE-M S...
C3	0.01UF/25...	CAP_1	C:\USERS\RI...	P10: Soc (...	CORE-M S...
C4	0.01UF/25...	CAP_1	C:\USERS\RI...	P10: Soc (...	CORE-M S...
C5	1.0UF/6.3...	CAP_1	C:\USERS\RI...	P11: STRA...	CORE-M S...
C6	1.0UF/6.3...	CAP_1	C:\USERS\RI...	P11: STRA...	CORE-M S...
C7	12PF/50V/...	CAP_1	C:\USERS\RI...	P12: Soc ...	CORE-M S...
C8	12PF/50V/...	CAP_1	C:\USERS\RI...	P12: Soc ...	CORE-M S...
C9	0.1uF/16V...	CAPNP_0	C:\USERS\RI...	P14: Soc (...	CORE-M S...
C10	10UF/6.3V...	CAP_1	C:\USERS\RI...	P16: Soc (...	CORE-M S...
C11	10UF/6.3V...	CAP_1	C:\USERS\RI...	P16: Soc (...	CORE-M S...

图 1.50　浏览 Parts 元件

（2）在元件中双击某个元件的 Reference 名称列表处，即可打开相应的原理图页面，同时会将选中的元件进行高亮显示出来，这样可以很方便地定位某个元件的位置和观察元件的

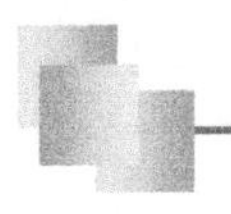

编号，如图 1.51 所示。

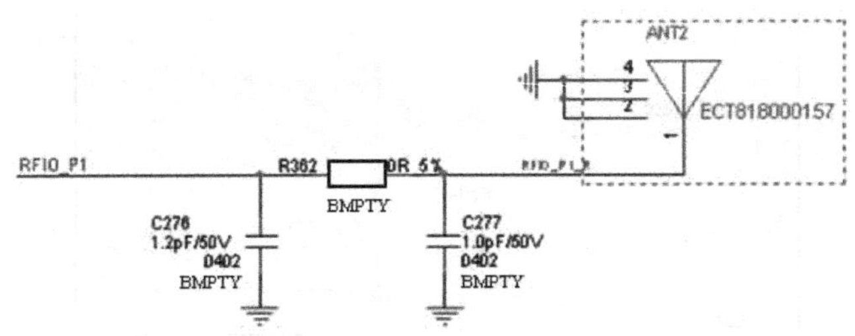

图 1.51　定位某个元件的位置和观察元件的编号

（3）在 Reference 选项中可以看出是否有元件没有进行编号，若有可以双击该元件进行手工编号或者使用软件自动进行编号；还可以发现哪些元件的数值不对或者忘记给定具体的元件数值，如电容量、电阻值等，如果有，则双击该元件的 Reference 选项，在原理图中修改。

1.3.3　浏览 Nets

（1）在 Edit—Browse 菜单中选择要浏览的对象为 Nets，即可进入网络浏览对话框，进入网络浏览对话框后会弹出浏览属性对话框，选择默认选项并单击 OK 按钮之后，软件就会打开当前工程中用到的所有网络列表，如图 1.52 所示。

Object ID	Net Name	Page	Schematic
FS1	VCC2V5	14_FPGA_6vlx240tff1156_SPIFLASH	DSP_FPGA_ADC_V1_0_0\
VCC2V5	VCC2V5	02_+28V/5.5V/3.3V/FPGA_2.5/.93V	DSP_FPGA_ADC_V1_0_0\
VCC2V5	VCC2V5	04_Power VCC1V5/0.75V DDR3	DSP_FPGA_ADC_V1_0_0\
VCC2V5	VCC2V5	12_FPGA_6vlx240tff1156_A	DSP_FPGA_ADC_V1_0_0\
VCC2V5	VCC2V5	13_FPGA_6vlx240tff1156_AD	DSP_FPGA_ADC_V1_0_0\
VCC2V5	VCC2V5	14_FPGA_6vlx240tff1156_SPIFLASH	DSP_FPGA_ADC_V1_0_0\
VCC2V5	VCC2V5	15_FPGA_6vlx240tff1156_DDR3	DSP_FPGA_ADC_V1_0_0\
VCC2V5	VCC2V5	17_FPGA_6vlx240tff1156_POWER	DSP_FPGA_ADC_V1_0_0\
VCC2V5	VCC2V5	20_PDS-105&SFP	DSP_FPGA_ADC_V1_0_0\
VCC2V5	VCC2V5	24_TTL_INOUT_9BIT&SPI_TX_RX	DSP_FPGA_ADC_V1_0_0\
VCC2V5	VCC2V5	25_Clocks_and_MGTs	DSP_FPGA_ADC_V1_0_0\
VCC2V5	VCC2V5	26_GPIO_BUTTONs_LEDs_SWITCHs	DSP_FPGA_ADC_V1_0_0\

图 1.52　进入网络浏览对话框

（2）在该窗口中，双击某一个 Nets，则可以打开原理图相应页面，同时该网络的连线高亮显示，这样可以方便地定位某一网络，如图 1.53 和图 1.54 所示。

VCC5.5V	VCC5.5V	02_+28V/5.5V/3.3V/FPGA_2.5/.93V	DSP_FPGA_ADC_V1_0_0\
VCC5.5V	VCC5.5V	06_AD0_AD9446	DSP_FPGA_ADC_V1_0_0\
VCC5.5V	VCC5.5V	07_AD1_AD9446	DSP_FPGA_ADC_V1_0_0\
VCC5.5V	VCC5.5V	08_AD2_AD9446	DSP_FPGA_ADC_V1_0_0\
VCC5.5V	VCC5.5V	09_AD3_AD9446	DSP_FPGA_ADC_V1_0_0\

图 1.53　双击某一个网络

小知识：

网络浏览的操作对于查看电源网络是否没有赋值很方便。若有忘记赋值的电源网络，在 DRC 检查时并不报错，但该电源网络在 PCB 中不会和任何电源相连，出现严重错误。可以在这里方便地查看并修改。

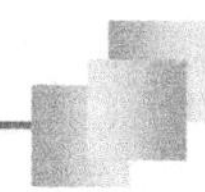

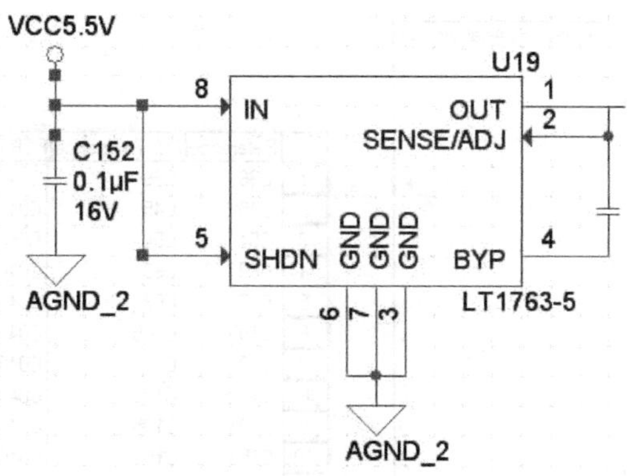

图 1.54　定位某一网络

1.3.4　利用浏览批量修改元件的封装

在 Edit—Browse 菜单中选择要浏览的对象为 Parts，即可进入元件浏览对话框，进入元件浏览对话框后会弹出浏览属性对话框，选择默认选项单击 OK 按钮后，软件会打开当前工程中用到的所有元件列表，也可以利用所有元件的列表对元件的封装进行批量修改，具体方法如下。

（1）通常情况下，同类容量元件封装都是一样的，在元件的表格中单击 Value 选项，让所有的元件按照容量进行排序，按住 Ctrl 键之后，选择要进行封装批量编辑的元件（按住 Ctrl 键用鼠标单击要选择的元件，可以支持挑选，若按住 Alt 键则不支持挑选），如图 1.55 所示。

Reference	Value	Source Part	Source Library
R266	0	10_R_0	\\ACL-CIS\ORCAD DATA$\SYMBOLS\ACL_10.OLB
C36	0.01uF	11_C_0	\\ACL-CIS\ORCAD DATA$\SYMBOLS\ACL_11.OLB
C45	0.01uF	11_C_0	\\ACL-CIS\ORCAD DATA$\SYMBOLS\ACL_11.OLB
C54	0.01uF	11_C_0	\\ACL-CIS\ORCAD DATA$\SYMBOLS\ACL_11.OLB
C63	0.01uF	11_C_0	\\ACL-CIS\ORCAD DATA$\SYMBOLS\ACL_11.OLB
C67	0.01uF	11_C_0	\\ACL-CIS\ORCAD DATA$\SYMBOLS\ACL_11_1.OLB
C105	0.01uF	11_C_0	\\ACL-CIS\ORCAD DATA$\SYMBOLS\ACL_11_1.OLB
C92	0.01uF	11_C_0	\\ACL-CIS\ORCAD DATA$\SYMBOLS\ACL_11_1.OLB
C122	0.01uF	11_C_0	\\ACL-CIS\ORCAD DATA$\SYMBOLS\ACL_11_1.OLB
C135	0.01uF	11_C_0	\\ACL-CIS\ORCAD DATA$\SYMBOLS\ACL_11_1.OLB
C153	0.01uF	11_C_0	\\ACL-CIS\ORCAD DATA$\SYMBOLS\ACL_11_1.OLB
C166	0.01uF	11_C_0	\\ACL-CIS\ORCAD DATA$\SYMBOLS\ACL_11_1.OLB

图 1.55　选择要进行封装批量编辑的元件

（2）元件都选中后，用鼠标选择 Edit—Properties 菜单，弹出元件属性对话框，软件会将我们选择的所有元件属性用列表的形式显示出来（快捷方式是 Ctrl + E 组合键），如图 1.56 所示。

（3）在 PCB Footprint 列表中会列出所有元件的封装，单击其中某个选项后输入新的封装名称，即可改变该元件的封装。若想将全部的元件都修改成另外的名称，需要输入其中的某个新的封装后，使用 Ctrl + C 组合键复制，再用鼠标在 PCB Footprint 类字段上单击，等所有的 PCB Footprint 列都变成黑色之后按 Ctrl + E 组合键将所有的封装进行更改，更改后单击

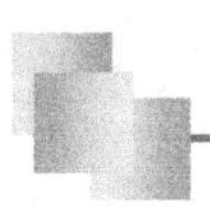

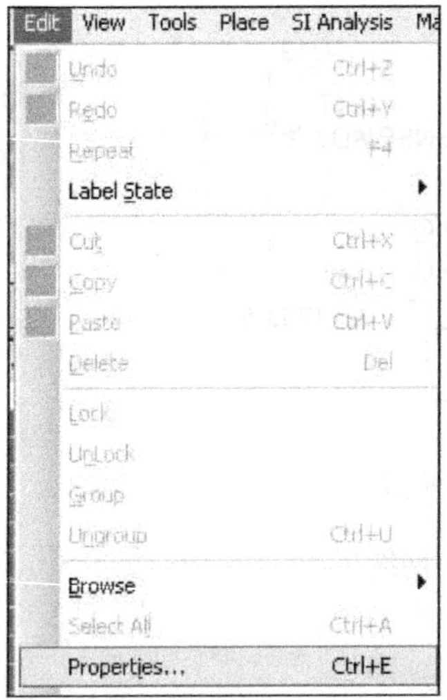

	Reference	Part Reference	PCB Footprint	REUSE_A
1	C36	C36	C0402	TRUE
2	C45	C45	C0402	TRUE
3	C54	C54	C0402	TRUE
4	C63	C63	C0402	TRUE
5	C67	C67	C0402	TRUE
6	C105	C105	C0402	TRUE
7	C92	C92	C0402	TRUE
8	C122	C122	C0402	TRUE
9	C135	C135	C0402	TRUE
10	C153	C153	C0402	TRUE
11	C166	C166	C0402	TRUE
12	C183	C183	C0402	TRUE

图 1.56　显示所有元件属性

OK 按钮即可进行批量保存，如图 1.57 所示。

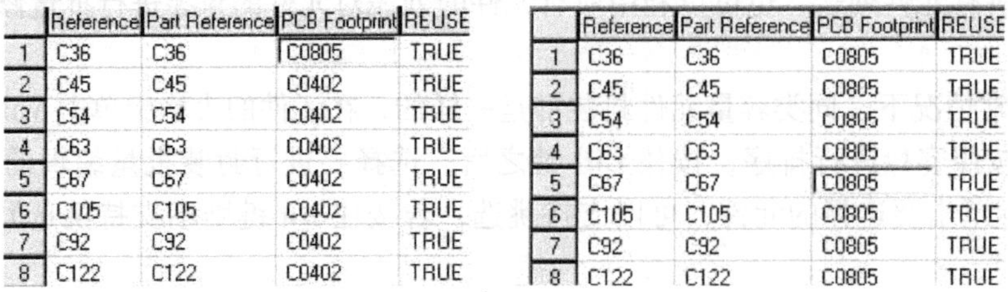

	Reference	Part Reference	PCB Footprint	REUSE
1	C36	C36	C0805	TRUE
2	C45	C45	C0402	TRUE
3	C54	C54	C0402	TRUE
4	C63	C63	C0402	TRUE
5	C67	C67	C0402	TRUE
6	C105	C105	C0402	TRUE
7	C92	C92	C0402	TRUE
8	C122	C122	C0402	TRUE

	Reference	Part Reference	PCB Footprint	REUSE
1	C36	C36	C0805	TRUE
2	C45	C45	C0805	TRUE
3	C54	C54	C0805	TRUE
4	C63	C63	C0805	TRUE
5	C67	C67	C0805	TRUE
6	C105	C105	C0805	TRUE
7	C92	C92	C0805	TRUE
8	C122	C122	C0805	TRUE

图 1.57　PCB Footprint 栏

（4）利用浏览批量修改元件的封装方法，同样也可以用来批量修改元件的值、元件的制造商、元件的电压等信息，还可以用来批量给某类型的元件 New Property 增加新的属性等。

1.4　常见的基本操作办法

1.4.1　选择元件

（1）单个元件选择，用鼠标单击该元件即可选中该元件，选中后元件会高亮显示。

（2）多个元件选择，按住 Ctrl 键后，用鼠标逐个单击元件，选中后元件会高亮显示。

（3）区域内所有元件选择，直接用鼠标左键框选，选中后元件会高亮显示。

（4）多个区域内所有元件选择，按住 Ctrl 键，逐个区域框选，选中后元件会高亮显示，如图 1.58 所示。

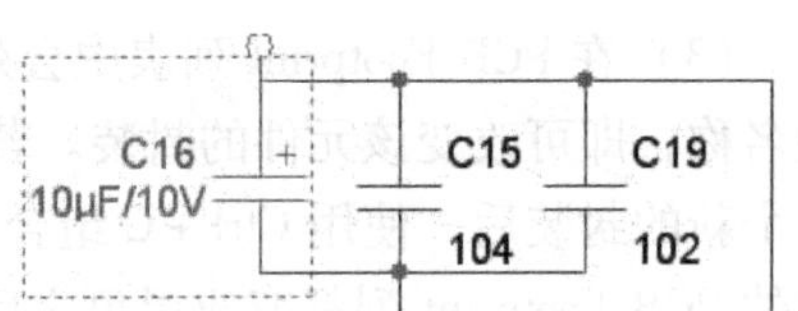

图 1.58　选中后元件会高亮显示

（5）选择过滤器，为了更方便地对原理图上各对象进行选择，Capture CIS 有选择过滤器 Selection Filter。

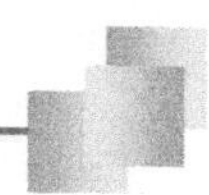

在 DSN 原理图空白处任意单击鼠标右键即会弹出过滤器设置命令（快捷方式 Ctrl + I 组合键），单击该命令后会弹出过滤器设置对话框，对话框中可以设置要选择哪种对象，如只勾选了 Parts 就可以用鼠标框选所有元件，方便只对原理图中的元件进行选取，如图 1.59 所示。

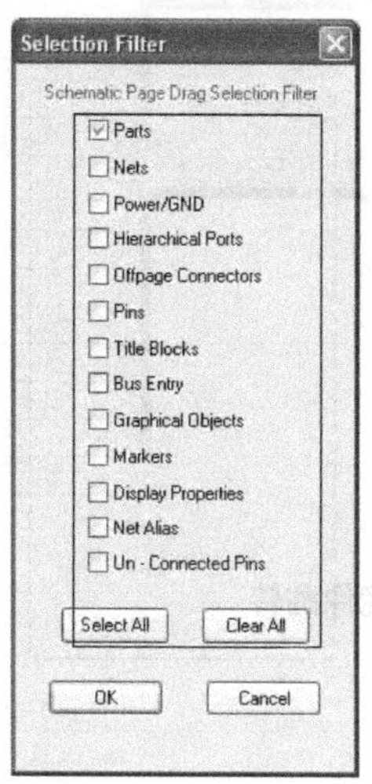

图 1.59　对选择对象进行设置

小知识：

选择过滤器 Selection Filter 可以设置各种不同的对象，Parts、Nets、Offpage Connectors、Markers，Net Alias，Un - Connected Pins 等都可以进行选择。在不同的对象上打钩之后，用鼠标框选就会选中，不勾选的项目，用鼠标框选无法选中。

Selection Filter 还可以支持所有的对象都选中。

1.4.2　移动元件

（1）单个元件移动：选中直接拖动，元件会跟着鼠标移动的方向移动。

（2）多个元件移动：按住 Ctrl 键选中，直接拖动，元件会跟着鼠标移动。

（3）元件移动默认是带着连接移动，如果切断电气连接，按住 ALT 键，拖动即可。

（4）选择过滤器若勾选多个对象后，会被一起选中，在拖动的过程中，可以一起进行跟着鼠标移动。

1.4.3　旋转元件

（1）单个元件旋转：选中元件，按快捷键 R，或用鼠标单击执行 Edit—Rotate 命令。

（2）一组对象旋转：按住 Ctrl 键选中，按快捷键 R，或用鼠标单击执行 Edit—Rotate 命令。

（3）若选择的只是元件进行旋转，就会切断电气连接，Wire 走线等不跟着旋转。

（4）旋转命令有时不起作用，通常发生在页边上，没有足够大的空间的情况。

（5）选择过滤器若勾选多个对象后，对象会被一起选中，所有的对象都会跟着旋转。特别适合已经绘制好的原理图，位置要移动或旋转时 Wire 线及 Text 等都可以跟着整体旋转。

1.4.4　镜像翻转元件

（1）选中镜像元件后，用鼠标单击 Edit—Mirror—选择水平垂直等方式（镜像快捷按键

V 和 H）。

（2）选择过滤器若勾选多个对象后，对象会被一起选中进行整体镜像操作，如图 1.60 所示。

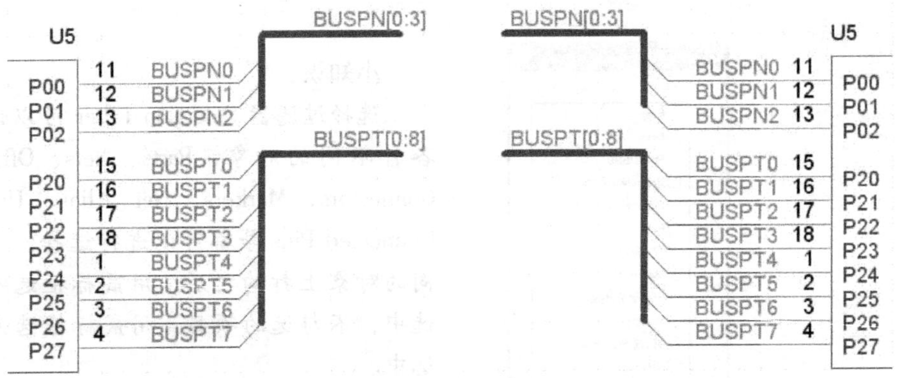

图 1.60　元件的镜像翻转

（3）文本及位图等不能执行镜像操作。

1.4.5　修改元件属性

（1）元件索引编号及 Value 选项的修改，双击索引编号或 Value 选项，弹出修改对话框，直接修改即可，如图 1.61 所示。

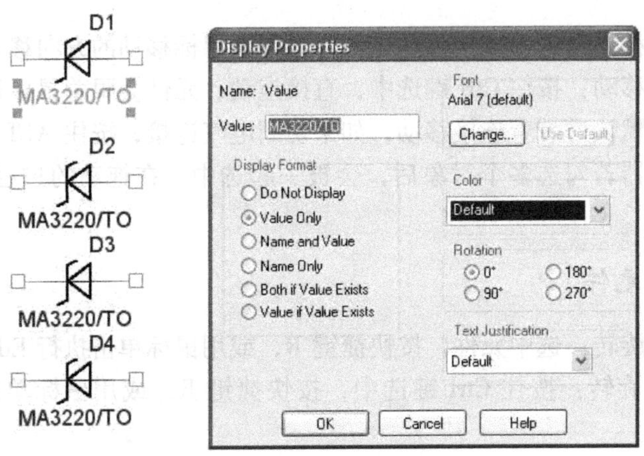

图 1.61　修改元件属性

1.4.6　放置文本和图形

为了对元件的封装及电路的电流、电压等进行说明，就需要放置文本，文本无电路的逻辑连接作用，只是对电路进行描述说明。

（1）用鼠标单击 Place—Text 命令，或右侧菜单中的快捷按钮 A，系统会弹出文本编辑框，如图 1.62 所示。在编辑框内输入文字，快捷方式为 Ctrl + Enter 组合键。

（2）Color：选择文本颜色；Font：选择字体，字体大小等。若需要移动文本，用鼠标单击选中，直接拖动，文本跟随鼠标移动。若需要文本旋转，用鼠标单击选中后，按快捷键 R 即可进行旋转。放置文字的颜色设置如图 1.63 所示。

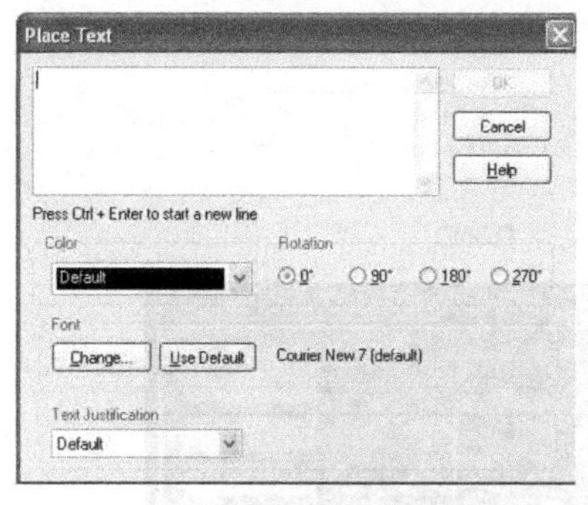

图 1.62　放置文本和图形

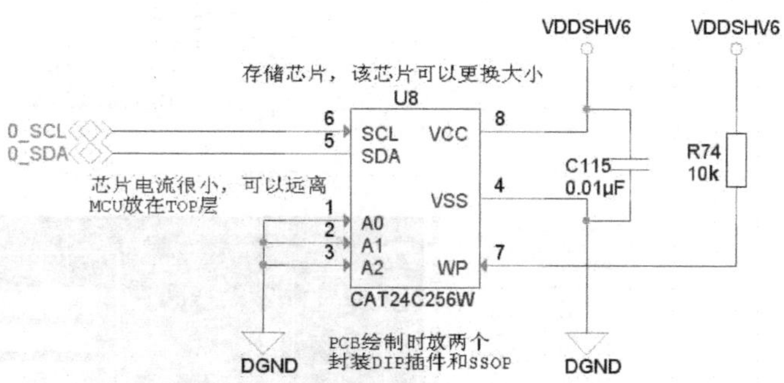

图 1.63　放置文字的颜色设置

（3）让文字说明更加明显，可以放置图形。用鼠标单击 Place—Line、Rectangle、Ellipse、Arc、Elliptical Arc、Bezier Curve、PolyLine 命名进入放置状态。也可以在右侧快捷按钮选择 Rectangle（矩形）、Ellipse（椭圆形）、Arc（圆弧）等，如图 1.64 所示。这些图形都没有电气属性，可以放在原理图旁边对电路进行说明，如图 1.65 所示。

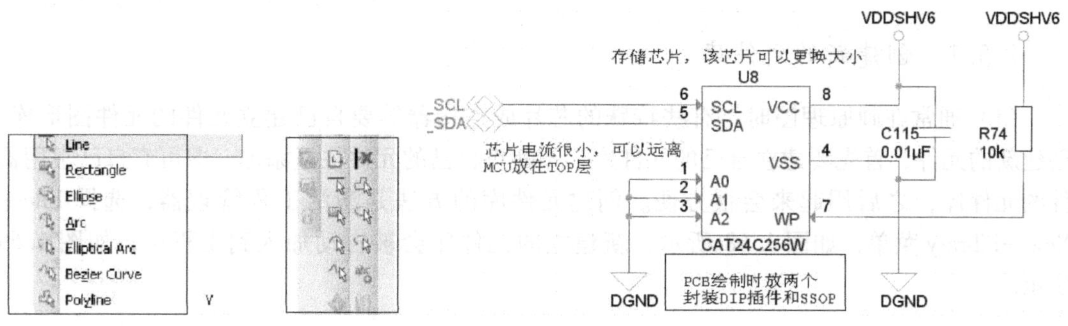

图 1.64　文字工具　　　　图 1.65　放置图形让文字说明更加明显

小知识：

插入 BMP 的图片一般比较大，会在图片的 4 个角落里分别有小方块，用鼠标来拖动这些小方块可以对图片的大小进行缩放。

用鼠标单击图片，拖动图片会跟随鼠标移动，再次单击会放下图片。

（4）为了对电路或元件进行更为详细的说明可以插入图片，比如芯片封装尺寸、芯片工作波形等。用鼠标单击 Place—Picture 进入插入图片命令，选择该芯片的封装、波形等 BMP 格式的文件浏览即可插入，如图 1.66 和图 1.67 所示。

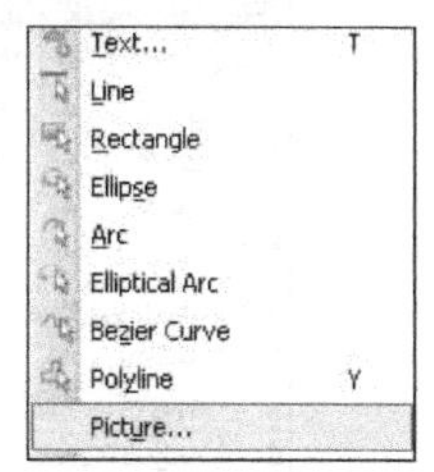

图 1.66　插入图片命令

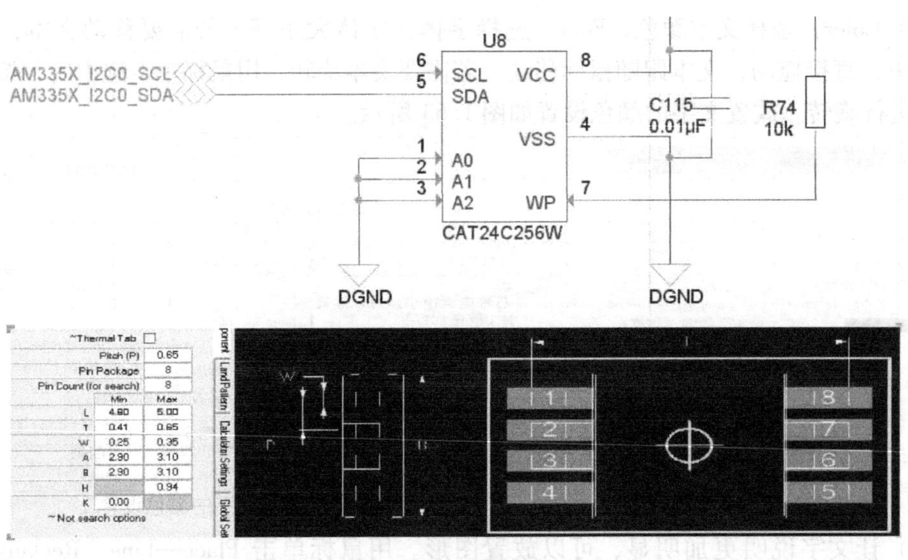

图 1.67　插入图片

1.5　创建新元件库

1.5.1　创建新的元件库

（1）通常在画原理图时，有些特殊的芯片或连接器等要自己建立元件的元件图形库。创建新的元件，首先要建立自己的元件库，不断将自己的元件往里添加，即可有自己常用器件的元件库，之后用起来会很方便。创建元件库的方法是激活工程管理器，选择 File—New—Library 菜单，如图 1.68 所示，新建立的元件库会被自动加入到工程中，如图 1.69 所示。

小知识：

关于中文的问题，自己新建立的 lib 库文件或者 DSN 工程文件等，建议命名的路径或文件的名字中最好都不要出现中文，否则可能在导出网络表的时候报告路径的错误，特别是出 Allegro 方式网络表的时候，这样的错误是需要返回来修改元件的库路径，所以建议工程和库都不要出现中文路径或名称为宜。

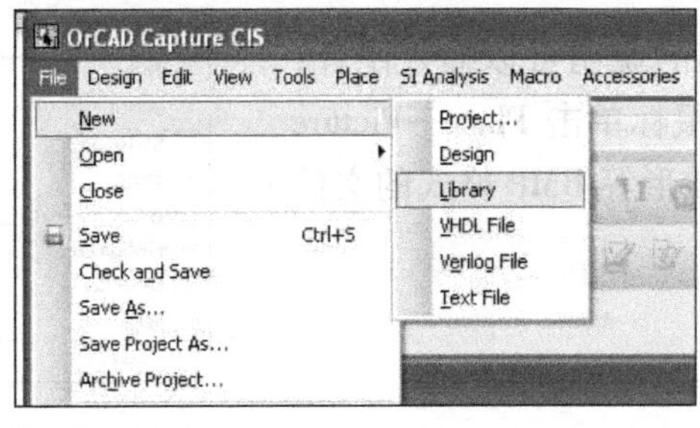

图 1.68　创建新的元件库命令

图 1.69　创建新的元件库

（2）创建库文件后，可以将自己的库存在自己常用的路径下，但要注意，保存库的文件路径不能有中文。

1.5.2　创建新的库元件

（1）鼠标放在要创建新元件的库 OLB 文件上，单击鼠标右键选择 New Part 命令后开启新建库元件的系统对话框，如图 1.70 所示，各选项说明如下。

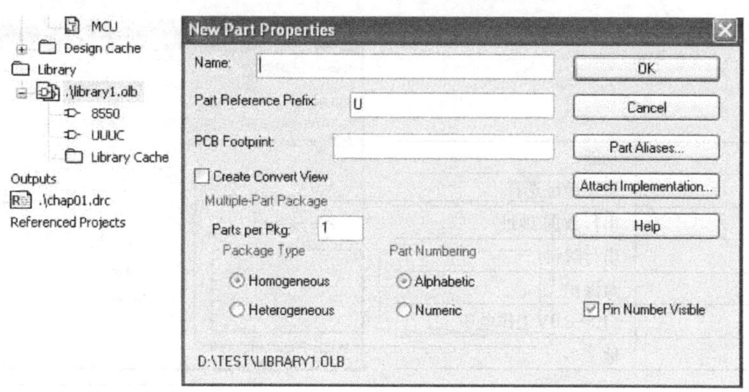

图 1.70　创建新的库元件

按照要创建的实际的库来填写对话框后，即可完成创建新的库元件。

- Name：新建元件的名称，如 8550、STM32103、ADC8199、CON2R54_5PIN 等。
- Part Reference Prefix：新建元件的序号开头字母，如 U、J、R、C、P、CON、L 等。
- PCB Footprint：新建元件的封装名，如 SOT23、SOP20、FBGA100、DIP40 等。
- Create Convert View：狄摩根转换，预览图像的方式。
- Multiple – Part Package：一个元件包括有多个 Part 部分。
- Parts per Pkg：一个封装下面有几个 Part 部分，如有些大的芯片可以分开 2 个或 3 个部分等。
- PackageType
  - Homogeneous：多个 Part 外形相同 ，元件分成多部分来画原理图，如 5400 和 7400 的逻辑芯片。
  - Heterogeneous：多个 Part 外形不同，如一些大的芯片可以将功能相同的单元放在一个部分上。
- Part Numbering
  - Alphabetic：元件序号以英文显示，元件的引脚以字母显示，如 BGA 的引脚。
  - Numeric：元件序号以数字显示，元件的引脚以数字显示，如 SSOP，DIP，类型的引脚。

1.5.3　创建一个 Parts 的元件

创建新的库元件对话框设置完成后，单击 OK 按钮后，即会出现元件的编辑窗口，新建元件的设计工作就是在这个窗口中完成的。接下来假设以新建 AT24C08 EPROM 存储芯片元

件为例，来完成新建单个 Parts 元件的流程讲解。

（1）阅读元件手册，找到芯片的引脚配置图形查看每个引脚的功能分配，如图 1.71 所示。

（2）创建新的库元件，如图 1.72 所示。Name：AT24C08；Part Reference Prefix：U；PCB Footprint：SOP8；Parts per Pkg：1；引脚选择 Numeric。填写完成后单击 OK 按钮后即可进入 Part 元件设计界面。

引脚名称	功能
A0、A1、A2	器件地址选择
SDA	串行数据/地址
SCL	串行时钟
WP	写保护
VCC	+1.8~6.0V工作电压
VSS	地

图 1.71　AT24C08 手册引脚截图

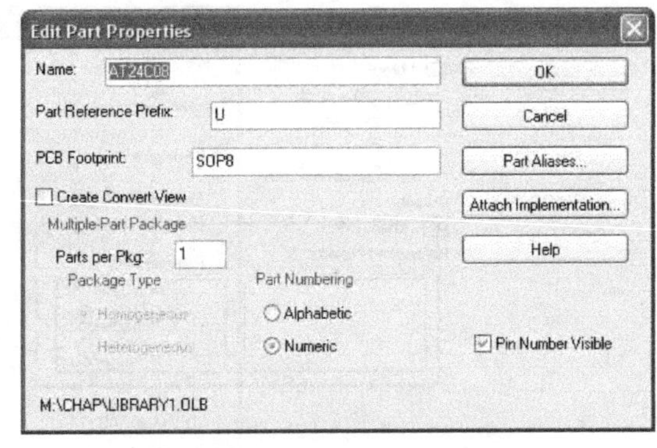

图 1.72　创建新的库元件

（3）Part 元件设计界面，右侧是设计工具快捷图标，单击图标之后即可使用相应的命令。中间的 U? <Value> 部分是留给做元件设计的区域。Value 就是元件的名称，修改成 AT24C08 即可，如图 1.73 所示。

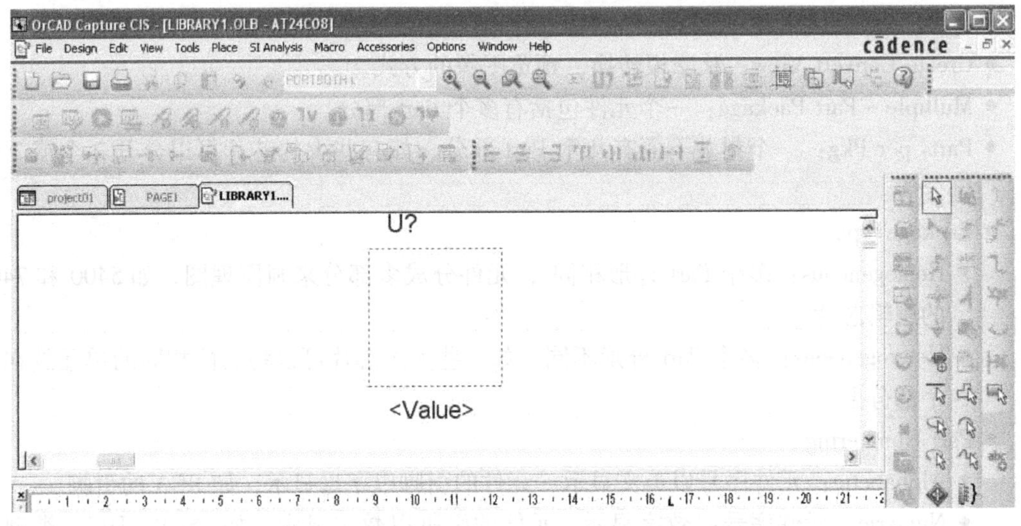

图 1.73　Part 元件设计界面

（4）按照元件手册要求来摆放引脚，单击命令 Place—Pin…即可进入引脚的 PIN 放置界面。Name 是引脚名称；Number 是引脚对应的序号；Shape 是引脚表示的方式；Type 是引脚的电气类型，Passive，如图 1.74 所示。①表示输入/输出类型。按照手册的顺序来摆放元件的引脚，输入引脚的功能，然后手工设置引脚的序号。

② 输入 Name 为 A0，Number 为 1，单击 OK 按钮之后，引脚就会挂载在鼠标上，在左侧的虚线框上单击即可完成 A0 引脚的放置，如图 1.75 所示。使用同样的办法，可以继续完成所有引脚的放置。引脚类型 Scalar 单个引脚，Bus 总线引脚。

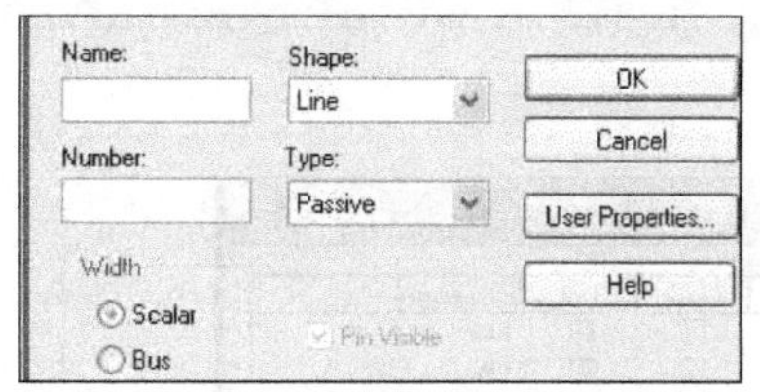

图 1.74　进入引脚的 PIN 的放置界面

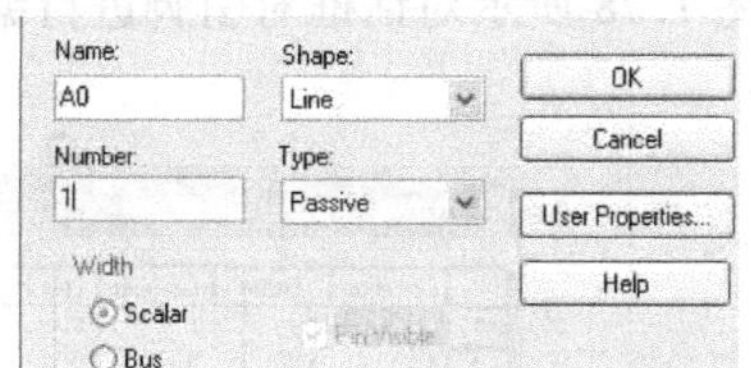

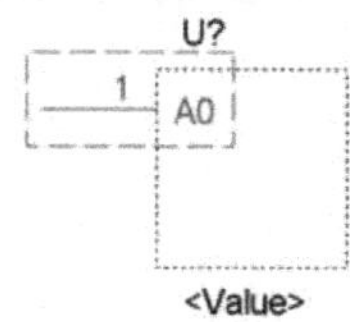

图 1.75　摆放引脚

③ 小知识：若有些芯片的引脚是低电平有效的信号，在制作时可以在 Name 中输入\\，这样做出来的引脚就会在字母的上面出现一个小横线，这样的小横线代表低电平有效，如图 1.76 所示。

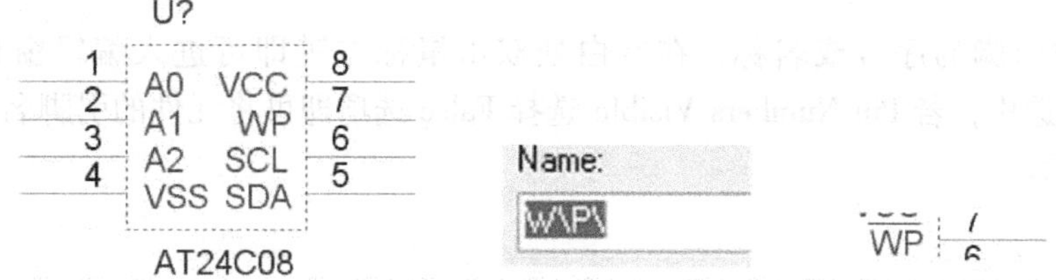

图 1.76　低电平有效设置

④ 引脚摆放完成后，可以调整引脚和字符的位置，美观为宜。注意在摆放引脚时要将 Snap to Grid 引脚对其命令打开，这样摆放的引脚都在栅格点上方便元件连线。

（5）摆放元件外框，选择 Place—Rectangle 命令后按照图上虚线框的位置，绘制一个重合的矩形框，用此矩形框来表示元件的外框。放置完成后双击右键修改 Line Width 为比较宽的线段，如图 1.77 所示。

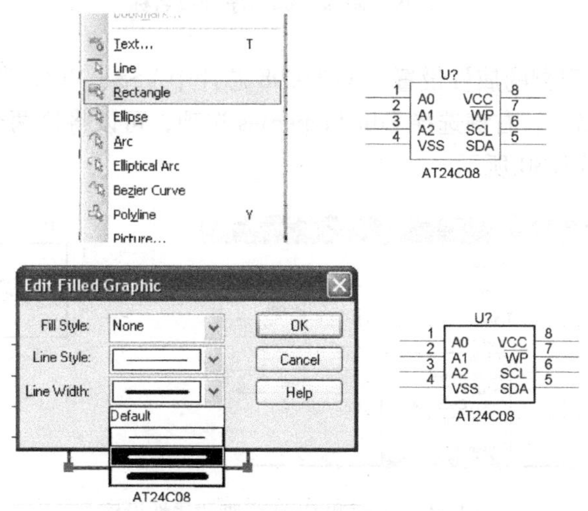

图 1.77　摆放元件外框

（6）修改引脚属性，引脚放置完后再右键选择 Edit Properties 修改放置中存在的错误引脚。

（7）修改全部引脚属性，可以用 Ctrl 键和鼠标选择需要编辑的引脚，单击 Edit Properties 选项，会出现如图 1.78 所示对话框对引脚进行编辑。

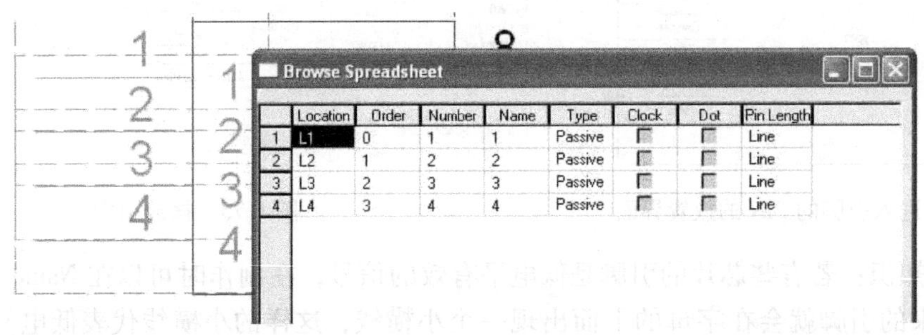

图 1.78　修改全部引脚属性

（8）隐藏引脚的序号或名称，在空白处双击鼠标左键即可进入编辑窗口，并将 Pin Names Visible 选中，若 Pin Numbers Visible 选择 False 选项即可将元件的引脚名称隐藏起来，如图 1.79 所示。

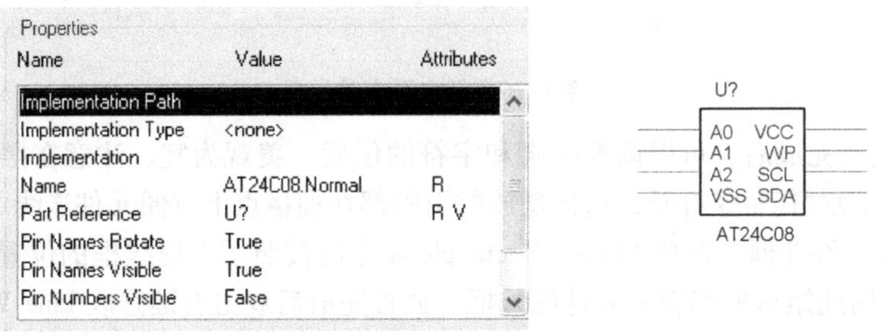

图 1.79　隐藏引脚的序号或名称

（9）电源和 GND 引脚的属性设置，AT24C08 芯片中 VSS、VCC 都是电源引脚，可以设置这两个引脚为电源属性。右键选择 Edit Properties 选项，可以将这两个引脚的 Type 类型设置成 Power 属性，如图 1.80 所示。

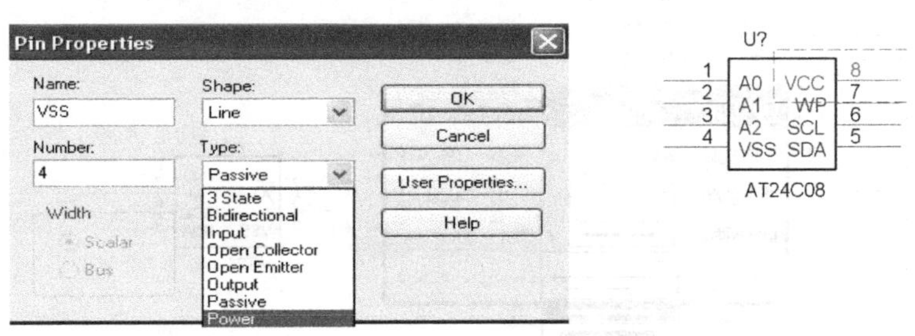

图 1.80　电源和 GND 引脚的属性设置

1.5.4　创建多个 Parts 的元件

创建新的库元件对话框设置完成，单击 OK 按钮后，即会出现元件的编辑窗口，新建立元件的设计工作就是在这个窗口中完成的。接下来假设要新建立 74HC00 与非门逻辑芯片元件，来完成新建多个 Parts 元件的流程讲解。

（1）阅读数据手册，找到芯片的引脚配置图形查看每个引脚的功能分配。74HC00 中有 4 个与非门逻辑组，其中 1A、1B、1Y 是一个逻辑组，其他依此类推，如图 1.81 所示。这样的芯片在绘制原理图时可以分成 4 部分进行，每部分可以独立对待。

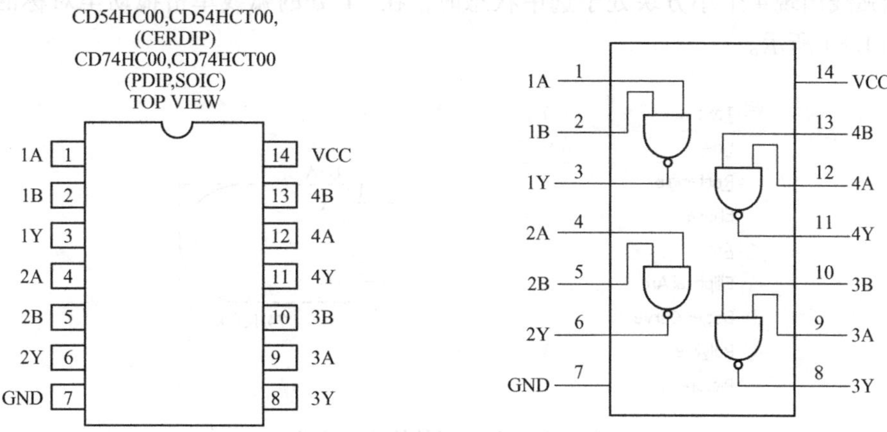

图 1.81　查看芯片的引脚配置

（2）创建新的库元件，Name 填写 74HC00，Part Reference Prefix 填写 U，PCB Footprint 填写 SOIC14，Parts per Pkg 填写 4，引脚选择数字，如图 1.82 所示。填写完成后单击 OK 按钮即可进入 Part 元件设计。

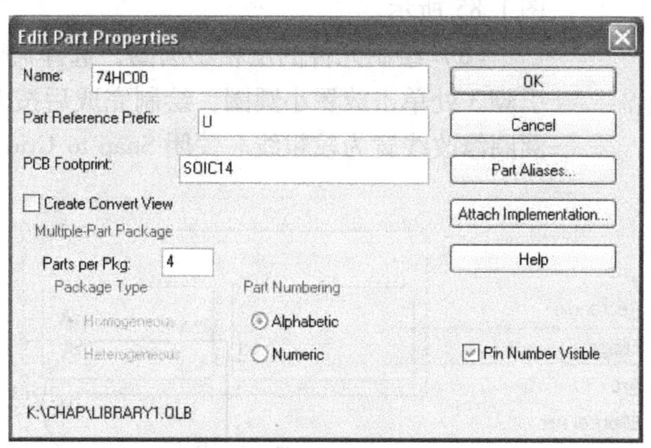

图 1.82　开始创建新的库元件

（3）创建 74HC00 4 个相同部分多 Parts 的元件，手工绘制 U? A 的部分内容，手工摆放 1A、1B、1Y 引脚，如图 1.83 所示。

引脚或字符位置可以调整，选择右上角的 Snap to Grid 快捷图标，变成红色之后，可以手工移动字符或引脚到合适的位置。关闭格点对齐功能之后可以将字符和引脚移动到任意位置。但需要注意引脚还是不要任意放置，否则后面连接线时比较难以扑捉。

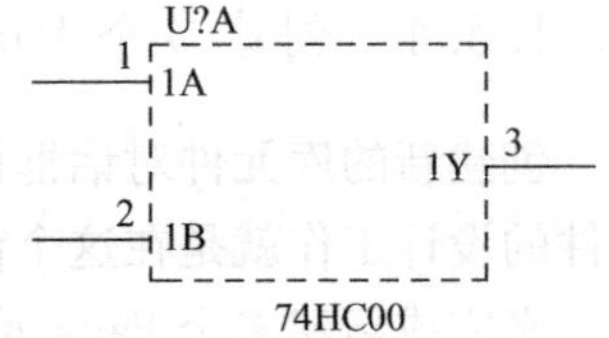

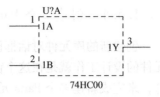

图 1.83　手工摆放 1A、1B、1Y 引脚

（4）绘制元件的外形弧线，选择命令 Place—Elliptical Arc 后，鼠标单击右侧虚线框中间位置放下第一个点，然后向右侧拉，在引脚 3 后面位置单击放下第二个点。按 ESC 键退出弧线放置命令，用鼠标再次单击弧线，当弧线出现 4 个小方块处于选中状态时，在 1Y 处的弧线单击拖动至对称的半圆弧线，如图 1.84 所示。

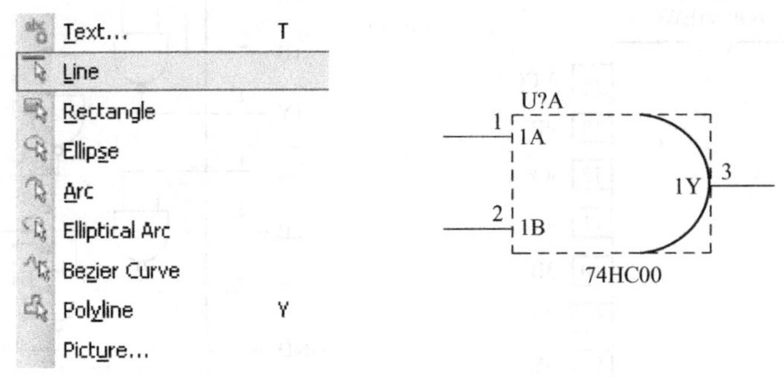

图 1.84　绘制元件的外形弧线

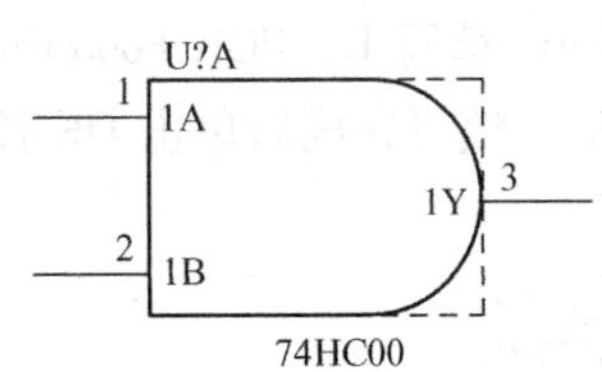

图 1.85　绘制元件的外形直线

（5）绘制元件的外形直线，选择命令 Place—Line，沿着虚线框边缘绘制线段，让线段和圆弧组成整体的元件外框。绘制完成后按 ESC 键退出，双击直线和弧线的线宽度为较粗线，如图 1.85 所示。

（6）绘制元件的反相小圆圈，选择命令 Place—Ellipse，在引脚 3 处单击放置小圆圈，绘制完成后按 ESC 键退出，双击小圆圈修改线宽为较粗线。关闭 Snap to Grid 的功能，单击 1Y 移动到合适的位置。

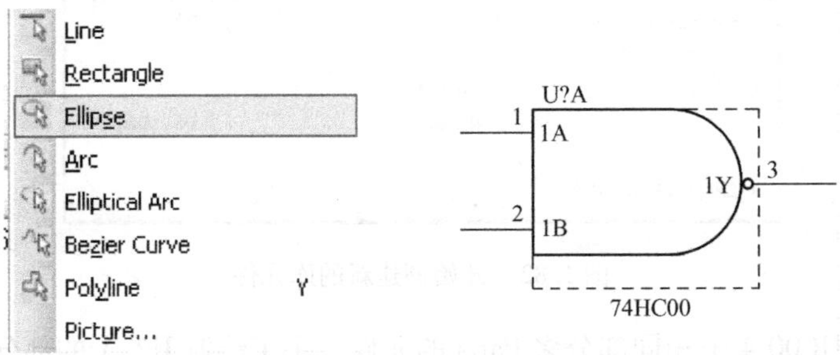

图 1.86　绘制元件的反相小圆圈

（7）绘制下一个元件的 Part 部分，U？A 完成，选择命令 View—Next Part，绘制下一个 Part，或者用快捷键 Ctrl + N。此时，元件外观与上一个完全一样（因为选取元件时以 Homogeneous 来绘图），只需要将引脚的序号填入即可完成 U？B 部分的绘制工作。使用同样的方法可以完成 U？C 和 U？D 的 Part 的元件绘制，如图 1.87 所示。

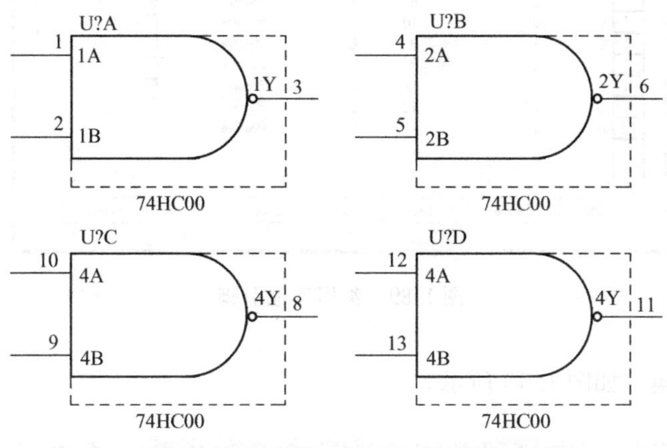

图 1.87　绘制下元件剩余的 Part 部分

（8）预览元件。选择命令 View—Package，可以显示所有已经绘制完成的 Part 元件，如图 1.88 所示。

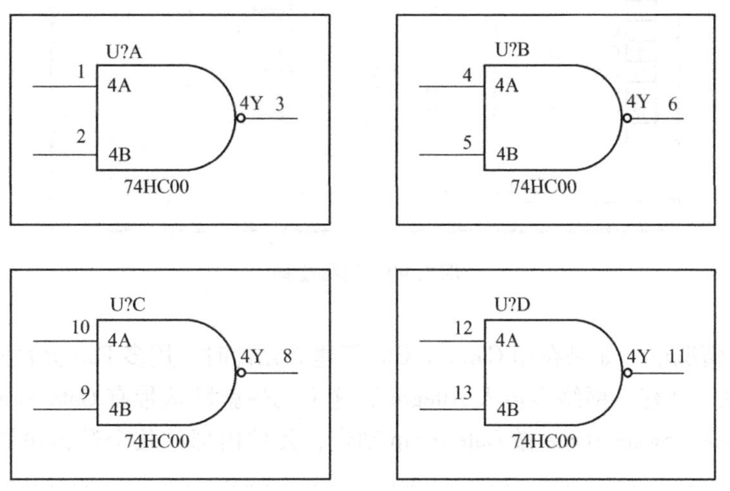

图 1.88　预览绘制完成的元件

（9）选择命令 Edit—Properties 选项来编辑其他引脚，进入对话框后直接输入或修改 Pin Number 等相关信息，如图 1.89 所示。

（10）如果要做 PIN Swap，则需要把可以交换的 PIN 在 Pin Group 中，设成相同的数值，比如 1、2、3 引脚可以交换，则可以在 Pin Group 中，把这 3 个脚都设成 1，则这 3 个脚在

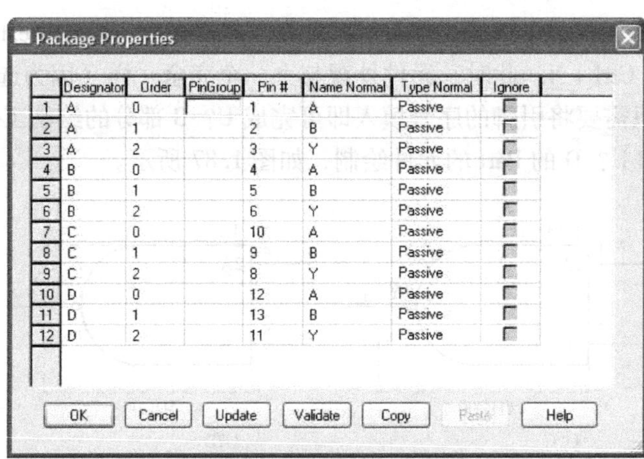
Package Properties

	Designator	Order	PinGroup	Pin #	Name Normal	Type Normal	Ignore
1	A	0		1	A	Passive	
2	A	1		2	B	Passive	
3	A	2		3	Y	Passive	
4	B	0		4	A	Passive	
5	B	1		5	B	Passive	
6	B	2		6	Y	Passive	
7	C	0		10	A	Passive	
8	C	1		9	B	Passive	
9	C	2		8	Y	Passive	
10	D	0		12	A	Passive	
11	D	1		13	B	Passive	
12	D	2		11	Y	Passive	

OK　Cancel　Update　Validate　Copy　Paste　Help

图 1.89　编辑其他引脚

PCB 中就可以被交换，如图 1.90 所示。

Package Properties

	Designator	Order	PinGroup	Pin #	Name Normal	Type Normal	Ignore
1	A	0	1	1	A	Passive	
2	A	1	1	2	B	Passive	
3	A	2	1	3	Y	Passive	
4	B	0	1	4	A	Passive	
5	B	1	1	5	B	Passive	
6	B	2	1	6	Y	Passive	
7	C	0	1	10	A	Passive	
8	C	1	1	9	B	Passive	
9	C	2	1	8	Y	Passive	
10	D	0	1	12	A	Passive	
11	D	1	1	13	B	Passive	
12	D	2	1	11	Y	Passive	

OK　Cancel　Update　Validate　Copy　Paste　Help

图 1.90　引脚交换

（11）默认情况下，如果在用 Capture CIS 新建立元件时使用多 Part 元件封装，几个 Part 功能都一样的话，新建立网络表传入 Allegro 后这个元件就默认带有 Gate Swap 功能。在 Allegro 中菜单 Place—Swap—Gate 做 Gate Swap 动作，元件内部的几个逻辑块就是可以进行交换的。

（12）在打开元件库（ *. olb）中的某个元件之后，选择命令 Options—Package Properties 后弹出该元件的属性修改对话框，可以对元件的属性进行修改。比如名称、封装、参考编号等，如图 1.91 所示。

在做元件库时，Pin Name、Pin Number 不能重复（若是将来导出网络表时采用 Allegro 的网络表格式，Pin Name、Pin Number 都不允许重复；若是第三方网络表，Pin Name 允许重复），另外，若 Pin Type 为 Power，则 Pin Name 允许重复。

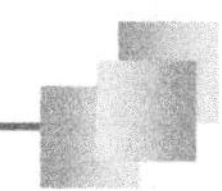

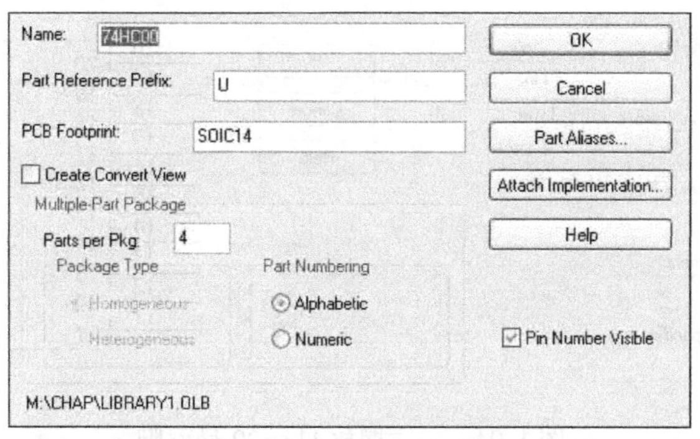

图 1.91　对元件的属性进行修改

1.5.5　一次放置多个 Pins，Pin Array 命令

若一个芯片的引脚非常多，就可以使用 Pin Array 一次放置多个 Pins，选择命令 Place—Pin Array 即可一次放置多个 PIN 的引脚，如图 1.92 所示。

- Starting Name：引脚摆放开始的名字，最后一位是数字会被自动累加。
- Starting Number：引脚摆放开始的编号，最后一位是数字会被自动累加。
- Number of Pins：引脚一次摆放的数量，决定一次摆放多少个引脚。
- Increment：增量，引脚的增量可以是正数或者负数。
- Pin Spacing：引脚的对齐间距，表示对齐格点的个数。

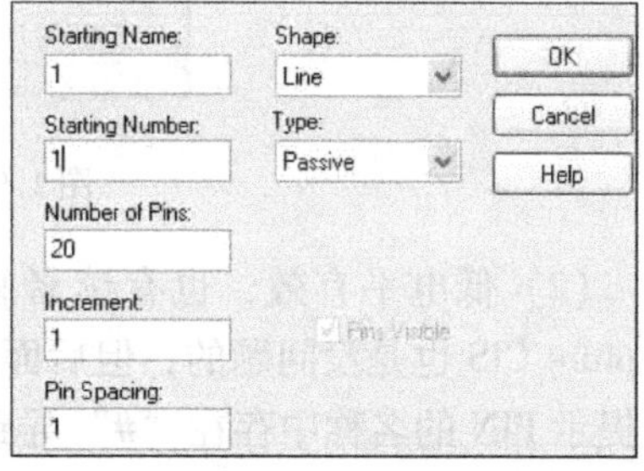

图 1.92　一次放置多个 Pins，Pin Array

（1）假设一次摆放 10 个引脚，编号是 1 ～ 10，可以按照如下设置完成一次摆放 10 个引脚的目的，如图 1.93 所示。

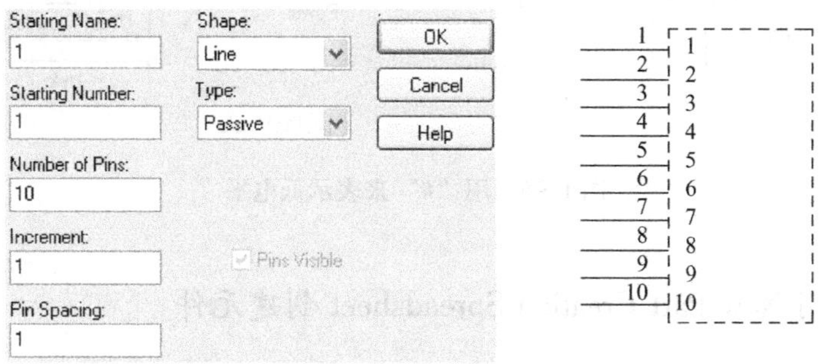

图 1.93　一次摆放 1～10 号引脚

（2）假设一次摆放 10 个引脚，编号是 11 ～ 20，可以按照如下设置完成一次摆放 10 个引脚的目的。注意：Starting Name 要设置成 20，Increment 要设置成 -1，如图 1.94 所示。

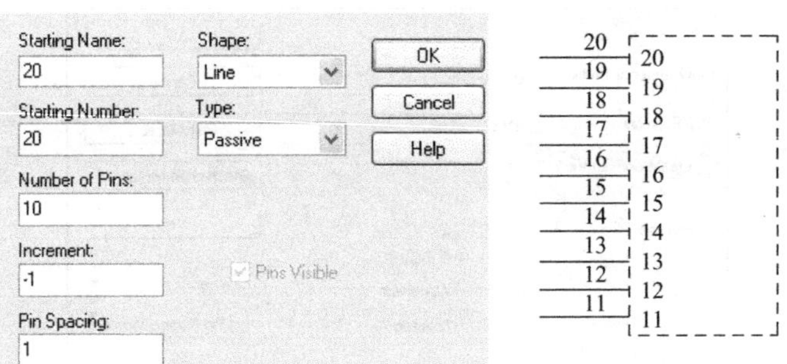

图 1.94　一次摆放 11～20 号引脚

1.5.6　低电平有效 PIN 名称的写法

（1）低电平有效，通常会在引脚的名字上加上画线来表示。在输入引脚增加“\”即可显示出上画线，如图 1.95 所示。

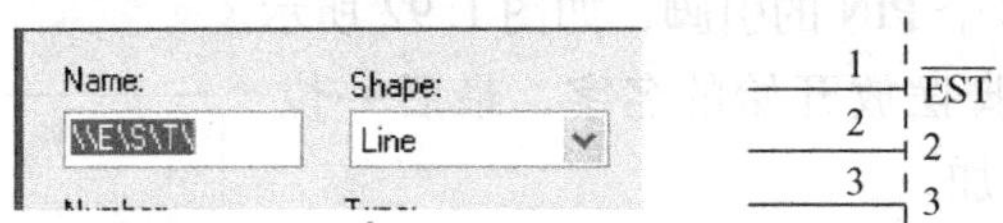

图 1.95　低电平有效 PIN 名称的写法

（2）低电平有效，也有读者喜欢用“#”来表示，如图 1.96 所示。若写成“#”在 Capture CIS 也是没问题的，但后面若要采用 Allegro 方式输出网络表时就会出现错误，系统会提示 PIN 的名称中存在“#”导致网络表输出失败。若采用第三方网络表方式输出，元件的引脚名称中是允许存在“#”的，但若采用第三方网络表的同步方式，就没有办法实现 Capture CIS 和 PCB 的实时交互了，这点请读者注意。

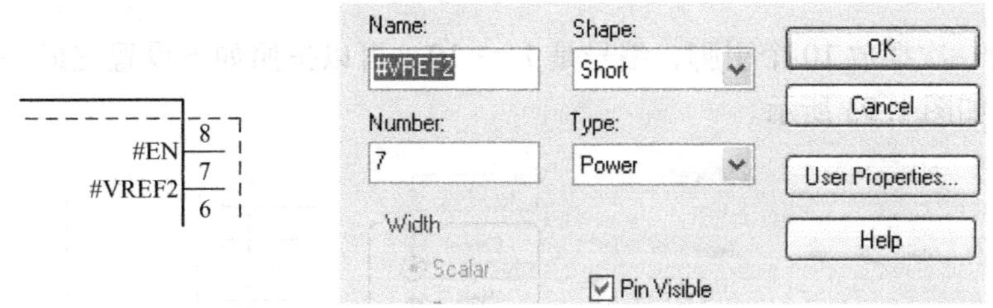

图 1.96　用“#”来表示低电平

1.5.7　利用 New Part Creation Spreadsheet 创建元件

CaptureCIS 提供了表格输入的元件创建方式，可以在新建元件时选择命令 New Part Creation Spreadsheet，通过表格创建多引脚元件。

（1）在需要创建新元件的 OLB 库文件上右击，选择命令 New Part Creation Spreadsheet 即可进入表格元件创建对话框，如图 1.97 所示。

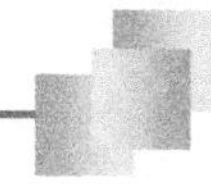

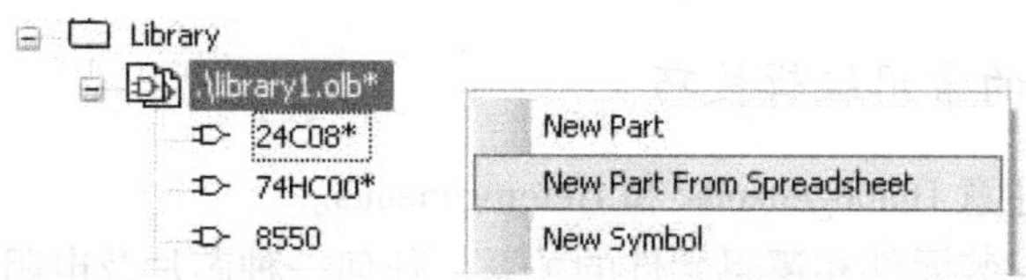

图 1.97 利用 New Part Creation Spreadsheet 命令创建元件

（2）接下来会弹出元件创建对话框表格，如图 1.98 所示。Part Name 元件名称，No. of Sections 元件分成几部分，Part Ref Prefix 是元件的编号，一般芯片都填写 U，Part Numbering 引脚的编号可以选择数字或字母，一般 BGA 类型的元件都是字母。表格 Number 列用来填写元件的引脚编号，Name 列用来填写引脚对应的名称，Type 列用来标注引脚的类型，Pin Visibility 列用来选择引脚是否显示，Shape 列用来选择用何种图形表示引脚，PinGroup 列用来选择对应的引脚组归属，Position 列用来选择引脚摆放的位置，Section 列用来选择元件引脚的归属，若有多个 Part 部分，Section 就对应在相应的归属里面。

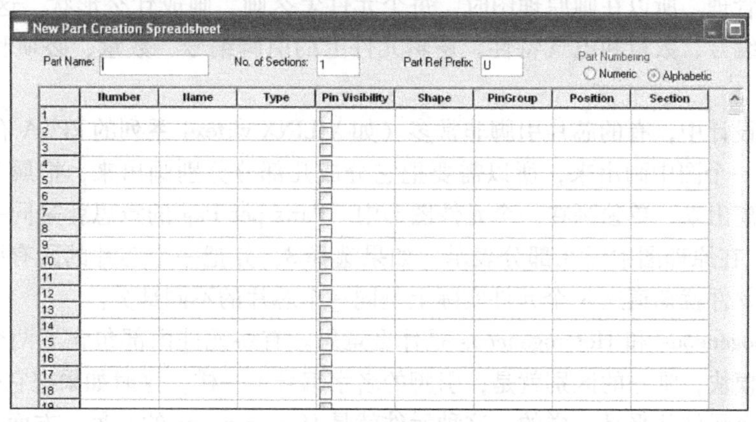

图 1.98 弹出元件创建对话框表格

（3）去芯片厂商网站下载关于芯片的 Table 表格，用 Excel 打开后，编辑成和上面表格对应的格式，数据最好复制上去，即可自动生成对应的元件，如图 1.99 所示。

	Number	Name	Type	Pin Visibility	Shape	PinGroup	Position	
1	A1	TDI	Passive	✓	Line	0	Left	A
2	A2	PROG_B	Power	✓	Line	VCCAUX	Left	A
3	A3	IO_L01N_0/VRP	Passive	✓	Line	0	Left	A
4	A4	VCCO_TOP	Power	✓	Line	0,1	Left	A
5	A5	VCCAUX	Power	✓	Line	N/A	Left	A
6	A6	IO_L30P_0	Passive	✓	Line	0	Left	A
7	A7	IO_L32N_0/GCL	Passive	✓	Line	0	Left	A
8	A8	IO_L32N_1/GCL	Passive	✓	Line	1	Left	A
9	A9	IO_L32P_1/GCL	Passive	✓	Line	1	Left	A
10	A10	IO_L31P_1	Passive	✓	Line	1	Left	A
11	A11	IO_L28N_1	Passive	✓	Line	1	Left	A
12	A12	IO_L27P_1	Passive	✓	Line	1	Left	A
13	A13	IO_L01N_1/VRP	Passive	✓	Line	1	Left	A
14	A14	TMS	Passive	✓	Line	1	Left	A
15	B1	IO_L01P_7/VRN	Passive	✓	Line	7	Left	A
16	B2	IO_L01N_7/VRP	Passive	✓	Line	7	Left	A
17	B3	HSWAP_EN	Power	✓	Line	VCCAUX	Left	A
18	B4	GND	Power	✓	Line	N/A	Left	A
19	B5	IO_L27P_0	Passive	✓	Line	0	Left	A
20	B6	IO_L30N_0	Passive	✓	Line	0	Left	A
21	B7	IO_L31P_0/VRE	Passive	✓	Line	0	Left	A
22	B8	VCCO_TOP	Power	✓	Line	0,1	Left	A

图 1.99 利用芯片的 Table 表格自动生成对应的元件

1.5.8 元件库的常用编辑技巧

元件库创建需要注意 Homogeneous 和 Heterogeneous。

首先要清楚物理封装元件和逻辑元件的关系。任何一种芯片及电阻、电容等元件都有其自己特殊的封装形式，比如 DIP8、SSOP20、PQF100、BGA686 等就是几种物理封装。物理封装对属于这个元件内部的引脚数量、引脚顺序及引脚位置都有严格的要求。在绘制 PCB 时物理封装必须正确，否则 PCB 板可能会出现芯片放不下或引脚错误等问题。

逻辑元件是在原理图上使用的，在原理图中放置的元件只是一种逻辑上的表示，原理图中重视的是有多少个引脚，各个引脚的属性如输入/输出特性、电源还是地、是否是时钟等，至于是以一个元件的方式画出来，还是分成多个画，以及各部分画成什么形状并不重要，只要各个引脚的电气特性正确就可以了。最终原理图给出的只是一个网表，包括引脚属性、互连关系。当然可以不需要画原理图，手工编辑网络表也可以，用原理图的形式不过是为了更清楚，更容易管理。所以在画原理图时，每个元件怎么画，画成什么形状，这些都不重要，重要的是引脚编号、数量和电气特性。逻辑元件上的引脚编号、数量、必须和 PCB 的尺寸一一对应。

在实际的设计中，有的芯片引脚非常多（如 XILINX virtex4 系列的 FPGA 有 1000 多个引脚）没办法在一个图中画出来，所以需要把它分成几部分分别画出来，把属于同一个功能模块的引脚分离出来，单独画在一个元件图形中。Parts per Pkg 的意思就是同一个封装（对应一个芯片），在原理图中用几部分表示。如果选择 8，并把一个芯片的所有引脚分 8 部分画出来，那么软件就知道这 8 个元件实际上是同一个芯片的不同部分。

再看 Homogeneous 和 Heterogeneous 是什么意思。有些元件内部包含了两个或更多的功能完全一样的模块，唯一的区别就是，引脚的名字编号不一样，这时如果把它分成两个元件画出，那这两个元件几乎是一样的，这种元件就是 Homogeneous 的。另一方面，比如画一个 DSP 芯片，它包含 VCC、GND 等电源属性的一组引脚，还有通用 I/O 口、缓冲串行口、EMIF 数据端口等，如果分别画在不同的元件图中，这些分离的元件包括功能、引脚数量、电气属性都不一样，那么此时这些分离的元件就是 Heterogeneous 的。知道这些知识，就可以在原理图中使用分离元件了，分开处理，画起图来相当方便。

1.5.9 Homogeneous 类型元件画法

（1）选中 .olb 库文件，右键选择 New Part，弹出 New Part Properties 对话框，填入元件名称，Parts per Pkg 填入 2，Package Type 选 Homogeneous，如图 1.100 所示。

（2）单击 OK 按钮后，可以在菜单 View—Package 中查看，软件自动把元件分成了 A、B 两部分，如图 1.101 所示。双击 Part A，进入 Part A 编辑页面。画好 Part A 部分图形，放好芯片引脚，如图 1.102 所示。

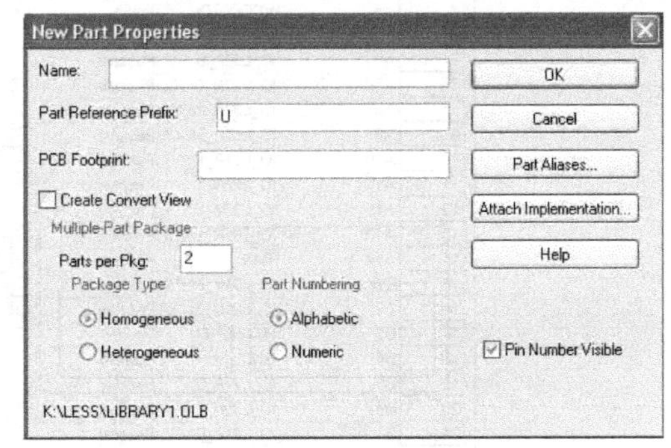

图 1.100 New Part Properties 对话框

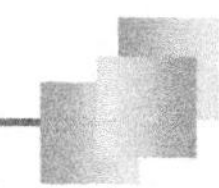

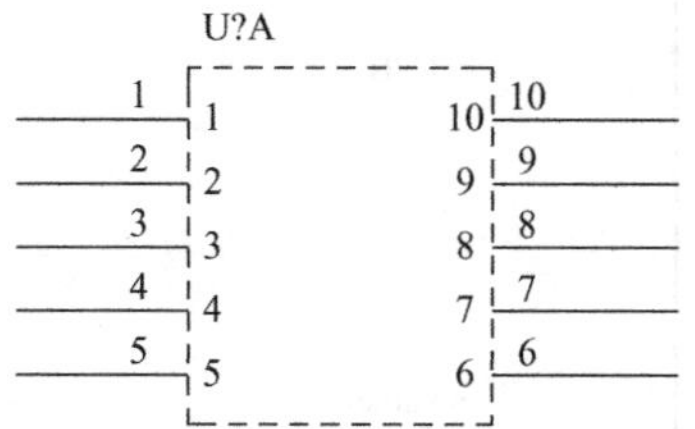

图 1.101 元件被分成了 A、B 两部分

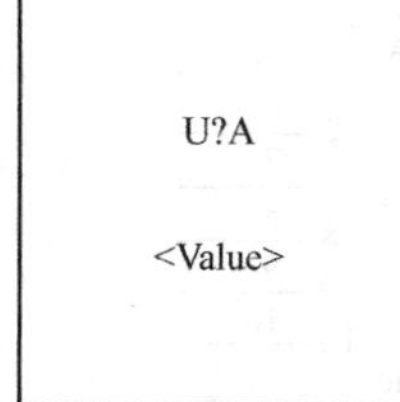

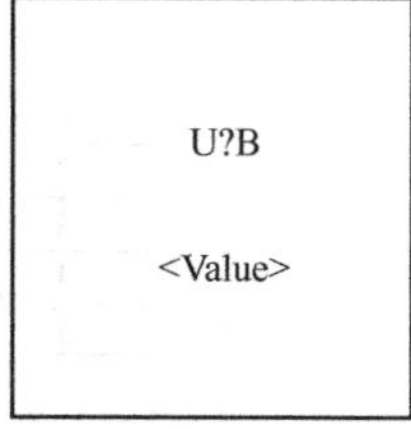

图 1.102 放好 Part A 部分图形芯片引脚

（3）可以使用快捷键 Ctrl + N 进入 Part B 编辑页面，此时 B 部分除了引脚编号外，其他的都与 A 部分相同，只需要在引脚上补上编号即可，如图 1.103 所示。这正是 Homogeneous 类型元件的特点。

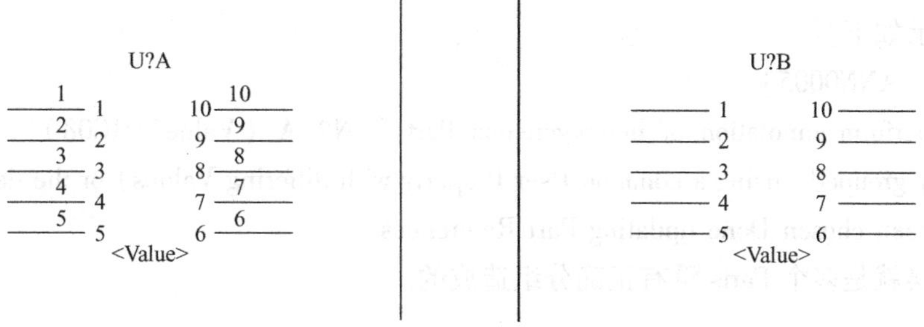

图 1.103 Part B 部分编辑页面

1.5.10 Heterogeneous 类型元件画法

（1）选中 .olb 库文件，右键选择 New Part，弹出 New Part Properties 对话框，填入元件名称，Parts per Pkg 填入 2，Package Type 选 Heterogeneous，如图 1.104 所示。

（2）单击 OK 按钮后，软件自动把元件分成了 A 、B 两部分。使用同样的方法，绘制元件的 Part A 的元件部分，如图 1.105 所示。快捷键 Ctrl + N 进入 Part B 部分编辑页面，此时 B 部分就是空白，需要重新画，如图 1.106 所示。这正是 Heterogeneous 类型元件的特点。

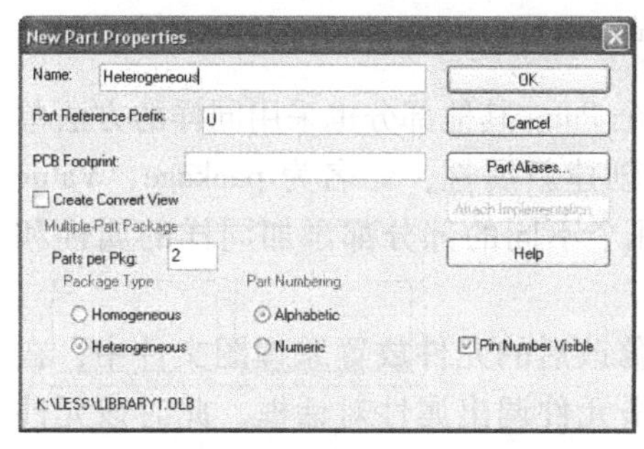

图 1.104 New Part Properties 对话框

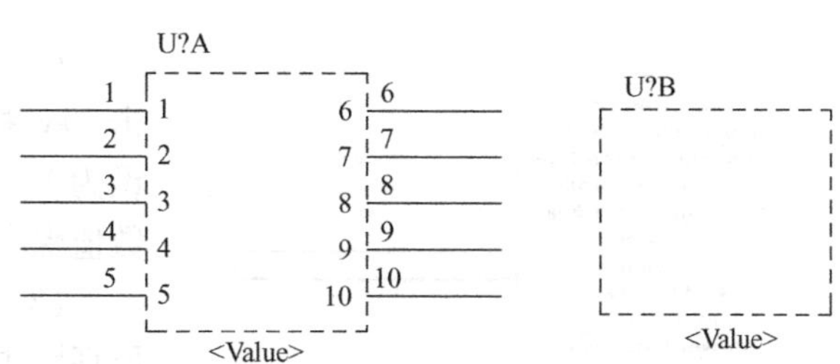

图 1.105 绘制元件的 Part A 的元件部分

（4）针对 Part B 部分可以按照一般元件画法添加引脚和名称，设置好属性即可完成这种类型元件的绘制。

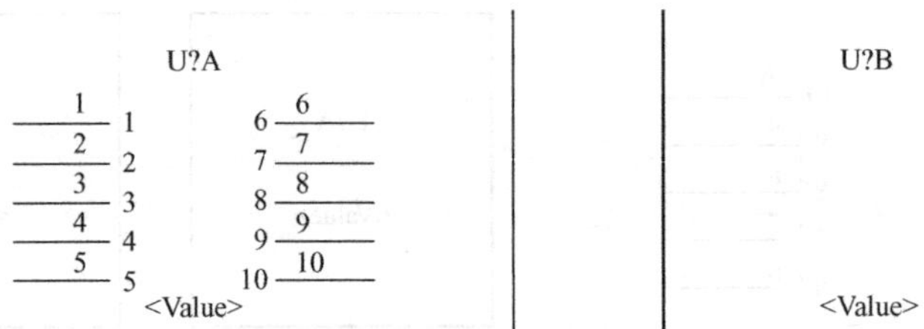

图 1.106　绘制元件的 Part B 的元件部分

1.5.11　多 Parts 使用中出现的错误

在实际工程使用中，如果一个元件包含多个 Parts，Homogeneous 类型或 Heterogeneous 类型，使用过程中要注意多个 Parts 存在的错误。一般情况下会出现多个 Parts 没有正确分组的错误，提示如下。

ERROR［ANN0005］

Cannot perform annotation of heterogeneous Part ’ N? A（Value74HC08）’, Part has not been uniquely grouped（using a common User Property with differing Values）or the device designation has not been chosen Done updating Part References

这个错误就是多个 Parts 没有正确分组造成的。

1.5.12　解决办法

（1）多个 Parts 没有正确分组的问题，可以采用给元件增加属性的办法解决。给元件创建新的属性，用这个新的属性给元件分组：打开 .olb 库文件，双击元件调出 User Properties 编辑对话框，单击 New 按钮创建新属性，命名为 package，Value 设为 1，如图 1.107 所示。

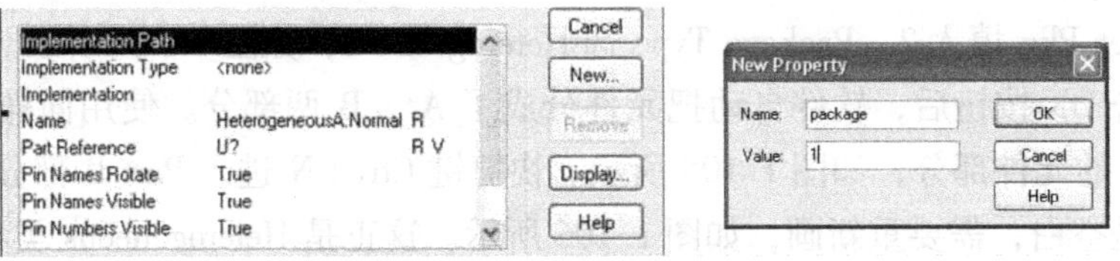

图 1.107　命名为 package，Value 设为 1

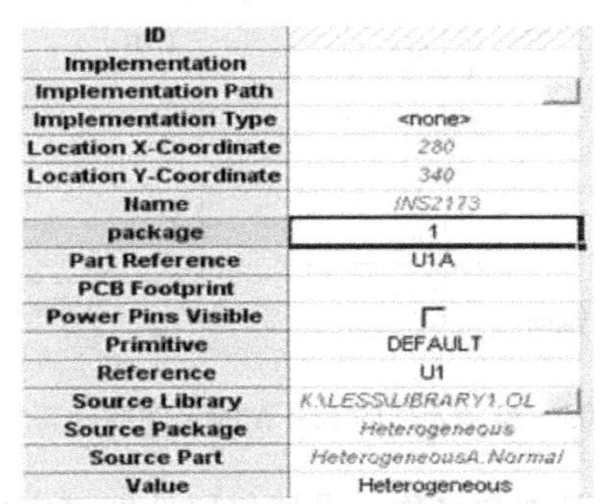

图 1.108　查看元件多出 package 属性为 1

（2）多个 Parts 其他部分也采用同样的方法单击 New 按钮创建新属性，命名为 package，Value 设为 1，将几个不同的部分都添加同样的属性和数值保存。

（3）将修改后的元件放置原理图文件中，在原理图中双击元件调出属性对话框，此时该元件会多出 package 属性为 1，如图 1.108 所示。

（3）可以将第 1 个芯片的几部分中的 package 属性 Value 值都设为 1，第 2 个芯片多个部分的 package 属性 Value 值设为 2。类推，依次设置

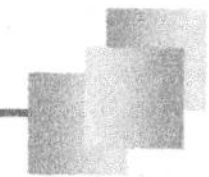

package 的数值。修改内容保存之后，package 属性 Value 值相同的就属于一个芯片，软件即可正确分组，如图 1.109 所示。

（4）在元件自动编号 Annotate 中设置 Combined property 属性。增加 package 作为元件编号的关键字段，其目的就是让软件根据 package 属性的 Value 值分组元件，做好这些设置之后多个 Parts 的问题就解决了，如图 1.110 所示。

Implementation Type	<none>
Location X-Coordinate	280
Location Y-Coordinate	420
Name	INS2313
package	2
Part Reference	U2A
PCB Footprint	
Power Pins Visible	
Primitive	DEFAULT
Reference	U2
Source Library	K:\LESS\LIBRARY1.OL
Source Package	Heterogeneous
Source Part	HeterogeneousA.Normal
Value	Heterogeneous

图 1.109　对多个 Parts 正确分组

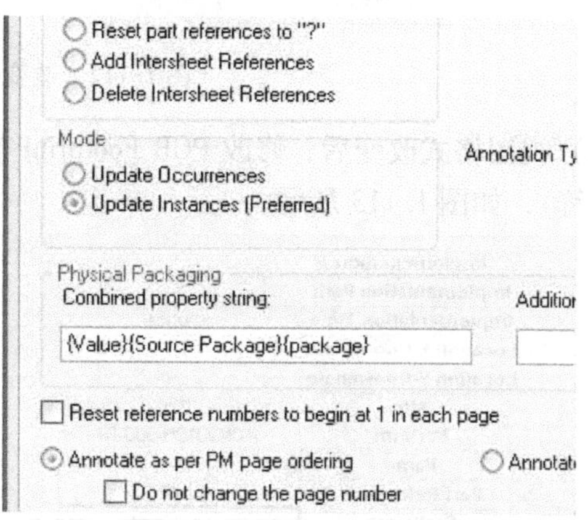

图 1.110　根据 package 属性的 Value 值分组元件

1.6　元件增加封装属性

元件封装（Footprint）或称为元件外形名称，其功能是提供电路板设计使用，换言之，元件封装就是电路板的元件。由于封装技术的好坏还直接影响到芯片自身性能的发挥和与之连接的 PCB（印制电路板）的设计和制造，因此它是至关重要的。封装主要分为 DIP 双列直插和 SMD 贴片封装两种。从结构方面，封装经历了最早期的晶体管 TO（如 TO89、TO92）封装发展到了双列直插封装，随后由 PHILIP 公司开发出了 SOP 小外形封装，以后逐渐派生出 SOJ（J 型引脚小外形封装）、TSOP（薄小外形封装）、VSOP（甚小外形封装）、SSOP（缩小型 SOP）、TSSOP（薄的缩小型 SOP）及 SOT（小外形晶体管）、SOIC（小外形集成电路）等。从材料介质方面，包括金属、陶瓷、塑料，很多高强度工作条件需求的电路如军工和宇航级别仍有大量的金属封装。元件封装 Footprint 属性是原理图元件同步到 PCB 所必需的属性。

1.6.1　单个元件增加 Footprint 属性

（1）双击要增加封装的元件，会弹出 Property Editor 属性编辑对话框，如图 1.111 所示。

		Color	Cost10K	Cost100	Description	Descriptive_Text	DescriptiveText	Designato	Graphic
1	T	Default	0.33	1.11	Common Mod	Common Mode Filter for USB	Common Mode Filt		ACM2012.Normal

图 1.111　Property Editor 属性编辑对话框

（2）在窗口的左上角空白处右键选择 Pivot，改变视图的格式，如图 1.112 所示。

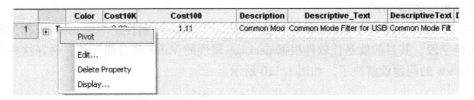

图 1.112　改变视图的格式

（3）视图格式改变后，修改 PCB Footprint 属性，填入封装的名称（封装名称不要出现特殊字符），如图 1.113 所示。

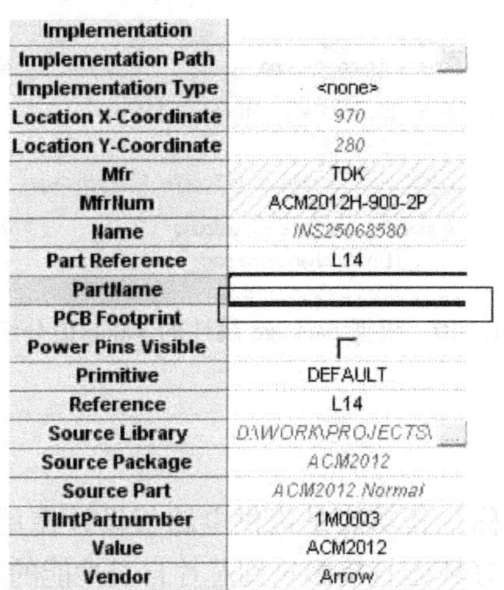

图 1.113　修改 PCB Footprint 属性，填入封装的名称

（4）也可以按住 Ctrl 键点选或者框选多个同类型的元件，通过上面的方法可以一次给多个同类型的元件增加或修改封装。

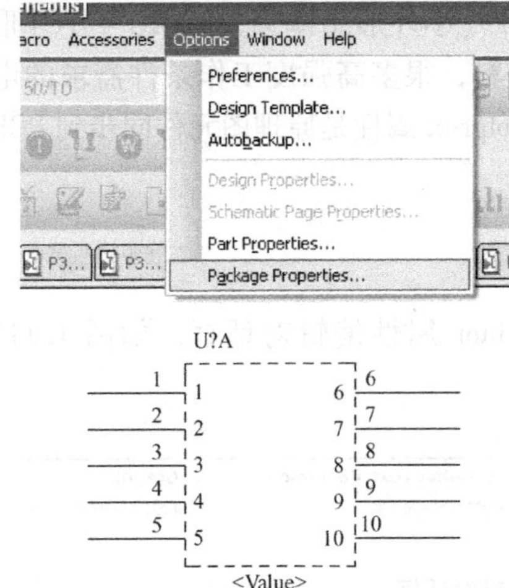

图 1.114　进入原理图库文件编辑界面

1.6.2　元件库中添加 Footprint 属性，更新到原理图

（1）在工程管理窗口，打开原理图库文件进入原理图库文件编辑界面，在编辑界面进行增加或修改封装。鼠标单击 Options—Package Properties，如图 1.114 所示。

（2）在 PCB Footprint 文本框中添加或修改 PCB Footprint 属性并保存，如图 1.115 所示。

（3）返回工程管理窗口，打开 Cache 选中需要替换没有封装 Footprint 信息的元件，右击 Replace Cache，如图 1.116 所示。

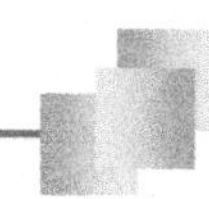

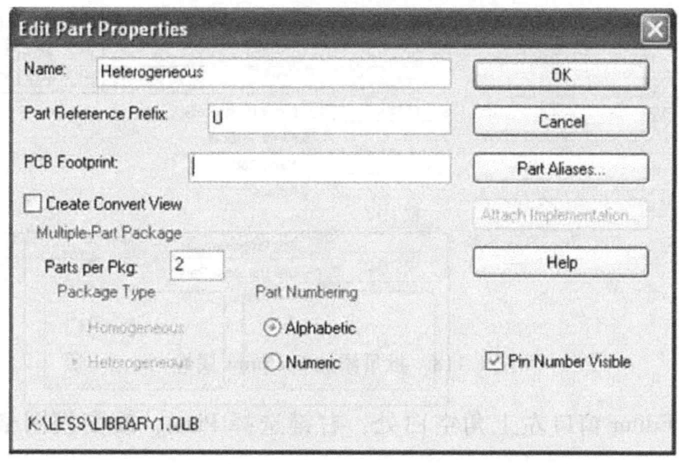

图 1.115　添加或修改 PCB Footprint 属性并保存

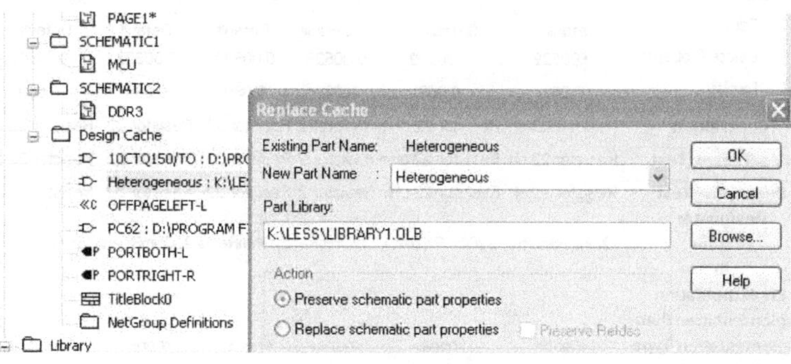

图 1.116　替换没有封装 Footprint 信息的元件

(4) 弹出 Replace Cache 对话框，Part Library 中选择刚才已经增加 Footprint 信息的元件库。Action 中选择 Replace schematic part properties 复选框以及 Preserve Refdef 复选框，单击 OK 按钮后原理图里面对应元件封装即被更新进去，如图 1.117 所示。

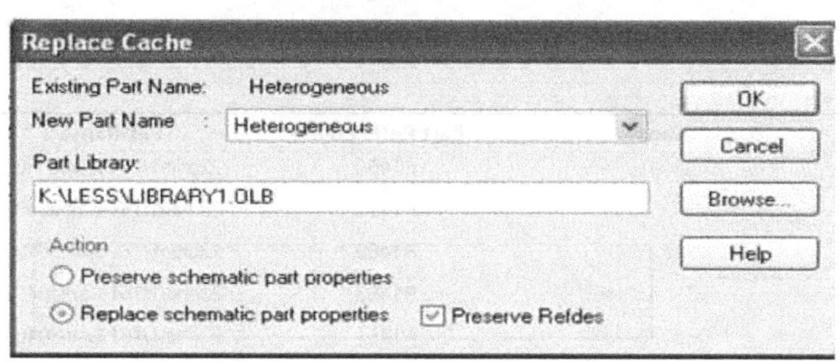

图 1.117　Replace Cache 对话框

1.6.3　批量添加 Footprint 属性

(1) 按住 Ctrl 键点选或框选要修改的所有同类元件，元件被选中之后会以虚线框高亮显示出来。右键选择 Edit Properties，弹出 Property Editor 窗口，如图 1.118 所示。

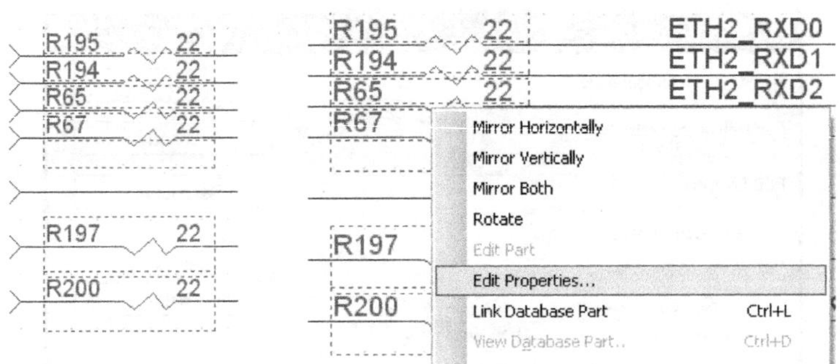

图 1.118　批量添加 Footprint 属性

（2）Property Editor 窗口左上角空白处，右键选择 Pivot，改变视图格式，如图 1.119 所示。

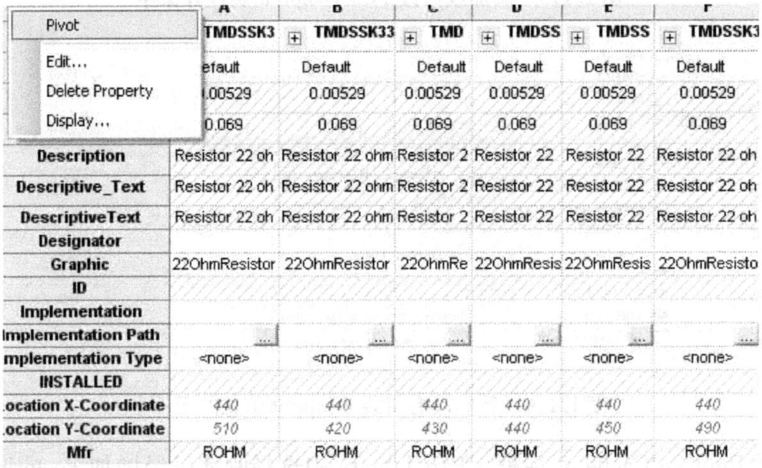

Pivot
Edit...
Delete Property
Display...

	A	B	C	D	E	F
	TMDSSK3	TMDSSK33	TMD	TMDSS	TMDSS	TMDSSK3
	efault	Default	Default	Default	Default	Default
	.00529	0.00529	0.00529	0.00529	0.00529	0.00529
	.069	0.069	0.069	0.069	0.069	0.069
Description	Resistor 22 oh	Resistor 22 ohm	Resistor 2	Resistor 22	Resistor 22	Resistor 22 oh
Descriptive_Text	Resistor 22 oh	Resistor 22 ohm	Resistor 2	Resistor 22	Resistor 22	Resistor 22 oh
DescriptiveText	Resistor 22 oh	Resistor 22 ohm	Resistor 2	Resistor 22	Resistor 22	Resistor 22 oh
Designator						
Graphic	22OhmResistor	22OhmResistor	22OhmRe	22OhmResis	22OhmResis	22OhmResisto
ID						
Implementation						
Implementation Path	...	...	...	...	...	...
mplementation Type	<none>	<none>	<none>	<none>	<none>	<none>
INSTALLED						
ocation X-Coordinate	440	440	440	440	440	440
ocation Y-Coordinate	510	420	430	440	450	490
Mfr	ROHM	ROHM	ROHM	ROHM	ROHM	ROHM

图 1.119　改变视图格式

（3）拖动窗口下面的滑动条，找到 PCB Footprint 框，鼠标左键单击 PCB Footprint 框带文字的部分，选择整列，如图 1.120 所示。

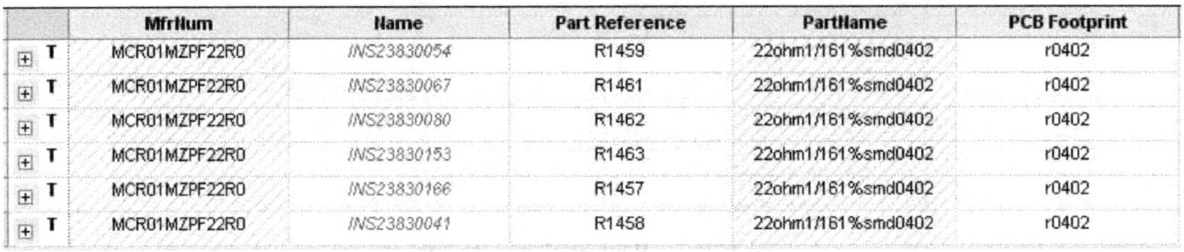

	MfrNum	Name	Part Reference	PartName	PCB Footprint
⊞ T	MCR01MZPF22R0	INS23830054	R1459	22ohm1/161%smd0402	r0402
⊞ T	MCR01MZPF22R0	INS23830067	R1461	22ohm1/161%smd0402	r0402
⊞ T	MCR01MZPF22R0	INS23830080	R1462	22ohm1/161%smd0402	r0402
⊞ T	MCR01MZPF22R0	INS23830153	R1463	22ohm1/161%smd0402	r0402
⊞ T	MCR01MZPF22R0	INS23830166	R1457	22ohm1/161%smd0402	r0402
⊞ T	MCR01MZPF22R0	INS23830041	R1458	22ohm1/161%smd0402	r0402

图 1.120　找到 PCB Footprint 框

（4）PCB Footprint 框，右键选择 Edit，弹出 PCB Footprint 封装修改对话框，填入或者编辑封装信息，如图 1.121 所示。

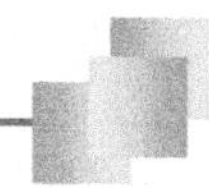

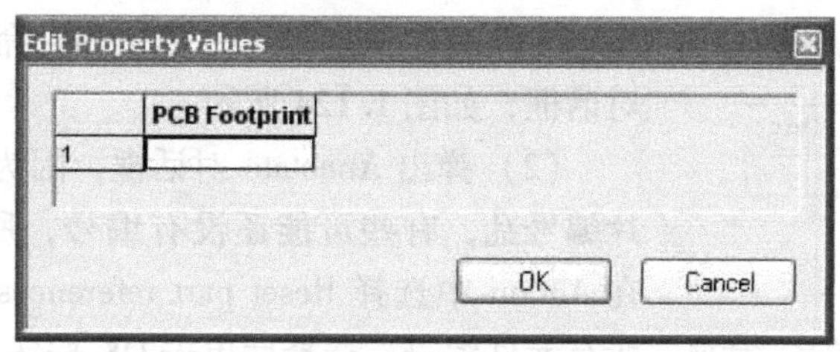

图 1.121　PCB Footprint 封装修改对话框

（5）修改好后，所选元件封装信息添加到 Property Editor 中。单击 Apply 按钮，信息添加到原理图中所有选中的元件内，如图 1.122 所示。

	MfrNum	Name	Part Reference	PartName	PCB Footprint
+ T	MCR01MZPF22R0	INS23830054	R1459	22ohm1/161%smd0402	r0603
+ T	MCR01MZPF22R0	INS23830067	R1461	22ohm1/161%smd0402	r0603
+ T	MCR01MZPF22R0	INS23830080	R1462	22ohm1/161%smd0402	r0603
+ T	MCR01MZPF22R0	INS23830153	R1463	22ohm1/161%smd0402	r0603
+ T	MCR01MZPF22R0	INS23830166	R1457	22ohm1/161%smd0402	r0603
+ T	MCR01MZPF22R0	INS23830041	R1458	22ohm1/161%smd0402	r0603

图 1.122　单击 Apply 按钮，信息添加完成

（6）如果 Footprint 每个元件的封装都不同，那么上面整体进行修改的方式就不适用，必须对每个元件的封装进行编辑。在每个元件的 Footprint 栏中分配输入其对应封装后，所选元件封装信息即添加到 Property Editor 中。单击 Apply 按钮，信息添加到原理图中所有选中的元件内（可以使用 Ctrl + C 组合键来复制封装，Ctrl + V 组合键来逐个粘贴封装），如图 1.123 所示。

	Name	Part Reference	PartName	PCB Footprint
+ T	INS23813837	R424	22ohm1/161%smd0402	r0402
+ T	INS23829995	R430	22ohm1/161%smd0402	r0603
+ T	INS22149937	R398	22ohm1/161%smd0402	r0603
+ T	INS23829995	R425	22ohm1/161%smd0402	r0805
+ T	INS23830008	R423	22ohm1/161%smd0402	r0805
+ T	INS23813863	R427	22ohm1/161%smd0402	r0805
+ T	INS23813876	R428	22ohm1/161%smd0402	r0805
+ T	INS21500088	R395	22ohm1/161%smd0402	r0805

图 1.123　单独添加信息

（7）此外，也可以利用浏览批量修改元件的封装，具体内容可以参考前面的内容。

1.7　相应的操作生成网络表相关内容

1.7.1　原理图编号

（1）对原理图通篇检查，确认电气连接正确，逻辑功能正确，电源连接正确。重新进

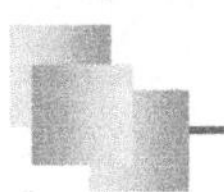

行索引编号，在工程管理窗口选 DSN 文件后，单击 Tools—Annotate 命令会进入原理图编号对话框，如图 1.124 所示。

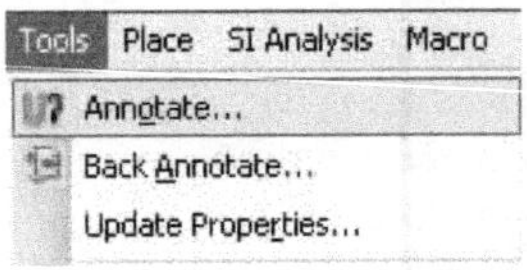

Tools Place SI Analysis Macro
Annotate...
Back Annotate...
Update Properties...

图 1.124 进入原理图编号对话框

（2）弹出 Annotate 对话框，因为原理图里面的所有芯片编号乱，有些可能还没有编号，所以先取消所有编号，在 Action 中选择 Reset part references to “?”，让系统复位所有元件编号，选择后单击 OK 按钮，如图 1.125 所示。

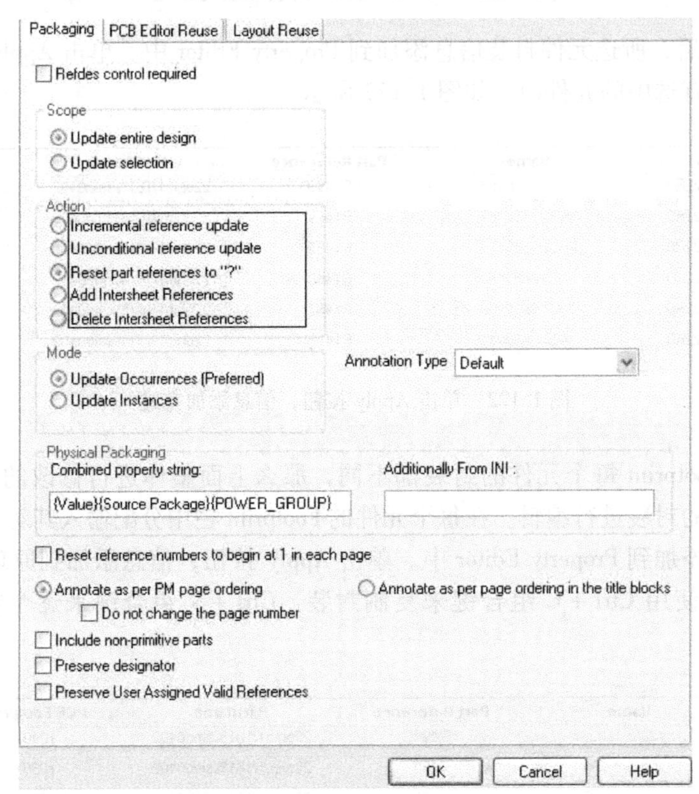

图 1.125 让系统复位所有元件编号

所有元件的编号被复位后，原理图上的元件都变成了 C?、R?、U? 这样的形式，如图 1.126 和图 1.127 所示。

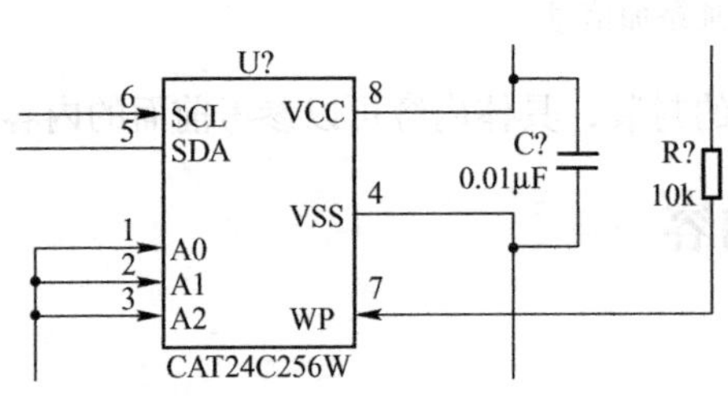

图 1.126 所有元件的编号被复位

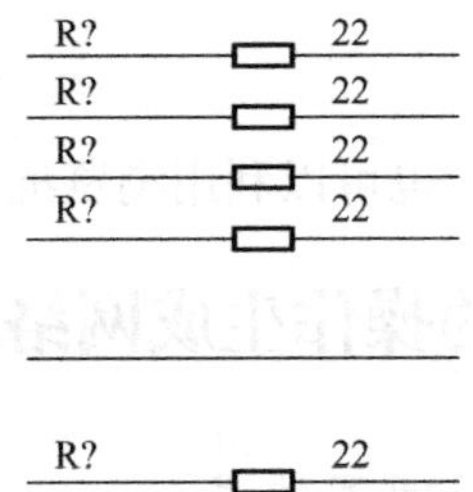

图 1.127 原理图上的原件标注改变

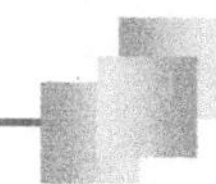

（3）重新编号，在 Annotate 对话框的 Action 中选择 Incremental reference update，更新所有元件的编号，选择后单击 OK 按钮，如图 1.128 所示。

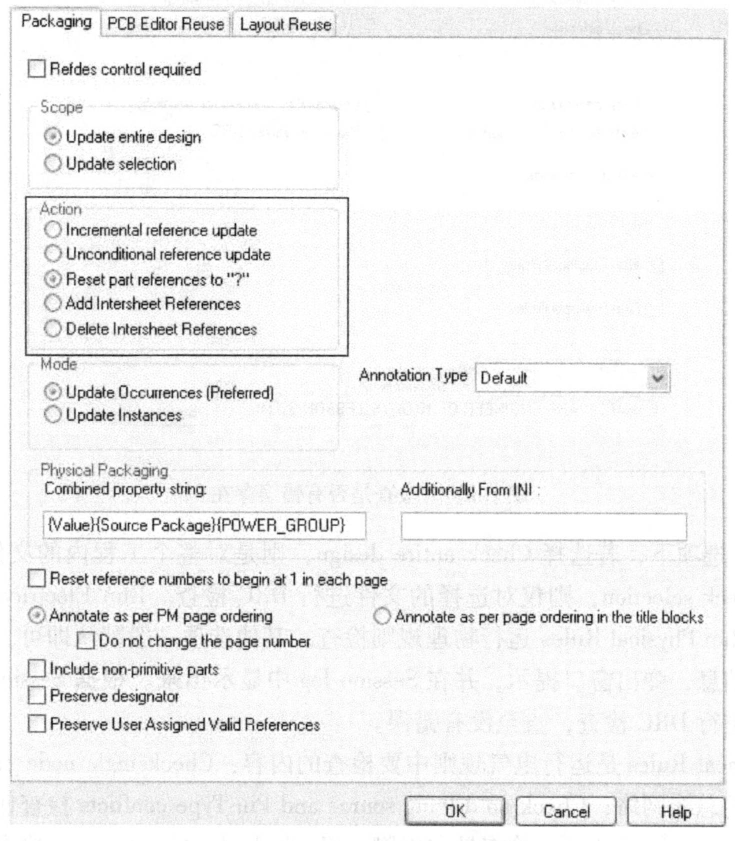

图 1.128　更新所有元件的编号

（4）所有元件重新编号之后编号都变正常，编号按照电路的摆放位置，从上到下，从左到右有规律地进行，如图 1.129 所示。

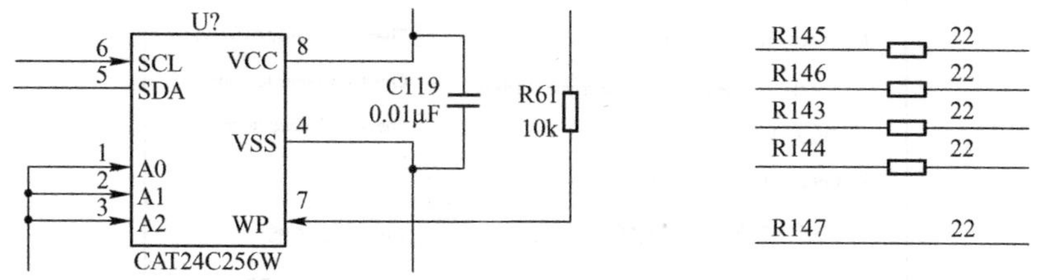

图 1.129　所有元件的编号都变正常

1.7.2　进行 DRC 检查

（1）当原理图完成后，需要进行 DRC 检查，检查是否有错误存在，以保证原理图正确无误。在工程窗口中，单击菜单栏的 Tools—Design Rules Check，即可进入 DRC 检查的界面，如图 1.130 所示。

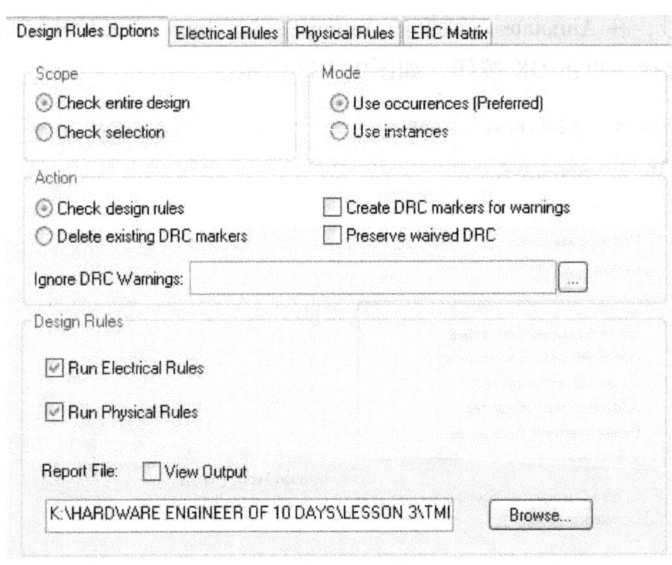

图 1.130　检查是否有错误存在

（2）Scope 选项下，若选择 Check entire design，则是对整个工程内的文件进行 DRC 检查。若选择 Check selection，则仅对选择的文件进行 DRC 检查。Run Electrical Rules 运行电气规则检查，Run Physical Rules 运行物理规则检查。其他选项一般默认即可。选择好后，若有错误或警告信息，弹出窗口提示，并在 Session log 中显示出来。根据 Session log 中的提示信息修改，再进行 DRC 检查，直至没有错误。

（3）Electrical Rules 是运行电气规则中要检查的内容：Checksingle node nets 检查单节点网，检查连接的总线网络；Check no driving source and Pin Type conflicts 检查任何驱动源和脚型冲突；Check unconnected pins 检查悬空引脚；Check duplicate net names 检查重复的网络名称等。Reports 下面是可以打印的各种报告，根据自己的需要勾选后就可以进行 DRC 检查了，如图 1.131 所示。

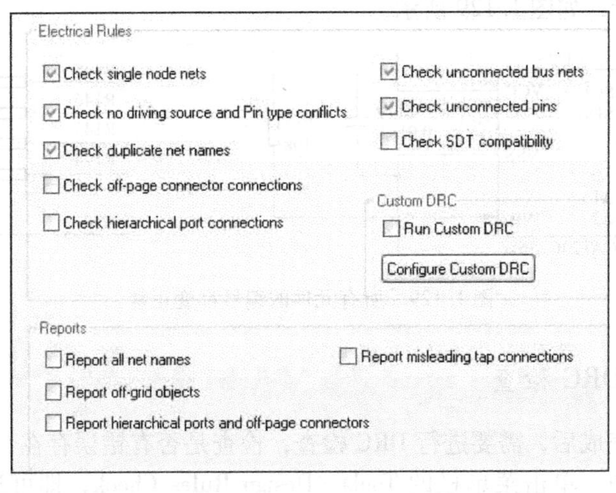

图 1.131　运行电气规则中要检查设置的内容

（4）Physical Rules 是运行物理规则中要检查的内容：Check power pin visibility 检查电源引脚是否可见；Check missing pin numbers 检查 pin number 是否丢失；Checkmissing/illegal PCB Footprint property 检查是否有丢失或非法的封装；Check device with zero pins 检查是否有元件是一个引脚都没有；Check Normal Convert view sync 检查正常转换视图同步；Check power ground short 检查电源接地短路；Check incorrect Pin Group assignment 检查不正确的 Pin 群组分配；Check Name Prop consistency 检查名称一致性；Check high speed props syntax 检查高速的专业语法等。Reports 下面是可以打印的各种报告，根据自己的需要勾选后就可以进行 DRC 检查了，如图 1.132 所示。

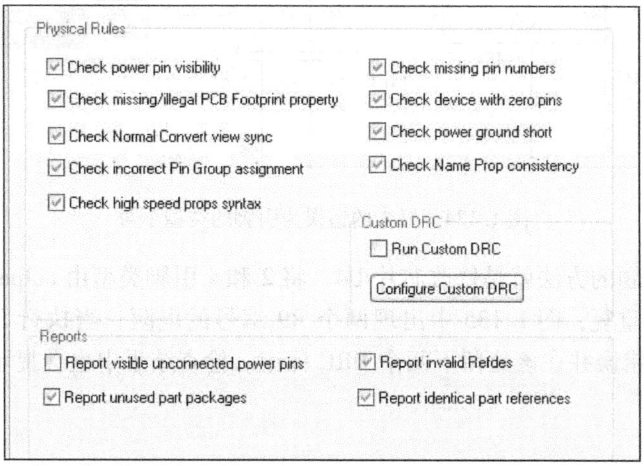

Physical Rules

- [x] Check power pin visibility
- [x] Check missing pin numbers
- [x] Check missing/illegal PCB Footprint property
- [x] Check device with zero pins
- [x] Check Normal Convert view sync
- [x] Check power ground short
- [x] Check incorrect Pin Group assignment
- [x] Check Name Prop consistency
- [x] Check high speed props syntax

Custom DRC

- [ ] Run Custom DRC

Configure Custom DRC

Reports

- [ ] Report visible unconnected power pins
- [x] Report invalid Refdes
- [x] Report unused part packages
- [x] Report identical part references

图 1.132　根据自己的需要勾选后进行 DRC 检查

（5）DRCmatrix 阵列中可以定义一些情况报告错误或报告警告信息，用鼠标在改变的阵列上单击。E 代表错误，W 代表会产生警告错误，其他代表不报告错误，如图 1.133 所示。

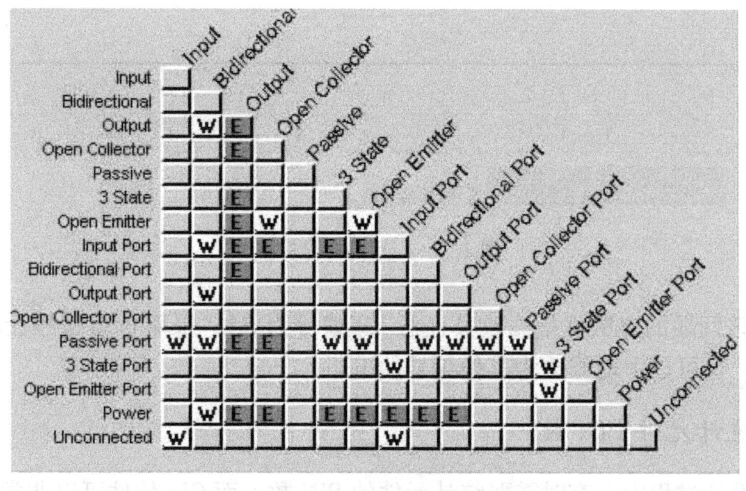

图 1.133　查看错误报告信息

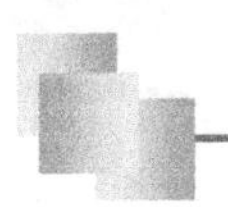

1.7.3 DRC 警告和错误

（1）DRC 产生警告和错误的原因有很多，实际工作中要看提示来分析。例如，一个端口类型冲突的错误，U4 芯片的 2 和 4 引脚上有两个 DRC 的标志，报告的错误为引脚的类型不对，如图 1.134 所示。

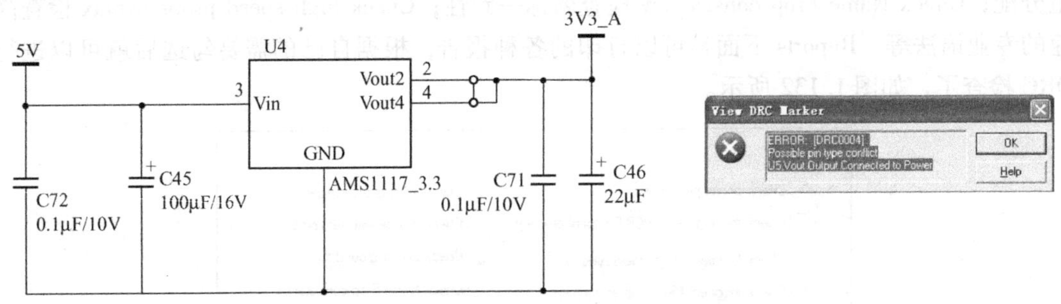

图 1.134　报告的错误为引脚的类型不对

（2）解决该问题的方法就是修改芯片 U4，将 2 和 4 引脚类型由 output 修改成 passive。

（3）元件标号重复，图 1.135 中出现两个 R9 编号的电阻，当执行 DRC 物理规则检查之后，软件会发现错误并在该处留下两个 DRC 标记。检查结果中也会提示发出错误的是 R9 标号重复。

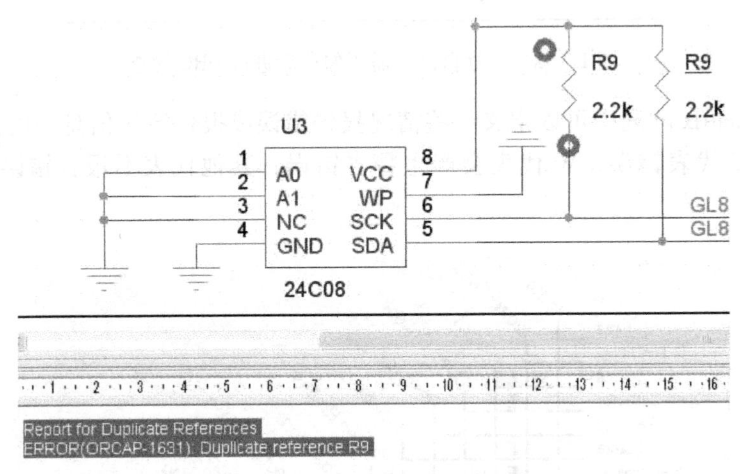

图 1.135　元件标号重复

（4）解决该问题的方法就是修改其任意 R9 编号为 R?，采用自动编号让软件分配新的编号给该电阻，也可以手动修改为其他编号的电阻。

1.7.4 统计元件 PIN 数

在原理图设计过程中，有时需要统计元件的 PIN 数。而 CIS 软件可以非常方便地查看元件的总 PIN 数，查看元件的 PIN 数方法如下。

（1）在工程管理中打开要查看 PIN 数的 DSN 文件，鼠标单击 DSN 后，执行 Edit Object Properties 命令。

（2）在下方选项页面中，选择 Pins 栏，左侧的序号即为元件的 PIN 数，如图 1.136 所示，该原理图元件总 PIN 数为 2510。

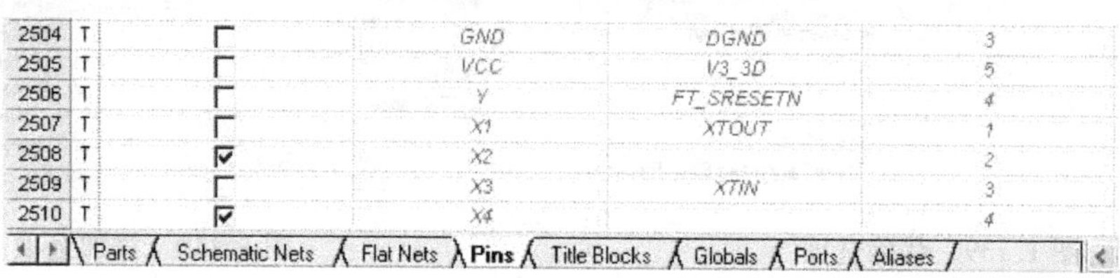

2504	T	☐	GND	DGND	3
2505	T	☐	VCC	V3_3D	5
2506	T	☐	Y	FT_SRESETN	4
2507	T	☐	X1	XTOUT	1
2508	T	☑	X2		2
2509	T	☐	X3	XTIN	3
2510	T	☑	X4		4

图 1.136　统计元件的 PIN 数

1.8　创建元件清单

1.8.1　标准元件清单

（1）在工程管理器窗口中，单击 DSN 文件后，单击 Report— CIS Bill of Material—Standard 命令（快捷键 Shift + S），如图 1.137 和图 1.138 所示。

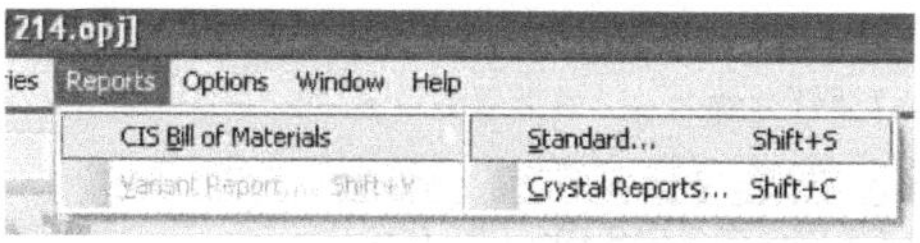

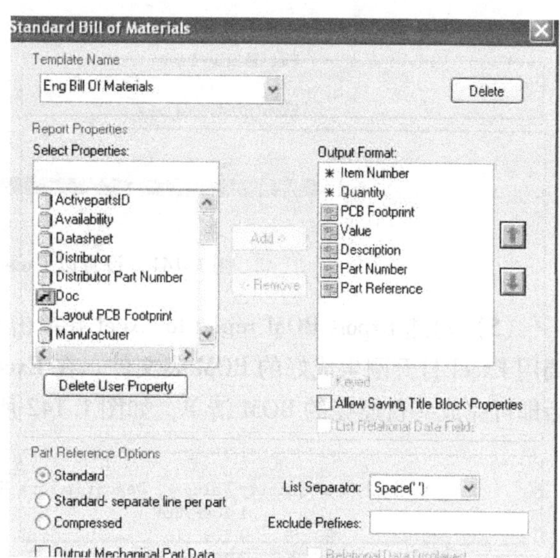

图 1.137　创建标准元件清单

图 1.138　选择标准清单里的内容

（2）在 Output Format 中选中某项关键字段后，可用右边的上下箭头进行上下移动来调整顺序，也可以用左边的 Remove 按钮移除该选项，最后输出的报告栏目及顺序与 Output Format 关键字段中的一致，如图 1.139 所示。

（3）添加输出选项字段，选中左边 Select Properties 中想要输出的选项，单击 Add 按钮添加到 Output Format 即可，如图 1.140 所示。

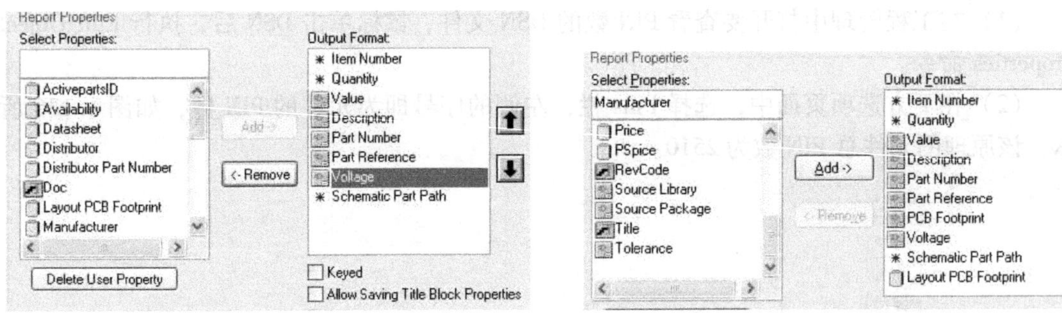

图 1.139　移除选项　　　　图 1.140　添加选项

（4）如果选中 Export BOM report to Excel 复选项，则以 Excel 表格的形式输出，否则以网页格式输出，如图 1.141 所示。

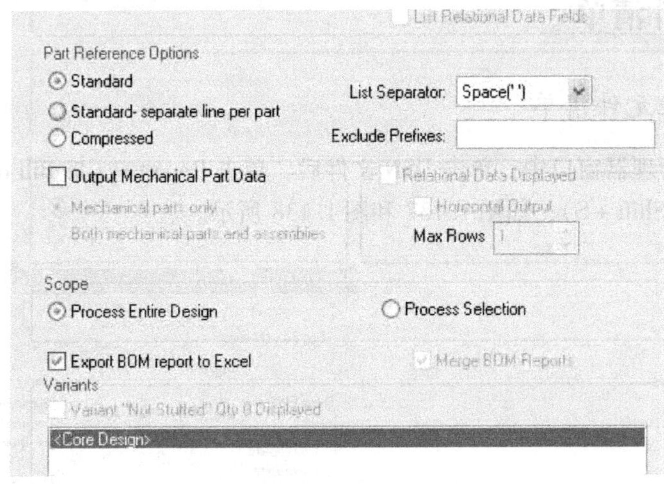

图 1.141　设置以 Excel 表格的形式输出

（5）勾选 Export BOM report to Excel 并单击 OK 按钮后软件会自动生成 BOM，完成后会调用 Excel 打开刚生成好的 BOM 表文件。在 Excel 中按照公司的要求对 BOM 文件进行修改后即可完成一份漂亮的 BOM 清单，如图 1.142 所示。

	A	B	C	D	E	F
1	Item Num	Quantity	Value	Descript	Part Num	Part Reference
2	1	1	10uF/16V			C1
3	2	9	104			C2 C6 C7 C8 C15 C17 C20 C26 C27
4	3	9	102			C3 C9 C10 C13 C18 C19 C21 C23 C25
5	4	1	101			C4
6	5	4	10uF/10V			C5 C14 C16 C22
7	6	1	0.01uF			C11
8	7	1	1nF			C12
9	8	2	20			C24 C28
10	9	1	1uF			C29
11	10	7	ESD			ESD1 ESD2 ESD3 ESD4 ESD5 ESD6 ESD7
12	11	1	USB_TYPE			J1
13	12	1	RFID			J2

图 1.142　BOM 清单创建完成

1.8.2　Bill of Material 输出

（1）软件还有另外一种 BOM 清单格式，鼠标在工程窗口单击 DSN 文件后，单击选择 Tools—Bill of Materials 命令，弹出 Bill of Material 对话框，选项设置如图 1.143 所示，选默认值即可。

（2）Scope 下选择导出 BOM 菜单的部分是整个原理图还是部分原理图。Mode 一般选择软件默认选项即可。另外，一般导出的 BOM 清单含有封装 PCB Footprint 信息，若要实现此功能，则在 Header 下增加\tPCB Footprint，并在 Combined property string 下增加\t{PCB Footprint}，如图 1.144 所示。此时导出的 BOM 清单即含有 PCB Footprint 封装信息。

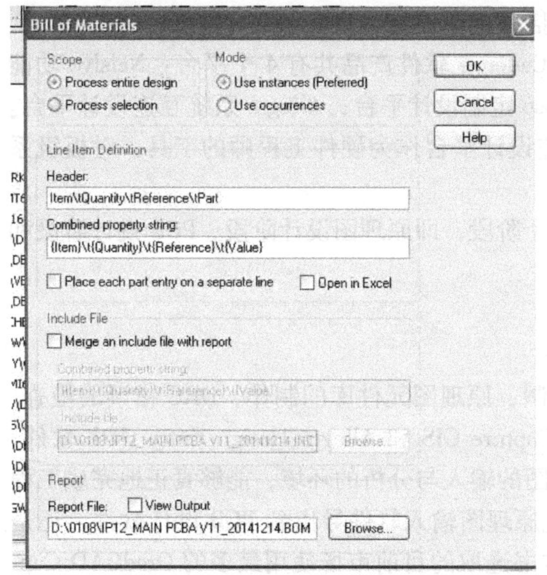

图 1.143　创建其他格式 BOM 清单

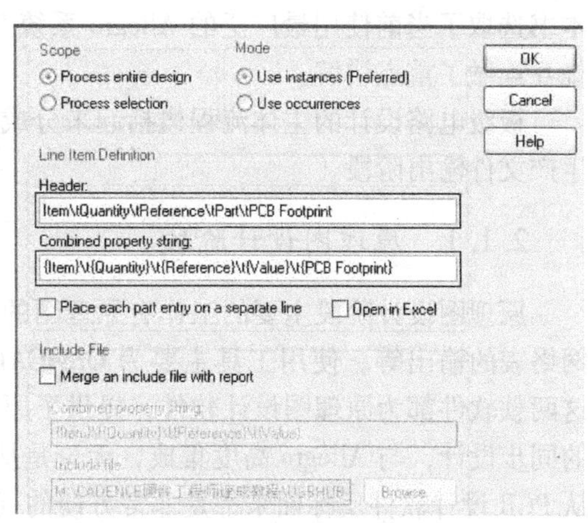

图 1.144　创建 BOM 清单设置

（2）单击 OK 按钮生成元件清单文件，具有相同值的元件分组列出。

Bill Of Materials　　　　October 13,2015　　　21:19:10Page1

Item Quantity Reference Part PCB Footprint

1　1　C1　10uF/16V　　C_TAN_A
2　8　C2,C7,C8,C15,C17,C20,C26,　　104 C0603
　　　C27
3　9　C3,C9,C10,C13,C18,C19,102 C0603
　　　C21,C23,C25
5　4　C5,C14,C16,C22　　10uF/10V　　c0805

第2章 Cadence的电路设计流程

2.1 Cadence板级设计流程

Cadence是一款强大的电子设计系统，包括原理图设计、PCB板图的绘制、布线封装、仿真和信号分析等都可以通过此软件来实现。Cadence软件产品共有4个平台：Ncisive功能验证平台；Encounter数字IC设计平台；Virtuoso定制设计平台；Allegro系统互连设计平台。本书选取了当前使用最广泛的Allegro系统互连设计平台作为硬件工程师的工具，对板级系统互连做了重点讲解。

板级电路设计的主体流程概括起来分成3个阶段，即原理图设计阶段、PCB设计阶段和生产文件输出阶段。

2.1.1 原理图设计阶段

原理图设计阶段主要的工作有原理图的绘制、原理图元件库的制作、DRC错误的检查、网络表的输出等。使用工具主要为OrcdCAD Capture CIS和Allegro Design Entry HDL软件。这两款软件都为原理图设计软件，提供了原理图的输入与分析的环境，能够真正地完成工程的同步设计，与Allegro高度集成，无论是从此原理图输入软件导出到PCB设计软件，还是从PCB设计软件反标回来都是非常方便的（本书选取的目前市场使用最多的OrcdCAD Capture CIS作为原理图设计工具）。

2.1.2 PCB设计阶段

PCB设计阶段主要的工作有元件封装的制作、网络表的输入、板框的绘制、约束规则的设置、元件的布局、元件的布线、层叠的设置、仿真分析等。使用的工具为Allegro PCB Editor 、Allegro PCB SI等。Allegro PCB Editor是高速、约束驱动的印制电路板设计软件。为创建和编辑复杂、多层、高速、高密度的印制电路板设计提供了一个交互式约束驱动的环境。Allegro PCB SI针对电路板级的信号完整性和电源完整性提供了一整套完善、成熟而强大的分析和仿真方案，并且和Allegro PCB Editor的其他工具一起，实现了从前端到后端、约束驱动的高速PCB设计流程。

PCB设计阶段是最耗费时间的阶段，也是最重要的阶段，其工作量最大的是布局、布线、仿真等工作。硬件工程师在此阶段应对原理图中各自电路模块的功能做详细了解，了解芯片的电源需求，了解芯片的功能、能够做好电源功率的分配，能够分清楚电路中各个模块的作用，以便于在布局中对电路分区域、分模块来设置。能够对电路的关键信号如USB、LVDS、HDMI、PCI-E、DDR有一定的认识，能够从原理图中区分这些常见的接口电路，

并对这些拥有接口电路的芯片有一定的时序认识。高速PCB设计中要求硬件工程师对信号完整性和电源完整性有研究，能够计算阻抗、分析微带线和带状线布线规划。能利用Allegro PCB SI的工具对布局和布线进行约束评估，可以基于IBIS或DML模型建立及提取电路模型，设置激励源进行仿真分析，通过分析来建立约束布线约束。

2.1.3　生产文件输出阶段

生产文件输出阶段主要的工作有元件标号丝印的处理、钻孔文件的输出、artwork光绘文件的生成、BOM表的处理等。使用CAM350对光绘文件进行检查，对各电气层，对丝印层、钻孔层进行逐一比对。必要时可以使用CAM350对光绘文件进行拼版或进行一些修改。生产文件输出阶段主要的使用工具为Allegro PCB Editor，板级设计流程和各个工具之间的关系如图2.1所示。

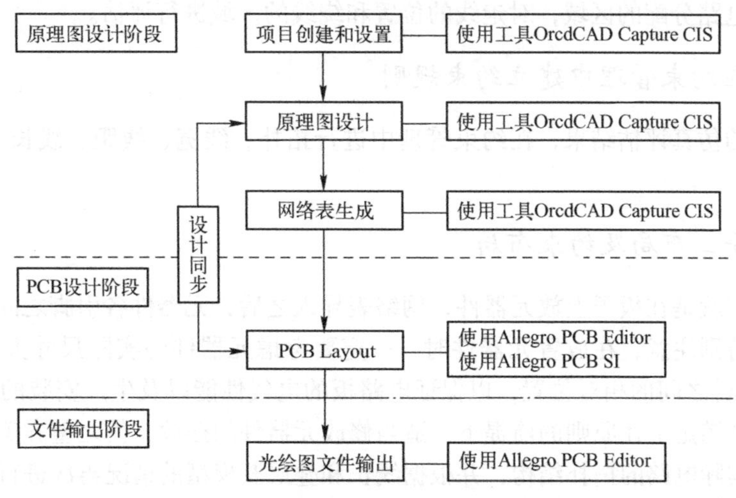

图2.1　板级电路设计流程图

2.2　Allegro PCB设计流程

2.2.1　前期准备工作

前期准备工作包括准备原理图和元件库。在进行PCB设计之前，首先要准备好原理图DSN中所需要的PCB元件封装库。Allegro自带一些库文件，但一般情况下很难找到合适的，最好是自己根据所选器件的标准尺寸资料自己做元件库。PCB的库文件封装必须注意定义好的引脚属性与原理图里面的名称要一致，引脚的数目也要一致，注意有些电源或GND的引脚在原理图里面是隐藏的，但在PCB里面一定要显示出来。

2.2.2　PCB板的结构设计

根据已经确定的电路板尺寸和各项机械定位，在PCB Editor设计环境下导入或绘制PCB的板框Outline，并按定位要求放置所需的接插件、按键/开关、螺丝孔、装配孔等。设置

PCB 叠层结构，并充分考虑和确定布线区域和非布线区域（如螺丝孔周围多大范围属于非布线区域）等。

2.2.3　导入网络表

Allegro PCB Editor 可以支持导入 Allegro 格式网络表或第三方网络表，网络表导入之后会将原理图文件和 PCB 对应的 PCB 文件关联起来。通过网络表可以实现在原理图里更新后同步到 Allegro PCB Editor，也可以实现在 Allegro PCB Editor 中做了修改之后反标回原理图中去。

2.2.4　进行布局、布线前的仿真评估

针对有一定要求的高速信号进行走线拓扑规划，对线宽、线距、布线长度进行约束评估，区分模块电路分配的区域，对走线的位置和绕线的区域进行评估。

2.2.5　在约束管理中建立约束规则

根据前面的仿真评估结果，在约束管理中进行拓扑、线宽、线距、线长、等长、差分、群组等的设置。

2.2.6　手工布局及约束布局

布局说白了就是在板子上放元器件，网络表导入之后，元器件各引脚之间都会有飞线提示连接。需要特别注意，在放置元器件时，一定要考虑元器件的实际尺寸大小（所占面积和高度）、元器件之间的相对位置，以保证电路板的电气性能以及生产安装的可行性和便利性，应该在保证满足上述原则的前提下，适当修改元器件的摆放，使之整齐美观。在布局结束以后，提取实际电路的拓扑结构，并根据线长和叠层及模型的情况再次进行仿真。利用仿真结构确定约束规则是否合理，若不合理应适当地对布局做出修改。

2.2.7　手工进行布线或自动布线

自动布线一般用得比较少，因为在自动布线中所考虑因素和手工布线中所考虑的因素还是存在很大差距的，所以一般情况下，手工布线比较多见。布线是整个 PCB 设计中最重要的工序，它将直接影响着 PCB 板性能的好坏。在 PCB 的设计过程中，布线一般有 3 种划分：首先是布通；其次是电气性能的满足，这是衡量一块印制电路板是否合格的标准，是在布通之后认真调整布线，使其能达到最佳的电气性能；最后是美观。

布线时应遵循以下几点基本原则。

（1）一般首先应对电源线和地线进行布线，以保证电路板的电气性能。在条件允许的范围内，尽量加宽电源、地线宽度，最好是地线比电源线宽，其关系是地线 > 电源线 > 信号线，通常信号线宽为：0.2 ～ 0.3mm，最细可达 0.05 ～ 0.07mm，电源线一般为 1.2 ～ 2.5mm。

（2）预先对要求比较严格的线（如高速线）进行布线，输入端与输出端的边线应避免相邻平行，以免产生反射干扰。必要时应加地线隔离，两相邻层的布线要互相垂直，平行容

易产生寄生耦合。

(3) 振荡器外壳接地，时钟线要尽量短，且不能引得到处都是。时钟振荡电路下面、特殊高速逻辑电路部分要加大地的面积，而不应走其他信号线，以使周围电场趋近于零。

(4) 尽可能采用45°的折线布线，不可使用90°折线，以减小高频信号的辐射（要求高的线还要用双弧线）。

(5) 信号线不要形成环路，若不可避免，环路应尽量小，信号线尽量少。

(6) 关键的线尽量短而粗，并在两边加上保护地。

(7) 通过扁平电缆传送敏感信号和噪声场带信号时，要用地线－信号－地线的方式引出。

(8) 关键信号应预留测试点，以方便生产和维修检测。

2.2.8　布线完成以后进行后级仿真

当布线完成以后此时走线的线宽、线距离、与其他信号线的距离、与GND的距离、信号的拓扑结构、电源的分配、过孔的密度等都已经确定下来。布线后级仿真可以精确地提取这些对象的模型确定各自参数，仿真的结果也更接近于实际情况，这是高速电路设计中的关键所在。若仿真中发现某些地方反射、串扰、EMC存在超标的问题可以返回布线进行调整，通过观察仿真后的波形来判断布线是否合理，设计是否达到预期。

2.2.9　网络、DRC检查和结构检查

首先在确定电路原理图设计无误的前提下，将所生成的PCB网络文件与原理图网络文件进行物理连接关系的网络检查，并根据输出文件结果及时对设计进行修正，以保证布线连接关系的正确性。网络检查通过后，对PCB设计进行DRC检查，并根据输出文件结果及时对设计进行修正，以保证PCB布线的电气性能。最后需要进一步对PCB的机械安装结构进行检查和确认。

2.2.10　布线优化和丝印

没有最好的，只有更好的，对PCB中的走线和布局进行优化，以满足反射、串扰、EMC仿真符合设计要求，PCB设计达到预期。调整丝印要注意不能被元器件挡住或被VIA和焊盘遮住。设计时正视元件面，底层的字应做镜像处理，以免混淆层面。

2.2.11　输出光绘制板

PCB设计是一个考量心思的工作，谁的心思慎密、经验丰富，设计出来的板子就好。所以设计时要极其细心，充分考虑各方面的因素精益求精。

以上是使用Allegro PCB Editor平台进行PCB设计的典型PCB设计流程，但不是所有的设计都需要经过这些步骤，设计人员可以根据项目的实际情况进行适当取舍。在低速的PCB设计中可能不需要进行信号仿真；在复杂的电路设计中可能还需要对信号通道进行整体的BUS仿真等；在射频电路中可能要对射频的天线进行定量分析需要接触Sigrity平台的组建工具等。但该流程基本上适用于所有Allegro PCB Editor平台下的PCB设计工作，设计流程如

图 2.2 和图 2.3 所示。

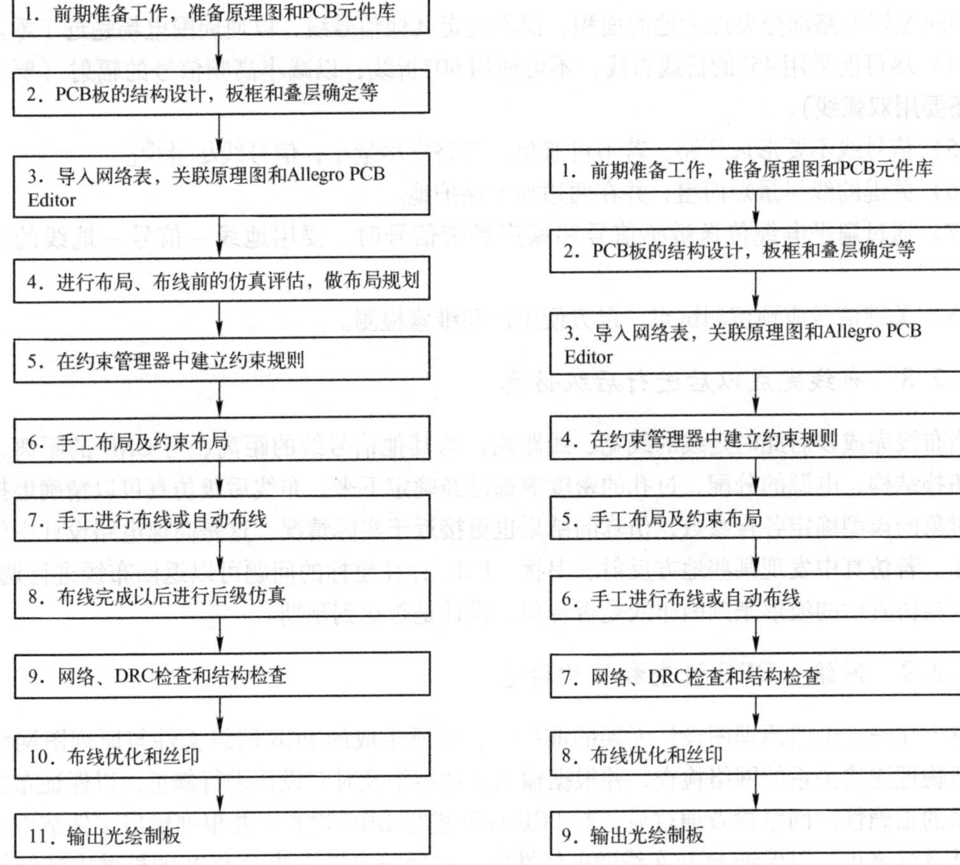

图 2.2　Allegro PCB 高速 PCB 的设计流程

图 2.3　Allegro PCB 低速 PCB 的设计流程

第3章 工作界面介绍及基本功能

3.1 Allegro PCB Designer 启动

（1）以 Windows 系统为例，选择路径为：Programs—Cadence—Release 16.6—PCB Editor，如图 3.1 所示。

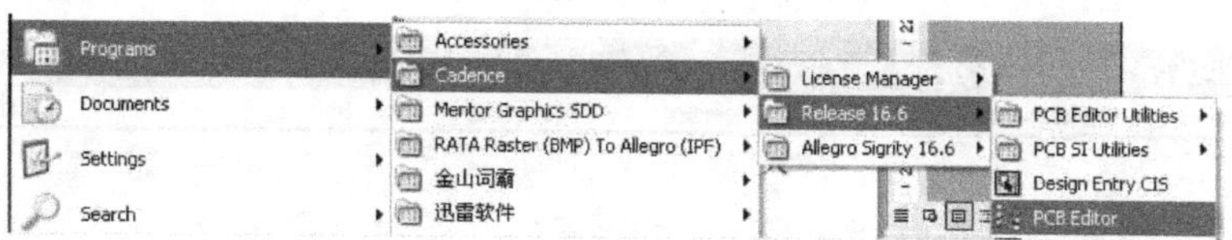

图 3.1　程序启动选择路径

（2）软件初始化之后，默认会弹出组件选择对话框，选择适合自己的组件启动后单击 OK 按钮即可启动软件，如图 3.2 所示。常用的 PCB 设计选择 Allegro PCB Design XL（legacy），若已经启动也可以在 File 菜单下选择 Change Editor 命令来重新启动组件选择对话框，切换组件，如图 3.3 所示。

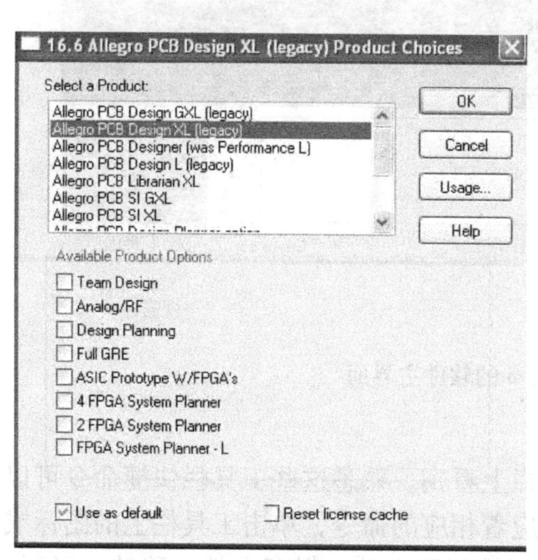

图 3.2　组件选择对话框

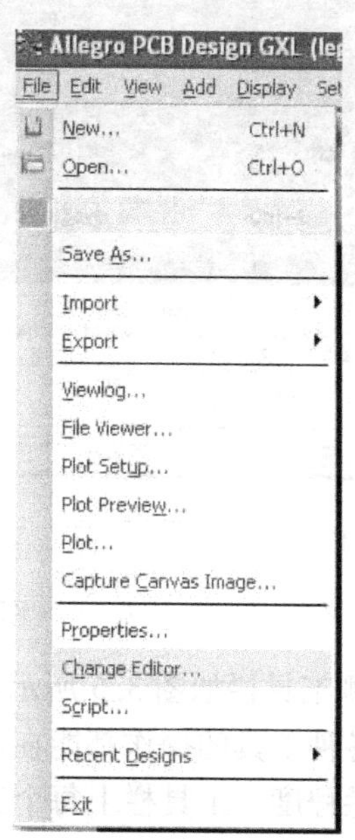

图 3.3　选择 Change Editor 命令切换组件选择对话框

若勾选 Use as default 复选框之后会将当前选择好的组件设置为默认，以后每次会自动启动所选产品模块，不会再弹出组件选择对话框。

Available Product Options 可用的产品选项组中有：Team Design 团队设计、Analog/RF 模拟或射频设计、Design Planning 设计规划、Full GRE 完整的 GRE、ASIC Prototype W/FPGA's 集成电路 FPGA 原形设计、4 FPGA System Planner 4 片 FPGA 芯片系统规划、2 FPGA System Planner 2 片 FPGA 芯片系统规划、FPGA System Planner－L 小型 FPGA 芯片系统规划。板级设计中用到的产品组件有 Team Design、Analog/RF、Full GRE 这 3 个，其他组件暂时还用不到。

3.2 软件工作的主界面

（1）Allegro 的软件主界面如图 3.4 所示。

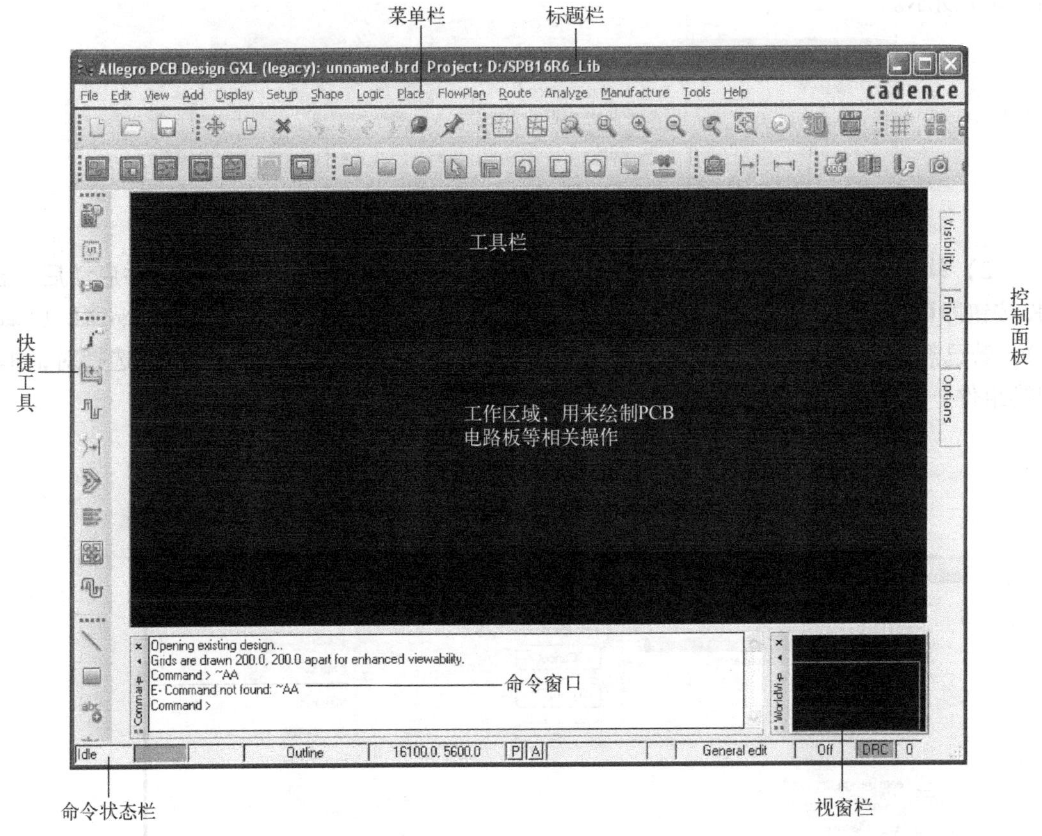

图 3.4 Allegro 的软件主界面

（2）上侧工具栏如图 3.5 所示。

常用的各种工具的操作都能在这个工具栏上看到。熟悉这些工具栏快捷命令可以提高软件操作的熟悉程度。工具栏上每个工具都对应着相应的命令，单击工具栏上的图标或执行菜单栏里相应的命令的结果都一样。工具栏左侧是打开文件、保存文件、移动、复制、删除，右侧都是软件的工具，如 3D 显示、约束管理、叠层管理器、颜色设置、网格设置、属性查看、标注、Artwork 生成、信号仿真的提取及设置、报告的产生、DRC 设置、帮助等。

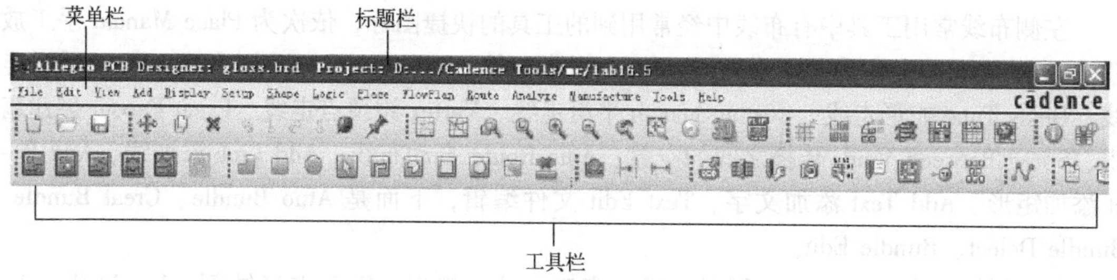

图 3.5　上侧工具栏

（3）下侧的状态栏如图 3.6 所示。

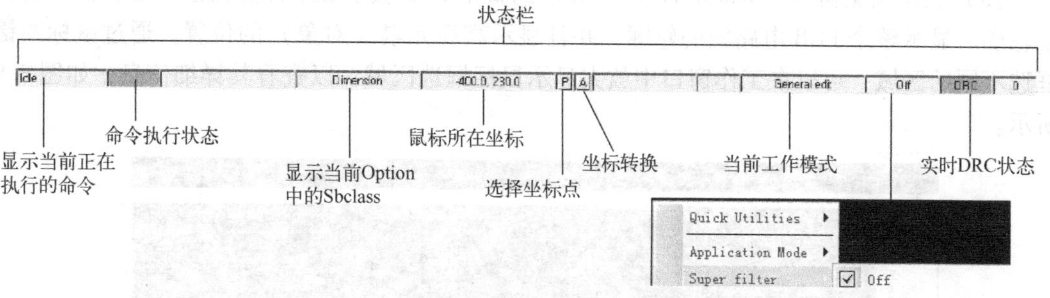

图 3.6　下侧的状态栏

状态栏用来查看当前软件所处的状态，包括查看当前执行的命令、命令所处的状态、当前操作的层、鼠标在软件上运行的坐标、当前软件工作的模式、栅格点的状态、DRC 检查的状态等。

（4）左侧布线常用工具和右侧属性栏如图 3.7 和图 3.8 所示。

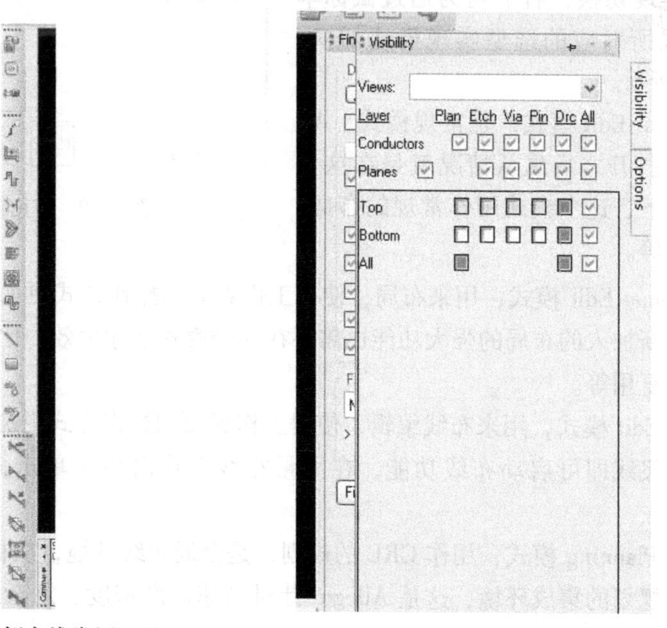

图 3.7　左侧布线常用工具

图 3.8　右侧属性栏

左侧布线常用工具中有布线中经常用到的工具的快捷图标，依次为 Place Manual 手工放置、Place Manual－H 手工办法、Swap Pins 引脚互换、Add Connect 添加连接、Slide 平滑走线、Delay Tune 蛇形走线、Custon Smooth 平滑走线、Vertex 添顶点走线、Creat Fanout 创建扇出、Spred Betweeh Voids 传播之间的空隙、Auto Route 自动布线，Add Line 添加线、Add Rect 添加矩形、Add Text 添加文字、Text Edit 文件编辑，下面是 Atuo Bundle、Creat Bundle、Bundle Delect、Bundle Edit。

右侧属性栏中 Visibillty 是可视的显示窗口，Plan 规划、Etch 电气蚀刻、Via 过孔、Pin 引脚、Drc 错误检查，Visibillty 主要用来显示这些对象，对象对应的属性打钩之后将会被显示，不打钩会关闭该对象的显示。

（5）工作预览窗口（World View），显示的就是 PCB 板子显示位置在窗口上所占用的位置轮廓。显示整个 PCB 电路板的轮廓，并且显示高亮元素（对象）的位置。通过鼠标左键框选不同的区域，可以在工作窗口中放大显示鼠标框选区域，以查看其详细信息，如图 3.9 所示。

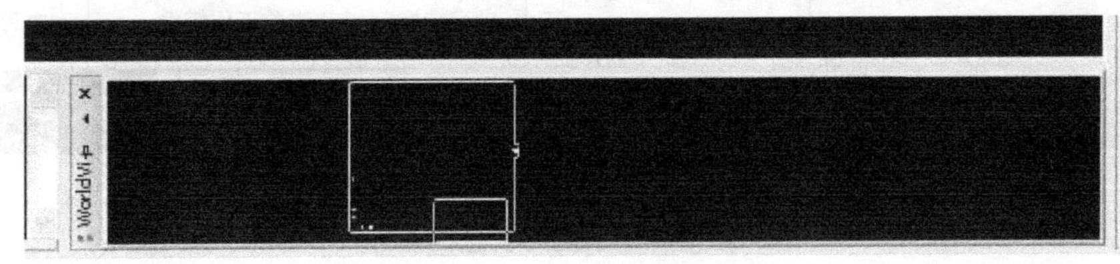

图 3.9　工作窗预览窗口

（6）左上角和右下角为应用模式切换窗口，左上角为通过鼠标单击相应模式的快捷图标实现切换，右下角为通过鼠标单击应用模式所对应的选型实现模式切换，如图 3.10 所示。

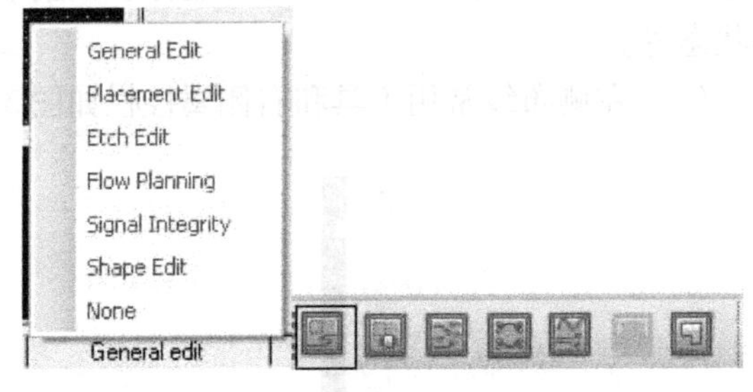

图 3.10　应用模式切换窗口

- General Edit 模式，是常规模式，Allegro 打开之后默认情况就是在这个模式下，这个模式用作常规的布局、布线等。
- Placemet Edit 模式，用来布局，使得工作界面和操作方式更加适应布局的需要，同时一些新加入的布局的强大功能也需要在这个模式下才生效，比如元件的对其操作，模块的复用等。
- Ecth Edit 模式，用来布线编辑，使得工作界面和操作方式更加适合布线的需要，比如单击飞线即可启动布线功能，在大量布线工作时免去单击命令所花费的时间和操作等。
- Flow Planning 模式，用作 GRE 的规划，是全局布线环境，从板子的整体上进行布局、布线规划的集成环境，这是 Allegro 针对高速、高密度、复杂约束的电路所提出来的一个特有模式。

- Signal Integrity 模式，用作信号完整性分析，使得集成仿真需要的快捷功能，提升信号仿真的可操作性。
- Shape Edit 模式，用作形状的图形编辑，在这个模式下可以很方便地对 PCB 上的铜箔进行修改和编辑，Shape 命令里面的所有操作都在这个模式下进行了命令优化。
- None 模式，这个模式用来关闭上面所有特有命令的优化，这个模式下只保留了 Allegro 最基本的一些命令和操作。

（7）Customize 自定义工具栏，用来定义快捷工具栏的图标，在 Toolbars 中，在对应的快捷命令前面打钩后，其对应的快捷图标就会显示在界面上，若勾选该命令，对应的命令快捷图标将不在界面上显示。通过界面右侧的 New 菜单也可以新增自定义命令，如图 3. 11 和图 3. 12 所示。

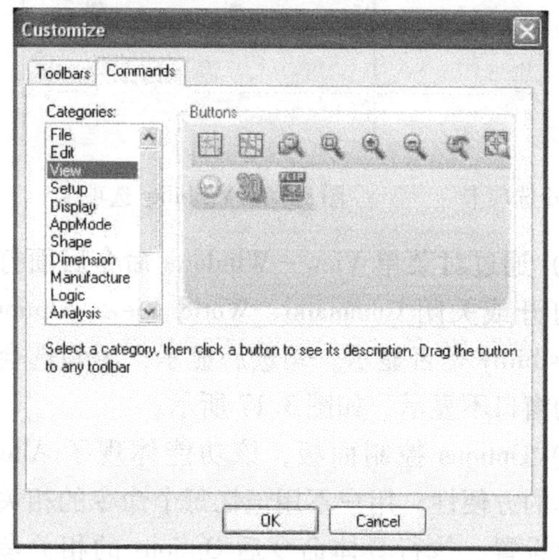

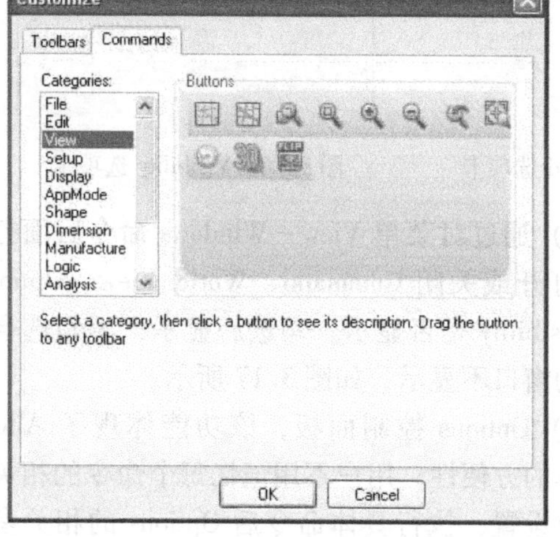

图 3. 11　定义快捷工具选项卡

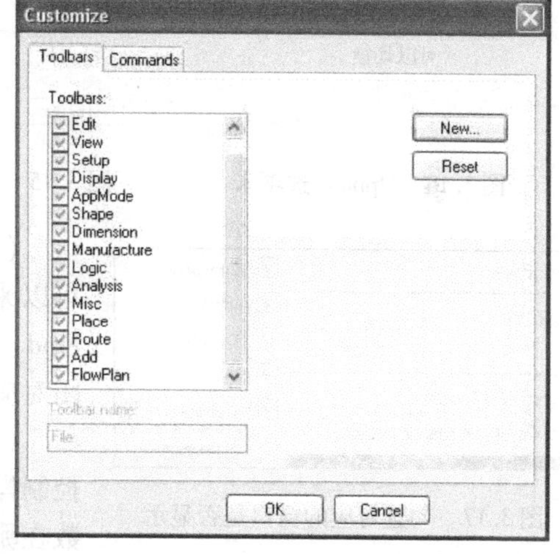

图 3. 12　Toolbars 选项卡

（8）命令窗口（Command），用来执行命令和记录用户执行的命令操作。用户也可以在此输入并执行命令，如输入 add line，按回车键则会自动执行 Add Line 命令，和选择执行命令菜单中的 Add—Line 效果是一样的。也可以用命令打开软件的某些对话框，如输入 color 并按回车键后将会默认打开颜色设置对话框，如图 3. 13 所示。

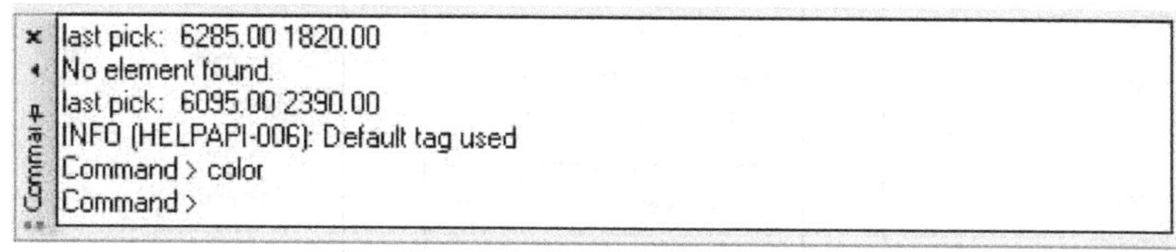

图 3. 13　命令窗口

（9）控制面板是在 PCB 绘制过程中最常用的部分，包括 Options、Find、Visibility 选项卡，其中 Options 选项卡与当前执行的命令有关系，当执行某一个命令时，与该命令相关的参数设置就会在该选项卡中显示出来。Find 选项卡用于选择电路板上的某个对象，相当于一个条件查找，只有选择某个对象后才能在工作区域对该对象进行操作。Visibility 选项卡用

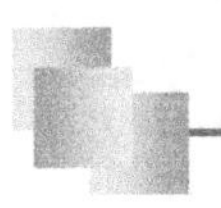

来打开和关闭某一项目或某一层上面的某些对象，只有该对象被勾选之后才能在显示区域显示出来。3 个选项卡分别如图 3.14 至图 3.16 所示。

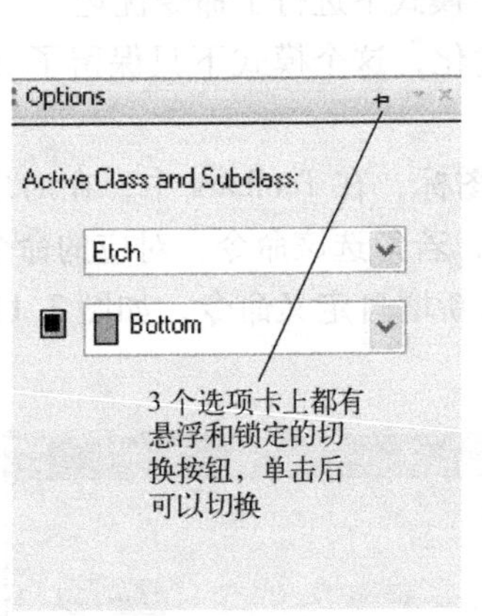

图 3.14　Options 选项卡

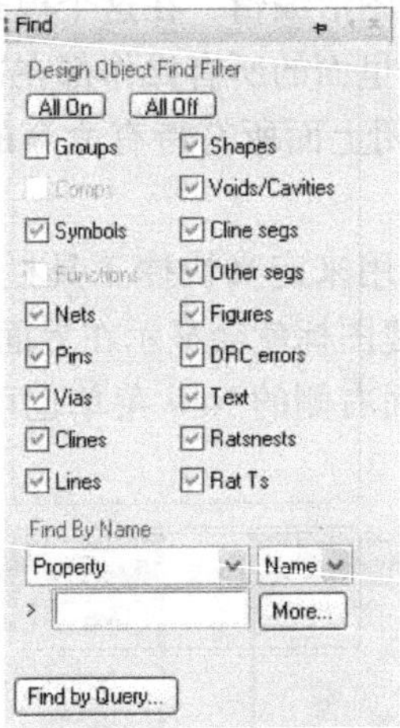

Find
Design Object Find Filter
All On　All Off
Groups　Shapes
Comps　Voids/Cavities
Symbols　Cline segs
Functions　Other segs
Nets　Figures
Pins　DRC errors
Vias　Text
Clines　Ratsnests
Lines　Rat Ts
Find By Name
Property　Name
More...
Find by Query...

图 3.15　Find 选项卡

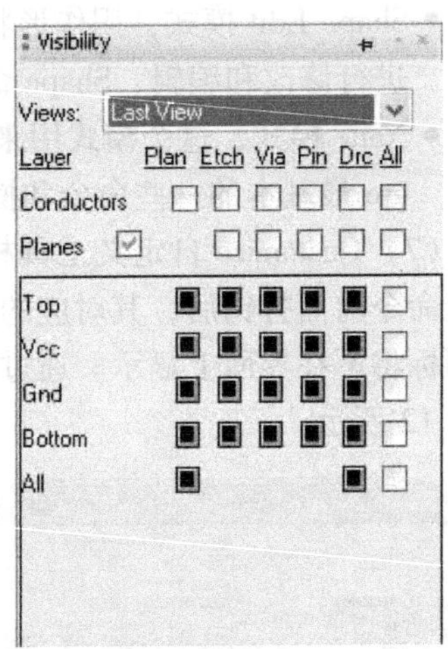

图 3.16　Visibility 选项卡

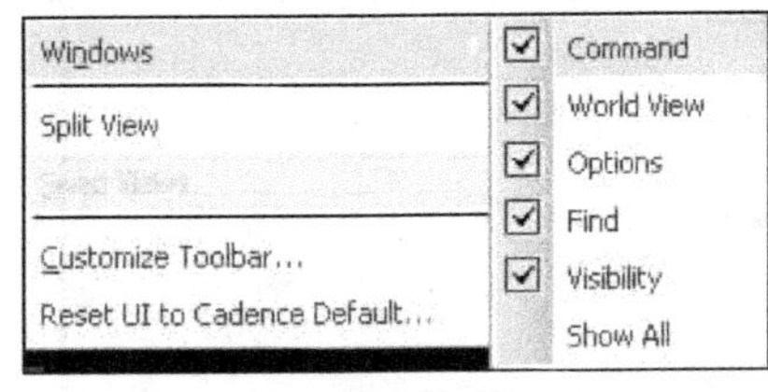

图 3.17　勾选对应的窗口是否显示

（10）通过对菜单 View—Windows 命令后面打钩可以来打开或关闭 Command、World View、Options、Find、Visibility 是否显示。勾选后显示，不勾选会关闭对应的窗口不显示，如图 3.17 所示。

（11）Options 控制面板，该功能体现了 Allegro 控制操作的方便性，用户不用记忆每个命令的相关参数在哪里设置，执行具体命令后 Options 的相关参数就显示当前命令的相关参数。不同命令下 Options 控制面板举例，如图 3.18 至图 3.23 所示。

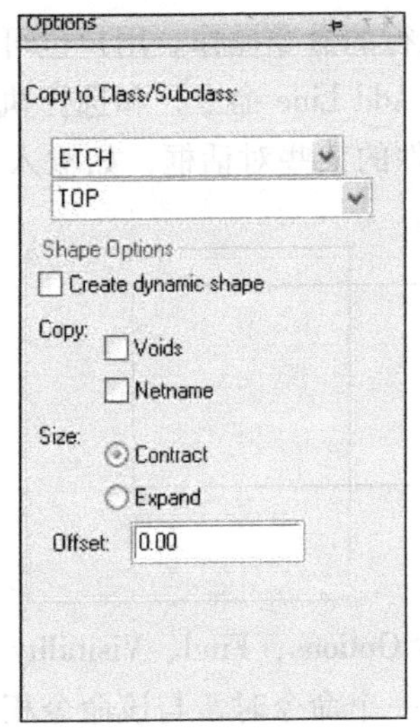

图 3.18　执行 Edit—Z—Copy 命令

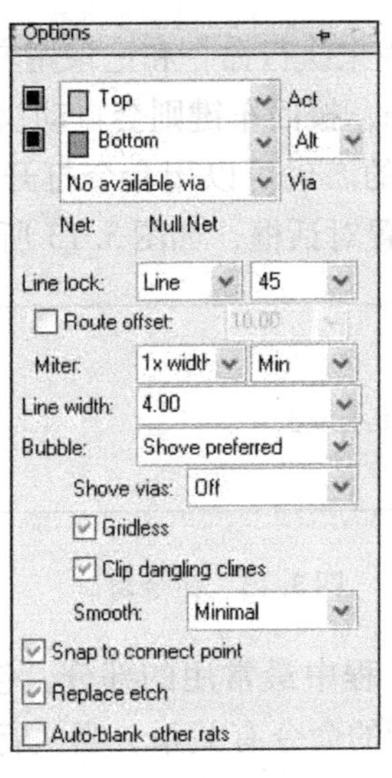

图 3.19　执行 Route—Connect 命令

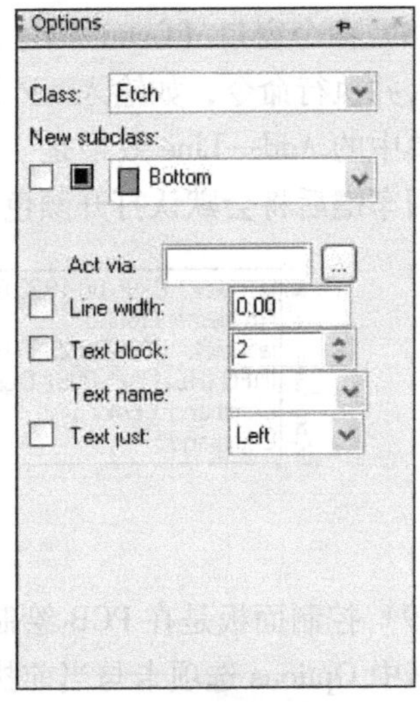

图 3.20　执行 Edit—Change 命令

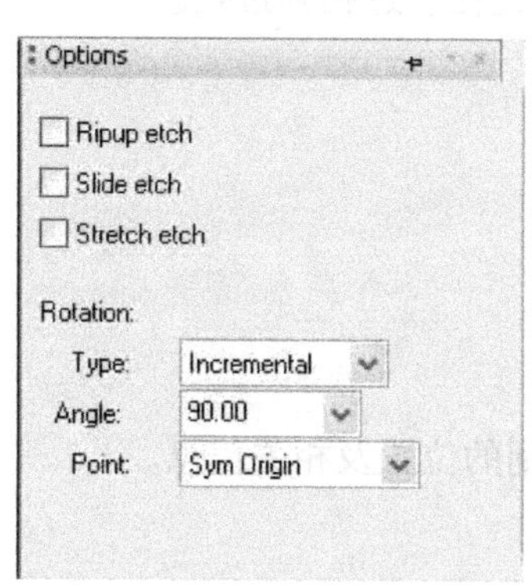

图 3.21　执行 Copy Options 命令

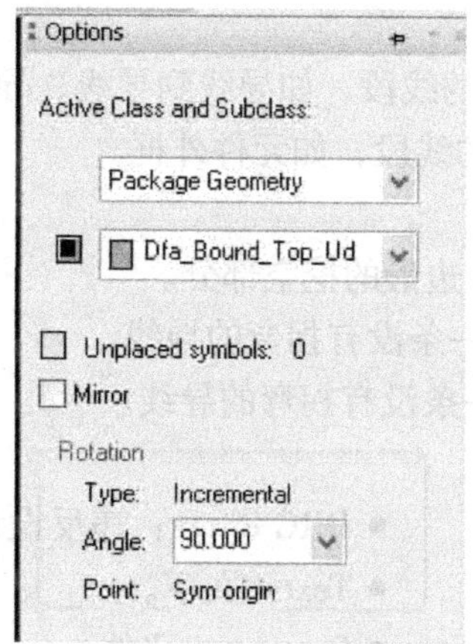

图 3.22　Place Manual 元件放置

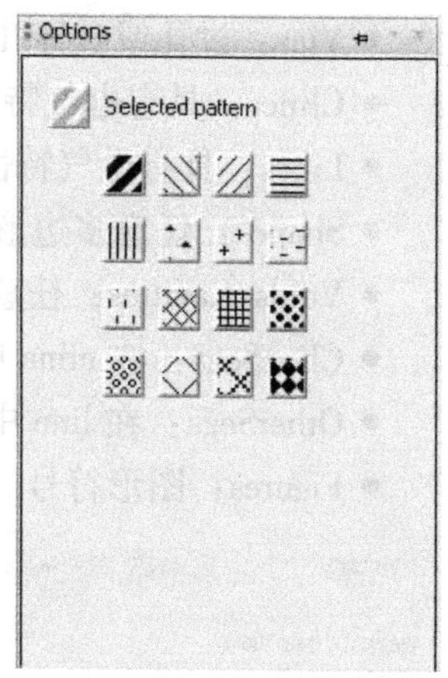

图 3.23　Hilight Options

执行具体命令后 Options 的相关参数即显示当前命令有关的设置。

（12）Find 控制面板，用于筛选 PCB 设计中可选择的元素（对象）（Design Object Find Filter）和快速查找元素（对象）（Find by Name），如图 3.24 所示。

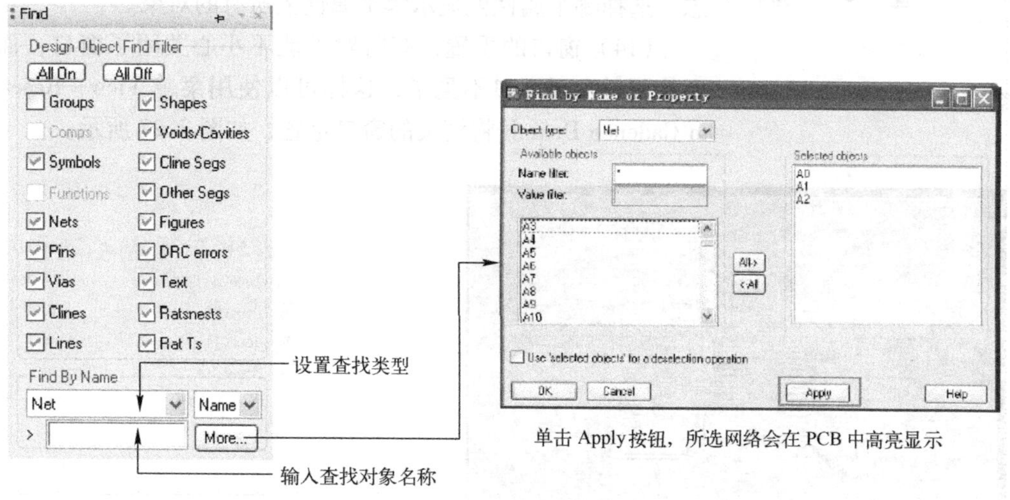

图 3.24　筛选 PCB 设计中可选择的元素（对象）

Find 选项卡中 Design Object Find Filter 选项如下。

- Groups：将 1 个或多个元件设定为同一组群。
- Comps：带有元件序号的 Allegro 元件。
- Symbols：所有电路板中的 Allegro 元件。
- Functions：一组元件中的一个元件。
- Nets：一条导线。
- Pins：元件的引脚 。

- Vias：过孔或贯穿孔。
- Clines：具有电气特性的线段，如导线到导线、导线到过孔、过孔到过孔。
- Lines：具有电气特性的线段，如元件外框。
- Shapes：任意多边形。
- Voids/Cavities：任意多边形的挖空部分。
- ClineSegs：在 cline 中一条没有拐弯的导线。
- OtherSegs：在 line 中一条没有拐弯的导线。
- Figures：图形符号。

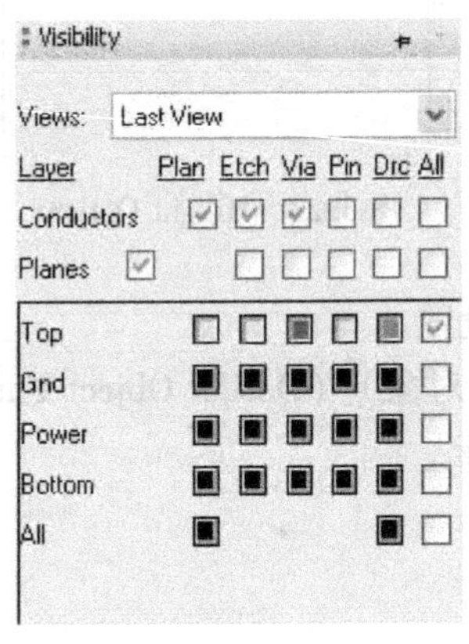

图 3.25　Visibility 控制面板

- DRC errors：违反设计规则的位置及相关信息。
- Text：文字。
- Ratsnets：飞线。
- Rat Ts：T 形飞线。

（13）Visibility 控制面板，控制布线层以及每层中元素（对象）的显示。在设置时可以整体设置，也可以单独设置，如图 3.25 所示。

如图 3.26 所示只显示 TOP 层布线、过孔、引脚和 DRC 标志。选择哪个属性就显示哪个属性上所有的对象。

（14）窗口的重置，有时对可能不小心关闭了窗口，而在要使用时发现窗口不见了，这样可以使用菜单 View—Reset UI to Cadence Default 将消失的窗口重置，如图 3.27 所示。

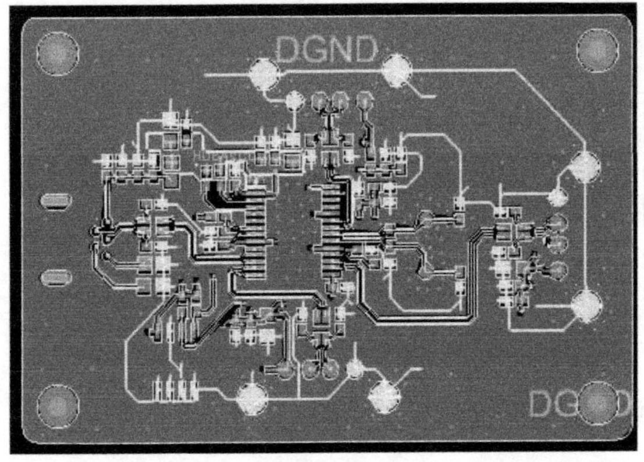

图 3.26　控制布线层以及每层中元素（对象）的显示

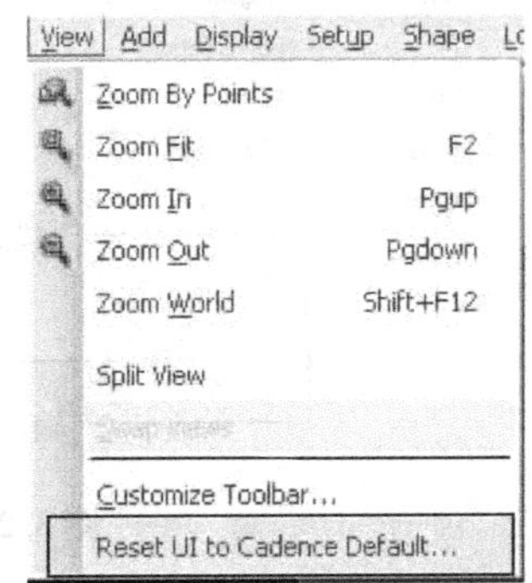

图 3.27　恢复窗口的默认设置

3.3　鼠标的功能

Allegro 中有左键、右键、中间键，都有默认定义使用。

（1）鼠标左键：单击后执行对象、元素的选取、命令的选择等，比如执行 Move、Copy、Delete 等都是用鼠标的左键去单击命令执行的。

（2）鼠标右键单击后弹出下拉参数或者当前命令相关联的参数菜单，比如在执行 Add Connect 命令时，单击右键弹出 Done 结束连接，Oops 重新连接，Cancel 取消当前的命令，Next 放置下一个连线等。

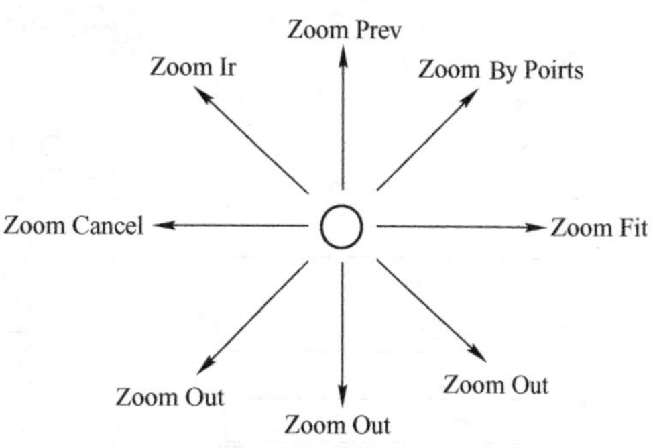

图 3.28　鼠标的功能

（3）鼠标中间键：对视窗进行缩放。有两种方法：一是直接滚动中间键，可以方便地实现视窗的放大或缩小操作；二是先按一下鼠标中间键，然后松开，鼠标向不同的方向拖动，可以实现不同的缩放功能，如图 3.28 所示。另外，视窗缩放还可以通过 View 主命令菜单实现，如图 3.29 所示。

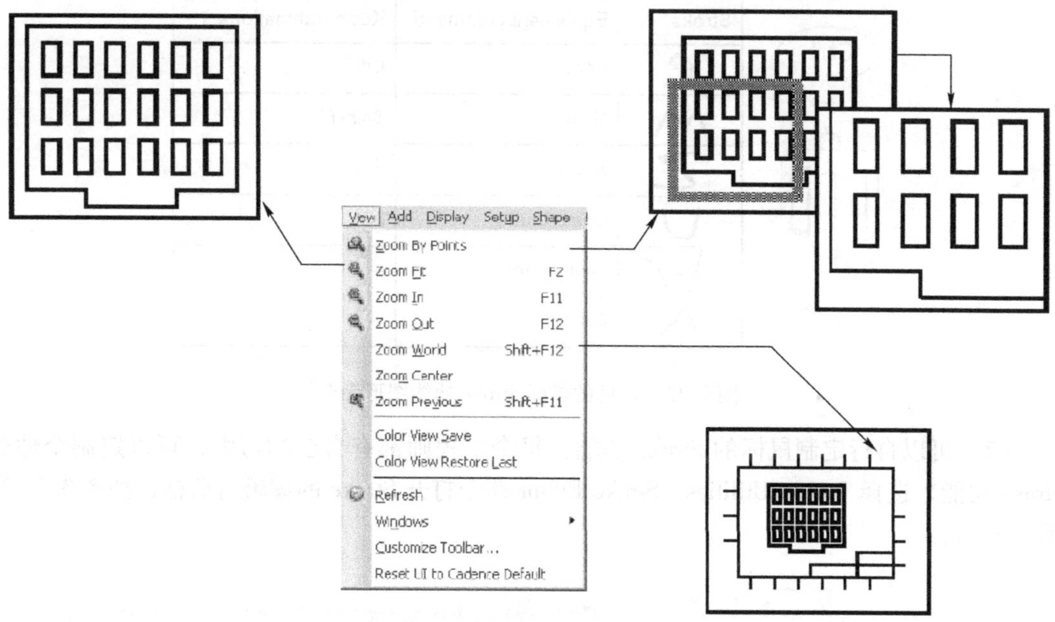

图 3.29　视图的缩放功能

3.4　鼠标的 Stroke 功能

（1）鼠标的 Stroke 功能是 Allegro 特有的一种通过鼠标右键画线或图形执行某种命令的功能，Allegro 中鼠标的 Stroke 功能执行在不同的软件版本中有两种表现形式：一种是直接通过右键画线或画图形后触发执行命令方式；另外一种是通过按住 Ctrl 键的同时按住鼠标右键画线或画图来执行命令的方式。15.7 版之前的老版本多是需要按照按住 Ctrl 键的同时按住鼠标右键画线或画图来执行命令，但可以通过修改 Allegro 中 Setup—User Preferences—Ui—Input 中的 no_dragpopup 后面的 Value 选项框打钩之后，就可以不用 Ctrl 键而直接使用鼠标右键画线、画图形的功能，如图 3.30 和图 3.31 所示。

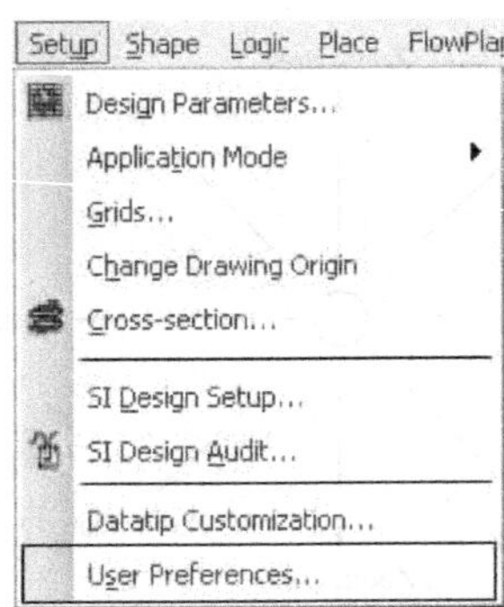

图 3.30　Setup 菜单界面

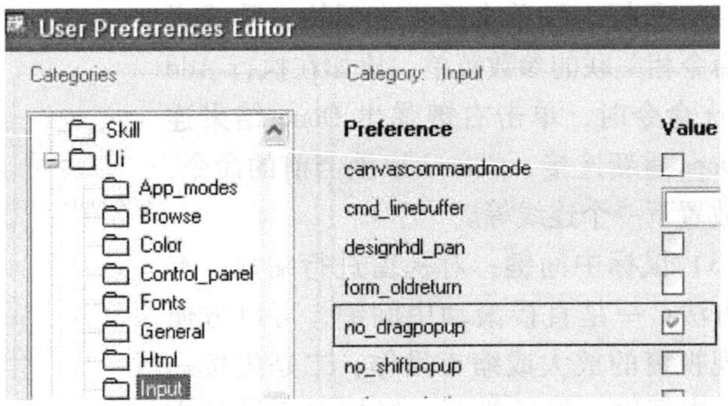

图 3.31　User Preferences 对话框

如图 3.32 所示为 Allegro 默认、常见的鼠标的 Stroke 功能图形命令。

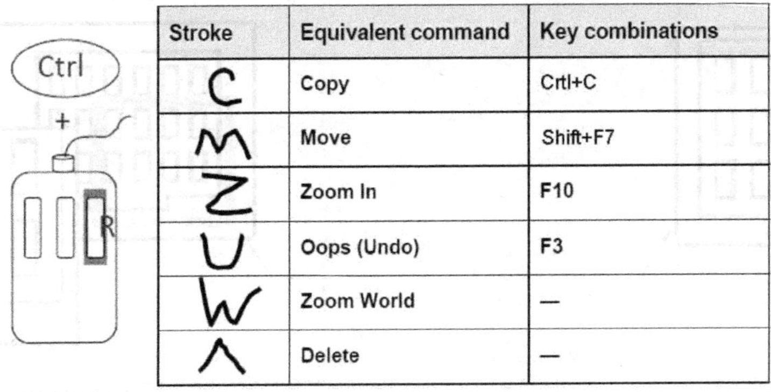

Stroke	Equivalent command	Key combinations
C	Copy	Crtl+C
M	Move	Shift+F7
Z	Zoom In	F10
U	Oops (Undo)	F3
W	Zoom World	—
^	Delete	—

图 3.32　常见的鼠标 Stroke 功能图形命令

（2）可以自行定制鼠标的 Stroke 功能，每个工程师都有自己的习惯，可以定制个性的 Stroke 功能。选择 Tools—Utilities—Stroke Editor 命令打开 Stroke 的编辑对话框，如图 3.33 和图 3.34 所示。

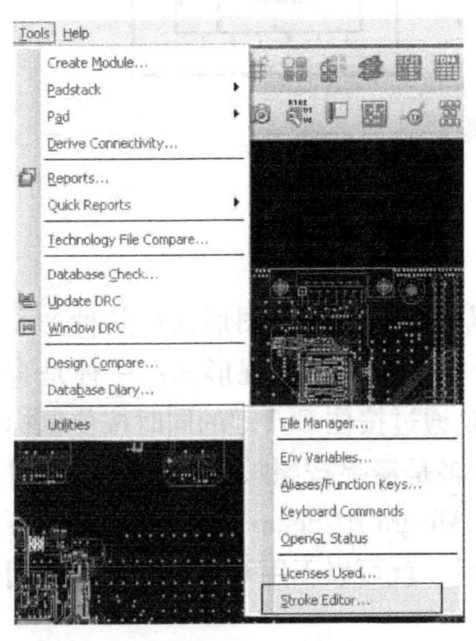

图 3.33　定制个性的 Stroke 功能

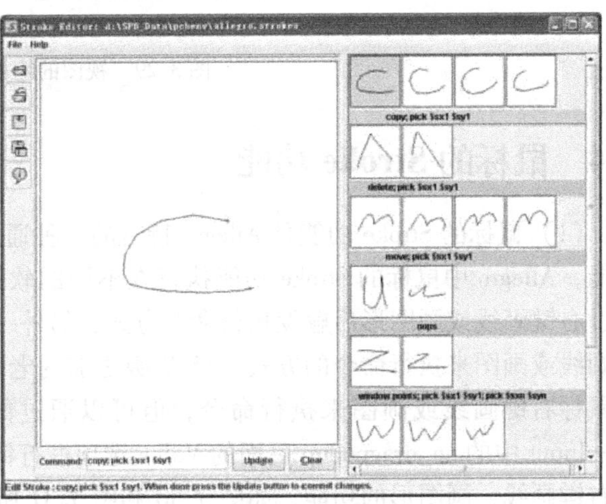

图 3.34　Stroke 编辑对话框

（3）用鼠标在 Stroke 的编辑界面中绘制一个图形或线条后（图形和线条不能重复），在 Command 窗口上输入图形或线条触发后要执行的命令，单击左侧的保存按键。保存之后关闭 Stroke 的编辑器，用鼠标右键试验刚才设置的绘制图形命令是否有效。比如增加 Zoom In 和 Zoom Out 两个图形命令，设置方式如图 3. 35 和图 3. 36 所示。设置右侧斜着向左下画线是 Zoom Out 命令，左侧斜着往右上画线是 Zoom In 命令。

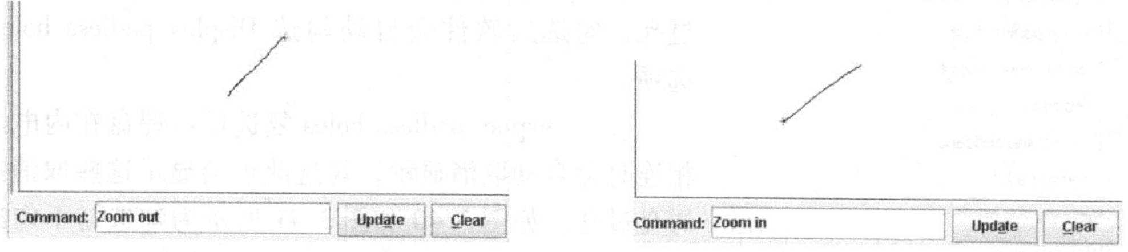

图 3. 35　增加 Zoom Out 图形命令　　图 3. 36　增加 Zoom In 图形命令

注意，若要鼠标的 Stroke 画图命令有效，必须在 no_dragpopup 后面的 Value 选项框打钩后才行，否则 Stroke 命令无效。

3. 5　Design parameters 命令的 Display 选项卡

选择 Setup—Design parameters 命令可以打开参数设置页面，默认是 Display 选项卡。在 Design Prarameters 菜单中，左侧的 Display 处主要用来设置无电气属性或虚拟类的显示属性，右侧的 Enhanced Display Modes 处是电气性质的增强显示属性设置，左下面是 Display Net Name 的设置，右下面是 Grids 栅格点的设置。

1. Display 选项卡

Display 选项卡如图 3. 37 所示。

（1）Connect point size 文本框：用于设置连接点的大小，PCB 板面较大时可以设置大一些，若 PCB 板面比较小一般保持默认值即可。

（2）DRC marker size 文本框：为 DRC 符号的显示大小设置一个合适的值，方便发生 DRC 时查看标记，若 PCB 板面很大可以将标记设置得大一些，方便在 PCB 浏览时能够找到有错误存在的 DRC 标记，若 PCB 板面很小可设置小一些。

（3）Rat T（Virtual pin）size 文本框：用于设置 Rat T 点符号的标记大小，一般保持默认值。

（4）Ratsnnst geometry 文本框：用于飞线的显示方式，有 Jogged 和 Straight 两个选项，如图 3. 38 所示。

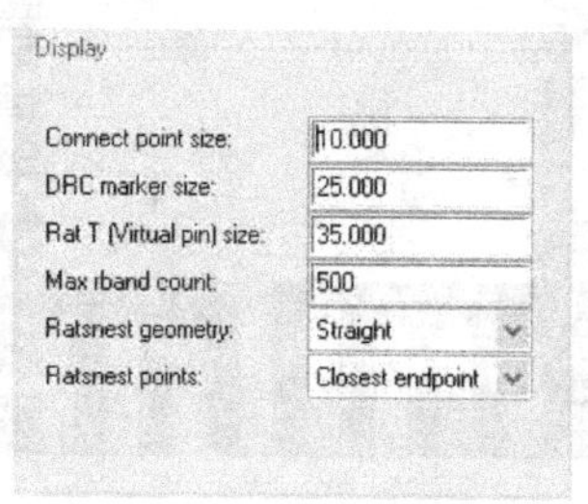

图 3. 37　Display 选项卡

图 3. 38　飞线的两种显示方式

（5）Ratsnest points 文本框：用于选择在布线完成一部分时，飞线是从走线的端点开始显示，还是按照 pin 到 pin 的方式来显示，默认设置是从走线端点的显示方式。

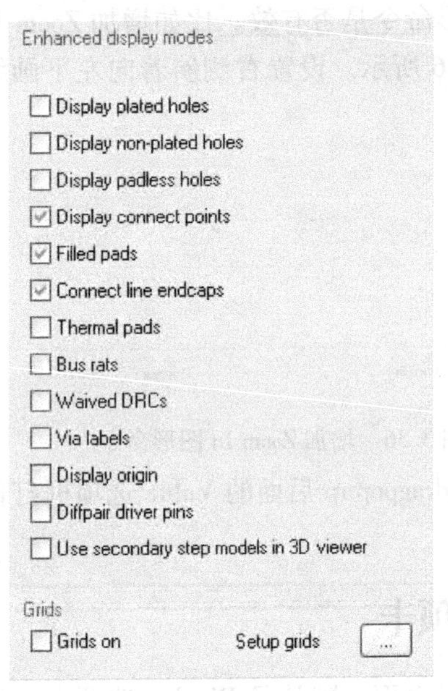

图 3.39　Enhanced display modes 选项卡

2. Enhanced display modes 选项卡

Enhanced display modes 选项卡如图 3.39 所示。

（1）Display plated holes 复选项：显示金属镀锡的过孔，勾选后软件会自动勾选 Display padless holes 复选项。

（2）Display padless holes 复选项：焊盘在内电层不相连时会自动取消显示，勾选此项会显示这些取消掉的焊盘过孔。如图 3.40 和图 3.41 所示为勾选与不勾选的显示效果区别。

Enhanced display modes 是增强显示效果，只是显示的效果关闭或打开，不实际改变电路的任何特性。

当鼠标移到每个选项上时，在 parameter descripion 参数描述窗口中都会显示相应命令的具体介绍及使用方法，这是 Allegro 非常方便取得帮助的方式。

（3）Display Non－plated Holes 复选项：显示没有镀锡的孔。一般都是机械类的孔，孔的内壁未镀锡。

（4）Filled pads 复选项：是否填充焊盘，勾选后显示，填充焊盘效果对比如图 3.42 和图 3.43 所示。

图 3.40　不勾选 Display plated holes

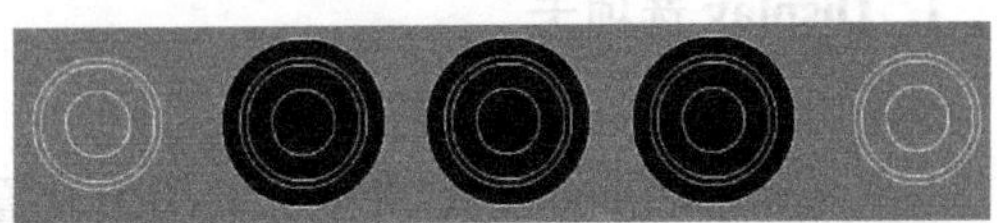

图 3.41　勾选 Display plated holes

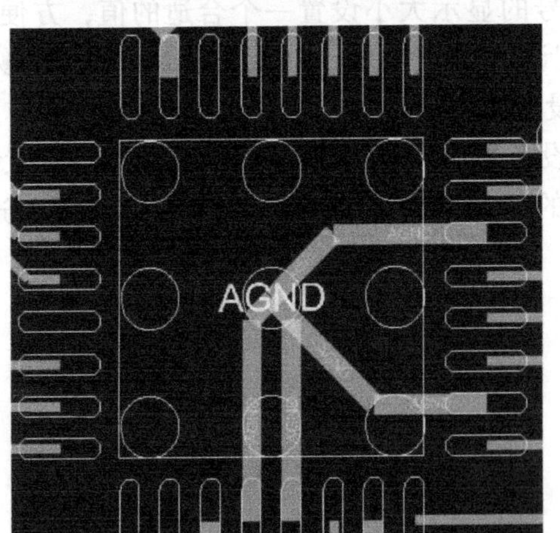

图 3.42　不填充焊盘效果

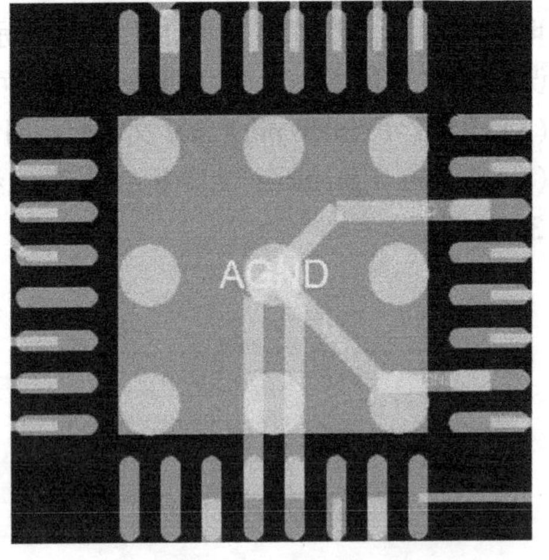

图 3.43　填充焊盘效果

（5）Connect line endcaps 复选项：改善走线转角的显示效果，勾选与否效果如图 3.44 和图 3.45 所示。

图 3.44　改善走线转角不勾选的显示效果

图 3.45　改善走线转角勾选的显示效果

（6）Thermal pads 复选项：以花焊盘的形式显示热风焊盘（只对负片有效），勾选与否效果如图 3.46 和图 3.47 所示。

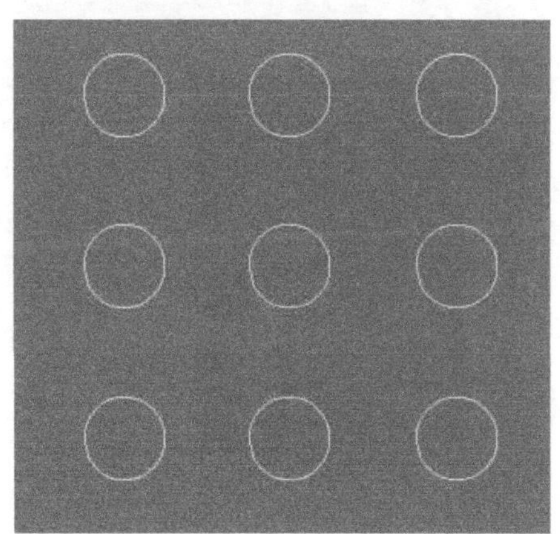

图 3.46　负片不勾选的显示效果

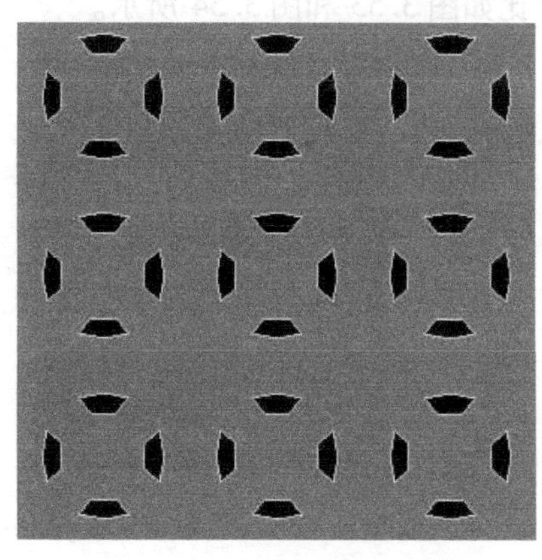

图 3.47　负片勾选的显示效果

（7）Bus rats 复选项：将同一个 Bus 中的飞线打包成一根鼠线，勾选与否效果如图 3.48 和图 3.49 所示。

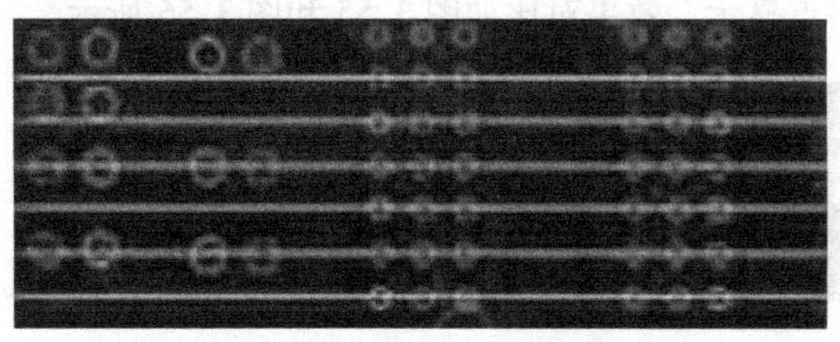

图 3.48　Bus rats 不勾选的显示效果

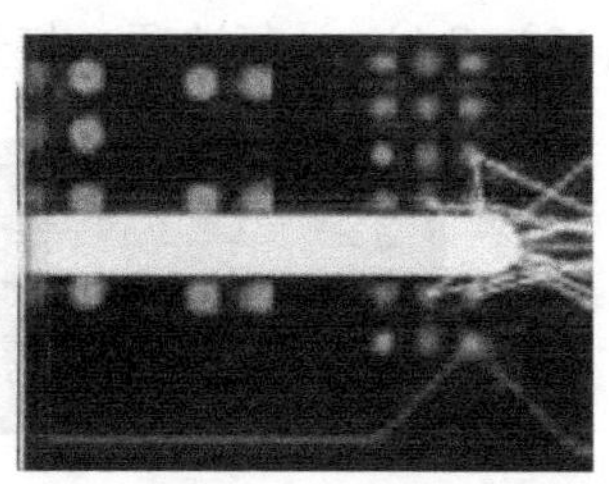

图 3.49　Bus rats 勾选的显示效果

（8）Waived DRCs 复选项：显示取消的 DRC 标识，如图 3.50 所示。

（9）Via labels 复选项：在盲埋孔上显示盲埋孔所在的层信息，如图 3.51 所示。

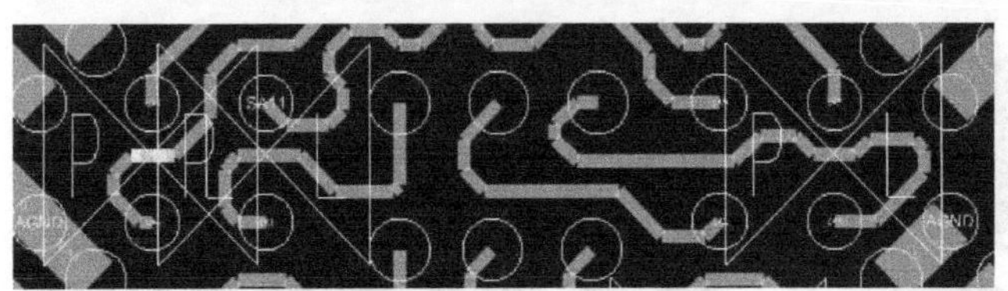

图 3.50　Waived DRCs 显示效果

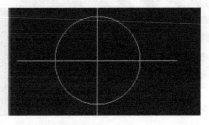

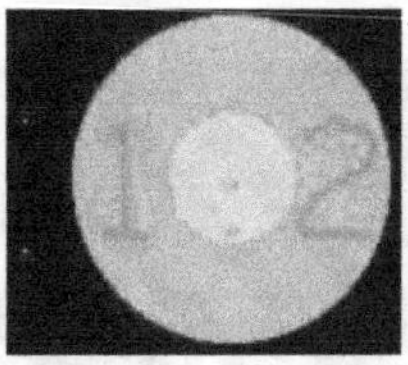

图 3.51　Via labels 显示效果

（10）Display origin 复选项：显示图纸的原点，如图 3.52 所示。

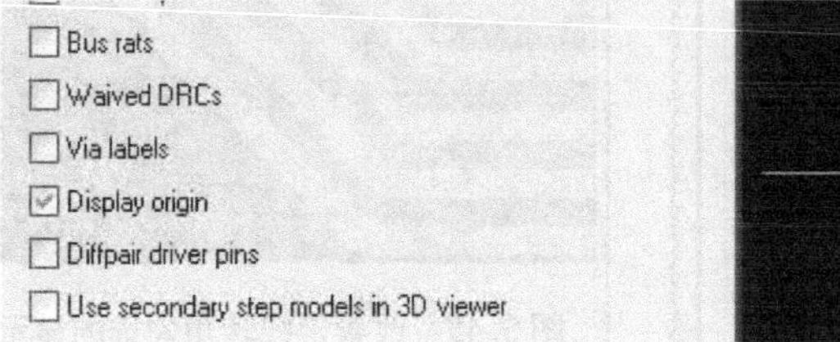

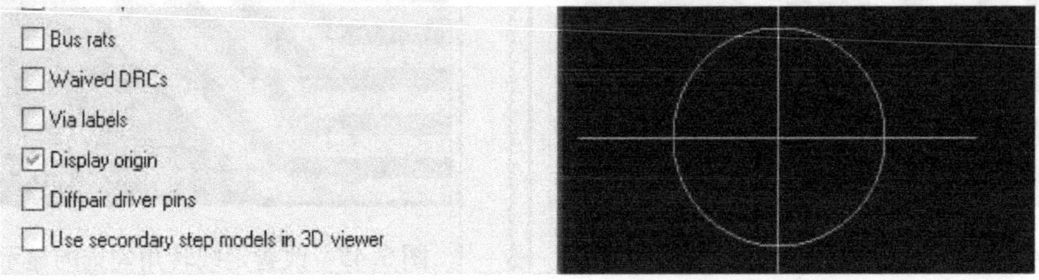

图 3.52　Display origin 显示效果

（11）Diffpair driver pins 复选项：显示差分对的 pinuse（用符号表示输入输出等信息），效果对比如图 3.53 和图 3.54 所示。

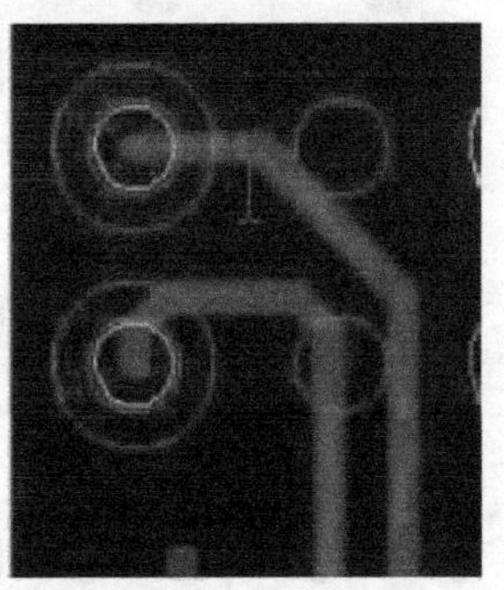

图 3.53　不显示差分对的 pinuse

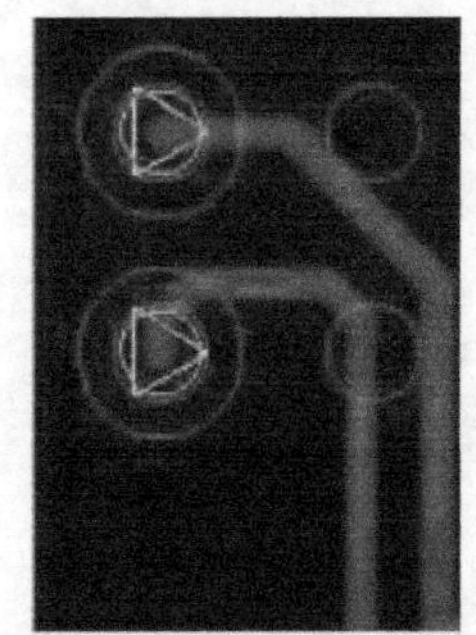

图 3.54　显示差分对的 pinuse

（12）Use secondary step models in 3D viewer 复选项：在 3D 显示下是使用 Step 模型，Step 是产品模型数据交互模型，可以借助 Pro/e、Solidworks 等软件绘制出元件电路板的 3D 模型导入到 Allegro 中做 3D 的结构匹配。

（13）Grids on 复选项：打开或关闭格点显示，效果对比如图 3.55 和图 3.56 所示。

图 3.55　打开格点显示

图 3.56　关闭格点显示

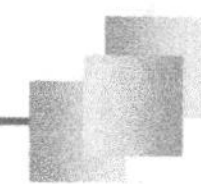

3.6　Design parameters 命令的 Design 选项卡

选择 Setup—Design parameters 命令可以打开参数设置页面，进入 Design 选项卡，如图 3.57 所示。Size 用来设置图纸的尺寸；Extents 用来设置工作区域的大小；Move origin 用来移动坐标原点位置；当需要修改原点的位置时，在该处输入目标点的坐标数字即可；Line lock 用来设置布线的默认选项；Symbol 用来设置默认下元件属性；Angle 放入元件的初始角度；Mirror 设置元件放入之后是否进行镜像。

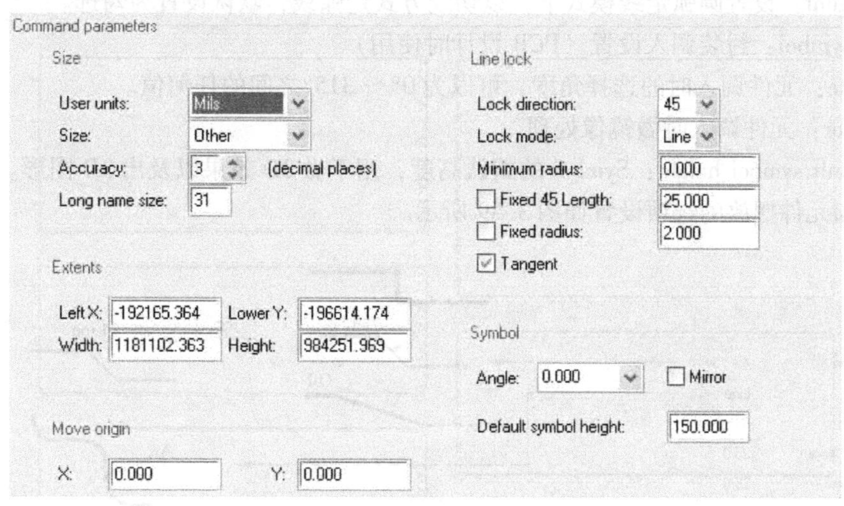

图 3.57　参数设置页面

（1）设定图纸参数 Size 选项卡，如图 3.58 所示。User Units 文本框：设定设计采用的单位；Size 文本框：设定图纸尺寸；Accuracy 文本框：设定精度，即小数位数；Long name size 文本框：设置名称的字节长度，系统默认为 31 个字。

（2）用户自定义图纸尺寸 Extents 选项卡，如图 3.58 所示。Left X：图纸左下角的横坐标值；Lower Y：图示左下角的纵坐标值；Width：图纸宽度；Height：图纸高度。

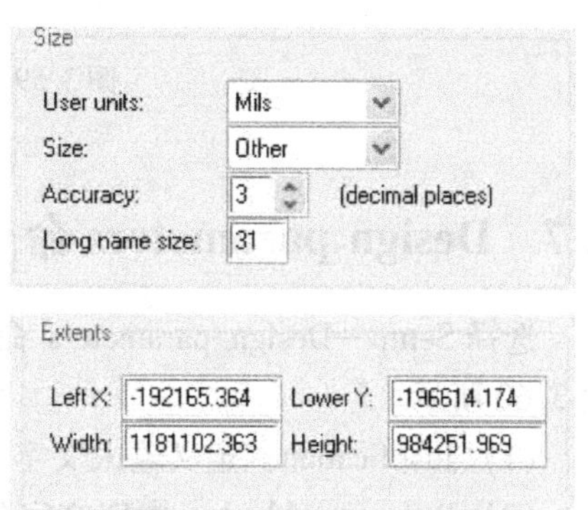

图 3.58　图纸相关参数设置

（3）Move origin 选项卡用来移动坐标原点位置，将坐标原点移到所输入的 X 和 Y 坐标处，还可以通过 Setup 菜单中的 Change drawing origin 命令改变坐标原点的位置。

（4）Line Lock 选项卡用于设置布线的默认参数。

- Look direction：指定布线的拐角角度，文本框的下拉选项共有 3 个，分别是 Off、45、90。Off 表示走线可以以任意角度进行拐角；45 表示走线以 45°拐角；90 表示走线以 90°拐角。该处一般选择 45。

- Look mode：下拉选项中共有 2 个，分别是 Line 和 Arc。Line 表示走线为直线模式；Arc 表示走线为圆弧线模式。该处一般选择 Line 模式。
- Minimum radius：最小半径，此项为设置圆弧走线模式下的最小走线半径。当选择了 Line 模式时，此选项不用设置。
- Fixed 45 Length：设置走线 45°拐角时的斜边固定长度，一般不勾选此项。
- Fixed radius：设置圆弧走线模式时固定的半径值。当选择了“Line”模式时，此选项不用设置。
- Tangent：设置圆弧走线模式下，以切线方式走弧线，默认设置为勾选。

（5）Symbol：封装调入设置（PCB 设计时使用）。

- Angle：元件调入时的选择角度，可以为 0°～ 315°之间的任何值。
- Mirror：元件调入时做镜像处理。
- Default symbol height：Symbol 的默认高度，用于做 3D 效果以及出 3D 图形。

布线和元件摆放的选项设置如图 3. 59 所示。

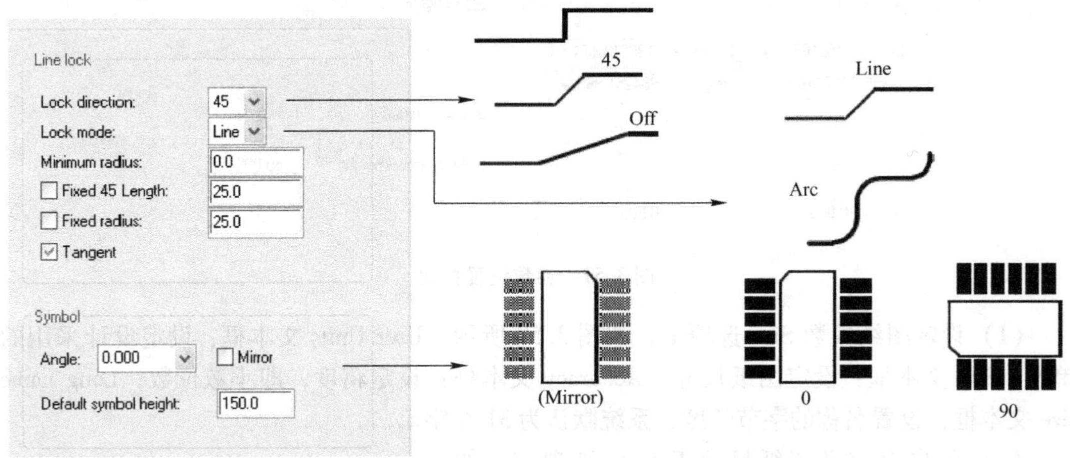

图 3. 59　布线和元件摆放的选项设置

3. 7　Design parameters 命令的 Text 选项卡

选择 Setup—Design parameters 命令可以打开参数设置页面，进入 Text 选项卡，如图 3. 60 所示。

（1）Justification：定义输入文字的方向。

（2）Parameter block：指定文字的字号，需要修改可以选择 Setup text sizes，对应的是 Text Blk 里面的序号。

（3）Setup text sizes：可以修改字号，指定字体的大小。如图 3. 61 所示，Setup text sizes 中 Width 设置字体的宽度；Height 设置字体的高度；Line Space 设置线的间距；Photo Width 设置 Artwork 中字体的宽度；Char Space 设置字体的间距。

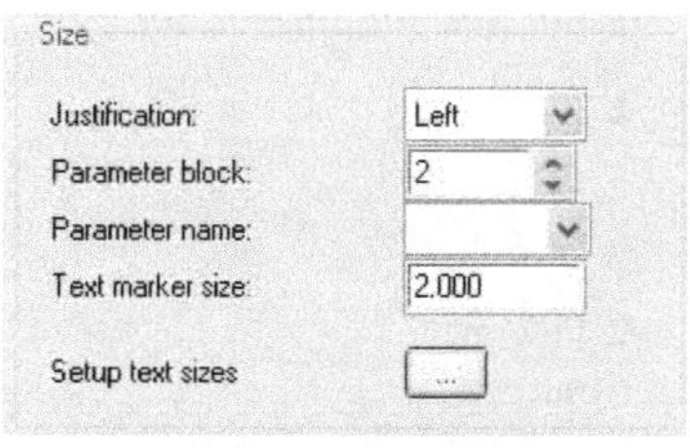

图 3.60 Text 选项卡

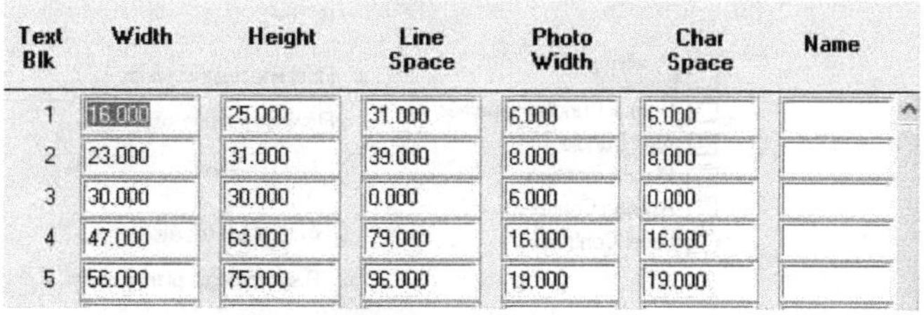

Text Blk	Width	Height	Line Space	Photo Width	Char Space	Name
1	16.000	25.000	31.000	6.000	6.000	
2	23.000	31.000	39.000	8.000	8.000	
3	30.000	30.000	0.000	6.000	0.000	
4	47.000	63.000	79.000	16.000	16.000	
5	56.000	75.000	96.000	19.000	19.000	

图 3.61 设置字体大小、宽度、高度

3.8 Design parameters 命令的 Shape 选项卡

选择 Setup—Design parameters 命令可以打开参数设置页面，进入 Shape 选项卡，主要用来设置覆铜参数、静态铜箔参数、动态铜箔的参数、内电层的铜箔参数等，如图 3.62 所示。

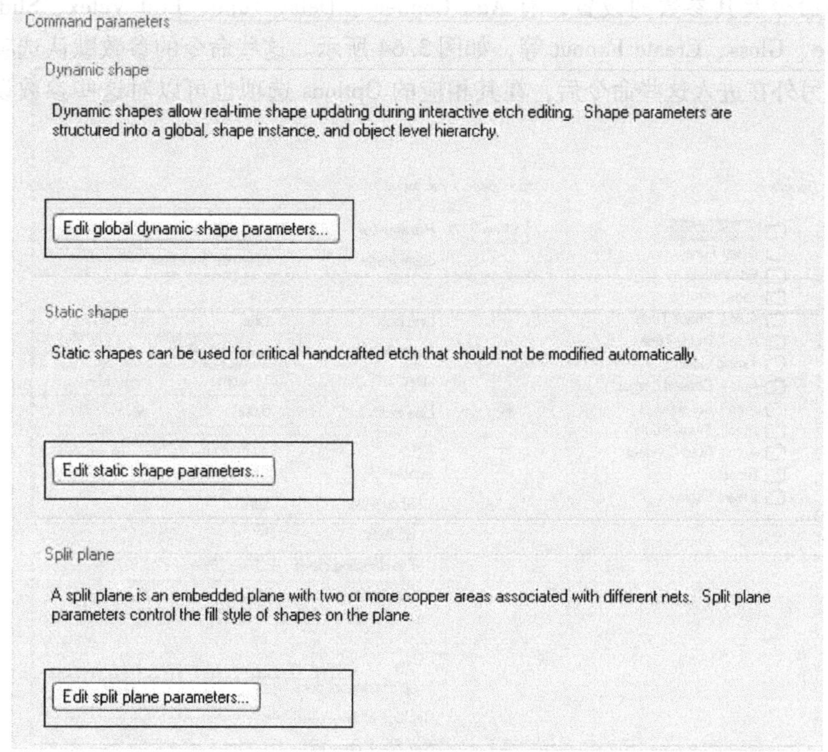

图 3.62 Shape 选项卡

3.9 Design parameters 命令的 Flow planning 选项卡

选择 Setup—Design parameters 命令可以打开参数设置页面，进入 Flow planning 选项卡，主要用来 Flow 规划时设置线宽、过孔、参数，创建 Bundle 时设置线宽、走线层等，如图 3.63 所示。

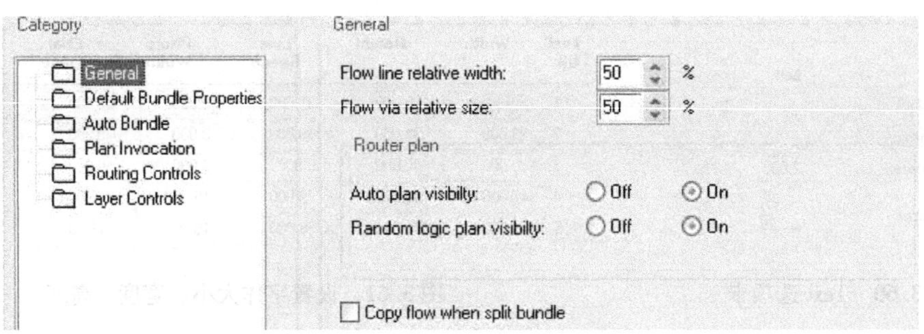

图 3.63　Flow planning 设置

3.10　Design parameters 命令的 Route 选项卡

选择 Setup—design parameters 命令可以打开参数设置页面，进入 Route 选项卡，里面都是布线用到命令及其参数的设置，有 Add Connect、Delay Tune、Edit Vetex、Slide、Auto - I. Phase Tune、Gloss、Create Fanout 等，如图 3.64 所示。这些命令的参数默认选项都在该处可以设置，另外在进入这些命令后，在其相应的 Options 选项也可以对这些参数设置，不再做详细介绍。

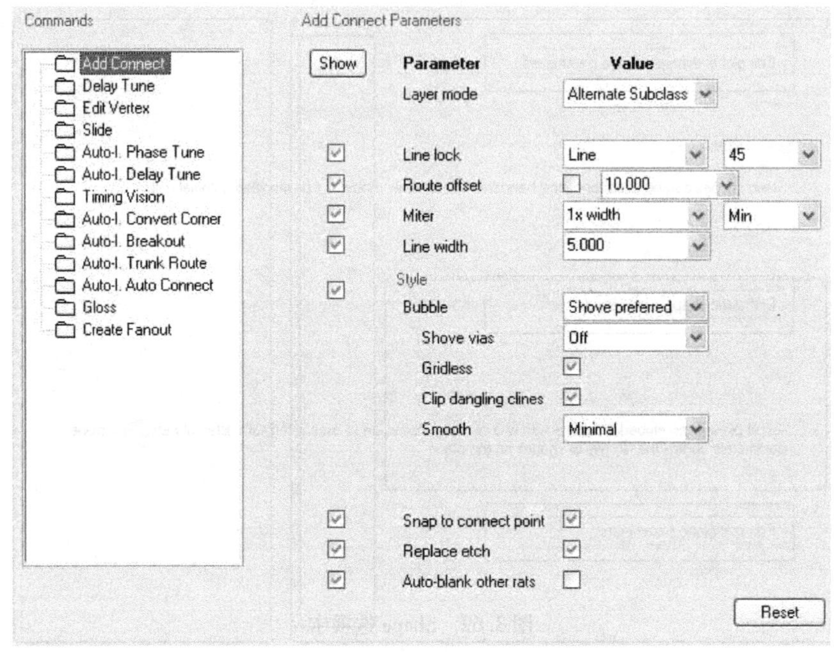

图 3.64　布线命令及其相关参数的设置

3.11　Design parameters 命令的 Mfg Applications 选项卡

选择 Setup—Design parameters 命令可以打开参数设置页面，进入 Mfg Applications 选项卡，设置测试点、Thieving、丝印、尺寸标注等相关参数，如图 3.65 所示。对于 Text、

Shape、Route、Mfg Applications 选项卡，可以暂时采用默认设置，等读者熟悉软件之后在具体的项目应用中进行设置即可。

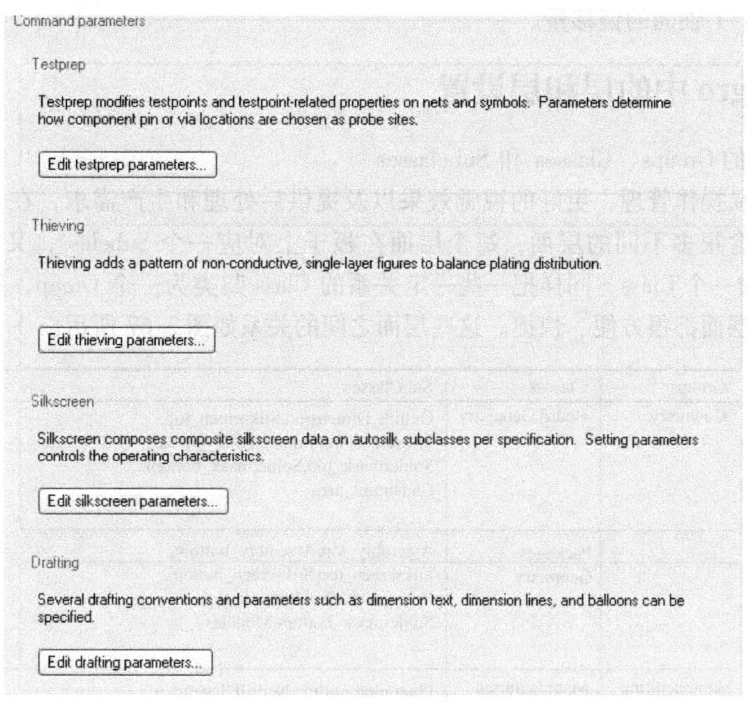

图 3.65　Mfg Applications 选项卡

3.12　格点设置

选择 Setup—Grid 命令即可打开格点设置窗口，如图 3.66 所示。

- Grids On：显示格点（当选中该选项时，显示格点，否则不显示，默认快捷键 F10）。
- Non - Etch：设置非走线层的格点参数。
- All Etch：设置走线层的格点参数。
- TOP：设置 TOP 层的格点参数。
- BOTTOM：设置 BOTTOM 层的格点参数。
- Spacing x：设置 X 轴上的格点参数的大小。
- Spacing y：设置 Y 轴上的格点

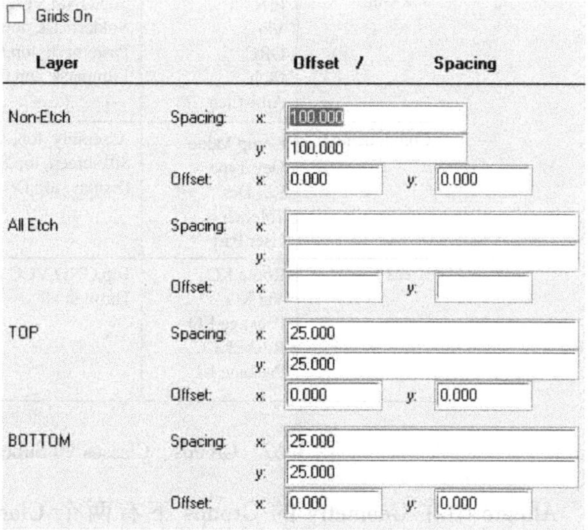

☐ Grids On

Layer	Offset / Spacing				
Non-Etch	Spacing:	x:	100.000		
		y:	100.000		
	Offset:	x:	0.000	y:	0.000
All Etch	Spacing:	x:			
		y:			
	Offset:	x:		y:	
TOP	Spacing:	x:	25.000		
		y:	25.000		
	Offset:	x:	0.000	y:	0.000
BOTTOM	Spacing:	x:	25.000		
		y:	25.000		
	Offset:	x:	0.000	y:	0.000

图 3.66　格点设置窗口

参数的大小。

- Offset x：X 轴向的偏移量。
- Offset y：Y 轴向的偏移量。

3.13 Allegro 中的层和层设置

（1）层面的 Groups、Classes 和 Subclasses

为了更容易操作管理，更好的视觉效果以及提供后处理和生产需求，在 Allegro 中的设计文件可以包含很多不同的层面，每个层面在板子上对应一个 Subclass，又把一定关系的 Subclass 归类为一个 Class，同样把一些一定关系的 Class 归类为一个 Group，所以 Allegro 在操作管理每个层面都很方便、快捷。这些层面之间的关系如图 3.67 所示。

Groups	Classes	SubClasses
Geometry	Board Geometry	Outline,Dimension,Silkscreen_top, Silkscreen_bottom,Assembly_detail, Soldermask_top,Soldermask_bottom Constraint_area …
	Package Geometry	Assembly_top,Assembly_bottom, Silkscreen_top,Silkscreen_bottom, Body_center,Soldermask_top, Soldermask_bottom,Modules …
Manufacturing	Manufacturing	Photoplot_outline,Ncdrill_legend, Ncdrili_figure,No_probe_top, NO_probe_bottom …
	Drawing Format	Otuline,Title_block, Title_data,Revison_block, Revison_data …
Stack-up	PIN Via DRC Etch Anti-Etch	Top,GND,VCC,Bottom, Soldermask_top,Soldermask_bottom, Pastemask_top,Pastemask_bottom, Filmmask_top,Filmmask_bottom …
Components	Comp Value Dev Type Ref Des Tolerance User Part	Assembly_top,Assembly_bottom, Silkscreen_top,Silkscreen_bottom, Display_top,Display bottom …
Areas	Route KO Via KO Package KO Route KI Package KI	Top,GND,VCC,Bottom, Through all …

图 3.67 Groups、Classes 和 Subclasses 层面之间关系

Allegro 中在 Geometry 的 Groups 下有两个 Classes，分别是 Board Geometry 和 Package Geometry。Board Geometry 是管理板级 Class，在电路板上会有哪些东西呢？当然板上应该

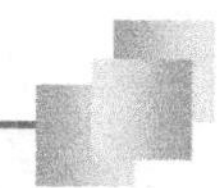

有板框 Outline；板上有标注 Dimension；板上有顶层丝印 Silkscreen_top 和底层丝印 Silkscreen_Bottom；板上有装配的标志 Assmbly 层；板上有些地方要阻焊就需要用到 Soldmask 层。再看看 Package Geometry，想想看，元件应该都有哪些属性呢？应该有装配的外框 Assmbly；应该有元件的标号和丝印图标 Silkscreen；应该有焊盘，有焊盘就会有 Soldermask 阻焊层和 Pastemask 助焊层。按照这个思路来阅读图 3.67 中的文件，就会找到规律很容易理解和记忆。

（2）下面介绍这些层面的基本用途，这里只对一些常用的层面进行介绍。

① Board Geometry 和 Package Geometry 中的层都是板子和元件外形方面的层，如图 3.68 所示。

▽ Board Geometry	
Outline	板外框
Dimension	板子的机构尺寸
Silkscreen_top	附加的 Top 文字面
Silkscreen_bottom	附加的 Bottom 文字面
Assembly_detail	组装的详述
Soldermask_top	附加的 Top Soldermask
Soldermask_bottom	附加的 Bottom Soldermask
Constraint_area	Constraint 的限制圈的颜色
▽ Package Geometry	
Assembly_top	组装的顶层
Assembly_bottom	组装的底层
Silkscreen_top	Top 零件文字面
Silkscreen_bottom	Bottom 零件文字面
Body_center	零件中心点
Soldermask_top	Top 零件防焊面
Soldermask_bottom	Bottom 零件防焊面
Modules	模组

图 3.68　常用层面的相关介绍

② DRC 错误标记所需要的层，如图 3.69 所示。

③ Manufacturing 里面都是工厂所需要的层，Drawing Format 图形格式所需要的层，如图 3.70 所示。

▽ DRC	
Top	Top Layer DRC Mark 层
GND	GND Layer DRC Mark 层
VCC	VCC Layer DRC Mark 层
Bottom	Bottom Layer DRC Mark 层
Through All	Other DRC Mark 层
Packge_top	Packge_top DRC Mark 层
Packge_bottom	Packge_bottom DRC Mark 层

图 3.69　DRC 错误标记层面介绍

▽ Manufacturing	
Photoplot_outline	底片大小定义区
Ncdrill_legend	钻孔文字说明
Ncdrill_figure	钻孔图形符号
No_probe_top	Top 测试限制区
No_probe_bottom	Bottom 测试限制区
▽ Drawing Format	
Outline	外框
Title_Block	标题区
Title_data	标题内容
Revison_block	修正版区
Revison_data	修正版内容

图 3.70　Manufacturing 和 Drawing Format 层面介绍

④ PIN 是元件引脚所用到的层，包括 PIN 的电气层和阻焊层、助焊层等，如图 3.71 所示。

⑤ Etch 是电气层，Top、GND、VCC、Bottom 都是电气层中的布线层，如图 3.72 所示。

▽ PIN	
Top	PIN Top Layer 层
GND	PIN GND Layer 层
VCC	PIN VCC Layer 层
Bottom	PIN Bottom Layer 层
Soldermask_top	PIN Soldermask_top 层
Soldermask_bottom	PIN Soldermask_bottom 层
Pastemask_top	PIN Pastemask_top 层
Pastemask_bottom	PIN Pastemask_bottom 层
Filmmask_top	PIN Filmmask_top 层
Filmmask_bottom	PIN Filmmask_bottom 层

图 3.71　PIN 层面介绍

▽ Etch	
Top	Top Layer 走线层
GND	GND Layer 走线层
VCC	VCC Layer 走线层
Bottom	Bottom Layer 走线层

图 3.72　电气层面介绍

⑥ Anti－Etch 是隔离电气层，用来对电气层进行隔离，Top、GND、VCC、Bottom 都是隔离电气层，如图 3.73 所示。

⑦ Components 是一些元件属性方面的层，包括参考编号、装配图形等，如图 3.74 所示。

▽ Anti-Etch	
Top	Top Layer Plane 内层隔离线层
GND	GND Layer Plane 内层隔离线层
VCC	VCC Layer Plane 内层隔离线层
Bottom	Bottom Layer Plane 内层隔离线层
Through All	All Layers Plane 内层隔离线层

图 3.73　元件层面介绍

▽ Comporents	
Assembly_top	底片标识用途
Assembly_bottom	底片标识用途
Silkscreen_top	底片标识用途
Silkscreen_bottom	底片标识用途

图 3.74　属性层面介绍

⑧ Areas 限制区域的层，包括各个层的区域限制等，如图 3.75 所示。

▽ Areas	
Top	Top Layer Plane 限制区
GND	GND Layer Plane 限制区
VCC	VCC Layer Plane 限制区
Bottom	Bottom Layer Plane 限制区
Through All	All Layers Plane 限制区

图 3.75　限制区层面介绍

（3）新建 SubClass。

Allegro 中所有的元素（对象）都通过 Class 和 Subclass 来进行管理，Class 是软件已经定义好的，不可编辑，但 Subclass 可以支持新建添加。

① 选择 Setup 菜单下的 Subclass 命令，在弹出的 Define Subclass 窗口即可完成新建 Subclass。如图 3.76 所示，单击 BOARD GEOMETRY 按钮后进入其对应的 Subclas，输入新增层 MYBORAD，用户新增加 R 层就已经完成。

② 在右侧的 Options 中选择 Class 为 Board Geometry，找到新建立的 Subclass myborad 即可显示出该层。

③ 常有工程师使用新建 Subclass 来应对复杂的结构导入图，有些 PCB 的结构比较复杂要修改多次，有的工程师将多次修改的 PCB 板框图都通过新建立层的办法隐藏在 PCB 内，以方便来回做多次修改、调用和复制。

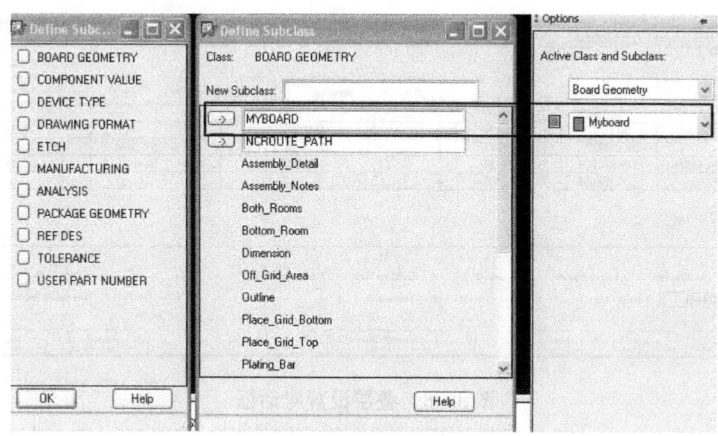

图3.76　建立新的Subclass用户的层示例

（4）删除Subclass。

新建的Subclass可以支持删除操作，在New Subclass中找到新建的Subclass，单击前面的向右按钮，弹出Delete按钮，单击后该Subclass被删除，如图3.77所示。

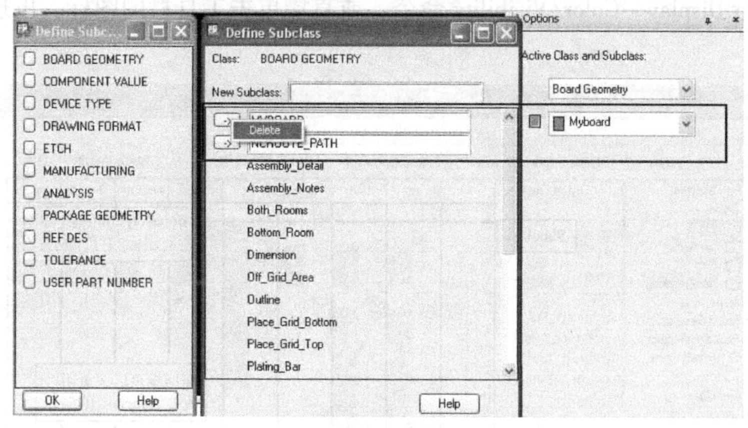

图3.77　删除用户定义的层

注意只有用户新建的Subclass才可以支持删除操作，删除Subclass前要先将该Subclass层中的所有对象删除，否则将不能进行删除操作。

3.14　PCB叠层

随着高速电路的不断涌现，PCB的复杂度也越来越高，为了避免电气因素的干扰，信号层和电源层必须分离，所以就牵涉到多层PCB的设计。在多层PCB的设计中，叠层的设置是必不可少的内容。一个好的叠层设计方案将会大大减小EMI及串扰的影响，提高高速电路的电气性能。

若需要定义PCB层数，单击快捷图标或选择Setup—Cross - section命令，即会进入叠层设置对话框，如图3.78所示。

关于PCB层面的定义将在后面具体讲述，这里不详细介绍。

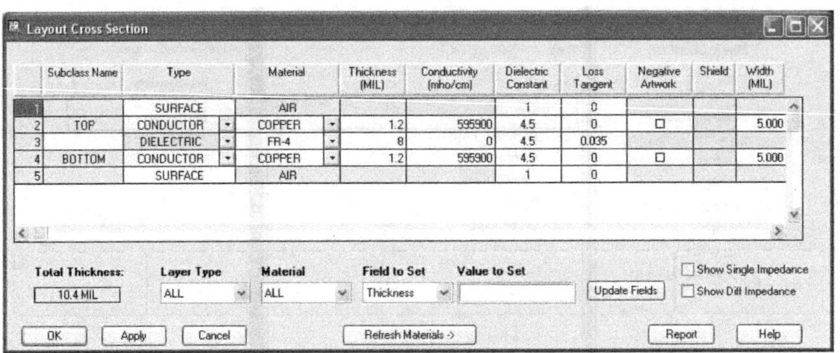

图 3.78　叠层设置对话框

3.15　层面显示控制和颜色设置

1. 默认界面介绍

（1）这部分内容主要介绍怎样控制每个层面的打开和关闭，以及怎样修改每个层面的颜色。单击执行 Display—Color/Visibility 命令，或直接单击工具栏的图标，出现如图 3.79 所示对话框。

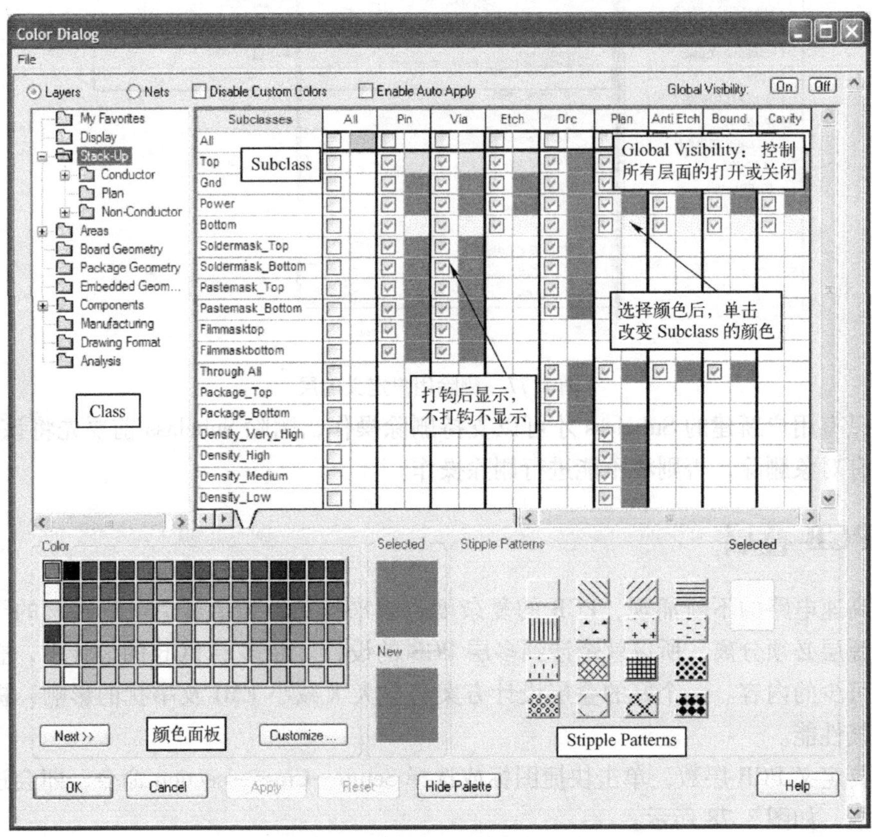

图 3.79　Color/Visibility 对话框

（2）如果想具体控制哪层就直接单击该层面右边的按钮即可。或直接单击 Class 下面的复选框即可进行整个 Class 层面开关的控制。如果需要改变哪个层面的颜色，只要先单击 Palette 的彩色方框（如图 3. 80 所示），然后再单击所需要修改颜色层面右边的彩色方框即可。如果想改变 Palette 上的颜色，则单击一个彩色方框后再单击右面的 Modify 按钮，出现如图 3. 81 所示对话框。

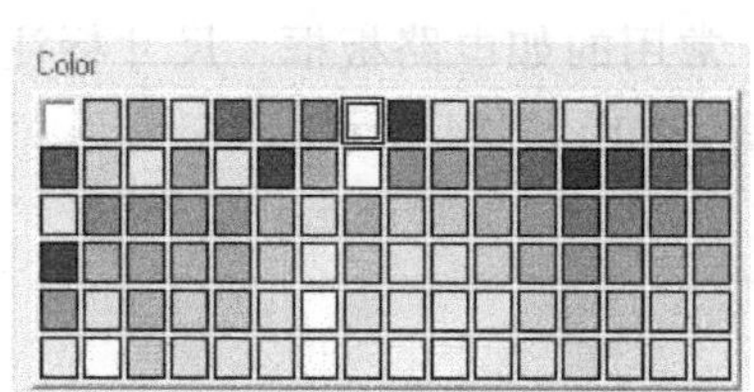

图 3. 80　Palette 的彩色方框

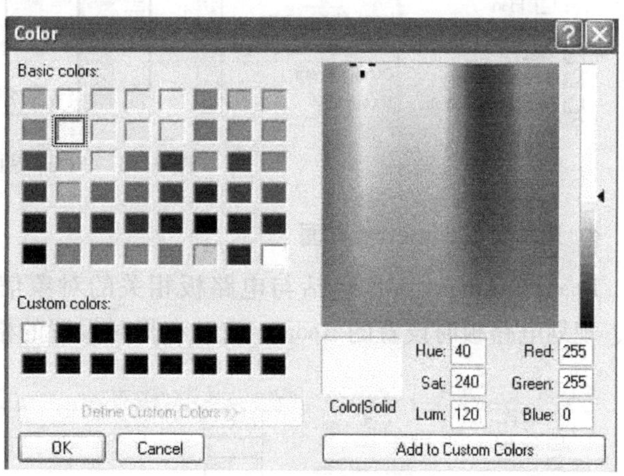

图 3. 81　自定义颜色

2. Stack up 界面

Stack up 界面包括所有电气层（顶层、底层、中间层）的引脚、过孔、布线、DRC 等信息，所有非电气层阻焊层（Soldermask）、助焊层（Pastemask）的信息，如图 3. 82 所示。

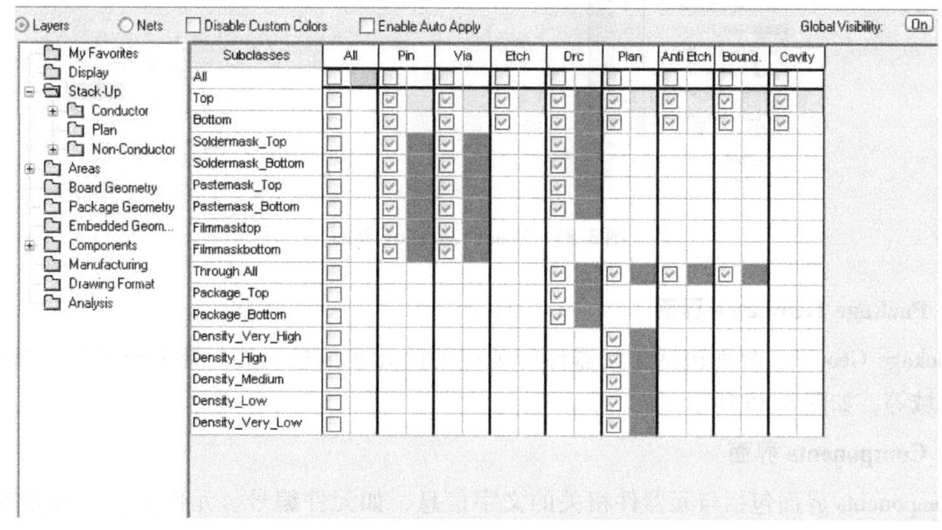

图 3. 82　Stack up 界面

3. Areas 界面

Areas 界面包括设计中所有区域信息的显示，如约束区域、允许布局、布线区域、禁止

布局、禁止打过孔区域等，如图 3.83 所示。

Layers　Nets　Disable Custom Colors　Enable Auto Apply　Global Visibility: On Off

My Favorites
Display
Stack-Up
Conductor
Plan
Non-Conductor
Areas
Board Geometry
Package Geometry

Subclasses	All	CnsRgn	Rte KO	Via KO	Pkg KO	Pkg KI	Rte KI
All	☐	☐	☐	☐	☐	☐	☐
Top	☐	☑	☑	☑	☑		
Bottom	☐	☑	☑	☑	☑		
Inner_Plane_Layers	☐	☑					
Inner_Signal_Layers	☐	☑					
Outer_Layers	☐	☑					
Through All	☐	☑	☑	☑	☑	☑	☑

图 3.83　Areas 界面

4. Board Geometry 界面

Board Geometry 界面包括与电路板相关的对象信息，常用的如电路板框、尺寸标注信息、规划电路板时设置的 Room、自动布局时设置的格点等，如图 3.84 所示。

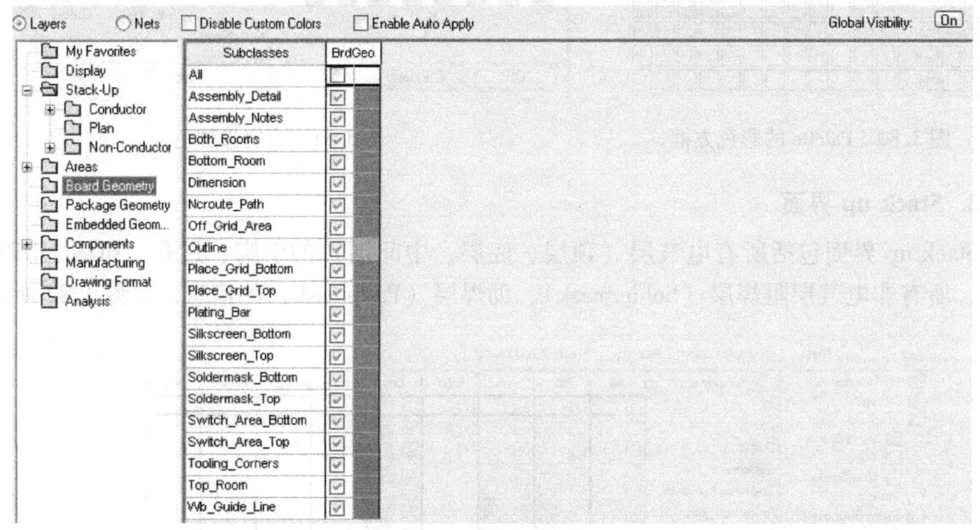

图 3.84　Board Geometry 界面

5. Package Geometry 界面

Package Geometry 界面包括与元器件封装相关的元素信息，如封装的丝印层、装配层、边界区域等，如图 3.85 所示。

6. Components 界面

Components 界面包括与元器件相关的文字信息，如元件编号、元件类型、容差等，如图 3.86 所示。

7. Manufacture 界面

Manufacture 界面包括与生产制造相关的信息，如丝印层、钻孔图、测试点、PCB 叠层图等信息，如图 3.87 所示。

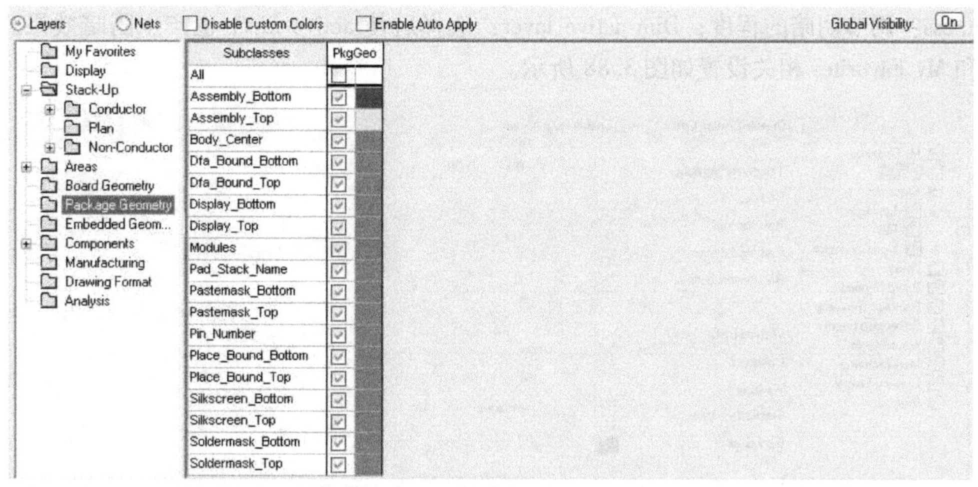

图 3.85　Package Geometry 界面

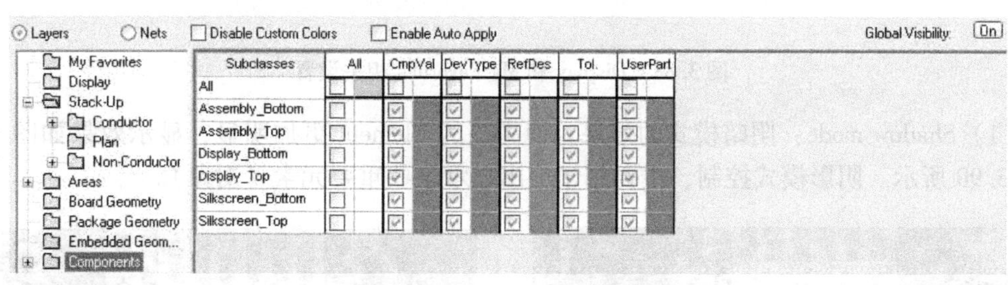

图 3.86　Components 界面

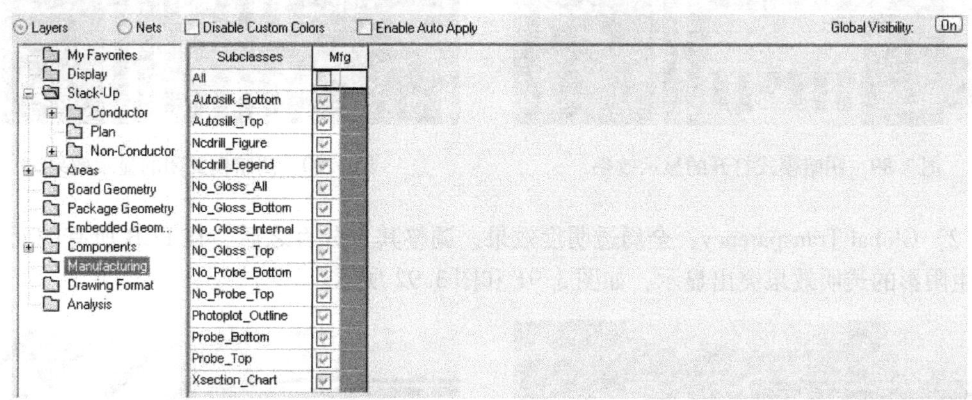

图 3.87　Manufacture 界面

8. Display 和 My Favorites 界面

Grids：格点颜色；Ratsnest：飞线颜色（显示网络连线关系的线）；Temporay highlight：暂时的高亮显示，就是在做一个动作没有 Done 前的显示颜色；Pemanent highlight：执行 Hilight 后的显示颜色；Background：工作界面背景颜色；Shadow mode：阴暗模式，使 PCB 上除了高亮的 Element 和 active layer，其他都产生阴暗效果，使高亮的 Element 更加明显；

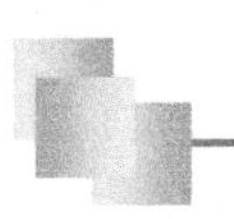

Brightness：调节阴暗的程度；Dim active layer：选择后使 active layer 也产生阴暗效果。Display 和 My Favorites 相关设置如图 3.88 所示。

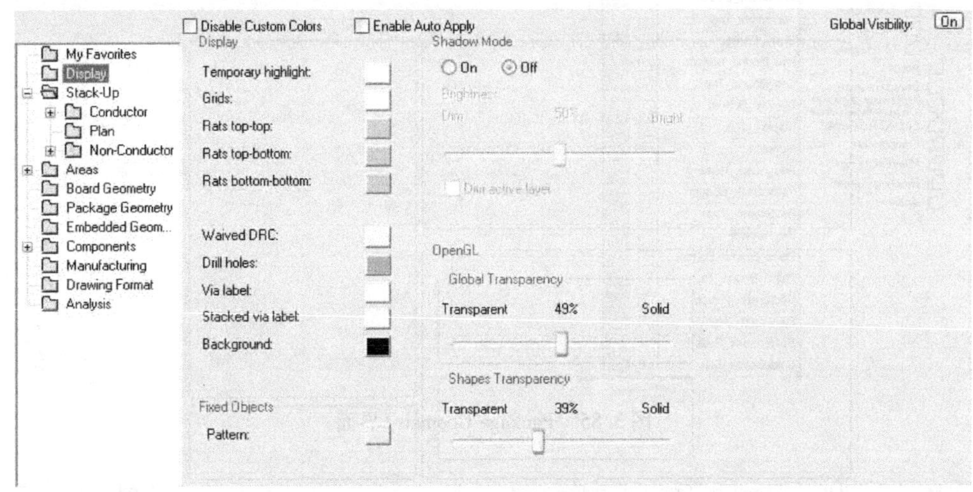

图 3.88　Display 和 My Favorites 相关设置

（1）Shadow mode：阴暗模式的效果。使高亮的 Element 更加明显，显示效果如图 3.89 和图 3.90 所示。阴影模式控制，主要用于突出显示某些重要元素（对象）。

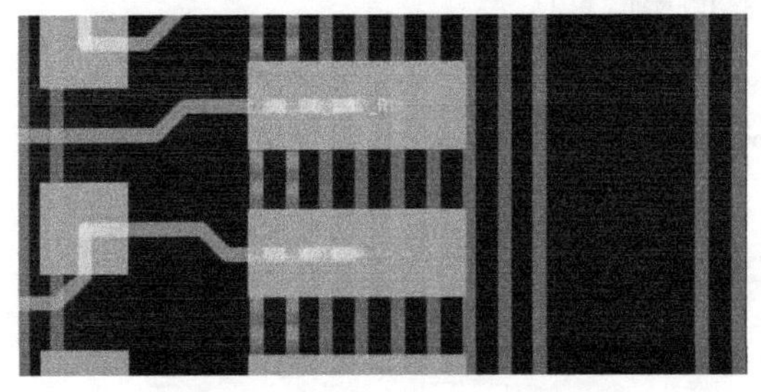

图 3.89　阴暗模式打开的显示效果

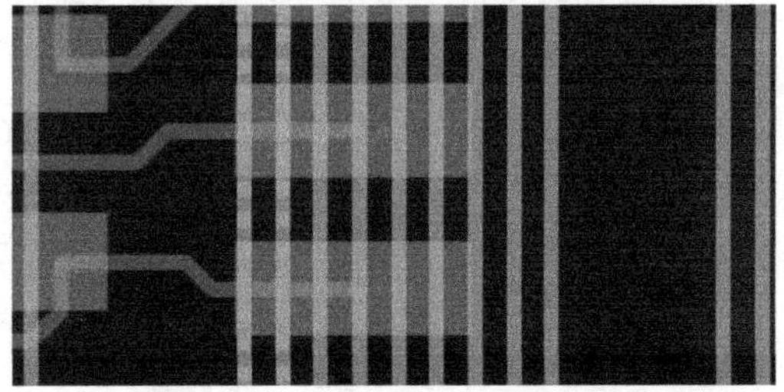

图 3.90　阴暗模关闭的显示效果

（2）Global Transparency：全局透明度效果，调整其百分百之后会在 PCB 所有的元素上都产生阴影的透明效果突出显示，如图 3.91 和图 3.92 所示。

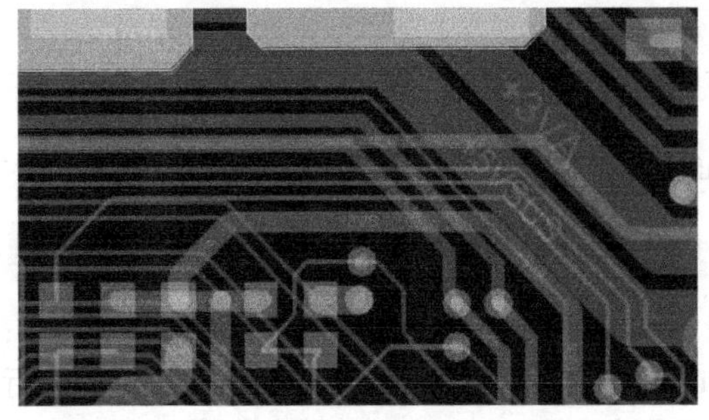

图 3.91　全局透明度暗效果

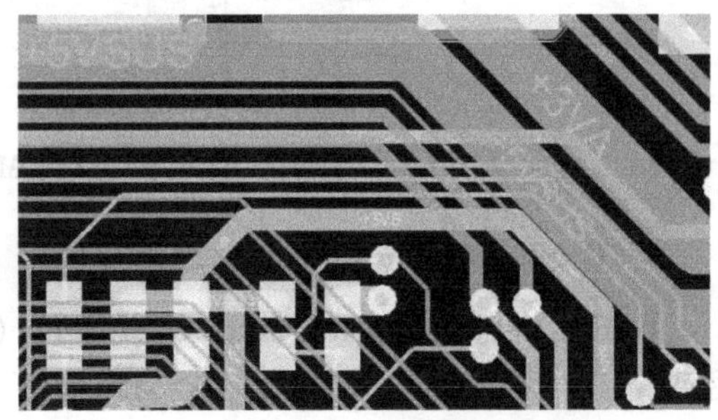

图 3.92　全局透明度亮效果

（3）Shape Transparency：Shape 透明度效果，调整其百分百之后会在 PCB 所有的 Shape 上都产生阴影的透明效果，如图 3.93 和图 3.94 所示。

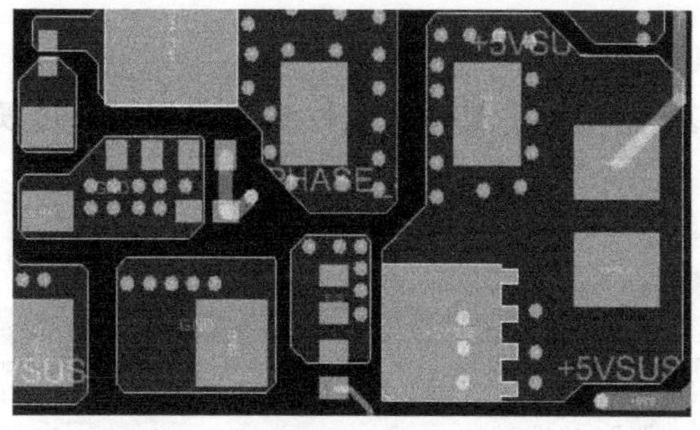

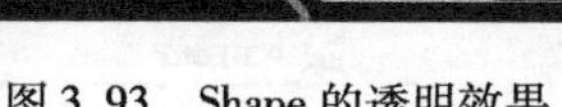

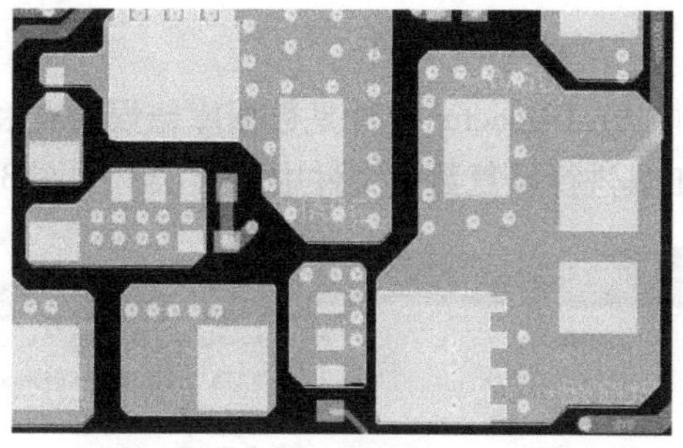

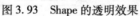

图 3.93　Shape 的透明效果　　　　图 3.94　Shape 的高亮效果

9. 自定义 MYBORAD 层，并显示自定义的 MYBORAD 层（Board Geometry—MYBORAD）

自定义 MYBORAD 层如图 3.95 所示，显示自定义的 MYBORAD 层如图 3.96 所示。

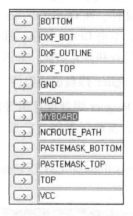

BOTTOM
DXF_BOT
DXF_OUTLINE
DXF_TOP
GND
MCAD
MYBOARD
NCROUTE_PATH
PASTEMASK_BOTTOM
PASTEMASK_TOP
TOP
VCC

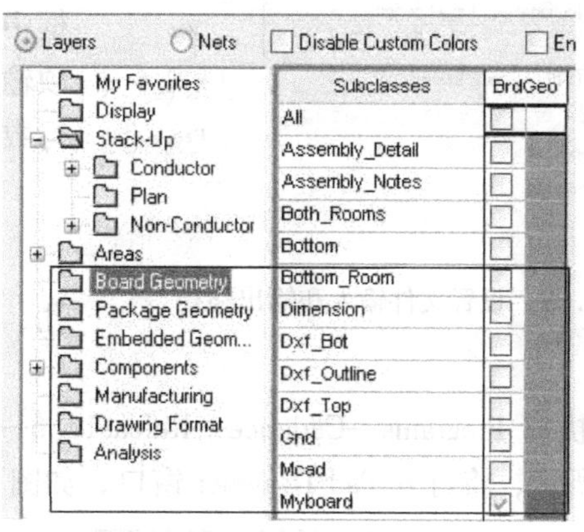

图 3.95　自定义 MYBORAD 层　　　　图 3.96　显示自定义的 MYBORAD 层

10. 按照网络设置颜色

按照网络设置颜色，当某些网络需要做特殊颜色时可以选择 Nets 将网络表里面不同的网络设置成不同的颜色，方便进行布局、布线。可以按照差分对、BUS 总线、XNET 等设置不同的颜色。如图 3.97 所示，将 Diff Pair Clik1、Clik4、Clik5 差分对网络设置成红色。

Layers　Nets　Disable Custom Colors　Enable Auto Apply

Nets info　Type: Diffpair　Filter: *　Show only nets with

Type	Nets	Net	Pins	Vias	Clines	Shapes	Rats
	All						
Diff Pair	Clk1	☑	☑	☑	☑	☑	☑
Diff Pair	Clk4	☑	☑	☑	☑	☑	☑
Diff Pair	Clk5	☑	☑	☑	☑	☑	☑
Diff Pair	D3a_Clkn0	☐	☐	☐	☐	☐	☐
Diff Pair	D3a_Clkn1	☐	☐	☐	☐	☐	☐

图 3.97　按照网络设置颜色

3.16 Allegro 常用组件

1. DBdoctor 组件

（1）DBdoctor 组件是数据库错误检查和修复工具，当 Allegro 文件存在错误时可以使用该工具进行修复数据文件中的错误，如图 3.98 所示。

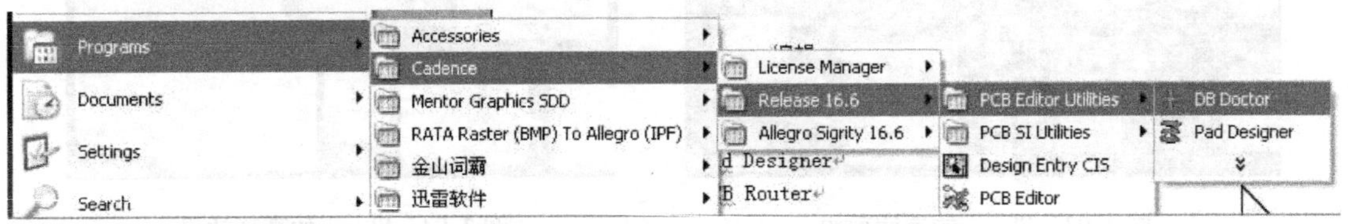

图 3.98　启动数据库错误检查和修复工具

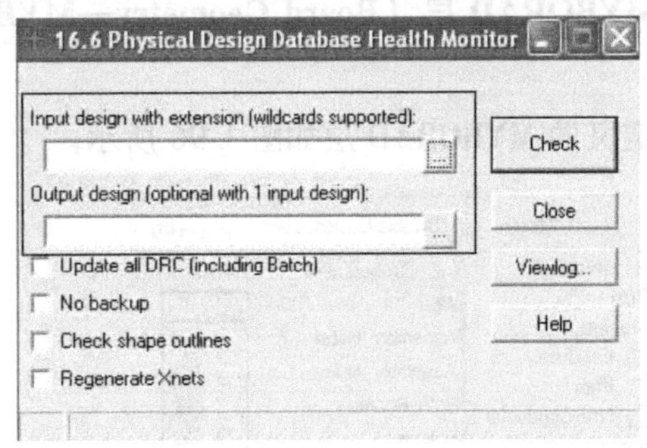

图 3.99　设置文件输入和输出路径

（2）执行 Programs—Cadence—Releas16.6—PCB Editor Utilities—DB Doctor 命令，会打开 DB Doctor 对话框。在 Input design with extension 文本框中选项输入文件，在 Output design 文本框中选项输出文件后，单击 Check 按钮，即会对文件执行数据库错误检查和修复功能，如图 3.99 所示。

2. Pad Designer 焊盘设计组件

（1）Pad Designer 焊盘设计组件用来制作过孔、插件焊盘、表贴焊盘等，它是 Allegro 常用的组件。

（2）执行 Programs—Cadence—Releas16.6—PCB Editor Utilities—Pad Designer 命令，如图 3.100 所示，将打开 Pad Designer 窗口，如图 3.101 所示。

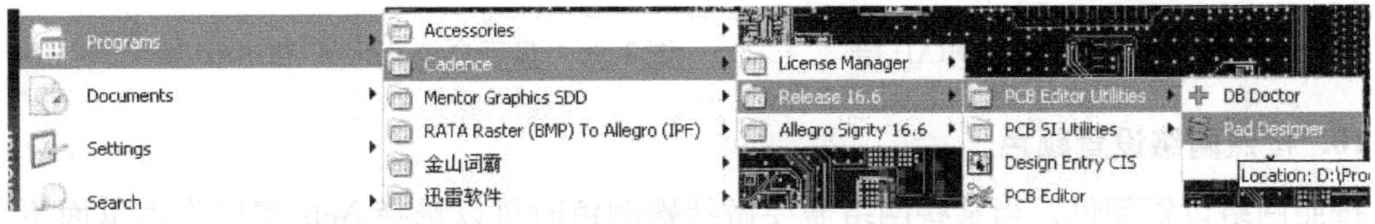

图 3.100　启动 Pad Designer 组件

3. DFA 的规则编辑器

执行 Programs—Cadence—Releas16.6—PCB Editor Utilities—DFA Spreadsheet Editor 命令，将打开 DFA 的规则表单编辑窗口，如图 3.102 所示。DFA 的规则表单通过一个二维表格设置元件到元件的距离，单击 Browse for symbols 按钮，在弹出的元件列表中选择要进行 DFA 规则设置的元件。

4. Model Integrity 工具

Model Integrity 是信号完整性模型转换工具，用来对 IBIS 模型检查和分析错误、转换模型 DML 文件等，如图 3.103 所示。

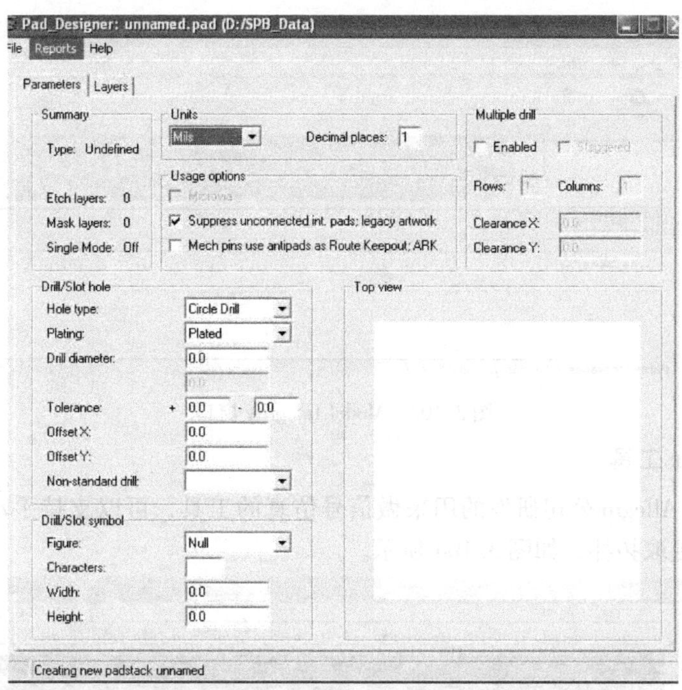

图3.101　Pad Designer 焊盘设计窗口

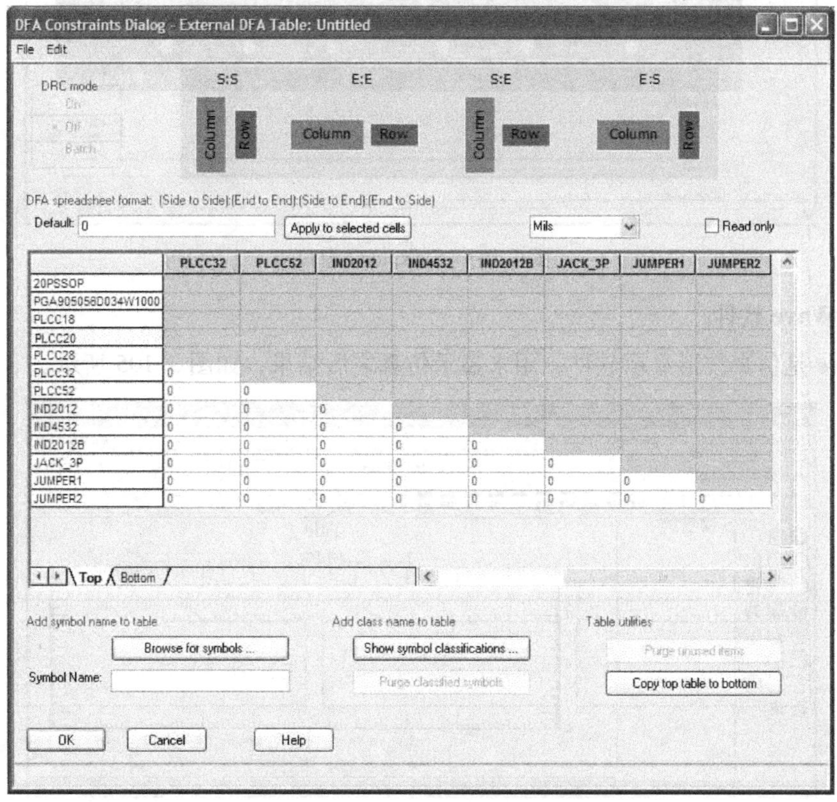

图3.102　DFA 的规则表单编辑窗口

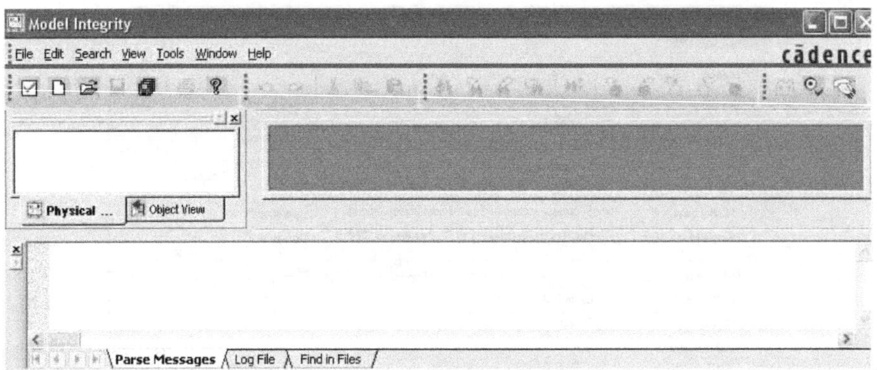

图 3. 103　Model Integrity 窗口

5. SigXplorer 工具

SigXplorer 是 Allegro 公司研发的用来做信号仿真的工具，可以支持手动创建仿真拓扑，也可以支持自动提取拓扑，如图 3. 104 所示。

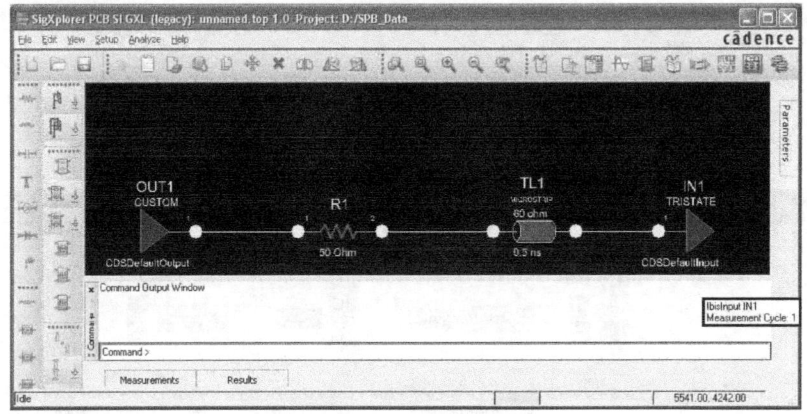

图 3. 104　SigXplorer 窗口

6. SigWave 软件

SigWave 是仿真波形显示软件，用来显示仿真之后结果，如图 3. 105 所示。

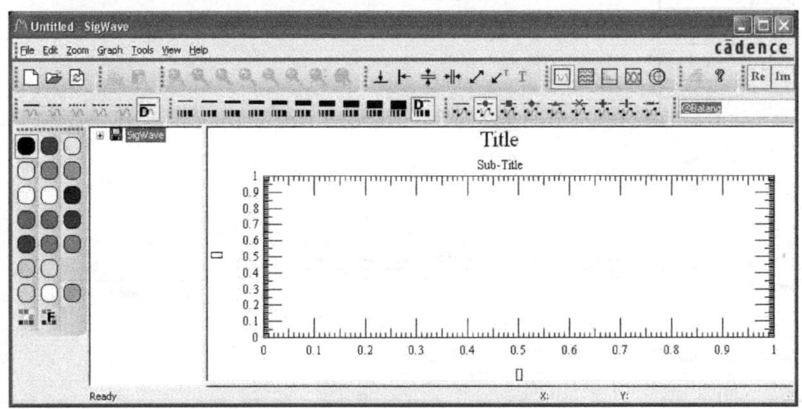

图 3. 105　SigWave 仿真波形显示窗口

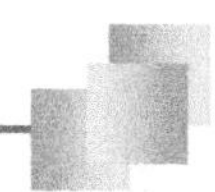

3.17　脚本录制

Allegro为用户提供了脚本录制功能，即可以将鼠标的一切操作以脚本文件的形式记录并保存下来（.scr文件），脚本文件可供其他工程师重复调用。

1. 脚本录制的方法

（1）选择File菜单下的Script命令开启脚本录制功能，如图3.106所示。

（2）在Name中输入需要保存脚本录制的文件名称，可以通过Browse按钮来浏览需要保存的路径。

（3）在软件界面单击Record按钮开始进行脚本录制，脚本录制开始之后，工程师可以做一些比较烦琐机械类的工作，比如设置单位、设置格点、设置图纸尺寸、设置自己喜欢的颜色等操作。

（4）操作全部完成后单击File菜单下的Script中的Stop按钮停止录制。

2. 脚本回放过程

（1）选择File菜单下的Script命令开启脚本回放功能，如图3.107所示。

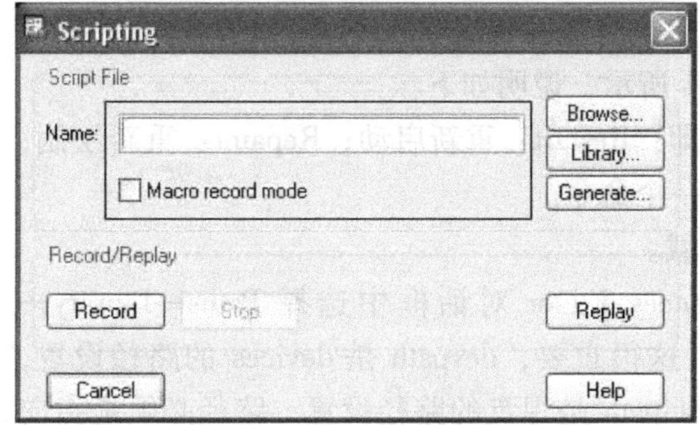

图3.106　脚本录制的操作步骤

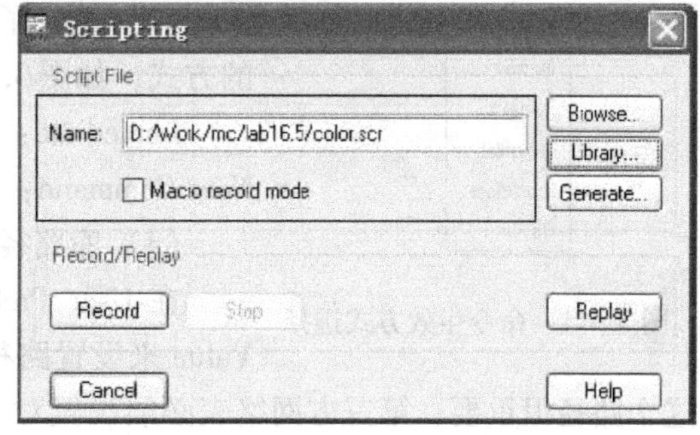

图3.107　脚本回放的操作步骤

（2）选择已经录制好的脚本文件。

（3）单击Replay按钮回放脚本。其作用相当于录制好脚本中的各种操作软件通过批处理命令的方式重新做一次，有点类似Windows下的bat批处理命令。

3.18　用户参数及变量设置

（1）传统显示设置Disable_ opengl，在User Preferences Editor对话框中选择Display—Opengl—disable_opengl，在Value栏中的勾选，如图3.108所示。16.x以上的版本中3D部分的显示功能将会被关闭，关闭之后就没有透明效果和网络名称显示的功能，软件恢复到15.7版本以前的实体线条显示效果。若需要绘制的PCB密度很大，而且软件反应较慢的情况下，可选该选项，来减少显示的效果，提高PCB的更新绘制速度。

注意该命令设置之后需要重新启动软件才会生效。透明显示效果和实体显示效果如图3.109和图3.110所示。

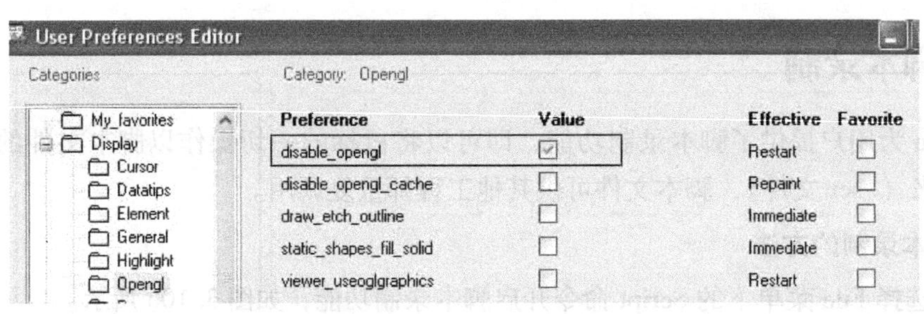

图 3.108　用户参数及变量设置

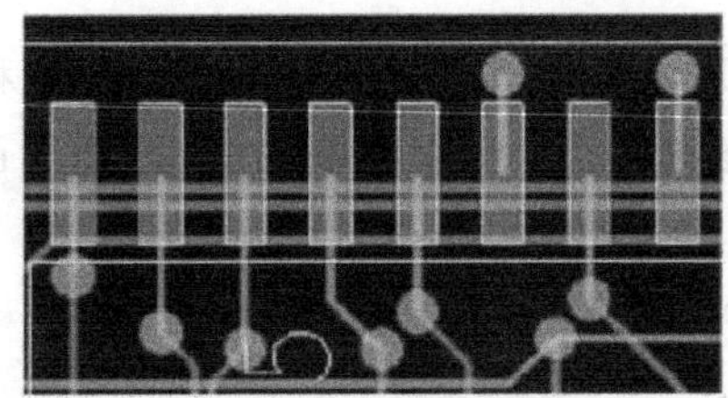

图 3.109　透明显示效果

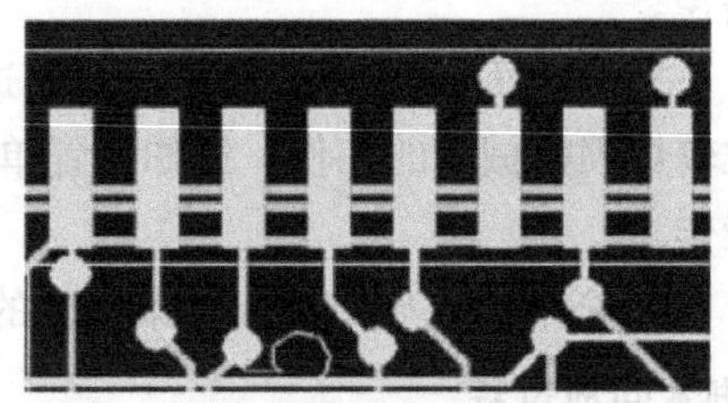

图 3.110　实体显示效果

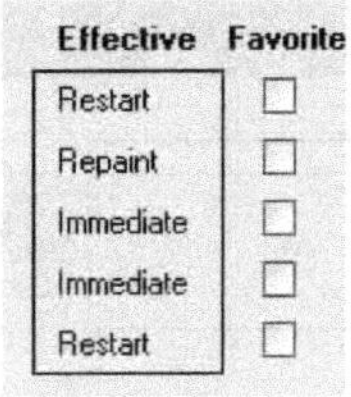

图 3.111　命令生效方式选择

（2）选择了之后，命令在什么情况下才生效，有几种不同的方式，如图 3.111 所示，说明如下。

Immediate：立即；Restart：重新启动；Repaint：重新绘制；Next Command：下一个命令。

（3）库路径加载。

在 User Preferences Editor 对话框中选择 Paths—Library—Value 来设置路径。这很重要，devpath 是 devices 的路径设置，这个路径很重要，第三方网络表必须设置对。Padpath 是焊盘的路径设置，路径必须是指向存储焊盘的位置。psmpath 是 symbols 的路径，这个路径必须是指向存储封装的位置。库路径加载如图 3.112 所示。

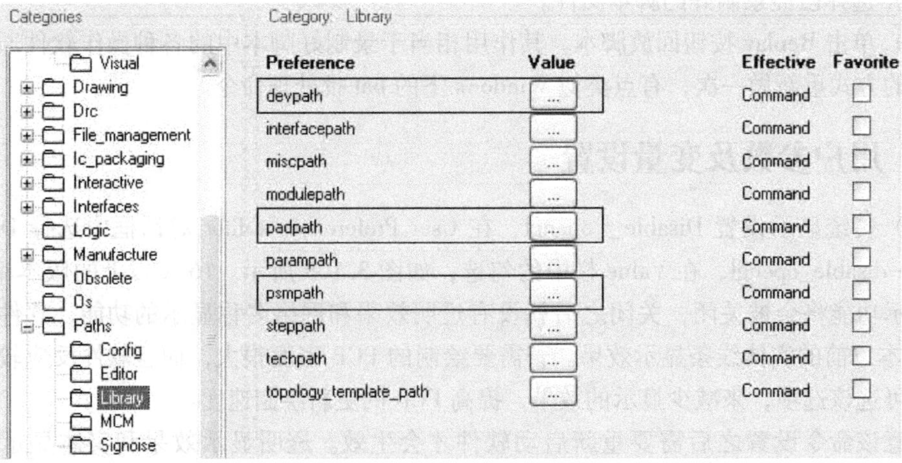

图 3.112　库路径加载

在每个路径设置中都通过 New 图标来新增加路径，通过 Delete 图标删除路径，路径在最上面会被 Allegro 优先读取权利，可以通过两个黑箭头来上下移动调整路径的权限，如图 3. 113 和图 3. 114 所示。

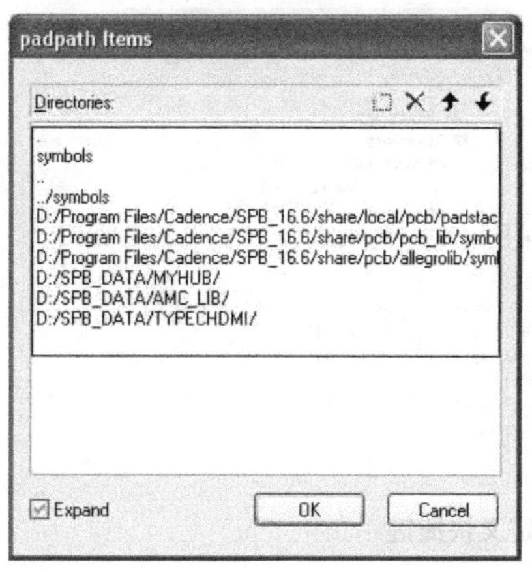

图 3. 113　padpath 库路径相关操作

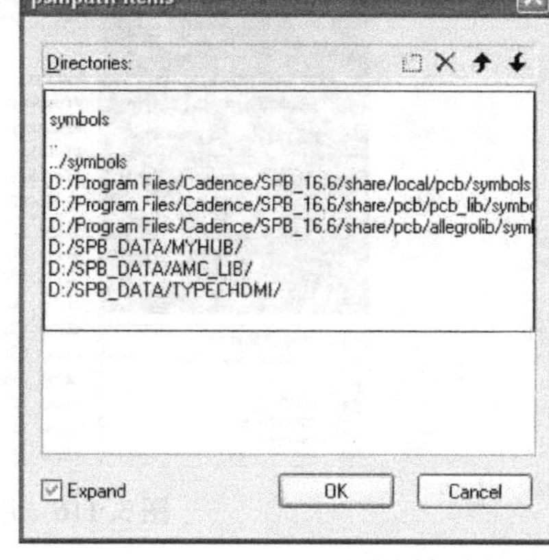

图 3. 114　psmpath 库路径相关操作

（3）实时线长显示，在 User Preferences Editor 对话框中选择 Route—Connect—Allegro_dynam_timing，在 Value 栏中设置成 on 之后，可以打开实时查看走线长度的对话框，在走线过程中可以看到线的长度，如图 3. 115 所示。

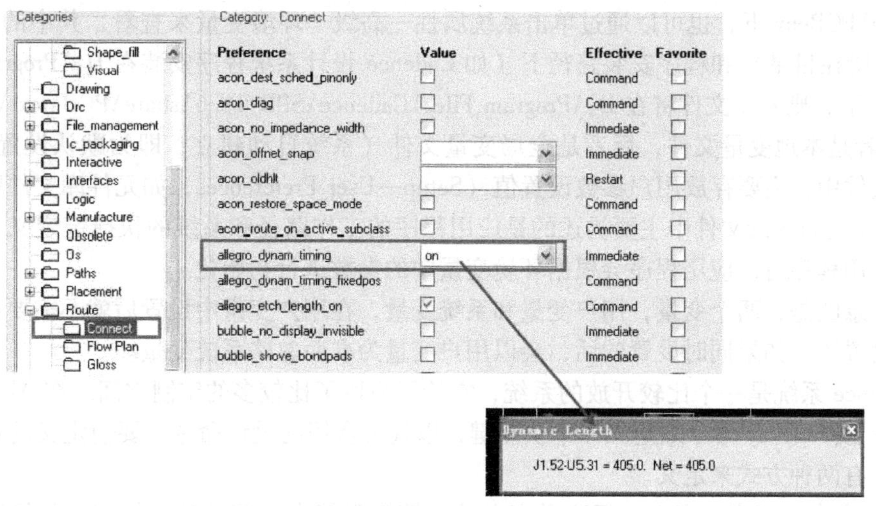

图 3. 115　设置实时线长显示

3. 19　快捷键设置

（1）查看快捷键，在软件的命令窗口中输入 alias，按回车键，可以查看软件定义好的快捷键设置。

（2）用户定义快捷键，例如，将键盘的 PgUp 键设置成 zoom in，设置方法如下。

在命令窗口中输入：alias PgUp zoom in，按回车键（注意：单词之间要有空格）。这时

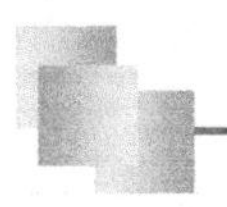

即把 PgUp 键设置成 zoom in。

用这种方法，可以把一些常用的命令都设置快捷键，以后用到这些命令时直接启动快捷键，可以大大提高 PCB 的设计效率，如图 3.116 所示。

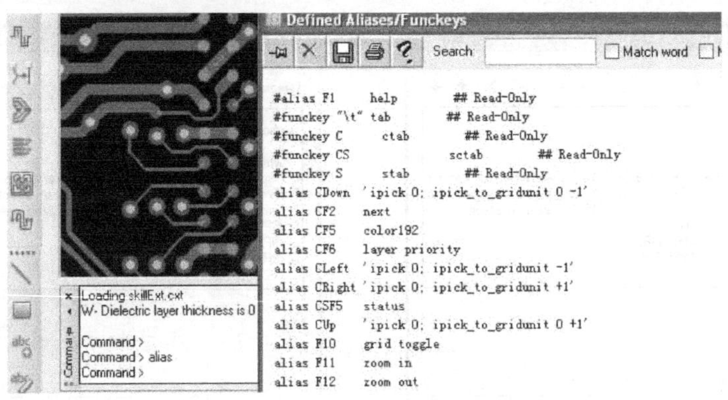

图 3.116　用户自定义快捷键

（3）全局快捷键定义。

Allegro 可以通过修改 env 文件来设置快捷键，这对于从其他软件如 protel（Altium）或 PADS 迁移过来的用户来说，可以沿用以前的操作习惯。设置快捷键是通过修改 env 的变量文件实现的，Allegro 的 env 变量文件说明环境变量文件（evn 文件），环境变量文件有两个，它们分别在系统盘的根目录下的 PCBevn 目录中（如系统在 D 盘，那么 evn 文件将在 D:\SPB_Data\PCBenv 下，也可以通过单击系统属性—高级—环境变量来查看，其中的 Home 值就是 env 所在目录）和程序安装路径下（如 Cadence 设计系统程序安装在 D:\Program Files\Cadence\ 下，则 evn 文件将在 D:\Program Files\Cadence\SPB_16.6\share\PCB\text\env 目录下），前者是本地变量文件，后者是全局变量文件（系统自动建立，即为默认设置）。在本地变量文件中，主要存放用户参数设置值（Setup—User Preferences，如元件库文件所在的路径等）。在全局变量文件中主要描述的是应用程序的工作路径和系统的快捷键定义等。在启动一个应用程序时，应用程序会根据环境变量中的参数进行初始化。

要注意的是，两个变量，用户变量和系统变量，在用户变量中设置后就不需要在系统变量中再设置了，如果同时设置的话，会以用户变量为准而忽略系统变量。

Cadence 系统是一个比较开放的系统，它给用户留了比较多的定制空间。在 Allegro 中可以用 alias 或 funckey 命令来定义一个快捷键，以代替常用的设计命令。要使定义的快捷键产生作用，有两种方式来定义。

① 在命令窗口直接定义，但这样定义的快捷键只能在当前设计中使用，如果重新启动设计时，快捷键将会失效。命令格式如下：

```
alias shortkey Keyboard Commands
funckey shortkey Keyboard Commands
```

注意：

如果直接输入 alias 或 funckey 命令然后按回车键，系统将会弹出所有快捷键列表，这相当于执行 Tools—Utilities—Aliases/Function keys 命令。

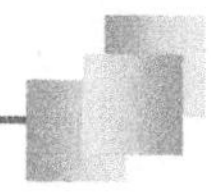

alias 命令不能用来定义字母，原因是字母键要用来输入命令行。但 funckey 命令可以用来定义单个字母为快捷键，它比 alias 命令更为强大，alias 能定义的它都能定义，但字母被定义成某快捷键后，该字母就不能用来输入键盘命令了。

Allegro 中的所有键盘命令（Keyboard Commands）列表可以通过执行 Tools—Utilities—Keyboard Commands 命令来查看，这些命令都可以设置成快捷键。

② 在本地环境变量文件中直接定义，这样定义的命令将长期有效。本地的环境变量文件是 evn 文件（D:\SPB_Data\PCBenv），可以对它进行编辑。alias 命令可以在第 2 行开始写（第 1 行是：source $ TELENV）。

例如，将常用的放大、缩小命令就可以定义如下：

```
alias Pgdown zoom out
alias Pgup zoom in
```

另外，我们经常用 alias 命令来定义以下几个常用的 shortkey：

alias ~R angle 90（旋转 90°）

alias ~F mirror（激活镜像命令）

alias ~Z next（执行下一步命令）

alias End redisplay（刷新屏幕）

alias Del Delete（激活删除命令）

alias Home Zoom fit（全屏显示）

alias Insert Define grid（设置栅格）

③ 要搞清楚后来插入的这些快捷键，可打开本地的 env 文件，本地变量 env 文件类似于下面的格式：

```
source $ TELENV
### User Preferences section
### This section is computer generated.
### Please do not modify to the end of the file.
### Place your hand edits above this section.
###
set autosave_time = 15
set autosave
```

要设置的快捷键必须插入放置在### User Preferences section 之前。

设置快捷键指令格式：

```
alias 快捷键 执行的命令
```

扩展技巧：

关于快捷键可替代的命令，并不仅限于一级菜单中已有快捷键的命令，对于有多级菜单的命令，比如 Display—Show rats—Net（点亮单个网络），也可以用快捷键代替：

```
alias F9 rats net
```

这个命令 rats net 会在执行后出现在右下角 Command 的后面。

例：

alias Del delete

部分快捷键：

alias Pgup zoom in

alias Pgdown zoom out

alias End redisplay

alias Insert add connect

alias Home zoom fit

alias Del delete

funckey ''iangle 90

3.20 Script 脚本做成快捷键

（1）脚本录制。文件中选择 File—Script 输入脚本名称 test script，单击 Record 按钮后窗口会消失并进行脚本录制，在 Allegro 中所执行的操作都会被录下来，然后再选择 File—Scrip—Stop。脚本录制后保存在当前 brd 所在目录，扩展名为 . scr。

（2）设置 Script 的文件存放路径，我们放在 SPB_DATA 的路径，或者也可以放在系统自己的路径下 D:\Program Files\Cadence\SPB_16. 6\share\PCB\text\script，若文件不在安装文件所默认的系统路径，就要设置路径，否则执行后 Allegro 会报告找不到 Script 文件。在 User Preferences Editor 对话框中选择 Paths—Config—scriptpath 来设置路径 Script 存放的路径，如图 3. 117 所示。

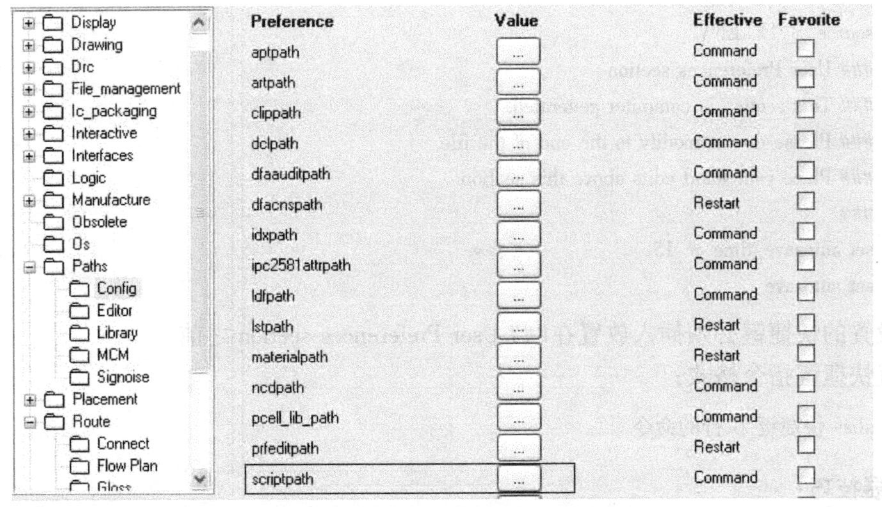

图 3. 117　Script 脚本做成快捷键

（3）Script 的快捷键定义，快捷键的定义可以放在系统变量或本地变量 env 内均可，我们这次放在系统的 env 文件中。软件安装后系统变量的路径在 D:\Program Files\Cadence\SPB_16. 6\share\PCB\text\env 文件，打开系统变量的 env 文件后，新增加命令 alias ~A re-

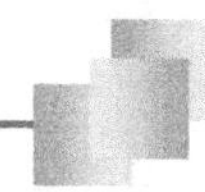

play test. scr 增加一个快捷键 Ctrl + A 来执行 Script 的定义，如图 3. 118 所示。

（4）用快捷键调用 Script，新建立一个新的工程文件，按快捷键 Ctrl + A 即可调用 Script，以调用录制的 Script 功能，如图 3. 119 所示。用快捷键调用 Script 可以节省很多时间，很多工程师将 Allegro 使用得出神入化，那都是 Script 的功劳。

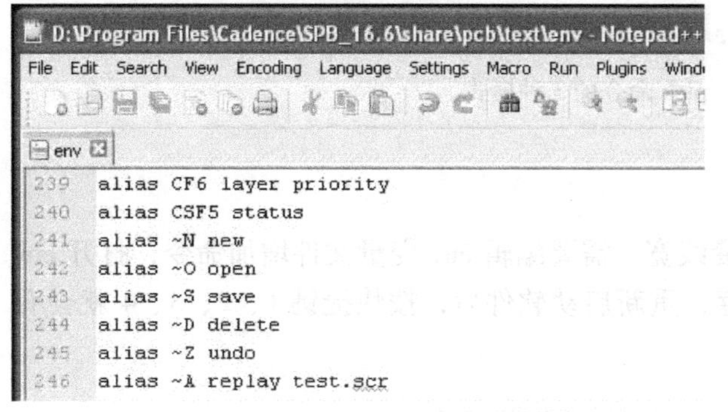

图 3. 118　定义 Script 的快捷键

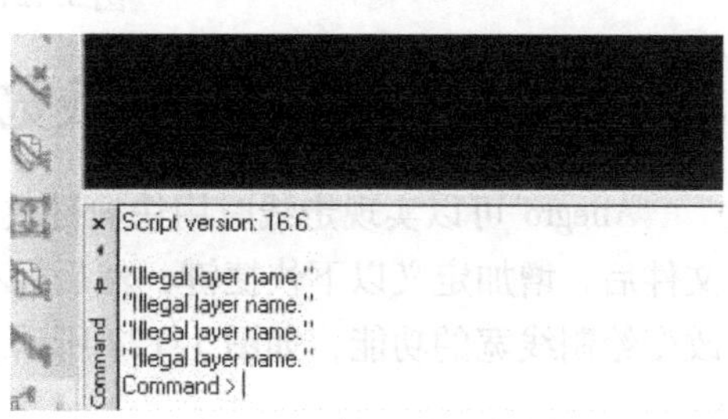

图 3. 119　用快捷键调用 Script

3. 21　常用键盘命令

在 Allegro 中有很多键盘命令，通过键盘输入来激活或执行相关的命令。键盘命令基本上包含了大部分的菜单命令。下面列举几个常用的键盘命令。

（1）x 100：*y* 坐标不变，*x* 方向移动 100 个单位值（以设定的原点为参考点）。

（2）y 100：*x* 坐标不变，*y* 方向移动 100 个单位值。

（3）x 100 y 100（*y* 可以省略）：移动到（100，100）坐标处。

（4）ix 100：ix 代表水平 *x* 方向往右侧移动基于目前系统坐标的位置增量为 100。

（5）iy 100：iy 代表垂直 *y* 方向往上侧移动基于目前系统坐标的位置增量为 100。

（6）ix -100：ix 代表水平 *x* 方向往左侧移动基于目前系统坐标的位置增量为 100。

（7）iy -100：iy 代表垂直 *y* 方向往下侧移动基于目前系统坐标的位置增量为 100。

（8）pick 命令与上面的 *x* 或 *y* 命令功能相同，只是在执行 pick 命令时会弹出一个窗口，输入想要的坐标值即可。pickx 2000、picky 2000：*x* 水平位置定义到 2000，*y* 方向坐标定义到 2000；注意 pickx 和 picky 这两个命令不能使用增量，只能使用相对坐标来绘制坐标点。pickx 和 picky 命令操作如图 3. 120 所示。

Command > pickx 2000 picky 2000
Command > pick
last pick: 2000.0 2000.0
Value　x 3000 y 3000

图 3. 120　pickx 和 picky 命令操作

pick 命令与上面的 x 或 y 命令功能相同，只是在执行 pick 命令时会弹出一个窗口，输入想要的坐标值即可，pick 命令也提供 3 种模式：pick、pickx 和 picky，如图 3. 121 所示。

（9）mirror：激活镜像命令（本命令是先激活，后选择要镜像的对象）。

（10）rotate：激活旋转命令（本操作要先选取对象，后执行该命令）。

（11）angle 90：旋转 90°（本操作要先选取对象，后执行该命令）。

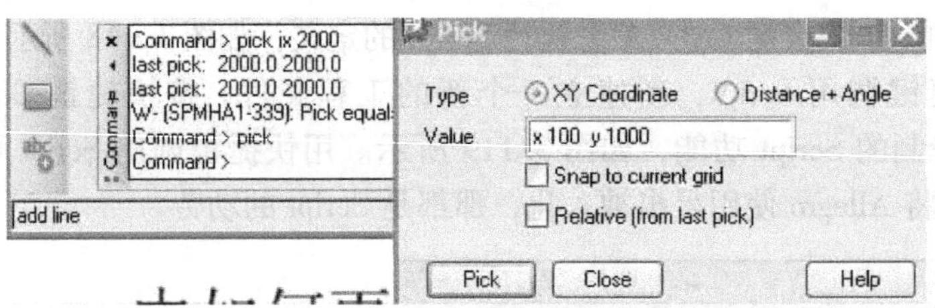

图 3.121　pick 命令的 3 种模式

3.22　走线时用快捷键改线宽

Allegro 可以实现走线时用快捷键改变线宽，需要编辑 env 变量文件增加命令，打开 env 文件后，增加定义以下快捷键，然后保存，重新启动软件后，按快捷键 1、2、3、4 就会有改变绘制线宽的功能，如图 3.122 所示。

funckey 1 options acon_line_width 10 (按 1 按键后修改线宽为 10)

funckey 2 options acon_line_width 20 (按 2 按键后修改线宽为 20)

funckey 3 options acon_line_width 30 (按 3 按键后修改线宽为 30)

funckey 4 options acon_line_width 40 (按 4 按键后修改线宽为 40)

图 3.122　快捷键改线宽示例

3.23　定义快捷键换层放 Via

Allegro 可以实现走线时用快捷键打 Via 过孔，需要编辑 env 变量文件增加命令，打开 env 文件后，增加定义以下快捷键，然后保存。重新启动 Allegro 后，按快捷键 1、2、3、4、5、6、7 就会切换到对应的层面自动改变打孔的功能（以 8 层 PCB 为例进行的命令设置）。

编辑 env 文件，定义以下快捷键。

```
funckey 1 'pop bbdrill; pop swap; subClass top '
funckey 2 'pop bbdrill; pop swap; subClass top; +'
funckey 3 'pop bbdrill; pop swap; subClass top; +; +'
funckey 4 'pop bbdrill; pop swap; subClass top; +; +; +'
funckey 5 'pop bbdrill; pop swap; subClass top; +; +; +; +'
funckey 6 'pop bbdrill; pop swap; subClass top; +; +; +; +; +'
funckey 7 'pop bbdrill; pop swap; subClass top; +; +; +; +; +; +'
funckey 0 'pop bbdrill; pop swap; subClass bottom '
```

3.24　系统默认快捷键

系统默认快捷键如下。

alias F2 done：结束当前命令。

alias F3 oops：取消前一次操作。

alias F4 cancel：取消当前命令。

alias F5 show element：激活"属性显示"命令。

alias F6 add connect：执行布线命令。

alias F7 vertex：激活"增加倒角"命令。

alias F8 zoom points：点取放大。

alias F9 zoom fit：满屏显示。

alias F10 zoom in：放大窗口。

alias F11 zoom out：缩小窗口。

alias F12 property edit：激活"属性编辑"命令。

funckey + subClass - +：切换到下一层。

funckey - subClass --：切换到上一层。

3.25 文件类型介绍

Allegro 根据不同性质功能的文件类型保存不同的文件后缀，主要类型如下。

.brd：普通的电路板文件。

.dra：Symbols 或 Pad 的可编辑保存文件。

.pad：Padstack 文件，在做 Symbol 时可以直接调用。

.psm：Library 文件，保存一般元件。

.osm：Library 文件，保存由图框及图文件说明组成的元件。

.bsm：Library 文件，保存由板外框及螺丝孔组成的元件。

.fsm：Library 文件，保存特殊图形元件，仅用于建立 Padstack 的 Thermal Relief。

.ssm：Library 文件，保存特殊外形元件，仅用于建立特殊外形的 Padstack。

.mdd：Library 文件，保存 module definition。

.tap：输出的包含 NC drill 数据的文件。

.scr：Script 和 macro 文件。

.art：输出底片文件。

.log：输出的一些临时信息文件。

.color：view 层面切换文件。

.jrl：记录操作 Allegro 的事件的文件。

第4章　焊盘知识及制作方法

4.1　元件知识

Allegro 中的元件是由 5 种 Symbol 和 Devices 索引组成的集合，5 种 Symbol 分别是 Package Symbol 、Mechanical Symbol、Format Symbol、Shape Symbol、Flash Symbol。每种 Symbol 均有一个 Symbol Drawing File（符号绘图文件），后缀名均为 *. dra。该绘图文件只供 Allegro 编辑使用，不能被 Allegro 数据库调用。

（1）Package Symbol，一般元件的封装文件。PCB 中所有元件像电阻、电容、电感、IC 芯片等的封装类型都属于 Package Symbol。Package Symbol 供 Allegro 编辑使用的文件后缀名为 *. dra，被 Allegro 数据库调用后缀名为 *. psm。

此外 Package Symbol 中需要调用 pad 焊盘文件，后缀名为 *. pad，使用 Pad Designer 来创建设计，文件中会存有 top、internal、bottom 层焊盘数据，Solder mask、paste mask、Drill Hole 等信息。

（2）Mechanical Symbol，由 Outline 板框及螺丝孔所组成的结构文件，用来在 PCB 上设计板框及定位孔等无电气属性类设计。比如板框、定位孔、机械类的螺丝孔、定位开槽等都使用 Mechanical Symbol 来绘制。Mechanical Symbol 在 PCB 设计中常被调用，比如显卡、计算机主板，每次设计 PCB 时要画一次板外框及确定螺丝孔位置等，显得较麻烦。这时可以将 PCB 的外框及螺丝孔建成 Mechanical Symbol，在设计 PCB 时直接将 Mechanical Symbol 调用即可。Mechanical Symbol 供 Allegro 编辑使用的文件后缀名为 *. dra，被 Allegro 数据库调用后缀名为 *. bsm。

（3）Format Symbol，由图框和说明所组成的文件，常用作工程归档、图纸说明、边框格式、Logo 及项目说明等。Format Symbol 常有公司用该层做成公司的 PCB 模板文件。Format Symbol 供 Allegro 编辑使用的文件后缀名为 *. dra，被 Allegro 数据库调用后缀名为 *. osm。

（4）Shape Symbol，提供建立特殊形状的焊盘数据文件，比如圆形按键、过载片、遥控器塑胶按键、显卡上金手指封装的焊盘都为一个不规则形状的焊盘，在建立此焊盘时要先将不规则形状焊盘建成一个 Shape Symbol 图形，然后在 Pad Designer 建立焊盘中调用此 Shape Symbol。Shape Symbol 供 Allegro 编辑使用的文件后缀名为 *. dra，被 Allegro 数据库调用后缀名为 *. ssm。

（5）Flash Symbol，Flash 方式的焊盘连接铜皮文件，在 PCB 设计中，电源或 GND 的内层经常会被做成负片格式，焊盘与其周围的铜皮相连接，可以全包含，也可以采用梅花瓣的形式连接，将梅花瓣建成一个 Flash Symbol，在使用 Pad Designer 建立焊盘时调用此 Flash Symbol。Flash Symbol 供 Allegro 编辑使用的文件后缀名为 *. dra，被 Allegro 数据库调用后缀

名为 *. fsm。

（6）Devices 文件，对元件的信息进行索引管理，每个元件都会对应自己的 Devices 文件。文件的格式默认是“元件的封装名称 . txt”，其中包括元件的封装形式、引脚的数量、元件的类型、引脚哪些可以交换、引脚的输入/输出使用方式等。Devices 文件在导入第三方网络表时，是必需的一个文件。

4.2　元件开发工具

元件开发主要用到 Pad Designer 和 Allegro PCB Editor 两个工具。

（1）在制作 PCB Footprint 前，需要先制作焊盘。焊盘制作需要用的工具就是 Pad Designer。在所有程序中找到 Cadence—Release 16. 6—PCB Editor Utilities—Pad Designer，即可打开焊盘制作工具。

（2）在 Allegro PCB Editor 对话框中选择 File—New 命令，在弹出的新建对话框中有 5 种 Symbol 的选项。选择其中的任何一种 Symbol 对话框新建后，Allegro PCB Editor 对话框就会进入 Symbol 的图形符号创建环境。5 种 Symbol 都在 Allegro PCB Editor 对话框中进行编辑和创建，Symbol 保存之后默认图形文件就是 . dra 文件，在 File—Create Symbol 命令后就会生成其对应的 Allegro 数据库调用文件 psm、bsm、osm、ssm、fsm。

4.3　元件制作流程和调用

元件制作流程和调用如图 4. 1 所示。Allegro 中每个元件引脚 Pin 都必须对应一个焊盘。在创建元件封装时，Package 封装文件中必须添加元件的引脚，必须能够找到焊盘文件。Allegro 找到焊盘并把焊盘定义好的数据调入 Package Symbol 中显示出焊盘的图形，因此在创建封装之前必须进行焊盘的制作。有些芯片的封装中会有异形的焊盘，Pad Designer 工具无法做出，则需要调用 Shape Symbol 来创建出异形的焊盘，将异形焊盘保存成文件后被 Pad Designer 调用，做成 . pad 的焊盘文件。有些芯片引脚是插件通孔，用负片要考虑散热的情况时则需要先行设计 Flash 梅花瓣的形式连接焊盘图形的制作，然后使用 Pad Designer 工具来调用该 Flash 焊盘文件，做成 . pad 的焊盘文件。

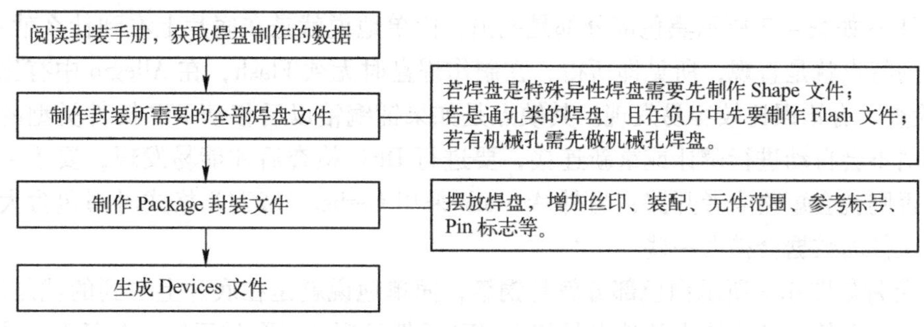

图 4. 1　元件制作流程和调用

在制作 Package 封装时，Allegro PCB Editor 记录摆放在该 Package 上的每个引脚的焊盘名称，而不是实际的焊盘数据。在添加焊盘到 Package 封装时，Allegro PCB Editor 会从变量

padpath 所指向的焊盘库文件路径上去查找所需要的焊盘文件。如果找到所需要的焊盘文件则会调入 Package 封装环境中；若找不到，则会报告错误。如果同一个 Package 有多个重复的相同焊盘，Allegro PCB Editor 只会从变量 padpath 所指向的焊盘库文件路径读取一次，其他的焊盘都会复制该焊盘的信息，而不需要再次读取调用。

在创建制作 PCB 板时 Allegro PCB Editor 会创建 board 的设计文件，因此进入 . brd 编辑环境，添加 Package 的 . psm 到 board 电路板时，Allegro PCB Editor 会从变量 psmpath 所指向的元件库文件路径上去查找所需要的元件 . psm 文件。如果找到所需要的元件 . psm 文件则会调入 board 电路板编辑环境中；若找不到，则会报告错误。如果同一个元件封装有多个重复的相同焊盘，Allegro PCB Editor 只会从变量 psmpath 所指向的元件库文件路径读取一次，其他的元件信息都会复制该焊盘的信息，而不需要再次读取调用（Allegro PCB Editor 调用元件库若是采用第三方网络表的格式，还需要变量 devpath 所指向的 Devices 文件的支持）。

4.4 获取元件库的方式

获取元件库的方式有两个：一个是根据数据手册信息来亲手制作的元件库；另一个是从已有的 board 电路板文件中提取元件库。

（1）亲手制作元件库，就需要根据各元件的手册来制作焊盘，制作所需要的各种封装，生成 Package Symbol 封装的 . psm 文件保存到 psmpath 所指向的元件库文件，生成 Devices 文件后保存到 devpath 所指向的 Devices 文件路径。Allegro PCB Editor 即能识别创建好的各种 . psm 文件和 devpath 所指向的 Devices 文件，能够被 board 电路板环境所调用。

（2）从已经有的 board 电路板文件中提取元件库，打开已经存在的 . brd 文件，选择 File—Export—Libraries 命令，弹出导出元件库的对话框，选择需要导出的 Symbol 类型及其路径，单击 Export 按钮即可导出当前 . brd 文件中的元件信息。可以导出 Package Symbol 、Mechanical Symbol、Format Symbol、Shape Symbol、Flash Symbol、Devices 等类型的文件。

4.5 PCB 正片和负片

正片和负片是 PCB 底片的两种不同类型。

（1）正片如图 4. 2 所示黑色部分都是铜箔，简单地说就是在底片上看到什么就有什么。正片最大的特点就是直观，所见即所得，在制作焊盘时无须 Flash，在 Allegro 中有比较完善的 DRC 检查，有错误比较容易发现。其缺点是如果铺铜箔以后移动 DIP 插件类型的通孔类元件，铜箔不会自动进行避让或重新连接，要进行 DRC 检查后才能易发现，要手工进行铜箔的更新否则就会短路或者开路；另外 Artwark 采用 Gerber RS274X 格式时因包含大量的铜箔数据，文件的数据会稍大一些。

（2）负片如图 4. 3 所示白色部分就是铜箔，简单地说就是在底片上看到的就是没有的，看不到的就是有的。负片最大的特点是移动 DIP 插件类型的通孔类元件（包括 Via 过孔）以后，动态铜箔会重新进行铜箔更新，软件会自动调整产生适应移动元件之后的铜箔。通孔类元件贯穿负片层时程序根据网络连接判断采用 Thermal Relief 焊盘（同网络连接采用 Thermal Relief 焊盘）与该层连接还是用 Anti Pad（不同网络连接采用 Anti Pad 焊盘）与该层隔开。

其缺点是所有的焊盘都需要具有 Flash，静态的铜箔不能自动进行避让，还是需要进行手工修改避让。在内电层（内部电源层）产生隔断的情况之后 DRC 不会报错。

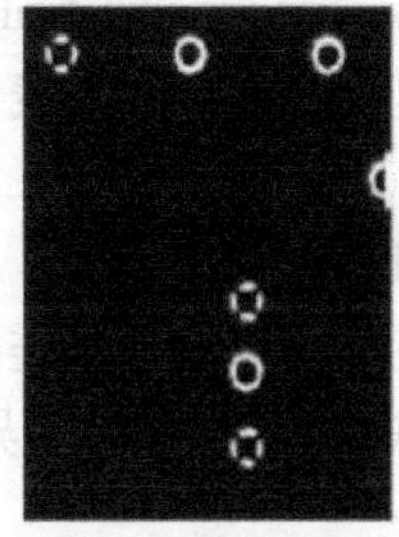

图 4.2　正片底片的效果

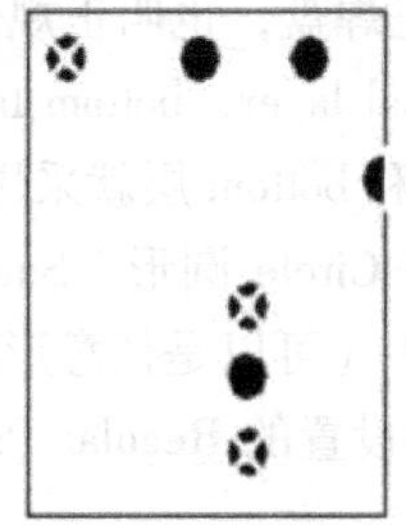

图 4.3　负片底片的效果

给读者的建议是，除非必要，慎用负片，因为负片底片上看到的就是没有的，看不到的就是有的，特别是在内电层中容易被分割断开，造成平面铜箔无法连接到正确的网络而导致无法供电或形成不了回路的问题，且 DRC 错误检查不会报错。

4.6　焊盘的结构

焊盘 Pad 是构成封装必需的元素，每个元件的封装都必须有焊盘，Via 过孔在 Allegro 里面也被当作焊盘对待（Via 过孔，若需要开窗就要设置 Solder Mask 和 Paste Mask 数据；若不需要开窗会被绿油全覆盖，Solder Mask 和 Paste Mask 的数据不用设置）。焊盘被做成封装以后用来贴装元件，如图 4.4 所示是通孔焊盘和插件焊盘的示意图。

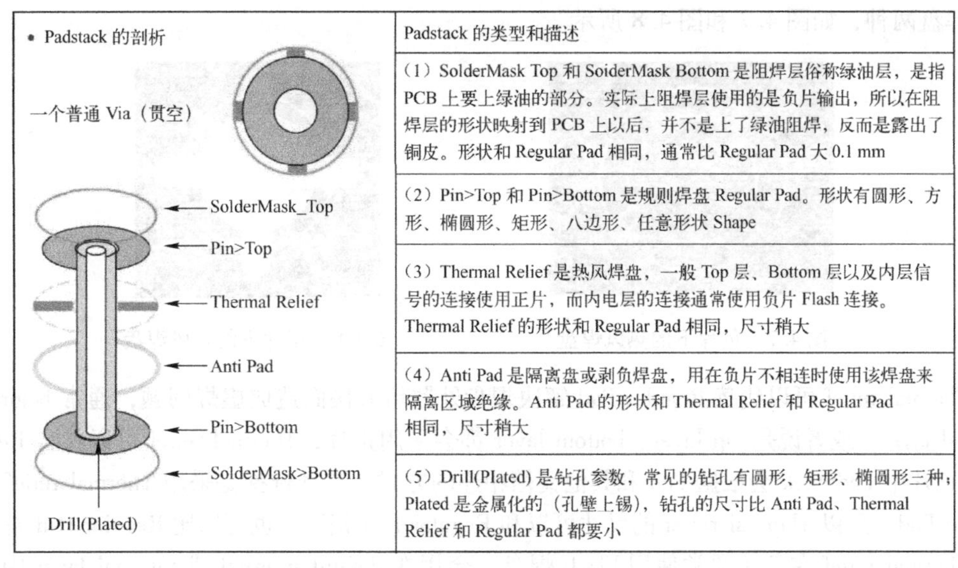

图 4.4　焊盘的结构

焊盘数据文件中包括焊盘的尺寸、焊盘的图形、钻孔的大小、显示的图形与符号、尺寸的单位、焊盘所在的电气层、焊盘的阻焊层，焊盘的助焊层等信息。Allegro 焊盘有 Regular Pad（正规焊盘），Thermal relief（热风焊盘）和 Anti Pad（隔离盘）三种属性形式，分别用

在正片 Pad 连接、电源/地引脚与平面层（覆铜）的连接以及使焊盘和周围的铜箔隔离绝缘中，具体解释如下。

（1）Regular Pad 正焊盘，也叫正规焊盘，用在 begin layer、default internal、end layer 或者说是 top layer、internal layer、bottom layer 的正片连接中（包括布线和铺铜）。常见的各种元件封装焊盘在 top 层和 bottom 层就采用 Regular Pad。

Regular Pad 可以是 Circle 圆形、Square 方形、Oblong 拉长圆形、Rectangle 矩形、Octagon 八边形、Shape 形状（可以是任意形状）。对于一个固定焊盘的连接，如果该层是正片，那么焊盘就是通过我们设置的 Regular Pad 属性。其矩形焊盘封装和异形焊盘封装如图 4. 5 和图 4. 6 所示。

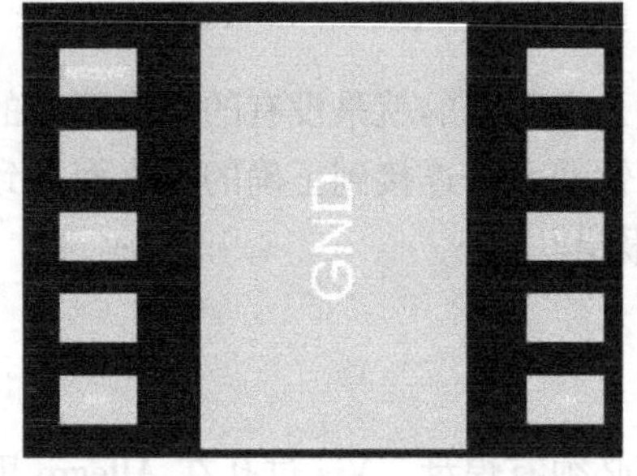

图 4. 5　Regular Pad 的矩形焊盘封装

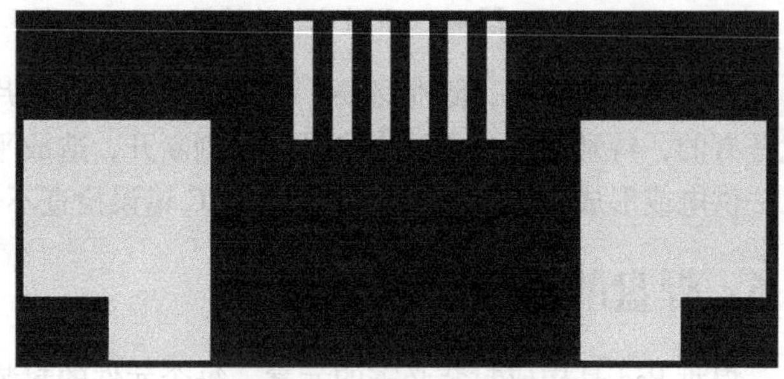

图 4. 6　Regular Pad 的异形焊盘封装

（2）Thermal relief 热风焊盘，也叫花焊盘，常用于电源/地引脚与平面层（铺铜）的连接，主要作用是防止焊盘处散热太快而造成虚焊。根据正负片的不同，分为正热风焊盘和负热风焊盘两种，如图 4. 7 和图 4. 8 所示。

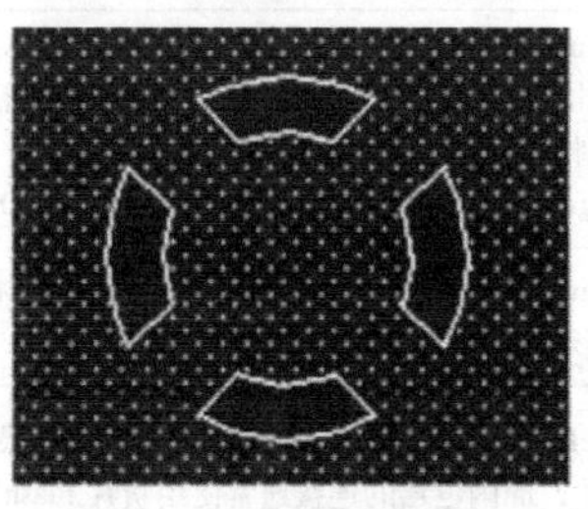

图 4. 7　负片下的热风焊盘

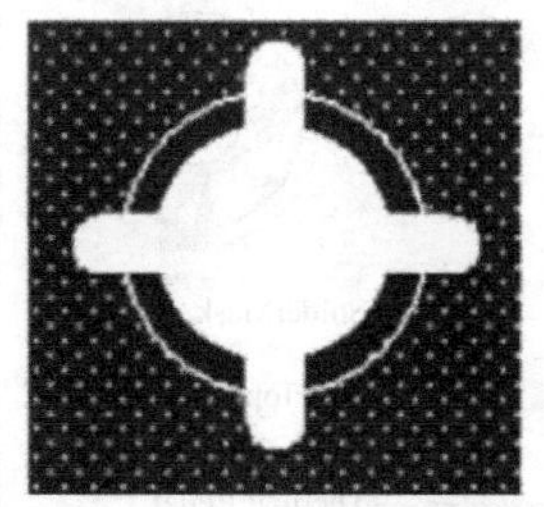

图 4. 8　正片下的热风焊盘

Thermal relief 可以代替 Regular Pad 解决焊盘处散热太快而造成虚焊问题，通常 begin layer、end layer，或者说是 top layer、bottom layer 都会采用正片，Thermal relief 可以代替 Regular Pad。正片中 PadStack 会根据 Pad 和其他铜箔相连的方式来自动选择是采用 Thermal relief 还是 Regular Pad。所以 Thermal relief 的尺寸可以和 Regular Pad 相等，也可以比 Regular Pad 稍大。

Thermal relief 在负片通常使用 Flash 焊盘，会用在 default internal 或 internal layer 中。在负片 Thermal relief 中的 Flash 焊盘负责焊盘和其他铜箔相连，若 internal layer 采用的是负片且元件没有做 Flash 焊盘的情况，焊盘本身和其他铜箔进行全连接。

Thermal relief 可以是 Null（没有）、Circle 圆形、Square 方形、Oblong 拉长圆形、Rectangle 矩形、Octagon 八边形、Flash 形状（可以是任意形状）。

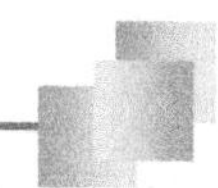

（3）Anti Pad 隔离盘或负焊盘，用在负片不相连时使用该焊盘来隔离区域绝缘。Anti Pad 的尺寸应该要比 Thermal relief 和 Regular Pad 大，只有 Anti Pad 才能使焊盘与不相连的平面铜箔产生安全距离，如果 Anti Pad 比 Thermal relief 和 Regular Pad 都小的话，安全距离就没有办法产生。Anti Pad 比 Thermal relief 和 Regular Pad 中最大直径通常至少大 8mil。

焊盘在平面层上都有自己的隔离环，正片中隔离环的大小就是 Thermal relief 或 Regular Pad 的长度（或直径）加上 2 倍的安全间距宽度。负片中隔离环就是 Anti Pad 的长度（或直径）和加上 2 倍的安全间距宽度。Anti Pad 在老版本中并不是强制参数，如果焊盘没有定义，Allegro PCB Editor 一般采用默认的安全间隙。

综上所述，对于一个固定的焊盘，通常 begin layer、end layer 或者说是 top layer、bottom layer 都会采用正片，Thermal relief 可以代替 Regular Pad。正片中 PadStack 会根据 Pad 和其他铜箔相连的方式来自动选择是采用 Thermal relief 还是 Regular Pad。在 default internal 或 internal layer 为负片的情况下，Thermal relief 中的 Flash 焊盘负责焊盘和其他铜箔相连。Anti Pad 负责在负片不相连时使用该焊盘来隔离区域绝缘。正焊盘、热风焊盘和隔离焊盘如图 4.9 至图 4.11 所示。

图 4.9　正焊盘

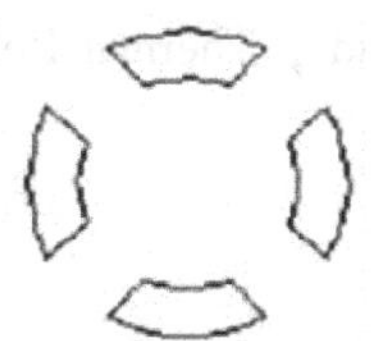

图 4.10　热风焊盘

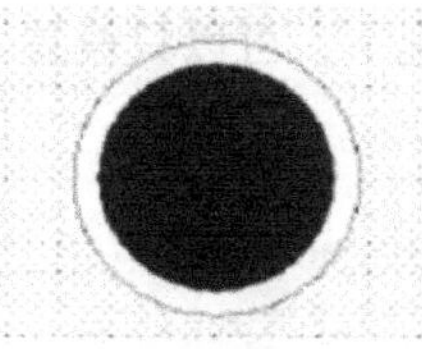

图 4.11　隔离焊盘

（4）Paste mask 助焊层或加焊层，业内俗称钢网或钢板层。这层并不存在于 PCB 上，只需要露出所有需要贴片焊接的焊盘，用它来制作印刷锡膏的钢网，上面所有的 SMD 焊盘位置都会被镂空，用在 SMT 贴片时印刷锡膏使用。Paste Mask 的尺寸和形状与 Regular Pad 相比可以完全一样，也可以形状相同，尺寸略小一些。

（5）Solder Mask 阻焊层，业内俗称绿油层。即用它来涂敷绿油等阻焊材料，从而防止不需要焊接的地方沾染焊锡，这一层会露出所有需要焊接的焊盘。实际上就是在绿油层上开窗，将焊盘所在的区域隔离阻焊绿油。为了保证绿油不会涂到焊盘上去，Solder Mask 形状与 Regular Pad 相比形状应该是相同的，但整体会稍大一些，将所有的 Regular Pad 盖住。这层资料需要提供给 PCB 工厂，通常情况下，Solder Mask 形状与 Regular Pad 相同，但尺寸会大 4mil 以上。

（6）Filmmask 预留层，用于添加用户需要的相应信息提供给用户自定义使用，一般不用该层。

4.7　Thermal Relief 和 Anti Pad

Thermal Relief 和 Anti Pad 用于负片中通孔元件引脚与内层平面层相连接，为解决焊接时散热过快，即元件引脚网络与内层平面网络相同时会用到 Thermal Relief，也就是通常所说的热风焊盘，当元件引脚网络与内层平面网络不同时则用 Anti Pad 避让铜箔。

（1）当 PCB 上所有的层都为正片时，元件在 PCB 文件里面以正片的方式存在，如图 4.12 所示。

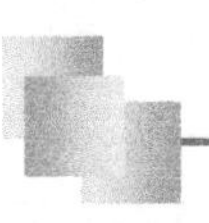

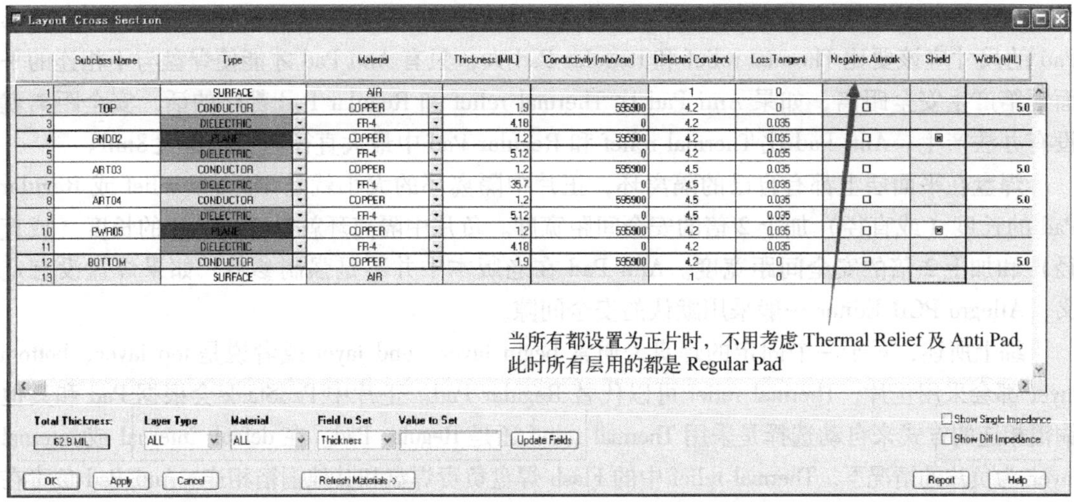

Layout Cross Section

	Subclass Name	Type	Material	Thickness (MIL)	Conductivity (mho/cm)	Dielectric Constant	Loss Tangent	Negative Artwork	Shield	Width (MIL)
1		SURFACE	AIR			1	0			
2	TOP	CONDUCTOR	COPPER	1.9	595900	4.2	0	☐		5.0
3		DIELECTRIC	FR-4	4.18	0	4.2	0.035			
4	GND02	PLANE	COPPER	1.2	595900	4.2	0.035	☐	☒	
5		DIELECTRIC	FR-4	5.12	0	4.2	0.035			
6	ART03	CONDUCTOR	COPPER	1.2	595900	4.5	0.035	☐		5.0
7		DIELECTRIC	FR-4	35.7	0	4.5	0.035			
8	ART04	CONDUCTOR	COPPER	1.2	595900	4.5	0.035	☐		5.0
9		DIELECTRIC	FR-4	5.12	0	4.5	0.035			
10	PWR05	PLANE	COPPER	1.2	595900	4.2	0.035	☐	☒	
11		DIELECTRIC	FR-4	4.18	0	4.2	0.035			
12	BOTTOM	CONDUCTOR	COPPER	1.9	595900	4.2	0	☐		5.0
13		SURFACE	AIR			1	0			

当所有都设置为正片时，不用考虑 Thermal Relief 及 Anti Pad，此时所有层用的都是 Regular Pad

Total Thickness: 62.9 MIL　Layer Type ALL　Material ALL　Field to Set Thickness　Value to Set　Update Fields　Show Single Impedance　Show Diff Impedance

OK　Apply　Cancel　Refresh Materials ->　Report　Help

图 4.12　正常情况下焊盘以正片方式存在

正片的情况下，可以只设置 Regular Pad，Thermal Relief 和 Anti Pad 可以不用设置，如图 4.13 所示。

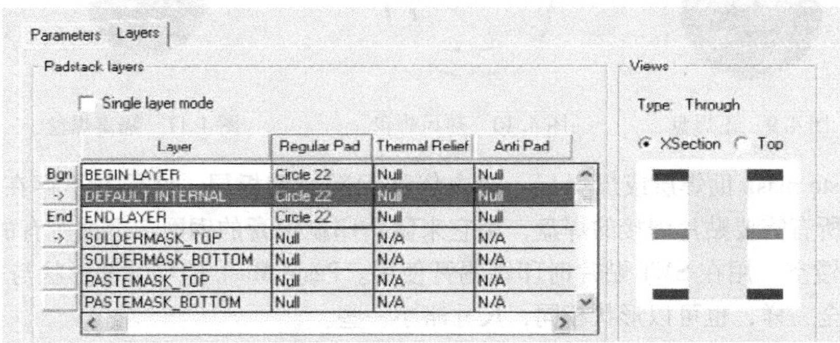

Parameters　Layers

Padstack layers

Single layer mode

	Layer	Regular Pad	Thermal Relief	Anti Pad
Bgn	BEGIN LAYER	Circle 22	Null	Null
->	DEFAULT INTERNAL	Circle 22	Null	Null
End	END LAYER	Circle 22	Null	Null
->	SOLDERMASK_TOP	Null	N/A	N/A
	SOLDERMASK_BOTTOM	Null	N/A	N/A
	PASTEMASK_TOP	Null	N/A	N/A
	PASTEMASK_BOTTOM	Null	N/A	N/A

Views　Type: Through　XSection　Top

图 4.13　正片情况下只设置 Regular Pad

（2）当 PCB 内层为负片时，元件在负片层以负片的方式存在，如图 4.14 所示。

Layout Cross Section

	Subclass Name	Type	Material	Thickness (MIL)	Conductivity (mho/cm)	Dielectric Constant	Loss Tangent	Negative Artwork	Shield	Width (MIL)
1		SURFACE	AIR			1	0			
2	TOP	CONDUCTOR	COPPER	1.9	595900	4.2	0	☐		5.0
3		DIELECTRIC	FR-4	4.18	0	4.2	0.035			
4	GND02	PLANE	COPPER	1.2	595900	4.2	0.035	☒	☒	
5		DIELECTRIC	FR-4	5.12	0	4.2	0.035			
6	ART03	CONDUCTOR	COPPER	1.2	595900	4.5	0.035	☐		5.0
7		DIELECTRIC	FR-4	35.7	0	4.5	0.035			
8	ART04	CONDUCTOR	COPPER	1.2	595900	4.5	0.035	☐		5.0
9		DIELECTRIC	FR-4	5.12	0	4.5	0.035			
10	PWR05	PLANE	COPPER	1.2	595900	4.2	0.035	☒	☒	
11		DIELECTRIC	FR-4	4.18	0	4.2	0.035			
12	BOTTOM	CONDUCTOR	COPPER	1.9	595900	4.2	0	☐		5.0
13		SURFACE	AIR			1	0			

1. 当内层平面层有设置负片时，连接平面时使用的就是 Thermal Relief 及 Anti Pad
2. 什么时候用 Thermal Relief 什么时候用 Anti Pad 呢？
当通孔器件引脚网络与平面网络相同时，此时引脚焊盘周围掏空 4 个扇形，用 Thermal Relief 即热（花）焊盘
当通孔器件引脚网络与平面网络不同时，这时元件要对平面进行避让，用 Anti Pad 即反焊盘
3. 内层的其他层，如上图的 ART03,ART04 使用 InnerLayer 的 Regular Pad，与 Thermal Relief 及 Anti Pad 无任何关系

Total Thickness: 62.9 MIL　Layer Type ALL　Material ALL　Field to Set Thickness　Value to Set　Update Fields　Show Single Impedance　Show Diff Impedance

OK　Apply　Cancel　Refresh Materials ->　Report　Help

图 4.14　以负片形式存在的内层

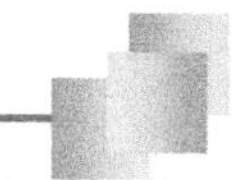

内层负片情况下设置 Themal Relief 和 Anti Pad 如图 4. 15 所示。

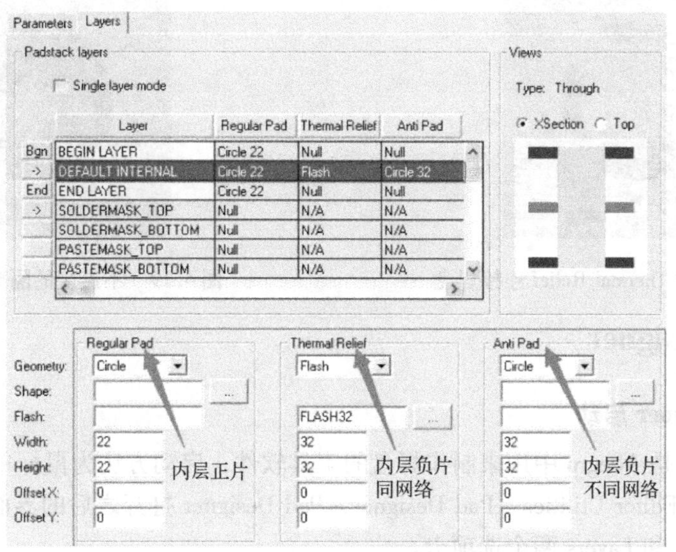

图 4. 15　内层负片情况下设置 Themal Relief 和 Anti Pad

（3）正片时任何情况都使用 Regular Pad。即不管是连接还是未连接都有焊盘 Regular Pad，其与动态铜的连接方式是可以通过设置改变的。通过 Shape—Global Dynamic Shape Params 命令来进行设置。

全连接的正片焊盘和全避让的焊盘，如图 4. 16 所示。全连接可以通过设置获得不同的连接方式，Orthogonal、Diaqonal、8 way connect 都可以选择，None 表示相同的动态铜皮不连接。

不同的连接方式可以设置连接的数量，如图 4. 17 所示。Thru pins 为通孔焊盘的连接方式，Smd pins 为表贴焊盘的连接方式，Vias 为过孔的连接方式。对动态铜皮进行设置，设置后铜皮就会按照属性进行连接。

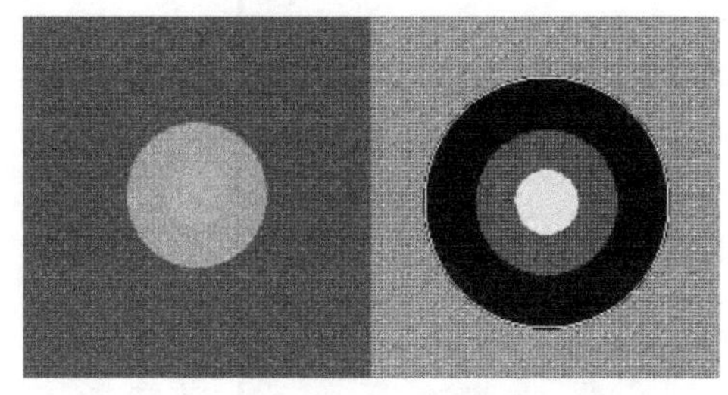

图 4. 16　全连接的正片焊盘和全避让的焊盘

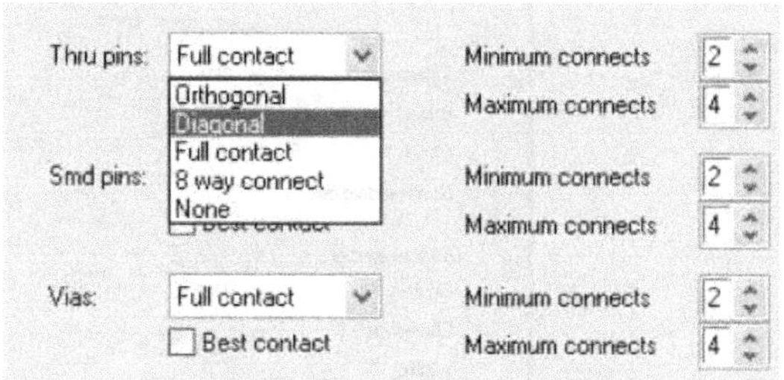

图 4. 17　焊盘不同连接方式的设置

（4）负片时的 Thermal Relief 和 Anti Pad，焊盘与平面连接时使用 Thermal Relief，不连接时使用 Anti Pad。Thermal Relief 中掏空的区域即为制作的 Flash，Anti Pad 的直径即为避让圆形的直径。

如图 4. 18 所示是负片的 Thermal Relief 连接焊盘，如图 4. 19 所示是不连接的隔离焊盘 Anti Pad，Thermal Relief 中掏空的区域即为制作的 Flash，若负片不制作 Flash 就是全部连接的，这样局限性就很大。负片的连接方式不能通过动态铜皮的 Shape 设置来解决。

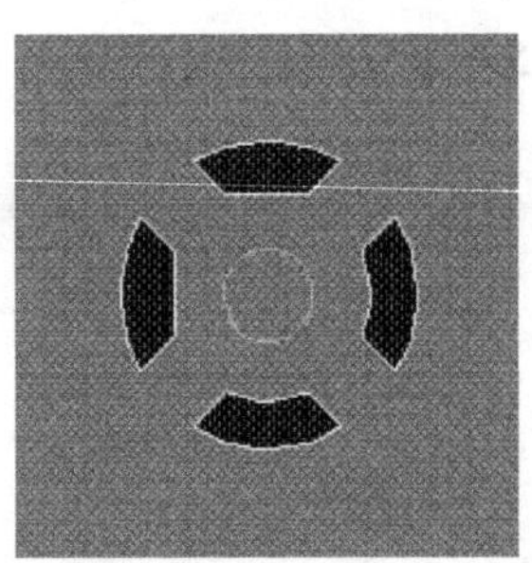

图 4.18　负片的 Thermal Relief 连接焊盘

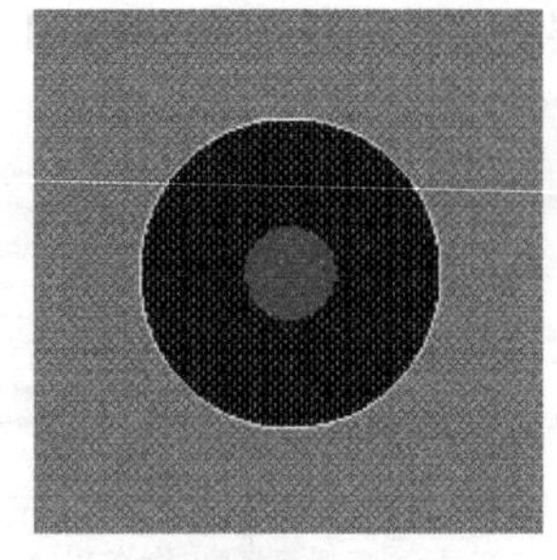

图 4.19　不连接的隔离焊盘 Anti Pad

4.8　Pad Designer

1. Pad Designer 启动

Pad Designer 是 Allegro 中用来制作焊盘的工具软件，启动方法为鼠标单击 Cadence—Release 16.6—PCB Editor Utilities—Pad Designer，Pad Designer 打开之后的界面如图 4.20 所示，其中有 Parameters 和 Layers 两个选项卡。

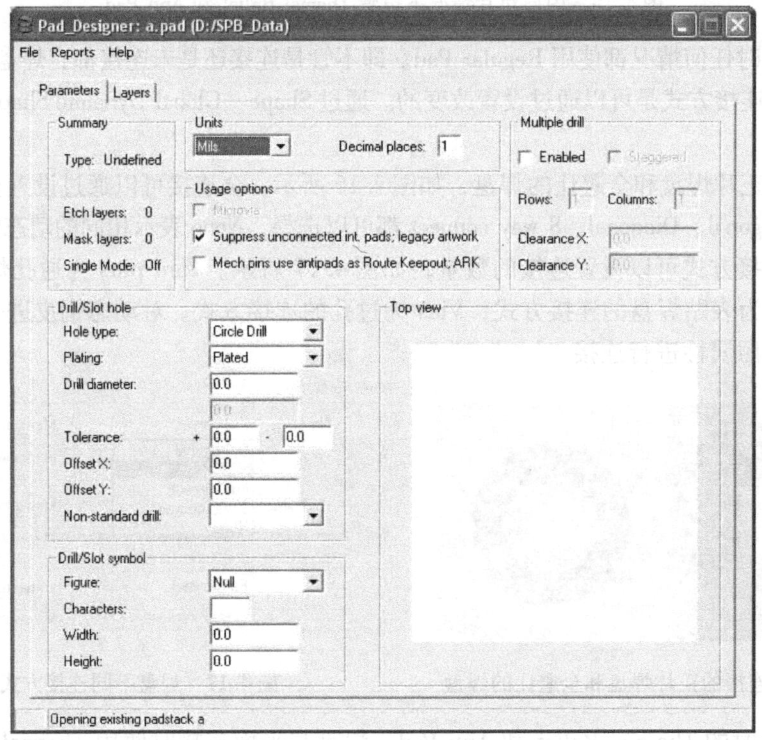

图 4.20　Pad Designer 工作界面

2. Parameters 选项卡

（1）Type 是焊盘类型的设置选项。

- Through 选项：贯穿的通孔类焊盘为默认的焊盘类型，通孔类的焊盘被选中之后则必须进行钻孔参数的设置。

- Blind/Buried 选项：盲孔/埋孔类型的焊盘，用来定义盲孔/埋孔类型的焊盘设计。
- Single 选项：单面的表面贴装焊盘，一般的贴片芯片都选中该类型的焊盘。

（2）Usage options 为用途选择，在此区域内对焊盘的用处进行选择。

- 勾选 Suppression unconnected int. pads;legacy artwork 复选项，表示没有内层电气连接的引脚或者过孔的焊盘在输出光绘 Gerber 文件时不会出现在光绘 Gerber 文件中，注意该复选项只对内层的焊盘有效。Internal Layers 中间内层结构可以根据连接情况来自动适应。
- 勾选 Mech Pinsuse antipads as Route Keepouts;ARK 复选项，表示允许以 Antipads 的大小作为 Route Keepouts。

（3）Units 焊盘的尺寸单位设置选项。

- Units 下拉框中选择焊盘设计的尺寸单位，在文本框的下拉选项中，共包含 Mils（毫英寸）、Inch（英寸）、Millimeter（毫米）、Centimeter（厘米）、Micron（微米）5 个单位。常用的有 Mils（毫英寸）、Millimeter（毫米），其他单位均不经常使用。
- Decimal places 选项：用来设置焊盘的精度，十进制位数，可以选择0~4，也就是尺寸数据小数点后面精确到几位小数。若焊盘的设计单位采用的是 Mils（毫英寸），精度设置成0~3；若焊盘的设计单位采用的是 Millimeter（毫米），精度设置成3~4为宜。

（4）Multiple drill 焊盘上多轴阵列钻孔设置选项。

- Enabled 复选项：表示启用焊盘上多轴阵列钻孔的功能，Rows 表示横向 X 轴方向钻孔的数量，Columns 表示纵方向 Y 轴钻孔的数量，在设置钻孔数目时，行和列的数目的设置范围是1~10，总的孔数不能超过50。若钻孔的类型是 Oval Slot 椭圆形和 Rectangle Slot 矩形的情况下，Multiple Drill 功能将会被禁止。
- Staggered 复选项：表示启用焊盘上多轴阵列钻孔的功能后，选择偶数行的钻孔偏移一定的距离，偏移量等于钻孔尺寸的一半加上两个钻孔间横向间隙的一半距离。
- Rows 表示横向 X 轴方向钻孔的数量，Columns 表示纵向 Y 轴钻孔的数量，允许范围是1~10。
- Clearance X：在多轴阵列钻孔中定义横向 X 轴的间隙，精度就是焊盘设置的精度。
- Clearance Y：在多轴阵列钻孔中定义纵向 Y 轴的间隙，精度就是焊盘设置的精度。

Multiple drill 焊盘上多轴阵列钻孔功能一般不常用。

（5）Drill/Slot hole 钻孔类型设置选项，此选项栏中的功能是设置焊盘为通孔或盲/埋孔时钻孔的直径、类型和形状。

- Hole type 下拉框：在 Hole type 下拉框中选择钻孔的类型。这里为用户提供了3种不同的钻孔形状选项，分别是 Circle Drill（圆形）、Oval Slot（椭圆形）和 Rectangle Slot（矩形）。
- Plating 下拉框：在 Plating 下拉框中选择孔类型，常用的有如下2种：Plated 为金属化的（孔壁上锡）；Non-Plated 为非金属化的（孔壁不上锡）。一般的通孔元件的引脚焊盘要选择金属化的，而元件安装孔或者定位孔则选择非金属化。
- Drill diameter：在 Drill diameter 编辑框中输入钻孔的直径。如果选择的是椭圆形或者矩形孔，则是 Slot size X、Slot size Y 两个参数，分别对应椭圆的 X 轴、Y 轴半径和矩形的长宽。

- Tolerance 钻孔公差设置：用来定义钻孔所允许的正负容忍公差，公差的数据会出现在钻孔 Dill 的文件列表中。
- Offset X 和 Offset Y：用来定义钻孔在 X 和 Y 两个轴上偏离中心焊盘的距离，一般不允许钻孔偏移焊盘中心，所以 Offset X 和 Offset Y 都会设置成 0。
- Non - standard drill 下拉框：用来设置非机械钻孔，包含 Laser（激光钻孔）、Plasma（电浆钻孔）、Punch（冲击钻孔）、Wet/Dry Etching（湿/干蚀刻）、Photo Imaging（照片成像）、Conductive lnk Formation、Other（其他）等。通常保持默认也就是空白，表示机械的标准钻孔。

（6）Drill/Slot symbol 钻孔符号设置选项框。

为规范后期 PCB Gerber 文件，在设计焊盘文件时必须对照 Cadence 钻孔表对该选项做出选择。

- Figure 下拉框：Figure 用来设置钻孔符号的形状，包括 Null（空）、Circle（圆形）、Square（正方形）、Hexagon X（六边形）、Hexagon Y（六边形）、Octagon（八边形）、Cross（十字形）、Diamond（菱形）、Triangle（三角形）、Oblong X（X 方向的椭圆形）、Oblong Y（Y 方向的椭圆形）、Rectangle（长方形）。
- Characters 文本框：用来设置钻孔图形的文字，这里可以使用键盘输入字符。
- Width 文本框：Width 标识图形的宽度。
- Height 文本框：Height 标识图形的高度。

3. Layers 选项卡

单击 layers 选项后出现如图 4.21 所示的 Layers 选项卡界面。

Layers 选项卡主要由 Padstack Layers（焊盘叠层）区域、Views（图形显示）区域、Regular Pad（设置正规焊盘的尺寸）区域、Thermal Relief（设置散热焊盘尺寸）区域和 Anti Pad（设置隔离焊盘的孔尺寸）区域 5 部分组成。

（1）Padstack layers 焊盘叠层设置

Single layer mode 复选项，勾选此复选项之后，焊盘叠层设置会自动设置为单层模式。不勾选时默认是通孔类型的焊盘模式。

Padstack layers 选项中的 Regular Pad 正规焊盘、Thermal Relief 散热焊盘和 Anti Pad 隔离焊盘共有以下 7 个选项。

- Geometry 包括 Null（空）、Circle（圆形）、Square（正方形）、Oblong（椭圆形）、Rectangle（长方形）、Shape（自定义外形）。
- Shape 可以被选成 Regular Pad 正规焊盘和 Anti Pad 隔离焊盘，当焊盘选为 Shape 类型时，系统会自动读取 Shape 的形状，添加 Width 和 Height。
- Flash：Thermal Relief 可以被设置为花瓣状 Flash，当选择 Flash 类型时，系统会自动读取 Flash 的形状和数据，添加 Width 和 Height。
- Width 用来设置宽度，在 Regular Pad 正规焊盘、Thermal Relief 散热焊盘和 Anti Pad 隔离焊盘都有宽度设置文本框。
- Height 用来设置长度，在 Regular Pad 正规焊盘、Thermal Relief 散热焊盘和 Anti Pad 隔离焊盘都有长度设置文本框。

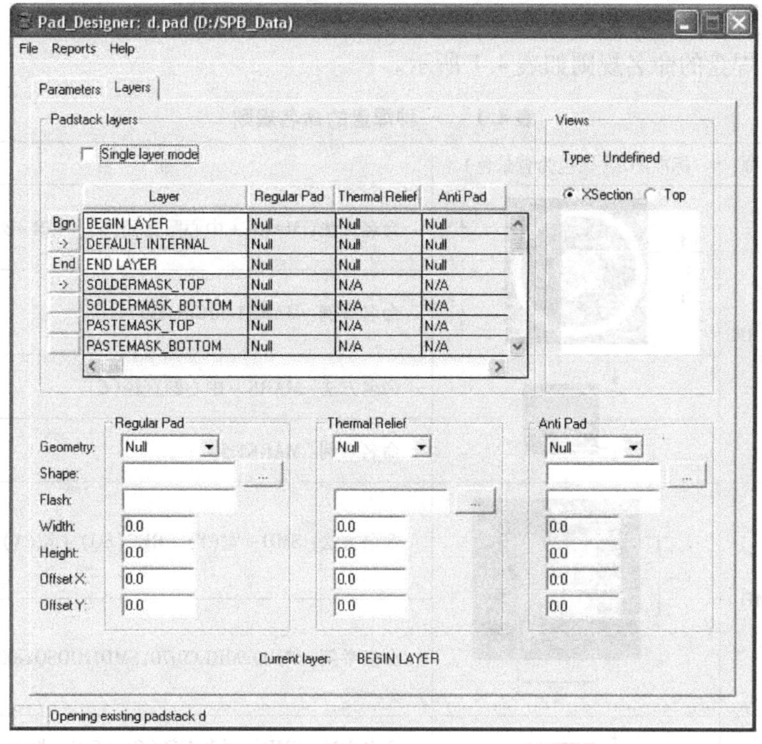

图 4.21　Layers 选项卡界面

- Offset：X 用来设置 X 方向偏移量，在 Regular Pad 正规焊盘、Thermal Relief 散热焊盘和 Anti Pad 隔离焊盘都有偏移量设置。一般情况下，不允许焊盘与中心钻孔偏移，默认为 0。
- Offset：Y 用来设置 Y 方向偏移量，在 Regular Pad 正规焊盘、Thermal Relief 散热焊盘和 Anti Pad 隔离焊盘都有偏移量设置。一般情况下，不允许焊盘与中心钻孔偏移，默认为 0。

（2）设置焊盘的注意事项

Thermal Relief 设定散热焊盘尺寸，在正负片均可用，一般 TOP 层、BOTTOM 层以及内层信号的连接使用正片，而内电层的连接通常使用负片。Anti Pad 设定焊盘隔离孔的尺寸，只用于负片。

为了便于生产制造，Thermal Relief 焊盘的尺寸应比 Regular Pad 焊盘的尺寸大 20mil，如果 Regular Pad 焊盘直径小于 40mil，Thermal Relief 焊盘的尺寸应比 Regular Pad 焊盘的尺寸大 6mil 以上。

为了便于生产制造，Anti Pad 焊盘的尺寸应比 Thermal Relief 焊盘的尺寸大 20mil，如果 Regular Pad 焊盘直径小于 40mil，Anti Pad 焊盘的尺寸应比 Thermal Relief 焊盘的尺寸大 6mil 以上。

4.9　焊盘的命名规则

为了对所制作使用的焊盘库进行规范、整理，以便焊盘库的管理和使用，每个公司或每个人都有自己的焊盘命名方式，一般采用焊盘的类型 + 长度 + 宽度的表示方法，下面列出常

用的焊盘命名方式，供读者参考。

（1）一种焊盘的命名规则如表 4.1 所示。

表 4.1　一种焊盘的命名规则

焊盘类型	简称	标准图示(黑色为背景色)	命　名
光学识别点	MARK		命名方法：MARK + 中心圆直径(C) + CIR + 外框直径(A)
			命名举例：MARK1r50CIR4r30
			命名方法：MARK + 中心圆直径(C)
			命名举例：MARK1r50
表面贴装方焊盘	SMD		命名方法：SMD + 宽(Y) + REC(SQ) + 长(X)
			命名举例：SMD0r90REC0r70，SMD1r00SQ1r00
表面贴装圆焊盘	SMD		命名方法：SMD + 焊盘直径(C) + CIR + 焊盘直径(C)
			命名举例：SMD0r60CIR0r60
表面贴装手指焊盘	SMD		命名方法：SMD + 宽(Y) + BL + 长(X)
			命名举例：SMD1r00BL3r00
通孔圆焊盘	PAD		命名方法：PAD + 焊盘外径(C) + CIR + 孔径(D)
			命名举例：PAD1r50CIR1r00
通孔方焊盘	PAD		命名方法：PAD + 焊盘边长(P) + SQ + 孔径(D)
			命名举例：PAD1r50SQ1r00
通孔长方形焊盘	PAD		命名方法：PAD + 宽(Y) + 长(X) + REC + 孔径(D)
			命名举例：PAD2r50X1r20REC0r80
过孔	VIA		命名方法：VIA + 焊盘外径(C) + CIR + 孔径(D)
			命名举例：VIA0r45CIR0r25

续表

焊盘类型	简称	标准图示(黑色为背景色)	命　名
安装孔	HOLE		命名方法：HOLE + 焊盘外径(*C*) + CIR + 焊盘孔径(*D*) + P(表示金属化孔) 命名举例：HOLE5r00CIR3r50P(金属化)
定位孔	HOLE		命名方法：HOLE + 过孔孔径(*D*) + M(非金属化孔) 命名举例：HOLE4r50M(非金属化)
椭圆通孔 椭圆焊盘	PAD		命名方法：PAD + 焊盘长(X_1) + BL + 焊盘宽(Y_1) + X + 过孔孔长(X_2) + BL + 过孔宽(Y_2) 命名举例：PAD1r20BL0r50X0r80BLor30

(2)另一种焊盘的命名规则如表 4.2 所示。

表 4.2　另一种焊盘的命名规则

焊盘类型	焊盘形状	外围尺寸 *W*×*H*	钻孔尺寸 *W*×*H*	示　意	备　注
表贴 s	圆 C	C6		SC6(表贴圆形 6mm)	若为小数位，在前补 0，(如 0.6mm 为 0.6)mil 单位的在最后部分加 mil 如 SC100mil(逗号“,”替代点号“.”)
	正方形 S	S6		SS6(表贴正方形 6mm)	
	长方形 RE	REW3H4		SREW3H4(长方形宽 3mm、高 4mm)	
	椭圆 RO	ROW3H4		SROW3H4(椭圆形宽 3mm、高 4mm)	
	异形 SHAPE			SSHAPE	
通孔类 金属化 P， 非金属化 M	圆 C	C6	D4	PC6D4(钻孔金属化外围直径圆形 6mm，钻孔圆 4mm)	
	正方形 S	S6	D4	PS6D4(钻孔金属化外围 6mm 方形，钻孔圆 4mm)	
	长方形 RE	REW3H4	D2	PREW3H4D2(钻孔金属化外围长方形宽 3mm、高 4mm，钻孔圆 2mm)	
	椭圆 RO	ROW3H4	D2	PREW3H4D2(钻孔金属化外围椭圆形宽 3mm、高 4mm，钻孔圆 2mm)	
	椭圆 RO (孔椭圆)	PROW3H4	DW2H3	PROW3H4 - DW2H3(钻孔金属化外围椭圆形宽 3mm、高 4mm，钻孔椭圆宽 2mm、高 3mm)	
	异形 SHAPE			PSHAPE＊D＊	

Flash 焊盘的命名规则如表 4.3 所示。

表 4.3 Flash 焊盘的命名规则

Flash 类型	裂口尺寸 K*	外直径尺寸 -EX W*H	内直径尺寸 -I W*H	示 意	
普通 F	K0,3	-EC6	-IC4	FK03-C6-C4(Flash 裂口 0.3mm,外直径圆形 6mm,内直径圆形 4mm)	mil 单位的在最后部分加 mil,如 SC100mil,若为小数位,在前补 0,如 0.6mm 为 0.6(逗号“,”替代点号“.”)。外直径尺寸与内直径尺寸项目内容之间用“-”隔开
椭圆形 FRO	K0,3	-EW6H5	-IW5H4	FROK03-E20W6H5-IW5H4(Flash 裂口 0.3mm,外直径椭圆形 6mm、高 5mm,内直径椭圆形宽 5mm、高 4mm)	

4.10 SMD 表面贴装焊盘的制作

下面以长方形 0.2mm×1.2mm 表贴焊盘为例。

(1)打开 Pad Designer 窗口并设置单位工具。选择命令 Start—Programs—Cadence—Release 16.6—PCB Editor Utilities —Pad Designer,启动软件。Parameters 标签用于设置尺寸单位和通孔类焊盘的钻孔参数,Layers 标签用于设置焊盘各层的信息。在 Units 选项中选择毫米,注意在设计 SMD 焊盘时,该页面只需要设置 Units 选项,其他选项为默认值,如图 4.22 所示。

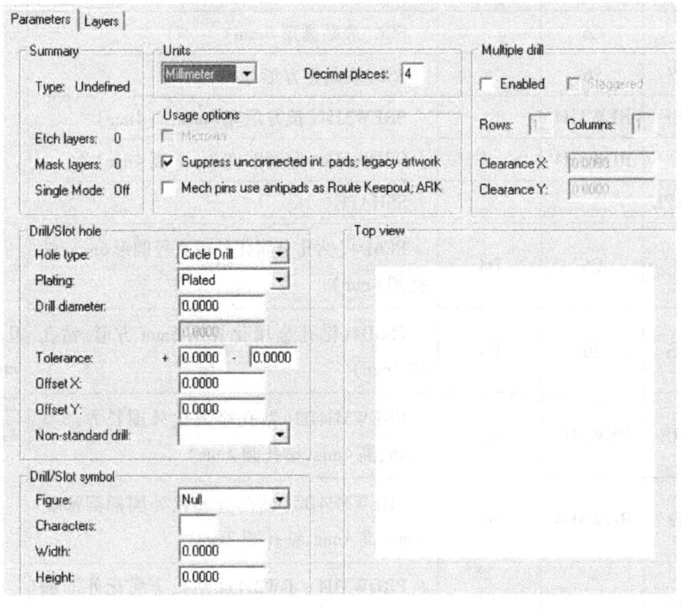

图 4.22 打开 Pad Designer 窗口并设置单位工具

(2)输入数据。先勾选 Single layer mode 复选项,表面是单面焊盘,如图 4.23 所示。

① 单击 BEGIN LAYER 选项,在下面的 Regular Pad 的 Geometry 下拉栏中选择的 Rectangle(长方形),在 Width 栏输入 0.2,表示方形焊盘的宽度为 0.2mm,在 Height 栏输入 1.2,表示方形焊盘的长度为 1.2mm。

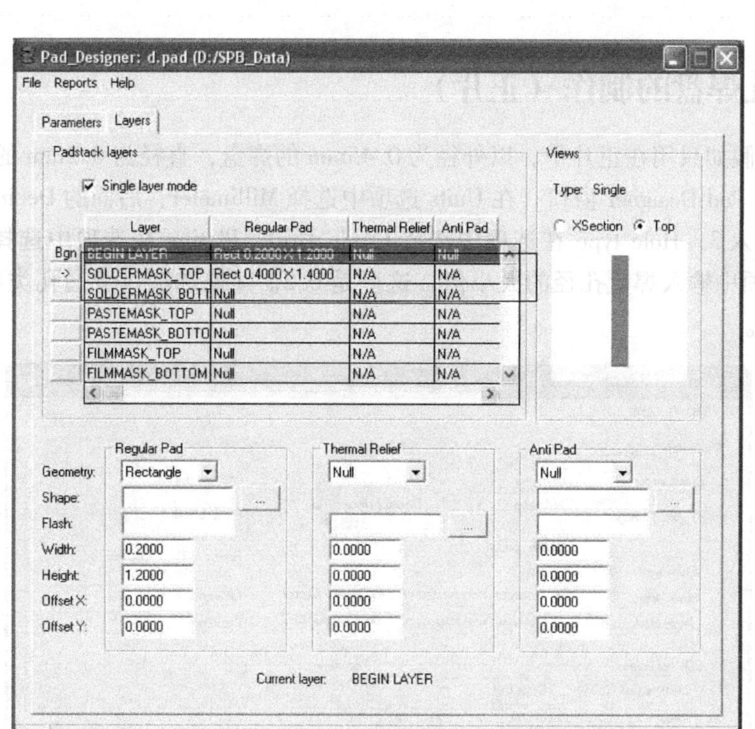

图 4.23　勾选单面焊盘并输入相关参数

② 单击 SOLDERMASK_TOP（表层阻焊层）选项，在下面的 Regular Pad 的 Width 栏中添加所需要阻焊层的尺寸（该选项的尺寸比 BEGINLAYER 要大 0.1 ~ 0.20mm）。

（3）单击 File 菜单下面的 Save AS 选项后给焊盘命名，浏览到焊盘的保存路径后，单击 Save 按钮即可保存，如图 4.24 所示。

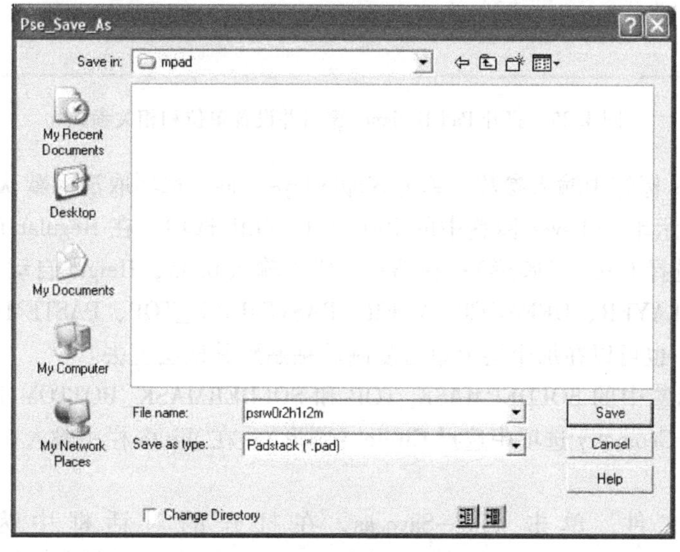

图 4.24　保存制作好的焊盘文件

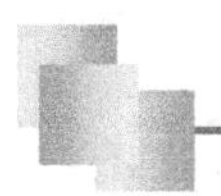

4.11　通孔焊盘的制作（正片）

通孔焊盘假如只用在正片中，以外径为0.45mm的焊盘，直径为0.2mm的孔为例。

（1）打开Pad Designer窗口，在Units选项中选择Millimeter，后面的Decimal places（小数点位数）输入3。Hole type在选项中选掺Circle Drill，Plating在选项中选择Plated，Drill diameter在选项中输入焊盘孔径的大小值，这里是0.2。其他选项对于通孔类型的焊盘设置可以为默认值。

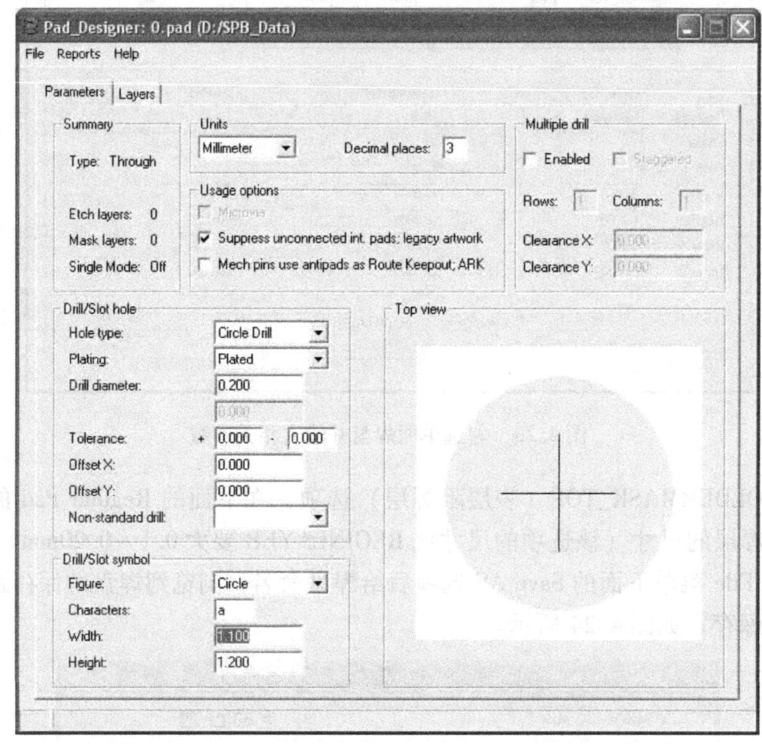

图4.25　打开Pad Designer窗口并设置单位和相关参数

（2）在Layers标签中输入参数。单击Single layer mode选项取消（默认为关闭）。

如图4.26所示单击Layer标签中的BEGIN LAYER选项，在Regular Pad选项下选择：Geometry选项中选择Circle（圆形）；在Width栏中输入0.45，Height自动变为0.45。依照上述方法把END LAYER、DEFAULT LAYER、PASTEMASK_TOP、PASTEMASK_BOTTOM设置成同样的数值。也可以在那个层上单击复制后粘贴到其他层上去。

单击Layer标签中的SOLDERMASK_TOP和SOLDERMASK_BOTTOM选项，在Regular Pad选项下选择：Geometry选项中选择Circle（圆形）；在Width栏中输入0.55，Height自动变为0.55。

（3）保存文件，单击File—Save as，在打开的对话框中为该焊盘命名（pdc0r45d0r20m.pad），添加好焊盘的保存路径，单击Save按钮后保存，如图4.27所示。

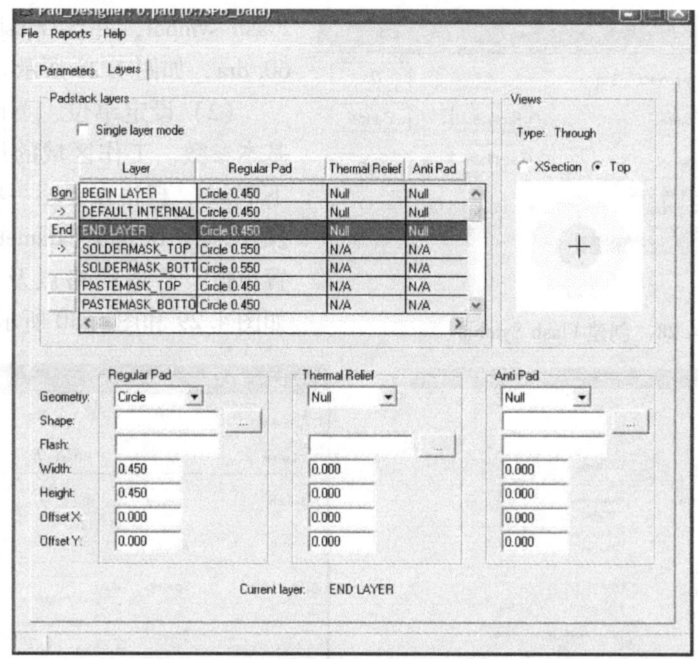

图 4.26　设置为通孔焊盘并输入相关层参数

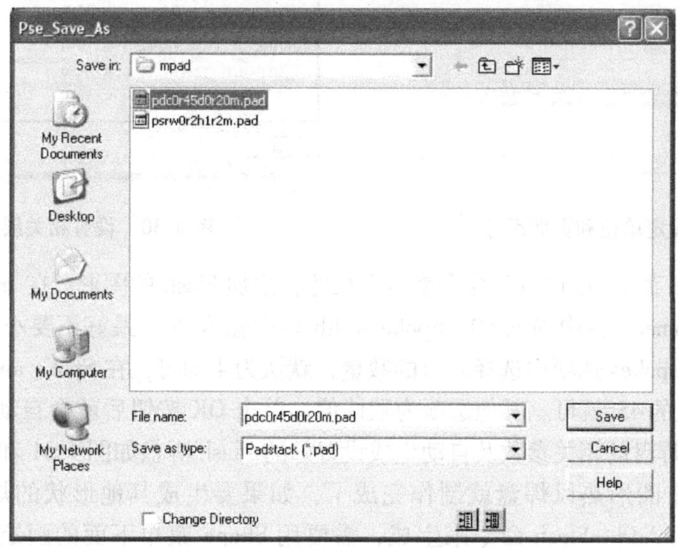

图 4.27　保存制作好的焊盘文件

4.12　制作 Flash Symbol

热风焊盘（Thermal Relief）俗称花焊盘，在负片中 Thermal relief 的 Flash 负责焊盘和其他铜箔相连，Flash 属于 Symbol 范畴，定义为 Flash Symbol。如果平面层采用负平面，则在定义焊盘时必须定义 Thermal Relief 和 Anti Pad 层。

（1）创建 Flash Symbol：在 Allegro PCB Editor 中选择 File—New，Drawing Name 选择

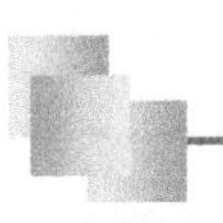

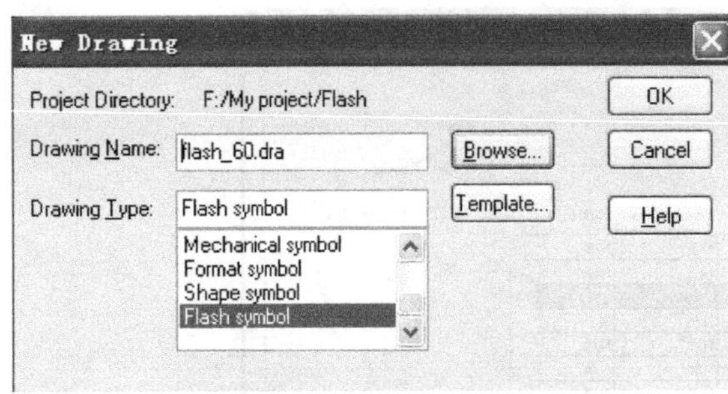

图 4.28　创建 Flash Symbol

Flash symbol，并给 Flash 命名为 flash_60. dra，如图 4.28 所示。

（2）设定单位、页面尺寸、格点等基本参数。工作区域的尺寸大小要能放下 Flash，栅格点要小一些方便进行手工操作，在 Design Parameters 对话框中设置单位、合适的格点及工作区域大小，如图 4.29 和图 4.30 所示。

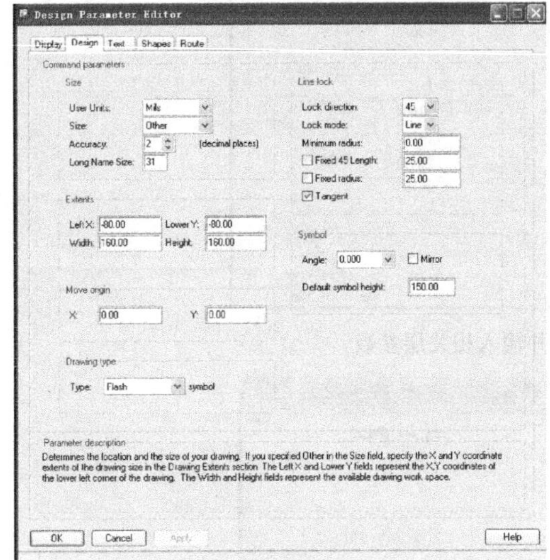

图 4.29　设定单位和页面尺寸

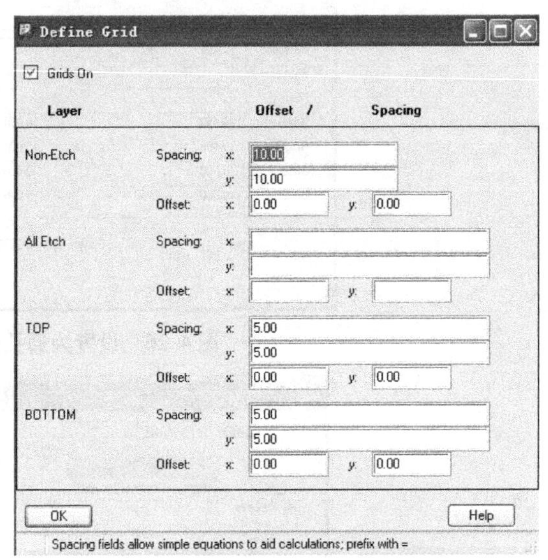

图 4.30　设置相关层格点参数

（3）选择 Add 菜单中的 Flash 命令来定义尺寸，添加 Flash 的图形。在 Inner diameter 栏中输入 60，Outer diameter 栏中输入 80，Spoke width 栏中输入 20，最好不要小于 PCB 的最小线宽。在 Number of spokes 选项中选择开口的数量，默认为 4 即可，在 Spoke angel 选项中输入开口的角度使用默认的 45°就可。其他选项为默认值，单击 OK 按钮后就会自动生成一个花焊盘形状。设置 Flash 焊盘的相关参数及自动生成设置好的 Flash 焊盘如图 4.31 和图 4.32 所示。

（5）至此一个圆形热风焊盘就制作完成了，如果要生成其他形状的焊盘，如椭圆形、方形等，就不能用 Add—Flash 命令来生成，需要用 Shape 菜单下面的画矩形、画圆等工具来画。自己先画一个草图，并将每个点的坐标计算出来，然后使用画矩形、画圆等工具并通过在命令状态栏里输入坐标来画。需要注意的是，由于热风焊盘是在负片中使用的，画出的形状看得到的地方（用线围起的区域）实际上做出 PCB 来后是被腐蚀掉的，黑色（底色）的才是真正有铜的地方。

（6）Flash Symbol 或其他 4 种 Symbol 要能够被系统识别，是要进行路径设置的，路径的设置在 Setup 菜单中选择 User Preferences—Paths－Library—psmpath 后进行。在 psmpath 中新增 Flash Symbol 保存的文件库路径之后保存如图 4.33 所示。关闭 Allegro PCB Editor 对话框，再次打开它之后即可找到刚才自己新定义的 Flash 文件。

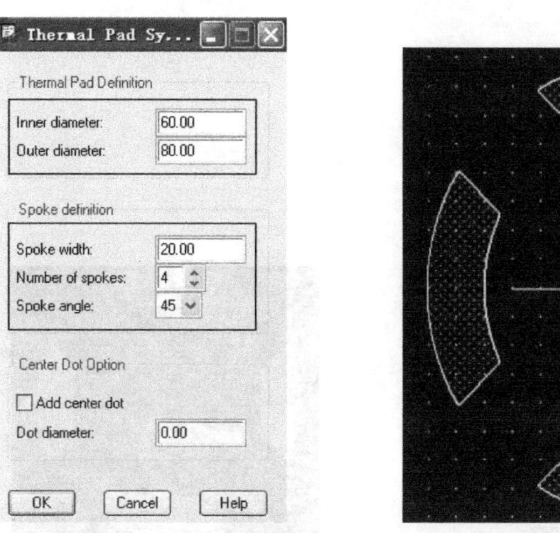

图 4.31　设置 Flash 焊盘的相关参数

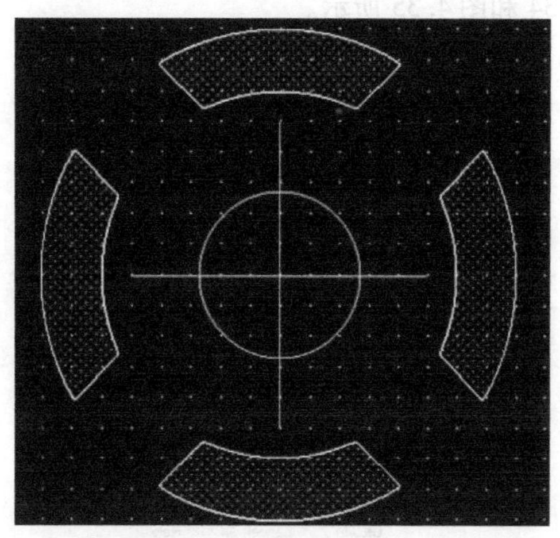
图 4.32　自动生成设置好的 Flash 焊盘

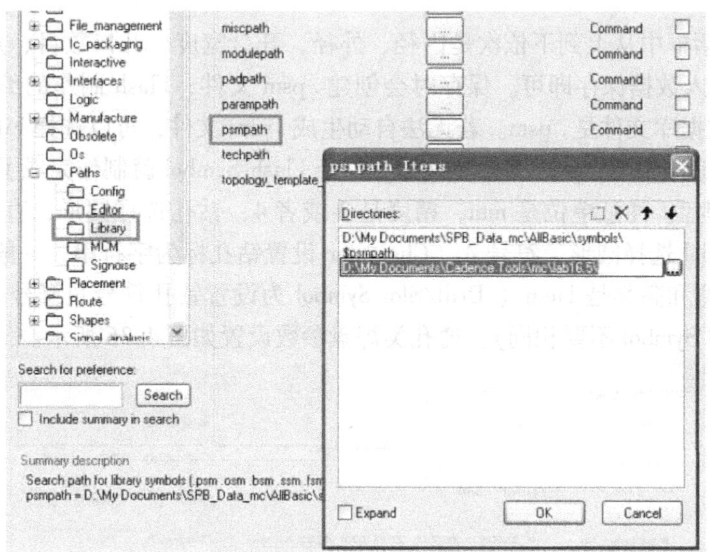

图 4.33　加载 Flash 焊盘库路径

4.13　通孔焊盘的制作（正负片）

这里以一个带通孔的圆形焊盘的制作为例，元件的引脚的物理直径为 0.7mm，钻孔直径（Drill Size）比元件的引脚直径大 10～12mil（0.25～0.3mm），选用 0.9mm，外径焊盘直径选用 1.8mm，正负片都考虑的情况来制作，具体方法如下。

（1）因要考虑负片，所以要先做 Flash Symbol，Flash Symbol 的内径可以设置成 1.4mm，外径可以设置成 1.8mm，开口可以设置成 0.5mm，角度选择 45°。打开 PCB Editor 窗口，选择 File—New 命令，类型选 Flash symbol，可以命名为 fk0r5c1r8d1r4m.dra。其中 f 表示 Flash，后面依次是开口、外径、内径的宽度、角度默认为 45°。因 Flash Symbol 外径是 1.8mm，图纸尺寸可以设为 4mm × 4mm。设置 Flash 焊盘参数及生成对应的 Flash 焊盘如

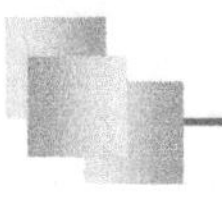

图 4.34 和图 4.35 所示。

Thermal Pad Definition
Inner diameter: 1.4000
Outer diameter: 1.8000
Spoke definition
Spoke width: 0.5000
Number of spokes: 4
Spoke angle: 45
Center Dot Option
Add center dot
Dot diameter: 0.0000
OK Cancel Help

图 4.34 设置 Flash 焊盘参数

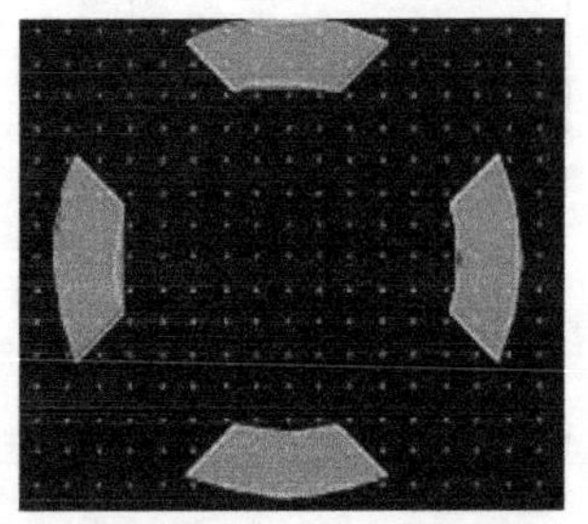

图 4.35 生成对应的 Flash 焊盘

在 Flash 对话框中从上到下依次是内径、外径、开口宽度、开口数目、角度、中心有无原点、直径。输入数据保存即可。保存时会创建 . psm 文件，Flash 制作的编辑文件是 . dra，Allegro 调用的数据库文件是 . psm。若无法自动生成 . psm 文件，可以选择 File—Creat Symbol 命令，之后软件就会创建 . psm 文件。这样，一个 Flash Symbol 就制作完成了。

（2）制作焊盘。注意单位是 mm，精度是 3 或者 4，钻孔选择圆形，直径为 0.9，孔壁带锡，Drill Symbol 选择圆形，符号 A（Character 设置钻孔标为字符串，一般用 a ~ z、A ~ Z 字符串设置），宽和高都是 1mm（ Drill/Slot Symbol 为设置钻孔符号及符号大小，不同孔径的孔所用的 Drill Symbol 不要相同）。通孔类焊盘参数设置如图 4.36 所示。

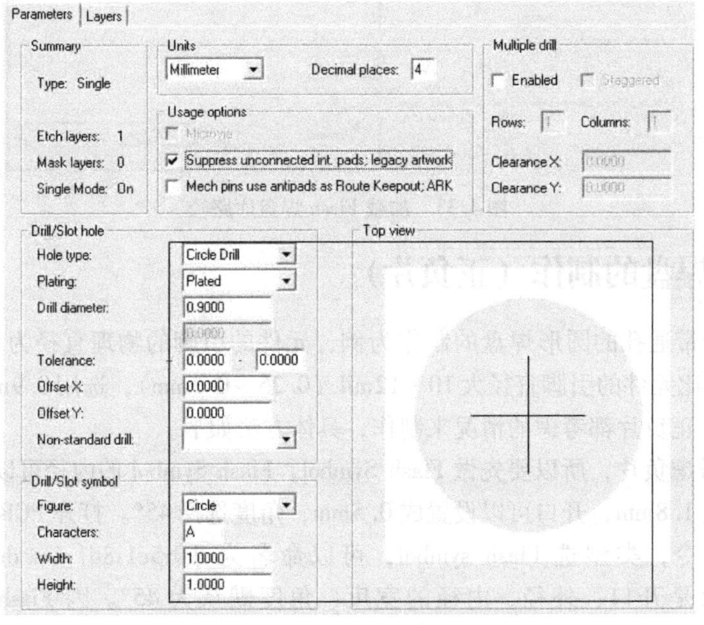

图 4.36 通孔类焊盘参数设置

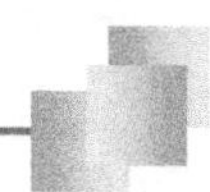

（3）设置 Layers 的数据。Regular Pad 为 1.8，SOLDERMASK 为 1.9，Anti Pad 为 2.0，BEGIN LAYER 和 END LAYER 的设置一样，PASTEMASK 可以用 BEGIN LAYER 的数据复制。内电层的 Thermal Relief 选择之前刚制作好的 Flash 焊盘（要先设置好 Flash Symbol 的路径）。通孔类焊盘相关层参数设置如图 4.37 所示。

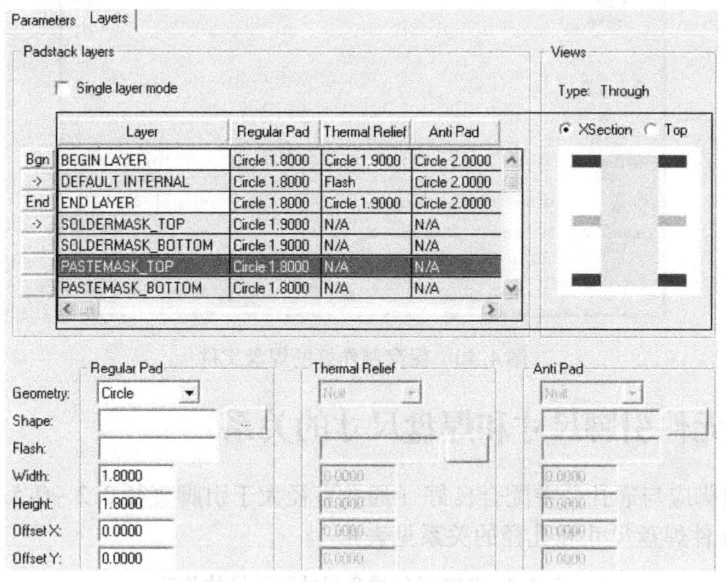

图 4.37　通孔类焊盘相关层参数设置

（4）全部设置完成后可以用 File—Check 命令来检查制作的焊盘是否有错误，如图 4.38 所示。当检查完成以后，若发现有错误，软件会报告错误的原因。若检查未发现错误，软件在左下角会显示没有错误的消息提示，如图 4.39 所示。

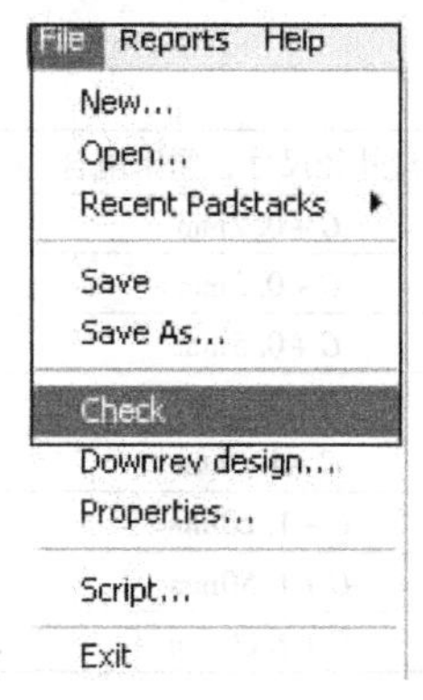

图 4.38　检查制作的焊盘

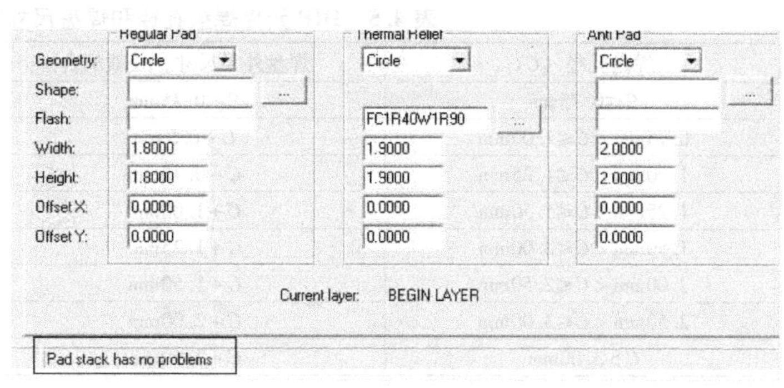

图 4.39　提示焊盘无错误

（5）选择 Save as 命令，在打开的对话框中，文件命名为 pdc1r8d0r9m. dra，浏览到需要保存的路径后保存文件，至此该焊盘制作完成，如图 4.40 所示。

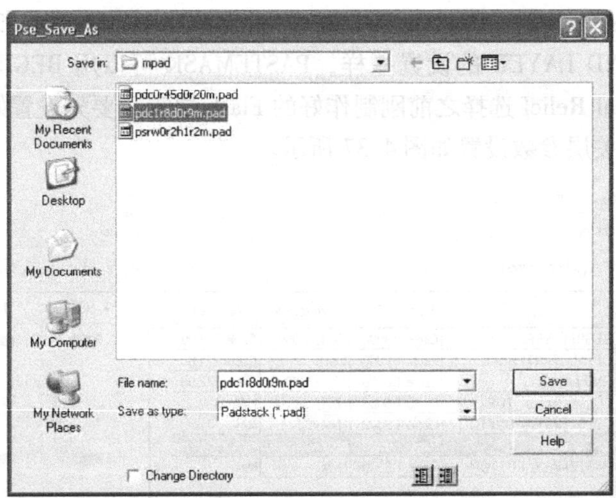

图 4.40　保存制作好的焊盘文件

4.14　DIP 元件引脚尺寸和焊盘尺寸的关系

DIP 元件引脚应与通孔公差配合良好（通孔直径大于引脚直径 0.2 ~ 0.5mm）。

（1）DIP 元件焊盘尺寸和孔径的关系见表 4.4。

表 4.4　DIP 元件焊盘尺寸和孔径的关系

元件引脚直径（D）	PCB 焊盘孔径，一般配合	PCB 焊盘孔径，紧密配合
$D \leq 1.00$mm	$D+0.3$mm	$D+0.2$mm
1.00mm $< D \leq 2.00$mm	$D+0.4$mm	$D+0.3$mm
$D > 2.00$mm	$D+0.5$mm	$D+0.4$mm

（2）DIP 元件焊盘孔径和焊盘尺寸的关系见表 4.5。

表 4.5　DIP 元件焊盘孔径和焊盘尺寸的关系

焊盘孔径（C）	焊盘外径尺寸，一般配合	焊盘外径尺寸，紧密配合
$C \leq 0.75$mm	$C+0.35$mm	$C+0.2$mm
0.75mm $< C \leq 1.00$mm	$C+0.5$mm	$C+0.3$mm
1.00mm $< C \leq 1.25$mm	$C+0.75$mm	$C+0.5$mm
1.25mm $< C \leq 1.50$mm	$C+1.00$mm	$C+0.8$mm
1.50mm $< C \leq 2.00$mm	$C+1.25$mm	$C+1.0$mm
2.00mm $< C \leq 2.50$mm	$C+1.50$mm	$C+1.20$mm
2.50mm $< C \leq 3.00$mm	$C+2.00$mm	$C+1.50$mm
$C > 3.00$mm	$C+2.50$mm	$C+2.00$mm

注意：

在进行焊盘设计时，应考虑元件引脚间距和焊盘尺寸的关系，假设阻焊焊盘的外径为 S，元件引脚间距为 J，则两者必须满足 $J > S$。上述通孔焊盘的尺寸是参考 IPC－7351 标准并结合实际项目中 PCB 封装的有关参数整合出来的。在设计过程中，若出现上述列表中没有列出的情况，请参考与其最近的参数进行设计。

4.15　SMD元件引脚尺寸和焊盘尺寸的关系

由于在进行PCB设计时，考虑布线的方便及技巧，因此在设计SMD封装元件焊盘时应考虑实际PCB焊盘的宽度和元件引脚间距的关系，表4.6所示为SMD元件引脚间距（P）和实际PCB焊盘宽度（A）的对照关系。

其中B表示PCB焊盘的长度，W表示元件引脚的实际宽度。

（1）SMD元件引脚间距与焊盘宽度尺寸对照表

表4.6　SMD元件引脚间距与焊盘宽度尺寸对照

元件引脚间距（P）	PCB焊盘宽度（A）	备　注
$P \leqslant 0.65$mm	$A = P/2 + 0.03$mm	经验数据
$P > 0.65$mm	$A = W + 0.2$mm	经验数据

（2）其焊盘的长度应满足如下要求。

焊盘的设计尺寸如图4.41所示。

SMD焊盘这样设计的目的是便于元件拖焊，当焊接存在一定误差时，焊盘比元件的引脚要长，整体往左或往右的偏移，也不至于会焊接不上。

如图4.41所示，其焊盘的设计尺寸应满足如下公式。

焊盘长度$B = T + b_1 + b_2$；

焊盘内侧间距$G = L - 2T - 2b_1$；

焊盘宽度$A = W + K$；

焊盘外侧间距$D = G + 2B$。

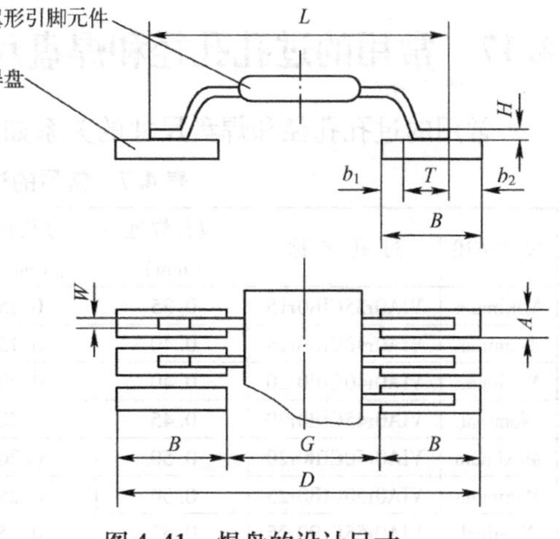

图4.41　焊盘的设计尺寸

式中：L为元件长度（或元件引脚外侧之间的距离）；W为元件宽度（或元件引脚宽度）；H为元件厚度（或元件引脚厚度）；b_1为焊端（或引脚）内侧（焊盘）延伸长度；b_2为焊端（或引脚）外侧（焊盘）延伸长度；K为焊盘宽度修正量。其中b_1取值一般小于b_2取值，在此统一规定$b_1 = 0.5$mm、$b_2 = 1.0$mm。

4.16　SMD分立元件引脚尺寸和焊盘尺寸的关系

对于常用的SMD分立元件，如电阻、电容等在设计焊盘时，焊盘的尺寸应满足的关系如图4.42所示。

备注：L是元件的宽度；S是元件引脚的间距；H_1是元件引脚镀锡面高度；H_2是元件高度；W_1是元件宽度；W_2是元件引脚镀锡面的宽度；X是焊盘的高度；Y是焊盘的宽度；G是焊盘的间距；C是焊盘的中心距；Z是焊盘总长度。

$Y = 0.5\text{mm}(L - S) + (2/3)H_1 + 0.2\text{mm}$；

$X = W_1$；

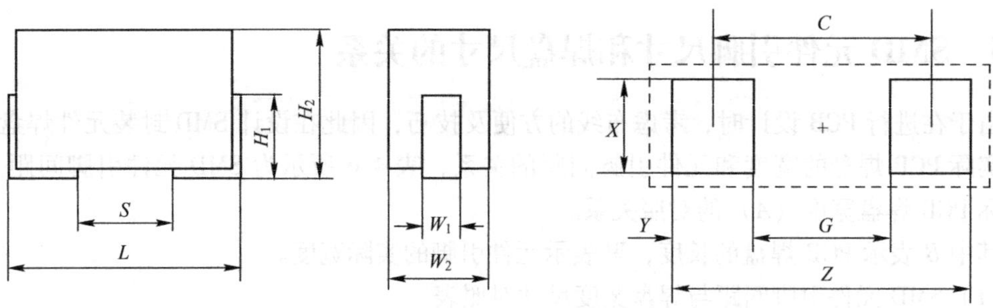

图 4.42　常用的 SMD 分立元件尺寸示意图

注意：

在进行焊盘设计时，应考虑元件引脚间距和焊盘尺寸的关系，假设阻焊焊盘的宽为 W，元件引脚间距为 J，则两者必须满足：$J>W$。

4.17　常用的过孔孔径和焊盘尺寸的关系

常用的过孔孔径和焊盘尺寸的关系如表 4.7 所示，该表格来源于 IPC－7351 标准。

表 4.7　常用的过孔孔径和焊盘尺寸的关系

尺寸描述	过 孔 名 称	过孔焊盘（mm）	过孔直径（mm）	尺寸描述	过 孔 名 称	过孔焊盘（mm）	过孔直径（mm）
Minimum	VIA0r35CIR0r15	0.35	0.15	Minimum	VIA0r55CIR0r30	0.55	0.30
Nominal	VIA0r40CIR0r15	0.40	0.15	Nominal	VIA0r60CIR0r30	0.60	0.30
Minimum	VIA0r40CIR0r20	0.40	0.20	Nominal	VIA0r65CIR0r30	0.65	0.30
Nominal	VIA0r45CIR0r20	0.45	0.20	Maximum	VIA0r70CIR0r30	0.70	0.30
Maximum	VIA0r50CIR0r20	0.50	0.20	Minimum	VIA0r60CIR0r35	0.60	0.35
Minimum	VIA0r50CIR0r25	0.50	0.25	Nominal	VIA0r65CIR0r30	0.65	0.30
Nominal	VIA0r55CIR0r25	0.55	0.25	Maximum	VIA0r70CIR0r30	0.70	0.30
Nominal	VIA0r60CIR0r25	0.60	0.25	Minimum	VIA0r60CIR0r35	0.60	0.35
Maximum	VIA0r65CIR0r25	0.65	0.25				

4.18　实例：安装孔或固定孔的制作

安装孔或固定孔的制作有两种方法：一种是直接在 Outline 上摆放图形；另一种是使用 Pad Designer 来进行创建。下面采用 Pad Designer 进行创建。

可以用 Pad Designer 来创建一个钻孔内壁不上锡 Pad 孔，一般情况下直径 2.0mm 的螺丝，安装孔的直径可以做成 2.1mm 或 2.2mm，孔内壁不上锡。直径 3.0mm 的螺丝，安装孔的直径可以做成 3.2mm 或 3.3mm，孔内壁不上锡，下面以 2.0mm 的安装孔为例进行讲解。

（1）打开 Pad Designer 窗口，如图 4.43 所示。设置单位为毫米，Plating 为 Non－Plated（不挂锡），Dill diameter 为 2.2，Figure 为 Circle（圆形），Characters 为 c，Width 为 1.0，Height 为 1.0。

（2）设置 layers 参数，如图 4.44 所示。Regular Pad、Thermal Relief、Anti Pad 焊盘上的参数都设置为 2.2mm，钻孔和焊盘的大小都一样。其他层的参数都不用设置，保持 Null。

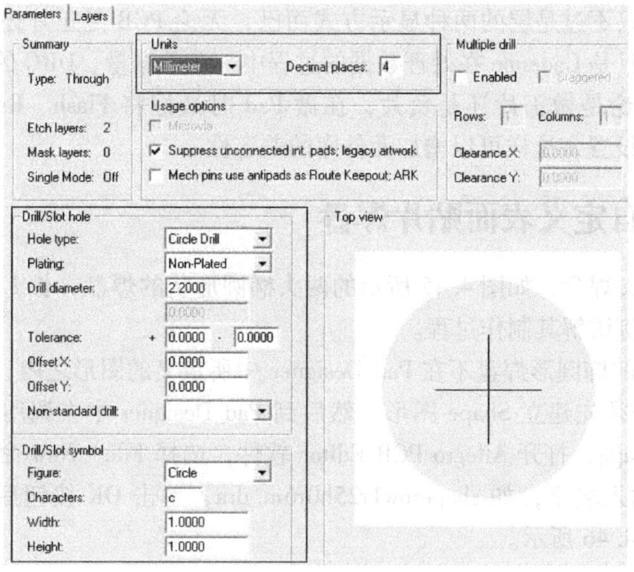

图 4.43　安装孔或固定孔的创建

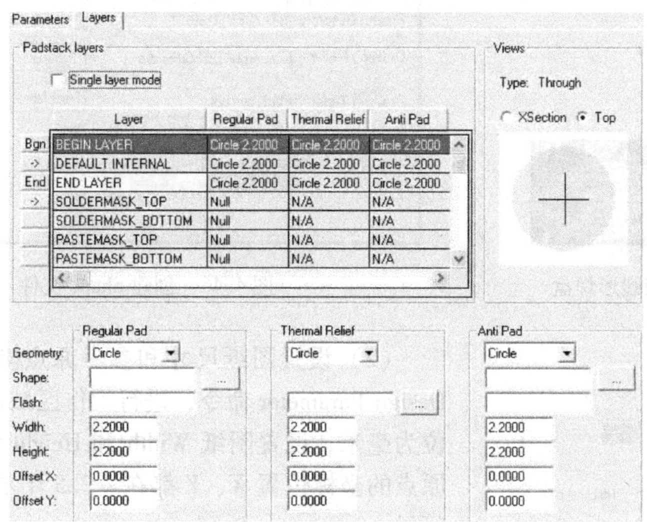

图 4.44　设置 layers 参数

（3）检查焊盘，运行 Check 之后会出现如下警告，意思是说 Regular Pad、Thermal Relief、Anti Pad 尺寸大小不能一样，因为制作的是无电气属性的固定孔，所以该警告可以忽略。忽略之后浏览到库文件目录，保存焊盘文件。

PADSTACK ERRORS and WARNINGS:
BEGIN LAYER: Anti pad size is equal or smaller than the regular pad size.
This may cause DRC
END LAYER: Anti pad size is equal or smaller than the regular pad size.
This may cause DRC
Drill hole size is equal or larger than smallest pad size.
Pad will be drilled away.

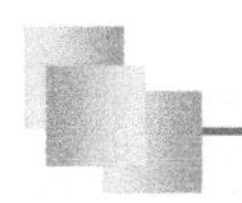

正片和负片，只不过是层的两种显示方式而已，无论 PCB 是正片还是负片，做出来的效果都是相似的。只是 Cadence 在处理数据的过程中，在数据量、DRC 的设置、叠层的设置上有差距而已。无论是做正片还是负片，在做 Pad 时最好将 Flash、Regular Pad、Thermal Relief、Anti pad 都设置，这样可以增加元件库的兼容性。

4.19　实例：自定义表面贴片焊盘

如何创建自定义焊盘，如图 4.45 所示的两头椭圆形状的焊盘，长 1.25mm，高 0.6mm。接下来以该焊盘为例讲解其制作过程。

（1）这种形式的椭圆形焊盘不在 Pad Designer 中所定义的图形之内，要借助 Shape Symbol 来创建。所以必须先建立 Shape 图形，然后到 Pad Designer 中去调用才能完成焊盘的制作。首先要创建 Shape，打开 Allegro PCB Editor 软件，选择 File—New 命令，在类型中选择 Shape symbol，并输入名字，如 shaperow1r25h0r6m.dra，单击 OK 按钮后进入 Shape Symbol 的编辑环境，如图 4.46 所示。

图 4.45　椭圆形焊盘

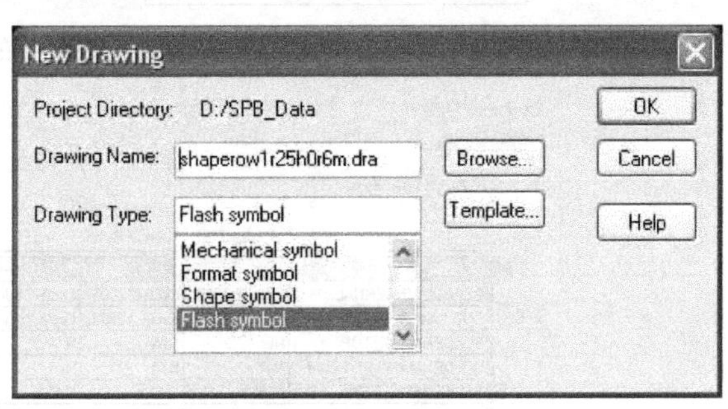

图 4.46　创建 Shape 文件

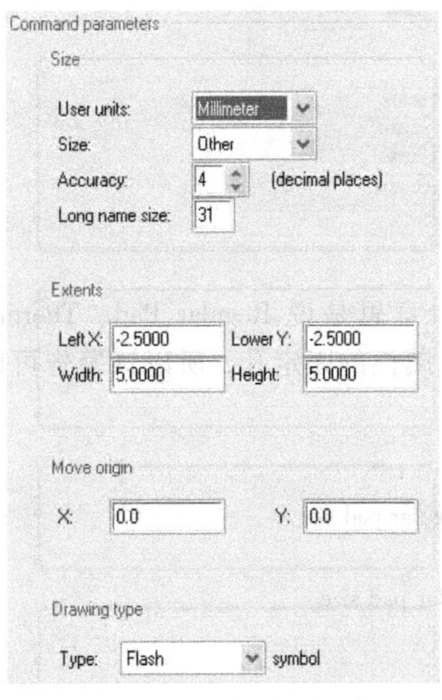

图 4.47　设置图纸尺寸和原点坐标

（2）设置图纸尺寸和参考原点坐标。选择 Setup—Design Parameter 命令，进行工作区域尺寸设置。设置单位为毫米，设置图纸 Width 和 Height 都为 5，设置参考原点的坐标位置 *X*、*Y* 都在 −2.5 中心位置，如图 4.47 所示。

（3）设置栅格。选择 Setup— Girds 命令，进行栅格点设置。Non_ Etch 和 All Etch 非电气栅格点和电气栅格点为 0.0254，栅格点设置较小以便在画线时自动捕获，如图 4.48 和图 4.49 所示。

（4）绘制矩形。选择 Shape—Rectangular 命令，在 Options 选项中，Class 选择为 Etch，Subclass 选择为 Top，如图 4.50 所示。在 Command 中输入起始点，如 x −0.625 0.3，然后再输入终点 x 0.625 −0.3 回车后，得到如图 4.51 所示的一个矩形。

（5）绘制圆弧。紧接着画两边的圆弧，选择

Shape—Circular 命令，在 Options 选项中，Class 选择为 Etch，Subclass 选择为 Top，保持在同一层。然后在 Command 中输入坐标 x －0.625 0，即该圆心点，然后再输入 x －0.625 0.3，该坐标到圆心点的距离，即圆的半经，如图 4.52 所示。左侧的圆弧已经绘制完成，如图 4.53 所示。但有红色 DRC 错误提示，可以先保留。

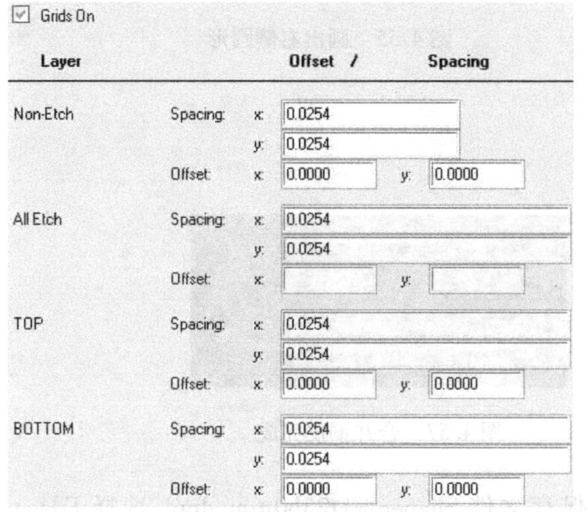

图 4.48　设置各层栅格

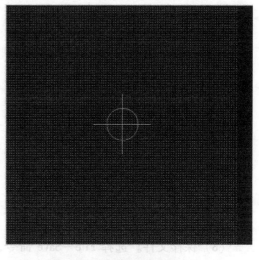

图 4.49　栅格设置成 0.0254mm

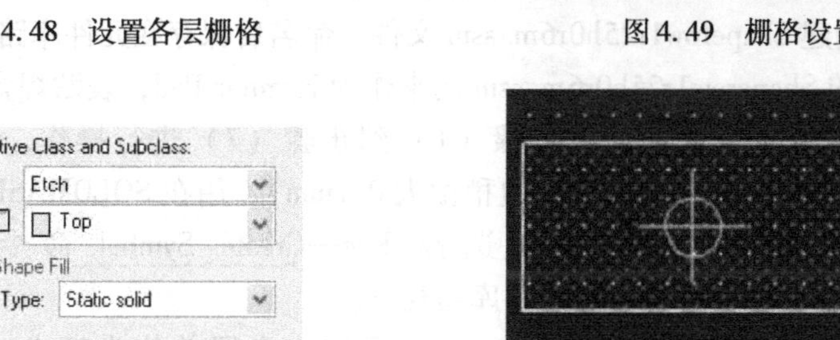

图 4.50　Options 选项的相关设置

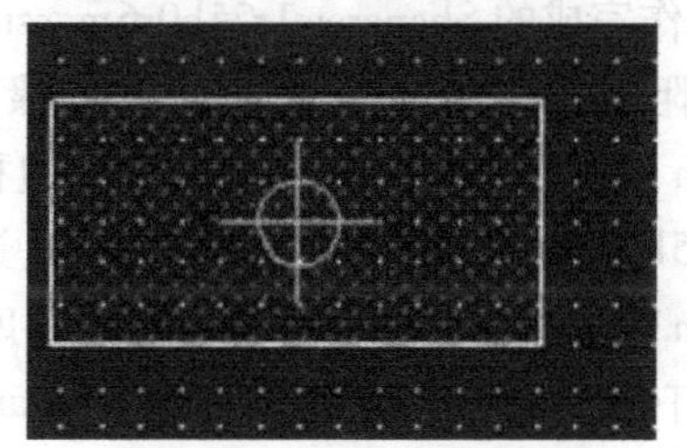

图 4.51　画出矩形图形

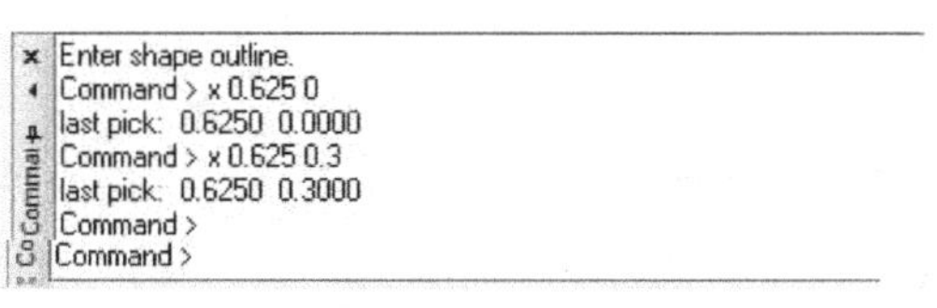

图 4.52　在命令栏中输入坐标

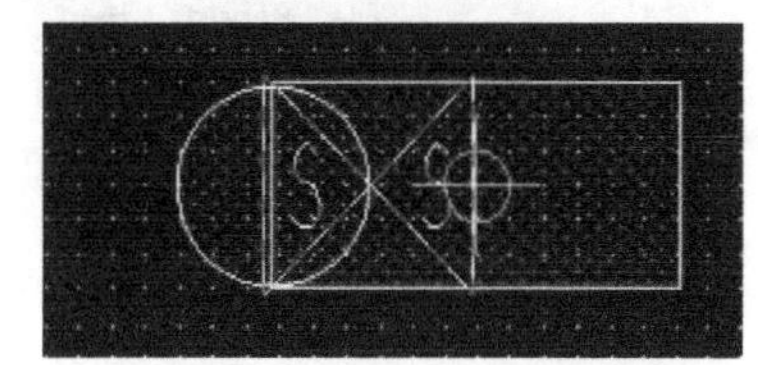

图 4.53　画出左侧圆形

（6）按照同样的方法画右边的圆弧，输入坐标，如图 4.54 所示。右侧的圆弧已经绘制完成，如图 4.55 所示。但有红色 DRC 错误提示，可以先保留。

（7）合并 Shape 图形。因 3 个 Shape 图形相互重合，所以 DRC 给出错误标记，若将 3 个 Shape 图形合并成整体后，错误将会消失。选择 Shape—Merge Shapes 命令来合并，如图 4.56 所示。分别在 3 个 Shape 图形上单击后图形就能合并为一个整体。Shape 图形合并后 DRC 的提示也会消失，合并的效果如图 4.57 所示。

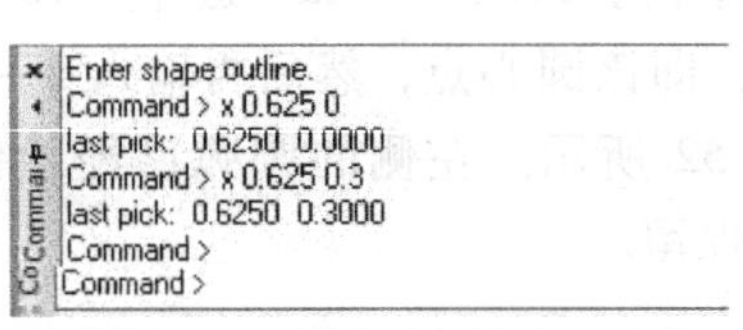

图 4.54　在命令栏中输入坐标

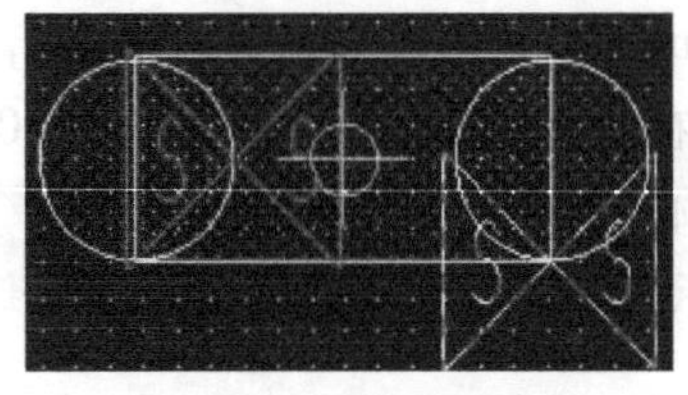

图 4.55　画出右侧圆形

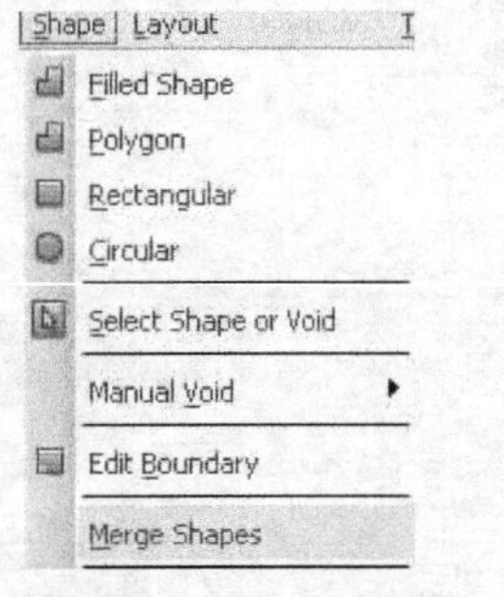

图 4.56　合并图形命令

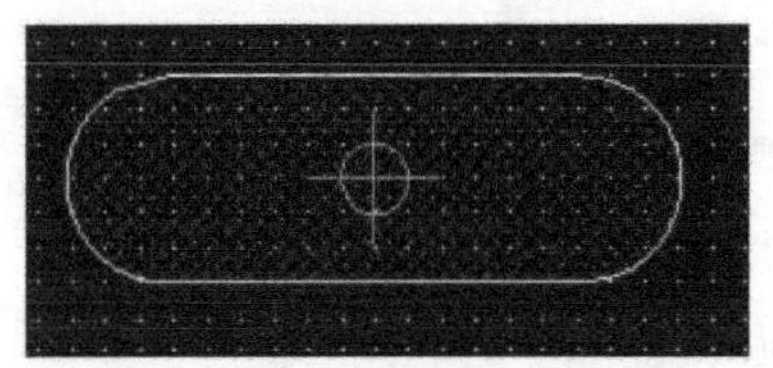

图 4.57　合并铜皮完成

（8）保存文件。选择 File—Save 命令，保存文件 Shaperow1r25h0r6m. dra。选择 File—Create Symbol 命令创建 Shaperow1r25h0r6m. ssm 文件，命名后保存在元件库路径下。

（9）制作完成的 Shaperow1r25h0r6m. ssm 用来作为 Regular Pad，表贴焊盘还需要 SOLDMASK_TOP 阻焊层，同样的道理重复步骤（1）到步骤（7）进行操作，来制作 Shaperow1r35h0r7m 这样一个稍微大些的焊盘（边稍微大 0.1mm），用在 SOLDMASK_TOP 阻焊层。Shaperow1r35h0r7m 制作好之后，同样选择 File—Create Symbol 命令创建 Shaperow1r35h0r7m. ssm 文件，命名后保存在元件库路径下。

（10）打开 Pad Designer 窗口，在 Parameters 标签中设置单位为毫米，精度为 4，如图 4.58 所示。

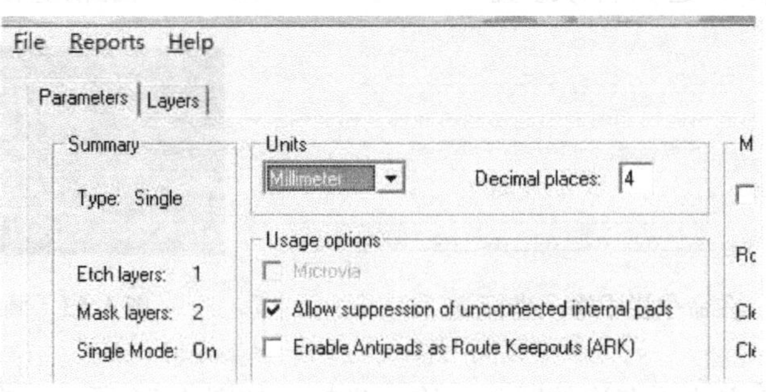

图 4.58　设置单位和精度

（11）在 Layers 标签中，勾选 Single layer mode（单面模式）。在 BEGIN LAYER 的 Regular Pad 中选择 Shape，通过浏览找到元件库路径下的 Shaperow1r25h0r6m 文件，Width 和 Height 自动读取。然后在 PASTEMASK_TOP 中选择 Shape，通过浏览找到元件库路径下的 Shaperow1r25h0r6m 文件，Width 和 Height 自动读取，设置完成后的界面如图 4.59 所示。

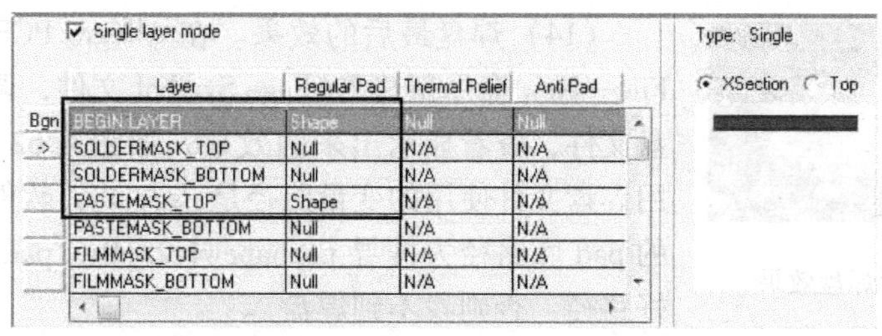

图 4.59　设置完成 BEGIN LAYER 和 PASTEMASK_TOP 后的界面

（12）在 SOLDERMASK_TOP 中，Regular Pad 选择 Shape，通过浏览找到元件库路径下 Shaperow1r35h0r7m 文件，Width 和 Height 自动读取，设置完成后的界面如图 4.60 所示。

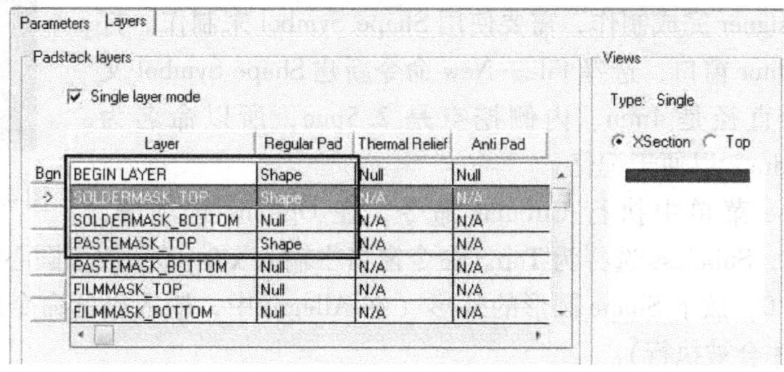

图 4.60　设置完成 SOLDERMASK_TOP 后的界面

（13）检查数据并保存焊盘。选择 File—Check 命令，对焊盘进行错误检查，在检查没有错误之后，选择自己的元件库路径保存制作好的焊盘文件，文件名为 psshapew1r25h0r6.pad，如图 4.61 所示。

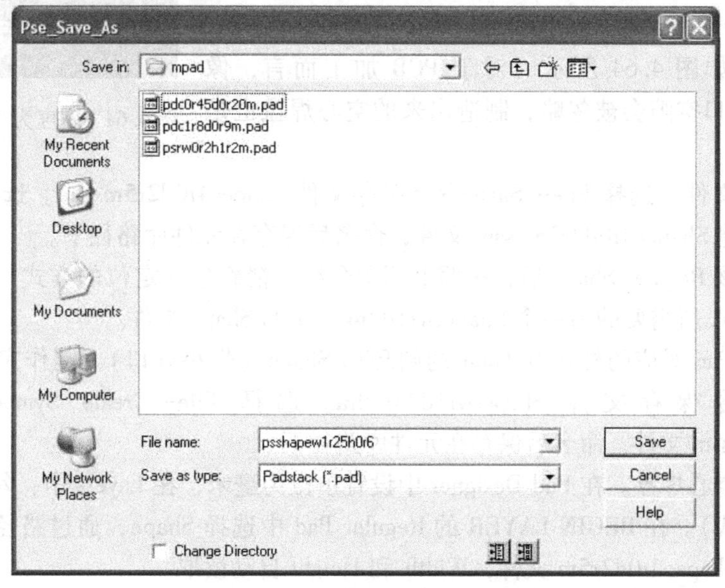

图 4.61　检查数据并保存焊盘

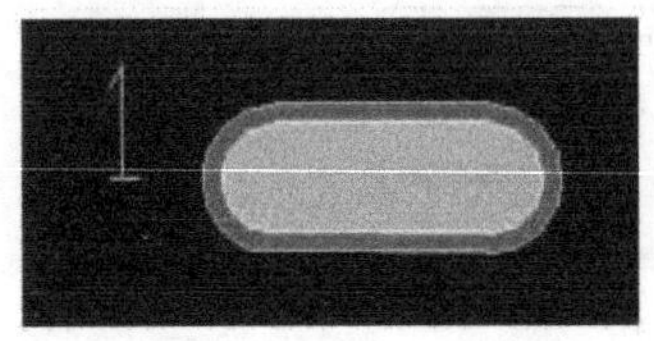

图 4.62　查看焊盘效果

（14）焊盘最后的效果。在 Allegro PCB Editor 中，选择 File—New 命令新建 Package Symbol 文件，调入刚才做好的焊盘文件，查看显示出来的效果，如图 4.62 所示（Allegro 调用焊盘文件使用的变量路径是 padpath，软件默认会在设置好的 pad 库路径去搜寻 psShapew1r25h0r6. pad 文件，要先设置好路径，否则找不到焊盘）。

4.20　实例：制作空心焊盘

以外径 4mm，内侧挖空 2.5mm 的空心焊盘（见图 4.63）为例进行讲解，具体步骤如下。

（1）这样的空心焊盘不是 Allegro 支持的标准焊盘形式，所以无法直接用 Pad Designer 完成制作，需要使用 Shape Symbol 来制作。打开 Allegro PCB Editor 窗口，选择 File—New 命令新建 Shape Symbol 文件，因焊盘外圆直径是 4mm、内侧挖空是 2.5mm，所以命名为 Shapec4r0d2r5m. dra，以便于记忆。

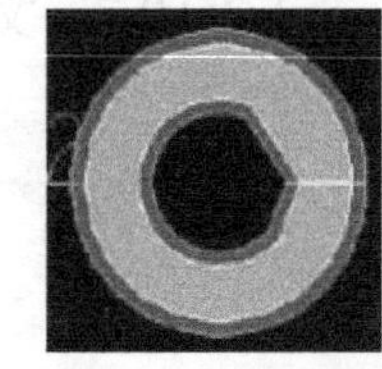

图 4.63　空心焊盘

（2）在 Shape 菜单中执行 Circular 命令，在 Options 选项中，Class 选择为 Etch，Subclass 选择为 Top。命令窗口中输入 x 0 y 0，放下圆心坐标，再输入圆半径坐标 x 2.0 y 0，放下 Shape 圆形的外形（在 Allegro 中，输入坐标命令之后都需要按回车键确认命令后才会被执行）。

（3）在 Shape 菜单中执行 Void circular 命令来挖空中间部分，选择 Void circular 命令后用鼠标在要挖空的 Shape 上单击选择，然后在命令行输入挖空的圆心坐标 x 0 y 0，之后输入挖空的圆半径 x 1.25 y 0。另外，圆心的半径也可以使用 ix 和 iy 增量的方式进行输入。

（4）给图形做小切口。Allegro 不能保存封闭的环形 Shape，必须开口方能正常保存 Shape，所以需要在 Shape 上做小切口，执行矩形挖空命令在环形 Shape 上切极小的开口，如开口宽度可以是 0.02mm，完成后的效果如图 4.64 所示（对于 PCB 加工而言，像 0.02mm 极小的口空隙会被忽略，制造出来的空心焊盘也是完整的圆形）。

图 4.64　宽度为 0.02mm 的开口

（5）保存文件。选择 File—Save 命令保存文件 Shapec4r0d2r5m. dra。选择 File—Create Symbol 命令创建 Shapec4r0d2r5m. ssm 文件，命名后保存在元件库路径下。

（6）完成该 Regular Shape 后，按照上面所介绍的精确坐标定位的方式，用同样的方法来制作 Soldermak 所需要的另一个 Shapec4r1d2r4. dra 的 Shape 文件。

Soldermak Pad 对应的外扩 0.1mm 的圆环形 Shape（带小开口）。制作完成以后，选择 File—Save 命令保存文件 Shapec4r1d2r4. dra。选择 File—Create Symbol 命令创建 Shapec4r1d2r4. ssm 文件，命名后保存在元件库路径下。

（7）创建空心焊盘。在 Pad Designer 中设置单位为毫米，在 Layers 中，勾选 Single layer mode（单面模式）。在 BEGIN LAYER 的 Regular Pad 中选择 Shape，通过路径浏览到自己的元件库下找到 Shapec4r0d2r5m 文件，Width 和 Height 自动读取。

然后在 PASTEMASK_TOP 中选择 Shape，通过路径浏览到自己的元件库下找到

Shapec4r0d2r5m 文件，Width 和 Height 自动读取。

在 SOLDERMASK_TOP 的 Regular Pad 中选择 Shape，通过路径浏览到自己的元件库下找到 Shapec4r1d2r4m 文件，Width 和 Height 自动读取。

设置完成后的界面如图 4.65 所示。

(8) 检查数据并保存焊盘。选择 File—Check 命令，对焊盘进行错误检查，在检查没有错误之后选择元件库路径来保存制作好的焊盘文件，文件名为 psc4r0c2r5m. pad，如图 4.66 所示。

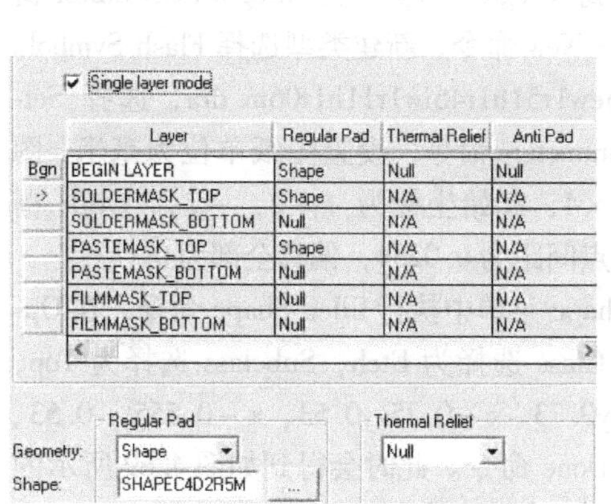

图 4.65　设置完成后的界面

图 4.66　检查数据并保存焊盘

(9) 环形不规则焊盘验证。打开 Allegro PCB Editor 窗口，选择 File—New 命令新建 Package Symbol 文件，调入刚才做好的焊盘文件，查看显示出来的效果如图 4.67 所示。

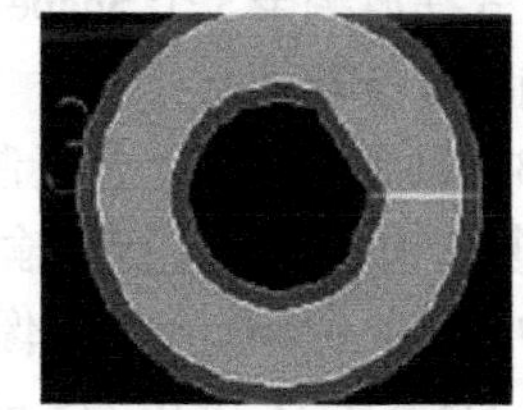

图 4.67　环形不规则焊盘效果图

综上所述，按照上述步骤，即可精确、完整、快速地完成不规则的空心焊盘，其他不规则焊盘都可以参考上述步骤进行设计。

4.21　实例：不规则带通孔焊盘的制作

下面以引脚为矩形的通孔焊盘的制作为例，讲解制作步骤。以 HLMP - 1700 的发光二极管封装，方形焊盘的元件为例，该元件制作考虑正片和负片情况，其封装信息如图 4.68 所示。

HLMP - 1700 引脚焊盘的制作分析：查看手册可以得到该元件的引脚物理尺寸为 0.51mm ×0.46mm，该元件的焊盘可以做成一个方形的内钻孔，尺寸为 0.71mm ×0.66mm（物理尺寸为 0.51mm ×0.46mm，孔要比元件的引脚大一些才能保证元件的引脚可以正常插入，该处选择钻孔尺寸比元件引脚大 0.2mm），所以 Flash 焊盘图形内侧为 1.11mm ×1.06mm（因为方形钻孔，所以 Flash 就不能用默认梅花瓣的形式连接，Flash 焊盘需要做成倒角的 Shape 图

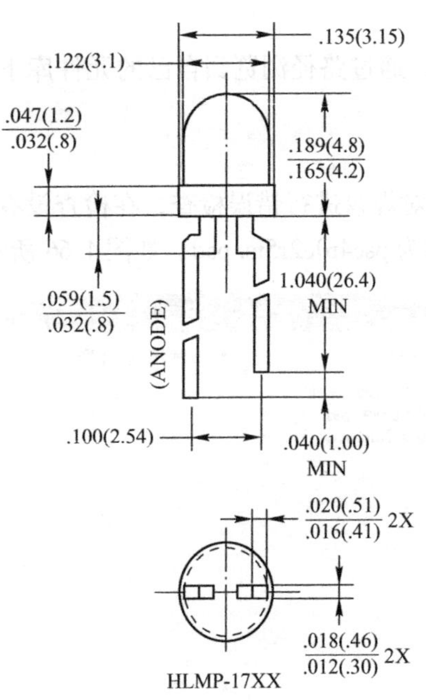

图 4.68　元件封装信息

形，Flash 焊盘内侧需要保持比钻孔大一些才能保证负片的连接，该处选择内侧比钻孔引脚大 0.4mm），Flash 焊盘图形外侧设置成 1.51mm ×1.46mm（Flash 外侧需要比内侧大一些才能保证有足够大的花瓣区域，该处选择外侧比内侧大 0.4mm）。开口一般选取内侧长或宽的 1/3～1/2，这里取 0.5mm。

（1）这种非圆形的负片 Flash，不能很方便地用 Add—Flash 命令（此命令只适合制作圆形负片），常用的方法是自己绘制 Shape 来完成（也可以通过 CAD 软件绘制好导入到 Allegro 中）。打开 Allegro PCB Editor 窗口，选择 File—New 命令，新建类型选择 Flash Symbol。命名为 fsk0r5ew1r51h1r46iw1r11h1r06m. dra，选择 Setup—Design Parameters 命令，设置图纸单位为毫米，图纸尺寸选择 4 ×4，起始坐标为（-2，-2），Grids 栅格点显示，格点间距为 0.0254，偏移全部为 0。

（2）在 Shape 菜单中执行 filled Shape 命令，在 Options 选项中，Class 选择为 Etch，Subclass 选择为 Top，在命令栏输入坐标命令：x -0.775 y 0.73、x -0.25 y0.73、x -0.25 y0.53、x -0.555 y 0.53、x -0.555 y 0.25、x -0.775 y 0.25，完成后右键选择 Done 命令。此时会得到如图 4.69 所示的 Flash 图形（在 Allegro 中，输入坐标命令之后都需要按回车键确认命令后才会被执行）。

因 Flash 图形是围绕参考原点的对称结构，坐标也是对称坐标，所以就可以利用复制旋转的方式摆放剩余 3 个 Shape 图形。当然通过对称的坐标也可以绘制出其他 3 个 Shape 图形，不过稍微复杂而已。

（3）使用 Copy 命令复制其他几个一样的 Shape。选择 Copy 命令，Find 中要只勾选 Shape 复选项，在命令行里输入 x -0.775 y 0.73 并按回车键后 Shape 就会选中挂鼠标上，右键选中 Mirror Geometry（镜像）及 Rotate（旋转）来放置其他 3 个 Shape，3 个 Shape 的坐标为 x 0.775 y 0.73、x 0.775 y -0.73、x -0.775 y -0.73，按照坐标放好 Shape 之后就是一个完整的 Fash 图形（注意系统调用 Flash 的不是 dra 文件，是 fsm 文件），如图 4.70 所示。

图 4.69　创建 Flash 图形

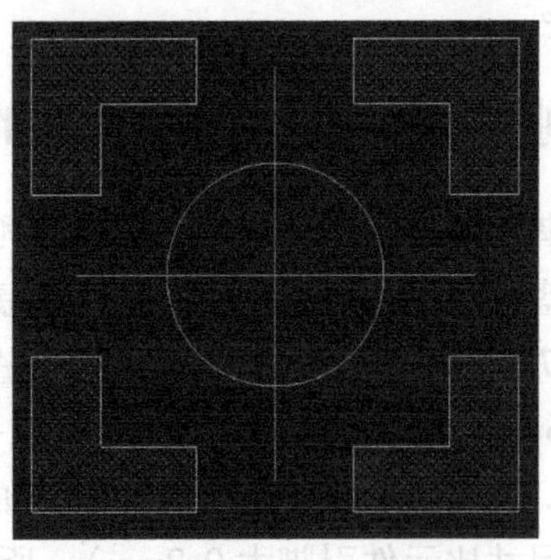

图 4.70　通过 Copy Shape 命令创建剩余 Shape 图形

小知识：

Copy Shape 命令激活后，Options 选项中，Class 选择为 Etch，Subclass 选择为 Top，用鼠标单击 Shape 图形后会被选择挂载在鼠标上，鼠标在 Shape 上单击的点会作为当前选取 Shape 图形的参考点。

若用命令输入，可以准确捕捉 Shape 的参考点，该例子中就是利用输入命令的方式来准确捕捉 Shape 参考点来完成复制的。

该 Flash 文件是通过 Shape 方形图形制作的，该方法可以用来制作各种异形 Flash，具体情况要根据元件的引脚和孔的直径及尺寸来计算。

（4）生成文件。选择 File—Create symbol 命令创建 fsk0r5ew1r51h1r46iw1r11h1r06m. fsm 文件，保存在元件库路径下。

（5）新建焊盘文件。新建一个焊盘文件，名称为 pdrew1r51hw0r71h0r66m. pad，打开 Pad Designer 软件工具，设置单位为毫米、钻孔为矩形（Rectangle）、孔内壁挂锡（Plated）、焊盘的尺寸为 0. 71mm ×0. 66mm，如图 4. 71 所示。

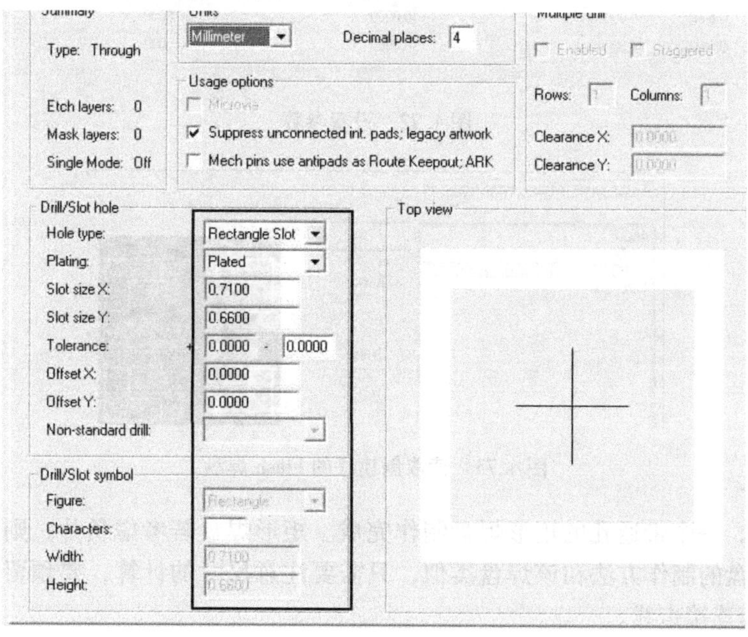

图 4. 71　设置焊盘孔径等相关参数

（6）在 Layers 标签中的设置，如图 4. 72 所示。

① 在 Regular Pad 中：BEGIN LAYER、GND LAYER 、DEFAULT INTERNAL 设置成 Rectangle Width 1. 51、Height 1. 46，SOLDERMASK_TOP、SOLDERMASK_BOTTOM 设置成 Rectangle Width 1. 61、Height 1. 56。

② 在 Thermal Relief 中：BEGIN LAYER、GND LAYER 设置成 Rectangle Width 1. 55、Height 1. 46，DEFAULT INTERNAL 设置成 Flash，通过浏览选择刚制作好的 fsk0r5ew1r51h1r46iw1r11h1r06m 文件，Width 和 Height 自动读取，如图 4. 73 所示。

③ 在 Anti pad 中：BEGIN LAYER、GND LAYER 、DEFAULT INTERNAL 设置成 Rectangle Width 1. 61、Height 1. 56。

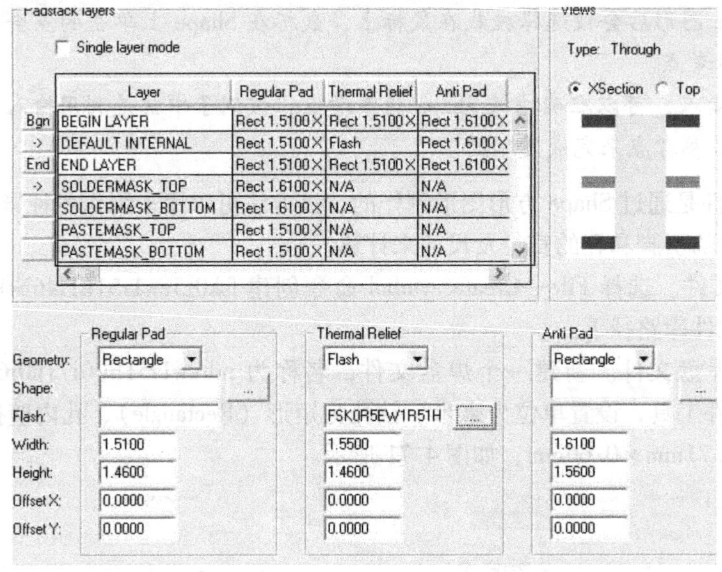

图 4. 72　设置参数

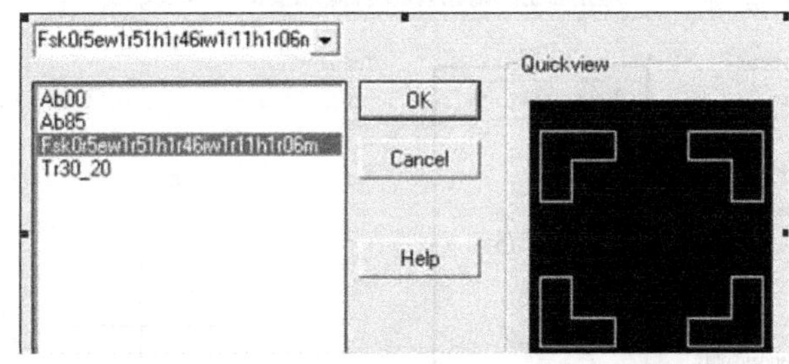

图 4. 73　读取创建好的 Flash 焊盘

（7）至此，一个带通孔的矩形焊盘制作完成。矩形焊盘若考虑负片，则要制作异形的 Flash，异形焊盘的制作方法和该焊盘类似，只需要注意尺寸的计算，要预留足够大的位置给 Flash 梅花瓣连接走线。

第5章　元件封装命名及封装制作

5.1　SMD 分立元件封装的命名方法

SMD 分立元件封装的命名方法如表 5.1 所示。

表 5.1　SMD 分立元件封装的命名方法

元件类型	简称	标准图示	命名方法及举例
SMD 电阻	R	R0603	命名方法：元件简称＋元件英制代码 命名举例：R0402、R0603、R0805
SMD 排阻	RA	RA0603X4	命名方法：元件简称＋元件英制代码＋X＋每个排阻中电阻数量 命名举例：RA0603X4、RA1206X4
SMD 电容	C	C0603	命名方法：元件简称＋元件英制代码 命名举例：C0603、C0805、C3216
钽电容	C	C32161	命名方法：元件简称＋元件英制代码＋T 命名举例：C3216T、C7343T 注释：常用钽电容封装分为 A、B、C、D、E、P 六种类型，分别对应 C3216T、C3528T、C6032T、C7343T、C7343HT、C2012T 六种类型
SMD 电感	L	L1206	命名方法：元件简称＋元件英制代码 命名举例：L1206、L0805
SMD 发光二极管	LED	LED0805	命名方法：元件简称＋元件英制代码 命名举例：LED0805
SMD 晶振	CRY		命名方法：元件简称＋引脚数－元件主体尺寸（长＋宽）－SMD（贴片） 注释：为了使元件的封装名和实际的元件命名方法相符合，晶振的主体尺寸为公制尺寸（特例） 命名举例： CRY4－7050－SMD CRY4－6035－SMD CRY4－5032－SMD CRY4－4025－SMD
其他分立元件			命名方法：元件封装代号 命名举例：SOT23、SOT268

5.2 SMD IC 芯片的命名方法

SMD IC 元件的命名方法如表 5.2 所示。

表 5.2 SMD IC 元件的命名方法

元件类型		标准图示	命名方法
SOIC	SO	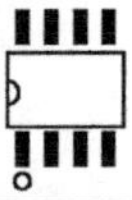	命名方法：SO + 引脚数 - 元件公制主体宽度
			命名举例：SO8 - 3R80
	SSO	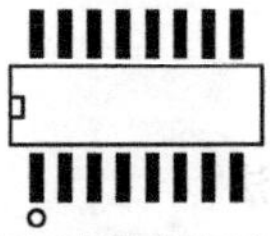	命名方法：SSO + 引脚数 - 公制引脚间距 - 元件公制主体宽度
			命名举例：SSO8 - 0r65 - 3e00
	SOP	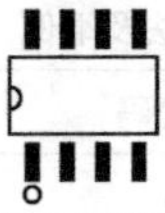	命名方法：IPC 元件代号 = SOP + 引脚数
			命名举例：SOP6
	SSOP	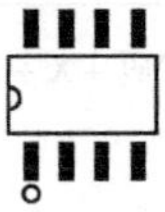	命名方法：SSOP + 引脚数 - 公制引脚间距 - 元件公制主体宽度
			命名举例：SSOP8 - 0r65 - 7r62
	TSOP	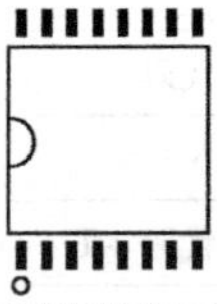	命名方法：TSOP + 引脚数 - 元件公制引脚间距 - 元件主体长度 × 宽度
			命名举例：TSOP16 - 0r65 - 6r00x14r00
	TSSOP		命名方法：TSSOP + 引脚数 - 公制引脚间距 - 元件公制主体宽度
			命名举例：TSSOP14 - 0r65 - 4r40
QFP IC	PQFP	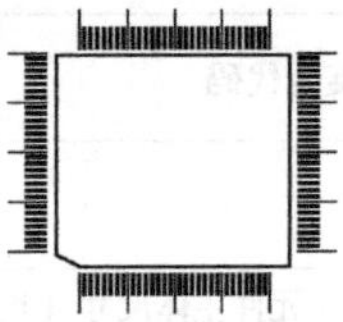 PQFP84	命名方法：PQFP + 引脚数
			命名举例：PQFP84、PQFP100、PQFP132、PQFP164、PQFP196、PQFP244
	SQFP（QFP）（方）	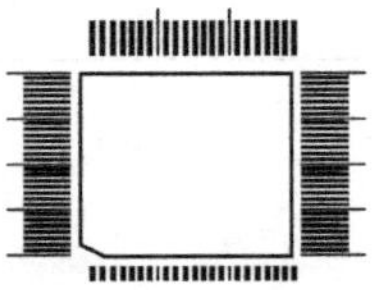	命名方法：IPC 元件代号 = SQFP（QFP）+ 引脚数 - 引脚间距 - 元件主体公制尺寸
			命名举例：SQFP24 - 0r50 - 5r00x5r00
	SQFP（矩）	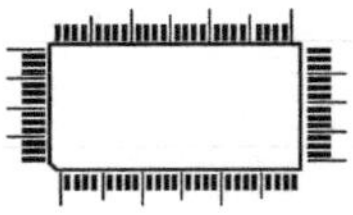	命名方法：IPC 元件代号 = SQFP + 引脚数 - 引脚间距 - 元件主体公制尺寸
			命名举例：SQFP32 - 0r50 - 5r00x7r00

续表

元件类型		标准图示	命名方法
QFP IC	CQFP		命名方法：IPC 元件代号 = CQFP + 引脚数 - 引脚间距
			命名举例：CQFP28 - 1r27、CQFP68 - 0r80、CQFP100 - 0r63
PLCC CC	PLCC（方）		命名方法：IPC 元件代号 = PLCC + 引脚数
			命名举例：PLCC20、PLCC28、PLCC44、PLCC52、PLCC68、PLCC84、PLCC100、PLCC124
	PLCCR（矩）		命名方法：IPC 元件代号 = PLCC + 引脚数
			命名举例：PLCCR28、PLCCR32
LCC IC	LCC		命名方法：IPC 元件代号 = LCC + 引脚号
			命名举例：LCC16、LCC20、LCC24、LCC28、LCC44、LCC52、LCC68
BGA	BGA	1 A	命名方法：IPC 元件代号 = BGA + 引脚数 - 引脚行数 × 引脚列数 - 引脚间距
	1.5 BGA		命名举例：BGA100 - 10x10 - 1r50
	1.27 BGA		命名举例：BGA456 - 22x22 - 1r27
	1.0 BGA		命名举例：BGA256 - 17x17 - 1r00
	0.8 BGA		命名举例：BGA84 - 6x15 - 0r80

注释：对于上述有关 SOP、SSO、SO 以及 TSOP 封装的分类解释如表 5.3 所示（主要体现在引脚间距）。该表信息来源于 IPC - SM - 782A 标准。

表 5.3　有关 SOP、SSO、SO 以及 TSOP 封装的分类解释

封装型号	标准来源	引脚间距
SO	JEDEC	1.27mm
SSO	JEDEC	0.63mm、0.8mm
SOP	EIAJ	1.27mm
TSOP	EIAJ	0.3mm、0.4mm、0.5mm

SOP 是 SO（SOIC）封装的别称，虽然很多书籍中将这两种封装统称为 SO 封装，且这两种封装的主体尺寸（元件引脚间距、焊盘大小、元件高度等）在相同引脚数的情况下基本是一样的，但元件的主体宽度还是有一定的差别，因此为了以后规范的管理封装库，在此将这两种封装单独列出。

5.3　插接元件的命名方法

（1）电解电容的命名方法。

带极性圆柱形电容（Polarized Capacitor，Cylindricals）的命名方法，如图 5.1 所示。

格式：C－S x D－H－P。

其中：C 为电容，方形表示正极；S x D 为两引脚间跨距 x 元件体直径；H 为孔径（直径）。

示例：C－7r50x18r00－0r50－P。

（2）插件二极管的命名方法如图 5.2 所示。

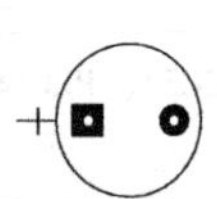

图 5.1　带极性圆柱形电容

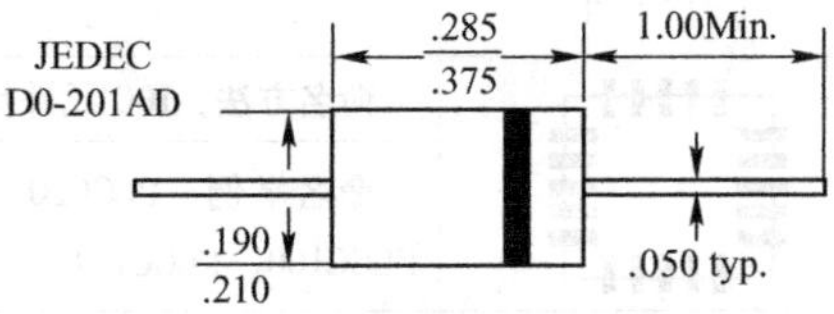

JEDEC
D0-201AD
.285
.375
1.00Min.
.190
.210
.050 typ.

图 5.2　插件二极管

轴向二极管的命名方法；

以该二极管的原有封装名为其命名；

示例：DO－201、DO－201AD、DO－41。

（3）发光二极管的命名方法如图 5.3 所示。

格式：LED－S x D－H。

其中：S x D 为引脚跨距 x 元件主体直径；H 为孔径。

示例：LED－2r50x5r00－0r80。

（4）TO 类元件（JEDEC Compatible Types）的命名方法如图 5.4 所示。

图 5.3　发光二极管

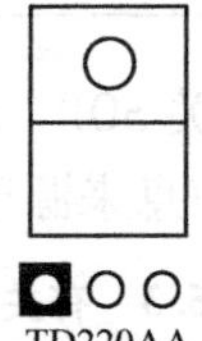

图 5.4　TO 类元件

格式：JEDEC 型号＋说明（－V）。

其中：说明是指后缀或旧型号；加“－V”表示立放。

示例：TO100、TO92－100－DGSTO220AA、TO220－V。

（5）晶振的命名方法如图 5.5 所示。

格式：CRY＋N－元件主体引脚间距－DIP。

其中：CRY 为晶振简称；N 为引脚数；元件主体引脚间距表示元件引脚间距的宽度 x 长度；DIP 表示插件。

示例：CRY2－4r88－DIP CRY4－7r62x15r24－DIP。

（6）插装 DIP 的命名方法如图 5.6 所示。

格式：DIP＋N－W x L。

其中：N 为引脚数；W x L 为主体宽度 x 长度。

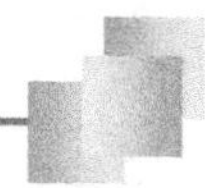

示例：DIP14 – 7r50x17r50。

（7）继电器（RELAY）的命名方法如图 5.7 所示。

图 5.5　常见晶振

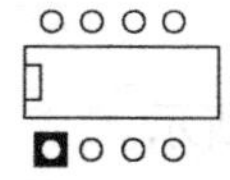

图 5.6　插装 DIP

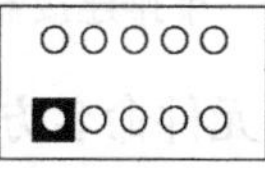

图 5.7　继电器

格式：RELAY + N – W x L – SMD/DIP。

其中：RELAY 表示继电器；N 为引脚数；W x L 为主体宽度 x 长度；SMD/DIP 为表面贴装/插件安装。

（8）PGA 的命名方法如图 5.8 所示。

格式：PGA – N。

其中：N 表示引脚数。

示例：PGA – 8、PGA – 13。

（9）D – SUB 连接器的命名方法如图 5.9 所示。

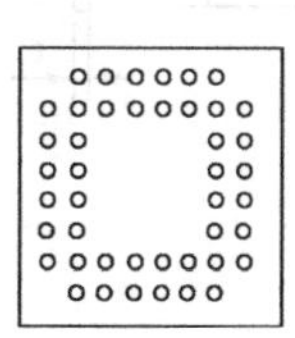

图 5.8　PGA

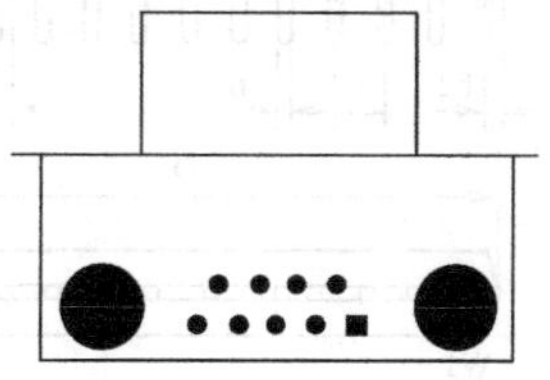

图 5.9　D – SUB 连接器

格式：DB + N – RP（或 RS、VP、VS）。

其中：DB 表示 D – Subminiature 连接器；N 为引脚数；RP、RS、VP、VS：RP = 弯式插头，RS = 弯式插座，VP = 直插插头，VS = 直插插座。

示例：DB15 – RP、DB15 – RS、DB15 – VP、DB9 – VS。

5.4　其他常用元件的命名方法

（1）单排或多排连接器的命名方法如图 5.10 所示。

格式：CON + N – A x B – J – SMD/DIP – F/M。

其中：CON 为连接器简称；

N 为引脚数；A x B 为列数 x 行数；J 为表示引脚间距；SMD/DIP：贴片/插件安装。

F 为母头（FEMALE）M 为公头（MALE）。

示例：CON9 – 1x9 – 2r54 – DIP – M、CON90 – 2x45 – 2r54 – DIP – F、CON80 – 2x40 – 0r80 – SMD – F、CON110 – 5x22 – 2r00 – DIP – F。

（2）电源模块的命名方法如图 5.11 所示。

格式：以该模块的名称为封装的名称。

示例：LED30、LDFQ_S、HDZ50Q。

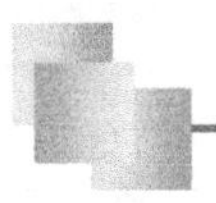

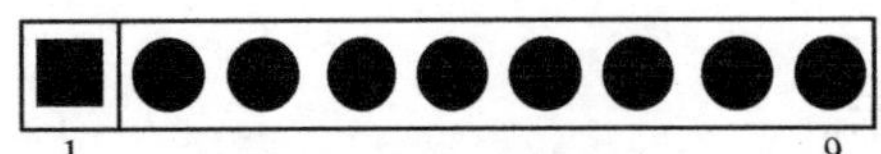

图 5.10　单排连接器

图 5.11　电源模块

（3）SIP 封装元件命名方法如图 5.12 所示。

格式：SIP + N - J - W x L。

其中：SIP：表示单排封装；N 表示引脚数；J 表示引脚间距；W x L 表示元件主体宽度 x 长度。

示例：SIP11 - 2r54 - 8r38x52r00。

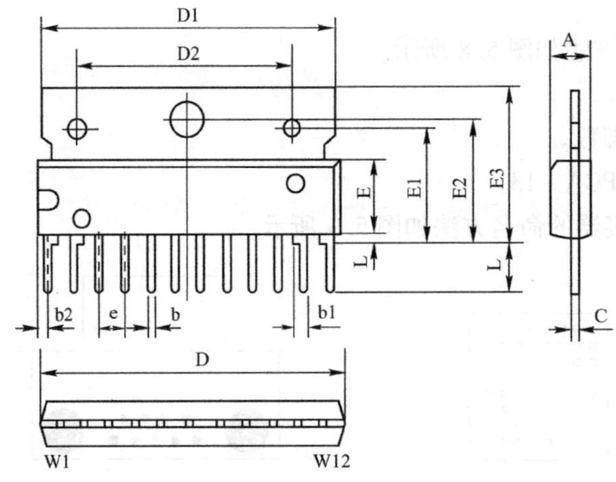

图 5.12　SIP 元件

（4）网口变压器的命名方法如图 5.13 所示。

格式：TR + 引脚数 - W x L - J。

其中：TR 表示网口变压器的简称；J 表示元件引脚间距；W x L 表示元件主体宽度 x 长度。

示例：TR40 - 8r13x15r24 - 1r27。

（5）电源连接器的命名方法如图 5.14 所示。

格式：以连接器的名字为命名方法。

其中：F 为母头（FEMALE）；M 为公头（MALE）。

示例：ATX 系列电源插座：ATX - 4PIN - F、TX - 20PIN - M。

图 5.13　网口变压器

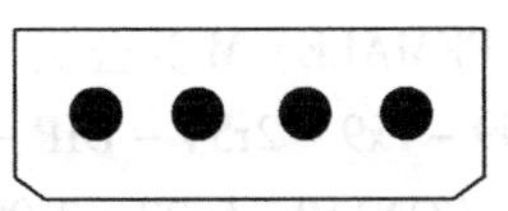

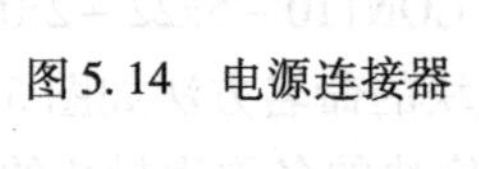

图 5.14　电源连接器

（6）光模块连接器的命名方法。

格式：OPTC + N - 元件主体尺寸 - S。

注释：加 S 的表示带屏蔽罩，不加 S 的表示没有屏蔽罩；OPTC 表示光连接器的简称；N 表示光连接器的引脚数。

示例：OPTC20 – 15r00x51r00 – S。

5.5　元件库文件说明

在 Allegro PCB Designer 中创建元件封装符号都有其对应的扩展名，具体如表 5.4 所示。

表 5.4　元件封装符号

种　类	注　释
Package Symbol（*.psm）	元件封装符号（如 Dip14、Soic14、R0603、C0805 等）
Mechanical Symbol（*.bsm）	电路板机械符号（如 Outline 装机螺孔等）
Format Symbol（*.osm）	就是关于电路板的 Logo、Assembly 等的注解
Shape Symbol（*.ssm）	是用来定义特殊的 pad
Flash Symbol（*.fsm）	热风焊盘符号

各种符号信息分别如图 5.15 至图 5.18 所示。

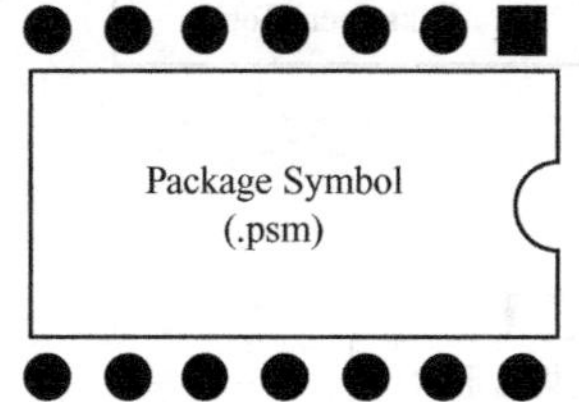

图 5.15　元件封装符号信息

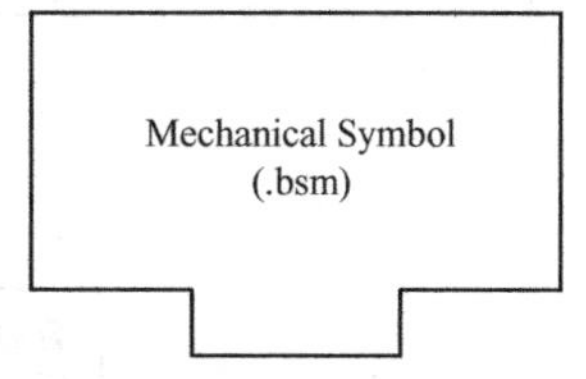

图 5.16　电路板机械符号信息

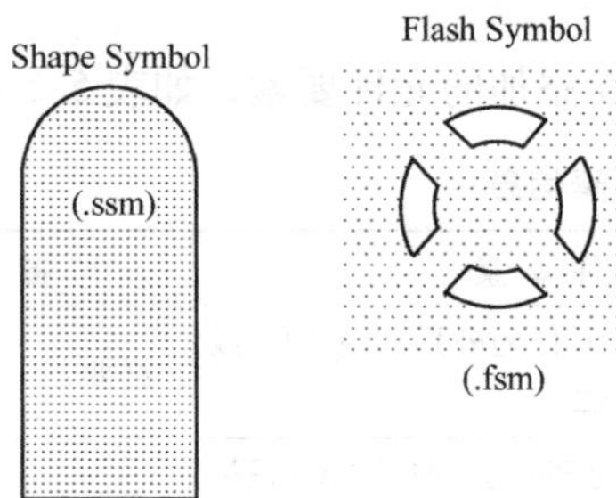

图 5.17　特殊的 Pad 信息

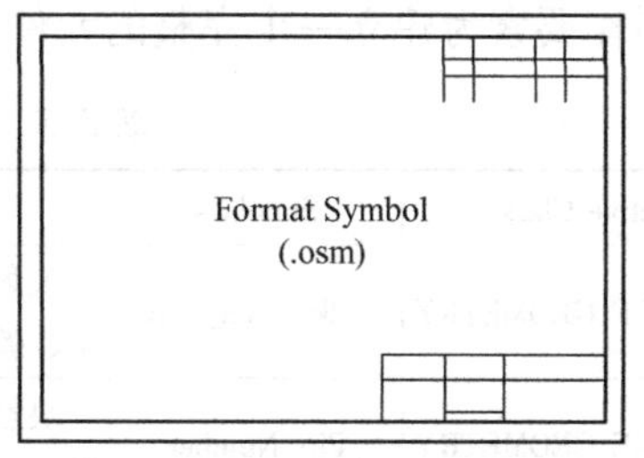

图 5.18　热风焊盘符号信息

元件封装常用信息设置如图 5.19 所示。

一个元件封装的制作过程如图 5.20 所示。首先根据芯片手册里的引脚 Pins 的尺寸来计算焊盘大小，制作封装所需要的所有焊盘库 Pad 文件，包括普通焊盘形状 Shape Symbol 和梅花瓣焊盘形状 Flash Symbol。新建 Package，根据芯片的封装 Pins 要求来选择合适的焊盘，接着在合适的位置摆放焊盘，再摆放封装各层的外形丝印（如 Assembly_Top、Silkscreen_Top、Place_Bound_Top、Package Boundary、DFA Boundary），添加各层的表示符 Labels，还可以设定元件的高度 Height，从而最终完成一个元件封装的制作。

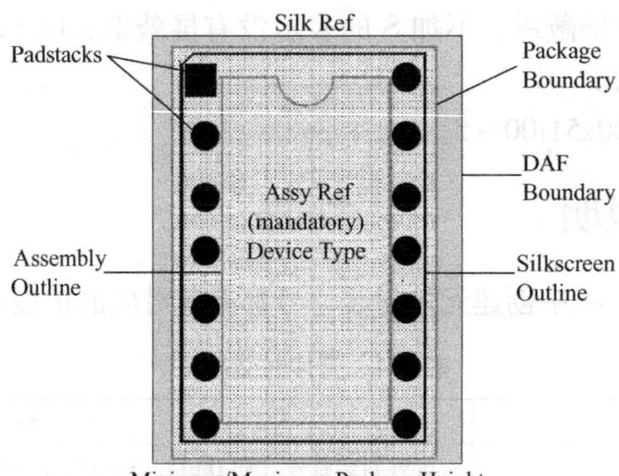

图 5.19　元件封装常用信息设置

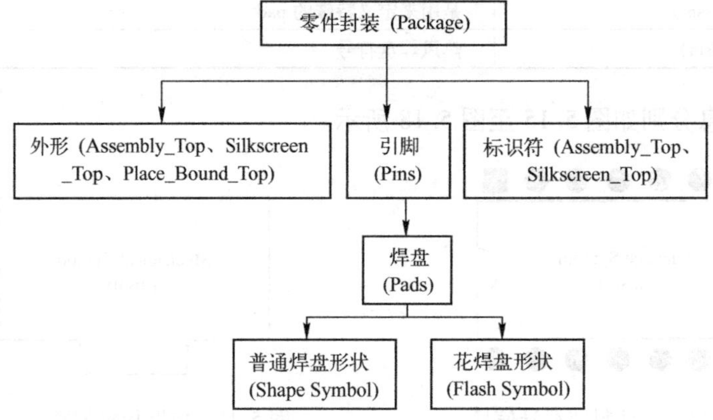

图 5.20　元件封装的制作过程

封装制作要素为建立一个完整的元件封装所需要添加的元件要素，如表 5.5 所示。

表 5.5　封装制作要素信息

序号	Active Class	Subclass	元 件 要 素	备　注
1	PACKAGE GEOMETRY	Silkscreen_Top	映射 PCB 文件中元件的外形和说 明：线条、弧、字、Shape 等。	必要
2	PACKAGE GEOMETRY	Pin_Number	映射原理图元件的 Pin 号。如果 PAD 没标号，表示原理图不关心这个 Pin 或机械孔	必要
3	PACKAGE GEOMETRY	Place_Bound_Top	元件占地区域和高度	必要
4	Ref Des	Silkscreen_Top	元件的位号	必要
5	Ref Des	Assembly_Top	元件装配层的位号	必要
6	Component Value	Silkscreen_Top	元件型号或元件标称值	必要
7	Component Value	Assembly_Top	元件装配层型号或元件标称值	必要
8	Route	Keepout	Top	禁止布线区视需要而定
9	Via	Keepout	Top	禁止放过孔区视需要而定
10	Etch	Top	Pin/Pad（表贴孔或通孔）	必要、有导电性
11	Etch	Bottom	Pad/Pin（通孔或盲孔）	视需要而定、有导电性

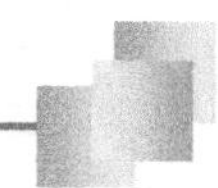

5.6　实例：0603 电阻封装制作

下面以 0603 贴片电阻为例讲述一个封装制作的步骤说明，各种标贴元件的封装制作类似，打开 IPC－7351 标准的库查询 0603（RESC1608X38M）电阻尺寸，经过查询得到的尺寸如图 5.21 所示。

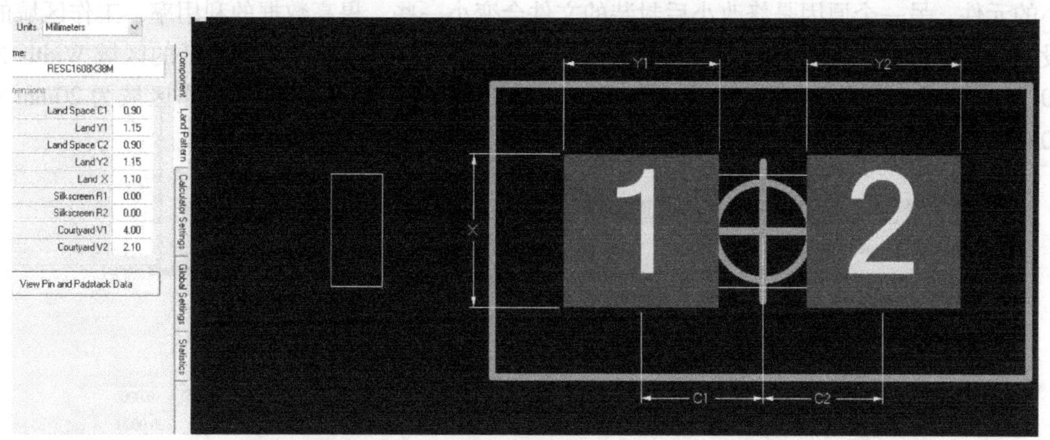

图 5.21　0603 贴片电阻封装信息

（1）通过上面的学习可知，制作封装之前先制作封装所需要的焊盘文件，通过手册数据可以发现需要制作 $w = 1.15\text{mm}$、$h = 1.10\text{mm}$ 矩形的表贴焊盘，因为 PIN1 和 PIN2 是对称结构，所以只需要做一个焊盘。打开 Pad Designer 焊盘制作工具，新建 psrew1r15h1r10. pad，设置单位为毫米，设置为 Single layer mode 模式，BEGIN LAYER 设置成 Rect 1.1500 × 1.1000，SOLDERMASK_TOP 设置成矩形 Rect 1.2500 × 1.2000，PASTERMASK_TOP 设置成矩形 Rect 1.1500 × 1.1000，如图 5.22 所示。新建好焊盘检查无错误后保存到 Pad 的库文件里，如图 5.23 所示。

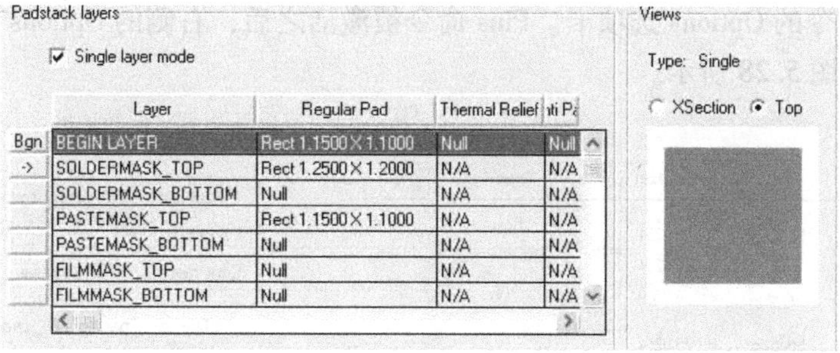

Padstack layers

☑ Single layer mode

	Layer	Regular Pad	Thermal Relief	nti Pa
Bgn	BEGIN LAYER	Rect 1.1500 X 1.1000	Null	Null
->	SOLDERMASK_TOP	Rect 1.2500 X 1.2000	N/A	N/A
	SOLDERMASK_BOTTOM	Null	N/A	N/A
	PASTEMASK_TOP	Rect 1.1500 X 1.1000	N/A	N/A
	PASTEMASK_BOTTOM	Null	N/A	N/A
	FILMMASK_TOP	Null	N/A	N/A
	FILMMASK_BOTTOM	Null	N/A	N/A

Views

Type: Single

○ XSection ◉ Top

图 5.22　设置 psrew1r15h1r10 焊盘 Layer 信息

Pad stack has no problems

图 5.23　新建好焊盘之后检查无错误

psrew1r15h1r10.pad　4 KB　PAD File　2015-1-13 9:08

图 5.24　生成的 Pad 文件

（2）打开 Allegro PCB Editor 对话框，新建 r0603. dra 文件，保存在库路径 Package 类型的文件夹中（新建的焊盘，设置的路径为 Setup—user preferences—paths—library—Padpath，增加刚才保存焊盘的路径，否则系统不能发现焊盘文件），如图 5. 25 所示。

（3）Allegro 默认的工作区域和栅格点都很大，而需要绘制的电阻很小，所以可以将默认区域和栅格点都修改小一些（工作区域很大，在大区域中找了很久不一定能够发现这么小的元件，另一个原因是修改小后封装的文件会变小一些，提高数据的利用率，工作区域的设置不是必需的，不影响绘制封装的正确性）。设置单位为毫米，设置图纸的区域 Width 为 20、Height 为 20，原点坐标放在 X－10，Y－10 的位置上，表示设置工作区域为 20mm × 20mm，坐标放在区域的正中间位置。

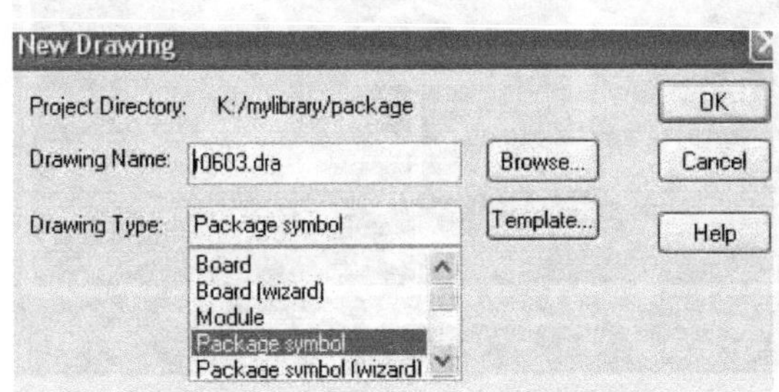

图 5. 25　新建 Package symbol 文件

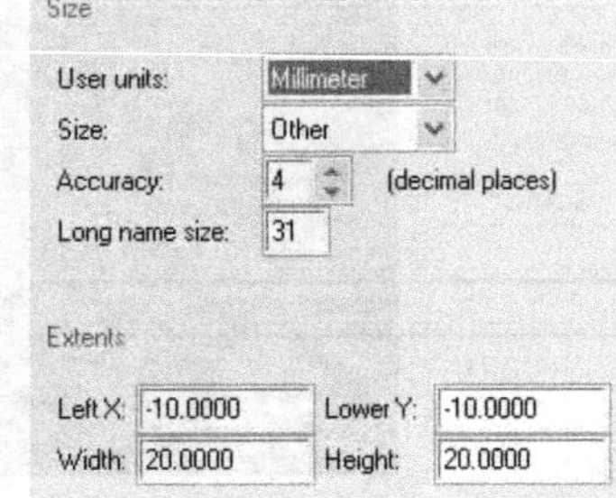

图 5. 26　设置单位精度和工作区域的大小

（4）打开 Setup Grids 对话框设置格点，Non－Etch 层，Spacing x 和 Spacing y 的文本框中输入 0. 0254，表示设置非电气层的栅格点之间的距离为 0. 0254mm；在 Offset x 和 Offset y 中输入 0，表示栅格不允许偏移。All Etch 层，Spacing x 和 Spacing y 的文本框中输入 0. 0254，表示设置电气层的栅格点之间的距离为 0. 0254mm；在 Offset x 和 Offset y 中输入 0，表示栅格不允许偏移。TOP 和 BOTTOM 层会自动设置为 All Etch 层的值，因该两个层都属于电气层。设置各层格点的参数如图 5. 27 所示。

（6）Pins 命令的 Options 选项卡。Pins 命令被激活之后，右侧的 Options 选项卡会列出命令对应选项，如图 5. 28 所示。

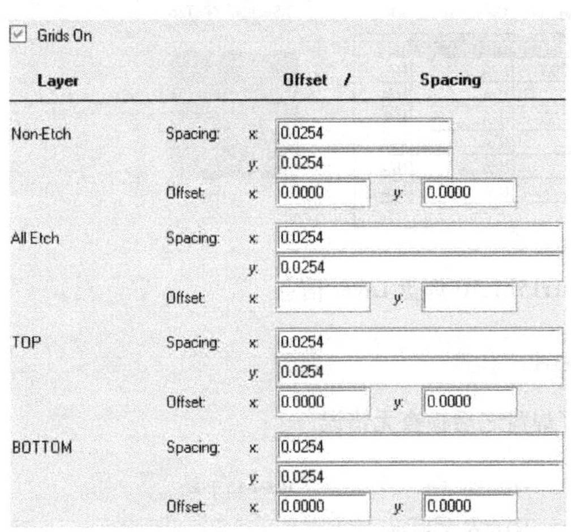

图 5. 27　设置各层格点的参数

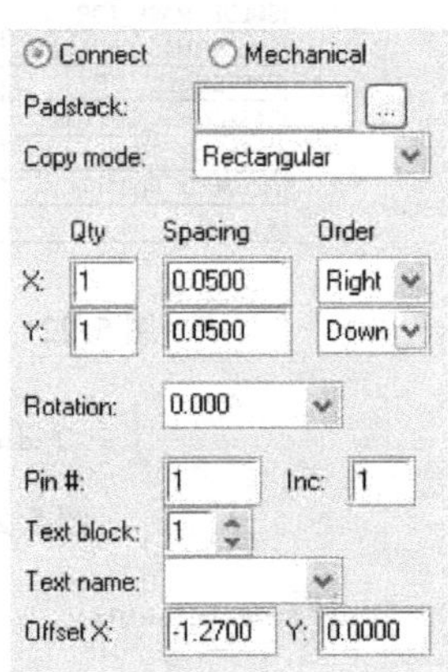

图 5. 28　Pins 命令的 Options 选项卡

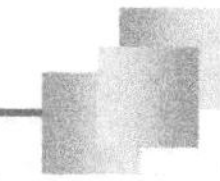

Options 选项卡中各功能的解释如下。

- Connect 单选按钮：为元件封装添加带引脚编号的电气引脚，如果添加的是有电气连接的引脚，就选择该项。
- Mechanical 单选按钮：增加机械元件的引脚，以这种方式添加的引脚没有电气属性编号，没有电气连接关系，一般定位孔或者机械类的孔无电气属性选择该项。
- Padstack 文本框：用来选择和引脚关联的焊盘的名称，放置引脚前必须为其指定焊盘的名称。单击右侧的浏览按钮可以打开焊盘的列表，从列表中可以选择焊盘。
- Copy mode 下拉列表框：定义引脚放置的方式，可以选择 X、Y 坐标方式和环形极坐标方式。
- Qty X 文本框：定义水平方向放置引脚的数量，输入的数量就是要放置的引脚数量。
- Qty Y 文本框：定义垂直方向放置引脚的数量，输入的数量就是要放置的引脚数量。
- Spacing 文本框：用来定义水平方向和垂直方向引脚之间的距离。
- Order 下拉列表框：用来定义引脚的排列方向，与引脚编号的递增顺序有关系。
- Left 或 Right 选项及 Up 或 Down 选项。水平方向若选 Right 选项表示最先摆放左侧的引脚，依次向右侧放置，引脚编号依次由左侧往右侧增加。水平方向若选 Left 选项表示最先摆放右侧的引脚，依次向左侧放置，引脚编号依次由右侧往左侧增加。垂直方可以选择 Up 和 Down 选项，若选 Up 选项表示最先摆放下面的引脚，依次向上侧放置，引脚编号依次由下侧往上侧增加。若选 Down 选项表示最先摆放上面的引脚，依次向下侧放置，引脚编号依次由上侧往下侧增加。
- Rotation 下拉列表框：用来定义引脚旋转的角度，引脚在摆放之前可以先旋转，可以选择的角度有 0、45、90、135、180、225、270、315 等。如果需要旋转的角度不在可以选择的列表中，可以在 Console 窗格中用命令行指定。
- Pin # 文本框：定义要增加的引脚编号，如果一次增加多个引脚，就表示本次命令要增加的第一个引脚的编号。
- Inc 文本框：用来定义要添加引脚的自增量。
- Text block 文本框：用来定义引脚编号的字体大小和间距等。
- Offset X 和 Offset Y 文本框：用来定义引脚编号偏移引脚焊盘中心的距离，X 表示水平方向的偏移距离，Y 表示垂直方向偏移距离。

（7）选择引脚。选择 Layout—Pins 命令，在 Options 选项卡中选择 Connect 单选按钮，在 PadStack 文本框后面的浏览框中单击浏览，寻找焊盘文件 psrew1r15h1r10，找到并双击后它会挂在鼠标上。在 Copy mode 下拉列表框中选择 Rectangular 选项，表示将以 X、Y 坐标方式排列。在 Qty X 文本框中输入 2，表示要放 2 个引脚。在 Spacing 文本框中输入 1.8，表示两个引脚之间的距离为 1.8mm。在 Order 下拉列表框中选择 Right 选项，表示先放左侧的引脚，后放右侧的引脚。在 Qty Y 文本框中输入 1，表示垂直方向只放一行。在 Pin #和 Inc 文本框中均输入 1，在 Offset X 和 Offset Y 文本框中输入 0，表示引脚编号相对于焊盘中心不偏移，设置完成后的 Options 选项卡如图 5.29 所示。

（8）摆放引脚。在命令窗口上，输入命令 x -9　y 0 后并按回车键，放下两个引脚的焊盘，如图 5.30 所示（注意放层焊盘要放到 Ecth—Top 层）。

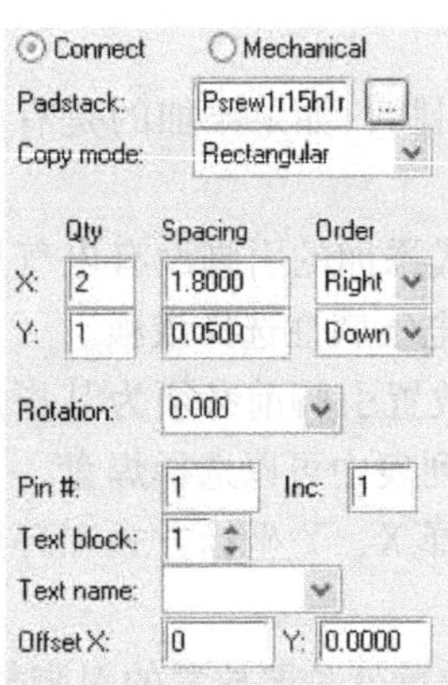

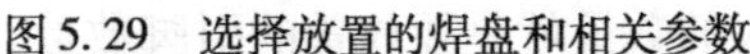

图 5.29　选择放置的焊盘和相关参数

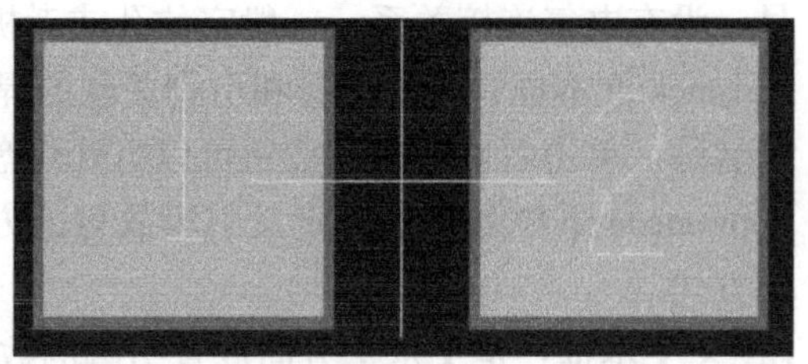

图 5.30　放下元件的焊盘

（9）也可一次摆放一个引脚。若在 Copy mode 下拉列表框中选择 Rectangular 选项，表示将以 X、Y 坐标方式排列。在 Qty X 文本框中输入 1，在 Qty Y 文本框中输入 1，表示水平方向和垂直方向均摆放一个引脚。在 Pin #和 Inc 文本框中均输入 1，在 Offset X 和 Offset Y 文本框中输入 0，表示引脚编号相对于焊盘中心不偏移。在命令窗口，命令行输入 x -0.9 y 0 后并按回车键后放下第一个焊盘，再次输入 x 0.9　y 0 后并按回车键后放下第二个焊盘（注意放层焊盘要放到 Ecth—Top 层）。

（10）Pin Number 编号偏移的问题。Options 选项卡中默认情况下 Offset X 的值是 -1.27，Offset Y 文本框中默认值是 0，默认情况下水平方向 Pin Number 编号与焊盘的中心存在偏移。假设忘记修改 Offset 的偏移值为 0 后，焊盘已经放下，Pin Number 编号就会远离焊盘，如图 5.31 所示。

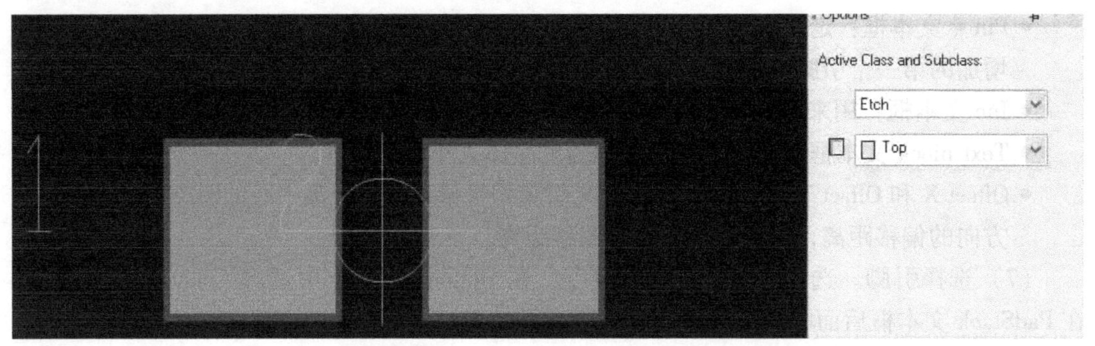

图 5.31　注意 Pin Number 编号的设置

（11）Pin Number 编号偏移的修改。图 5.31 中的数字 1 和 2 距离焊盘很远，1 和 2 就是焊盘的编号（Pin Number）距离很远、很不整齐，可以选择 Edit—Move 命令，Find 选项卡中只勾选 Text 复选项，用鼠标单击数字编号移动 Pin Number，如图 5.32 所示。将数字移动到焊盘上后，这样看起来就很整齐（鼠标单击数字后，移动到焊盘合适位置后再次单击可以放下数字到合适位置），如图 5.33 所示。

（12）增加元件的安装外框（Assembly_Top）选择 Add—Line 命令，然后到右侧的 Op-

tions 选项卡内选择 Class 为 Package Geometry，选择 Subclass 为 Assembly_ Top 层（安装外框就是元件本体大小的尺寸），命令选择如图 5. 34 和图 5. 35 所示。

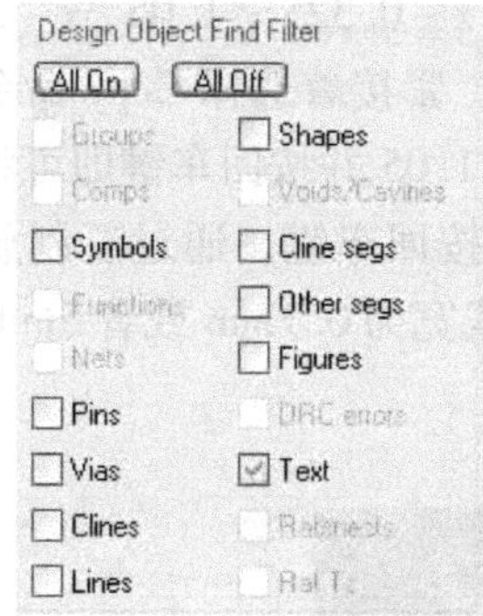

图 5. 32　Find 选项卡只勾选 Text

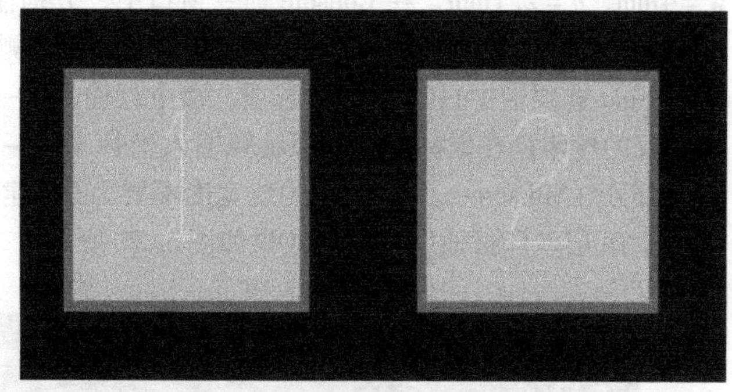

图 5. 33　Pin Number 编号偏移修改

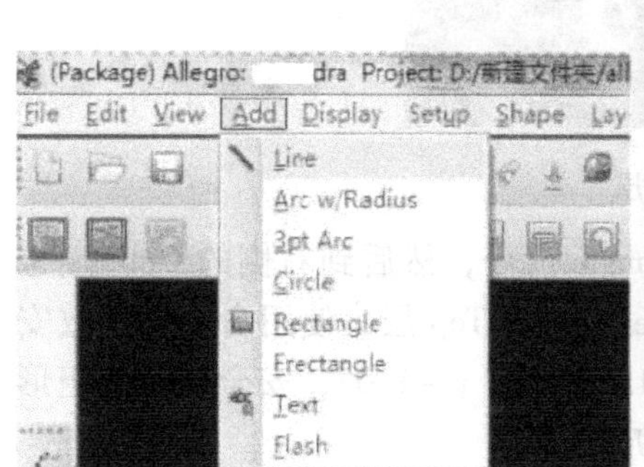

图 5. 34　选择 Add—Line 命令

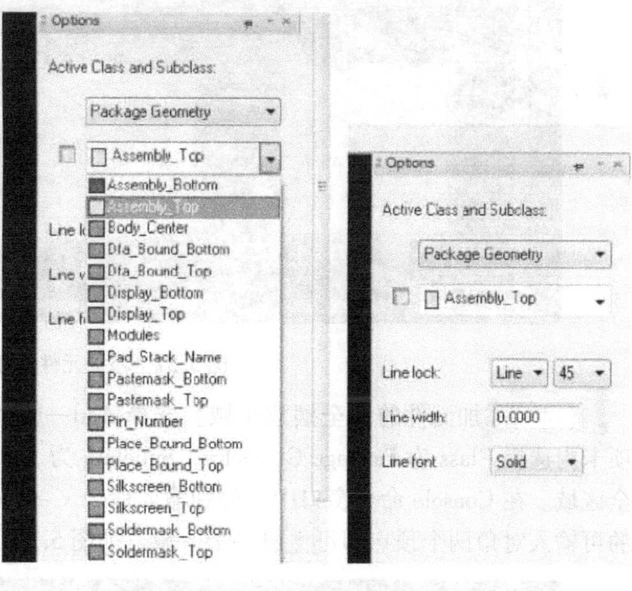

图 5. 35　Subclass 选择为 Assembly_Top 层

0603 电阻外形尺寸 $w = 1.6\text{mm}$、$h = 0.8\text{mm}$，使用命令摆放坐标在 Assembly_Top 层。在命令窗口中，分别输入命令 x -0. 8 y 0. 4，x 0. 8 y 0. 4 ，x 0. 8 y -0. 4，x -0. 8 y -0. 4，x -0. 8 y 0. 4，即可完成 Assembly_Top 安装外框的放置，摆放完成后如图 5. 36 所示。

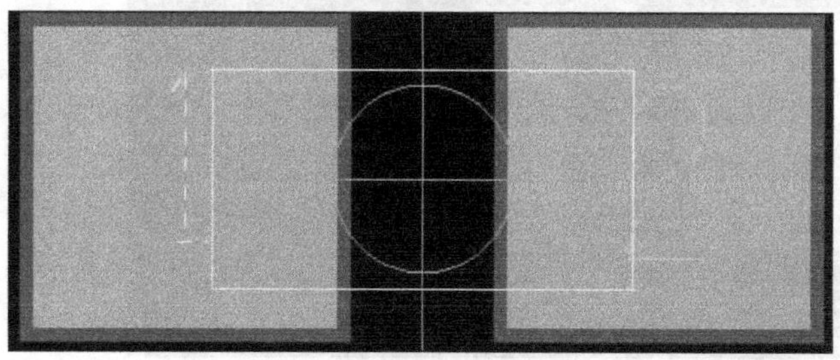

图 5. 36　输入坐标完成安装外框的放置

（13）添加元件丝印层。选择 Add—Line 命令，然后到右侧的 Options 选项卡内选择 Class 为 Package Geometry，Subclass 为 Silkscreen_To 层放上元件丝印。0603 电阻丝印尺寸 w =4mm、*h* =2. 1mm，在 Console 命令窗口中，分别输入命令 x –0. 325 y 1. 05，x –2 y1. 05，x –2 y –1. 05，x –0. 325 y –1. 05，这样即可放好左侧的丝印。紧接着选择 Copy 命令，在右侧的 Find 选项卡中只勾选 Line 选项，命令行输入 x –0. 325 y 1. 05 并按回车键即可将刚才已经放好的丝印挂在鼠标上。选择旋转输入坐标 x2 y –1. 05 并按回车键，通过复制放下对称右侧部分（Silkscreen_Top 丝印的线宽度不要为 0，建议设置线宽为 0. 1mm 或者 5mil）。Silkscreen_To 层丝印摆放完成后的效果如图 5. 37 所示。

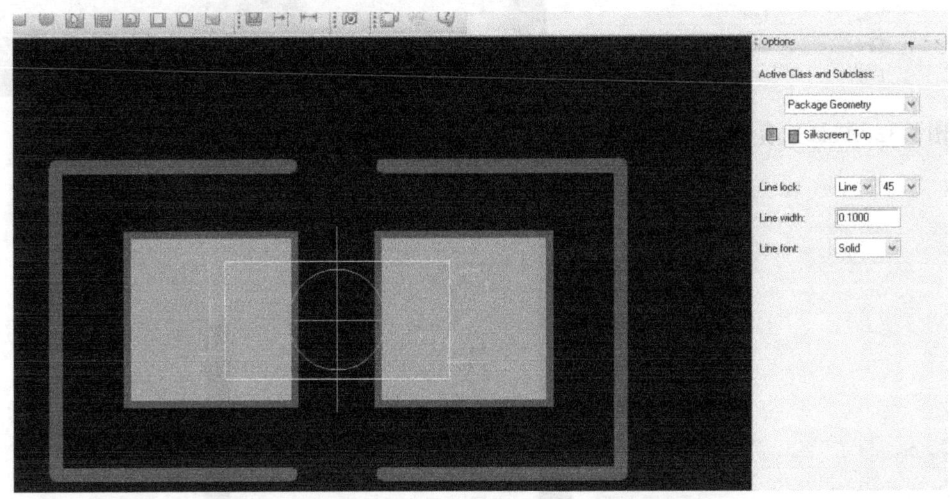

图 5. 37　添加元件丝印层

（14）添加元件的安全摆放区域。选择 Add—Rectangle 命令，然后到右侧的 Options 选项卡内选择 Class 为 Package Geometry，Subclass 为 Place_Bound_Top 层，使用命令来摆放安全区域。在 Console 命令窗口中，分别输入命令 x –2 y1. 05，x 2 y –1. 05，安全区域是矩形的可输入对角两个顶点即可生成一个区域，如图 5. 38 所示。

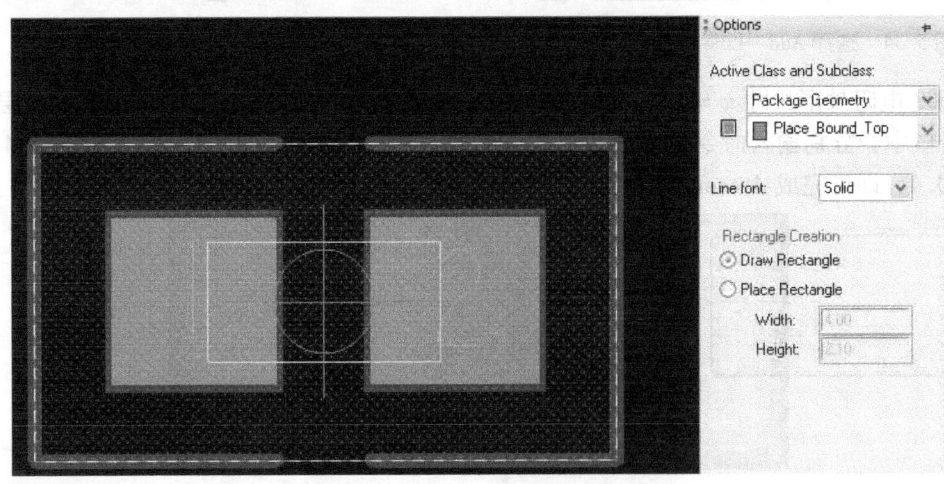

图 5. 38　添加元件的安全摆放区域

（15）增加装配参考编号。选择 Layout—Labels—Refdes 命令，在右侧的 Options 选项卡内选择 Class 为 Ref Des，Subclass 为 Assembly_Top 层，用鼠标单击元件确认位置（位置和将来元件的编号位置一致），用键盘输入 REF，如图 5. 39 所示。

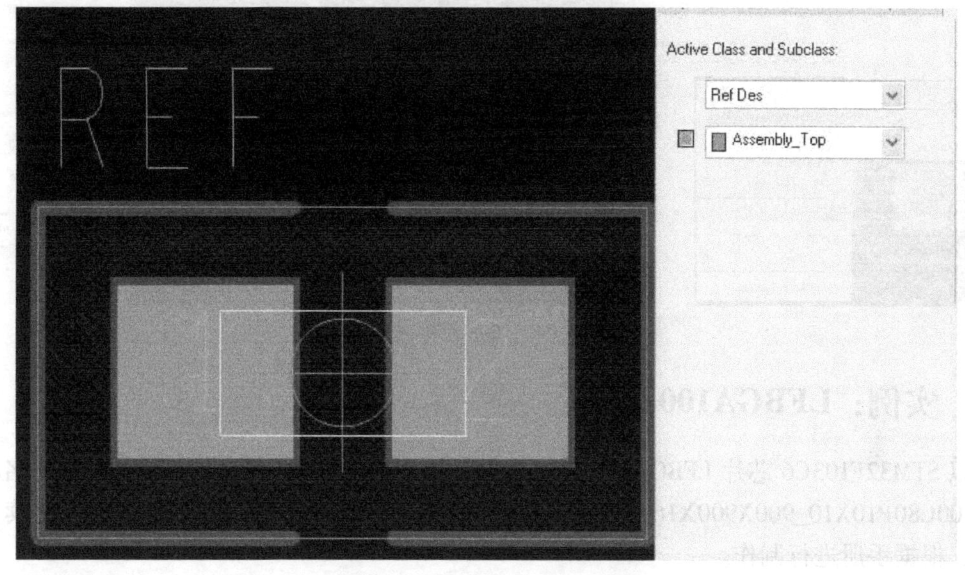

图 5. 39　增加装配参考编号

（16）增加丝印编号。选择 Layout—Labels—Refdes 命令，在右侧的 Options 选项卡内选择 Class 为 Ref Des，Subclass 为 Silkscreen_Top 层，用鼠标单击元件确认位置（位置和将来元件的编号位置一致），用键盘输入 REF，如图 5. 40 所示。

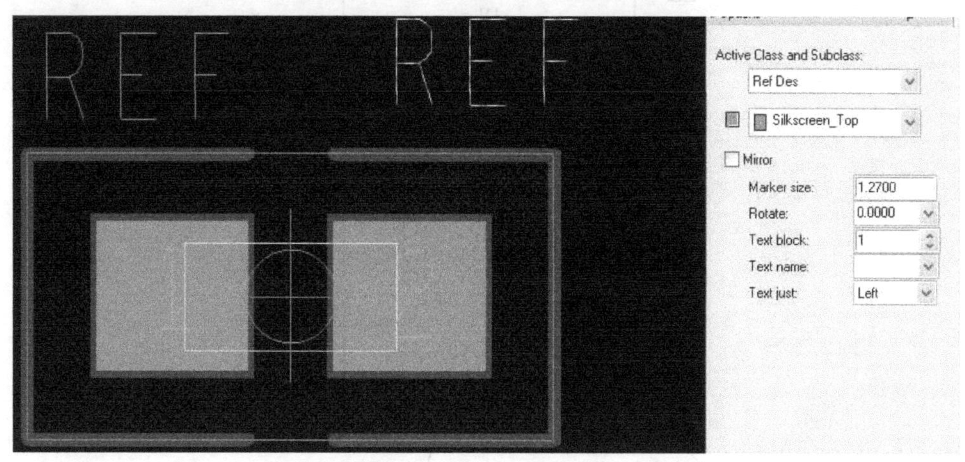

图 5. 40　增加丝印编号

（17）增加元件高度。选择 Setup—Areas—Package Height 命令，单击 Shape 图形（Place_Bound_Top 层），在右侧输入高度数值 0. 38mm，如图 5. 41 所示。

（18）保存文件。选择 File—Save 命令保存当前的封装 R0603. dra 文件。选择 File—

Create Symbol 创建 0603. psm 封装文件，选择保存路径保存到的库路径文件中（Cadence 15. 7 以上的版本中保存 R0603. dra 后，系统会默认创建 0603. psm 封装数据库文件）。

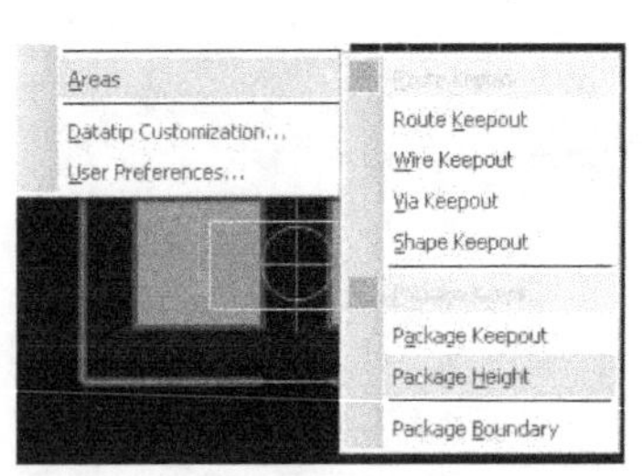

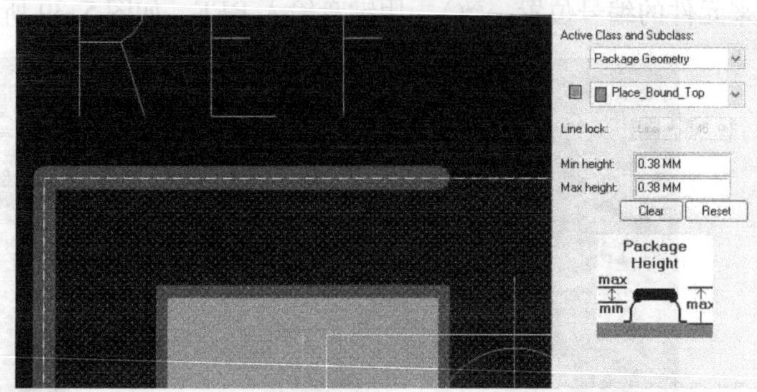

图 5. 41　增加元件高度

5. 7　实例：LFBGA100 封装

以 STM32F103C6 芯片 LFBGA100 封装为例，该封装在 IPC7351 文件库中对应的名称为 BGA100C80P10X10_900X900X160，Datasheet 的截图如图 5. 42 ~ 图 5. 44 所示，先阅读元件手册，根据手册进行制作。

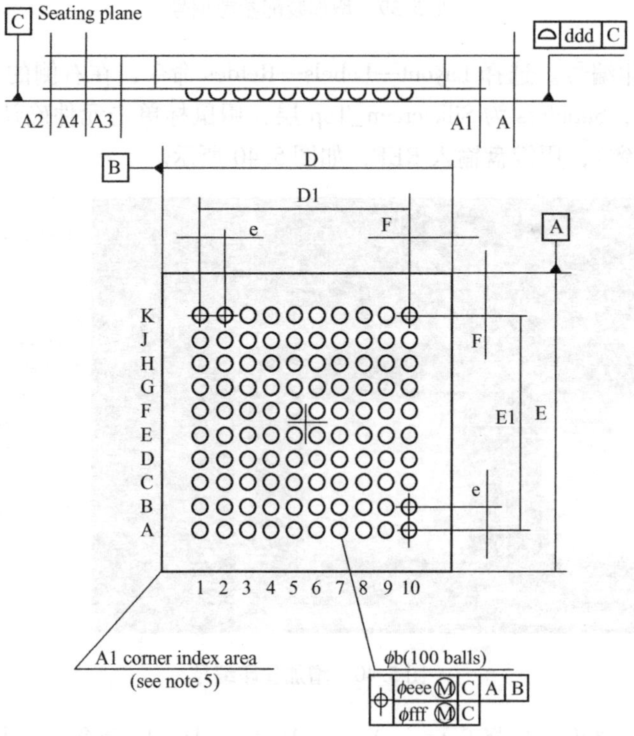

图 5. 42　LFBGA100 封装信息

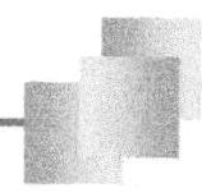

图 5.43　LFBGA100 封装示意图

Dim.	mm			inches		
	Min	Typ	Max	Min	Typ	Max
A			1.700			0.067
A1	0.270			0.011		
A2		1.085			0.043	
A3		0.30			0.012	
A4			0.80			0.031
b	0.45	0.50	0.55	0.018	0.020	0.022
D	9.85	10.00	10.15	0.388	0.394	0.40
D1		7.20			0.283	
E	9.85	10.00	10.15	0.388	0.394	0.40
E1		7.20			0.283	
e		0.80			0.031	
F		1.40			0.055	
ddd			0.12			0.005
eee			0.15			0.006
fff			0.08			0.003
N (number of balls)			100			

图 5.44　LFBGA100 封装尺寸数值

（1）分析封装。阅读元件手册得到焊盘尺寸为 0.45 ~ 0.55mm，这样的球形焊盘是 NSMD Copper Defined Land，一种阻焊定义的焊盘，并不是完全贴合在 PCB 上，可以按照 80% 典型焊盘的方法将焊盘的直径设置成 0.5 × 80% = 0.4mm，焊盘的直径可以按照 0.4mm 来进行绘制。因为该封装里面所有焊盘均相同，所以只需要做一个 0.4mm 的焊盘即可完成焊盘制作。

（2）新建焊盘。打开 Pad Designer 软件，新建 psc0r4m. pad 圆形焊盘。在 Parameters 选项卡中设置单位为毫米，精度为 4，表示精确到小数点后 4 位，如图 5.45 所示。

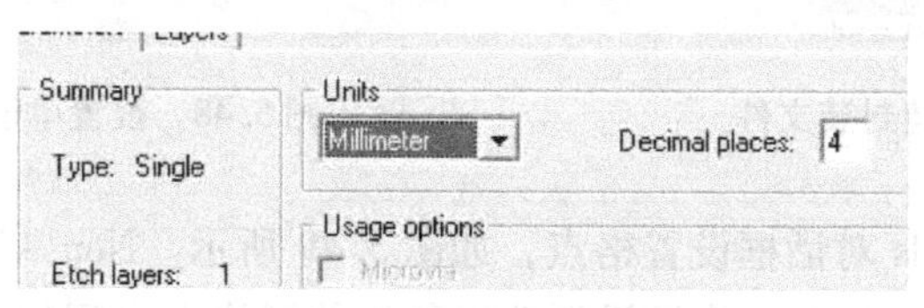

图 5.45　设置单位和精度

（3）制作焊盘。打开 Layer 选项卡，勾选 Single layer mode 表示将要制作的焊盘是表贴焊盘。在 Regular Pad 的 BEGIN LAYER 下拉列表框中选择 Circle 选项，表示 Padstack 的外形为圆形。在 Width 文本框中输入 0.4，表示圆形的直径为 0.4mm。在 SOLDERMASK_TOP 下拉列表框中选择 Circle 选项，表示阻焊层的外形为圆形。在 Width 文本框中输入 0.5，表示圆形的直径为 0.5mm。PASTEMASK_TOP 下拉列表框中选择 Circle 选项，表示助焊层的外形为圆形。在 Width 文本框中输入 0.4，表示圆形的直径为 0.4mm，设置完成后 Layer 选项卡的截图如图 5.46 所示。

（4）检查文件，检查数据是否有错误，没有错误保存文件为 psc0r4m. pad，存储到 Pad 文件夹路径中。

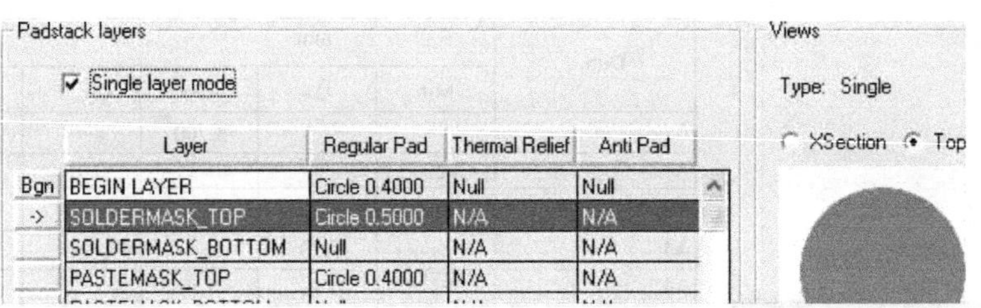

图 5.46　输入各 Layer 参数

（5）新建封装文件。打开 Allegro PCB Editor 对话框，选择 File—New 命令，选择 Drawing Type 图形类型为 Package symbol，名称为 lfbga100. dra，如图 5.47 所示。单击 OK 按钮后进入 Symbol Creation Mode 编辑环境。

（6）Allegro 默认的工作区域和栅格点都很大，但需要绘制的芯片封装很小。所以可以将这个默认区域和栅格都修改小一些。设置单位为毫米，设置图纸的区域 Width 为 30，Height 为 30，原点坐标放 X－15，Y－15 的位置上，表示设置工作区域为 30mm×30mm，坐标放在区域的正中间位置，设置完成后如图 5.48 所示。

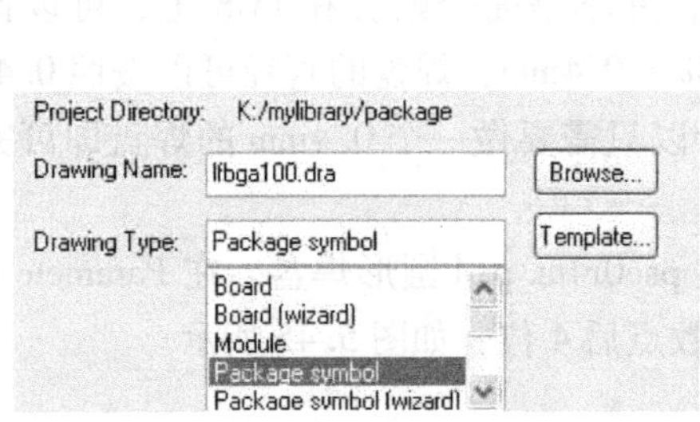

图 5.47　新建封装文件

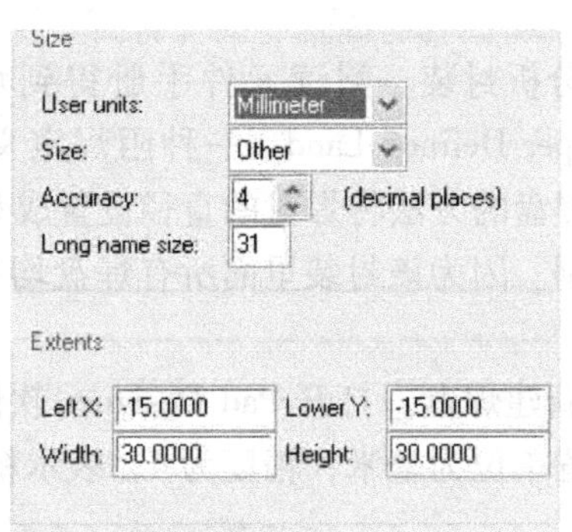

图 5.48　设置单位和图纸大小

（7）打开 Setup Grids 对话框设置格点，如图 5.49 所示。Non－Etch 层，在 Spacing x 和 Spacing y 的文本框中输入 2.54，表示设置非电气层的栅格点之间的距离为 2.54mm，在 Offset x 和 Offset y 的文本框中输入 0，表示栅格不允许偏移。All Etch 层，在 Spacing x 和 Spacing y 的文本框中输入 0.0254，表示设置电气层的栅格点之间的距离为 0.0254mm，在 Offset x 和 Offset y 的文本框中输入 0，表示栅格不允许偏移。Top 和 Bottom 层会自动设置为 All Etch 层的值，因为这两个层都属于电气 All Etch。

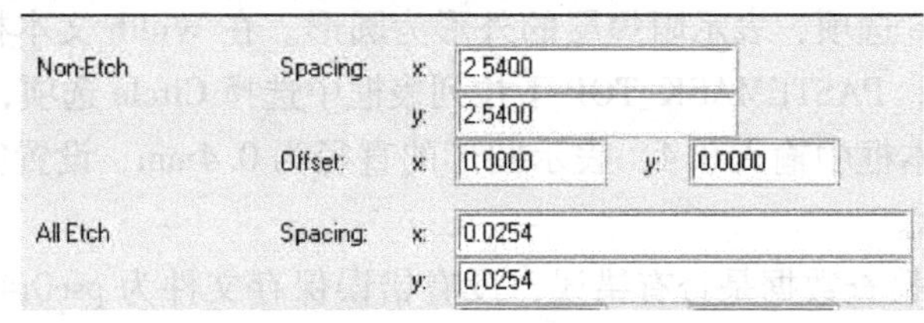

图 5.49　设置各层格点

（8）从手册上可以知道，焊盘的间距是0.8mm，元件的原点放在中心位置，10个焊盘的总间距就是7.2mm，通过计算都可以得到每个焊盘的坐标。经过计算知道A1～A10一行的引脚坐标分别为x－3.6 y 3.6、x－3.6 y 2.8、x－3.6 y 2.0、x－3.6 y 1.2、x－3.6 y 0.4、x－3.6 y－0.4、x－3.6 y－1.2、x－3.6 y－2、x－3.6 y－2.8、x－3.6 y－3.6。这次采用一次放10个引脚，选择Layout—Pins命令，在Options选项卡中选择Connect单选按钮，在PadStack文本框后面的浏览框中单击，寻找焊盘文件psc0r4m，找到后双击焊盘它会挂在鼠标上。在Copy mode下拉列表框中选择Rectangular选项，表示将以直角坐标方式排列。在Qty X文本框中输入10，表示要放10个引脚。在Spacing文本框中输入0.8，表示2个引脚的间距为0.8mm。在Order下拉列表框中选择Right选项，表示先放左侧的引脚，后放右侧的引脚。在Qty Y文本框中输入1，表示垂直方向只放1行。Pin #设置成A1，Inc文本框中输入1，在Offset X和Offset Y文本框中输入0，表示引脚编号相对于焊盘中心不偏离。然后在Console命令窗口，输入命令x－3.6 y 3.6并按回车键，即可放好A1～A10一行引脚，如图5.50所示。设置不同的行数如图5.51所示。

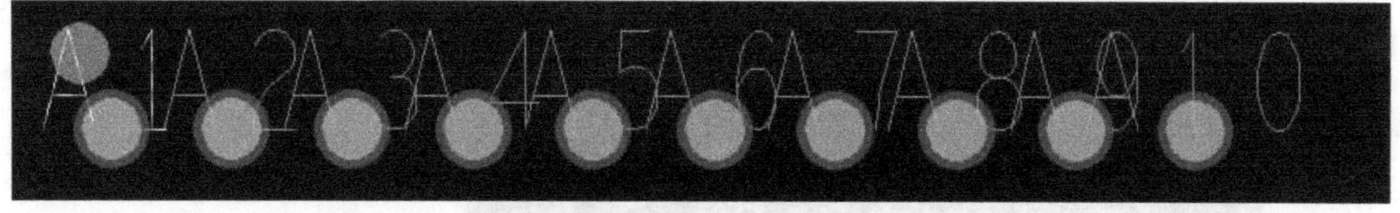

图5.50　放置第1行焊盘

（9）使用与上面相同的方法，只需将Pin #设置成B1，然后在Console命令窗口中输入命令x－3.6 y 2.8并按回车键即可放好B1～B10一行引脚。不断修改Pin #设置，输入命令x－3.6 y 2.0并按回车键即可放好C1～C10一行的引脚；输入命令x－3.6 y 1.2并按回车键即可放好D1～D10一行的引脚；输入命令x－3.6 y 0.4并按回车键即可放好E1～E10一行的引脚；输入命令x－3.6 y－0.4并按回车键即可放好F1～F10一行的引脚；输入命令x－3.6 y－1.2并按回车键即可放好G1～G10一行的引脚；输入命令x－3.6 y－2.0并按回车键即可放好H1～H10一行的引脚；输入命令x－3.6 y－2.8并按回车键即可放好J1～J10一行的引脚；输入命令x－3.6 y－3.6并按回车键即可放好K1～K10一行的引脚。引脚都摆放完成后如图5.52所示。

（9）增加元件的安装外框Assembly Top。选择Add—Line命令，然后到右侧的Options选项卡中选择Class为Package Geometry，选择Subclass为Assembly_Top。使用命令来放安装框（按照9mm×9mm来制作），在Console命令窗口分别输入命令x －4.5 y 4.5、ix 9，iy －9，ix －9，iy 9，即可完成Assembly_Top安装外框的摆放，绘制完成后的外框如图5.53所示。

（10）添加元件丝印层。选择Add—Line命令，然后到右侧的Options选项卡中选择Class为Package Geometry，选择Subclass为Silkscreen_Top。丝印按照11mm×11mm，在Console命令窗口分别输入命令x －5.5 y 5.5，ix 11，iy－11，ix 11，iy 11，这样就可以放好丝印框。Silkscreen_Top丝印的线宽度不要为0，可以设置为0.1mm或5mil。绘制完成后的丝印框如图5.54所示。

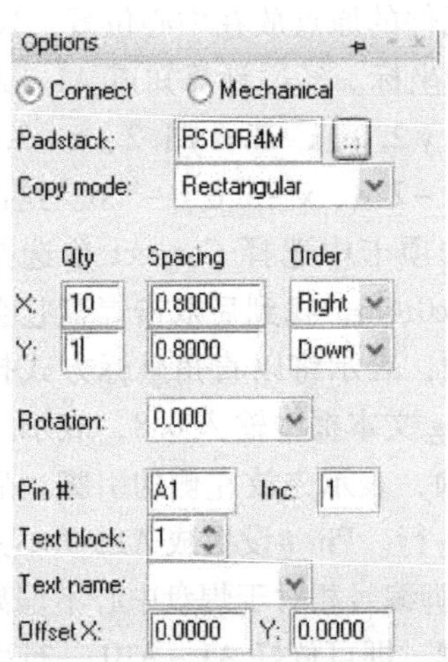

图 5.51 设置不同的行数

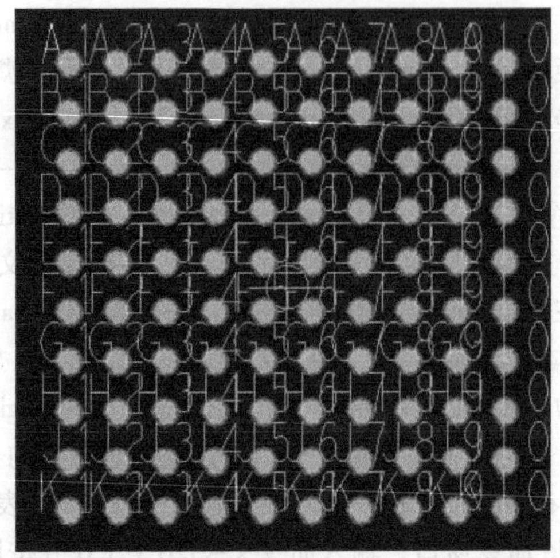

图 5.52 以相同的方法放置其余几行焊盘

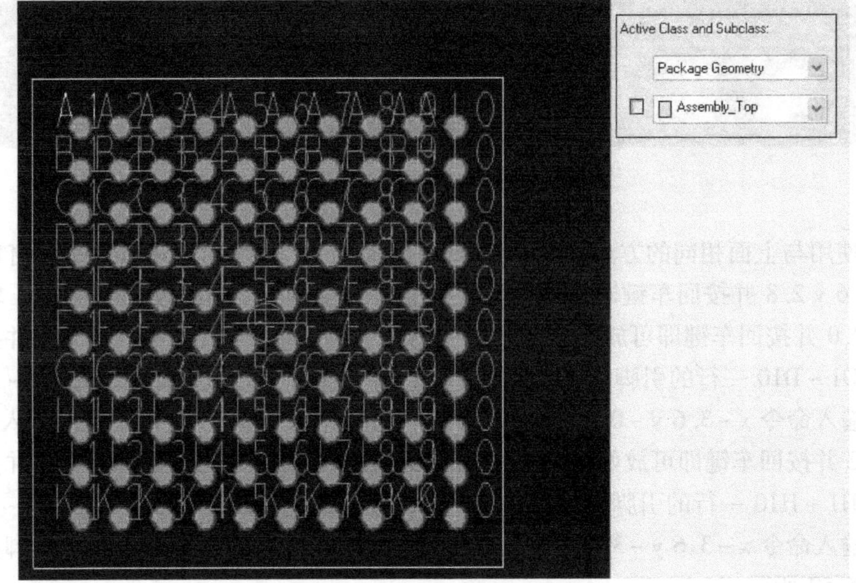

图 5.53 安装外框的放置

（11）添加元件的安全摆放区域。选择 Add—Rectangle 命令，然后到右侧的 Options 选项卡中选择 Class 为 Package Geometry，选择 Subclass 为 Place_Bound_Top，使用命令来摆放安全区域。在 Console 命令窗口分别输入命令 x -4.5 y 4.5，x 4.5 y -4.5，安全区域是矩形的输入对角两个顶点即可生成一个区域。绘制完成后的摆放区域如图 5.55 所示。

（12）增加装配参考编号。选择 Layout—Labels—Refdes 命令，在右侧的 Options 选项卡中选择 Class 为 Ref Des，选择 Subclass 为 Assembly_Top，用鼠标单击元件确认位置（位置和将来元件的编号位置一致），输入 REF。装配参考编号摆放完成如图 5.56 所示，一般摆放在元件的左上角。

（13）增加丝印编号。单击 Layout—Labels—Refdes 命令，在右侧的 Options 选项卡中选

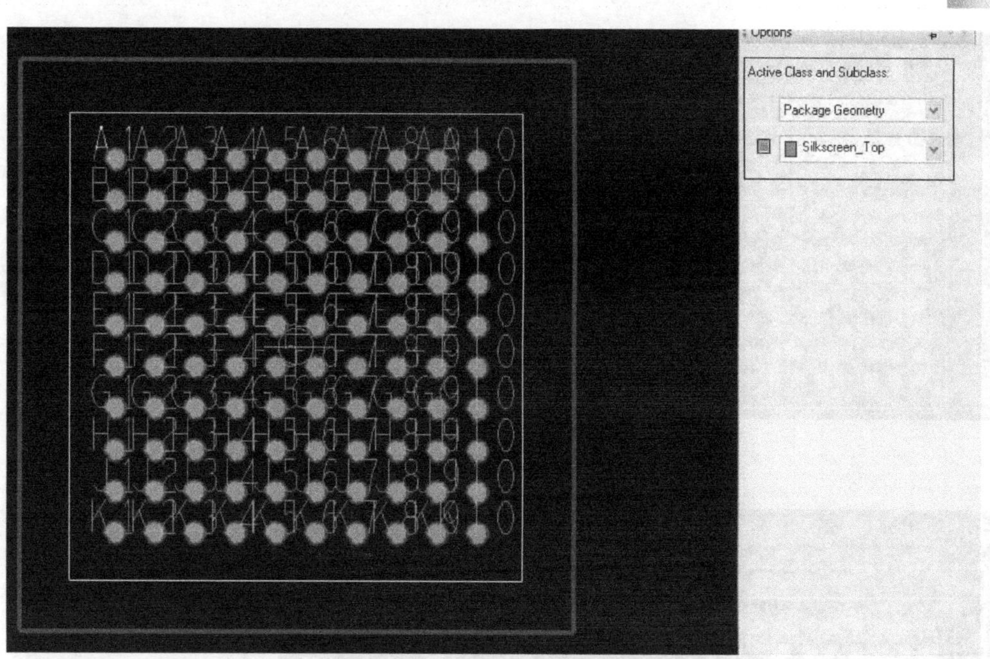

图 5.54 添加元件丝印层

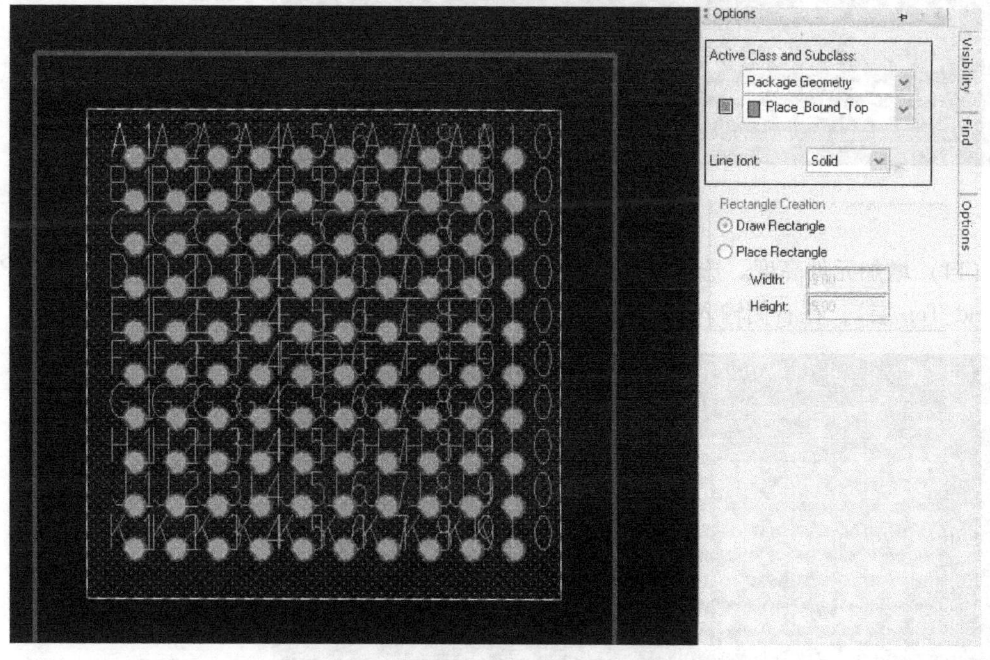

图 5.55 添加元件的安全摆放区域

择 Class 为 Ref Des，选择 Subclass 为 Silkscreen _Top，用鼠标单击元件确认位置（位置和将来元件的编号位置一致），输入 REF。丝印编号摆放完成如图 5.57 所示，一般摆放在元件的右上角。

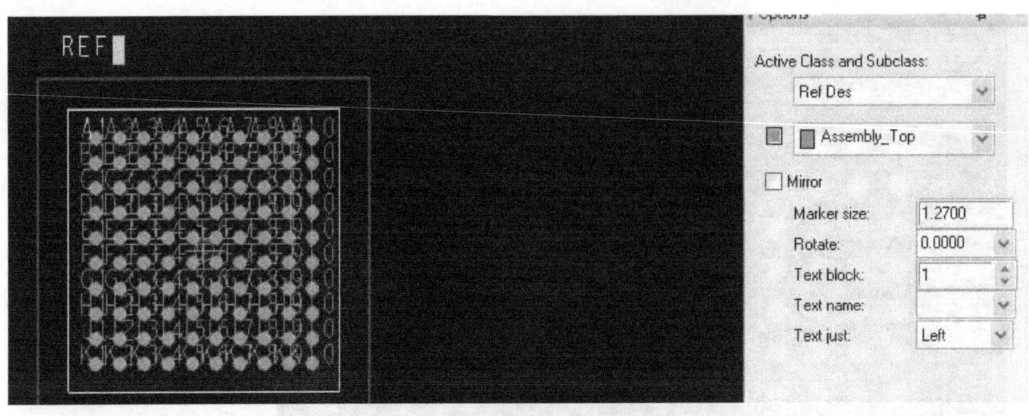

图 5.56　增加装配参考编号

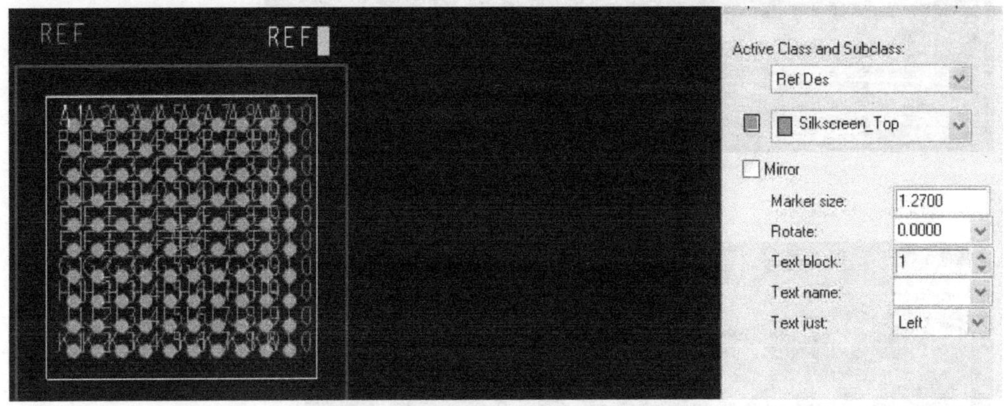

图 5.57　增加丝印编号

（14）增加元件高度。选择 Setup—Areas—Package height 命令，单击 Shape 图形（Place_Bound_Top 层），在右侧输入高度数值 0.3，如图 5.58 所示。

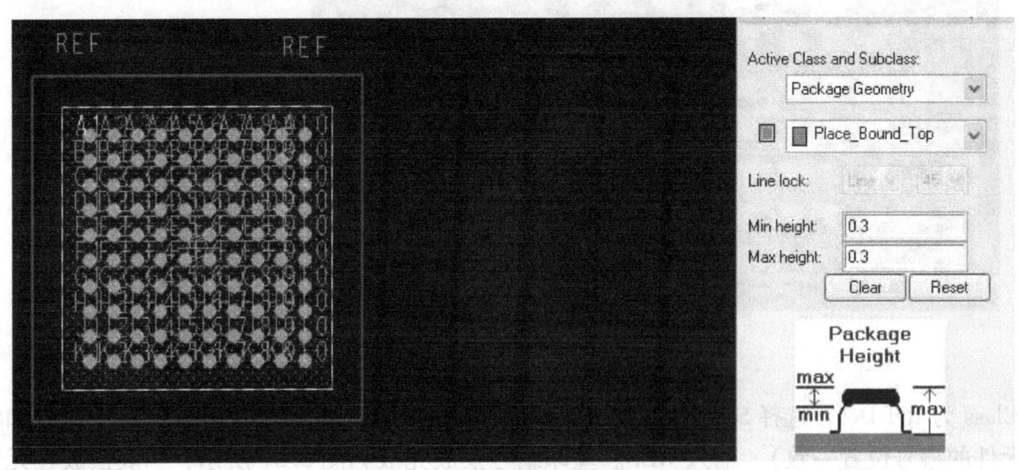

图 5.58　增加元件高度

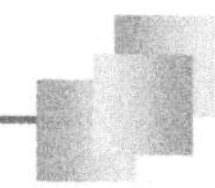

（15）保存文件。选择 File—Save 命令保存当前的封装 lfbga100. dra 文件。选择 File—Create Symbol 创建 lfbga100. psm 封装文件，选择保存路径保存到库路径文件中（Cadence 15. 7 以上的版本保存 lfbga100. dra 后，系统会默认创建 lfbga100. psm 封装数据库文件）。

5. 8　利用封装向导制作 msop8 封装

以 msop8 封装为例，这个封装在 IPC7351 文件库中对应的名称为 SOP65P490X94 - 8N，阅读封装的手册数据，根据手册利用封装向导制作 msop8 封装，具体的操作步骤如下。msop8 封装信息如图 5. 59 所示。

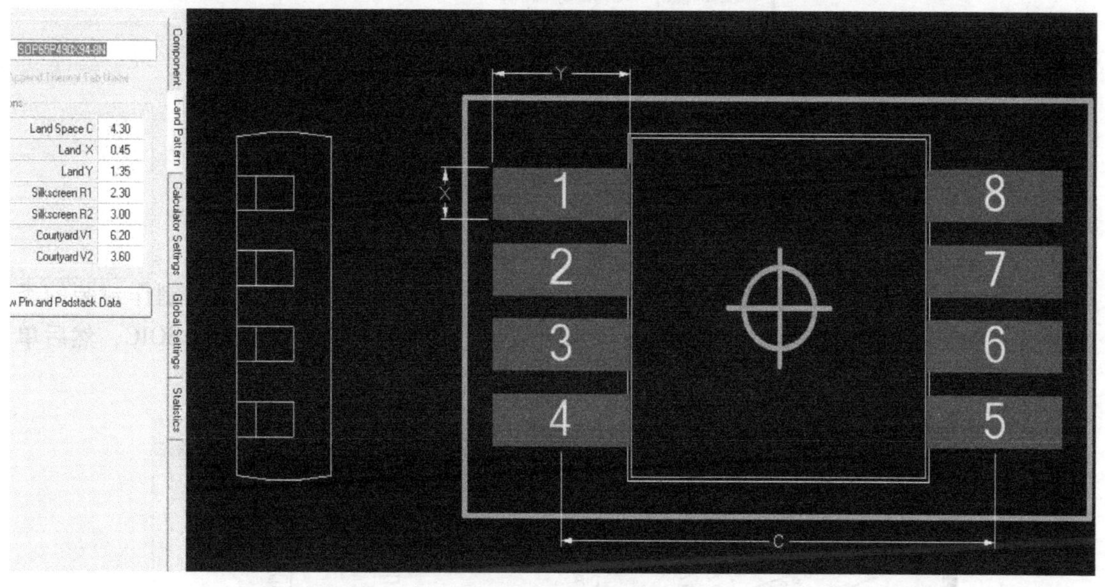

图 5. 59　msop8 封装信息

（1）制作焊盘。阅读手册可以得到焊盘 $w = 1.35\text{mm}$、$h = 0.45\text{mm}$，该元件封装里面所有焊盘均相同，所以只需要制作一个焊盘，使用 Pad Designer 工具来定制一个这样的焊盘。打开 Pad Designer 对话框，新建 psrew1r35h0r45m. pad 文件，在 Parameters 选项卡中设置单位为毫米，精度选择为 4，表示精确到小数点后 4 位。打开 Layer 选项卡，勾选 Single layer mode，表示将要制作的焊盘是表贴焊盘。在 Regular Pad 的 BEGIN LAYER 下拉列表框中选择 Rectangle 选项，表示焊盘的外形为矩形。在 Width 文本框中输入 1. 35，在 Height 文本框输入 0. 45。在 SOLDERMASK_TOP 下拉列表框中选择 Rectangle 选项，表示阻焊层的外形为矩形。在 Width 文本框中输入 1. 45，在 Height 文本框输入 0. 55。PASTEMASK_TOP 的数据和 BEGIN LAYER 相同，在 Bgn 按钮上右击鼠标，在弹出的菜单中选择 Copy，然后移动鼠标到 Bgn 列在 PasteMask_TOP 处右击选择 Paste，BEGIN LAYER 的数据即被复制到 PASREMASK_TOP 中，如图 5. 60 所示。

（2）新建封装文件。打开 Allegro PCB Editor 对话框，选择 File—New 命令，选择 Drawing Type 为 Package symbol(wizard)，名称为 msop8. dra，如图 5. 61 所示。单击 OK 按钮，进入 Symbol Creation Mode Wizard 创建向导。

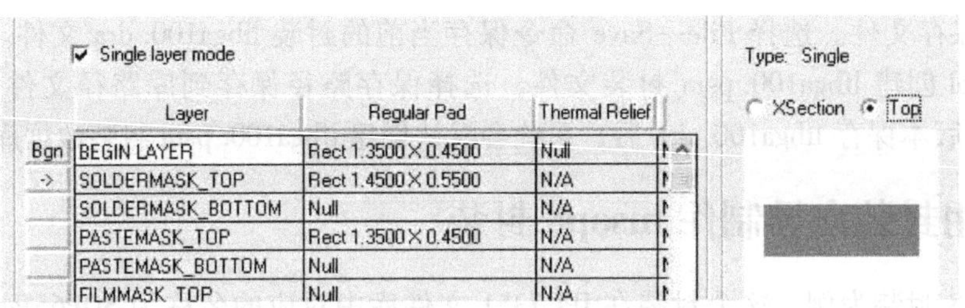

图 5.60　输入焊盘各 Layer 层参数信息

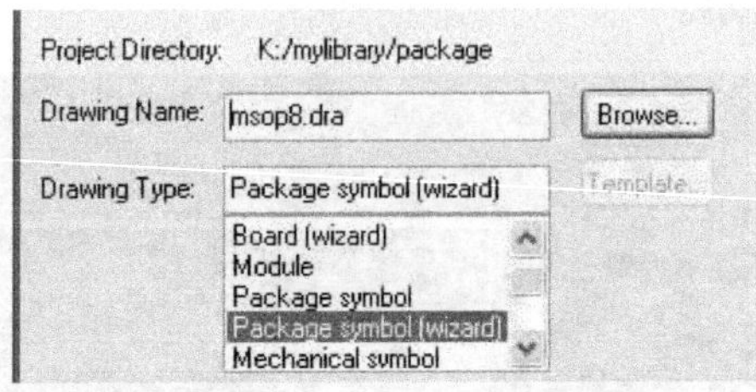

图 5.61　通过向导新建封装文件

（3）选择封装类型。系统弹出 Package Symbol Wizard 对话框，选择需要制作封装的类型，常见的有 8 种封装类型，制作的 msop8 属于 SOIC 这样的模板，所以选择 SOIC，然后单击 Next 按钮，如图 5.62 所示。

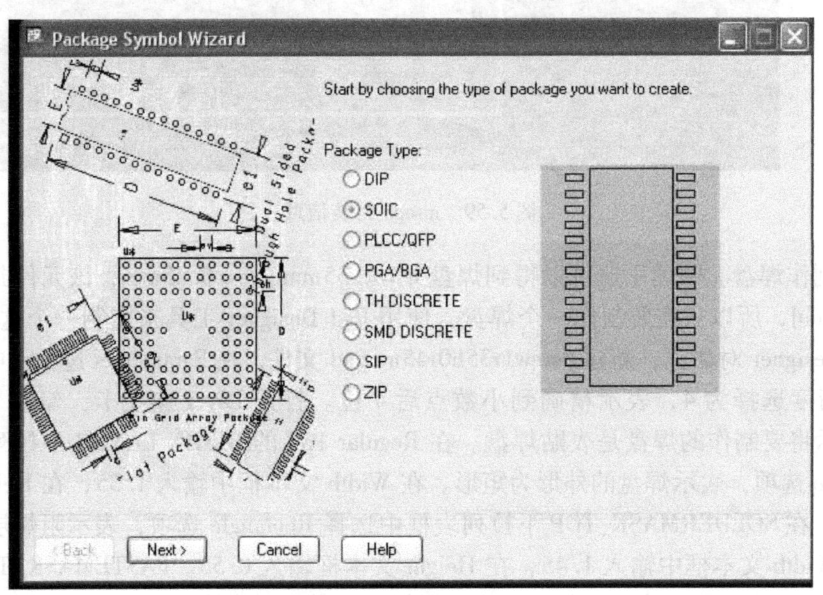

图 5.62　选择封装类型

（4）加载模板。向导询问是否加载模板，这个模板内主要保存的就是设置的区域范围，设置单位、栅格大小等信息。若有这样的 template. dra 模板就选择加载，单击 Load Template 按钮，选择的模板文件就会被加载到当前的向导里面。若没有模板就选择 Default Cadence supplied template 选项，然后单击 Next 按钮，如图 5.63 所示。

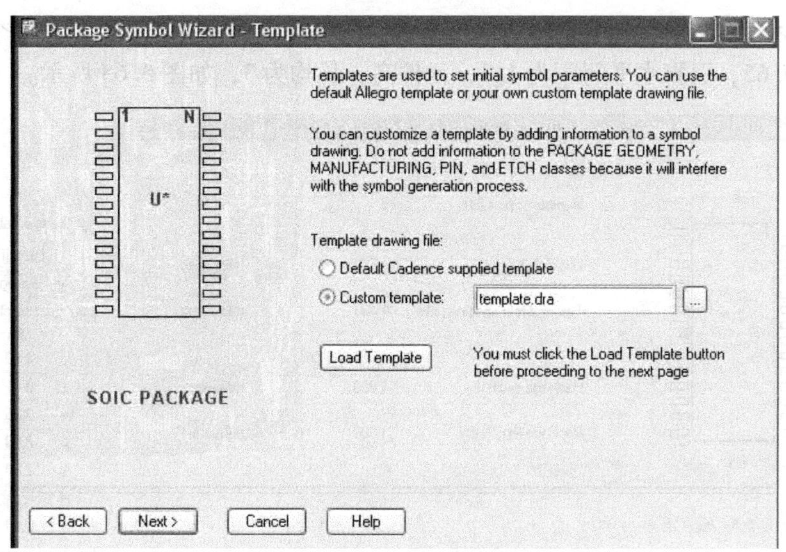

图 5.63　加载模板

（5）设置单位。在 Units used to enter dimensions in this wizard 和 Units used to create package symbol 选项中选择 Millimeter，Accuracy 选项是选择精确度，这里选择精确到小数点后面 3 位。Reference designator prefix 选项是对应元件的位号简称。设置封装制作的单位和精度，可以在相应的下拉框中选择，在本例中选择毫米，精度为 3 位。元件的参考编号用 U *，比如 U1、U2 等，本例中将要制作的是 msop8 封装，一般该类型的芯片参考编号都会设置成 U，所以该处保持默认选项，如图 5.64 所示。

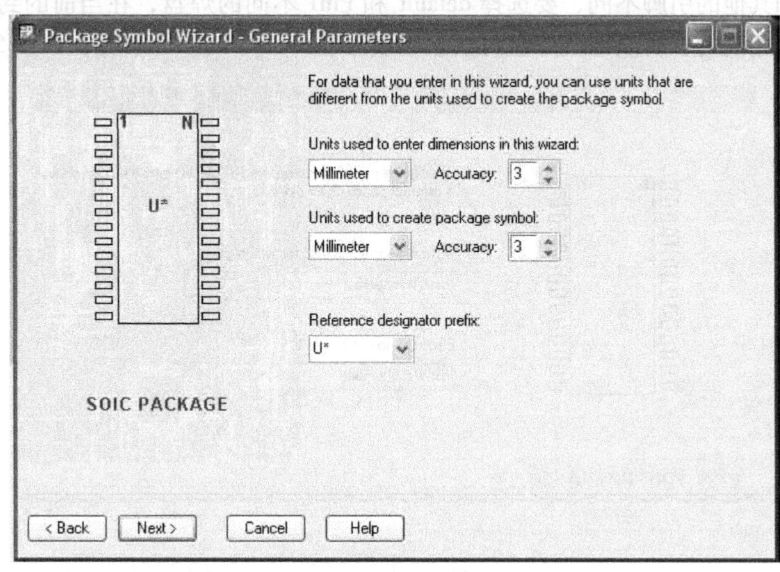

图 5.64　设置单位

（6）设置尺寸。向导询问尺寸，Number of pins 选项为共计有多少引脚，Lead pitch 选项为引脚的间距是多少，Terminal row spacing 选项为引脚水平间距是多少，Package width 选项为宽度是多少，Package length 选项为高度是多少。按照上面数据设置，总共 8 个 PIN，焊盘引脚间距为 0.65，引脚水平间距为 4.3，元件高、长均为 3，如图 5.65 所示。

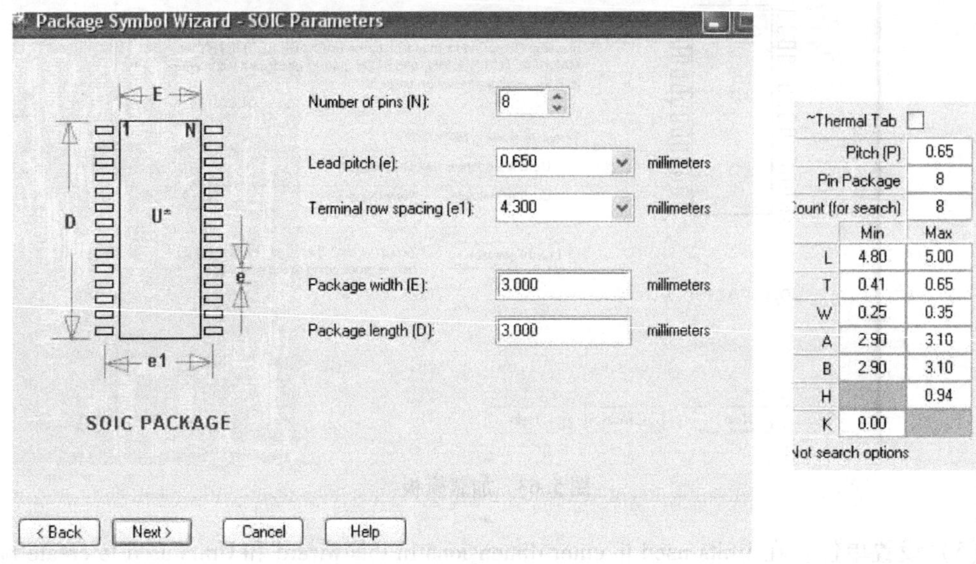

图 5.65　设置相关尺寸

（7）加载焊盘。Default padstack to use for symbol pins：默认的封装焊盘。Padstack to use for pin 1：第 1 引脚使用的焊盘。向导询问使用焊盘，单击后面的浏览按钮，找到刚制作好的 psrw1r35h0r45m. pad，单击 OK 按钮后该焊盘名就会出现在焊盘文件的选择框中。有些封装第 1 引脚和其他的引脚不同，要选择 default 和 Pin1 不同的焊盘，在当前的封装里面两个引脚焊盘都是相同的，所以两个焊盘对话框中填写 psrw1r35h0r45m 名称，如图 5.66 所示。

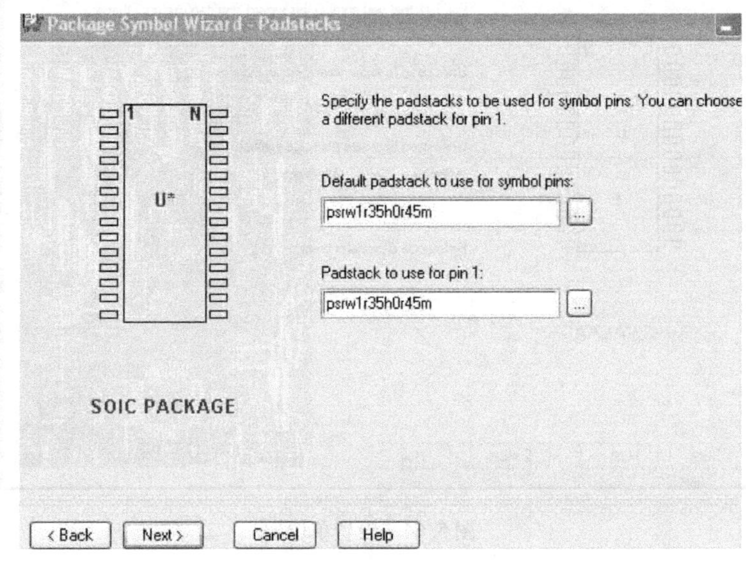

图 5.66　加载焊盘

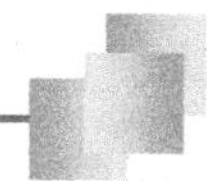

（8）选择原点和生成文件。Select the location of symbol origin 向导询问参考原点的位置放在哪里，有两个选项可以选择：Center of symbol body 原点放在元件中心；Pin 1 of symbol 原点放在元件的 1 Pin 中心。Select whether or not you want the Package Wizard to genrate a compied symbol(. psm) for you 选择封装向导是否生成 psm 系统调用文件，Create a compiled symbol 生成数据库调用文件，Do not create a compiled symbol 仅创建图形 dra 文件。该例中选择原点放在元件中心，创建 psm 文件，设置完成如图 5. 67 所示。

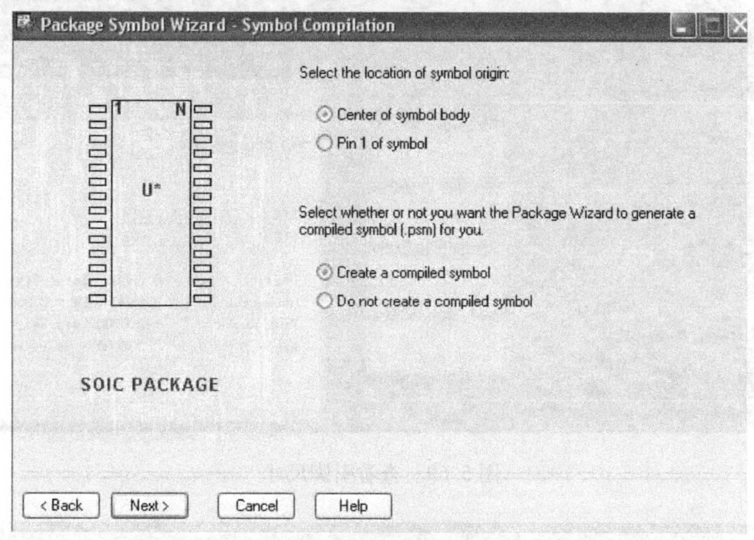

图 5. 67　选择原点和生成文件

（9）创建文件。封装向导创建封装图形编辑 msop8. dra 文件和封装数据库文件 msop8. psm。该文件会默认保存在系统的封装库路径下。至此，向导创建封装流程即执行完成，单击 Finish 按钮退出向导，如图 5. 68 所示。

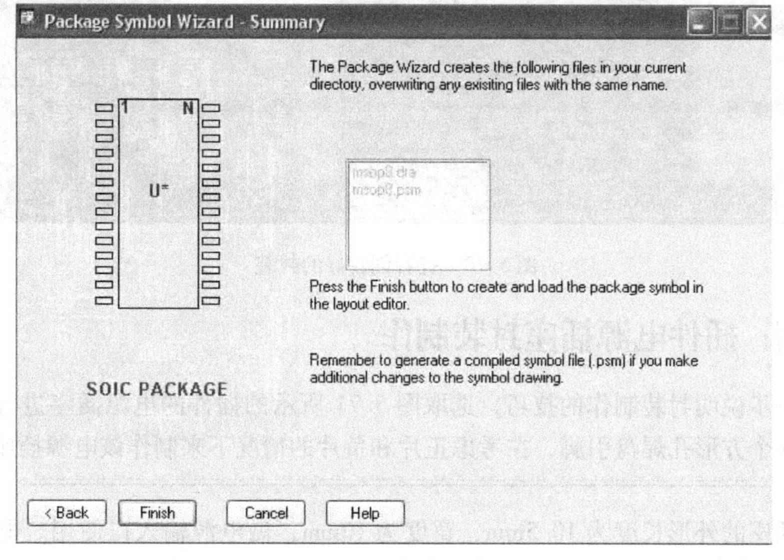

图 5. 68　创建文件

（10）查看封装。单击 Finish 按钮退出向导后，Allegro 默认会打开刚创建的封装文件。可以使用测量工具 Show Measure 命令来查看引脚尺寸、各引脚之间的距离，来检查所制作的封装是否符合要求，如图 5－69 所示。为了增加编号兼容性可以将 U＊修改成 REF 等，向导制作完成的封装如图 5.70 所示。

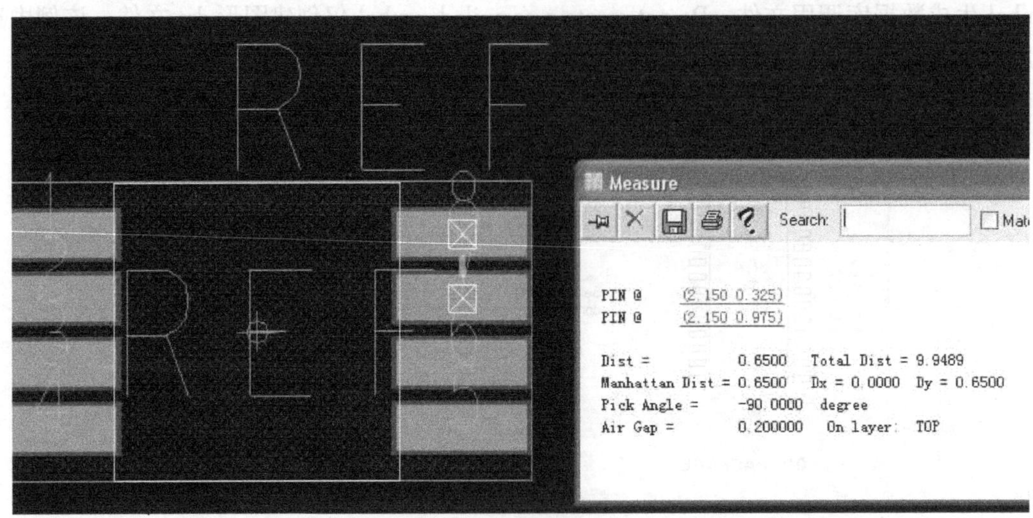

图 5.69　查看引脚尺寸

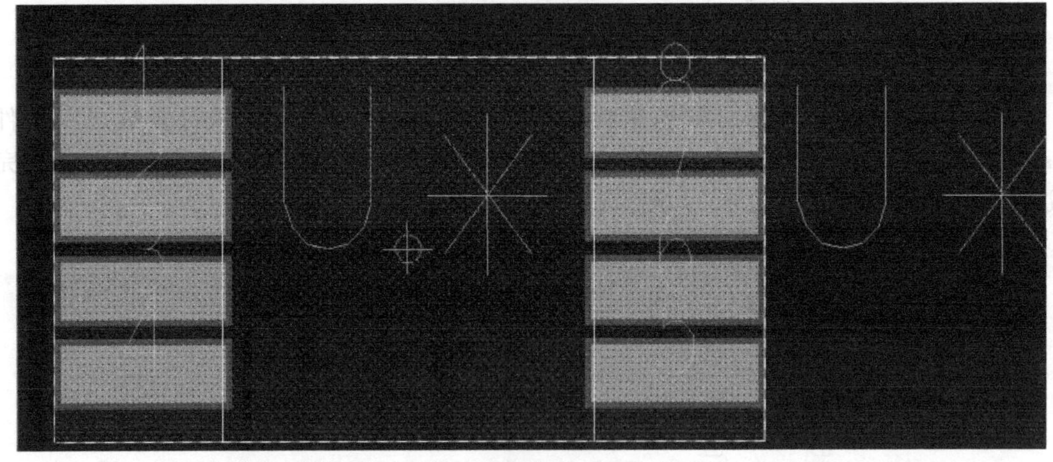

图 5.70　查看创建好的封装

5.9　实例：插件电源插座封装制作

为了进一步说明封装制作的技巧，选取图 5.71 所示的插件的电源插座进行制作，该电源插座中有 6 个方形孔焊盘引脚，在考虑正片和负片的情况下来制作该电源插座封装，具体操作步骤如下。

该电源插座的外形长度为 10.5mm，宽度为 10mm，做电源输入口使用。电源插座的封装图和立体图如图 5.72 和图 5.73 所示。

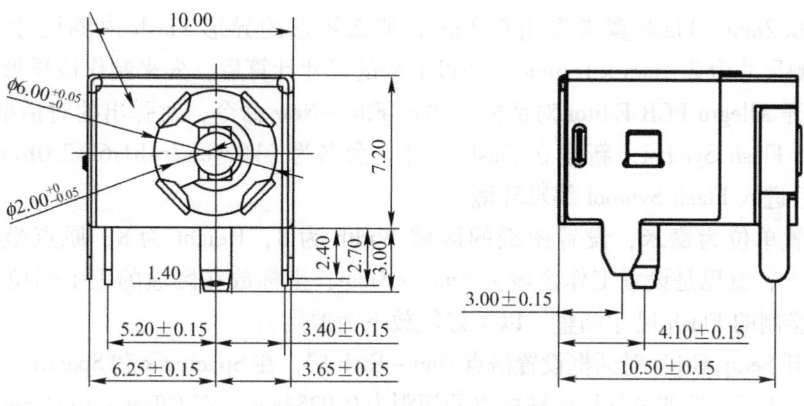

图5.71　电源插座尺寸图

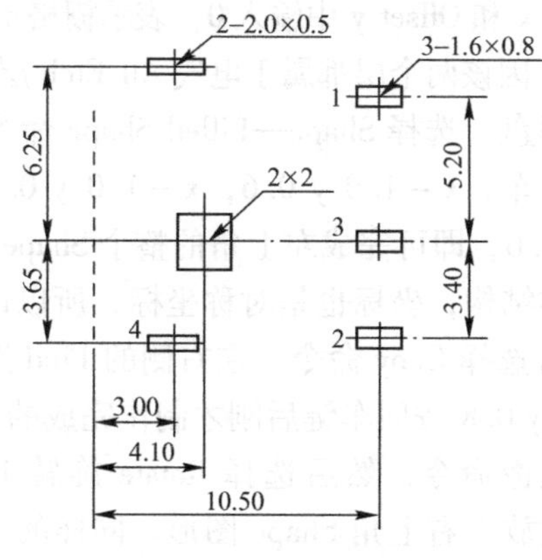

图5.72　电源插座封装图

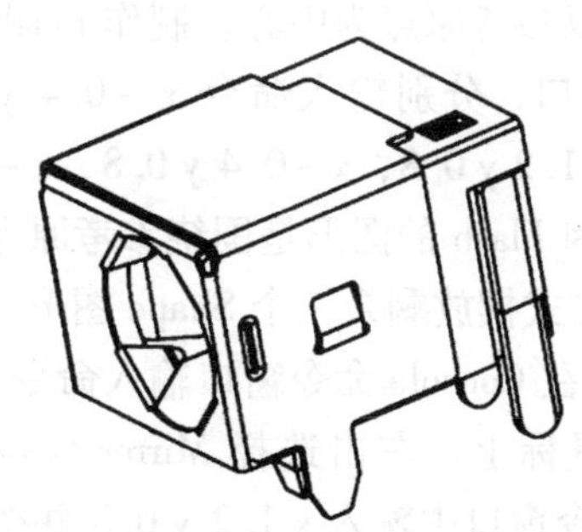

图5.73　电源插座立体图

1. 封装分析

（1）分析插座，该插座有6个焊盘，1、3、2引脚都是相同的矩形通孔，开孔尺寸为1.6mm×0.8mm，4、5是相同的矩形通孔，开孔尺寸为2.0mm×0.5mm，1、3、2、4、5都有电气属性，要制作成有电气属性的元件引脚。中间2mm×2mm开孔比较特殊，它是结构的方形定位孔，在该封装中起到固定作用，该焊盘需要制作成无电气属性的定位引脚。

（2）因图5.70中给出的都是开孔的尺寸，电气引脚要在孔的外侧做焊盘才能将元件插入孔中，焊接到PCB上，因此要给电气引脚的开孔每边预留0.5mm的外侧焊盘，两边焊盘即增加1.0mm。电源插孔常会在PCB板的边缘装配，经常需要插拔，所以焊盘可以预留大点会比较牢固。开孔尺寸为1.6mm×0.8mm，矩形焊盘的尺寸要做成2.6mm×1.8mm。开孔尺寸为2.0mm×0.5mm，矩形焊盘尺寸要做成3.0mm×1.0mm。定位引脚因无电气连接属性，开孔尺寸为2mm×2mm，方形焊盘尺寸也为2mm×2mm。

（3）因为该电源插座考虑正片和负片两种情况，负片的情况下需要做Flah，Flash可以采用宽度0.2mm多边形异形图形进行。接下来就逐步完成该元件的封装设计。

2. 制作矩形通孔1.6mm×0.8mm的Flash

（1）可以通过矩形通孔1.6mm×0.8mm来计算Flash的尺寸，通孔外侧预留铜箔连接区域宽度为 0.2mm，Flash 宽度采用 0.2mm，那么矩形的异形 Flash 内侧尺寸为 2.0mm × 1.2mm，外侧尺寸为 2.4mm × 1.6mm。经过上面的尺寸计算后，先来制作该异形 Flash。

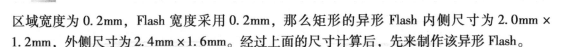

（2）打开 Allegro PCB Editor 对话框，单击 File—New 命令，对弹出的对话框中的 Drawing Type 选择 Flash Symbol，新建立 Flash 文件，命名为 fsk0r4ew2r4h1r6iw2r0h1r2m. dra，单击 OK 按钮后进入 Flash Symbol 编辑环境。

（3）设置单位为毫米，设置图纸的区域 Width 为 8，Height 为 8，原点坐标放 x -4，y -4 的位置上，意思是设置工作区域为 8mm × 8mm，坐标放在区域的正中间位置（工作区域根据需要绘制的 Flash 尺寸调整，以正好能放下为原则）。

（4）打开 Setup Grids 对话框设置格点 Non - Etch 层，在 Spacing x 和 Spacing y 的文本框中输入 0.0254，表示设置非电气层的栅格点的间距为 0.0254mm，在 Offset x 和 Offset y 中输入 0，表示栅格不允许偏移。在 All Etch 层，Spacing x 和 Spacing y 的文本框中输入 0.0254，表示设置电气层的栅格点的间距为 0.0254mm，在 Offset x 和 Offset y 中输入 0，表示栅格不允许偏移。Top 和 Bottom 层会自动设置为 ALL Etch 层的值，因该两个层都属于电气 All Etch 层。

（5）以参考原点为中心，制作 Flash 异形焊盘。选择 Shape—Filled Shape 命令，在 Console 命令窗口，分别输入命令 x -0.4 y 0.6 回车，x -1.0 y 0.6，x -1.0 y 0.2，x -1.2 y 0.2，x -1.2 y 0.8，x -0.4 y 0.8，x -0.4 y 0.6，即可完成左上角的整个 Shape 图形绘制。

（6）因 Flash 的图形是围绕参考原点的对称结构，坐标也是对称坐标，所以即可利用复制旋转的方式摆放剩余三个 Shape 图形。紧接着选择 Copy 命令，在右侧的 Find 选项卡中选择 Shape，在 Console 命令窗口输入命令 x -1.2 y 0.8 按回车键后刚才制作完成的 Shape 图形就会挂在鼠标上。右击选择 Mirror Geometry 镜像命令，然后选择 Rotate 旋转 180° 后，在 Console 命令窗口中输入 x 1.2 y 0.8 并按回车键放下右上角 Shape 图形。同样的道理，使用 Mirror Geometry 镜像命令，然后选择 Rotate 旋转放左下角（x -1.2 y -0.8）和右下角（x 1.2 y -0.8）Shape 图形，完成的后的 Flash 图形如图 5.74 所示。

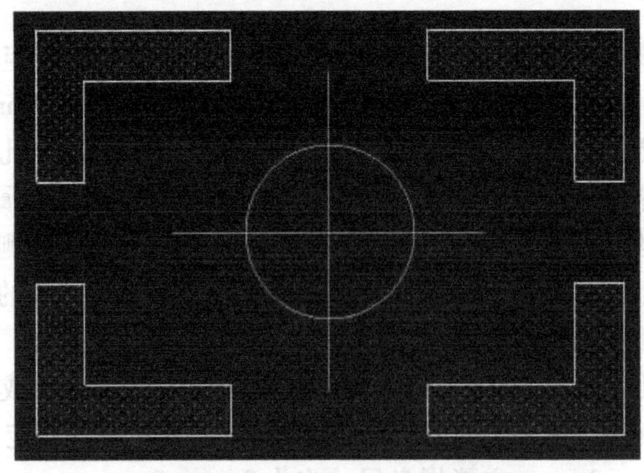

图 5.74　创建完成的 Flash 图形

（7）保存文件。单击 File—Save 命令保存文件 fsk0r4ew2r4h1r6iw2r0h1r2m. dra。单击 File—Create Symbol 命令创建 fsk0r4ew2r4h1r6iw2r0h1r2m. ssm 文件，命名后保存在元件库路径中。

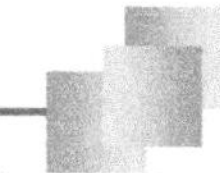

3. 制作矩形通孔 2.0mm×0.5mm 的 Flash

（1）可以通过矩形通孔 2.0mm×0.5mm 来计算 Flash 的尺寸，通孔外侧预留铜箔连接区域宽度为 0.2mm，Flash 宽度采用 0.2mm，那么这个矩形的异形 Flash 内侧尺寸为 2.4mm×0.9mm，外侧尺寸为 2.8mm×1.3mm。经过上面的尺寸计算后，先来制作该异形 Flash。

（2）打开 Allegro PCB Editor 对话框，单击 File—New 命令，在弹出的对话框中的 Drawing Type 选择 Flash Symbol，新建立 Flash 文件，命名为 fsk0r6ew2r8h1r6iw2r4h0r9m.dra，单击 OK 按钮后进入 Flash Symbol 编辑环境。

（3）设置单位为毫米，设置图纸的区域 Width 为 8，Height 为 8，原点坐标放 x −4，y −4 的位置上，表示设置工作区域为 8mm×8mm，坐标放在区域的正中间位置（工作区域根据需要绘制的 Flash 尺寸调整，以正好能放下为原则）。

（4）打开 Setup Grids 对话框设置格点 Non－Etch 层，在 Spacing x 和 Spacing y 的文本框中输入 0.0254，表示设置非电气层的栅格点的间距为 0.0254mm，在 Offset x 和 Offset y 中输入 0，表示栅格不允许偏移。在 All Etch 层，Spacing x 和 Spacing y 的文本框中输入 0.0254，表示设置电气层的栅格点的间距为 0.0254mm，在 Offset x 和 Offset y 中输入 0，表示栅格不允许偏移。Top 和 Bottom 层会自动设置为 ALL Etch 层的值，因该两个层都属于电气层。

（5）以参考原点为中心，制作 Flash 异形焊盘。选择 Shape—Filled Shape 命令，在 Console 命令窗口，分别输入命令 x −1.4 y 0.65，x −0.3 y 0.65，x −0.3 y 0.45，x −1.2 y 0.45，x −1.2 y 0.2，x −1.4 y 0.2，x −1.4 y 0.65，即可完成左上角的整个 Shape 图形绘制。

（6）因 Flash 的图形是围绕参考原点的对称结构，坐标也是对称坐标，所以即可利用复制旋转的方式摆放剩余三个 Shape 图形。紧接着选择 Copy 命令，在右侧的 Find 选项卡中选择 Shape，在 Console 命令窗口中输入命令 x −1.4 y 0.65 并按回车键后刚才制作完成的 Shape 图形就会挂在鼠标上。

（7）右击选择 Mirror Geometry 镜像命令，然后选择 Rotate 旋转 180°后，在 Console 命令窗口中输入 x 1.4 y 0.65 并按回车键放下右上角 Shape 图形。同样的道理，使用 Mirror Geometry 镜像命令，然后选择 Rotate 旋转放左下角（x −1.4 y −0.65）和右下角（x 1.4 y −0.65）Shape 图形，完成的后的 Flash 图形如图 5.75 所示。

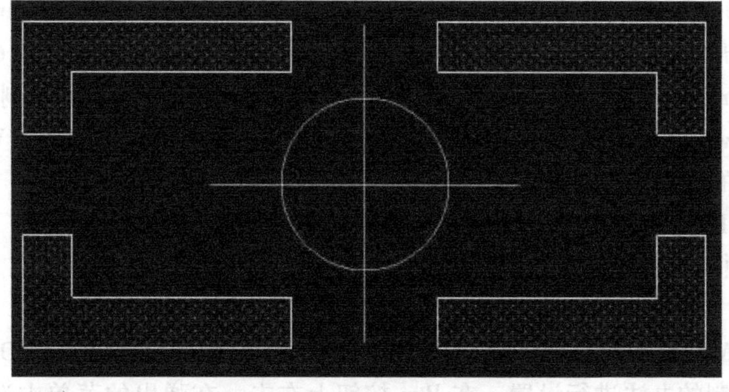

图 5.75　创建完成的 Flash 图形

（8）保存文件。单击 File—Save 命令保存文件 fsk0r6ew2r8h1r6iw2r4h0r9m. dra。单击 File—Create Symbol 命令创建 fsk0r6ew2r8h1r6iw2r4h0r9m. ssm 文件，命名后保存在元件库路径中。

3. 新建 2.4mm ×1.6mm 矩形焊盘

（1）打开 Pad Designer 软件，新建 psrew2r4h1r6rew1r6h0r8m. pad 矩形焊盘文件。在 Parameters 选项卡中设置单位为毫米，精度选择为 4，表示精确到小数点后 4 位。设置 Hole type 为 Recatangle Solt 矩形开孔。设置 Plating 为 Plated 孔壁上锡，设置 Solt size X 为 1.6，设置 Slot size Y 为 0.8，设置完成后如图 5.76 所示。

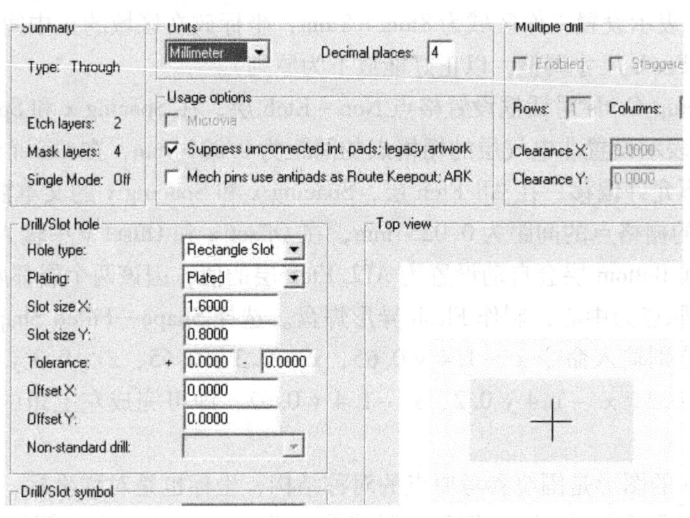

图 5.76　新建 2.4mm ×1.6mm 矩形焊盘

（2）打开 Layer 选项卡，在 BEGIN LAYER 层 Regular Pad 下拉列表框中选择 Rectangle 选项，表示焊盘的外形为矩形。在 Width 文本框中输入 2.4，表示矩形宽度为 2.4mm，在 Height 文本框中输入 1.6，表示宽度为 1.6mm。在 Thermal Relief 中下拉列表框中选择 Rectangle 选项，在 Width 文本框中输入 2.5，在 Height 文本框中输入 1.7。在 Anti Pad 中下拉列表框中选择 Rectangle 选项，在 Width 文本框中输入 2.6，在 Height 文本框中输入 1.8。

（3）DEFAULT INTERNAL 层，在 Regular Pad 下拉列表框中选择 Rectangle 选项，表示焊盘的外形为矩形。在 Width 文本框中输入 2.4，在 Height 文本框中输入 1.6。

（4）在 Thermal Relief 下拉列表框中选择 Flash，单击其后面的浏览按钮，找到 fsk0r4ew2r4h1r6iw2r0h1r2m. ssm 文件，单击 OK 按钮后该文件会被读取，Width 文本框和 Height 文本框中的数据软件会自动读取。

（5）SOLDERMASK_TOP 和 SOLDERMASK_BOTTOM 层，在 Regular Pad 下拉列表框中选择 Rectangle 选项，表示焊盘的外形为矩形。在 Width 文本框中输入 2.5，在 Height 文本框中输入 1.7。

（6）PASTEMASK_TOP、PASTEMASK_BOTTOM 和 BEGIN LAYER、END LAYER 参数相同，可以采用复制的办法进行设置。在 Bgn 按钮上右击，在弹出的菜单中选择 Copy，然后移动鼠标指针到 Bgn 列在 BEGIN LAYER、PASTEMASK_TOP、PASTEMASK_BOTTOM 处分别

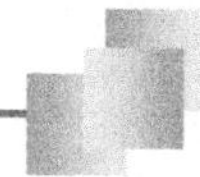

右击选择 Paste 粘贴，BEGIN LAYER 的数据就被复制到 END LAYER、PASTEMASK_TOP、PASTEMASK_BOTTOM 层内，如图 5. 77 所示。

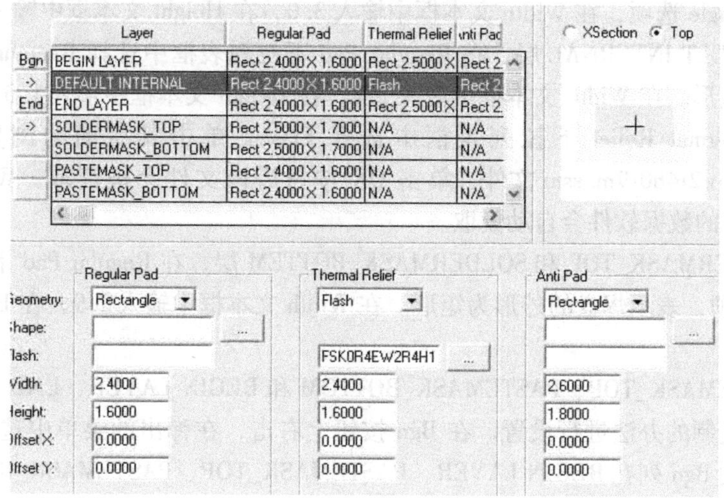

图 5. 77　输入焊盘各 Layer 信息

（7）保存焊盘文件。单击 File—Save 命令保存文件 psrew2r4h1r6rew1r6h0r8m. Pad。

5. 新建立 2. 8mm ×1. 3mm 矩形焊盘

（1）打开 Pad Designer 软件，新建 psrew2r8h1r3rew2r0h0r5m. pad 矩形焊盘文件。在 Parameters 选项卡中设置单位为毫米，精度选择为 4，表示精确到小数点后 4 位。设置 Hole type 为 Recatangle Solt 矩形开孔。设置 Plating 为 Plated 孔壁上锡，设置 Solt size X 为 2. 0，设置 Slot size Y 为 0. 5，设置完成后如图 5. 78 所示。

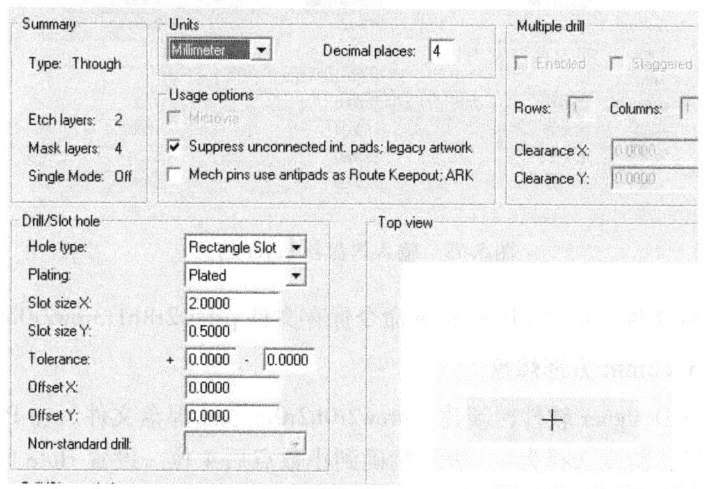

图 5. 78　新建 2. 8mm ×1. 3mm 矩形焊盘

（2）打开 Layer 选项卡，在 BEGIN LAYER 层 Regular Pad 下拉列表框中选择 Rectangle 选项，表示焊盘的外形为矩形。在 Width 文本框中输入 2. 8，表示矩形宽度为 2. 8mm，在

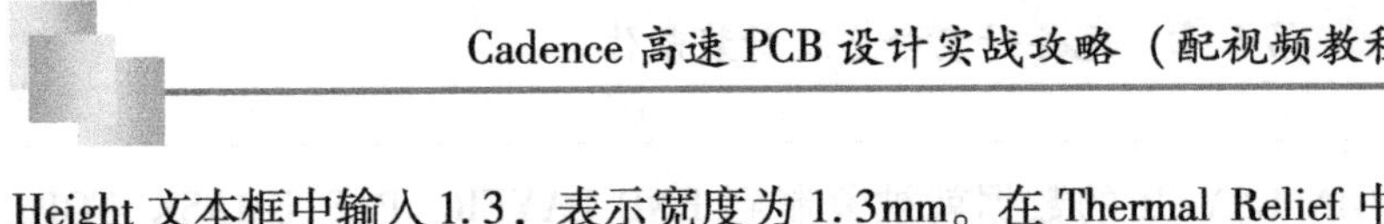

Height 文本框中输入 1.3，表示宽度为 1.3mm。在 Thermal Relief 中下拉列表框中选择 Rectangle 选项，在 Width 文本框中输入 2.9，在 Height 文本框中输入 1.4。在 Anti Pad 下拉列表框中选择 Rectangle 选项，在 Width 文本框中输入 3.0，在 Height 文本框中输入 1.5。

（3）DEFAULT INTERNAL 层，在 Regular Pad 下拉列表框中选择 Rectangle 选项，表示焊盘的外形为矩形。在 Width 文本框中输入 2.8，在 Height 文本框中输入 1.3。

（4）在 Thermal Relief 下拉列表框中选择 Flash，单击其后面的浏览按钮，找到 fsk0r6ew2r8h1r6iw2r4h0r9m. ssm 文件，单击 OK 按钮后该文件会被读取，Width 文本框和 Height 文本框中的数据软件会自动读取。

（5）SOLDERMASK_TOP 和 SOLDERMASK_BOTTEM 层，在 Regular Pad 下拉列表框中选择 Rectangle 选项，表示焊盘的外形为矩形。在 Width 文本框中输入 2.9，在 Height 文本框中输入 1.4。

（6）PASTEMASK_TOP、PASTEMASK_BOTTOM 和 BEGIN LAYER、END LAYER 参数相同，可以采用复制的办法进行设置。在 Bgn 按钮上右击，在弹出的菜单中选择 Copy，然后移动鼠标指针到 Bgn 列在 BEGIN LAYER、PASTEMASK_TOP、PASTEMASK_BOTTOM 处分别右击选择 Paste 粘贴，BEGIN LAYER 的数据就被复制到 GND LAYER、PASTEMASK_TOP、PASTEMASK_BOTTOM 层内，如图 5.79 所示。

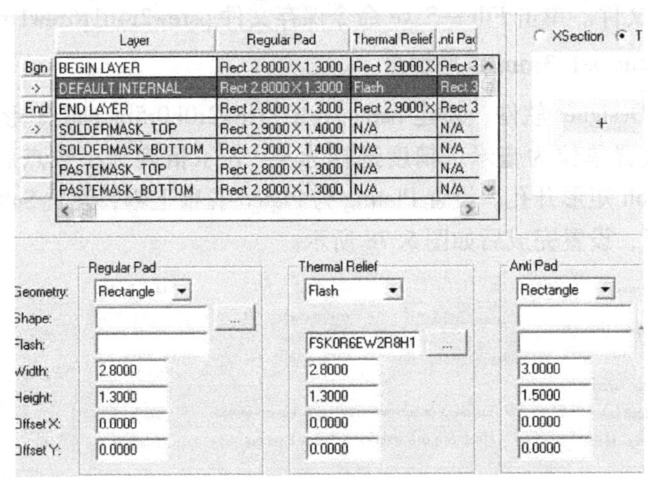

图 5.79　输入焊盘各 Layer 信息

（7）保存焊盘文件。单击 File—Save 命令保存文件 psrew2r8h1r3rew2r0h0r5m. pad。

6. 新建 2mm×2mm 方形焊盘

（1）打开 Pad Designer 软件，新建 pmrew2r0h2r0m. pad 焊盘文件。在 Parameters 选项卡中设置单位为毫米，精度选择为 4，表示精确到小数点后 4 位。设置 Hole type 为 Recatangle Solt 矩形开孔。设置 Plating 为 Non－Plated 孔壁不上锡，设置 Solt size X 为 2.0，设置 Slot size Y 为 2.0，设置完成后如图 5.80 所示。

（2）打开 Layer 选项卡，在 BEGIN LAYER 层 Regular Pad 下拉列表框中选择 Rectangle 选项，表示焊盘的外形为矩形。在 Width 文本框中输入 2.0，表示矩形宽度为 2.0mm，在

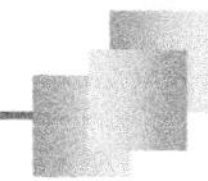

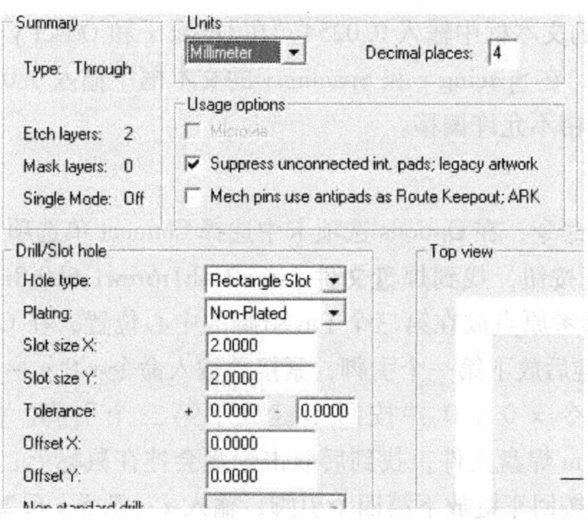

图 5.80　新建立 2mm×2mm 方形焊盘

Height 文本框中输入 2.0，表示宽度为 2.0mm。在 Thermal Relief 下拉列表框中选择 Rectangle 选项，在 Width 文本框中输入 2.0，在 Height 文本框中输入 2.0。在 Anti Pad 下拉列表框中选择 Rectangle 选项，在 Width 文本框中输入 2.0，在 Height 文本框中输入 2.0，如图 5.81 所示。

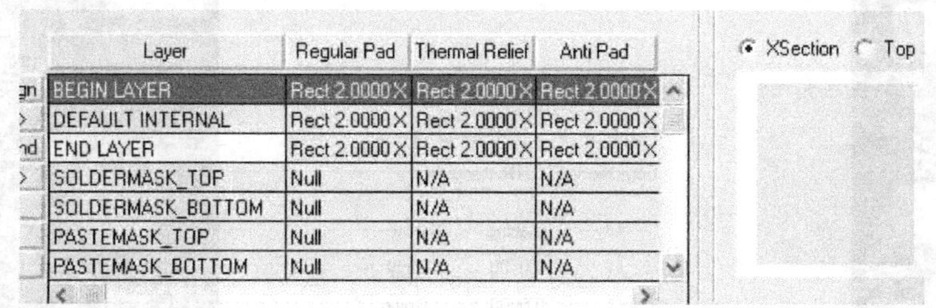

Layer	Regular Pad	Thermal Relief	Anti Pad
BEGIN LAYER	Rect 2.0000X	Rect 2.0000X	Rect 2.0000X
DEFAULT INTERNAL	Rect 2.0000X	Rect 2.0000X	Rect 2.0000X
END LAYER	Rect 2.0000X	Rect 2.0000X	Rect 2.0000X
SOLDERMASK_TOP	Null	N/A	N/A
SOLDERMASK_BOTTOM	Null	N/A	N/A
PASTEMASK_TOP	Null	N/A	N/A
PASTEMASK_BOTTOM	Null	N/A	N/A

图 5.81　以快捷方式输入各层信息

（3）DEFAULT INTERNAL、END LAYER、BEGIN LAYER 参数相同，可以采用复制的办法进行数据重复输入。

（3）保存焊盘文件。单击 File—Save 命令保存文件 pmrew2r0h2r0m. pad。

7. 新建封装文件

（1）打开 Allegro PCB Editor 对话框，选择 File—New 命令，选择 Drawing Type 图形类型为 Package symbol，名称为 pj003ba165. dra，如图 5.82 所示。单击 OK 按钮，进入 Symbol Creation Mode 封装环境模式。

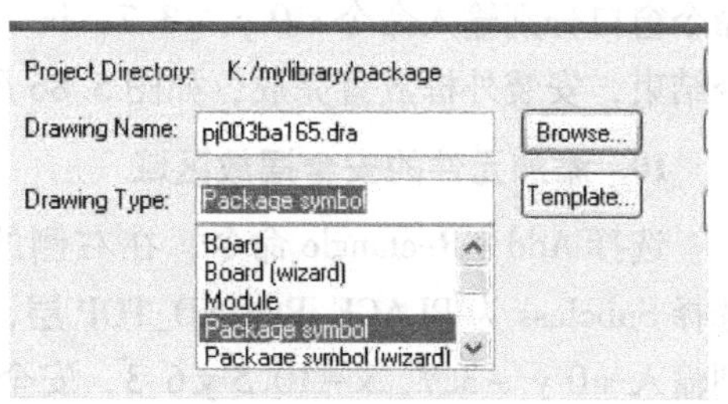

图 5.82　新建封装文件

（2）设置单位为毫米，设置图纸的区域 Width 为 30，Height 为 30，原点坐标放在 x −15，y −15 的位置上，表示的是设置工作区域为 30mm×30mm，坐标放在区域的正中间位置。打开 Setup Grids 对话框设置格点 Non－Etch 层，在

Spacing x 和 Spacing y 的文本框中输入 0.0254，在 Offset x 和 Offset y 中输入 0，表示栅格不允许偏移。All Etch 层，在 Spacing x 和 Spacing y 的文本框中输入 0.0254，在 Offset x 和 Offset y 中输入 0，表示栅格不允许偏移。

8. 摆放焊盘

选择 Layout—Pins 命令，在 Options 选项卡中选择 Connect 单选项，在 PadStack 文本框后面的浏览框中单击浏览按钮，找到焊盘文件 psrew2r4h1r6rew1r6h0r8m 后双击焊盘会挂在鼠标上。该元件制作中参考原点放在第三个 Pin 引脚的中心位置，在 Console 命令窗口输入命令 x 0 y 5.2 并按回车键后放下第一个引脚，紧接着输入命令 x 0 y -3.4 并按回车键后放下第二个引脚，输入命令 x 0 y 0 并按回车键放下第三个引脚。使用同样的方法选择 psrew2r8h1r3rew2r0h0r5m 焊盘文件，找到后双击焊盘会挂在鼠标上，在 Console 命令窗口输入 x -7.5 y -3.65 并按回车键放下第四个引脚，输入 x -7.5 y 6.25 并按回车键放下第五个引脚。选择菜单 Layout—Pins 命令，在 Options 选项卡中选择 Mechanical 单选项，在 PadStack 文本框后面的浏览框中单击浏览按钮，找到焊盘文件 pmrew2r0h2r0m，找到并双击焊盘会挂在鼠标上。在 Console 命令窗口输入 x -6.4 y 0 并按回车键摆放结构定位孔。摆放同一列焊盘、摆放结构定位孔的焊盘及摆放全部焊盘如图 5.83 至图 5.85 所示。

图 5.83 摆放同一列焊盘

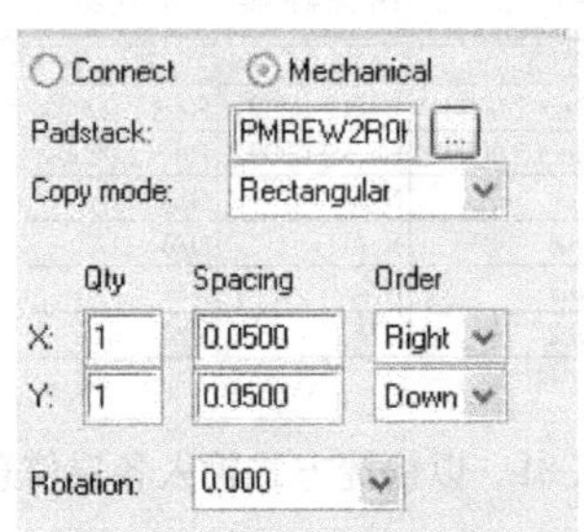

图 5.84 摆放结构定位孔的焊盘

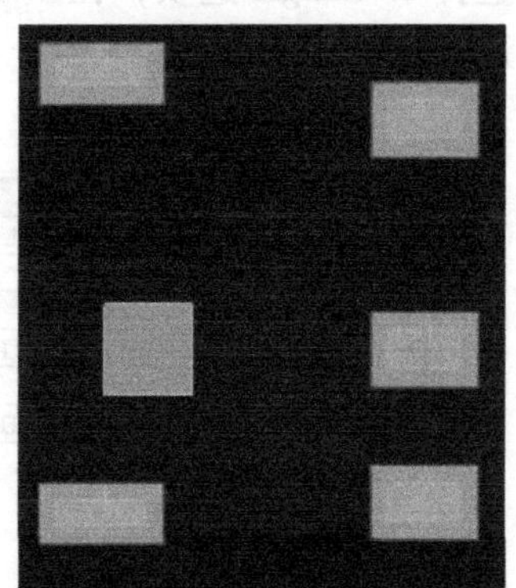

图 5.85 摆放全部焊盘后

9. 增加元件的安装外框 Assembly Top

选择 Add—Line 命令，在右侧的 Options 选项卡中选择 Class 为 Package Geometry，选择 Subclass 为 ASSEMBLY_TOP 层。使用命令摆放安装框（按照 10.5mm × 10mm）。在 Console 命令窗口分别输入命令 x 0 y -3.7，ix -10.5，iy 10，ix 10.5，iy -10，右键选择 Done 命令结束，安装外框放置完成，如图 5.86 所示。

10. 添加元件的安全摆放区域

选择 Add—Rectangle 命令，在右侧的 Options 选项卡中选择 Class 为 Package Geometry，选择 Subclass 为 PLACE_BOUND_TOP 层，使用命令来摆放安全区域。在 Console 命令窗口分别输入 x 0 y -3.7，x -10.5 y 6.3，安全区域即摆放完成。安全区域是矩形的，输入对角两个顶点即可生成一个区域。

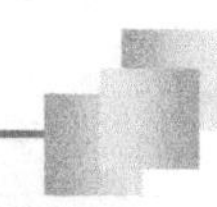

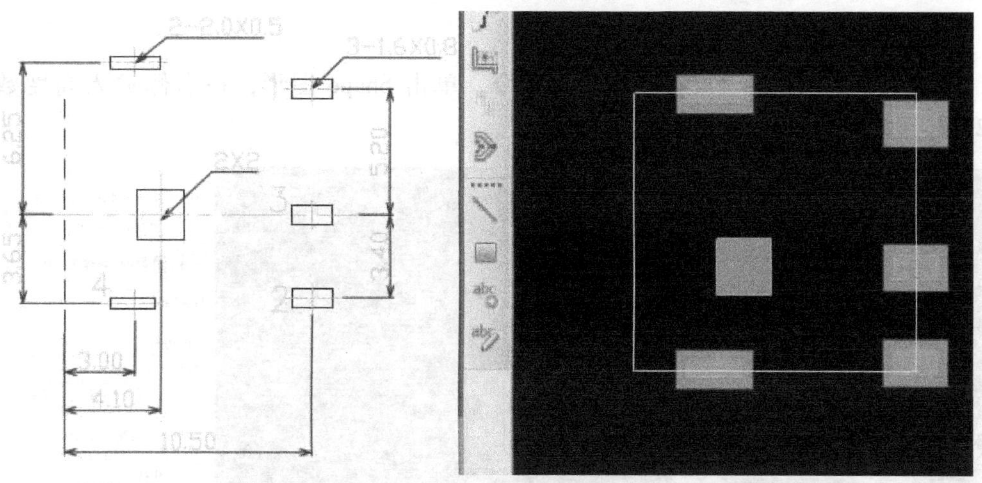

图 5.86　增加元件的安装外框

11. 添加元件丝印层

选择 Add—Line 命令，在右侧的 Options 选项卡内选择 Class 为 Package Geometry，Subclass 为 SILKSCREEN_TOP 层，放上元件丝印。丝印不用坐标计算获得，通过鼠标在元件周围齐着元件的焊盘画一个丝印即可。Silkscreen_Top 丝印的线宽不要为 0，可以设置为 0.1mm 或 5mil，完成后的丝印外框如图 5.87 所示。

12. 增加装配参考编号

单击 Layout—Labels—Refdes 命令，在 Options 选项卡中选择 Class 为 Ref_Des，Subclass 为 ASSEMBLY_TOP 层，单击元件确认位置（位置和将来元件的编号位置一致），输入 REF。

13. 增加丝印编号

单击 Layout—Labels—Refdes 命令，在 Options 选项卡中选择 Class 为 Ref_Des ，Subclass 为 SILKSCREEN _TOP 层，单击元件确认位置（位置和将来元件的编号位置一致），输入 REF，操作完成后如图 5.88 所示。

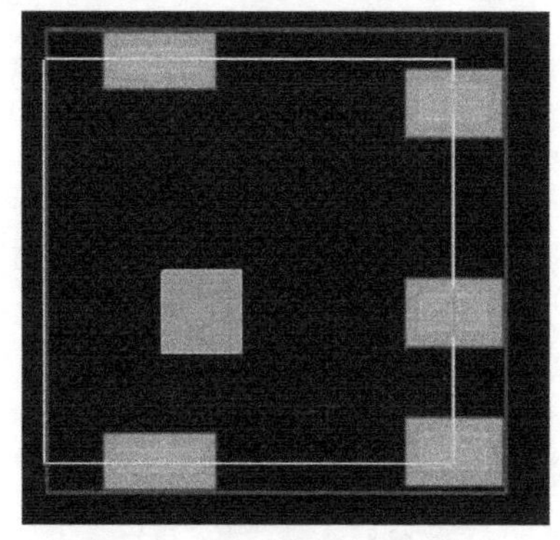
图 5.87　添加元件丝印层

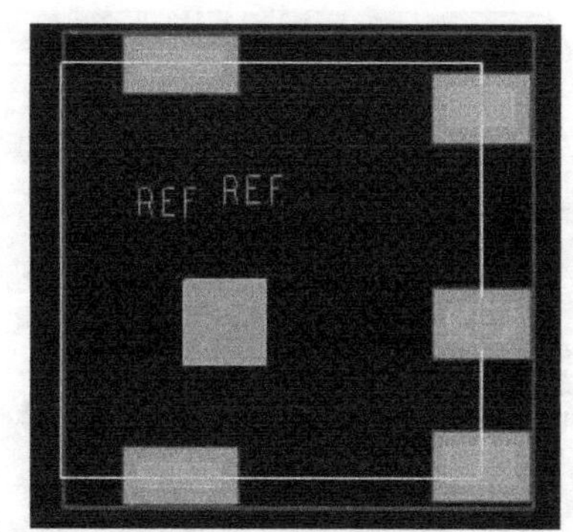

图 5.88　增加丝印编号

14. 增加元件高度

单击 Setup—Areas—Package Height 命令，单击 Shape 图形，在右侧输入高度数值为 7.2，操作完成后如图 5.89 所示。

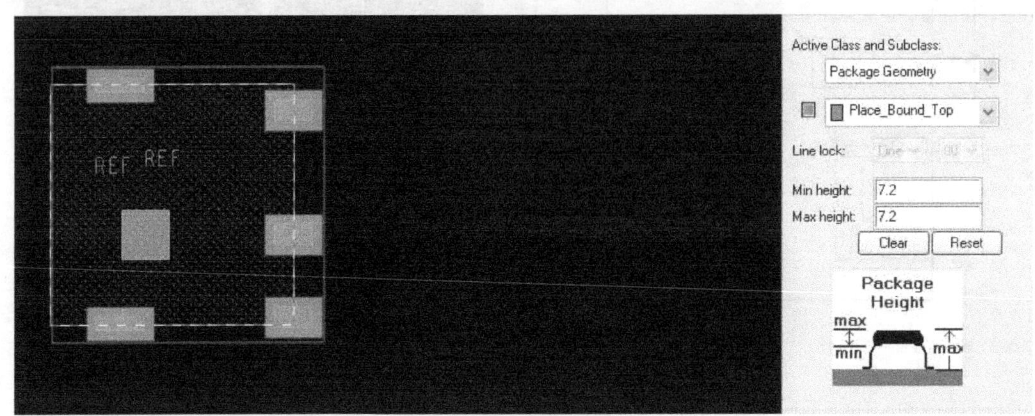

图 5.89　增加元件高度

15. 保存文件

选择 File—Save 命令保存当前的封装 pj003ba165 文件。选择 File— Create Symbol 命令创建 pj003ba165. psm 封装文件，选择保存路径到库路径文件中（Cadence 15.7 以上的版本中保存 pj003ba165. dra 后，系统会默认创建 pj003ba165. psm 封装数据库文件）。

5.10　实例：圆形锅仔片封装制作

（1）圆形锅仔片的中间有一个凸点接触面，边上有三个点接触面，故称圆四点或边三点圆形弹片，锅仔片用超薄和超硬的不锈钢材料制成。主要应用于薄膜开关、微型开关、PCB 等产品中。锅仔片的薄膜按键上的金属弹片位于 PCB 上的导电部位，当受到按压时弹片的中心点下凹，接触到 PCB 上的线路，从而形成回路，电流通过，整个产品得以正常工作。其实物和尺寸如图 5.90 和图 5.91 所示。

图 5.90　圆形锅仔片实物

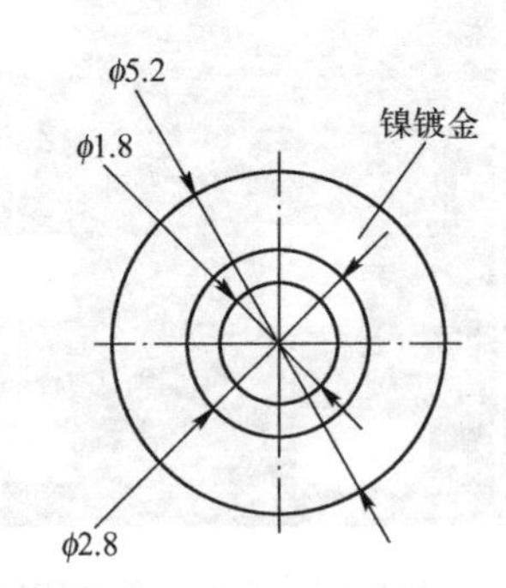

图 5.91　圆形锅仔片尺寸信息

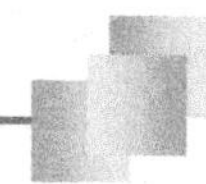

（2）锅仔片的内圆焊盘直径为 1.8mm，外圆焊盘直径为 5.2mm，外圆隔离圆直径为 2.8mm。这样的元件需要做两个 Shape，然后用 Shape 制作焊盘。打开 Allegro PCB Editor 对话框，选择 File—New 命令，Drawing Type 选择 Shape symbol，新建 Shape 文件，命名为 sc1r8m.dra，单击 OK 按钮后进入 Shape Symbol 编辑环境，如图 5.92 所示。

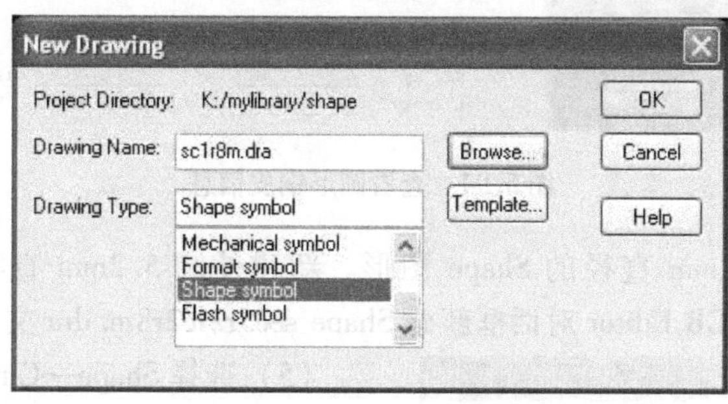

图 5.92　新建 Shape 文件

设置单位为毫米，设置图纸的区域 Width 为 8，Height 为 8，原点坐标放在 x -4，y -4 的位置上，坐标放在区域的正中间位置（工作区域根据需要绘制的 Flash 尺寸调整，以正好能放下为原则）。打开 Setup Grids 对话框设置格点 Non - Etch 和 All Etch 层，在 Spacing x 和 Spacing y 的文本框中输入 0.0254，在 Offset x 和 Offset y 中输入 0，表示栅格不允许偏移。

（3）选择 Shape—Circular 命令，在 Options 选项卡中设置 Class 为 Etch，Subclass 为 Top，在 Console 命令窗口输入 x 0 y 0 并按回车键放下圆心的坐标，然后输入 x 0.9 y 0 并按回车键放下圆的半径后即制作完成。也可以单击 Show Element 按钮来检查制作是否有错误。绘制完成的圆形铜皮如图 5.93 所示，圆形铜皮的信息如图 5.94 所示。

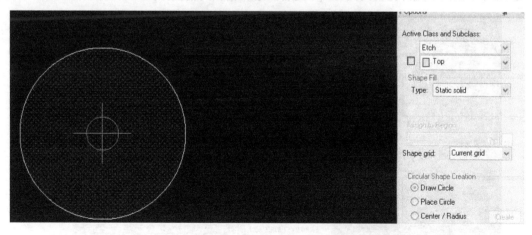

图 5.93　绘制完成的圆形铜皮

（3）使用上述方法，制作 SolderMask 的 Shape，SolderMask 要比正规焊盘大 0.1mm，打开 Allegro PCB Editor 对话框新建 Shape sc1r9m.dra 文件。选择 Shape—Circular 命令，在 Options 选项卡中选择 Class 为 Etch，Subclass 为 Top，在命令行输入 x 0 y 0 并按回车键放下圆心的坐标，然后输入 x 0.95 y 0 并按回车键就制作完成。

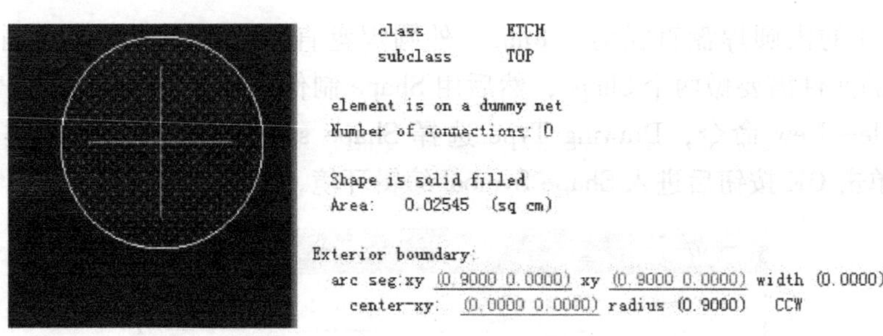

图 5.94　查看圆形铜皮信息

（4）新建外圆 5.2mm 直径的 Shape 图形。新建外圆 5.2mm 直径，外圆隔离圆直径 2.8mm，打开 Allegro PCB Editor 对话框新建 Shape sec5r2ic2r8m. dra 文件，如图 5.95 所示。

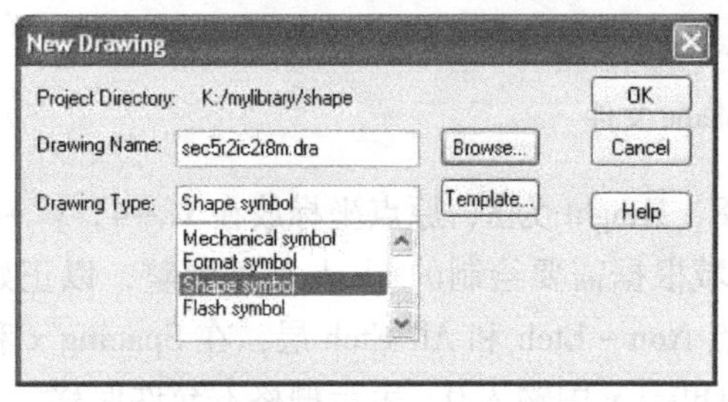

图 5.95　新建外圆 5.2mm 直径的 Shape 图形

（5）选择 Shape—Circular 命令，在 Options 选项卡中选择 Class 为 Etch，Subclass 为 Top 层，在命令行输入 x 0 y 0 并按回车键放下圆心的坐标，然后输入 x 2.6 y 0 并按回车键，放下圆的半径后右键选择 Done 命令完成绘制。紧接着选择 Shape—Void Circle 命令挖孔中间的区域，用鼠标指针在要挖空的 Shape 上单击，选择要挖空的 Shape 图形，输入挖空的圆心坐标 x 0 y 0 并按回车键，然后输入半径坐标 x 1.4 y 0 并按回车键即完成挖空。

（6）假设需要保存文件单击保存按钮，就会发现系统会报告一个错误，这个错误的原因是 Allegro 里面不允许完整封闭 Shape 闭合图形，错误的情况如图 5.96 所示。

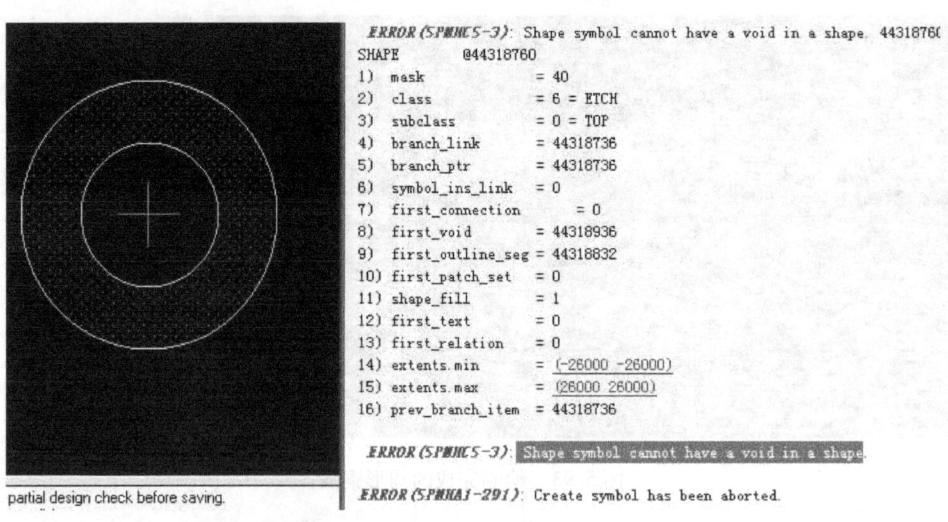

图 5.96　查看错误提示

（7）解决封闭 Shape 的办法是在 Shape 上挖空一个小的区域，不形成完整的图形即可。选择 Shape—Void Rectangular 命令，用鼠标指针在要挖空的 Shape 上单击。输入命令

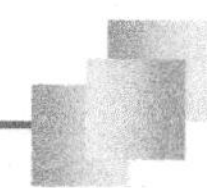

x 0 y 0.01 定位矩形挖空区域的第一个点回车后再次输入 x 3 y －0.01 即可完成一个小切口的切割，如图 5.97 所示。经过切割之后再次保存就无任何错误，保存制作好的 Shape 文件。

图 5.97　切割一个小切口

（8）使用上述方法制作 SolderMask 的 Shape，SolderMask 要比规矩焊盘大 0.1mm，打开 Allegro PCB Editor 对话框新建 Shape sec5r3ic2r7m.dra 文件。在 Console 窗口输入命令 x 0 y 0 放下圆心的坐标回车，然后输入 x 2.65 y 0 放下圆的半径回车完成放置。紧接着选择 Shape—Void Circle 命令来挖孔中间的区域，用鼠标指针在要挖空的 Shape 上单击，选择当前的 Shape，输入挖空的圆心坐标 x 0 y 0，半径坐标 x 1.35 y 0 回车后放好挖空好区域。保存制作好的 Shape 文件。

（9）打开 Pad Designer 对话框新建焊盘文件 psc1r8m.pad，设单位为毫米，选择 Single layer mode 单面焊盘模式，BEGIN LAYER 使用 Shape SC1R8M，SOLDERMASK_TOP 使用 Shape SC1R9M，PASTEMASK_BORROM 使用 Shape SC1R8M，设置好后选择保存焊盘文件如图 5.98 所示。

注意：

要设置好焊盘 shape 图形的路径，否则浏览不到自己制作的 Shape 文件，要提前设置好路径，才能找到文件。

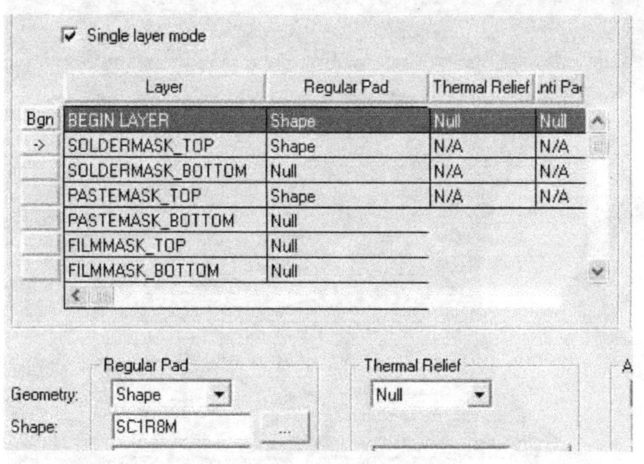

图 5.98　加载 Shape 图形文件

（10）打开 Pad Designer 对话框新建焊盘文件 psec5r2i2r8m.pad，设置单位为毫米，选择 Single layer mode，BEGIN LAYER 使用 Shape sec5r2ic2r8m，SOLDERMASK_TOP 使用 Shape sec5r3ic2r7m，PASTEMASK_BOTTOM 使用 sec5r2ic2r8m，设置好后保存焊盘文件。

（11）打开 Allegro PCB Editor 对话框，新建 Package 封装文件 gzpec5r2i1r8m.dra，选择

Layout—Pin 命令，在 Options 选项卡中选 Connect，在 Padstack 中选择 PSEC5R2I2R8M 后，焊盘会挂载在鼠标指针上，如5.99 所示。在 Console 窗口输入坐标 x 0 y 0 后放置焊盘，同理选择 PSC1R8M 焊盘，在 Console 窗口输入坐标 x 0 y 0 放置。放好引脚之后，如图 5.100 所示。

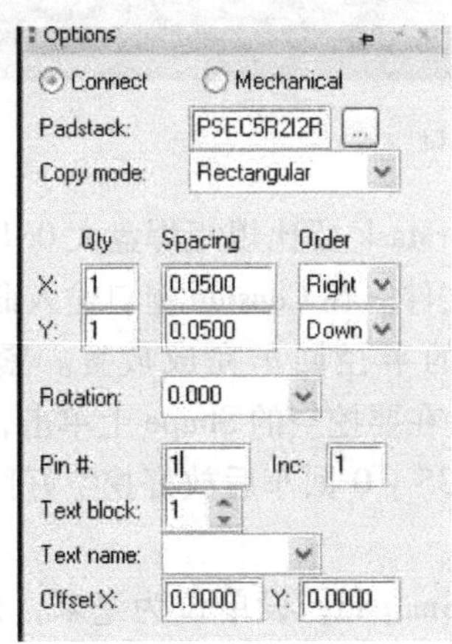

图 5.99　添加焊盘

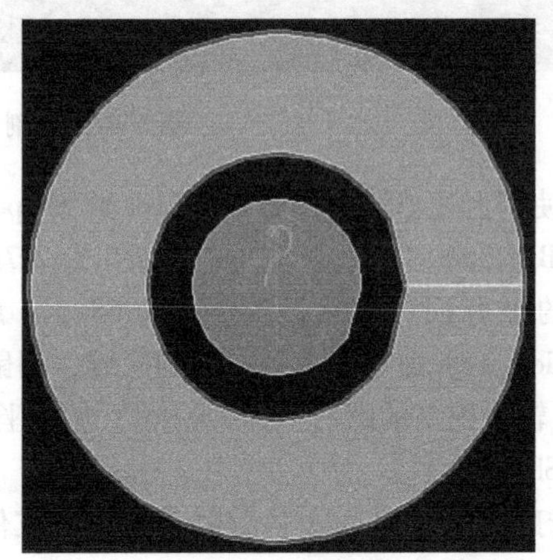

图 5.100　摆放焊盘

（12）选择 Add—Circle 命令，在 Options 选项卡中选择 Class 为 Package Geometry，选择 Subclass 为 Assembly_Top 层。在 Console 窗口输入圆心 x 0 y 0，输入半径 x 2.6 y 0，如图 5.101 所示。

图 5.101　增加元件的安装外框

（13）添加元件丝印层。选择 Add—Circle 命令，在 Options 选项卡中选择 Class 为 Package Geometry，Subclass 为 Silkscreen_Top 层，放上元件丝印。在 Console 窗口，分别输入坐标 x 0 y 0，x2.7 y 0，放置丝印（Silkscreen_Top 丝印的线宽度不要为 0，可以设置为 0.1mm 或 5mil）。

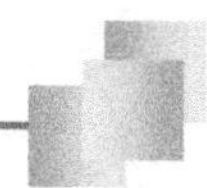

（14）添加元件的安全摆放区域。选择 Shape—Circle 命令，在 Options 选项卡中选择 Class 为 Package Geometry，Subclass 为 Place_Bound_Top 层，使用命令来摆放安全区域。在 Console 窗口，输入圆心坐标 x 0 y 0 回车，输入半径坐标 x 2. 6 y 0，右键选择 Done 后完成操作。

（15）增加装配参考编号。选择 Layout—Labels—Refdes 命令，在 Options 选项卡中选择 Class 为 Ref_Des，Subclass 为 Assembly_Top 层，用单击元件确认位置（位置和将来元件的编号位置一致），输入 REF。

（16）增加丝印编号。选择 Layout—Labels—Refdes 命令，在 Options 选项卡中选择 Class 为 Ref_Des Sub，Class 为 Silkscreen _Top 层，用单击元件确认位置（位置和将来元件的编号位置一致），输入 REF。

（17）增加元件高度，选择 Setup—Areas—Package Height 命令，单击 Shape 图形，输入高度数值 0. 40mm。至此，这个封装算完全做好，保存封装如图 5. 102 所示。

（18）保存文件。选择 File—Save 命令保存当前的封装 psec5r2i2r8m. dra 文件。选择 File—Create Symbol 命令创建 psec5r2i2r8m. psm 封装数据文件。

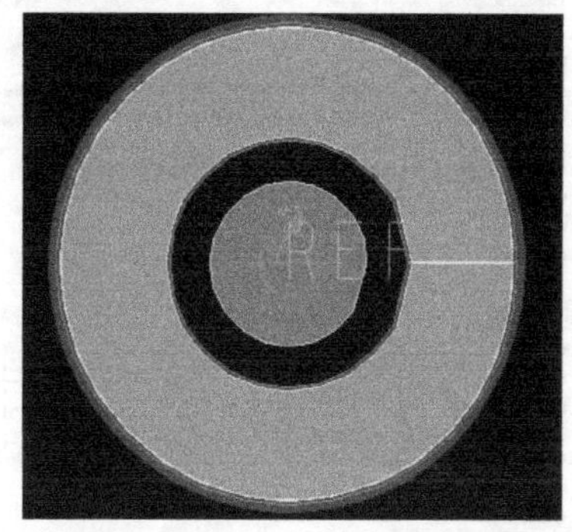

图 5. 102　圆形锅仔片封装创建完成

5. 11　实例：花状固定孔的制作办法

（1）假设 PCB 需要安装如图 5. 103 所示的螺丝，那么 PCB 固定钻孔直径要做成 3. 1mm，外侧的焊盘要做成 5. 5mm，这样才能保证螺丝帽能装上。螺丝帽的部分可以做成有铜箔的焊盘，这样可以方便接地，接下来讲解制作此种螺丝固定孔的步骤。

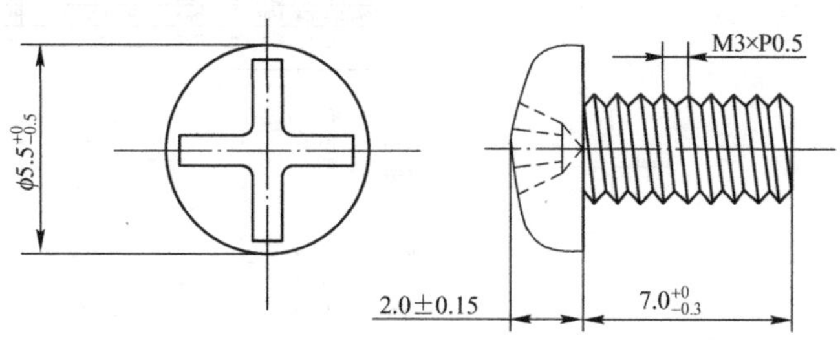

图 5. 103　固定孔尺寸信息

（2）打开 Pad Designer 对话框，在 Parameters 选项卡中设置单位为毫米，Hole type 设置为 Circle Drill 圆形开孔。Plating 设置为 Non - Plated 孔壁不上锡，Drill diameter 设置为 3. 1。在 Layers 选项卡中 BEGIN LAYER、DEFAULT INTERNA、END LAYER 层中 Regular Pad 设置成 Circle 5. 5，Thermal Relief 设置成 Circle 5. 6，Anti Pad 设置成 Circle 5. 6。SOLDERMASK_TOP、SOLDERMASK _ BOTTOM 层中 Regular Pad 设置成 Circle 5. 6，PASTEMASK _ TOP、PASTEMASK_BOTTOM 层中 Regular Pad 设置成 Circle 5. 5。设置好检查无错误后，保存文件为 pmc5r5d3r1m. pad，设置完成的截图如图 5. 104。

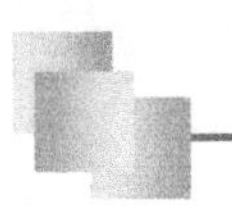

（3）为了定位孔比较牢固拧螺丝不至于将焊盘拧掉，可以在其周围环绕做一些小机械孔以便增加牢固程度。打开 Pad Designer 对话框，做一个直径为 0.5mm 的圆形固定孔，设置孔壁不上锡，操作方法和和上面相同，该钻孔不要焊盘，所以就不用制作外侧的焊盘，孔的直径和焊盘的直径设置成一样的尺寸。设置好检查无错误后，保存文件为 pmc0r5m. pad。设置完成的截图如图 5. 105 所示。

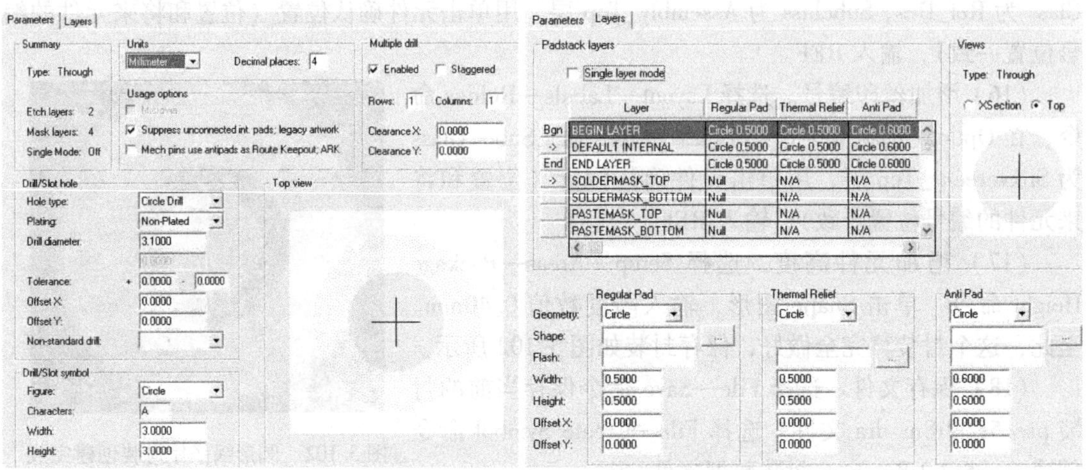

图 5. 104　创建花状固定孔的的焊盘制作设置

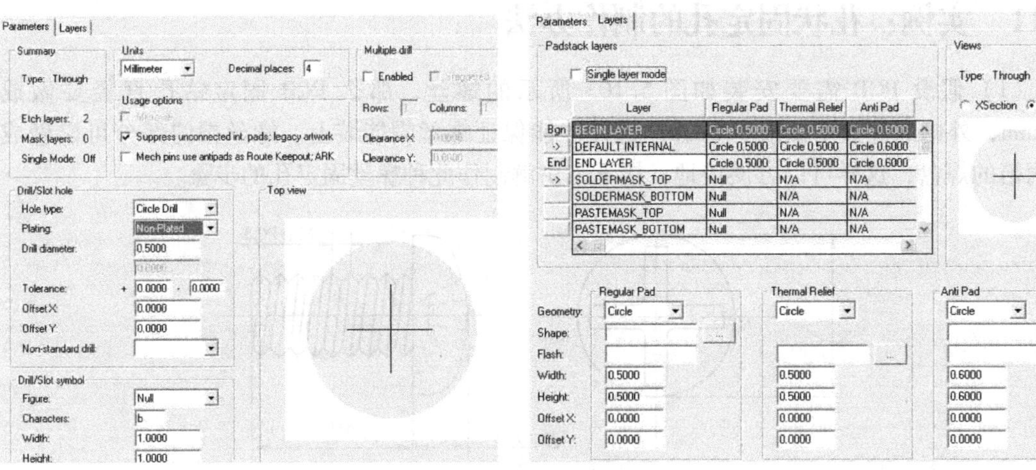

图 5. 105　创建小机械孔

（4）新建封装文件。打开 Allegro PCB Editor 对话框，选择 File—New 命令，选择 Drawing Type 图形类型为 Mechanical Symbol，名称为 mc5r5d3r1m. dra。单击 OK 按钮后进入 Symbol Creation　Mode 机械图形编辑环境。设置单位为毫米，设置图纸的区域，设置格点 Non - Etch 和 All Etch 层，在 Spacing x 和 Spacing y 的文本框中输入 0. 0254。

（5）选择 Pin 命令，在 Options 选项卡 PadStack 中找到 pmc5r5d3r1 焊盘文件，当焊盘文件挂载在鼠标上之后，在 Console 窗口命令行输入 x 0 y 0，在原点的位置放下焊盘。

（6）选择 Pin 命令，在 Options 选项卡 Padstack 中找到 pmc0r5m 焊盘文件，Copy mode 设置成 Polar，代表进行极坐标放置。Copies 设置成 10，代表要环绕放置 10 个，Angle inc 设

置成 36，代表角度增量为 36°，在 Console 窗口输入 x 0 y 0，放下环绕的中心点，然后再输入 x 2.2 y 0，代表要放下焊盘的坐标，按回车键以后 10 个焊盘都已经放好。单击保存按钮后该 Mechanical 图形文件的就已经制作完成，如图 5.106 和图 5.107 所示。

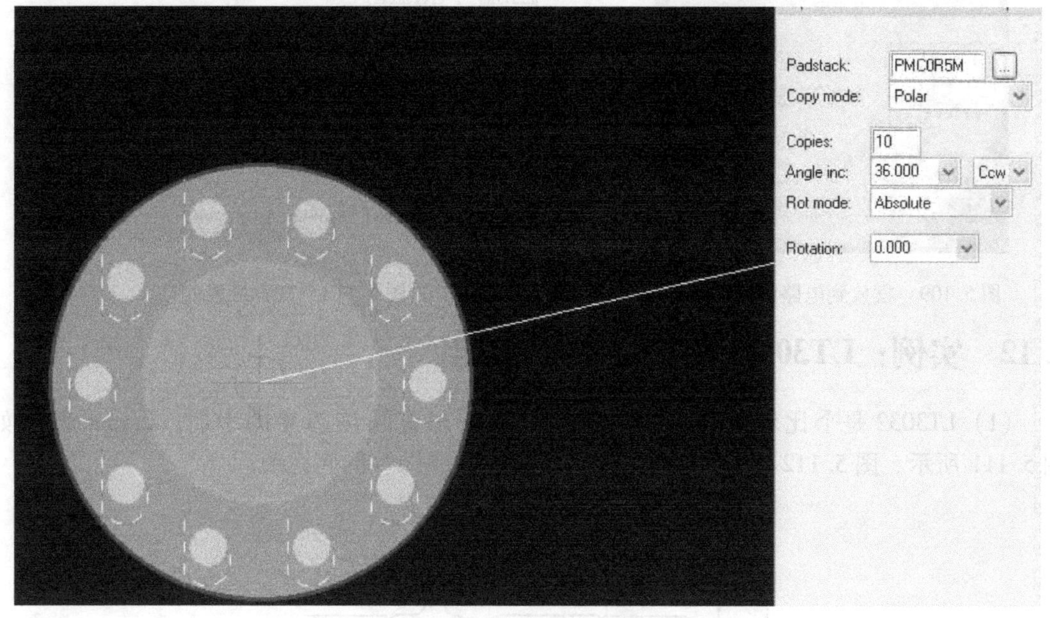

图 5.106　摆放小机械孔

（8）验证。设置好 psmpath 路径之后，新建一个 board 文件，选择 Place—Manually 命令，选择 Mechanical Symbols 选项，找到 MC5R5D3R31M 后就可将其摆放在工作区域内，如图 5.108 所示。可以通过属性来测量文件是否存在问题，是否符合设计要求。

摆放到电路板中的效果和封装信息如图 5.109 和图 5.110 所示。

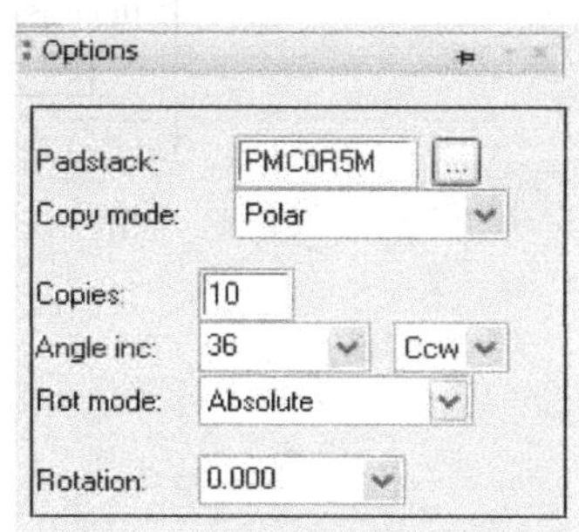

图 5.107　Options 选项选择极坐标

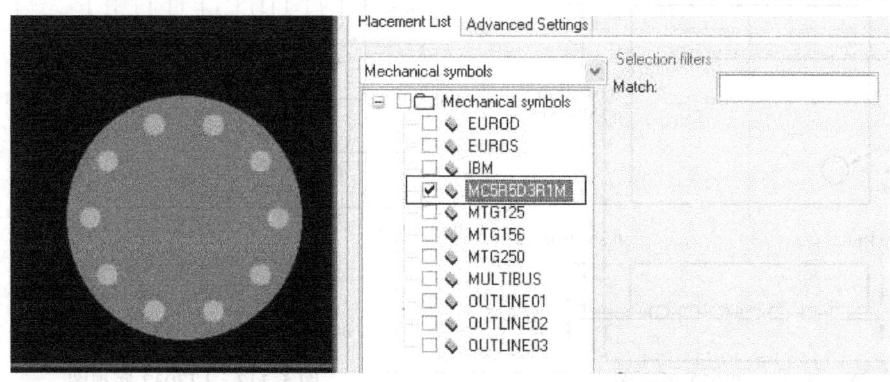

图 5.108　manually 命令手动进行机械元件摆放

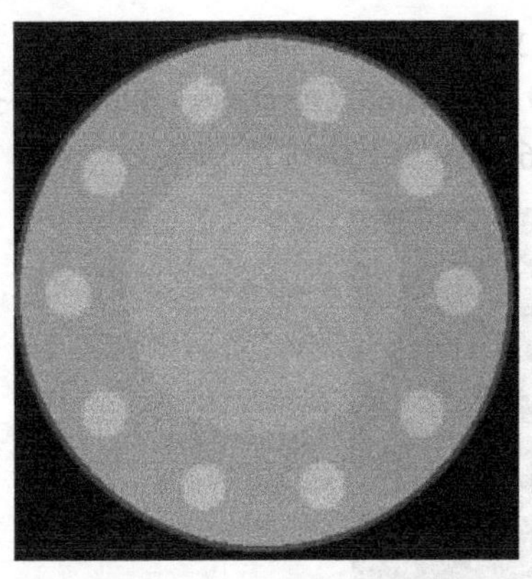

图 5.109　摆放到电路板中的效果

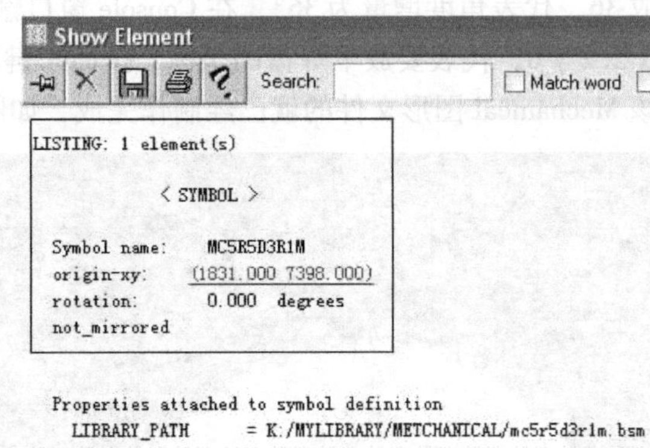

图 5.110　查看封装信息

5.12　实例：LT3032 DE14MA 封装制作

（1）LT3032 是个比较特殊的芯片封装，首先来查阅该芯片的手册，Layout 截图如图 5.111 所示，图 5.112 是芯片的顶视图，图 5.113 是芯片的底视图。

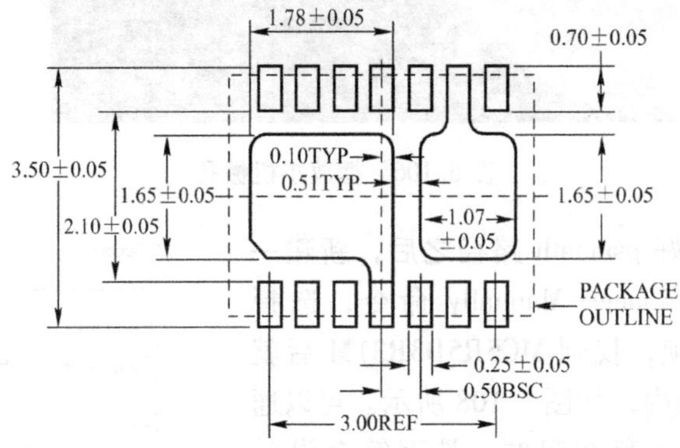

图 5.111　LT3032 封装信息

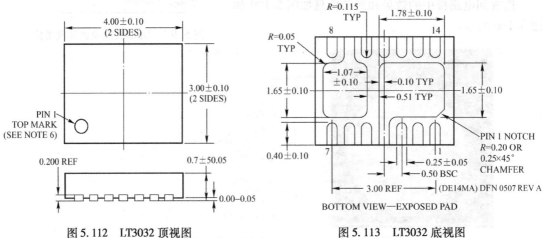

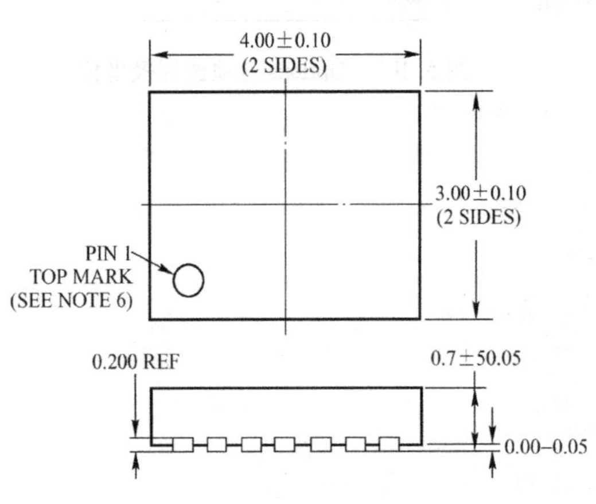

图 5.112　LT3032 顶视图

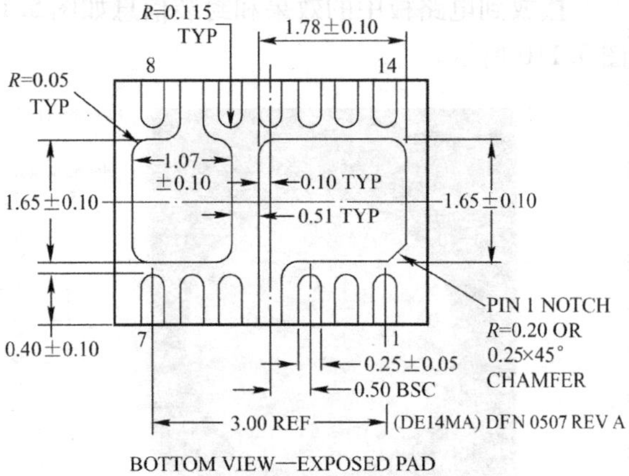

R=0.115
TYP
1.78±0.10
8
14
R=0.05
TYP
1.07
±0.10
0.10 TYP
1.65±0.10
0.51 TYP
1.65±0.10
PIN 1 NOTCH
R=0.20 OR
0.25×45°
CHAMFER
0.40±0.10
7
1
0.25±0.05
0.50 BSC
3.00 REF
(DE14MA) DFN 0507 REV A
BOTTOM VIEW—EXPOSED PAD

图 5.113　LT3032 底视图

（2）从手册分析，LT3032 DE14MA 封装内有 3 个焊盘，分别为 $w = 0.25$mm，$h = 0.75$mm 的矩形焊盘和 2 个异形 Shape 焊盘，制作该芯片比较困难的地方就是 2 个异形的 Shape 焊盘制作。

① 右侧 4 脚 Shape 的宽度为 1.78mm、高度为 1.65mm，下侧的部分是 0.7mm + (2.1 − 1.65)/2 = 0.925mm，整个 Shape 的高度 $H = 0.925 + 1.65 = 2.575$mm，在制作该 Shape 时参考原点放在下面 4 脚处的中心位置。

② 左侧 9 脚宽度为 1.07mm 的异形 Shape，焊盘的高度为 1.65mm，上面的引脚处部分是对称结构，高度是 0.925mm，整个 Shape 的高度是 2.575mm，在制作该 Shape 时参考原点放在下面 9 脚处的中心位置。芯片的封装数据计算完成以后，首先要着手做这 2 个异形焊盘。另外，也需要做 2 个比这 2 个 Shape 图形大 0.1mm 的 Shape，作为 SOLDERMASK_TOP 阻焊层的焊盘。

（3）打开 Allegro PCB Editor 对话框，新建 Shape Symbol 文件为 Shapew1r78h2r575m. dra，设置单位为毫米，设置工作区域大小，设置栅格点为 0.0254。选择 Shape—Filled Shape 命令，在 Options 选项卡中选择 Class 为 etch，Subclass 为 Top，在 Console 窗口输入坐标 x −0.125 y −0.25，ix 0.25，iy 2.575，ix −1.78，iy −1.65，ix 1.53，iy −0.925，完成 Shape 图形的绘制。说明如下，Shape 采用直角尺寸，因为手册中没有给出角度，所有焊盘采用直角尺寸，直角尺寸的焊盘使用也没有问题。绘制完成的 Shape 图形如图 5.114 所示。

此外可以对 Shape 图形进行倒角处理，这样做出来的 Shape 图形就比较圆滑。选择 Shape Edit 模式，将鼠标指针放在 Shapes 上选中，右击选择 Trim Corners 命令（Options 选项卡中 Corners 选择 Round，Trim 设置成 0.05），此时 Shape 图形的边角就被进行了圆滑倒角处理，处理后的效果如图 5.115 所示。

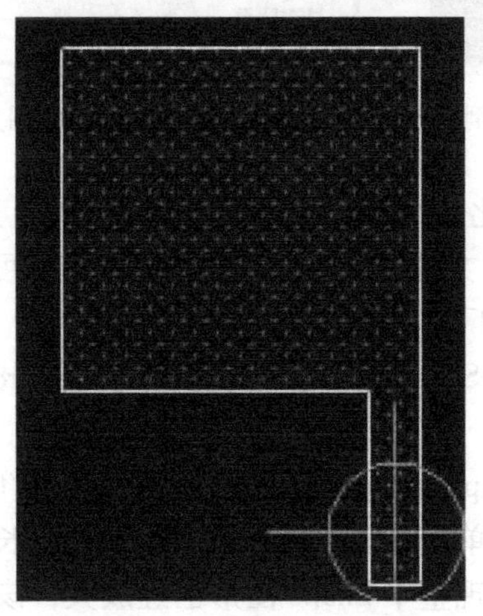

图 5.114　新建 Shape 直角图 1

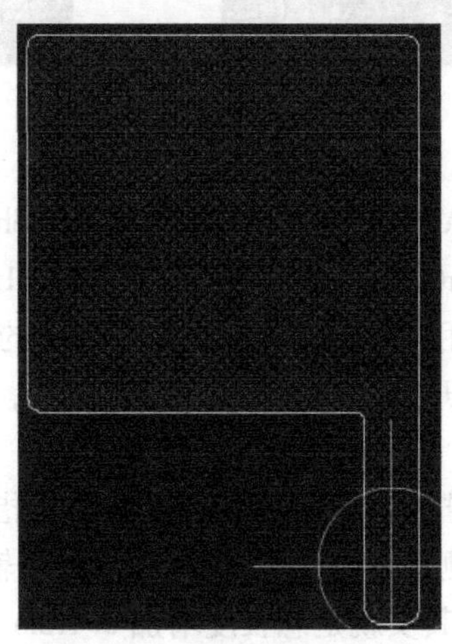

图 5.115　新建 Shape 倒角图 1

确认没有错误后，单击保存按钮，保存做好的 Shape 文件，如图 5.116 所示。

（4）打开 Allegro PCB Editor 对话框，新建 Shape Symbol 文件 Shapew1r88h2r675m. dra，设置单位为毫米，设置绘图区域，设置格点为 0.0254，选择 Shape—Filled Shape 命令，在

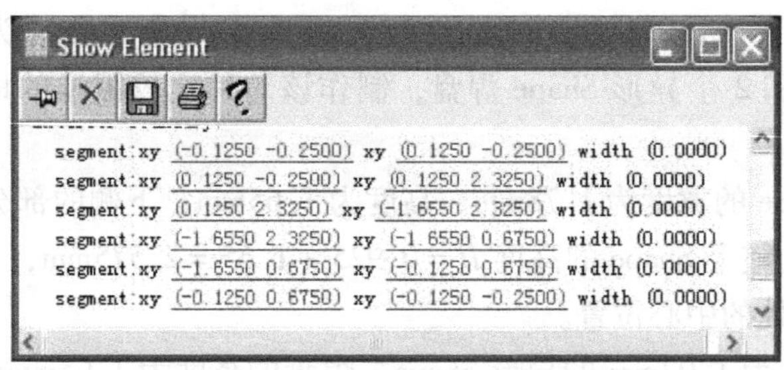

图 5.116 新建坐标图文件 1

Options 选项卡中选择 Class 为 Etch，Subclass 为 Top，在 Console 窗口输入坐标 x -0.175 y -0.30，ix 0.35，iy 2.675，ix -1.88，iy -1.75，ix 1.53，iy -0.925，完成 Shape 图形的绘制。绘制完成的 Shape 图形如图 5.117 所示。

此外，可以对 Shape 图形进行倒角处理，操作的方法同上，倒角后图形的边角就被进行了圆滑处理，处理后的效果如图 5.118 所示。

确认没有错误之后，单击保存按钮保存做好的 Shape 文件，如图 5.119 所示。

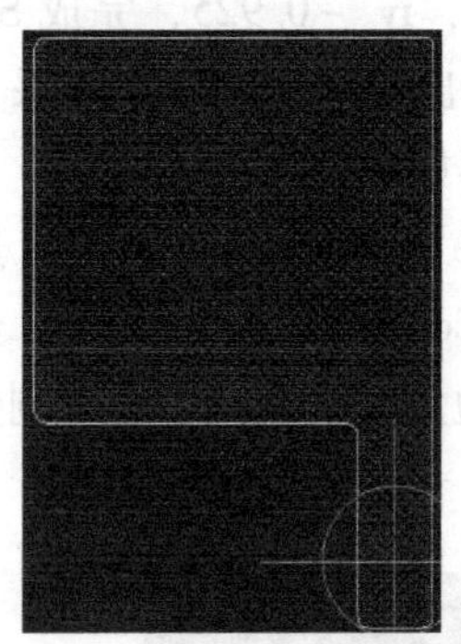

图 5.117 新建 Shape 直角图 2

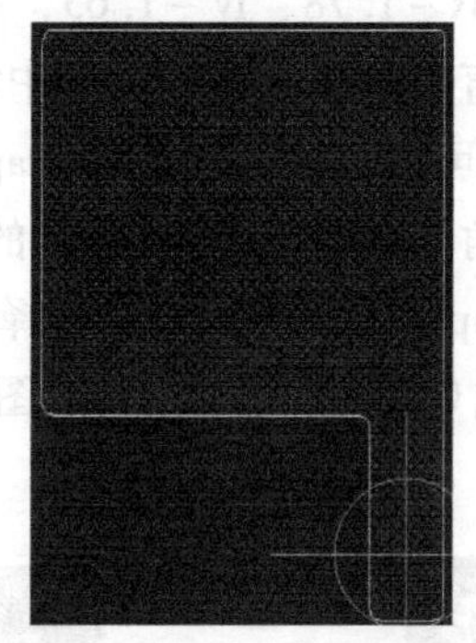

图 5.118 新建 Shape 倒角图 2

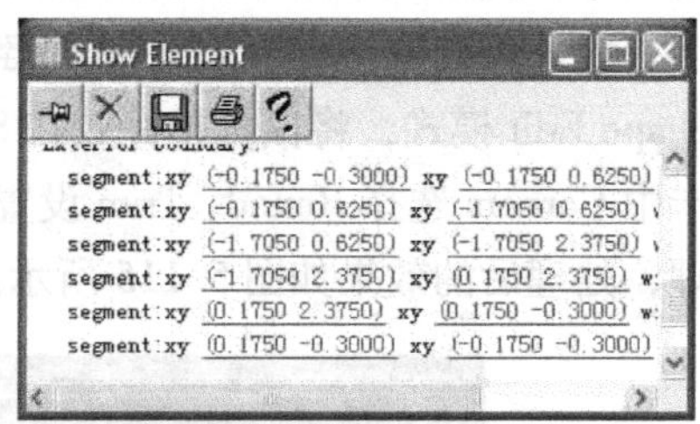

图 5.119 新建坐标图文件 2

（5）Allegro 也支持对某一个 Shape 按照比例放大/缩小的操作，如上述的 Shapew1r88h2r675m 文件，可以在 Shapew1r78h2r575m 文件的基础上进行放大。这样可以加快设计的，不用再次输入坐标文件，具体的操作方法如下。

① 打开 Shapew1r78h2r575m 文件，选择 File—Save As 命令，另存为 Shapew1r88h2r675m 文件。

② 选择 Shape Edit 模式，将鼠标指针放在 Shapes 上选中，右击选择 Expand/Contract 命令，在右侧的 Options 选项卡文本框中输入 0.05，单击 + 按钮，表示 Shapes 边缘长度均增加 0.05mm，其实就是总长度增加 0.1mm。此时会发现整个 Shape 图形已经放大，该操作相对来说比较简单，推荐使用该方法，如图 5.120 所示。

③ 确认没有错误之后，单击保存按钮，保存做好的 Shape 文件，如图 5.121 所示。

（6）打开 PCB Editor 对话框，新建 Shape 文件 Shapew1r07h2r575m.dra，设置单位为毫米，设置绘图区域，设置格点为 0.0254，选择 Shape—Filled Shape 命令，在 Options 选项卡中选择 Class 为 Etch，Subclass 为 Top，在 Console 窗口输入坐标 x -0.125 y 0.35，ix 0.25，

iy -0.925，ix 0.445，iy -1.65，ix -1.07，iy 1.65，ix 0.375，iy 0.925 回车完成 Shape 图形的绘制。确认没有错误之后，单击保存按钮，保存做好的 Shape 文件，如图 5.122 所示。绘制完成的 Shape 图形如图 5.123 所示，同理可以使用 Trim Corners 命令对 Shape 图形进行倒角，操作方法同上。

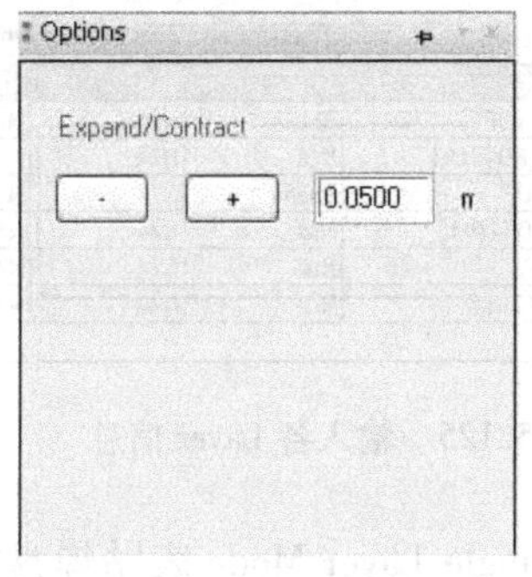

图 5.120 Options 选项卡

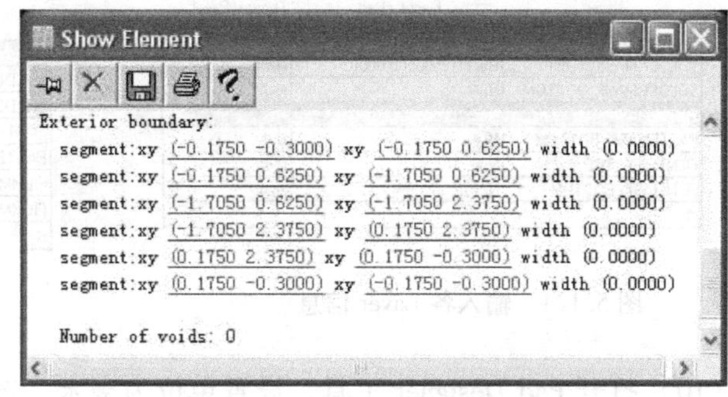

图 5.121 完成后的 Shape 坐标 1

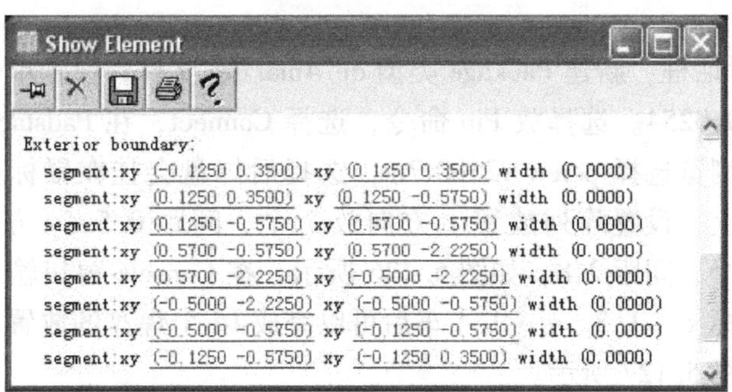

图 5.122 完成后的 Shape 坐标 2

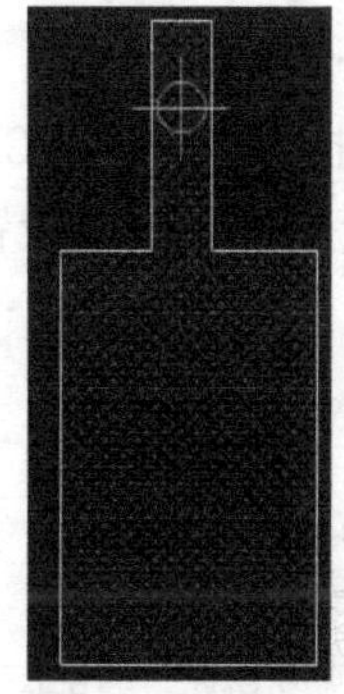

图 5.123 新建 Shape 文件

(7) 打开 PCB Editor 对话框，新建 Shape 文件 Shapew1r17h2r675m. dra，设置单位为毫米，设置绘图区域，设置格点为 0.0254，选择 Shape—Filled Shape 命令，在 Options 选项卡中选择 Class 为 Etch，Subclass 为 Top，在 Console 窗口输入坐标 x -0.175 y 0.4，ix 0.35，iy -0.925，ix 0.445，iy -1.75，ix -1.17，iy 1.75，ix 0.375，iy 0.925 完成 Shape 图形的绘制。

同理也可以在 Shapew1r07h2r575m 文件的基础上，放大后得到 Shapew1r17h2r675m 文件，选择 Shape Edit 模式，右击选择 Expand/Contract 命令，将 Shape 图形放大。

(8) 打开 Pad Designer 工具，设置单位为毫米，选择 Single Layer Mode 表贴焊盘模式，设置 BEGIN LAYER 为 Rect 0.25 ×0.7，SOLDMASK_TOP 为 Rect 0.35 ×0.8，PASTEMASK_TOP 为 0.25 ×0.7，设置完成检查没有错误之后，保存文件为 psrew0r25h0r7m. pad，如图 5.124 所示。

(9) 打开 Pad Designer 工具，设置单位为毫米，选择 Single Layer Mode 表贴焊盘模式，设置 BEGIN LAYER 为 Shapew1r07h2r575m，SOLDMASK_TOP 为 Shapew1r17h2r675m，PASTEMASK_TOP

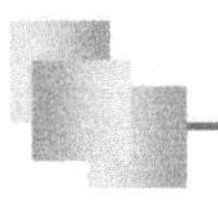

为 Shapew1r07h2r575m，设置完成检查无误之后，保存文件为 pssw1r07h2r575m. pad，如图 5. 125 所示。

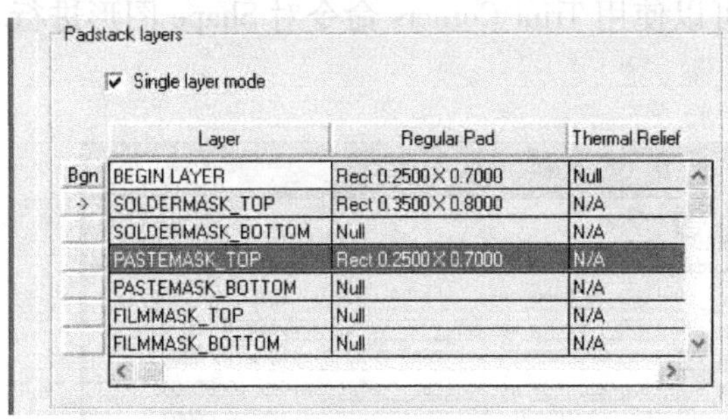

图 5. 124　输入各 Layer 信息

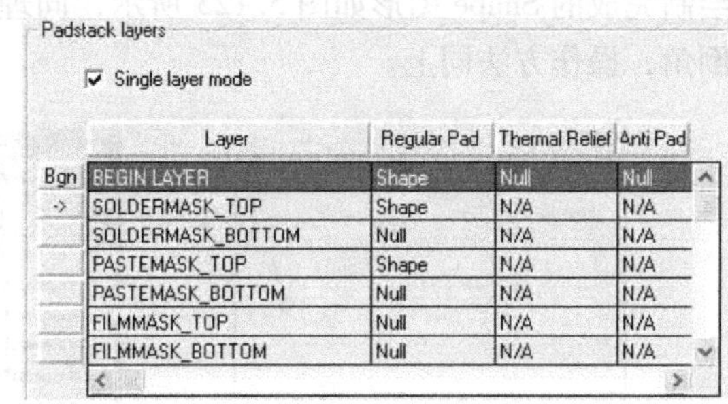

图 5. 125　输入各 Layer 信息

（10）打开 Pad Designer 工具，设置单位为毫米，选择 Single Layer Mode 表贴焊盘模式，设置 BEGIN LAYER 为 Shapew1r78h2r575m. dra，SOLDMASK_TOP 为 Shapew1r88h2r675m，PASTEMASK_TOP 为 Shapew1r78h2r575m. dra，设置完成检查无误之后，保存文件为 pssw1r7872r575. pad。

（11）打开 Allegro PCB Editor 对话框，新建 Package 类型 de14ma. dra 文件，设置单位为毫米，设置工作区域，设置格点为 0. 0254。选择放 Pin 命令，选择 Connect，在 Padstack 中浏览选择 psrew0r25h0r7m，选择后焊盘会挂在鼠标指针上。设置阵列放置 x 方向放 7 个、间距 0. 5，y 方向 2 个、间距 2. 8，如图 5. 126 所示。在 Console 窗口输入坐标 x －1. 5　y －1. 4 车后可以完成 14 个焊盘的放置，如图 5. 127 所示。

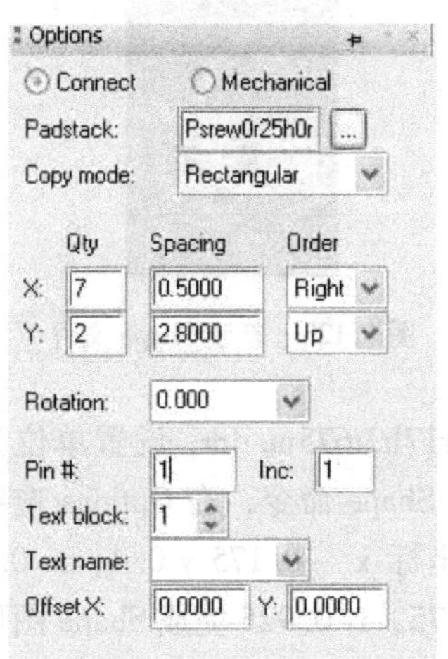

图 5. 126　在 Options 选项卡中设置

（12）选择删除命令，删除异形的两个焊盘位置的 9 引脚和 4 引脚。选择 text 命令对焊盘元件引脚的编号进行修改。按照手册的引脚顺序对焊盘引脚编号进行修改。

（13）选择 Pin 命令，选择 Connect，在 Padstack 中浏览选择 pssw1r7872r575m，选择后焊盘会挂载在鼠标指针上。设置引脚编号为 4，输入 4 引脚的坐标 0 －1. 4 放置该异形焊盘。同样道理，选择 pssw1r07h2r575m 焊盘，输入 9 引脚的坐标 1，1. 4 放置异形焊盘。引脚摆放完成以后的效果如图 5. 128 所示。

（14）按照 4 ×3 的尺寸来放置 Assembly_Top 和 Place_Bound_Top，选择 line 命令，选择 Assembly_Top 层，在 Console 窗口输入 x －2 y 1. 5，ix 4，iy －3，ix －4，iy 3 放置装配框。同样的方法，选 Rectangle 命令，输入坐标放置 Place_Bound_Top 安全摆放区域。

（15）选择 line 命令，设置 SilkScreen_Top 层来放置丝印层，设置丝印宽度为 0. 1mm，在 Console 窗口输入坐标 x －2 y 1. 9，ix 4，iy －3. 8，ix －4，iy 3. 8 后完成丝印的框的放置。

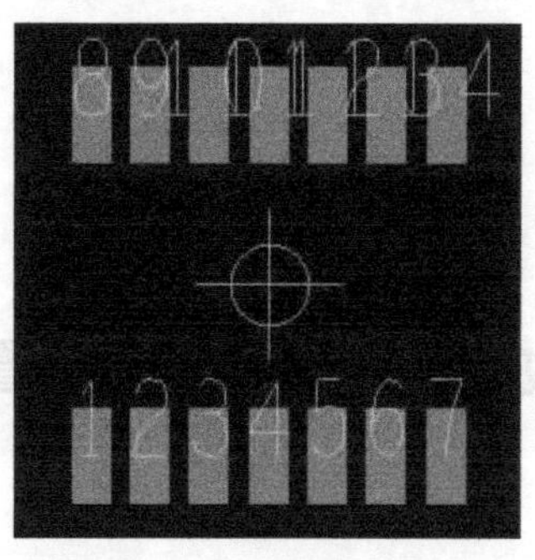
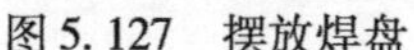

图 5.127　摆放焊盘

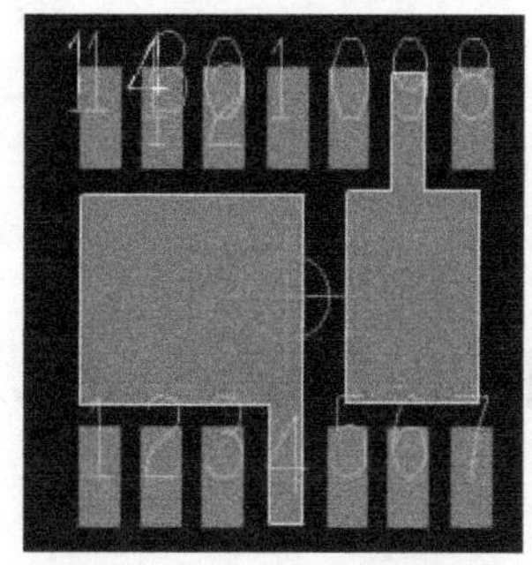

图 5.128　摆放异形焊盘

（16）增加装配参考编号。选择 Layout—Labels—Refdes 命令，在右侧的 Options 选项卡中选择 Class 为 Ref_Des ，Subclass 为 Assembly_Top 层，单击元件确认位置（位置和将来元件的编号位置一致），输入 REF。

（17）增加丝印编号。选择 Layout—Labels—Refdes 命令，在右侧的 Options 选项卡中选择 Class 为 Ref_Des ，Subclass 为 Silkscreen _Top 层，单击元件确认位置（位置和将来元件的编号位置一致），输入 REF。

（18）增加元件高度。选择 Setup—Areas—Package height 命令，单击 Shape，在弹出的窗口右侧输入高度。

（19）另外，在 Silkscreen _Top 层元件第一个引脚的位置做一个小圆圈标志，用来区分芯片装配的方向，表示第 1 脚的位置。

（20）保存文件。选择 File—Save 命令保存当前的封装 de14ma. dra 文件。选择 File—Create Symbol 创建 de14ma. psm 封装文件。完成后的封装截图如图 5.129 所示。

（21）圆弧倒角后可以做出圆滑倒角的效果，如图 5.130 所示，第 4 引脚和第 9 引脚的 Shape 图形做成了圆弧倒角的效果。

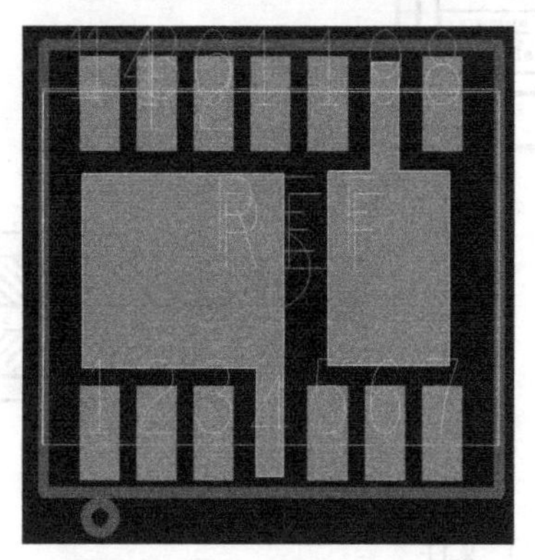

图 5.129　完成后的封装截图

图 5.130　完成后的封装截图（圆弧倒角后）

（22）借助 CAD 工具。另外，针对比较难做的 Shape，可以借助 CAD 工具做好复杂的 Shape 图形以后，再导入到 Allegro 中来，填充成 Shape 的类型文件。具体的操作方法是：先建立 Shape 文件，选择要导入 dxf 文件，然后转变成 Shape 的异形图形。该例中的元件的封装，也可以通过导入异性 Shape 的方式来建立焊盘文件，读者可以自行尝试。

第6章　电路板创建与设置

6.1　电路板的组成要素

（1）.brd 是 Allegro 的 PCB 电路板文件，电路板是由焊盘 .pad、自定义焊盘图形 .dra 及 .ssm、元件封装图形 .dra 及 .psm、机械图形 .dra 及 .bsm、格式图形 .dra 及 .osm、Flash 焊盘 .fsm、Design Rules 设计规则、Cross – Section 叠层等多部分组成，组成要素如图 6.1 所示。

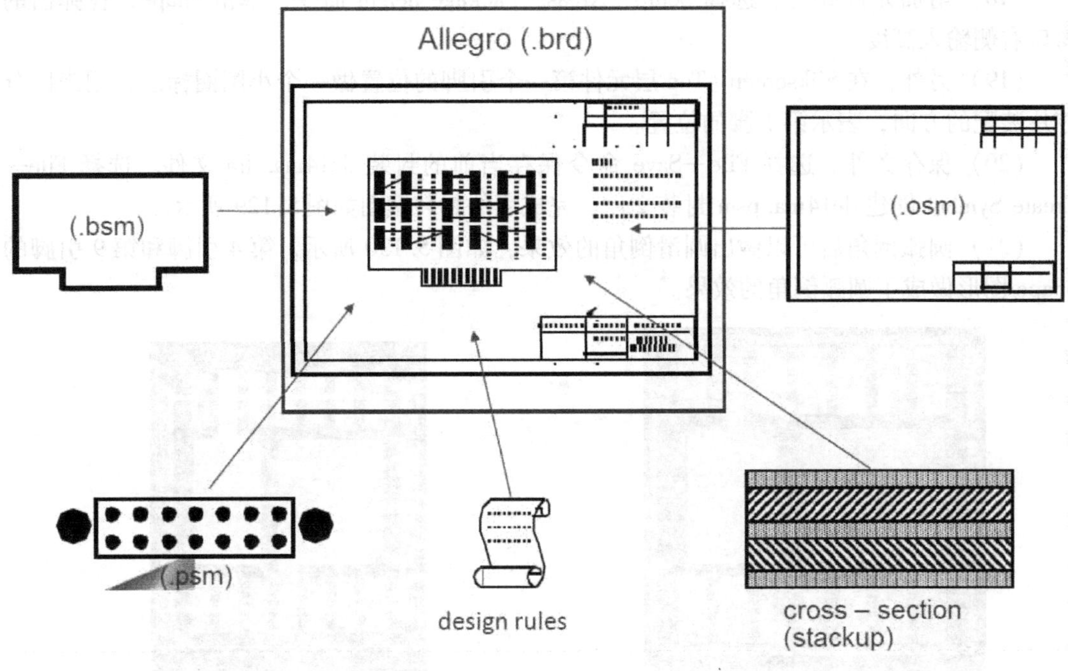

图 6.1　电路板组成（要素）文件

（2）典型的电路板上的必备件有 Outline 板框、Mounting Holes 定位孔、Package KeepIn 允许元件摆放区域、Route KeepIn 允许布线区域等。在矩形的电路板中，电路板的角落还需倒角，以避免划伤手指，如图 6.2 所示。

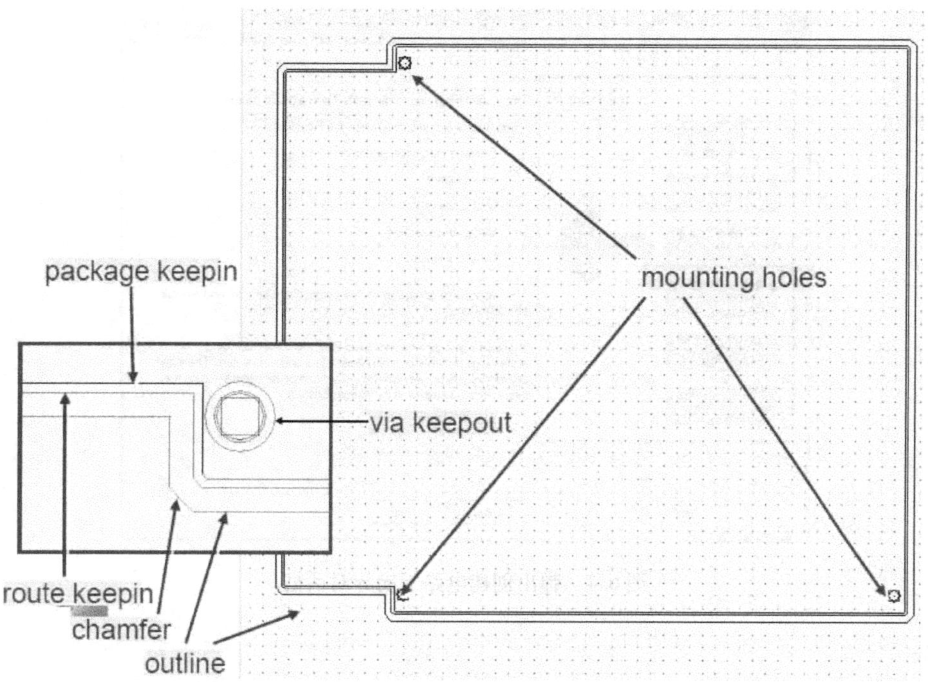

图 6.2　典型的电路板上的必备件

6.2　使用向导创建电路板

创建电路板常用方法有使用向导创建方式和手工创建方式，在 Allegro 中使用向导创建电路板的具体操作步骤如下。

（1）新建 Board 文件。打开 Allegro PCB Editor 对话框，选择 File—New 命令，在弹出的对话框中，Drawing Type 选择 Board（wizard）选项，表示将要使用向导创建电路板。选择 Browse 按钮弹出 New 新建对话框，浏览到需要保存文件的目录，在文件名文本框中输入新建的电路板文件的名称（如 myborad），在文件类型下拉框中选择 Layout（ *. brd）选项。选择 Change Directory 复选框后，可以将 Allegro PCB Editor 提供的目录改变为此处浏览选择的目录路径。单击打开按钮之后，返回 New Drawing 对话框，Project Directory 处会显示出当前文件所在的目录，Drawing Name 文本框中会显示出当前已经设置好的文件名称，如图 6.3 所示。

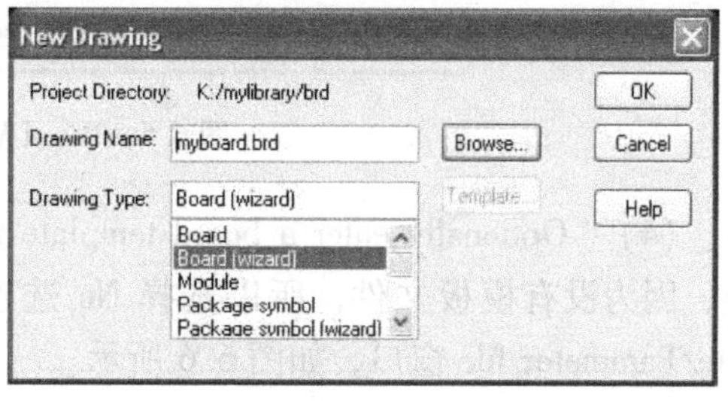

图 6.3　使用向导创建电路板

（2）单击 OK 按钮后，弹出创建电路板向导对话框，如图 6.4 所示。

（3）单击 Next 按钮会进入向导中的下一步设置，弹出 Board Wizard - Template 窗口，如图 6.5 所示。单击 Cancel 按钮可以取消当前创建电路板向导，单击 Help 按钮可以进入帮

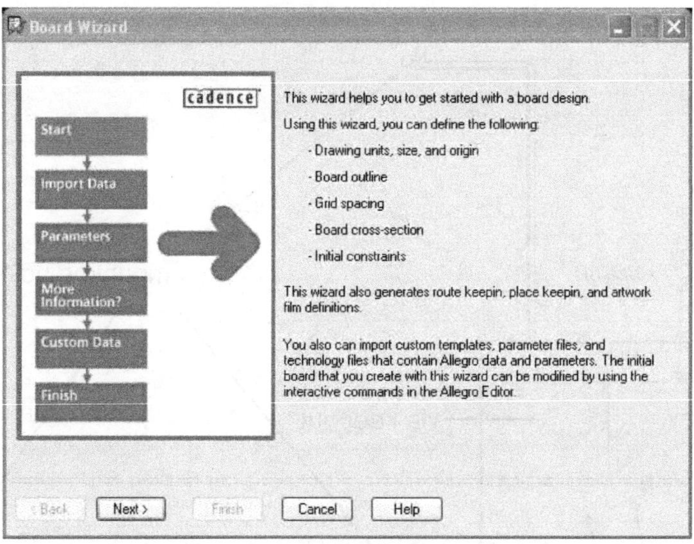

图 6.4　弹出创建电路板向导对话框

助系统。

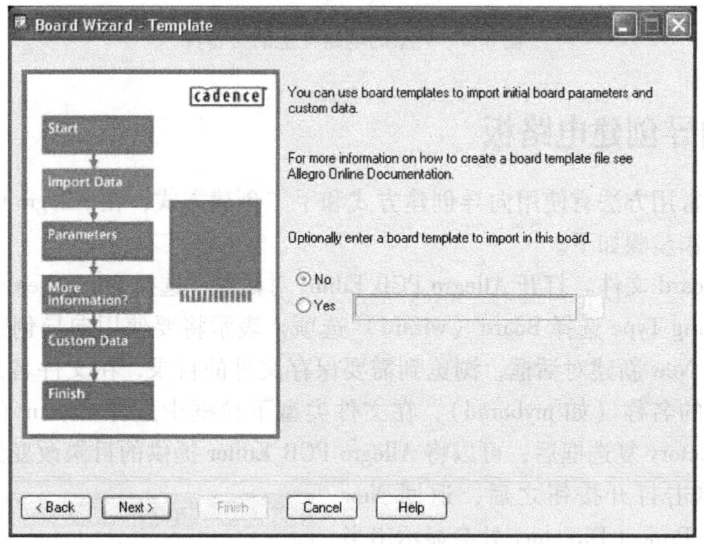

图 6.5　Board Wizard – Template 窗口

（4）"Optionally enter a board template to import in this Board"：向导询问是否要加入模板，因为没有模板文件，所以选择 No 选项后单击 Next 选项，弹出 Board Wizard – Tech File/Parameter file 窗口，如图 6.6 所示。

（5）"Optionally enter a tech file to import in this Board"：向导询问是否加入技术文件；"Optionally enter a parameter file to import in this Board"：向导询问是否加入参数文件，因为无文件，所以都选择 No 选项，单击 Next 按钮，弹出 Board Wizard – Board Symbol 窗口，如图 6.7 所示。

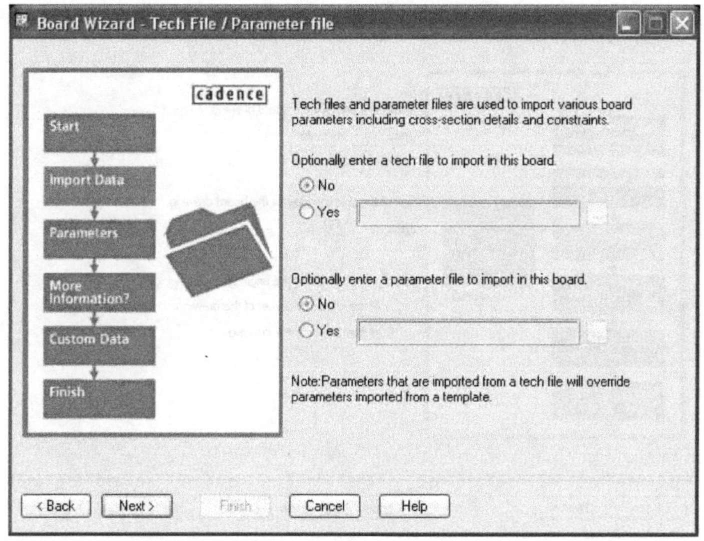

图 6.6　向导询问是否要加入模板窗口

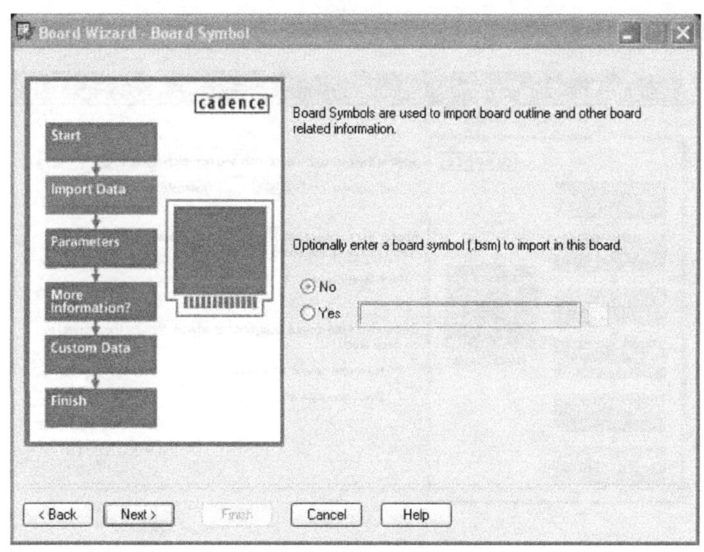

图 6.7　向导询问是否加入技术文件窗口

（6）“Optionally entera board Symbol（. bsm）to import in this Board”：向导询问是否加入电路板符号，选择 No 选项，单击 Next 按钮，弹出 Board Wizard – General Parameters 窗口，如图 6.8 所示。

（7）“Select the units for theBoard drawing”：选择电路板使用的单位，常用 Millimeter（毫米）或 Mils（千分之一英寸）。“Select the drawing size for the board drawing”：选择电路板的尺寸，选择单位 Millimeter 后，Size 下拉列表框中选择要设置的图纸尺寸，A1 ～ A4 可选择。“Specify the location of the origin for this drawing” 选项中选择 At the center of the drawing，表示原点放在图纸中心。单击 Next 按钮，弹出 Board Wizard – General Parameters（con-

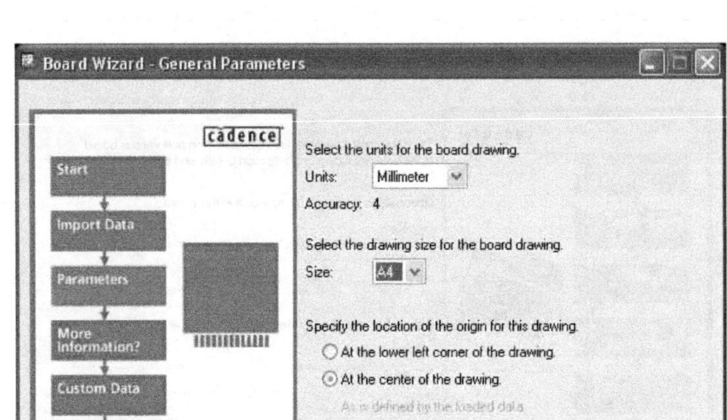

图 6.8　Board Wizard – General Parameters 窗口

tinued）窗口，如图 6.9 所示。

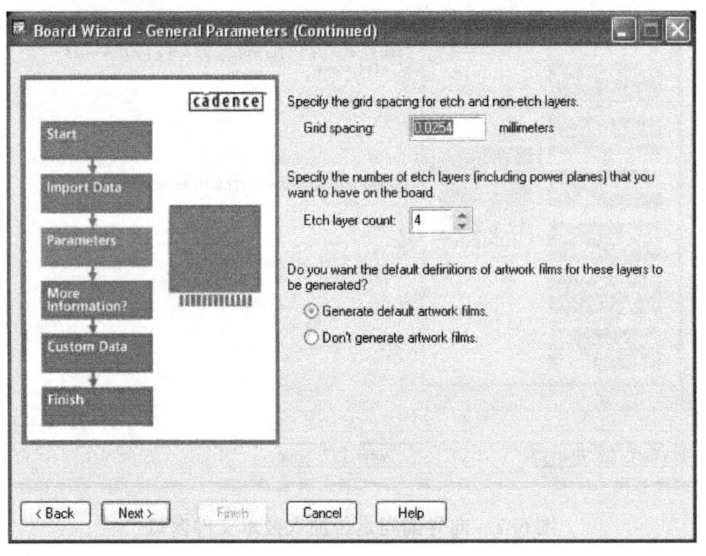

图 6.9　Board Wizard – General Parameters（continued）窗口

（8）在 Gird spacing 文本框中输入 0.0254，表示栅格点的间距为 0.0254mm。在 Etch layer count 文本框中输入 4，表示将要创建 4 层的电路板，Generate default artwork films 单选项，表示默认将产生底片文件。单击 Next 按钮，弹出 Board Wizard – Etch Cross – section details 窗口，如图 6.10 所示。

（9）此处是电路板的叠层设置。Layer name 是叠层的名称，Layer type 是叠层的类型，Routing Layer 为走线层，Power plane 为电源平面层。接下来对叠层的参数进行调整，将 Layer2 修改成 GND，将 Layer3 修改成 POWER，对应的层的类型都修改成 Power Plane，第 1 层

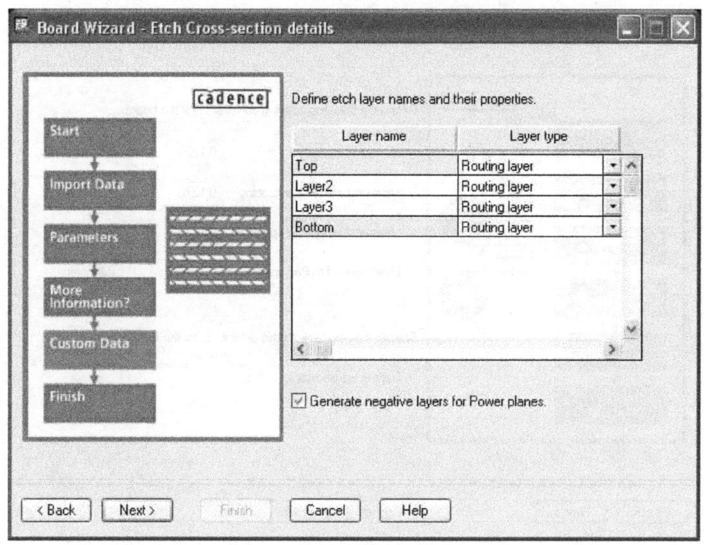

图 6.10　Board Wizard - Etch Cross - section details 窗口

为走线层，第 2 层为地平面，第 3 层为电源平面，第 4 层为走线层。选择 Generate negative layers for Power planes 复选项后表示平面层 GND 和 POWER 采用负片的形式，设置后如图 6.11 所示。

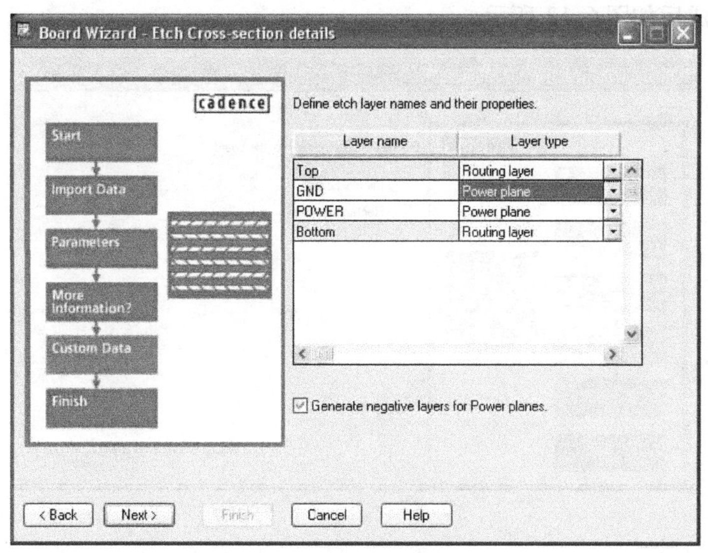

图 6.11　设置电路板的叠层

（10）单击 Next 按钮，弹出 Board Wizard - Spacing Constraints 窗口。该窗口是设置间距的。在 Minimum Line width 文本框中输入 0.127，即最小的线宽是 0.127mm。即数据输入之后其他线到线，线到焊盘，焊盘到焊盘的间距都会跟着改变。Default via padstack 文本框用来设置默认电路板的过孔型号，单击后面浏览按钮，可以在库中浏览不同的过孔，双击要选择的过孔后，会被自动填入，设置完成后如图 6.12 所示。

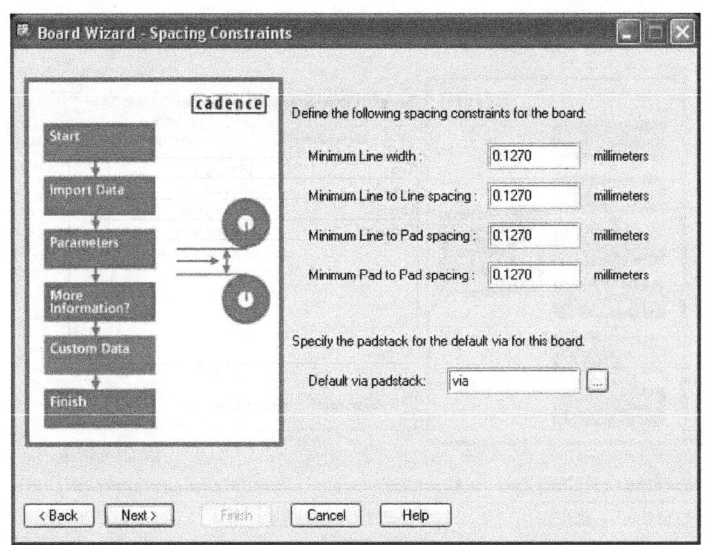

图 6.12　设置间距的窗口

（11）单击 Next 按钮，弹出 Board Wizard – Board Outline 窗口。该窗口用来定义 Outline 板框的形状，选择 Circular board 表示创建圆形的电路板，选择 Rectangular board 表示创建矩形的电路板。一般常见电路板大多是矩形的，因此在该处选择 Rectangular，创建矩形板框 Outline，设置完成后如图 6.13 所示。

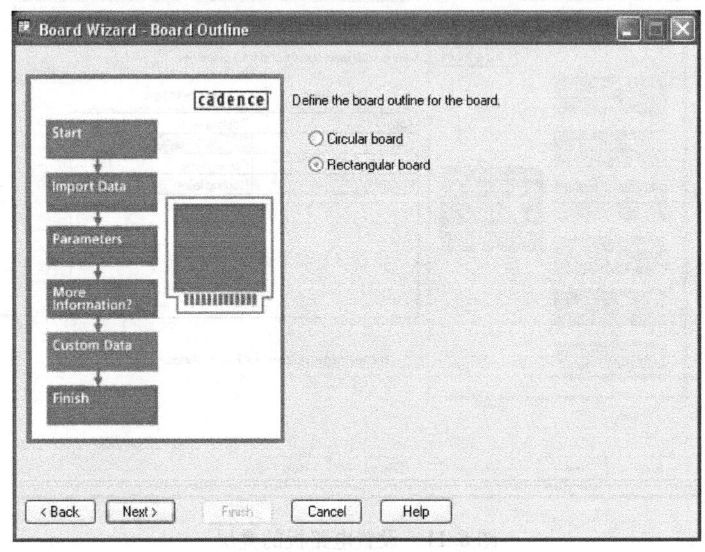

图 6.13　定义 Outline 板框的形状

（12）单击 Next 按钮，弹出 Board Wizard – Rectangular Board Parameters 窗口。该窗口用来设置电路板的尺寸参数等。Width 表示电路板的宽度，输入 50，即宽度是 50mm，Height 表示电路板的高度，输入 50，即高度是 50mm。保留 Corner cutoff 不选择，表示电路板 4 个角落不切割。在 Route keepin distance 文本框中输入 1，表示布线区域到板边 Outline 的距离

为 1mm。在 Package keepin distance 文本框中输入 1，表示摆放元件区域到板边 Outline 的距离为 1mm，设置完成后如图 6. 14 所示。

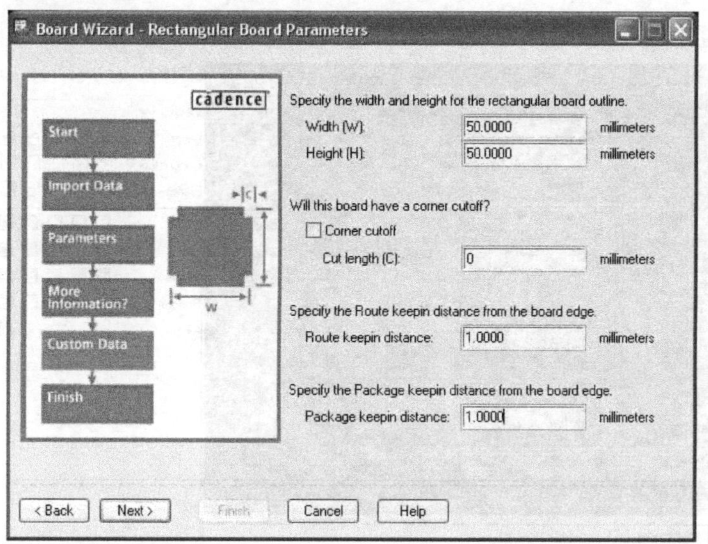

图 6. 14　设置电路板的尺寸参数

（13）单击 Next 按钮，弹出 Board Wizard-Summary 窗口。该窗口是创建向导的总结窗口，如图 6. 15 所示。“The Board Wizard will create following file in your current directory, overwriting any existing files with the same name”：向导将创建 Board 文件。

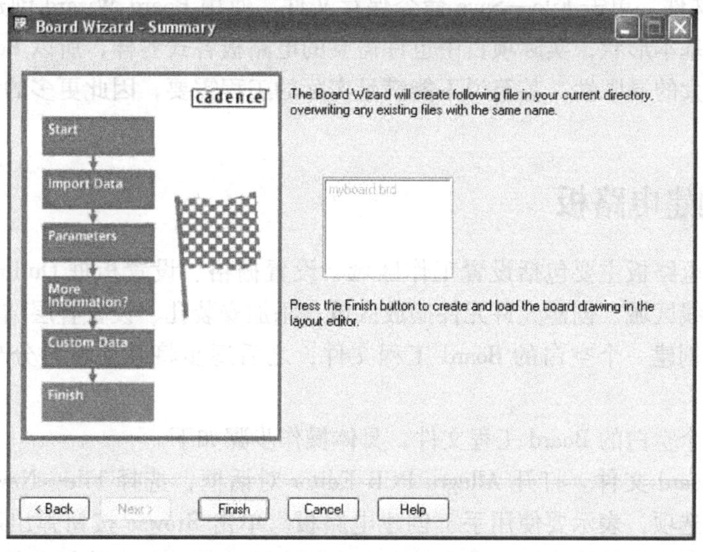

图 6. 15　完成向导的创建

（14）单击 Finish 按钮，会进入 Allegro PCBEditor GXL（Legacy）窗口，创建完成的 Board 文件 myborad 会被打开，如图 6. 16 所示。

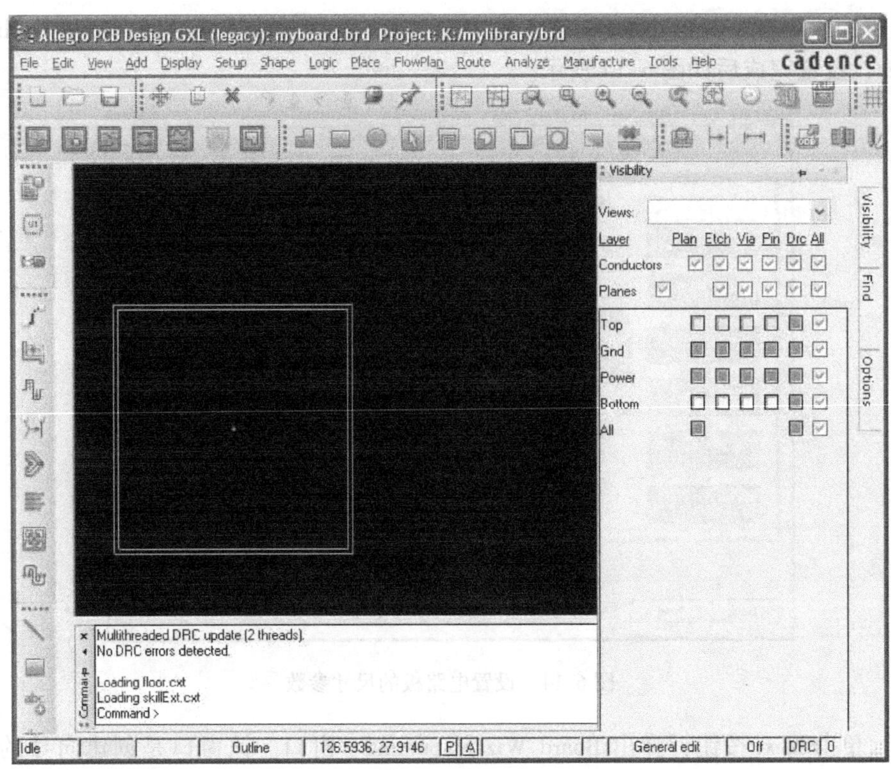

图 6.16　进入 Allegro PCB Editor GXL（Legacy）窗口

（15）保存文件。单击 File—Save 命令保存文件。使用 Board Wizard 创建的电路板只有圆形和矩形两种基本形状，实际项目中也许需要的电路板各式各样，所以 Board Wizard 创建的电路板会有很大的局限性，甚至说不能满足实际的工程需要，因此更多的工程师会选择手工创建电路板。

6.3　手工创建电路板

手工来创建电路板主要包括设置工作区域、设置栅格、设置板框 Outline、倒角矩形板框、创建允许布线区域、创建允许元件摆放区域、添加安装孔、设置叠层结构等内容。下面先带领读者手工创建一个空白的 Board 工程文件，之后逐步将其他设置分步骤不断来进行完善。

手工创建一个空白的 Board 工程文件，具体操作步骤如下。

（1）新建 Board 文件。打开 Allegro PCB Editor 对话框，选择 File—New 命令，Drawing Type 选择 Board 选项，表示要使用手工创建电路板。单击 Browse 按钮弹出新建对话框，浏览到选择需要保存文件的目录下，在文件名文本框中输入新建的电路板文件的名称（如 myborads），在文件类型下拉框中选择 Layout（＊.brd）选项。选择 Change Directory 复选项后，可以将 Allegro PCB Editor 提供默认目录改变为此处浏览选择的目录路径。单击打开按钮，返回 New Drawing 对话框，Project Directory 处会显示出当前文件所在的目录，Drawing Name

文本框中会显示出当前已经设置好的文件名称，如图 6.17 所示。

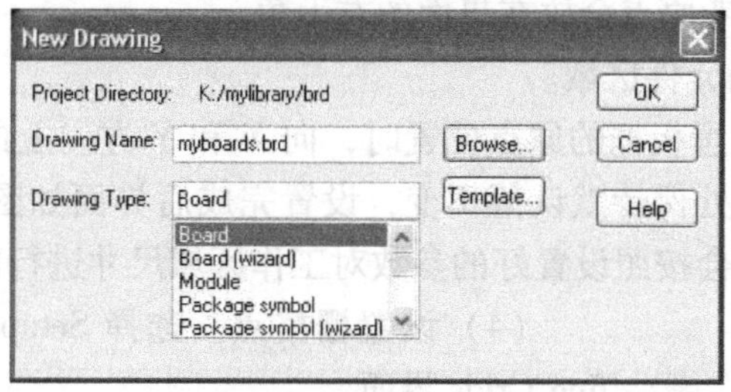

图 6.17　手工创建一个空白的 Board 工程文件

（2）单击 OK 按钮之后，会弹出 Board 编辑环境，窗口顶部显示当前工程的名称及存储路径，如图 6.18 所示。

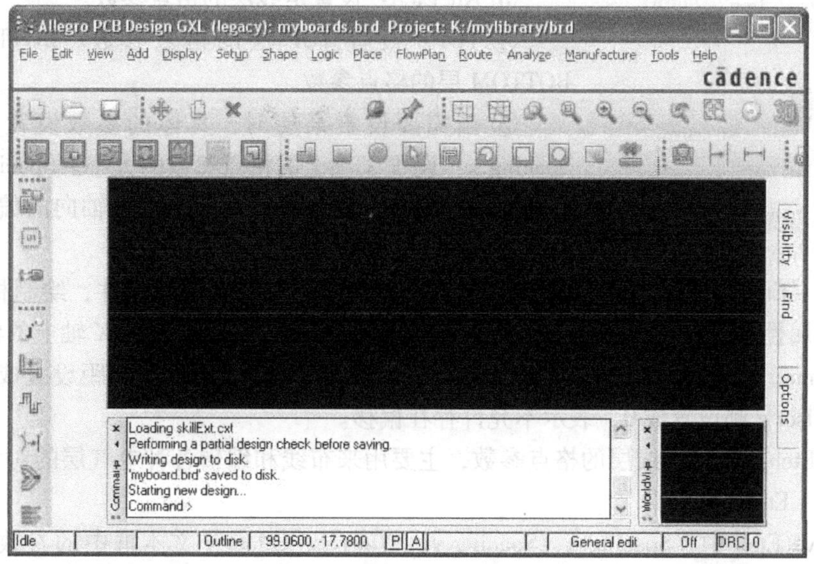

图 6.18　弹出 Board 编辑环境

（3）设置工作区域尺寸。

① 选择 Setup – Design Parameters 命令，进入 Design Parameter Editor 界面，选择 Design 选项卡。

② User units：单位选择，下拉菜单包括 Mil、Inch、Microns、Millimeter、Centimeter，根据需要，选择需要的单位，在此处选择 Millimeter（毫米）。

③ Size：选择图纸尺寸，这里提供 A1、A2、A3、A4、Other 5 个选项，对于大多数电路板来说，并不是 A1 ～ A4 的标准尺寸，因此这里选择 Other。

④ Accuracy：尺寸精度，表示精确到小数点后面的位数，一般选择 4。

⑤ Long name size：设置名称的字节长度，系统默认为 31 个字节。

⑥ Extents：范围设置。

- Width 和 Height：分别表示设置工作区域尺寸的宽和高度，宽设置成 400，高度也设置成 400。

- Left X 和 Lower Y：分别表示向 X 和 Y 方向上的偏移量，设置成 Left X -50，Lower Y -50，这样设置参考原点会放在界面的左下角。

⑦ Move Origin：移动元件区域。

X 和 Y 分别表示在设置板框的原点位置时，向 X 和 Y 方向上的偏移量，用于在设计完成后，调整封装原点，该处保持默认值不变，设置完成后界面如图 6.19 所示。单击 OK 按钮，Allegro PCB Editor 将会按照设置好的参数对工作区域尺寸进行配置。

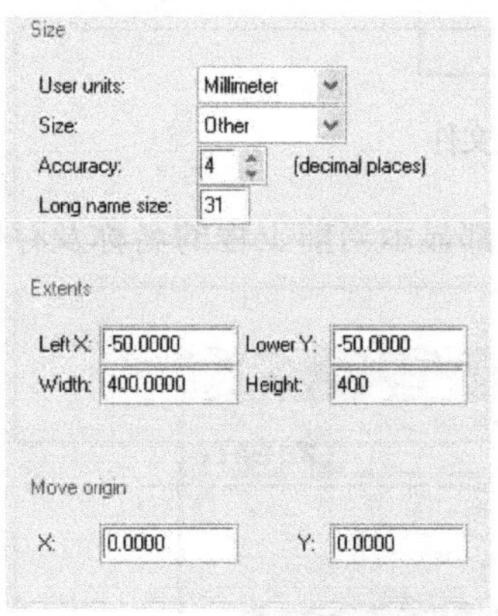

图 6.19　设置工作区域尺寸

（4）设置栅格点。选择 Setup—SGrids 命令，进入 Define Grids 界面。

① Grids On：显示格点（当选中该项时，显示格点，否则不显示，默认快捷键 F10）。

② Non - Etch：设置非走线层的格点参数。

③ All Etch：设置走线层的格点参数。

④ TOP：设置 TOP 层的格点参数。BOTTOM：设置 BOTTOM 层的格点参数。

⑤ 当需要设置某层时，具体的参数设置介绍如下。Spacing x：设置 *X* 轴上的格点参数的大小。Spacing y：设置 *Y* 轴上的格点参数的大小。Offset x：*X* 轴向的偏移量。Offset y：*Y* 轴向的偏移量。

⑥ Non - Etch：设置非走线层的格点参数，主要用来手动摆放元件、绘制板框 Outline 等非电气类属性格点设置。Spacing x：在文本框中输入 0.127，表示将 *X* 轴上的栅格间距设置成 0.127mm。Spacing y：在文本框中输入 0.127，将 *Y* 轴上的栅格间距设置成 0.127mm。Offset x、Offset y 都设置成 0，表示不允许存在偏移。

⑦ All Etch：设置走线层的格点参数，主要用来布线和编辑各种电气层的对象。其设置方法和 Non - Etch 一致。

⑧ 在 All Etch 中，Spacing x、Spacing y、Offset x、Offset y 文本框中的参数被修改后，TOP 层、BOTTOM 层的参数都会跟着 All Etch 来变化，因为 All Etch 包括了 TOP、BOTTOM 两个层。

⑨ Non - Etch 非电气格点参数和 All Etch 电气格点参数可以设置成相同的，也可以设置成不同的。通常情况下，Non - Etch 可以设置大一些，以方便元件做规划，All Etch 设置小一些，以方便布线。本例中将 Non - Etch 非电气层的栅格间距设置成 0.127mm，All Etch 电气层的栅格间距设置成 0.0254mm，所有的 Offset 都设置成 0，不允许偏移，设置完成各层栅格点如图 6.20 所示。

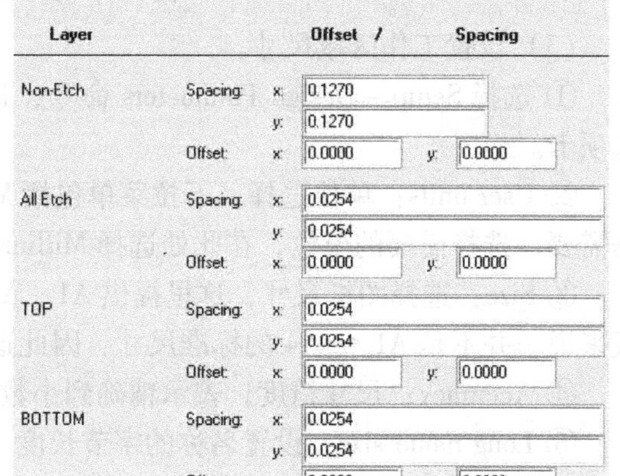

图 6.20　设置各层格点参数

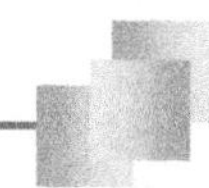

（5）保存文件。选择 File—Save 命令保存文件。保存后会在当前工作的目录下生成 myborads. brd 文件，但该文件到目前为止只是存储了工作区域大小和栅格的空工程文件。

6.4　手工绘制电路板外框 Outline

手工绘制电路板外框可以使用 Add—Line 命令或者 Add—Rectangle 命令，以及 Setup—Outlines—Board Outline 命令。绘制方法类似，其目的都是在 Outlie 层上产生一个闭合的图形板框。

手工绘制电路板外框的操作步骤如下（以创建 100mm×100mm 为例）。

（1）以 myborads. brd 文件为例，打开 myborads. brd 文件，选择 Add—Line 命令，在右侧 Options 选项卡的 Active Class and Subclass 下拉列表中选择 Class 为 Board Geometry，Subclass 为 Outline，表示绘制线将会放 Outline 层作为板框。在 Line lock 中选择 Line，表示绘制线，后面的 45 表示转角采用 45°方式进行连接，也可以选择 90°，或者选择 Off 关闭角度任意线。在 Line Width 文本框中输入 0. 127，表示板框线宽设置成 0. 127mm。在 Line Font 下拉列表中选择 Solid 选项，表示采用实体线，如图 6. 21 所示。

（2）在 Command 窗口中输入命令，用输入坐标的方式来绘制电路板边框，如图 6. 22 所示。输入命令：x 0 y 0，ix 100，iy 100，ix －100，iy －100。右击选择 Done 命令结束当前命令，手工绘制电路板的矩形边框就已经完成。

Active Class and Subclass:
Board Geometry
Outline
Line lock: Line 45
Line width: 0.1270
Line font: Solid

图 6. 21　设置 Class 和 Subclass 参数

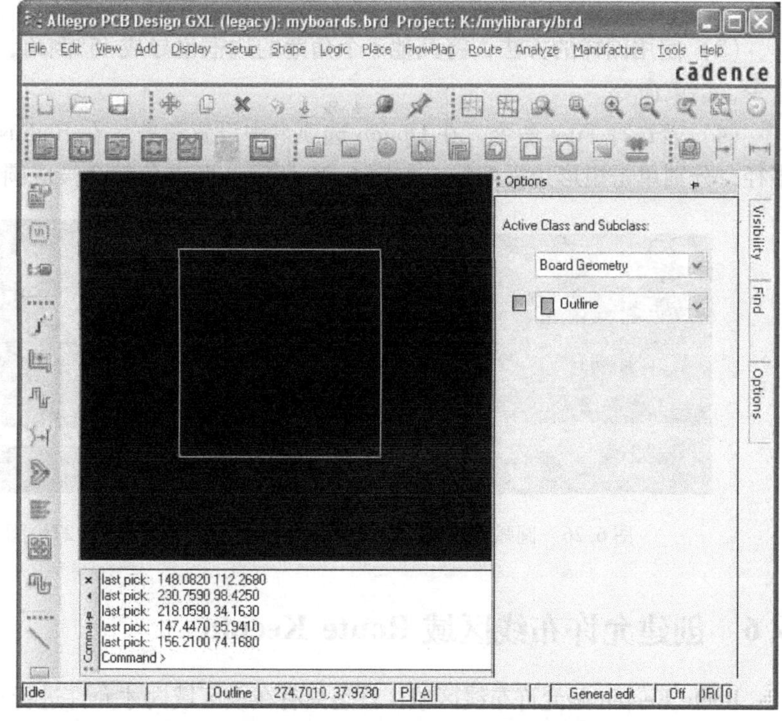

图 6. 22　用输入坐标的方式来绘制电路板边框

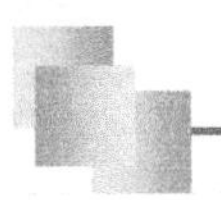

6.5 板框倒角

矩形 Outline 板框 4 个角落比较锋利，在生成和使用中容易划破手指，常见的做法就是对板框进行倒角操作。倒角有两种方式，一种是 Chamfers 45 倒边角和圆弧 fillet 圆角。倒角的操作步骤如下。

（1）选择 Manufacture—Drafting—Chamfer（或者 Fillet）命令，如图 6.23 所示。

（2）若选择 Chamfer 命令，在 Option 选项卡中设置参数，如图 6.24 所示。一般参数保持默认值。分别在矩形边框单击两侧的两个边框线，矩形边框两线所夹角就会被成 45°倒角，如图 6.25 所示。

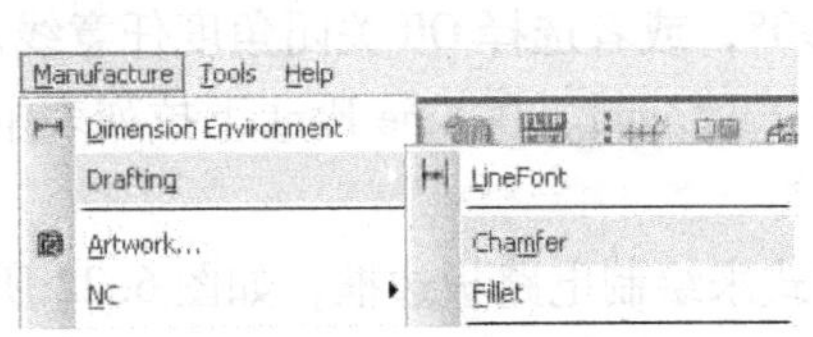

图 6.23　选择 Manufacture—Drafting 命令

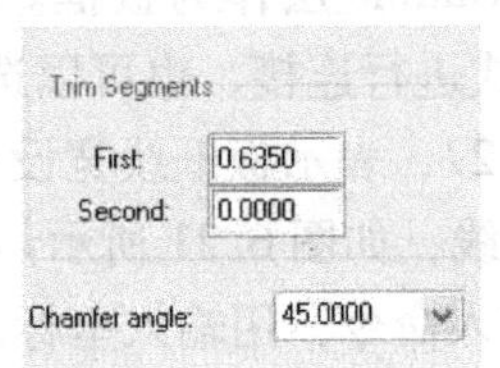

图 6.24　在 Option 选项卡中设置参数

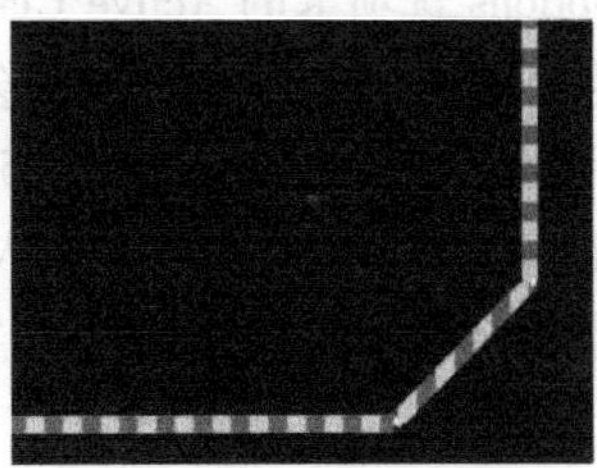

图 6.25　矩形边框 45°倒角效果

（3）使用同样的方法，将其他 3 个角落的边框也导成 45°倒角，完成之后右击选择 None 命令，结束命令。

（4）若选择 Filet 命令，在 Option 选项卡中设置参数。在 Radius 文本框中输入倒角圆弧半径，分别单击矩形边框两线，如图 6.26 所示，所夹角就会被成圆弧角，如图 6.27 所示。

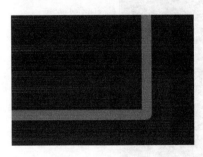

图 6.26　圆弧倒角前

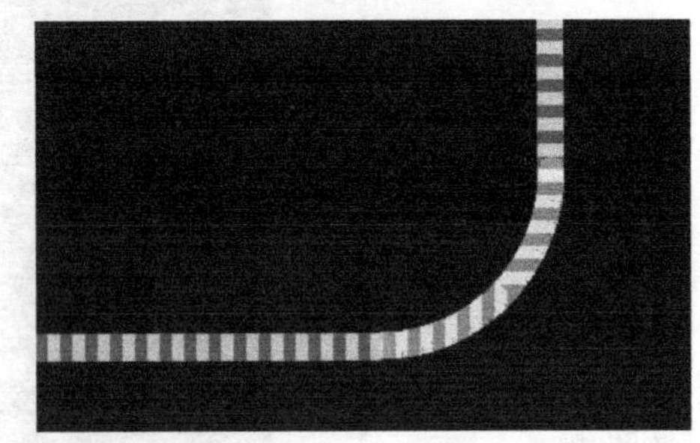

图 6.27　圆弧倒角后

6.6 创建允许布线区域 Route Keepin

Route Keepin 是允许布线区域，就是只有在该区域内才允许进行布线。为了避免焊接或安装过程中伤及电路板上的走线，电路板上的走线通常与电路板边缘有一定的距离，为了控制这个距离，就可以在电路板上添加一个允许布线的区域，只有在该区域内的位置才可以进行布线，区域外则不允许布线。每块电路板上只允许一个布线区域存在，当同块电路板上放置第二

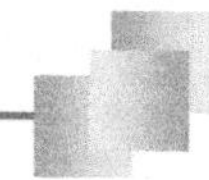

个允许布线区域时，第一个允许布线区域会被删除。创建允许布线区域的操作步骤如下。

（1）选择 Setup—Areas—Route Keepin 命令，在 Options 选项卡中，Active Class and Subclass 下拉列表框中选择 Route Keepin 和 All。在 Shape Fill 选项组的 Type 下拉列表中选择 Unfilled 选项，表示添加的区域不填充显示。Shape grid 选项用来设置图形采用哪种栅格点，一般默认当前栅格 Current grid。Type 选项组中的 Type 下拉框中包括 Line、Line 45、Line orthogonal、Arc 共 4 种选项。Line 代表任意角度转角、Line 45 代表 45°转角、Line orthogonal 代表 90°转角、Arc 圆弧转角可以定义圆心角、半径。常用 45°转角方式，在这里选择 Line 45。选择命令和 Options 选项卡的设置如图 6.28 和图 6.29 所示。

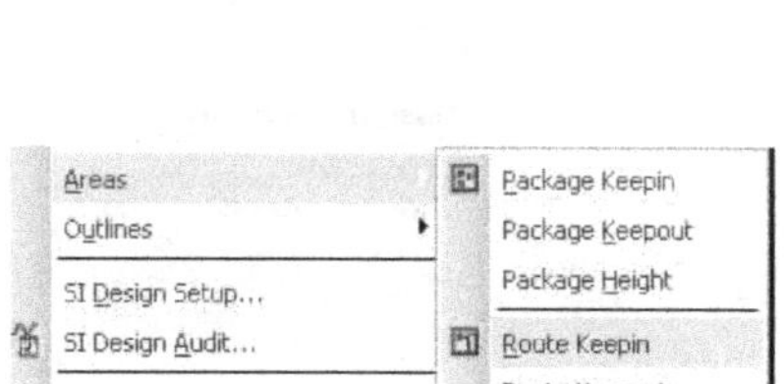

图 6.28　创建允许布线区域

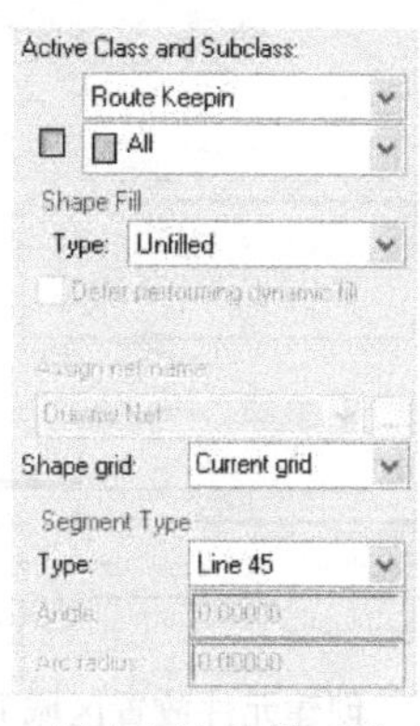

图 6.29　创建允许布线区域选项设置

（2）在 Command 窗口中输入命令。以 myborads. brd 文件为例，Outline 板框是尺寸为 100mm × 100mm，Route Keepin 的尺寸要比 Outline 小才符合要求。设置 Route Keepin 每个边缘比 Outline 板框内缩 2mm 的距离，那么 Route Keepin 的尺寸就为 96mm × 96mm。输入命令：x2 y2，ix 96，iy 96，ix －96，iy －96，右击 Done 命令退出命令。此时 Route Keepin 区域绘制完成，绘制完成的区域如图 6.30 所示。

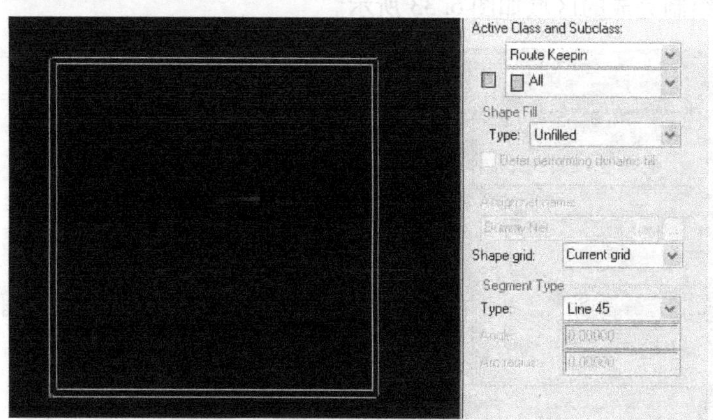

图 6.30　绘制完成的区域

6.7　创建元件放置区域 Package Keepin

Package Keepin 是元件放置区域，只有在该区域内才允许摆放元件。元件摆放要尽量在

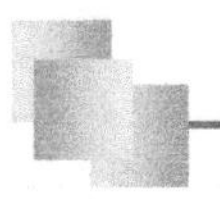

电路板中间放，靠近电路板边缘处尽量不摆放元件，为了对元件摆放的区域进行约束，就需要使用 Package Keepin。只有在该区域内的位置才可以摆放元件，区域外则不允许摆放。创建元件放置的操作步骤如下。

（1）选择 Setup—Areas—Package Keepin 命令，在 Options 选项卡的 Active Class and Subclass 下拉列表框中选择 Package Keepin 和 All。在 Shape Fill 选项组的 Type 下拉列表中选择 Unfilled 选项，表示添加的区域不填充显示。Shape grid 选项用来设置图形采用哪种栅格点，一般默认当前栅格 Current grid。Type 选项组中的 Type 下拉框中选择 Line 45。选择命令和 Options 选项卡的设置如图 6. 31 和图 6. 32 所示。

图 6. 31　创建元件放置区域 Package Keepin

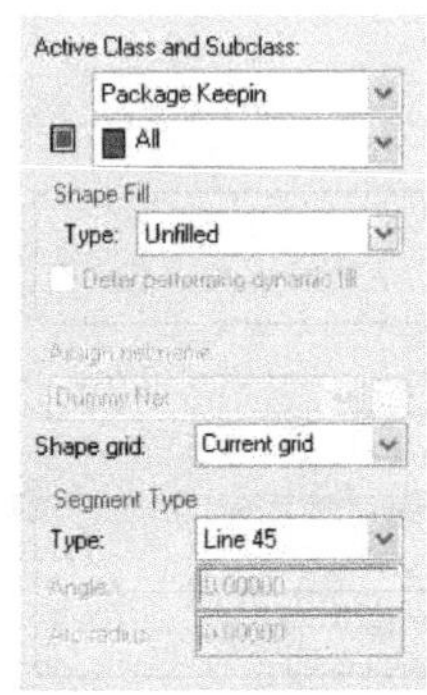

图 6. 32　设置各项参数

（2）在 Command 窗口中输入命令。以 myborads. brd 文件为例，Outline 板框是尺寸为 100mm × 100mm，Route Keepin 的尺寸为 96mm × 96mm。一般 Package Keepin 要比 Route Keepin 小一些，元件尽量往中间摆放以避免和结构干涉。设置 Package Keepin 每个边缘比 Route keepin 板框内缩 1mm 的距离，那么 Route Keepin 的尺寸就为 94mm × 94mm。输入命令：x 3 y 3，ix 94，iy 94，ix －94，iy －94，右击 Done 命令退出命令。此时 Package Keepin 区域绘制完成，绘制完成的区域如图 6. 33 所示。

图 6. 33　绘制完成的区域

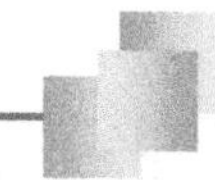

提示：

绘制其他各种类型的区域，如 Route Keepout、Package Keepout、Wire Keepout、Via Keepout 等区域的方式都和上面的操作类似，读者可以自行尝试。

6.8　用 Z – Copy 创建 Route Keepin 和 Package Keepin

Route Keepin 和 Package Keepin 的类似区域也可以采用 Z – Copy 命令来进行创建。采用 Z – Copy 命令来进行创建的步骤如下。

（1）创建 Route Keepin 布线区域。选择 Edit—Z—copy 命令，如图 6 – 34 所示。在 Options 选项卡的 Copy to Class/Subclass 中选择 ROUTE KEEPIN 和 ALL，表示将要进行的操作是 Route Keepin。Shape Options 是形状操作：Copy 中 Voids 和 Netname 复选项均不用选择；Size 中，Contract 表示复制后 Shape 尺寸比原对象内缩，Expand 表示复制后 Shape 尺寸比原对象扩大；Offset 表示内缩或扩大的具体数值。本例中要使用 Z – Copy 命令从 Outline 内缩 2mm 创建 Route Keepin，所以 Size 选择 Contract（内缩）选项，在 Offset 文本框中输入 2，表示相对于 Outline 来讲，Route Keepin 的尺寸每边都内缩 2mm，设置完成如图 6.35 所示。

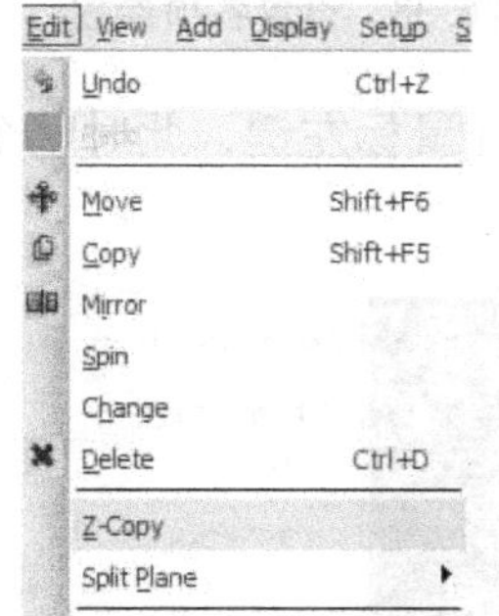

图 6.34　选择 Edit—Z – Copy 命令

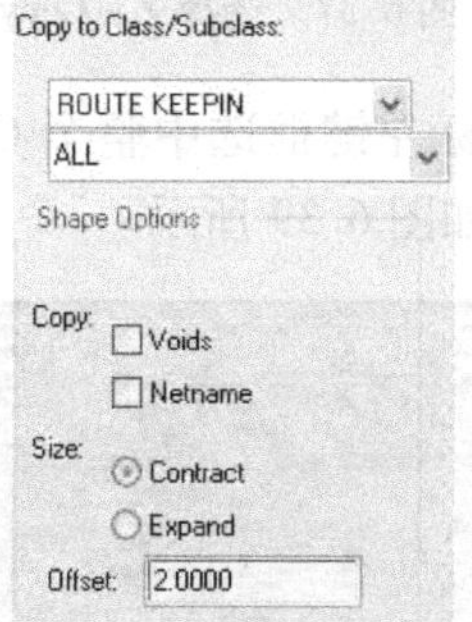

图 6.35　设置 Class 和 Subclass 及参数

（2）按住鼠标左键拖动框选中整个 Outline 板块后松开鼠标左键，此时整个 Route Keepin 就被创建完成，如图 6.36 所示。

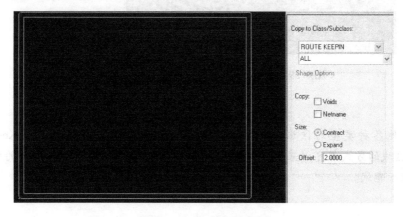

图 6.36　使用 Z – Copy 命令创建 Route Keepin

（3）创建 Package Keepin 布线区域。选择 Edit—Z - Copy 命令，在 Options 选项卡的 Copy to Class/Subclass 中选择 PACKAGE KEEPIN 和 ALL ，表示将要进行的操作是 Package Keepin。Shape Options 是形状操作：Copy 中 Voids 和 Netname 复选框均不用选择；Size 中，Contract 表示复制后 Shape 尺寸比原对象内缩，Expand 表示复制后 Shape 尺寸比原对象扩大；Offset 表示内缩或扩大的具体数值。本例中要使用 Z - Copy 命令从 Outline 内缩 3mm 创建 Package Keepin，所以 Size 选择 Contract 内缩选项，在 Offset 文本框中输入 3，表示相对于 Outline 来讲，Package Keepin 的尺寸每边都内缩 3mm，设置完成如下图 6.38 所示。

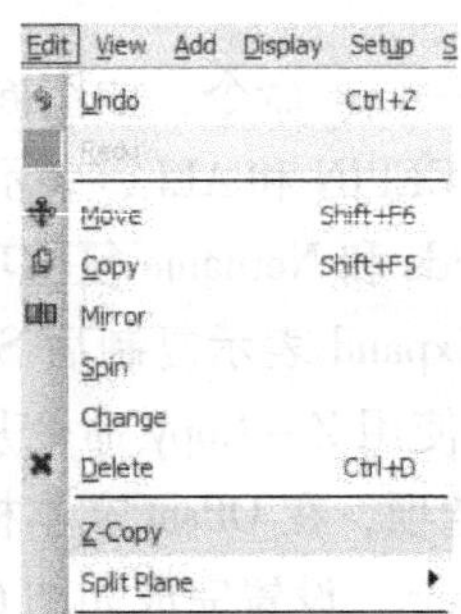

图 6.37　选择 Z - Copy 命令

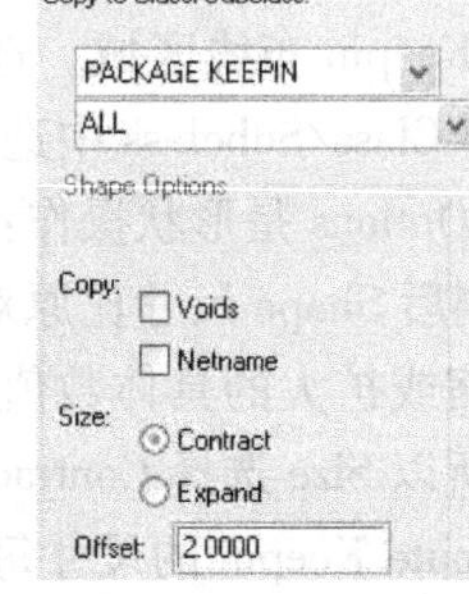

图 6.38　设置各项参数

（4）按住鼠标左键框选中整个 Outline 板块后松开鼠标左键，此时整个 Package Keepin 就被创建完成，如图 6.39 所示。

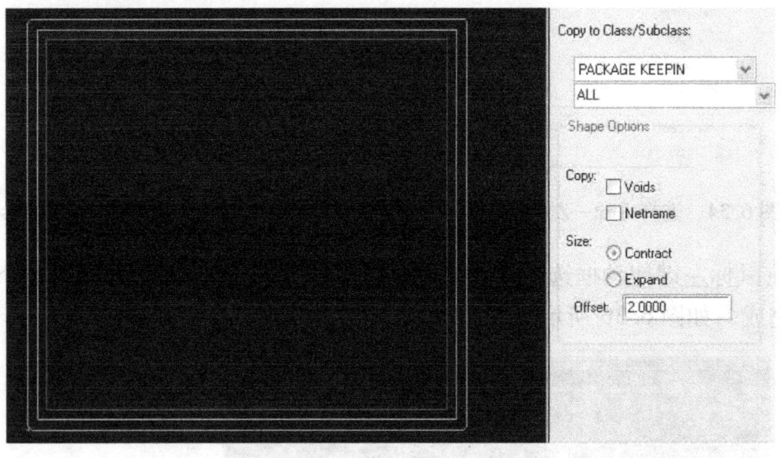

图 6.39　使用 Z - Copy 命令创建 Package Keepin

提示：

绘制其他各种类型的区域，如 Route Keepout、Package Keepout、Wire Keepout、Via Keepout 等区域的方式都可以采用 Z - Copy 的命令来进行，操作方法和上面的操作类似，读者可以自行尝试。

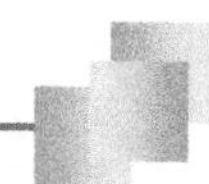

6.9　创建和添加安装孔或定位孔

安装孔或定位孔都是电路板的 Mechanical symbol，无电气属性的孔，该类型的孔可以作为 Mechanical symbol 加入到电路板中。创建和添加安装孔或定位孔的操作步骤如下。

（1）创建安装孔，以直径 3.1mm 的定位孔为例。打开 Pad Designer 对话框制作定位孔的焊盘文件，新建焊盘文件 pmc3r1，设置单位为毫米，圆形钻孔内壁不上锡，创建安装孔及设置如图 6.40 所示。

（2）设置 BEGIN LAYER、DEFAULT INTERNAL、END LAYER 层中 Regular Pad、Thermal Relief、Anti Pad 都为圆形 Circle、直径为 3.1mm，如图 6.41 所示。设置后检查无误保存焊盘文件。

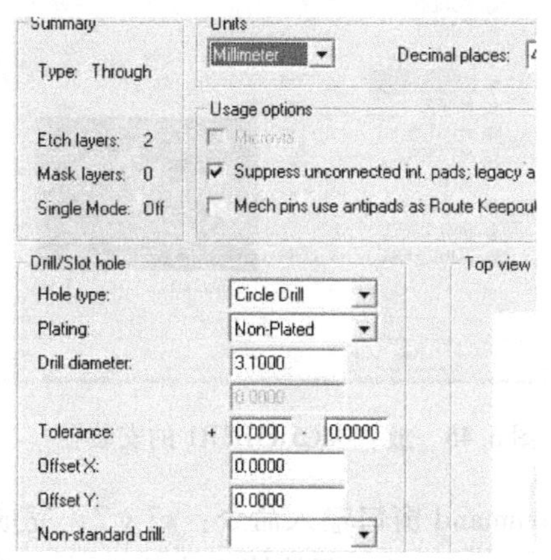

图 6.40　创建安装孔及设置

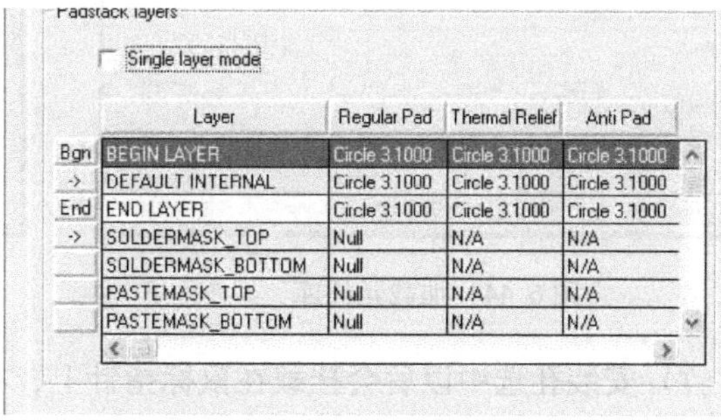

Padstack layers

Single layer mode

	Layer	Regular Pad	Thermal Relief	Anti Pad
Bgn	BEGIN LAYER	Circle 3.1000	Circle 3.1000	Circle 3.1000
->	DEFAULT INTERNAL	Circle 3.1000	Circle 3.1000	Circle 3.1000
End	END LAYER	Circle 3.1000	Circle 3.1000	Circle 3.1000
->	SOLDERMASK_TOP	Null	N/A	N/A
	SOLDERMASK_BOTTOM	Null	N/A	N/A
	PASTEMASK_TOP	Null	N/A	N/A
	PASTEMASK_BOTTOM	Null	N/A	N/A

图 6.41　设置安装孔各层参数

（3）新建定位孔文件。打开 Allegro PCB Editor 对话框，选择 File—New 命令，如图 6.42 所示，对弹出的对话框中，Drawing Type 选择 Mechanical symbol 选项，表示将要创建机械符号。浏览并选择需要保存文件的目录下新建文件名为 MC5R5D3R1，单击 OK 按钮之后进入 Mechanical symbol 编辑环境。

（4）设置单位，设置工作区域大小，设置参考原点，设置格点。选择 Pin 命令，如图 6.43 所示，在 Options 选项卡的 Padstack 中找到刚制作的 Pmc3r1 焊盘后，它会挂载在鼠标指针上，在 Command 窗口输入命令：x0 y0 摆放安装孔，右击选择 Done 命令结束放置命令。检查无错误之后，选择 File—Save 命令保存安装孔文件（软件同时保存 .dra 文件和 .bsm 文件）。

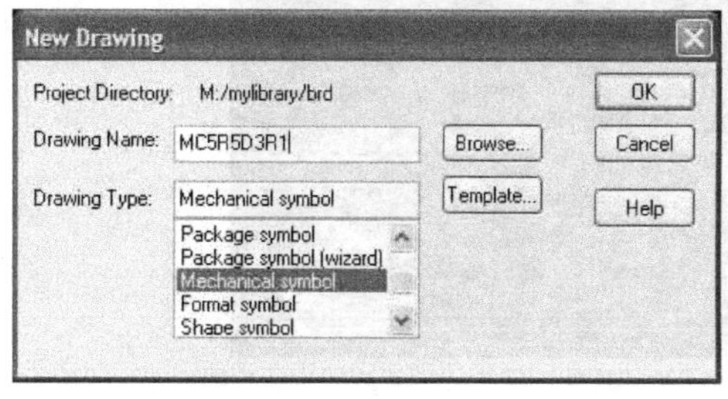

图 6.42　新建定位孔文件

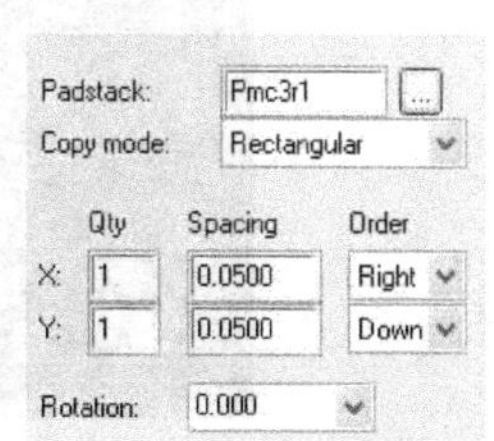

图 6.43　设置定位孔参数

（5）使用 Allegro PCB Designer 命令打开 myborads. brd 文件，选择 Place—Manually 命令，弹出 Placement 窗口。打开 Advanced Setting 高级设计选项卡。选择 Library 复选框，表示要加载元件库，设置完成以后如图 6.44 所示。

（6）打开 Placement List 选项卡，选择 Mechanical symbols 下拉列表，找到 MC5R5D3R1，勾选前面的选择框，表示要放置的安装孔为 MC5R5D3R1，如图 6.45 所示。

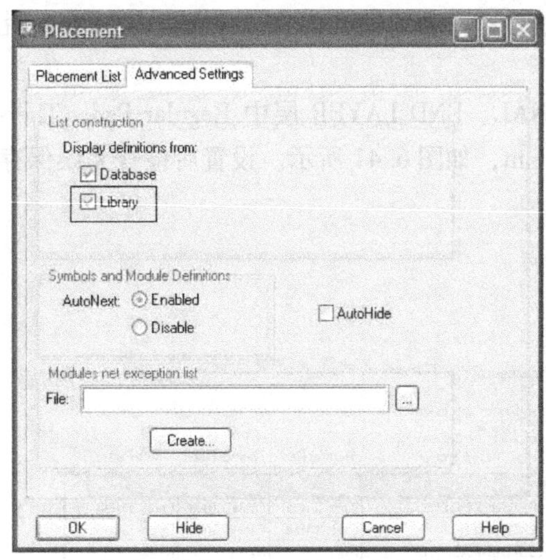

图 6.44　加载元件库

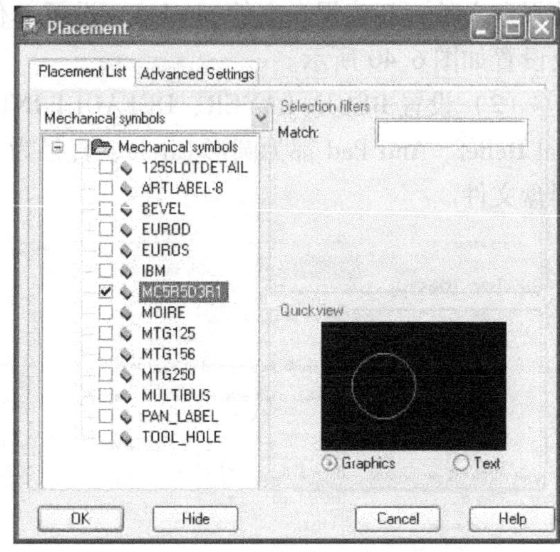

图 6.45　放置 MC5R5D3R1 的安装孔

（7）安装孔选中以后会挂载在鼠标指针上，在 Command 窗口输入命令：x7 y 7，完成左下角 1 个安装孔的摆放。使用同样的办法，输入坐标：x 93 y 7，摆放第 2 个安装孔。输入坐标：x 93 y 93 摆放第 3 个安装孔。输入坐标：x7 y 93 摆放第 4 个安装孔。安装孔都摆放完成以后右击选择 Done 命令结束当前命令。摆放安装孔的电路板如图 6.46 所示。

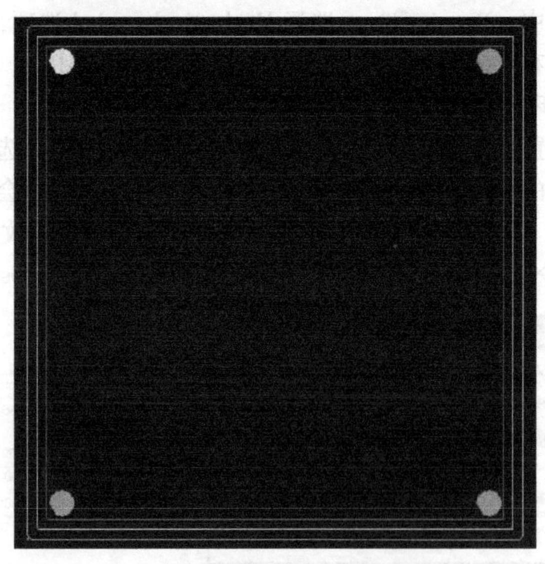

图 6.46　摆放安装孔的电路板

6.10　导入 DXF 板框

针对异形的电路板板框，在 Allegro 里面通过手工命令来创建就很困难。异形的板块需要借助其他工具（CAD、PRO/E 类）软件绘制好之后，输出成 DXF 文件。Allegro 支持从 DXF 文件导入图形作为板框。导入 DXF 板框的具体操作步骤如下。

（1）打开 Allegro PCB Editor 对话框，选择 File—import—DXF 命令。

（2）弹出 DXF In 对话框，如图 6.48 所示。DXF file 文本框用来选择要导入的 DXF 文件。单击后面浏览按钮会弹出 DXF file 浏览对话框。通过浏览选择保存有 DXF 文件的目录，双击 DXF 文件后，DXF 文件和路径就会被读取到文本框中显示。DXF units 用来设置导入的单位，常用的有 MM 和 Mils。Use default text table、Incremental addition、Fill Shapes 复选项选择不勾选。Layer conversion file 文本框中所显示是导入的记录文件，默认情况下该 .cnv 文件所在的路径和 DXF 文件所在的路径相同。Edit/View layers 按钮用来编辑和设置导入 DXF 文件后放置哪些 Class 和 SubClass。

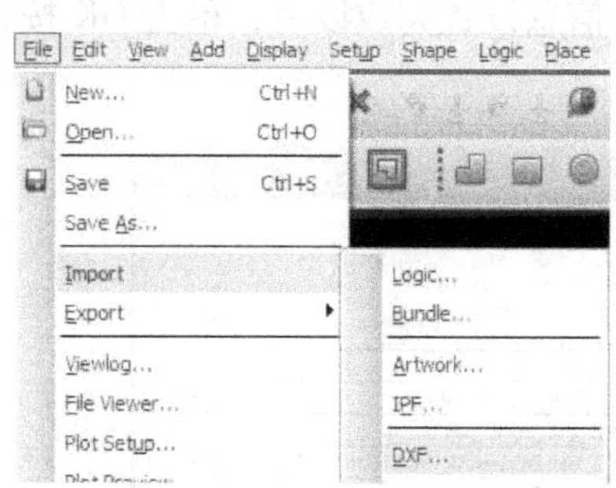

图 6.47　选择 File—Import—DXF 命令

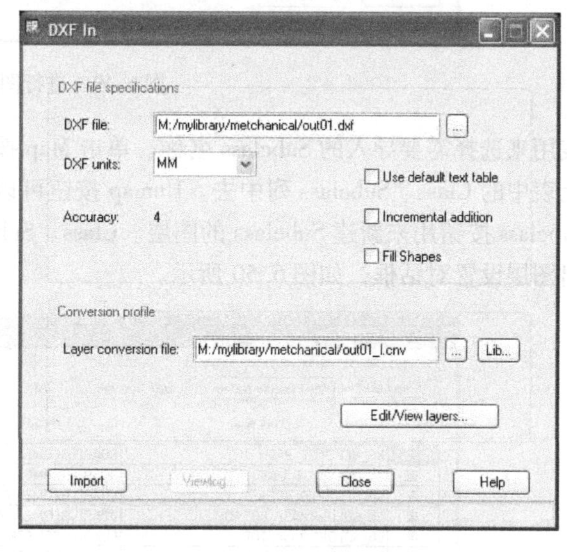

图 6.48　DXF In 的对话框

（3）单击 Edit/View layers 按钮进入图层设置。Select all 复选项用来选择 DXF 里面所有的层。该项勾选后列表中的 selsect 列都会被选择，取消选择 selsect 列都会被取消，其作用就是总的层选择开关。View selected layers 按钮用来读取 DXF 中所有的图层，读取到的图层都会显示在 DXF layer 列中。DXF Layer filter 是 DXF 图层过滤器，用来过滤选择 DXF 文件中的各个图层。列表中的 Class 和 Subclass 列，用来设置 DXF 导入 Allegro 之后，将 DXF 的图层摆放到 Allegro 中的哪些 Class 和 Subclass。导入的文件作为板框使用，所以该处 Class 为 BOARD GEOMETRY，Subclss 为 OUTLINE，设置完成的截图界面如图 6.49 所示。

（4）Map selected items 用来指定选择项，Use DXF layer as subclass name 复选项被勾选后，表示将 DXF 文件中的图层复制传递到 Allegro 中的 Class 和 Subclass 中，Subclass 中的名称将和 DXF 图层名称保持一致 Class 下拉列表用来需要导入的 Class 名称，Subclass 下拉列

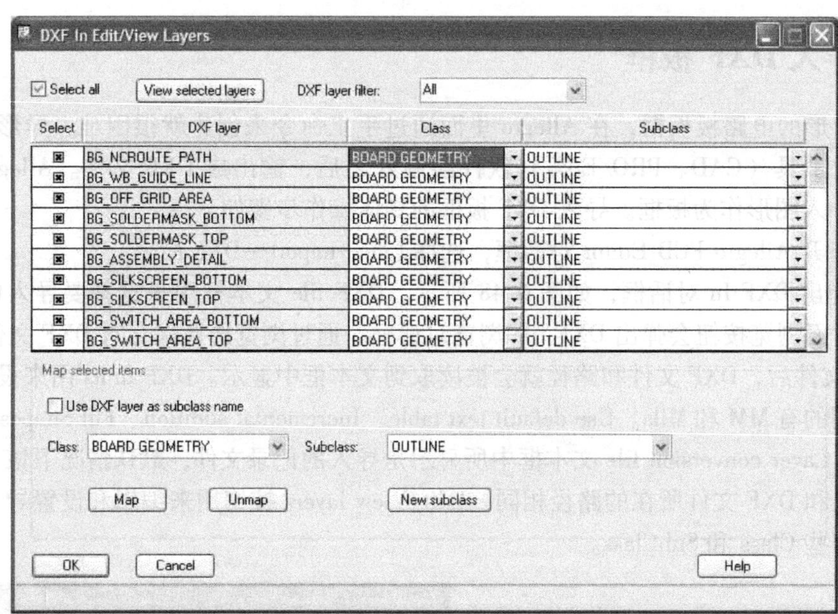

图 6.49　进行图层设置

表用来选择需要导入的 Subclass 名称。单击 Map 按钮会将设置的 Class、Subclass 信息读取到上表中的 Class、Subclass 列中去。Unmap 按钮可以取消列表中的 Class、Subclass 信息。New subclass 按钮用来新建 Subclass 的图层。Class、Subclass 信息设置完成以后，单击 OK 按钮退出图层设置对话框，如图 6.50 所示。

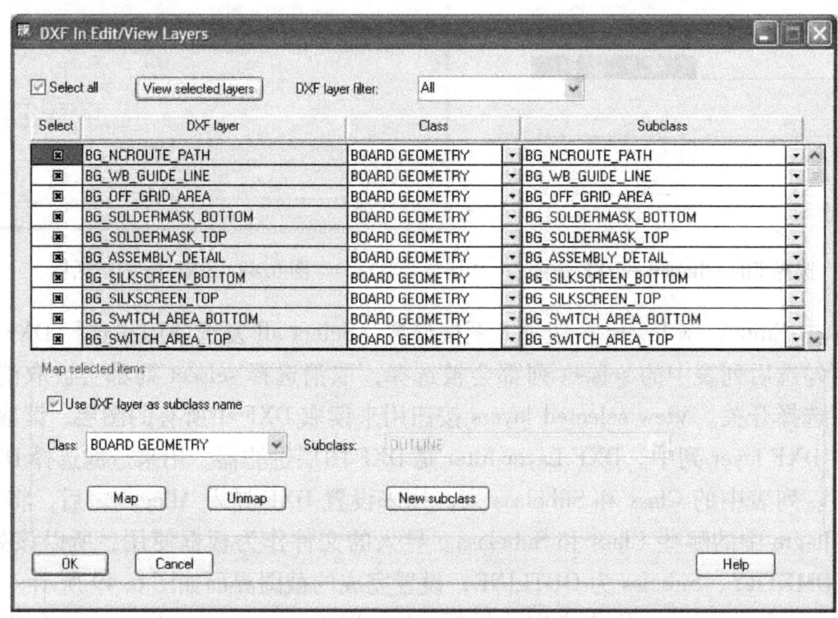

图 6.50　Map selected items 图层设置的操作演示

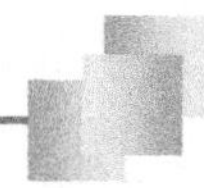

（5）单击 Import 按钮，将执行 DXF 导入命令，完成之后导入的 DXF 会显示在工作区域当中，如图 6.51 所示。

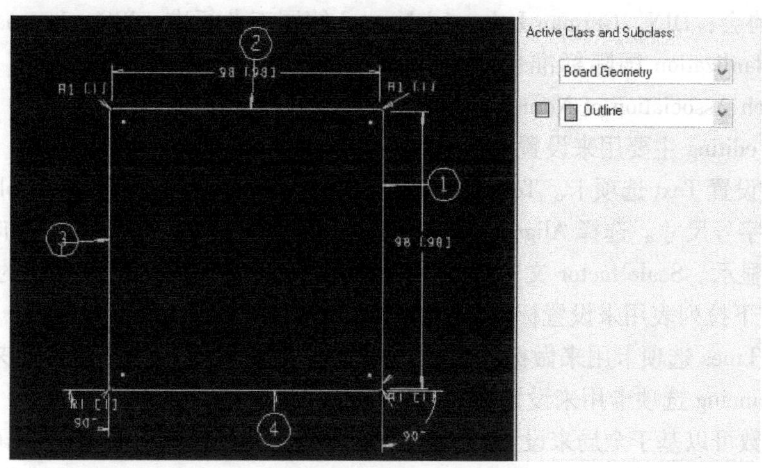

图 6.51　DXF 导入后的效果

（6）移动板框，导入板框后若板框的位置不合理，可以使用 Copy 命令或者 Move 命令，在 Find 选项卡中只选择 Line 复选项，然后单击移动板框的位置即可完成板框的移动，若需整体移动，需要对板框进行整体框选，然后拖动。也可以使用命令来精确地移动板框。

6.11　尺寸标注

一个标注的电路板，需要对板框的外形尺寸及定位孔或者定位元件的位置进行标注，Allegro 中尺寸标注有很强大的功能，包括线性标注、角度标注、引线标注等。

（1）参数设置 General 选项卡。选择 Manufacture—Dimension Environment 命令进入标注模式，在工作区域内右击，在弹出菜单中选择 Parameters 命令修改标注的参数。General 选项卡是标注的标准和标注单位设置，菜单和界面截图如下图 6.52、图 6.53 和图 6.54 所示。

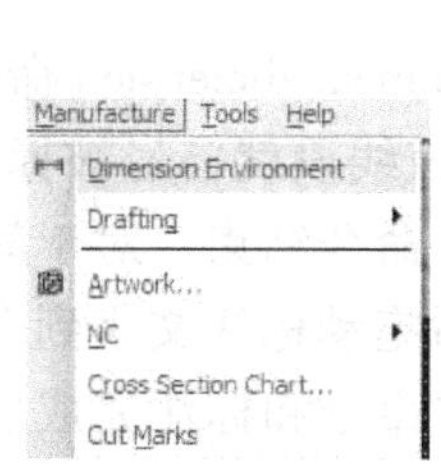

图 6.52　选择 Manufacture—Dimension Environment 命令

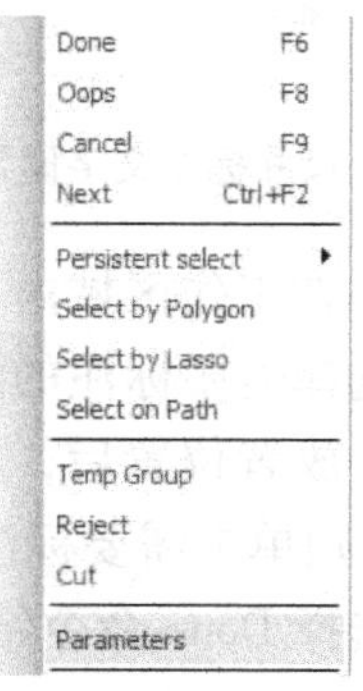

图 6.53　选择 Parameters 菜单修改标注的参数

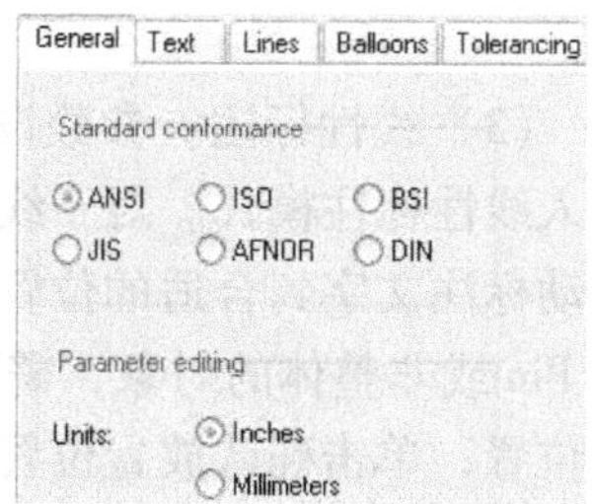

图 6.54　General 选项卡

在 General 选项卡中，Standard conformance 是尺寸标注的几个标准。ANSI，American National Standards Institute（default）美国国家标准协会（默认）；BSI，British Standards Institute 英国工业协会；DIN，German Industrial Normal 德国工业标准；ISO，International Organization for Standardization 国际标准化组织；JIS，Japanese Industrial Standard 日本工业标准；AFNOR，French Association of Normalization 法国标准化协会。

Parameter editing 主要用来设置单位，包括 Inches 英寸、Millimeters 毫米。

（2）参数设置 Text 选项卡。Text 选项卡是尺寸标注文字设置选项，Text block 文本框用来设置标注的字号尺寸。选择 Align text with dimension line 复选项，在标注的时候，文字会和标注线对齐显示。Scale factor 文本框用来设置标注的比例，1.0 代表标注的比例是 1:1。Decimal places 下拉列表用来设置标注的小数点精度。

参数设置 Lines 选项卡用来做标注尺寸线的属性设置，Balloons 选项卡用来做标注延伸线设置，Tolerancing 选项卡用来设置标注的公差。

标注的参数可以基于全局来设置，先要设置参数，之后进行标注操作，也可以选择已经存在的标注，在右键菜单中选择 Instance dimension 命令对特定的标注进行单独的参数修改。Text 选项卡的截图如图 6.55 所示。

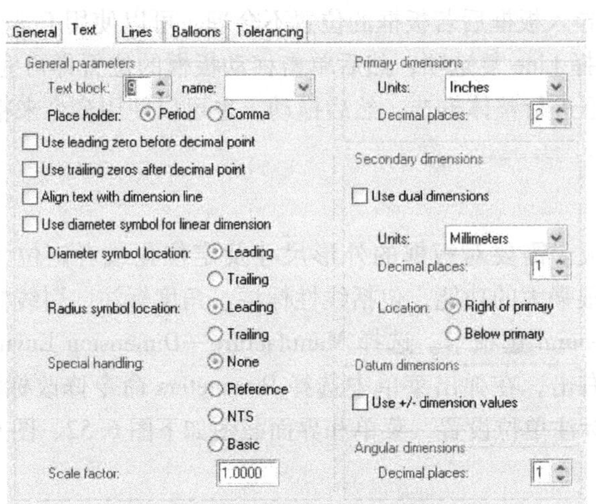

图 6.55　尺寸标注文字设置选项

（3）线性标注。参数设置好之后，在工作区域内右击后，选择 Linear dimension 命令，进入线性标注模式。对于线段，单击选择需要标注的线段，拖动后该线段就已经被标注，拖动标注文字到合适的位置，单击确认放置位置后，右键选择 Done 命令结束。对于间隔的 Pin 或非整体的对象，需要用鼠标分别单击需要标注的两端，然后拖动标注文字到合适的位置，单击确认放置位置后，右键选择 Done 命令结束。线性标注命令和标注完成后的效果如图 6.56 和图 6.57 所示。

（4）标注圆弧半径。参数设置好之后，在工作区域内右击后，选择 Radial leader 命令进入圆弧半径标注模式，如图 6.58 所示。单击选择需要标注的圆弧半径，拖动后该圆弧就已经被标注，拖动标注文字到合适的位置，单击确认放置位置后，右键选择 Done 命令结束。

图 6. 59 所示的 R0. 635 就是标注的圆弧半径，表示圆弧的半径是 0. 635mm。

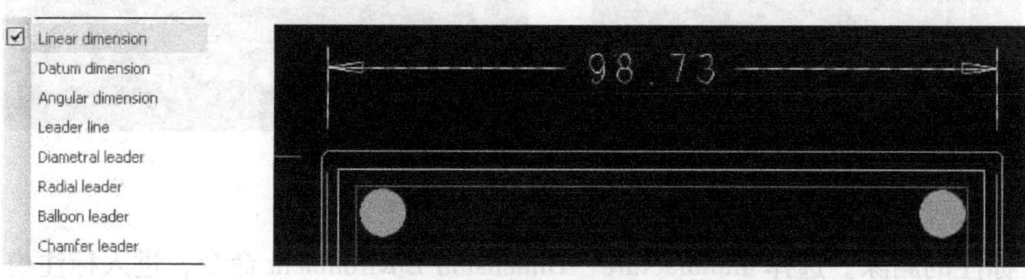

图6. 56　线性标注　　　　图 6. 57　线性标注后的效果

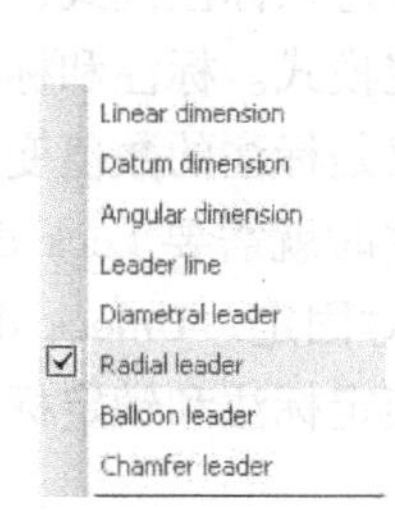

图 6. 58　标注圆弧半径　　　　图 6. 59　圆弧半径标注后的效果

（5）基准标注。参数设置好之后，在工作区域内右击后，选择 Datum dimension 命令进入基准标注模式。在右侧 Options 选项卡中设置 Active Class 为 Board Geometry，Subclass 为 Dimension，Value 文本框中设置标注数值，Text 文本框中设置要标注的文字。Dimension axis 中设置 X 表示水平轴标注，Y 表示垂直轴标注，Both 表示都两者都允许。该处假设需要标注 Outline 上侧的板框，可以设置 Value 为 1，Text 为 Top boards，Dimension axis 中设置 X，单击选择上侧的板框后，输入的字符就已经标注在线段上，拖动标注文字到合适的位置，单击确认放置位置后，右键选择 Done 命令结束。使用同样的方法，假设需要标注 Outline 上侧的板框，设置 Value 为 2，Text 为 Right Boards ，Dimension axis 中设置 Y，单击选择标注对象后，拖动标注文字到合适的位置，单击确认放置位置后，右键选择 Done 命令结束。基准标注的 Options 选项卡如图 6. 60 和图 6. 61 所示，标注文字如图 6. 62 所示。

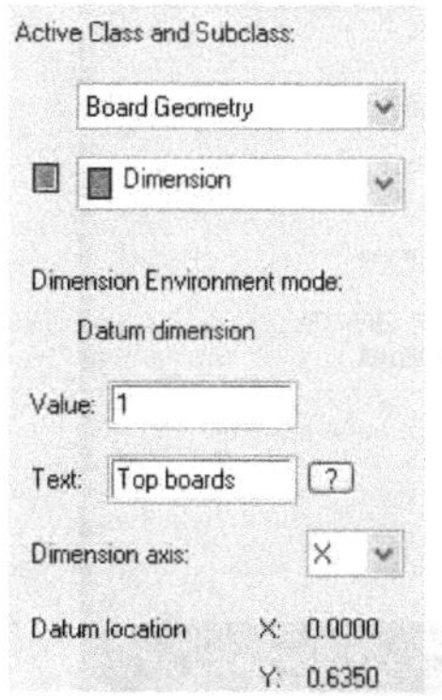

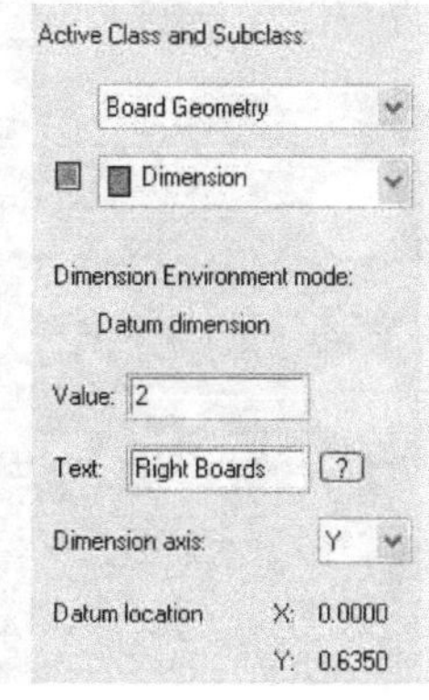

图6. 60　Options 选项卡相关设置　　　　图 6. 61　标注 Outline 上侧的板框参数

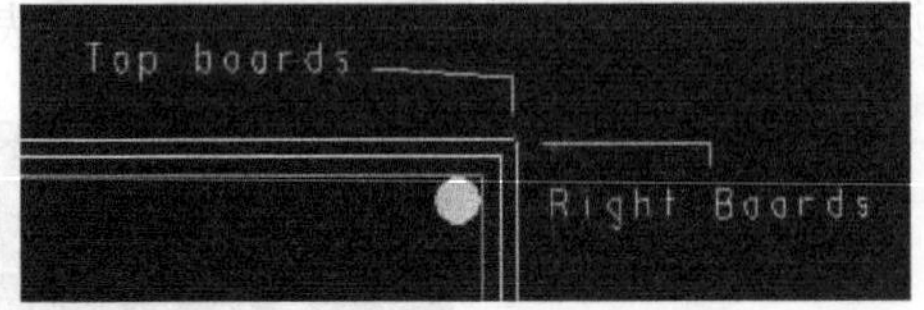

图 6.62　标注后的文字

（6）标注的删除。选择 Manufacture—Dimension Environment 命令，进入标注模式。在工作区域内右击后，在弹出菜单中选择 Delete dimensions 命令，进入标注删除模式。单击需要删除的标注后，标注就会被删除，右击，选择 Done 命令结束。

（7）锁定标注。选择 Manufacture—Dimension Environment 命令进入标注模式，在工作区域内右击，在弹出菜单中选择 Lock dimensions 命令，进入标注锁定模式。标注和标注的对象是关联的，当移动被标注的对象之后，标注也会跟着变化，不仅仅是标注的数值变化，标注的位置也会变化，有些情况下位置的变化是我们不需要的，所以这时就需要 Lock dimensions 命令锁定标注。锁定标注后不管元件怎么移动，标注的位置都相对固定。Unlock dimensions 用来解除锁定，命令的操作方法和步骤和 Lock dimensions 一致。锁定标注和锁定标注后的效果如图 6.63 和图 6.64 所示。

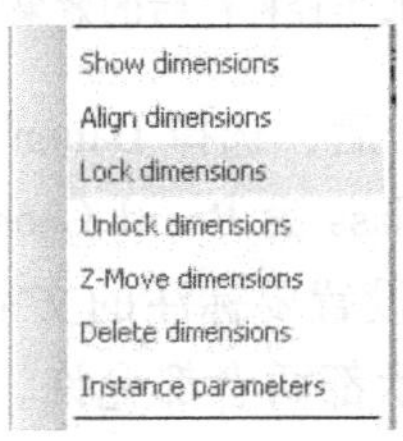

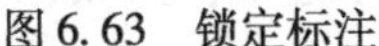

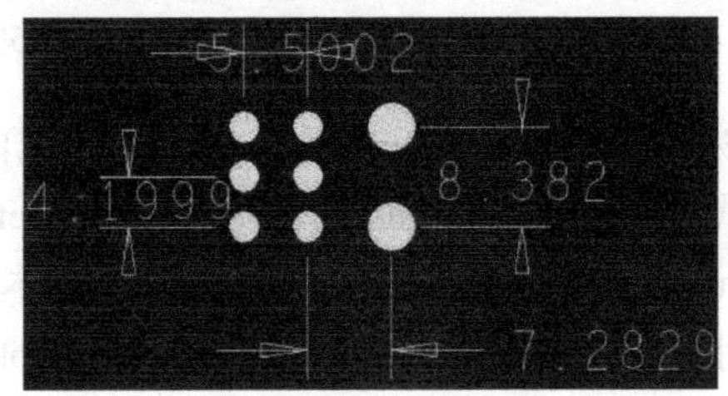

图 6.63　锁定标注　　　　图 6.64　锁定标注后的效果

（8）显示标注属性。选择 Manufacture—Dimension Environment 命令进入标注模式，在工作区域内右击，在弹出菜单中选择 Show dimensions 命令可以用来显示标注的属性。单击需要显示的标注，就可以查看其标注的属性信息，如图 6.65 所示。

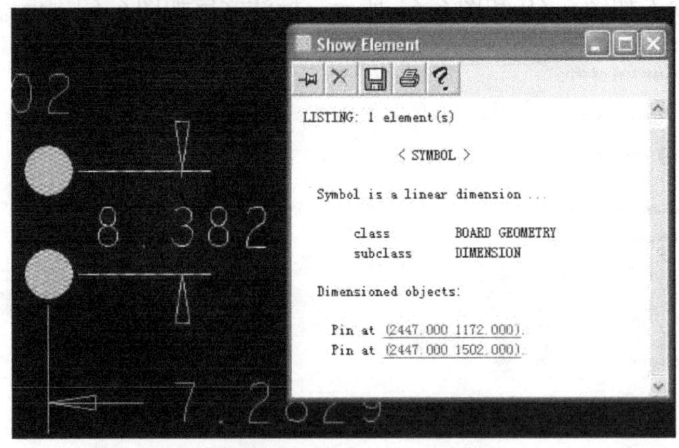

图 6.65　显示标注属性

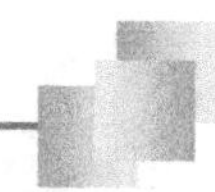

(9) Ballon Leader。选择 Manufacture—Dimension Environment 命令进入标注模式，在工作区域内右击，在弹出菜单中选择 Ballon Leader 命令。在右侧 Options 选项卡中设置 Active Class 为 Board Geometry，Subclas 为 Dimension，Value 文本框中设置要标注到图纸上的数字或字母。单击选择标注对象后，拖动标注文字到合适的位置，再击确认放置位置后，右键选择命令 Done 结束。默认情况下 Ballon Leader 外形是个圆框，Value 文本框中不输入内容的情况下，默认用摆放的数字序号来进行表示。Ballon Leader 的外形及文字都可以在 Ballon Leader 选项卡中进行设置，标注完成以后的效果如图 6. 66 和图 6. 67 所示。

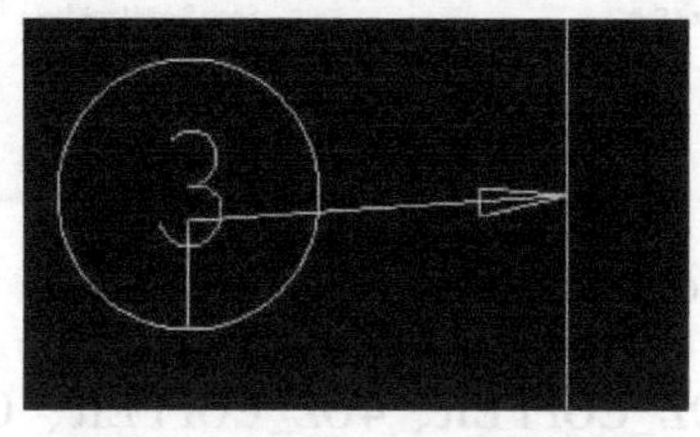

图 6. 66　Ballon Leader 标注效果 1

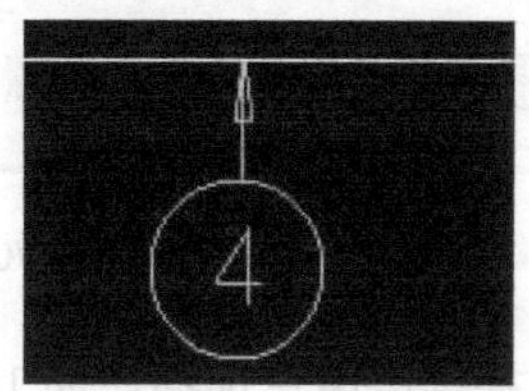

图 6. 67　Ballon Leader 标注效果 2

(10) 标注显示和关闭。选择 Display—Color/Visiblity—Board Geometry 命令，在弹出的选项卡中找到 Dimension 复选项，如图 6. 68 所示，勾选后标注会显示，取消勾选后标注会被隐藏。

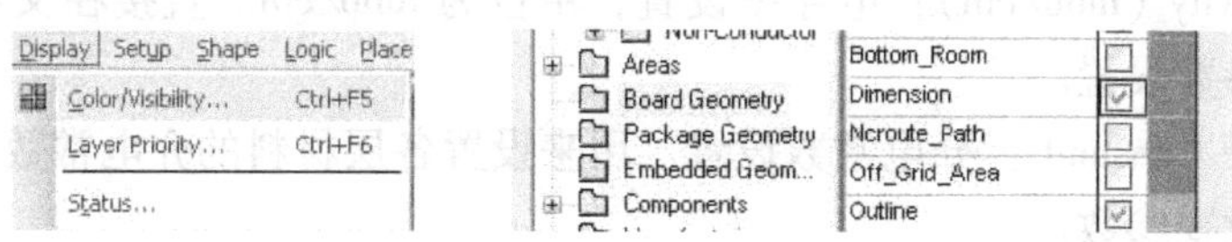

图 6. 68　标注显示和关闭

6. 12　Cross – section

Allegro 提供了一个集成、方便、强大的叠层设计 Cross – section 工具。手工创建电路板中必须手工来设计电路板的叠层结构。选择 Setup—Cross – section 命令，弹出 Layout Cross Section 对话框，进入叠层设计，图 6. 69 所示为叠层菜单命令，图 6. 70 所示为叠层设置对话框。

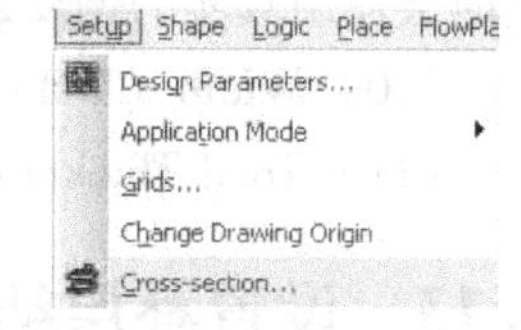

图 6. 69　选择 Setup—Cross – section 命令

在 Layout Cross Section 对话框中，每一行都显示电路板叠层中的每一层，从上到下按照电路板物理结构从顶层 TOP 到底层 BOTTOM 的顺序显示，详细解释如下。

(1) Subclass Name：显示各层的名称，其中包括电气层和非电气层，电气层一般会设置名称，如 TOP、GND、POWER、BOTTOM、SIG01 等，这样的名称都是属于电气层。

(2) Type：显示每个层的功能类型，SURFACE 表面、CONDUCTOR 导体、DIELECTRIC 电介质、PLANE 平面。

(3) Material：显示各层的材料。若当前层是电气层，Material 中就会列出很多电气铜箔

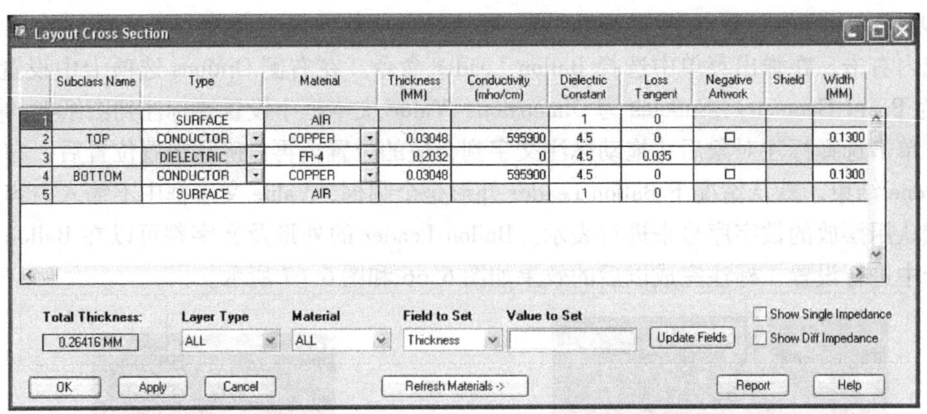

图 6.70　Layout Cross Section 对话框

类的导电材料提供给用户选择，如 1OZ_COPPER、2OZ_COPPER、4OZ_COPPER、COPPER、LEDA 等。若当前层是电介质层，Material 中就会列出电介质材料，可以在下拉列表中选择合适的材料，比较常用的材料有 FR－4、INCONEL、POLYIMIDE、PTFE 等。

（4）Thickness：层厚度设置。电气层和电介质层厚度不同，根据具体的材料厚度来设置该层的厚度。

（5）Conductivity（mho/cm）：电导率设置，单位为 mho/cm。直接在文本框栏目中输入数据后即可改变参数设置。

（6）Dielectric Constant：介电常数设置。用来设置各层材料的介电常数，直接在文本框输入数据后即可改变参数。

（7）Loss Tangent：材料的损耗角。可以根据材料的实际损耗角来修改，在文本框输入数据后参数即可改变。

（8）Negative Artwork：设置电气层的正负片格式。选择代表负片，不选择代表正片。只有电气层才有该属性。若层设置为负片，输出光绘时相应层设置也要为负片。

（9）Shield：本层是否作为相邻信号层的参考平面，勾选代表作为参考平面，勾选后仿真时会使用真实的铜皮边界作为传输线的参考平面。

（10）Width（MM）：设置布线的宽度，只有电气层才有该属性。

（11）Total Thickness：显示所有层的总厚度。

6.13　设置叠层结构

使用 Cross－section 命令设置将两层电路板修改成 4 层电路板，添加 GND 和 POWER 两个电气层，添加层的厚度等信息，具体操作步骤如下。

（1）在序号 2 栏目上右击，选择弹出的 Add Layer Above 选项，如图 6.71 所示。

（2）添加层之后，界面截图如图 6.72 所示。重复上面的操作，将鼠标指针放在序号 3 处，反复右击 3 次，选择弹出的 Add Layer Above 选项。共计插入 4 次新增加层的页面。

（3）增加 4 次之后，层的序号从 6 项增加到 9 项，界面截图如图 6.73 所示。

（4）单击序号 4 后面的 Subclass Name 文本框，输入层的名称 GND。单击 GND 层对应

	Subclass Name	Type	Material	Thickness (MM)	Conductivity (mho/cm)	Dielectric Constant	Loss Tangent	Negative Artwork	Shield	Width (MM)
1		SURFACE	AIR			1	0			
2	TOP	CONDUCTOR	COPPER	0.03048	595900	4.5	0	☐		0.1300
3		DIELECTRIC	FR-4	0.2032	0	4.5	0.035			
4		CONDUCTOR	COPPER	0.03048	595900	4.5	0	☐		0.1300
5		SURFACE	AIR			1	0			

Add Layer Above
Add Layer Below

图 6.71　添加层操作

	Subclass Name	Type	Material	Thickness (MM)	Conductivity (mho/cm)	Dielectric Constant	Loss Tangent	Negative Artwork	Shield	Width (MM)
1		SURFACE	AIR			1	0			
2	TOP	CONDUCTOR	COPPER	0.03048	595900	4.5	0	☐		0.1300
3		DIELECTRIC	FR-4	0.2032	0	4.5	0.035			
4		DIELECTRIC	FR-4	0.2032	0	4.5	0.035			
5	BOTTOM	CONDUCTOR	COPPER	0.03048	595900	4.5	0	☐		0.1300
6		SURFACE	AIR			1	0			

图 6.72　新增加 4 层

	Subclass Name	Type	Material	Thickness (MM)	Conductivity (mho/cm)	Dielectric Constant	Loss Tangent	Negative Artwork	Shield	Width (MM)
1		SURFACE	AIR			1	0			
2	TOP	CONDUCTOR	COPPER	0.03048	595900	4.5	0	☐		0.1300
3		DIELECTRIC	FR-4	0.2032	0	4.5	0.035			
4		DIELECTRIC	FR-4	0.2032	0	4.5	0.035			
5		DIELECTRIC	FR-4	0.2032	0	4.5	0.035			
6		DIELECTRIC	FR-4	0.2032	0	4.5	0.035			
7		DIELECTRIC	FR-4	0.2032	0	4.5	0.035			
8	BOTTOM	CONDUCTOR	COPPER	0.03048	595900	4.5	0	☐		0.1300
9		SURFACE	AIR			1	0			

图 6.73　新增加层序号显示

的类型，在下拉列表中选择 PLANE 平面层。此时，Material 的材料会跟着层的选择变化成 COPPER，该处保持 COPPER 不做修改，修改完成后如图 6.74 所示。

	Subclass Name	Type	Material	Thickness (MM)	Conductivity (mho/cm)	Dielectric Constant	Loss Tangent	Negative Artwork	Shield	Width (MM)
1		SURFACE	AIR			1	0			
2	TOP	CONDUCTOR	COPPER	0.03048	595900	4.5	0	☐		0.1300
3		DIELECTRIC	FR-4	0.2032	0	4.5	0.035			
4	GND	PLANE	COPPER	0.03048	595900	4.5	0.035	☐	☒	
5		DIELECTRIC	FR-4	0.2032	0	4.5	0.035			
6		DIELECTRIC	FR-4	0.2032	0	4.5	0.035			
7		DIELECTRIC	FR-4	0.2032	0	4.5	0.035			
8	BOTTOM	CONDUCTOR	COPPER	0.03048	595900	4.5	0	☐		0.1300
9		SURFACE	AIR			1	0			

图 6.74　选中 4 层设置为 PLANE 平面层

（5）单击序号 6 后面的 Subclass Name 文本框，输入层的名称 POWER。单击 POWER 层对应的类型，在下拉列表中选择 PLANE 平面层。此时，Material 的材料会跟着层的选择变化成 COPPER，该处保持 COPPER 不做修改，修改完成后如图 6.75 所示。

	Subclass Name	Type	Material	Thickness (MM)	Conductivity (mho/cm)	Dielectric Constant	Loss Tangent	Negative Artwork	Shield	Width (MM)
1		SURFACE	AIR			1	0			
2	TOP	CONDUCTOR	COPPER	0.03048	595900	4.5	0	☐		0.1300
3		DIELECTRIC	FR-4	0.2032	0	4.5	0.035			
4	GND	PLANE	COPPER	0.03048	595900	4.5	0.035	☐	☒	
5		DIELECTRIC	FR-4	0.2032	0	4.5	0.035			
6	POWER	PLANE	COPPER	0.03048	595900	4.5	0.035	☐	☒	
7		DIELECTRIC	FR-4	0.2032	0	4.5	0.035			
8	BOTTOM	CONDUCTOR	COPPER	0.03048	595900	4.5	0	☐		0.1300
9		SURFACE	AIR			1	0			

图 6.75　选中 6 层设置为 PLANE 平面层

（6）设置 GND 和 POWER 层为负片形式。在 Negative Artwork 栏分别勾选 GND 和 POWER 层上的复选项。勾选后，表示设置 GND 和 POWER 层为负片形式，修改完成后如图 6.76 所示。

	Subclass Name	Type	Material	Thickness (MM)	Conductivity (mho/cm)	Dielectric Constant	Loss Tangent	Negative Artwork	Shield	Width (MM)
1		SURFACE	AIR			1	0			
2	TOP	CONDUCTOR	COPPER	0.03048	595900	4.5	0	☐		0.1300
3		DIELECTRIC	FR-4	0.2032	0	4.5	0.035			
4	GND	PLANE	COPPER	0.03048	595900	4.5	0.035	☒	☒	
5		DIELECTRIC	FR-4	0.2032	0	4.5	0.035			
6	POWER	PLANE	COPPER	0.03048	595900	4.5	0.035	☒	☒	
7		DIELECTRIC	FR-4	0.2032	0	4.5	0.035			
8	BOTTOM	CONDUCTOR	COPPER	0.03048	595900	4.5	0	☐		0.1300
9		SURFACE	AIR			1	0			

图 6.76　设置 GND 和 POWER 层为负片形式

（7）修改层厚度。序号 3 行和序号 7 行为介质层，在 Thickness 栏对应位置修改厚度为 0.08128，如图 6.77 所示。

	Subclass Name	Type	Material	Thickness (MM)	Conductivity (mho/cm)	Dielectric Constant	Loss Tangent	Negative Artwork	Shield	Width (MM)
1		SURFACE	AIR			1	0			
2	TOP	CONDUCTOR	COPPER	0.03048	595900	4.5	0	☐		0.1300
3		DIELECTRIC	FR-4	0.08128	0	4.5	0.035			
4	GND	PLANE	COPPER	0.03048	595900	4.5	0.035	☒	☒	
5		DIELECTRIC	FR-4	0.2032	0	4.5	0.035			
6	POWER	PLANE	COPPER	0.03048	595900	4.5	0.035	☒	☒	
7		DIELECTRIC	FR-4	0.08128	0	4.5	0.035			
8	BOTTOM	CONDUCTOR	COPPER	0.03048	595900	4.5	0	☐		0.1300
9		SURFACE	AIR			1	0			

图 6.77　序号 3 行和序号 7 行为介质层

（8）修改层厚度。序号 5 行为介质层，在 Thickness 栏对应位置修改厚度为 0.62865。经过修改，Total Thickness 总的厚度变成了 0.91313mm，这个叠层的方式和厚度就是 1.0mm、4 层高速电路板的典型设置。至此，该例子中 4 层电路板的叠层设置完成，其他 6 层或者 8 层、10 层的设置方法均与此例类似，读者可以参考该例子的方法设置不同层厚度的叠层结构。

（9）叠层设计需要注意，电气层和电气层之间需要放一个介质层。如果对负片的理解不够深入，Negative Artwork 处可以不进行负片勾选，各电气层先按照正片的形式进行设置，光绘 Gerber 文件输出按照正片格式进行，等知识积累足够深入之后再进行负片叠层设置，设置完成后 4 层电路板的叠层如图 6.78 所示。

	Subclass Name	Type	Material	Thickness (MM)	Conductivity (mho/cm)	Dielectric Constant	Loss Tangent	Negative Artwork	Shield	Width (MM)
1		SURFACE	AIR			1	0			
2	TOP	CONDUCTOR	COPPER	0.03048	595900	4.5	0	☐		0.1300
3		DIELECTRIC	FR-4	0.08128	0	4.5	0.035			
4	GND	PLANE	COPPER	0.03048	595900	4.5	0.035	☒	☒	
5		DIELECTRIC	FR-4	0.62865	0	4.5	0.035			
6	POWER	PLANE	COPPER	0.03048	595900	4.5	0.035	☒	☒	
7		DIELECTRIC	FR-4	0.08128	0	4.5	0.035			
8	BOTTOM	CONDUCTOR	COPPER	0.03048	595900	4.5	0	☐		0.1300
9		SURFACE	AIR			1	0			

Total Thickness:	Layer Type	Material	Field to Set	Value to Set		
0.91313 MM	ALL	ALL	Thickness		Update Fields	☐ Show Single Impedance ☐ Show Diff Impedance

图 6.78　4 层电路板的叠层

第 7 章　Netlist 网络表解读及导入

7.1　网络表的作用

Netlist 网络表是电路原理图和 Allegro Layout 之间的连接桥梁，如图 7.1 所示。用 OrCAD Capture CIS 绘制原理图后，可以将电路原理图的连接关系转换成有一定格式的语言描述文本，这种文本就是 Netlist 网络表。在这里所介绍的 Netlist 是针对从 OrCAD Capture CIS（电路图部分）产生的 Netlist，并转入 Allegro 方式。原理图和 Allegro 交互数据主要有以下 5 个特点。

（1）在 OrCAD Capture CIS 绘制完电路原理图之后，才能进行 Netlist 输出。

（2）OrCAD Capture CIS 产生 Netlist，针对 Allegro 而言可以支持两种网络表格式：一种为 Allegro 格式，另一种为 Other 第三方格式。

（3）可以将产生的 Netlist 导入 Allegro 中进行电路同步，包括电路连接、元件、封装等。

（4）在 Allegro 中进行电路板设计。

（5）把在 Allegro 中产生的 back annotate（Logic）转出，并转入 OrCAD Capture CIS 里进行反标回编。

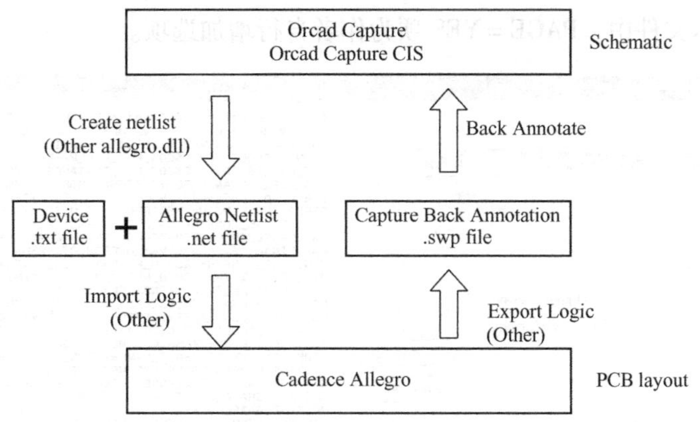

图 7.1　Netlist 是原理图和 Allegro Layout 之间的桥梁

7.2　网络表的导出，Allegro 方式

（1）单击选择要产生 Netlist 的原理图 dsn 文件，如图 7.2 所示。

（2）选择 Tool—Create Netlist 命令后进入 Create Netlist 对话框。在对话框中选择 PCB

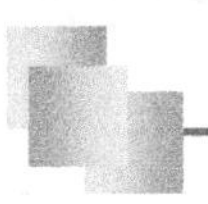

Editor 选项卡，该选项卡用于产生 Allegro 方式的网络表和创建电路板的设置，如图 7.3 所示。选项卡中主要有两部分的功能选择，一部分是创建 Netlist，另一是创建 PCB。

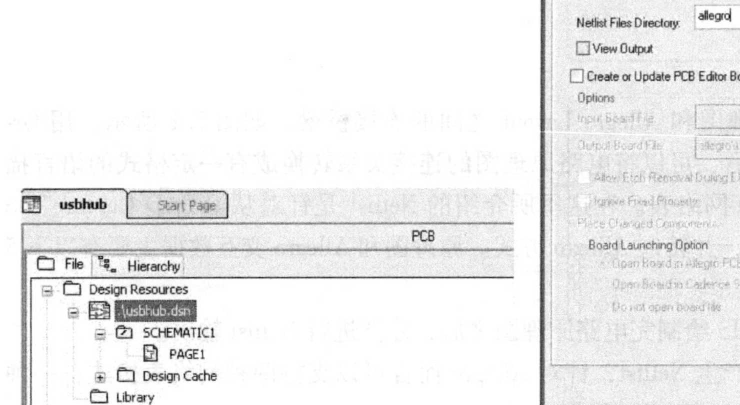

图 7.2 选择要产生 Netlist 的原理图 dsn 文件

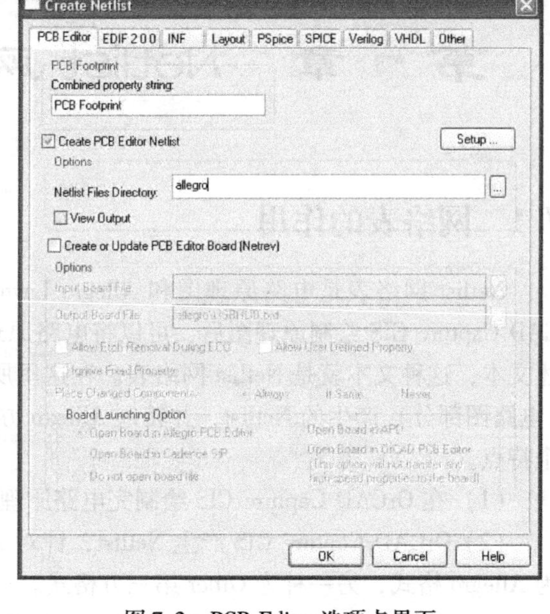

图 7.3　PCB Editor 选项卡界面

（3）Create Allegro Netlist 功能组：只产生 Netlist 的文件。在第一次导出 Netlist 时，要先在 Setup 对话框中设定路径，如图 7.4 所示，以便设置有哪些属性传递 Allegro. cfg，在 Allegro. cfg 中可选择那些属性传递有效。若设置了新的属性需要传递，就要在该文件中进行新增，如图 7.5 所示文件中，PAGE = YES 项为作者自行增加选项。

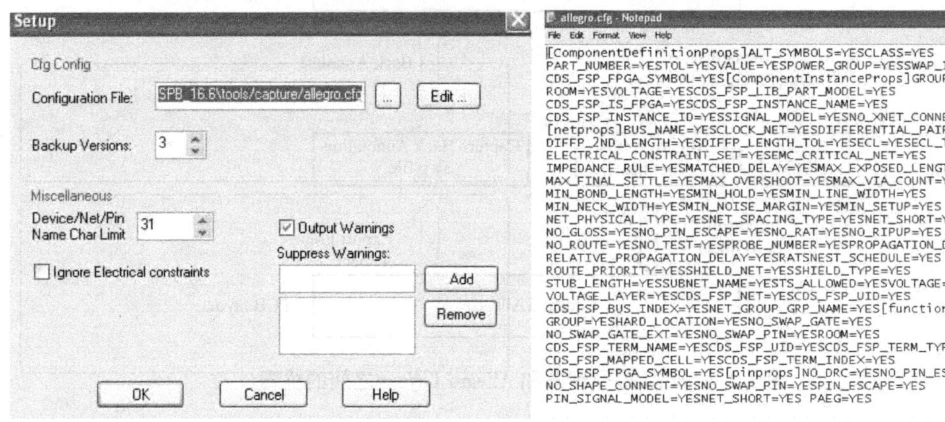


```
[ComponentDefinitionProps]ALT_SYMBOLS=YESCLASS=YES
PART_NUMBER=YESTOL=YESVALUE=YESPOWER_GROUP=YESSWAP_INFO=YES
CDS_FSP_FPGA_SYMBOL=YES[ComponentInstanceProps]GROUP=YES
ROOM=YESVOLTAGE=YESCDS_FSP_LIB_PART_MODEL=YES
CDS_FSP_IS_FPGA=YESCDS_FSP_INSTANCE_NAME=YES
CDS_FSP_INSTANCE_ID=YESSIGNAL_MODEL=YESNO_XNET_CONNECTION=YES
[netprops]BUS_NAME=YESCLOCK_NET=YESDIFFERENTIAL_PAIR=YES
DIFFP_2ND_LENGTH=YESDIFFP_LENGTH_TOL=YESECL=YESECL_TEMP=YES
ELECTRICAL_CONSTRAINT_SET=YESEMC_CRITICAL_NET=YES
IMPEDANCE_RULE=YESMATCHED_DELAY=YESMAX_EXPOSED_LENGTH=YES
MAX_FINAL_SETTLE=YESMAX_OVERSHOOT=YESMAX_VIA_COUNT=YES
MIN_BOND_LENGTH=YESMIN_HOLD=YESMIN_LINE_WIDTH=YES
MIN_NECK_WIDTH=YESMIN_NOISE_MARGIN=YESMIN_SETUP=YES
NET_PHYSICAL_TYPE=YESNET_SPACING_TYPE=YESNET_SHORT=YES
NO_GLOSS=YESNO_PIN_ESCAPE=YESNO_RAT=YESNO_RIPUP=YES
NO_ROUTE=YESNO_TEST=YESPROBE_NUMBER=YESPROPAGATION_DELAY=YES
RELATIVE_PROPAGATION_DELAY=YESRATSNEST_SCHEDULE=YES
ROUTE_PRIORITY=YESSHIELD_NET=YESSHIELD_TYPE=YES
STUB_LENGTH=YESSUBNET_NAME=YESTS_ALLOWED=YESVOLTAGE=YES
VOLTAGE_LAYER=YESCDS_FSP_NET=YESCDS_FSP_UID=YES
CDS_FSP_BUS_INDEX=YESNET_GROUP_GRP_NAME=YES[functionprops]
GROUP=YESHARD_LOCATION=YESNO_SWAP_GATE=YES
NO_SWAP_GATE_EXT=YESNO_SWAP_PIN=YESROOM=YES
CDS_FSP_TERM_NAME=YESCDS_FSP_UID=YESCDS_FSP_TERM_TYPE=YES
CDS_FSP_MAPPED_CELL=YESCDS_FSP_TERM_INDEX=YES
CDS_FSP_FPGA_SYMBOL=YES[pinprops]NO_DRC=YESNO_PIN_ESCAPE=YES
NO_SHAPE_CONNECT=YESNO_SWAP_PIN=YESPIN_ESCAPE=YES
PIN_SIGNAL_MODEL=YESNET_SHORT=YES PAEG=YES
```

图 7.4　在 Setup 对话框中设定路径　　　　图 7.5　在 Allegro. cfg 设置新的传递属性

Netlist Files 文本框是网络表所保存的路径，默认是保存在和原理图 DSN 同在一个目录下的 Allegro 文件夹里，这个路径可以修改，也可以使用默认路径。

（4）Create or Update Allegro Board 功能组。

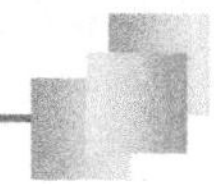

① 用来产生 Netlist 的文件并开启 Allegro，将 Netlist 加载 Allegro 中去，创建一个新的 Allegro board 文件（注意开启 Allegro 将 Netlist 加载，需要封装库路径和网络表 Netlist 完整无误才行，否则会报错）。当然也可以不选择开启 Allegro 将 Netlist 加载，就只是产生 Netlist，而不会直接进入 Allegro 软件的工作界面，等定义好 board 文件，设置好元件库路径之后，再手工导入网络表。

② Allow Etch Removal During Eco：再次导入 Netlist 时，是否允许把原来没用的 Etch 删掉。

③ Place Changed Component：是针对第二次导入 Netlist 时，元件放置参数设定。

④ Always：全部放置在原先的位置上。

⑤ If Same：当新旧元件封装相同时，可以做替换，而且位置相同。

⑥ Never：把原来放置的元件全部删掉，导入 Netlist 后重新摆放元件。

⑦ Board Lanunching Option：选择在哪个 layout 工作接口打开文件。

（5）Netlist Files Directory 文本框：用来设置保存网络表的文件名称和路径，默认是 Allegro 的文件夹，支持修改。单击其后面的按钮将进入网络表保存路径的选项对话框，在需要保存的文件的路径上双击确认后，单击 OK 按钮确认，如图 7.6 所示。

（6）修改后的网络表保存路径就会出现在 Netlist Files Directory 文本框中，如图 7.7 所示。

图 7.6　Select Directory 对话框　　　　图 7.7　出现修改后的网络表保存路径

（7）勾选 Create Allegro Netlist 复选项，表示将要产生网络表文件，单击 OK 按钮软件就会进行网络表的检查，没有错误之后会进行 Allegro 方式的网络表生成，生成网络表的内容如图 7.8 所示。

图 7.8　生成网络表的内容

（8）若原理图中存在错误，网络表就无法生成。如在执行网络表中 Netlisting the design 出现 ERROR（ORCAP－32042）：Netlister falled. Please refer to Session log netlist. log for details，如图 7.9 和 9.10 所示。

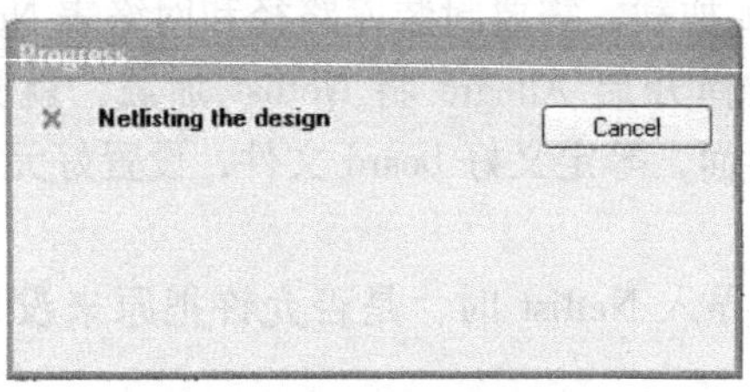

图 7.9　网络表生成失败

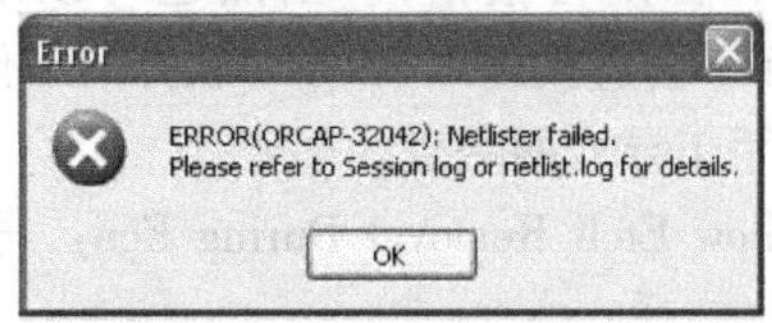

图 7.10　网络表生成错误内容

（9）Please refer to Session log netlist. log for details：提示要查看 netlist. log 记录文件，在输出文件目录打开该记录文件，在记录文件中查看错误，内容如下（查找错误的方法都是类似的，查看 netlist. log 记录文件中的提示，根据提示的去查找错误）。

{ Using PSTWRITER16. 6. 0 d001Nov - 02 - 2015 at 11 :28 :00 }

#1 ERROR(ORCAP - 36032)：Duplicate Reference Designator C15：SCHEMATIC1，PAGE1（20. 32，53. 34）.

#2 ERROR(ORCAP - 36018)：AbortingNetlisting. . . Please correct the above errors and retry.

（10）如该处 Duplicate Reference Designator 错误是因为 C15 的标号重复。回到原理图查找 C15，会发现存在重号，重新编号后其中一个 C15 被修改成 C30，如图 7. 11 和图 7. 12 所示。

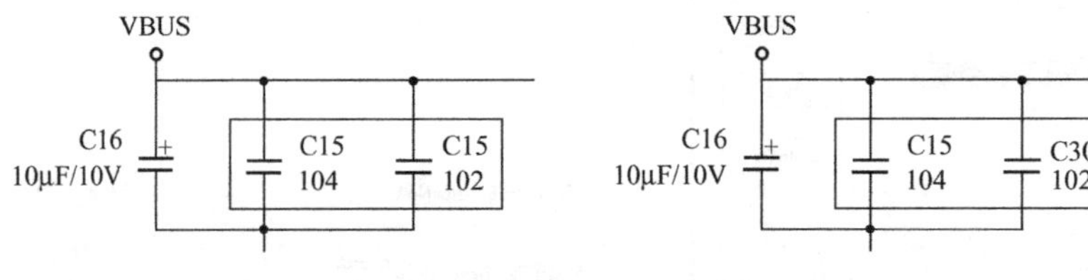

图 7. 11　C15 的标号重复　　　　图 7. 12　重新编号 C1

（11）经过修改之后再次输出网络表，发现不存在错误，打开 netlist. log 记录文件查看无错误产生，网络表文件正常产生，打开 netlist. log 文件，内容如图 7. 13 所示。

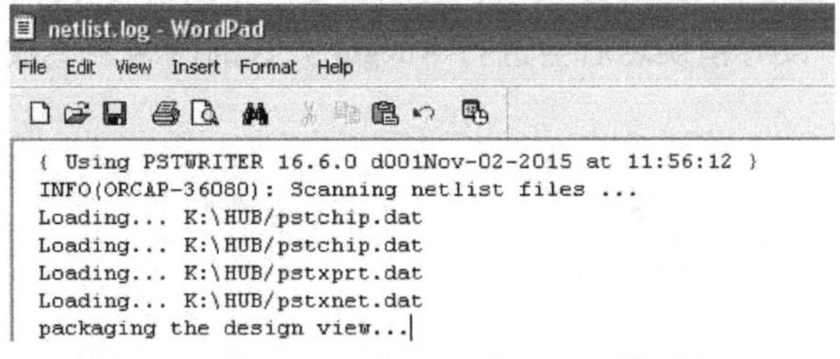

图 7. 13　打开 netlist. log 文件查看无错误产生

7. 3　Allegro 方式网络表解读

Allegro 方式网络表包括 3 个文件：pstxnet. dat、pstxprt. dat、pstchip. dat，网络表生成以

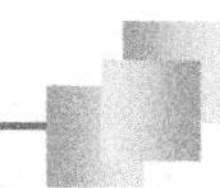

后会在工程的 Outputs 下列出，如图 7.14 所示。

其中，pstxnet. dat 用来描述各个元件之间的电气连接关系；pstxprt. dat 用来描述封装信息，元件对应的封装类型；pstchip. dat 用来描述元件的引脚等信息。

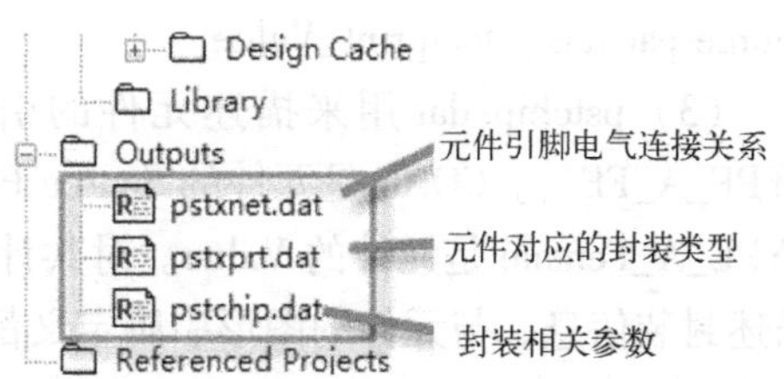

图 7.14　Allegro 方式网络表包括 3 个文件

（1）pstxnet. dat 用来描述各个元件之间的电气连接关系，如 N18046215 的网络描述，连接到 J2 元件的第 2 个引脚，连接到 ESD6 元件的第 1 个引脚，连接到 L7 元件的第 1 个引脚，如图 7.15 所示。

```
pstxnet.dat
FILE_TYPE = EXPANDEDNETLIST;
{ Using PSTWRITER 16.6.0 d001Nov-02-2015 at 11:56:14 }
NET_NAME
'N18046215'
 '@USBHUB.SCHEMATIC1(SCH_1):N18046215':
 C_SIGNAL='@usbhub.schematic1(sch_1):n18046215';
NODE_NAME   J2 2
 '@USBHUB.SCHEMATIC1(SCH_1):INS799@ICSAN VER1.5.CON4_0.NORMAL(CHIPS)':
 '2':;
NODE_NAME   ESD6 1
 '@USBHUB.SCHEMATIC1(SCH_1):INS907@MYLIB.ESD.NORMAL(CHIPS)':
 '1':;
NODE_NAME   L7 1
 '@USBHUB.SCHEMATIC1(SCH_1):INS967@IDC-MASTERV12.TRANSFORMER_0.NORMAL(CHIPS)':
 'IN1':;
```

图 7.15　pstxnet. dat 描述各个元件之间的电气连接关系

（2）pstxprt. dat 用来描述封装信息，元件对应的封装类型。例如，C16 'CAPACITOR POL_C0805 _10UF/10V':; C16 是元件编号；CAPACITOR POL 是元件的 Source Package；C0805 是元件的 PCB footprint；10UF/10V 是元件的 Value；中间的“_”下画线是固定格式。C17 的描述和 C16 一样，都是采用该格式进行的。C_PATH 是描述元件显示图形的 Graphic 相对路径，P_PATH 是描述元件 Source Part 相对路径，如图 7.16 所示。元件的相关属性信息如图 7.17 所示。

```
PART_NAME
 C16 'CAPACITOR POL_C0805_10UF/10V':;

SECTION_NUMBER 1
 '@USBHUB.SCHEMATIC1(SCH_1):INS947@DISCRETE.CAPACITOR POL.NORMAL(CHIPS)':
 C_PATH='@usbhub.schematic1(sch_1):ins947@discrete.\capacitor pol.normal\(chips)',
 P_PATH='@usbhub.schematic1(sch_1):page1_ins947@discrete.\capacitor pol.normal\(chips)',
 PRIM_FILE='.\pstchip.dat',
 SECTION='';

PART_NAME
 C17 'CAP NP_C0603_104':;

SECTION_NUMBER 1
 '@USBHUB.SCHEMATIC1(SCH_1):INS579@DISCRETE.CAP NP.NORMAL(CHIPS)':
 C_PATH='@usbhub.schematic1(sch_1):ins579@discrete.\cap np.normal\(chips)',
 P_PATH='@usbhub.schematic1(sch_1):page1_ins579@discrete.\cap np.normal\(chips)',
 PRIM_FILE='.\pstchip.dat',
 SECTION='';
```

图 7.16　pstchip. dat 描述封装信息，元件对应的封装类型

Graphic	CAPACITOR POL.Normal
ID	
Implementation	
Implementation Path	
Implementation Type	Implementation
Location X-Coordinate	50
Location Y-Coordinate	200
Name	INS947
Part Reference	C16
PCB Footprint	c0805
Power Pins Visible	
Primitive	DEFAULT
Reference	C16
Source Library	C:\PROGRA~1\ORCAD
Source Package	CAPACITOR POL
Source Part	CAPACITOR POL.Normal
Value	10uF/10V

图 7.17　元件的相关属性信息

pstxprt. dat 用来描述封装信息，与零件的属性信息都是一一对应的关系。格式是：Source package_ footprint_Value。

（3）pstchip. dat 用来描述元件的引脚等信息。例如，CON6_USBXFEMALE_1_USB_TYPE_A_FE';。CON6 是元件的 Source Part；USBXFEMALE_1 是元件的 PCB footprint；USB_TYPE_A_Female 是元件的 Value。对共计 6 个电气引脚都分别进行了定义。pstchip. dat 用来描述封装信息，与元件的图形引脚定义都是一一对应的关系，如图 7. 18 所示。

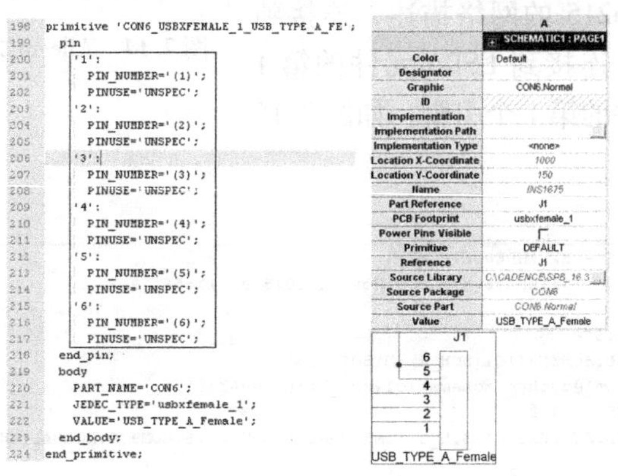

图 7. 18　描述元件的引脚信息和原理图对应情况

7. 4　网络表的导出，Other 方式

（1）单击选择要产生 Netlist 的原理图 dsn 文件，如图 7. 19 所示。

（2）选择 Tool—Create Netlist 命令后进入 Create Netlist 对话框。在该对话框中选择 Other 选项卡，该选项卡用会产生 Other 方式的网络表设置。在 Formatters 选项中选择 orTelesis. dll 文件。在 PCB Footprint 选项中增加并写成 {PCB Footprint} ! {PCB Footprint}。Netlist 文本框用来设置保存网络表的文件名称和路径，支持修改，单击其后面的 Browse 按钮将进入网络表保存路径和文件设置对话框，设置完成以后，Other 选项卡界面如图 7. 20 所示。

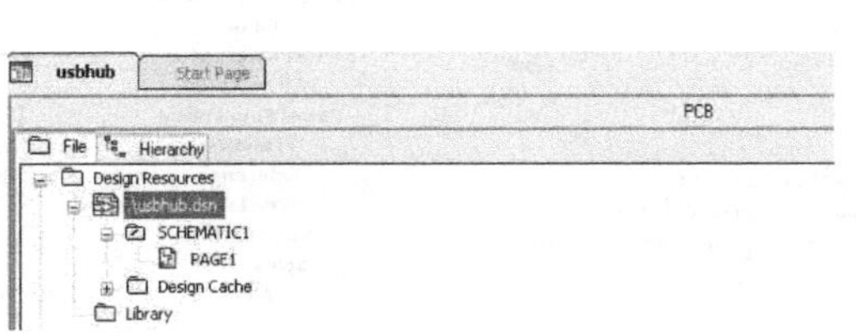

图 7. 19　选择要产生 Netlist 的原理图 dsn 文件

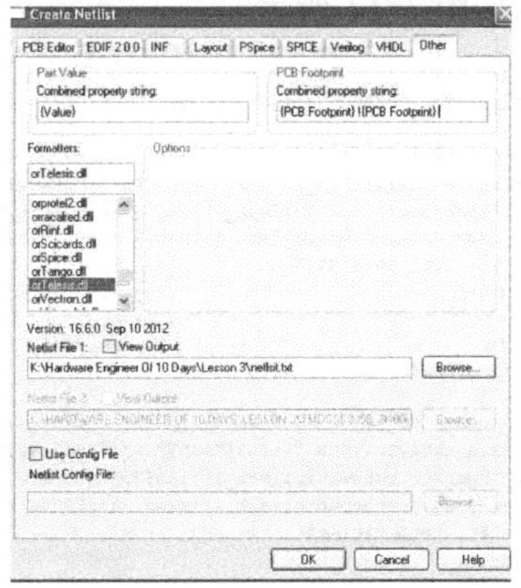

图 7. 20　Other 选项卡界面

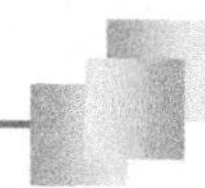

（3）浏览到需要保存的文件路径，在 File name 文本框中输入将要输出的网络表名称，比如 netlist. txt 或者 netlist. net，这两种格式都可以，如图 7. 21 所示。单击 Open 按钮之后，修改后的网络表保存文件和路径就会出现在 Netlist Files 文本框中，如图 7. 22 所示。

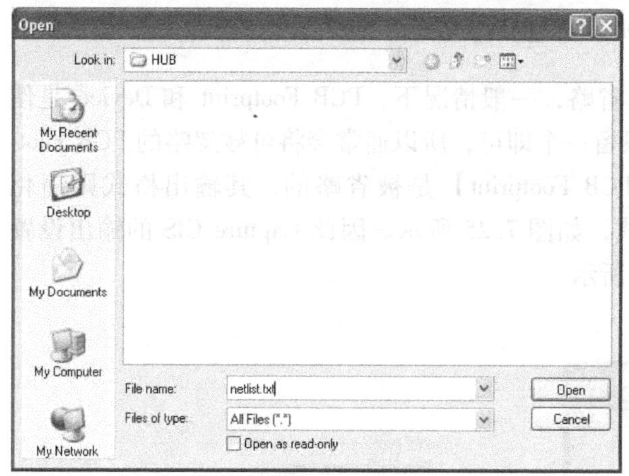

图 7. 21　保存网络表文件

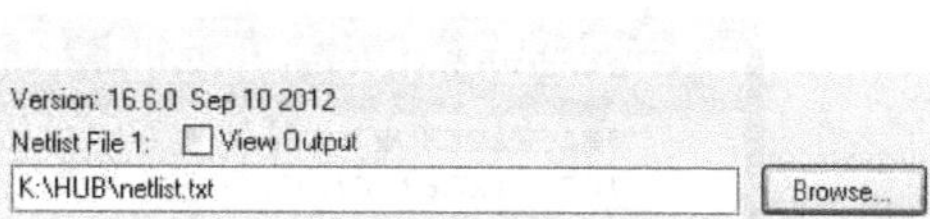

图 7. 22　设置网络表保存路径

（4）单击确认按钮后，若原理图没有错误就可以在设置的路径下生成网络表文件，生成网络表文件内容和格式如图 7. 23 所示。

```
netlist.txt - Notepad
File Edit Format View Help
$PACKAGES
C_TAN_A!C_TAN_A! 10uF/16V; C1
C0603!C0603! 102; C10
C0603!C0603! 0.01uF; C11
C0603!C0603! 1nF; C12
C0603!C0603! 102; C13
c0805!c0805! 10uF/10V; C14
C0603!C0603! 104; C15
c0805!c0805! 10uF/10V; C16
```

图 7. 23　生成网络表文件内容和格式

7. 5　Other 方式网络表解读

（1）Allegro 加载 Netlist 是有格式要求的，Allegro 加载 Netlist 需要最基本的内容就是 Device 和 Reference，其中 PCB Footprint 会在 Device 中包含，所以也可以省略。{PCB Footprint}！{PCB Footprint} 中的 PCB Footprint 其实就是 Device，因为通常 Device 的名字会和 PCB Footprint 保持相同，而一般用户会在 Capture CIS 中定义 PCB Footprint，而忽略 Device。

添加“!”后，系统就认为“!”的前面还有内容，而把 Device 当成第二项，效果如图 7. 24 所示（【】中的内容可以省略）。

注意，若使用 Other 方式 Netlist 时，需要 Device 文件，Device 文件必须在 Allegro 设置的 Device 路径中能够找到，否则导入网络表会出错。

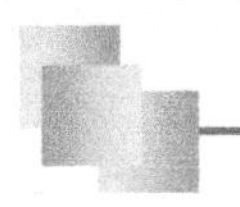

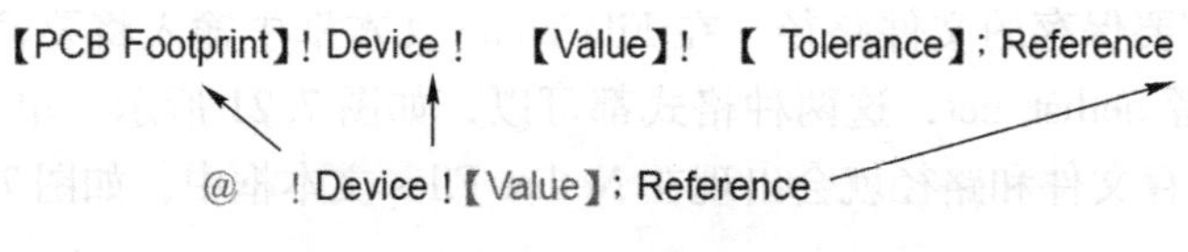

图 7.24　Other 方式网络表格式

（2）PCB Footprint 和 Device 同名可以省略，一般情况下，PCB Footprint 和 Device 是使用相同的名称，故 PCB footprint、Device 只留一个即可，所以通常会将可被忽略的 PCB Footprint 前加个“!”，用意是代表前面的【PCB Footprint】是被省略的，其输出格式则简化为:! Device!【Value】! Reference d 的格式，如图 7.25 所示。因此 Capture CIS 的输出设置成:! {PCB Footprint} 格式，如下图 7.26 所示。

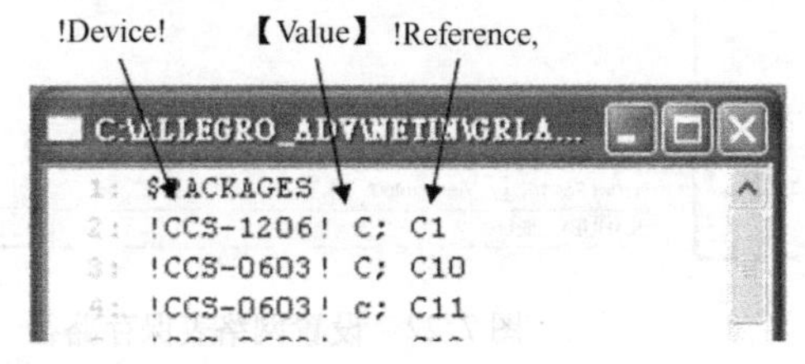

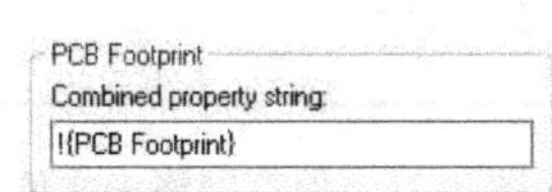

图 7.25　简化后的输出格式　　　　图 7.26　Capture CIS 的输出格式设置

（3）网络表中的 $ NETS 关键字段之后的部分内容就是电气网络连接关系，如图 7.27 所示。如 N18035257；L3.2 ESD3.1 U1.3，代表 N18035257 的网络名称，分别连接到 L3 的第 2 引脚，ESD3 的第 1 引脚，U1 的第 3 引脚。Other 方式网络表格式相对于 Allegro 方式来说，描述比较简洁，很容易看懂。

```
N18035257;  L3.2 ESD3.1 U1.3
N18035259;  ESD2.1 L3.1 U1.2
N18038156;  L4.2 L5.2 U1.4 U1.5
N18038495;  U2.6 Y1.2 C24.2 R3.1
```

图 7.27　电气网络连接关系

7.6　Device 文件详解

Device 是给元件提供逻辑信息的一个文件，在调入网表过程中，Allegro 通过 Device 文件获取关于元件完整的信息描述。

（1）Device 主要包含以下信息。

① 封装构造（如 DIP、SIP）。

② 元件类型（如 IC、DISCRETE、IO）。

③ 封装的引脚数量。

④ 封装引脚的电气描述（比如逻辑使用和 PIN Swap 等信息）。

⑤ 封装的物理功能块数量。

⑥ 各个功能与封装的映射关系。

⑦ Pin Use（即 PIN 使用的功能），比如输入、输出、输入/输出。

⑧ 逻辑功能与物理 PIN 脚的对应关系。

⑨ 电源、地引脚。

（2）Device 文件与网络的对应关系如下。

① Device 文件仅适用于调取第三方网络表的情况。网络表文件主要包含各个元件的封装信息，引脚互连关系。在网络表文件中多个部分都需要 Device 文件名。

② $PACKAGES 部分，该部分网表格式：封装名！Device 文件名！元件 VALUE 值；元件位号，如图 7.28 所示。

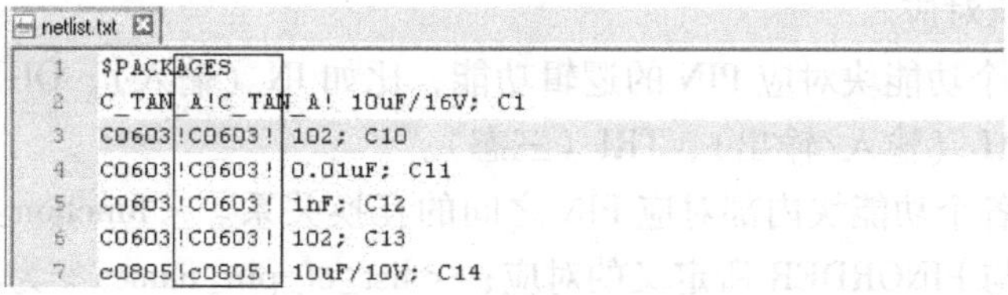

```
netlist.txt
$PACKAGES
C_TAN_A!C_TAN_A! 10uF/16V; C1
C0603!C0603! 102; C10
C0603!C0603! 0.01uF; C11
C0603!C0603! 1nF; C12
C0603!C0603! 102; C13
c0805!c0805! 10uF/10V; C14
```

图 7.28　Device 文件与网络的对应关系

该部分主要用于识别 board 中需要调入的元件。每行代表一个元件，在每个元件信息中，需要提供该元件对应的 Device 文件（注意各个参数之间的分割符号）。

③ $FUNCTIONS 部分（可选项），该部分用于定义元件的功能，网络表文件中若存在该部分，那么必须提供完整的 Device 文件名。

（3）Device 文件包含信息说明，具体如下。

① Device 文件由多行数据来记录元件的逻辑信息。每一行包含一个关键词，后面紧跟一个或多个数据字段。一个关键词就是描述元件的一个属性。各个字段主要提供关于该属性的值。

② Device 文件完整格式如下。

```
(comment line)
PACKAGE < matching_Package_symbol_name >
CLASS < type >
PINCOUNT < number_of_pins >
PINORDER < function_type > < list_of_pin_name >
PINUSE < function_type > < list_of_pin_use_codes >
PINSWAP < function_type > < list_of_pin_names >
FUNCTION < slot_name > < function_type > < list_of_pin_numbers >
POWER < net_name > ; < list_of_pin_numbers >
GROUND < net_name > ; < list_of_pin_numbers >
NC ; < list_of_pin_numbers >
PACKAGEPROP < property_type > < property_value >
END
```

③ 各参数说明如下。

- (comment line)：注释部分，无意义。括号中的内容可以是任意字符，一般可写成封装名。

- PACKAGE：该 Device 对应的封装。
- CLASS：对应的元件类型，共三种：IC（一般为有源元件）；IO（一般指接口元件）；DISCRETE（无源元件，如电阻电容）。
- PINCOUNT：该元件具有的 PIN 数量。
- PINORDER：该部分用于描述单个独立的功能块，可结合后面的 PINUSE、PINSWAP、FUNCTION 来详细描述该功能块；<function_type>是功能块的名称，<list_of_pin_name>是各个功能块对应的引脚名，如 SCLK、SDATA。顺序需与后面的 PINUSE、FUNCTION 所对应。
- PINUSE：各个功能块对应 PIN 的逻辑功能，比如 IN（输入）、OUTPUT（输出）、BI-DIRECTIONAL（输入/输出）、TRI（三态）。
- PINSWAP：各个功能块内部对应 PIN 之间的互换关系。<function_type>为功能块的名称，需要与 PINORDER 所定义的对应；<list_of_pin_names>为功能块可互换的引脚名。
- FUNCTION：各个功能块的 PIN NAME 与 PIN NUMBER 的对应关系。<slot_name>为功能块下的单个模块名，名字可为任意字符串；<function_type>需与 PINORDER 所对应；<list_of_pin_numbers>为 PIN NUMBER，与前面 PINORDER 的 PIN NAME 顺序对应。
- POWER：描述元件的电源网络及对应的电源引脚。<net_name>为电源的网络名；<list_of_pin_numbers>为电源所对应的 PIN NUMBER。
- GROUND：描述元件的地网络及地引脚。与 POWER 的功能一样。
- NC：描述了元件未使用的引脚，即不包含任何功能的引脚。
- PACKAGEPROP：用于指定元件的某些属性，比如 VALUE 值、可替换的封装、高度信息等。
- END：Device 文件结束。

（4）创建 Device 文件。Allegro 在进入封装编辑后，File 菜单会有个 Create Device 命令，单击之后就可以创建当前封装所对应的 Device 文件。一般情况下，Device 和 Package 的文件名称相同，保存在和 Package 封装相同文件路径中，如图 7.29 所示。

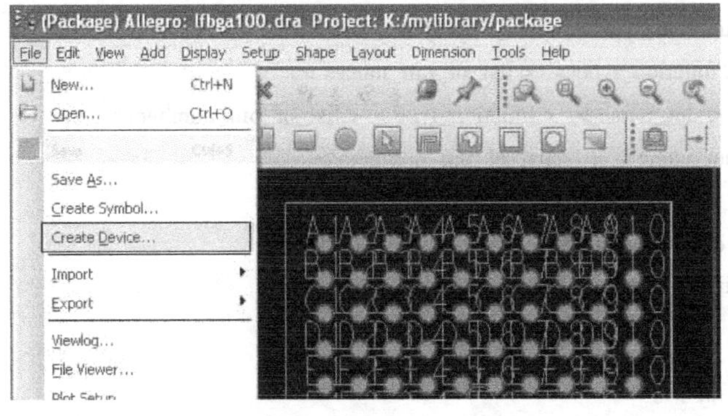

图 7.29　创建 Device 文件

（5）Device 名称，创建好的 Device 文件默认的名称就是元件封装名称 . txt。如图 7. 30 所示，lfbga100. txt 就是在建立 lfbga100. dra 文件的使用 Create Device 命令创建的 Device 文件。

（6）Device 文件是 txt 格式的文本文件，可以使用文本编辑器打开。CLASS，定义元件的类型；PINCOUNT，元件的引脚数量，要求是数字；PINSWAP，各个功能块内部对应 PIN 之间的互换关系；PACKAGE，PSM 的定义封装名称；PINORDER，定义每个电气引脚的名称；FUNCTION，各个功能块的 PIN 的名称和与 PIN NUMBER 的关系。以 Device 文件 lfbga100. txt 为例，打开查看 Device 文件内容，如图 7. 31 所示。

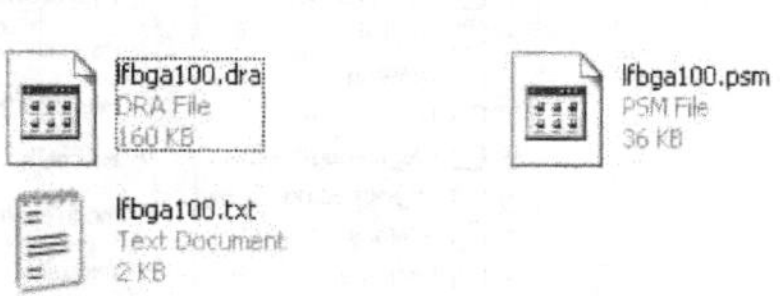

图 7. 30　生成 Device 文件内容

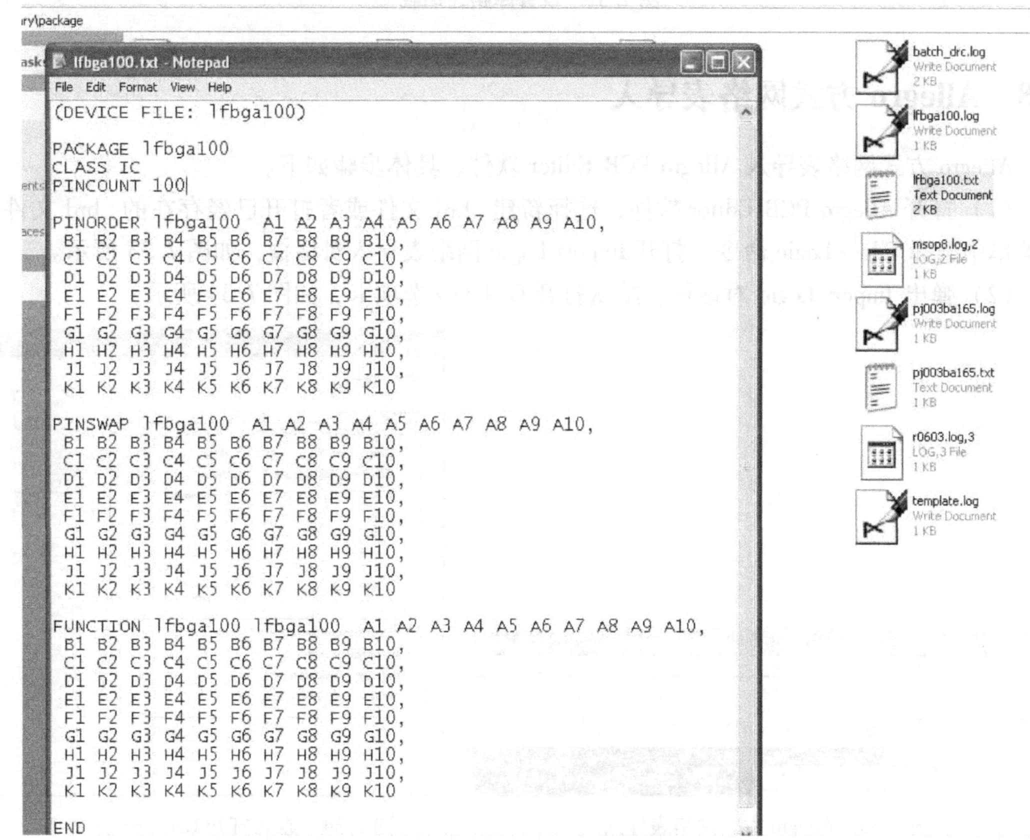

图 7. 31　查看 Device 文件 txt 格式文本内容

7. 7　库路径加载

库路径加载。在 User Preferences Editor 中选择 Paths—Library—Value 命令来设置路径。devpath 是 Devices 的路径设置，这个路径很重要，第三方网络表必须对应设置。padpath 焊盘的路径设置，路径必须是指向存储焊盘的位置。psmpath 是 symbols 的路径，这个路径必须是指向存储封装的位置，否则可能会造成网络表导入失败等问题，如图 7.32 所示。

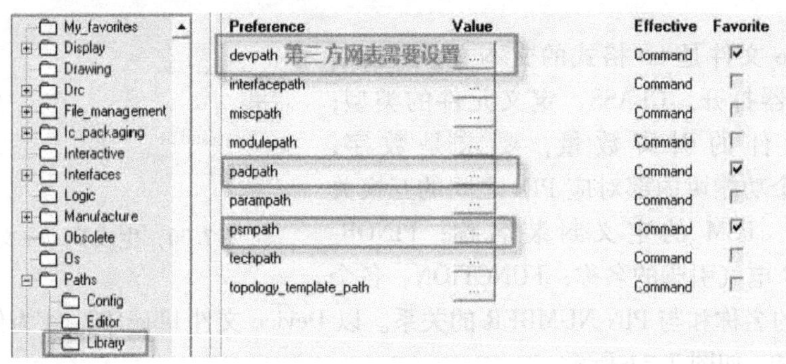

图 7.32　设置库路径加载

7.8　Allegro 方式网络表导入

Allegro 方式网络表导入 Allegro PCB Editor 软件，具体步骤如下。

（1）打开 Allegro PCB Editor 软件，选择新建 . brd 文件或者打开已经存在的 . brd 文件，在菜单中选择 File—Logic 命令，打开 Import Logic 网络表导入对话框，如图 7.33 所示。

（2）弹出 Import Logic 对话框，默认打开 Cadence 选项卡，如图 7.34 所示。

图 7.33　Allegro 方式网络表导入

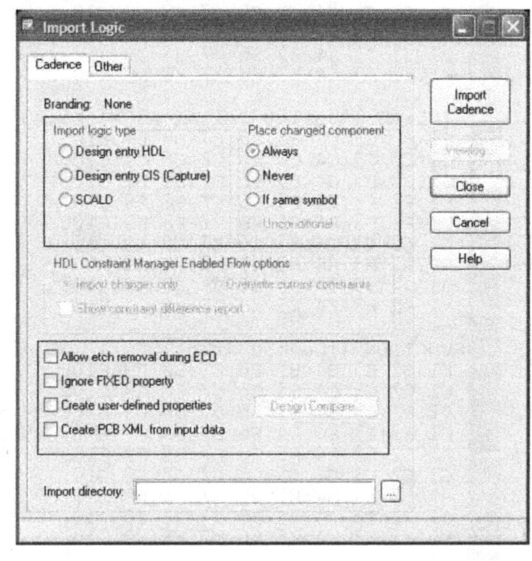

图 7.34　默认打开 Cadence 选项卡

① 在 Cadence 选择卡中，Import logic type 选项用来选择要读入网络表的类型，选择 Design entry HDL 表示将要导入网络表文件采用 Design entry HDL 进行设计，选择 Design entry CIS（Capture）表示将要导入的网络表文件采用 Design entry CIS（Capture）设计。作者的原理图采用 Design entry CIS（Capture）软件设计，所以在该处需要选择 Design entry CIS（Capture）单选项。

② Place changed component 选项用来选择导入新的网络表后是否更新 PCB 中的元件封

装。在设计过程中可能会经历多次设计的更新，如原理图中的元件编号和封装形式，或者增加、删除元件等一些变更等。

- Always：表示总是更新。选择该项后，原理图中生成的更改总是被更新到 PCB 中。如果原理图中元件的编号、封装、走线等发生变更，被更新到 PCB 之后，PCB 板上的编号、封装、走线等都会跟着原理图来变化。PCB 上若已经摆放了元件或已经进行了布线后，如果在原理图中改变了元件的封装，选择该项导入网络表之后，会用新的封装替代原来的元件封装，但 PCB 中和该元件相连接的走线均与元件断开。
- Never：从不更新。选择该项后，Allegro 不会自动应用更新，为保持原理图和 PCB 网络一致性，需要手工进行更新。因此使用该项时，必须清楚原理图所做的更改，慎重使用。
- If same symbol：一样的时候不更新。只有元件标号、参数完全匹配的情况下才能替换。如果在原理图中改变了某个元件的封装，并在重新导入网络表时选择了该项，Allegro 会从已经摆放和布线的 PCB 中删除该元件。更新后的元件并不会放进 PCB 中，需要手动放入。

③ HDL Constraint Manager Enabled Flow options 选项。选择 Design entry HDL 类型网络表的时候有效，用来同步约束管理器的规划设置。

- Allow etch removal during ECO 复选项：勾选后，新导入网络表，Allegro 将网络关系改变的引脚上的多余走线会自动删除。
- Ignore FIXED property 复选项：勾选后，当满足替换条件或其他更改删除时，忽略有 FIXED 属性的元件、走线、网络等。

④ Create user - defined properties 复选：根据网络表中用户定义的属性在电路板内建立相同的属性。有时在原理图设置了某些属性，此时要勾选该复选项，这样才能将该属性通过网络表带到 Allegro 中来。

- Create PCB XML from input data 复选项：勾选后，用来生成 XML 格式文件。
- Import directory 文本框：用来设置导入网络表存在的路径。

（3）Import directory 浏览按钮用来设置网络表存在的路径，如图 7.35 所示。

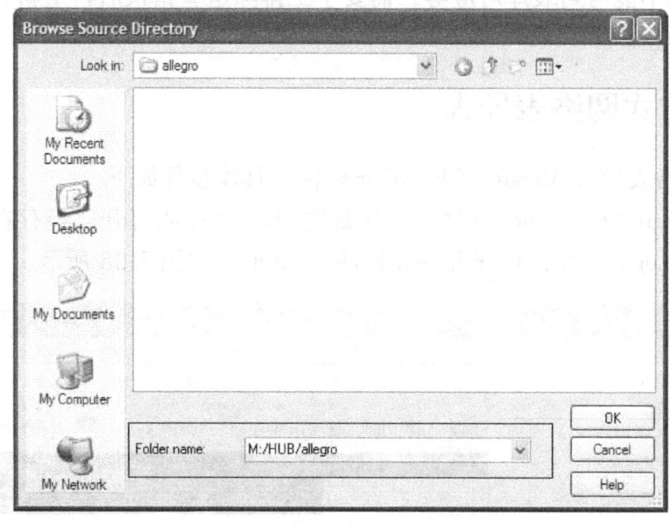

图 7.35　设置网络表存在的路径

（4）在 Import logic type 中选择 Design entry CIS（Capture）选项，Place changed component 中选择 Always 选项，勾选 Create user-defined properties 复选项，然后单击 Import Cadence 按钮，就开始了网络表的导入，如图 7.36 所示。

（5）进入网络表导入功能会弹出 Cadence Logic Import（allegro）对话框，进度条用来显示网络表导入的进程。单击 Cancel 按钮可以取消网络表的导入进程，结束当前的导入，如下图 7.37 所示。

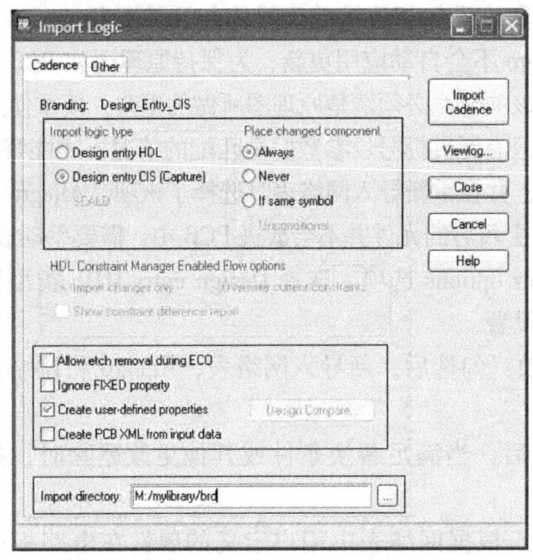

图 7.36　Import Cadence 开始导入网络表

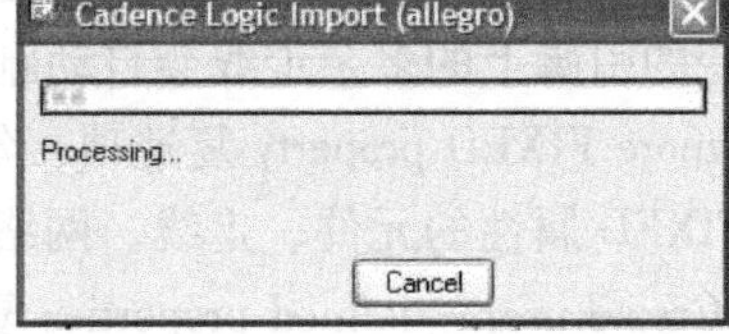

图 7.37　导入进程对话框

（6）若在导入网络表的过程中没有错误发生，该对话框会自动关闭，同时 Import Logic 对话框也会自动关闭，完成后可以选择 File—Viewlog 命令来查看导入结果。

（7）若有错误，一般都是路径不对找不到封装或焊盘等问题比较常见，以及原理图元件封装名称和引脚不能与封装库对应等，需要手工排除这些错误后再重新导入网络表，直到没有错误和警告为止。

7.9　Other 方式网络表导入

Other 方式网络表导入 Allegro PCB Editor 软件，具体步骤如下。

（1）打开 Allegro PCB Editor 软件，选择新建 .brd 文件或打开已经存在的 brd 文件，在菜单中选择 File—Logic 命令，打开 Import Logic 对话框，如图 7.38 所示。

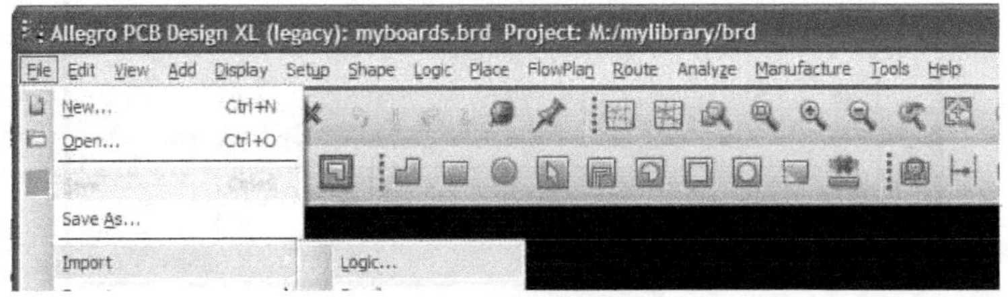

图 7.38　Other 方式网络表导入

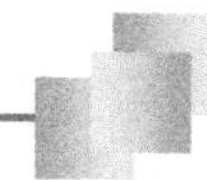

（2）弹出 Import Logic 对话框，选择 Other 选项卡，如图 7.39 所示。

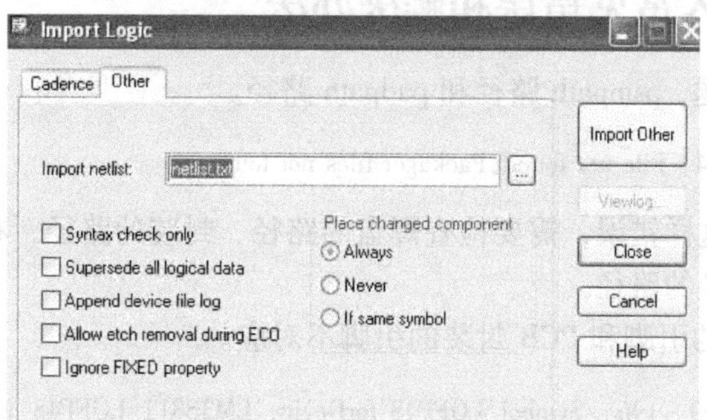

图 7.39　选择 Other 选项卡设置文件

① Import netlist 文本框：用来设置网络表存在的路径和文件名称。通过浏览的方式找到创建好的 Other 网络表文件路径，双击之后路径和文件名就会被加入到 Import netlist 文本框中。

- Syntax check only 复选项：只检查 Netlist 的语法，而不进行 Netlist 的转入。
- Supersede all logical data 复选项：取代旧 Netlist。
- Append device file log 复选项：把新 Device Log 的资料直接加入旧的 Log。
- Allow etch removal during ECO 复选项：再次 Netlist 时，是否允许把原来没用的 ETCH 删掉。
- Ignore FIXED property 复选项：当有 Fixed 这个 Property 属性，是否可以直接通过，打钩表示 fixed 可以忽略。

② Place changed component：是针对第二次转入 Netlist 时，元件放置参数设定。

- Always：全部放置在原先的位置上。
- Never：把原来放置的元件全部拿掉，Netlist 后重新再摆放一次元件。
- If same symbol：当新旧元件封装相同时可以做替换，而且位置相同。

③ 单击 Import Other 按钮即可导入 Netlist 网络表文件。

（3）根据需要选择复选项，在 Place changed component 中选择 Always 或其他选项后，单击 ImportOther 按钮，就开始了网络表的导入，如图 7.40 所示。

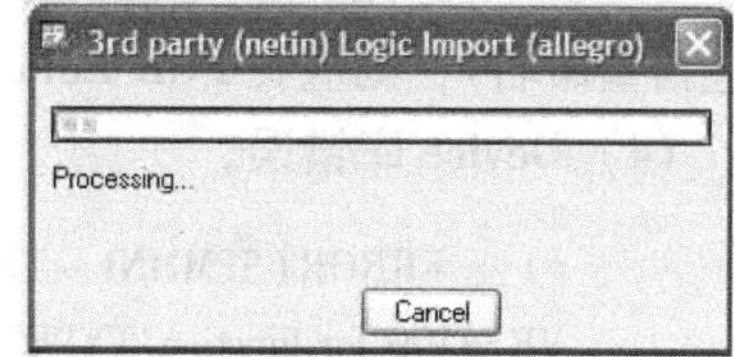

图 7.40　Other 方式开始导入网络表

（4）若导入网络表的过程中没有错误发生，该对话框会自动关闭，同时 Import Logic 对话框也会自动关闭，完成后可以选择 File—Viewlog 命令来查看导入结果。

（5）若有错误，一般都是路径不对找不到封装或焊盘等问题比较常见，以及原理图元件封装名称和引脚不能与封装库对应等，需要手工排除这些错误后再重新导入网络表，直到没有错误和警告为止。

7.10 网络表导入常见错误和解决办法

（1）路径设置问题，psmpath 路径和 padpath 路径。

```
#1    ERROR(24) File not found,Packager files not found
```

解决办法：遇到这样错误，需要检查焊盘的路径、封装的路径，在导入文件时没有找到正确的焊盘封装或焊盘的路径。

（2）原理图元件的引脚和 PCB 封装的引脚不对应。

```
ERROR(SPMHNI - 196):Symbol 'LQFP48 'forDevice 'LM3S811_LQFP48_LM3S811 'has extra pin '49'
ERROR(SPMHNI - 196):Symbol 'LQFP48 'forDevice 'LM3S811_LQFP48_LM3S811 'has extra pin '50'
```

解决办法：extra pin 说明你的原理图有 49、50 引脚，而封装没有。检查原理图，将多余的引脚删掉。或者在 Package 封装上将 49、50 引脚加上，注意原理图里面有的电气引脚，必须在封装上有，否则一定会报告这样的错误。

除 PCB Footprint 的名称要对应，还有一点，就是原理图的元件的引脚数目一定要和封装的引脚数目一样。这里说的引脚，包括了原理图中可能没有的 Power Pins，不包括封装中的 machanical pins；另外，原理图和封装的对应关系是依靠 pin number 来建立的，所以两者相应的 pin number 一定要一样，而 pin number 是不是数字并没有关系。

（3）报告无法载入的错误。

```
WARNING(SPMHNI - 192):Device/Symbol check warning detected.
WARNING(SPMHNI - 337):Unable to load symbol '8P4R_0402_CN_42 'forDevice 'RESARR_IS_4/SM
_8P4R_0402_CN_4_1 ':WARNING(SPMHUT - 127):Could not find padstack 8P4R - 0402_CN - 42_
BIGPAD.
```

解决办法：该错误即找不到 PAD 文件。如果本身就没有 PAD 文件，则按照 Datasheet 上面引脚大小自己画一个。若有 PAD 文件，则应设置好路径：在 PCB Editor 中选择 Setup—User Preferences—Design_paths 命令，设置 padpath 和 psmpath；若对 PAD 文件进行过修改（包括重命名），则应在 PCB Editor 中选择 Tools—Padstack、Replace 或 Refresh 命令。

（4）Device 库错误。

```
#1    ERROR(SPMHNI - 176):Device library error detected. ERROR(SPMHUT - 115):Pin 'I/O,
VREF100 'for function 'TYPE5 'on Device 'XC2S200 - 6PQ208_1_PQ208_XC2S200 - 'has a swap/pinuse
inconsistency.
 $PACKAGES
C_TAN_A! C_TAN_A! 10uF/16V; C1
C0603! C0603! 102; C10
ERROR(SPMHNI - 67):Cannot find Device file for 'C0805'.
```

解决办法：第三方的网络表在带入时，注意封装和 Device. txt 文件中对应的路径。

第8章 PCB板的叠层与阻抗

在设计多层PCB之前，设计者首先需要根据电路的规模、电路板的尺寸和电磁兼容（EMC）的要求来确定所采用的电路板结构，也就是决定采用4层、6层，还是更多层数的电路板。确定层数之后，再确定内电层的放置位置以及如何在这些层上布置不同的信号。这就是多层PCB层叠结构的选择问题。层叠结构是影响PCB的EMC性能的一个重要因素，也是抑制电磁干扰的一个重要手段。下面将介绍多层PCB板层叠结构的相关内容。

8.1 PCB层的构成

PCB层的构成特点，单板的叠层由电源层、地层和信号层组成。电源层、地层有时统称平面层，信号层就是用来进行信号布线的层。

（1）典型的8层电路板叠层示意图如图8.1所示。

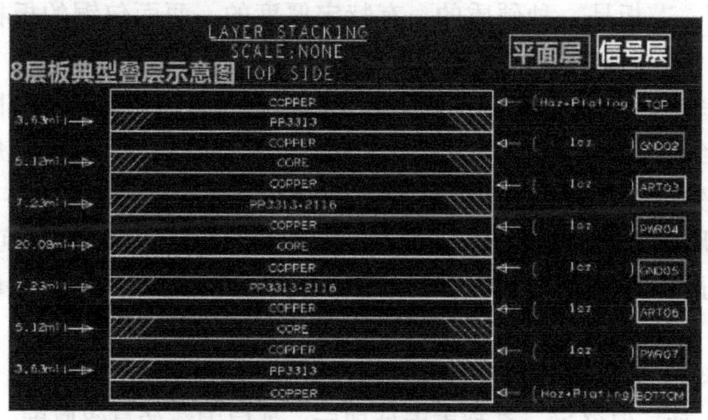

图8.1　典型的8层电路板叠层示意图

（2）典型的8层电路板叠层剖面图如图8.2所示。

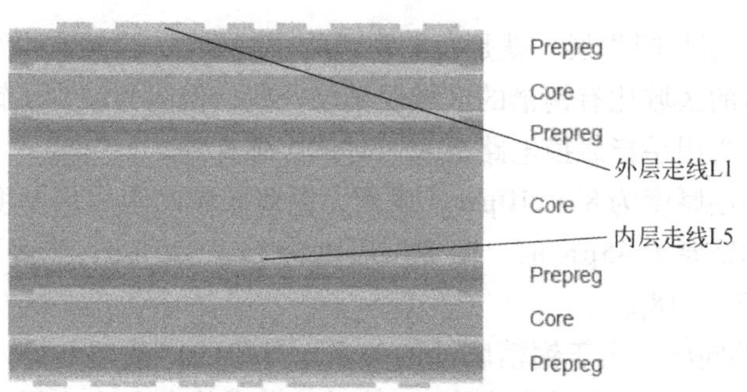

图8.2　典型的8层电路板叠层剖面图

该 8 层电路板是由 8 个铜箔（皮）、4 个 Prepreg 半固化片、3 个 Core 芯板压合而成。8 个铜箔层中，有 2 个 GND 地层（GND02 层和 GND05 层），2 个 Power 电源层（PWRO4 和 PWRO7 层），4 个信号层（Top 层、ART03 层、ART06 层、Bottom 层）。

（3）术语解释。

① Copper：铜箔层，是一种阴质性电解材料，沉淀于电路板基底层上的一层薄的、连续的金属箔，它作为 PCB 的导电体。容易黏合于绝缘层，接受印刷保护层，腐蚀后形成电路线路。

② 可以使用的铜箔材料厚度主要有三种：12μm、18μm 和 35μm。加工完成后的最终厚度大约是 44μm、50μm 和 67μm，大致相当于铜厚 1 OZ、1.5 OZ、2 OZ。注意：在用阻抗计算软件进行阻抗控制时，外层的铜厚没有 0.5 OZ 的值。

③ Prepreg：俗称 PP，是半固化片，又称预浸材料，是用树脂浸渍并固化到中间层中的薄片材料。半固化片可用作多层电路板的内层导电图形的黏合材料和层间绝缘。在层压时，半固化片的环氧树脂融化、流动、凝固，将各层电路黏合在一起，并形成可靠的绝缘层。

半固化片规格（原始厚度）有 7628（0.185mm/7.4mil）、2116（0.105mm/4.2mil）、1080（0.075mm /3mil）、3313（0.095mm/4mil），实际压制完成后的厚度通常会比原始值小 10 ～ 15μm（即 0.5 ～ 1mil）。同一个浸润层最多可以使用 3 个半固化片，而且 3 个半固化片的厚度不能都相同，最少可以只用一个半固化片，但有的厂家要求必须至少使用两个。

④ Core：芯板。芯板是一种硬质的、有特定厚度的、两面包铜的板材，是构成电路板的基础材料。

- 通常所说的多层板是由芯板和半固化片互相层叠压合而成的。而半固化片构成所谓的浸润层，起到黏合芯板的作用，虽然也有一定的初始厚度，但是在压制过程中其厚度会发生一些变化。
- 芯板的材料厚度常见的有 0.10 ～ 2.4mm，具体设计及选用的规格可与厂家联系确定。
- 通常多层板最外面的两个介质层都是浸润层，在这两层的外面使用单独的铜箔层作为外层铜箔。

⑤ 外层铜箔和内层铜箔的原始厚度规格，一般有 0.5 OZ、1 OZ、2 OZ（1 OZ 约为 35μm 或 1.4mil）3 种，但经过一系列表面处理后，外层铜箔的最终厚度一般会增加 1 OZ 左右。内层铜箔即为芯板两面的包铜，其最终厚度与原始厚度相差很小，但由于蚀刻的原因，一般会减少几 μm。

⑥ 多层板的最外层是阻焊层，就是我们常说的“绿油”，当然它也可以是黄色或者其他颜色。在表面无铜箔的区域比有铜箔的区域要稍厚一些，但因为缺少了铜箔的厚度，所以铜箔还是显得更突出，当用手指触摸电路板表面时就能感觉到。

铜箔上面的阻焊层厚度为 8 ～ 10μm，表面无铜箔区域的阻焊层厚度根据表面铜厚的不同而不同，当表面铜箔厚为 45μm 时，阻焊层厚度为 13 ～ 15μm，当表面铜箔厚度为 70μm 时，阻焊层厚度为 17 ～ 18μm。

⑦ 导线横截面的问题。由于铜箔腐蚀的关系，导线的横截面不是一个矩形，实际上是一个梯形。以 Top 层为例，当铜箔厚度为 1 OZ 时，梯形的上底边比下底边短 1mil。比如线宽 5mil，那么其上底边约为 4mil，下底边为 5mil。上下底边的差异和铜厚有关，表 8 - 1 是

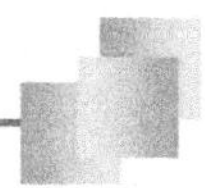

不同情况下梯形上下底边的关系。

线宽	铜厚（OZ）	上线宽（mil）	下线宽（mil）
内层	0.5	$W-0.5$	W
内层	1	$W-1$	W
内层	2	$W-1.5$	$W-1$
外层	0.5	$W-1$	W
外层	1	$W-0.8$	$W-0.5$
外层	2	$W-1.5$	$W-1$

8.2 合理确定 PCB 层数

电源地层数加上布线层数构成 PCB 的总层数，合理确定 PCB 层数需要考虑如下因素。

（1）从布线方面来说，层数越多越利于布线，但是制板成本和难度也会随之增加。

（2）对于生产厂家来说，层叠结构对称与否是 PCB 制造时需要关注的重点，所以层数的选择需要考虑各方面的需求，以达到最佳的平衡。

（3）在完成元器件的预布局后，会对 PCB 的布线瓶颈处进行重点分析。在确定层数时，根据单板的电源、地的种类、分布合理的电源地层数。

（4）根据整板布线密度、关键元器件的布线通道、主信号的频率、速率、特殊布线要求的信号种类、数量确定布线的层数。

考虑 PCB 层数时，往往需要综合 PCB 的性能指标要求与成本承受能力，确定层数。在消费类产品方面，由于批量生产数量巨大，研发阶段即使适当冒些技术风险也要用尽量少的层数来完成 PCB 的设计，这样便于在批量生产中降低 PCB 的制造成本。而在一些高端的行业中，比如服务器、医疗设备、仪器仪表，PCB 的成本相对可以忽略不计，产品的性能指标需要优先考虑，此时 PCB 的层叠设计应适当地增加层数，以减少信号之间的串扰，确保信号参考平面的完整性。信号层与电源层或者地平面相邻，以便于降低平面的阻抗。PCB 工程师可以根据自己所设计的产品类型、性能指标、成本的比重等因素来综合考虑，确定 PCB 的层数。

8.3 叠层设置的原则

确定了电路板的层数后，接下来的工作便是合理地排列各层电路的放置顺序。在这一步骤中，需要考虑的因素主要有特殊信号层的分布和电源层与地层的分布要求。

（1）元器件相邻的第二层为地平面，提供元器件屏蔽层以及为表层布线提供参考平面。

（2）所有的信号层尽可能与地平面相邻，以保证完整的回流通道，也可以利用内电层的铜箔为信号层提供屏蔽。

（3）尽量避免两个信号层直接相邻。相邻的信号层之间容易引入串扰，从而导致电路功能失效。在两个信号层之间加入地平面可以有效地避免串扰。

（4）内部电源层和地层之间应紧密耦合，也就是说，内部电源层和地层之间的介质厚

度应取较小的值，以提高电源层和地层之间的平面电容，增大谐振频率，降低电源平面阻抗。

（5）如果电源电压较低，比如3.3V、1.8V、1.5V、1.2V，和地线之间的电位差不大的情况下，可以采用较小的绝缘层厚度介质层，如5mil（0.127mm）等较小的介质层。

（6）电路中的高速信号传输层应是信号中间层，并且夹在两个内电层之间。这样两个内电层的铜箔可以为高速信号传输提供电磁屏蔽，同时也能有效地将高速信号的辐射限制在两个内电层之间，不对外造成干扰。

（7）多个接地的内电层可以有效地降低接地阻抗，例如，A 信号层和 B 信号层采用各自单独的地平 面，可以有效地降低共模干扰。

（8）兼顾层压结构对称，防止 PCB 生产时的翘曲。

8.4 常用的层叠结构

首先通过4层板的例子来说明如何优选各种层叠结构的排列组合方式。

（1）对于常用的4层板来说，有以下几种层叠方式（从顶层 Top 到底层 Bottom）。

① 方案1：SIGNAL_1（TOP），GND（INNER_1），POWER（INNER_2），SIGNAL_2（BOTTOM），如图8.3所示。

	Subclass Name	Type	Material	Thickness (MIL)	Conductivity (mho/cm)
1		SURFACE	AIR		
2	TOP	CONDUCTOR	COPPER	1.65	595900
3		DIELECTRIC	FR-4	4.5	0
4	GND	PLANE	COPPER	1.2	595900
5		DIELECTRIC	FR-4	44.48	0
6	POWER	PLANE	COPPER	1.2	595900
7		DIELECTRIC	FR-4	4.5	0
8	BOTTOM	CONDUCTOR	COPPER	1.65	595900
9		SURFACE	AIR		

图8.3　4层板常用层叠方式之方案1

② 方案2：SIGNAL_1（TOP），POWER（INNER_1），GND（INNER_2），SIGNAL_2（BOTTOM），如图8.4所示。

	Subclass Name	Type	Material	Thickness (MIL)	Conductivity (mho/cm)
1		SURFACE	AIR		
2	TOP	CONDUCTOR	COPPER	1.65	595900
3		DIELECTRIC	FR-4	4.5	0
4	POWER	PLANE	COPPER	1.2	595900
5		DIELECTRIC	FR-4	44.48	0
6	GND	PLANE	COPPER	1.2	595900
7		DIELECTRIC	FR-4	4.5	0
8	BOTTOM	CONDUCTOR	COPPER	1.65	595900
9		SURFACE	AIR		

图8.4　4层板常用层叠方式之方案2

③ 方案3：POWER（TOP），SIGNAL_1（INNER_1），GND（INNER_2），SIGNAL_2（BOTTOM），如图8.5所示。

显然，方案3的电源层和地层缺乏有效的耦合，不应采用。

那么方案1和方案2应如何进行选择呢？一般情况下，工程师都会选择方案1作为4层

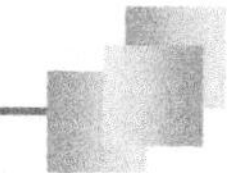

	Subclass Name	Type	Material	Thickness (MIL)	Conductivity (mho/cm)
1		SURFACE	AIR		
2	TOP	CONDUCTOR	COPPER	1.65	595900
3		DIELECTRIC	FR-4	4.5	0
4	SIGNAL_1	CONDUCTOR	COPPER	1.2	595900
5		DIELECTRIC	FR-4	44.48	0
6	GND	PLANE	COPPER	1.2	595900
7		DIELECTRIC	FR-4	4.5	0
8	BOTTOM	CONDUCTOR	COPPER	1.65	595900
9		SURFACE	AIR		

图 8.5　4 层板常用层叠方式之方案 3

板的结构。其原因并非方案 2 不可被采用，而是一般的 PCB 都只在顶层放置元器件，所以采用方案 1 较为妥当。但当在顶层和底层都需要放置元器件，而且内部电源层和地层之间的介质厚度较大、耦合不佳时，就需要考虑哪一层布置的信号线较少。对于方案 1 而言，底层的信号线较少，可以采用大面积的铜箔来与 Power 层耦合。反之，如果元器件主要布置在底层，则应选用方案 2 来制板。

（2）下面通过一个 6 层板组合方式的例子来说明 6 层板层叠结构的排列组合方式和优选方法。

① 方案 1：SIGNAL_1（TOP），GND（INNER_1），SIGNAL_2（INNER_2），SIGNAL_3（INNER_3），POWER（INNER_4），SIGNAL_4（BOTTOM），如图 8.6 所示。

	Subclass Name	Type	Material
1		SURFACE	AIR
2	TOP	CONDUCTOR	COPPER
3		DIELECTRIC	FR-4
4	GNDS	PLANE	COPPER
5		DIELECTRIC	FR-4
6	SIGNAL_2	CONDUCTOR	COPPER
7		DIELECTRIC	FR-4
8	SIGNAL_3	CONDUCTOR	COPPER
9		DIELECTRIC	FR-4
10	POWER	PLANE	COPPER
11		DIELECTRIC	FR-4
12	BOTTOM	CONDUCTOR	COPPER
13		SURFACE	AIR

图 8.6　6 层板层叠结构之方案 1

方案 1 采用了 4 层信号层和 2 层内部电源/接地层，具有较多的信号层，有利于元器件之间的布线，但该方案的缺陷也较为明显，表现为以下两个方面。

- 电源层和地线层分隔较远，没有充分耦合。
- 信号层 SIGNAL_2（INNER_2）和 SIGNAL_3（INNER_3）直接相邻，信号隔离性不好，容易发生串扰。

② 方案 2：SIGNAL_1（TOP），SIGNAL_2（INNER_1），POWER（INNER_2），GND（INNER_3），SIGNAL_3（INNER_4），SIGNAL_4（BOTTOM），如图 8.7 所示。

方案 2 相对于方案 1，电源层和地线层有了充分的耦合，比方案 1 有一定的优势，但 SIGNAL_1（TOP）和 SIGNAL_2（INNER_1）以及 SIGNAL_3（INNER_4）和 SIGNAL_4（BOTTOM）信号层直接相邻，信号隔离不好，容易发生串扰的问题并没有得到解决。

③ 方案 3：SIGNAL_1（TOP），GND（INNER_1），SIGNAL_2（INNER_2），POWER

	Subclass Name	Type	Material
1		SURFACE	AIR
2	TOP	CONDUCTOR	COPPER
3		DIELECTRIC	FR-4
4	SIGNAL_2	CONDUCTOR	COPPER
5		DIELECTRIC	FR-4
6	POWER	PLANE	COPPER
7		DIELECTRIC	FR-4
8	GND	PLANE	COPPER
9		DIELECTRIC	FR-4
10	SIGNAL_3	CONDUCTOR	COPPER
11		DIELECTRIC	FR-4
12	BOTTOM	CONDUCTOR	COPPER
13		SURFACE	AIR

图 8.7　6 层板层叠结构之方案 2

(INNER_3)，GND (INNER_4)，SIGNAL_3 (BOTTOM)，如图 8. 8 所示。

	Subclass Name	Type	Material
1		SURFACE	AIR
2	TOP	CONDUCTOR	COPPER
3		DIELECTRIC	FR-4
4	GND1	PLANE	COPPER
5		DIELECTRIC	FR-4
6	SIGNAL_2	CONDUCTOR	COPPER
7		DIELECTRIC	FR-4
8	POWER	PLANE	COPPER
9		DIELECTRIC	FR-4
10	GND2	PLANE	COPPER
11		DIELECTRIC	FR-4
12	BOTTOM	CONDUCTOR	COPPER
13		SURFACE	AIR

图 8. 8　6 层板层叠结构之方案 3

相对于方案 1 和方案 2，方案 3 减少了一个信号层，多了一个内电层，虽然可供布线的层面减少了，但该方案解决了方案 1 和方案 2 共有的缺陷。

- 电源层和地线层紧密耦合。
- 每个信号层都与内电层直接相邻，与其他信号层均有有效的隔离，不易发生串扰。
- SIGNAL_2（INNER_2）与两个内电层 GND（INNER_1）和 POWER（INNER_3）相邻，可以用来传输高速信号。两个内电层可以有效地屏蔽外界对 SIGNAL_2（INNER_2）层的干扰和 SIGNAL_2（INNER_2）对外界的干扰。

（3）综合各个方面，方案 3 显然是最优化的一种，同时，方案 3 也是 6 层板常用的层叠结构。通过对以上两个例子的分析，相信读者已经对层叠结构有了一定的认识，但在有些时候，某一个方案并不能满足所有的要求，这就需要考虑各项设计原则的优先级问题。遗憾的是，由于电路板的板层设计和实际电路的特点密切相关，不同电路的抗干扰性能和设计侧重点各有不同，所以实际上这些原则并没有确定的优先级可供参考。

但可以确定的是，设计原则是内部电源层和地层之间应该紧密耦，内部电源层和地层之间应该紧密耦合。如果电路中需要传输高速信号，在设计时需要首先得到满足，可以考虑将高速信号的布线在 Top 层或 Bottom 层，也可以考虑将高速信号布线在中间层，并且夹在两个内电层之间。

（4）6 层板的叠层方案如图 8. 9 和图 8. 10 所示。

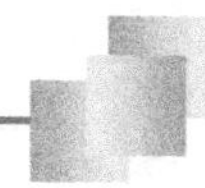

① 如图 8.9 所示，6 层板的叠层方案 1，左侧的是优先方案，右侧为可选方案，可选方案减少了电源层，增加了布线层。

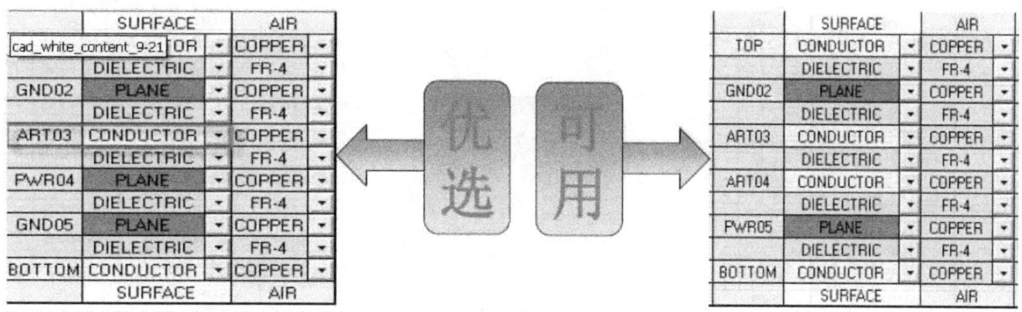

	SURFACE	AIR
cad_white_content_9-21	OR	COPPER
	DIELECTRIC	FR-4
GND02	PLANE	COPPER
	DIELECTRIC	FR-4
ART03	CONDUCTOR	COPPER
	DIELECTRIC	FR-4
PWR04	PLANE	COPPER
	DIELECTRIC	FR-4
GND05	PLANE	COPPER
	DIELECTRIC	FR-4
BOTTOM	CONDUCTOR	COPPER
	SURFACE	AIR

	SURFACE	AIR
TOP	CONDUCTOR	COPPER
	DIELECTRIC	FR-4
GND02	PLANE	COPPER
	DIELECTRIC	FR-4
ART03	CONDUCTOR	COPPER
	DIELECTRIC	FR-4
ART04	CONDUCTOR	COPPER
	DIELECTRIC	FR-4
PWR05	PLANE	COPPER
	DIELECTRIC	FR-4
BOTTOM	CONDUCTOR	COPPER
	SURFACE	AIR

图 8.9 6 层板的叠层方案 1

② 如图 8.10 所示，6 层板的叠层方案 2，左侧方案中有 2 个电源层、4 个布线层；右侧方案中有 3 个电源层、3 个电气层。

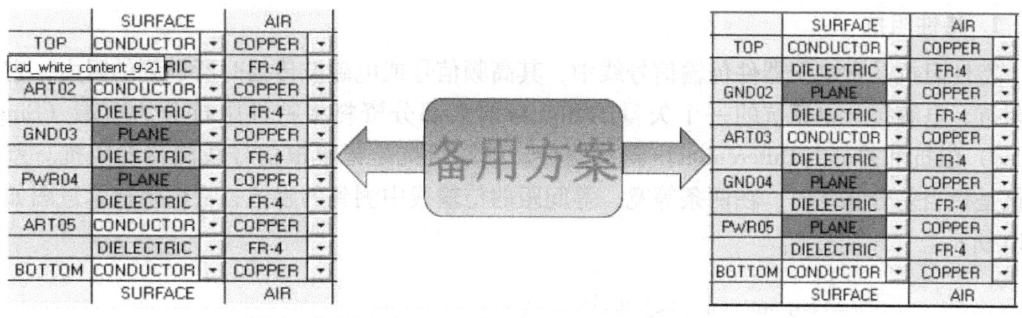

	SURFACE	AIR
TOP	CONDUCTOR	COPPER
cad_white_content_9-21	RIC	FR-4
ART02	CONDUCTOR	COPPER
	DIELECTRIC	FR-4
GND03	PLANE	COPPER
	DIELECTRIC	FR-4
PWR04	PLANE	COPPER
	DIELECTRIC	FR-4
ART05	CONDUCTOR	COPPER
	DIELECTRIC	FR-4
BOTTOM	CONDUCTOR	COPPER
	SURFACE	AIR

	SURFACE	AIR
TOP	CONDUCTOR	COPPER
	DIELECTRIC	FR-4
GND02	PLANE	COPPER
	DIELECTRIC	FR-4
ART03	CONDUCTOR	COPPER
	DIELECTRIC	FR-4
GND04	PLANE	COPPER
	DIELECTRIC	FR-4
PWR05	PLANE	COPPER
	DIELECTRIC	FR-4
BOTTOM	CONDUCTOR	COPPER
	SURFACE	AIR

图 8.10 6 层板的叠层方案 2

(5) 8 层板的叠层方案如图 8.11 和图 8.12 所示。

① 如图 8.11 所示，8 层板的叠层方案 1，左侧的是优先方案，右侧的为可选方案，可选方案减少了电源层，增加了布线层。

	SURFACE	AIR
cad_white_content_9-21	OR	COPPER
	IC	FR-4
GND02	PLANE	COPPER
	DIELECTRIC	FR-4
ART03	CONDUCTOR	COPPER
	DIELECTRIC	FR-4
PWR04	PLANE	COPPER
	DIELECTRIC	FR-4
GND05	PLANE	COPPER
	DIELECTRIC	FR-4
ART06	CONDUCTOR	COPPER
	DIELECTRIC	FR-4
PWR07	PLANE	COPPER
	DIELECTRIC	FR-4
BOTTOM	CONDUCTOR	COPPER
	SURFACE	AIR

优选 可用

	SURFACE	AIR
TOP	CONDUCTOR	COPPER
	DIELECTRIC	FR-4
GND02	PLANE	COPPER
	DIELECTRIC	FR-4
ART03	CONDUCTOR	COPPER
	DIELECTRIC	FR-4
ART04	CONDUCTOR	COPPER
	DIELECTRIC	FR-4
GND05	PLANE	COPPER
	DIELECTRIC	FR-4
ART06	CONDUCTOR	COPPER
	DIELECTRIC	FR-4
PWR07	PLANE	COPPER
	DIELECTRIC	FR-4
BOTTOM	CONDUCTOR	COPPER
	SURFACE	AIR

图 8.11 8 层板的叠层方案 1

② 如图 8.12 所示，8 层板的叠层方案 2，左侧的方案中有 4 个电源层、4 个布线层，ART04 和 ART05 布线层中间无电源层；右侧的方案中有 4 个电源层、4 个电气层。

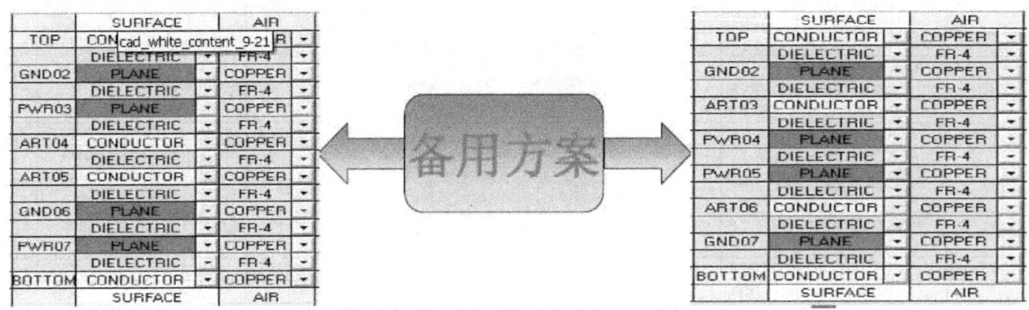

图 8.12　8 层板的叠层方案 2

8.5　电路板的特性阻抗

1. 特性阻抗

特性阻抗是指电子器件传输信号线中，其高频信号或电磁波传播时所遇到的阻力，它是电阻抗、电容抗、电感抗的一个矢量的和。目前大部分资料将特性阻抗分为单端（Single ended）阻抗和差分（Differential）阻抗两种。单端阻抗是指单根信号线测得的阻抗。差分阻抗是指当差分驱动时，在两条等宽、等间距的传输线中测到的阻抗，特性阻抗示意图如图 8.13 所示。

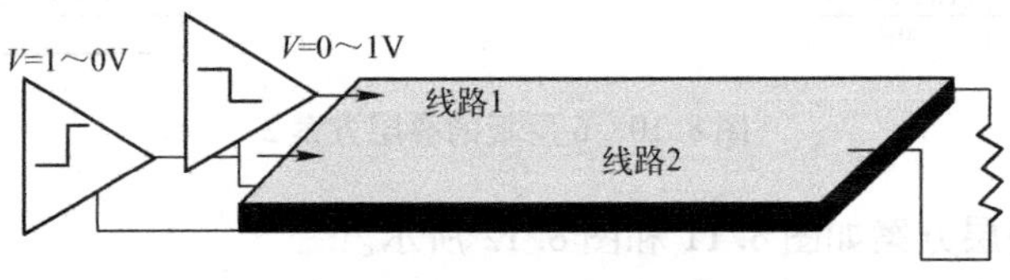

图 8.13　特性阻抗示意图

2. 影响特性阻抗的因素

众多特性阻抗模块最终又可分为微带线、带状线两种模式。

① 微带线的表面涂覆单端结构的计算公式如下，其结构如图 8.14 所示。

$$Z_o = \frac{87}{\sqrt{\varepsilon_{r'} + 1.41}} \times \ln \frac{5.98H}{0.8W + T}$$

② 带状线的嵌入偏移单端结构的计算公式如下，其结构如图 8.15 所示。

$$Z_o = \frac{60}{\sqrt{\varepsilon_r}} \times \ln \frac{1.9(2H + T)}{0.8W + T} \times \frac{H}{4H_1}$$

其中，$\varepsilon_{r'} = \varepsilon_r \times \mathrm{EXP}(-1.55H_1/H)$，$Z_o$ 为特性阻抗，ε_r 为介电常数；W 为导线宽度；T 为导线厚度；H 为介质层厚度。

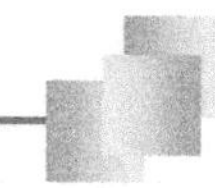

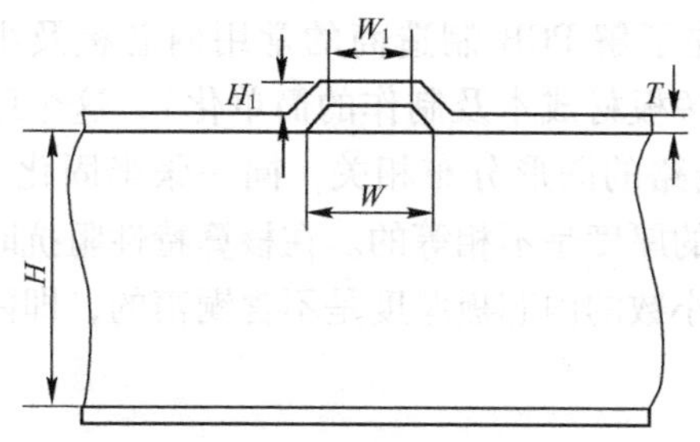

图 8.14 微带线的表面涂覆单端结构

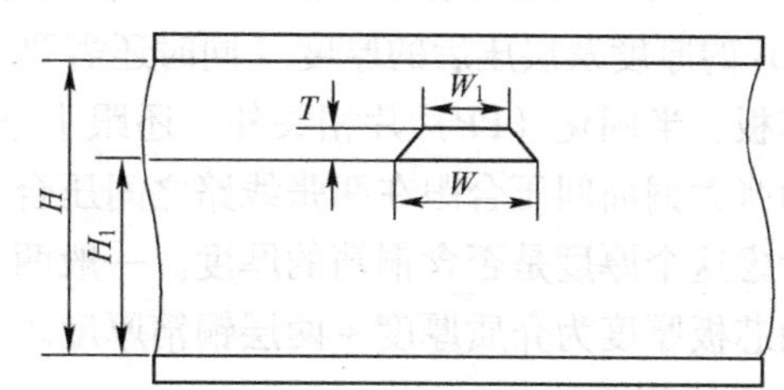

图 8.15 带状线的嵌入偏移单端结构

从以上计算公式中可以看出，与阻抗相关的参数包括介电常数、导线厚度、导线宽度、介质厚度、阻焊厚度等，对于差分结构的阻抗线还需要考虑导线间距，而这几个参数对阻抗的影响又各不相同，PCB 工程师在设计时一定要注意。

a. 介电常数

介电常数是指当电极间充以某种物质时的电容与同样构造的真空电容器的电容之比。阻抗与其平方根成反比。

当介电常数大时，储存电能能力大，电路中的电信号出纳速度就会降低。

介电常数是由板材本身的特性决定的，故 PCB 工程师在自行核算阻抗或将设计文件交给 PCB 制造商进行生产时，一定要事先了解或指定板材型号、介电常数。在指定板材型号的同时，也需要了解板材的一些特性，特别是板材在不同频率下测量的介电常数是不同的，故 PCB 工程师需向制造商说明加工 PCB 板的工作频率。

b. 导线厚度

这个参数主要是由板材的基铜厚度及生产过程中的电镀、蚀刻等相关工序决定的。阻抗与其成反比。

对于导线厚度这个主要参数需要由 PCB 制造商提供，导线厚度一般是制造商提供的一个平均厚度值，它一般会考虑生产中的公差等相关问题。此外，需要注意，甲厂提供的参数只能用于甲厂，乙厂提供的参数只能用于乙厂，因为厂家不同故生产参数等不尽相同，从而导致镀铜厚度是不同的。

c. 导线宽度

导线宽度主要由板材基铜厚度及 PCB 制造商生产过程中的电镀、蚀刻等相关工序决定。阻抗与其成反比。

一个特性阻抗板的生产成功与否，导线宽度起着决定性的作用。它需要 PCB 制造商从做工程文件时就考虑一个合适的补偿量，当然这个补偿量是经过制造商试验得出的。经过电镀后在蚀刻时也需要考虑蚀刻速度等相关参数，并且需要做首板测试，以及对其进行 AOI 或切片测试。在设定阻抗线宽度时，一定要事先了解 PCB 制造商的加工能力，这也是考察 PCB 制造商是否是一个合格特性阻抗板生产厂家的标准。

d. 介质厚度

介质厚度主要由生产中的叠层在经过层压后，测量实际的介质而得出的。阻抗与其成正比。

故 PCB 工程师在考虑介质厚度时，需要事先了解 PCB 制造商的常用内芯板及半固化（PP）片的厚度及层压后的厚度（同时还需要了解板材成本及制作的简单化），这个厚度除跟内芯板、半固化（PP）片相关外，还跟上下线路的图形分布相关，同一张半固化（PP）片在两张大铜面间压合跟在两张线路之间压合后的厚度是不相等的。在核算特性阻抗时，还需要考虑这个厚度是否含铜箔的厚度。一般两位小数的内芯板厚度是不含铜箔的，即两位小数的内芯板厚度为介质厚度 + 两层铜箔厚度。

e. 导线间距

导线间距同导线宽度、厚度是息息相关的，它的主要影响因素同前面导线宽度、厚度的分析。由板材及生产过程决定，同样需向制造商了解。

f. 阻焊厚度

对于特性阻抗板，有的是不需要印阻焊的，如天线微带板等，但是有些板是需要印阻焊的。阻抗与其成反比。

电路板在丝印前后的阻抗值是不同的，故这也是一个需要考虑的参数，也需要向 PCB 制造商了解，且印在线路上的阻焊与印在基材上的阻焊的厚度是不同的。上述 6 个主要的参数，影响最大的是介质厚度，其次是介电常数和线宽，最后是铜厚，影响最小的是阻焊厚度。

8.6 叠层结构的设置

（1）Allegro 提供了一个集成、方便、强大的叠层设计工具 Cross Section。手工创建电路板中必须手工来设计电路板的底层结构。选择 Setup—Cross Section 命令，弹出 Layout Cross Section 对话框，进入叠层设计窗口。

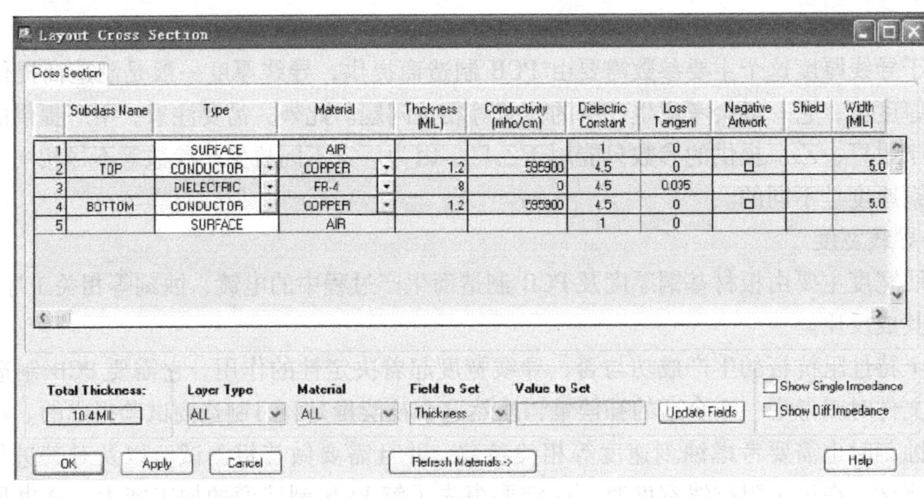

	Subclass Name	Type	Material	Thickness (MIL)	Conductivity (mho/cm)	Dielectric Constant	Loss Tangent	Negative Artwork	Shield	Width (MIL)
1		SURFACE	AIR			1	0			
2	TOP	CONDUCTOR	COPPER	1.2	595900	4.5	0	□		5.0
3		DIELECTRIC	FR-4	8	0	4.5	0.035			
4	BOTTOM	CONDUCTOR	COPPER	1.2	595900	4.5	0	□		5.0
5		SURFACE	AIR			1	0			

图 8.16　叠层设计窗口

（2）增加层，由于电路板是用手工建立的，所以在 Cross Section 选项卡中只有 TOP 层和 BOTTOM 层，需要手工增加 6 个层，并调整层叠结构。在 Subclass Name 一栏前面的序号上右击，弹出一个菜单 Add Layer Above，单击确认后将手工增加一个层，如图 8.17 所示。

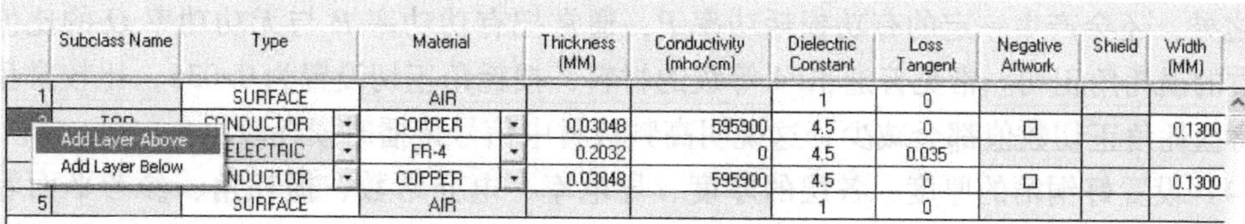

	Subclass Name	Type	Material	Thickness (MM)	Conductivity (mho/cm)	Dielectric Constant	Loss Tangent	Negative Artwork	Shield	Width (MM)
1		SURFACE	AIR			1	0			
		CONDUCTOR	COPPER	0.03048	595900	4.5	0	□		0.1300
		ELECTRIC	FR-4	0.2032	0	4.5	0.035			
		NDUCTOR	COPPER	0.03048	595900	4.5	0	□		0.1300
5		SURFACE	AIR			1	0			

图 8.17　增加层操作

（3）选择 Add Layer Above 在该层上方增加一层，选择 Add Layer Below 在该层下方增加一层，还可以选择 Remove Layer 删除该层。在走线层和走线层之间还需要有一层介质层。最后设置好的 8 层板的层叠结构，如图 8.18 所示。

	Subclass Name	Type	Material	Thickness (MIL)	Conductivity (mho/cm)	Dielectric Constant	Loss Tangent
1		SURFACE	AIR			1	0
2	TOP	CONDUCTOR	COPPER	1.2	595900	4.5	0
3		DIELECTRIC	FR-4	3.63	0	4.5	0.035
4	GND02	PLANE	COPPER	1.2	595900	4.5	0.035
5		DIELECTRIC	FR-4	5.12	0	4.5	0.035
6	ART03	CONDUCTOR	COPPER	1.2	595900	4.5	0.035
7		DIELECTRIC	FR-4	7.23	0	4.5	0.035
8	PWOR04	PLANE	COPPER	1.2	595900	4.5	0.035
9		DIELECTRIC	FR-4	20.08	0	4.5	0.035
10	GND05	PLANE	COPPER	1.2	595900	4.5	0.035
11		DIELECTRIC	FR-4	7.23	0	4.5	0.035
12	ART06	CONDUCTOR	COPPER	1.2	595900	4.5	0.035
13		DIELECTRIC	FR-4	5.12	0	4.5	0.035
14	PWOR07	PLANE	COPPER	1.2	595900	4.5	0.035
15		DIELECTRIC	FR-4	3.63	0	4.5	0.035
16	BOTTOM	CONDUCTOR	COPPER	1.2	595900	4.5	0
17		SURFACE	AIR			1	0

图 8.18　在特定层上方增加层

8.7　Cross Section 中的阻抗计算

为了获得准确的阻抗计算数据，在做阻抗计算之前，需要对铜箔的厚度、各层的厚度、导电率、电介常数、损耗角、参考平面等参数进行设置。之前分别对铜箔的厚度、各层的厚度、电介常数、参考平面的设置都做过说明，在此不再详述，接下来首先对导电率、电介常数、损耗角做简单说明。

（1）Conductivity 电导率设置栏：在介质中电导率与电场强度之积等于传导电流密度，Allegro 中默认的取值是 595 900Ω/cm，是纯铜的电导率，另一个阻抗计算软件 Polar SI9000 中默认的取值是 580 000Ω/cm，为了保持设置相同，可以将该项修改成 580 000Ω/cm。

（2）Dielectric Constant 电介常数设置栏：介质在外加电场时会产生感应电荷而削弱电场，原外加电场（真空中）与介质中电场的比值即为相对介电常数。常用的 PCB 介质是 FR4 等级材料，相对空气的介电常数是 4.2 ～ 4.7。这个介电常数是会随温度变化的，在 0 ～ 70℃的温度范围内，其最大变化范围可以达到 20%。介电常数的变化会导致线路延时 10% 的变化，温度越高，延时越大。介电常数还会随信号频率变化，频率越高，介电常数越小。

（3）Loss Tangent 损耗角正切设置栏：信号在介质中传播除了会输出一定容量的无功功

率 Q 之外，还会产生一定的有功损耗功率 P，通常把有功功率 P 与无功功率 Q 的比值称为该介质的损耗角正切。常见普通 RF4 等级的材料，损耗角正切设置为 0.035，比较常见的高频板材损耗角正切数值都会减少，这说明高频板材中信号传播时损耗较小。

（4）设置好铜箔的厚度、各层的厚度、导电率、电介常数、损耗角、参考平面等参数之后的界面如图 8.19 所示。

	Subclass Name	Type	Material	Thickness (MIL)	Conductivity (mho/cm)	Dielectric Constant	Loss Tangent
1		SURFACE	AIR			1	0
2	TOP	CONDUCTOR	COPPER	1.2	580000	4.3	0
3		DIELECTRIC	FR-4	3.63	0	4.3	0.035
4	GND02	PLANE	COPPER	1.2	580000	4.3	0.035
5		DIELECTRIC	FR-4	5.12	0	4.3	0.035
6	ART03	CONDUCTOR	COPPER	1.2	580000	4.3	0.035
7		DIELECTRIC	FR-4	7.23	0	4.3	0.035
8	PWOR04	PLANE	COPPER	1.2	580000	4.3	0.035
9		DIELECTRIC	FR-4	20.08	0	4.3	0.035
10	GND05	PLANE	COPPER	1.2	580000	4.3	0.035
11		DIELECTRIC	FR-4	7.23	0	4.3	0.035
12	ART06	CONDUCTOR	COPPER	1.2	580000	4.3	0.035
13		DIELECTRIC	FR-4	5.12	0	4.3	0.035
14	PWOR07	PLANE	COPPER	1.2	580000	4.3	0.035
15		DIELECTRIC	FR-4	3.63	0	4.3	0.035
16	BOTTOM	CONDUCTOR	COPPER	1.2	580000	4.3	0
17		SURFACE	AIR			1	0

图 8.19　设置好层叠的各项参数

（5）单端线阻抗控制。在 LayoutCross Section 对话框的右下角勾选 Show Single Impedance 复选项后，表格中会自动多出 Impedance 栏。Width 栏中是想要进行阻抗控制的线宽设置，Impedance 栏为单端线的特征阻抗。当 Width 线宽输入之后，软件会根据设置好的参数自动计算出布线的特征阻抗，也可以在 Impedance 输入特征阻抗，软件会根据特征阻抗计算出所需要的线宽。

如图 8.20 所示为 8 层电路板的叠层结构，TOP 层使用的是微带线的模型结构，输入 5.6mil 的线宽之后，软件计算出了 49.896Ω 的特征阻抗。ART03 层使用的是带状线的模型结构，输入 4.3mil 的线宽之后，软件计算出了 49.874Ω 的特征阻抗。

	Subclass Name	Type	Material	Thickness (MIL)	Conductivity (mho/cm)	Dielectric Constant	Loss Tangent	Negative Artwork	Shield	Width (MIL)	Impedance (ohm)
1		SURFACE	AIR			1	0				
2	TOP	CONDUCTOR	COPPER	1.2	580000	4.3	0	☐		5.6	49.896
3		DIELECTRIC	FR-4	3.63	0	4.3	0.035				
4	GND02	PLANE	COPPER	1.2	580000	4.3	0.035	☐	☒		
5		DIELECTRIC	FR-4	5.12	0	4.3	0.035				
6	ART03	CONDUCTOR	COPPER	1.2	580000	4.3	0.035	☐		4.3	49.874
7		DIELECTRIC	FR-4	7.23	0	4.3	0.035				
8	PWOR04	PLANE	COPPER	1.2	580000	4.3	0.035	☐	☒		
9		DIELECTRIC	FR-4	20.08	0	4.3	0.035				
10	GND05	PLANE	COPPER	1.2	580000	4.3	0.035	☐	☒		
11		DIELECTRIC	FR-4	7.23	0	4.3	0.035				
12	ART06	CONDUCTOR	COPPER	1.2	580000	4.3	0.035	☐		4.3	49.874
13		DIELECTRIC	FR-4	5.12	0	4.3	0.035				
14	PWOR07	PLANE	COPPER	1.2	580000	4.3	0.035	☐	☒		
15		DIELECTRIC	FR-4	3.63	0	4.3	0.035				
16	BOTTOM	CONDUCTOR	COPPER	1.2	580000	4.3	0	☐		5.6	49.896
17		SURFACE	AIR			1	0				

图 8.20　在微带线的模型下计算阻抗

（6）差分线阻抗控制。

勾选 Show Diff Impedance 复选项后，表格中会自动多出 Coupling Type、Spacing 、DiffZ0 共计 3 栏。

① Coupling Type：差分线的耦合类型，其下拉列表中有 EDGE 和 BOARDSIDE 两个选项。

- EDGE：边缘耦合，是最常见的差分线类型，为同层边缘耦合的差分线。
- BOARDSIDE：层间耦合，选择此项会自动提取出层的间距作为差分线之间的距离，这种类型的差分线不常见，而且因为铜牙及介质存在不均匀性等问题，影响差分特征阻抗，生产中不易控制。

② Spacing：差分线之间的间距。Spacing 间距和 Width 线宽被修改，差分特征阻抗就会被修改。

③ DiffZ0：差分特征阻抗。

设置 Coupling Type 为 EDGE 同层边缘耦合，在 Width 栏中输入线宽，Spacing 差分线间距，软件会自动计算出差分对的特征阻抗。

如图 8.21 所示，该图 8 层电路板的叠层结构中，TOP 层使用的是微带线的差分模型结构，输入 4.9mil 的线宽，输入 Spacing 5.0 的间距后，软件计算出 89.409Ω 的差分特征阻抗。ART03 层使用的是带状线的差分模型结构，输入 4.3mil 的线宽，输入 Spacing 6.8 的间距后，软件计算出 89.891Ω 的差分特征阻抗。

	Subclass Name	Type	Thickness (MIL)	Dielectric Constant	Loss Tangent	Negative Artwork	Shield	Width (MIL)	Coupling Type	Spacing (MIL)	DiffZ0 (ohm)
1		SURFACE		1	0						
2	TOP	CONDUCTOR	1.2	4.3	0	☐		4.9	EDGE	5.0	89.409
3		DIELECTRIC	3.63	4.3	0.035						
4	GND02	PLANE	1.2	4.3	0.035	☐	☒				
5		DIELECTRIC	5.12	4.3	0.035						
6	ART03	CONDUCTOR	1.2	4.3	0.035	☐		4.3	EDGE	6.8	89.891
7		DIELECTRIC	7.23	4.3	0.035						
8	PWOR04	PLANE	1.2	4.3	0.035	☐	☒				
9		DIELECTRIC	20.08	4.3	0.035						
10	GND05	PLANE	1.2	4.3	0.035	☐	☒				
11		DIELECTRIC	7.23	4.3	0.035						
12	ART06	CONDUCTOR	1.2	4.3	0.035	☐		4.3	EDGE	6.8	89.891
13		DIELECTRIC	5.12	4.3	0.035						
14	PWOR07	PLANE	1.2	4.3	0.035	☐	☒				
15		DIELECTRIC	3.63	4.3	0.035						
16	BOTTOM	CONDUCTOR	1.2	4.3	0	☐		4.9	EDGE	5.0	89.409
17		SURFACE		1	0						

图 8.21　微带线的差分模型计算阻抗

另外，同样的道理，可以在 DiffZ0 栏中输入阻抗目标的差分特征阻抗，软件会根据输入的阻抗数据来调整线宽或间距，得到线宽和间距的数据。如图 8.22 和图 8.23 所示，输入目标阻抗之后，调整线宽或间距得到目标阻抗。

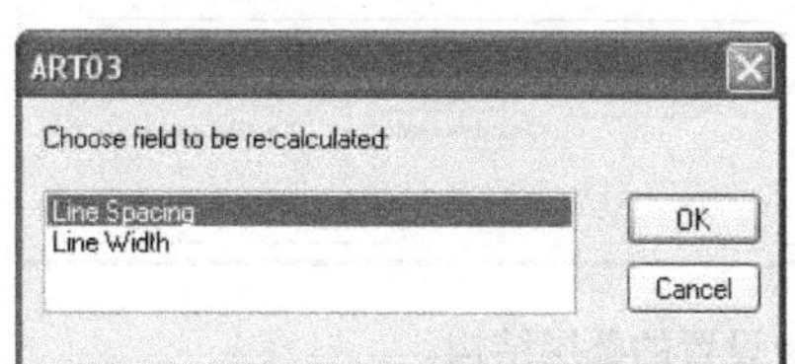

图 8.22　调整线宽

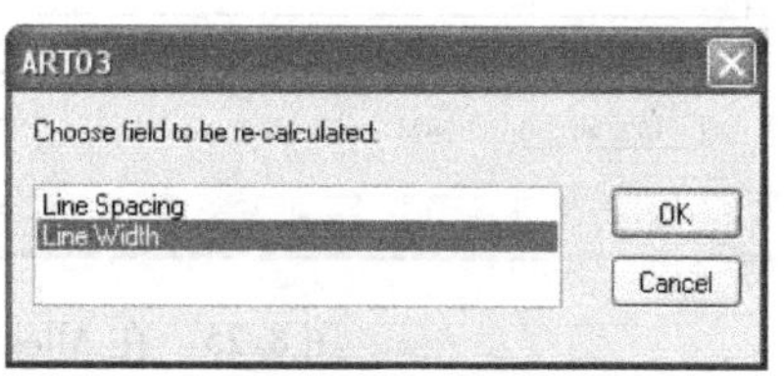

图 8.23　调整间距

8.8 厂商的叠层与阻抗模板

高速 PCB 的制造公司内部都有一套适合自己公司内部工艺能力的叠层与阻抗控制模板文件，会将自己能够做到的工艺及阻抗控制都做成模板的形式，PCB 工程师在制作 PCB 过程中，可以联络制造厂商来索取模板文件，使用模板文件中的数据，用在 Allegro 中的叠层和阻抗设置中。

（1）如图 8.24 所示为某制造厂商的 6 层叠层与阻抗模板文件。

层压结构	我司已生产的档案号记录
L1 ——— 1.65mil 3313 3.5 mil L2 ——— 1.2 mil Core 5.12 mil L3 ——— 1.2 mil 2116*2+0.665mm 光板 35.78 mil L4 ——— 1.2 mil Core 5.12 mil L5 ——— 1.2 mil 3313 3.5 mil L6 ——— 1.65mil	M46707 M53096 M52288

图 8.24 某制造厂商的 6 层叠层与阻抗模板文件

（2）如图 8.25 所示为按照叠层和阻抗模板文件在 Allegro 中设置的叠层结构。

Layout Cross Section

	Subclass Name	Type	Material	Thickness (MIL)	Conductivity (mho/cm)	Dielectric Constant	Loss Tangent	Negative Artwork	Shield	Width (MIL)
1		SURFACE	AIR			1	0			
2	TOP	CONDUCTOR	COPPER	1.2	580000	4.2	0	☐		5.0
3		DIELECTRIC	FR-4	3.5	0	4.2	0.035			
4	GND02	PLANE	COPPER	1.2	580000	4.2	0.035	☐	☒	
5		DIELECTRIC	FR-4	5.12	0	4.2	0.035			
6	ART03	CONDUCTOR	COPPER	1.2	580000	4.2	0.035	☐		5.0
7		DIELECTRIC	FR-4	35.78	0	4.5	0.035			
8	ART04	CONDUCTOR	COPPER	1.2	580000	4.2	0.035	☐		5.0
9		DIELECTRIC	FR-4	5.12	0	4.2	0.035			
10	GND5	PLANE	COPPER	1.2	580000	4.2	0.035	☐	☒	
11		DIELECTRIC	FR-4	3.5	0	4.2	0.035			
12	BOTTOM	CONDUCTOR	COPPER	1.2	580000	4.2	0	☐		5.0
13		SURFACE	AIR			1	0			

Total Thickness: 60.22 MIL　Layer Type: ALL　Material: ALL　Field to Set: Thickness　Value to Set:　Update Fields　☐ Show Single Impedance　☐ Show Diff Impedance

OK　Apply　Cancel　Refresh Materials ->　Report　Help

图 8.25 在 Allegro 中按模板设置的叠层结构

8.9　Polar SI9000 阻抗计算

Polar SI9000 是业界最常用的阻抗计算工具，建立在我们熟悉的、早期 Polar 阻抗设计系统易于使用的用户界面之上。此软件包含各种阻抗模块，通过选择特定计算模块，输入线宽、间距、介质厚度、铜厚、介电常数等相关数据，就可以模拟算出阻抗结果。

（1）参数解释。

- H1：介质厚度（PP 片或板材，不包括铜厚）。
- Er1：PP 片的介电常数（根据制造厂商给出的数据定，一般板材为 4.5，PP 片为 4.2）。
- W1：阻抗线上线宽（要求的线宽）。
- W2：阻抗线下线宽（W2 = W1 - 0.5mil）。
- S1：阻抗线间距（铜箔间距）。
- T1：成品铜厚，T1 是铜厚，HOZ（18μm）是 0.7mil，1OZ（35μm）是 1.4mil，2OZ（70μm）是 2.8mil。
- C1：基材的绿油厚度（根据制造厂商给出的数据定，一般为 0.5 ～ 0.8mil）。
- C2：铜皮或走线上的绿油厚度（根据制造厂商给出的数据定，一般为 0.5mil）。
- C3：基材上面的绿油厚度（根据制造厂商给出的数据定，一般 0.50mil）。
- Cer：绿油的介电常数（根据制造厂商给出的数据定，一般按 3.3mil）。

（2）软件的使用方法。Polar SI9000 软件，选择对应的模板，输入需要参数之后单击 Calculate 按钮，软件就会根据输入的参数来计算出特性阻抗，显示在阻抗的文本框中，如图 8.26 所示。

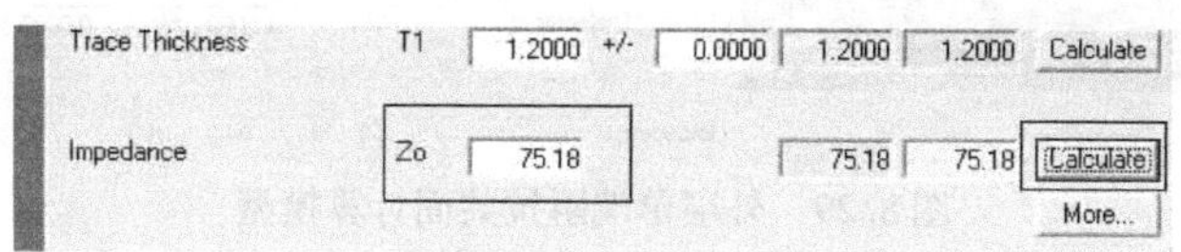

图 8.26　选择模板并输入参数

（3）外层单端阻抗计算模型，适用在外层线路印阻焊后的单端阻抗计算，模型如图 8.27 所示。

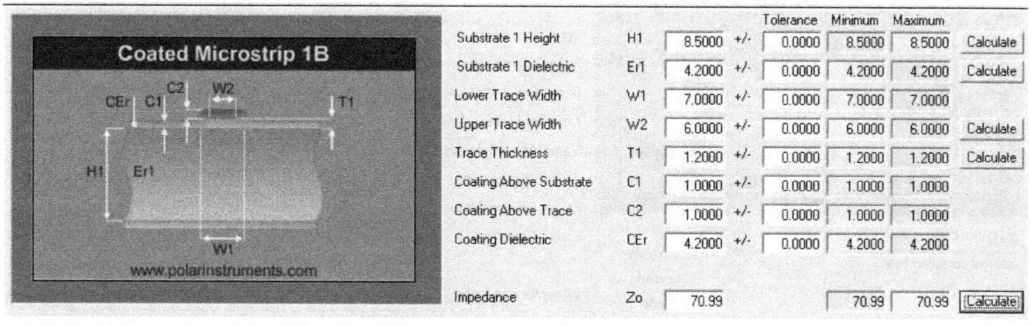

图 8.27　外层单端阻抗计算模型

（4）外层差分阻抗计算模型，适用在外层线路印阻焊后的差分阻抗计算，模型如图 8.28 所示。

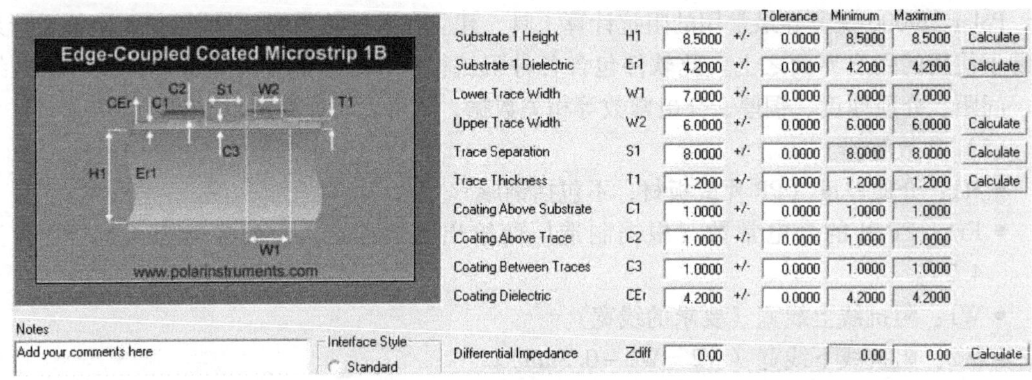

图 8.28　外层差分阻抗计算模型

（5）外层单端阻抗共面计算模型，适用在外层线路印阻焊后的单端共面阻抗计算，模型如图 8.29 所示。

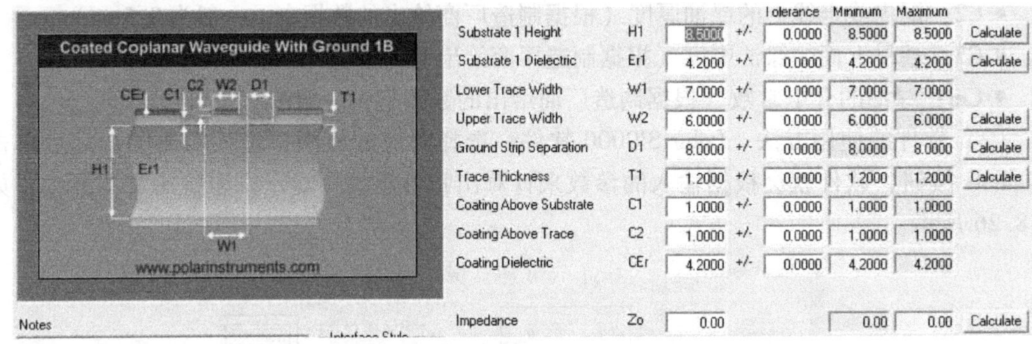

图 8.29　外层单端阻抗共面计算模型

（6）外层差分阻抗共面计算模型，适用在外层线路印阻焊后的差分共面阻抗计算，模型如图 8.30 所示。

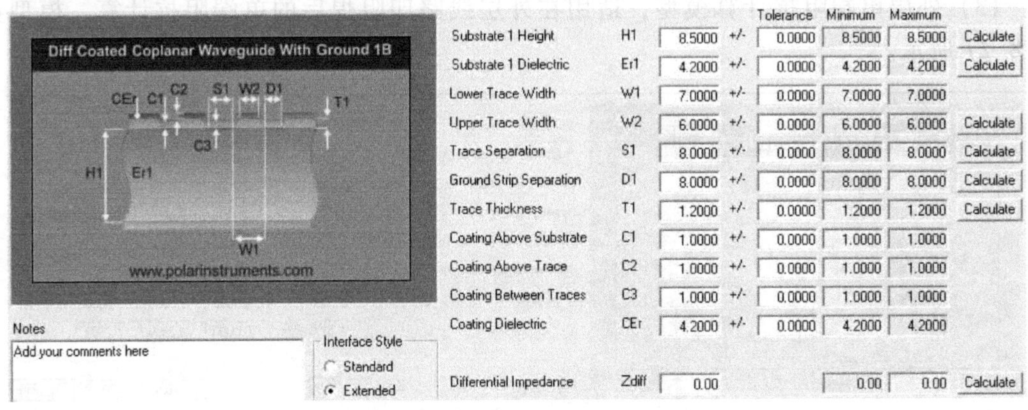

图 8.30　外层差分阻抗共面计算模型

（7）内层单端阻抗计算模型，适用在内层线路单端阻抗计算，模型如图 8.31 所示。

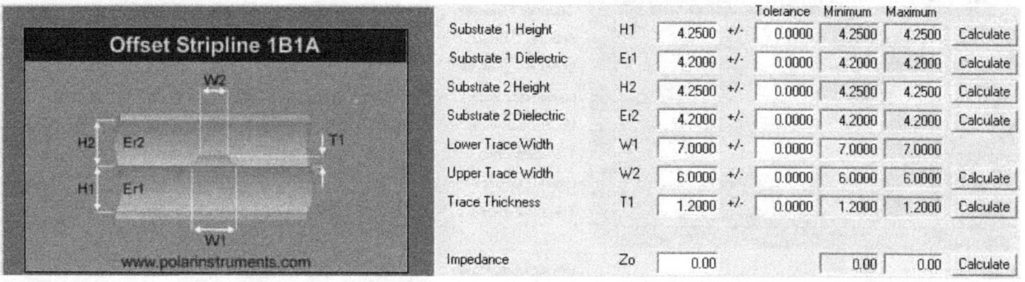

图 8.31　内层单端阻抗计算模型

（8）内层差分阻抗计算模型，适用在内层线路差分阻抗计算，模型如图 8.32 所示。

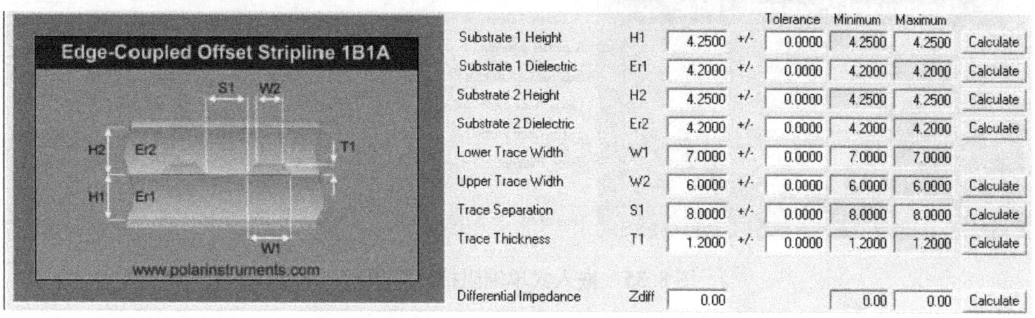

图 8.32　内层差分阻抗计算模型

（9）内层单端阻抗共面计算模型，适用在内层单端共面阻抗计算，模型如图 8.33 所示。

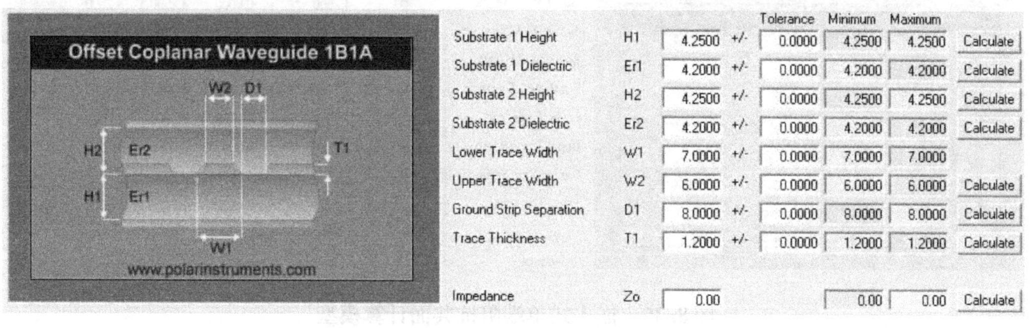

图 8.33　内层单端阻抗共面计算模型

（10）内层差分阻抗共面计算模型，适用在内层差分共面阻抗计算，模型如图 8.34 所示。

（11）嵌入式单端阻抗计算模型，适用在与外层相邻的第二个线路层阻抗计算，例如，一个 6 层板，L1、L2、L5、L6 层均为线路层，L3、L4 为 GND 或 VCC 层，则 L2、L5 层的阻抗用此方式计算，模型如图 8.35 所示。

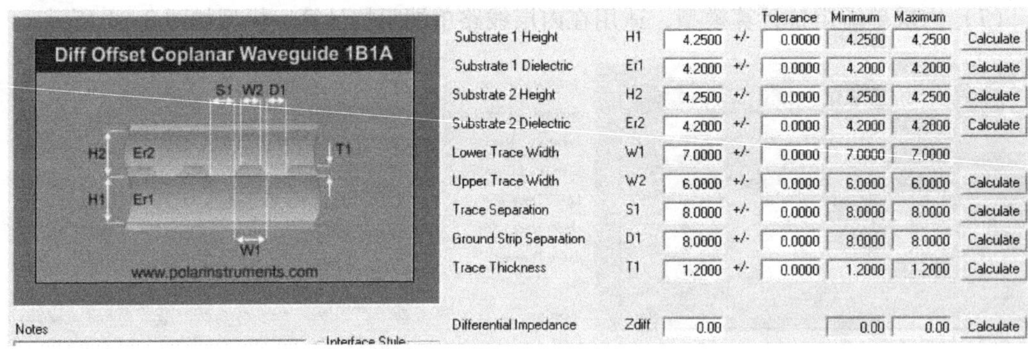

图 8.34　内层差分阻抗共面计算模型

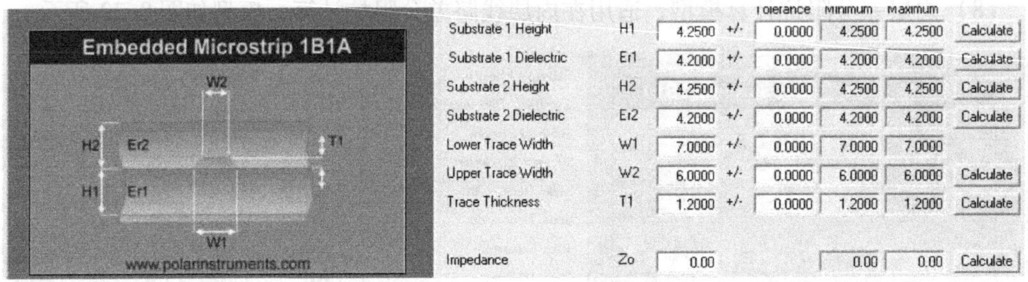

图 8.35　嵌入式单端阻抗计算模型

（12）嵌入式单端阻抗共面计算模型，适用在内层单端共面阻抗，参考层为同一层面的 GND/VCC（阻抗线被周围 GND/VCC 包围，周围 GND/VCC 即为参考层面），而与其邻近层为线路层，非 GND/VCC 层，模型如图 8.36 所示。

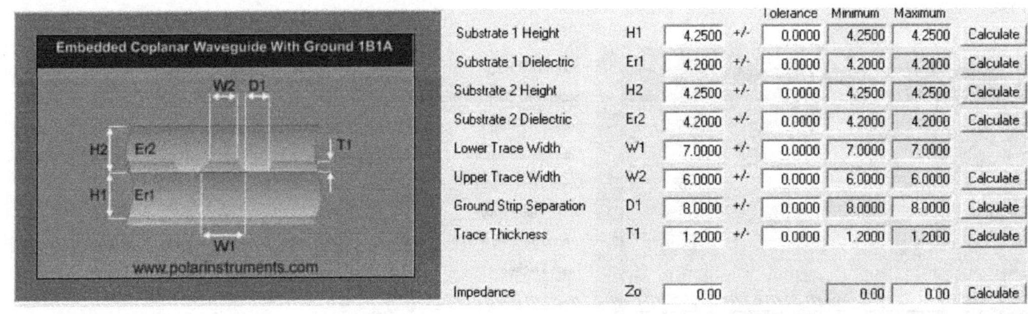

图 8.36　嵌入式单端阻抗共面计算模型

（13）嵌入式差分阻抗计算模型，适用在内层差分共面阻抗，参考层为同一层面的 GND/VCC 及与其邻近 GND/VCC 层（阻抗线被周围 GND/VCC 包围，周围 GND/VCC 即为参考层面），模型如图 8.37 所示。

（14）嵌入式差分阻抗共面计算模型，适用在内层差分共面阻抗，参考层为同一层面的 GND/VCC 及与其邻近 GND/VCC 层（阻抗线被周围 GND/VCC 包围，周围 GND/VCC 即为参考层面），模型如图 8.38 所示。

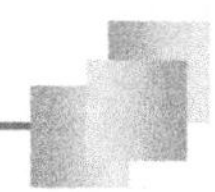

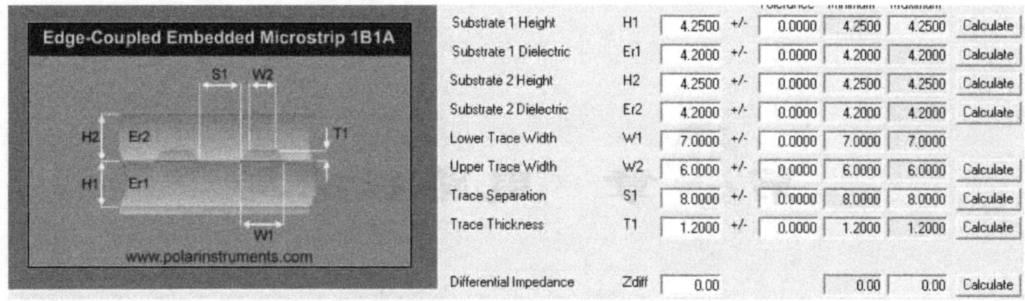

图 8.37　嵌入式差分阻抗计算模型

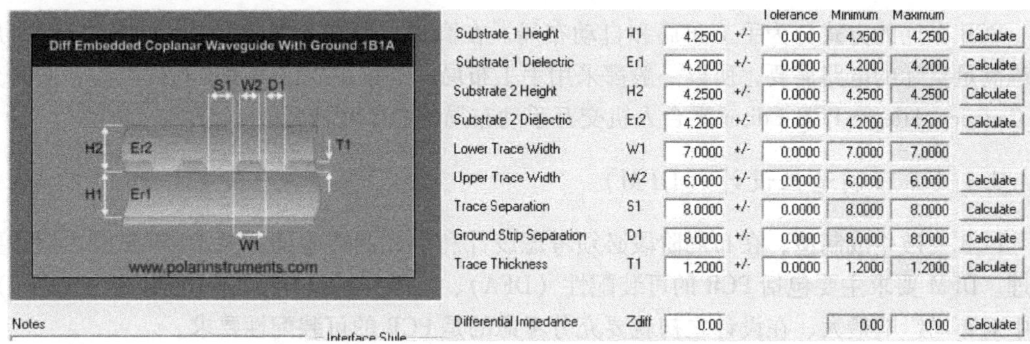

图 8.38　嵌入式差分阻抗共面计算模型

第9章 电路板布局

9.1 PCB 布局要求

PCB 布局的方式分为手工布局和自动布局。在高速、高密度的 PCB 设计中，自动布局很难满足实际的电路需要，所以一般都采用手工布局。本章主要讲解手工布局经验，同时介绍 Cadence Allegro PCB Editor 平台人机交互手动布局的命令和技巧。

9.1.1 可制造性设计（DFM）

PCB 要被生成制造，在布局阶段必须考虑设计和生成制造中的相关 DFM 要求，设计要合理。DFM 要求主要包括 PCB 的可装配性（DFA）、可维修性（DFS）和可测试性（DFT），其中对布局影响最大、在设计之初就要充分考虑的是 PCB 的可装配性要求。

1. PCB 的可装配性（DFA）

（1）PCB 设计，作为从逻辑到物理实现的最重要过程，DFA 设计是一个不可回避的重要课题。在 PCB 设计上，DFA 主要包括：元件选择、PCB 物理参数选择和 PCB 设计细节方面等。

（2）一般来说，元件选择主要是指选择采购、加工、维修等综合起来比较有利的元件。例如，尽量采用 SOP 元件而不采用 BGA 元件；采用元件引脚间距的大元件，而不采用细间距的元件；尽量采用常规元件，而不采用特殊元件……

（3）设计 PCB 的物理参数，这个环节主要是由 PCB 工程师确定的。主要包括：板厚孔径比、线宽间距、层叠设计、焊盘孔径等的设置。这要求 PCB 工程师必须深入了解 PCB 的制造工艺和制造方法，了解大多数 PCB 制造厂的加工参数，然后结合单板的实际情况来进行物理参数的设定，尽量增加 PCB 生产的工艺窗口，采用最成熟的加工工艺和参数，降低加工难度，提高成品率，减少后期 PCB 制作的成本和周期。

（4）在 PCB 设计细节上，多的情况下和工程师的水平和经验有很大的关系。例如，元件的摆放位置、间距、走线的处理、铜皮的处理等。这些参数需要长时间多项目的积累才能得到。一般来说，专业的设计人员由于接触有更多的要求 PCB 制造厂和焊接加工厂，所以一般他们的设计参数能符合绝大多数 PCB 制造厂的要求，而不是仅符合某个厂的特定成本要求。

2. PCB 的可维修性（DFS）

在制造缺陷下降到几个数量之前，完全忽视 PCB 的可维修性是不妥的，PCB 的可维修性是在一定时期内必不可少的。比如考虑拆卸的方便，BGA 封装的元件要在周围预留出合

适的距离，有些 PIN 不能接插件解决的就不要焊接，否则以后就没有办法维修。

3. PCB 的可测试性（DFT）

PCB 的可测试性是必不可少的，只有经过测试之后才能保证电路是否正常工作。PCB 测试用到的元件位置必须合理摆放，不能影响后续的测试。有些关键的信号可以预留测试点以便于测试。

9.1.2 电气性能的实现

PCB 设计的最基本要求是能够实现产品原理图中设计的功能要求，以及符合其他相关业界标准和强制认证的要求，如 CCC、FCC、CE 等认证的要求。电气性能的实现主要包括：模拟电路和数字电路要区分摆放、各个功能模块的电路摆放需要考虑 EMC、SI、PI 及散热方面的要求。

9.1.3 合理的成本控制

在 PCB 设计中，影响成本的因素主要有以下几点。

（1）SPCB 层数：PCB 层数越多，价格越贵。设计工程师要在保证设计信号质量的情况下，尽量使用少的层数来完成 PCB 的设计。

（2）PCB 尺寸：在层数一定的情况下，PCB 的尺寸越小，价格就会越低。设计工程师在 PCB 设计中在不影响电气性能的前提下，若能够缩小 PCB 的尺寸，就可以合理地缩小尺寸，降低成本。

（3）制造的难易程度：影响 PCB 制造的主要参数有最小线宽、最小线间距、最小钻孔等，这些参数若设置过小或工艺能力已经达到 PCB 工厂的最小极限，那么 PCB 的成品率将会较低，生产制造的成本会增大。所以在设计 PCB 的过程中尽量避免挑战工厂的极限，设计合理的线宽和线间距，钻孔等。同样的道理，通孔能够完成设计，尽量不要去使用 HDI 的盲埋孔，因为盲埋孔的加工工艺比通孔难很多，会增加 PCB 的制作成本。

（4）PCB 板材：PCB 板材的分类很多，常见的纸基印制电路板、环氧玻纤布印制电路板、复合基材印制电路板、特种基材印制电路板金属基材等。不同的材料加工差距很大，而且有些特殊的材料加工周期也会较长，所以在设计中尽量选择既能符合设计要求，又比较常见的平价材料，比如 RF4 的材料。

9.1.4 美观度

PCB 在布局上的原则就是要求元件疏密有序，尽量避免元件分区域大量堆积，合理的布局也会使人赏心悦目。

9.2 布局的一般原则

（1）元件最好单面摆放。若需要双面摆放元件，在底层（Bottom Layer）摆放插针式元件，就可能造成电路板不易安放，也不利于焊接，所以底层（Bottom Layer）最好只摆放贴片元件，类似常见的计算机显卡 PCB 上的元件布置方法。单面摆放时只需在电路板的一个

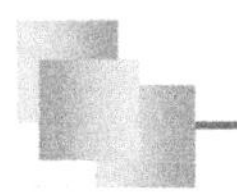

面上做丝印层，以便于降低成本。

（2）合理安排接口元件的位置和方向，如图 9.1 所示。一般来说，作为电路板和外界（电源、信号线）的连接器元件，通常放置在电路板的边缘，如 USB 和 HDMI 接口。放在电路板的中央，不利于接线，也可能因为其他元件的阻碍而无法连接。另外还要注意接口的方向，使连接线可以顺利地引出，远离电路板。接口摆放后，应当在接口元件的周围摆放接口的说明，明确接口的信号顺序或者作用等。对于电源类接口，应当标明电压等级，防止因接线错误导致电路板烧毁。

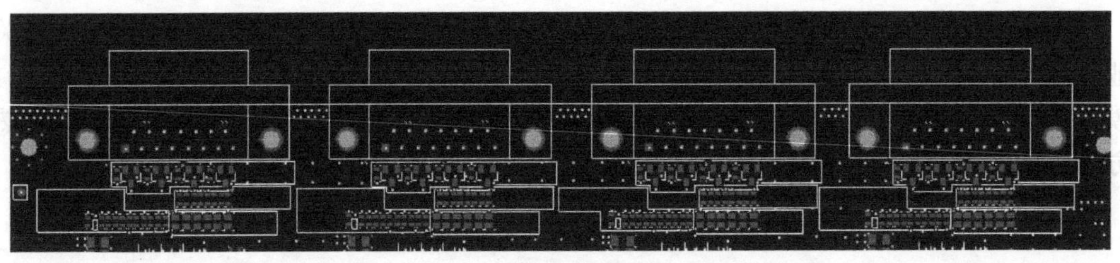

图 9.1　合理安排接口元件的位置和方向

（3）高压元件和低压元件之间最好要有较宽的电气隔离带。不要将电压等级相差很大的元件摆放在一起，这样既有利于电气绝缘，也对信号的隔离和抗干扰有很大好处。

（4）电气连接关系密切的元件最好摆放在一起，这就是模块化的布局思想。在同个功能或模块内的所有元件都摆放在一起，这样布线也会最短，布局也会紧凑，如图 9.2 所示。

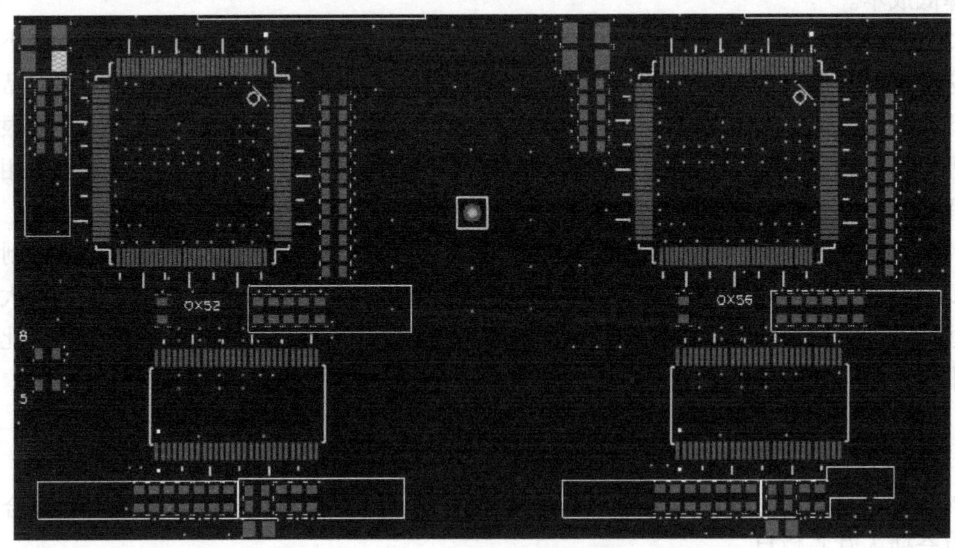

图 9.2　模块化的布局

（5）对于易产生噪声的元件，如时钟发生器和晶振等高频元件，布局时应尽量放在靠近 CPU 的时钟输入端。大电流电路和开关电路也易产生噪声，这些元件或模块也应远离逻辑控制电路和存储电路等高速信号电路，可能的话，尽量采用控制板结合功率板的方式，利用接口来连接，以提高电路板整体的抗干扰能力和工作可靠性，如图 9.3 所示。

（6）在电源和芯片周围尽量摆放去耦电容和滤波电容。这是改善电路板电源质量，提高抗干扰能力的一项重要措施。在实际应用中，电路板的走线、引脚连线和接线都有可能带来较大的寄生电感，导致电源波形和信号波形中出现高频纹波和毛刺，而在电源和地之间摆放一个 0.1μF 或更大的电容，以进一步改善电源质量。对于电源转换芯片，或者电源输入端，最好布置一个 10μF 的去耦电容，可以有效地滤除这些高频纹波和毛刺。如果电路板上使用的是贴片电容，应将贴片电容紧靠元件的电源引脚，如图 9.4 所示，电容均摆放在靠近芯片电源引脚的位置。

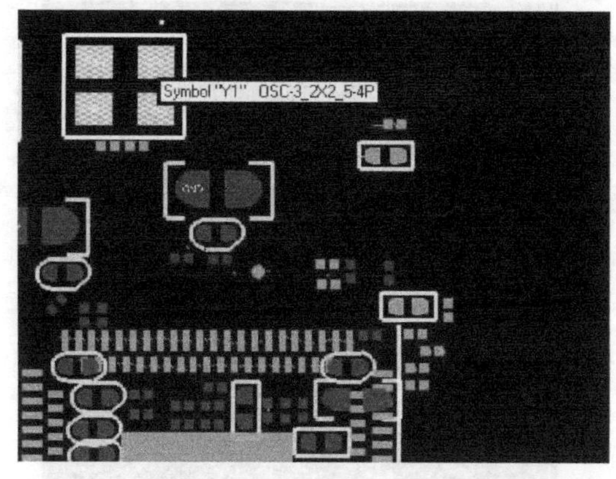

图 9.3 易产生噪声的元件尽量靠近 CPU 布局

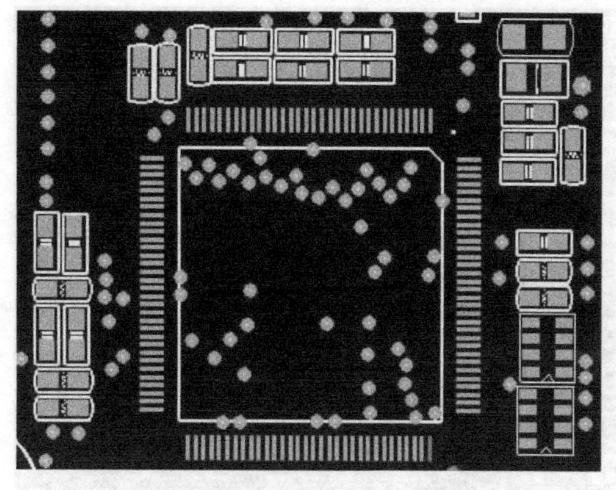

图 9.4 电源和芯片周围尽量摆放去耦电容和滤波电容

（7）主要芯片布局。

① 主要芯片结构限制要求。芯片布局时必须先了解其结构上的限定，有限高、安装、操作等方面要求。必须在布局前，和结构工程师进行确认，要先了解限高、安装、操作及各输入/输出接口位置要求，按照要求来摆放主要芯片的位置，如图 9.5 和图 9.6 所示。

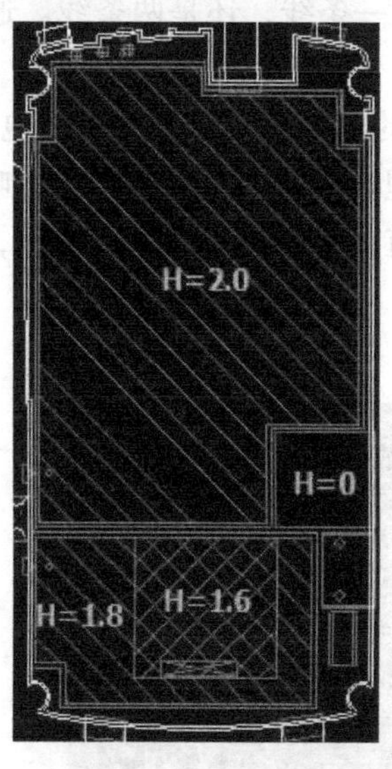

图 9.5 结构上的高度限制

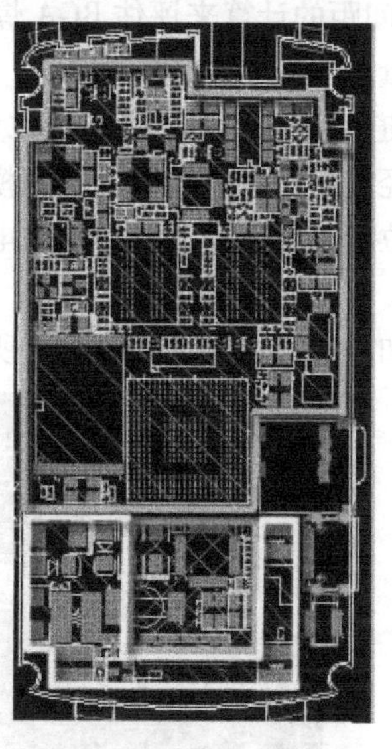

图 9.6 结构上的安装方式

② 主芯片散热要求。主芯片往往都是电路板上的高热元件，要考虑放在散热比较好的地方，尽量放在通风的上风口上，几个高热元件最好分散或错开摆放。如图 9.7 所示，在该电路板是工控电路的主板，发热元件是 CPU，在布局中需要考虑 CPU 风扇散热的问题，考虑南桥芯片散热问题。

③ 高速信号特征要求。还要考虑高速信号线的电气特性方面因素，同时满足高速信号线的布线要求。如图 9.8 所示，该图是 DDR2 4 片内存芯片和 MCU 的布局，在布局中要考虑时钟信号线、地址线、数据线、控制选的拓扑路径，要预留足够大的布线通道。

图 9.7　考虑 CPU 和南桥芯片散热问题

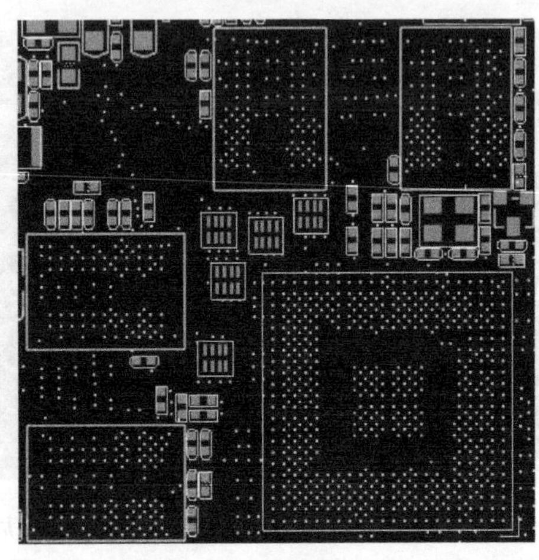

图 9.8　考虑高速信号线的电气特性方面因素

（8）布线通道和电源通道的评估。

① 布线通道的要求。关键芯片的物理位置及层叠设计的布线层数。例如，带有 BGA 芯片的电路板，一般此种电路板布线的通道评估，主要的瓶颈在 CPU BGA 芯片扇出出线上，通过 BGA 芯片间距的计算来评估 BGA 焊盘之间是走一条线，还是两条线。通过评估结果来选择叠层的数量。

② 电源通道的要求。需要优先考虑大电流输出的电源模块靠近主要用电芯片附近摆放，缩短大电流路径。对于电压较低的电源模块，在处理时要考虑压降方面的影响。对于全局供电的电源模块位置尽量选择摆放在输入电源的主通道上，如果是大电压电路，需要注意满足安全距离要求。

布线通道和电源通道评估如图 9.9 所示。

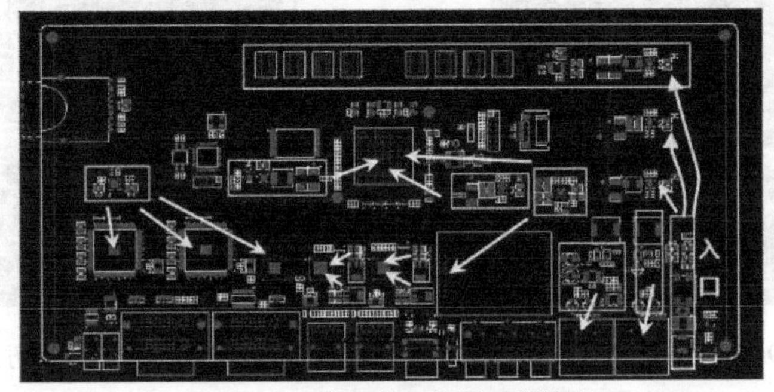

图 9.9　布线通道和电源通道评估

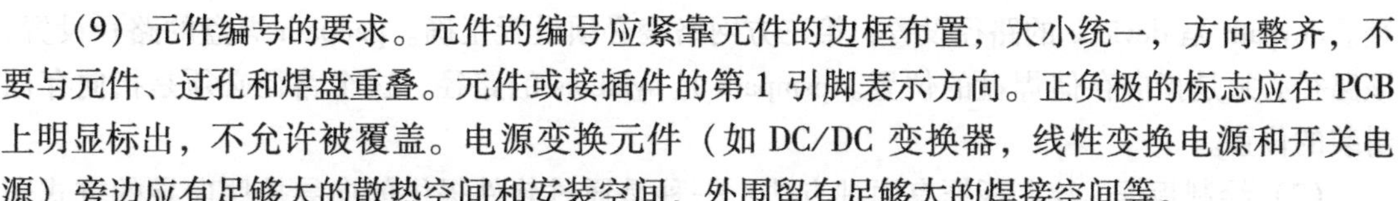

(9) 元件编号的要求。元件的编号应紧靠元件的边框布置，大小统一，方向整齐，不要与元件、过孔和焊盘重叠。元件或接插件的第 1 引脚表示方向。正负极的标志应在 PCB 上明显标出，不允许被覆盖。电源变换元件（如 DC/DC 变换器，线性变换电源和开关电源）旁边应有足够大的散热空间和安装空间，外围留有足够大的焊接空间等。

(10) EMC、SI、散热设计。

① EMC 的要求，如图 9.10 所示。高速模块与低速模块分开布局，数字模块与模拟模块分开布局；敏感电路与干扰性元件分开布局；接口类元件与板内其他电路分开布局；在时钟电路中，时钟线的匹配电阻尽量靠近晶振或晶体，时钟电源尽量做 LC 或 π 形滤波；电源电路要先防护后滤波；接口电路要求先防护后滤波。

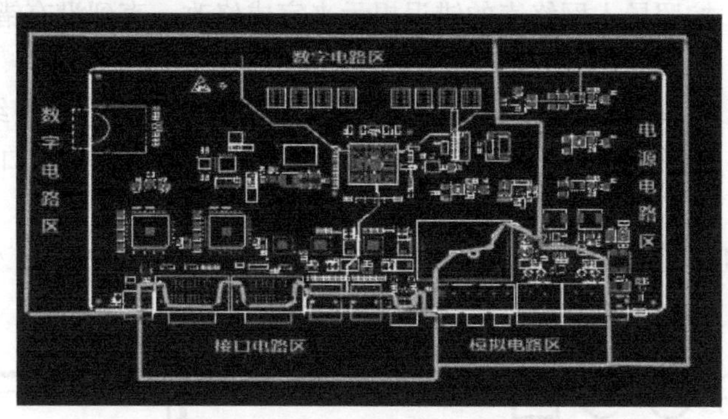

图 9.10　考虑 EMC 方面设计要求

② SI 方面的要求。滤波电容尽量靠近芯片的电源引脚，如图 9.11 所示；储能电容均匀摆放在用电芯片周围，如图 9.12 所示；布局能否满足绝对长度要求，相对长度是否容易实现；满足总线的拓扑约束，确定满足系统要求。

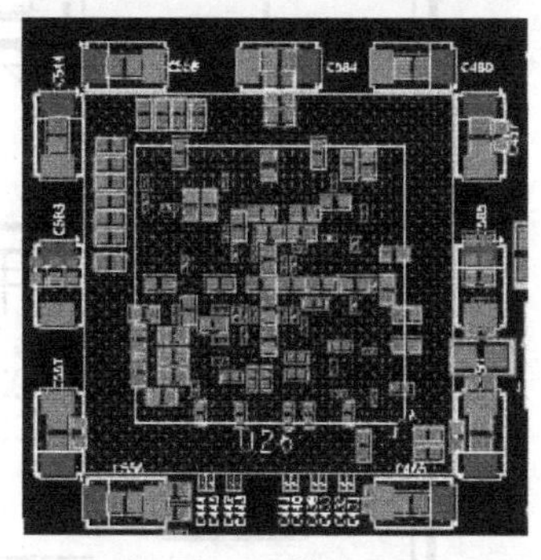

图 9.11　滤波电容尽量靠近芯片的电源引脚

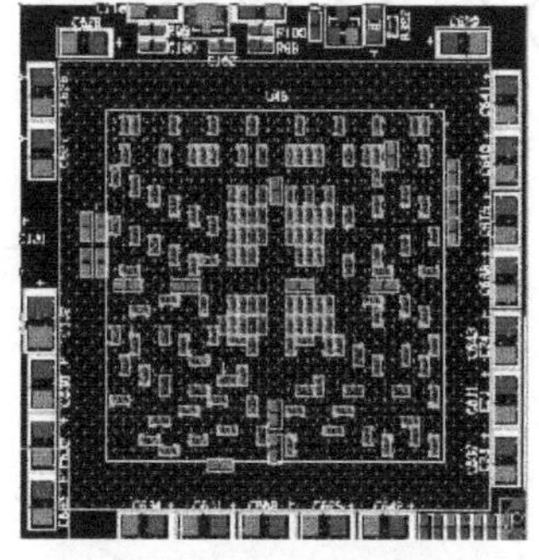

图 9.12　储能电容均匀摆放在用电芯片周围

③ 布局散热的要求。高热芯片摆放在散热最佳的位置；布局时避免大功率元件集中摆放，尽可能把发热元件平均摆放在 PCB 上；在有导风槽的布局中，导风槽轨迹线不能放任何元件，建议元件周围 2mm 禁布元件。

9.3　布局的准备工作

(1) 库路径加载。在 User Preferences Editor 中选择 Paths—Library—Value 命令来设置路

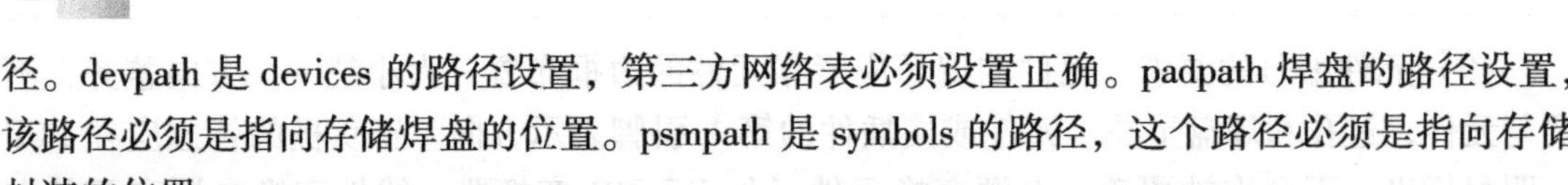

径。devpath 是 devices 的路径设置，第三方网络表必须设置正确。padpath 焊盘的路径设置，该路径必须是指向存储焊盘的位置。psmpath 是 symbols 的路径，这个路径必须是指向存储封装的位置。

（2）绘制板框。绘制板框有两种方法：一种是通过软件提供的向导按照向导的方式来生成板框；另一种方式是通过手动的方式来绘制板框。手工绘制电路板外框可以使用 Add—Line 命令或 Add—Rectangle 命令及 Setup—Outlines—Board Outline 命令。绘制方法类似，其目的都是在 Outline 层上产生一个闭合的图形板框。

（3）导入 Netlist 网络表，导入网络表有两种格式：一种是 Allegro 方式；另一种是 Other 方式。通过导入网络表来完成将原理图传递到电路板 Board 文件中。注意导入网络表若有错误必须先改正错误，按照导入网络表的错误提示来完成修改，直到没有错误能够正确地导入网络表为止。

（4）叠层设置。手工创建电路板中必须用手工来设计电路板的叠层结构。选择 Setup—Cross—section 命令，弹出 Layout Cross Section 对话框，进入叠层设计窗口，在该对话框中完成电路板叠层设置。

（5）前面 4 步工作都完成以后，接下来将进入 PCB 的布局，准备工作示意图如图 9. 13 所示。

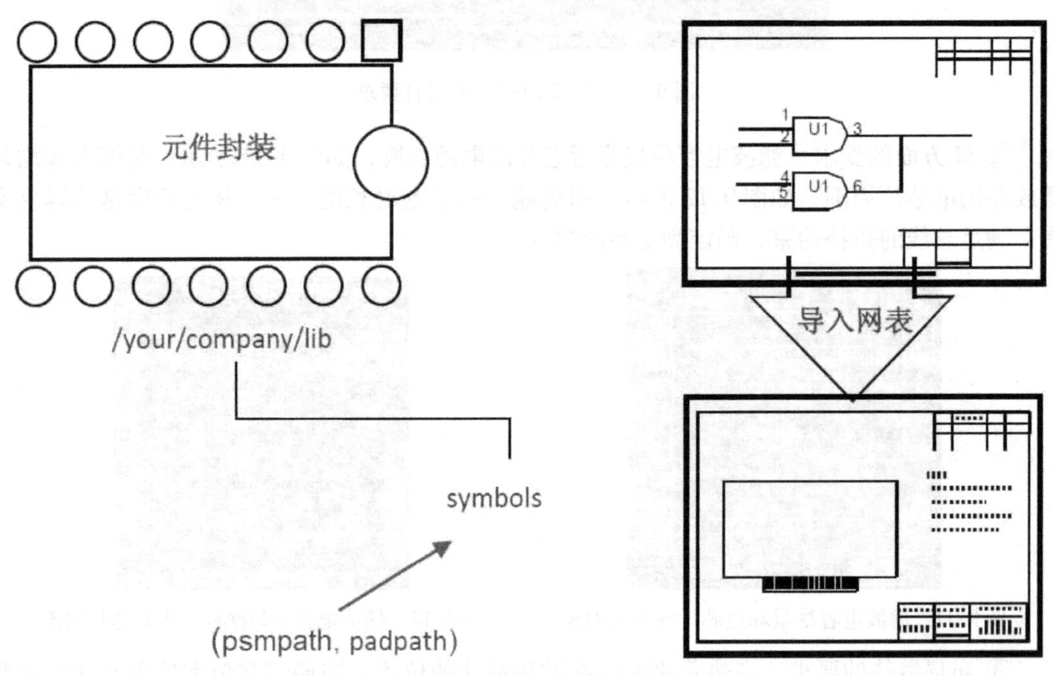

图 9. 13　PCB 布局前的准备工作

9. 4　手工摆放相关窗口的功能

（1）手工摆放元件就是用手工单击的办法，一个一个将元件移动到 PCB 区域中去。手

工摆放元件选择 Place—Manually 命令，弹出 Placement，如图 9.14 所示。

选择界面左侧的快捷图标，也会执行 Manually 命令，弹出 Placement 对话框，如图 9.15 所示。

（2）Placement List 选项卡中的下拉列表用来选择可以摆放到 PCB 中的元件类型，如图 9.16 所示。其中的选项说明如下。

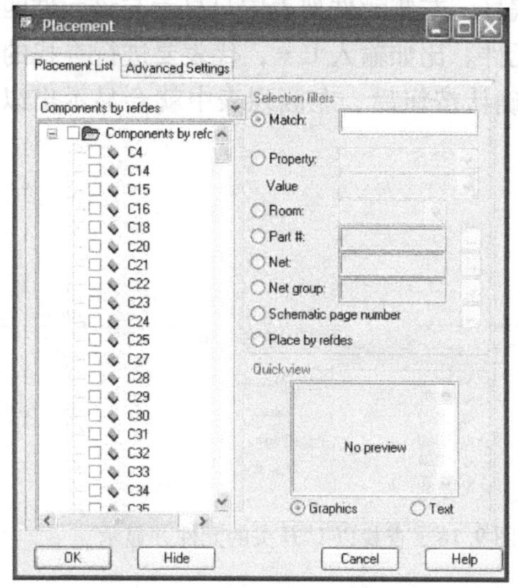

图 9.14 Placement 对话框

Place Manual

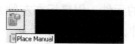

图 9.15 Place Manual 快捷命令窗口

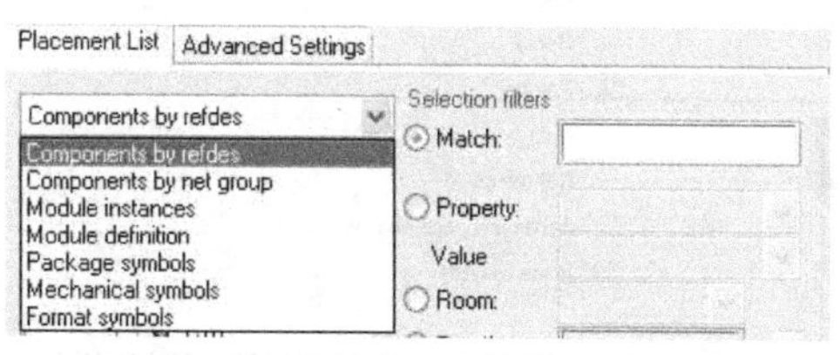

图 9.16 选择可以摆放到 PCB 中的元件类型

① Components by refdes：表示网络表中包含的元件编号列表，当前已经摆放和尚未摆放的元件都会显示在元件列表中，已经摆放过的元件会用绿色的图标上面一个字母 P 显示，代表该元件已经摆放到 PCB 工作区域中去。尚未摆放的元件会用粉红色颜色显示。退出 Manually 窗口，再次进入之后已经摆放过的元件不再显示。

② Components by net group：表示网络表中包含的网络群组，通常在原理图中定义并使用，通过网络表传入到 Allegro 中，已经摆放和尚未摆放的显示方式同上。

③ Module instances：表示设计中使用的 Module，通常在原理图中定义并使用，通过网络表传入到 Allegro 中，已经摆放和尚未摆放的显示方式同上。

④ Module definitions：已经定义，但是原理图设计中并没有使用的 Module 可以在该分类中找到。

⑤ Package symbols：封装符号，元件库中存在的都会在该项下显示，包括 Allegro 自带的元件库和用户自已定义的元件库。该处读取的是 psmpath 路径下所有 psm 格式文件，不管原理图中使用，还是尚未使用的封装都会显示此分类中。

⑥ Mechanical symbols：机械符号，该处读取的是 psmpath 路径下所有 bsm 格式文件，不管原理图中使用，还是尚未使用的机械符号都会显示此分类中。

⑦ Format symbols：格式符号，该处读取的是 psmpath 路径下所有 osm 格式文件，不管原理图中使用，还是尚未使用的格式符号都会显示此分类中。

（3）Selection filters 选项组。Selection filters 用于过滤可供选择的元件，相当于过滤器使用，可以按照不同的方式来过滤选择某些类型的特定元件，并在左侧的列表中进行显示。可以按照 Match 搜索编号、Property 属性、Room 区域、Pin#元件编号、Net 网络名称、Net group 网络群组、Schematic page number 原理图页面、Place by refdes 按照元件的类型进行筛选，如图 9.17 所示。

过滤器中各选择的说明如下。

① Match 单选按钮及文本框：用来输入元件编号，左侧元件列表中只显示与该元件匹配的元件，也可以支持通配符 *，代表所有类型的元件。比如输入 U *，代表要进行查找的是以 U 开头的元件，用鼠标在左侧元件列表中单击确认按钮后，左侧列表中就会显示出以 U 开头的元件，如图 9.18 所示。

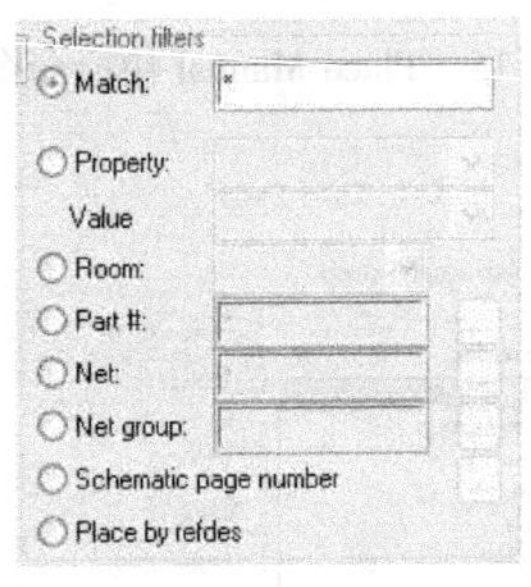

图 9.17　按照 Match 通配符进行搜索

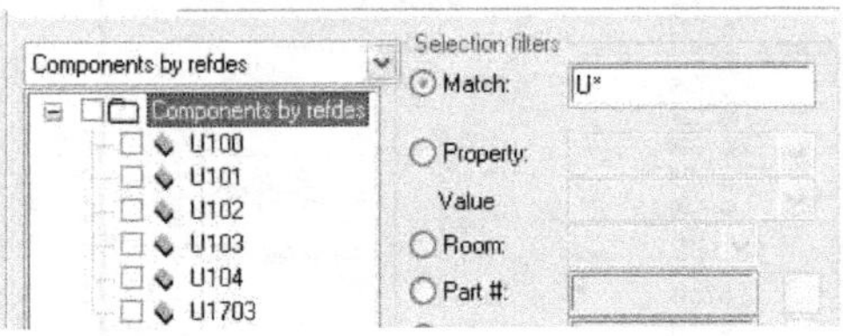

Components by refdes
Components by refdes
U100
U101
U102
U103
U104
U1703
Selection filters
Match:
U*
Property:
Value
Room:
Part #:

图 9.18　查找以 U 开头的元件并显示

② Property Value 下拉列表：按元件属性及标值显示可供摆放的元件。选择该单选按钮以后，左侧元件列表中只显示具有该属性及标值相匹配的元件信息。如 Property 文本框设置成 Value，Value 文本框设置成 1K5，列表中就列出当前所有编号中标值为 1.5K 的元件，如图 9.19 所示。

③ Room 下拉列表：按照 Room 属性显示可供摆放的元件。如果某些元件具有 Room 属性，并且属性的值与该选项设置匹配，则匹配的元件会显示在左侧的元件列表中。元件的 Room 属性通常在原理图中定义并使用，通过网络表传入到 Allegro 中，如图 9.20 所示。

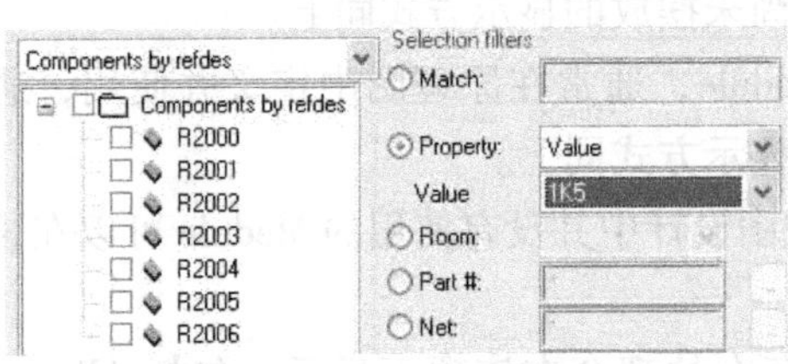

图 9.19　查找标值为 1.5K 的元件并显示

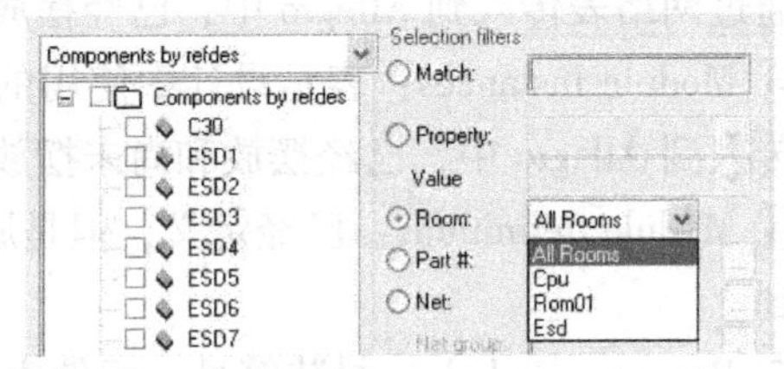

图 9.20　查找具有 Room 属性的元件并显示

④ Part#下拉列表：按照 Part number 来显示元件，也就是通常所说的料号，通常元件的 Part number 在原理图中定义并使用，通过网络表传入到 Allegro 中，若原理图中无定义，该类型元件无此属性，该类型无法使用，如图 9.21 所示，作者的电路板中无定义，因此无法显示出该属性的元件。

⑤ Net 单选按钮及文本框：选择设计的某个网络名称，左侧的元件列表中只显示与该网络相关联的元件。选择某个网络名称之后，左侧会显示与该网络相关的元件，如图 9.22 所

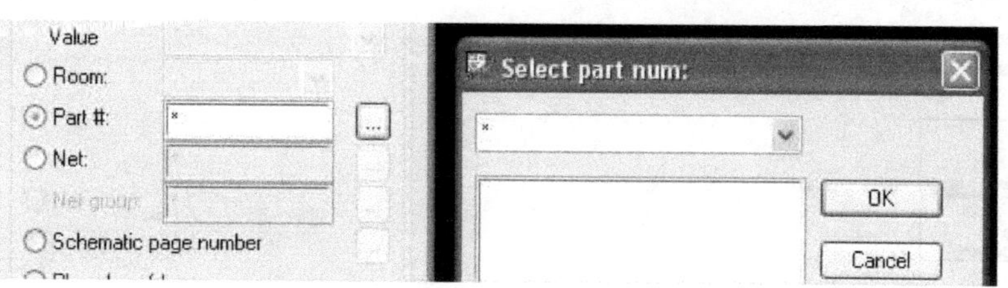

图 9.21　按照 Part number 来显示元件

示，选择 Ddr1_A1 网络后，与该网络相关的元件都已列出。

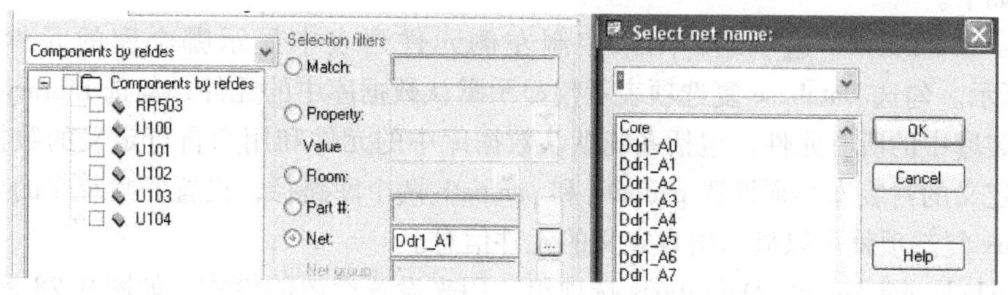

图 9.22　按照 Net 来显示元件

⑥ Schematic page number 单选按钮及文本框：按照元件所在的原理图页面显示元件。选择不同的原理图页面，左侧元件列表中会列出该页上所有元件。若原理图根据功能模块分页绘制，采用该项来摆放元件很方便。如图 9.23 所示，选择原理图 Page 为 1 后，将列出所有第 1 页中所有元件。

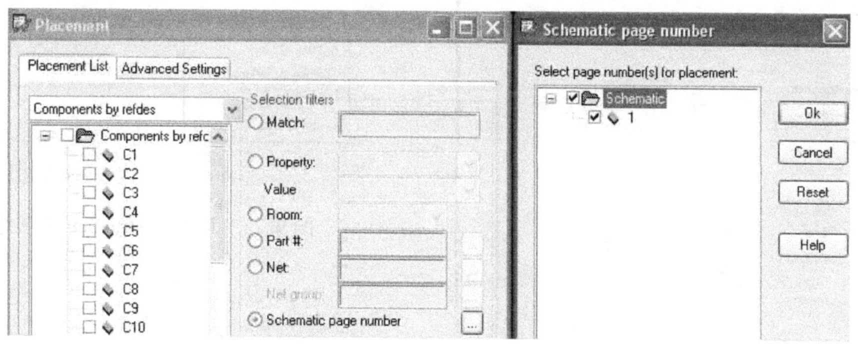

图 9.23　按照 Schematic page number 来显示元件

⑦ Place by refdes 单选按钮：按照元件的类型显示可以摆放的元件，选择后会出现类型的选择过滤器对话框。若选择 IC，则只显示所有 IC 类型的元件；若选择 IO，则只显示所有 IO 类型的元件；若选择 Discrete，则显示所有无源的元件。选择不同的类型，左侧元件列表中就会显示与该类型匹配的元件信息，如图 9.24 所示。

Number of Pins 可以对元件的引脚数量进行选择，如图 9.25 所示，Min 文本框用来设置最小的引脚数量，Max 文本框用来设置最大的引脚数量，设置之后，只有元件类型及引脚数量符合的元件才会被显示在左侧的元件列表中。

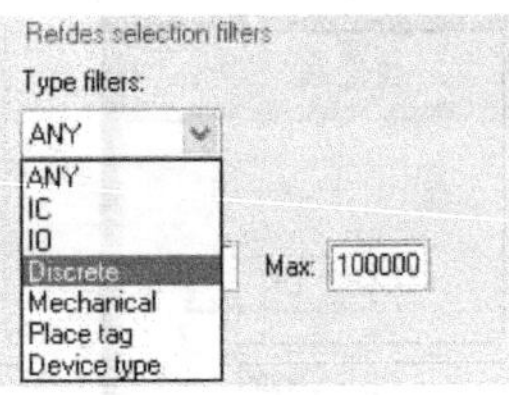

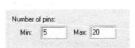

图 9.24　按照元件类型来显示

图 9.25　Number of pins 对元件引脚数量进行选择

（4）Advanced Settings 选项卡如图 9.26 所示，用来做元件库使能及摆放模式的设置，选项说明如下。

① List construction 选项组，用来控制左侧元件列表中显示哪个库的元件信息，如图 9.27 所示。勾选 Database 复选项表示仅显示默认数据库中的元件；勾选 Library 复选项表示显示封装库中的所有元件，包括系统默认数据库中的元件和用户自行定义的数据库元件。用户自行定义的封装库必须设置 padpath 和 psmpath 两个库路径，设置好封装库的路径之后，勾选 Library 复选项就可以显示出自定义的元件信息。

② Symbols and Module Definitions 选项组，用来设置摆放的模式，如图 9.28 所示。Enabled 单选按钮：用来启动摆放，默认选择该项，选择多个元件摆放，在摆放元件过程中第 1 个元件会附着在鼠标指针上，摆放后第 2 个元件会自动附着在鼠标指针上，等待摆放。Disable 单选按钮：用来禁用多次多个元件的摆放功能。AutoHide 复选项：用来设置元件摆放过程中是否自动隐藏 Placement 对话框，勾选后将自动隐藏。

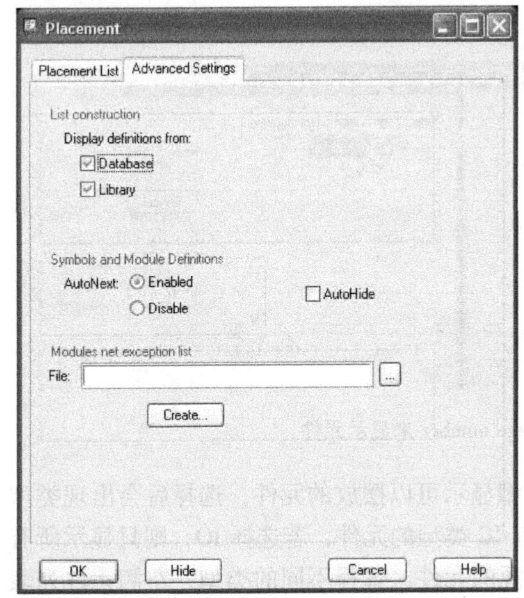

图 9.26　Advanced Settings 选项卡

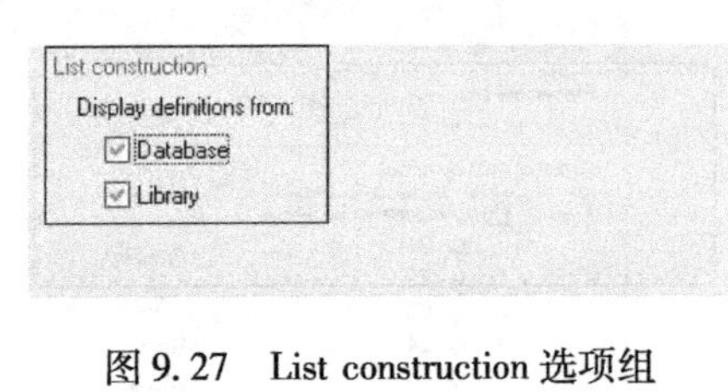

图 9.27　List construction 选项组

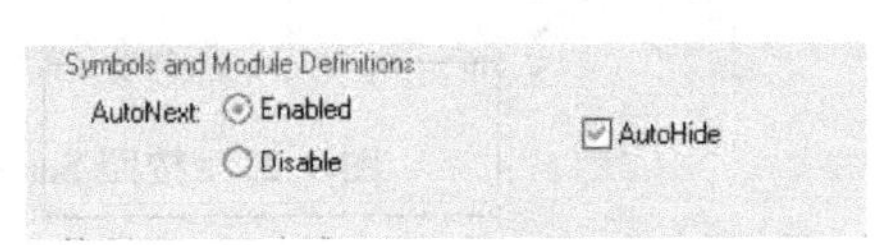

图 9.28　Symbols and Module Definitions 选项组

③ Modules net exception list 选项组，用来设置 Module 的摆放，可以支持导入清单 *.lst，创建清单。

（5）进入元件摆放模式。在界面右下角单击 Placement Edit 按钮，进入元件摆放模式。

进入该模式之后，模式显示框中就会显示当前的模式名称，如图 9. 29 所示。

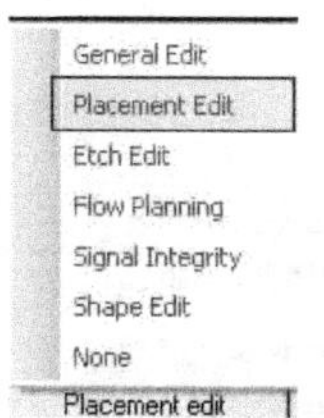

鼠标单击选择界面中的快捷模式切换图标也会进入 Placement Edit 模式。

图 9. 29　进入元件摆放模式

（6）元件摆放 Options 选项卡。手动摆放过程中右侧 Options 选项卡内，Active Class and Subclass 为设置元件将要摆放的层，默认 Top 层。勾选 Mirror 复选项后，元件将按照镜像方式摆放到电路板中。单击 More options 按钮后，进入 Placement 对话框。在 Place by refdes 文本框中输入需要摆放的元件编号，按照编号摆放到电路板中，界面截图如图 9. 30 所示。

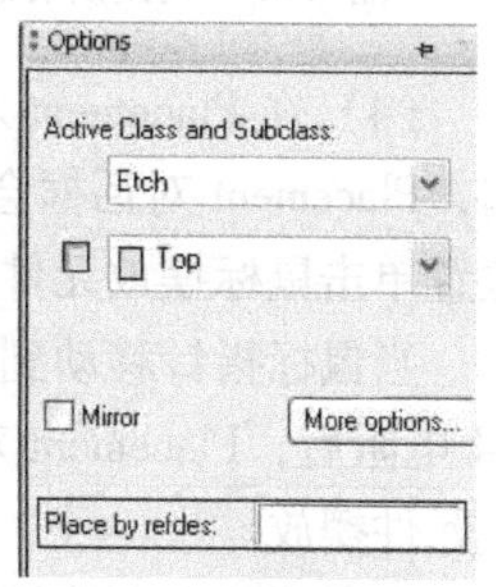

图 9. 30　元件摆放 Options 选项卡

9. 5　手工摆放元件

手工摆放元件的操作步骤如下。

（1）选择 Place—Manually 命令，弹出 Placement 对话框，打开 Advanced Settings 选项卡。在 List construction 选项组中勾选 Library 复选项，显示封装库中的所有元件，包括系统默认数据库中的元件和用户自行定义的数据库元件。Symbols and Module Definitions 选项组中勾选 AutoHide 复选项。选择 Manually 命令如图 9. 31 所示，Advanced Settings 选项卡如图 9. 32 所示。

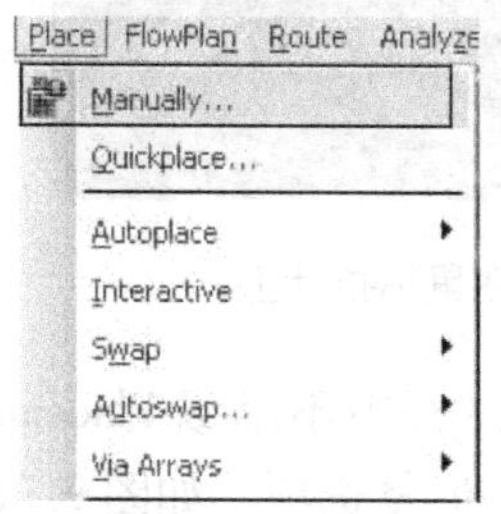

图 9. 31　手工摆放元件

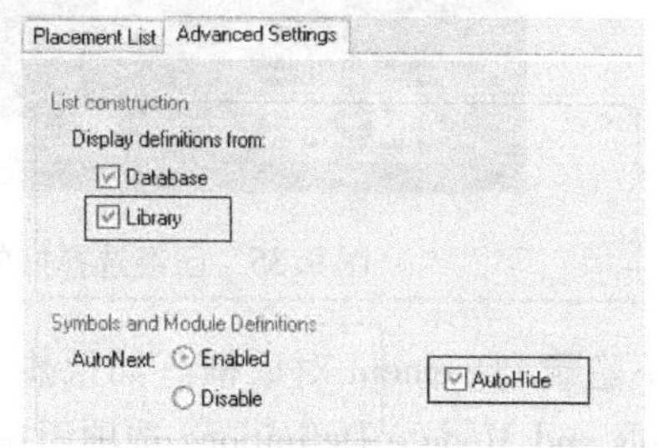

图 9. 32　显示封装库中的所有元件

（2）打开 Placement List 选项卡，在 Selection filters 选择组中选择 Match 单选按钮，在 Match 文本框中输入 R *，用鼠标在左侧元件列表中单击后，列表中将会列出所有编号以 R 开头的元件，如图 9. 33 所示。

（3）勾选需要摆放的元件前面的选择框，表示将要摆放该元件到电路板中。如依次单击 R1、R2、R3、R4 电阻，表示将要把 R1、R2、R3、R4 电阻摆放到电路板中，如图 9. 34 所示。

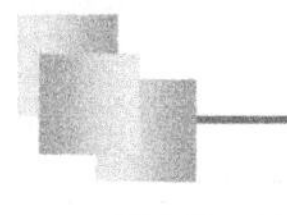

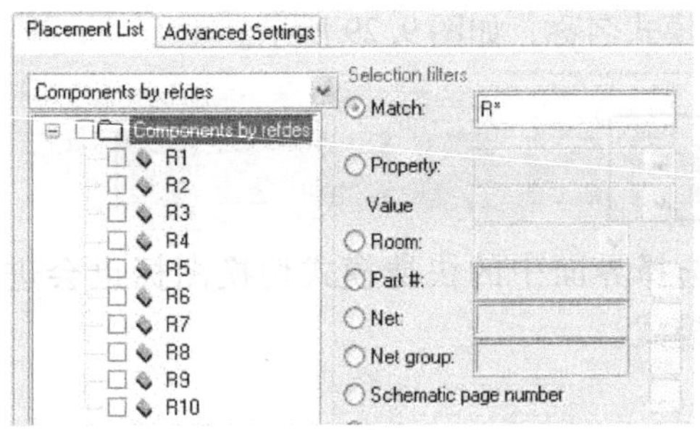

图 9.33　列出所有编号以 R 开头的元件

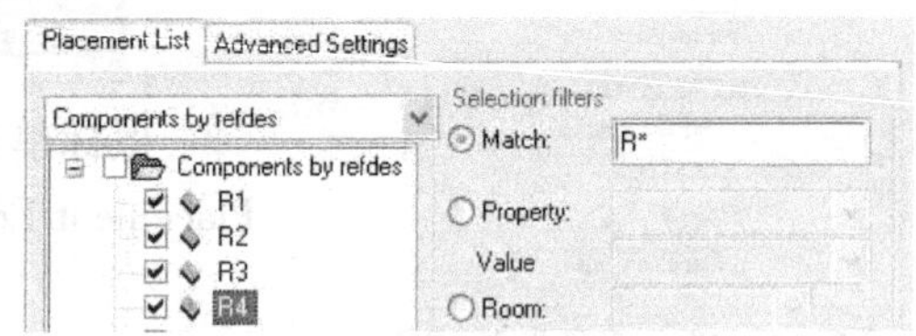

图 9.34　勾选将要摆放的元件

（4）在 Placement 对话框元件列表中选择要移动的元件，将鼠标指针移动到电路板区域内，Placement 对话框会自动隐藏。已经选择好的元件会附着在鼠标指针上，移动到合适的位置单击鼠标摆放元件，右键选择 Done 命令即可完成元件摆放命令。

当鼠标指针移动到电路板内时，Placement 对话框会自动隐藏，单击摆放 R1、R2、R3、R4 电阻后，Placement 对话框会自动显示。此时在电路板区域内右键选择 Done 命令即可完成元件摆放。

已经摆放在电路板中的元件列表中会以绿色显示，小图标上会出现字母 P，代表该元件已经被摆放到电路板中，尚未摆放的元件会以粉红色小图标显示。元件摆放只能在工作区域内进行，工作区域外，元件不能被摆放。

板框 Outline 的尺寸比工作区域小，元件既可以摆放在 Outline 之内，也可以摆放在 Outline 之外，但需要在工作区域内进行。

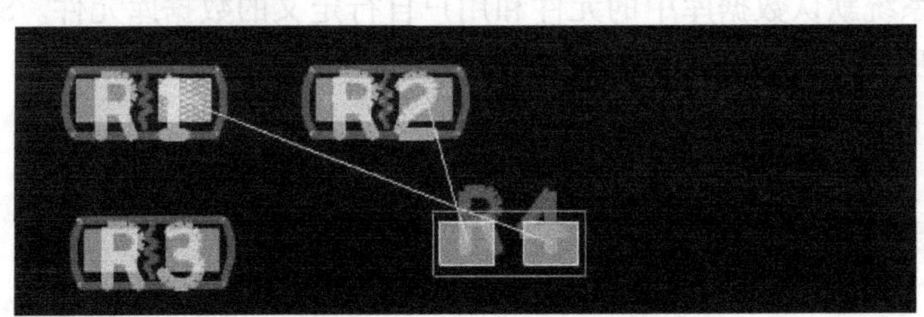

图 9.35　已经选择好的元件会附着在鼠标指针上

（5）不隐藏 Placement 对话框。如果想在元件摆放过程中不隐藏 Placement 对话框，可以在 Symbols and Module Definitions 选项组中去掉 AutoHide 复选项，如图 9.36 所示。

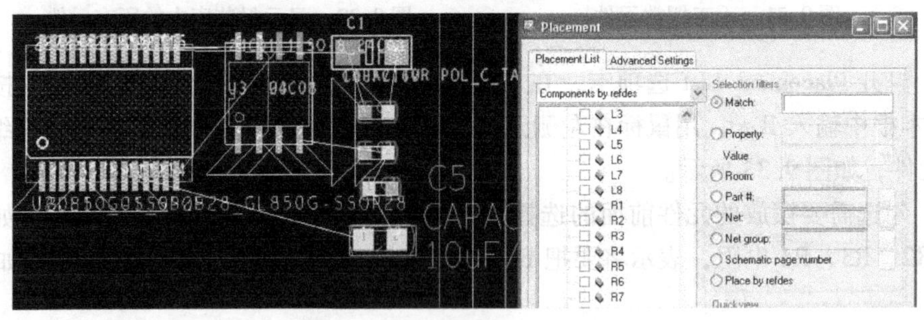

图 9.36　不隐藏 Placement 对话框

也可在摆放元件的过程中单击，选择 Show 选项，选择后不管鼠标指针是处于工作区域内还是工作区域外，Placement 对话框会一直显示，不会进行自动隐藏，如图 9.37 所示。

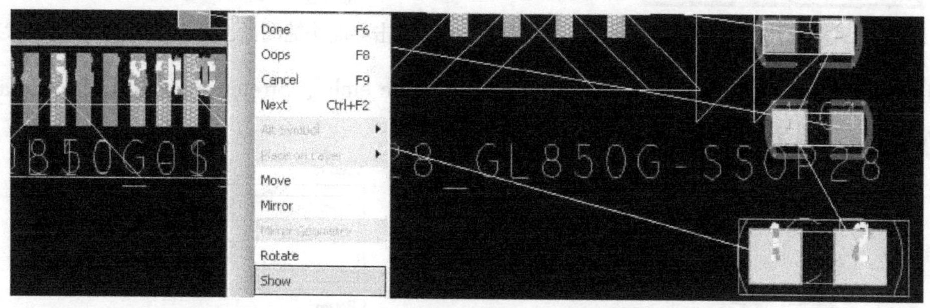

图 9.37　Placement 对话框一直显示

（6）如果再次需要隐藏 Placement 对话框，则可以单击 Hide 按钮，Placement 对话框则再次会变成自动隐藏，如图 9.38 所示。

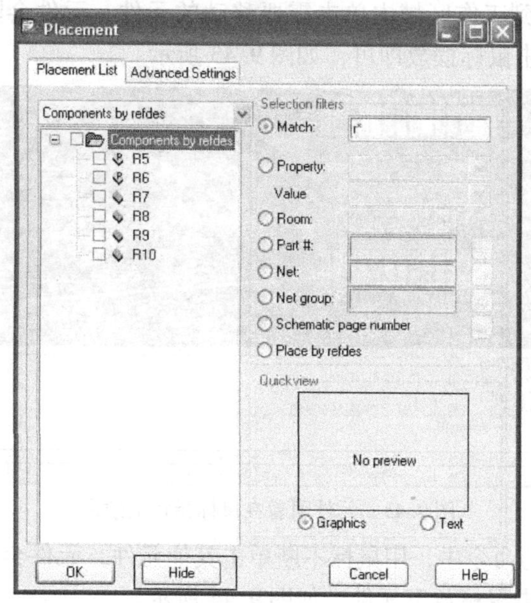

图 9.38　单击 Hide 按钮再次隐藏 Placement 对话框

9.6　元件摆放的常用操作

9.6.1　移动元件

元件摆放位置经常需要调整移动，移动元件的基本操作如下。

（1）选择 Edit—Move 命令（快捷键 Shift + F6），可以在左下角的 Cmd 窗口中查看当前处于 Move 命令状态，如图 9.39 和图 9.40 所示。

（2）打开 Find 选项卡，在 Design Object Find Filter 选项组中取消其他选择对象，只勾选

Symbols 复选项，表示将要移动的是元件 Symbols，如图 9.41 所示。

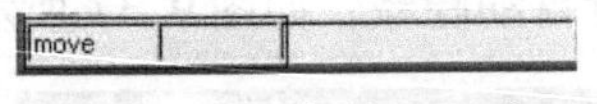

图 9.39　左下角的 Cmd 窗口

图 9.40　单击界面快捷图标也可以进入 Move 命令状态

（3）打开 Options 选项卡，取消 Ripup etch、Slide etch 、Stretch etch 复选项，Rotation 选项保持默认，如图 9.42 所示。

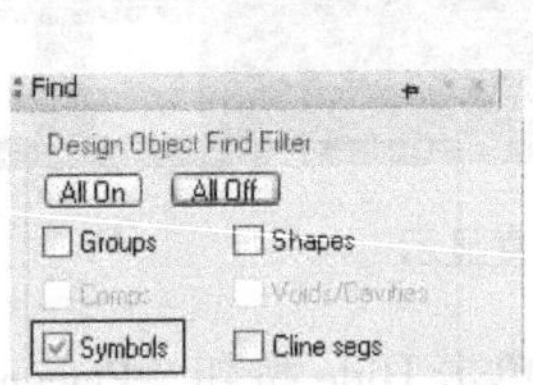

图 9.41　只勾选 Symbols 复选项

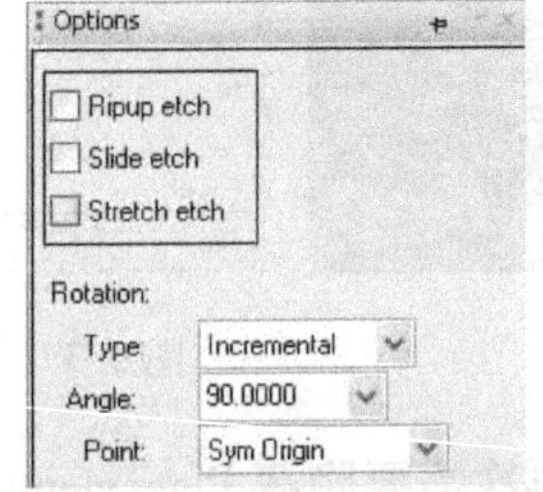

图 9.42　Options 选项卡内不勾选

（4）鼠标指针移动到工作区域内单击需要移动的元件，元件会附着在鼠标指针上，移动到合适的位置再次单击鼠标摆放即可，如图 9.43 所示。

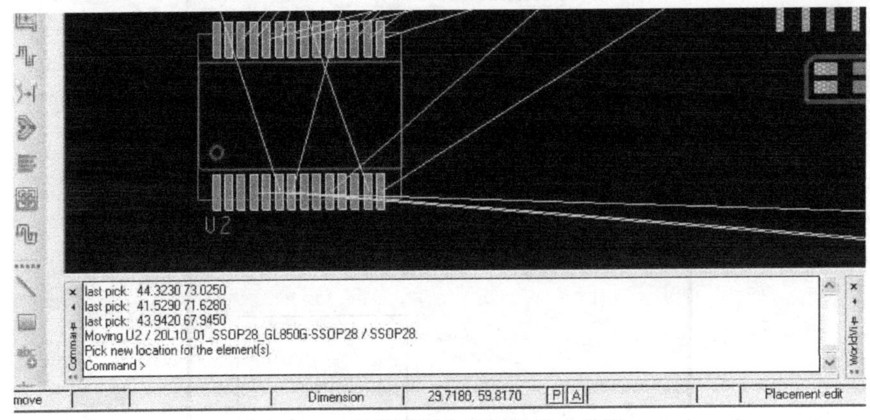

图 9.43　元件附着在鼠标指针上效果

（5）在处于 Move 的命令中，用鼠标不断单击其他元件，元件会附着在鼠标指针上，移动到合适的位置再次单击鼠标放下元件，如图 9.44 所示。

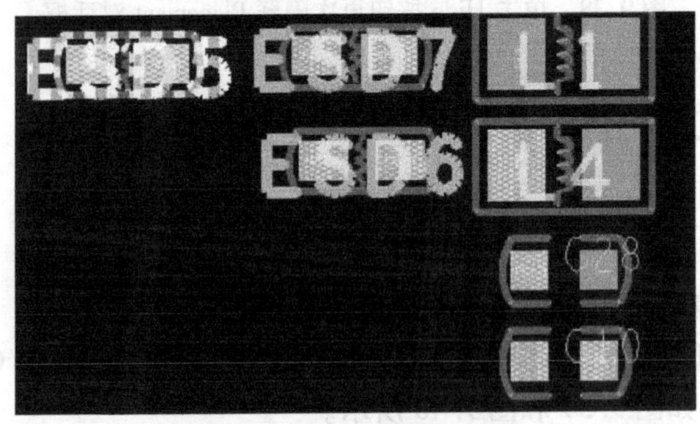

图 9.44　Move 命令下移动元件

（6）在处于 Move 命令中，用鼠标左键一次框选多个元件，单击左键确认选择，然后多个元件都会跟着鼠标移动，到合适的位置后再次单击鼠标左键放下元件，如图 9.45 和图 9.46 所示。

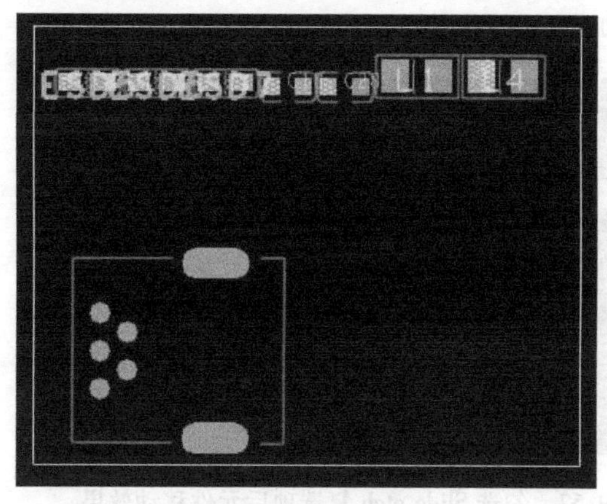

图 9.45　框选前

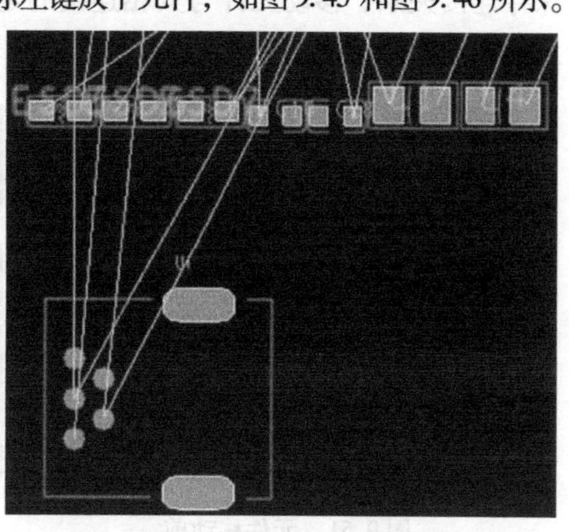

图 9.46　框选后并移动

（7）Options 选项卡，勾选 Ripup etch 复选项后，移动元件时会自动删除与元件连接的走线，不勾选，则只移动元件，不自动删除与元件的连接走线，如图 9.47 和图 9.48 所示。

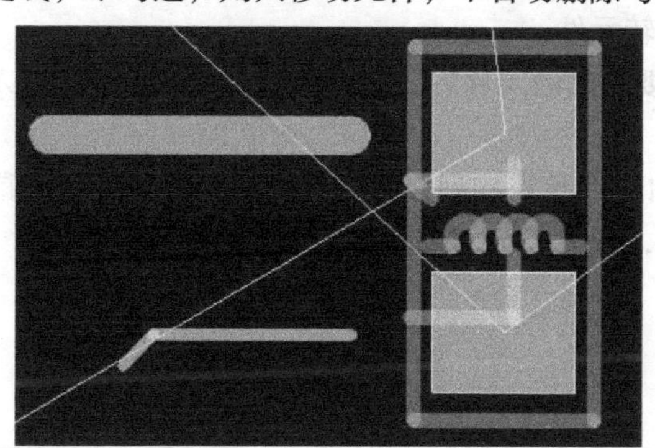

图 9.47　不勾选 Ripup etch 复选项的元件移动效果　图 9.48　勾选 Ripup etch 复选项的元件移动效果

（8）Options 选项卡，勾选 Stretch etch 复选项后，移动元件时元件与元件连接的走线会一直保存连接关系，移动元件其相连接的走线也被拖着变长（连线好像皮筋一样被任意拉长），如图 9.49 和图 9.50 所示。

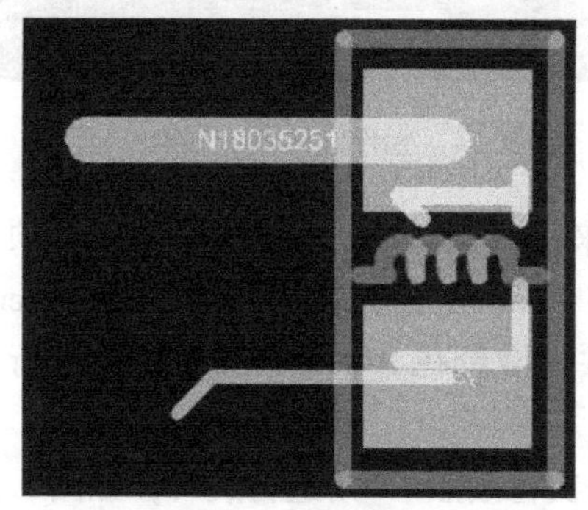

图 9.49　元件移动前

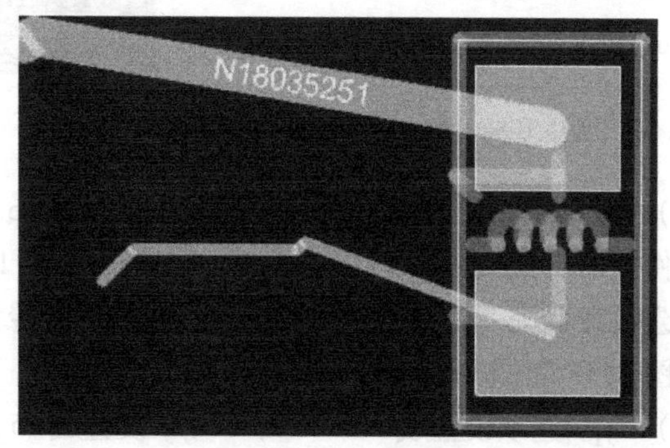

图 9.50　勾选 Stretch etch 复选项后元件移动后效果

（9）Options 选项卡，勾选 Slide etch 复选项后，移动元件时元件与元件连接的走线会一直保存连接关系，移动元件与其相连接的走线也被拖着变长，但只会平滑移动，走线不会跟着元件任意角度移动，如图 9.51 和图 9.52 所示。

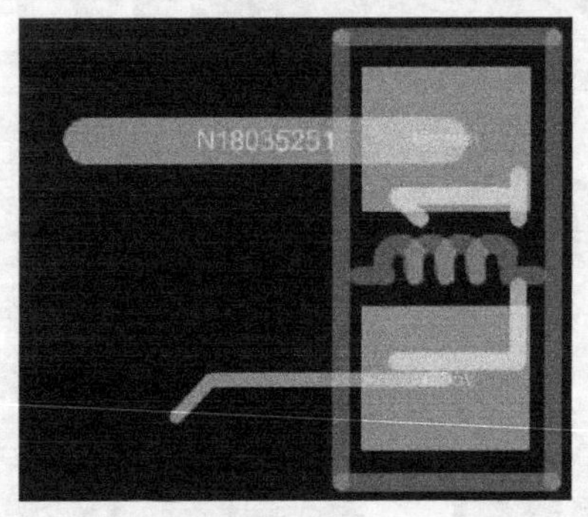

图 9.51　元件移动前

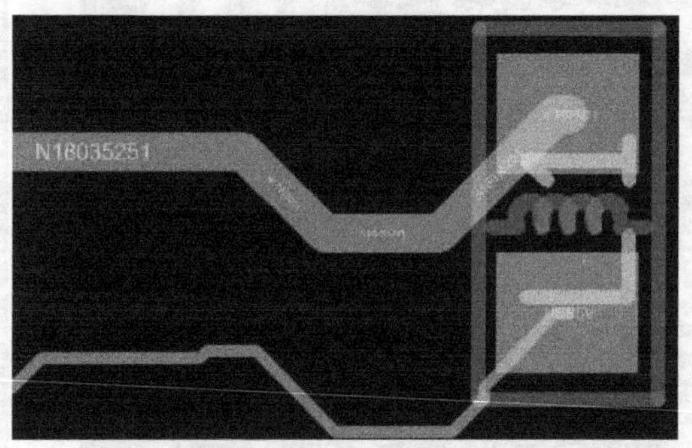

图 9.52　勾选 Slide etch 复选项后元件移动效果

9.6.2　移动（Move）命令中旋转元件

在元件移动的过程中可以采用右键命令旋转元件。

（1）在处于 Move 的命令中，单击选择需要移动的元件后，右键选择 Rotate 命令后进入旋转命令，如图 9.53 所示。

（2）进入旋转命令后，元件中心会拉出白色线条连接到鼠标，此时在元件周围移动鼠标，元件就会跟着鼠标移动的方向来进行旋转，如图 9.54 和图 9.55 所示。

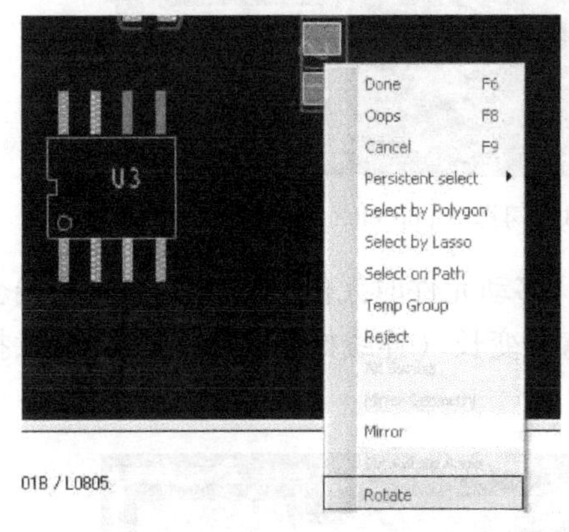

图 9.53　选择 Rotate 命令进入旋转命令

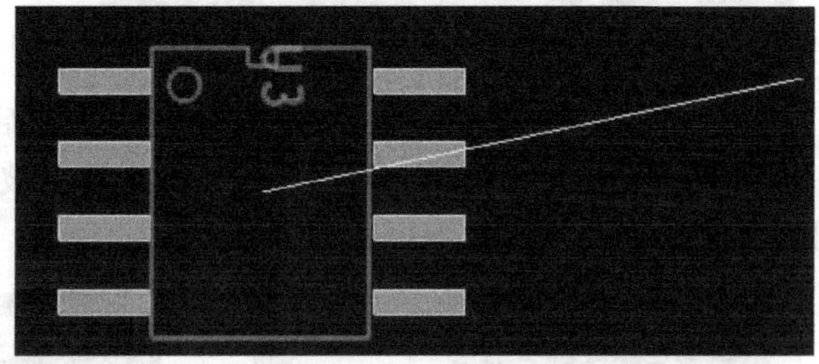

图 9.54　元件旋转前

（3）Options 选项卡中，Rotation 选项中的 Type 用来设置旋转的方式，Absolute 选项表示把元件逆时针旋转一个固定的角度，旋转角度可以在 Angle 下拉列表中进行选择，Incremental 选项表示按一定角度间隔按增量的方式旋转元件，增量在 Angle 下拉列表中进行选择，如图 9.56 和图 9.57 所示。

（4）Type 选项设置成 Absolute，Angle 设置成 45，每次将按照 45°角进行旋转，如图 9.58 所示。

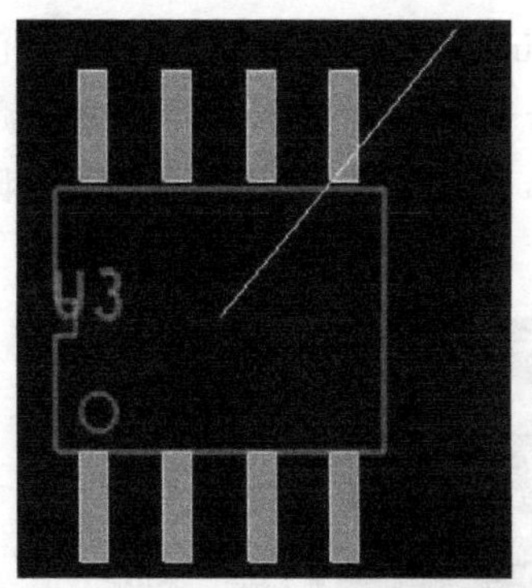

图9.55 元件旋转后

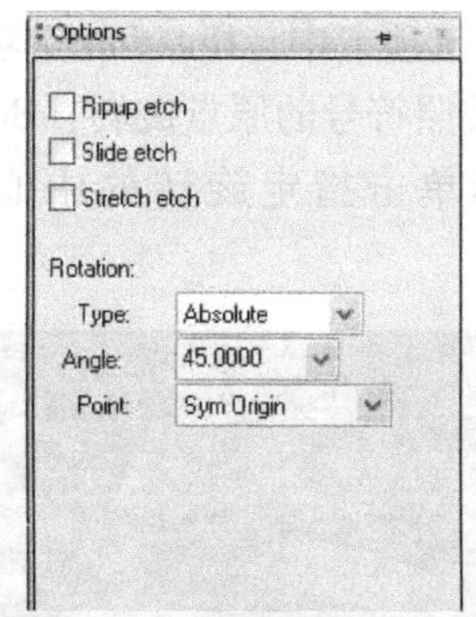

图9.56 设置旋转的方式

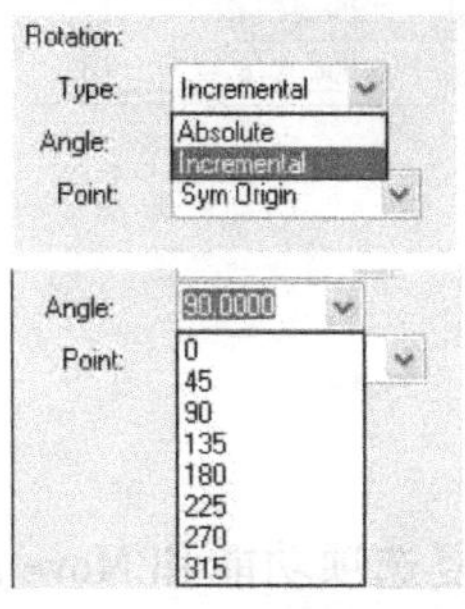

图9.57 两种旋转类型

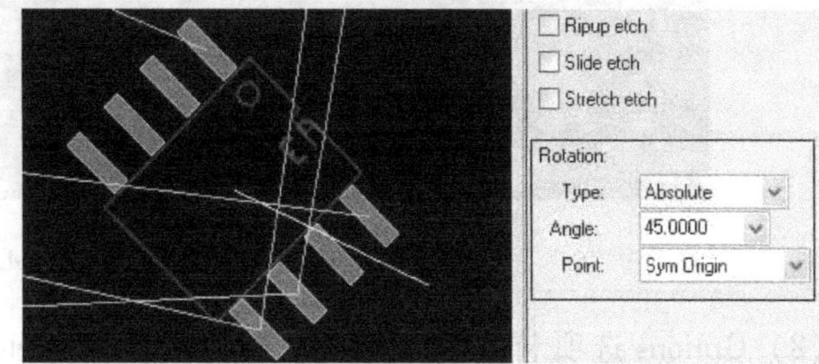

图9.58 每次将按照45°角进行旋转

（5）Type 选项设置成 Incremental，Angle 设置成 45，表示将按照每旋转一次 45°的增量来旋转元件，如图 9.59 所示。

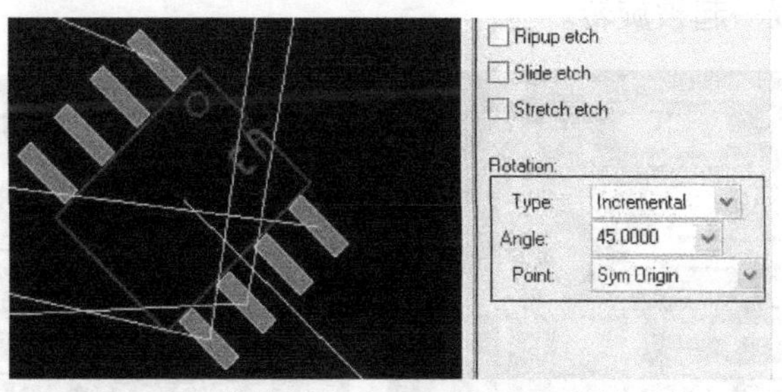

图9.59 每旋转一次45°的增量来旋转元件

（6）Type 选项设置成 Incremental，Angle 可以支持输入自定义增量，如手工输入 5，表示将按照 5°的增量进行旋转（Angle 可以支持小数，输入小数也可以旋转），如图 9.60 所示。

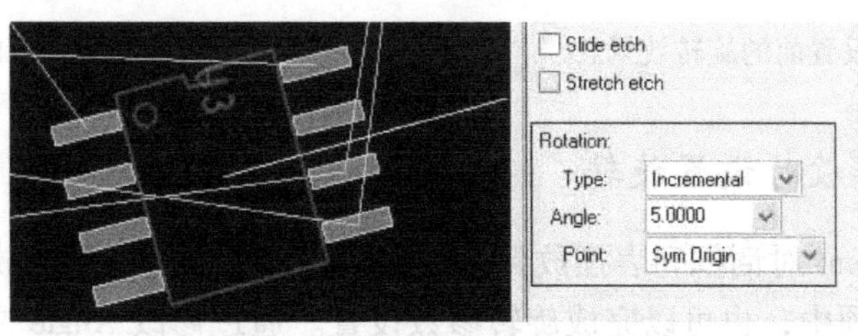

图9.60 支持输入自定义增量旋转

（7）Options 选项卡中，Rotation 选项中的 Point 用来设置旋转元件的中心点位置。Sym Origin 选项表示按照符号的原点旋转，Body Center 选项表示按照元件的中心旋转，User Pick 选项表示用鼠标单击指定旋转的中心点，Sym Pin #表示按照某个引脚为中心旋转，如图 9.61 所示。

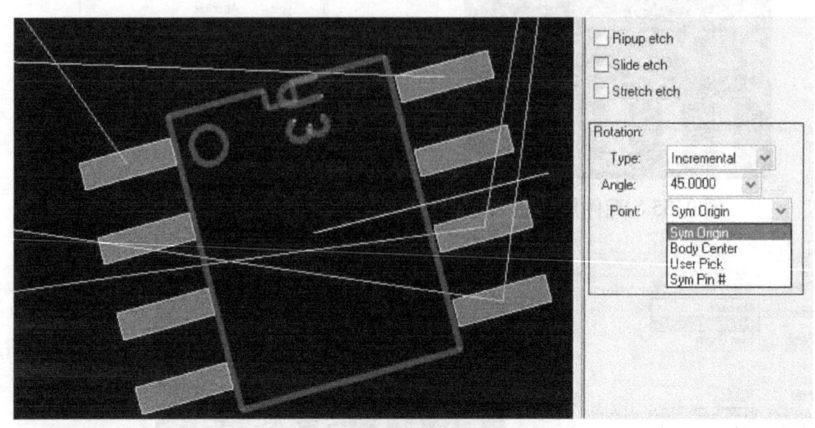

图 9.61　设置旋转元件的中心点位置

（8）Options 选项卡，Ripup etch、Slide etch 、Stretch etch 复选项功能和 Move 的方法一致，在此不再详述。在旋转元件的过程中，也可以通过旋转勾选 Slide etch 、Stretch etch 复选项后使得元件和连接的走线一起被拉动旋转。注意：当 Point 中心点要设置成 User Pick 后，可以带着过孔及走线一起旋转或移动，如图 9.62 和图 9.63 所示，布线完成后旋转可以带着元件、过孔、走线一起被旋转。

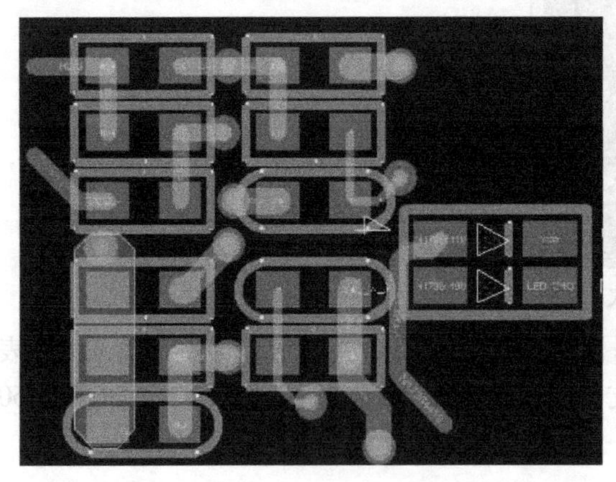

图 9.62　设置前的旋转效果

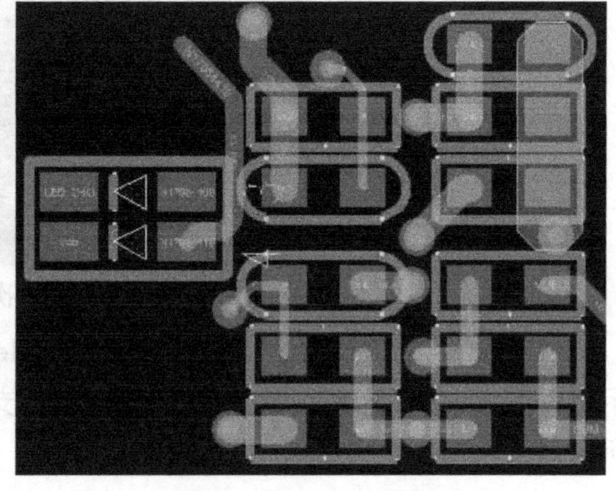

图 9.63　设置后的旋转效果

9.6.3　尚未摆放时设置旋转

元件在从 Placement 对话框列表摆放到工作区域的过程中，尚未摆放时，在右侧 Options 选项卡的 Rotation 选项中，也可以完成旋转参数设置。通过修改 Angle 文本框中的旋转数值后，单击鼠标，元件放入工作区域的角度就会被改变，如图 9.64 所示。

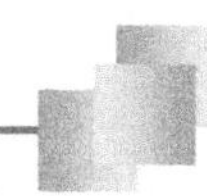

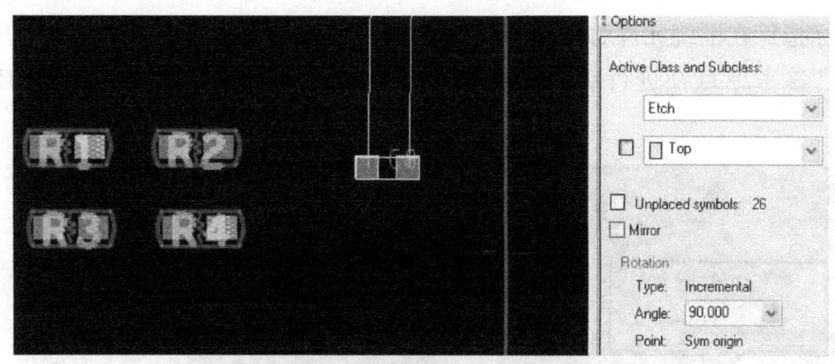

图 9.64　尚未摆放时设置旋转

9.6.4　修改默认元件摆放的旋转角度

Allegro 支持对所有默认元件摆放的角度进行设置，选择 Setup—Design Parameter Editor 命令，在弹出的窗口中 Design 选项卡内，Symbol 选项组中，Angle 下拉列表用来设置元件默认的旋转角度，如图 9.65 和图 9.66 所示。

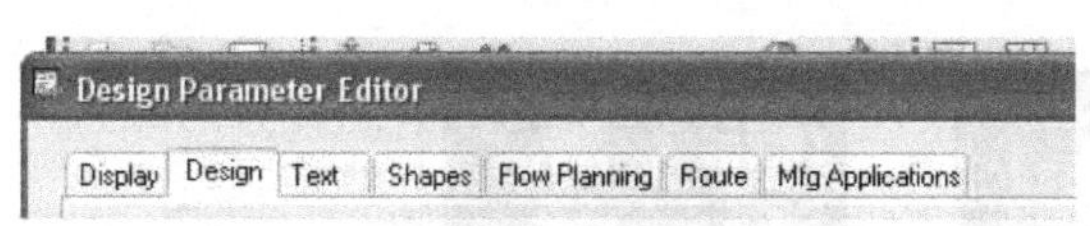

图 9.65　设置元件默认的旋转角度

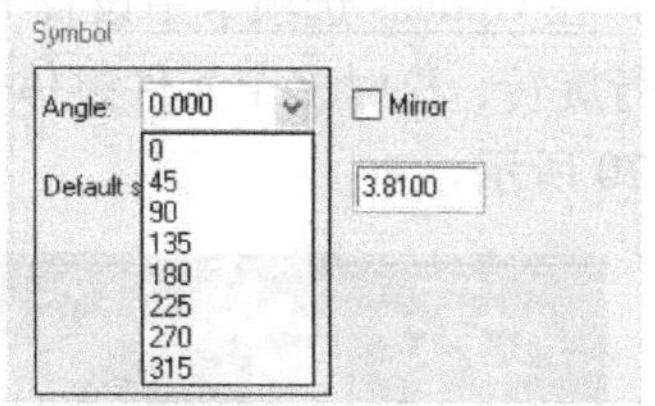

图 9.66　在 Angle 下拉列表设置新的角度

如果在 Angle 下拉列表设置新的角度，以后摆放元件时，所有的元件均会按照新修改后的角度进行默认旋转。

9.6.5　一次进行多个元件旋转

为了加快元件调整的速度，可以一次对多个元件进行旋转操作，操作步骤如下。

（1）在处于 Move 的命令中，用鼠标左键一次框选多个元件，右键选择 Rotate 命令，进入旋转模式，如图 9.67 所示，已经框选 R1、R2、R3、R4 共计 4 个电阻。

图 9.67　鼠标左键一次框选多个元件

（2）鼠标指针在围绕元件移动时，元件会跟着鼠标指针的位置进行移动，但每个元件都是按照自己参考原点在进行旋转，这样没有达到几个元件整体进行旋转的效果，如图 9.68 所示。

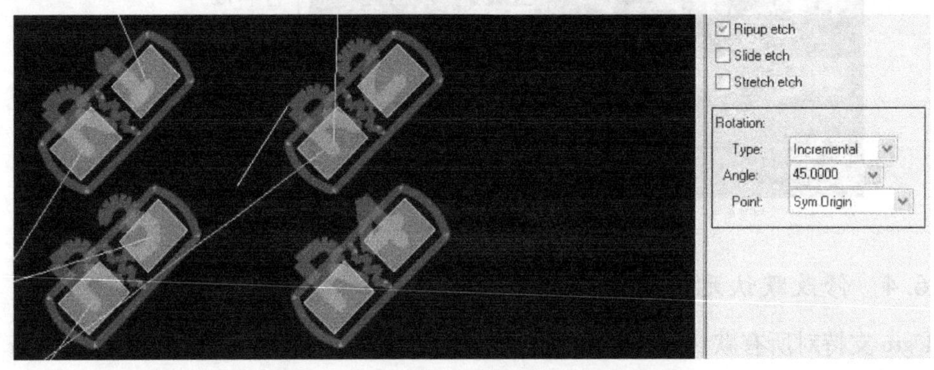

图 9.68　元件跟着鼠标指针的位置旋转

（3）在 Options 选项卡中设置 Rotation type 为 Absolute，Angle 为 90，Point 为 User Pick，然后进行旋转，这时多个元件整体会被旋转，这样的旋转达到整体旋转的效果，如图 9.69 和图 9.70 所示。

图 9.69　整体旋转前

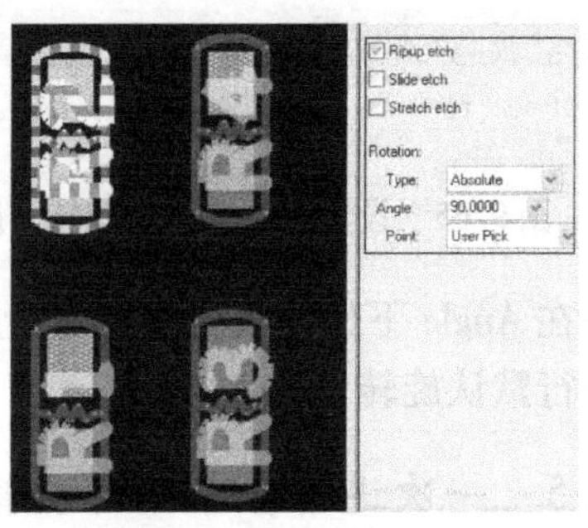

图 9.70　整体旋转后

9.6.6　镜像已经摆放的元件

元件经常需要镜像，镜像元件基本操作步骤如下。

（1）选择 Edit—Mirror 命令，可以在左下角的 Cmd 窗口中查看当前处于 Mirror 命令状态，如图 9.71 所示。

（2）打开 Find 选项卡，在 Design Object Find Filter 中取消其他选择对象，只勾选 Symbols 复选项，表示将要移动的是元件 Symbols，如图 9.72 所示。

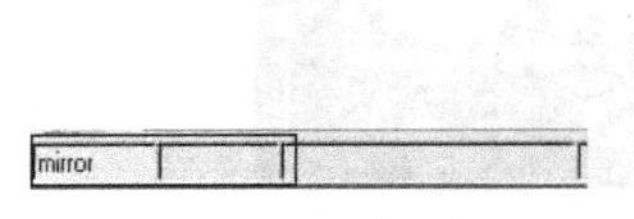

图 9.71　左下角的 Cmd 窗口

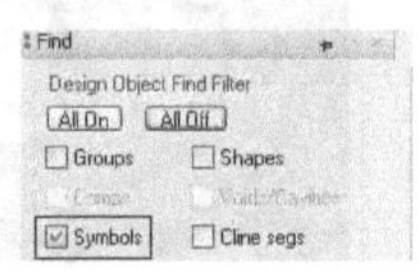

图 9.72　只勾选 Symbols 复选项

（3）鼠标移动到工作区域内单击需要镜像的元件，元件就发生了镜像操作。比如原来的元件在 Top 层，镜像后会翻转到 Bottom 层。若原来的元件在 Bottom 层，镜像后会翻转到 Top 层，如图 9.73 和图 9.74 所示。

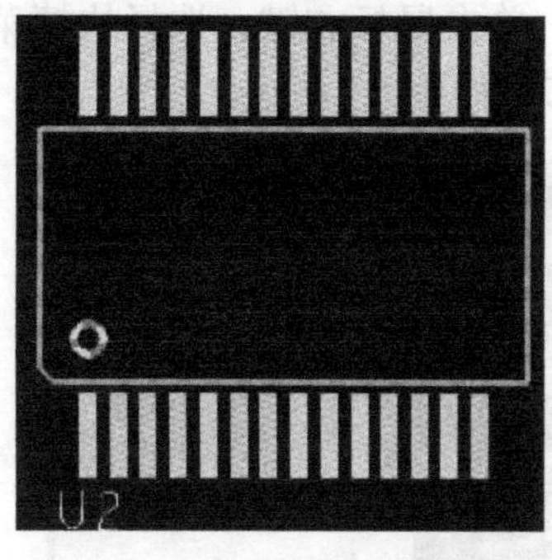

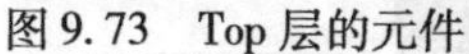

图 9.73　Top 层的元件

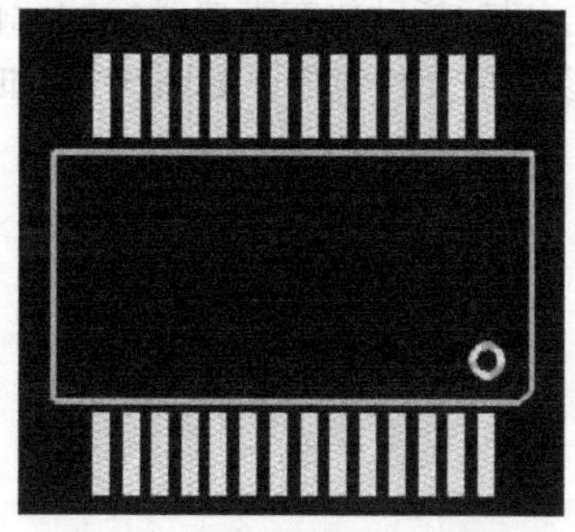

图 9.74　执行镜像命令后的元件

（4）处于 Mirror 命令状态，不断单击需要镜像的元件，单击后的元件都会被镜像，如图 9.75 所示。

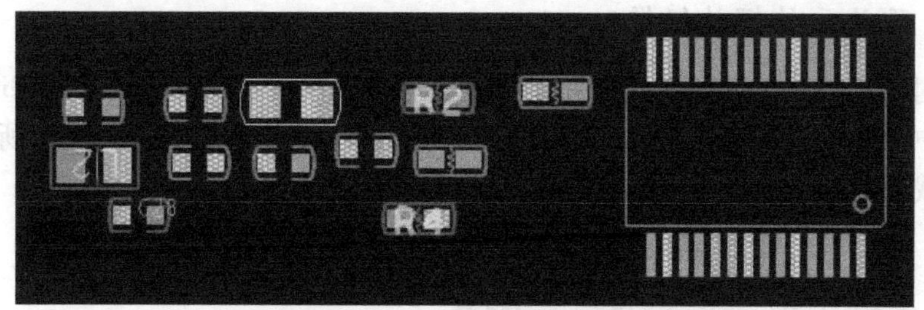

图 9.75　单击需要镜像的元件将都被执行镜像操作

（5）右击旋转 Done 命令退出镜像命令。

9.6.7　摆放过程中的镜像元件

元件在从 Placement 对话框表摆放到工作区域的过程中，尚未摆放时，在右侧 Options 选项卡中勾选 Mirror 复选项，元件摆放到电路板后，元件将被镜像，如图 9.76 所示。

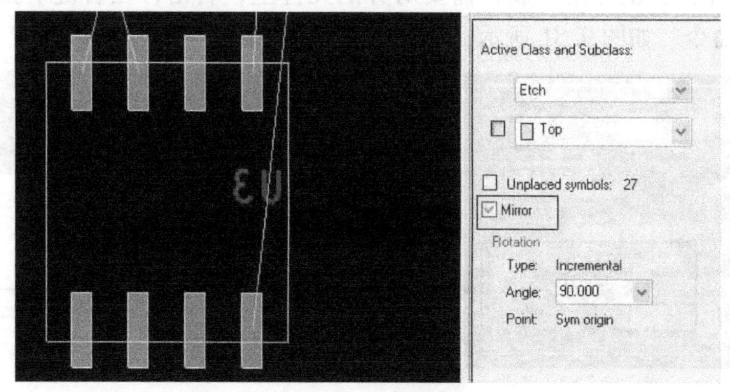

图 9.76　摆放过程中的镜像元件

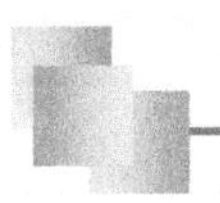

9.6.8 右键 Mirror 镜像元件

Design Object Find Filter 中取消其他选择对象，只勾选 Symbols 复选项，表示将要移动的是元件 Symbols。鼠标指针放在需要镜像的元件上，单击鼠标右键，选择快捷菜单中的 Mirror 命令，也可以完成元件镜像，如图 9.77 和图 9.78 所示。

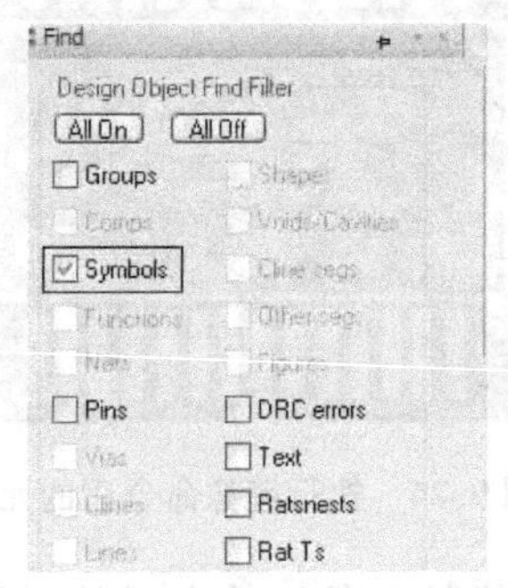

图 9.77　只勾选 Symbols 复选项

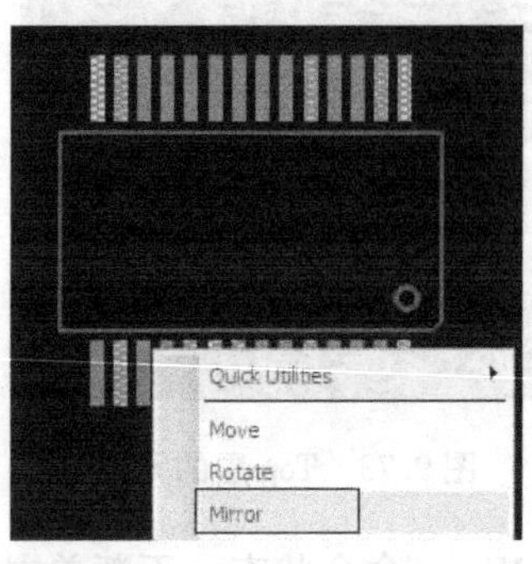

图 9.78　右键 Mirror 镜像元件

9.6.9 默认元件摆放镜像

Allegro 对所有的元件进行默认摆放镜像，选择 Setup—Design Parameter Editor 命令，在弹出的窗口中 Design 选项卡内，Symbol 选项组中 Mirror 复选项被勾选，表示所有的元件被放入工作区域后都被进行默认镜像操作，如图 9.79 和图 9.80 所示。

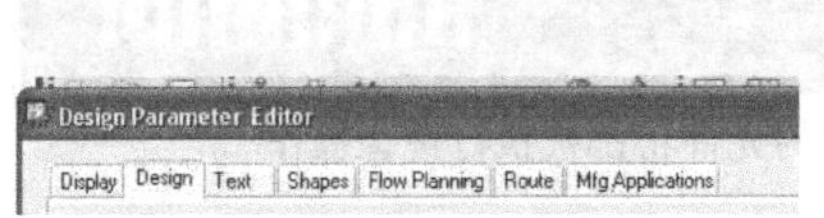

图 9.79　Design 选项卡

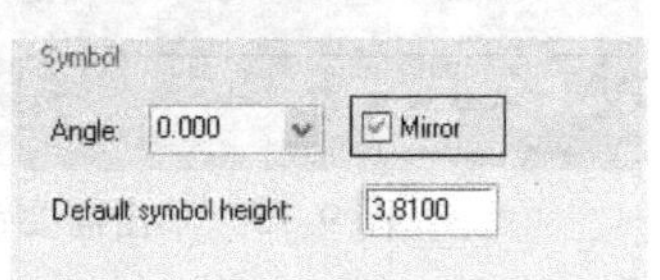

图 9.80　勾选 Mirror 复选项

9.6.10 元件对齐操作

（1）元件对齐操作。元件对齐要在 Placement Edit 模式下才能实现，单击鼠标左键框选所有需要对齐的元件，鼠标指针放在需要对齐的元件上，右击，在右键下拉菜单中选择 Align components 命令，如图 9.81 所示，需要对其 4 个电阻元件的操作。

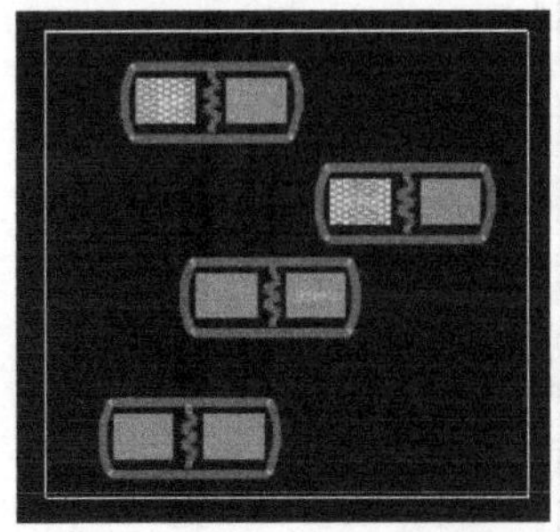

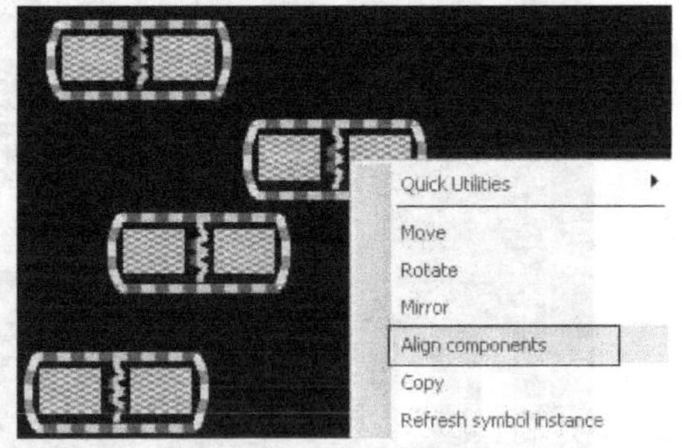

图 9.81　选择 Align components 命令

（2）在右侧 Options 选项卡中，Alignment Direction 用来设置对齐的方向，Horizontal 表示水平对齐，Vertical 表示垂直对齐。Alignment Edge 用来设置对齐的模式，Left 表示靠左对齐，Center 表示中心对齐，Right 表示靠右对齐。Spacing 用来设置对齐元件的间距，Equal Spacing 文本框用来设置对齐的间距值，可以单击 - 或 + 按钮，Equal Spacing 文本框中的间距值会发生改变，Options 选项卡如图 9. 82 所示。

（3）垂直等间距对齐。框选元件以后，在 Options 选项卡中，Alignment Direction 设置 Vertical 垂直方向，Edge 选择 Center 中心对齐，在 Equal Spacing 文本框中输入 0. 2826，垂直等间距对齐后的效果如图 9. 83 和图 9. 84 所示。

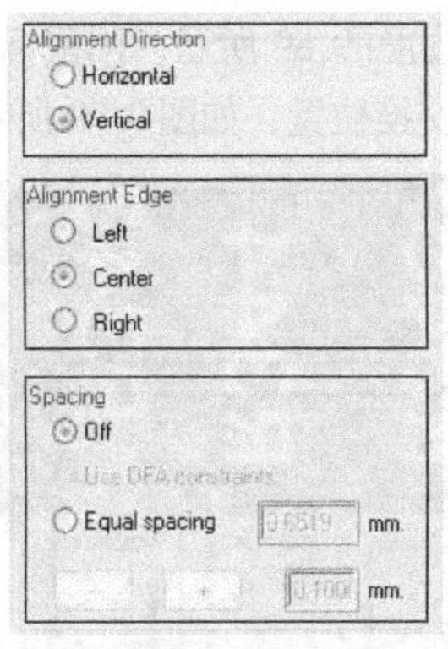

图 9. 82　在 Options 选项卡设置元件对齐方式

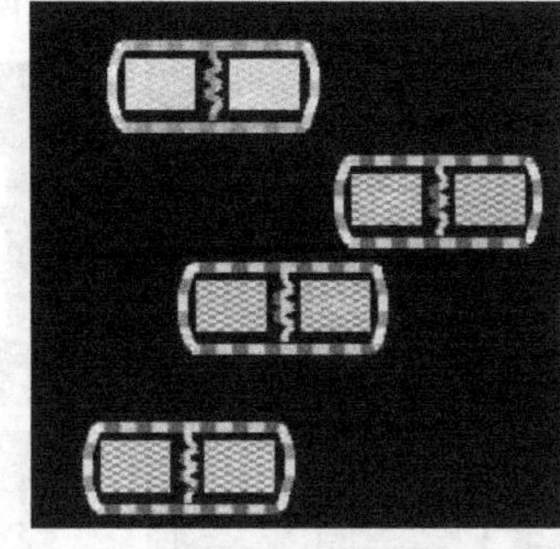

图 9. 83　元件对齐前

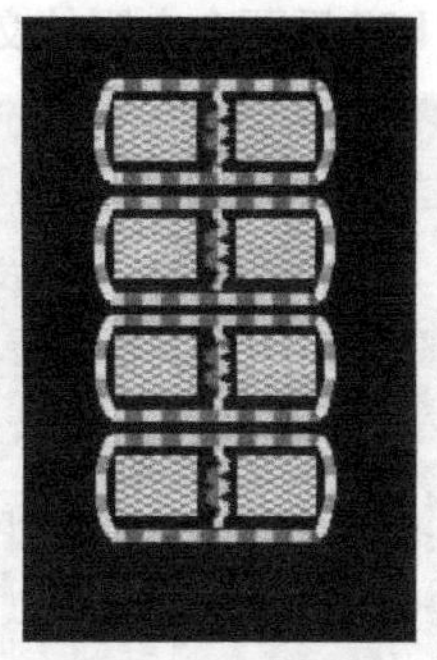

图 9. 84　元件对齐后

（4）水平等间距对齐。框选元件以后，在 Options 选项卡中，Alignment Direction 设置 Horizontal 水平方向，Edge 选择 Center 中心对齐，在 Equal Spacing 文本框中输入 0. 3519，水平等间距对齐的效果如图 9. 85 和图 9. 86 所示。

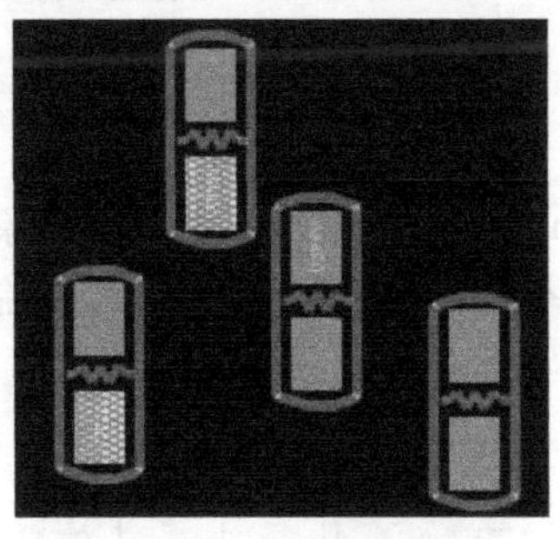

图 9. 85　水平等间距对齐前

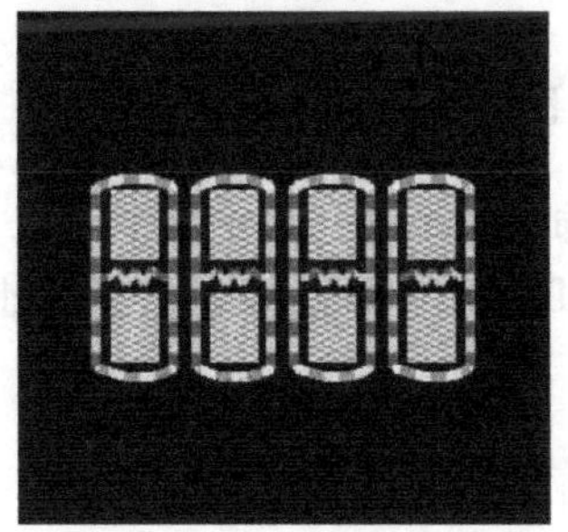

图 9. 86　水平等间距对齐后

9. 6. 11　元件位置交换 Swap 命令

（1）在布局过程中，Allegro 提供了元件 Swap 命令，可以交换元件，省去不断需要挪动元件的麻烦。选择 Place—Swap—Components 命令，进入元件交换命令状态，如图 9. 87 所示。

（2）进入交换命令后，在右侧的 Options 选项卡中会列出元件交换设置。Comp1 文本框中用来输入第 1 个需要交换的元件编号；Comp2 文本框中用来输入第 2 个需要交换的元件编号。Comp1 和 Comp2 的元件编号也可以用鼠标在预交换元件上单击后自动填入。Maintain symbol rotation 复选项被勾选后，可以保持符号旋转角度，如图 9. 88 所示。

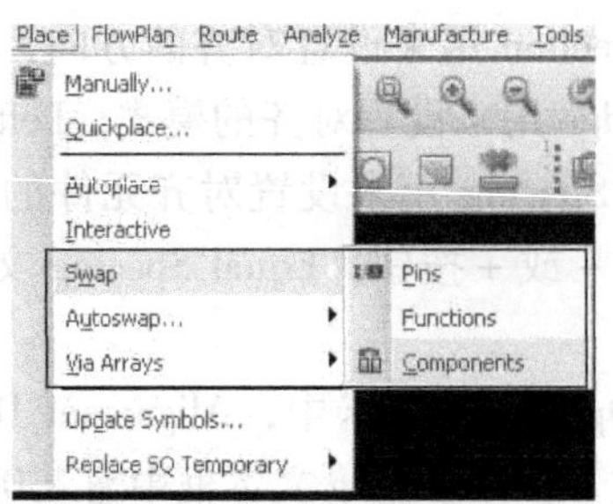

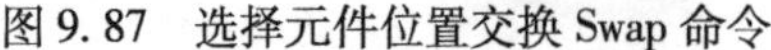

图 9.87 选择元件位置交换 Swap 命令

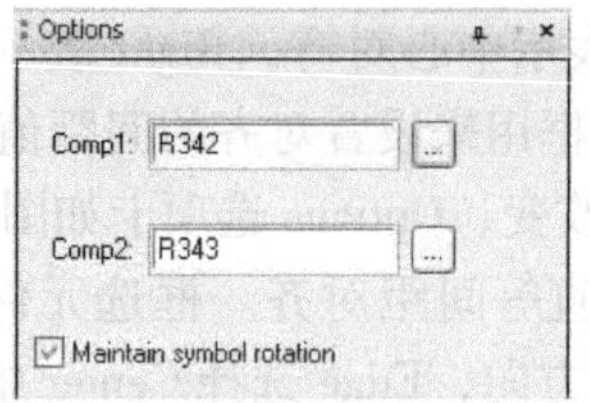

图 9.88 设置需要交换的元件编号

（3）用鼠标单击要交换位置的元件就可以完成位置交换。如图 9.89 所示，用鼠标单击 R342 和 R27 后两个电阻的交换位置，单击 R343 和 R345 后两个电阻交换位置，如图 9.90 所示。

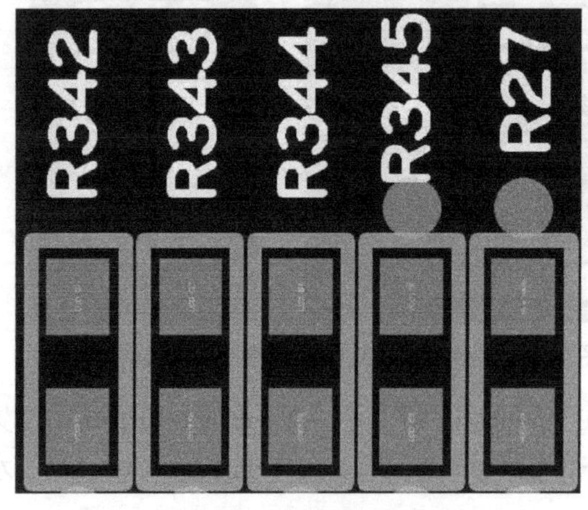

图 9.89 交换前的位置图

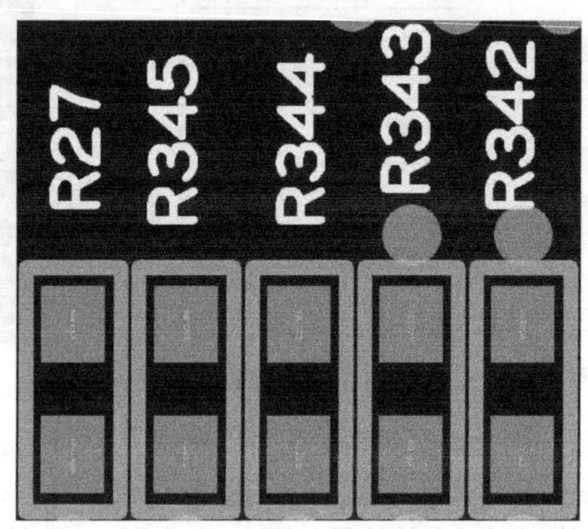

图 9.90 交换后的位置图

9.6.12 Highlight 和 Dehighlight

Highlight 命令用来高亮显示某个对象，Dehighlight 命令用来取消某个对象的高亮显示。

（1）选择 Display—Highlight 和 Dehighlight 命令，单击后可以进入相关命令状态，如图 9.91 所示。

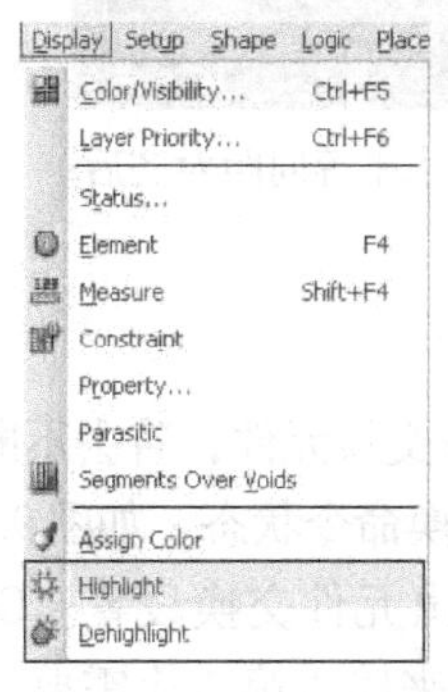

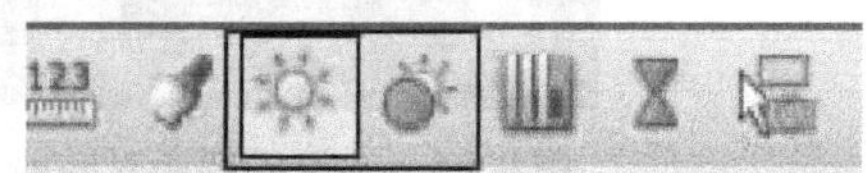

Highlight 和 Dehighlight 命令的快捷图标在界面的右上角，太阳图标是 Highlight，遮住太阳图标是 Dehighlight

高亮显示可以高亮元件、元件的某个 Pin、网络、Via、DRC errors 等对象

图 9.91 Display—Highlight 和 Dehighlight 命令

（2）进入 Highlight 和 Dehighlight 命令以后，在右侧的 Find 选项卡中，可以设置要进行操作的对象，Design Object Find Filter 选项组中有 Symbols、Functions、Nets、Pins、Vias、DRC errors 等复选项，勾选哪个对象，将表示对哪类对象进程操作，如图 9.92 所示。

（3）进入 Highlight 命令以后，在右侧的 Options 选项卡中，可以设置高亮 Selected pattern 模式，共有 16 种显示高亮的效果可供选择，如图 9.93 所示。鼠标单击需要的显示效果后，高亮后的对象将以选定的效果进行高亮显示。

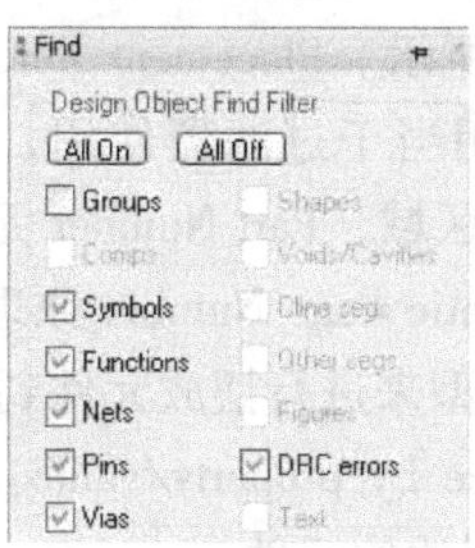

图 9.92　Find 选项卡中设置要进行操作的对象

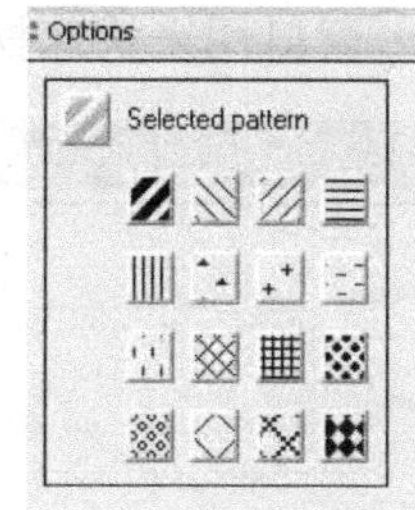

图 9.93　设置高亮的显示效果

（4）高亮元件。执行 Display—Highlight 命令后进入高亮命令，在右侧的 Find 选项卡的 Design Object Find Filter 选项组中勾选 Symbols。在 Options 选项卡中设置高亮 Selected pattern 模式，用鼠标单击要高亮的元件后，该元件将会被高亮显示，如图 9.94 和图 9.95 所示。

图 9.94　未高亮的效果

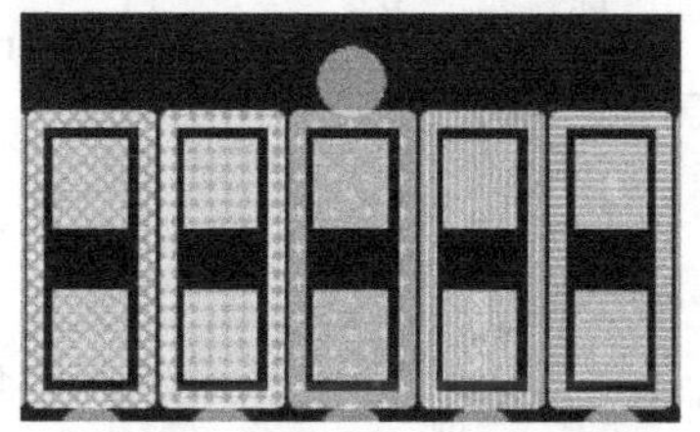

图 9.95　高亮后的元件的效果

（5）高亮网络。执行 Display—Highlight 命令后进入高亮命令，在右侧的 Find 选项卡的 Design Object Find Filter 选项组中勾选 Nets。在 Options 选项卡中设置高亮 Selected pattern 模式，用鼠标单击要高亮的网络后，该网络将会被高亮显示。如图 9.96 和图 9.97 所示，单击 GND 网络后高亮显示 GND 网络属性的过孔和元件引脚。

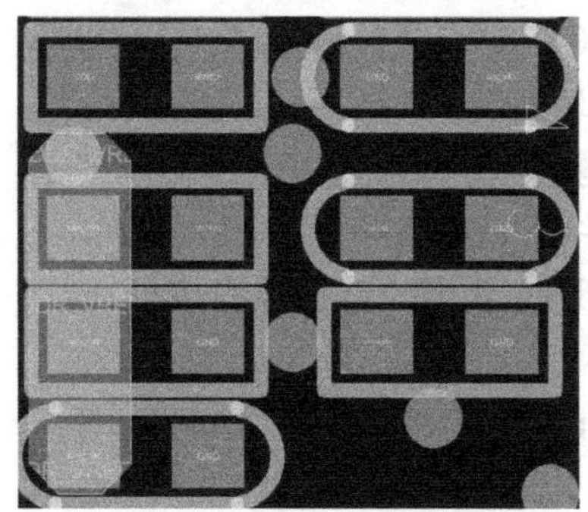

图 9.96　未高亮的效果

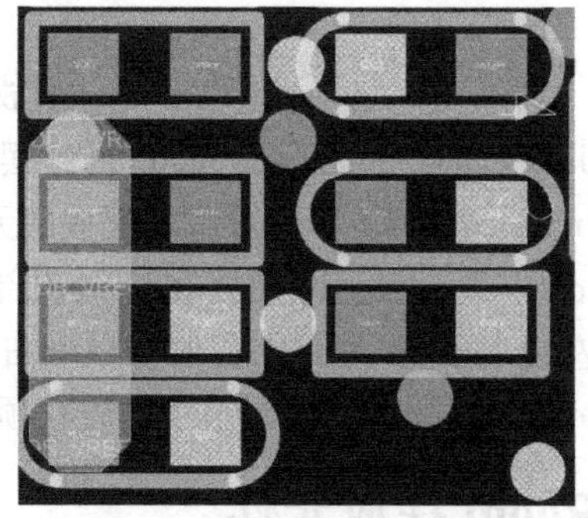

图 9.97　网络被高亮后的效果

（6）取消高亮。执行 Display—Dehighlight 命令后进入取消高亮命令，在右侧的 Find 选项卡的 Design Object Find Filter 选项组中选择要取消高亮的对象，可以是 Symbols、Functions、Nets、Pins、Vias、DRC errors 等，然后用鼠标单击要取消的对象后，该对象的高亮效果将会被取消显示。

9.7 Quick Place 窗口

Quick Place 窗口用来快速摆放元件，如图 9.98 所示。Placement Filter 用于过滤可供选择的元件，相当于过滤器使用，可以按照 Property 属性、Room 区域、Part Number 元件编号、Net 网络名称、Schematic Page Number 原理图页面、Place by refdes 元件类型来进行摆放元件到工作区域。

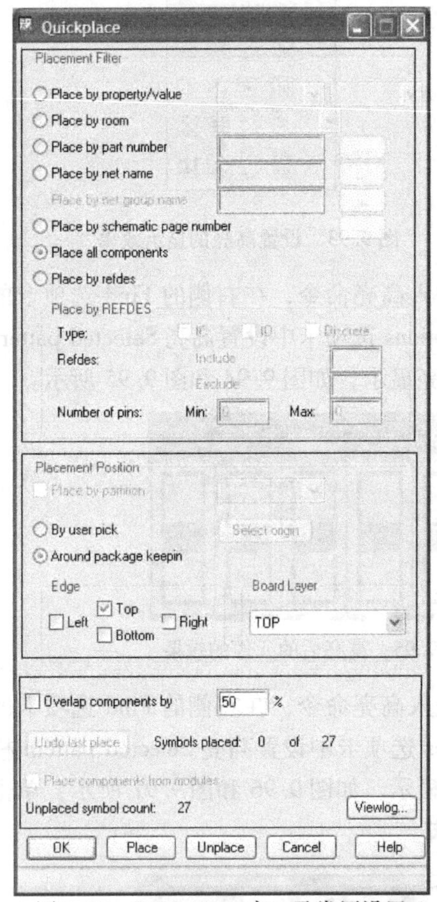

图 9.98　Quick Place 窗口及常用设置

（1）Place by property/value：按元件属性及标值选择可供摆放的元件。

（2）Place by room：按照 Room 属性显示可供选择摆放的元件。

（3）Place by part number：按照 Part number 来摆放元件，也就是通常所示的料号，通常元件的 Part number 在原理图中定义并使用。

（4）Place by net name：选择设计的某个网络名称，选择网络后与该网络相关联的元件进行摆放。

（5）Place by schematic page number：按照元件所在的原理图页面摆放元件。

（6）Place all components：摆放全部元件。

（7）Place by REFDES：按照元件的类型选择可以摆放的元件。

（8）Place by partition：利用 Design Entry HDL 绘制的原理图，按照分割来摆放。

（9）By user pick：摆放元件于用户单击的位置。

（10）Around package keepin：摆放元件于允许摆放区域周围。

（11）Place components from modules：摆放模块元件。

（12）Unplaced symbol count：未摆放的元件数量。

（13）Edge：Top 为元件摆放在板框顶部；Bottom 为元件摆放在板框底部；Left 为元件摆放在板框左边；Right 为元件摆放在板框右边。

（14）Board Layer：TOP 为元件摆放在顶部；BOTTOM 为元件摆放在底部。

9.8 按 Room 摆放元件

按 Room 摆放元件，步骤是赋给需要按 Room 摆放的元件添加 Room 属性值，在电路板中

创建一个 Room，其值与元件 Room 值相同。然后执行命令，所有的元件将按照 Room 属性摆放，具体步骤如下。

9.8.1　给元件赋 Room 属性

（1）在 Allegro PCB Design 中，选择 Edit—Properties 命令。在此命令状态下，在右侧 Find 选项卡中 Find by Name 栏选择 Comp（or Pin），然后单击 More 按钮。进入 Find by Name or Property 对话框，如图 9.99 和图 9.100 所示。

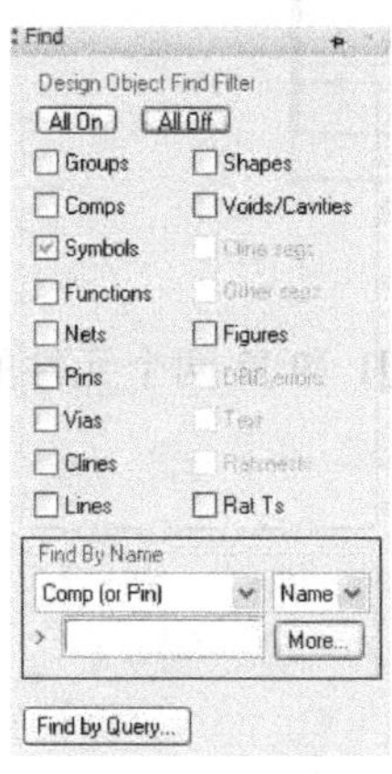

图 9.99　查找元件

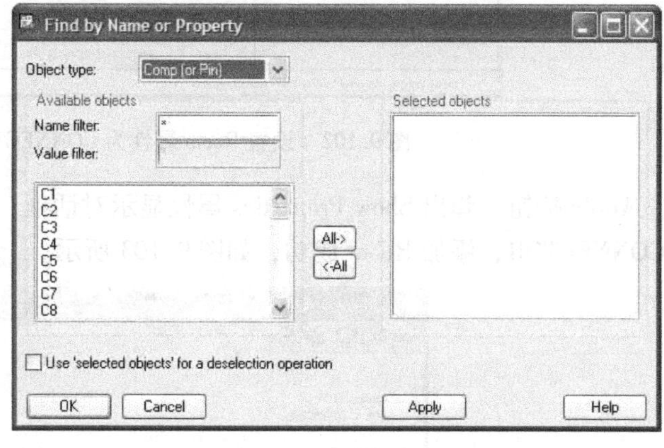

图 9.100　Find by Name or Property 对话框

（2）假如将 J1、J2 设置成 CONNECTOR 的 Room，将 U2 和 Y1 设置成 CPU 的 Room，将 L1 ～ L8 设置成 BEAD 的 Room，操作如下。

在左侧元件列表框中找到 J1 和 J2 后分别双击，J1 和 J2 就会显示在右侧的 Selected objects 选项框中，代表这两个元件已经被选中，如图 9.101 所示。

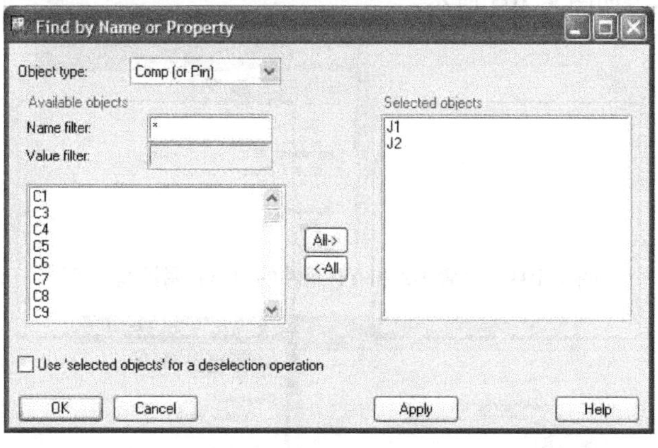

图 9.101　J1 和 J2 出现在右侧的 Selected objects 选项框中

单击 Apply 按钮进入 Edit Property 属性编辑对话框。在 Available Properties 下拉列表中找到 Room 属性，用鼠标单击后，在右侧属性栏中会出现 Room 属性设置对话框，在 Value 中输入 CONNECTOR，表示将要设置的 Room 是 CONNECTOR，操作界面如图 9.102 所示。

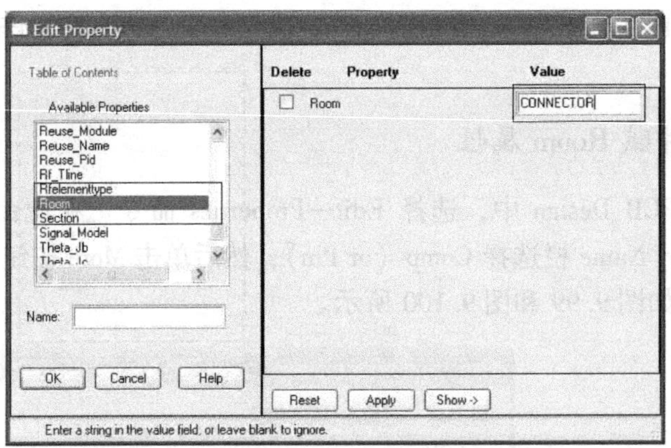

图 9.102　设置 Room 属性为 CONNECTOR

单击 Apply 按钮，弹出 Show Properties 属性显示对话框，显示 J1 和 J2 两个元件的 Room 属性为 CONNECTOR，添加 Room 成功，如图 9.103 所示。

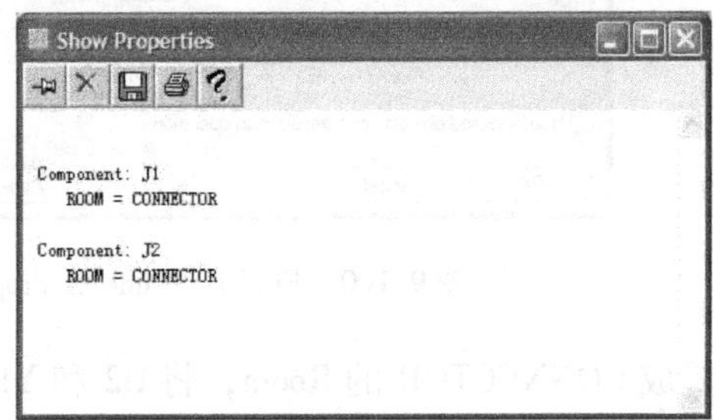

图 9.103　显示 Room 属性添加成功

使用同样的办法设置 U2 和 Y1 元件的 Room 属性是 CPU，如图 9.104 所示。设置 L1 ～ L8 是 BEAD 的 Room，如图 9.105 所示。

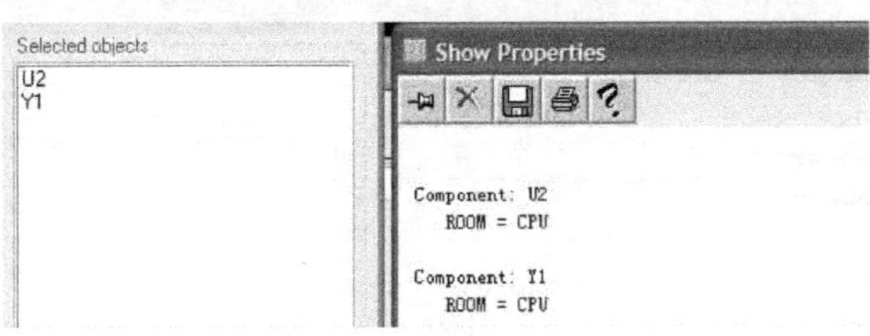

图 9.104　设置 U2 和 Y1 元件的 Room 属性是 CPU

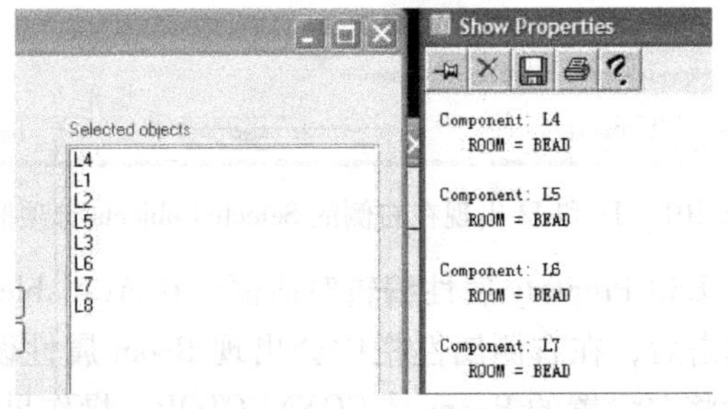

图 9.105　设置 L1 ～ L8 的 Room 属性是 BEAD

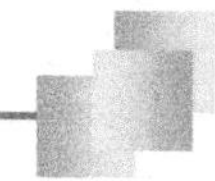

9.8.2　按 Room 摆放元件

(1) 摆放 Room Outline。选择 Setup—Outlines—Room Outline 命令（如图 9.106 所示），弹出 Room Outline 对话框，如图 9.107 所示。

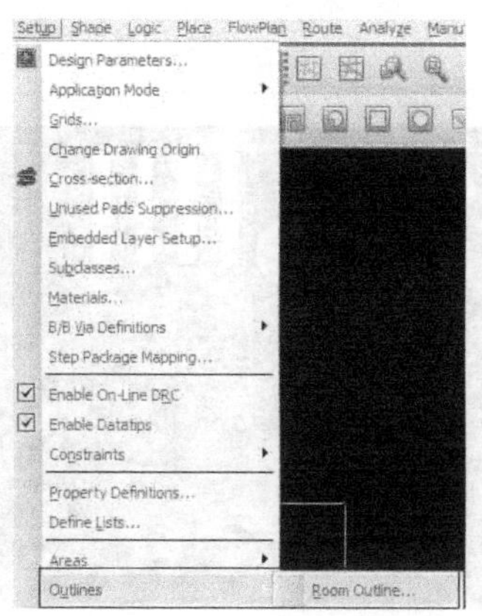

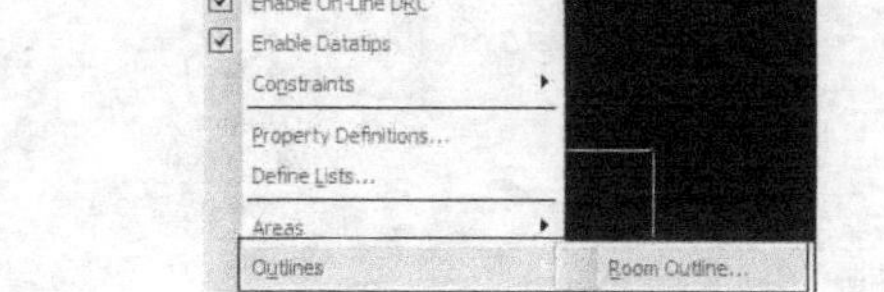

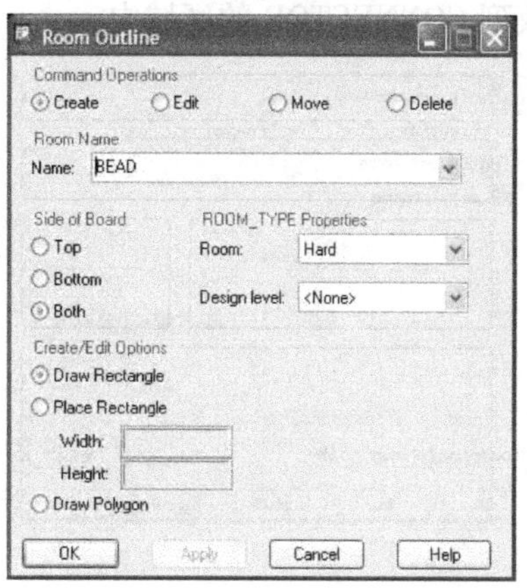

图 9.106　选择 Setup—Outlines—Room Outline 命令　　　图 9.107　Room Outline 对话框

(2) 在 Room Outline 摆放对话框中，Command Operations 是操作命令选项组，Create 为创建，Edit 为编辑，Move 为移动，Delete 为删除，都是对 Room 的操作命令。Room Name 文本框是当前操作 Room 的名称，如果之前已经给元件赋 Room 属性了，这里会自动填充相同的 Room 值。Side of Board 功能组是选择元件摆放的层，是在 Top、Bottom 或 Both。Create/Edit Options 选项组是定义如何创建一个 Room 区域（直接画矩形，定义矩形大小，绘制画多边形）。最右侧的 ROOM_TYPE Properties 是定义摆放规则，Hard：Room 属性的元件只能摆在 Room 区内；Soft：可以摆在外面；Inclusive：非 Room 属性元件也可摆在 Room 区，默认选择 Hard。

选择 Command Operations Create 命令创建 Room，Room Name 下拉列表分别选择 CONNECTOR、CPU、BEAD 名称，Side of Board 元件摆放选择 Both，Draw/Edit Options 选择 Draw Rectangle，用鼠标左键分别在电路板内单击拖动，可以放下 3 个 Room 区域框，绘制完成后 Room 区域如图 9.108 所示。

图 9.108　摆放 3 个 Room 区域框

（3）选择 Place—Quick Place 命令，弹出 Quick Place 窗口。Placement Filter 单选 Place by room 按钮，在右侧下拉列表中选择要摆放的 Room，如 Connector，如图 9.109 所示。Board Layer 选择要摆放的 Top 层。参数设置好之后，单击 Place 按钮，Connector Room 中的元件就会被自动摆放到 CONNECTOR 的区域中，如图 9.109 所示，J1 和 J2 两个元件已经被摆放到 CONNECTOR 的区域内。

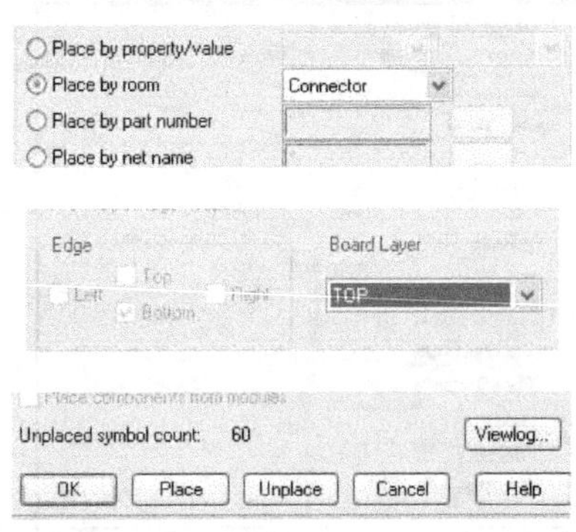

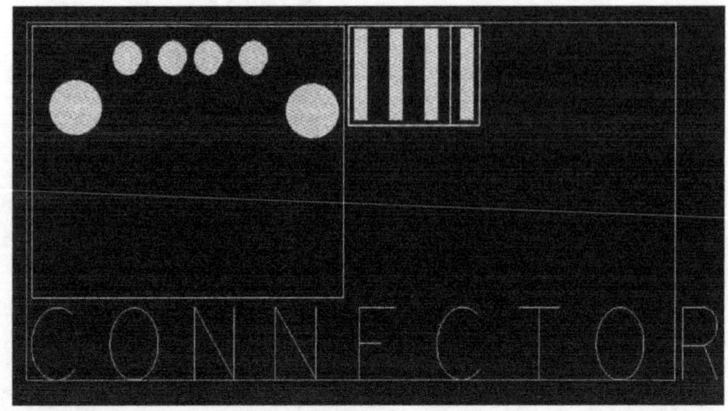

图 9.109　自动摆放到 CONNECTOR 的区域中

（4）同样的道理，选择 Place by room，在右侧下拉列表中选择 BEAD 和 CPU 的 Room，Board Layer 选择要摆放的 Top 层。参数设置好之后，单击 Place 按钮，Room 中的元件就会被自动摆放到 CONNECTOR 的区域中，如图 9.110 所示，BEAD 和 CPU Room 区域内的元件都已经被摆放到各自的 Room 区域内。

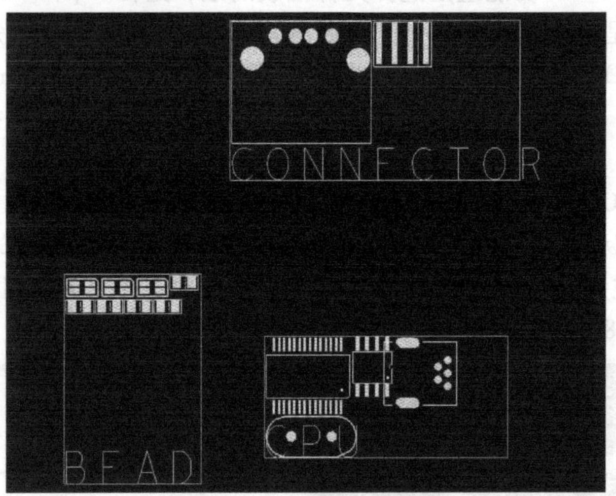

图 9.110　完成 Room 的摆放

（5）单击 OK 按钮关闭对话框，完成 Room 的摆放。

9.9　原理图同步按 Room 摆放元件

Allegro 支持从原理图（Capture CIS）导入元件的 Room 属性，在原理图设计中为了便于区分模拟、数字电路，精准定位元件布局，可以将原理图按照功能的模块进行设计，相同功

能模块的电路元件设置成一个独立的 Room 属性。通过导入网络的方式，将各个功能模块元件的 Room 属性传递到 Allegro 中来，这样就可以按照元件的 Room 属性来摆放布局元件。原理图同步按 Room 摆放元件，具体操作步骤如下。

（1）打开原理图工程文件，按住 Ctrl 键逐个单击 CPU 部分的元件 U200、C24、Y1、R3、C28。右键选择快捷菜单中的 Edit Properties 选项。弹出 Property Editor 窗口，如图 9.111 所示。

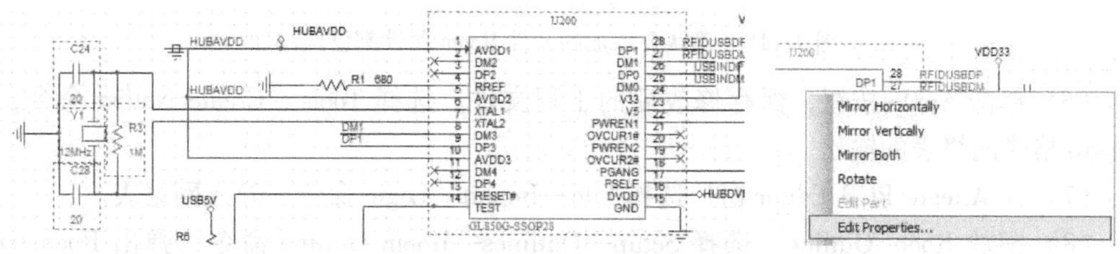

图 9.111　选中要摆放的原理图元件

（2）在 Filter by 下拉列表中选择 Cadence – Allegro 选项，拖动横向滚动条，找到 Room 属性栏，如图 9.112 所示。

New Property...　Apply　Display...　Delete Property　Pivot　Filter by: Cadence-Allegro

	RATED_MAX	REFERENCE	REUSE_INST	REUSE_	ROOM
SCHEMATIC1 : PAGE1 : C24		C24			
SCHEMATIC1 : PAGE1 : C28		C28			
SCHEMATIC1 : PAGE1 : R3		R3			
SCHEMATIC1 : PAGE1 : U2		U2			
SCHEMATIC1 : PAGE1 : Y1		Y1			

图 9.112　找到 Room 属性栏

（3）单击 Room 列表标题栏，Room 所在列以黑色显示，表示全部选中。右击 Room 框，选择快捷菜单中的 Edit 选项，表示要对所有元件的 Room 属性进行编辑，弹出 Edit Property Value 对话框，如图 9.113 所示。

		RATED_MAX	REFERENCE	REUSE_INST	REUSE_	ROOM
1	SCHEMATIC1 : PAGE1 : R3		R3			
2	SCHEMATIC1 : PAGE1 : Y1		Y1			
3	SCHEMATIC1 : PAGE1 : C28		C28			
4	SCHEMATIC1 : PAGE1 : U2		U2			
5	SCHEMATIC1 : PAGE1 : C24		C24			

Filters
Sort Ascending
Sort Descending
Pivot
Edit...

图 9.113　选择快捷菜单中的 Edit 选项

（4）单击 Room 栏下的空白区域，输入 CPU，表示将选择的所有元件 Room 属性设置成 CPU 的名称，单击 OK 按钮后退出 Edit Property Value 对话框，设置好的 CPU 名称会出现在每个元件 Room 属性栏中，如图 9.114 所示。

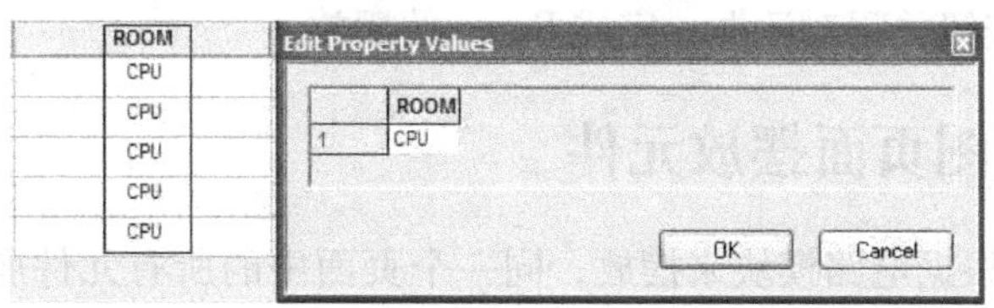

图 9.114　将选择的元件 Room 属性设置成 CPU

（5）在 Filter by 下拉列表中选择 Current properties 选项，拖动横向滚动条，找到 Room 属性栏，确认要添加的元件 Room 属性都已经添加，如图 9.115 所示。

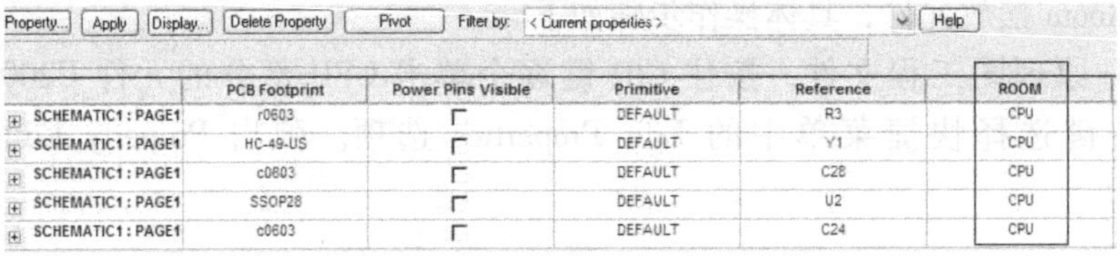

Property... | Apply | Display... | Delete Property | Pivot | Filter by: < Current properties > | Help

	PCB Footprint	Power Pins Visible	Primitive	Reference	ROOM
SCHEMATIC1 : PAGE1	r0603		DEFAULT	R3	CPU
SCHEMATIC1 : PAGE1	HC-49-US		DEFAULT	Y1	CPU
SCHEMATIC1 : PAGE1	c0603		DEFAULT	C28	CPU
SCHEMATIC1 : PAGE1	SSOP28		DEFAULT	U2	CPU
SCHEMATIC1 : PAGE1	c0603		DEFAULT	C24	CPU

图 9.115　确认要添加的元件 Room 属性都已经添加

（6）单击 Apply 按钮，保存修改后的工程文件。选择 Tools – Create Netlist 命令，进行 Allegro 格式网络表的输出。

（7）在 Allegro PCB Editor 窗口选择 File—Import—Logic 命令，导入网络表。

（8）摆放 Room Outline。选择 Setup—Outlines—Room Outline 命令，弹出 Room Outline 对话框，创建 Room Name 为 CPU，如图 9.116 所示。

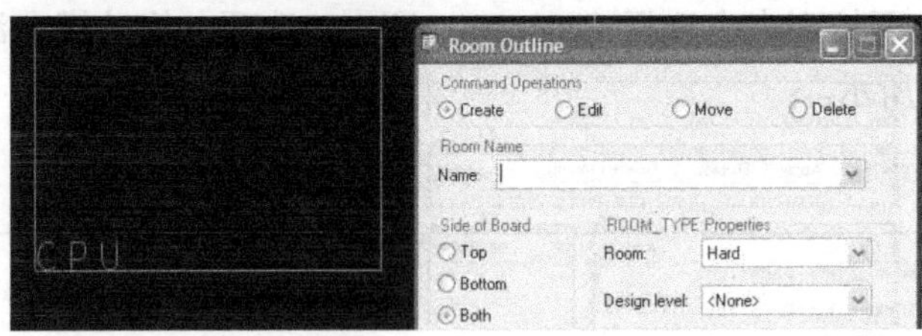

图 9.116　Room Outline 对话框

（9）选择 Place—Quick Place 命令，弹出 Quick Place 窗口。Placement Filter 中单选 Place by Room 选项，在右侧下拉列表中选择要摆放的 CPU Room。Board Layer 选择要摆放的 Top 层。参数设置好之后，单击 Place 按钮，CPU Room 中的元件就会被自动摆放到 CPU 的区域中，摆放完成结果如图 9.117 所示。

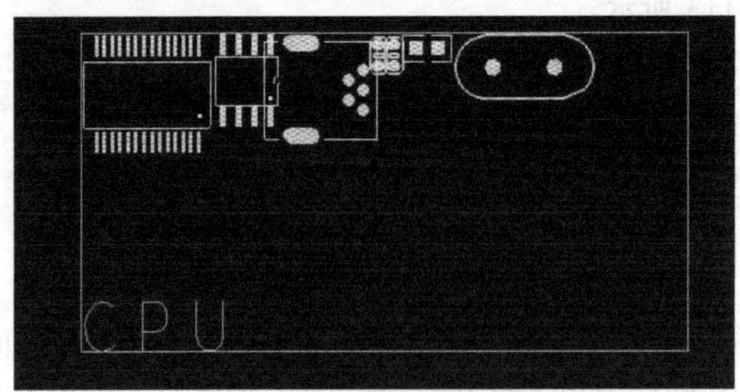

图 9.117　完成 Room 的摆放

（10）单击 OK 按钮关闭对话框，完成 Room 的摆放。

9.10　按照原理图页面摆放元件

原理图一般都会根据电路模块来摆放，同一个页面中的所有元件属于同一个电路模块，为了便于按照电路模块布局，Allegro 中提供了一种 Schematic page number 按照原理图页面摆

放元件的方法。但在 Allegro 中不能直接按照原理图页面摆放，需要通过 Capture CIS 来传递属性的方式实现这个功能，具体的操作步骤如下。

（1）打开 Capture CIS 软件，打开需要进行属性传递的工程文件 . DSN。选择需要按页摆放的元件页面，选择 Edit—Browse—Parts 命令。弹出 Browse Properties 对话框，如图 9. 118 所示。

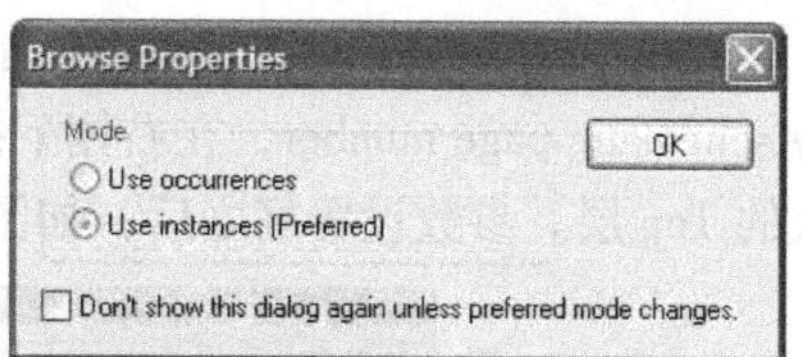

图 9. 118　Browse Properties 对话框

（2）保持默认设置，单击 OK 按钮，弹出 Browse Parts 窗口，其中显示的元件就是要进行设置的元件页面。单击最上面的元件，向下拖动滚动条，然后按住 Shift 键，选择所有需要增加属性的元件，如图 9. 119 所示。

Reference	Value	Source Part	Source Library
C4	101	CAP NP	D:\PROGRAM FILES\ORCAD\CAPTURE\LIBRARY\DISCRETE.OLB
C5	10uF/10V	CAPACITOR POL	C:\PROGRA~1\ORCAD\CAPTURE\LIBRARY\DISCRETE.OLB
C6	104	CAP NP	D:\PROGRAM FILES\ORCAD\CAPTURE\LIBRARY\DISCRETE.OLB
C7	104	CAP NP	D:\PROGRAM FILES\ORCAD\CAPTURE\LIBRARY\DISCRETE.OLB
C8	104	CAP NP	D:\PROGRAM FILES\ORCAD\CAPTURE\LIBRARY\DISCRETE.OLB
C9	102	CAP NP	D:\PROGRAM FILES\ORCAD\CAPTURE\LIBRARY\DISCRETE.OLB
C10	102	CAP NP	D:\PROGRAM FILES\ORCAD\CAPTURE\LIBRARY\DISCRETE.OLB
C11	0.01uF	CAP NP	D:\PROGRAM FILES\ORCAD\CAPTURE\LIBRARY\DISCRETE.OLB
C12	1nF	CAP NP	D:\PROGRAM FILES\ORCAD\CAPTURE\LIBRARY\DISCRETE.OLB
C13	102	CAP NP	D:\PROGRAM FILES\ORCAD\CAPTURE\LIBRARY\DISCRETE.OLB
C23	102	CAP NP	D:\PROGRAM FILES\ORCAD\CAPTURE\LIBRARY\DISCRETE.OLB

图 9. 119　选择所有需要增加属性的元件

（3）选择 Edit – Properties 命令，弹出 Browse Spreadsheet 对话框。单击 New 按钮，弹出 New Property 对话框。在 Name 文本框中输入新的属性名称 page，在 value 文本框中输入 1，表示设置 page 的属性值为 1。设置结束单击 OK 按钮完成属性的创建，如图 9. 120 所示。

Browse Spreadsheet

	Name	Implementation	Location Y-Coordinate	Source Part	Value	Implementation Type	Primitive	Color	ROOM	PCB Footprint	ROOM	page
1	INS122		30	CAPACIT	10uF/1	<none>	DEFAUI	Default	CAP	C_TAN_A		1
2	INS887		30	CAP NP_	104	<none>	DEFAUI	Default	CAP	C0603		1
3	INS126		30	CAP NP_	102	<none>	DEFAUI	Default	CAP	C0603		1
4	INS108		50	CAP NP.	101	<none>	DEFAUI	Default	CAP	C0603		1
5	INS177		70	CAPACIT	10uF/1	<none>	DEFAUI	Default	CAP	c0805		1
6	INS118		90	CAP NP.	104	<none>	DEFAUI	Default	CAP	c0805		1
7	INS110		90	CAP NP.	104	<none>	DEFAUI	Default	CAP	C0603		1
8	INS165		90	CAP NP.	104	<none>	DEFAUI	Default	CAP	C0603		1
9	INS181		90	CAP NP.	102	<none>	DEFAUI	Default	CAP	C0603		1
10	INS128		90	CAP NP.	102	<none>	DEFAUI	Default	CAP	C0603		1
11	INS827		80	CAP NP.	0.01uF	<none>	DEFAUI	Default	CAP	C0603		1
12	INS148		80	CAP NP	1nF	<none>	DEFAUI	Default	CAP	C0603		1

OK　Cancel　New...　Copy　Remove　Paste　Help

图 9. 120　Browse Spreadsheet 对话框

（4）单击 OK 按钮，关闭 Browse Spreadsheet 对话框。关闭 Browse Parts 窗口，保存 . DSN 工程文件。

（5）保存修改好的工程文件后。选择 Tools—Create Netlist 命令，进行 Allegro 格式网络表的输出。

（6）单击 Create Netlist 界面中的 Setup 按钮，弹出 Setup 对话框，如图 9. 121 所示。

（7）其中的 Configuration File 文本框中显示创建网络表的配置文件，需要修改该配置文件。单击 Edit 按钮，打开 allegro. cfg 配置文件，增加 PAGE = YES。修改完成并保存后关闭该配置文件。

图 9. 121　单击界面中的 Setup 按钮

（8）单击 OK 按钮关闭 Setup 对话框，单击 Create List 对话框中的确认按钮，生成网络表文件。

（9）在 Allegro PCB Editor 中选择 File—Import—Logic 命令，导入网络表。勾选 Create user—defined properties 复选项，单击 OK 按键后导入上述更新过的新网络表。

（10）选择 Place—QuickPlace 命令，弹出 Quick Place 窗口。Placement Filter 中单选 Place by schematic page number，在右侧下拉列表中选择要摆放的页面 page1。Board Layer 选择要摆放的 Top 层。参数设置好之后，如图 9.122 所示。

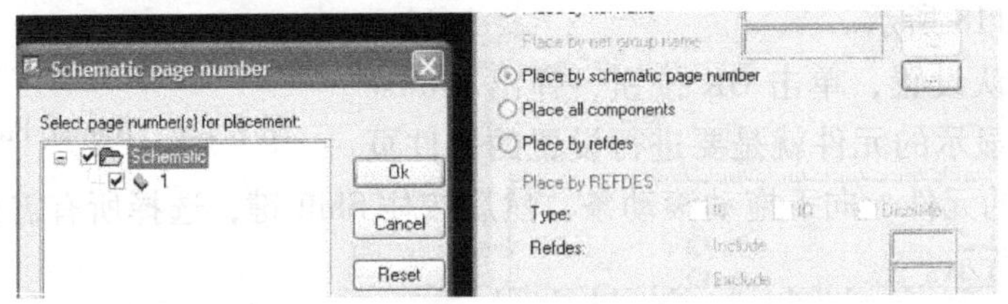

图 9.122　按 Place by schematic page number 属性摆放元件

（11）单击 Place 按钮，Schematic 1 中的元件就会被自动摆放到工作区域内，单击 OK 按钮关闭对话框，完成按照 Place by schematic page number 的摆放后，如图 9.123 所示。

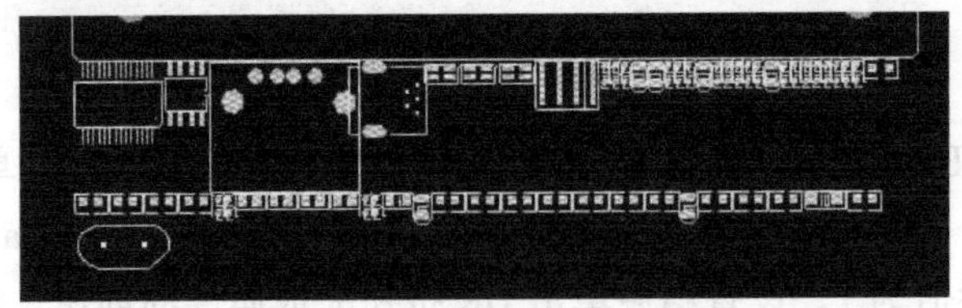

图 9.123　完成按照 Place by schematic page number 的摆放

9.11　Capture 和 Allegro 的交互布局

Allegro 支持和 Capture CIS 进行交互布局，具体操作步骤如下。

（1）打开原理图工程 .DSN 和 PCB 工程文件 .brd，在原理图工程中选择 Option—Preferences 命令，如图 9.124 所示，弹出 Preferences 窗口。打开 Miscellaneous 选项卡，勾选 Intertool Communication 选项组中的 Enable Intertool Communication 复选项，使能 Capture 和 Allegro 的交互接口，如图 9.125 所示。

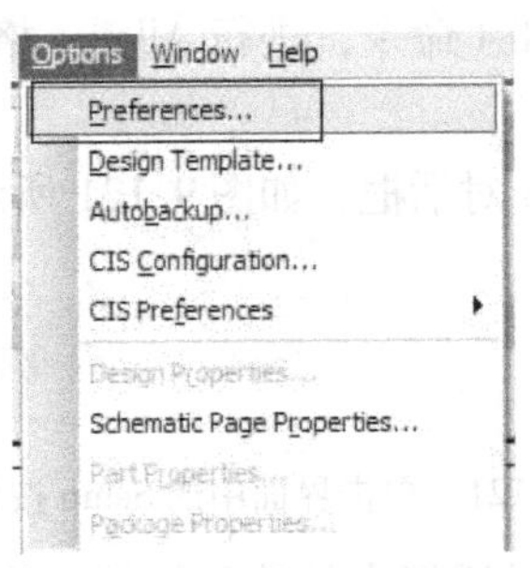

图 9.124　选择 Option—Preferences 命令

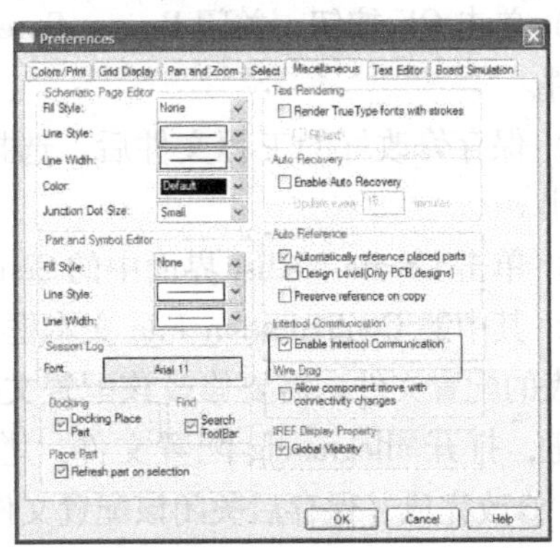

图 9.125　勾选 Enable Intertool Communication 复选项

（2）单击 OK 按钮以后，使能 Capture CIS 和 Allegro 直接的通信程序。调整 Capture CIS 和 Allegro 的显示界面，使其各占屏幕的一半，以便于摆放时查看元件。

（3）交互摆放元件。在 Allegro PCB Editor 窗口选择 Place—Manually 命令，打开 Placement 窗口。在 Capture CIS 中单击 U2，此时可以看到 Placement 窗口中 U2 已经被选中，将鼠标移动到工作区域，U2 挂载在鼠标指针上。在合适的位置单击之后，U2 将被摆放到电路板中去，如图 9.126 所示，Capture CIS 和 Allegro PCB Editor 实现同步摆放。

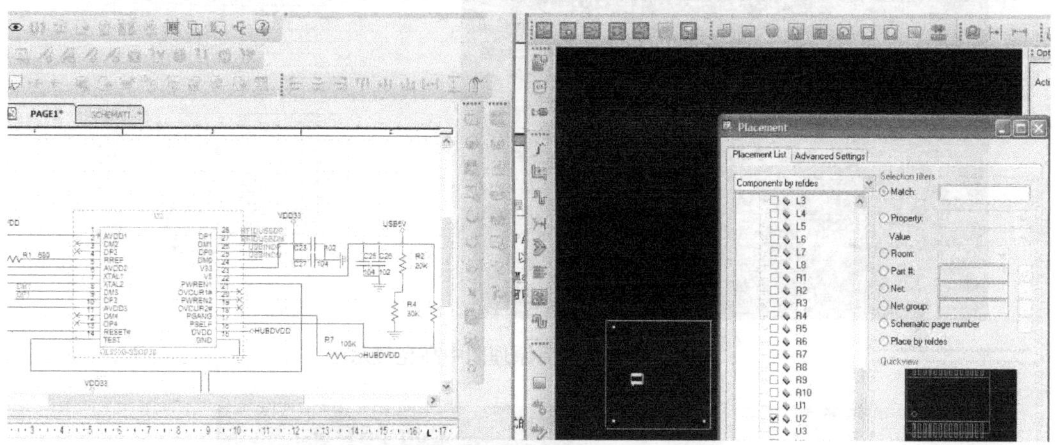

图 9.126　交互摆放元件

（4）同步选中。在 Orcad Capture CIS 中单击 U2 之后，Allegro PCB Editor 窗口中也会选中 U2 元件，并且会暂时高亮显示，如图 9.127 所示。

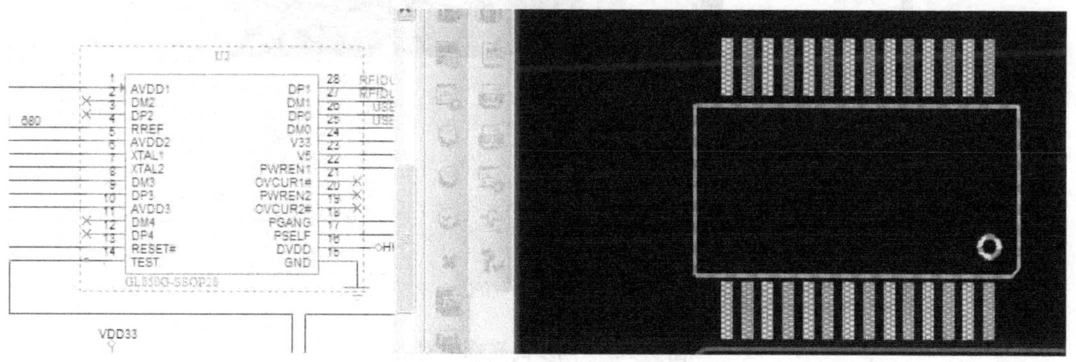

图 9.127　选中后 PCB 下高亮显示

（5）Allegro 和 Capture 交互式元件选择。在 Allegro PCB Editor 中选中元件之后，Capture CIS 窗口中也会同步选中该元件，如图 9.128 所示，在 Allegro 选中 U1 元件后，Capture CIS 该元件 U1 被高亮选中。

（6）Allegro 和 Capture 交互式高亮网络。在 Allegro PCB Editor 中选择 Display—Highlight 命令，Finds 选项卡中只勾选 Nets 复选项，用鼠标单击需要高亮显示的网络之后，在 Capture CIS 窗口中也会同步选中相同网络，如图 9.129 所示。

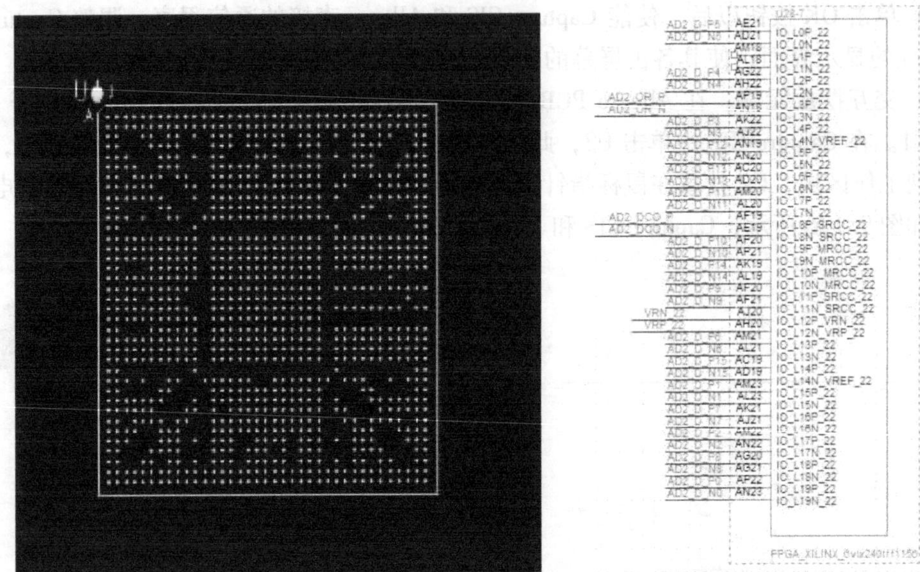

图 9.128　选中后原理图中高亮显示

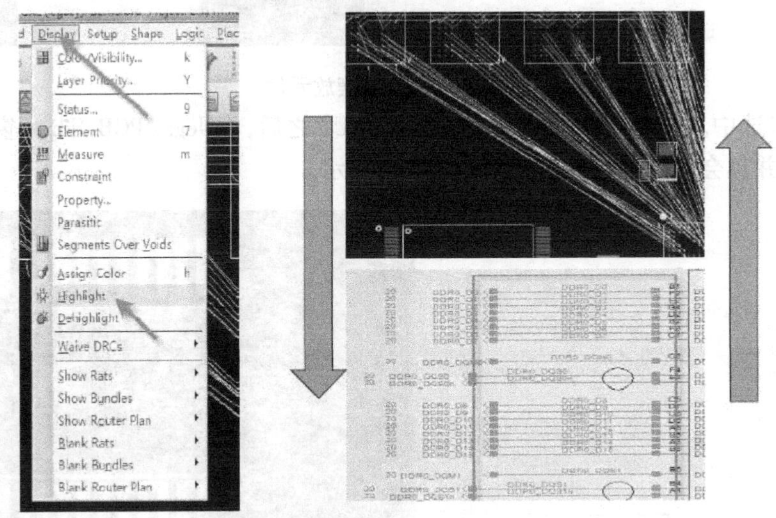

图 9.129　同步高亮选中网络

9.12　飞线 Rats 的显示和关闭

在 PCB 布局过程中，需要查看各个模块之间的飞线顺序是否合理，以便于合理安排元件的相对位置，从而确立布局的思路。在布局阶段可以关闭整板所有飞线，可以打开整板所有飞线，还可以只打开某个元件相关网络的所有飞线，还可以打开某个 Nets 的飞线，具体的操作步骤如下。

（1）显示整板所有飞线。选择 Display—Show rats—All 命令，或单击快捷图标，都可以打开显示整板的所有飞线，如图 9.130 所示。

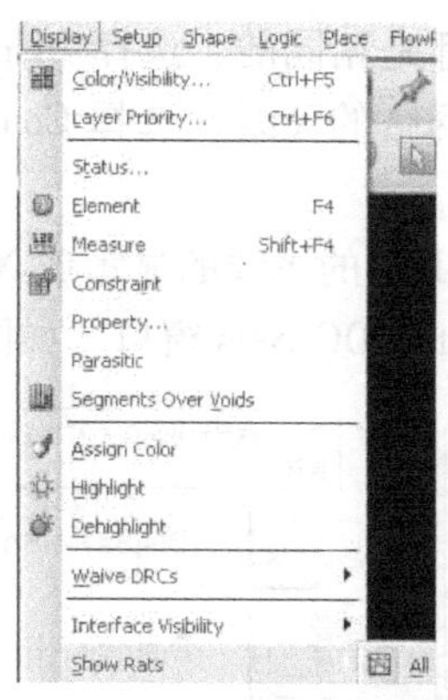

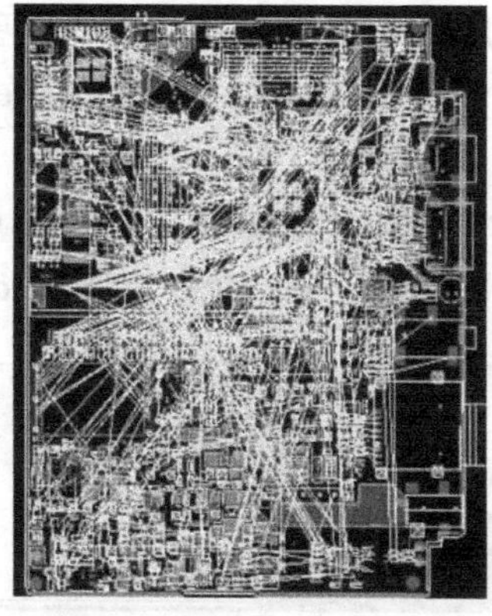

图 9.130 显示整板所有飞线

（2）显示单个元件的飞线。选择 Display—Show rats—Components 命令，单击想要显示飞线的元件后，和该元件有关联的所有网络飞线将被显示出来，如图 9.131 所示。

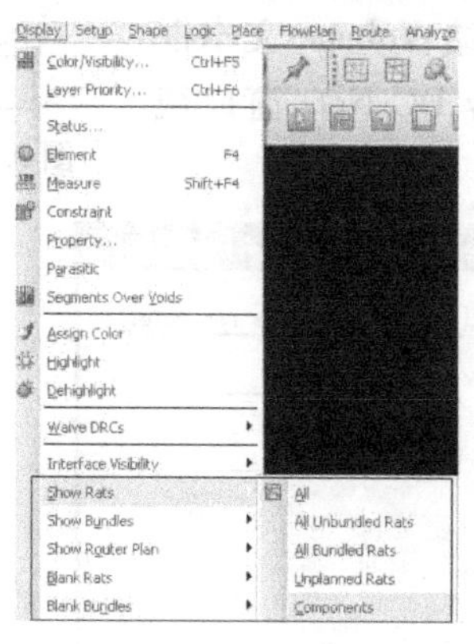

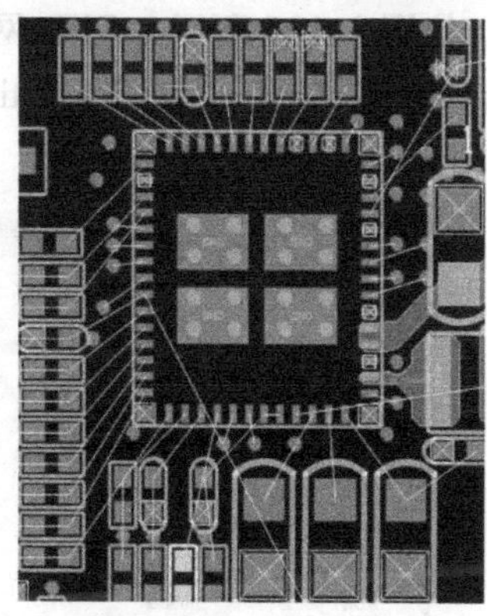

图 9.131 显示单个元件的飞线

（3）按照网络显示飞线。选择 Display—Show rats—Net 命令，在 Find 选项卡中只选择 Nets 选项，单击想要显示飞线的网络后，该网络上所有的对象（Shape 铜皮、Via、Pins）飞线将被显示，如图 9.132 所示。

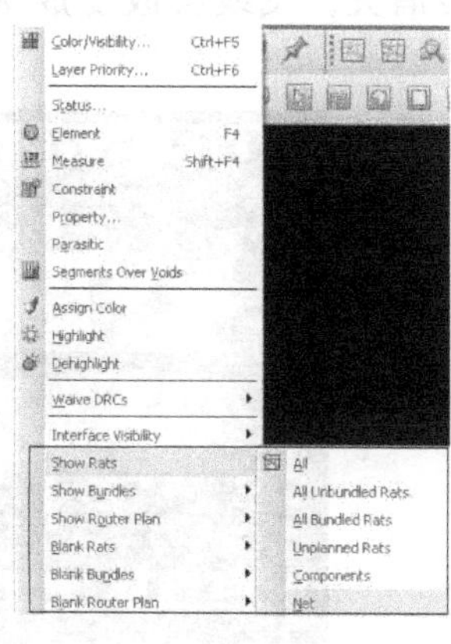

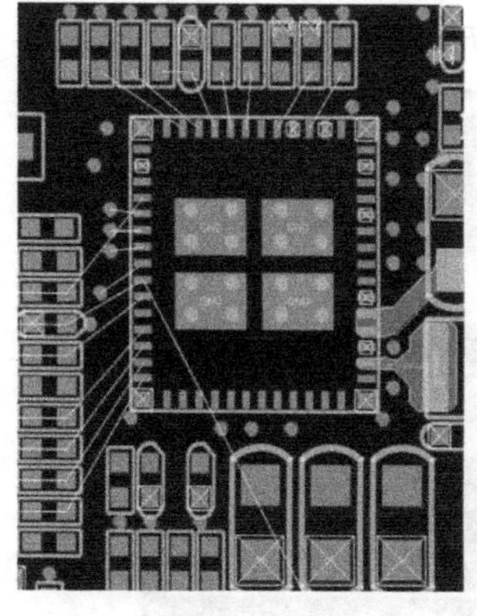

图 9.132 按照网络显示飞线

（4）关闭飞线的命令和打开飞线类似，选项都是相同的，选择 Display—Blank rats—All 命令，关闭所有飞线。选择 Nets 命令来关闭 Net 网络的飞线，选择 Components 命令来关闭元件的飞线，如图 9.133 所示。

（5）X 形式显示。可以让电源类（VCC 和 GND）的飞线的显示成 X 的形式，这样方便布线。选择 Logic—identify dc nets 命令，弹出 Identify DC Nets 窗口，如图 9.134 所示。

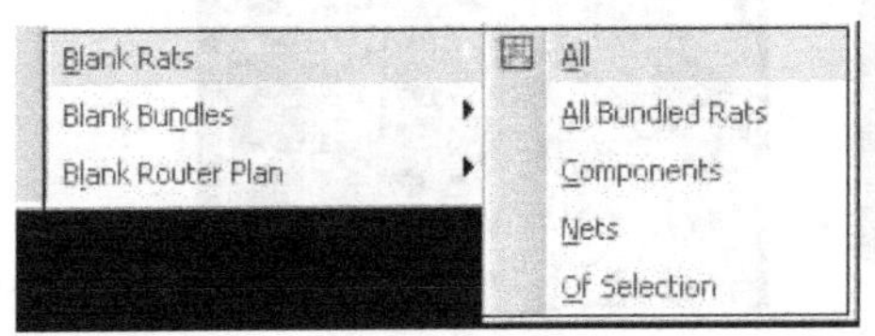

图 9.133　关闭飞线显示

（6）在 Identify DC Nets 窗口中，在左侧浏览选择网络名称，在右侧的 Voltage 文本框中输入电压，单击 Apply 按钮即可完成该网络的电压修改。如图 9.135 所示，GND 网络 Voltage 文本框中输入电压 0V 以后，单击 Apply 按钮。Identify DC Nets 窗口截图如图 9.135 所示。

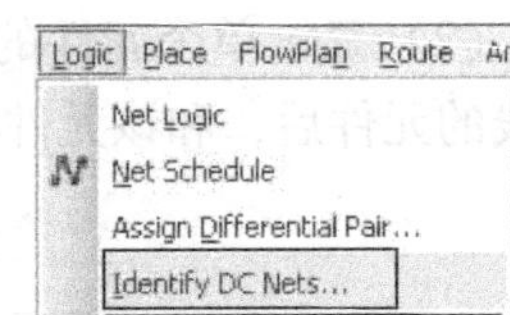

图 9.134　X 形式显示

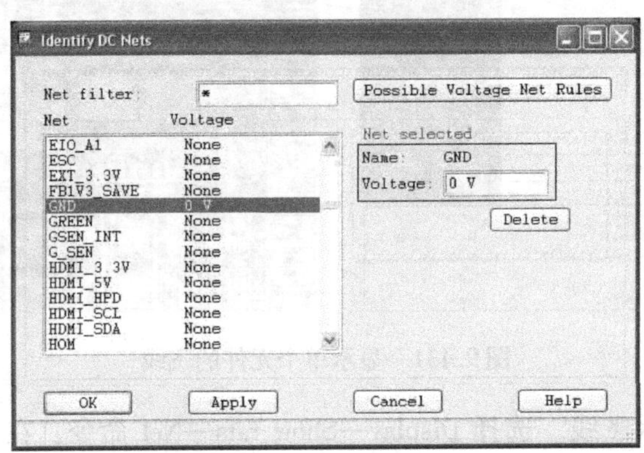

图 9.135　X 形式显示设置

（7）修改后 GND 网络显示原本的飞线将会消失，飞线会改变成 X 形式显示，如图 9.136 和图 9.137 所示。

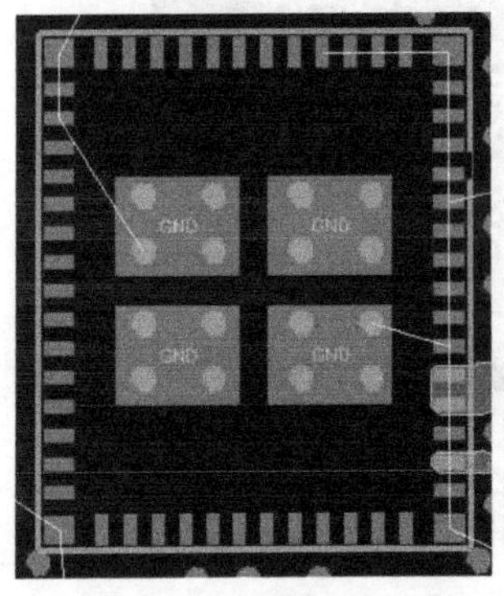

图 9.136　GND 网络修改前的显示效果

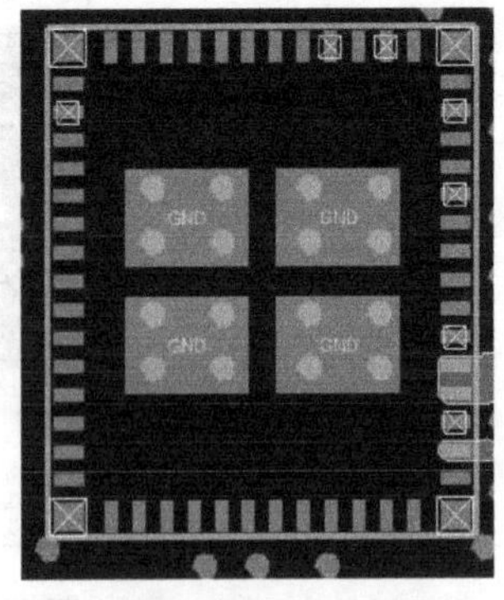

图 9.137　GND 网络修改后的显示效果

9.13 SWAP Pin 和 Function 功能

（1）SWAPPin 是用来交换一个元件内相同 PinGroup 的元件引脚，它只能在自己元件内部同一个 PinGroup 进行，这个设置要在原理图 Capture CIS 里面的 lib 元件库中进行设置，设置后将修改后的元件库替换到原理图中，然后生成新的网络表文件，导入到 Allegro PCB Editor 中该功能才有效，否则 Pin 交换的功能无效。如图 9.138 所示，在元件库中增加 PinGroup 属性，将相同组内可以交换的引脚设置成同组的 PinGroup。引脚 Pin1 ～ 8 设置成 PinGroup 数值为 1，那么该组内引脚 Pin1 ～ 8 可以进行交换，引脚 Pin9 ～ 14 设置成 PinGroup 数值为 2，那么该组内引脚 Pin9 ～ 14 可以进行交换。进入 Allegro PCB Editor 后，选择 Place—Swap—Pins 命令后，引脚 Pin1 ～ 8 内可以用鼠标单击引脚进行交换，引脚 Pin9 ～ 14 内可以用鼠标单击引脚进行交换。

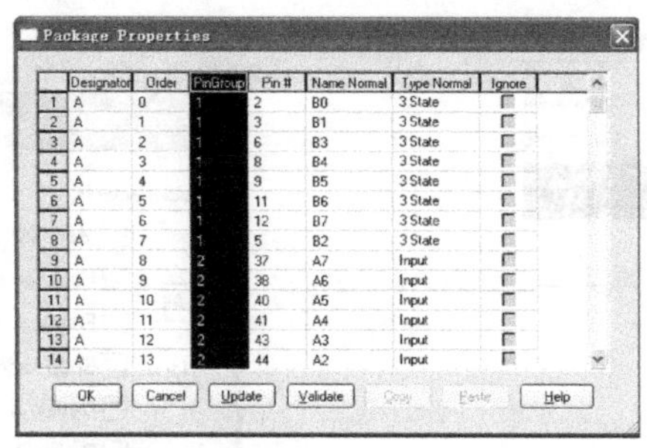
Package Properties

	Designator	Order	PinGroup	Pin #	Name Normal	Type Normal	Ignore
1	A	0	1	2	B0	3 State	
2	A	1	1	3	B1	3 State	
3	A	2	1	6	B3	3 State	
4	A	3	1	8	B4	3 State	
5	A	4	1	9	B5	3 State	
6	A	5	1	11	B6	3 State	
7	A	6	1	12	B7	3 State	
8	A	7	1	5	B2	3 State	
9	A	8	2	37	A7	Input	
10	A	9	2	38	A6	Input	
11	A	10	2	40	A5	Input	
12	A	11	2	41	A4	Input	
13	A	12	2	43	A3	Input	
14	A	13	2	44	A2	Input	

OK　Cancel　Update　Validate　Copy　Paste　Help

图 9.138　将相同组内可以交换的引脚设置成同组的 PinGroup

（2）Function Swap 是用来交换同个芯片内部不同 GATE 模组，这个功能要原理图 Capture CIS 里面设置 GATEGROUP 属性来获得，只有在原理图中设置好同步到 Allegro PCB Editor 内之后才能使用这个功能，否则无效。如图 9.139 所示，将 FCT16245 芯片内部不同 GATE 模组设置成 GATEGROUP 属性为 1，那么在进入 Allegro PCB Editor 后，选择 Place—Swap—Function 命令，不同 GATE 模组可以进行交换。

（3）在 Allegro 中进行的 Pin Swap 和 Function Swap 后，可以通过 Back Annotate 回标到原理图 Capture CIS 中。如图 9.140 所示，U1A 中的 A6 和 A7 引脚在 Allegro PCB Editor 中进行 Swap Pins 交换后回标到原理图 Capture CIS 中。

FPLIST	DIP48,SSOP48,SSOP48S	DIP48,SSOP48,SSOP48S
GATEGROUP	1	1
Graphic	FCT16245.Normal	FCT16245.Normal

图 9.139　Function Swap 功能设置

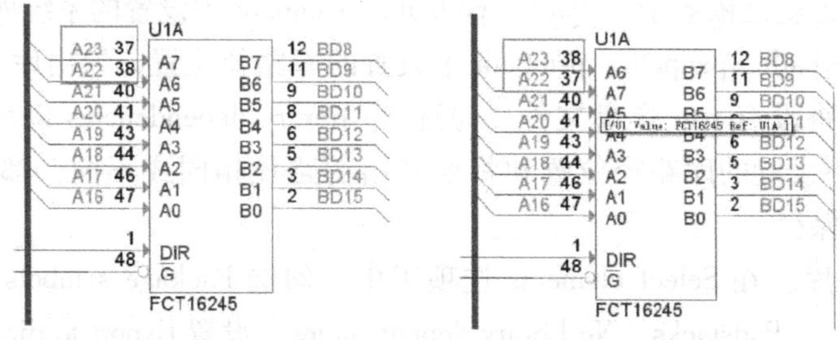

图 9.140　通过 Back Annotate 回标到原理图中

9.14 元件相关其他操作

Allegro 支持元件的更新、焊盘更新、焊盘替换、元件库的导出、布局导入/导出操作，具体介绍如下。

9.14.1 导出元件库

Allegro 支持元件库导出功能，利用该功能可以将当前电路板中各种对象导出到元件库路径中，可以在其他设计中直接调用该元件库，这对使用 Allegro PCB Editor 绘制电路板来说是非常高效的一种功能，具体操作步骤如下。

（1）选择 File—Export—Libraries 命令，如图 9.141 所示，弹出 Export Libraries 对话框，如图 9.142 所示。

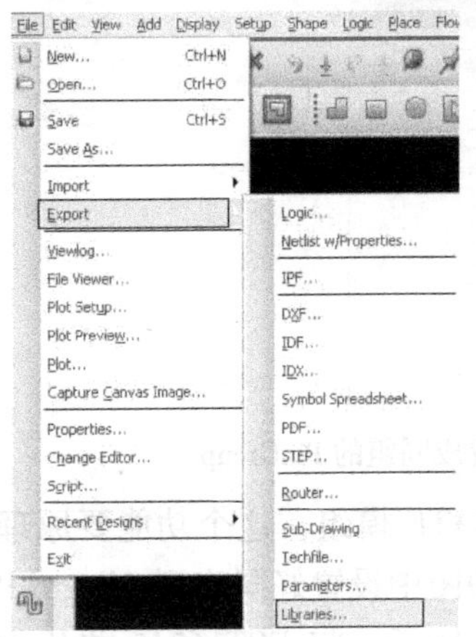

图 9.141 选择 File—Export—Libraries 命令

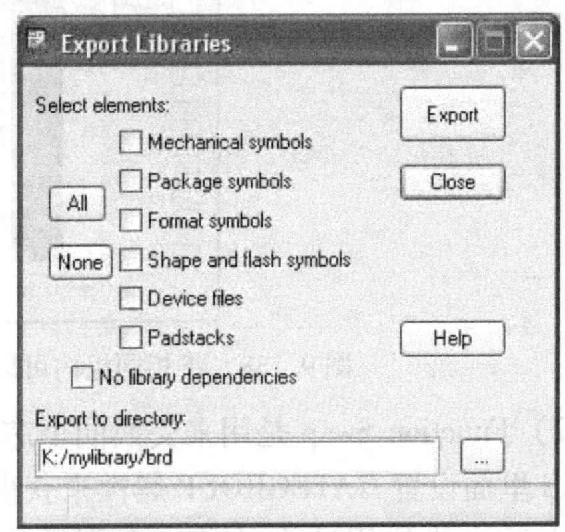

图 9.142 Export Libraries 对话框

（2）选项设置。Select elements 选项组用来选择导出的对象，Mechanical symbols 机械符号、Package symbols 封装图形、Format symbols 格式图形、Shape and flash symbols 形状和 Flash 图形、Device files 设备文件、Padstacks 焊盘文件。在需要输出的文件类型前打钩，表示将要导出该类文件类型。No library dependencies 复选项用来决定导出的库文件是否依赖于库的路径设置。Export to directory 文本框中用来设置需要导出文件的库路径。

（3）No library dependencies 的解释。不勾选 No library dependencies，导出的元件库依赖于系统的库路径，也就是依赖于 devpath、padpath、psmpath 中设置的系统库路径。需要导出的库路径若不是 devpath、padpath、psmpath 中设置的库路径位置，导出库的过程将会报错，导出后的元件库中将没有 pad 焊盘文件。勾选 No library dependencies 以后，不管 devpath、padpath、psmpath 中设置的库路径位置和将要导出的路径相同或不同，都会正确导出库文件，焊盘文件会被保存。

（4）导出元件库。在 Select elements 选项组中，勾选 Package symbols、Shape and flash symbols、Device files、Padstacks、No library dependencies，设置 Export to directory 路径后，单击 Export 元件库会被导出到指定目录。导出的库文件中包括了各种 *.psm，*.ssm，*.fsm

文件，还有第三方网络表所需要的 Device 文件，操作界面如图 9.143 和图 9.144 所示。

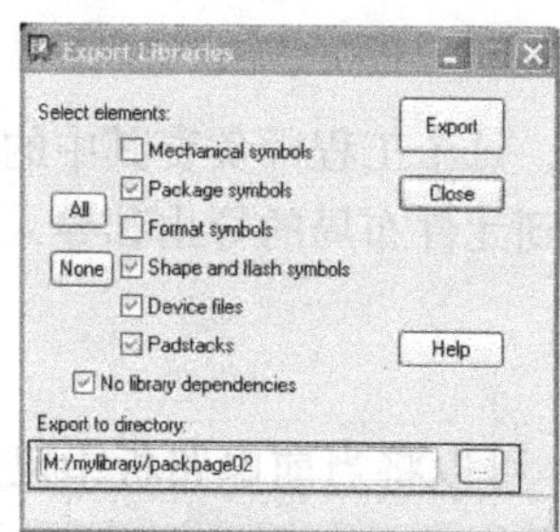

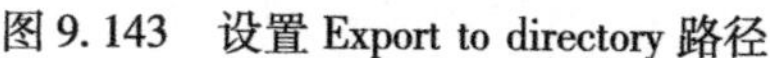

图 9.143　设置 Export to directory 路径

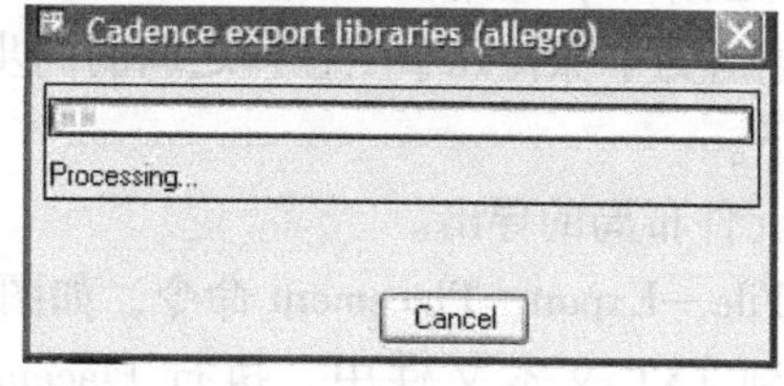

图 9.144　导出进程对话框

9.14.2　更新元件（Update Symbols）

在设计过程中，可能误操作删除或者修改了元件的丝印及引脚焊盘等问题，这时就需要使用 Update Symbols 命令，可以将库中的元件和当前电路板进行同步，将元件恢复到导入时的状态。更新元件操作，步骤如下。

（1）选择 Place—Update Symbols 命令，弹出 Update Symbols 窗口，如图 9.145 所示。

（2）Select definitions to update 选项框用来选择更新的对象，Modules 模块更新、Place replicate modules 重新放置模块、Package symbols 封装图形、Mechanical symbols 机械符号、Shape and flash symbols 形状和 Flash 图形符号。复选项中 Update symbols padstacks from library 更新焊盘、Reset pin escapes（fanouts）复位引脚，界面截图如图 9.146 所示。

（3）假如需要更新 C_0805 的封装，Select definitions to update 中勾选 Package symbols 中的 C_0805 封装，勾选 Update symbols padstacks from library，单击 Refresh 按钮后，电路板中所有的 C_0805 的封装元件将会被更新，操作如图 9.147 所示。

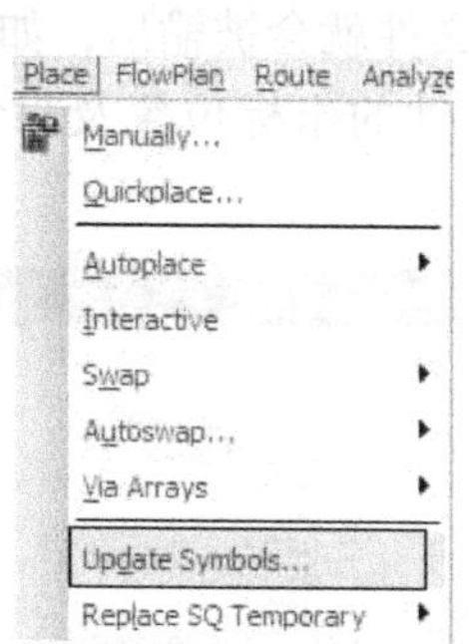

图 9.145　选择 Place—Update Symbols 命令

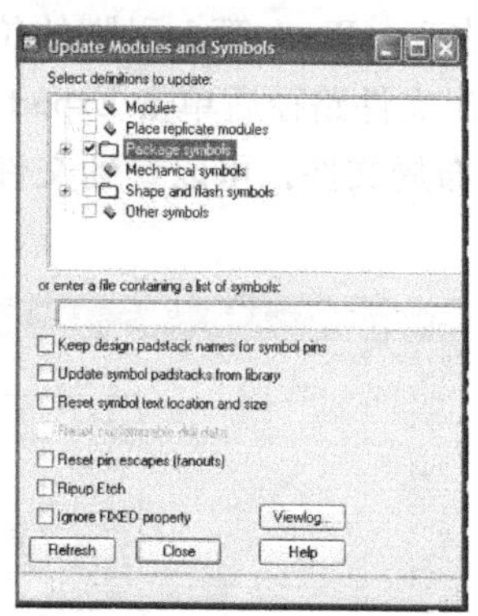

图 9.146　选择更新的对象

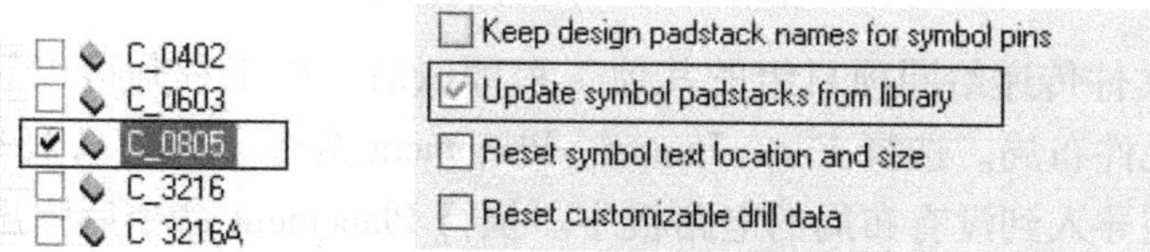

图 9.147　选择要更新的特定元件

9.14.3 元件布局的导出和导入

在实际工作中，电路板可能是几个工程师共同完成的，每个工程师负责其中的某一部分的设计，这时为了保持几个工程师之间的同步，就需要用到元件布局的导出和导入功能，具体操作如下。

（1）元件布局的导出。

选择 File—Export—Placement 命令，如图 9.148 所示，可以将当前电路板中已经做好的布局导出到 TXT 文本文件中。执行 Placement 命令后弹出 Export Placement 对话框，如图 9.149 所示。

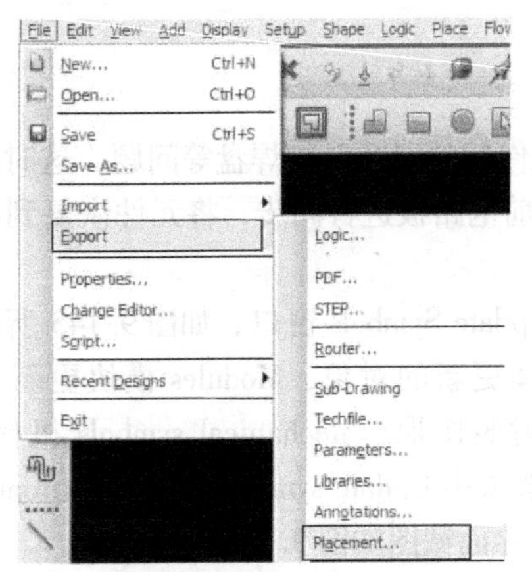

图 9.148 选择 File—Export—Placement 命令

图 9.149 设置导出路径

（2）在 Export Placement 对话框中，Placement File 文本框用来设置输出文件的名称及路径。Placement Origin 用来设置元件导出的参考原点，Symbol Origin 使用元件的原点、Body Center 元件的中心、Pin 1 第 1 引脚的位置，默认选择 Symbol Origin 使用元件的参考原点即可。设置好输出文件路径后单击 Export 按钮，元件布局文件就会被输出，如图 9.149 所示。

（3）打开布局文件，可以看到文件中会记录所有元件的坐标位置及封装信息等，如图 9.150 所示。

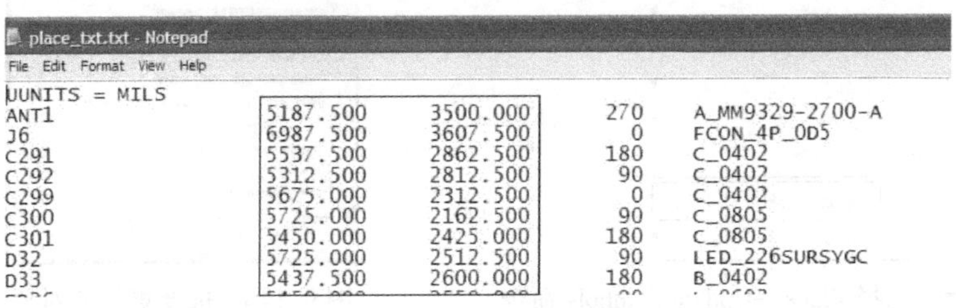
place_txt.txt - Notepad

File Edit Format View Help

```
UUNITS = MILS
ANT1      5187.500   3500.000   270   A_MM9329-2700-A
J6        6987.500   3607.500     0   FCON_4P_0D5
C291      5537.500   2862.500   180   C_0402
C292      5312.500   2812.500    90   C_0402
C299      5675.000   2312.500     0   C_0402
C300      5725.000   2162.500    90   C_0805
C301      5450.000   2425.000   180   C_0805
D32       5725.000   2512.500    90   LED_226SURSYGC
D33       5437.500   2600.000   180   B_0402
```

图 9.150 打开布局文件

（4）将布局文件传递给同项目组的其他工程师以后，该工程师可以导入该文件，获得与导出者相同的元件布局。选择 File—Import—Placement 命令，如图 9.151 所示，可以将已经布置好的布局图导入到没有布局的电路板中。执行 Placement 命令后弹出 Export Placement 对话框，如图 9.152 所示。

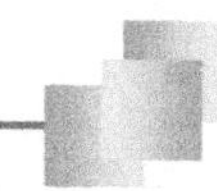

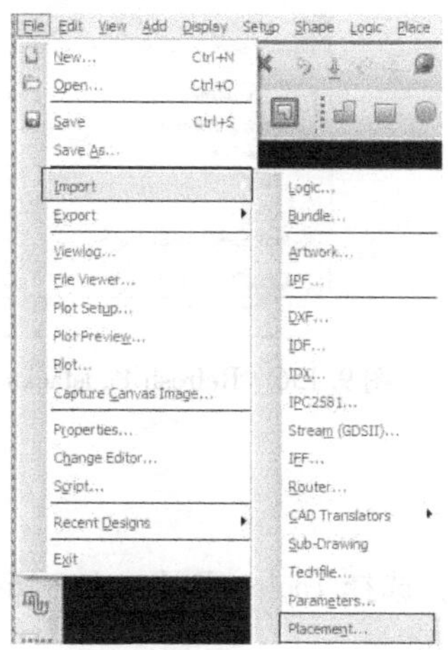

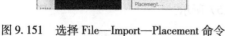

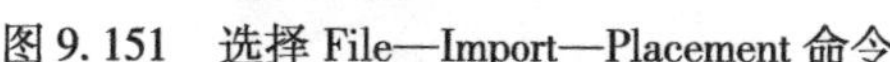
图 9.151 选择 File—Import—Placement 命令

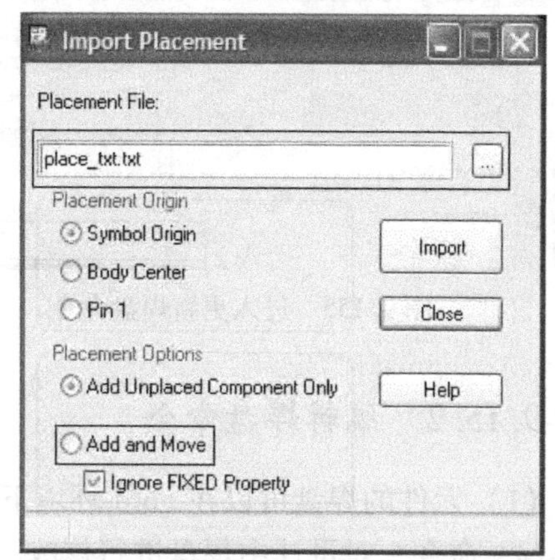

图 9.152 选择导入的文件

（5）在 Placement File 文本框来中选择需要导入的路径和文件，在 Placement Options 中选择 Add Unplaced Component Only 表示仅添加未布局的元件，Add and Move 表示添加和移动元件，勾选 Ignore FIXED Property 复选项以后可以忽略元件锁定。选择 Add and Move，勾选 Ignore FIXED Property 复选项后，单击 Import 按钮，元件布局将会被导入，如图 9.153 和图 9.154 所示。

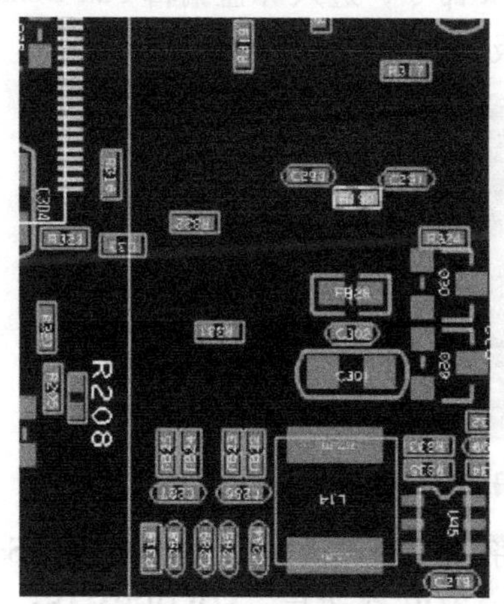

图 9.153 未导入布局前，元件杂乱摆放

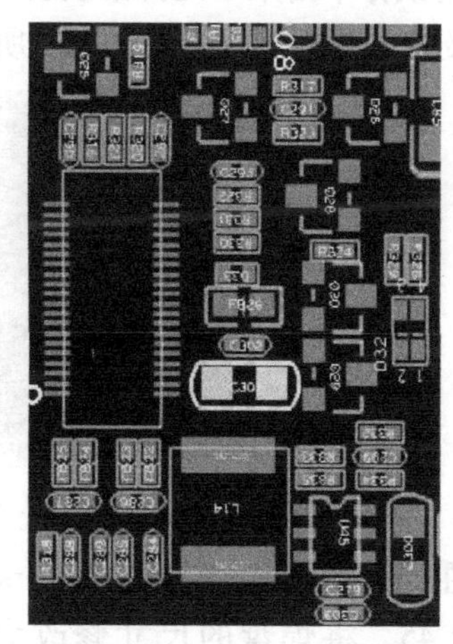

图 9.154 导入布局后，元件摆放整齐

9.15 焊盘 Pad 的更新、修改和替换

9.15.1 更新焊盘命令

选择 Tools—Padstack—Refresh 命令，如图 9.155 所示，可以将库中的焊盘文件和目前 PCB 中的焊盘文件进行同步。进入 Refresh Padstacks 对话框后，单击 Refresh 按钮就执行焊盘更新命令，如图 9.156 所示。

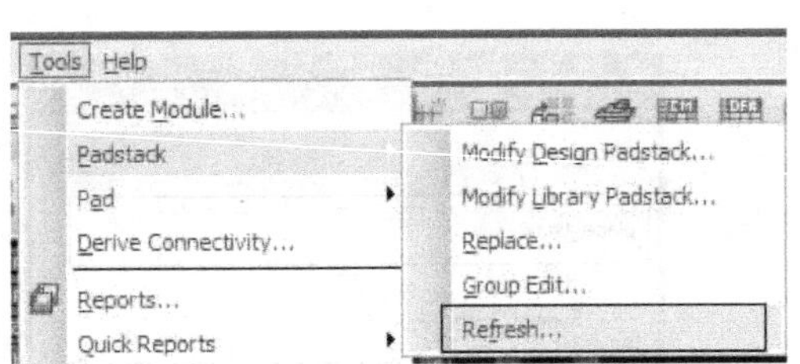

图 9.155　进入更新焊盘命令

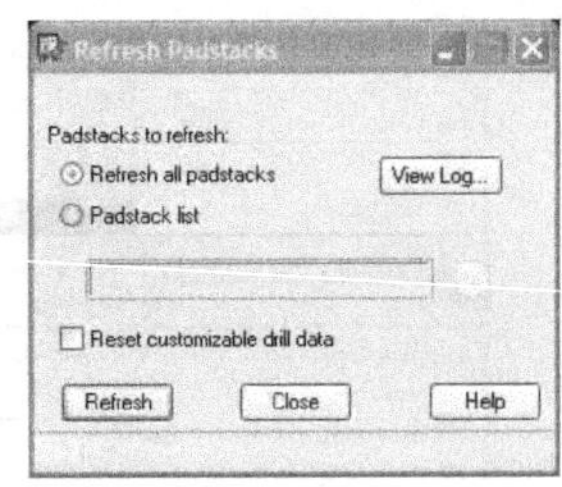

图 9.156　Refresh Padstacks 对话框

9.15.2　编辑焊盘命令

（1）元件的焊盘可以在 .brd 环境下直接进行编辑，选择 Tools—Padstack—Modify Design Padstack 命令，对设计中焊盘进行修改，如图 9.157 所示。

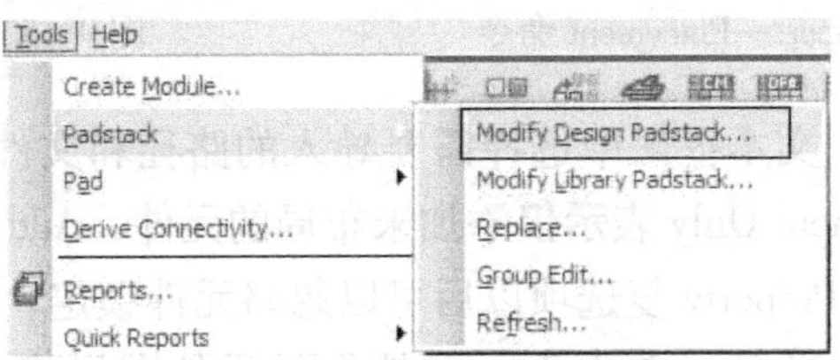

图 9.157　进入编辑焊盘命令

（2）用鼠标单击某个元件的引脚，右键选择 Edit 命令，进入焊盘编辑 Pad Densigner 窗口，以二极管封装为例，如图 9.158 所示，选择二极管的引脚后，选择 Edit 命令。

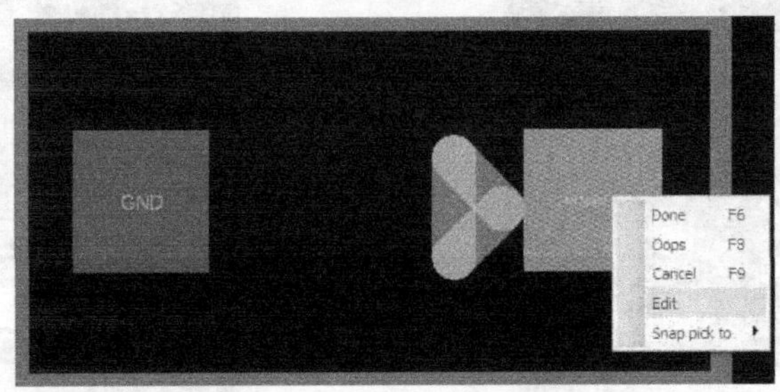

图 9.158　进入焊盘编辑窗口

（3）在 Pad Designer 窗口的 Layers 选项卡中，将 Regular Pad 的 TOP 层的焊盘 Square 从 31.50 改为 45，将焊盘的尺寸修改大一些（注意，TOP 修改后，SOLDERMASK_TOP 和 PASTEMASK_TOP 也需要相应修改）。修改完成以后数据如图 9.159 所示。

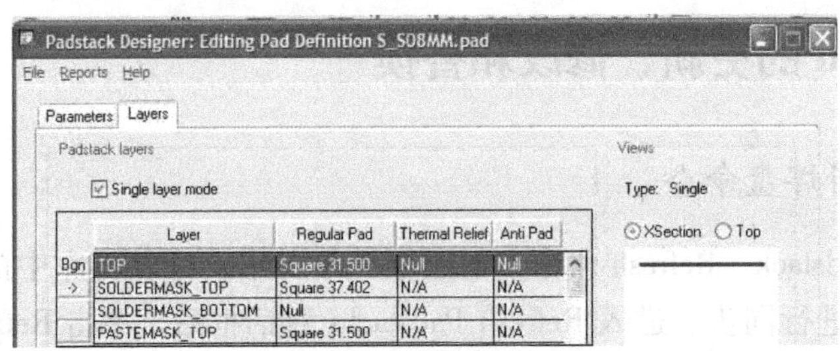

图 9.159　更改相应层信息

（4）在 Pad Designer 窗口中，选择 File—Update to Design 命令后，电路板元件中的同名焊盘将会被全部修改，焊盘尺寸变大，如图 9.160 和图 9.161 所示。

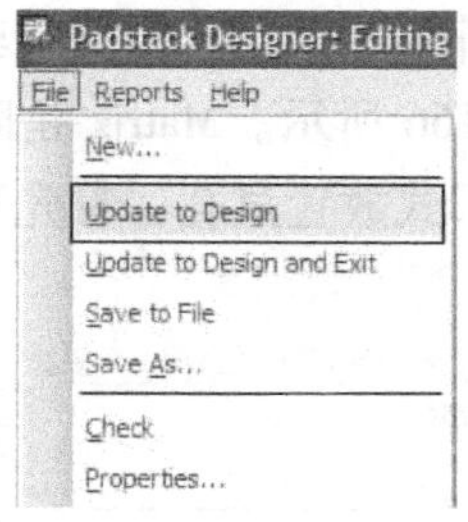

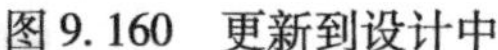

图 9.160　更新到设计中

图 9.161　更新后的效果

9.15.3　替换焊盘命令

（1）元件的焊盘可以在 .brd 环境下直接进行替换，选择 Tools—Padstack—RePlace 命令，进入焊盘替换命令，如图 9.162 所示。

（2）在 Options 选项卡中，勾选 Single via replace mode 后表示只替换当前单个焊盘。不勾选代表当前电路板中该类型的焊盘将全部被替换。Old 就是目前板子上所用的焊盘，New 就是要替换的焊盘，通过浏览的方式到库路径下去选择焊盘文件，双击后可以加入文本框中，如图 9.163 所示。

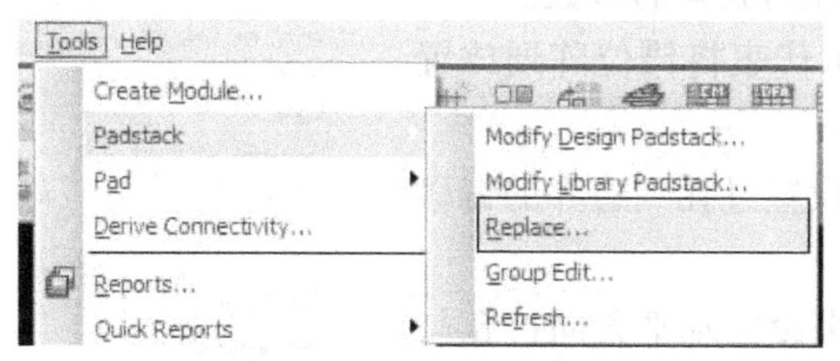

图 9.162　替换焊盘命令

图 9.163　替换焊盘对话框

（3）用鼠标在电路板上单击，所选择的焊盘会自动填入到 Old 文本框，代表要替换的就是该焊盘。单击 Replace 按钮将完成焊盘的替换，若发现更换焊盘使用错误后，可以单击 Reset 按钮，恢复刚才的替换。焊盘替换前和替换后，如图 9.164 和图 9.165 所示。提示，替换焊盘命令是批处理命令，符合条件都会被替换，请谨慎使用。

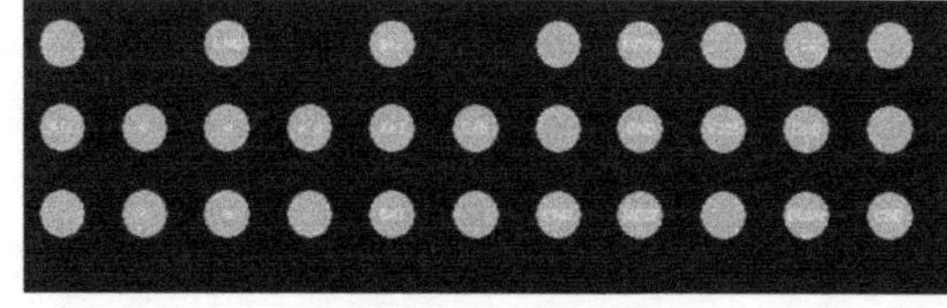

图 9.164　替换前焊盘

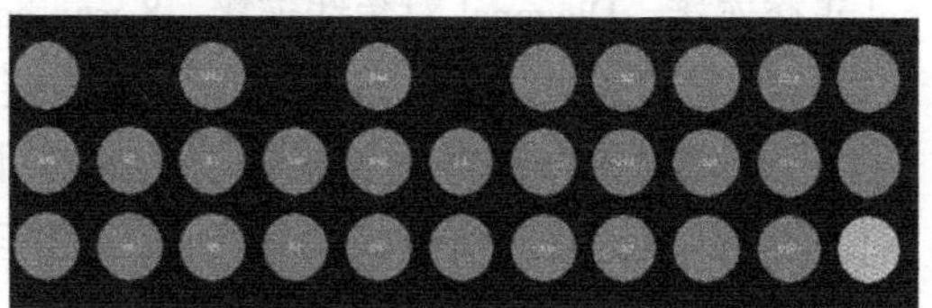

图 9.165　替换后焊盘，焊盘变大

9.16　阵列过孔（Via Arrays）

阵列过孔顾名思义就是通过阵列的方式来放置过孔，阵列过孔摆放操作步骤如下。

（1）执行命令。选择 Place—Via Arrays 命令，如图 9.166 所示。Matrix 是阵列方式进行摆放的阵列过孔形式，Boundary 是包裹某个信号变成包裹形式放置过孔，首先选择 Matrix 阵列放置命令。

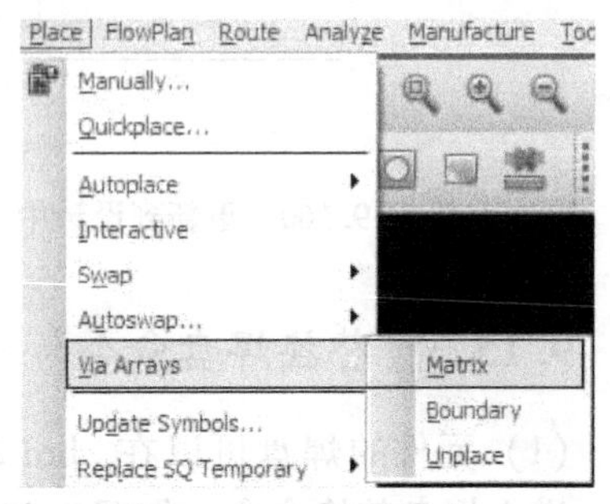

图 9.166　选择 Matrix 阵列放置命令

（2）Matrix 命令的 Options 选项卡功能介绍，如图 9.167所示。

① Enable DRC check 复选项：勾选表示放置过孔中启用 DRC 检查，有 DRC 错误的地方将不摆放阵列过孔。

② Disable preview 复选项：勾选表示禁止预览。

③ Operation mode 功能组是操作模式选择，单选项 Board mode 表示对整个电路板进行操作；单选项 Area mode 表示对框选的面积内进行操作；单选项 Shape mode 表示对 Shape 图形进行操作。单选项 Area mode。

④ Via net 文本框：用来设置阵列过孔中使用的过孔将连接到的网络，经常使用阵列过孔连接到 GND，所以该处选择 GND 网络。

⑤ Padstack 文本框：用来设置使用哪个 Via 过孔进行阵列摆放，采用 VIAC15D10I 进行阵列摆放。

⑥ Matrix parameters 功能组用于设置阵列放置的参数。

- Sstaggered Vias 复选项：勾选后表示代表将错位阵列放置过孔。
- Via – Boundary offset 文本框：用来设置过孔到边界的偏移距离，设置成 5.08mm。
- Horizontal via – via gap 文本框：用来设置水平方向过孔与过孔间的距离，设置成 5.08mm。
- Vertical via – via gap 文本框：用来设置垂直方向过孔与过孔间的距离，设置成 5.08mm。

⑦ Thermal relief connects 文本框：用来设置过孔和同网络铜箔的连接方式。下拉列表中有 Full contact 采用全连接、Orthogonal 正交连接、Diagonal 对角线连接、8 way connect 8 路交叉连接、None 不连接。设置成 Full contact 采用全连接。

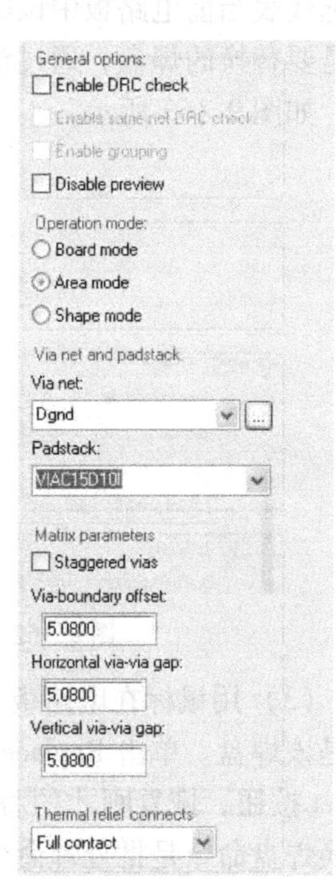

图 9.167　选择 Matrix 阵列放置命令放置过孔

（3）用鼠标左键在电路板需要放置过孔的区域内单击，然后拖动出区域，此时电路板中将出现白的阵列过孔图形，如图 9.168 所示。右键选择 Place 后，阵列过孔就放置完成，如图 9.169 所示。

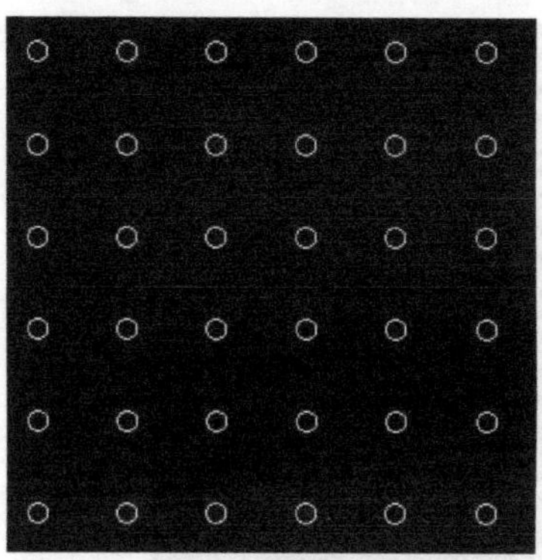

图 9.168　白的阵列过孔图形

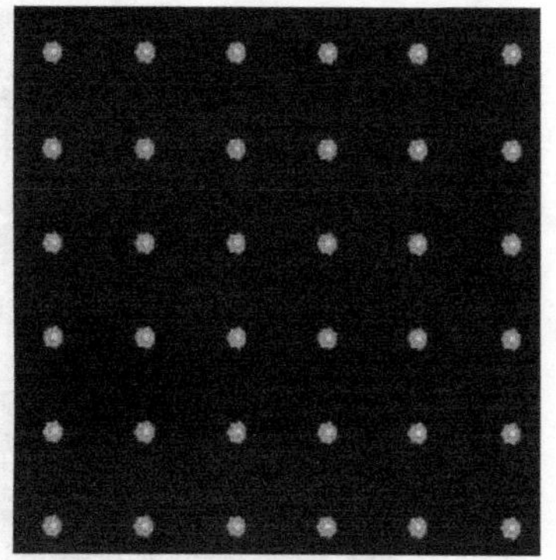

图 9.169　放置好的阵列过孔

（4）Boundary 是包裹某个信号变成包裹形式放置过孔，使用方法和 Matrix 命令类似，不同的是围绕某个信号线或差分对进行环绕包裹摆放。过孔摆放完成以后如图 9.170 和图 9.171 所示。

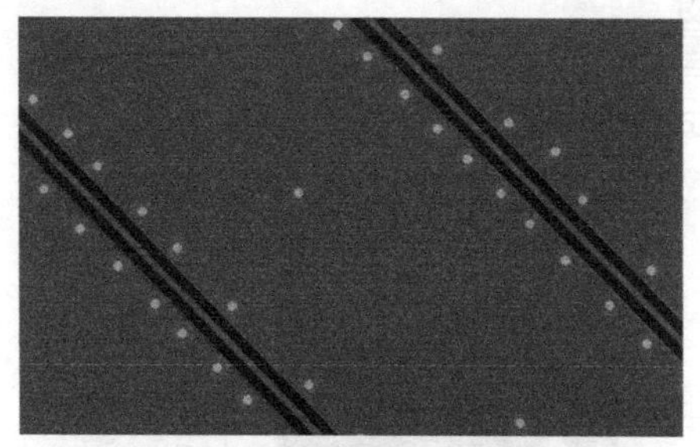

图 9.170　Boundary 环绕阵列过孔 1

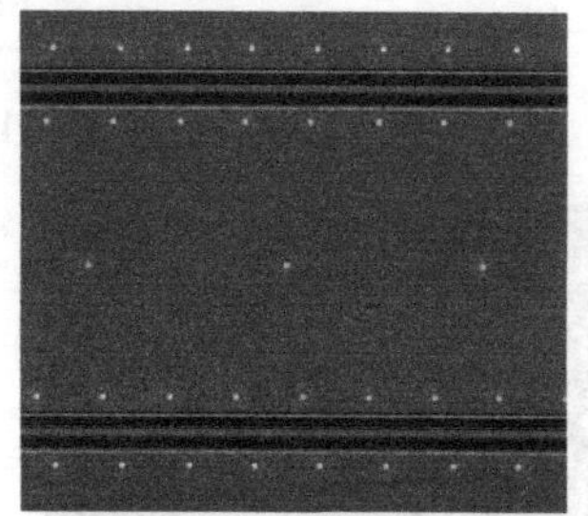

图 9.171　Boundary 环绕阵列过孔 2

9.17　模块复用

使用 Allegro 软件进行 PCB 设计，当电路图中有很多电路相同的模块时，使用模块复用的操作方法提高工作效率、减少工作量，同时也可以使得电路板的设计上显得整体美观，模块复用的具体操作步骤如下。

（1）多个电路模块，在原理图中的电路也相同的，只要在电路板中做好其中一个模块布局后，另外剩余通道都可以通过模块复用的方式快速完成布局，这对于复杂的电路效果会更明显。如图 9.172 所示是两路视频输出的通道电路，左侧是已经布局完成的视频输出通道组，右侧是未布局的视频通道组，接下来使用模块复用的方式，完成右侧通道的布局。

（2）选择 Setup—Application Mode—Placement Edit 命令，切换工作模式到布局模式下，如图 9.173 所示（模块复用只有在 Placement Edit 模式下才能执行）。

（3）用鼠标在已经布局完成的左侧的电路模块上单击，框选所有已经布局完成元件，选择后被选中的元件会高亮显示，如图 9.174 所示。鼠标指针放在已经选中元件的上面，右键选择 Place replicate create 命令，如图 9.175 所示。

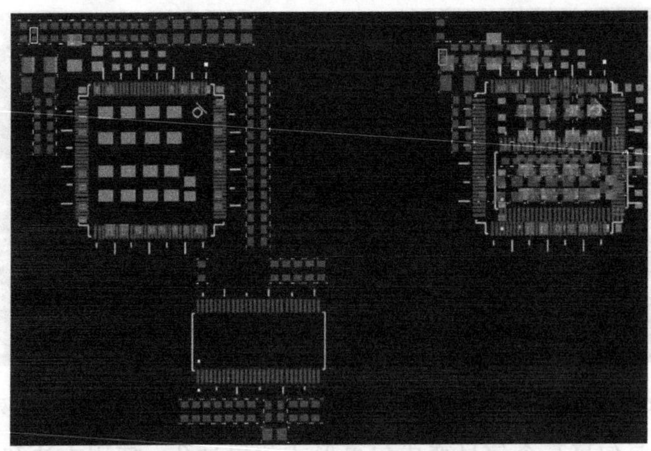

图 9.172　两路视频输出的通道电路

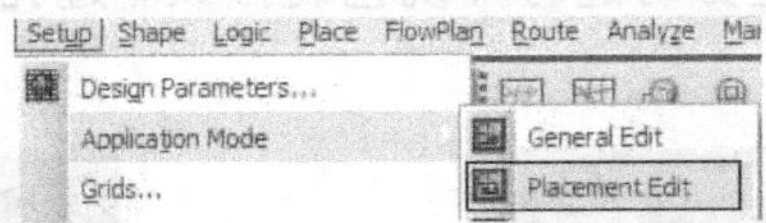

图 9.173　切换工作模式到布局模式

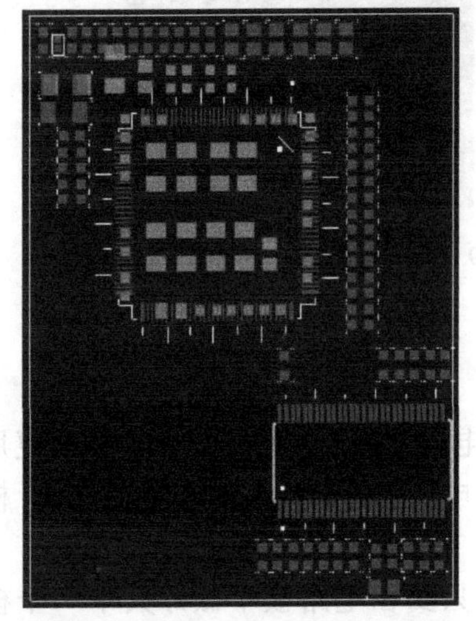

图 9.174　框选所有已经布局完成元件

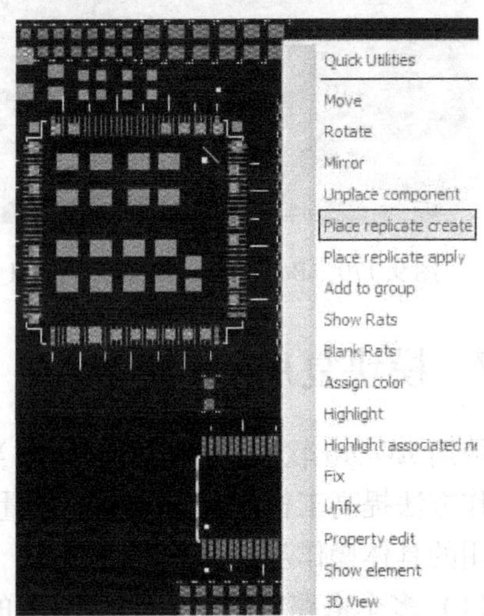

图 9.175　右键选择 Place replicate create 命令

注意：

若执行 Place replicate create 命令后，查看左侧模块中的所有元件是否被选中，如果有些元件漏选，可再次执行框选，全部选中左侧模块元件。

（4）在右键菜单中选择 Done 命令，单击左键弹出保存对话框，在对话框中输入复用模块名称，如输入 mkfy. mdd，单击 Save 按钮，保存 mkfy. mdd 文件，如图 9.176 所示。

（5）利用 mkfy. mdd 文件进行模块复用。在 Placement Edit 模式下，用鼠标框选左侧另外一个需要复用的全部元件，单击。选择 Place replicate apply 中的 MKFY 命令，如图 9.177 所示。

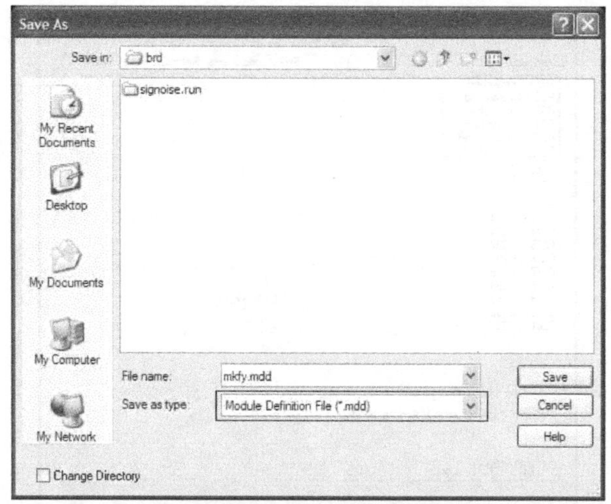

图 9. 176　保存 mkfy. mdd 文件

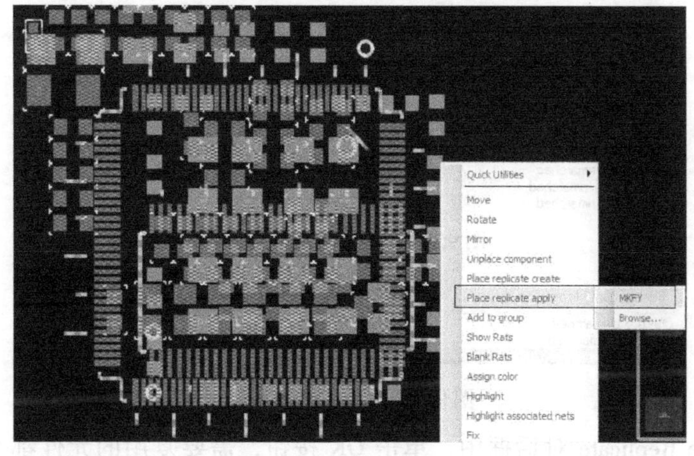

图 9. 177　选择 Place replicate apply 中的 MKFY 命令

（6）若两个模块中的元件完全一样，模块中的元件将会直接变成和左侧布局一样。若弹出 Place Replicate 对话框，则说明目标的模块不能和原始基准模块一致，存在有不同的元件，可能有些元件没有被选中或者有丢失等。但 Allegro 支持模糊复用，也就是说，会尽量把相同的元件进行模块复用，忽略其他无法找到的元件。图 9. 178 所示的 J10、R23、R33、R34、R545、R78 就是这种情况。

（7）接下来分析不匹配的原因。J10 是没有相似的元件或编号，因为原始基准模块中没有该元件造成的匹配。R23、R33，R34,、R545、R78 的电阻是因为电阻都是相同的封装 Sr0603，Value 是 49. 9，有两个相似的电阻 R323 和 R42。也就是说，这几个电阻在封装和标称值上都不是唯一的，所以复用匹配时存在问题，软件列出供给用户做选择，如图 9. 179 所示。

（8）用鼠标选择 R23、R33，R34,、R545、R78，在右侧 Similar components 文本框中手工选择匹配项。通过选择后只剩下 J10、R33、R545 共计 3 个元件没有办法和原始基准模块匹配。这说明，现在复用的模块多选择了 3 个元件，针对这 3 个元件，让软件默认忽略即可，如图 9. 180 所示。

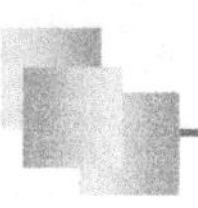

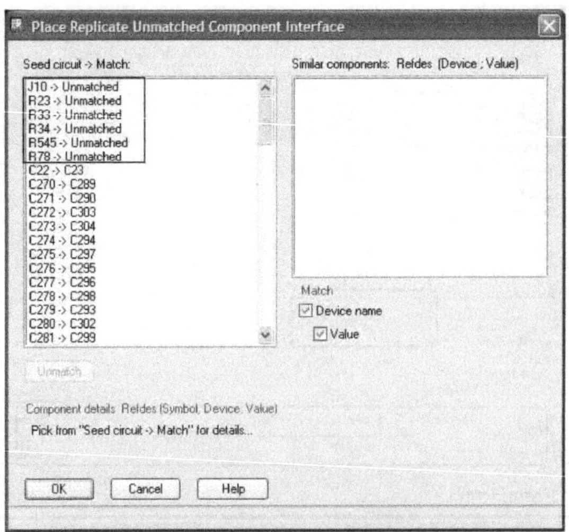

图 9.178　Allegro 支持模糊复用

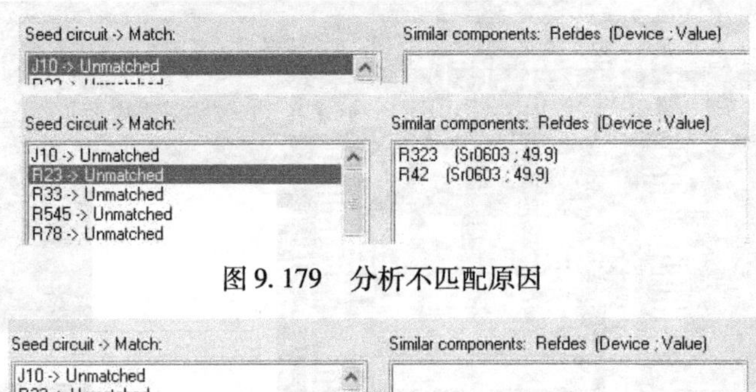

图 9.179　分析不匹配原因

图 9.180　手工选择匹配

（9）在 Place Replicate 对话框中，单击 OK 按钮，需要复用的元件都会挂在鼠标指针上，在电路板合适的位置单击之后，就可以放下该组元件，完成模块的复用，复用后的布局如图 9.181 所示右侧高亮元件。

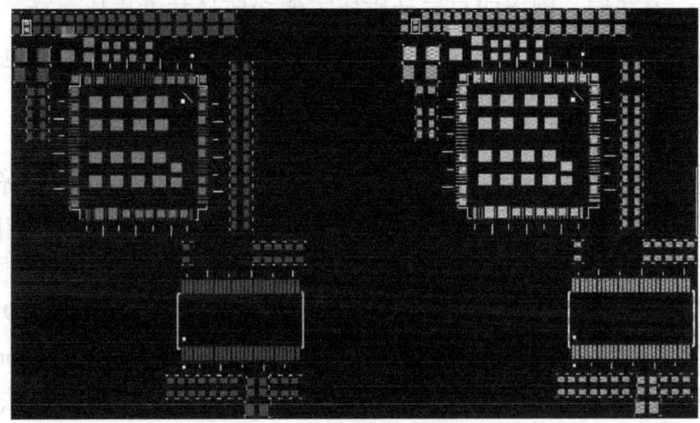

图 9.181　完成模块的复用

第10章 Constraint Manager 约束规则设置

10.1 约束管理器（Constraint Manager）介绍

约束管理器在 PCB 设计规则设置中是必不可少的，它也称为 DRC 检查规则，用来确定电路板的走线规则是否符合设计要求。在 Allegro PCB 的设计过程中，设计约束规则主要包括时序规则、走线规则、间距规则、信号完整性规则以及物理规则等。

可以使用约束管理器和 SigXplorer 开发电路的拓扑并得出电子约束，可以包含定制约束、定制测量和定制激励。当约束设置完成后，PCB 工具会自动根据定义的约束对设计进行检查，不符合约束的地方会用 DRC Markers 标记出来，以方便工程师进行修改。

约束管理器是以表格为基础的应用，很容易使用，允许创建通用的约束并将其同时应用到很多网络上，如果需求发生改变，可以编辑通用的约束并自动更新到约束的网络中去。

约束管理器可以工作在对象（Objects）（如网络、引脚对）和 ECSets（Electrical Constraint Sets，电子约束集）。可以以电子约束的形式定义一个或多个约束以满足设计需求，然后指定合适的约束给设计中的对象，如果需求变更可以交换 ECSets 或重新定义当前对象的 ECSets。一个 ECSets 可以被多个对象应用，对象和 ECSets 对于整个设计可以是通用的，也可以针对某个对象创建一个独立的 ECSets 仅用于指定的对象中。

10.1.1 约束管理器的特点

如表 10.1 所示。

表 10.1 约束管理器的特点

类　别	特色及优点
对象分组	可以给对象进行分组成为容易管理的单位，如 Bus 或 Match Net，可以比较容易应用约束给成员
概念性定义	可以先定义概念性的约束，之后再应用于物理的、网络的对象
交叉检查	可以用其他工具，比如 Concept HDL、PCB SI 或 PCB Design 运行约束管理器，在约束管理器中选择 Net 查看相关的对象，它在原理图、分析、布线里都是动态更新的。相反，当在某个工具中更改了约束，约束管理器会更新它的值
拓扑开发①	在约束管理器中可以启动 SigXplorer 来确定引脚顺序并得出通用的、网络相关的约束。可以包含定制约束、定制测量和定制激励。拓扑样本可以导入约束管理器
设计复用	约束可以被导出、被复用
分析	约束管理器可以完成设计规则检查，有必要的话还可以进行仿真分析。分析结果以 DRC 标记，结果也可以在工作表中显示，还可以与定义的约束进行比较，显示出裕量

续表

类　别	特色及优点
系统级约束	约束管理器能够提取板到板的互连约束
永久保存	可以保存在板数据、原理图数据中

① 拓扑模板的存在比约束管理器早，拓扑模板与约束管理器的集成提供一个优选的创建和编辑 ECSets 的环境。拓扑模板除了提供图形环境来访问指定的引脚对和定义，网络节点排序（Scheduling）也可以使用电子约束。拓扑模板和 ECSets 可能会交换使用，但应注意此功能是可选的。在约束管理器中可以管理所有的 ECSets，并且 ECSets 可能仅包含规则而没有相关的拓扑。

10.1.2　约束管理器界面介绍

（1）打开约束管理器的方法。选择 Setup—Constraints—Constraint Manager 命令可以启动约束管理器，如图 10.1 所示。或者直接单击工具栏上的快捷图标打开约束管理器，如图 10.2 所示。

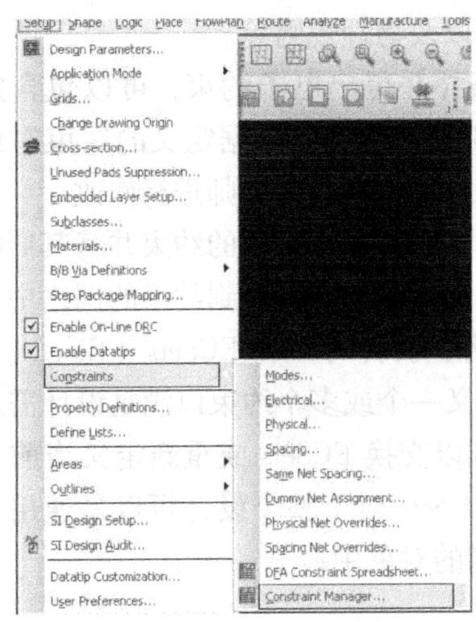

图 10.1　通过菜单启动约束管理器

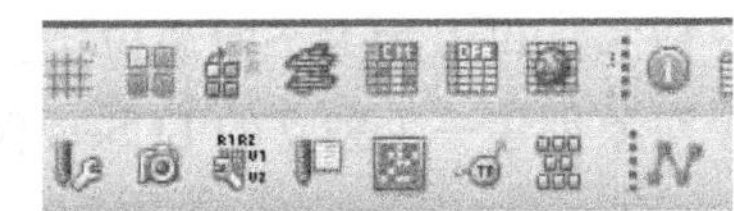

图 10.2　通过快捷方式启动约束管理器

（2）打开约束管理器（Constraint Manager），其界面如图 10.3 所示。

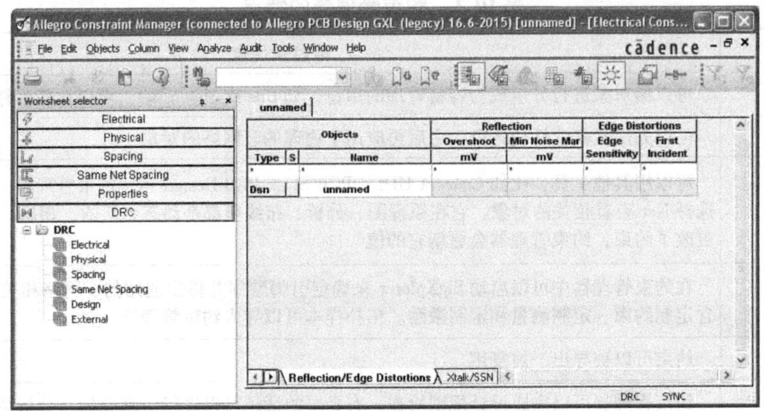

图 10.3　约束管理器界面

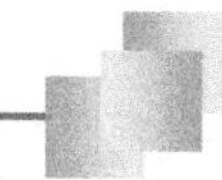

约束管理器包含以下几部分。

（3）最上面的部分是 Menu 菜单和 Icon 图标快捷命令，如图 10.4 所示。通常情况下可以选择菜单执行命令或单击快捷图标执行命令，操作方法和习惯与 Windows 程序类似。

- File 菜单命令：主要用来导入和导出各种文件，包括约束（.dcf）文件、拓扑模板文件、分析结果文件（.acf）、文本文件、其他设计文件所定制好的工作表文件（.wcf）等，以及打印、预览、设置打印窗口、关闭约束管理、退出约束、保存约束。

图 10.4 约束管理器的 Menu 菜单和 Icon 图标快捷命令

- Edit 菜单：有 Undo 撤销、Redo 重做、Cut 剪切、Copy 复制、Paste 粘贴、Clear 清空、Find 查找、Find Next 查找下一个对象等。
- Objects 菜单：有 Filter 过滤器、Select 选择对象、创建 Class、创建 Bus 总线、创建 Region 约束区域、创建 Match Group、创建 Pin Pair、创建 Differential Pair、创建电气约束、创建物理约束、间距约束、关联总线组、移除总线群组、重新命名总线，Nets 和 XNet、关联约束等。
- Column 菜单：有 Analyze 分析计算，实际的 Actual 栏的实际值与约束值进行比较、Sort 按照递增或递减排列数值。
- View 菜单：用来控制界面的显示和关闭，有隐藏、显示、刷新、扩展等关于界面显示方面的操作命令。
- Analyze 菜单：主要用来对各种结果进行分析设置。Settings 分析设置、Analysis modes 设计规则检查、Show Worst Case 显示最差的仿真结果等。
- Audit 菜单：用来显示各自稽核报告。Constraints 生成 Net 级别的约束冲突报告，Obsolete Objects 审核约束管理器和 PCB 及 Package 中是否一致，Electrical CSets 生成一个报告包括设计中的 ESets 和 ESets 关联对象状态。
- Tools 菜单：有启动 SigXplorer 设置电路拓扑、启动 SigWave 波形查看、输出工作表到 Excel、更新拓扑、导入拓扑文件、Update DRC 更新 DRC 标记等。
- Window 菜单：有显示当前表格中的内容，Cascade 叠层显示所有打开工作表，关闭所有工作表窗口等。

（4）Worksheet selector 选项位于界面的左侧，用来管理工作簿和工作表，使用 Worksheet selector 来启动想要编辑的合适的工作簿及工作表。其中有电气约束（Electrical）、物理约束（Physical）、间距约束（Spacing）、同网络间距约束（Same Net Spacing）、性能（Properties）、DRC 共计 6 种类型选项卡。用鼠标单击每个不同的类型，即可打开每个类型对应的工作簿及工作表，如图 10.5 和图 10.6 所示。

- 在约束管理器中，Worksheet selector 通过 Object Type 管理约束和属性。Object Type 就是最上层的文件夹 Electrical Constraint Set 和 Net，如图 10.7 所示。
- 在 Electrical Constraint Set 文件夹中定义通用的规则，创建通用的对象分组（如相对或匹配群组和 Pin－Pair），然后再将这些约束 ECSets 指定给相应的对象。

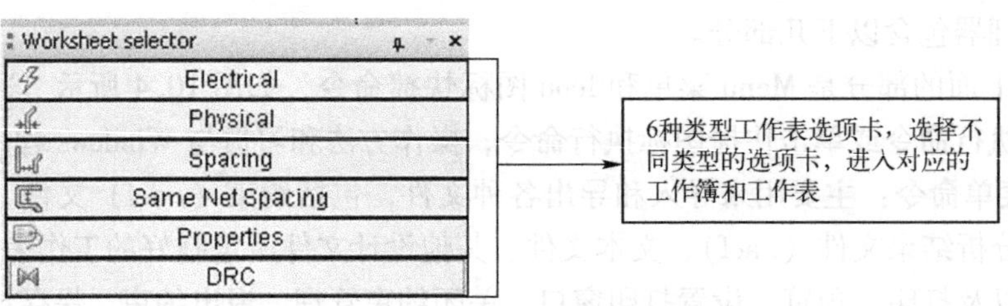

图 10.5　约束管理器左侧选项卡界面

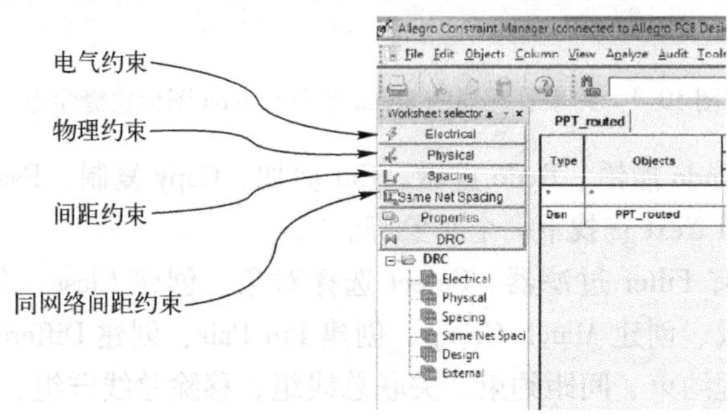

图 10.6　约束管理器选项卡介绍

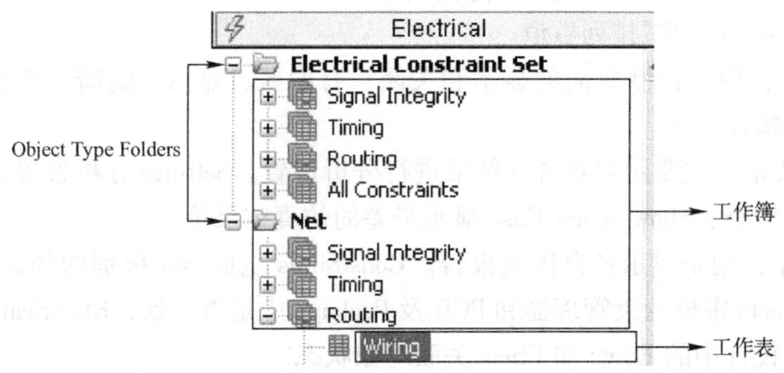

图 10.7　Worksheet Selector 管理关系

- 在 Net 文件夹中可以创建针对指定网络对象分组（Symtem、Design、Bus、DiffPair、XNet、Net、Relative or match group、Pin – Pair），也可以创建基于网络相关属性的 ECSet。这个 ECSet 将放在 Electrical Constraint Set 文件夹中。

（5）可以对电路板的电气规则、物理规则、间距规则等进行设置定义。约束规则可以按板层、网络或区域进行设置。工作表选择区内可以选择电气规则、物理规则、间距规则等规则设置。在对应 Net 文件夹内，可以创建指定网络的对象分组，如系统、设计、总线、差分对、扩展网络（XNet）、网络、相对或匹配群组，也可以创建基于相关属性的电气规则（ECSet）、物理规则（PCSet）、间距规则（SCSet）等。

（6）约束管理器的约束对象分为引脚对、总线和匹配群组，它们相互之间存在优先级差异，即底层对象会集成顶层对象指定约束，为底层对象指定的约束优先高于上层继承的约束，对象层次的优先级为系统、设计、总线、差分对、扩展网络、相对或匹配群组、引

脚对。

（7）工作表的设置页，位于界面右侧中间的大部分区域，用来设置工作表中的具体属性。当鼠标在不同的工作表中单击之后，工作表的设置页的内容会跟着选择不同的工作表发生变化，所有对象的具体设置都在该窗口中完成，如图 10.8 所示。

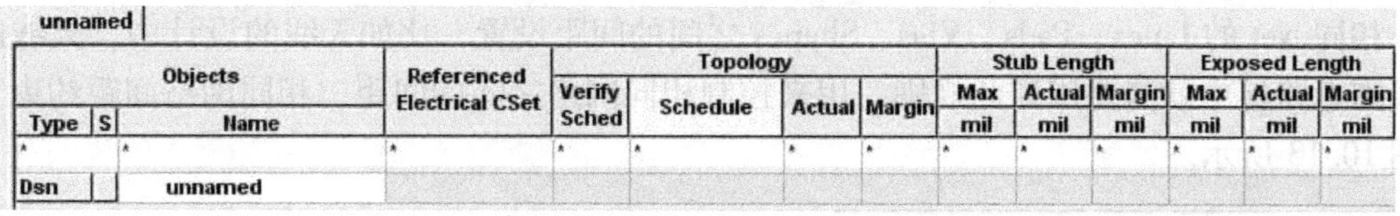

unnamed

Objects			Referenced Electrical CSet	Topology				Stub Length			Exposed Length		
				Verify Sched	Schedule	Actual	Margin	Max	Actual	Margin	Max	Actual	Margin
Type	S	Name						mil	mil	mil	mil	mil	mil
*		*	*	*	*	*	*	*	*	*	*	*	*
Dsn		unnamed											

图 10.8　工作表的设置页

（8）状态栏，位于界面右侧最底下区域，用来显示当前操作的对象和所处的命令，如图 10.9 所示。DRC 状态栏，代表 DRC 的实时状态，绿色代表 DRC 打开，进行实时的规则检查。SYNC 状态栏，代表 Worksheet Synchronization 的状态，On 表示在约束管理中所做的规则会实时同步到电路板中。XNET 状态栏，代表 Worksheet Filter Status 的状态，有 FLTR、NET、XNet 共 3 种状态。

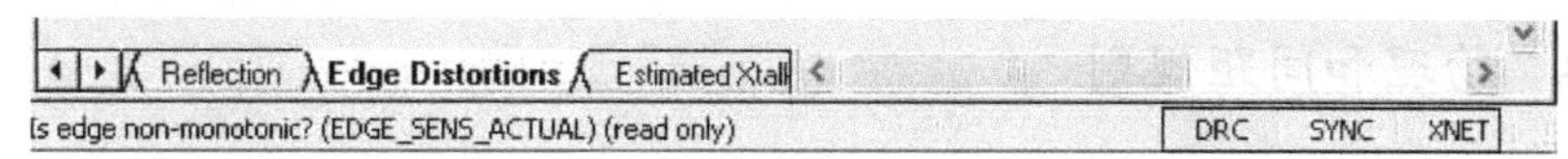

图 10.9　状态栏

10.1.3　与网络有关的约束与规则

1. 电气约束（Electrical Constraint）

在约束管理器中，选择 Electrical 选项卡，其中可以为设计或网络来设置时序规则、信号完整性规则（Cross Talk、Delay）、布线的电气规则（延时、差分对）等，执行 Objects – Create – Electrical CSet 命令可新建电气规则，电气约束界面如图 10.10 所示。

2. 物理约束（Physical Constraint）

选择 Physical 选项卡，则可以对电路板设计的物理规则进行设置，包括 Line（布线）线宽和 Layer（层）、区域约束规则等，物理约束界面如图 10.11 所示。

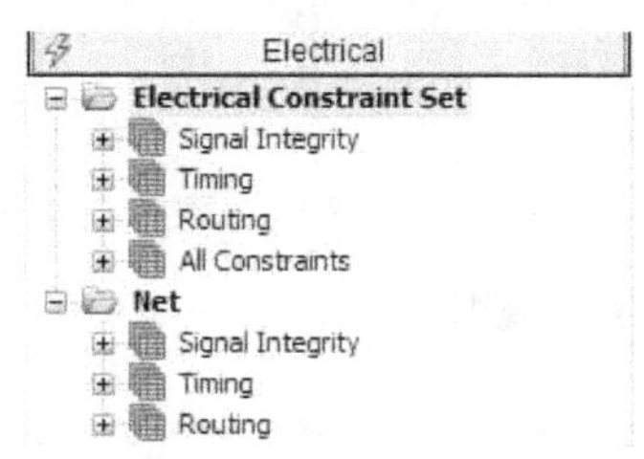

图 10.10　电气约束界面

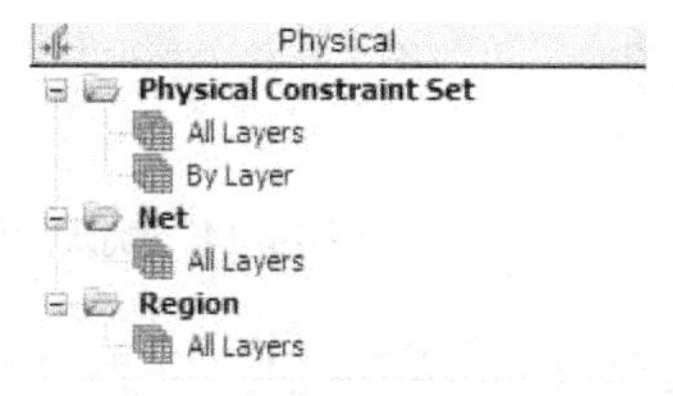

图 10.11　物理约束界面

3. 间距约束（Spacing Constraint）

电路板上的导线并非完全绝缘，会受到工作环境的影响，产生不利于 PCB 正常工作的因素，因此需要规定导线之间的间距。选择约束管理器的 Spacing 选项卡，则可以对系统或网络进行间距规则的设置，主要包括不同 Net（网络）的 Lines、Pads、Vias、Shapes 之间的间距及区域间距规则的设置等。间距约束界面如图 10.12 所示。

4. 相同网络间距约束（Same Net Spacing Constraint）

相同 Net 的 Lines、Pads、Vias、Shapes 之间的间距设置，比如天线的设计中，天线的谐振线圈电路板中就需要用到此规则，用来控制相同网络之间的间距，相同网络间距约束界面如图 10.13 所示。

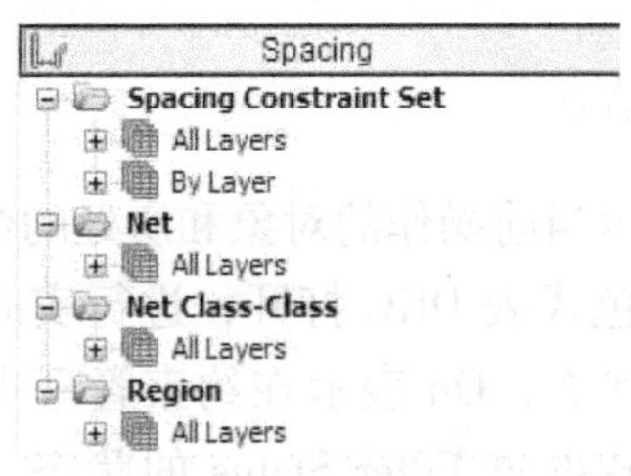

图 10.12　间距约束面

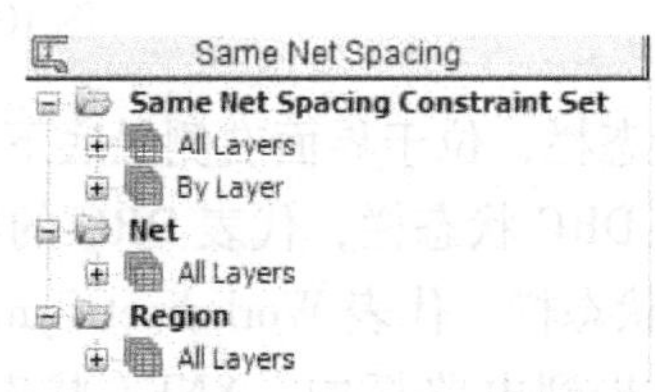

图 10.13　相同网络间距约束界面

10.1.4　物理和间距规则

物理和间距规则主要分两类，默认规则（DEFAULT 规则）和扩展规则。

（1）默认规则。在设计的初期，Allegro PCB Editor 将物理约束 Physical、间距约束 Spacing、同网络间距约束 Same Net Spacing 的默认规则赋予了设计中的所有网络。默认使用的规则就是默认规则，如图 10.14 所示为默认的间距 DEFAULT 约束规则，Allegro PCB Editor 自动生成。

（2）扩展规则是因为设计中有些对象的设计规则会不同于 Default 规则，工程师需要先创建包含这些网络的 Net Class，再建立扩展的物理约束 Physical、间距约束 Spacing、同网络间距约束 Same Net Spacing，最后将这些扩展的约束赋予对象（如 Net Class、Group、XNet、Net 等）。如图 10.15 所示，其中的 SPAC10MIL 即为扩展的间距规则。

Objects			Line To										
			Line	Thru Pin	SMD Pin	Test Pin	Thru Via	BB Via	Test Via	Microvia	Shape	Bond Finger	Hole
Type	S	Name	mil	mil	mil	mil	mil	mil	mil	mil	mil	mil	mil
*		*	*	*	*	*	*	*	*	*	*	*	*
Dsn		⊟ myhub	5.000	5.000	5.000	5.000	5.000	5.000	5.000	5.000	5.000	5.000	8.000
SCS		⊟ DEFAULT	5.000	5.000	5.000	5.000	5.000	5.000	5.000	5.000	5.000	5.000	8.000
Lyr		TOP	5.000	5.000	5.000	5.000	5.000	5.000	5.000	5.000	5.000	5.000	8.000
Lyr		GND	5.000	5.000	5.000	5.000	5.000	5.000	5.000	5.000	5.000	5.000	8.000
Lyr		POWER	5.000	5.000	5.000	5.000	5.000	5.000	5.000	5.000	5.000	5.000	8.000
Lyr		BOTTOM	5.000	5.000	5.000	5.000	5.000	5.000	5.000	5.000	5.000	5.000	8.000

图 10.14　默认的间距 DEFAULT 约束规则

SCS		⊟ SPAC10MIL	10.000	10.000	10.000	10.000	10.000	10.000	10.000	10.000	10.000	10.000	10.000
Lyr		TOP	10.000	10.000	10.000	10.000	10.000	10.000	10.000	10.000	10.000	10.000	10.000
Lyr		GND	10.000	10.000	10.000	10.000	10.000	10.000	10.000	10.000	10.000	10.000	10.000
Lyr		POWER	10.000	10.000	10.000	10.000	10.000	10.000	10.000	10.000	10.000	10.000	10.000
Lyr		BOTTOM	10.000	10.000	10.000	10.000	10.000	10.000	10.000	10.000	10.000	10.000	10.000

图 10.15　工程师建立的间距约束规则

10.2　相关知识

1. 对象的优先顺序

约束管理器强制执行对象（Objects）的优先顺序，最顶层的是 System，最底层的是 Pin Pair。为顶层对象指定的约束会被底层的对象继承，为底层对象指定的同样的约束优先级高于从上层继承的约束。尽量在高层次指定约束，层次关系如图 10.16 所示。

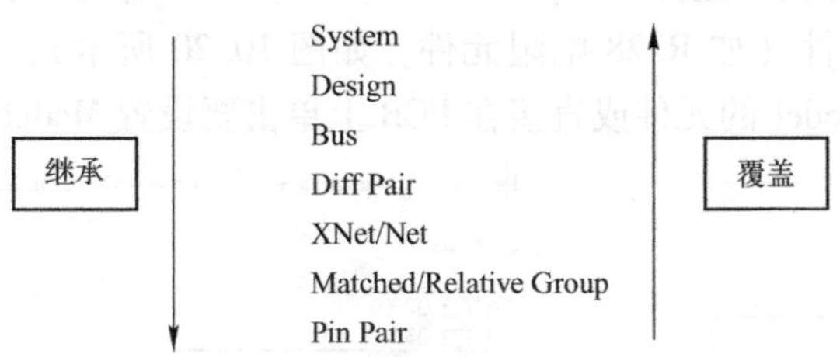

图 10.16　Objects 的优先顺序图

（1）注意：此 Objects 层次描述的是网络相关的对象类型，电子约束对象类型不包括网络相关的信息（XNet 和 Net），但是与网络对象类型有同样的优先级。

（2）对象的排序要尽可能定义约束在最高层次，在低层次仅设置要覆盖的约束。注意：在某个工作表中，对象的子层次反映的分析结果，不会被用于约束优先的层次。这些对象结果与一般的约束层次是不区分的，但可以读，却不能编辑这些约束。

2. Nets 和 XNets

所谓 Nets 就是从一个引脚到其他引脚的电气连接。如果 Net 的中间串联了无源的、分立的器件，比如电阻、电容或电感，那么在 Allegro 中每个网络段会通过一个独立的 Net 来表示。约束管理器解释这些网络段作为相邻的扩展的网络或 XNets，XNets 在多板连接的结构中也可以贯穿连接器和电缆。可以将 Nets 和 XNets 与 ECSets 联系起来，Nets 和 XNets 的区别如图 10.17 所示。

为了加强对 Nets 和 XNets 理解，图 10.18 所示是一个具体案例，接下来将对该案例进行分析。

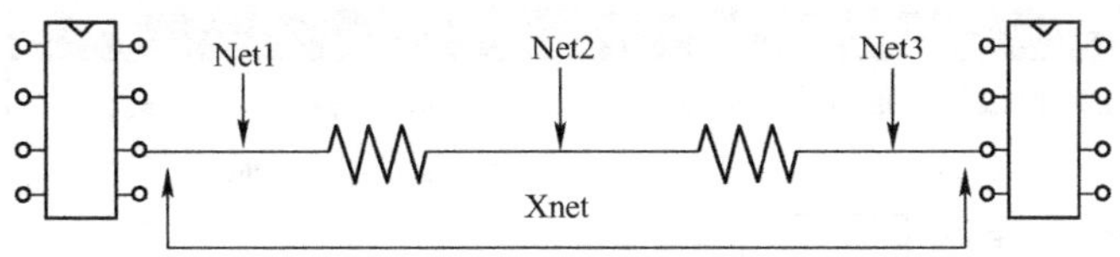

图 10.17　Nets 和 XNets 的区别

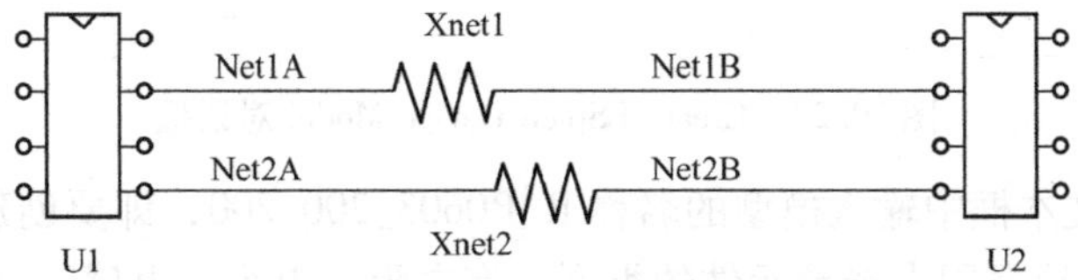

图 10.18　具体案例

（1）现在要求 U1 到 U2 的走线 Net＊A＋Net＊B 等长，误差为 ±20Mil，最简单的方式就是分别设置 Net＊A 等长和 Net＊B 等长，误差各为 ±10Mil，这样可以达到要求，不过会加大 Layout 工程师绕线的难度，因为可能 Net＊A 部分空间比较大有足够的绕线空间，而 Net＊B 部分没有空间绕线，所以就比较难以达到要求。

（2）如果一种设置能把 Net＊A 与 Net＊B 相加，然后再做等长，这样就可以解决问题了，Allegro 为这些问题考虑过，只要把 Net＊A 与 Net＊B 设置为一个 XNet，问题就解决一半了。

（3）设置 XNet 的办法。选择 Analyze－Model Assignment 命令（如图 10.19 所示），找到要设置的模型的无源元件（如 R328 电阻元件，如图 10.20 所示），直接在 DevType Value/Refdes 中选择要设定 Model 的元件或直接在 PCB 上单击要设置 Model 的元件。

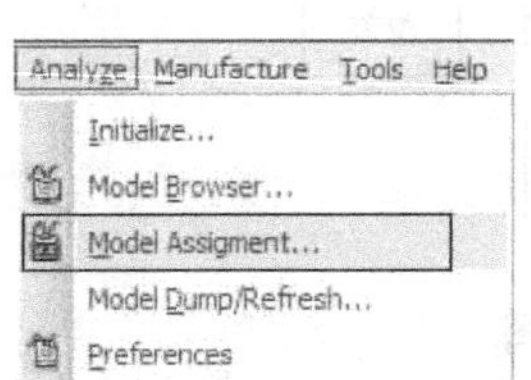

图 10.19　Model Assignment 命令

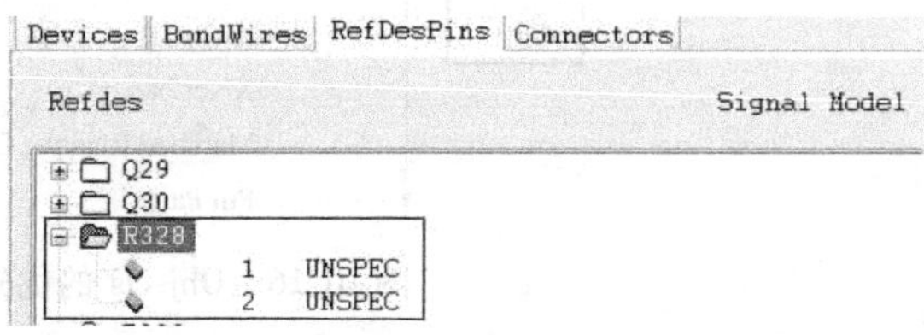

图 10.20　选择要设置的模型的无源元件

（4）点选 Create Model 按钮，建立该元件的模型。在出现 Create Device Model 对话框中，选中 Create ESpiceDevice model 选项，然后单击 OK 按钮确认，如图 10.21 所示。

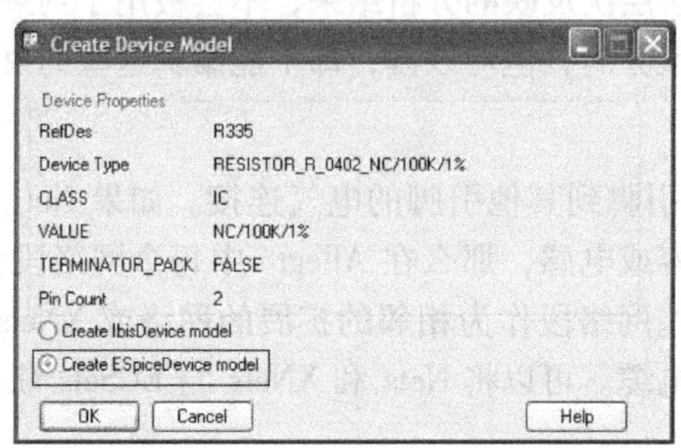

图 10.21　Create Device Model 对话框

（5）弹出 Create ESpice Device Model 对话框，如图 10.22 所示。

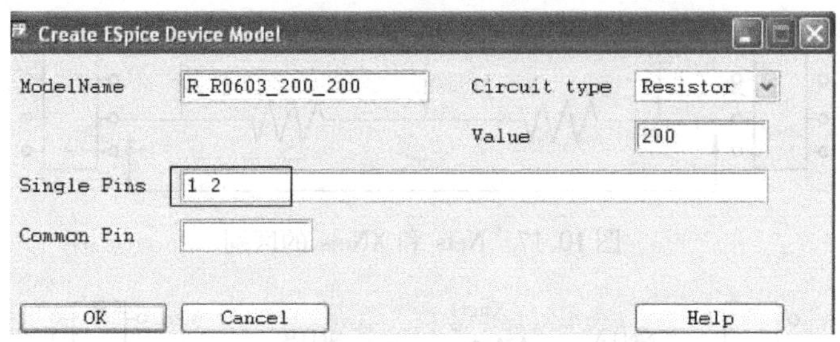

图 10.22　Create ESpice Device Model 对话框

- Model Name 文本框中输入模型的名称 R_R0603_200_200，即要创建的模型名称。
- Circuit type 下拉框用来选择元件的类型，有电阻、电容、电感三种类型。Resistor，表示将要创建的是电阻类型的无源模型。

- Value 用来设置元件的值，若是电阻 200，则代表 200 欧姆电阻值。
- Single Pin 文本框用来设置各个 Pin 的连接顺序，中间为空格，这里要注意看元件的 Pin 的排列顺序，1 2 代表电阻有两个 Pin，1 和 2 是一个电阻。
- Common Pin 是公共引脚，因电阻无公共引脚，不用填写。

填写数据后，单击 OK 按钮，保存后退出，查看就会发现设置过的电阻的两端 Net 已经变成了 XNet。

（6）排阻引脚的问题。有时电路里面使用的不是电阻，而是排阻，排阻和电阻一样，但要注意 Single Pin 中各 Pin 的连接顺序。中间要有空格，这里要注意看元件的 Pin 的排列。如图 10. 23 所示，1 2 3 4 5 6 7 8 是排阻的 8 个引脚，其中 1 和 2 引脚是一个电阻，3 和 4 引脚是一个电阻，4 和 5 引脚是一个电阻，5 和 6 引脚是一个电阻，7 和 8 引脚是一个电阻。那么在 Single Pin 文本框输的顺序就是：1 2 3 4 5 6 7 8，这样设置后就保持电阻对应关系。设置后单击 OK 按钮，保存退出后即可查看设置好的 XNet，如图 10. 23 所示。

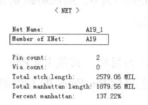

< NET >

Net Name:	A19_1
Member of XNet:	A19
Pin count:	2
Via count:	0
Total etch length:	2579.06 MIL
Total manhattan length:	1879.56 MIL
Percent manhattan:	137.22%

NCIs	A19ANDA20X_CLASS (2)
XNet	A19
XNet	A20

图 10. 23　注意排阻引脚的设置

2. Pin Pairs

（1）Pin Pair 代表一对逻辑连接的引脚，一般是驱动和接收。Pin Pairs 可能不是直接连接的，但肯定存在于同一个 Net 或 XNet。可以使用 Pin Pairs 来获取 Net 或 XNet 指定的 Pin - to - Pin 约束，也可以使用 Pin Pairs 来获取 ECSets 通用的 Pin - to - Pin 约束，如果参考了某个 ECSets 则会自动定义 Net 或 XNet 的 Pin Pairs。

（2）可以指定 Pin Pairs 或在 Longest Pin Pair、Longest driver - receiver Pair、All driver - receiver Pairs 中直接提取。当从 SigXplorer 导入拓扑并应用 ECSets 给 Net，约束管理器基于导入的拓扑文件创建 Net 或 XNet 的 Pin Pairs。Pin Pairs 模型示例如图 10. 24 所示，U1 为驱动端，U2 和 U3 为负载端，从 U1 到 U2 和 U3 的网络可以采用 Pin Pairs 进行约束。

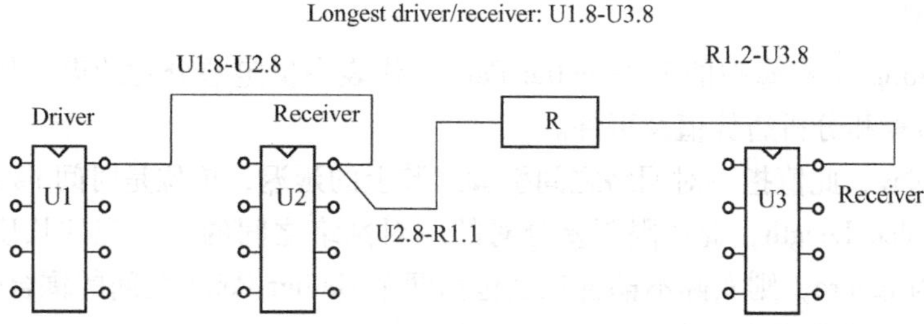

图 10. 24　Pin Pairs 模型

3. Bus 总线

总线代表 Diff - Pairs、XNets 或 Nets 的指定的集合。在总线上获取的约束可以被所有总线的成员继承，可以通过 SigXplorer 定义引脚的连接顺序并增加约束信息。可以在所有网络相关的工作表中创建总线。

4. Match Groups

（1）Match Group 是 Nets、XNets 或 Pin - Pairs 的集合，此集合一定要都匹配（delay 或 length）或相对于组内的一个明确的目标。如果 Delta 值没有定义，组内的所有成员都将是绝对匹配的，并允许有一定的偏差。如果定义了 Delta 值，那么组内所有成员将相对匹配于明确的目标网络。

下面是 Match Group 的必要属性。

- Target：组内其他 Pin Pairs 都要参考的 Pin Pairs 就是目标（Target），可以是默认的，也可以是明确指定的 Pin Pairs，其他 Pin Pairs 都要与这个目标比较。
- Delta：每个 Pin Pairs 成员与目标 Pin Pairs 的差值，如果没有指定此差值，那么所有成员就需要匹配，如果定义了此值不为 0，则此群组就是一个相对匹配的群组。
- Tolerance：允许匹配的偏差值。

（2）确定 Target Pin Pairs。

一旦 Pin Pairs 中的一对被选择作为目标，其他 Pin Pairs 都要与此目标以给定的 Delta 和 Tolerance 内来匹配。约束管理器决定目标 Pin Pairs 的方法如下。

- 明确指定的 Pin Pair。
- 如果所有的 Pin Pairs 都有 Delta 值，那么有最小 Delta 值的网络就是目标。如果超过一对引脚对有同样的最小的 Delta 值，那么有最长的曼哈顿长度的网络被选为目标。
- 如果所有的引脚对都没有 Delta 值，那么就没有选择目标，所有的引脚对就进行相互比较。

（3）相对/匹配的群组规则。

Match Group 仅能在 Routing 工作簿的 Relative Propagation Delay 工作表中指定。可以为整个群组设置相对的/匹配的群组约束，群组中每个成员可以根据要求修改 Tolerance。相对/匹配的群组之间的延迟可以在 System 和 Design 一级设置。

匹配延迟约束从 14.0 版数据库升级 Delta 值为 0，暗示所有的群组成员都要匹配一个指定的目标引脚对。

5. Diff Pairs

可以在 Routing 工作簿中的 Differential Pair 工作表中指定差分对约束，如图 10.25 描述出差分对规则检查和分析边界值及事件。

（1）Pin Delay，此值指一对网络之间引脚封装上的延迟，单位是时间 ns 或长度 mil。

（2）Uncoupled Length，此值限制差分对的一对网络之间的不匹配的长度。如果 Gather Control 被设置为 Ignore，则实际不耦合长度包括两个 Gather Point 之间的耦合带之外的长度，当超过 Max 值时，就会产生冲突。

（3）Phase Tolerance，Phase Tolerance 约束确保差分对成员在转换时是同向的和同步的。单位是时间 ns 或长度 mil。Actual 值反映的是差分对成员间的时间或长度的差值，当差值超出 Tolerance 值时，就会有冲突。

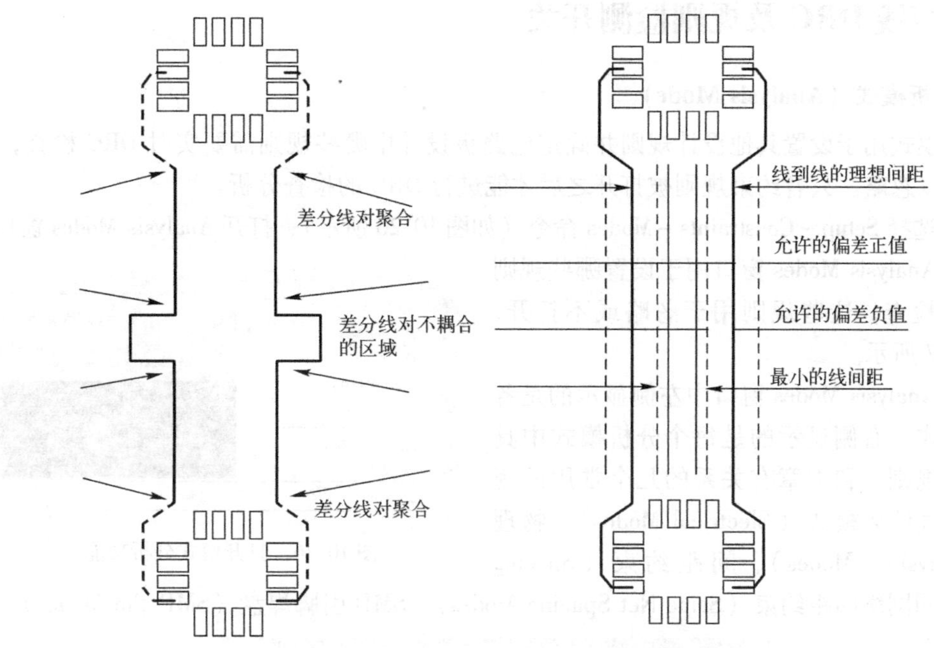

图 10.25 差分线对的聚合和耦合参数

(4) Line Spacing，最小线间距约束指的是差分对之间的最小距离，在分析之后 Actual 指的是间距最小值，如果小于 Min 值，则会报告冲突。注意：设置的最小间距值一定要小于或等于 Primary Gap 减去（-）Tolerance 值，也一定要小于或等于 Neck Gap 减去（-）Tolerance 的值。

(5) Coupling，根据 Coupling 的约束确定已经完成走线的不耦合事件。约束管理器使用这些事件去决定不耦合的长度和相位偏差。差分计算器可以帮助我们确定输入 Primary Gap、Neck Gap 和 Tolerance 的值。

(6) Primary Width，设置的是差分对成员的理想宽度。

(7) Primary Gap，设置的是差分对之间的边到边理想间距。(+/-) Tolerance 值是允许的偏差值，如果间距偏差在范围内，差分对被认为是耦合的。

(8) Neck Width，设置的是最小可允许的差分线宽度，当在比较密集的区域走线时，要切换到 Neck 模式。

(9) Neck Gap，设置的是最小可允许的边到边差分线间距，当在比较密集的区域走线时，要切换到 Neck 模式。最小可允许的 Gap 包括 Neck Gap 减去（-）Tolerance。当差分对的间距低于 ECSet 指定给差分对网络的 Min Neck Width 规则值时，Neck Gap 覆盖任何 Primary Gap 值。

(10) 确保 Neck Gap 不要低于任何 Min Line spaing 值。

(11) 如果设置了（-）Tolerance 值，不需要定义 Neck Gap，因为已经说明了需要的 Neck Gap。

10.3　布线 DRC 及规则检测开关

1. 分析模式（Analysis Mode）

分析模式用于设置其他设计规则并确定电路板设计中哪些规则需要实时 DRC 检查，哪些规则可以忽略。只有约束规则被打开之后才能进行 DRC 的检查分析。

（1）选择 Setup－Constraints－Modes 命令（如图 10.26 所示），打开 Analysis Modes 窗口。

（2）Analysis Modes 窗口用于设置哪些规则需要进行检查，这些规则用于忽略或不打开，如图 10.27 所示。

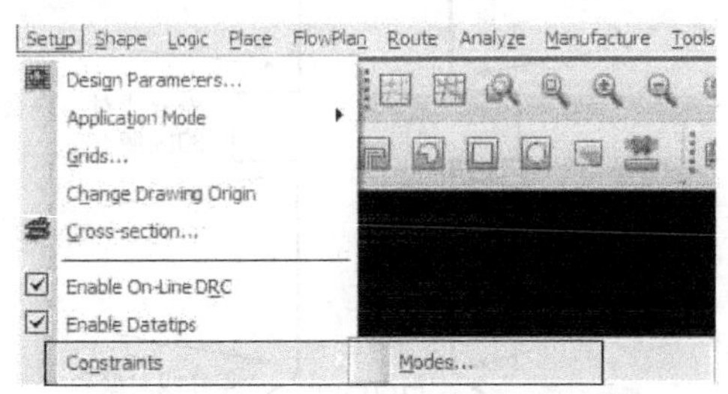

图 10.26　打开模式分析功能

（3）Analysis Modes 窗口中左侧显示的是各种分析模式，右侧显示的是每个分析模式中具体的约束规则。和本章有关系的几个常用的规则有，电气约束模式（Electrical Modes）、物理约束（Physical Modes）、间距约束（Spacing Modes）、同网络间距约束（Same Net Spacing Modes）、SMD 引脚焊盘（SMD Pin Modes）。

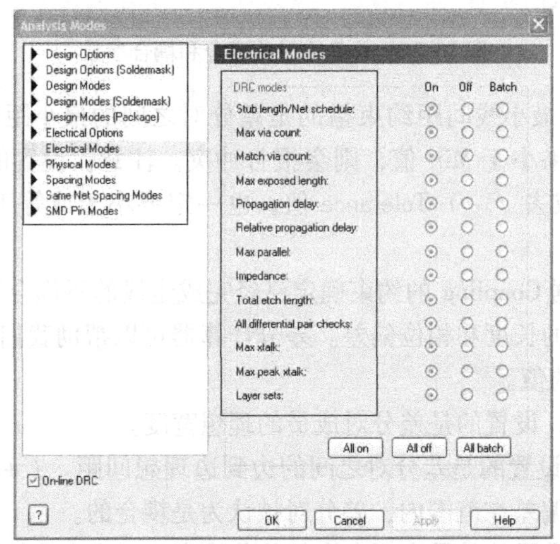

图 10.27　设置要实时的 DRC 规则检查的选项

（4）默认有些 DRC 的规则没有打开，实际使用时，需要打开这些 DRC 的检查，否则将无法对所需要的约束类型进行 DRC 检查，也不能动态查看每个约束规则的状态。若在约束规则没有打开的情况下，通过选择对象之后右击则也无法更新网络的约束状态、显示约束的情况。

（5）打开和关闭约束规则 DRC 检查的方法，就是选择不同的约束模式页面，在其中找到需要打开或关闭规则，通过鼠标单击设置成 On 状态即可打开该项规则对应的 DRC 检查功能，设置成 Off 状态将关闭该项规则对应的 DRC 检查功能。例如，要进行阻抗的规则检查，就需要选择 Electrical Modes 电气模式中将 Impedance 设置成 On 状态后，软件才进行阻抗的 DRC 检查。

（6）在界面左下角有 On－Line DRC 复选框，该复选框若勾选表示可以进行实时的 DRC

规则检查；若不勾选，将不执行实时的 DRC 检查，只有在选择 Update DRC 命令后才进行一次 DRC 规则检查。

2. 设置打开动态显示功能

（1）在布线过程中，Allegro 中可以实现线长控制的动态显示。在 User Preferences Editor 对话框中，将 allegro_dynam_timing 设置成 On 后，可以在布线过程中实时显示布线的规则检查结构，并以小窗口显示的方式提示工程师是否违反约束规则。设置界面如图 10.28 所示。

（2）将 allegro_etch_length_on 勾选之后，在布线的过程中可以显示当前网络的实际布线长度，设置界面如图 10.28 所示。

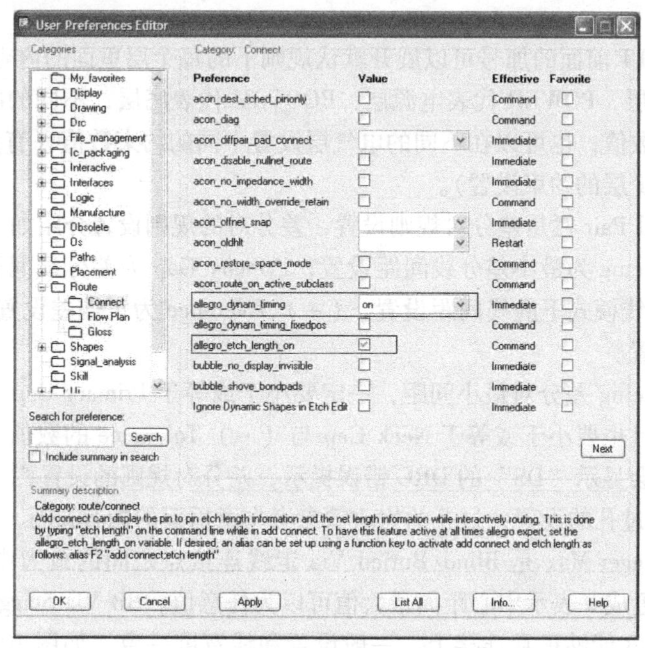

图 10.28 设置打开动态显示

10.4 修改默认约束规则

新建立 .brd 文件以后，Allegro PCB Editor 会默认建立约束规则，也就是 DEFAULT 规则。默认情况下 Allegro PCB Editor 将物理约束 Physical、间距约束 Spacing、同网络间距约束 Same Net Spacing 的 DEFAULT 规则赋予了设计文件中的所有网络。

10.4.1 修改默认物理约束 Physical

（1）在约束管理器中找到 Physical 选项卡—Physical Constraint Set—All Layer 工作簿，右侧工作表编辑窗口中的 DEFAULT 规则就是默认物理约束规则，如图 10.29 所示，以 4 层板为例，DEFAULT 规则中包括 TOP、GND、POWER、BOTTOM 电气层的默认物理规则。

DEFAULT 规则中的数值是 Allegro 默认的约束规则，线宽的规则设置介绍如下。

- Min Line Width 是最小线宽度的设置，Max Line Width 是最大的线宽设置，设置成 0 代表可以任意大，不做约束。

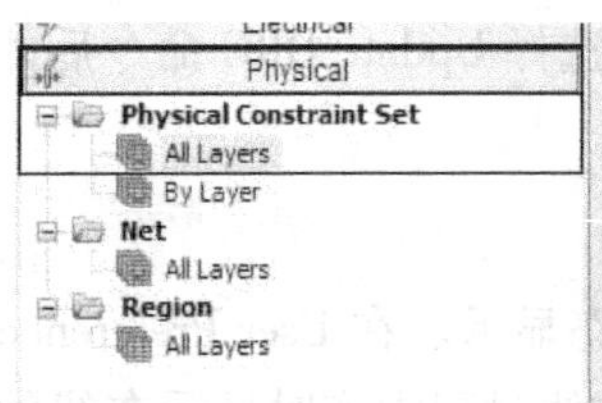

Objects			Line Width		Neck	
			Min	Max	Min Width	Max Len
Type	S	Name	mil	mil	mil	mil
*		*	*	*	*	*
Dsn		⊟ myhub	5.000	0.000	5.000	0.000
PCS		⊟ DEFAULT	5.000	0.000	5.000	0.000
Lyr		TOP	5.000	0.000	5.000	0.000
Lyr		GND	5.000	0.000	5.000	0.000
Lyr		POWER	5.000	0.000	5.000	0.000
Lyr		BOTTOM	5.000	0.000	5.000	0.000

图 10.29　默认物理约束规则

- Neck Max Width 代表在颈状装线的模式下允许走线的宽度，Neck Max Length 代表允许走线的最大长度。需要说明，在 Cadence 的版本中这个长度是指 Net 的长度及 Xnet 的长度之和。
- 单击 DEFAULT 前面的加号可以展开默认规则下的每个层里面的内容，TOP 代表顶层，GND 代表地层，POWER 代表电源层，BOOTOM 代表底层，不同的电气层可以设置成相同的约束数值，也可以在不同的电气层设置不同的约束数值（有多少电气层，该处就会显示多少层的约束设置）。

（2）Differential Pair 栏是差分对规则设置，差分对的规则设置介绍如下。

- Min Line Spacing 为最小差分线间距设置，Primary Gap 为差分线间距设置，Neck Gap Neck 为颈状线模式下的线间距设置，（+）Tolerance 为正偏差设置，（-）Tolerance 为负偏差设置。
- Min Line Spacing 差分对最小间距，一定要小于或等于 Primary Gap 与（-）Tolerance 的数值，并且也要小于或等于 Neck Gap 与（-）Tolerance 的数值。对于不符合约束的差分对，会显示“DS”的 DRC 错误提示，差分对规则的设置栏如图 10.30 所示。

（3）Vias 栏是过孔的设置，过孔的修改请参考本章后面的内容进行。

（4）BBVia Stagger Max 是 Blind/Buried Via 走线连接点之间的最大中心距离设置，BB Via Stagger Max 设置成 0 表示中心距离最大值可以为任意值。BB Via Stagger Min 是最小中心距离设置，为了 PCB 能够正常连接上，一般设置和线宽度一致，如图 10.31 所示，设置成 5mil，BB Via Stagger Max 一般设置成 0 即可。

Differential Pair			
Min Line Spacing	Primary Gap	Neck Gap	(+)Tolerance
mil	mil	mil	mil
*	*	*	*
0.000	0.000	0.000	0.000
0.000	0.000	0.000	0.000
0.000	0.000	0.000	0.000
0.000	0.000	0.000	0.000
0.000	0.000	0.000	0.000
0.000	0.000	0.000	0.000

图 10.30　差分对规则设置栏

Vias	BB Via Stagger		Allow		
	Min	Max	Pad-Pad Connect	Etch	Ts
	mil	mil			
*	*	*	*	*	*
VIAC16D8I:VIA	5.000	0.000	ALL_ALLOWED	TRUE	ANYWHERE
VIAC16D8I:VIA	5.000	0.000	ALL_ALLO...	TRUE	ANYWHERE
	5.000	0.000	ALL_ALLOWED	TRUE	ANYWHERE
	5.000	0.000	ALL_ALLOWED	TRUE	ANYWHERE
	5.000	0.000	ALL_ALLOWED	TRUE	ANYWHERE
	5.000	0.000	ALL_ALLOWED	TRUE	ANYWHERE

图 10.31　最大中心距离设置

（5）Allow，Pad－Pad Connect 用来设置 Pad 的连接关系，如图 10.32 所示。ALL_ALLOWED 表示都允许，VIAS_PINS_ONLY 表示只允许 Pin 到 Pad 的连接，这个 Pad 可以是某个元件的焊盘，也可以是过孔。VIAS_VIAS_ONLY 表示只允许 VIA－VIA 和 VIA－MICROVIA 相连。MICROVIAS_MICROVIAS_ONLY 只允许 MICROVIA－VIA－MICROVIA 在 Coincident 情况下连接。NOT_ALLOWED 表示禁止。

注意：

这些都是焊盘设置的连接关系，可以是元件的焊盘设置，也可以是过孔 Via 的设置，一般设置 ALL ALLOWED 表示都允许连接，如图 10.32 所示。

（6）Allow Etch，若 Allow Etch 设置成 TRUE，则允许在 SubClass Layer 上进行布线，若设置成 FALSE，则不允许在 SubClass Layer 上进行 PCB 布线操作，如图 10.33 所示。注意，这些都是电气层的布线设置，可以针对不同的电气层进行单独设置。单独设置之后，只在其对应的层有效。比如可以设置内电层 POWER 层不进行布线操作，在 DEFAULT 规则的 POWER 层中，将 Allow Etch 栏处选择成 FALSE 后，该层将不能进行布线操作。

Allow		
Pad-Pad Connect	Etch	Ts
*	*	*
ALL_ALLOWED	TRUE	ANYWHERE
ALL_ALLO	TRUE	ANYWHERE

ALL_ALLOWED
VIAS_PINS_ONLY
VIAS_VIAS_ONLY
MICROVIAS_MICROVIAS_ONLY
MICROVIAS_MICROVIAS_COINCIDENT_ONLY
NOT_ALLOWED

图 10.32　设置 Pad 的连接关系

Allow		
Pad-Pad Connect	Etch	Ts
*	*	*
ALL_ALLOWED	TRUE	ANYWHERE
ALL_ALLO...	TRUE	ANYWHERE
ALL_ALLO...	TRUE	ANYWHERE
ALL_ALLO...	FALSE	ANYWHERE
ALL_ALLO...	TRUE	ANYWHERE
ALL_ALLO...	TRUE	ANYWHERE

图 10.33　对不同的电气层进行单独设置

（7）Allow Ts，设置 T－junctions T 点存在的方式。ANYWHER 表示 T 点能够从一个 Pin、Via 或 Cine 连接处来都是允许的。PINS_ONLY 表示 T 点只允许在 Pin 上。PINS_VIAS_ONLY 表示 T 点出现在 Pin 或 Via 上。NOT_ALLOWED 表示不允许有 T 点存在。同样的道理，支持按照电气层单独层来设置可以在不同的层中设置不同的约束方式，如图 10.34 所示。

Allow		
Pad-Pad Connect	Etch	Ts
*	*	*
ALL_ALLOWED	TRUE	ANYWHERE
ALL_ALLO...	TRUE	ANYWHERE
ALL_ALLO...	TRUE	ANYWHERE
ALL_ALLO...	TRUE	
ALL_ALLO...	TRUE	
ALL_ALLO...	TRUE	

NOT_ALLOWED
ANYWHERE
PINS_ONLY
PINS_VIAS_ONLY

图 10.34　设置 T－junctions T 点存在的方式

（8）修改默认物理约束。用鼠标在 DEFALUT 行中各栏规则数据上单击，单击要修改的数据表格，用键盘输入新的数据后，即可完成默认物理约束的修改。

例如，需要修改最小线宽设置成 8mil，Neck 的最小线宽设置成 6mil，在 DEFALUT 行中，Min 栏处输入 8 并按回车键后最小线宽就已经设置成 8mil，在 MinWidth 栏处输入 6mil 并按回车键后 Neck 模式下最小线宽就已经设置成 6mil。所有层的最小线宽和 Neck 模式下最小线宽已经被修改，修改 DEFALUT 行中的规则 TOP、GND、POWER、BOTTOM 层会被改变。修改完成的规则设置如图 10.35 所示。

若需要对 DEFALUT 中的 TOP、GND、POWER、BOTTOM 层单独设立约束规则，用鼠标单击需要设置的层，在其对应规则表格位置输入数据并按回车键后，该行（层）数据数值将被会单独改变，完成对该层单独规则修改。

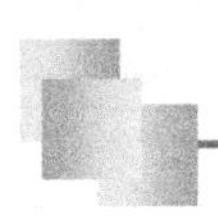

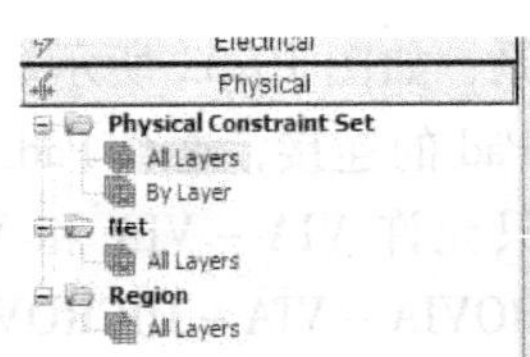

Objects			Line Width		Neck	
			Min	Max	Min Width	Max Length
Type	S	Name	mil	mil	mil	mil
*	*		*	*	*	*
Dsn		myhub	8.000	0.000	6.000	0.000
PCS		DEFAULT	8.000	0.000	6.000	0.000
Lyr		TOP	8.000	0.000	6.000	0.000
Lyr		GND	8.000	0.000	6.000	0.000
Lyr		POWER	8.000	0.000	6.000	0.000
Lyr		BOTTOM	8.000	0.000	6.000	0.000

图 10.35　修改默认物理约束

10.4.2　修改过孔 Vias 约束规则

（1）在约束管理器中找到 Physical 选项卡—Physical Constraint Set 文件夹—All Layer 工作簿，在右侧工作表编辑窗口中的 DEFAULT 规则就是默认物理约束规则，其中就包括了 Vias 约束规则。

（2）用鼠标往右侧滑动滚动条找到 Vias 栏，设置过孔的相关操作就在该栏进行。默认下，系统会自动加载一个默认的过孔 Via（通孔），如图 10.36 所示。

（3）用鼠标在默认过孔 Via 上单击之后，将进入 Edit Via List 过孔编辑窗口，如图 10.37 所示。

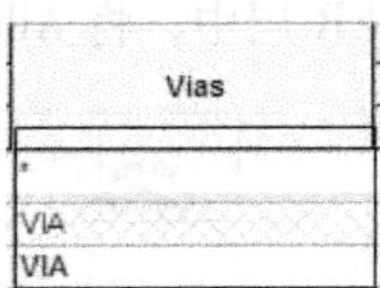

图 10.36　Vias 栏

（4）Select a via from the library or the database 栏中会罗列出所有的 pad 文件，用鼠标上下拉滚动条可以浏览所有的焊盘文件，从中找到所需要的过孔文件。双击该过孔以后，会出现在右侧的 Via list 窗口。如双击 VIAC16D8I 和 VIAC30D15I 两个过孔之后，过孔出现在右侧的 Via list 窗口中，如图 10.38 所示，加入到 Via list 窗口中的过孔，将被选择成当前 PCB 要使用的过孔。

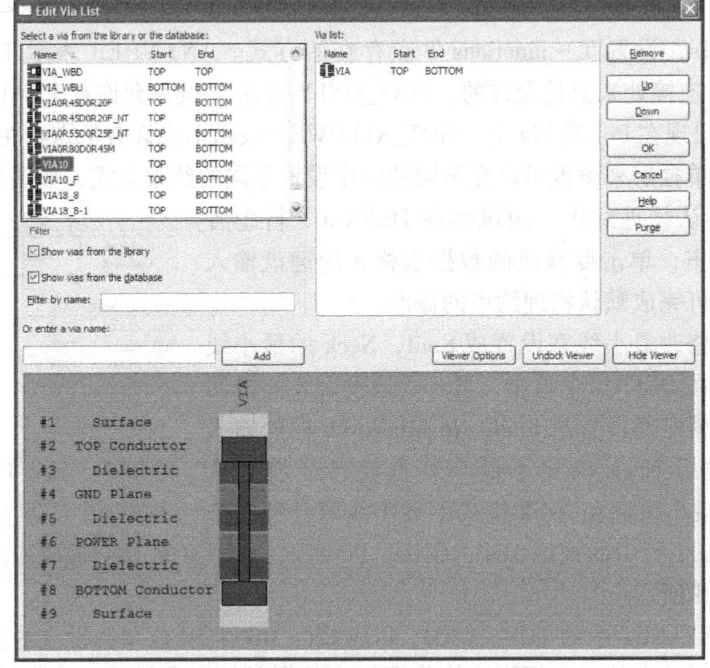

图 10.37　进入 Edit Via List 过孔编辑窗口

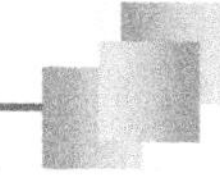

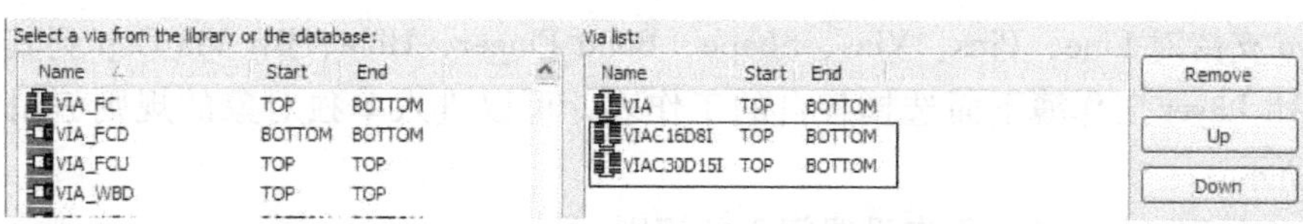

图 10.38 Select a via from the library or the database 窗口

（5）用鼠标在右侧 Via list 窗口选择需移除的过孔后，单击 Remove 按钮该过孔将从 Via list 中移除，Up、Down 按钮用来调整过孔的位置，越靠上的过孔将最优先被使用。同时在窗口下面的预览图中可以看到加入过孔的 3D 剖面图，如图 10.39 所示。

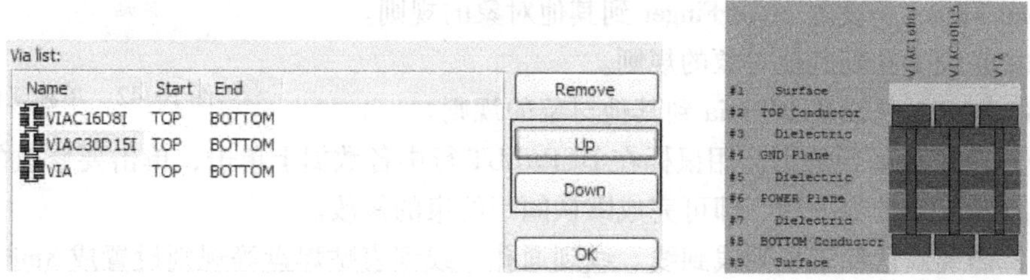

图 10.39 设置过孔使用的优先级

（6）单击 OK 按钮，选择的过孔将被加入到电路板中。如图 10.40 所示，加入的 VIAC16D8I 和 VIAC30D15I 两个过孔将被使用在 DEFAULT 默认物理规则中，VIAC16D8I 将最优先被使用。

PCS	⊟ DEFAULT	0.000	0.000	VIAC16D8I:VIAC30D15I:VIA
Lyr	TOP	0.000	0.000	
Lyr	GND	0.000	0.000	
Lyr	POWER	0.000	0.000	
Lyr	BOTTOM	0.000	0.000	

图 10.40 修改过孔 Vias 约束规则设置过孔

10.4.3 修改默认间距约束 Spacing

Spacing 间距的约束中，可以设置两个对象之间的距离，比如 Line、Pins、Vias、shape、Bond Finger、Hole 之间的距离以及 BB Via Gap。对于 Pins 的间距规则，工程师可以分别针对 Thru Pin、SMD Pin、Test Pin 设置不同的间距规则。对于 Vias 间距规则，可以分别针对 Thru Via、Blind/Buried Via、Test Via 设置不同的间距规则，具体如下。

（1）在约束管理器中找到 Spacing 选项卡—Spacing Constraint Set—All Layer 工作簿，在右侧工作表编辑窗口中的 DEFAULT 规则就是默认间距约束规则。其中 TOP 是默认间距约束规则的顶层、GND 是默认间距约束规则的内电层 GND、POWER 是默认间距约束规则的内电层电源层、BOTTOM 是默认间距约束规则的底层，如图 10.41 所示。

Objects			Line To										
			Line	Thru Pin	SMD Pin	Test Pin	Thru Via	BB Via	Test Via	Microvia	Shape	Bond Finger	Hole
Type	S	Name	mil	mil	mil	mil	mil	mil	mil	mil	mil	mil	mil
*	*	*	*	*	*	*	*	*	*	*	*	*	*
Dsn		⊟ myhub	5.000	5.000	5.000	5.000	5.000	5.000	5.000	5.000	5.000	5.000	8.000
SCS		⊟ DEFAULT	5.000	5.000	5.000	5.000	5.000	5.000	5.000	5.000	5.000	5.000	8.000
Lyr		TOP	5.000	5.000	5.000	5.000	5.000	5.000	5.000	5.000	5.000	5.000	8.000
Lyr		GND	5.000	5.000	5.000	5.000	5.000	5.000	5.000	5.000	5.000	5.000	8.000
Lyr		POWER	5.000	5.000	5.000	5.000	5.000	5.000	5.000	5.000	5.000	5.000	8.000
Lyr		BOTTOM	5.000	5.000	5.000	5.000	5.000	5.000	5.000	5.000	5.000	5.000	8.000

图 10.41 All Layer 工作簿默认间距约束规则

Allegro 支持对 Line、Pins、Vias、Shape、Bond Finger、Hole、BB Via Gap 到其他对象设置规则，All Layer 工作簿下面选择各自的工作表，可以进入单独对象的规则编辑窗口，如图 10.42 所示。

- Spacing Constraint Set 用来设置间距的规则。
- Line 是线到其他对象的规则。
- Pins 是设置 Pin 到其他对象的规则。
- Vias 是设置过孔到其他对象的规则。
- Shape 是设置 Shape 到其他对象的规则。
- Bond Finger 是设置 Bond Finger 到其他对象的规则。
- Hole 是设置孔到其他对象的规则。
- BB Via Gap 是设置 BB Via 到其他对象的规则。

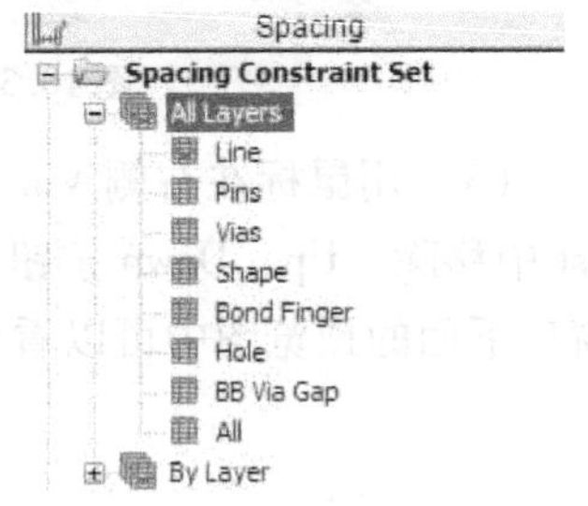

图 10.42　单独工作表

（2）修改默认间距约束。用鼠标在 DEFALUT 行中各数据上单击，单击要修改的数据表格，用键盘输入新的数据后，即可完成默认间距约束的修改。

例如，需要默认约束规则线到线、线到通孔、线到表贴焊盘等规则设置成 8mil 的间距。用鼠标在 DEFALUT 字段上单击，等 DEFALUT 行中所有数据变黑之后（行数据被选择后），在光标处用键盘输入 8 后并按回车键，所有的 DEFALUT 行的规则都会修改成 8mil，默认的间距规则修改完成。如图 10.43 所示，当在 DEFALUT 行的 Line 列输入 8.0 后，所有默认间距约束都将被修改成 8.0mil。

若需要对 DEFALUT 中的 TOP、GND、POWER、BOTTOM 层单独设立约束规则，用鼠标单击需要设置的层，在其对应规则表格位置输入数据并按回车键后，该行（层）数据将会被单独改变，完成对该层单独规则的修改。

Objects			Line To										
			Line	Thru Pin	SMD Pin	Test Pin	Thru Via	BB Via	Test Via	Microvia	Shape	Bond Finger	Hole
Type	S	Name	mil	mil	mil	mil	mil	mil	mil	mil	mil	mil	mil
*		*	*	*	*	*	*	*	*	*	*	*	*
Dsn		myhub	8.000	8.000	8.000	8.000	8.000	8.000	8.000	8.000	8.000	8.000	8.000
SCS		DEFAULT	8.000	8.000	8.000	8.000	8.000	8.000	8.000	8.000	8.000	8.000	8.000
Lyr		TOP	8.000	8.000	8.000	8.000	8.000	8.000	8.000	8.000	8.000	8.000	8.000
Lyr		GND	8.000	8.000	8.000	8.000	8.000	8.000	8.000	8.000	8.000	8.000	8.000
Lyr		POWER	8.000	8.000	8.000	8.000	8.000	8.000	8.000	8.000	8.000	8.000	8.000
Lyr		BOTTOM	8.000	8.000	8.000	8.000	8.000	8.000	8.000	8.000	8.000	8.000	8.000

图 10.43　修改默认间距约束

10.4.4　修改默认同网络间距约束 Same Net Spacing

在约束管理器中找到 Same Net Spacing 选项卡—Same Net Spacing Constraint Set—All Layer 工作簿，右侧工作表编辑窗口中的 DEFAULT 规则就是默认同网络间距约束规则。其中 TOP 层是默认同网络间距约束规则的顶层、GND 是默认同网络间距约束规则的内电层 GND、POWER 是默认同网络间距约束规则的内电层电源层、BOTTOM 是默认同网络间距约束规则的底层。

同网络间距约束 Same Net Spacing 和间距约束的修改方法一样，均是单击要修改的数据表格，用键盘输入新的数据后，即可完成约束的修改。操作和设置规则项请参考间距约束进行即可，只不过要注意，同网络间距约束是针对相同的网络而言的，间距约束是针对不同的网络而言的。

10.5　新建扩展约束规则及应用

10.5.1　新建物理约束 Physical 及应用

（1）在约束管理器中选择 Physical—Physical Constraint Set—All Layer 工作簿，在右侧工作表编辑窗口中的 DEFAULT 规则就是默认物理约束规则。

（2）在 Name 栏的工程文件名（. DSN）上右击，在菜单中选择 Create—Physical CSet 命令，弹出 Create Physical CSet 对话框，如图 10. 44 所示。或者选择 Objects—Create—physical CSet 命令，弹出 Create Physical CSet 对话框，如图 10. 45 所示。

（3）在 Create Physical CSet 对话框的 Physical CSet 文本框中输入新建约束的名称（如 PHY12MIL）后单击 OK 按钮，新建约束规则即产生，如图 10. 46 所示。

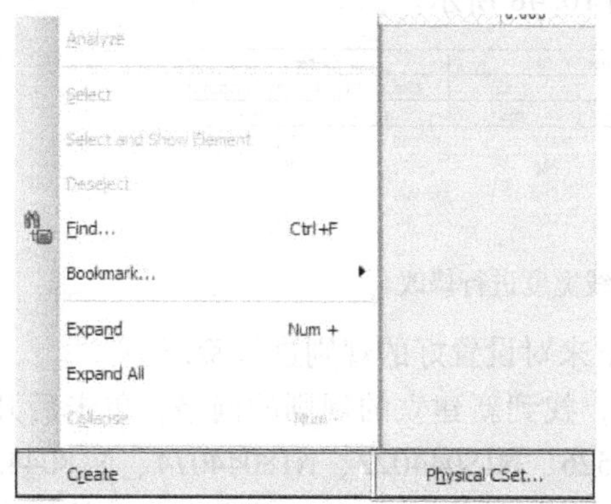

图 10. 44　Create Physical CSet 对话框

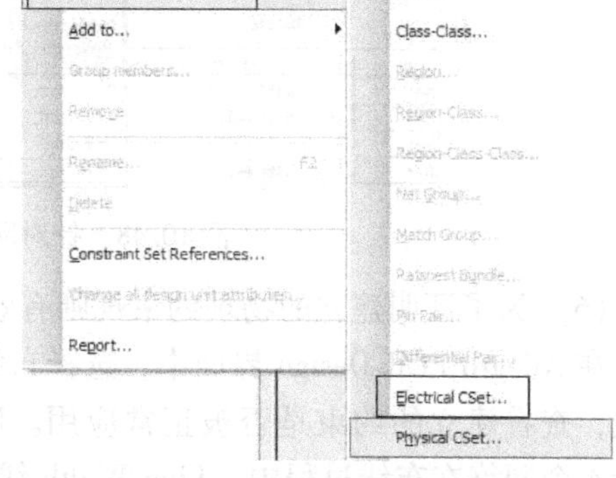

图 10. 45　Create Physical CSet 对话框

（4）修改线宽约束规则。用鼠标在新建立的规则名（如 PHY12MIL）行中各数据上单击，用键盘输入数据，修改数值后即可完成新建物理约束规则的修改。

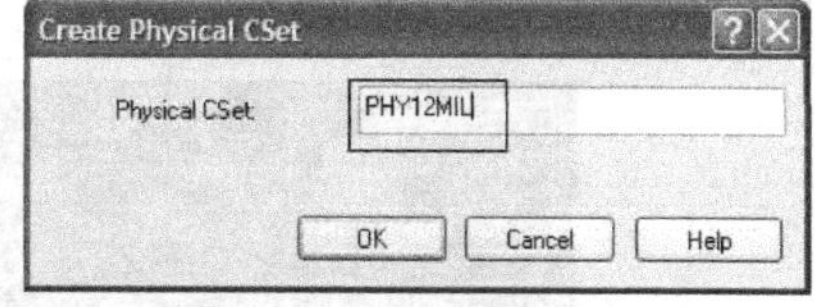

图 10. 46　新建规则就已经产生

可以单击建立的约束规则名（如 PHY12MIL）左边的“ + ”符号来展开电路板中所有的电气布线层，然后可以分别针对某个布线层进行单独的规则设置。

例如，需要修改最小线宽设置成 12mil，Neck 的最小线宽设置成 12mil，在约束规则名（如 PHY12MIL）行中，Min 栏处输入 12 并按回车键后最小线宽就已经设置成 12mil，在 Min Width 栏处输入 12mil 并按回车键后 Neck 模式下最小线宽就已经设置成 12mil，如图 10. 47 所示。

Lyr		TOP	12.000	0.000	12.000	0.000
Lyr		GND	12.000	0.000	12.000	0.000
Lyr		POWER	12.000	0.000	12.000	0.000
Lyr		BOTTOM	12.000	0.000	12.000	0.000

图 10. 47　修改新建线宽约束规则

（5）新建立 Physical 约束规则以后，可以将新建立的约束规则应用到 Net 文件夹的网络中去，使 Net 文件夹中的网络按照设置约束进行布线和 DRC 规则检查。

在约束管理器中选择 Physical—Net—All Layer 工作簿，在右侧工作表编辑窗口显示的就是当前电路板中所有的对象（Design、Bus、Class、Diff Pair、XNet、Net）。选择需要设置约束的对象，在 Referenced Physical CSet 栏中单击，在其下拉框中选择新建好的约束规则，表示将新建好的约束规则应用到该对象上去。

假如需要将 N18039526、N18044022、N18044074、N18044220 共计 4 个网络的布线宽度进行修改，就可以找到该 4 个网络在表格中 Referenced Spacing CSet 栏对应的位置，用鼠标分别单击，在下拉列表中选择新建的 PHY12MIL，PHY12MILL 的物理规则就应用到这 4 个网络上去了。

在 Referenced Physical CSet 栏的下拉框中选择新建的 PHY12MIL 约束规则，表示将 PHY12MIL 约束规则应用到该 4 个网络上去，如图 10.48 所示。

Objects			Referenced Physical CSet	Line Width		Neck	
				Min	Max	Min Width	Max Length
Type	S	Name		mil	mil	mil	mil
Net		N18039526	PHY12MIL	12.000	0.000	12.000	0.000
Net		N18044022	PHY12MIL	12.000	0.000	12.000	0.000
Net		N18044074	PHY12MIL	12.000	0.000	12.000	0.000
Net		N18044220	PHY12MIL	12.000	0.000	12.000	0.000

图 10.48　针对网络的布线宽度进行修改

（6）为了证明建立的物理约束规则有效，接下来对设置好的规则进行验证。

在 Allegro PCB Design 界面中，选择布线命令，找到新建立的规则的网络，单击后开始布线，查看建立的约束是否被正常应用。N18039526、N18044022、N18044074、N18044220 共计 4 个网络在布线过程中，Line Width 线宽已经被修改成 12mil，这说明新建立的约束规则有效，已经起到对了对线宽的约束作用，如图 10.49 所示，在 Line Width 中的布线宽度自动设置成了 12mil。

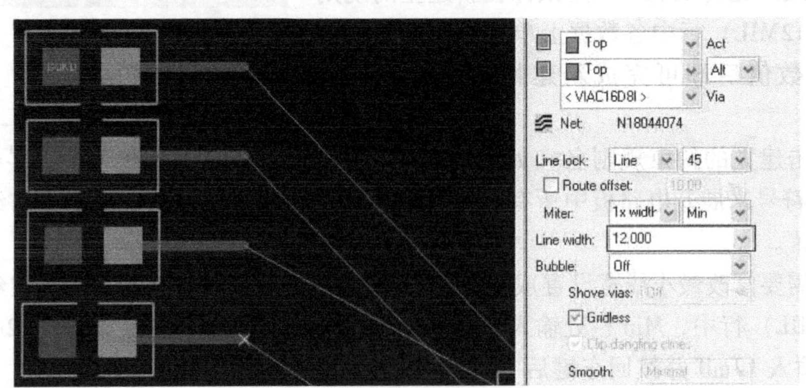

图 10.49　验证建立的物理约束规则

10.5.2　新建间距约束 Spacing 及应用

（1）在约束管理器中选择 Spacing—Spacing Constraint Set—All Layer 工作簿，在右侧工作表编辑窗口中的 DEFAULT 规则就是右击默认的物理约束规则。

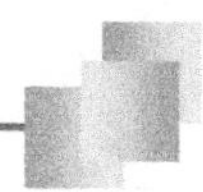

（2）在 Name 栏的工程文件名（. DSN）上右击，在菜单中选择 Create—Spacing CSet 命令，弹出 Create Spacing CSet 对话框，如图 10. 50 所示。或者选择 Objects—Create—Spacing CSet 命令，弹出 Create Spacing CSet 对话框，如图 10. 51 所示。

（3）打开 Create Spacing CSet 对话框，在 Spacing CSet 文本框中输入新建约束的名称（如 SPAC10MIL）后单击 OK 按钮，新建规则即已产生，如图 10. 52 所示。一般推荐规则的名称全部用大小字母，设置名称最好见名知意。

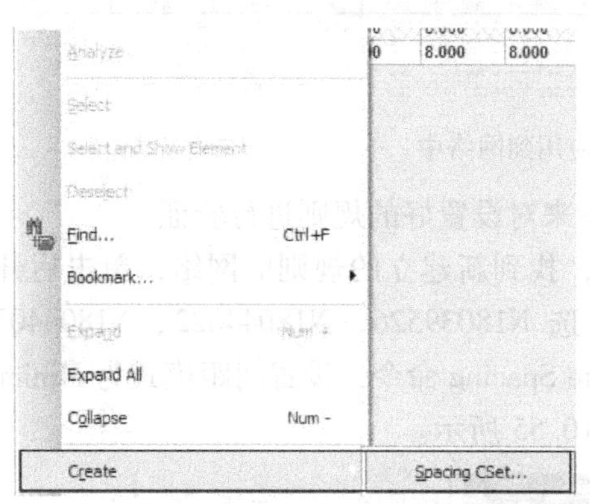

图 10. 50　选择 Create—Spacing CSet 命令

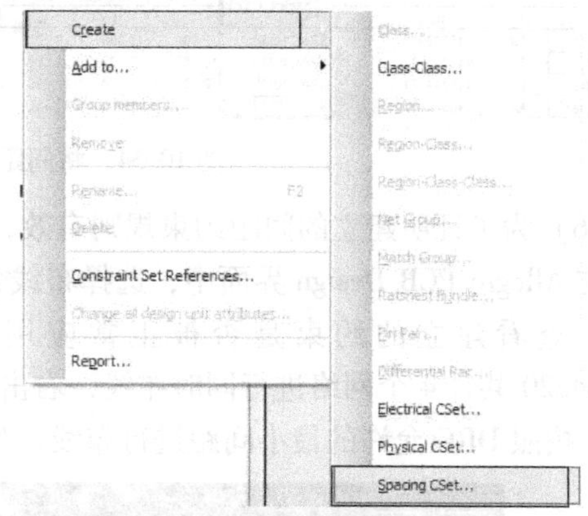

图10. 51　选择 Objects—Create—Spacing CSet 命令

（4）修改间距约束规则。用鼠标在新建立的规则名（如 SPAC10MIL）行中各数据上单击，用键盘输入数据，修改数值后即可完成间距约束规则的修改。

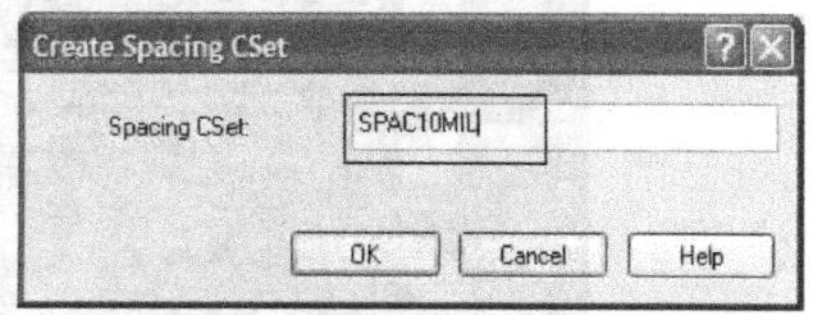

图 10. 52　新建间距约束 SPAC10MIL

可以单击建立的规则名（如 SPAC10MIL）左边的“+”符号来展开电路板中所有的电气布线层，然后可以分别针对某个布线层进行单独的规则设置。

例如，需要将线到线、线到孔、线到表贴焊盘等的所有间距都设置成 10mil。在规则名（如 SPAC10MIL）行中用鼠标单击，等该行变成黑色之后（全部选择），在光标处输入 10 并按回车键后，改行的内容将全部被修改成 10，表示规则名（如 SPAC10MIL）的间距规则都被设置成 10mil。如图 10. 53 所示，SPAC10MIL 的规则将所有的间距都设置成 10mil。

SCS		⊟ SPAC10MIL	10.000	10.000	10.000	10.000	10.000	10.000	10.000	10.000	10.000	10.000	10.000
Lyr		TOP	10.000	10.000	10.000	10.000	10.000	10.000	10.000	10.000	10.000	10.000	10.000
Lyr		GND	10.000	10.000	10.000	10.000	10.000	10.000	10.000	10.000	10.000	10.000	10.000
Lyr		POWER	10.000	10.000	10.000	10.000	10.000	10.000	10.000	10.000	10.000	10.000	10.000
Lyr		BOTTOM	10.000	10.000	10.000	10.000	10.000	10.000	10.000	10.000	10.000	10.000	10.000

图 10. 53　修改间距约束规则

（5）新建立 Spacing 约束规则以后，可以将新建立的约束规则应用到 Net 文件夹的网络中去，使网络表中的 Net 按照设置约束进行布线和 DRC 规则检查。

在约束管理器中选择 Spacing—Net—All Layer 工作簿，在右侧工作表编辑窗口显示的就是当前电路板中所有的对象（Design、Bus、Class、Diff Pair、XNet、Net）。选择需要设置约束的对象，在 Referenced Spacing CSet 栏中单击，在其下拉框中选择新建的约束规则，表示将新建好的约束规则应用到该对象上去。

假如需要将 N18039526、N18044022、N18044074、N18044220 共计 4 个网络的布线间距进行修改，找到这 4 个网络在表格中 Referenced Spacing CSet 栏对应的位置，用鼠标分别单击，在下拉列表中选择新建 SPAC10MIL，SPAC10MIL 的间距规则即应用到这 4 个网络中，如图 10.54 所示。

Objects			Referenced Spacing CSet	Line To										
				Line	Thru Pin	SMD Pin	Test Pin	Thru Via	BB Via	Test Via	Microvia	Shape	Bond Finger	Hole
Type	S	Name		mil	mil	mil	mil	mil	mil	mil	mil	mil	mil	mil
Net		N18039526	SPAC10MIL	10.000	10.000	10.000	10.000	10.000	10.000	10.000	10.000	10.000	10.000	10.000
Net		N18044022	SPAC10MIL	10.000	10.000	10.000	10.000	10.000	10.000	10.000	10.000	10.000	10.000	10.000
Net		N18044074	SPAC10MIL	10.000	10.000	10.000	10.000	10.000	10.000	10.000	10.000	10.000	10.000	10.000
Net		N18044220	SPAC10MIL	10.000	10.000	10.000	10.000	10.000	10.000	10.000	10.000	10.000	10.000	10.000

图 10.54　将间距规则应用到网络中

（6）为了证明建立的间距约束规则有效，接下来对设置好的规则进行验证。

在 Allegro PCB Design 界面中，选择布线命令，找到新建立的规则的网络，单击后开始布线，查看建立的约束是否被正常应用。点选 N18039526、N18044022、N18044074、N18044220 共计 4 个网络进行同时布线，右击 Route Spacing 命令，设置间距模式为 Minimum DRC，按照 DRC 允许的最小间距进行布线，如图 10.55 所示。

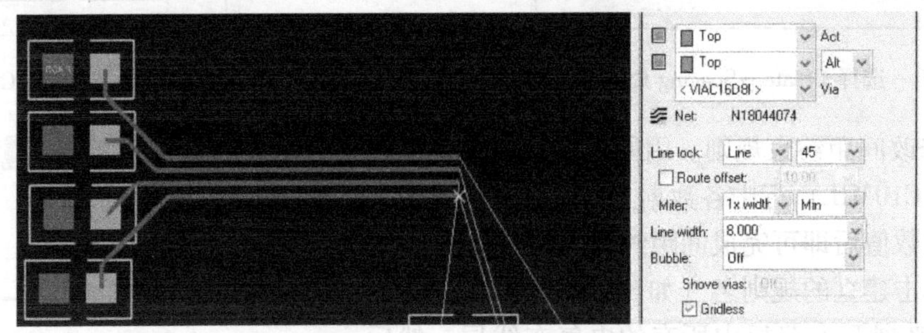

图 10.55　验证建立的间距约束规则

（7）测量间距验证。选择 Show Measure 命令，在 Finds 选项卡中仅勾选 CLine Segs 复选项，单击 N18044022 和 N18039526 两个布线，测量出两个线 Air Gap 是 10mil，这说明上面设置的间距规则有效，间距规则已经起作用，如图 10.56 所示。

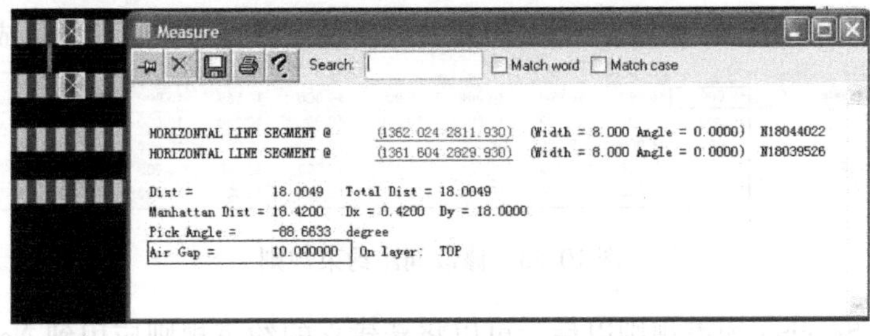

图 10.56　测量间距验证

10.5.3　新建同网络间距约束 Same Net Spacing 及应用

（1）在约束管理器中选择 Same Net Spacing—Same Net Spacing Constraint Set—All Layer 工作簿，在右侧工作表编辑窗口中的 DEFAULT 规则就是默认的物理约束规则。

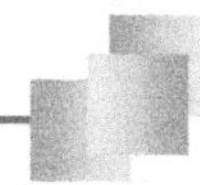

（2）在 Name 栏的工程文件名（. DSN）上右击，在菜单中选择 Create—Same Net Spacing CSet 命令，弹出 Create Same Net Spacing CSet 对话框，如图 10. 57 所示。或者选择菜单 Objects—Create—Same Net Spacing CSet 命令，弹出 Create Same Net Spacing CSet 对话框，如图 10. 58 所示。

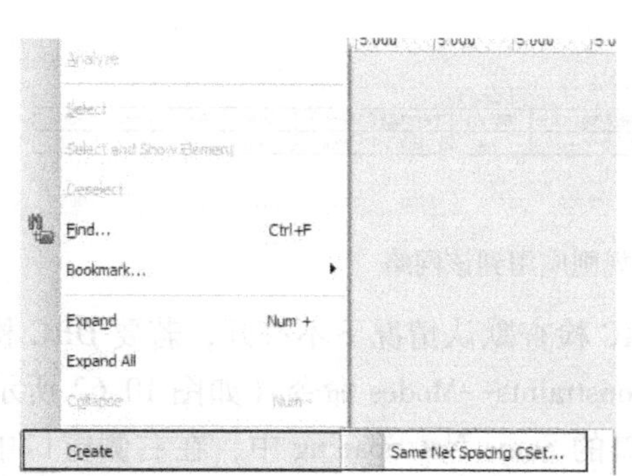

图 10. 57　选择 Create—Same Net Spacing CSet 命令

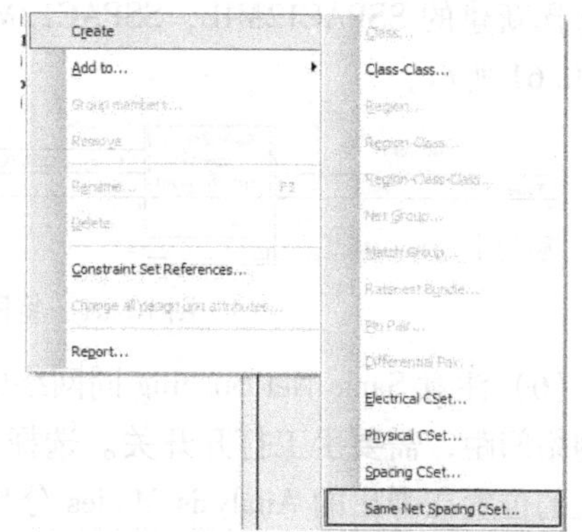

图 10. 58　选择 Objects—Create—Same Net Spacing CSet 命令

（3）在 Create Same Net Spacing CSet 对话框的 Same Net Spacing CSet 文本框中输入新建约束的名称（如 SSPAC12MIL）后单击 OK 按钮，新建规则即已产生，如图 10. 59 所示。

（4）修改同网络间距约束规则。用鼠标在新建的规则名（SSPAC12MIL）行中各数据上单击，用键盘输入数据，修改数值后即可完成同网络间距约束规则的修改。

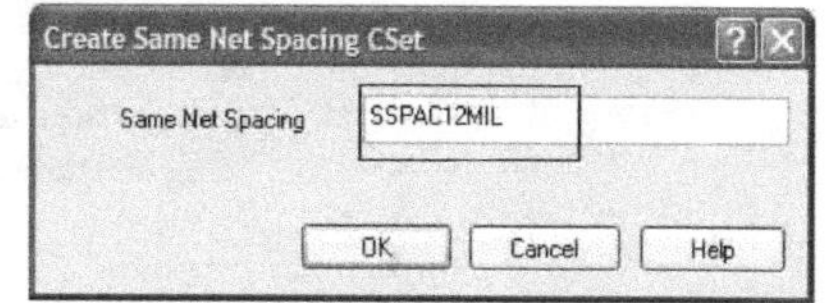

图 10. 59　新建约束

可以单击建立的规则名（SSPAC12MIL）左边的“+”符号来展开电路板中所有的电气布线层，然后可以分别针对某个布线层进行单独的设置规则。

例如，需要将同网络线到线、线到孔、线到表贴焊盘等的所有间距都设置成 12mil。在规则名（如 SSPAC12MIL）行中用鼠标单击，等该行变成黑色之后（全部选中），在光标处输入 12 并按回车键后，该行的内容将全部被修改成 12，表示规则名（如 SSPAC12MIL）的间距规则都被设置成 12mil，如图 10. 60 所示。

SNSC	⊟ SSPAC12MIL	12.000	12.000	12.000	12.000	12.000	12.000	12.000	12.000	12.000	12.000	12.000
Lyr	TOP	12.000	12.000	12.000	12.000	12.000	12.000	12.000	12.000	12.000	12.000	12.000
Lyr	GND	12.000	12.000	12.000	12.000	12.000	12.000	12.000	12.000	12.000	12.000	12.000
Lyr	POWER	12.000	12.000	12.000	12.000	12.000	12.000	12.000	12.000	12.000	12.000	12.000
Lyr	BOTTOM	12.000	12.000	12.000	12.000	12.000	12.000	12.000	12.000	12.000	12.000	12.000

图 10. 60　修改同网络间距约束规则

（5）新建立 Same Net Spacing 约束规则以后，可以将新建立的约束规则，应用到 Net 的网络中去，使网络表中的 Net 按照设置约束进行布线和 DRC 规则检查。

在约束管理器中选择 Same Net Spacing—Net—All Layer 工作簿，在右侧工作表编辑窗口显示的就是当前电路板中所有的对象（Design、Bus、Class、Diff Pair、XNet、Net）。选择需

要设置约束的对象，在 Referenced Same Net Spacing CSet 栏中单击，在其下拉框中选择新建好的约束规则，表示将新建好的约束规则应用到该对象上去。

假设 N18038533 是 RFID 天线绕组线网络，需要用同网络间距约束和 DRC 检查，找到该网络在表格中 Referenced Same Net Spacing CSet 栏对应的位置，用鼠标单击，在下拉列表中选择新建的 SSPAC12MIL，SSPAC12MIL 的同网络间距规则就应用到该网络上去了，如图 10.61 所示。

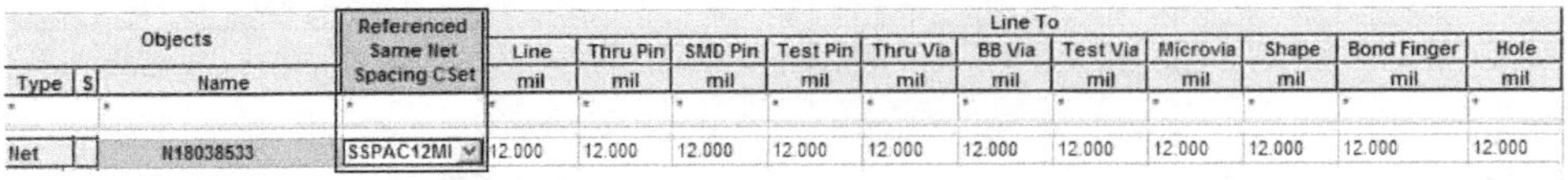

Objects			Referenced Same Net Spacing CSet	Line To										
				Line	Thru Pin	SMD Pin	Test Pin	Thru Via	BB Via	Test Via	Microvia	Shape	Bond Finger	Hole
Type	S	Name		mil	mil	mil	mil	mil	mil	mil	mil	mil	mil	mil
*	*		*	*	*	*	*	*	*	*	*	*	*	*
Net		N18038533	SSPAC12MI	12.000	12.000	12.000	12.000	12.000	12.000	12.000	12.000	12.000	12.000	12.000

图 10.61　将同网络间距规则应用到该网络

（6）注意 Same Net Spacing 同网络间距的 DRC 检查默认情况下不打开，若要 DRC 检查同网络间距，需要手工打开开关。选择 Setup—Constraints—Modes 命令（如图 10.62 所示），开关的位置在弹出的 Analysis Modes 分析模式窗口的 Same Net Spacing 中，在右侧窗口中将 Select Modes to analyze 中的所有复选项勾选，然后单击 OK 按钮，开启同网络的 DRC 检查开关，如图 10.63 所示。

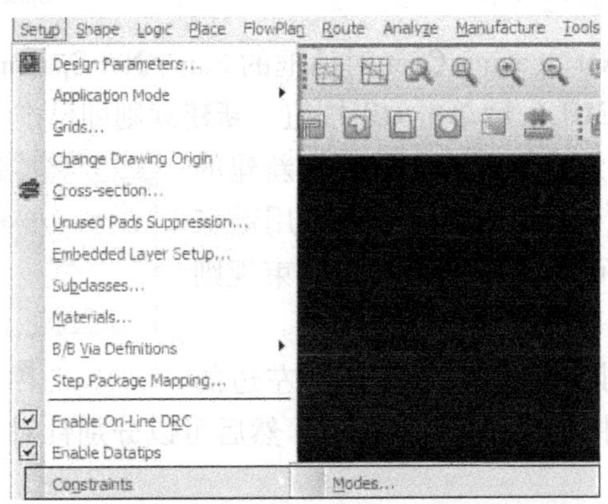

图 10.62　启动分析模式

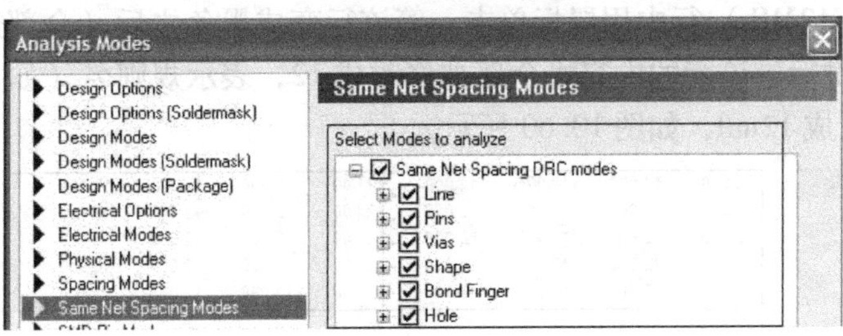

图 10.63　开启同网络的 DRC 检查开关

（7）为了证明建立的同网络间距约束规则有效，接下来对设置好的规则约束进行验证。在 Allegro PCB Design 界面中选择布线命令，找到新建立的规则的网络 N18038533，单击后开始布线，在布线的过程中故意让 N18038533 形成环路或者重合，因为同网络间距约束规则不允许同网络短接，这样会出现 DRC 错误标记，如图 10.64 所示。

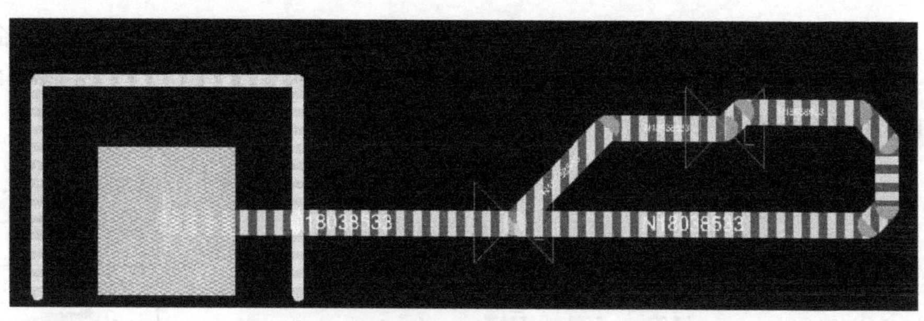

图 10.64　验证建立的同网络间距约束规则

（8）查看 DRC 的错误。在约束管理器中选择 DRC—DRC—Same Net Spacing 工作簿，在右侧窗口中可以看到 DRC 标记的错误，正是 Same Net Spacing 同网络间距约束规则检查发现的 N18038533 造成的。这说明设置在 N18038533 网络上的 Same Net Spacing 同网络间距约束有效，已经起作用，DRC 的错误提示如图 10.65 所示。

Objects	Constraint Set	DRC Subclass	Values		Object 1	Object 2
Name			Required	Actual		
*	*	*	*	*	*	*
⊟ myhub						
⊟ Line to Line Same Net Spacing						
(2500.224 2768.152)	Sspac12mil	Top	12 MIL	0 MIL	Horizontal Li...	Odd-angle Line Segment "N18038533, Etch/Top"
(2566.944 2797.440)	Sspac12mil	Top	12 MIL	0 MIL	Horizontal Li...	Horizontal Line Segment "N18038533, Etch/Top"

图 10.65　查看 DRC 的错误

10.6　Net Class 的相关应用

10.6.1　新建 Net Class

Net Class 是一些网络的集合，通常可以将同样属性的一组线的 Net（也可以是 XNet）组合成 Net Class 来对待，这样可以使规则设置变得简单些。建立 Net Class 的目的最终还是为了能够赋予 Physical 物理和 Spacing 间距及 Same Net Spacing 相同网络间距的约束规则。当创建 Net Class 后，在 Net 文件夹下 All Layers 工作簿右侧的工作表内容中 Object 栏会显示所创建好的 Net Class 内容，具体的设置步骤如下。

（1）单击 Physical 或者 Spacing 选项卡中的 Net 文件夹下的 All Layers 工作表，在右侧的 Objects 中会看到当前电路板上所有的对象（Bus、Diff Pair、NetGroup、XNet、Net），按住 Ctrl 键，同时用鼠标单击要选择的对象，比如 Net，被选择的网络会变成选中的黑色状态，准备创建成 NetClass。

假如需要将 N18039526、N18044022、N18044074、N18044220 共计 4 个网络建立成 NetClass，按住 Ctrl 键，点选该 4 个网络，如图 10.66 所示。

Objects			Referenced Spacing CSet	Line To										
				Line	Thru Pin	SMD Pin	Test Pin	Thru Via	BB Via	Test Via	Microvia	Shape	Bond Finger	Hole
Type	S	Name		mil	mil	mil	mil	mil	mil	mil	mil	mil	mil	mil
Net		N18039526	DEFAULT	8.000	8.000	8.000	8.000	8.000	8.000	8.000	8.000	8.000	8.000	8.000
Net		N18044022	DEFAULT	8.000	8.000	8.000	8.000	8.000	8.000	8.000	8.000	8.000	8.000	8.000
Net		N18044074	DEFAULT	8.000	8.000	8.000	8.000	8.000	8.000	8.000	8.000	8.000	8.000	8.000
Net		N18044220	DEFAULT	8.000	8.000	8.000	8.000	8.000	8.000	8.000	8.000	8.000	8.000	8.000

图 10.66　选择要建立 NetClass 的网络

（2）鼠标指针放在选取的网络上右击，在弹出的菜单中选择 Create—Net Class 命令，如图 10.67 所示，弹出 Create Net Class 对话框。也可以在 Objects 菜单中选择 Create—Net Class 命令，如图 10.68 所示。

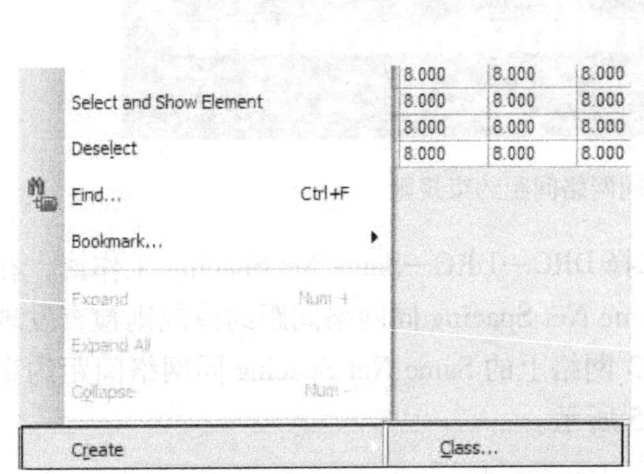

图 10.67　选择 Create—Net Class 命令　　　　图 10.68　选择 Objects 菜单中的 Net Class 命令

（3）在弹出的 Create Net Class 对话框的 Net Class 文本框中输入新建的 Net Class 的名称（如 NCLASS1TO4），单击 OK 按钮之后，新的 Net Class 会被创建，创建界面如图 10.69 所示。

（4）注意 Net Class 默认的属性属于 Physical、Spacing、Same Net Spacing 三个选项卡共享，Create Net Class 对话框中有个复选项 Create for both physical and Spacing，默认勾选后新创建的 Net Class 就会被选项卡共享。若不勾选，新创建的 Net Class 就属于当前创建选项卡私有。如当前例子中创建的 Net Class 在 Spacing 选项卡中，若不勾选 Create for both physical and Spacing，所创建的 Net Class 只会出现在 Spacing 的工作表内容对象列表中。

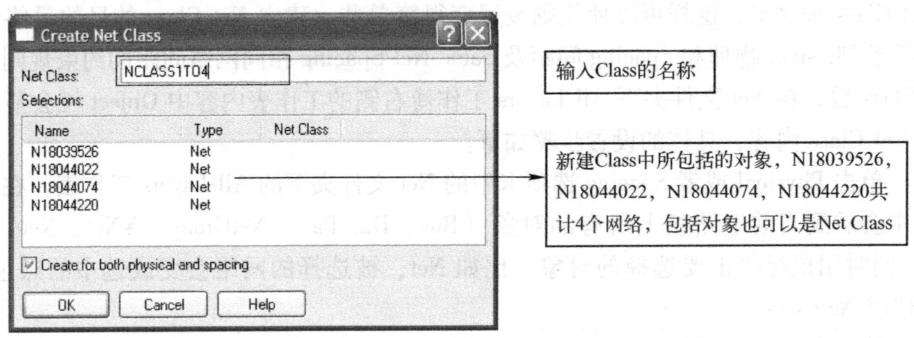

图 10.69　新建 NetClass

（5）查看创建完成的 Net Class。在 Spacing 的 Net 文件夹下的 All Layers 工作表中，Class 的名称（如 NCLASS1TO4）会显示在 Objects 栏中。用鼠标单击 Class 的名称上的“+”号，会显示出 Class 中的各种网络列表，如图 10.70 所示，可以使用该办法来查看设置的 Net Classs 是否符合要求。

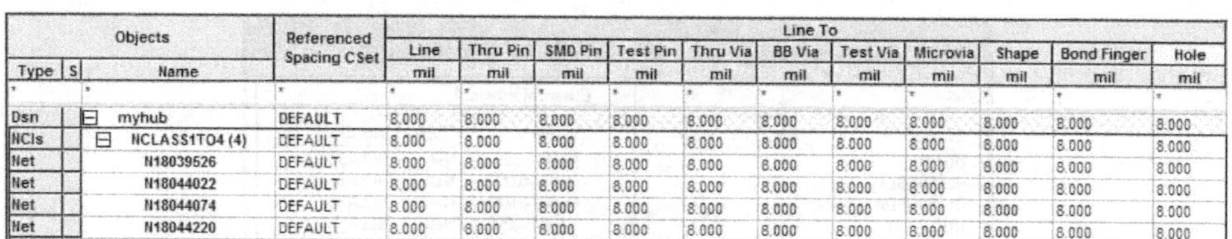

Objects			Referenced Spacing CSet	Line To										
Type	S	Name		Line	Thru Pin	SMD Pin	Test Pin	Thru Via	BB Via	Test Via	Microvia	Shape	Bond Finger	Hole
				mil	mil	mil	mil	mil	mil	mil	mil	mil	mil	mil
*	*		*	*	*	*	*	*	*	*	*	*	*	*
Dsn		⊟ myhub	DEFAULT	8.000	8.000	8.000	8.000	8.000	8.000	8.000	8.000	8.000	8.000	8.000
NCls		⊟ NCLASS1TO4 (4)	DEFAULT	8.000	8.000	8.000	8.000	8.000	8.000	8.000	8.000	8.000	8.000	8.000
Net		N18039526	DEFAULT	8.000	8.000	8.000	8.000	8.000	8.000	8.000	8.000	8.000	8.000	8.000
Net		N18044022	DEFAULT	8.000	8.000	8.000	8.000	8.000	8.000	8.000	8.000	8.000	8.000	8.000
Net		N18044074	DEFAULT	8.000	8.000	8.000	8.000	8.000	8.000	8.000	8.000	8.000	8.000	8.000
Net		N18044220	DEFAULT	8.000	8.000	8.000	8.000	8.000	8.000	8.000	8.000	8.000	8.000	8.000

图 10.70　创建完成 Net Class

10.6.2　Net Class 内的对象编辑

创建完成 Net Class 之后，可以对其 Class 内的对象进行编辑，可以增加也可以删除。给 Class 中增加对象的方法有两种：一种是选中 Net Class，再添加对象；另一种是选择中对象，再将其加入到指定的 Net Class 内来，操作步骤如下。

（1）单击 Physical 或 Spacing 选项卡中的 Net 文件夹下的 All Layers 工作表，在右侧的 Objects 中会看到当前电路板上所有的对象（对象可以是 Bus、Diff Pair、Net Group、XNet、Net），在 Objects 栏中找到需要编辑的 Net Class，选择后右击，在弹出的菜单中选择 Net Class members 命令，如图 10.71 所示。也可以在 Objects 菜单中选择 Group members 命令，如图 10.72 所示。

下面以 Net Class NCLASS1TO4 为例进行讲解，鼠标指针放在 NCLASS1TO4 Net Class 上后右击，在弹出的菜单中选择 Net Class members 命令，如图 10.71 所示。

（2）弹出 Net Class Membership for NCLASS1TO4 对话框，在右侧 Current Members 窗口中会列出当前 Net Class NCLASS1TO4 中已经存在的对象，共计有 N18039526、N18044022、N18044074、N18044220 4 个 Net，如图 10.73 所示。左侧 Net 处是当前电路板所有对象的过滤器，鼠标单击可以选择 Bus、Diff Pair、Net、NetGroup、XNet、XNets and signal Nets 不同的类型，可以将电路板所有的对象按照类型来进行过滤显示，如图 10.74 所示。

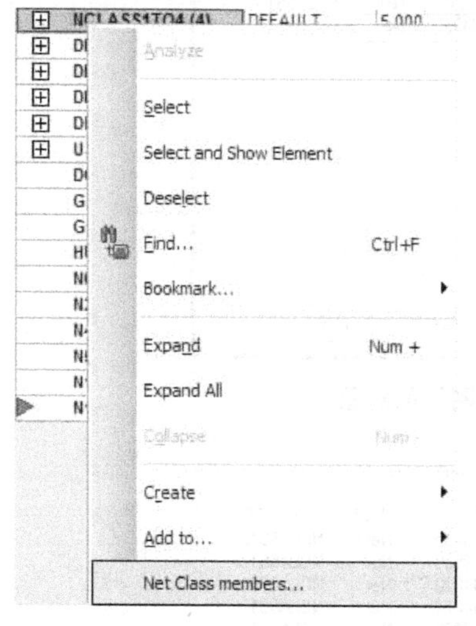

图 10.71　选择 Net Class members 命令

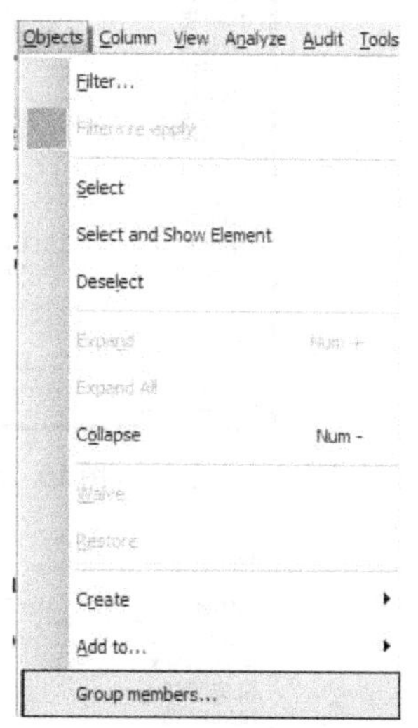

图 10.72　选择 Net Class members 命令

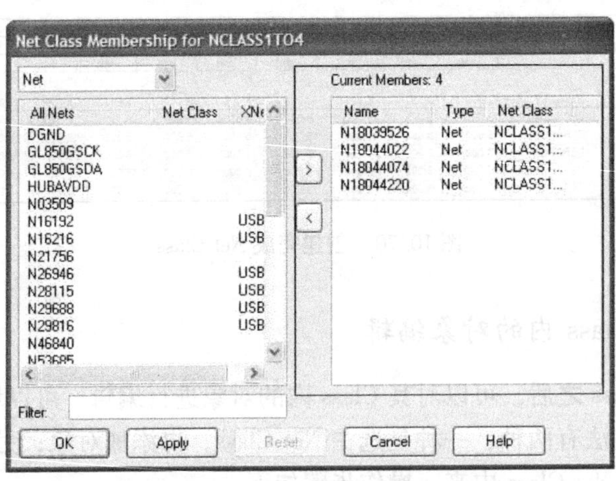

图 10.73　Net Class 增加对象

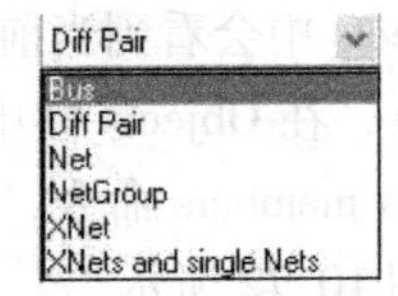

图 10.74　按照类型来进行过滤显示

（3）Net Class 增加对象。若该处过滤器选择 Net，左下侧显示框中将列出所有的 XNets and signal Nets 网络表，单击选择要加入 Net 网络 N18038495 后，再次双击（或单击向右按钮）N18038495 网络被加入 Net Class NCLASS1TO4 中，如图 10.75 所示。

（4）新增完成以后，单击 Apply 按钮，N18038495 网络将被确认加入 Net Class NCLASS1TO4 中。Current Members 的数量也会随之增加，从原来的 4 变成 5，如图 10.76 所示。

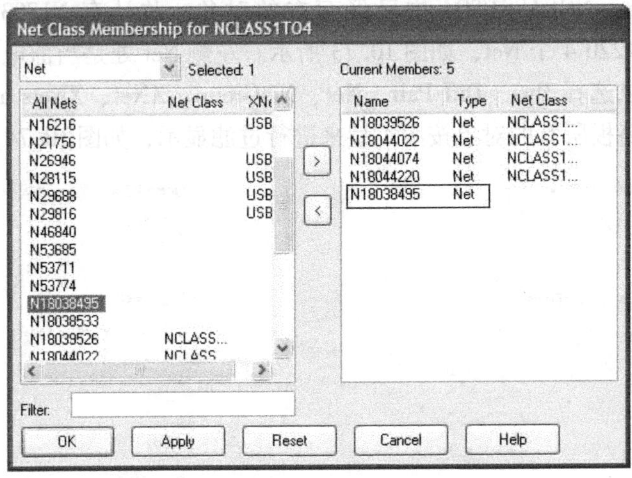

图 10.75　选择要加入 Net 网络的对象

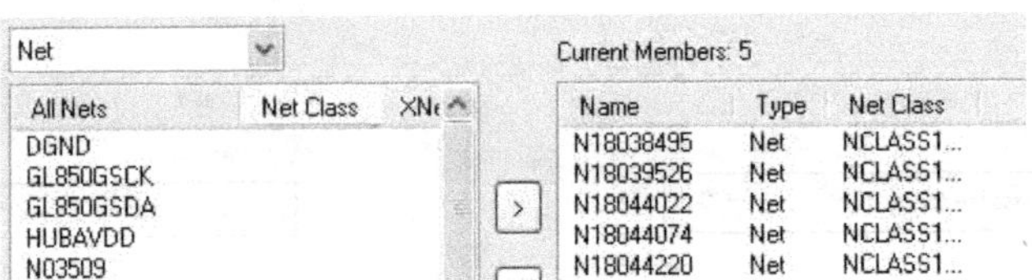

图 10.76　单击 Apply 按钮完成添加

（5）Net Class 删除对象。右侧 Current Members 窗口中会列出当前 Net Class NCLASS1TO4 中已经存在的网络等对象，单击需要删除的其中某个对象。如需要删除 N18044220 网络，用鼠标单击选择后，再次双击该网络（或单击向左按钮），该网络会从 Net Class NCLASS1TO4 中移除。单击 Apply 按钮，N18044220 网络会被确认从 Net Class NCLASS1TO4 中移除，如图 10.77 所示。

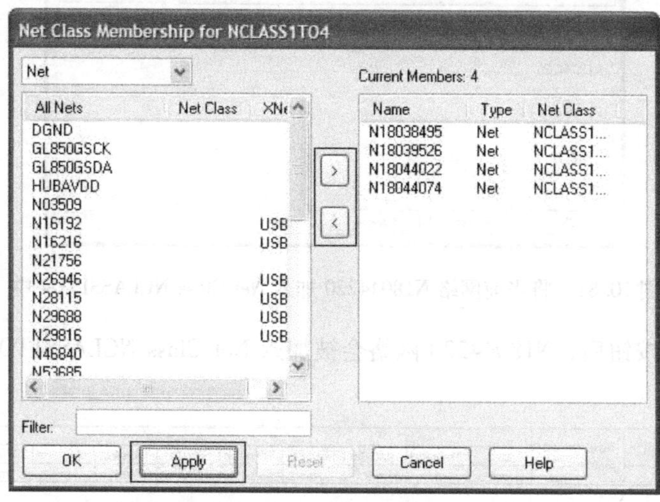

图 10.77　Net Class 删除对象

（6）在 Net Class Membership for NCLASS1TO4 对话框中单击 OK 按钮后，会退出 NCLASS1TO4 Net Class 的编辑。如图 10.78 所示，经过修改，N18038495 网络将加入 Net Class NCLASS1TO4 中。

Objects			Referenced Spacing CSet	Shape To										
Type	S	Name		Line	Thru Pin	SMD Pin	Test Pin	Thru Via	BB Via	Test Via	Microvia	Shape	Bond Finger	Hole
				mil	mil	mil	mil	mil	mil	mil	mil	mil	mil	mil
*		*	*	*	*	*	*	*	*	*	*	*	*	*
Dsn		⊟ myhub	DEFAULT	8.000	5.000	5.000	5.000	5.000	5.000	5.000	5.000	5.000	5.000	8.000
NCls		⊟ NCLASS1TO4 (4)	DEFAULT	8.000	5.000	5.000	5.000	5.000	5.000	5.000	5.000	5.000	5.000	8.000
Net		N18038495	DEFAULT	8.000	5.000	5.000	5.000	5.000	5.000	5.000	5.000	5.000	5.000	8.000
Net		N18039526	DEFAULT	8.000	5.000	5.000	5.000	5.000	5.000	5.000	5.000	5.000	5.000	8.000
Net		N18044022	DEFAULT	8.000	5.000	5.000	5.000	5.000	5.000	5.000	5.000	5.000	5.000	8.000
Net		N18044074	DEFAULT	8.000	5.000	5.000	5.000	5.000	5.000	5.000	5.000	5.000	5.000	8.000

图 10.78　NetClass 中添加修改的网络

（7）另一种方法是，可以在需要添加到 Net Class 的网络上（如 N18044220 网络）选择后右击，在弹出菜单中选择 Add to—Class 命令，如图 10.79 所示。也可以在选中添加对象后，在 Objects 菜单中选择 Add to—Class 命令，如图 10.80 所示。

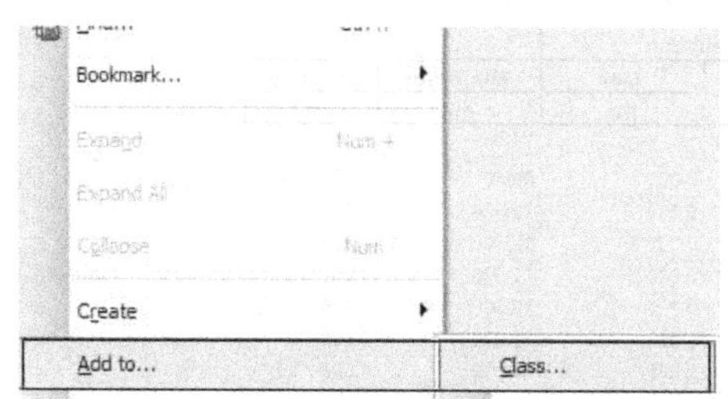

图 10.79　选择 Add to—Class 命令

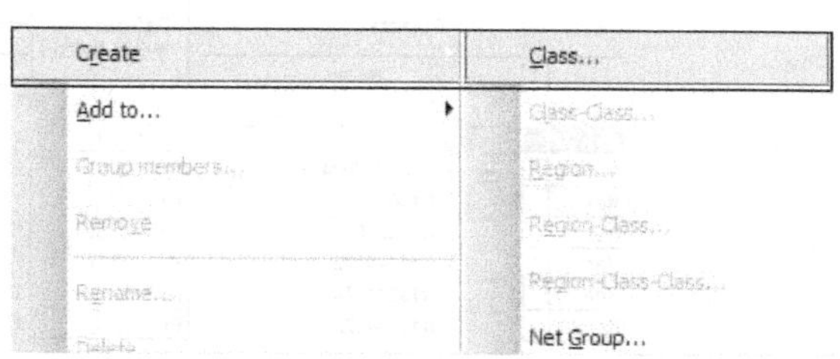

图 10.80　选择 Objects—Add to—Class 命令

（8）弹出 Add to Net Class 对话框，在对话框上侧的文本框中选择将网络加入到哪个 Net Class 中，单击右侧下拉箭头后会列出所有能够被加入的 Net Class，点选 NCLASS1TO4 后表示将当前网络 N18044220 加入 Net Class NCLASS1TO4 中，如界面截图图 10.81 所示。

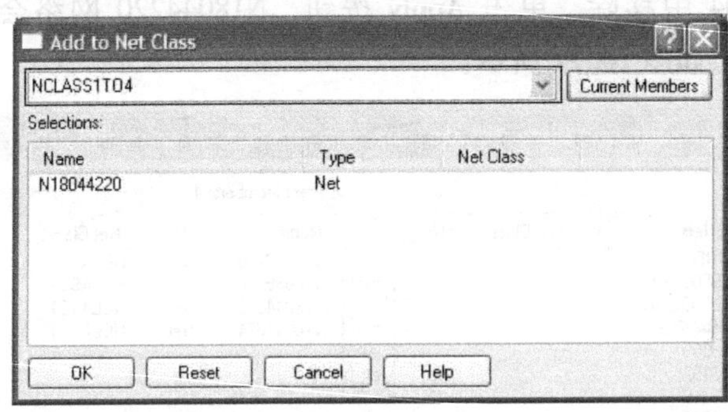

图 10.81　将当前网络 N18044220 加入 Net Class NCLASS1TO4 中

（9）单击 OK 按钮后，N18044220 网络会被加入 Net Class NCLASS1TO4 中，如图 10.82 所示。

Objects			Referenced Spacing CSet	Shape To										
				Line	Thru Pin	SMD Pin	Test Pin	Thru Via	BB Via	Test Via	Microvia	Shape	Bond Finger	Hole
Type	S	Name		mil	mil	mil	mil	mil	mil	mil	mil	mil	mil	mil
*		*	*	*	*	*	*	*	*	*	*	*	*	*
Dsn		⊟ myhub	DEFAULT	8.000	5.000	5.000	5.000	5.000	5.000	5.000	5.000	5.000	5.000	8.000
NCls		⊟ NCLASS1TO4 (5)	DEFAULT	8.000	5.000	5.000	5.000	5.000	5.000	5.000	5.000	5.000	5.000	8.000
Net		N18038495	DEFAULT	8.000	5.000	5.000	5.000	5.000	5.000	5.000	5.000	5.000	5.000	8.000
Net		N18039526	DEFAULT	8.000	5.000	5.000	5.000	5.000	5.000	5.000	5.000	5.000	5.000	8.000
Net		N18044022	DEFAULT	8.000	5.000	5.000	5.000	5.000	5.000	5.000	5.000	5.000	5.000	8.000
Net		N18044074	DEFAULT	8.000	5.000	5.000	5.000	5.000	5.000	5.000	5.000	5.000	5.000	8.000
Net		N18044220	DEFAULT	8.000	5.000	5.000	5.000	5.000	5.000	5.000	5.000	5.000	5.000	8.000

图 10.82　完成添加

10.6.3　对 Net Class 添加 Physical 约束

对 Net Class 添加 Physical 约束的方法有两种，具体操作步骤如下。

（1）方法 1：在约束管理器中选择 Physical—Net—All Layer 工作簿，在右侧工作表编辑窗口显示的就是当前电路板中所有的对象。在左侧的 Objects 栏中找到要应用物理约束规则的 Net Class NCLASS1TO4，在其对应的 Referenced Physical CSet 栏中单击，在下拉框中选择新建好的约束规则 PHY12MIL，表示将 PHY12MIL 的物理规则应用到 Net Class NCLASS1TO4 中所有网络上去，NCLASS1TO4 中所有网络将按照 PHY12MIL 规则所设置的约束条件进行布线及 DRC 检查（对象可以是 Diff Pair、Net Group、XNet、Net），如图 10.83 所示。

Objects			Referenced Physical CSet	Line Width		Neck	
				Min	Max	Min Width	Max Length
Type	S	Name		mil	mil	mil	mil
*		*	*	*	*	*	*
Dsn		⊟ myhub	DEFAULT	8.000	0.000	6.000	0.000
NCls		⊟ NCLASS1TO4 (5)	PHY12MIL	12.000	0.000	12.000	0.000
Net		N18038533	PHY12MIL	12.000	0.000	12.000	0.000
Net		N18039526	PHY12MIL	12.000	0.000	12.000	0.000
Net		N18044022	PHY12MIL	12.000	0.000	12.000	0.000
Net		N18044074	PHY12MIL	12.000	0.000	12.000	0.000
Net		N18044220	PHY12MIL	12.000	0.000	12.000	0.000

图 10.83　Net Class 添加 Physical 约束方法一

（2）方法 2：在约束管理器中选择 Physical—Net—All Layer 工作簿，在右侧工作表编辑窗口显示的就是当前电路板中所有的对象。在左侧的 Objects 栏中找到要应用物理约束规则的 Net Class NCLASS1TO4，选择后右击，在弹出的快捷菜单中选择 Constraint Set Reference 命令，如图 10.84 所示。

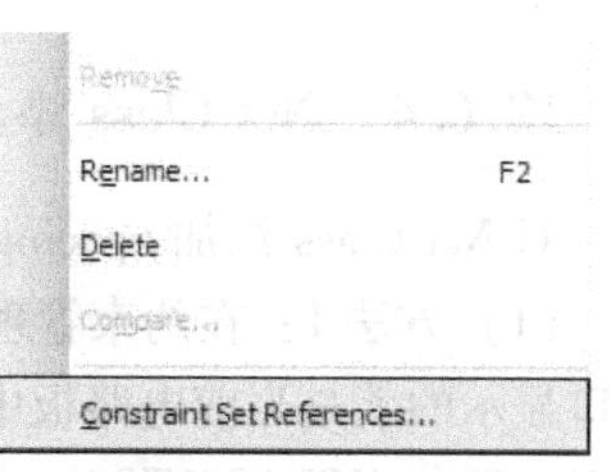

图 10.84　Net Class 添加 Physical 约束方法二

（3）方法 2：在弹出的 Add to Physical CSet 对话框中，上侧文本框用来设置物理约束的规则，单击右侧小箭头会列出当前电路板上所有的 Physical 约束规则，单击 PHY12MIL 后，Physical 约束规则将出现在文本框内，如图 10.85 所示。

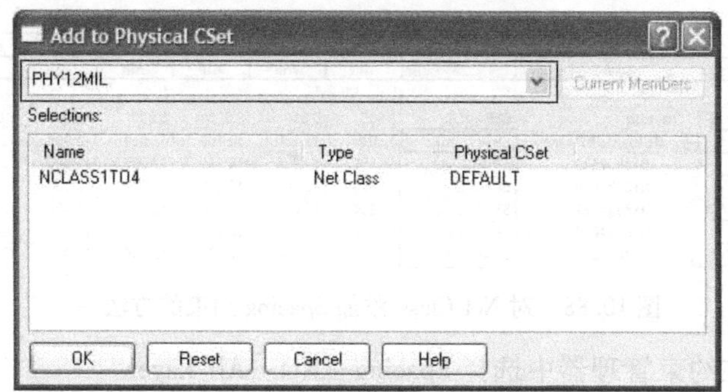

图 10.85　设置 Physical 约束规则

（4）方法 2：单击 OK 按钮后，弹出 Remove from current group 对话框，提示“Net Class NCLASS1TO4 is currently a member of Physical CSet DEFAULT. Adding it to PHY12MIL will remove it from DEFAULT.”。意思是 NCLASS1TO4 Net Class 当前使用的是默认的 Physical 约束规则，将添加新的 PHY12MIL 代替默认的 Physical 约束规则，单击 Yes To ALL 按钮确认，如图 10.86 所示。

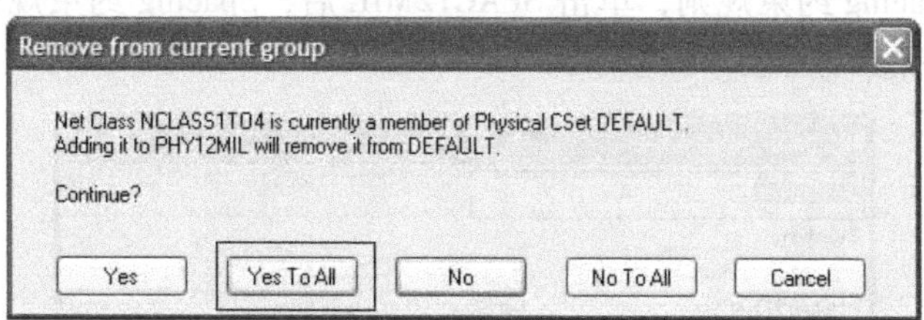

图 10.86　添加新的 PHY12MIL 代替默认的 Physical 约束规则

（5）方法 2：确认后就会将 PHY12MIL 的 Physical 约束规则应用到 Net Class NCLASS1TO4 的所有网络上去，NCLASS1TO4 中所有网络将按照 PHY12MIL 规则所设置的约束条件来进行布线及 DRC 检查，修改后如图 10.87 所示。

NCls	⊟ NCLASS1TO4 (5)	PHY12MIL	12.000	0.000	12.000	0.000
Net	N18038533	PHY12MIL	12.000	0.000	12.000	0.000
Net	N18039526	PHY12MIL	12.000	0.000	12.000	0.000
Net	N18044022	PHY12MIL	12.000	0.000	12.000	0.000
Net	N18044074	PHY12MIL	12.000	0.000	12.000	0.000
Net	N18044220	PHY12MIL	12.000	0.000	12.000	0.000

图 10.87　将新的约束条件应用到所有网络

10.6.4 Net Class 添加 Spacing 约束

对 Net Class 添加 Spacing 约束的方法有两种，具体的操作步骤如下。

（1）方法 1：在约束管理器中选择 Spacing—Net—All Layer 工作簿，在右侧工作表编辑窗口显示的就是当前电路板中所有的对象。在左侧的 Objects 栏中找到要应用间距约束规则的 Net Class NCLASS1TO4，在其对应的 Referenced Spacing CSet 栏中单击，在下拉框中选择新建好的约束规则 SPAC12MIL，表示将 SPAC12MIL 的间距应用到 Net Class NCLASS1TO4 的所有网络上去，NCLASS1TO4 中所有网络将按照 SPAC12MIL 规则所设置的约束条件进行布线及 DRC 检查（对象可以是 Diff Pair、Net Group、XNet、Net），设置完成以后如图 10.88 所示。

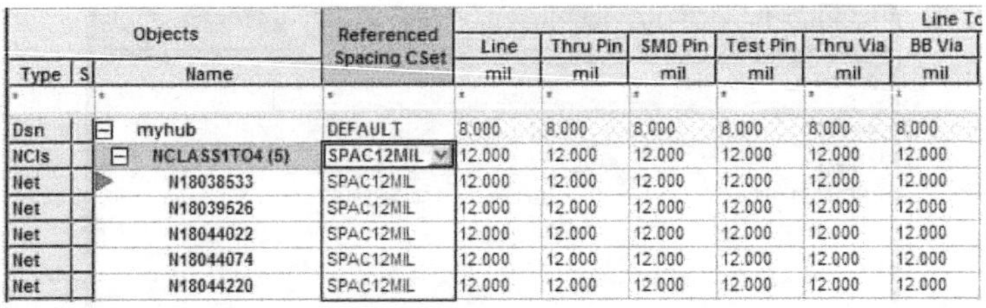

Objects			Referenced Spacing CSet	Line To					
Type	S	Name		Line	Thru Pin	SMD Pin	Test Pin	Thru Via	BB Via
				mil	mil	mil	mil	mil	mil
*	*		*	*	*	*	*	*	*
Dsn		⊟ myhub	DEFAULT	8.000	8.000	8.000	8.000	8.000	8.000
NCls		⊟ NCLASS1TO4 (5)	SPAC12MIL	12.000	12.000	12.000	12.000	12.000	12.000
Net		N18038533	SPAC12MIL	12.000	12.000	12.000	12.000	12.000	12.000
Net		N18039526	SPAC12MIL	12.000	12.000	12.000	12.000	12.000	12.000
Net		N18044022	SPAC12MIL	12.000	12.000	12.000	12.000	12.000	12.000
Net		N18044074	SPAC12MIL	12.000	12.000	12.000	12.000	12.000	12.000
Net		N18044220	SPAC12MIL	12.000	12.000	12.000	12.000	12.000	12.000

图 10.88　对 Net Class 添加 Spacing 约束的方法一

（2）方法 2：在约束管理器中选择 Spacing—Net—All Layer 工作簿，在右侧工作表编辑窗口显示的就是当前电路板中所有的对象。在左侧的 Objects 栏中找到要应用间距约束规则的 Net Class NCLASS1TO4，选择后右击，在弹出的快捷菜单中选择 Constraint Set Reference 命令，如图 10.89 所示。

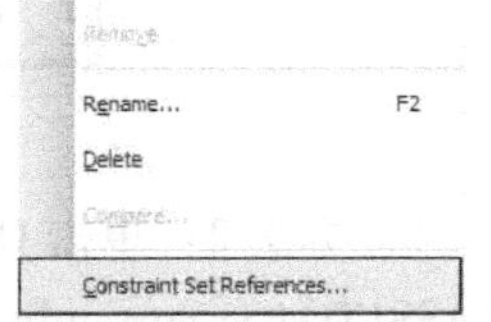

图 10.89　对 Net Class 添加 Spacing 约束的方法二

（3）方法 2：在弹出的 Add to Spacing CSet 对话框中，上侧文本框用来设置间距约束的规则，单击右侧小箭头会列出当前电路板上所有的 Spacing 约束规则，单击 SPAC12MIL 后，Spacing 约束规则将出现在文本框内，如图 10.90 所示。

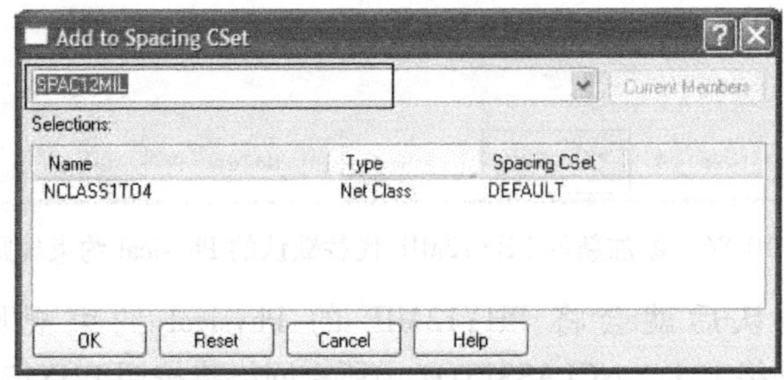

图 10.90　设置 Spacing 约束规则

（4）方法 2：单击 OK 按钮后，弹出 Remove from current group 对话框，提示“Net Class NCLASS1TO4 is currently a member of Spacing CSet DEFAULT. Adding it to SPAC12MIL will remove it from DEFAULT.”，意思是 NCLASS1TO4 Net Class 当前使用的是默认的间距，将添加新的 SPAC12MIL 代替默认的间距，单击 Yes To ALL 按钮确认，如图 10.91 所示。

（5）方法 2：确认后，会将 SPAC12MIL 的间距应用到 Net Class NCLASS1TO4 的所有网

络上去，NCLASS1TO4 中所有网络将按照 SPAC12MI 规则所设置的约束条件进行布线及 DRC 检查。完成后的设置如图 10.92 所示。

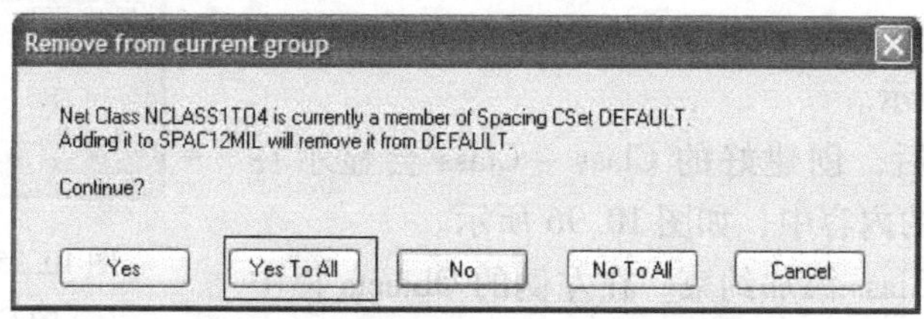

图 10.91　添加新的 SPAC12MIL 代替默认的间距

Objects			Referenced Spacing CSet	Line To					
Type	S	Name		Line	Thru Pin	SMD Pin	Test Pin	Thru Via	BB Via
				mil	mil	mil	mil	mil	mil
*		*	*	*	*	*	*	*	*
Dsn		⊟ myhub	DEFAULT	8.000	8.000	8.000	8.000	8.000	8.000
NCls		⊟ NCLASS1TO4 (6)	SPAC12MIL	12.000	12.000	12.000	12.000	12.000	12.000
Net		N18038533	SPAC12MIL	12.000	12.000	12.000	12.000	12.000	12.000
Net		N18039526	SPAC12MIL	12.000	12.000	12.000	12.000	12.000	12.000
Net		N18044022	SPAC12MIL	12.000	12.000	12.000	12.000	12.000	12.000
Net		N18044074	SPAC12MIL	12.000	12.000	12.000	12.000	12.000	12.000

图 10.92　将新的约束条件应用到所有网络

10.6.5　Net Class - Class 间距规则

某些地方需要用到不同的 Net Class，网络之间具有特殊的间距规则时，就需要用到 Net Class - Class 的间距规则设置，具体设置步骤如下。

（1）在约束管理器中选择 Spacing—Net Class - Class—All Layer 工作簿，在右侧工作表编辑窗口显示的就是当前电路板中所有的 Net Class。新建 NCLASS1TO4 和 NCLASS7TO9 共计两对 Net Class，如图 10.93 所示。

Objects			Referenced Spacing CSet	Line To										
Type	S	Name		Line	Thru Pin	SMD Pin	Test Pin	Thru Via	BB Via	Test Via	Microvia	Shape	Bond Finger	Hole
				mil	mil	mil	mil	mil	mil	mil	mil	mil	mil	mil
*		*	*	*	*	*	*	*	*	*	*	*	*	*
Dsn		⊟ myhub	DEFAULT	8.000	8.000	8.000	8.000	8.000	8.000	8.000	8.000	8.000	8.000	8.000
NCls		NCLASS1TO4	SPAC12MIL	12.000	12.000	12.000	12.000	12.000	12.000	12.000	12.000	12.000	12.000	12.000
NCls		NCLASS7TO9	DEFAULT	8.000	8.000	8.000	8.000	8.000	8.000	8.000	8.000	8.000	8.000	8.000

图 10.93　显示当前电路板中所有的 Net Class

（2）按住 Ctrl 键后，用鼠标在 Objects 栏中单击选择要创建 Net Class - Class 的 Class 组。比如需要将 NCLASS1TO4 和 NCLASS7TO9 两个 Class 组创建成一个 Net Class - Class，可以按住 Ctrl 键后用鼠标在这两个 Class 组上单击，等两个 Class 都选中后右击，在快捷菜单中选择 Create—Class—Class 命令，如图 10.94 所示。

Objects			Referenced Spacing CSet	Line	Thru Pin	SMD Pin	Test Pin	Thru V
Type	S	Name		mil	mil	mil	mil	mil
*		*	*	*	*	*	*	*
Dsn		⊟ myhub	DEFAULT	8.000	8.000	8.000	8.000	8.000
NCls		NCLASS1TO4				2.000	12.000	12.000
NCls		NCLASS7TO9				000	8.000	8.000

Create
Class-Class...

图 10.94　选择要创建 Net Class - Class 的 Class 组

（3）弹出 Create Class Classes 对话框。在文本框窗口中会列出已经选择的所有 Class，单击 Apply 按钮后 Class – Class 将会被创建，单击 OK 按钮后，完成设置并退出该对话框，如图 10.95 所示。

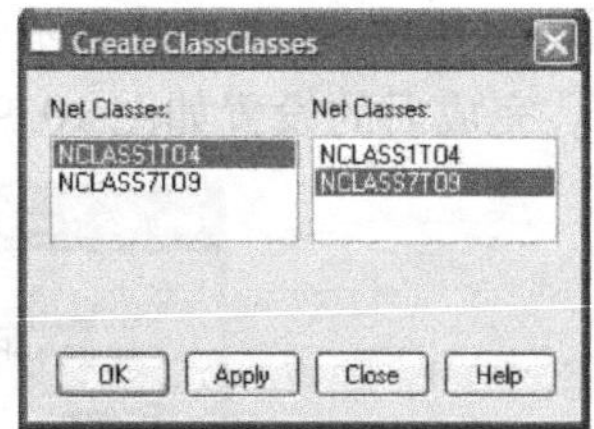

图 10.95　选择要创建的 Class – Class

（4）创建完成后，创建好的 Class – Class 会显示在 Class – Class 工作表的内容中，如图 10.96 所示。

（5）给 Class – Class 添加约束。在左侧的 Objects 栏中找到要应用间距约束规则的 Class – Class，在其对应的 Referenced Spacing CSet 栏中单击，在下拉框中选择新建好的约束规则 SPAC15MIL（15mil 的间距规则），表示将 SPAC15MIL 的间距应用到 Class – Class 组中 NCLASS1TO4 和 NCLASS7TO9 两个 Class 组的间距约束中去。其实也就是 NCLASS1TO4 和 NCLASS7TO9 两个 Class 组网络的间距使用 SPAC15MIL 约束规则，间距为 15mil，设置完成后的界面如图 10.97 所示。

Objects			Referenced Spacing CSet	Line To										
				Line	Thru Pin	SMD Pin	Test Pin	Thru Via	BB Via	Test Via	Microvia	Shape	Bond Finger	Hole
Type	S	Name		mil	mil	mil	mil	mil	mil	mil	mil	mil	mil	mil
*	*		*	*	*	*	*	*	*	*	*	*	*	*
Dsn		⊟ myhub	DEFAULT	8.000	8.000	8.000	8.000	8.000	8.000	8.000	8.000	8.000	8.000	8.000
NCls		⊟ NCLASS1TO4 (1)	DEFAULT	8.000	8.000	8.000	8.000	8.000	8.000	8.000	8.000	8.000	8.000	8.000
CCls		NCLASS7TO9	DEFAULT	8.000	8.000	8.000	8.000	8.000	8.000	8.000	8.000	8.000	8.000	8.000
NCls		⊟ NCLASS7TO9 (1)	DEFAULT	8.000	8.000	8.000	8.000	8.000	8.000	8.000	8.000	8.000	8.000	8.000
CCls		NCLASS1TO4	DEFAULT	8.000	8.000	8.000	8.000	8.000	8.000	8.000	8.000	8.000	8.000	8.000

图 10.96　显示创建好的 Class – Class

Objects			Referenced Spacing CSet	Line To						
				Line	Thru Pin	SMD Pin	Test Pin	Thru Via	BB Via	Test Via
Type	S	Name		mil	mil	mil	mil	mil	mil	mil
*	*		*	*	*	*	*	*	*	*
Dsn		⊟ myhub	DEFAULT	8.000	8.000	8.000	8.000	8.000	8.000	8.000
NCls		⊟ NCLASS1TO4 (1)	DEFAULT	8.000	8.000	8.000	8.000	8.000	8.000	8.000
CCls		NCLASS7TO9	SPAC15MIL	15.000	15.000	15.000	15.000	15.000	15.000	15.000
NCls		⊟ NCLASS7TO9 (1)	DEFAULT	8.000	8.000	8.000	8.000	8.000	8.000	8.000
CCls		NCLASS1TO4	SPAC15MIL	15.000	15.000	15.000	15.000	15.000	15.000	15.000

图 10.97　给 Class – Class 添加约束 SPAC15MIL

（6）为了证明建立的 Class – Class 的间距约束有效，接下来对设置好的规则约束进行验证。

查看 NCLASS7TO9 Net Class 中有 N21756、N46840、N53774 共计 3 个网络，如图 10.98 所示。查看 NCLASS1TO4 Net Class 中 N18038533、N18039526、N18044022、N18044074、N18044220 共计 5 个网络，如图 10.99 所示。

NCls		⊟ NCLASS7TO9 (3)	DEFAULT	8.000	8.000	8.000	8.000	8.000	8.000
Net		N21756	DEFAULT	8.000	8.000	8.000	8.000	8.000	8.000
Net		N46840	DEFAULT	8.000	8.000	8.000	8.000	8.000	8.000
Net		N53774	DEFAULT	8.000	8.000	8.000	8.000	8.000	8.000

图 10.98　Net Class NCLASS7TO9 中的网络

NCls		⊟ NCLASS1TO4 (5)	DEFAULT	8.000	8.000	8.000	8.000	8.000	8.000	8.000	8.000
Net		N18038533	DEFAULT	8.000	8.000	8.000	8.000	8.000	8.000	8.000	8.000
Net		N18039526	DEFAULT	8.000	8.000	8.000	8.000	8.000	8.000	8.000	8.000
Net		N18044022	DEFAULT	8.000	8.000	8.000	8.000	8.000	8.000	8.000	8.000
Net		N18044074	DEFAULT	8.000	8.000	8.000	8.000	8.000	8.000	8.000	8.000
Net		N18044220	DEFAULT	8.000	8.000	8.000	8.000	8.000	8.000	8.000	8.000

图 10.99　Net Class NCLASS1TO4 中的网络

（7）验证间距。在 NCLASS7TO9 和 NCLASS1TO4 Net Class 中分别取一个网络（如取 N21756 和 N18038533 两个网络）同时进行布线，再右击选择 Route Spacing 命令，设置间距模式为 Minimum DRC，按照 DRC 允许的最小间距进行布线，如图 10.100 所示。

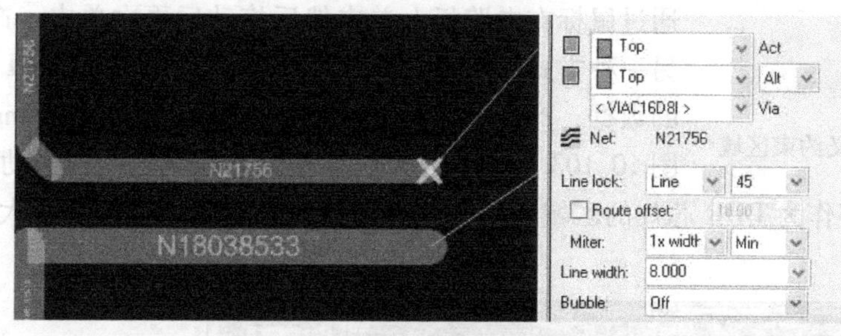

图 10.100　验证间距

（8）测量间距验证。选择 Show Measure 命令，Find 选项卡中仅勾选 CLine Segs，单击 N21756 和 N18038533 两个布线，测量出两个线 Air Gap 是 15mil，说明上面设置的 Class - Class 间距规则有效。Class - Class 添加约束规则已经正常执行，如图 10.101 所示。

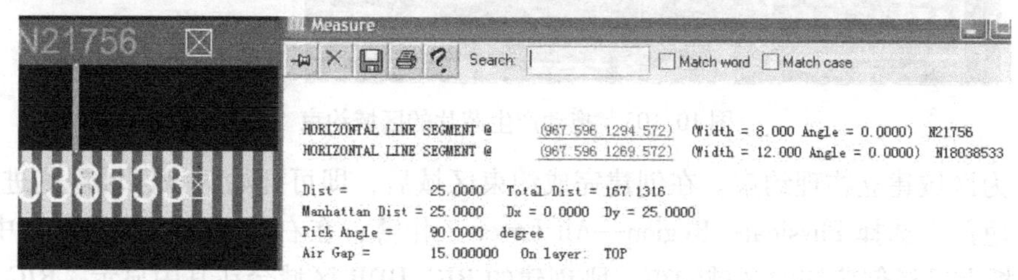

图 10.101　测量间距验证

10.7　区域约束规则

某些设计，工程师会在部分区域使用特殊的设计规则，这就是区域约束规则。如 BGA 芯片受到小间距的限制，区域内需要用到更小的 Line 宽度和间距，就需要在 BGA 芯片内部的布线区域设置区域约束规则。

设置区域约束规则步骤有三步，具体如下。第一步：需要根据设计需求建立新的扩展（Physical、Spacing、Same Net Spacing）约束。第二步：用 Shape 命令来定义约束区域，然后为区域添加新的约束。第三步：如果约束区域中不同的 Net Class 需要不同的设计规则或者不同 Net Class 的网络之间需要不同的设计规则，则需要建立 Region - Class 或者 Region - Class - Class，并对其添加约束。

设置区域约束，具体的操作步骤如下。

（1）定义约束区域。选择 Shape—Rectangular 命令（一般情况芯片都是矩形的，所以绘制矩形形状，也可以使用多边形和圆形命令，具体情况按照实际的需求来定）。在 Options 选项卡中的 Active Class and Subclass 内选择 Class 为 Constraint Region，约束区域所在的层 SubClass 中设置成 All，代表建立的约束区域在所有电气层都有效。若只针对某个层有效，可以在该处选择某个单独的层，比如 GND、POWER 等均可以，选择哪个层，将来的区域规则就在哪个层中有效。通常情况下选择成 All，如图 10.102 所示。

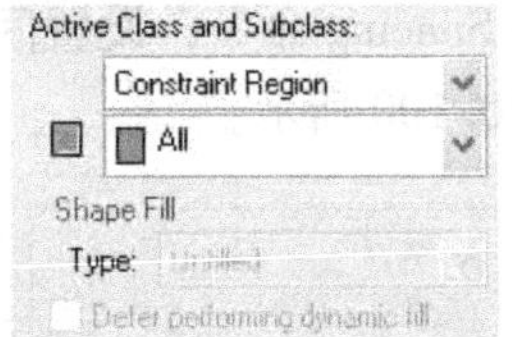

图 10.102　定义约束区域

（2）在 Assign to Region 文本框中输入要创建的规则名称，如 Rig_Ddr。Shape 的创建有两种方式，一种是 Draw Rectangle，通过鼠标在电路板上单击然后拖动后再次单击，产生一个区域。另一种方式是 Place Rectangle，在 Width 和 Height 中输入宽和高的数据，产生一个区域。该例中采用 Draw Rectangle，用鼠标在图 10.103 中 U6 DDR 内存芯片上框选之后，拖动产生一个红色区域，该区域将作为 DDR 芯片的区域约束（一般区域约束的区域要比芯片大一些，这样方便布线）。

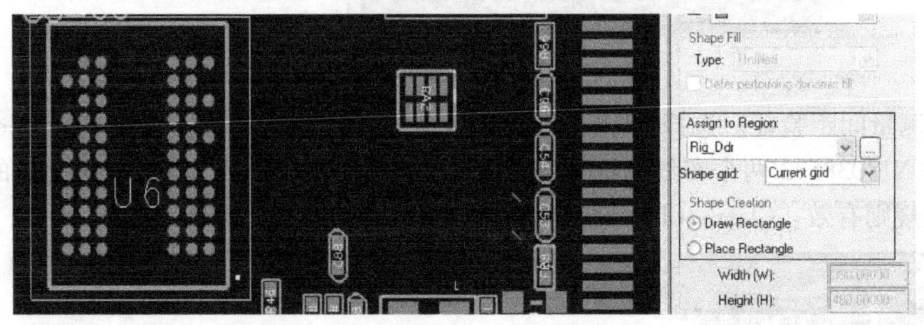

图 10.103　拖动产生芯片的区域约束

（3）为区域建立物理约束。在创建完成约束区域后，即可开始对该区域规则进行设置。在约束管理器中选择 Physical—Region—All Layer 工作簿，在右侧工作表编辑窗口中会列出当前电路板上已经创建好的区域约束。刚创建的 RIG_DDR 区域会在其中显示，RIG_DDR 的约束规则数据都为空，如图 10.104 所示。

Objects			Referenced Physical CSet	Line Width		Neck	
				Min	Max	Min Width	Max Length
Type	S	Name		mil	mil	mil	mil
*	*	*	*	*	*	*	*
Dsn	⊟	035	DEFAULT	10.000	10.000	10.000	10.000
Rgn		RIG_DDR					

图 10.104　为区域建立物理约束

（4）因进入 BGA 类芯片间距狭小，故布线在进入约束区域都会变细，DEFAULT 的默认线宽为 10mil，RIG_DDR 区域约束，线宽设置为 5mil。修改完成如图 10.105 所示。

Objects			Referenced Physical CSet	Line Width		Neck	
				Min	Max	Min Width	Max Length
Type	S	Name		mil	mil	mil	mil
*	*	*	*	*	*	*	*
Dsn	⊟	035	DEFAULT	10.000	10.000	10.000	10.000
Rgn		RIG_DDR		5.000	5.000	5.000	5.000

图 10.105　更改约束中间线宽设置

（5）验证物理约束的设置。在 PCB Editor 界面中，单击进入布线命令，单击 U6 BGA 的引脚往外拉线，可以明显看到，当线在区域内线宽是 5mil，超出区域外，线宽自动变成 10mil，如图 10.106 所示。

（6）区域建立小过孔约束。也可以在 BGA 内部建立小过孔的区域约束，RIG_DDR 的约束规则行，Vias 中可以设置在区域内使用过孔。在 DEFAULT 行中，Vias 栏设置过孔为 VIA10X20 和 VIA16C8D（大一些的过孔），将 RIG_DDR 区域约束内 Vias 栏中设置过孔为

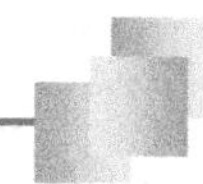

VIAC10D5I（小一些的过孔），如图 10.107 所示。

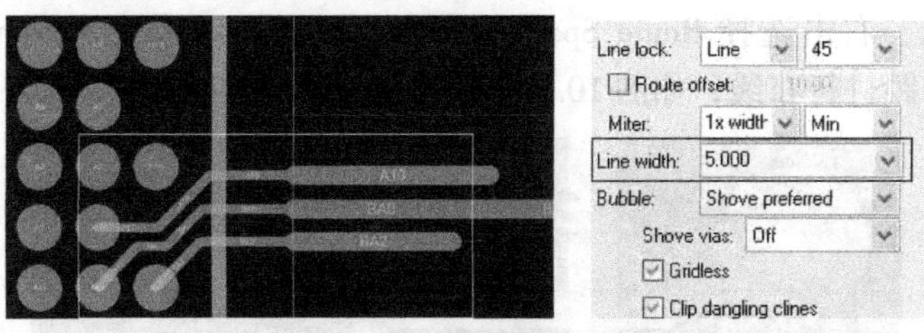

图 10.106　验证物理约束的设置

Objects			ir		Vias
			(+)Tolerance	(-)Tolerance	
Type	S	Name	mil	mil	
*		*	*	*	*
Dsn		⊟ 035	10.000	10.000	VIA10X20:VIA16C8D
Rgn		RIG_DDR	5.000	5.000	VIAC10D5I

图 10.107　区域建立小过孔

（7）验证小过孔约束。在 PCB Editor 界面中，使用布线命令同一个网络，在区域内放置过孔和区域外摆放过孔，区域内会自动使用 VIAC10D5I 小过孔，区域外会自动使用 VIA10X20 大过孔。如图 10.108 所示，同网络区域内和区域外，过孔明显不同。

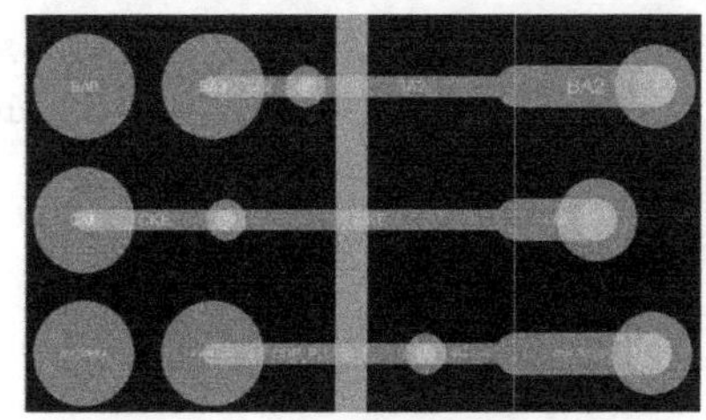

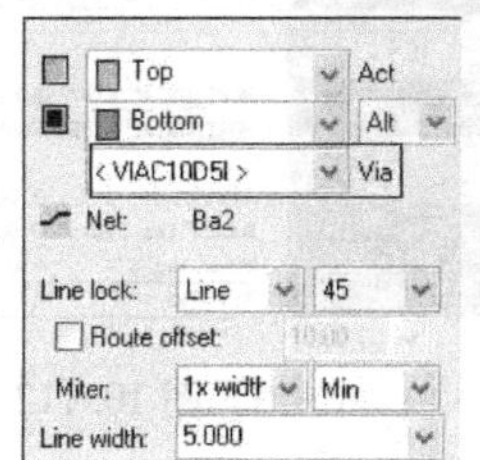

图 10.108　验证小过孔约束

（8）为区域建立间距约束。在约束管理器中选择 Spacing—Region—All Layer 工作簿，在右侧工作表编辑窗口中会列出当前电路板上已经创建好的区域约束。刚创建的 RIG_DDR 区域会在其中显示，RIG_DDR 的约束规则数据都为空。如图 10.109 所示，RIG_DDR 区域规则数据为空。

Objects			Referenced Spacing CSet	Line To					
				Line	Thru Pin	SMD Pin	Test Pin	Thru Via	BB Via
Type	S	Name		mil	mil	mil	mil	mil	mil
*		*	*	*	*	*	*	*	*
Dsn		⊟ 035	DEFAULT	8.000	8.000	8.000	8.000	8.000	8.000
Rgn		RIG_DDR							

图 10.109　为区域建立间距约束

（9）因进入 BGA 类芯片空间狭小，故布线在进入区域后间距都会变小，DEFAULT 的默认间距是 8mil，RIG_DDR 内的间距设置成 4mil，如图 10.110 所示。

Objects			Referenced Spacing CSet	Line To					
				Line	Thru Pin	SMD Pin	Test Pin	Thru Via	BB Via
Type	S	Name		mil	mil	mil	mil	mil	mil
*		*	*	*	*	*	*	*	*
Dsn		⊟ 035	DEFAULT	8.000	8.000	8.000	8.000	8.000	8.000
Rgn		RIG_DDR		4.000	4.000	4.000	4.000	4.000	4.000

图 10.110　更改区域间距设置

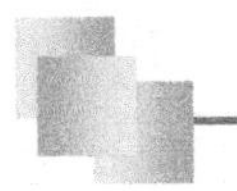

（10）验证间距设置。在 PCB Editor 界面中，单击进入布线命令，BGA 区域内任意两个网络同时进行布线，右击选择 Route Spacing 命令，设置间距模式为 Minimum DRC，按照 DRC 允许的最小间距进行布线，如图 10.111 所示。

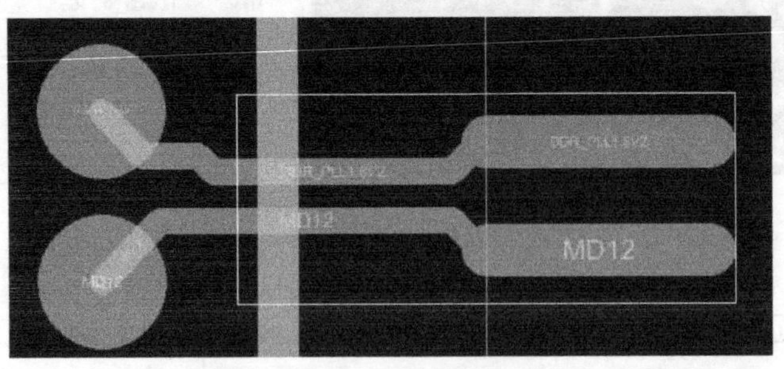

图 10.111　验证间距设置

（11）测量间距验证。选择 Show Measure 命令，Find 选项卡中仅勾选 CLine Segs，单击两个布线，测量出两个布线之间 Air Gap 区域内是 4mil、区域外是 10mil，这说明设置的区域约束有效。RIG_ DDR 区域规则已经起到间距约束作用，如图 10.112 和图 10.113 所示。

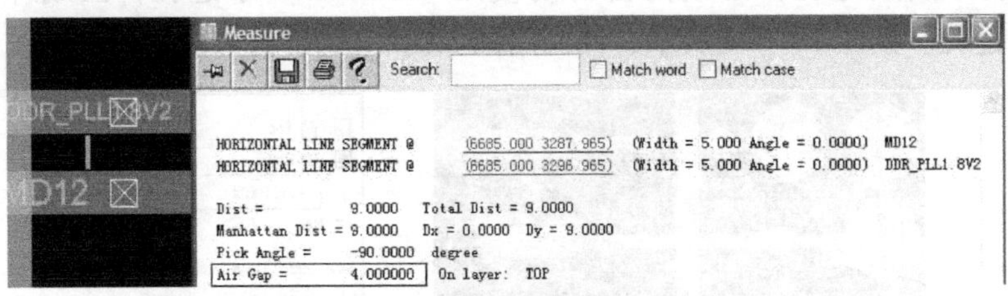

图 10.112　测量间距验证区域内是 4mil

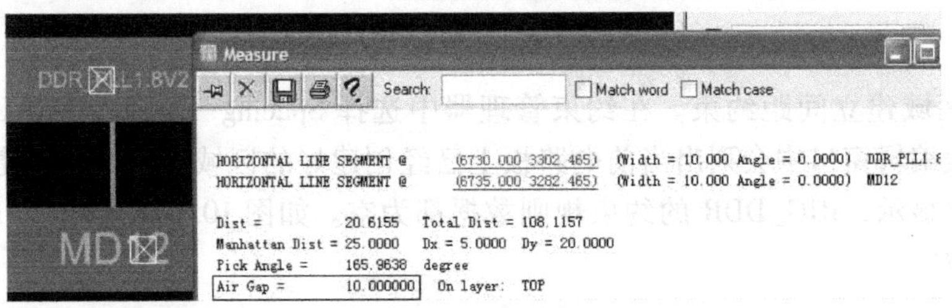

10.113　测量间距验证区域外是 10mil

10.8　Net 属性

在约束管理器 Properties 选项卡中包括一个 Net 文件夹和一个 Component 文件夹。Net 文件夹内包括 Electrical Properties 工作表、General Properties 工作表和 Ratsnest Bundle Properties 工作表，这 3 个表显示了设计中的所有 Net 网络表和元件属性设置。

（1）Electrical Properties 工作表。

Electrical Properties 包括下列内容。Frequency 表示网络频率；Period 表示网络周期；Duty Cycle 表示占空比；Jitter 表示时钟抖动值；Cycle to Measure 表示仿真时测量周期；Offset 表示补偿值；Bit Pattern 表示仿真输出的位格式。截图如图 10.114 所示。

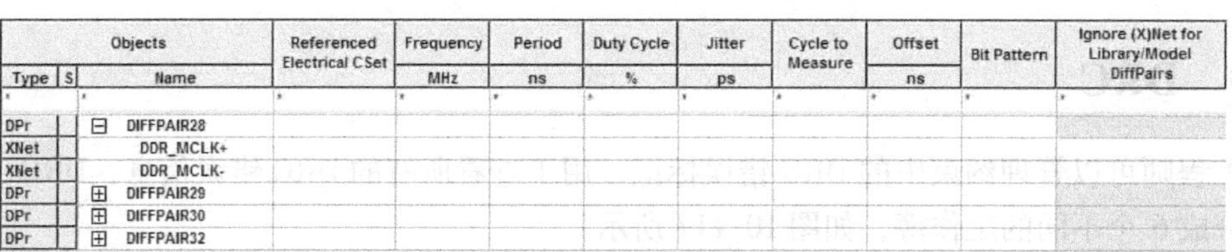

Objects			Referenced Electrical CSet	Frequency	Period	Duty Cycle	Jitter	Cycle to Measure	Offset	Bit Pattern	Ignore (X)Net for Library/Model DiffPairs
Type	S	Name		MHz	ns	%	ps		ns		
*		*	*	*	*	*	*	*	*	*	*
DPr		⊟ DIFFPAIR28									
XNet		DDR_MCLK+									
XNet		DDR_MCLK-									
DPr		⊞ DIFFPAIR29									
DPr		⊞ DIFFPAIR30									
DPr		⊞ DIFFPAIR32									

图 10.114　Electrical Properties 工作表

（2）General Properties 工作表。

General Properties 包括下列内容。有 Voltage 网络的电压，一般是直流信号，电源或者 GND 的电压。Weight 网络的重要性，默认数值为 0 ～ 100，数值高的代表优先考虑。No Rat 表示没有飞线显示。Route Priority 定义 Net 布线的优先等级。Route Restrictions 布线选项：No Route，不需要自动布线；No Ripup 定义不能自动布线，No Pin Escape 不产生删除。Prohibit 定义禁止加入测试点。Quantity 定义进入测试点的数量。截图如图 10.115 所示。

Voltage	Weight	No Rat	Route		Route Restrictions				Testpoints			Backdrill	No Gloss
V			Priority	to Shape	Fixed	No Route	No Ripup	No Pin Escape	Prohibit	Quantity	Probe Number	Max PTH Stub mil	
*	*	*	*	*	*	*	*	*	*	*	*	*	*

图 10.115　General Properties 工作表

（3）Ratsnest Bundle Properties 工作表，Rastsnest Bundle Properties 用来创建或设置修改 Bundle。通过规则管理器来创建 Bundle。在右侧窗口中找到需要的网络表，右键选择 Create Bundle 命令，即可将选择的网络创建成一个 Bundle，如图 10.116 所示。

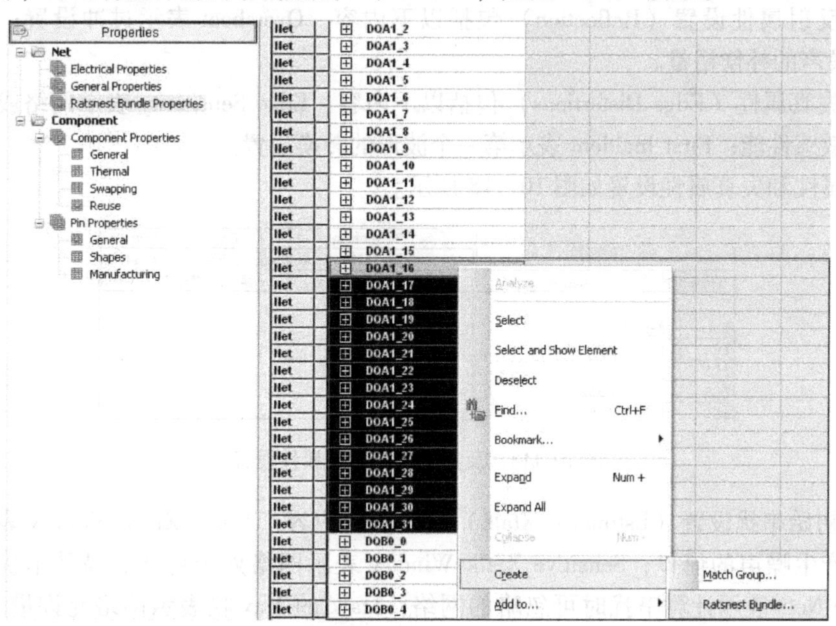

图 10.116　Ratsnest Bundle Properties 工作表

10.9 DRC

工程师可以管理约束中的 DRC 错误标记，用于查看所有的 DRC 错误信息，DRC 工作表文件分成 6 个不同的工作簿，如图 10.117 所示。

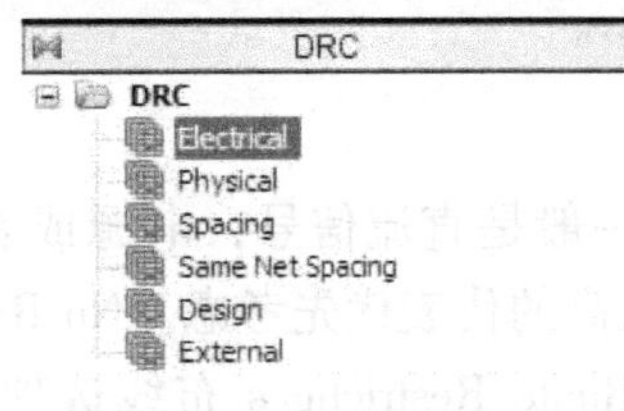

图 10.117 DRC 工作表文件

（1）电气约束（Electrical Constraint）工作簿，用来管理电路电气信号特性类的 DRC 错误。

（2）物理约束（Physical Constraint）工作簿，用来管理 Line（物理）线宽和 Layer（层）约束等方面的 DRC 错误。

（3）间距约束（Spacing Constraint）工作簿，用来管理不同 Net（网络）的 Lines、Pads、Vias、Shapes 的间距方面的 DRC 错误。

（4）相同网络间距约束（Same Net Spacing Constraint）工作簿，用来管理相同 Net（网络）的 Lines、Pads、Vias、Shapes 间距的 DRC 错误。

（5）设计（Design）工作簿，用来管理封装和封装的间距的 DRC 错误。

（6）External 工作簿，用来管理外部相关的 DRC 错误。

10.10 电气规则

在约束管理器中，选择 Electrical 选项卡，可以为设计或网络设置时序规则、信号完整性规则、布线的电气规则（延时、差分对）等。

1. Signal Integrity

（1）反射属性设置（Reflection）包括以下内容：Overshoot 表示过冲设置；Min Noise Mar 表示噪声的补偿裕量。

（2）失真属性（Edge Distortions）包括以下内容：Edge Sensitivity 表示网络或扩展接收端的单调敏感性能；First Incident 表示第一个波形的转换设置。

反射属性和失真属性设置如图 10.118 所示。

Objects			Reflection		Edge Distortions	
			Overshoot	Min Noise Mar	Edge Sensitivity	First Incident
Type	S	Name	mV	mV		
*	*		*	*	*	*
Dsn		⊟ 035				
ECS		ADDR_BUS				
ECS		A0				
ECS		BUS2				
ECS		CKE				

图 10.118 反射属性和失真属性设置

（3）初始串扰设置（Estimated Xtalk）包括以下内容：Active Xtalk Window 表示网络处于转换或产生噪声的窗口；Sensitive Xtalk Window 表示网络处于稳态和易受干扰的状态窗口；Ignore Nets 表示计算串扰时可忽略的网络；Xtalk 的 Max 栏表示网络允许最大串扰值；Peak Xtalk 的 Max 栏表示一个干扰网络对受扰网络产生的最大允许串扰。

（4）同步开关噪声设置（SSN）包括以下内容：Max SSN 表示最大同步开关噪声。

串扰设置如图 10.119 所示，可以针对某个网络来设置相应的约束规则。

Objects			Xtalk				
			Active Xtalk Window	Sensitive Xtalk Window	Max Xtalk	Max Peak Xtal	Max SSN
Type	S	Name			mV	mV	mV
*		*	*	*	*	*	*
Dsn		⊟ 035					
ECS		ADDR_BUS					
ECS		A0					
ECS		BUS2					
ECS		CKE					

图 10.119　串扰设置

2. 选择时序规则设置（TiMing）

时序设置包括以下两个工作表设置，Switch/Settle Delays 用于设置第一个转换延时（Min First Switch）和最后的建立延时（Max Final Settle），通过仿真对实际值和约束值进行比较，可得出裕量值。Setup/Hold 用于设置时钟网络名称、时钟周期、时钟延时和时钟偏移量，将这些数值进行比较，能够得出系统是否符合要求。时序设置如图 10.120 所示。

Objects			Min First Switch	Max Final Settle
Type	S	Name	ns	ns
*		*	*	*
Dsn		⊟ 035		
ECS		⊞ ADDR_BUS		
ECS		⊞ A0		
ECS		BUS2		

图 10.120　时序设置

10.11　电气布线约束规则及应用

10.11.1　连接（Wiring）约束及应用

连线（Wiring）规则设置包括：Topology 用来选择布线拓扑结构，有星形、菊花链、Fly-by 等结构；Stub Length 用来设置布线最大短桩长度；Max Exposed 用来设置表层布线最大长度；Max Parallel 用来设置并行布线的线宽和线间距的约束；Layer Sets 用来设置布线层。连线规则设置如图 10.121 所示。

Topology			Stub Length	Max Exposed	Max Parallel	Layer Sets
Mapping Mode	Verify Schedule	Schedule	mil	mil	mil	
*	*	*	*	*	*	*

图 10.121　连线规则设置

（1）Wiring 工作表是用来帮助工程师控制噪声和信号失真的，使用时要先在 Electrical Constraint Set 中建立好约束，再将此约束应用到 Net 文件夹的 Net 中去。

（2）定义 Net 的拓扑结构，是指此 Net 或 XNet 在不布线时实际的布线顺序，工程师可以先选择预定义好的 Schedules。

① Minimum Spanning Tree 结构拓扑中使用最短距离连接所有的 Pin，这个距离就是曼哈顿长度。

② Daisy Chain 结构拓扑是以点到点的顺序方式来连接所有的 Pin，每个 Pin 最多连接另外两个 Pins。

③ Source Load Daisy Chain 结构类似于简单的 Daisy Chain 结构，只是这个设置中会先连接所有的驱动端口，然后再连接到所有的接收端口上去。

（3） Star 结构先将所有的驱动端以 Daisy Chain 结构连接起来，然后所有的接收端都连接到最后一个连入驱动端 Daisy Chain 的那个驱动端上。

（4） Far End Cluster 结构类似于 Star 结构，只是最后一个驱动端连接到一个 T 形节点上，然后将所有的接收端都连接到这个 T 形节点上。

在实际使用中，采用系统提供的拓扑结构比较少，主要采用的拓扑都是自己定义的，下面采用实例的方式通过自己的定义来获得一个拓扑结构。

（5） 接下来以 DDR 内存条电路的数据线为例，讲解如何自动定义拓扑应用结构。

① 将鼠标指针放在需要提取拓扑的网络 DQ <0> 上面右击，在弹出的右键菜单中选择 Sigxploer 命令。Sigxplorer 会默认根据电路连接和芯片的模型来提取当前网络的拓扑结构，默认 Allegor 根据电路板上芯片放置的顺序和位置来生成拓扑结构，如图 10.122 所示。

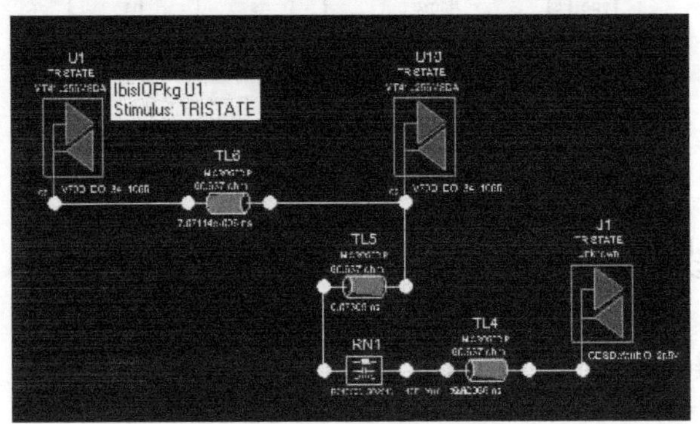

图 10.122　提取电路拓扑

② 若对系统提取的电路拓扑不满意，可以进行调整，如图 10.122 所示，图中信号都是从内存金手指 J1 进入，然后到达内存芯片 U10 和 U1 的结构，可以根据信号流向调整拓扑结构，让拓扑结构和信号流向相匹配，这样看起来就更加明确清晰，调整后的拓扑结构如图 10.123 所示。

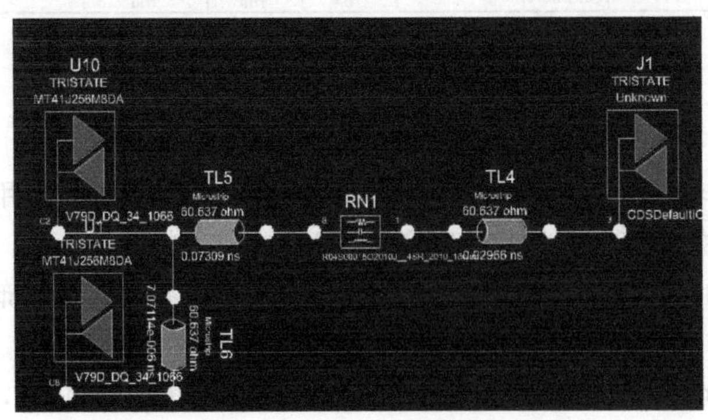

图 10.123　调整后提取的电路拓扑

③ 在 Sigxploer 环境中选择 Setup—Constraint 命令，进入 Set Topology　Constraints 对话框。单击 Wiring 选项卡在 Topology 中设置相应选项，如图 10. 124 所示。

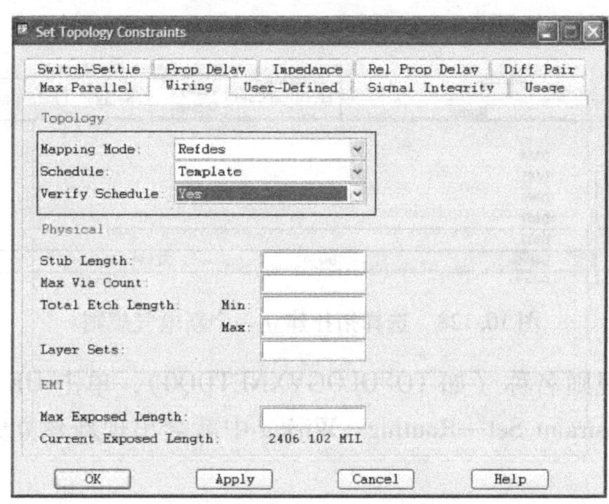

图 10. 124　Wiring 选项卡

Mapping Mode 有 Pinuse、Refdes、Pinuse and refdes 三个选项。

- Pinuse：表示按照 Pin 的类型来映射网络，工程师有时给元件赋 IBIS 模型后，Pin 的类型根据 IBIS 模型来改变，模型改变之后，之前所拓扑的结构会丢失。
- Refdes：用元件的参考标号位号来建立映射关系，如果需要多个映射可以改变 Cell 模型的位号，这样设置约束比较常用，IBIS 模型改变也不会丢失网络拓扑结构。
- Pinuse and refdes：表示前面两种方式都使用，只要有一种满足就可以生成拓扑结构，本例中 Mapping Mode 选择 Pinuse and refdes 的方式生成拓扑结构。

Schedule 表示选择拓扑结构的形式，对于自己定义的拓扑选择 Template。

Verify Schedule 表示是否检查拓扑结构，Yes 是检查，No 是不检查。本例中允许检查拓扑结构，选择 Yes，设置完成的 Topology 如图 10. 125 所示。

④ 拓扑结构设置完成后，选择 File—Update Constraint Manager 命令，将设置的拓扑结构更新到约束管理器，如图 10. 126 所示。

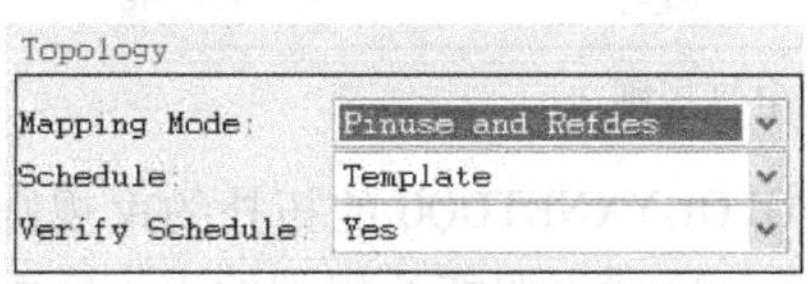

图 10. 125　设置完成的 Topology

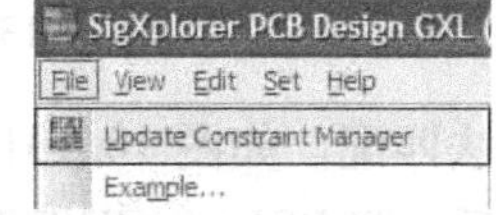

图 10. 126　将设置的拓扑结构更新到约束管理器

⑤ 为了增加拓扑的适用范围，也可以将模型的 Cell 设置成可选项 Optional（可选）。选择 Setup—Optional Pins 命令。假如需要将 U10 设置成可选项，用鼠标指针在 U110 上单击后该选项会变成 Optional，如图 10. 127 所示。

图 10. 127　增加拓扑的适用范围

U10 变成可选项，若将这个拓扑应用到其他网络时，其他网络中没有该芯片的 Cell 拓扑结构，是因为 Optional 所有其他拓扑结构也不

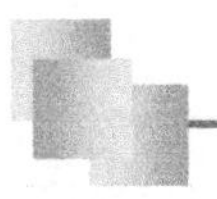

会报错，这样就增大了拓扑的适应范围。

⑥ 鼠标指针放在 DQ<0>网络文件名上右击，选择 Create—Electrical CSet 命令来用这个拓扑建立一个电气规则，如图 10.128 所示。

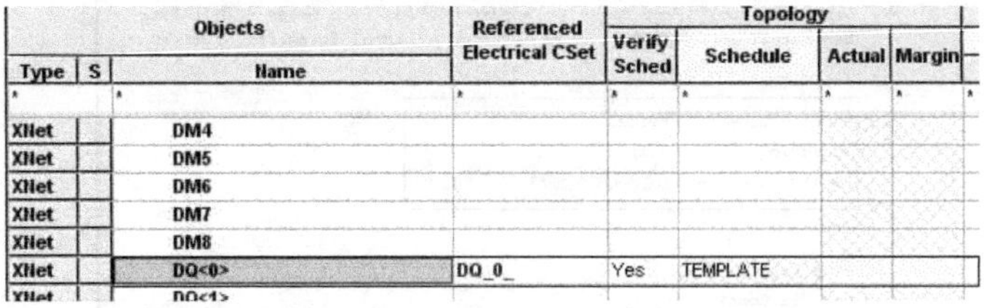

Objects			Referenced Electrical CSet	Topology			
Type	S	Name		Verify Sched	Schedule	Actual	Margin
*		*	*	*	*	*	*
XNet		DM4					
XNet		DM5					
XNet		DM6					
XNet		DM7					
XNet		DM8					
XNet		DQ<0>	DQ_0_	Yes	TEMPLATE		
XNet		DQ<1>					

图 10.128　选择拓扑建立一个新电气规则

⑦ 输入新建电气规则名称（如 TOPOLOGYXNETDQ0），单击 OK 按钮后，会生成电气规则，在 Electrical Constraint Set—Routing—Wiring 中就会出现新建立完成的拓扑约束规则，如图 10.129 所示。

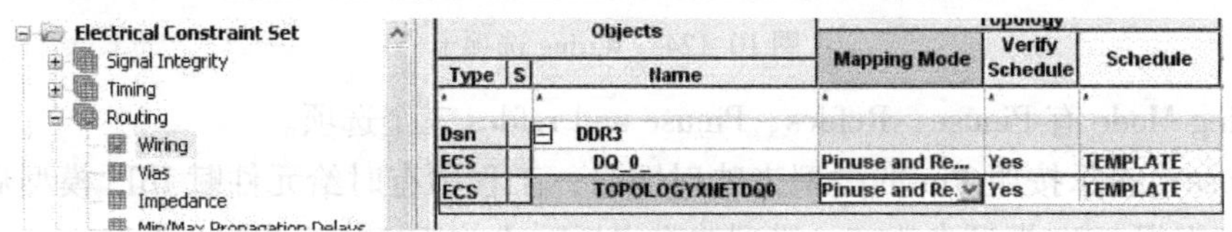

Objects			Topology		
Type	S	Name	Mapping Mode	Verify Schedule	Schedule
*		*	*	*	*
Dsn		DDR3			
ECS		DQ_0_	Pinuse and Re...	Yes	TEMPLATE
ECS		TOPOLOGYXNETDQ0	Pinuse and Re.	Yes	TEMPLATE

图 10.129　输入新建电气规则名称

⑧ 应用拓扑规则。将创建的拓扑规则应用到其他网络中去，在 Electrical—Net—Routing—Wiring 右侧中选择 DQ<1>、DQ<2>、DQ<3>、DQ<4>，将 TOPOLOGYXNETDQ0 拓扑规则应用到这些网络中去，如图 10.130 所示。应用后若发现存在状态变成红色就表明规则和应用的网络无法满足约束，若是绿色，就说明拓扑匹配。

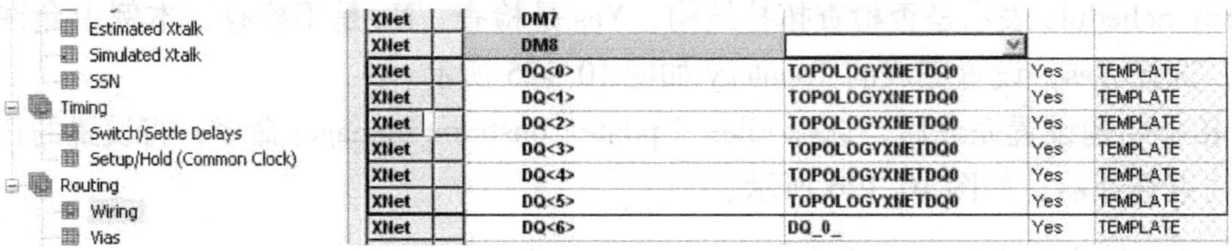

Type	Name	Referenced Electrical CSet	Verify Schedule	Schedule
XNet	DM7			
XNet	DM8			
XNet	DQ<0>	TOPOLOGYXNETDQ0	Yes	TEMPLATE
XNet	DQ<1>	TOPOLOGYXNETDQ0	Yes	TEMPLATE
XNet	DQ<2>	TOPOLOGYXNETDQ0	Yes	TEMPLATE
XNet	DQ<3>	TOPOLOGYXNETDQ0	Yes	TEMPLATE
XNet	DQ<4>	TOPOLOGYXNETDQ0	Yes	TEMPLATE
XNet	DQ<5>	TOPOLOGYXNETDQ0	Yes	TEMPLATE
XNet	DQ<6>	DQ_0_	Yes	TEMPLATE

图 10.130　应用新建立的电气规则

⑨ 若拓扑无法匹配。如图 10.131 所示，将 TOPOLOGYXNETDQ0 的拓扑约束规则应用到 ERROUT 网络后，TOPOLOGYXNETDQ0 变成了红色，这就表明拓扑规则约束不匹配，如图 10.131 所示。

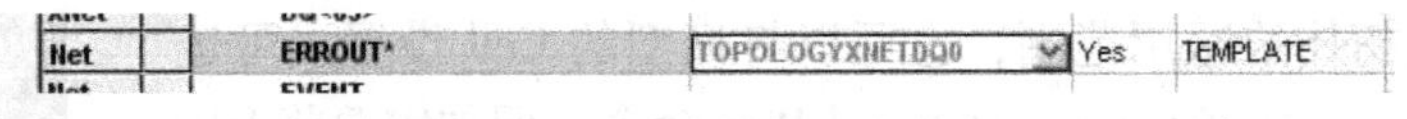

Type	S	Name	Referenced Electrical CSet	Verify Schedule	Schedule
Net		ERROUT*	TOPOLOGYXNETDQ0	Yes	TEMPLATE

图 10.131　查看无法匹配的拓扑

⑩ 在拓扑规则 TOPOLOGYXNETDQ0 上右击，选择 Audit Electrical CSet 命令。查看无法匹配的原因。在弹出的 Electrical Apply Information 窗口中即可看到产生错误的原因，如图 10.132 所示。

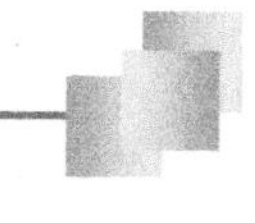

```
Mapping Pins of Cset: TOPOLOGYXNETDQ0
Mapping Mode: Pinuse and Refdes
*ERROR: The Xnet contains 1 net(s) and the Cset contains 2 net(s). They
        must have the same number of nets for mapping to be performed.

Cset end point  Group     Buffer model                    Value           net#
--------------  --------  ------------------------------  --------------  ----
DDR3 U1.C8      IO        V79D_DQ_34_1066                 NONE            0
DDR3 U10.C2     IO        V79D_DQ_34_1066                 NONE            0
DDR3 RN1.8      discrete  R04S0001502010J__4SR_2010_15ohm 15 Ohm/15 Ohm   0
DDR3 J1.3       IO        CDSDefaultIO_2p5v               NONE            1
DDR3 RN1.1      discrete  R04S0001502010J__4SR_2010_15ohm 15 Ohm/15 Ohm   1

Xnet end point  Group     Buffer model                    Value           net#
--------------  --------  ------------------------------  --------------  ----
DDR3 J1.53      receiver  CDSDefaultInput_2p5v            NONE            0
DDR3 U21.A7     receiver  CDSDefaultInput_2p5v            NONE            0
*WARNING: Due to mapping error, Min Tree scheduling will be used for Net DDR3 ERROUT*.

Net DDR3 ERROUT* Schedule: Default
Verify Schedule: VERIFY
```

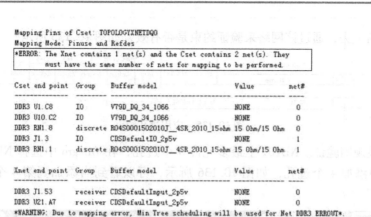

图 10.132　查看无法匹配的原因

10.11.2　过孔（Vias）约束及应用

过孔（Vias）规则设置包括，用以检查网络过孔数量限制（Via Count）和过孔尺寸是否符合要求（Match Vias），可以设置某个网络上的过孔数量，如图 10.133 所示。方法是先做好 Via 的约束规则，然后将规则应用到 Net 具体的网络上去，具体如下。

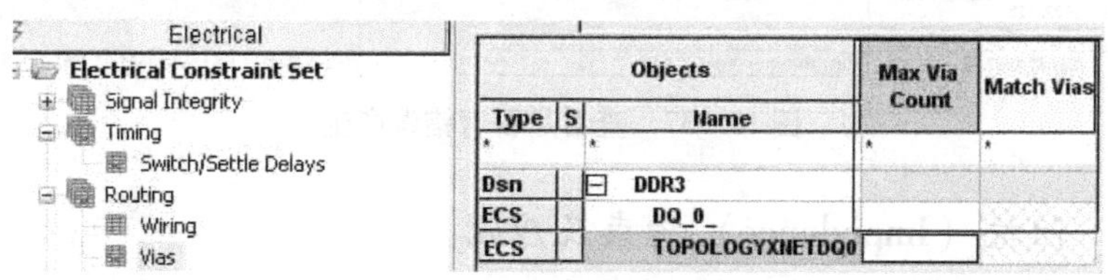

图 10.133　检查网络过孔数量限制和过孔尺寸是否符合要求

（1）在约束管理器中选择 Electrical—Electrical Constraint Set—Routing—Vias 工作簿，在右侧工作表编辑窗 Objects 的 Name 栏中，工程文件名上右击，在快捷菜单中选择 Create－Electrical CSet 命令新建电气约束。

（2）在弹出的 Create Electrical CSet 窗口中，Electrical CSet 文本框中输入约束规则的名称（如 VIAS_NUMBER_RULE），单击 OK 按钮后约束规则已经产生，如图 10.132 所示。

（3）修改过孔约束。在 VIA_NUMBER_RULE 规则行的 Max Via Count 栏处输入 3，代表设置约束过孔数量为 3 个，如图 10.134 所示。

Objects			Max Via Count	Match Vias
Type	S	Name		
*		*	*	*
ECS		VIAS_NUMBER_RULE	3	

图 10.134　修改过孔约束

（4）应用约束。在约束管理器中选择 Electrical—Net—Routing—Vias 工作簿，在右侧工作表编辑窗口显示的就是当前电路板中所有的对象。选择需要设置约束的对象，在 Referenced Electrical CSet 栏中单击，在下拉列表中选择 VIAS_NUMBER_RULE 约束规则，表示将 VIAS_NUMBER_RULE 约束规则应用到该对象上去。比如将 VIAS_NUMBER_RULE 约束应用到 NET01 网络上去，通过该网络来验证约束是否有效，如图 10.135 所示。

Objects			Referenced Electrical CSet	Via Count			Match Vias		Via Quantity
Type	S	Name		Max	Actual	Margin	Match	Actual	
*		*	*	*	*	*	*	*	*
Net		NET01	VIAS_NUMBE...	3	0	3			0

图 10.135　应用过孔约束

（5）布线规则验证。NET01 上最多允许 3 个过孔，在 Allegro 中选择 NET01 网络布线，在布线过程中添加 4 个过孔，如图 10.136 所示，可以看到当添加到第 4 个过孔时，出现 DRC 错误标记。

图 10.136　布线规则验证

（6）布线设置 4 个过孔，查看是否有错误产生。添加 4 个过孔过，出现了 DRC 错误。查看 DRC 的错误原因是，ViaS_NUMBER_RULE 规则中设置的过孔是 3 个，而当前实际是 4 个（如图 10.137 所示），所以产生了 DRC 错误，这说明设置的过孔约束规则有效。

Objects	Constraint Set	DRC Subclass	Values		Object 1	Object 2
Name			Required	Actual		
*	*	*	*	*	*	*
⊟ test20022128						
⊟ Maximum Via Count (1)						
(551.57 1687.25)	Vias_Number_Rule	All	3	4	Net "Net01"	Via "Via, (551.57 1687.25) (N...

图 10.137　查看是否有错误产生

10.11.3　阻抗（Impedance）约束及应用

阻抗（Impedance）设置包括 Single - Line Impedance，它用以设置目标网络的阻抗和偏差，通过计算可以得出阻抗的实际值和余量，注意叠层和材料的设置必须正确，阻抗的结果才能准确。在布线完成以后，约束管理器会在 Actual 栏内显示实际的阻抗数值。Margin 栏中的数值表示就是 Net 的计算后的实际阻抗减去目标阻抗之后的差数值。若实际阻抗不符合目标阻抗的要求，则 Actual 和 Margin 栏中的数值颜色会变成红色，Allegro 就会产生 DRC 错误标记。阻抗的设置和应用方法步骤如下。

（1）在约束管理器中选择 Electrical—Electrical Constraint Set—Routing—Impedance 工作簿，在右侧工作表编辑窗 Objects 的 Name 栏中，工程文件名右击，在快捷菜单中选择 Create—Electrical CSet 命令新建电气约束。

（2）在弹出的 Create Electrical CSet 窗口中，Electrical CSet 文本框中输入阻抗约束规则的名称（如 IMP50RHM），单击 OK 按钮后，阻抗规则就已经产生，如图 10.138 所示。

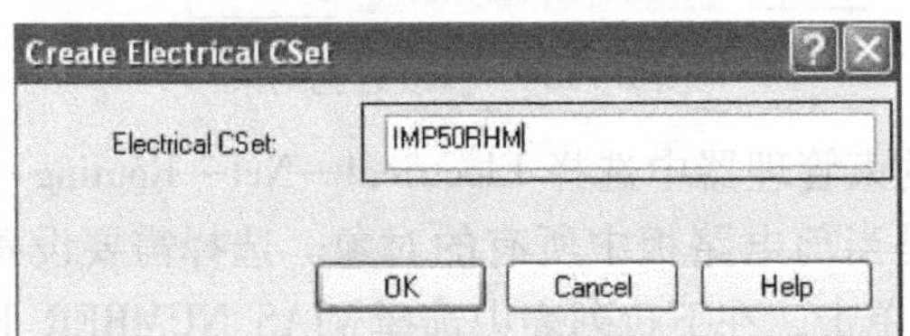

图 10.138　新建阻抗规则

（3）修改阻抗值。Target 是目标的阻抗数值，Tolerance 是允许的公差值，可以用百分比，也可以用数字。在 Target 栏中输入 50，代表目标是 50Ω，在 Tolerance 栏中输入 5，代表公差是 5Ω（允许范围为 45 ～ 55Ω），如图 10.139 所示。

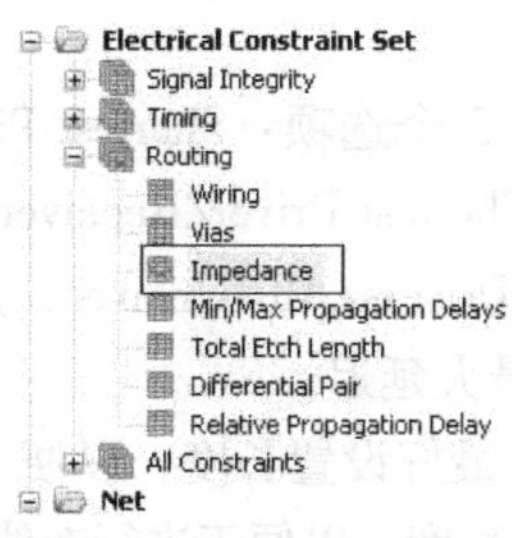

Objects			Single-line Impedance	
Type	S	Name	Target Ohm	Tolerance Ohm
*	*	*	*	*
Dsn		⊟ test20022128		
ECS		⊞ A17ANDA18_CLASS		
ECS		⊞ A19ANDA20X_CLASS		
ECS		⊞ A21TOA24_CLASS		
ECS		DIFFPAIR90RHM		
ECS		DIFFPAIR100RHM		
ECS		IMP50RHM	50.00	5 ohm
ECS		MIN_MAXPRDY2000TO300		
ECS		TOTAL_ETCH3000		

图 10.139　修改阻抗值

（4）应用约束。在约束管理器中选择 Electrical—Net—Routing—Impedance 工作簿，在右侧工作表编辑窗口显示的就是当前电路板中所有的对象（BUS、Class、DiffPair、XNet、Net）。选择需要设置约束的网络，在 Referenced Electrical CSet 栏中单击，在下拉列表中选择 IMP50RHM 约束规则，表示将 IMP50RHM 约束规则应用到该对象上去。

如图 10.140 所示，将 IMP50RHM 规则应用到 A15 和 A16 两个网络上去后，鼠标指针放在 Name 栏右键选择 Analyze 命令，更新分析后，检查阻抗的结果。A15 和 A16 网络，当前的阻抗是 48.79Ω，符合 45 ～ 55Ω 的阻抗标准，和阻抗的下限 45Ω 比较存在 3.786Ω 的允许公差。

Objects			Referenced Electrical CSet	Single-line Impedance			
Type	S	Name		Target Ohm	Toleran Ohm	Actual Ohm	Margin Ohm
*	*	*	*	*	*	*	*
NGrp		⊟ A15ANDA16_CLASS (2)	IMP50RHM	50.00	5 ohm		3.786
Net		⊟ A15	IMP50RHM	50.00	5 ohm		3.786
Rslt		All Clines		50.00	5 ohm	48.79	3.786
Net		⊟ A16	IMP50RHM	50.00	5 ohm		3.786
Rslt		All Clines		50.00	5 ohm	48.79	3.786

图 10.140　应用阻抗约束

（5）若出现规则不符合项目，DRC 给出错误标记。比如将 IMP50RHM 应用到 NET02 的网络上去之后，在 Allegro 布线后会对阻抗进行检查，若发现与规则不符合，会给出 DRC 错误标记，如图 10.141 所示。

图 10.141　布线后会对阻抗进行检查给出 DRC 标记

（6）打开约束管理器窗口，在 Impedance 工作簿，在右侧工作表窗口内查到 NET02 网络当前阻抗是 33.59Ω，和目标阻抗下限 45Ω 相比较超标 11.41Ω，因此约束管理中给出了红色错误提示，如图 10.142 所示。

Objects			Referenced Electrical CSet	Single-line Impedance			
Type	S	Name		Target Ohm	Toleran Ohm	Actual Ohm	Margin Ohm
*	*	*	*	*	*	*	*
Net		⊟ NET02	IMP50RHM	50.00	5 ohm		11.41
Rslt		All Clines		50.00	5 ohm	33.59	11.41

图 10.142　查看不符合规则的项目

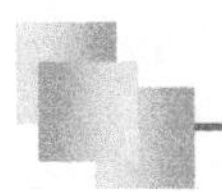

10.11.4 最大/最小延迟或线长约束及应用

Min/Max Propagation Delays（最大/最小线长约束规则）用来控制设计中的 Driver/Receiver Pairs 或者 Pin Pairs 的传输延迟或长度。

该约束规则可以设置将约束应用到哪些 Pin Pairs，有 3 个选项：Shortest Pin Pair，是一个 Net 或者 Xnet 中，Pin Pair 之间最长或者最短的延迟；Shortest Driver/Receiver，是一个 Net 或者 Xnet 中，发送端和接收端最短或者最长的延迟；All Drivers/All Receiver，是一个 Net 或者 Xnet 中，所有发送端和接收端所满足最小的延迟或者最大延迟。

该约束规则中 Min Delay 是最小时间，也可以是长度，最好设置长度，以便于进行布线长度约束。Max Delay 是最大时间，也可以是长度，最好设置长度，以便于进行布线长度约束。

Min/Max Propagation Delays 的设置和应用方法步骤如下。

（1）在约束管理器中选择 Electrical—Electrical Constraint Set—Routing—Min/Max Propagation Delays 工作簿，在右侧工作表编辑窗 Objects 的 Name 栏中，工程文件名上右击，在快捷菜单中选择 Create—Electrical CSet 命令新建电气约束。

（2）在弹出的 Create Electrical CSet 窗口中，Electrical CSet 文本框中输入约束规则的名称（如 MIN_MAX_PRO2000TO3000），单击 OK 按钮后，约束规则已经产生，如图 10.143 所示。

（3）修改设置值。Min Delay 最小延迟时间，Max Delay 是最大延迟时间，默认单位是 ns（纳秒）。单击 ns 按钮，弹出 Units for PROPAGATION_DELAY_MIN 单位切换窗口，选择单位 mil，表示将做线长约束；选择%，表示百分比的约束；选择 ns 表示延迟的约束设置。一般都是做线长的规则，因此该处选择 mil，如图 10.144 所示。

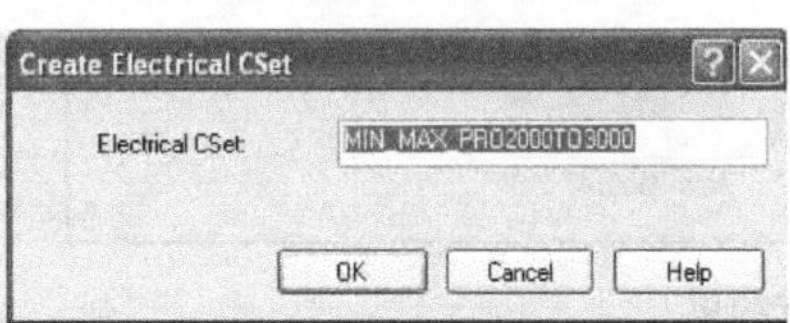

图 10.143 输入新建的规则名称

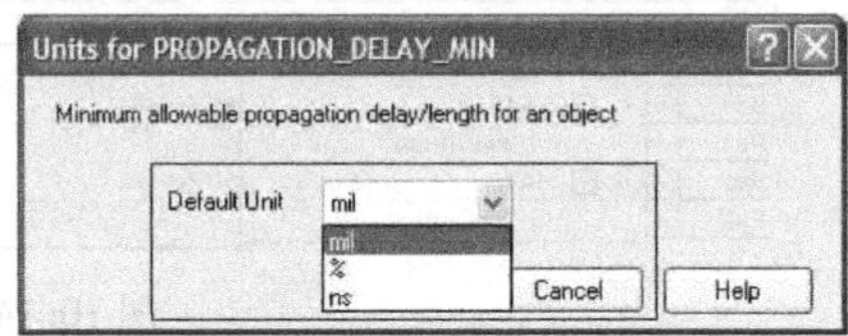

图 10.144 单位切换窗口

（4）添加约束参数。设置 Pin Piars 为 All Drivers/All Receiver，Min Delay 为 2000mil，Max Delay 为 3000mil，如图 10.145 所示。该项设置的目的是建立线长在 2000 ～ 3000mil 的约束规则，只允许线长在 2000 ～ 3000mil 范围内。

Objects			Pin Pairs	Min Delay	Max Delay
Type	S	Name		mil	mil
*		*	*	*	*
ECS		MIN_MAXPRO2000T	All Drivers/All Rece...	2000 mil	3000 mil

图 10.145 添加 MIN_MAX_PRO2000TO3000 约束数据

（5）应用约束。在约束管理器中选择 Electrical—Net—Routing—Min/Max Propagation Delays 工作簿，在右侧工作表编辑窗口显示的就是当前电路板中所有的对象（BUS、Class、DiffPair、XNet、Net）。选择需要设置约束的对象，在 Referenced Electrical CSet 栏中单击，在下拉列表中选择 MIN_MAX_PRO2000TO3000 约束规则，表示将 MIN_MAX_PRO2000TO3000 约束规则应用到该网络上去。

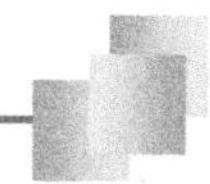

如图 10. 146 所示，将 MIN_ MAX_ PRO2000TO3000 约束规则应用到 A9 和 A10 的网络中，鼠标指针放在 Name 栏右键选择 Analyze 命令，更新分析后检查结果。A9 和 A10 网络，当前的线长是 2568. 31mil 和 2504. 31mil，符合 2000 ～ 3000mil 的线长规则。和目标上限 3000mil 比较，存在 431mil 和 495. 6mil 的允许公差。

Objects			Referenced Electrical CSet	Pin Pairs	Pin Delay		Prop Delay			Prop Delay		
Type	S	Name			Pin 1 mil	Pin 2 mil	Min ns	Actual	Margin	Max ns	Actual	Margin
Net		⊟ A9	MIN_MAXPRDY2...	Longest...			2000 mil			3000 mil		431.6...
PPr		RN8.1:RN5.8					2000 mil			3000 mil	2568.31...	431.6...
Net		⊟ A10	MIN_MAXPRDY2...	Longest...			2000 mil			3000 mil		495.6...
PPr		RN8.2:RN5.7					2000 mil			3000 mil	2504.31...	495.6...

图 10. 146　应用线长约束检查结果

（6）约束规则验证，在 Allegro PCB Editor 窗口选择布线命令，在布线的过程中会出现 Dly 的约束提示小窗口，在布线的过程中可以实时提示工程师，是否违反约束规则（符合规则绿色显示，违反规则红色显示），如图 10. 147 所示。

图 10. 147　约束规则验证

10. 11. 5　总线长（Total Etch Length）约束及应用

Total Etch Length 总线长约束用来控制 Nets 的走线总长，该规则是所有走线长度的总和设置约束，这个约束规则和 Pin Pair 的设置无关。

总线长约束及应用设置方法步骤如下。

（1）在约束管理器中选择 Electrical—Electrical Constraint Set—Routing—Total Etch Length 工作簿，在右侧工作表编辑窗 Objects 的 Name 栏中，工程文件名上右击，在快捷菜单中选择 Create—Electrical CSet 命令新建电气约束。

（2）在弹出的 Create Electrical CSet 窗口中，Electrical CSet 文本框中输入约束规则的名称（如 TOTAL_ETCH3000），单击 OK 按钮后，约束规则已经产生。

（3）修改设置值。Minimum Total 设置目标总线长的下限数值，Maximum Total 设置目标总线长的上限数值。Minimum Total 设置成 3000，Maximum Total 设置成 3020，代表目标的总线长下限是 3000mil，目标的总线长上限是 3020mil。Maximum Total 设置的数值不能比 Minimum Total 的数值小。设置完成以后如 10. 148 所示。

- Electrical Constraint Set
  - Signal Integrity
  - Timing
  - Routing
    - Wiring
    - Vias
    - Impedance
    - Min/Max Propagation Delays
    - Total Etch Length
    - Differential Pair
    - Relative Propagation Delay
  - All Constraints
- Net

Objects			Minimum Total Etch	Maximum Total Etch
Type	S	Name	mil	mil
*	*		*	*
Dsn		⊟ test20022128		
ECS		A17ANDA18_CLASS		
ECS		A19ANDA20X_CLASS		
ECS		A21TOA24_CLASS		
ECS		DIFFPAIR90RHM		
ECS		DIFFPAIR100RHM		
ECS		IMP50RHM		
ECS		MIN_MAXPRDY2000TO300		
ECS		TOTAL_ETCH3000	3000.00	3020.00

图 10. 148　修改设置值

（4）应用约束。在约束管理器中选择 Electrical—Net—Routing—Total Etch Length 工作簿，在右侧工作表编辑窗口显示的就是当前电路板中所有的对象（BUS、Class、DiffPair、XNet、Net）。选择需要设置约束的对象，在 Referenced Electrical CSet 栏中单击，在下拉列表中选择 TOTAL_ETCH3000 约束规则，表示将 TOTAL_ETCH3000 约束规则应用到该对象上去。

如图 10. 149 所示，将 TOTAL_ETCH3000 约束规则应用到 A11 和 A12 的网络中，鼠标指针放在 Name 栏右键选择 Analyze 命令，更新分析后检查结果。A11 和 A12 网络，当前的总线长是 3008. 99mil 和 3006. 53mil，符合 3000 ～ 3020mil 的线长规则。和目标下限 3000mil 比较，存在 8. 99mil 和 6. 53mil 的允许公差；和目标上限 3020mil 比较，存在 11. 01mil 和 13. 47mil 的允许公差。

Objects			Referenced Electrical CSet	Total Etch Length			Total Etch Length			Unrouted Net Length	Routed/Manhattan Ratio
				Min	Actual	Margin	Max	Actual	Margin		
Type	S	Name		mil	mil	mil	mil	mil	mil	mil	%
*		*	*	*	*	*	*	*	*	*	*
NCls		⊟ A11ANDA12_CLASS (2)	TOTAL_ETCH...	3000.00		6.53	3020.00		11.01		
Net		A11	TOTAL_ETCH30...	3000.00	3008.99	8.99	3020.00	3008.99	11.01	2462.35	122
Net		A12	TOTAL_ETCH30...	3000.00	3006.53	6.53	3020.00	3006.53	13.47	2462.35	122

图 10. 149　应用总线长约束查看结果

（5）约束规则验证，在 Allegro 中选择布线命令，在布线的过程中会出现 totE 的约束提示小窗口，在布线的过程中可以实时提示工程师，是否违反约束规则（符合规则绿色显示，违反规则红色显示）。如图 10. 150 所示，小窗口上红色显示 -537. 65，这说明目前的布线长度达不到约束规则的长度，比约束线要短。解决该问题可以采用绕线的办法，将线绕长，在允许的范围内。

图 10. 150　约束规则验证是否违反约束规则

（6）在 Allegro PCB Editor 窗口选择绕线命令，通过绕线，totE 的小窗口约束提示已经变成绿色显示 +5. 76，这说明当前的布线符合约束规则，与总线的下限相比较存在 5. 76mil 的允许公差，如图 10. 151 所示。

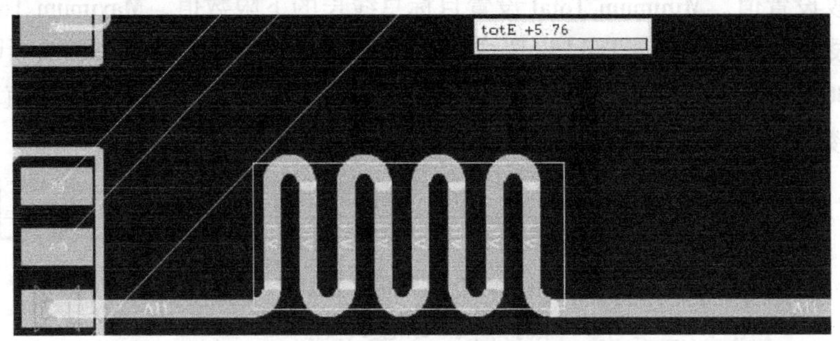

图 10. 151　绕线后布线符合约束规则

10. 11. 6　差分对约束及应用

（1）创建差分对。在约束管理器中选择 Electrical—Net—Routing—Differential Pair 工作

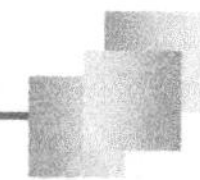

簿，在右侧工作表编辑窗口显示的就是当前电路板中所有对象（网络 Net 或者 XNet）。在其中找到需要创建差分对的网络，若两个网络相距比较远可以按住 Ctrl 键后，用鼠标单击选择。当选中所需要的网络之后，会反黑显示。鼠标指针放在需要创建差分对的网络上右击，在快捷菜单中找到 Create—Differential Pair 命令。

例如，需要将 A4 和 A5 网络设置差分对，单击选择 A4 和 A5 网络后，右击，弹出 Create—Differential Pair 命令，如图 10.152 所示。

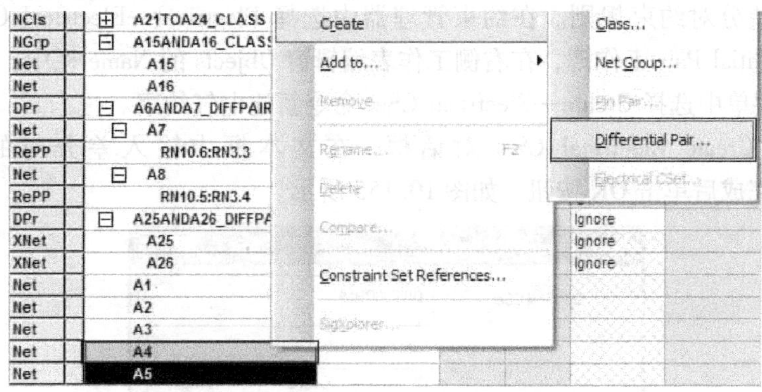

图 10.152　将 A4 和 A5 网络设置差分对

（2）弹出 Create Differential Pair 对话框，右侧 Selections 文本框中会列出已经选择好需要创建差分对的网络 A4 和 A5（如图 10.153 所示）。若需要修改可单击要修改的网络，按左移动按钮，重新到左侧网络列表中寻找新的网络。Diff Part Name 文本框中会自动产生差分对的名称，可以根据需要修改。比如修改名称为 DIFFPAIR_A4A5，单击 Create 按钮后，差分对就被创建。

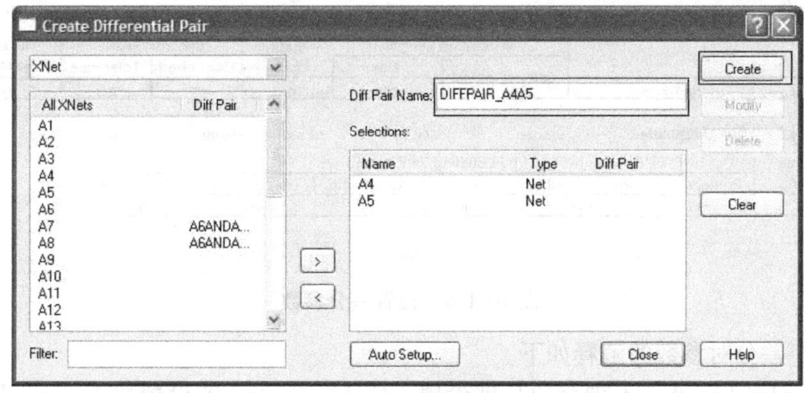

图 10.153　创建差分对

注意：

对于有规律的网络名称（如_p、_n），可以单击 Auto Setup 按钮，系统会根据这类网络的名称来自动产生差分对网络。

（3）单击 Close 按钮关闭 Create Differential Pair 对话框之后，创建好的差分对就已经存在网络列表中，如图 10.154 所示。

Objects			Referenced Electrical CSet	Pin Delay		Gather Control	Uncoupled Length		
				Pin 1	Pin 2		Length Ignore	Max	Actual
Type	S	Name		mil	mil		mil	mil	mil
*	*		*	*	*	*	*	*	*
DPr		⊟ DIFFPAIR_A4A5							
Net		A4							
Net		A5							

图 10.154　查看创建好的差分对

（4）创建差分对约束规则。在约束管理器中选择 Electrical—Electrical Constraint Set—Routing—Differential Pair 工作簿，在右侧工作表编辑窗 Objects 的 Name 栏中，工程文件名上右击，在快捷菜单中选择 Create—Electrical CSet 命令新建电气约束。

（5）弹出 Create Electrical CSet 对话框，在文本框中输入差分对的名称，比如 DIFF90RHM，完成后单击 OK 按钮，如图 10.155 所示。

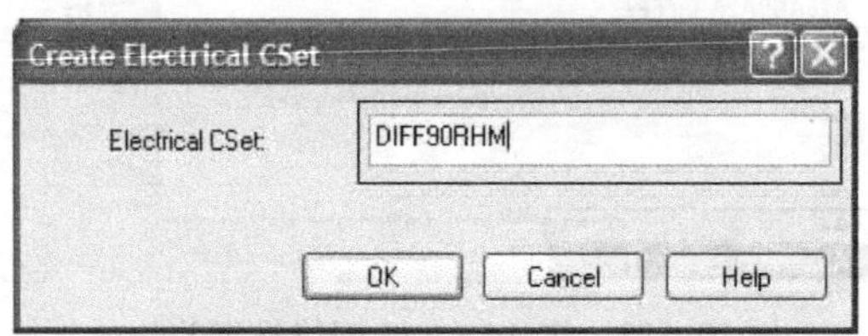

图 10.155　输入差分对的名称

（6）设置差分参数。Uncoupled length 中 Gather Control 设置成 Ignore，Max 设置成 500。Static Phase 设置成 0. 2ns。Dynamic phase 中 Max Length 设置成 50，Tolerance 设置成 50mil。Min Line Spacing 设置成 5，Coupling Parameters 中 Primary Gap 设置成 5，Primary Width 设置成 4. 07，Neck GAP 设置成 5，Neck Width 设置成 4. 07，（ +/ - ）Tolerance 都设置成 0。如图 10. 156 所示。

Objects			Uncoupled Length		Static Phase	Dynamic Phase		Min Line Spacing
			Gather Control	Max		Max Length	Tolerance	
Type	S	Name		mil	ns	mil	mil	mil
*	*		*	*	*	*	*	*
ECS		DIFFPAIR90RHM	Ignore	500.00	0.2 ns	50.00	50 mil	5.00

Min Line Spacing	Coupling Parameters					
	Primary Gap	Primary Width	Neck Gap	Neck Width	(+)Tolerance	(-)Tolerance
mil	mil	mil	mil	mil	mil	mil
*	*	*	*	*	*	*
5.00	5.00	4.07	5.00	4.07		

图 10.156　设置差分参数

该表格中差分对参数的解释如下。

① Uncoupled Length：不耦合的长度设置。Gather Control 若设置成 Ignore，则不耦合的长度不包括与引脚相连接的那段长度，若设置成 Include，差分对不耦合的那段线走线的长度会包括在走线的长度之内。Max 用来设置不耦合长度是多少，若大于设置的 Max，系统会检测到并根据设置给出 DRC 错误标记。

② Static Phase：静态相位控制。用来控制差分线对中两条线之间的长度偏差或者延迟，可以使用长度单位或者时间单位来对其进行设置，注意静态相位控制是对两条线之间的总的长度偏差进行检查，不会对布线过程中的某一个段线进行相位检查。

③ Dynamic Phase：动态相位控制。可以在布线的过程中对差分线对每个线段进行动态的相位检查。

④ Max Length：允许两条线的相位差超过 Tolerance 数值的最长差分线段长度，长度单位。

⑤ Tolerance：设置两条差分线之间允许的相位差。（+/-）Tolerance 工程师设置差分线对走差分线的耦合程度，公差设置。

（7）应用约束。在约束管理器中选择 Electrical—Net—Routing—Differential Pair 工作簿，在右侧工作表编辑窗口显示的就是当前电路板中所有网络。找到 DIFFPAIR_A4A5 差分对，在 Referenced Electrical CSet 栏中单击，在下拉列表中选择 DIFF90RHM 约束规则，表示将 DIFF90RHM 约束规则应用到 DIFFPAIR_A4A5 差分对网络上去，如图 10.157 所示。

Objects			Referenced Electrical CSet	Pin Delay		Gather Control	Uncoupled Length		
Type	S	Name		Pin 1 mil	Pin 2 mil		Length Ignore mil	Max mil	Actual mil
DPr		⊟ DIFFPAIR_A4A5	DIFF90RHM			Ignore		100.00	
Net		A4	DIFF90RHM			Ignore		100.00	
Net		A5	DIFF90RHM			Ignore		100.00	

图 10.157 应用差分对约束

（8）约束规则验证。在 Allegro 中选择布线命令，在布线的过程中会出现 SPhase 的约束提示小窗口，在布线的过程中可以实时提示工程师，是否违反约束规则（符合规则绿色显示，违反规则红色显示），如图 10.158 所示。

图 10.158 约束规则验证

（9）约束状态检查。差分线走线完成以后，将鼠标指针放在 Name 栏右键选择 Analyze 命令，更新分析后检查结果。如图 10.159 所示，约束会检查布线结果，若符合约束规则，则给出全部绿色检查结果。

Objects			Referenced	Pin Del		Uncoupled Length					Static Phase			Dynamic Phase			
Type	S	Name		Pin mil	Pi mil	Gather	L m	Max mil	Actual mil	Margin	Tolerance ns	Actual	Margin	Max L mil	Toleran mil	Actual	Margin
*		*	*	*	*	*	*	*	*	*	*	*	*	*	*	*	*
DPr		⊟ A4ANDA5_DIFFPAIR	DIF...			Include		500...		419.3	0.2 ns		0.1999	50.00	50 mil		50.00
Net		⊟ A4	IMP5...			Include		500...		419.5	0.2 ns			50.00	50 mil		
RePP		RN2.5:RN4.4				Include ...		500...	80.50	419.5	0.2 ns			50.00	50 mil		
Net		⊟ A5	DIFF...			Include		500...		419.3	0.2 ns		0.1999	50.00	50 mil		50.00
RePP		RN10.8:RN3.1				Include ...		500...	80.66	419.3	0.2 ns	6.000e-05	0.1999	50.00	50 mil	0.0000	50.00
Net		⊟ A4	IMP5...			Include		500...		419.5	0.2 ns			50.00	50 mil		
RePP		RN2.5:RN4.4				Include ...		500...	80.50	419.5	0.2 ns			50.00	50 mil		

图 10.159 差分线约束状态检查

10.11.7 相对等长约束及应用

Relative Propagation Delays 相对等长约束，用来约束 Net、Xnet 里的 Pin Pair 中信号相对

等长。Relative Propagation Delays 约束时需要先设置一个 TARGET，这种方式叫 Relative Delays（相对），也可以不要 TARGET，这种方式叫 Match Delay（绝对）。

Delta 数值为相对于 TARGET 长度的固定延迟，Tolerance 数值为允许的走线长度公差。如图 10.160 所示，0.000mil：30.000mil 表示相对于 TARGET 目标等长 0mil，允许 30mil 的长度公差。

Scope	Relative Delay				Length	Delay
	Delta:Tolerance	Actual	Margin	+/-		
	ns				mil	ns
*	*	*	*	*	*	*
Global	0.000 MIL:30.000 MIL	6.220 MIL	23.78 MIL	-	1795.744	0.2909
Global	**TARGET**	TARGET			1801.964	0.2920
Global	0.000 MIL:30.000 MIL	19.163 MIL	10.837 MIL	+	1821.127	0.2949
Global	0.000 MIL:30.000 MIL					0.3608
Global	**0.000 MIL:30.000 MIL**		2.122 MIL			
Global	0.000 MIL:30.000 MIL	27.878 MIL	2.122 MIL	+	1318.406	0.2119
Global	0.000 MIL:30.000 MIL	27.751 MIL	2.249 MIL	+	1318.279	0.2119

图 10.160　相对等长约束及应用

Relative Delay Mode 相对等长模式中：Actual 的值 Actual = Net Length − Min （or TARGET）Net length，Margin 的值 Margin = Tolerance − Actual。

Relative Propagation Delay 的设置和应用方法步骤如下。

1. 无 Pin Pairs 相对等长约束设置步骤

（1）建立 Match Group。选择 Electrical Constraint Set—Net—Routing—Relative Propagation Delay 命令，在右侧工作表编辑窗 Name 栏中寻找需要进行相对等长网络，使用鼠标在 Name 栏中拖动选择或者按住 Ctrl 键单击选择，在右键菜单中选择 Create—Match Group 命令新建 Group。如图 10.161 所示，选择 MASTER_GPIO01 − GPIO16，右键选择 Create—Match Group 命令，创建 Match Group。

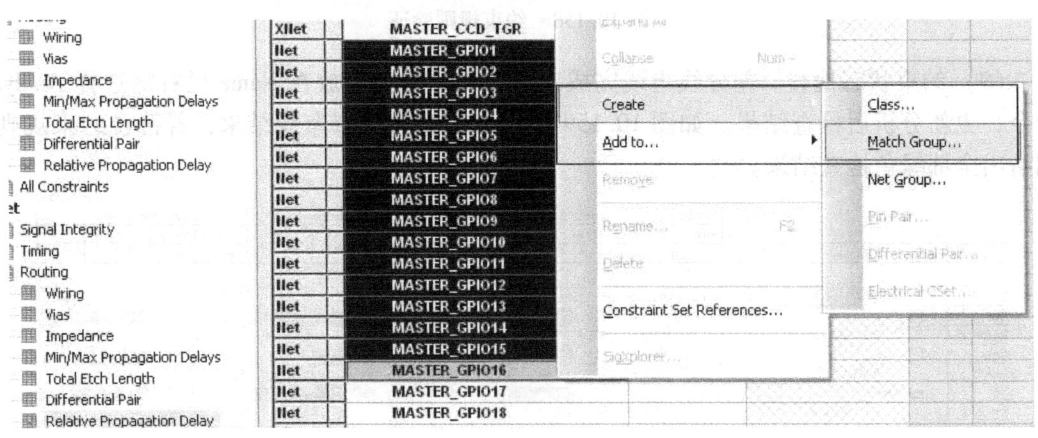

图 10.161　选择 Create—Match Group 命令新建 Group

（2）弹出 Create Match Group 对话框，在 Match Group 文本框中输入名称，如 AMCH_IOD，单击 OK 按钮后创建好 Match Group 并退出 Create Match Group 对话框，如图 10.162 所示。

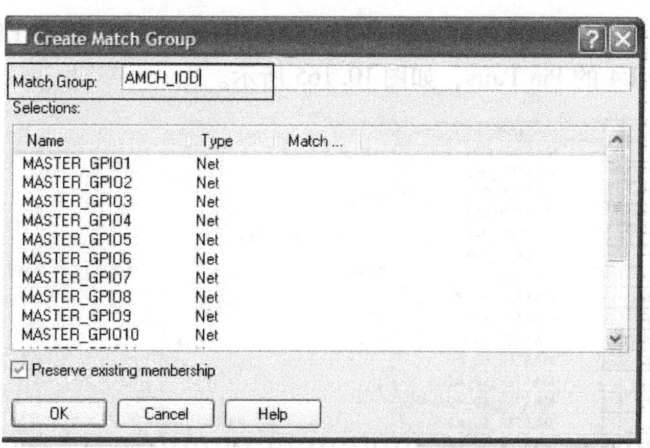

图 10.162　建立 Match Group

（3）设置目标。Delta:Tolerance 设置 0：5% 或者 0mil：30mil 这样的格式，在网络中选择某个网络右键选择 TARGET 命令，代表要将该网络设置横目标，组内其他所有的线均参考 TARGE 来进行规则检查，如图 10.163 所示。

Objects			Reference	Pin Pairs	Pin Delay		Scope	Relative Delay		
Type	S	Name			Pin mil	Pin mil		Delta:Tolerance mil	Actual	Margin
*		*	*	*	*	*	*	*	*	*
MGrp		⊟ AMCH_IOD (16)		All Drive...			Global	0 mil:30 mil		
Net		MASTER_GPIO1		All Drive...			Global	TARGET		
Net		MASTER_GPIO2		All Drivers/...			Global	0 mil:30 mil		
Net		MASTER_GPIO3		All Drivers/...			Global	0 mil:30 mil		
Net		MASTER_GPIO4		All Drivers/...			Global	0 mil:30 mil		
Net		MASTER_GPIO5		All Drivers/...			Global	0 mil:30 mil		
Net		MASTER_GPIO6		All Drivers/...			Global	0 mil:30 mil		
Net		MASTER_GPIO7		All Drivers/...			Global	0 mil:30 mil		
Net		MASTER_GPIO8		All Drivers/...			Global	0 mil:30 mil		
Net		MASTER_GPIO9		All Drivers/...			Global	0 mil:30 mil		
Net		MASTER_GPIO10		All Drivers/...			Global	0 mil:30 mil		
Net		MASTER_GPIO11		All Drivers/...			Global	0 mil:30 mil		
Net		MASTER_GPIO12		All Drivers/...			Global	0 mil:30 mil		
Net		MASTER_GPIO13		All Drivers/...			Global	0 mil:30 mil		
Net		MASTER_GPIO14		All Drivers/...			Global	0 mil:30 mil		
Net		MASTER_GPIO15		All Drivers/...			Global	0 mil:30 mil		
Net		MASTER_GPIO16		All Drivers/...			Global	0 mil:30 mil		

图 10.163　设置目标

2. 有 Pin Pairs 相对等长约束设置步骤

（1）针对一个 Net 或者 XNet 中有多个 Pin 的时候，创建相对等长约束之前需要先创建 Pin Pairs，软件需要知道创建的是哪个 Pins 到 Pins 的相对等长度约束。如果有两个以上的 Pins，就要在网络上右击，在弹出快捷菜单中选择 Create—Pin Pairs 命令，选择从哪里的 Pin 到哪里的 Pin，如图 10.164 所示，鼠标指针放在 MASTER_OP0 网络上，右键选择 Create—Pin Pairs 命令。

（2）弹出 Create Pin Pairs of MASTER_OP0 窗口，在 First Pins 中选择一个元件 Pin（如 U1.69），Second Pins 中选择另外一个元件 Pin（如 U4.13），单击 Apply 按钮后，将创建出 MASTER_OP0 网络中 U1.69：U4.13 的 Pin Pairs。创建完成的 Pin Pairs 就会出现在网络表

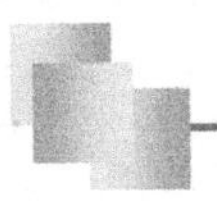

MASTER_OP0 的下面。同样的道理，选择其他 MASTER_OP1、MASTER_OP2、MASTER_OP3，创建出 U1 ～ U4 的 Pin Pairs，如图 10.165 所示。

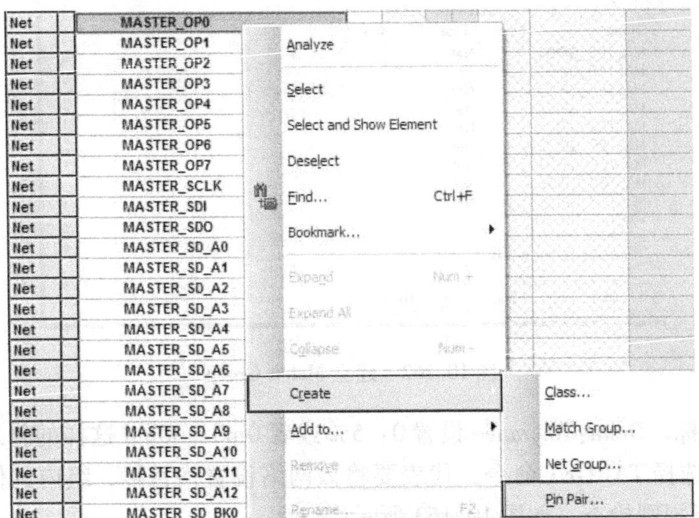

图 10.164　预先创建 Pin Pairs

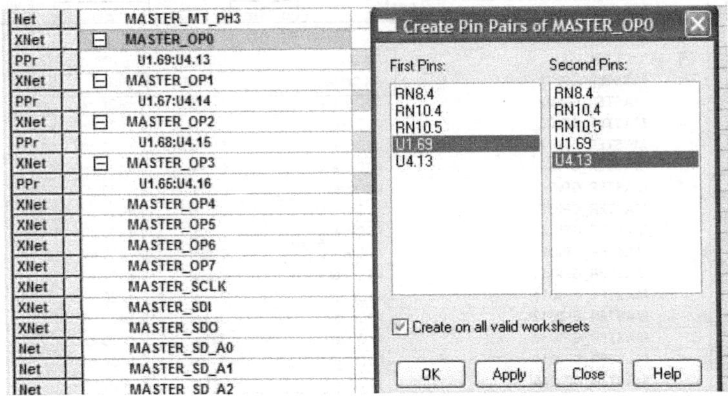

图 10.165　创建完成 Pin Pairs

（3）建立 Match Group。按住 Ctrl 键用鼠标在 MASTER_OP0、MASTER_OP1、MASTER_OP2、MASTER_OP3 网络中单击 Pin Pairs U1.69: U4.13、U1.67: U4.14、U1.68: U4.15、U1.65: U4.16，选中后，右键选择 Create—Match Group 命令。创建 Match Group，如图 10.166 所示。

（4）弹出 Create Match Group 对话框，在 Match Group 文本框中输入名称，如 MATCH_GROUP_OP0TO3，单击 OK 按钮后创建好 Match Group 并退出 Create Match Group 对话框，如图 10.167 所示。

（5）设置目标。Delta:Tolerance 设置 0: 5% 或者 0mil:30mil 这样的格式，在网络中选择某个网络右键选择 TARGET 命令，代表要将该网络设置横目标，组内其他所有的线均参考 TARGE 来进行规则检查，如图 10.168 所示。

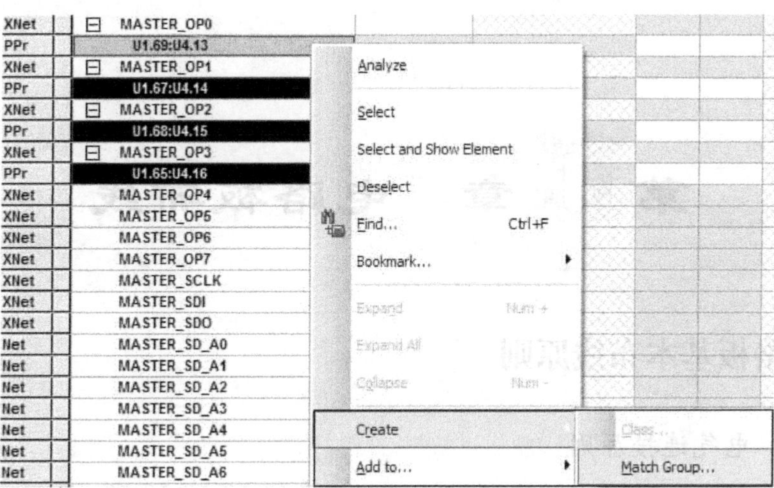

图 10.166　创建 Match Group

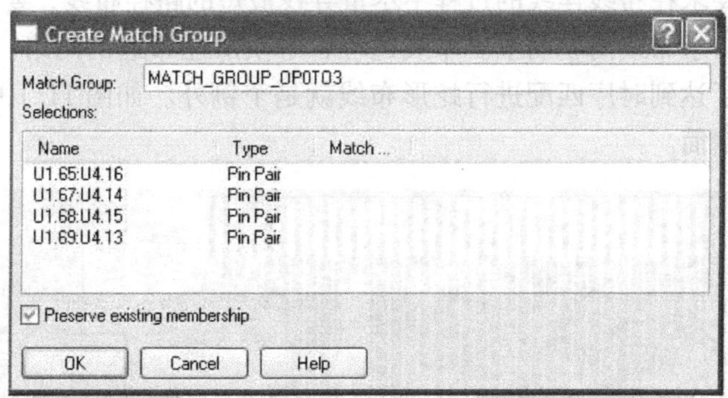

图 10.167　Create Match Group 创建 Match Group

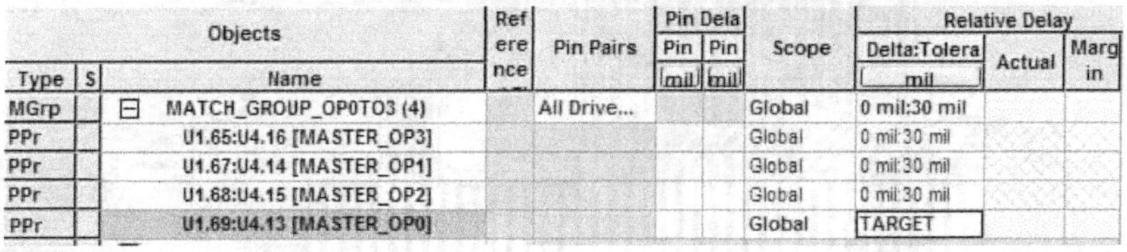

Objects			Reference	Pin Pairs	Pin Delay		Scope	Relative Delay		
Type	S	Name			Pin mil	Pin mil		Delta:Tolerance mil	Actual	Margin
MGrp		⊟ MATCH_GROUP_OP0TO3 (4)		All Drive...			Global	0 mil:30 mil		
PPr		U1.65:U4.16 [MASTER_OP3]					Global	0 mil:30 mil		
PPr		U1.67:U4.14 [MASTER_OP1]					Global	0 mil:30 mil		
PPr		U1.68:U4.15 [MASTER_OP2]					Global	0 mil:30 mil		
PPr		U1.69:U4.13 [MASTER_OP0]					Global	TARGET		

图 10.168　设置目标

第11章　电路板布线

11.1　电路板基本布线原则

11.1.1　电气连接原则

1. 连线精简

连线精简就是要求在布线连线的过程中尽量寻找最短的路径布线，要精简，布线尽可能短，尽量少拐弯，力求布线简单明了。布线过程若不换层能布通的网络，就无须使用过孔。当然高速电路中为了达到时序匹配进行蛇形布线就是个例外。如图11.1中的布线网络连接力求点到点，连线精简。

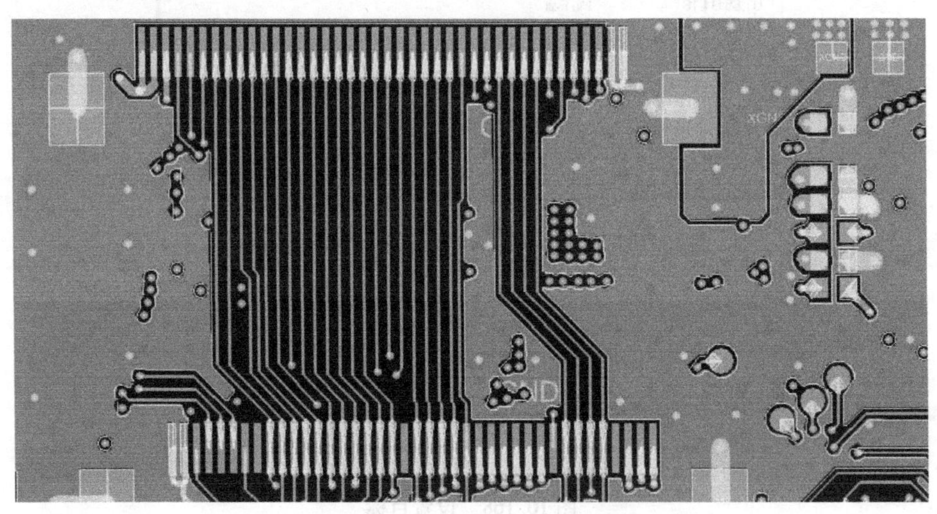

图11.1　力求点到点，连线精简

2. 避免直角布线

布线拐角模式中最好采用圆弧过渡或45°过渡角布线，避免采用90°直角或者更加尖锐的拐角布线。从原理上说，直角布线会使传输线的线宽发生变化，造成阻抗的不连续（如图11.2所示）。其实不仅是直角布线，钝角、锐角布线都可能会造成阻抗变化。直角布线对信号的影响主要体现在3个方面：拐角可以等效为传输线上的容性负载，减缓上升时间；阻抗不连续会造成信号的反射；直角尖端产生的EMI。

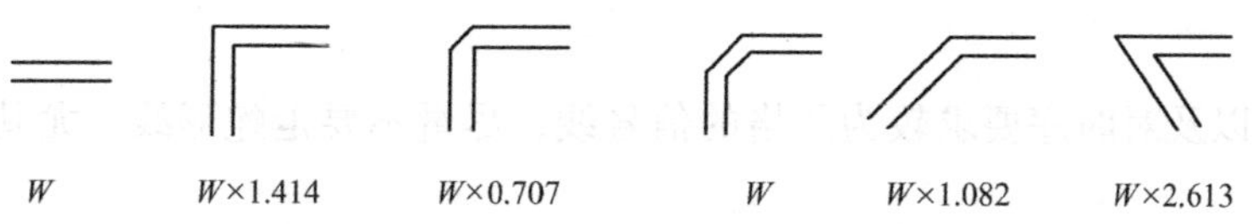

图 11.2　不同角度的布线，线宽的变化情况

3. 差分走线

差分信号和普通的单端信号走线相比，最明显的优势体现在以下 3 个方面。

（1）抗干扰能力强。因为两根差分走线之间的耦合很好，当外界存在噪声干扰时，几乎是同时被耦合到两条线上，而接收端关心的只是两信号的差值，所以外界的共模噪声可以被完全抵消。

（2）能有效抑制 EMI。同样的道理，由于两根信号的极性相反，它们对外辐射的电磁场可以相互抵消，耦合越紧密，泄放到外界的电磁能量越少。

（3）时序定位精确。由于差分信号的开关变化是位于两个信号的交点，而不像普通单端信号依靠高低两个阈值电压判断，因而受工艺、温度的影响小，能降低时序上的误差，同时也更适合于低幅度信号的电路。

对于 PCB 工程师来说，最关注的还是如何确保在实际走线中能完全发挥差分走线的这些优势。差分走线的一般要求是等长、等距。等长是为了保证两个差分信号时刻保持相反极性，减少共模分量。等距则主要是为了保证两者差分阻抗一致，减少反射。尽量靠近原则有时也是差分走线的要求之一。

4. 蛇形线等长

蛇形线是 Layout 中经常使用的一类走线方式。其主要目的就是为了调节延时，满足系统时序设计要求。工程师首先要有这样的认识：蛇形线会破坏信号质量，改变传输延时，布线时要尽量避免使用。但在实际设计中，为了保证信号有足够长的保持时间，或者减小同组信号之间的时间偏移，往往不得不故意进行绕线。比如 DDR 内存的数据线、地址线、时钟线、控制线就属于故意绕线。

蛇形绕线的 3 种方式如图 11.3 所示。

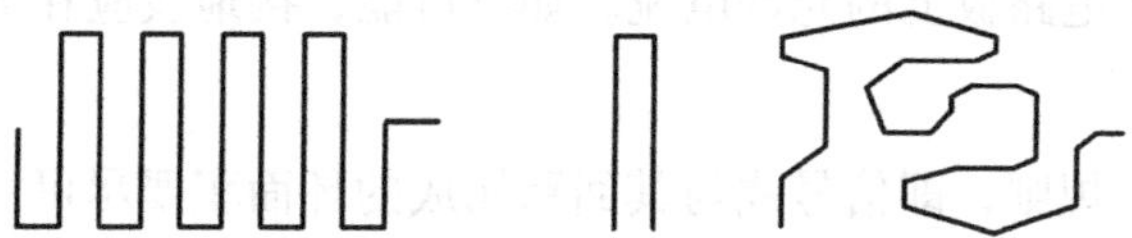

图 11.3　蛇形绕线的 3 种方式

（1）尽量增加平行线段的距离（S），至少大于 $3H$，H 是指信号走线到参考平面的距离。通俗地说就是绕大弯走线，只要 S 足够大，就几乎能完全避免相互的耦合效应。

（2）减小耦合长度 L_p，当两倍的 L_p 延时接近或超过信号上升时间时，产生的串扰将达到饱和。

（3）带状线（Strip - Line）或者埋式微带线（Embedded Micro - strip）的蛇形线引起的信号传输延时小于微带走线（Micro - strip）。理论上，带状线不会因为差模串扰影响传输

速率。

（4）高速以及对时序要求较为严格的信号线，尽量不要走蛇形线，尤其不能在小范围内蜿蜒走线。

（5）可以经常采用任意角度的蛇形走线，能有效地减少相互间的耦合。

（6）在高速 PCB 设计中，蛇形线没有所谓滤波或抗干扰的能力，只可能降低信号质量，所以只作时序匹配之用而无其他目的。

（7）有时可以考虑螺旋走线的方式进行绕线，仿真表明，其效果要优于正常的蛇形走线。

5. 走线尽量圆滑

布线中除了走线要尽量圆滑之外，导线和焊盘之间的连接处也要尽量圆滑，避免出现小的尖脚，可以采用补泪滴的方法来解决。当焊盘之间的中心距离小于一个焊盘的外径 *D* 时，导线的宽度可以和焊盘的直径相同。如果焊盘之间的中心距离大于 *D*，则导线的宽度就不宜大于焊盘的直径。导线通过两个焊盘之间而不与焊盘连通时，应与它们保持最大且相等的间距，同样导线和导线的间距也应均匀、相等并保持最大。

6. 数字与模拟分开

若电路板上既有数字电路又有模拟电路，应尽量使它们分开。若一般数字电路的抗干扰能力比较强，如 TTL 电路的噪声容限为 0.4 ～ 0.6V，CMOS 电路的噪声容限为 0.3 ～ 0.45V，而模拟电路只要有很小的噪声就足以使其工作不正常，所以这两类电路应分开布局布线。

此外模拟地和数字地也要分开布线，不能混用。如果需要最后将模拟地和数字地统一为一个电位，则通常采用一点接地的方式，也就是只选取一点将模拟地和数字地连接起来，防止构成地线环路，造成地电位偏移。可以采用将模拟与数字电路分别布置在电路板的两面，分别使用不同的层布线，中间用地层隔离的方式。

7. 电源和接地线应加粗

若电源和接地线用很细的线条，则电位会随电流的变化而变化，使抗噪声性能降低。对于电源线和地线的宽度，为了保证波形的稳定，在电路板布线空间允许的情况下，尽量加粗，使它能通过 3 倍于电路板上的允许电流。如有可能，接地线应在 1 ～ 2mm 以上为宜。

8. 地线回路

地线回路环路最小规则，即信号线与其回路构成的环面积要尽可能小，环面积越小，对外的辐射越少，接收外界的干扰也越小。针对这一规则，在地平面分割时，要考虑地平面与重要信号走线的分布，防止由于地平面开槽等带来的问题。

9. 串扰控制

串扰（CrossTalk）是指 PCB 上不同网络之间因较长的平行布线引起的相互干扰，主要是由于平行线间的分布电容和分布电感的作用。克服串扰的主要措施是：加大平行布线的间距，遵循 3W 规则；在平行线间插入接地的隔离线；减小布线层与地平面的距离。

10. 屏蔽保护

对应地线回路规则，实际上也是为了尽量减小信号的回路面积，多见于一些比较重要的

信号，如时钟信号、同步信号。对一些特别重要，频率特别高的信号，应考虑采用铜轴电缆屏蔽结构设计，即将所布的线上、下、左、右用地线隔离，而且还要考虑如何让屏蔽地与实际地平面有效结合。

11. 走线的方向控制

即相邻层的走线方向成正交结构，避免将不同的信号线在相邻层走成同一方向，以减少不必要的层间串扰；当由于板结构限制（如某些背板）难以避免出现该情况，特别是信号速率较高时，应考虑用地平面隔离各布线层，用地信号线隔离各信号线。

12. 走线的开环检查

一般不允许出现一端浮空的布线（Dangling Line），主要是为了避免产生“天线效应”，减少不必要的干扰辐射和接收，否则可能带来不可预知的结果。

13. 阻抗匹配检查

同一网络的布线宽度应保持一致，线宽的变化会造成线路特性阻抗的不均匀，当传输的信号速度较高时会产生反射，在设计中应尽量避免这种情况。在某些条件下，如接插件引出线、BGA 封装的引出线等类似的结构时，可能无法避免线宽的变化，应尽量减少中间不一致部分的有效长度。

14. 走线终结网络

在高速数字电路中，当 PCB 布线的延迟时间大于信号上升时间（或下降时间）的 1/4 时，该布线即可以看成传输线，为了保证信号的输入和输出阻抗与传输线的阻抗正确匹配，可以采用多种形式的匹配方法，所选择的匹配方法与网络的连接方式和布线的拓扑结构有关。

（1）对于点对点（一个输出对应一个输入）连接，可以选择始端串联匹配或终端并联匹配。前者结构简单，成本低，但延迟较大。后者匹配效果好，但结构复杂，成本较高。

（2）对于点对多点（一个输出对应多个输入）连接，当网络的拓扑结构为菊花链时，应选择终端并联匹配，如图 11.4 所示。当网络为星形结构时，可以参考点对点结构。星形和菊花链为两种基本的拓扑结构，其他结构可看成基本结构的变形，可采取一些灵活措施进行匹配。在实际操作中，要兼顾成本、功耗和性能等因素，一般不追求完全匹配，只要将失配引起的反射等干扰限制在可接受的范围内即可。

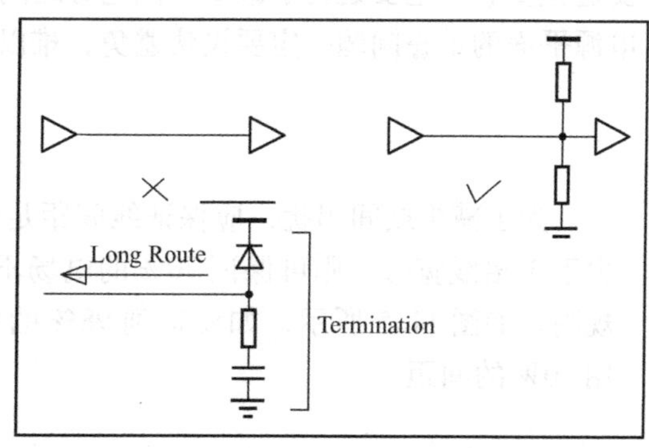

图 11.4　终端并联匹配

15. 走线闭环检查

防止信号线在不同层间形成自环，在多层板设计中容易发生此类问题，自环将引起辐射干扰。

16. 元件去耦

（1）在电路板上增加必要的去耦电容，滤除电源上的干扰信号，使电源信号稳定。电源的输入端跨接 10 ～ 100μF 的电解电容器，如果电路板的位置允许，采用 100μF 以上的电解电容器抗干扰效果会更好。

（2）原则上每个集成电路芯片都应布置一个 0.01 ～ 0.1μF 的瓷片电容，如遇电路板空隙不够，可每 4 ～ 8 个芯片布置一个 1 ～ 10μF 的钽电容（最好不用电解电容，电解电容是两层薄膜卷起来的，这种卷起来的结构在高频时表现为电感，最好使用钽电容或聚碳酸酯电容）。

（3）对于抗噪能力弱、关断时电源变化大的器件，如 RAM、ROM、Flash 存储器件，应在芯片的电源线和地线之间直接接入退耦电容。电容引线不能太长，尤其是高频旁路电容不能有引线。

17. 分层规则

（1）主要是为了防止不同工作频率的模块之间的互相干扰，同时尽量缩短高频部分的布线长度。通常将高频的部分布设在接口位置以减少布线长度，当然，这样的布局仍然要考虑低频信号可能受到的干扰。同时还要考虑高/低频部分地平面的分割问题，通常采用将二者的地分割，再在接口处单点相接。

（2）对于混合电路，也有将模拟与数字电路分别布置在电路板的两面，分别使用不同的层布线，中间用地层隔离的方式。

18. 电源与地线层的完整性

对于导通孔密集的区域，要注意避免孔在电源和地层的挖空区域相互连接，形成对平面层的分割，从而破坏平面层的完整性，并进而导致信号线在地层的回路面积增大。

19. 重叠电源与地线层规则

不同电源层在空间上要避免重叠。主要是为了减少不同电源之间的干扰，特别是一些电压相差很大的电源之间，电源平面的重叠问题一定要设法避免，难以避免时可考虑采用中间地层隔离。

20. 3W 原则

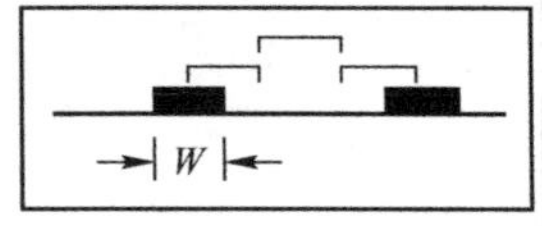

图 11.5　3W 原则

为了减少线间串扰，应保证线间距足够大，当线中心间距不少于 3 倍线宽时，则可保证 70% 的电场不互相干扰，称之为 3W 规则。如图 11.5 所示，如要达到 98% 的电场不互相干扰，可使用 10W 的间距。

21. 20H 原则

由于电源层与地层之间的电场是变化的，在板的边缘会向外辐射电磁干扰，称之为边沿

效应。解决的办法是将电源层内缩，使得电场只在接地层的范围内传导。以一个 H（电源和地之间的介质厚度）为单位，若内缩 $20H$，则可以将 70% 的电场限制在接地层边沿内，如图 11.6 所示。内缩 $100H$ 则可以将 98% 的电场限制在内。

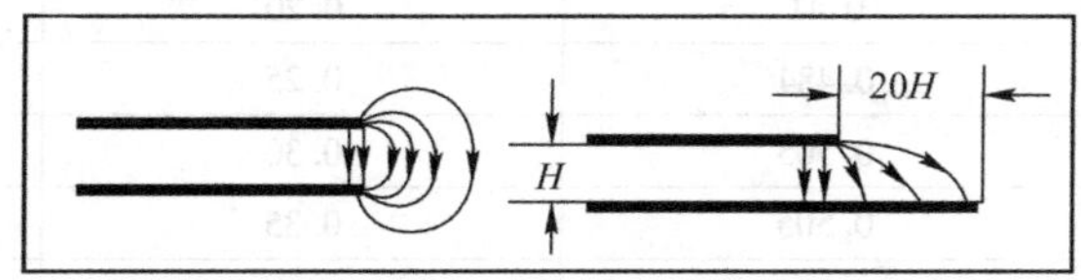

图 11.6　20H 原则

11.1.2　安全载流原则

1. 铜箔承载电流

铜箔的宽度应以自己所能承载的电流为基础进行设计，铜箔的载流能力取决于以下几个因素：线宽、线厚（铜箔厚度）、允许温升等。表 11.1 给出了铜导线的宽度和导线面积以及导电电流的关系（军品标准），不同厚度、不同宽度的铜箔的载流量（导线铜箔厚度 35μm、50μm、70μm，允许温升 10℃），可以根据这个基本的关系对布线宽度进行适当调整。

表 11.1　铜导线的宽度和导线面积以及导电电流的关系

编　号	导线铜箔厚度 35μm		导线铜箔厚度 50μm		导线铜箔厚度 70μm	
1	宽度（mm）	电流（A）	宽度（mm）	电流（A）	宽度（mm）	电流（A）
2	0.15	0.20	0.15	0.50	0.15	0.70
3	0.20	0.55	0.20	0.70	0.20	0.90
4	0.30	0.80	0.30	0.10	0.30	1.30
5	0.50	1.35	0.50	1.70	0.50	2.00
6	0.80	2.00	0.80	2.40	0.80	2.80
7	1.00	2.30	1.00	2.60	1.00	3.20

备注：用铜皮作为导线通过大电流时，铜箔宽度的载流量应参考表中的数值降额 50% 去选择。

2. 过孔和电流

对于过孔与其载流能力的关系虽然一直没有明确的定义，但是可以按照走线的载流能力去理解计算。相比于走线宽度，对于过孔来说，其载流能力应该与过孔的载流截面积和镀铜厚度有关，截面积越大，镀铜厚度越厚，载流能力也就越强。按照一般通用标准，金属化孔的镀铜厚度为 18 ～ 25μm。知道了过孔孔径，按照周长计算公式算出周长，即它的截面积，就可以算出它的载流能力。

表 11.2 数据中所列出的承载值是在常温 25℃下的最大能够承受的电流承载值，因此在实际设计中还要考虑各种环境、制造工艺、板材工艺、板材质量等各种因素，所以表 11.2 提供的参数仅供参考。

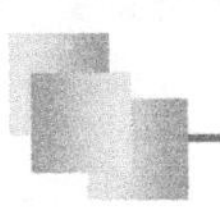

表 11.2 过孔与其载流能力的关系

铜箔厚度 35μm，允许温升 10℃		铜箔厚度 50μm，允许温升 10℃	
过孔孔径大小（mm）	电流（A）	过孔孔径大小（mm）	电流（A）
0.20	0.41	0.20	0.68
0.25	0.484	0.25	0.805
0.30	0.505	0.30	0.84
0.35	0.505	0.35	0.84
0.40	0.595	0.40	0.991
0.50	0.595	0.50	0.991

注意：

对于信号网络上的过孔来说，过孔承载电流能力的瓶颈不在过孔上面，而在传输线上面。对于电源过孔来说，理论数值要保守，比如理论数值为 1A 的过孔，保守的额定电流数值应为 0.5A。

11.1.3 电气绝缘原则

影响元器件正常工作的一个重要因素是电气绝缘，如果两个元器件或网络的电位差较大，就需要考虑电气绝缘爬电距离问题。一般环境中的间隙安全电压为 200V/mm，也就是 5.08V/mil。所以当同一块电路板上既有高压电路，又有低压电路时，就需要特别注意足够大的安全间距。电路工作电压线间距的设置应考虑其介电强度。表 11.3 给出了电气绝缘爬电距离，但在实际设计中还要考虑环境、板材工艺、板材质量等各种因素，所以该表提供的参数仅供参考。

表 11.3 电气绝缘爬电距离

次 侧				二 次 侧			
线与保护地间距（mm）	工作电压直流值或有效值（V）	空气间隙（mm）	爬电距离（mm）	工作电压直流值或有效值（V）	空气间隙（mm）	爬电距离（mm）	线与保护地间距（mm）
4.0	50	1.0	1.2	71	0.7	1.2	2.0
	150	1.4	1.6	125	0.7	1.5	
	200		2.0	150	0.7	1.6	
	250		2.5	200	0.7	2.0	
	300	1.7	3.2	250	0.7	2.5	
	400		4.0				
	600	3.0	6.3				

11.1.4 可加工性原则

可加工性是面向制造的设计，将能加工、能制造放在所有的 PCB 设计要求当中，只考虑性能而忽视加工制造的设计在生产时会遇到各种困难，会因为加工成品率降低而导致成本增加、开发周期延长，最严重的甚至无法实现加工。

1. 线宽和线距离原则

推荐使用最小线宽/间距 6mil/6mil、4mil/4mil。

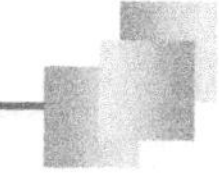

2. 过孔的设置原则

孔径优选系列如下：24mil、20mil、16mil、13mil、8mil。

焊盘直径：40mil、35mil、28mil、25mil、20mil。

内层热焊盘尺寸：50mil、45mil、40mil、35mil、30mil。

板厚度与最小孔径关系：板厚，3. 0mm、2. 5mm、2. 0mm、1. 6mm、1. 0mm；最小孔径，24mil、20mil、16mil、13mil、8mil。

3. 定义和分割平面层原则

平面层一般用于电路的电源和地层（参考层），由于电路中可能用到不同的电源和地层，需要对电源层和地层进行分隔，其分隔宽度要考虑不同电源之间的电位差，电位差大于 13V 时，分隔宽度为 50mil，若相互电位差距不大可选 15 ～ 25mil 。

4. 组装方便原则

走线设计要考虑组装是否方便，例如，电路板上有大面积地线和电源线区时（面积超过 500mm^2），应局部开窗口以方便腐蚀等。

11.1.5　热效应原则

在电路板设计时的热效应原则可考虑以下几个方法：均匀分布热负载、给元件装散热器，局部或全局强迫风冷。

从有利于散热的角度出发，电路板最好是直立安装，板与板的距离一般不应小于 2cm，而且元件在电路板上的排列方式应遵循一定的规则。

（1）同一电路板上的元件应尽可能按其发热量大小及散热程度分区排列，发热量小或耐热性差的元件（如小信号晶体管、小规模集成电路、电解电容等）放在冷却气流的最上方（入口处），发热量大或耐热性好的元件（如功率晶体管、大规模集成电路等）放在冷却气流的最下方。在水平方向上，大功率元件尽量靠近电路板的边沿布置，以缩短传热路径。

（2）在垂直方向上，大功率元件尽量靠近电路板上方布置，以减少这些元件在工作时对其他元件温度的影响。对温度比较敏感的元件最好安置在温度最低的区域（如设备的底部），千万不要将它放在发热元件的正上方，多个元件最好在水平面上交错布局。设备内电路板的散热主要依靠空气流动，所以在设计时要研究空气流动的路径。

（3）合理配置元件或电路板。采用合理的元件排列方式，可以有效地降低电路的温升。此外，通过降额使用，做等温处理等方法也是热设计中经常使用的手段。

（4）电路板的布线和布局是一个系统工程，各种原则和注意事项也比较多，但这些并不能完全适应所有的电路板设计。所以这要求工程师在实际的项目中具有较强的分析、处理、解决问题的能力，能够在项目中根据需要来取舍。在项目设计中要融会贯通，理解各自设计要求背后的真正原因，所有的原则背后都有真实的理论支持，平时在工作中多想、多问、多学，不断在项目中积累经验，不断总结经验，从而提升设计水平。

11.2　布线规划

1. 熟悉电路

熟悉电路中各芯片的功能，可以熟练按照电路功能将电路板划分成不同的区域。要根据

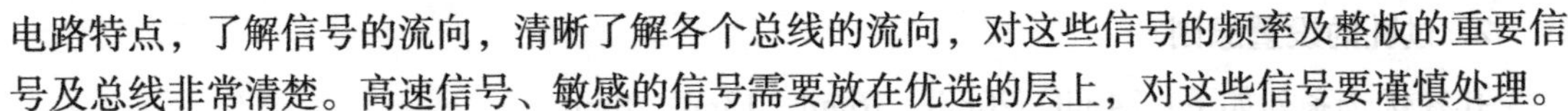

电路特点，了解信号的流向，清晰了解各个总线的流向，对这些信号的频率及整板的重要信号及总线非常清楚。高速信号、敏感的信号需要放在优选的层上，对这些信号要谨慎处理。

2. 物理约束规则设置

物理约束规则设置主要包括设置走线宽度、过孔的形状大小，指定电路板上不同网络的最大走线宽度、最小走线宽度、差分线对内间距及长度的误差值、过孔大小，以及过孔和焊盘的方式等。针对有阻抗要求的高速信号走线，要提前设置好电路板的叠层，按照叠层情况计算出阻抗目标线的宽度。物理约束规则设置通过 Constraint Manager 约束管理器来完成。

3. 间距约束规则设置

间距约束规则设置主要包括电路板上不同网络的走线、通孔焊盘、贴片焊盘、测试焊盘、铜箔及过孔、Shape 等之间所需要保持的安全距离。间距的约束规则设置通过 Constraint Manager 约束管理器来完成。

4. 电气约束规则设置

针对高速信号来说，可能对线宽和线间距及线的长度都有特殊的要求，这些信号就需要做特殊的电气约束。例如，内存 DDR 中需要做拓扑结构设置，要做数据线和地址线的等长设置，做过孔数量的设置。只有经过合理的设置之后，才能使布线满足高速设计相关的约束条件，符合电气要求。电气约束规则设置通过 Constraint Manager 约束管理器来完成。

合理的约束设置是高效、正确布线工作的前提，灵活使用 Constraint Manager 约束管理器可以把工程师从烦琐且容易犯错误的各自规则检查工作中解放出来。善于利用约束管理器这个工具可以在设计之初，就能全面考虑各自设计要求，制定并设置正确的约束规则。

5. 芯片扇出

芯片扇出 Fanout，就是将表贴元件的引脚引出一小段线加入过孔，使得信号线可以通过内层走线来完成。针对表贴 BGA 类元件来说，Fanout 是必需的步骤，好的 Fanout 可以让走线变得容易。如图 11.7 所示，芯片扇出 Fanout。

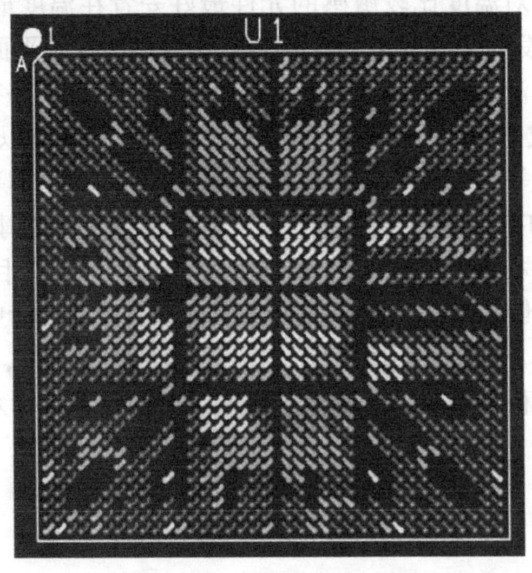

图 11.7　芯片扇出 Fanout

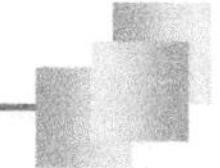

6. BGA 布线评估

BGA 类芯片往往受到间距的影响，布线上都是瓶颈。在布线之前要对 BGA 出线所需的层面进行评估，BGA 的深度和电路板能接受的工艺数值是做 BGA 布线评估的关键所在。BGA 在两个过孔中间可以走 2 根线还是 1 根线的评估结果对布线有很大影响，如下图 11.8 和图 11.9 所示。

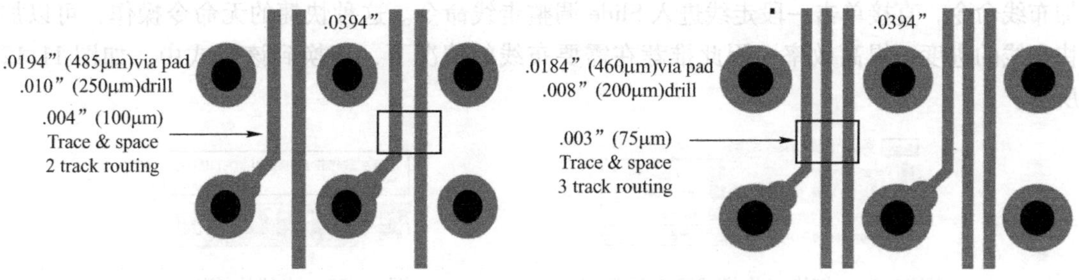

图 11.8　过孔间走两根线　　　　图 11.9　过孔间走三根线

7. 瓶颈评估

对布线的瓶颈通道进行评估，要找出空间最窄、过线最少的地方，找到后把需要打孔的打出来，而且能打齐的一定要打齐，把布线通道最大化，对整板信号布线层面及布线通道进行评估。

如图 11.10 所示，CPU 和 4 个 DDR 内侧这样的瓶颈估计，DDR 需要进行绕线，在摆放元件时，要对走线进行评估，以避免无法出线的问题。

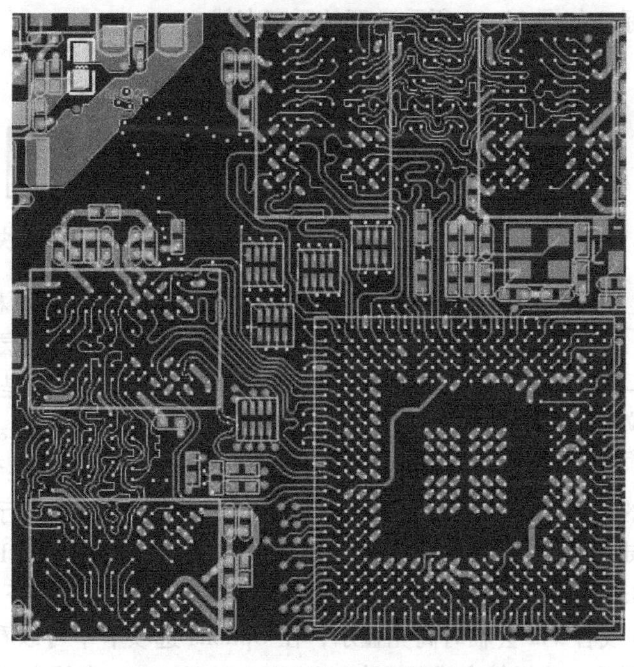

图 11.10　对布线的瓶颈通道进行评估

11.3 布线的常用命令及功能

选择 Setup—Application Mode—Etch Edit 命令，切换工作模式到布线模式中，如图 11.11 所示。在布线模式中，可以支持直接用鼠标单击选择对象（Symbols 元件、Pin、Cline、Via、Shape），后进入相应的命令状态。比如直接单击 Pin 或 Via 进入 Add Connect 增加布线命令，直接单击一段走线进入 Slide 调整走线命令。这种快捷的无命令操作，可以加快布线的进度，提高效率，因此推荐在需要布线的情况下，切换到该模式中，如图 11.12 所示。

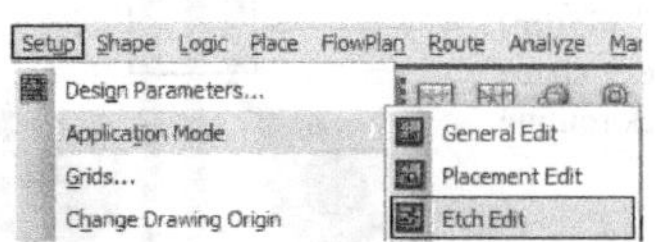

图 11.11 切换工作模式到布线模式

图 11.12 布线快捷图标

布线模式中常用命令有 Add Connect、Slide、Vertex、Change、Delete、Cut、Delay Tuning、Fanout，接下来，将介绍这些命令的功能和操作，具体内容如下。

11.3.1 Add Connect 增加布线

Add Connect 增加布线是一个手动命令，相关的设置比较多，也是手动布线最常用的命令，该命令的常用操作如下。

（1）执行命令。选择 Route—Connect 命令（如图 11.13 所示），或者使用快捷键 F3 或者单击左侧快捷图标（如图 11.14 所示）开始手工布线。

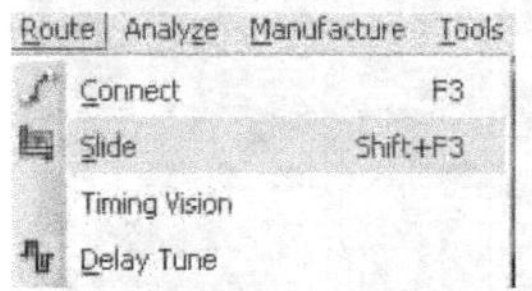

图 11.13 选择 Route—Connect 命令

图 11.14 单击左侧快捷图标

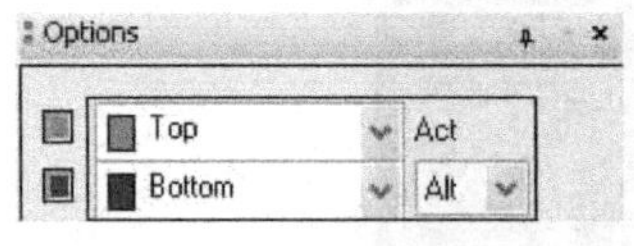

图 11.15 Act 下拉框和 Alt 下拉列表中进行选择

（2）设置布线层。在右侧控制面板 Options 选项卡的 Act 下拉列表中选择的层为当前布线层，可以使用下拉列表设置。Alt 下拉列表选择的层如果是打过孔切换层，可以使用下拉列表设置打孔后的换线层。如图 11.15 所示，当前的布线层为 Top 层，打孔后切换到 Bottom 层。用鼠标在下拉列表右侧的向下的小三角处单击，可以打开所有的电气层，进行切换层选择。

（3）单击网络走线。如图 11.16 所示，用鼠标单击需要走线的网络 Pin，Allegro 中被选中的 Net，对应的 Rats Net 会高亮显示，并跟随鼠标移动，指示布线的下一关端点，并且同属于这个 Net 的 Pin 或者 Via 会临时高亮显示，在 Options 选项卡中可以看到当前布线的 Net 名称。如图 11.17 所示，选择的布线 Net 为 N46840。对于 Group 布线方式，这里显示的是控制线网络名称。

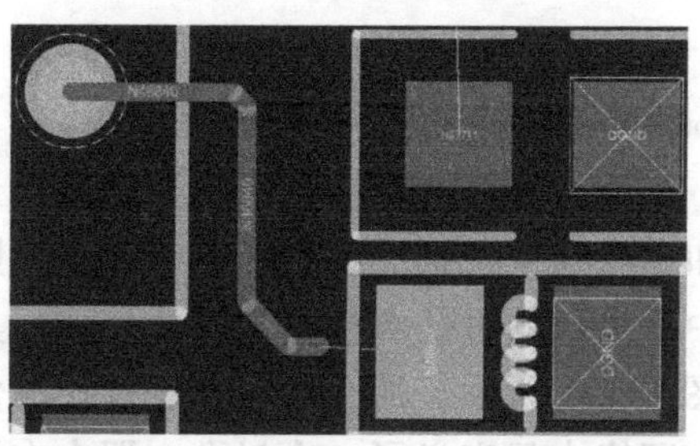

图 11.16　用鼠标单击需要走线的网络

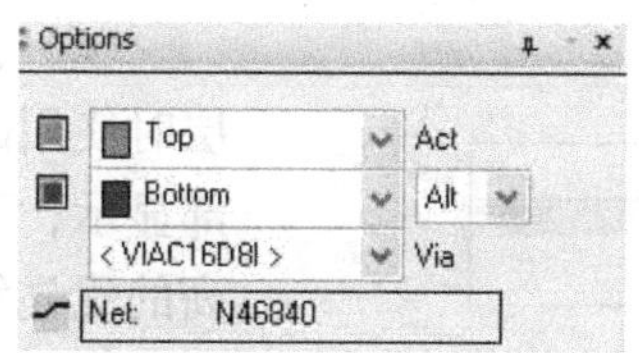

图 11.17　查看当前布线的 Net 名称

（4）添加过孔。双击鼠标左键或右键选择快捷菜单 Add—Via 命令（如图 11.18 所示）后执行添加过孔。添加过孔以后，会自动换到 Alt 下拉列表所设置的层上，比如 Alt 下拉列表设置的是 Bottom 层，添加过孔以后会自动换到 Bottom 层。如图 11.19 所示，添加过孔后换层。

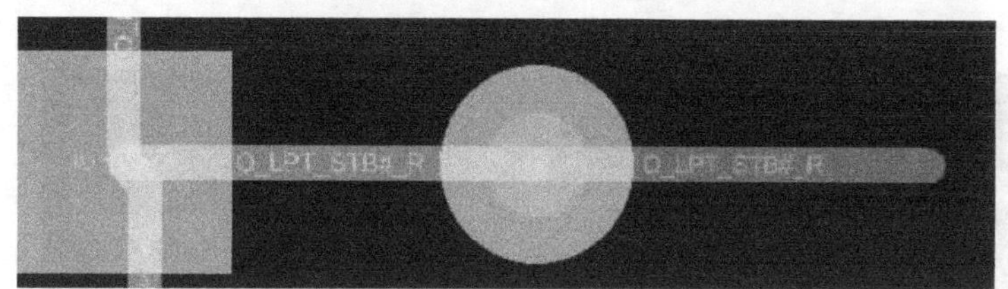

图 11.18　双击鼠标左键添加过孔

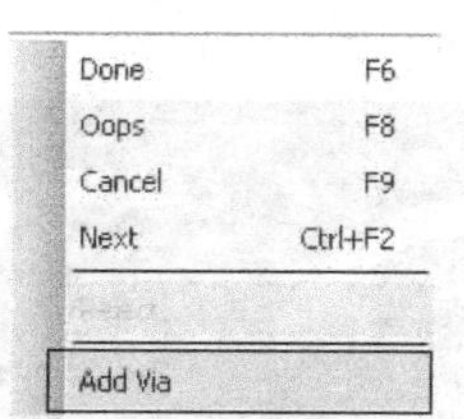

图 11.19　右键选择 Add—Via 命令添加过孔

注意：

添加的过孔大小，可以在 Options 选项卡的 Via 栏内的下拉列表中选择。

（5）Options 选项卡（如图 11.20 所示）中主要的选项解释如下。

- Act：布线开始层。
- Alt：布线切换层。
- Via：过孔选择。
- Net：当前布线网络。
- Line lock：布线线型选择（Line、Arc）和拐角角度（Off、45、90）。
- Miter：拐角的长度。
- Line width：线宽，是约束管理器中或手工修改设置的最小线宽。
- Bubble：布线方式。
- Shove vias：过孔推挤方式。
- Gridless：布线时是否捕捉格点。
- Clip dangling clines：推挤小段走线效果。
- Smooth：平滑方式。
- Snap to connect point：自动捕捉连接点。

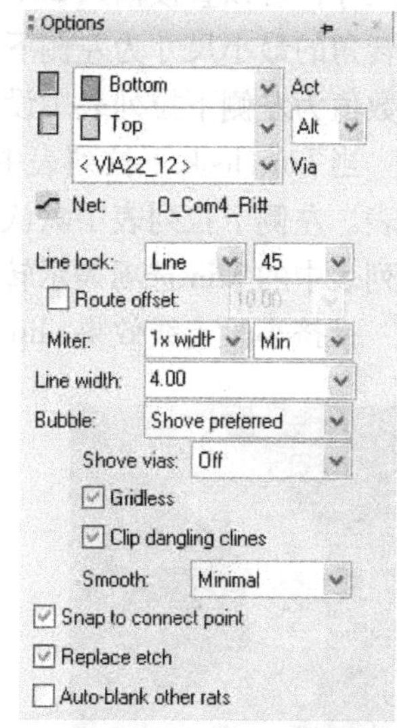

图 11.20　Options 选项卡

● Replace etch：替换旧有走线。

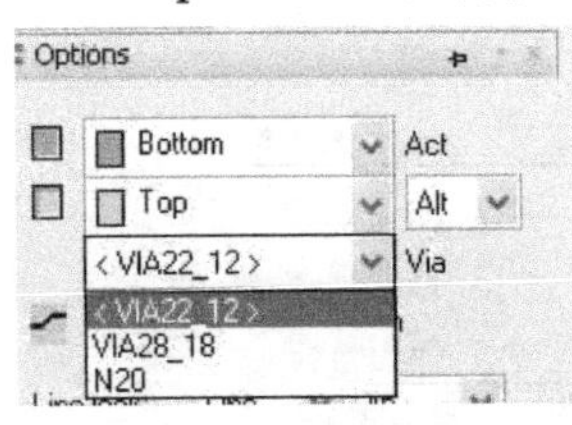

图 11.21 选择换层时使用的过孔

● Auto – blank other rats：自动隐藏其他飞线。

（6）过孔选择。Options 选项卡的 Via 下拉列表用来选择换层时使用的过孔，如果在线宽规则中设置了多个过孔，则会全部显示，下拉列表中最上面的过孔会被下次摆放使用，具有最高的优先级别，如图 11.21 所示。通孔、埋孔、盲孔的使用都在该处选择。若某个网络中只定义了一个过孔，那么在该处将无法选择过孔。

（7）走线转角。Line lock 下拉列表用于选择走线改变方向时所用到的转角线型和转角角度，其中的选项有：Line 为转角处使用直线段；Arc 为转角处使用圆弧；Off 为走线使用任意方向，45 为转角方向为 45°的斜线方式；90 为转角方向为 90°的直角转角；如图 11.22 所示。

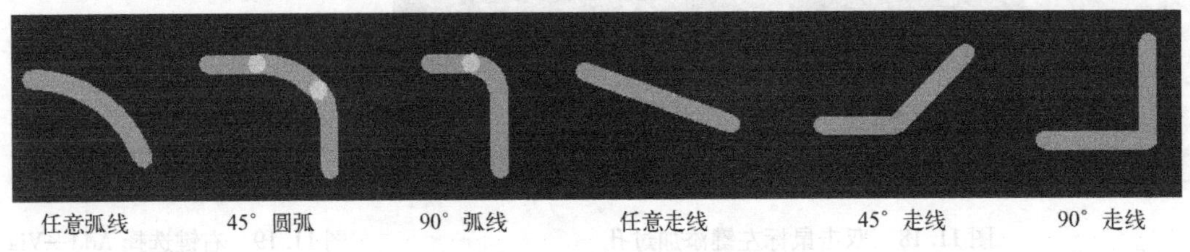

任意弧线　45° 圆弧　90° 弧线　任意走线　45° 走线　90° 走线

图 11.22 不同线型和角度的走线效果

（8）Miter 下拉列表用来设置转角处小斜角的尺寸，如图 11.23 所示。当 Line look 下拉列表中选择 Line 和 45 时，该处用来设置走线过程中的转角处小斜角的尺寸；当选项为 Off 和 90 时，该选项无效。左侧下拉列表中默认为 1x width 选项，用线宽的倍数表示斜角线段的尺寸，可以直接输入 2x、3x 来改变默认的斜角线段尺寸。右侧下拉列表中的 Min 选项表示转角的最小尺寸为左侧下拉列表中设置的值，Fixed 选项表示使用规定尺寸的转角，该尺寸数值为左侧下拉列表中设置的值。

当 Line look 下拉列表中选择 Arc 和 45 时，该处菜单 Miter 下拉列表会变成 Radius 下拉列表。左侧下拉列表中默认为 1x Width，该选项用圆弧的倍数表示圆弧转角的尺寸，右侧下拉列表中的 Min 选项表示转角的最小尺寸，Fixed 选项表示使用规定尺寸的转角。

推挤小段走线效果 clip 和推挤小段走线效果 no clip 如图 11.24 和图 11.25 所示。

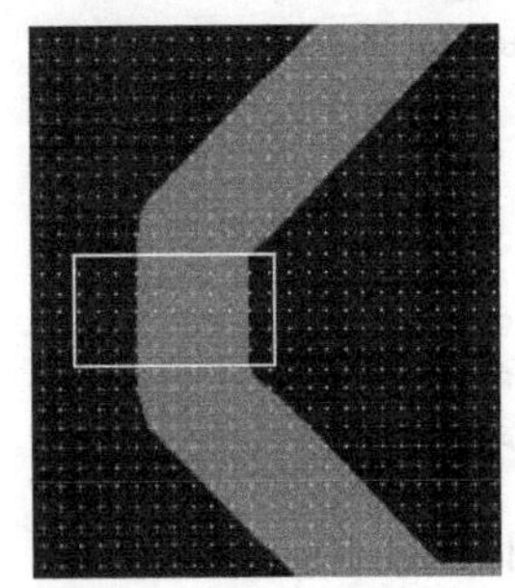

图 11.23 Miter 拐角的长度

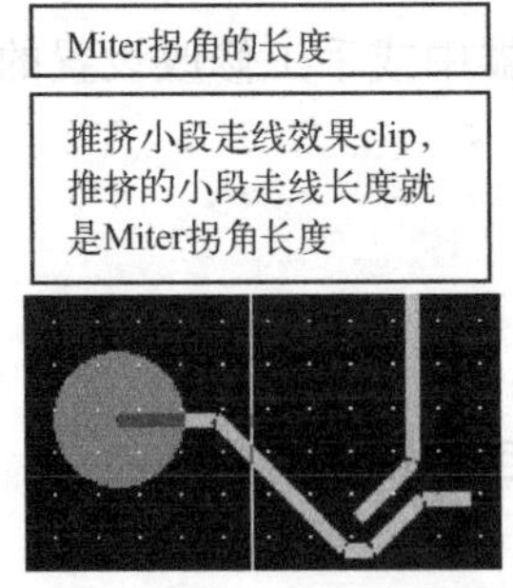

图 11.24 推挤小段走线效果 clip

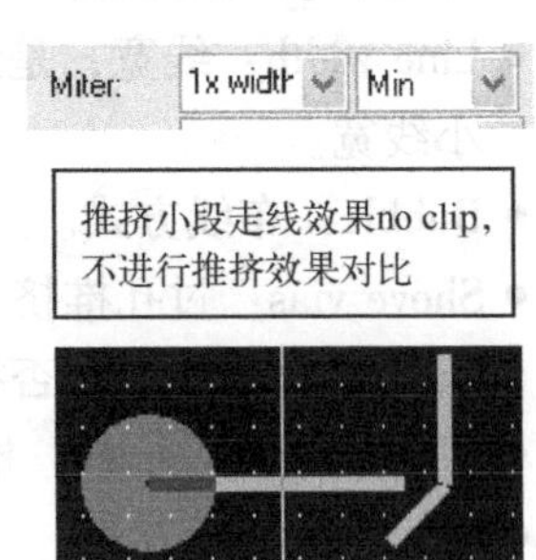

图 11.25 推挤小段走线效果 no clip

（9）圆弧尺寸。Radius，当 Line lock 选择 Arc 和 45（或 90）时，出现该选项。设置转角圆弧的尺寸，各个选项和 Miter 中的类似。

（10）修改线宽。Line width 下拉列表用来定义和显示当前走线的线宽，可以用键盘直接输入数值改变当前走线的线宽。默认的线宽即为约束管理器设置的线宽，若输入线宽修改过数值之后，Constraint 表示为约束管理器中设置的线宽。如图 11.26 所示，其中的 0.3200mm 即为输入过的线宽值，Constraint 为约束管理器中的设置线宽。当某个网络手工输入过线宽值以后，下次布线会默认采用手工输入过的线宽值。

图 11.26 Line width 下拉列表

（11）推挤模式。Bubble 下拉列表用来设置布线推挤，当走线的过程中遇到过孔、其他走线、焊盘等障碍物之后如何进行操作，如图 11.27 所示。如果在布线时选用了合适的布线推挤和优化功能，可以大大提高布线的效率，密集或布线空间比较小而影响布线速度时使用。

- Off：关闭自动紧靠或推挤的功能，走线完全忽略其他障碍物的存在，直接从障碍物上穿过去，如图 11.28 所示，之间穿过去会造成不同网络的走线交叉，软件给出 DRC 标记。
- Hug only：遇到障碍物时采用环抱障碍物的方式，与障碍物的环抱间距采用默认间距，如图 11.29 所示。
- Hug preferred：启动优先自动环抱的功能，若没有空间走线，就采用推挤方式，如图 11.29 所示。
- Shove preferred：启动优先自动推挤的功能，若没有空间走线，就采用环绕的方式，如图 11.30 所示。

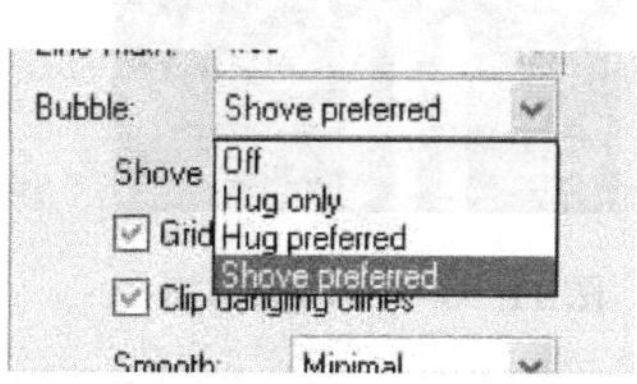

图 11.27 设置布线推挤

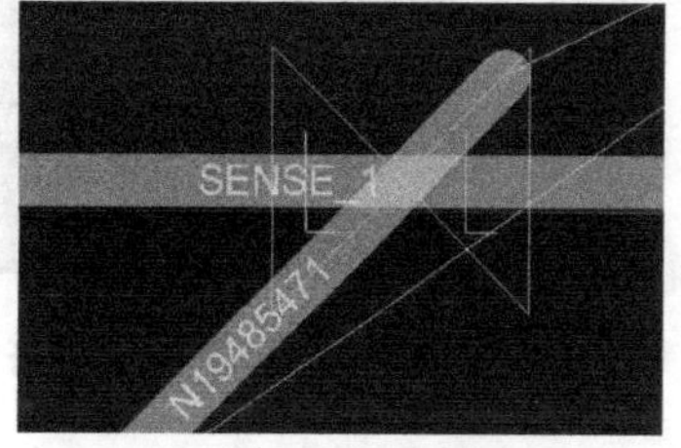

图 11.28 Off 效果

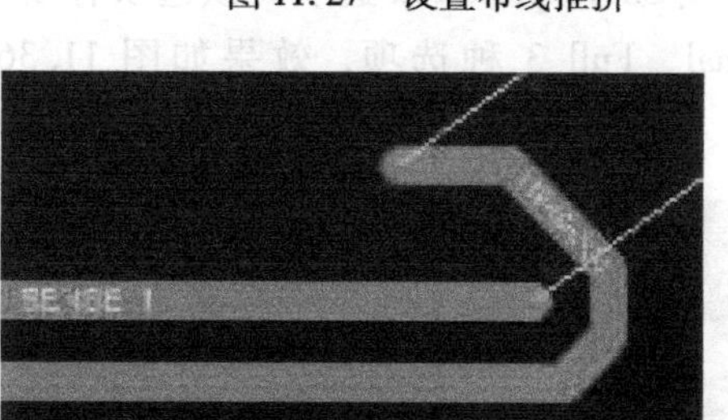

图 11.29 Hug only、Hug preferred 效果

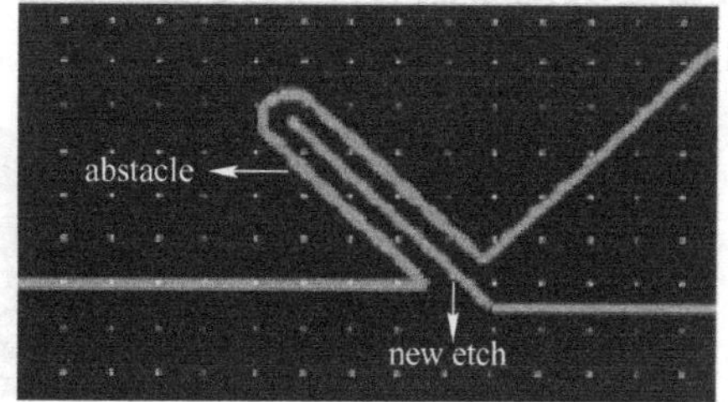

图 11.30 Shove preferred 效果

（12）推挤 Via 功能。Shove Vias 下拉列表中只有选择 Bobble 模式后才能设置该选项，该选项的功能是定义推挤过孔，其中的选项有如下 3 种。

- Off：关闭推挤 Via 的功能，如图 11.31 所示。
- Minimal：启动最小幅度的推挤 Via 功能，相当于对过孔的 Hug preferred 模式。如果过孔周围有空间走线，不会推挤；如果过孔周围没有空间走线才进行推挤，如图 11.32 所示。
- Full：启动完全的推挤 Via 功能，只要可能就进行推挤。默认情况下软件关闭过孔推挤功能，在高密度电路板中，常选择 Full 选项，进行全功能的孔推挤，如图 11.33 所示。

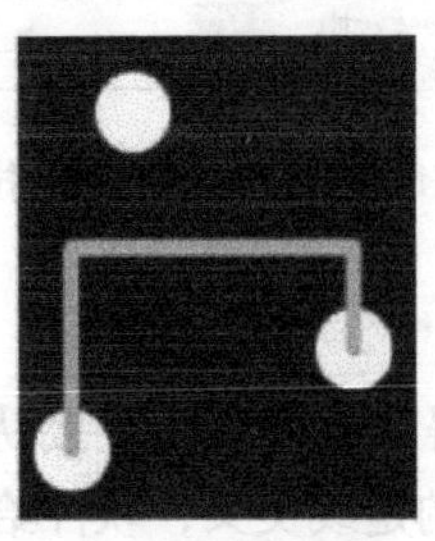
图 11.31　Off 项

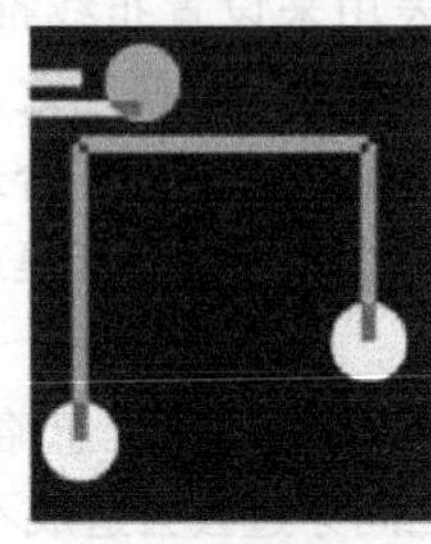
图 11.32　沿着走线推挤

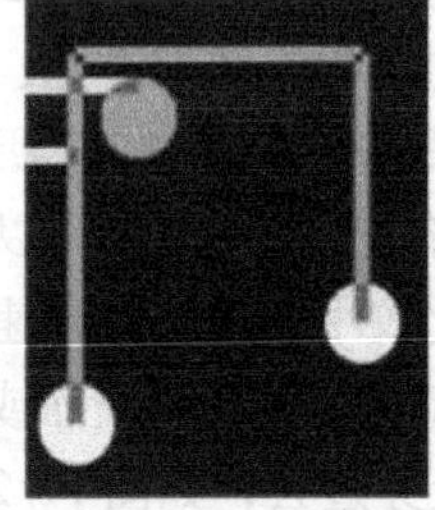
图 11.33　推着走线走

（13）Gridless 复选项，不勾选不按照栅格点走线，勾选后按照栅格点走线。不按照栅格点走线的情况布线密度最高。

（14）Clip dangling clines 复选项，选择 Shove preferred 模式时该选项有效，控制是否删除推挤过程中产生的多余的走线，如图 11.34 和图 11.35 所示。

图 11.34　不勾选推挤 1

图 11.35　不勾选推挤 2

（15）Smooth 下拉列表，当选中 Hug preferred 或 Shove preferred 选项时该选项有效，用于控制走线是否进行平滑处理。有 Off 、Minimal、Full 3 种选项，效果如图 11.36 至图 11.38 所示。

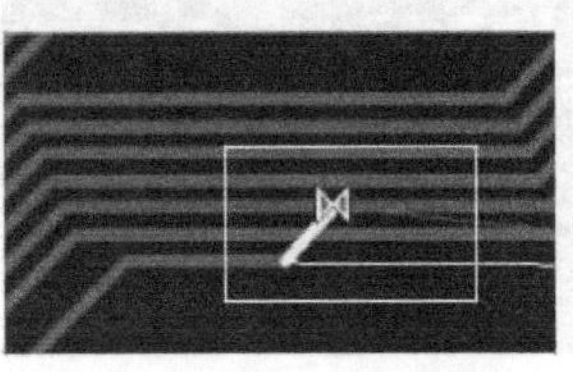
图 11.36　Off 效果

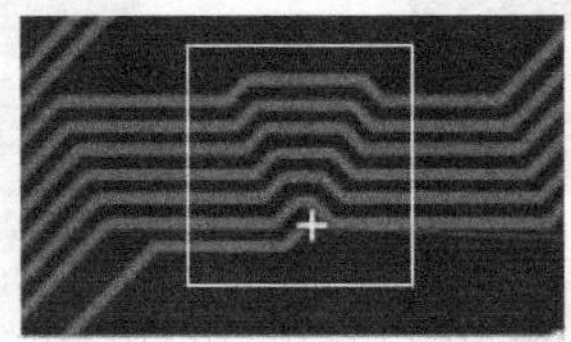
图 11.37　Minimal 效果

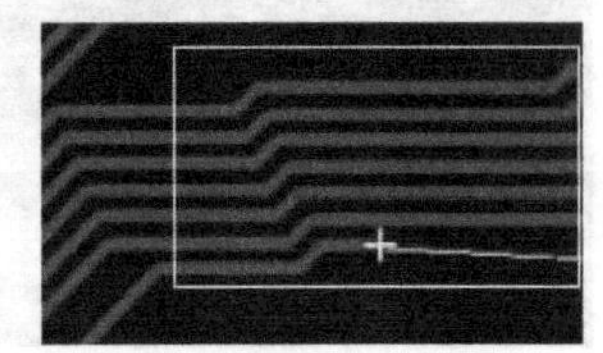
图 11.38　Full 效果

（16）Snap to connect point 复选项，勾选以后表示将开启自动抓取连接中心点功能，走线在到达终端引脚时是否自动吸附到引脚连接原点，如图 11.39 所示。当勾选 Snap to Connect Point 复选项时，布线就会自动捕获选中的 pin 或 Via 的原点，这是推荐默认的选择。若不勾选，布线会出现选不到元件 Pin 或 Via 的问题。

图 11.39　开启自动抓取连接中心点时的效果

（17）Replace etch 复选项，勾选后使用新的走线替换已存在的走线，使用该选项可以让软件自动删除原来的走线。默认是勾选此选项，这样在重复对同一个网络进行布线时，新的布线会替代原来的布线，原来的布线会被自动删除。如图 11.40 所示，下面的折线会被新布的直线替代，自动删除。

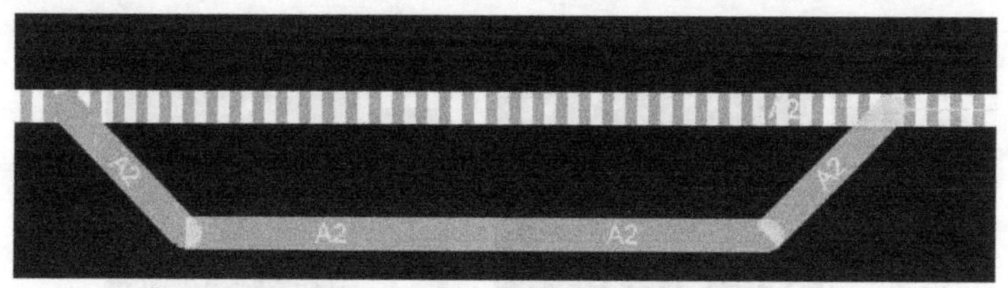

图 11.40　新的布线替代原来的布线

（18）Working Layers Mode 选项用来设置工作模式，Alt 表示在选择的层中依次进行切换，WL 表示在选择的工作层进行选择布线。选择 WL 后进入 Working Layers Mode 选项，可以设置不同的工作层，实现在特定的两个或多个层之间切换，如图 11.41 所示。

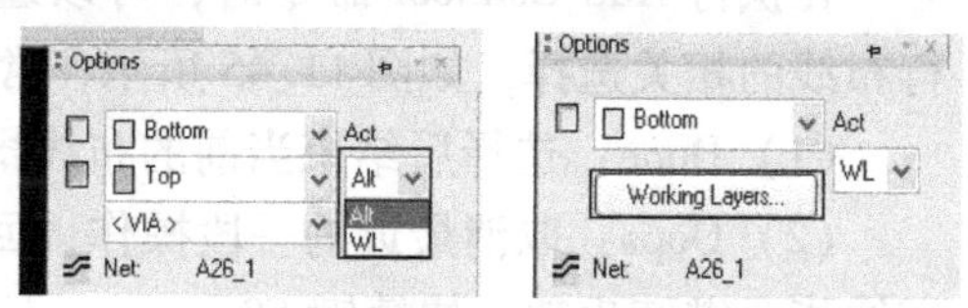

图 11.41　设置工作模式

如图 11.42 中所示，在 WL 模式下，勾选 Top 和 Bottom 复选项，在布线的过程中只能在这两个层进行切换，其他层则无法进行自动选择。

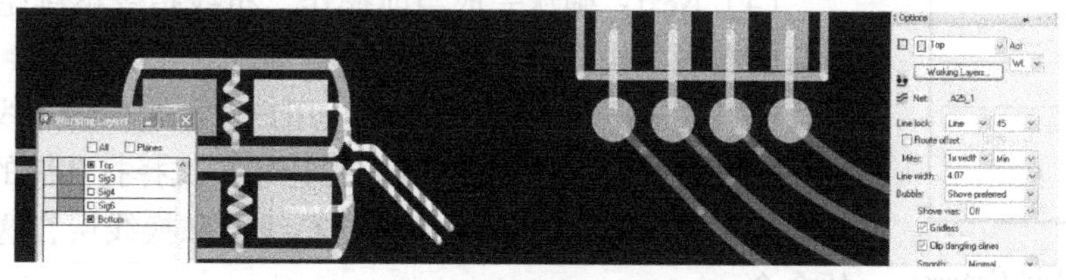
图 11.42　布线过程中在两层之间切换

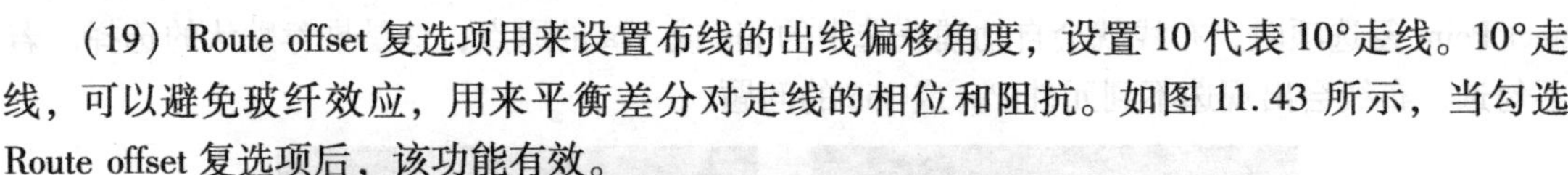

（19）Route offset 复选项用来设置布线的出线偏移角度，设置 10 代表 10°走线。10°走线，可以避免玻纤效应，用来平衡差分对走线的相位和阻抗。如图 11.43 所示，当勾选 Route offset 复选项后，该功能有效。

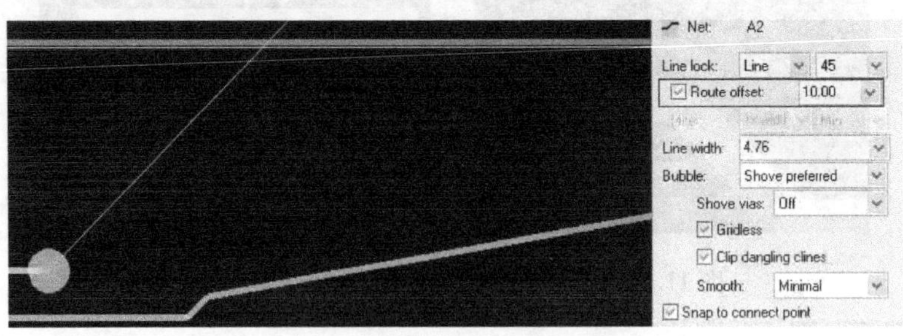

图 11.43　设置 10°走线

（20）Auto - blank other rats 复选项，勾选后自动隐藏其他飞线，在布线中只有当前挂载在鼠标上的飞线会显示，其他网络飞线都会隐藏，勾选后以方便进行当前网络的布线，如图 11.44 所示。

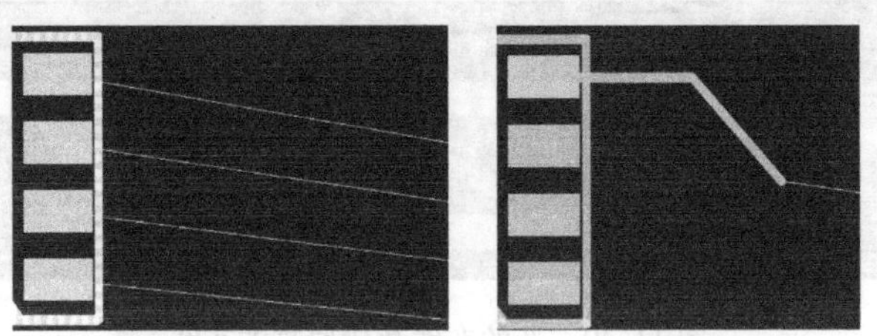

图 11.44　Auto - blank other rats 勾选效果

11.3.2　Add Connect 右键菜单

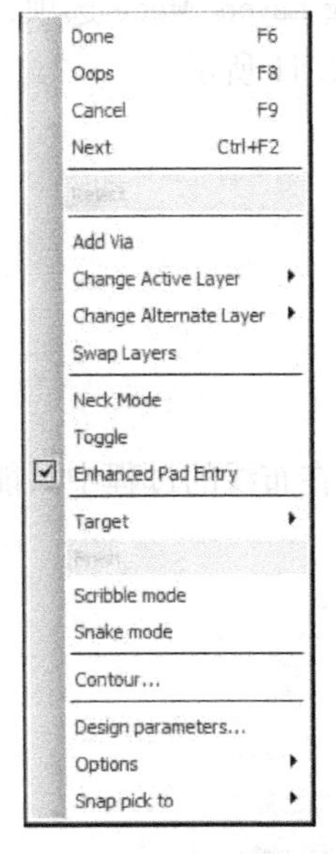

图 11.45　Add Connect 右键菜单

在执行 Add Connect 命令时，可以通过鼠标右键快捷菜单进行布线的相关选择，如图 11.45 所示，常用的命令解释如下。

（1）Done：选择后结束当前的布线指令，快捷键 F6。

（2）Oops：取消最近的一段操作，回到上一步的状态，同时布线指令继续生效，快捷键 F8。

（3）Cancel：撤销本次操作，本次的布线取消，同时结束布线指令。和 Oops 之间的区别在于取消这次的操作退去命令，快捷键 F9。

（4）Next：确认完成当前操作，布线指令继续生效，可以进行新的布线，快捷键 Ctrl + F2 组合键。

（5）Change Active Layer：让用户选择当前的布线层。

（6）Change Alternate Layer：让用户选择打孔后的换线层。

（7）Swap Layers：切换当前布线层和换线层，这是一个有用的命令。

（8）Neck Mode：使用 Neck 模式的规则设置的参数进行布

线，Neck 模式的布线参数可以在约束管理中进行设置。Neck 模式一般用在空间狭小的区域内，如 BGA 芯片内部的布线。通常 Neck 模式中线宽和线距都会缩小，以适应狭小空间布线的需要。Neck 模式的布线效果如图 11.46 和 11.47 所示。

图 11.46　Neck 模式的布线效果 1

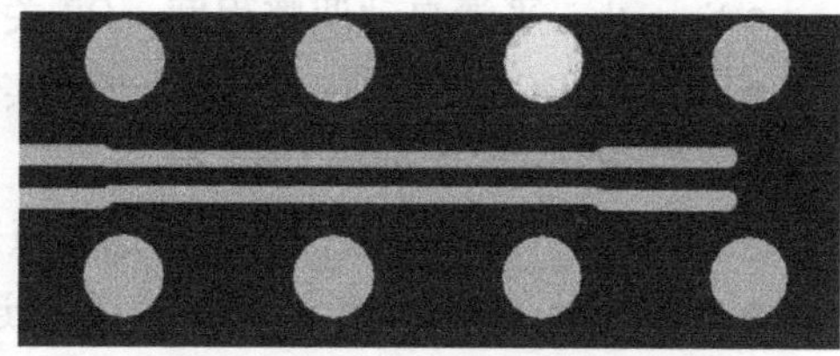
图 11.47　Neck 模式的布线效果 2

（9）Enhanced Pad Entry：布线时可以改善走线与焊盘之间的连接，避免布线产生一些尖角。而且支持圆形、方形和椭圆形的焊盘，确保走线与焊盘的边界保存垂直或者非锐角的方式连接。如图 11.48 所示，该项功能在布线中，默认已经勾选，启用该功能。

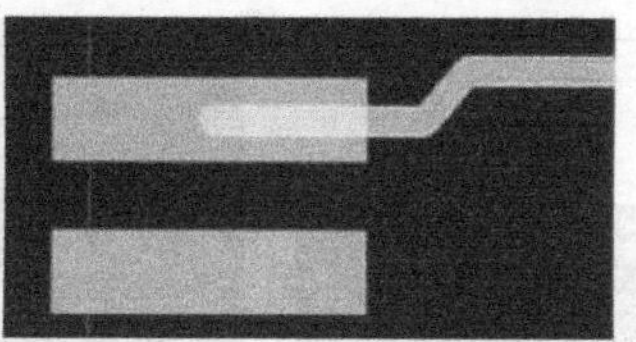

图 11.48　改善走线与焊盘之间的连接

（10）Toggle：控制走线引出的角度，可以在先直线、再斜线、后直线之间进行切换。

（11）Finish：自动完成剩下的布线，这是手工布线指令中的简单自动化操作，走线一段之后，可以单击，自动完成当前的走线。

11.3.3　调整布线命令 Slide

Slide 命令可以编辑调整已经完成的走线，使走线变得更加合理，该命令的常用操作如下。

（1）执行命令。选择 Route—Slide 命令或者使用快捷键便可以运行 Slide 命令。在 Options 选项卡中可以设置 Slide 命令的选项，Slide 命令的选项设置与 Add Connect 命令类似，如图 11.49 所示。

（2）Options 选项卡（如图 11.49 所示）中的主要选项说明如下。

- Active etch subclass：当前选择的电气层 Subclass，选择层为 Bottom 层。
- Net ：代表当前选择的 Net 网络。
- Min Corner Size：最小转角角度，默认 1 倍的线宽。
- Min Arc Radius ：最小的弧线转角，默认 1 倍的线宽。
- Vertex Action：编辑线的拐角，默认走线线角。

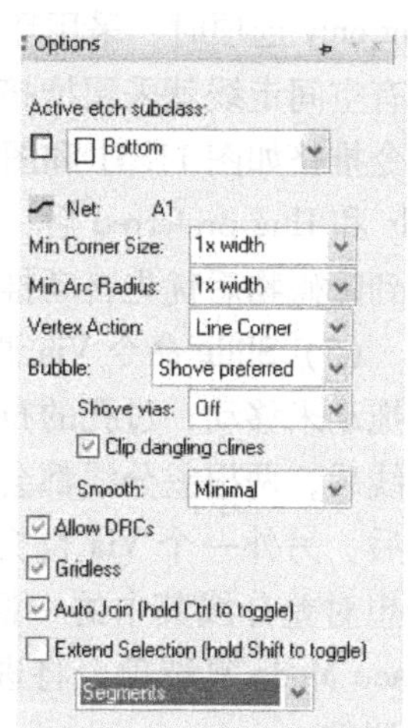

图 11.49　Options 选项卡

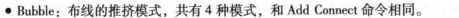

- Bubble：布线的推挤模式，共有 4 种模式，和 Add Connect 命令相同。
- Shove vias：过孔的推挤模式有 3 种可以选择，和 Add Connect 命令相同。
- Chip dangling clines 复选项：推挤小段走线效果。
- Smooth：平滑自动调整程度，Off 关闭自动调整功能。
- Allow DRCs 复选项：勾选后支持实时 DRC 一边调整走线一边检查；不勾选时，当执行完 Slide 后才进行 DRC 检查。
- Gridless：栅格格点，是否按照格点来调整。
- Auto Join（hold Ctrl to toggle）自动连接（按住 Ctrl 键）。
- Extend Selection（hold Shift to toggle）扩展选项，按住 Shift 键，可以支持 Segments 部分线和 Vias 过孔。

（3）Slide 命令的使用方法。选择 Slide 命令后，用鼠标在需要调整的走线上单击后拖动，走线就会跟随鼠标移动的方向移动。随即该线将被拖动调整。对走线调整效果如图 11.50所示。

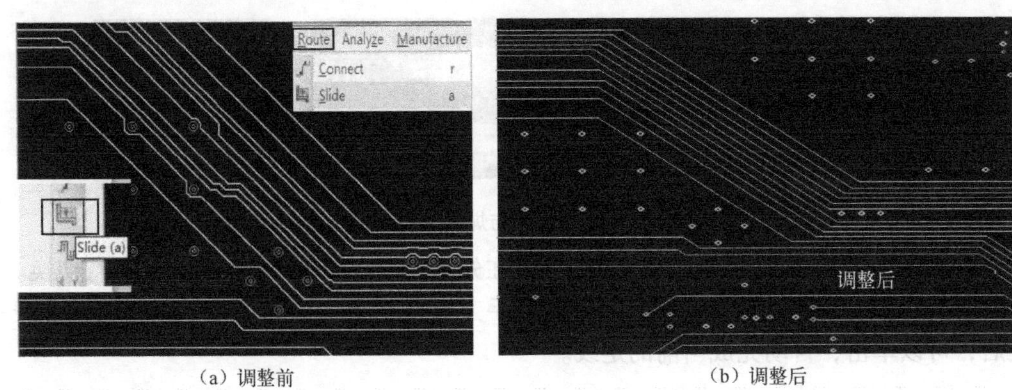

（a）调整前　　　　（b）调整后

图 11.50　走线调整效果

（4）Slide 命令 Bubble 的使用。Bubble 用来定义遇到障碍物之后的推挤模式，当选择 Hug only 选项时，采用环抱障碍物的方式。当选择 Hug preferred 选项时，优先自动环抱，若没有空间走线就采用推挤方式。当选择 Show preferred 时，启动优先自动推挤的功能。Slide 命令推挤如图 11.51 和图 11.52 所示，当选择最下面的布线进行推挤时，Bubble 设置成 Hug only 和 Hug preferred 后，遇到障碍物线后将无法推挤。当 Bubble 设置成 Show preferred 后，遇到障碍物后优先自动推挤。

（5）Slide 命令 Via 调整。选择 Slide 命令后，用鼠标单击拖动过孔 Via，Via 会跟随鼠标的拖动来移动，过孔的布线也会跟随 Via 一起被拖动调整。在差分线线中，若单击其中一根走线后，两根差分线都会跟随鼠标的拖动调整（如图 11.53 所示）。若单击其中一个 Via 拖动后，另外一个 Via 也会随鼠标的拖动移动（保持原样的线距调整，如图 11.54 所示）。若想对差分线其中的一根线或一个 Via 进行调整时，在选择走线或 Via 后右键勾选 Single Trace Mode 复选项，将进入单线调整模式，可以对差分线中的单根走线或 Via 进行独立编辑调整。

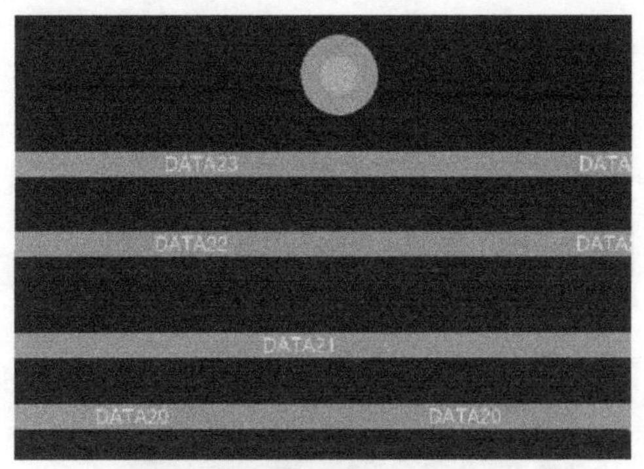

图 11.51　Hug only 和 Hug preferred

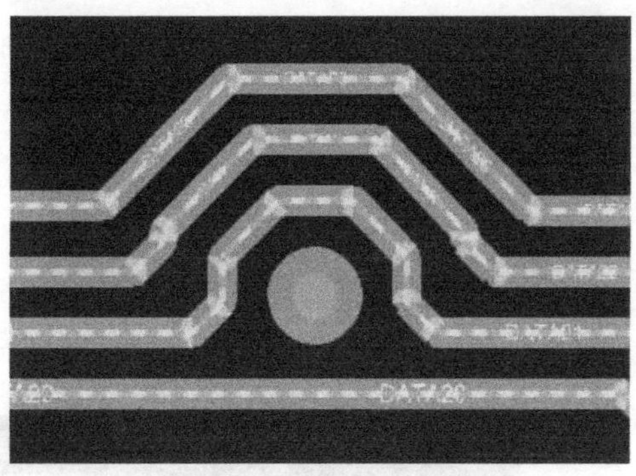

图 11.52　Show preferred

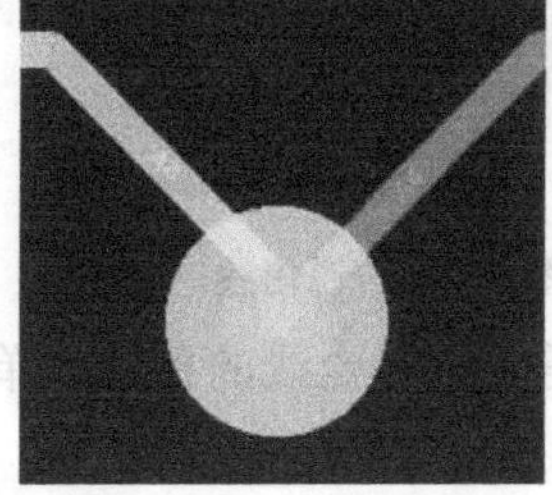

图 11.53　Slide 命令 Via 调整

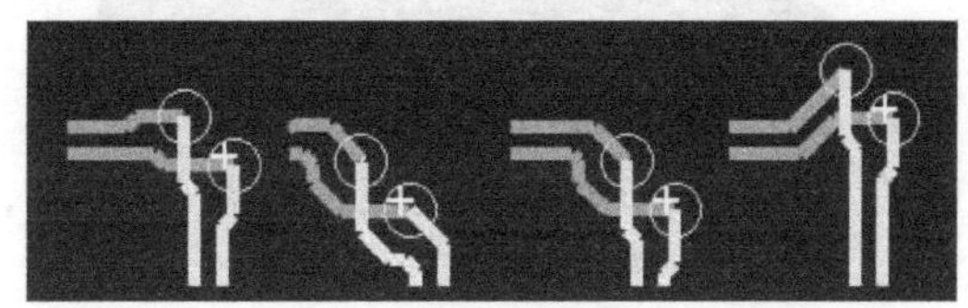

图 11.54　Slide 命令差分对 Via 调整

(6) Slide 命令拐角选择。在 Vertex Action 下拉列表中可以选择编辑线的拐角类型，有 Line Corner、Arc Corner、Move、Edit、None 5 种，下面对各拐角的类型进行解释（在修改走线时，拐角选择经常使用，因此做详细说明）。

- 在 Vertex Action 下拉列表选择 Line Corner 后，用鼠标在需要编辑走线的拐角处单击后拖动，拖动的拐角会变成一小段走线（对称结构），如图 11.55 和图 11.56 所示。

图 11.55　编辑前的拐角

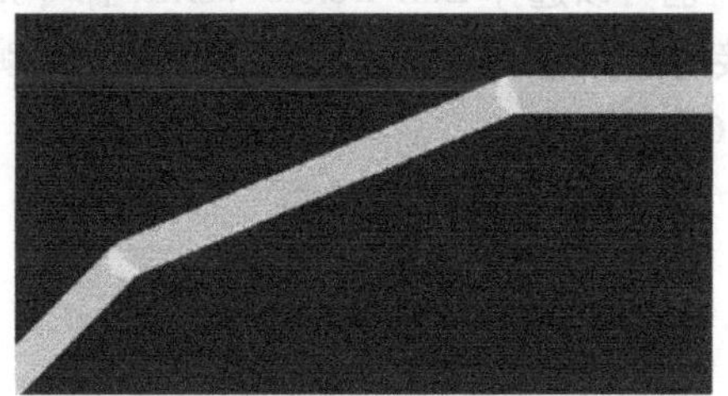

图 11.56　编辑前的拐角变成小段走线

- 在 Vertex Action 下拉列表中选择 Arc Line Corner 后，用鼠标在需要编辑走线的拐角处单击后拖动，拖动的拐角会变成圆弧，拖动可以改变圆弧的角度，如图 11.57 和图 11.58 所示。
- 在 Vertex Action 下拉列表中选择 Move 后，用鼠标在需要编辑走线的拐角处单击后拖动，拖动的拐角会被移动（平滑的移动），拐角两侧的走线会跟随拐角移动。可以支持将拐角移动成与走线平行，但拐角依然存在。
- 在 Vertex Action 下拉列表中选择 Edit 后，用鼠标在需要编辑走线的拐角处单击后拖动，拖动的拐角会被移动，拐角两侧的走线会跟随拐角移动被编辑，可能出现任意角度的走线，如图 11.59 和图 11.60 所示。

图 11.57　编辑前的拐角

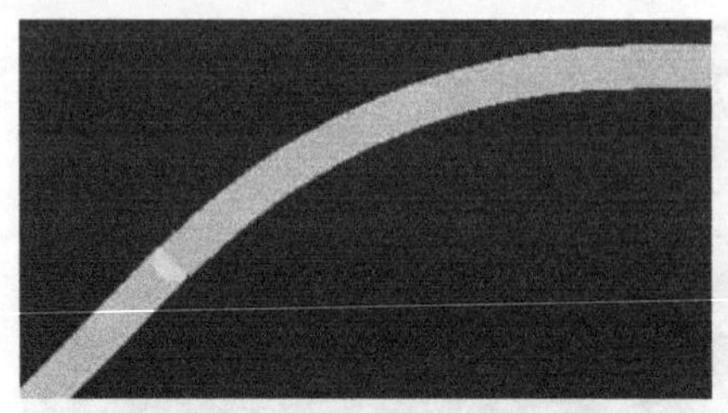

图 11.58　编辑后变成圆弧

图 11.59　钝角线

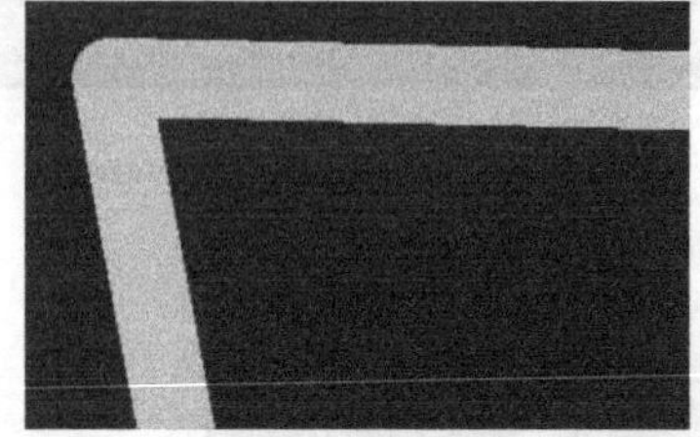

图 11.60　锐角线

- 在 Vertex Action 下拉列表中选择 None 后，用鼠标在需要编辑走线的拐角处单击后拖动，不进行拐角调整。

11.3.4　编辑拐角命令 Vertex

Vertex 是一个比较难控制的命令，它用来移动布线中的拐角或为布线添加拐角，该命令的常用操作如下所述。

（1）执行命令。选择 Edit—Vertex 命令或使用左侧的快捷图标来运行 Vertex 命令，如图 11.61所示。

（2）也可以选择 Edit Delete Vertex 命令对拐角进行删除操作，运行 Delete Vertex 命令后，直接用鼠标选中要删除的拐角，右击在弹出的快捷菜单中选择 Done 命令来完成操作，如图 11.62 所示。

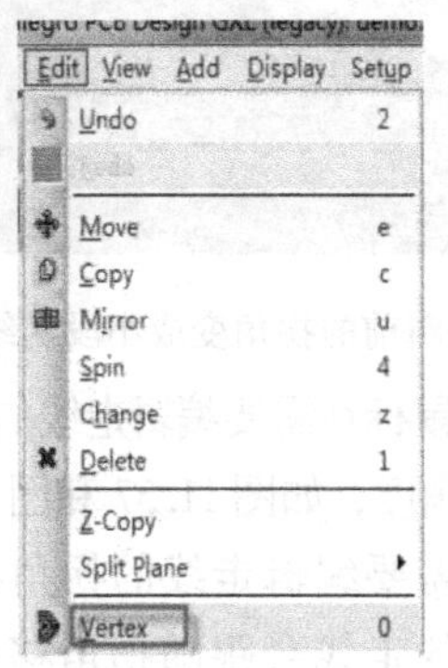

图 11.61　选择 Edit—Vertex 命令

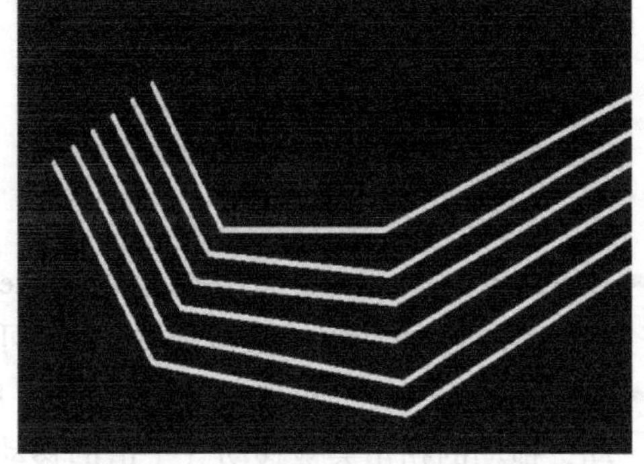

图 11.62　Vertex 命令执行效果

11.3.5　自定义走线平滑命令 Custom smooth

Custom smooth 是一个常用的命令，使用该命令可以对已经完成的走线进行平滑处理，

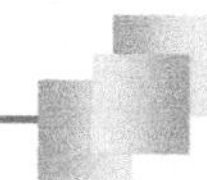

该命令的常用操作如下所述。

（1）执行命令。选择 Route—Custom smooth 命令或使用快捷图标便可以运行 Custom smooth 命令。Custom smooth 命令在 Options 选项卡中可以设置选项。

（2）Options 选项卡中的选项说明如下，如图 11.63 所示。

- Corner type 下拉列表，用于选择平滑命令对转角的处理方式，有 Arc 弧线、90 度转角、45 度转角、Any Angle 任意角度，共计 4 种选择，一般情况下，设置成 Arc 弧线或 45 度转角。
- Restrict seg entry for pads of type 下拉列表，用于设置限制走线进入各形状 Pads，有 Rectangular 限制进入矩形焊盘，All 限制进入所有的焊盘，None 不限制。
- Minimum pad entry length 文本框，设置进入焊盘最小段线，如图 11.64 所示。

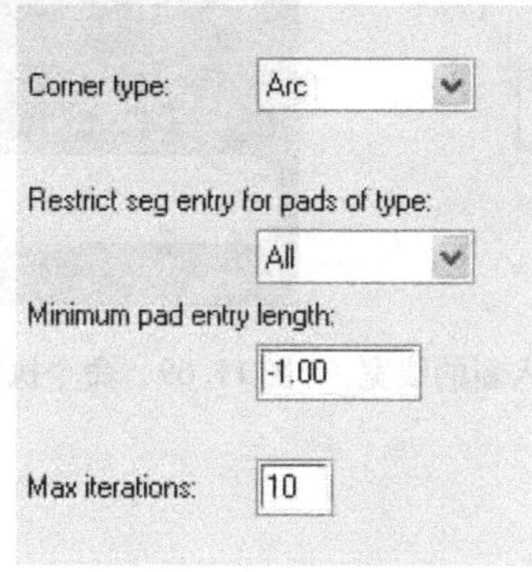

图 11.63　Options 选项卡

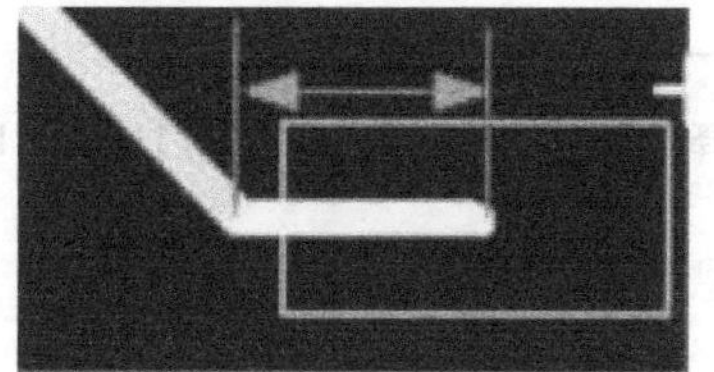

图 11.64　Minimum pad entry length

- Max iterations 文本框，重复的次数，如果有很多走线都要平滑处理，就会一次一次地循环执行。

（3）Custom smooth 命令的使用。Options 选项卡设置平滑参数后，用鼠标单击需要进行平滑的走线，被单击的走线就进行了平滑处理，如图 11.65 和图 11.66 所示。

图 11.65　布线平滑前效果

图 11.66　布线平滑后效果

11.3.6　改变命令 Change

Change 是一个常用命令，可以改变已经完成布线的布线层或者修改布线的线宽，该命令的常用操作如下所述。

（1）改变信号线所在的布线层。选择 Edit—Change 命令，在右侧选项卡内的 New subclass 栏中选择新的布线层，针对目前信号执行指令即可，软件会根据 PCB 的需要增加或删除 Via 过孔，如图 11.67 所示。

（2）修改信号线的宽度，选择 Change 命令，在右侧 Options 选项卡的 Line width 中输入新的线宽，如图 11.68 所示。针对目标信号线框选后执行命令即可改变线宽，如图 11.69 所示。

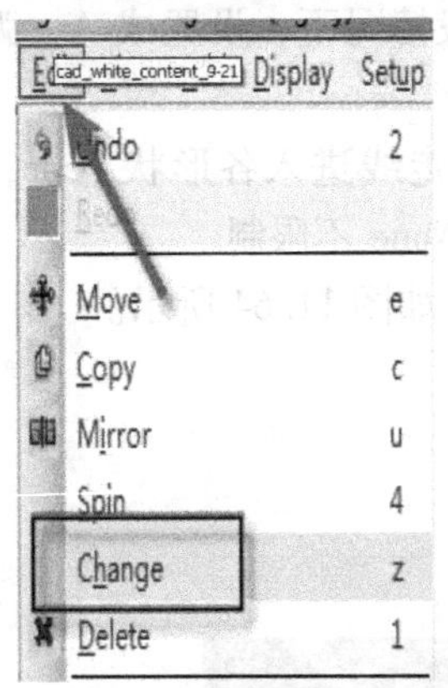

图 11.67　选择 Edit—Change 命令

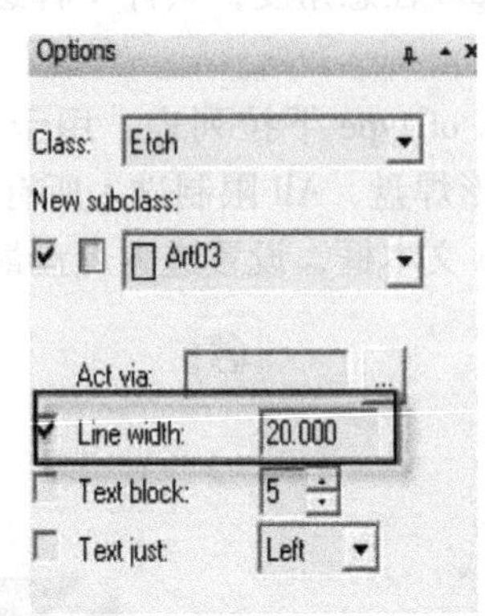

图 11.68　Line width 中输入新的线宽

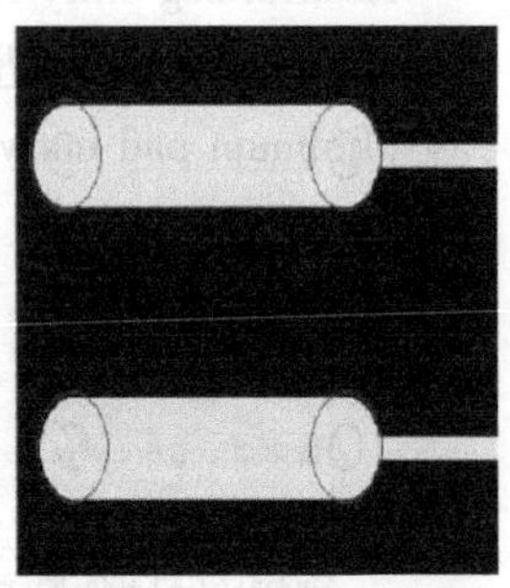

图 11.69　命令执行效果

11.3.7　删除布线命令 Delete

Delete 命令是一个通用的命令，可以删除 Find 选项卡中所有勾选的各种对象。运行删除命令需要小心设置 Options 选项卡及 Find 选项卡。

选择 Vias 删除过孔，选择 Clines 将删除电气走线，要准确地选择要删除的对象，在默认情况下，用户只能删除在同一层上的布线。若用户在 Options 选项卡内勾选 Ripup Conductor 复选项，则可同时删除分布在不同布线层上的信号线或信号线相互连接的过孔等，如图 11.70至图 11.72 所示。

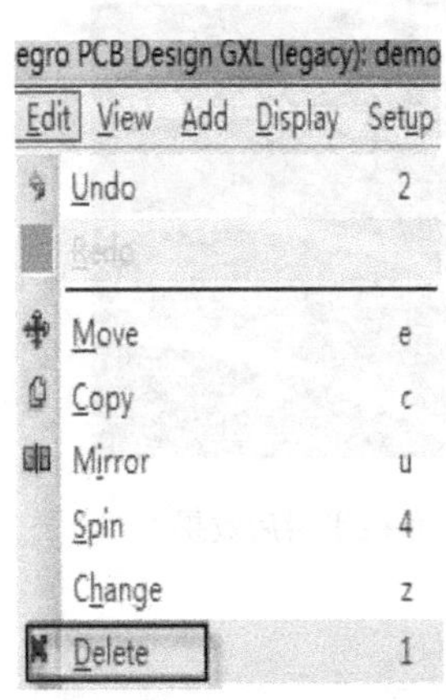

图 11.70　Delete 命令

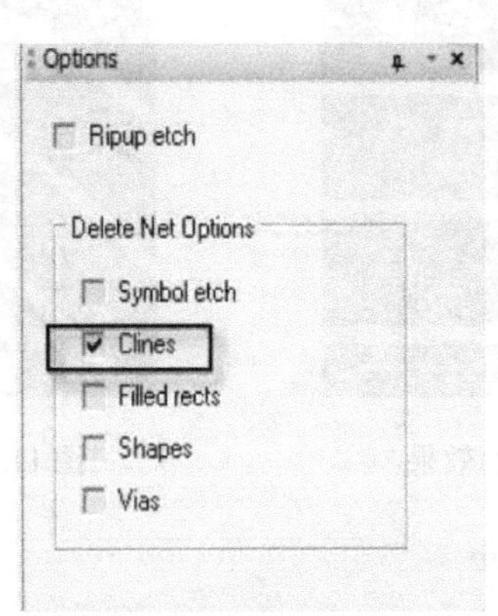

图 11.71　在 Options 选项卡设置要删除 Net 的内容

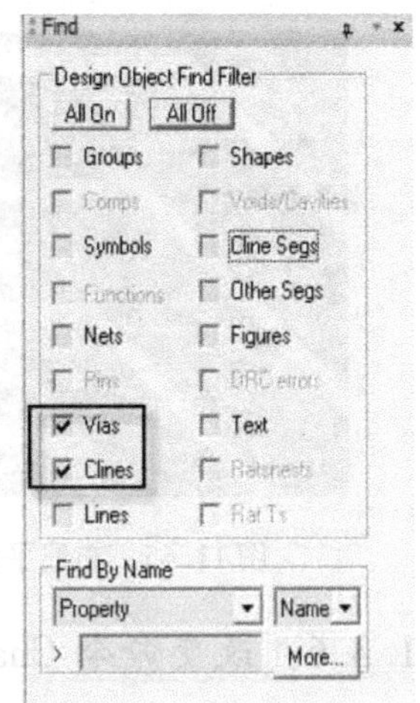

图11.72　Find 选项卡设置

11.3.8 剪切命令 Cut

Cut 是一个常用的命令，它可以在 Delete、Slide、Change 命令时使用。执行相关命令后，单击鼠标右键，在弹出的菜单中选择 Cut 命令，在操作对象上分别选取两点，此时可直接对两点之间的部分进行相应的操作，如图 11.73 和图 11.74 所示。

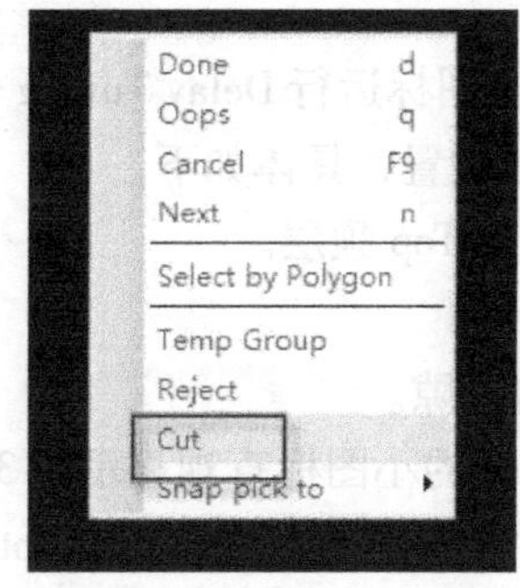

图 11.73 剪切 Cut 命令

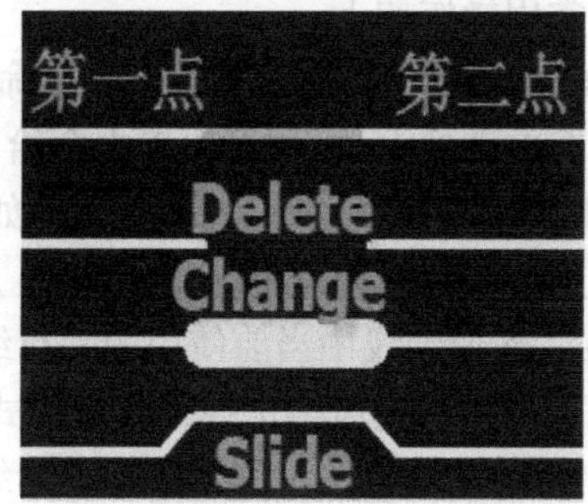

图 11.74 Cut 在 Delete、Slide、Change 命令时使用效果

（1）删除某布线中的一小段走线。选择 Edit—Delete 命令，在右键菜单中选择 Cut 命令，鼠标依次单击布线中的两点，右键选择 Done 命令完成后，中间的一小段线将被删除，如图 11.75 所示。

（2）移动布线中的一小段走线。选择 Route—Slide 命令，在右键菜单中选择 Cut 命令，鼠标依次单击布线中的两点，移动这一小段布线至新的位置，右键选择 Done 命令完成，如图 11.75 所示。

（3）改变布线中的一小段布线的宽度。选择 Edit—Change 命令，在 Options 选项卡中设置线宽，右键选择 Cut 命令，鼠标依次单击布线中的两点，右键选择 Done 命令完成后，中间的一小段线宽将会改变，如图 11.75 所示。

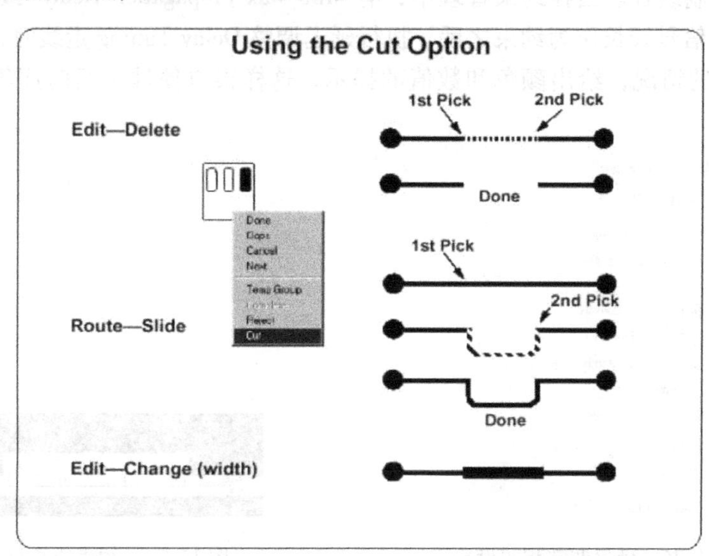

图 11.75 用 Cut 命令改变布线中的一小段走线的宽度

11.3.9 延迟调整命令 Delay Tuning

Delay Tuning 命令可以对有延迟要求的信号线进行调整，通常使用蛇形走线来调整延时，以满足时序要求，也就是通常所说的等长线。蛇形走线的目的是调整延时，所以这一类网络都有延迟或相对延迟约束。在做蛇形走线调整时，一定要打开延迟或相对延迟信息反馈窗口。该命令的常用操作如下。

（1）执行命令。选择 Router—Delay Tune 命令或者使用快捷图标运行 Delay Tuning 命令。进入该命令后，在右侧的 Options 选项卡中会给出该命令的参数设置，具体如下。

- Active etch subclass：当前走线所在层，如 11.76 所示，为 Top 顶层。
- Net：当前选中 Net 显示名称，如 Master_Home。
- Gap in use：蛇形走线中当前使用的并行线段之间边到边间隙。
- Style 选项组是蛇形线风格选择，哪种形式的蛇形线，左侧的小图标直观显示出 3 种蛇形线的形状。Accordion：手风琴式蛇形线；Trombone：长号式蛇形线；Sawtooth：锯齿式蛇形线。
- Centered：用于设置是否以原走线为轴对称绕线。
- Gap：用于设置蛇形走线中并行线段之间边到边间隙，有 3 种设置方式：$n\times$width（线宽倍数）、$n\times$space（线距倍数）、数值。
- Corners：用于设定蛇形线转弯时采用哪种转角，可以通过下拉列表选择 90 度或者 45 度或圆弧，优选 45 度转角和圆弧方式。
- Miter size：设置转角尺寸（如果 Corners 是 45 度的话）。
- Allow DRCs 选项如果被选中，当拉出的蛇形线与其他走线或焊盘等之间违反了间距约束规则时，会提示 DRC 错误，但蛇形线可以被拉出。不选该选项，若违反间距约束规则，不产生蛇形线。

（2）约束控制线长。当在约束管理中，有 Min/Max Propagation Delays 或 Relative Propagation Delay 属性信号线长作为约束之后，执行延迟调整 Delay Tuning 走线时，可以弹出小窗口提示规则检查的情况，给出颜色和数值的提示，这样很方便地进行时序等长的控制，如图 11.77所示。

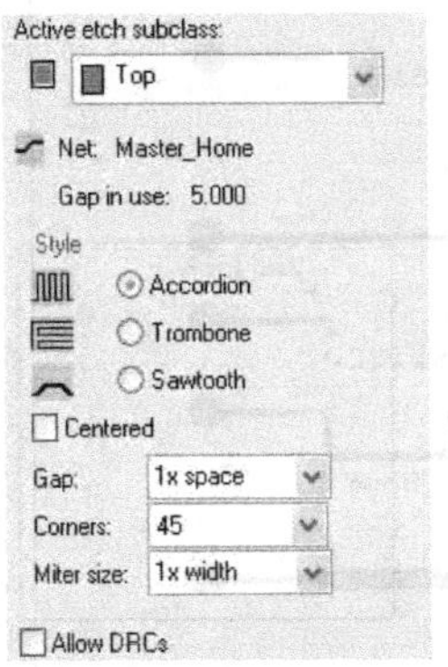

图 11.76　延迟调整相关设置

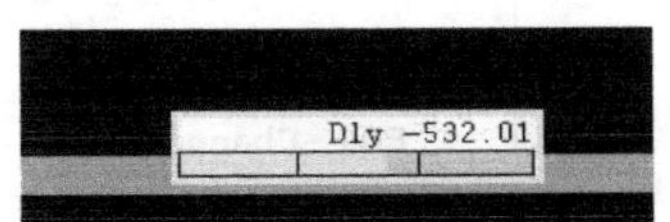

图 11.77　约束线长控制

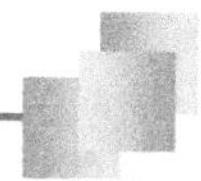

（3）蛇形线风格。Accordion 为手风琴式蛇形线，Trombone 为长号式蛇形线，Sawtooth 为锯齿式蛇形线。Centered 勾选后，信号线的两侧同时增加蛇形线。如图 11.78 所示为各种风格的绕线效果。

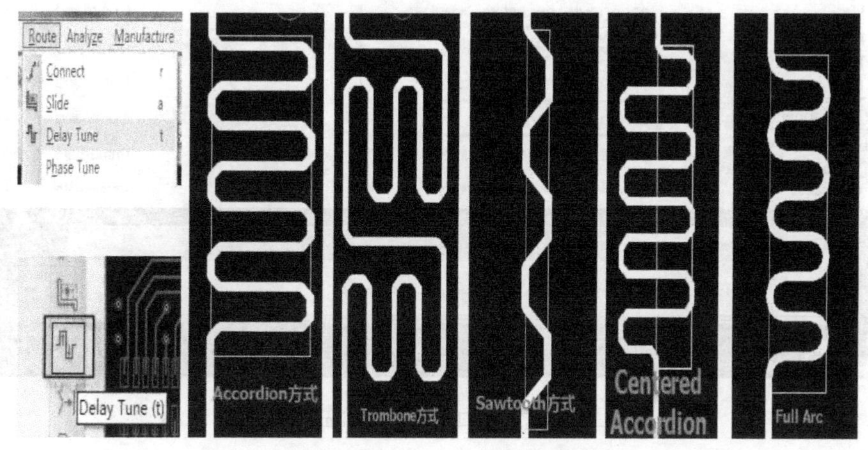

图 11.78　各种风格的绕线效果

（4）执行延迟调整命令。在 Options 选项卡中的参数设置完成以后，用鼠标在要处理的走线上选择合适的位置单击作为蛇形线绕线的起点，单击，移动鼠标拖出一个白色窗口，窗口内就会产生蛇形走线，如图 11.79 所示。

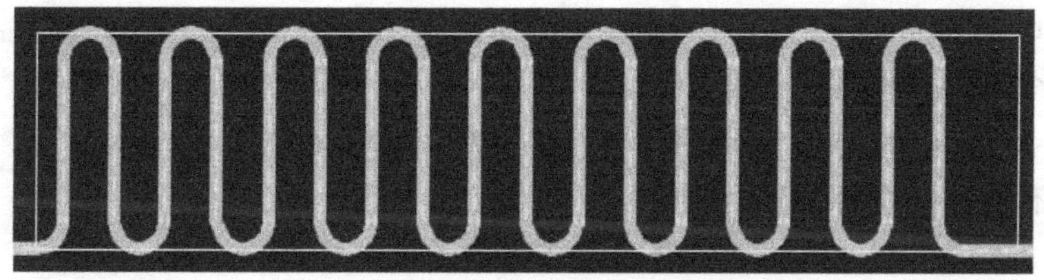

图 11.79　执行延迟调整命令绕线

注意：

蛇形等长布线的几点建议，绕等长时自身的间距最好是布线间距的 3 倍以上，振幅不要太大。若信号的速率很高时，绕线的角度最好呈圆弧形状。不建议在 BGA、插件连接器、插座等元件内部进行绕线；不建议在晶振、时钟驱动、电源 MOS 管里面进行绕线操作。

（5）关于延迟窗口 Dynamic Timing Display。设置了时序约束之后，对具有 Min/Max Propagation Delays 或 Relative Propagation Delay 属性的信号进行布线时，Allegro 的窗口会弹出一个延迟窗口以实时显示信号线延迟控制情况。延迟窗口为红色时，表示信号布线实际延迟小于最小延迟规则或者超过最大延迟规则。窗口为绿色时，表示信号实际延迟符合设计规则，同时软件会提示余量。在 User Preferences 中将 allegro_dynam_timing 设置成 on 来打开延迟窗口，如图 11.80 所示。

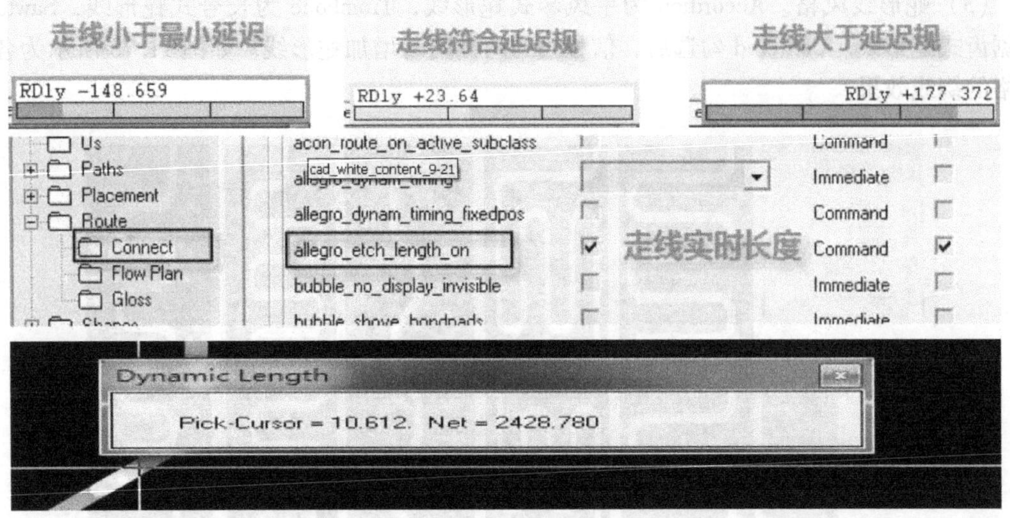

图 11.80　延迟窗口 Dynamic Timing Display

11.3.10　元件扇出命令 Fanout

元件扇出命令 Fanout，就是将表贴元件的引脚引出一小段线加入过孔，使得信号线可以通过内层走线来完成。Fanout 是针对表贴元件的操作有效，特别是表贴 BGA 类元件，Fanout 是必需的步骤，好的 Fanout 可以让走线变得容易。该命令的常用操作如下。

（1）Fanout 的 Options 功能，该选项卡（如图 11.81 所示）中会给出该命令的参数设置，具体如下。

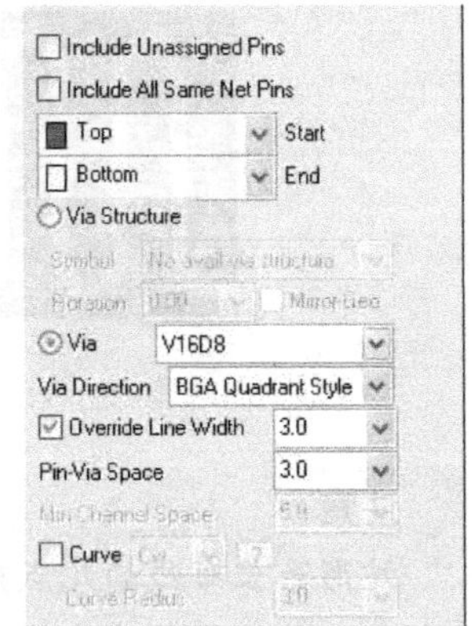

图 11.81　Fanout 的相关设置

- Include Unassigned Pins 复选项：勾选后执行 Fanout 时，包括没有网络的引脚都进行扇出。
- Include All same Net Pins 复选项：勾选后表示所有相同网络的引脚都进行扇出。
- Start 是进行扇出开始的层，一般为 Top 层；End 为结束层，一般为 Bottom 层。
- Via Structure：结构过孔通过手动操作，通过“种子”结构的过孔，选择 Route—Via Structure 命令来创建，这种方式多用在盲埋孔的设计中。
- Via：当 Fanout 时使用的过孔。
- Via Direction：过孔 Fanout 的方式，如 BGA Quadrant Style。
- Override Line Width：从 Pin 到 Fanout 过孔的一段线可用当前值替换原来的约束的数值。
- Pin – Via Space：指的是 Pin 到 Via 的距离。
- Min Channel Space：最小的布线通道。
- Curve 按圆弧出线。

（2）执行命令。选择 Route—Create Fanout 命令，在弹出的 Options 选项卡中，Via Direction 文本框中可以选择打孔的方向，采用 BGA 封装的话就选择 BGA Quadrant Style。参数设置完成后单击要扇出的元件。对 BGA 封装元件的 Fanout，最好成十字通道，十字通道上不能有过孔，所有的过孔都放在临近的 4 个焊盘中间（斜角摆放），如果不是所有的 BGA 引脚都有网络，则根据实际情况来定，只扇出有信号或电源的网络引脚。设置参数如图 11.82 所示。

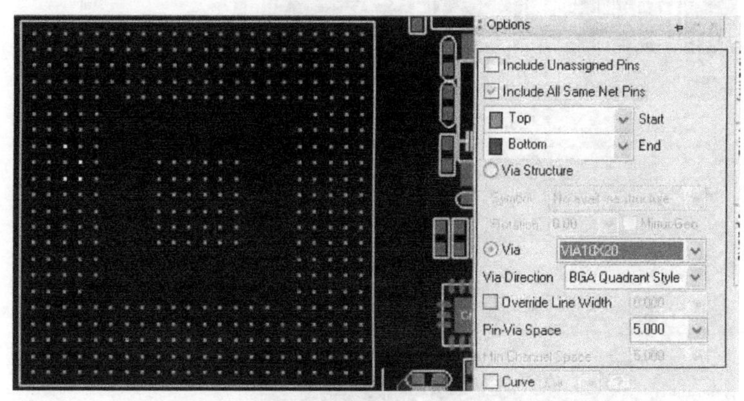

图 11.82　执行 Create Fanout 命令时的相关设置

（3）单击元件扇出。单击要扇出的 BGA 元件后，Allegro 就会根据已经设置好的参数进行自动扇出操作，勾选 Include Unassigned Pins 复选项后，会自动扇出元件所有的引脚，包括有网络和无网络的引脚。不勾选时，表示将只扇出有网络的引脚，无网络的引脚将忽略。勾选 Include All Same Net Pins 复选项以后，Allegro 会扇出元件中所有的同网络的引脚，若不勾选相同的网络名称，只扇出其中的某一个引脚。比如一个元件内有多个 VCC 和 GND 勾选之后，会将每个引脚进行独立扇出操作，扇出的效果如图 11.83 所示。

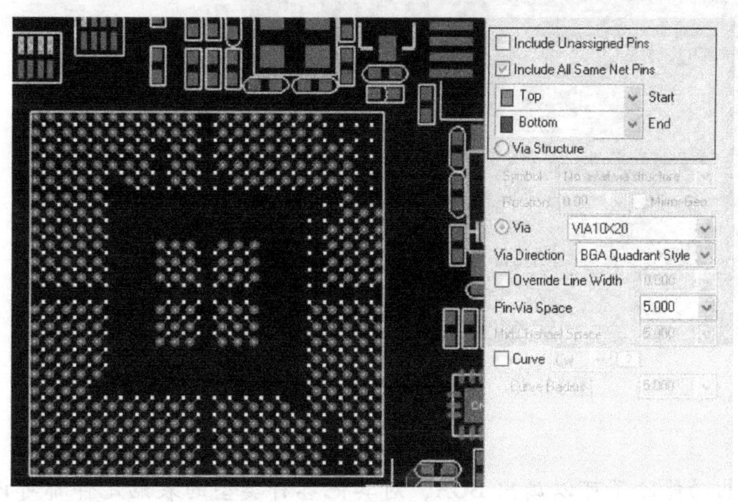

图 11.83　BGA 元件自动扇出效果

（4）手工扇出。如果需要手工对元件的某些引脚做扇出，在选择命令时，需要在 Find 选项卡中只勾选 Pin 选项，然后用鼠标在需要手工扇出的引脚上单击后，就可以对该引脚进行扇出操作。可以灵活运用扇出命令各种类型的元件，如图 11.84 所示。BGA 元件分区域扇出可以分成东南西北、东南、西南、东北、西北进行，视图方法是上北、下南、左西、右东。

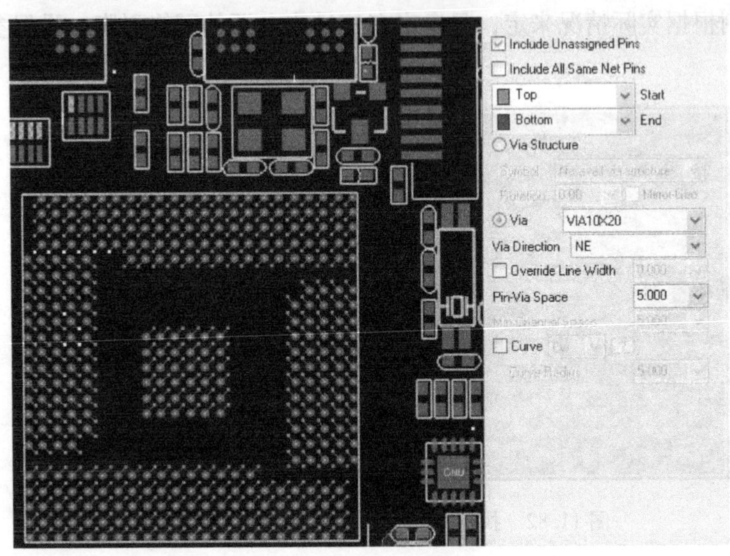

图 11.84　BGA 元件手工扇出及相关设置

（5）BGA 类元件扇出分别朝 4 个方向，在 BGA 中间预留出交叉的十字位置，这些位置可以用来作为电源通道，走电源的大电流供电线或走 GND 的回路，如图 11.85 所示。

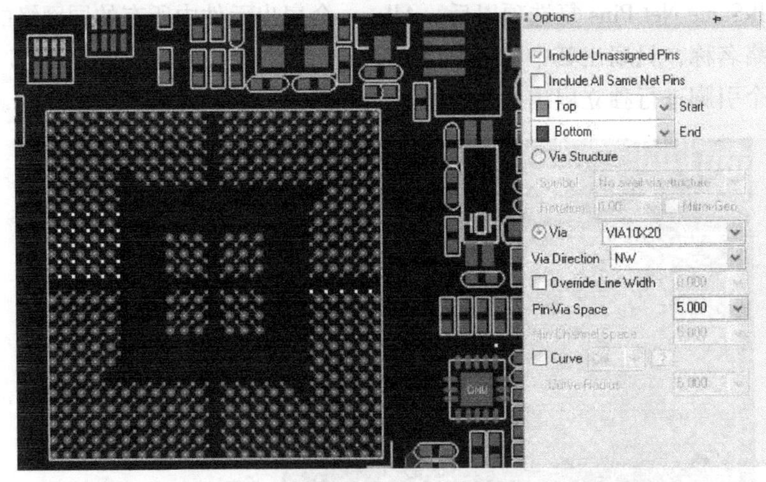

图 11.85　BGA 类元件扇出分别朝 4 个方向

注意：

Fanout 扇出功能除了可以扇出 BGA，对其他各种类型的表贴元件都可以扇出，在扇出时可以设置扇出线的宽度，以及扇出线的长度等，灵活扇出各种复杂的元件可以让布线工作变得简单，信号在不同的层进行集中布线。

（6）SOP 和 QFP 等密间距元件的扇出出线方法。如图 11.86 所示，“好”代表推荐的扇出布线方法，“一般”代表可以接受的布线方法，“不好”和“不允许”是不推荐的布线方法。

（7）分离器件（小电容）的扇出出线方法。如图 11.87 所示，“好”代表推荐的扇出布线方法，“一般”代表可以接受的布线方法，“不好”和“不允许”是不推荐的布线方法。

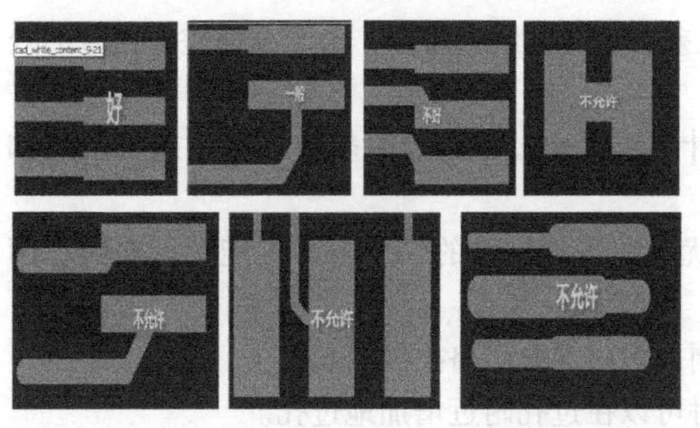

图 11.86　SOP 和 QFP 等密间距元件的扇出出线方法

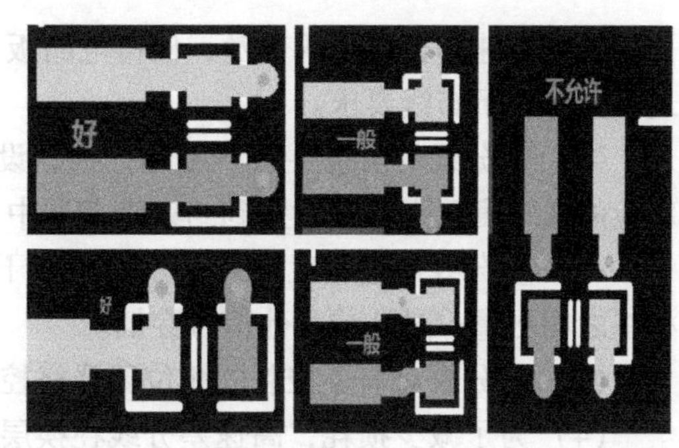

图 11.87　分离器件（小电容）的扇出出线方法

（8）BGA 芯片背面分离器件（BGA 背面小电容）的扇出出线方法。如图 11.88 所示，“好”代表推荐的扇出布线方法，“一般”代表可以接受的布线方法，“不好”和“不允许”是不推荐的布线方法。

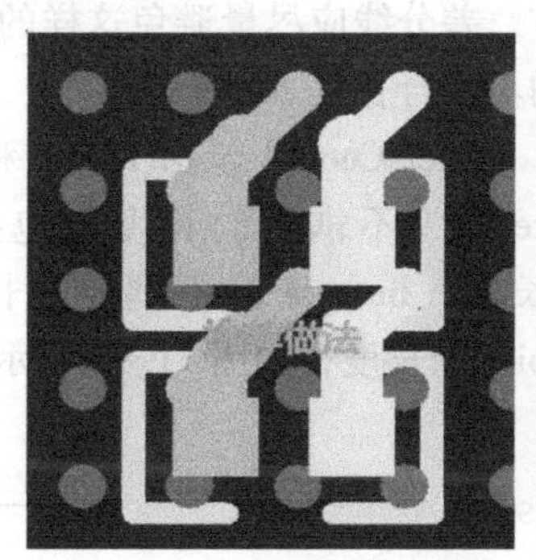

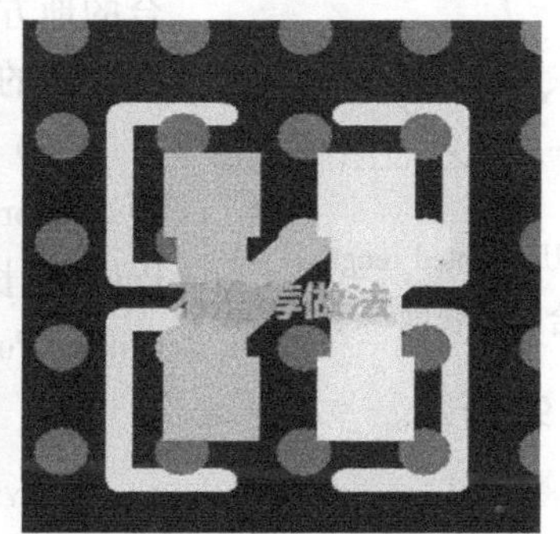

图 11.88　分离器件（BGA 背面小电容）的扇出出线方法

（9）分离器件（Bulk 电容）的扇出出线方法。如图 11.89 所示，“好”代表推荐的扇出布线方法，“一般”代表可以接受的布线方法，“不好”和“不允许”是不推荐的布线方法。

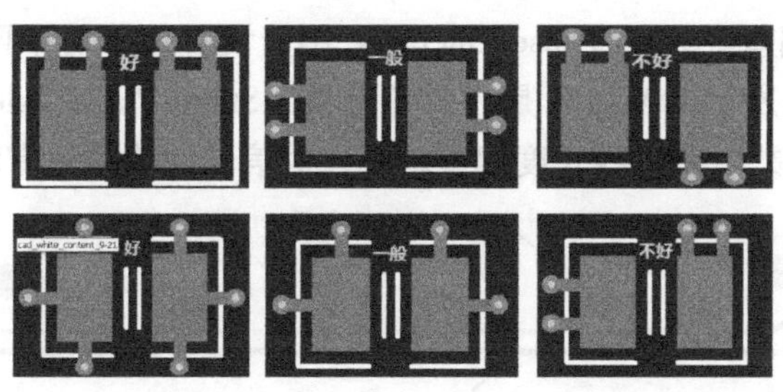

图 11.89　分离器件（Bulk 电容）的扇出出线方法

11.4 差分线的注意事项及布线

11.4.1 差分线的要求

随着高速串行总线的普及，使得电路板上差分信号线越来越多，对于高速差分信号的处理主要有以下布线要求。

（1）差分线的阻抗要求不相同，根据设计要求，通过阻抗计算软件计算出差分阻抗和对应的线宽度间距，并设置到约束管理器中。

（2）差分线通过相互耦合来减少共模干扰，在条件允许的情况下尽可能平行布线，两根线之间尽量少过孔或其他信号穿插。

（3）差分线对需要控制的相位要严格控制，对内需要严格控制等长。

（4）为了减少损耗，高速差分线在换层时可以在过孔附近增加地过孔。

11.4.2 差分线的约束

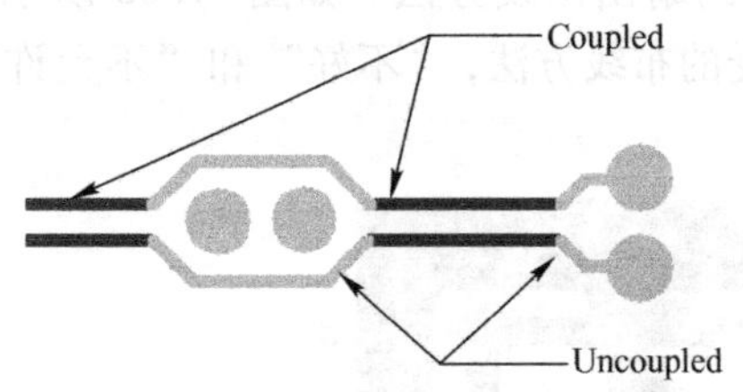

图 11.90 Uncoupled length 不耦合的总长度

（1）不耦合的总长度 Uncoupled length。如图 11.90所示，中间两个过孔的地方即为差分线不耦合的地方，差分线应尽量避免这样的不耦合，尽量减少这样的不耦合长度。

（2）Gather Control 包括 Ignore 和 Include 两个选项。Ignore 即为不耦合的长度不包括引脚到 Gather Point 的长度，Include 为不耦合的长度包括引脚到 Gather Point 的长度，如图 11.91 所示。设置该两个选项的效果如图 11.92 所示。

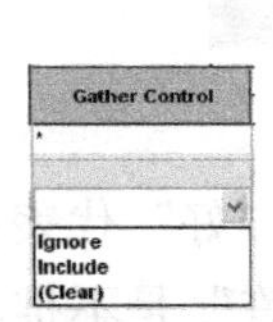

图 11.91 Gather Control 的两个选项

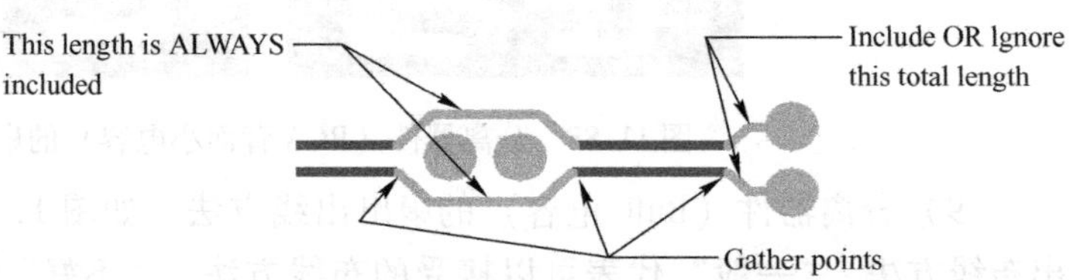

图 11.92 差分走线时设置 Ignore 和 Include 的效果

（3）差分线长度偏差。Static Phase Tolerance 用于设置差分对中两根信号布线可允许的长度偏差，如图 11.93 所示，A 和 B 是一对差分线，Static Phase Tolerance 就是约束着两个线之间所允许的长度偏差。差分线长度偏差越小，对信号的传输越有利。

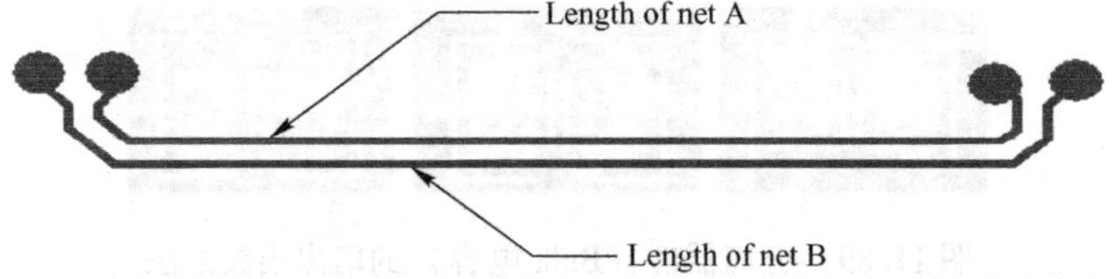

图 11.93 设置差分对中两根信号布线可允许的长度偏差

（4）最小间距。Min Line Spacing 用于设置两根差分线布线之间的最小距离。Min Line Spacing 的值必须小于 Primary Gap（Neck Gap）减去（－）Tolerance 的值，如图 11.94 所示。为了保证阻抗一致，在条件允许的情况下，尽量让 Min Line Spacing 的值等于 Primary Gap（Neck Gap）的值，也就是说，差分线的间距是相同的，不允许间距变化。

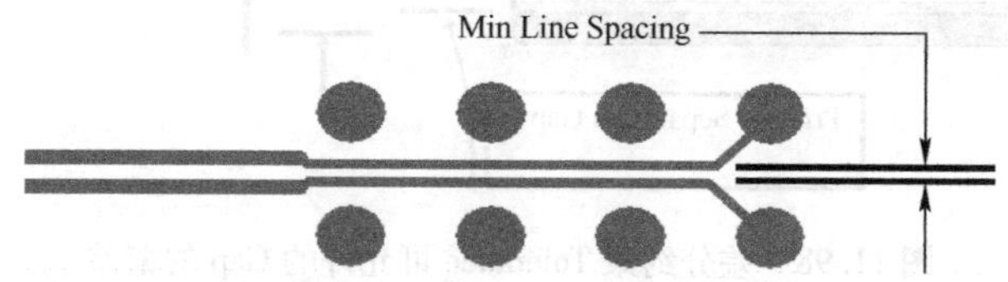

图 11.94　两根布线之间的最小距离

（5）差分线间距和宽度。Primary Gap 为差分对两根信号线内侧边缘的间距，即间距，如图 11.95 所示。Primary Line Width 为差分对布线宽度，如图 11.96 所示。为了保证阻抗一致，差分对的间距和线宽应在走线的过程中保持一致，在条件允许的情况下，不允许进行任意改变。

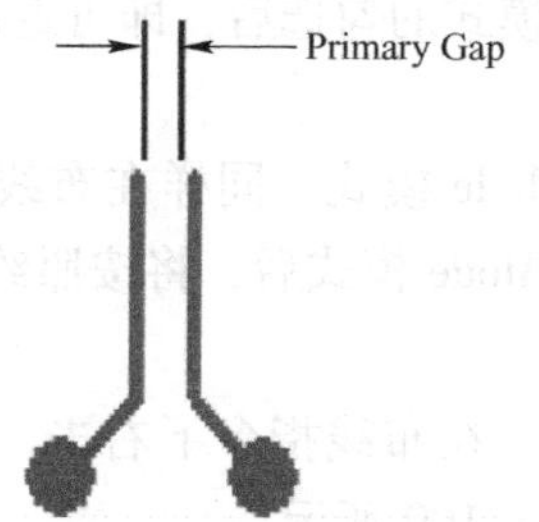

图 11.95　差分对两根信号线内侧边缘的间距

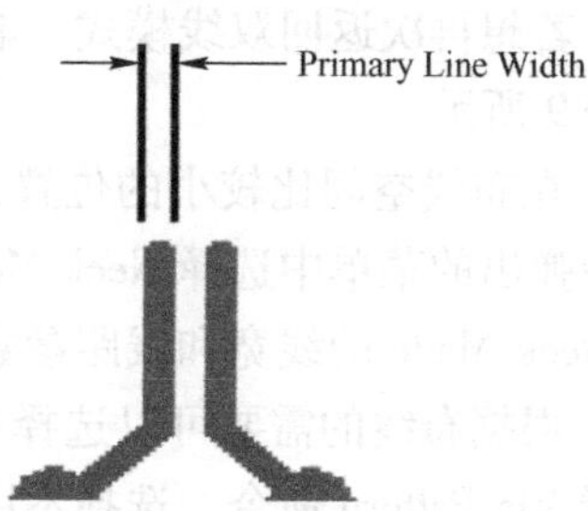

图 11.96　差分对布线宽度

（6）颈状线线距和线宽。Neck Gap 为差分布线进入颈状线布线模式时颈状线间距，Neck Width 为颈状线布线模式时的线宽设置。颈状线布线模式多用在 BGA 内部等空间狭小的区域，因间距狭小的限制才使用颈状线布线模式。在高速走线中，为了保证阻抗一致，差分对的间距和线宽应在走线的过程中保持一致，在条件允许的情况下，不允许进行任意改变。因此，颈状线布线模式应该是尽量避免使用，尽量保持线宽、线距一致。颈状线间距和线宽设置如图 11.97 所示。

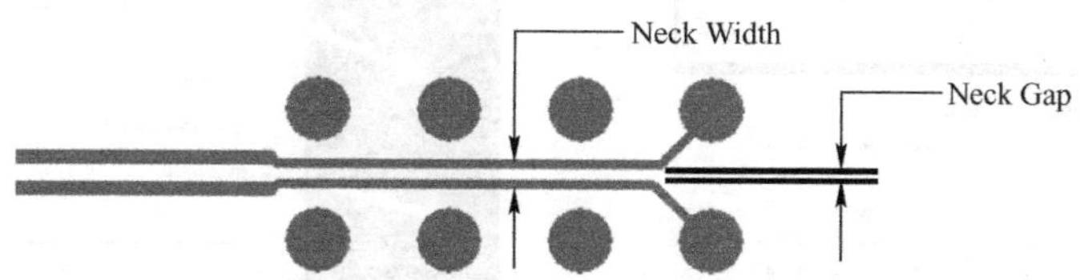

图11.97　差分布线进入颈状线布线模式时颈状线间距和线宽设置

（7）允许偏差。Tolerance 为可允许的 Gap 的偏差。例如，Primary Gap 设置为 8mil，（＋）Tolerance 设置为 0.1，（－）Tolerance 设置为 0.2，则在进行布线时，Primary Gap 的可允许范围为 7.8～8.1mil，如图 11.98 所示。

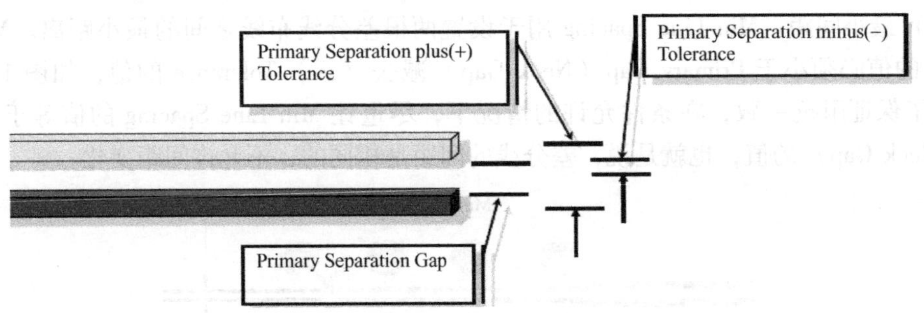

图 11.98　差分约束 Tolerance 可允许的 Gap 的偏差

11.4.3　差分线的布线

（1）选择布线命令。选择 Route—Connect 命令，再选择已经定义好的差分线，此时差分线会同时拉出，注意差分布线也是支持单线模式的，当局部布线需要用单线布线时，可以在布线状态下选择右键菜单，勾选 Single trace mode 模式，在单线模式下就可以和普通线一样布线。若想再次返回双线模式，取消 Single trace mode 模式的勾选后，即可返回双线模式，如图 11.99 所示。

（2）在布线空间比较小的位置，可以切换到 Neck Mode 模式，同样在布线指令状态下右击，在弹出的菜单中选择 Neck Mode 命令。进入 Neck Mode 模式后，将按照约束管理器中设置的 Neck Mode 的线宽和线距参数进行走线。

（3）根据布线的需要可以选择合适的差分过孔模式，在布线指令下右击，在弹出的菜单中选择 Via Pattern 命令，选择不用的过孔方式，如图 11.100 所示。

（4）差分线的相位调整。差分线连接完成以后，选择 Route—Phase Tune 命令，在弹出的 Options 选项卡中设置相应的参数，然后用鼠标单击差分线中需要做相位调整的那根走线即可，如图 11.99 所示。

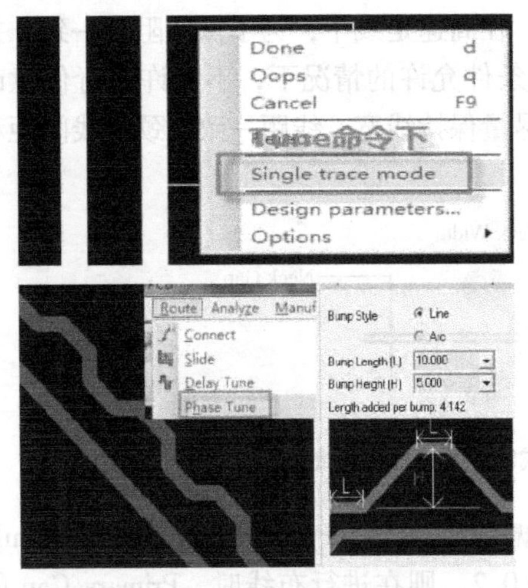

图 11.99　差分线的相位调整

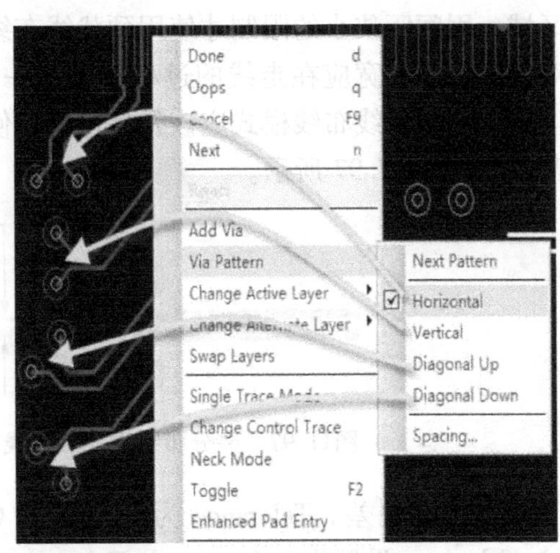

图 11.100　选择合适的差分过孔模式

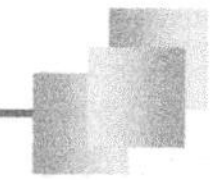

（5）差分线布线模式。在 Options 选项卡中，Line lock 为设置走线改变方向时使用哪种转角。左侧下拉列表设定转角线型，右侧下拉列表控制转角方向。如设置 Line lock 成 Arc 90，按照 90°圆弧进行转角走线。设置 Line lock 为 Line 90，按照 90°转角直线进行走线。设置 Line lock 为 Line 45，按照转角方向为 45°斜线进行走线。不同的转角模式走线效果如图 11.101 所示。

当 Line lock 选择 Line 和 45 时，出现 Miter 选项。设置转角处小斜角的尺寸。左侧下拉列表中默认是 1 × width，用线宽的倍数表示斜角线段的尺寸。可以直接输入值（如 3x）来改变这里的默认值。右侧下拉列表中有两个选项，Min 表示转角的最小尺寸为左侧列表框中设置的值，Fixed 表示使用固定尺寸的转角，同样，尺寸值为左侧列表框中设置的值。

（6）差分线 4 种过孔模式的选择。选择 Route—Connect 命令，单击差分线焊盘或网络后，开始布线，右击，弹出 Via Pattern 菜单，可以设置过孔的 4 种摆放状态。过孔的 4 种摆放状态有：Horizontal 垂直模式、Vertical 水平模式、Diagonal Up 对角线向下、Diagonal Down 对角线向上，如图 11.101 所示。

（7）过孔间距设置。在右键弹出的 Via Pattern 菜单中，选择 Spacing 命令，可以打开 Diff Pair Via Space 差分过孔间距设置对话框。过孔间距的模式支持 Automatic 自动模式、Minimum 最小模式、User－defined 用户自定义模式，如图 11.101 所示。一般选择 Automatic 自动模式。

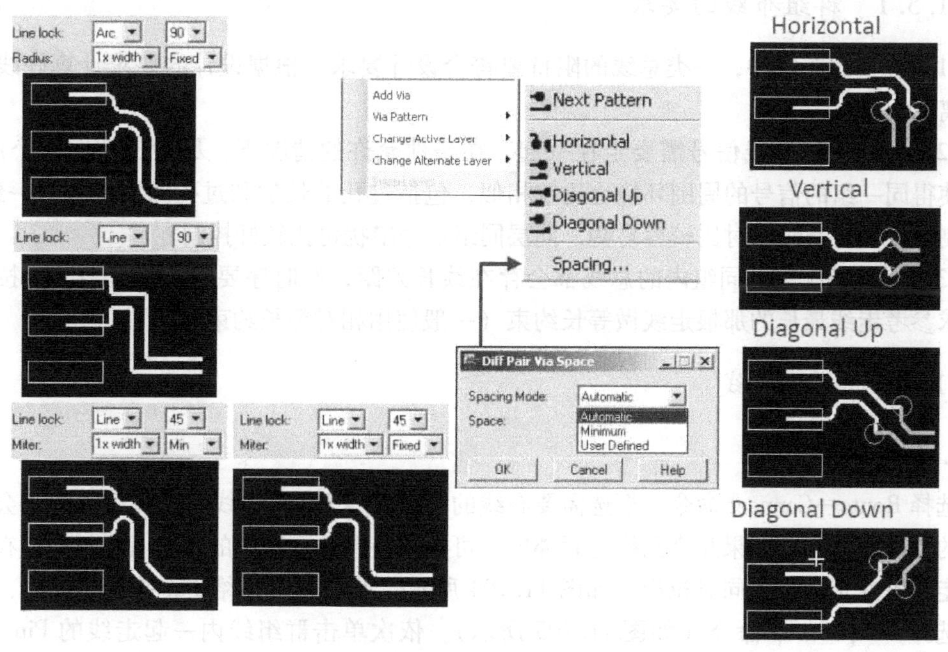

图 11.101　出线角度和 4 种摆放状态的过孔

（8）差分线走线。用鼠标单击差分网络的 Pin 或 Via 后开始差分线走线，在合适位置双击后可以摆放过孔切换布线层，沿着布线路径走线，到另外一端 Pin 后，再次单击，即可完成走线连接，如图 11.102 所示。

图 11.102　差分线走线

(9) 差分线延迟调整。有些时候，差分线存在延迟调整时序约束要求，这就要对差分线进行延迟绕线操作。选择 Router—Delay Tune 命令，在 Options 选项卡中设置延迟调整绕线参数，用鼠标在需要调整的差分线上单击后拖动，就可以完延迟绕线操作，绕线后的效果如图 11.103 所示。

图 11.103　差分线延迟调整

11.5　群组的注意事项及布线

群组线往往都是相同属性的一组总线，比如地址线、数据线、控制线等。这样的布线就可以使用群组功能。

11.5.1　群组布线的要求

(1) 在群组布线中，各类总线的阻抗要符合设计要求，根据设计的要求计算好线宽和线距离。

(2) 同一组的总线信号需要走在一起，在条件允许的情况下，尽量走在同一个层上，这样使得同一组的信号的周围环境也比较相似，包括过孔的长度和过孔的属性也是一致的，在控制阻抗和控制时序时比较容易些，同层同组信号串扰也比较好控制。

(3) 一般情况下，同组内的总线都会存在线长差距，有时序要求的情况下，要按照时序要求参考走线最长的那根走线做等长约束（一般使用相对等长约束规则）。

11.5.1　群组布线

1. 执行命令

选择 Route—Connect 命令，框选需要布线的同组总线 Pin 或飞线，选择后整组就会随着鼠标的移动而移动。如果几个网络是紧邻的，可以直接框选，选中的网络就会被包含在群组中，走线时几个网络被同时拉出，如图 11.104 所示。如果几个网络 Pin 并不相邻时，就右击，选择 Temp Group 命令（如图 11.105 所示），依次单击群组线内一起走线的 Pin 引脚，选完后右击选择 Complete 命令，选中的网络就会被同时拉出。

2. 走线中改变控制线

同组总线被拉出以后，可以看到有根线带 X，这根线就是群组中的控制线，如图 11.104 中所示，最下侧的线就是带 X 的控制根线。

(1) 为了方便后面批量打孔换层，可以右键选择 Change Control Trace 命令，然后用鼠

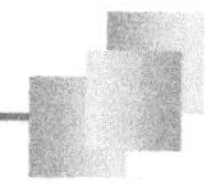

标单击中间的那根线，就可以将控制线（Control Trace）换到最中间的那根上去，如图 11.106所示。

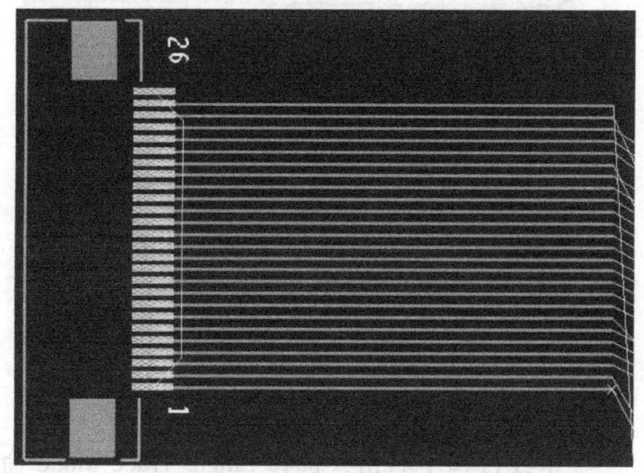

图 11.104　BUS 总线的布线效果

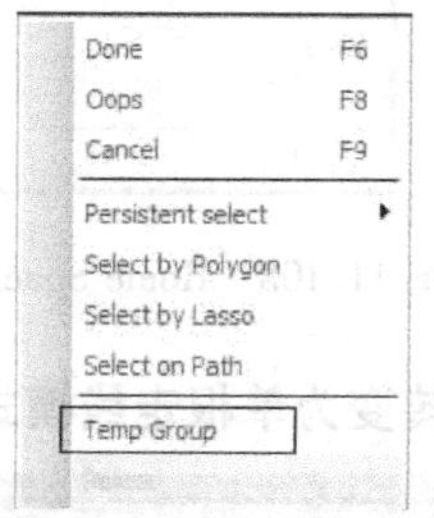

图 11.105　右键 Temp Group 命令

（2）右键选择 Change Control Trace 命令，单击中间的那根线后，这时候控制线 Control Trace 就变成最中间的那根带 X 的线，如图 11.107 所示。

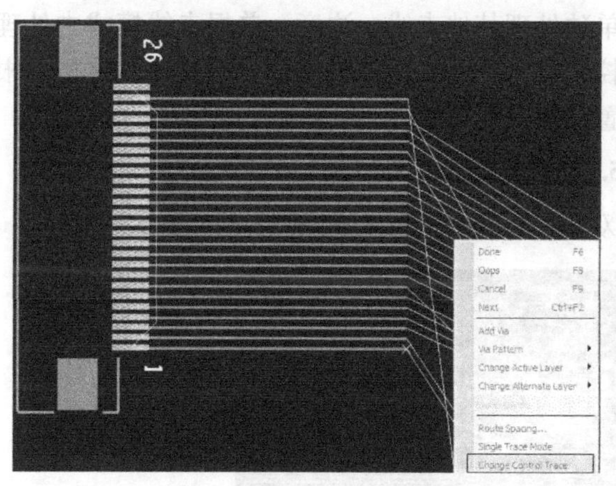

图 11.106　带 X 的线是 Control Trace

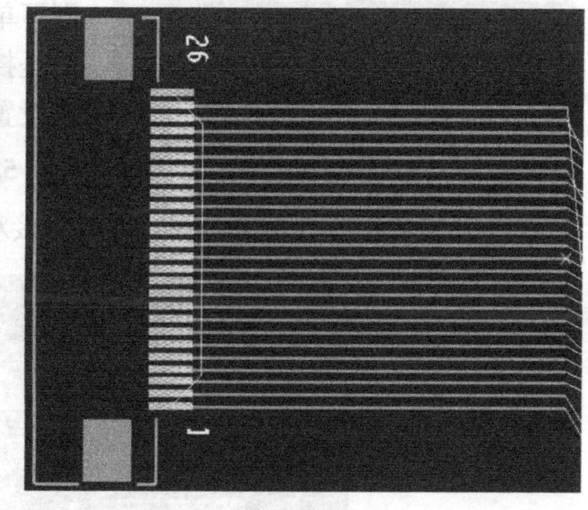

图 11.107　改变 Control Trace 后的效果

3. 调整线距

群组布线时，可以设置各个走线之间的距离。在群组走线过程中右击，选择 Route Spacing 命令，弹出对话框。如图 11.108 所示。Current Space 是当前间距布线，Minimum DRC 是以满足规则设置的最小间距来布线，User defined 命令用户自定义选项，可以输入宽度。选中 User - defined，在 Space 选项中直接修改线宽。单击 OK 按钮关闭对话框。回到 Allegro 主绘图区域，群组内各走线的间距自动设置为 Route Spacing 对话框中设定的值，如图 11.109所示。

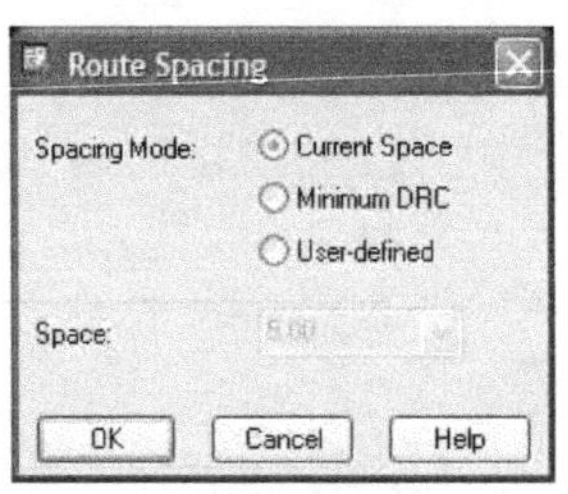

图 11.108　Route Spacing 对话框

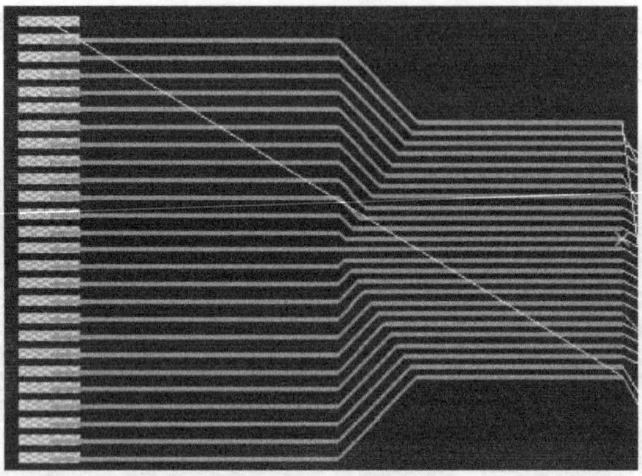

图 11.109　调整总线的线间距离

4. 转变为单根走线模式

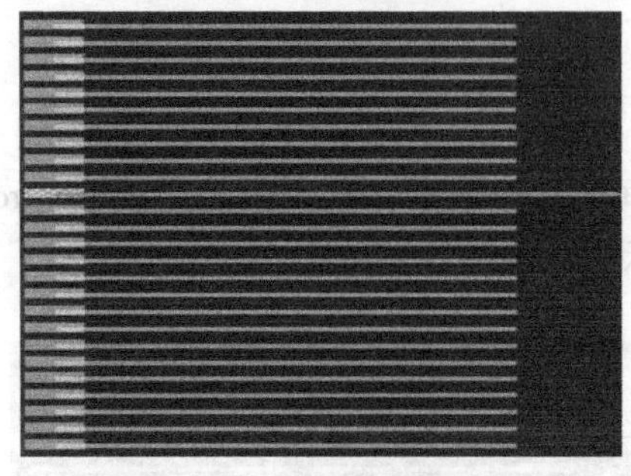

图 11.110　转变为单根走线模式

走线过程中右击，选择 Single Trace Mode 命令，作为控制线的那根走线会被单独拉出来，其他走线不再伴随，如图 11.110 所示。处理完某个走线后，如果还有其他走线需要单独走线，直接在 Single trace mode 模式下右击，选择 Change Control Trace 命令，即可单独处理其他走线。注意，单根走线模式中处理的是控制线，因此要想单独处理哪根线，就要把这根线设置成控制线才行。

5. 打孔换层

这时候如果要进行换层走线，可以直接双击左键进行打孔，如图 11.111 所示。

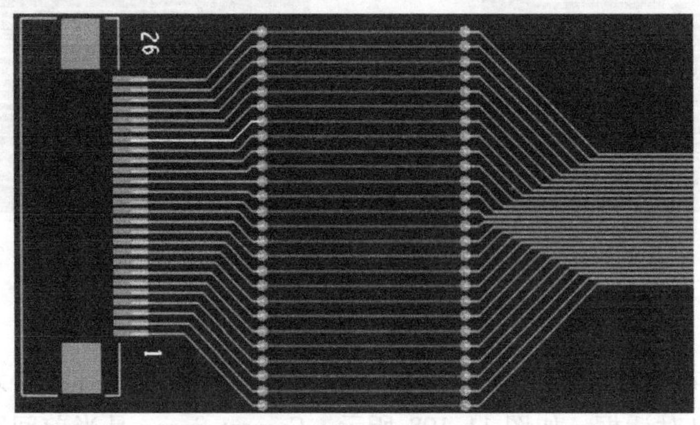

图 11.111　换层走线

（1）打孔方式的调整。在布线状态双击就可以打孔换层，单击右键选择 Via Pattern 菜单后可以对过孔摆放方式进行选择。共有 6 种过孔摆放方式，Perpendicular 垂直方式、Stagger 交错方式、Diagonal Left 对角线往左、Diagonal Right 对角线往右、Out Taper 锥形往外、In Taper 锥形往内。当空间充足的情况下，推荐使用 Perpendicular 垂直方式，需要节省空间

的情况下，推荐 Stagger 交错方式。几种常见的过孔摆放示意图如图 11.112 所示。

（2）过孔间距的设置。在布线状态中右键选择 Via Pattern—Spacing 命令，在弹出的对话框的 Min Channel Space 文本框中可以修改过孔摆放的最小间距，如图 11.113 所示。

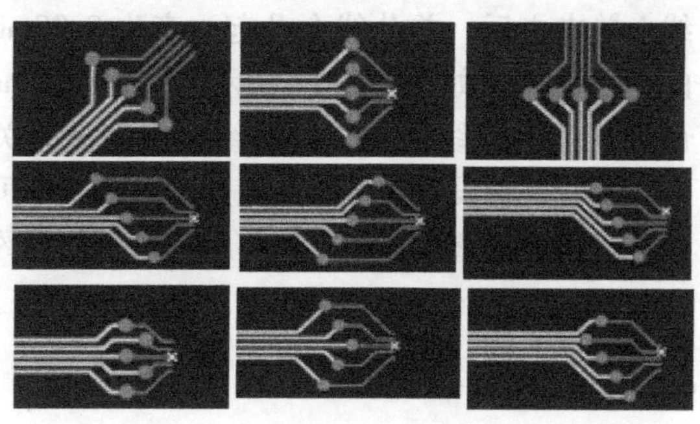

图 11.112　几种常见的过孔摆放示意图

图 11.113　过孔间距的设置

11.6　布线高级命令及功能

11.6.1　Phase Tune 差分相位调整

在 Allegro 中，差分对的约束有两个相位的公差的规则，即静态相位公差和动态相位公差。静态相位公差（Static Phase Tolerance）是两根差分线从发送到接收端之间的长度（或传输时间）进行比较得到的公差值。动态相位公差（Dynamic Phase Tolerance）是在一定的长度 Max Length 内将因为转角产生的公差。为了能够将这些公差调整在允许的范围内，Allegro 采用 Phase Tune 差分相位调整的命令来进行这种相位调整，通过调整可以将静态相位和动态相位控制在约束允许的范围内。

（1）执行命令。选择 Route—Phase Tune 命令，进入相位调整命令，如图 11.114 所示。

（2）Options 设置参数。进入命令状态以后，在右侧的 Options 选项卡中可以设置调整的参数。Bump Style 凹凸的方式中有 Line 线段和 Arc 弧线两种方式。选择 Line 线段方式之后，Bump Length（L）是凸起长度的设置，Bump Height（H）是凸起的高度的设置，如图 11.115所示。选择 Arc 弧线方式之后，Lead Length（L）是引线的长度的设置，Bump Height（H）是凸起的高度的设置，如图 11.116 所示。Length added per bump 是每次凹凸增加的长度。

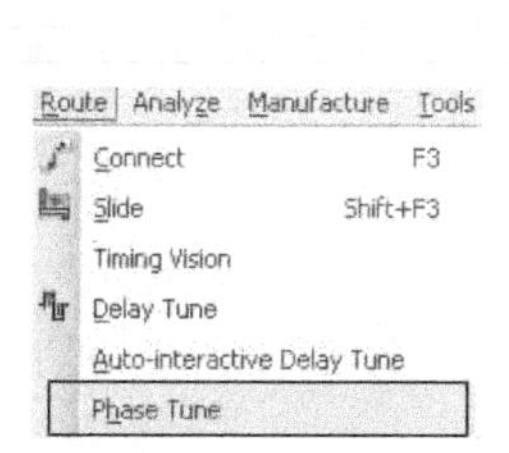

图 11.114　进入相位调整命令

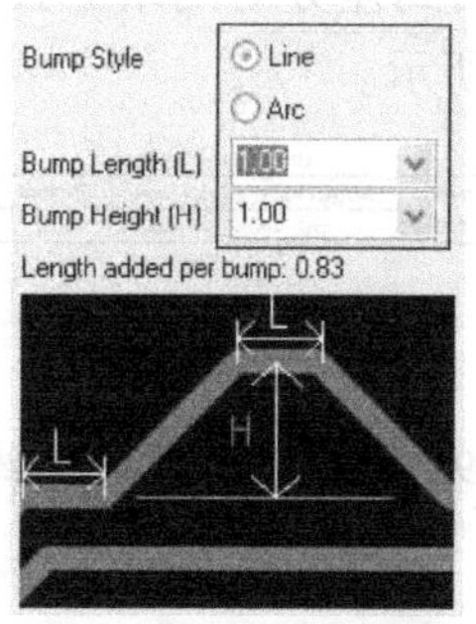

图 11.115　选择 Line 线段方式

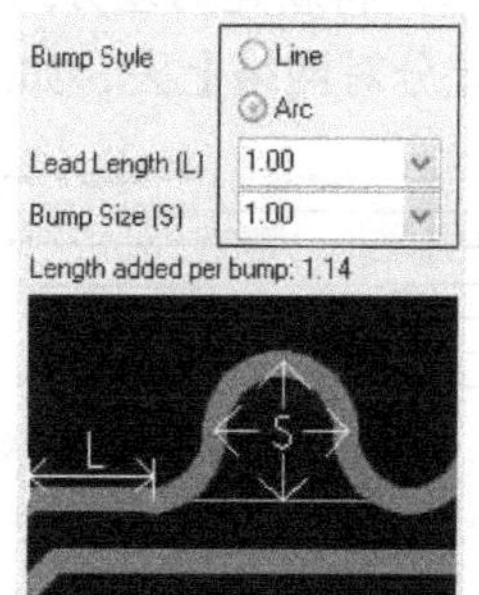

图 11.116　选择 Arc 线段方式

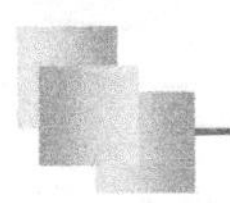

（3）执行命令。用鼠标在需要进行相位调整的差分线上单击，就会在差分线上产生凹凸的走线效果，增加走线的长度，对差分线的相位进行调整。例如，将 Bump Style 设置成 Line 线段方式，Bump Length(L)和 Bump Height(H)都设置成 10mil 后，每次用鼠标在差分线上单击之后，差分线会凸起，产生 8.28mil 的走线延长（如图 11.117 所示）。Phase Tune 命令调整差分线的相位，和约束规则没有关系，不管是否设置相位约束规则，单击后都可以进行相位调整。当相位调整后，线不符合约束规则，软件会自动报告出 DRC 错误。

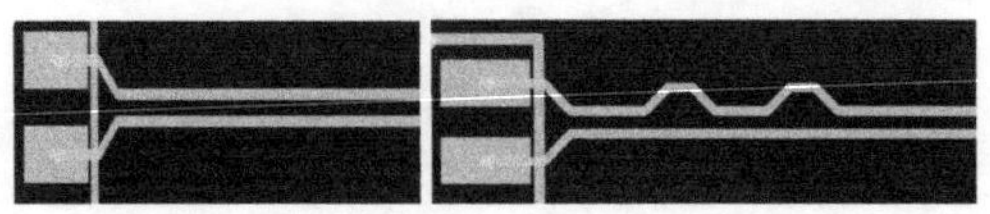

图 11.117　在差分线上产生凹凸的走线效果

11.6.2　Auto - interactive Phase Tune 自动差分相位调整

使用 Phase Tune 调整差分线的相位相对来说还是比较麻烦的，因为要不断通过鼠标在差分线单击后，还需要观察约束管理里面调整的结果，查看是否将相位调整到允许的范围内，符合约束规则。在 Allegro 16.3 之后，增加了自动相位调整命令 Auto - interactive Phase Tune。在约束管理中对差分线的规则进行设置后，用鼠标在需要调整相位的差分线上单击，Auto - interactive Phase Tune 就可以将差分线的静态相位和动态相位按照约束的允许的参数，自动调整到符合差分线约束规则允许的程度。这样，就可以大大提高调整的效率，命令的使用方法具体如下。

1. 设置差分线长约束

（1）在约束管理器中选择 Electrical—Electrical Constraint Set—Routing—Differential Pair 工作簿，新建差分约束规则。例如，名称为 DIFFPAIR90RHMS。Static Phase 设置成 50mil，Dynamic Phase Max Length 设置成 20mil，Dynamic Phase Tolerance 设置为 20mil。如图 11.118 所示。

Objects			Uncoupled Lengt	Static Phase	Dynamic Phase		Min	Coupling Parameters					
			Gather Control	Tolerance	Max Length	Tolerance	Line	Prima	Primar	Neck	Neck	(+)Tolerance	(-)Tolerance
Type	S	Name		ns	mil	mil	mil	mil	mil	mil	mil	mil	mil
*		*	*	*	*	*	*	*	*	*	*	*	*
ECS		DIFFPAIR90RHMS		50 mil	20.00	20 mil	4.00	5.00	6.00	4.00	4.00	0.00	0.00

图 11.118　设置好自动相位调整约束规则

（2）将新建的差分约束规则应用到差分对网络上去，比如将 DIFFPAIR90RHMS 应用到 DP1 差分对网络上去，如图 11.119 所示。

Objects			Referenced Electrical CSet	Pin Delay		Uncoupled Length					Static Phase			Dynamic Pl	
				Pin 1	Pin 2	Gather Control	Length Ignore	Max	Actual	Margin	Tolerance	Actual	Margin	Max Length	Tolerance
Type	S	Name		mil	mil		mil	mil	mil		ns			mil	mil
*		*	*	*	*	*	*	*	*	*	*	*	*	*	*
DPr		⊟ DP1	DIFFPAIR90RH								50 mil			20.00	20 mil
Net		B1	DIFFPAIR90RHMS								50 mil			20.00	20 mil
Net		B2	DIFFPAIR90RHMS								50 mil			20.00	20 mil

图 11.119　给 DP1 差分对添加约束规则

2. 对 DP1 差分对进行布线

如图 11.120 所示，布线完成以后可以发现两个差分线中其中一根明显较长，较短的一

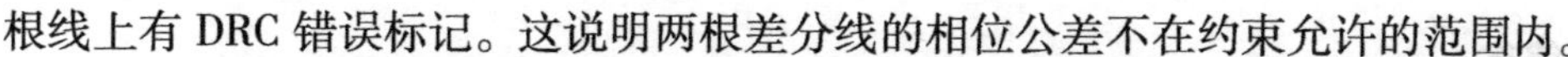

根线上有 DRC 错误标记。这说明两根差分线的相位公差不在约束允许的范围内。

图 11.120　对 DPI 差分时进行布线

3. 在约束管理器中查看

会发现 DP1 差分对中 B2 的线比 B1 的线要短 135.4mil，如图 11.121 所示。

Objects				Static Phase			Dynamic Phase			
Type	S	Name	Margin	Tolerance (ns)	Actual	Margin	Max Length (mil)	Tolerance (mil)	Actual	Margin
*		*	*	*	*	*	*	*	*	*
DPr		⊟ DP1		50 mil		-75.39	20.00	20 mil		20.00
Net		B1		50 mil			20.00	20 mil		
Net		⊟ B2		50 mil		-75.39	20.00	20 mil		20.00
RePP		R37.2:R33.1		50 mil	125.4	-75.39	20.00	20 mil	0.0000	20.00

图 11.121　DP1 差分对 DRC 错误原因分析

4. 执行命令

选择 Route—Auto - interactive Phase Tune 命令，进入自动差分相位调整命令，如图 11.122 所示。

5. 参数设置

单击右侧的 Options 选项卡，单击 More Options 按钮后打开 Auto - I Phase Tune Parameters 窗口，如图 11.123 所示。

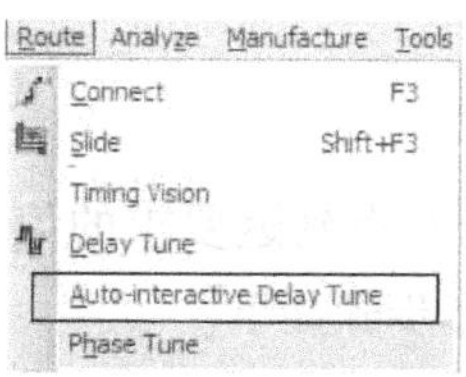

图 11.122　进入自动差分相位调整命令

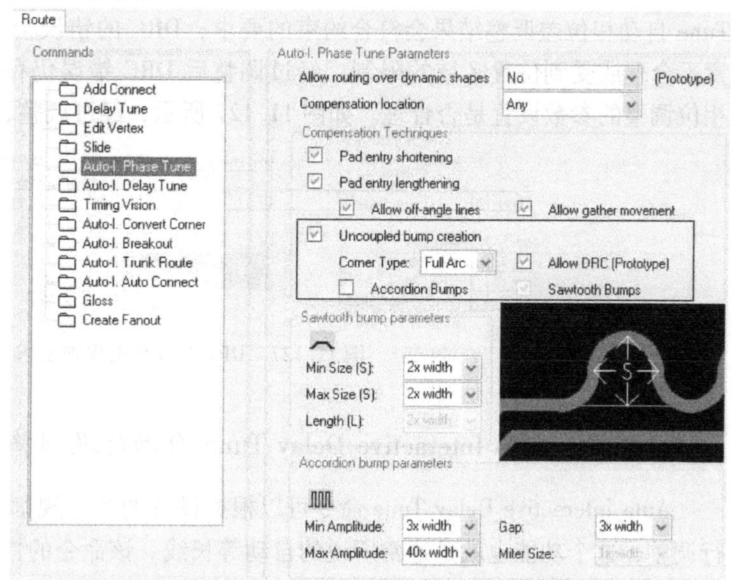

图 11.123　右侧的 Options 选项卡参数设置

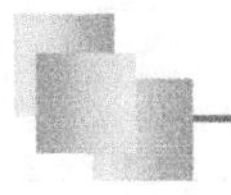

6. 执行命令

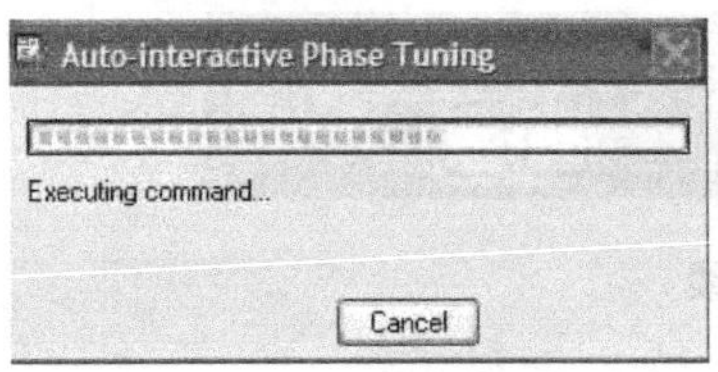

图 11.124　弹出调整的进程对话框

选择 Auto - interactive Phase Tune 命令后，将鼠标指针移动到需要调整的差分线 DP1 上拖动，软件开始对两条差分线的相位进行自动调整，之后软件会弹出调整的进程对话框，进行自动相位调整，如图 11.124 所示。

7. 调整后的效果

相位自动调整完成后，调整后的效果会出现在调整的走线上，如图 11.125 所示。

图 11.125　调整后的效果会出现在调整线段上

8. 放大图像

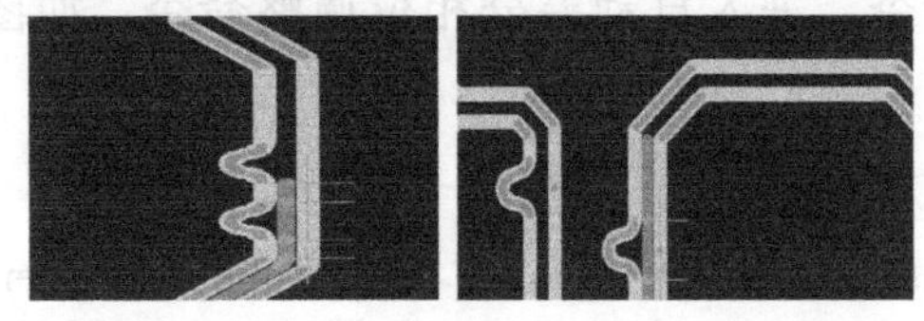

图 11.126　调整后的效果会出现在调整线段上

将图像放大，相位自动调整完成后，调整后的效果会出现在调整线段上，如图 11.126 所示。

9. 查检参数设置

若参数设置合理，Auto - interactive Phase Tune 自动相位差调整结果会符合约束的要求，DRC 的错误会消失。也有可能调整的参数设置不合理或受到位置区域的限制，经过调整后 DRC 错误仍存在。这就要求认真分析问题，相位调整的参数设置是否合理。如图 11.127 所示，经过调整，DP1 已经符合约束规则要求。

Objects			atic Phase		Dynamic Phase			
			Actual	Margin	Max Length	Tolerance	Actual	Margin
Type	S	Name			mil	mil		
*		*	*	*	*	*	*	*
DPr		⊟ DP1		9.110	20.00	20 mil		20.00
Net		B1			20.00	20 mil		
Net		⊟ B2		9.110	20.00	20 mil		20.00
RePP		R37.2:R33.1	40.89	9.110	20.00	20 mil	0.0000	20.00

图 11.127　DP1 符合约束规则要求

11.6.3　Auto Interactive Delay Tune 自动延迟调整

Auto Interactive Delay Tune 命令可以根据设置的约束规则，自动对有延迟要求的信号进行调整，这个功能也就是通常所说的自动等长线。该命令的常用操作步骤如下。

1. 设置约束规则

Auto Interactive Delay Tune 命令使用前必须设置约束规则，只有设置了布线的约束规则之后才能使用该命令。自动绕线支持 Min/Max Propagation Delays 最大/最小线延迟，Total

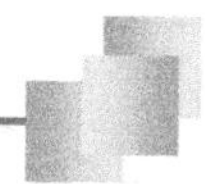

Etch Length 总线长和 Relative Propagation Delays 相对等长三种规则类型的等长约束。在使用命令之前都需要设置好自动绕线的约束规则，如图 11. 128 所示。

⊟ MG_DDR0_D_16_23 (11)	All Drivers/All Rece...	Global	0.000 MIL:20.000 MIL		296.993 MIL		
⊟ DDR0_DQM2	All Drivers/All Receivers	Global	0.000 MIL:20.000 MIL		75.757 MIL		
U1.G9:U8.B7		Global	0.000 MIL:20.000 MIL	95.757 MIL	75.757 MIL	-	1586.363
⊟ DDR0_DQS2	All Drivers/All Receivers	Global	0.000 MIL:20.000 MIL		119.752 MIL		
U1.B8:U8.C3		Global	0.000 MIL:20.000 MIL	139.752 MIL	119.752 MIL	-	1542.368
⊟ DDR0_DQS2N	All Drivers/All Receivers	Global	0.000 MIL:20.000 MIL		116.412 MIL		
U1.A8:U8.D3		Global	0.000 MIL:20.000 MIL	136.412 MIL	116.412 MIL	-	1545.708
⊟ DDR0_D16	All Drivers/All Receivers	Global	0.000 MIL:20.000 MIL		296.993 MIL		
U1.C8:U8.B3		Global	0.000 MIL:20.000 MIL	316.993 MIL	296.993 MIL	-	1365.127
⊟ DDR0_D17	All Drivers/All Receivers	Global	0.000 MIL:20.000 MIL		179.537 MIL		
U1.A7:U8.C7		Global	0.000 MIL:20.000 MIL	199.537 MIL	179.537 MIL	-	1482.582
⊟ DDR0_D18	All Drivers/All Receivers	Global	0.000 MIL:20.000 MIL		40.24 MIL		
U1.H10:U8.C2		Global	0.000 MIL:20.000 MIL	60.240 MIL	40.24 MIL	-	1621.880
⊟ DDR0_D19	All Drivers/All Receivers	Global	0.000 MIL:20.000 MIL		151.797 MIL		
U1.B7:U8.C8		Global	0.000 MIL:20.000 MIL	171.797 MIL	151.797 MIL	-	1510.323
⊟ DDR0_D20	All Drivers/All Receivers	Global	0.000 MIL:20.000 MIL		123.952 MIL		
U1.F8:U8.E3		Global	0.000 MIL:20.000 MIL	143.952 MIL	123.952 MIL	-	1538.167
⊟ DDR0_D21	All Drivers/All Receivers	Global	0.000 MIL:20.000 MIL				
U1.D8:U8.E8		Global	0.000 MIL:20.000 MIL	TARGET			1682.120
⊟ DDR0_D22	All Drivers/All Receivers	Global	0.000 MIL:20.000 MIL		148.166 MIL		
U1.F9:U8.D2		Global	0.000 MIL:20.000 MIL	168.166 MIL	148.166 MIL	-	1513.954
⊟ DDR0_D23	All Drivers/All Receivers	Global	0.000 MIL:20.000 MIL		49.643 MIL		
U1.E7:U8.E7		Global	0.000 MIL:20.000 MIL	69.643 MIL	49.643 MIL	-	1612.477
⊞ MG_DDR0_D_24_31 (11)	All Drivers/All Rece...	Global	0.000 MIL:20.000 MIL				

图 11. 128　设置自动绕线的约束规则

2. 执行命令

选择 Route—Auto - interactive Delay Tune 命令，进入自动延迟调整命令，如图 11. 129 所示。

3. 参数设置

在右侧 Options 选项卡中，用来设置自动延迟调整的布线参数，该命令的参数和 Delay Tune 命令参数相似，不做过多解释，读者可以参考 Delay Tune 命令的 Options 选项卡。

该命令中常用的有 3 个参数，解释如下。

（1）Active Etch Subclass 下拉列表用来选择当前布线的层。

（2）Gap 文本框用于输入数值或者走线宽度的倍数来设置相邻蛇形线之间的距离，一般设置为 3 倍。

（3）Corners 文本框用于设置蛇形线拐角的宽度，可以通过下拉列表 90°、45°或圆弧，一般设置成 45°或者圆弧。

4. 执行命令

选择 Auto - interactive Delay Tune 命令后，将鼠标指针移到需要调整的走线上单击，若是多根线，就使用单击后拖动选择的方法，对所有需要进行调整的走线进行全选。此时软件开始对选择的走线进行自动延迟调整，弹出 Auto - interactive Delay Tune 对话框，如图 11. 130所示。

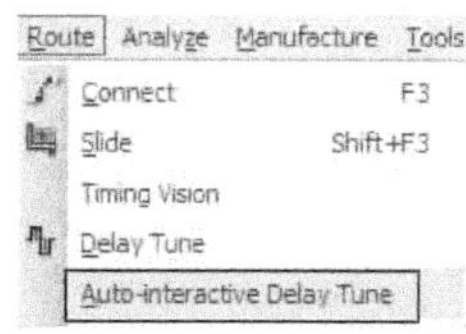

图 11. 129　进入自动绕线命令

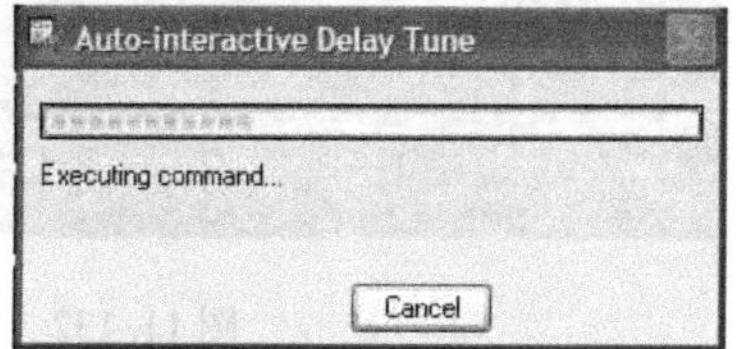

图 11. 130　进入 Auto - interactive Delay Tune

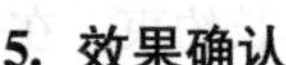

5. 效果确认

命令执行完成后，Auto - interactive Delay Tune 对话框会自动关闭，延迟调整绕线的结果会出现在选择的走线上，如图 11.131 所示。

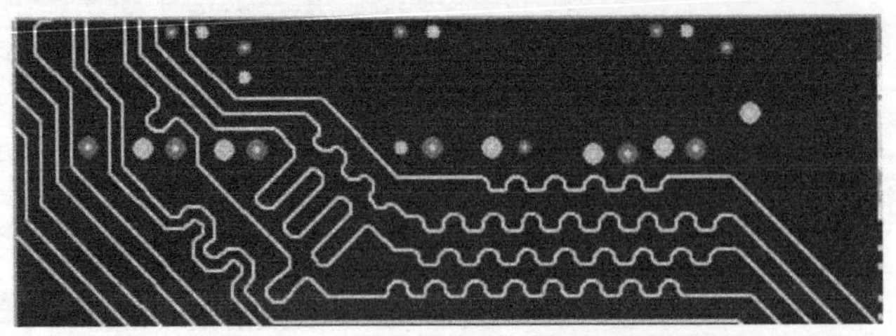

图 11.131　自动绕线完成后效果

6. 查检参数设置

若参数设置合理，Auto - interactive Delay Tune 自动调整结果会符合约束的要求，DRC 的错误会消失。也有可能调整的参数设置不合理或受到位置区域的限制，经过调整后 DRC 错误仍存在。这就要求认真分析问题，自动延迟调整的参数设置是否合理。

11.6.4　Timing Vision 命令

Timing Vision 命令可以在 PCB 绘制中对信号的相关时序约束给予动态反馈，可以帮助工程师在布线中进行时序可视化的实时延迟及相位显示。如图 11.132 所示，图中是 DDR3 中的时钟和数据线，使用该命令之后分析出走线中符合约束的线是哪些，用绿色显示。不符合约束规则，走线比约束规则要求短的线用红色表示，走线比约束规则要求长的线用蓝色表示。

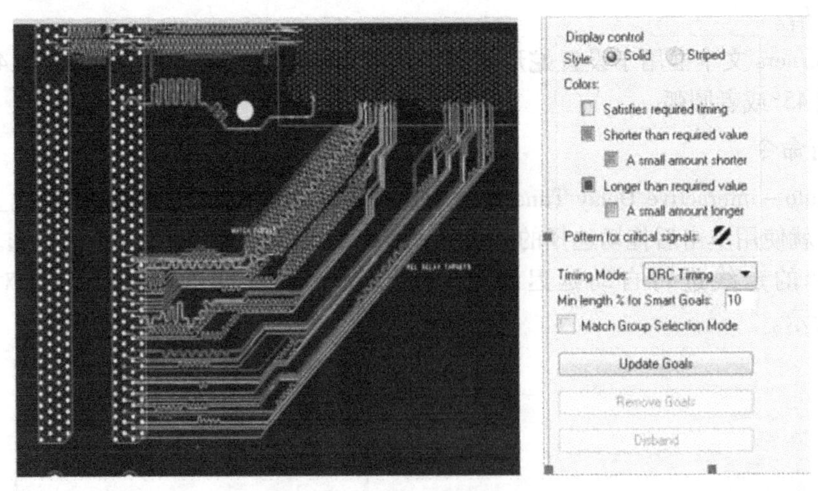

图 11.132　Timing Vision 命令

命令使用。选择 Route—Timing Vision 命令，进入命令状态。支持的可视模式有 DRC

timing 时序的错误标记模式 、DRC Phase、相位的错误标记模式、Smart Timing 智能时序模式，Smart Phase 智能相位模式。单击 Update Goals 按钮后，将对电路板上所有的信号时序或者相位进行分析，并给出标记。单击 Remove Goals 按钮后，将取消标记。

11.6.5　Snake mode 蛇形布线

Snake mode 蛇形布线，对于空间紧张的高速信号线来说非常有帮助，比如 FPA 和 BGA 的出线就可以采用该类型的方式进行。

（1）执行 Add Connect 命令，选择需要布线的网络之后，右击，在右键菜单中选择 Snake mode 命令后进入该命令，如图 11.133 所示。

（2）在 Options 选项卡中设定好线宽等相关参数后，用鼠标单击需要布线的 Pin 或 Via 后，走线就会拉出跟着鼠标移动，如图 11.134 所示，Snake mode 支持单根线和差分线，布线效果如图 11.135 所示。

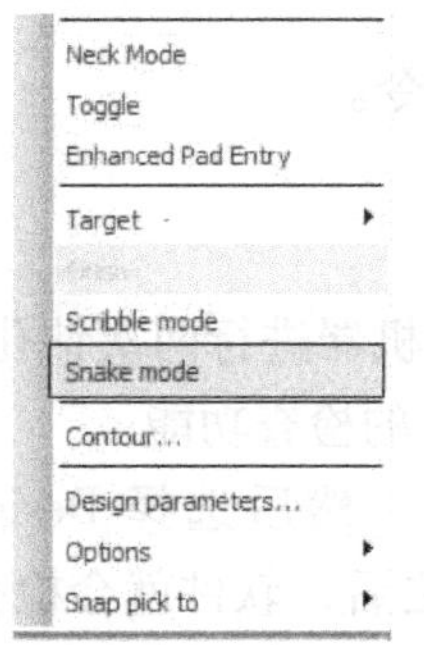

图 11.133　进入 Snake mode 布线状态

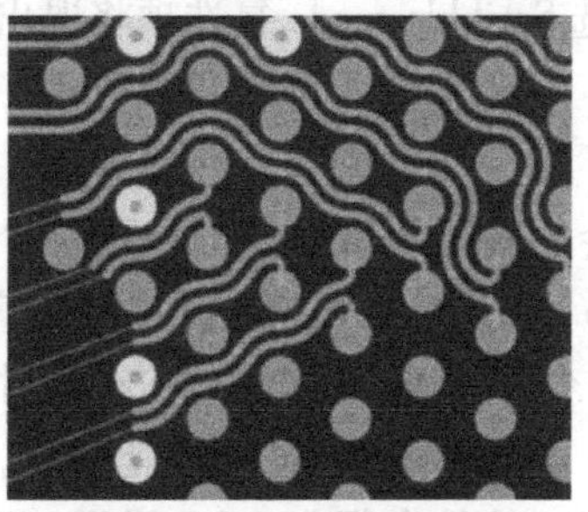

图 11.134　Snake mode 支持单根线和差分线

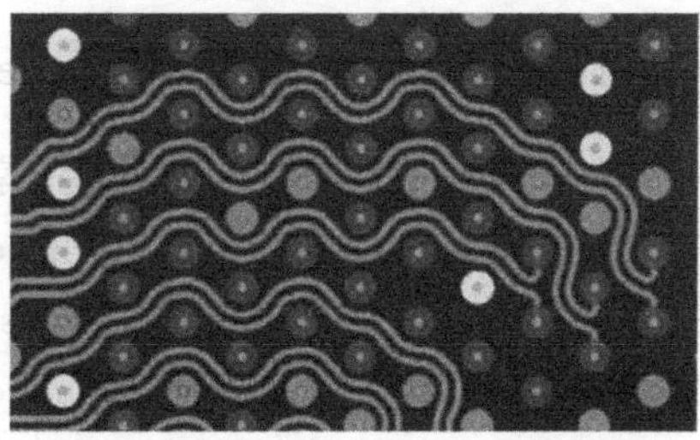

图 11.135　Snake mode 布线效果

11.6.6　Scribble mode 草图模式

Scribble mode 草图模式可以帮助工程师对布线通道和路径做规划和评估，该命令可以用草图布线的方式，用鼠标拖动绘制出布线的草图，单击鼠标左键后，Allegro 根据绘制的草图自动生成布线线路。具体使用步骤如下。

（1）执行 Add Connect 命令，选择需要布线的网络之后，右击，在右键菜单中勾选 Scribble mode 复选项，进入该草图命令，如图 11.136所示。

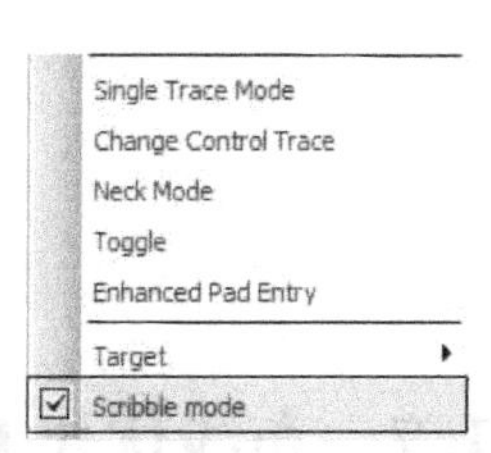

图 11.136　进入 Scribble mode 草图模式

（2）进入该命令以后，布线会变成草图线，用鼠标在布线区域拖动后，将绘制出布线的草图，单击鼠标左键后，软件会根据绘制的草图方式生成实际的布线，支持单根线、差分线和群组布线，如图 11.137 至图 11.140 所示。

（3）任意角度草图。在引脚比较密集的布线中，Scribble mode 命令可以支持生成任意角度的走线，如图 11.141 所示。

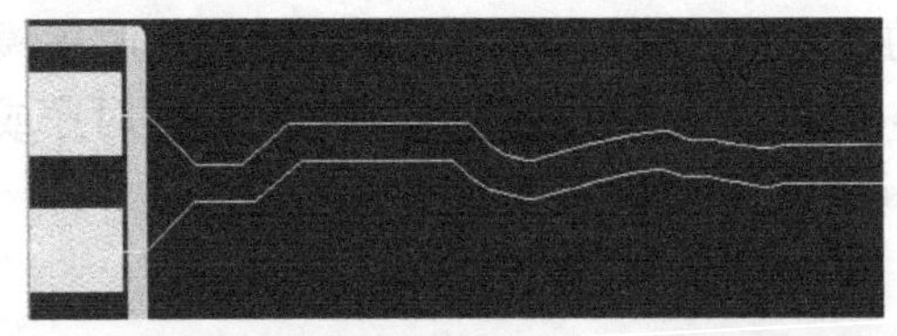

图 11.137　布线前差分线走线路径

图 11.138　生成的走线

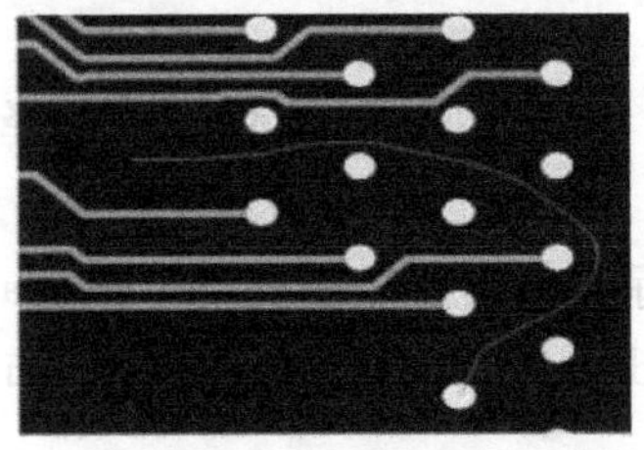

图 11.139　布线前草图路径

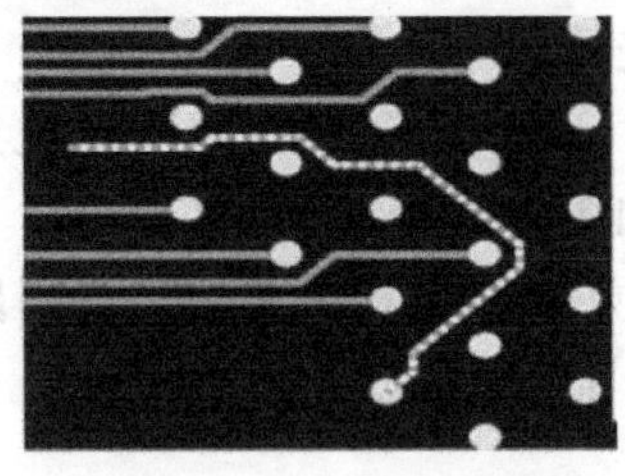

图 11.140　生成的走线

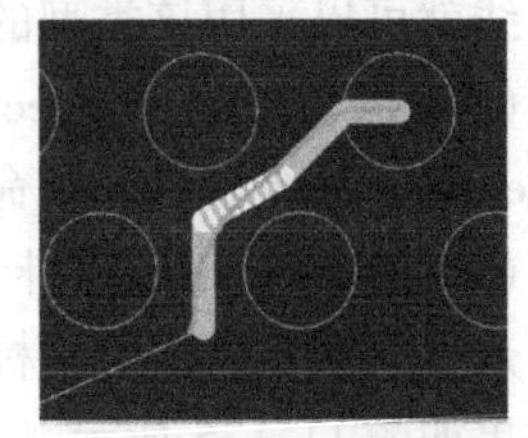

图 11.141　任意角度的走线

（4）右击，在右键菜单中取消勾选 Scribble mode 复选项将退出该命令。

11.6.7　Duplicate drill hole 过孔重叠检查

如果两个过孔叠在一起的话，就会造成在 PCB 加工时，同一个地方机器进行两次钻孔，这个问题在设计中要避免发生。Allegro 从 16.5 版开始支持这种重叠过孔的检查功能。

执行 Setup—Constraints—Modes 命令。出现 Analysis Modes 对话框，然后选择 Design Modes 命令，在右边就能看到 Duplicate drill hole 选项，将其设置成 On 之后，软件就会检查电路板中是否有过孔重叠的问题，若有，软件会报告 DRC 错误，以方便工程师进行删除和修改，如图 11.142 所示。

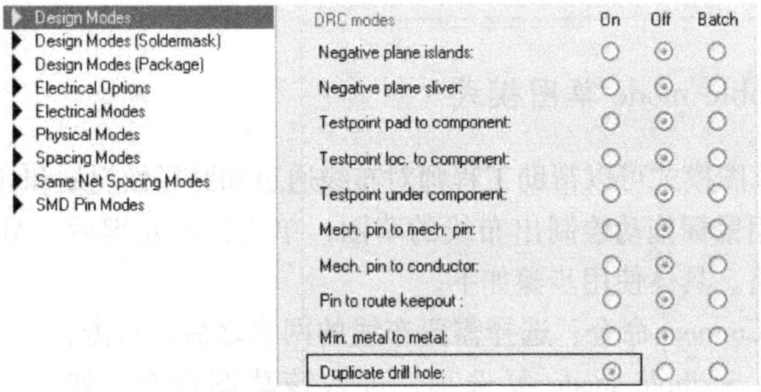

Design Modes
Design Modes (Soldermask)
Design Modes (Package)
Electrical Options
Electrical Modes
Physical Modes
Spacing Modes
Same Net Spacing Modes
SMD Pin Modes

DRC modes	On	Off	Batch
Negative plane islands:	○	◉	○
Negative plane sliver:	○	◉	○
Testpoint pad to component:	○	◉	○
Testpoint loc. to component:	○	◉	○
Testpoint under component:	○	◉	○
Mech. pin to mech. pin:	○	◉	○
Mech. pin to conductor:	○	◉	○
Pin to route keepout :	○	◉	○
Min. metal to metal:	○	◉	○
Duplicate drill hole:	◉	○	○

图 11.142　启动 Duplicate drill hole 过孔重叠检查

11.7　布线优化 Gloss

PCB 板设计完成后，总会产生一些布线效果不好、多余过孔等问题。此时可以利用 Allegro 提供的 Gloss 命令对设计进行优化和调整，这样不仅可以提高设计的美观和可生产性，并且可以降低制造成本，提高产品的可靠性。

（1）优化前的准备工作。

在进行优化工作之前，先检查设计以确定是整个 PCB 板都需要进行优化，还是只对某个区域或某些网络进行优化。如果某些网络有特殊要求，就应该对其进行设置以保护在优化过程中不改变这些网络的特殊性。保护网络不在优化过程中改变的方法就是给网络增加 NO_GLOSS 或 FIXED 属性。如果要保护设计中的某个区域不被优化，则应设置一个 NO_GLOSS 的多边形。NO_GLOSS 的多边形应设置在 MANUFACTURE 层，它的子层可以是 NO_GLOSS_TOP、NO_GLOSS_BOTTOM、NO_GLOSS_ALL 或 NO_GLOSS_INTERNAL。Allegro 还提供了几种不同的优化命令可以针对不同的优化区域进行操作，分别为优化菜单中的 Design、Room、Window、Highlight 和 List。Design 用于对整个设计进行优化；Room 用于对选定的 room 进行优化；Window 用于对选定的窗口进行优化；Highlight 用于对高亮显示的网络或元件进行优化；List 用于对所设定的列表项目进行优化。

（2）布线优化 Gloss。

选择 Route—Gloss - Parameters 命令，进入布线优化的参数设置，如图 11.143 所示。

对话框中的 Application 栏列出了可进行优化操作的所有选项，单击复选项前面的按钮可进入该选项的参数设置对话框，选中某项后面的 Run，再单击对话框中的 Gloss 按钮即可进行相关项目的优化。如果一次选中多个选项，优化时就按照这些选项的排列顺序依次进行。

该对话框中可进行的优化项目如下。

- Line And Via cleanup：对走线和过孔进行清理。
- Via eliminate：删除多余的过孔。
- Line smoothing：走线平滑。
- Center lines between pads：走线居中。
- Improve line entry into pads：优化走线进入焊盘的引出线。
- Line fattening：走线加宽。
- Convert corner to arc：将走线转角改为弧形转角。
- Fillet and tapered trace：泪滴设置。
- Dielectric generation：绝缘层产生。

（3）Line And via cleanup：将走线和过孔清除后重新布线。单击该项前面的按钮可进入参数设置对话框，如图 11.144 所示。

该对话框中的参数设置分为 3 部分。

第 1 部分是关于 Line 的参数设置，主要选项功能如下。

- Jog Size Limit：用于设定在清除过程中可增加的斜线段个数，值为 -1 时表明该项没有限制。
- Etch Length/Via：用于设定为了减少过孔而增加的布线长度，值为 -1 时表明该项没有限制。
- Net Length Limit：用于设定线网的长度超过该设定值时才对其进行清除和重新布线，值为 -1 时表明该项没有限制。
- Maximum 45 Length：用于设定 45°角的水平边或者垂直边的长度。
- 复选项 Slip Slide：用于设定在清除布线时是否可以应用推挤功能。

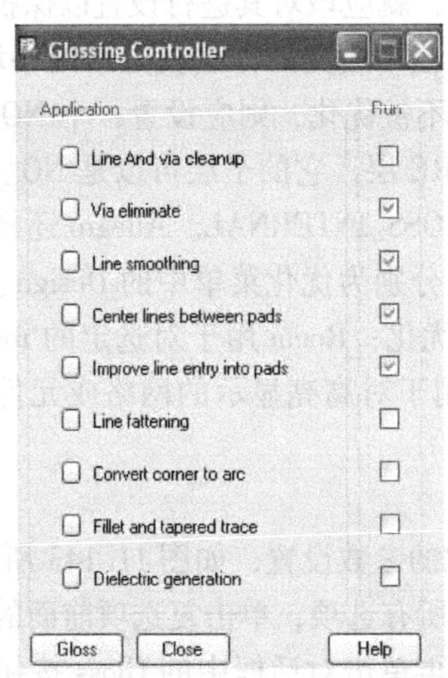

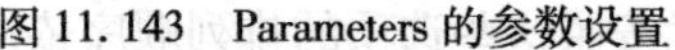

图 11.143　Parameters 的参数设置

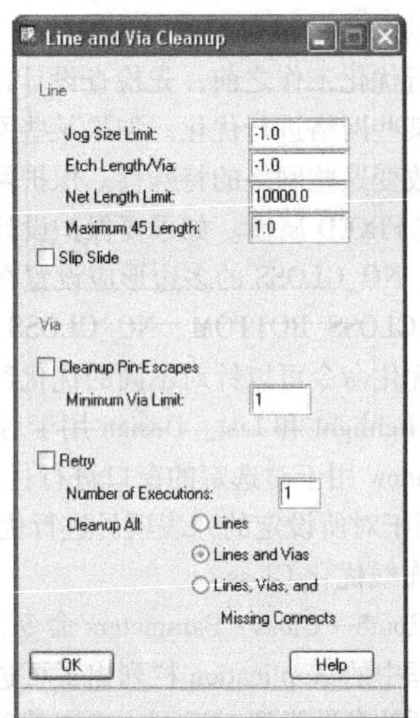

图 11.144　Line And via cleanup 对话框

第 2 部分为关于 Via 的参数设置，主要选项功能如下。

- 复选项 Retry：用于设定清除连线后布线器是否进行重新布线，一般情况下选中该复选项。
- Number of Executions：用于设定执行操作的次数，推荐选择多次运行。
- Cleanup All：用于设定清除的对象，选择 Lines 只清除连线，选择 Lines and Vias 则清除连线和过孔，选择 Lines，Vias，and Missing Connecs 则清除连线和过孔，对清除的连线以及设计中没有连接的线网进行连线。

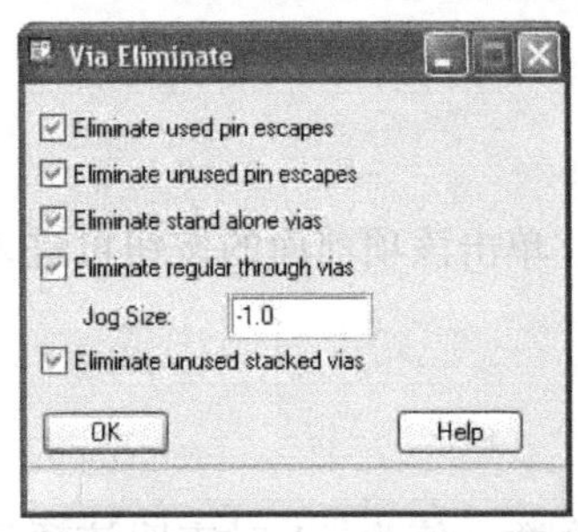

图 11.145　Via eliminate 对话框

（4）Via eliminate：主要用来减少整个设计所用过孔数量。单击该选项前面的按钮，弹出 Via Eliminate 对话框，如图 11.145 所示。

- Eliminate used pin escapes：用来设定是否减少有用的扇出过孔。选中后，当两个 SMD 类型焊盘各通过一个扇出孔引出后，又通过其他层走线相连时，系统会尝试将这两个过孔删除，用同样线宽的表层走线来实现两个 SMD 焊盘的连接。
- Eliminate unused pin escapes：用来设定是否减少无用的扇出过孔。选中后，当一个 SMD 焊盘通过一个扇出孔引出后，又通过表层走线实现了和另一个 SMD 焊盘的连接时，系统会删除这个没有起作用的过孔。
- Eliminate stand alone vias：用来设定是否删除没有网络属性的孤立过孔。
- Eliminate regular through vias：用来设定是否删除正规的多余通孔。
- Jog Size：用来设定在执行 Via Eliminate 时可用的最大的拐线尺寸，默认值为 -1，表明没有拐线尺寸方面的限制。

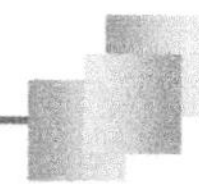

设置完成之后单击 OK 按钮，在 Glossing Controller 窗口界面中勾选 Via eliminate 选项，单击 Gloss 按钮，开始进行 Via eliminate 的优化操作。

（5）Line smoothing：用来删除设计中额外的连接线段或拐线，使连接线变得平滑，每次执行 Line smoothing 命令时只对设计中的每个线网检查一遍，所以最优的情况是将该命令执行多次，单击选项前面的按钮，弹出 Line Smoothing 对话框，如图 11.146 所示。

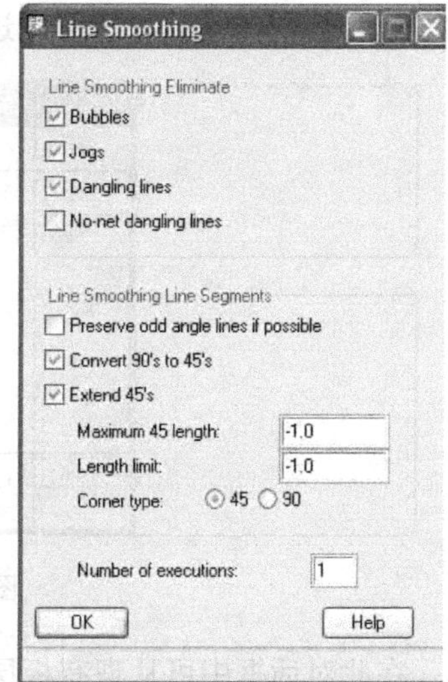

图 11.116　Line Smoothing 对话框

- Line Smoothing Eliminate：用于设定能被删除的对象。
- Bubbles：用来设定是否删除一个 90°走线后的 45°走线。
- Jogs：用来设定是否删除多余的拐线，将两段拐线合并为一段。
- Dangling lines：用来设定是否删除两头没有连接的孤立线段。
- Line Smoothing Line Segments：用来设定线段的一些参数。
- Convert 90's to 45's：用来设定是否将设计中的 90°的拐角转换成 45°的拐角。
- Extend 45's：用来设定是否延长连接一个水平线段和一个垂直线段的 45°连接线，这样就可以将水平线段和垂直线段删除。
- Maximum 45 length：用来设定 45°连接线的最大长度，默认值为 -1，表明对该项没有限制。
- Length Limit：用来设定进行平滑处理的连接线的长度，默认值为 -1，表明没有限制，任何长度的连接线都要进行平滑处理。
- Corner type：用来设定是 45°的拐角还是 90°的拐角，默认值为 45。
- Number of executions：用来设定 Line smoothing 命令的执行次数，推荐多次使用该命令。

（6）Center lines between pads：用来调整连接线使之与相邻引脚保持相同的距离。单击选项前面按钮，弹出 Center Lines Between Pads 对话框，如图 11.147 所示。

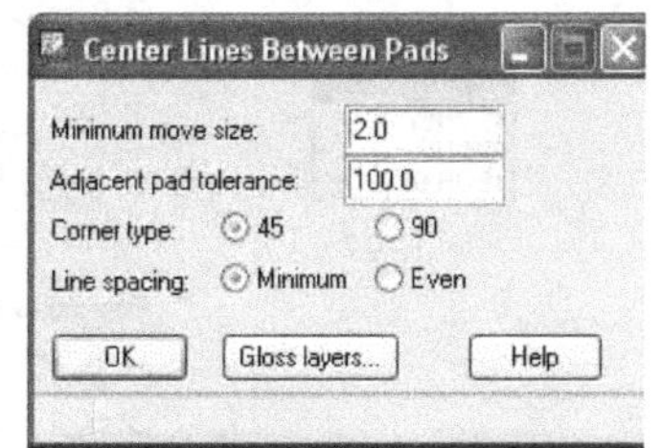

11.147　Center Lines Between Pads 对话框

- Minimum move size：用来设定移动连接线的最小距离，默认值为 2 个设计单位。当一组连接线中任意连接线的移动距离小于该值时，这一组中所有的连接线都不进行移动。
- Adjacent pad tolerance：用来设定两个相邻引脚水平方向或垂直方向上中心到中心的最大距离。
- Corner type：用来设定采用的是 45°还是 90°拐角，默认值为 45。
- Line spacing：用来设定划分线距离的种类。选择 Minimum 是说明按照线到线的最小距离分配布线空间，最外面的连接线和引脚之间的距离保持平均分配，如果有 DRC 错

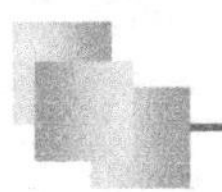

误产生，就不将连线移动到中间。选择 Even 是保持每一条连接线和引脚之间的距离都是相等的，如果有 DRC 错误产生，则应用 Minimum 规则重新移动连接线。

- 单击 Gloss layers 按钮，进入 Glossing Subclasses 对话框，如图 11.148 所示。

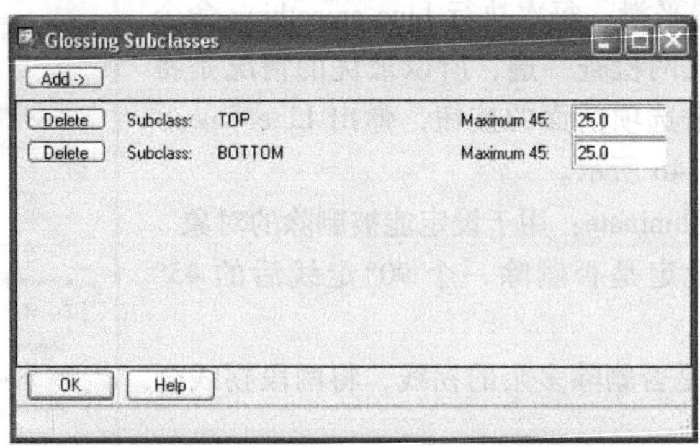

图 11.148　Glossing Subclasses 对话框

在此对话框中可从现有板层中添加或删除进行 Gloss 处理的叠层，单击 Add 按钮可以添加新层（可选的层都是已经定义的并且类型设置为 Conducted 的层），单击 Delete 按钮可以删除后面的层，右边的文本框用来设定有效的 aroute 生成的连接线上的拐线个数，由于 Allegro 中 aroute 不能用，此处可以忽略。

设置完成之后单击 OK 按钮退出该对话框。在 Glossing Controller 对话框中勾选 Center lines between pads 选项，单击 Gloss 按钮开始进行该项优化操作。

（7）勾选 Improve line entry into pads 后，将会优化布线进入焊盘的引出线，设置参数如下。如果引出线的连接点不在焊盘中心，就会造成锐角引出线，这样会降低成品率，所以一般采用 90°或 45°角引出线，如图 11.149 所示。

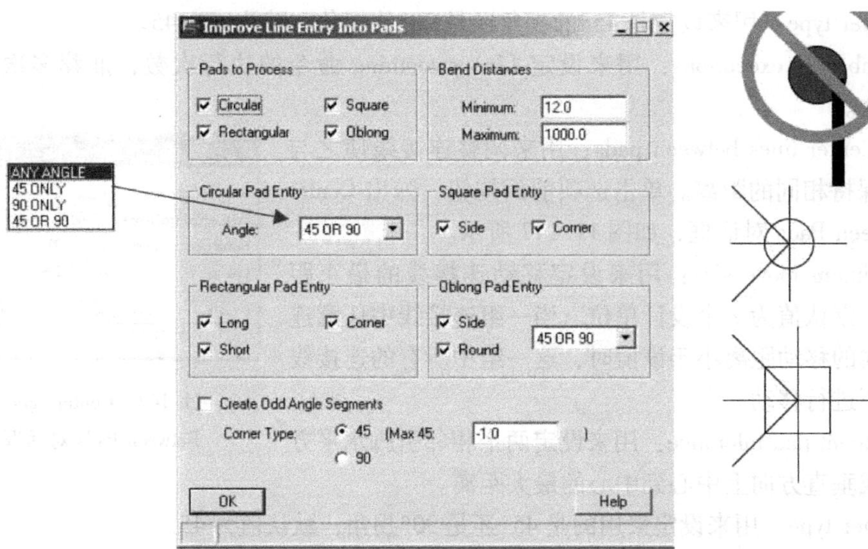

图 11.149　Improve Line Entry Into Pads 对话框

（8）勾选 Line fattening 后，将会自动进行布线加宽，设置参数如下。其主要的目的是提高可制造性和成品率，如图 11.150 所示。

（9）勾选 Converting Corners to Arc 后，将会对布线的转角进行批处理，将 45°或 90°布线拐角变为圆弧度后，可以更好地保证阻抗连续性，提高信号传输质量，如图 11.151 和图 11.152 所示。

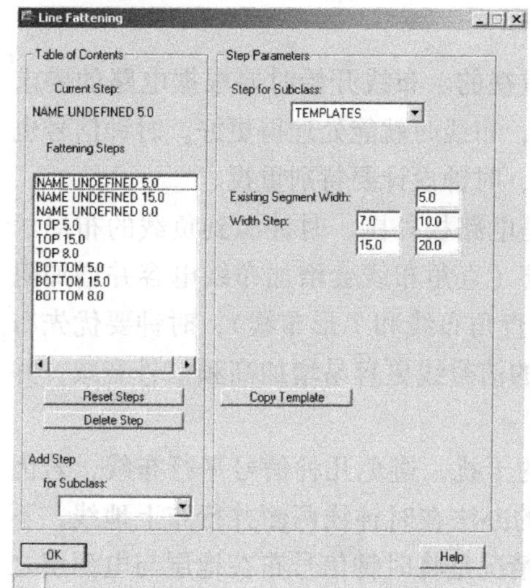

图 11.150　Line Fattening 对话框

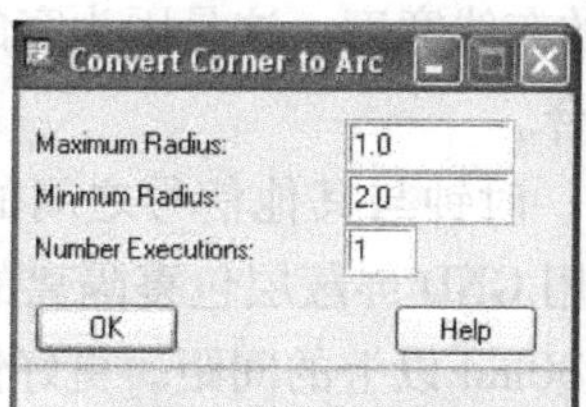

图 11.151　Converting Corners to Arc 对话框

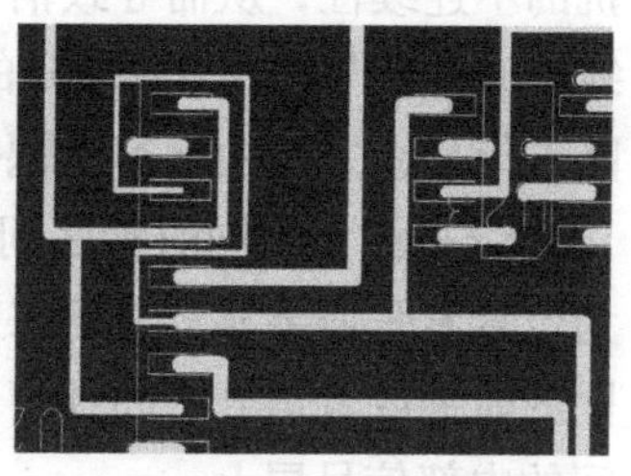

图 11.152　90°走线

（10）勾选 Fillet and tapered trace 后，将会进行泪滴设置，执行增加或删除泪滴命令，如图 11.153 和图 11.154 所示。

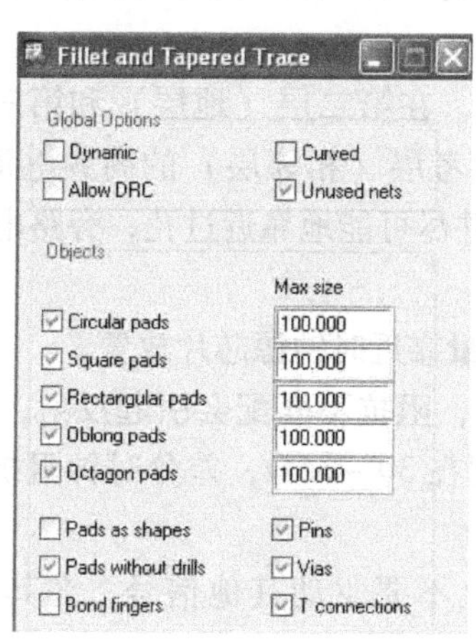

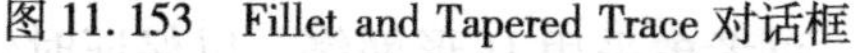

图 11.153　Fillet and Tapered Trace 对话框

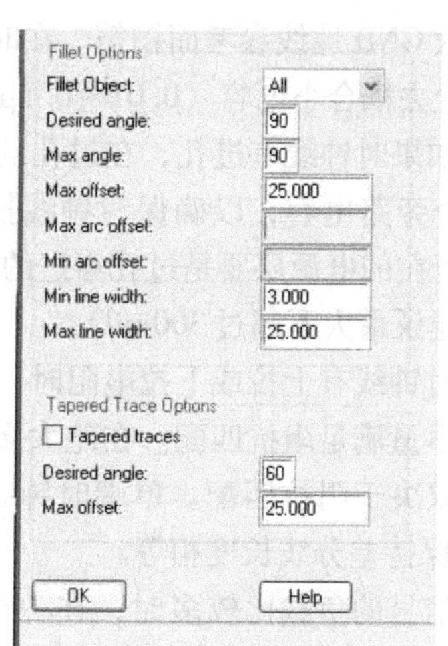

图 11.154　参数设置对话框

Gloss 中所有的命令在单击前面的按钮后可以打开该项优化功能的参数设置对话框，可以对各优化参数进行具体的修改和设置。勾选 Run 复选项，代表将执行该项的优化。当所

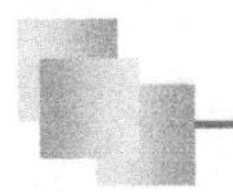

有的参数都设置完成以后，单击左下角的 Gloss 按钮，Allegro 将会按照设置的优化参数对电路板进行批量优化。

11.8 时钟线要求和布线

11.8.1 时钟线要求

时钟线布线的方法也是在 PCB 布线时需要特别重视的。布线开始时要根据电路的要求对时钟电路进行详细研究，明确各种时钟之间的关系，布线时就能处理得更好。时钟信号也经常是 EMC 的设计难点，需要 EMC 测试指标的项目，时钟设计要特别重视。

（1）将时钟驱动器布局在电路板中心位置而不是电路板外围，时钟源到负载的布局尽量靠近，连线尽量短，走线尽量圆滑，避免直角走线（直角布线会增加布线电容并增加阻抗的不连续性，从而导致信号劣化，所以应尽量避免直角布线和 T 形布线），时钟要优先布线。时钟信号使用 4 ~ 8mil 的布线宽度，这是因为窄的信号线更容易增加高频信号衰减，并降低信号线之间的电容性耦合。

（2）注意不同时钟之间、时钟与其他信号之间的干扰，避免几种信号平行布线，若因为位置紧张需要靠近，可采用 GND 屏蔽层包裹隔离的办法在时钟线两侧并行布上地线，不同的时钟或者信号之间预留 30mil 以上的间距。更好情况是将时钟信号布在地层与电源层之间的内部信号层上。

（3）时钟信号尽量不用跨界分割平面，不要沿着分割线布线。尤其是避免电源和地被跨界分割，这种分割可能导致复杂的电流环路。电流环路越大辐射也越大，所以必须避免任何信号尤其是时钟信号在分割地上布线。若因为位置紧张需要跨分割平面进行布线，那么可以在布线相邻的耦合层上做 GND 地线参考面，保持参考面不被跨区域分隔。若时钟线下面没有办法做 GND 地线参考面铜箔，在时钟频率不高（66MHz 以下）的情况下，可以在时钟信号线放置去耦合小电容（0.01 ~ 0.1μF）。

（4）如果时钟线有过孔，在过孔的相邻位置，在第二层（地层）和第三层（电源层）之间加一个旁路电容，以确保时钟线换层后，参考层（相邻层）的高频电流的回路连续。旁路电容所在的电源层要是过孔穿过的电源层，并尽可能地靠近过孔，旁路电容与过孔的间距要近（建议最大不超过 300mil）。

（5）时钟线有上拉或下拉电阻时，电阻要尽量靠近时钟源芯片放置。

（6）尽量满足阻抗匹配。在绝大多数情况下，阻抗不匹配会引起反射，而且信号完整性也主要取决于阻抗匹配。单端时钟线阻抗控制在 30 ~ 55Ω，差分时钟阻抗控制在 100 ~ 130Ω，且保持差分线长度相等。

（7）信号的负载比较多时，在一个驱动器上不要驱动其他信号，尤其不要驱动其他时钟。

（8）多个元器件需要严格的同步时钟时，可考虑采用 H 形网络，以保证时钟源到各个负载的延迟相等。但需要注意，同步时钟时，要避免时钟信号布线不能并行走得太长，否则会产生串扰，从而导致 EMI 增大。

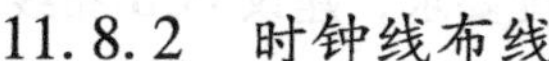

11.8.2 时钟线布线

1. 时钟晶振

布局尽量将晶振靠近芯片，晶振的负载电容摆放位置也有讲究，时钟线要先经负载电容，然后再到达晶振。在周围打过孔，用 GND 网络环绕包裹，起屏蔽作用，如图 11.155 和图 11.156 所示。

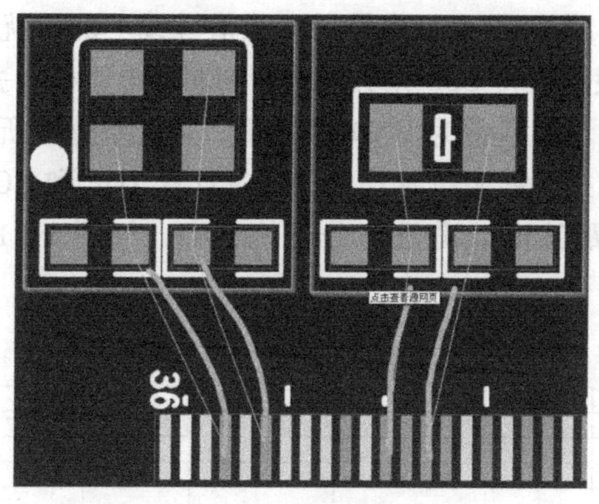

图 11.155 晶振布线方法 1

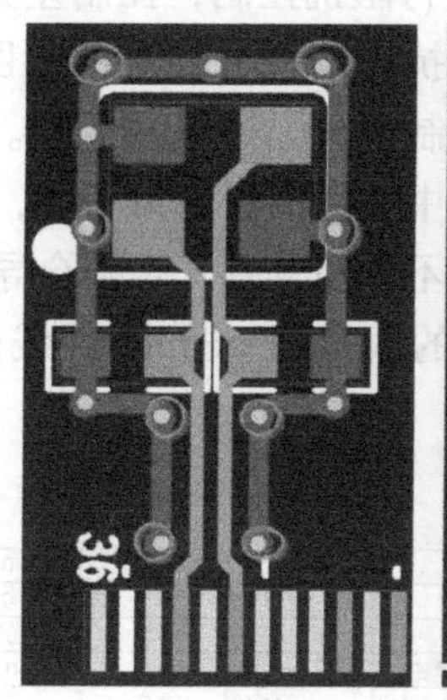

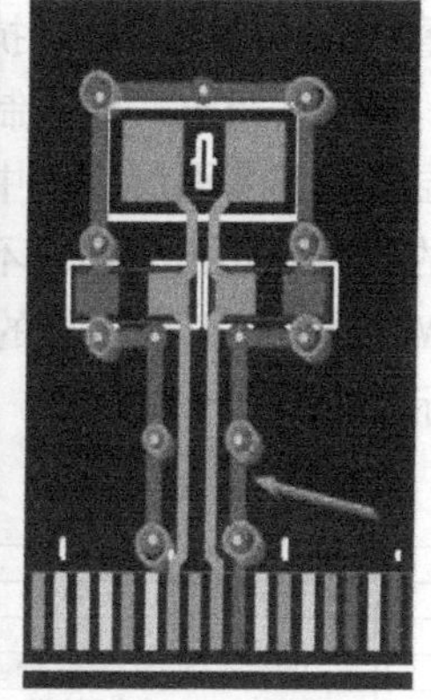

图 11.156 晶振布线方法 2

2. 同源时钟

在同源时钟电路中，时钟线中的并联匹配电阻靠近负载芯片摆放，串联电阻匹配靠近时钟芯片或 CPU 摆放，如图 11.157 和 11.158 所示。

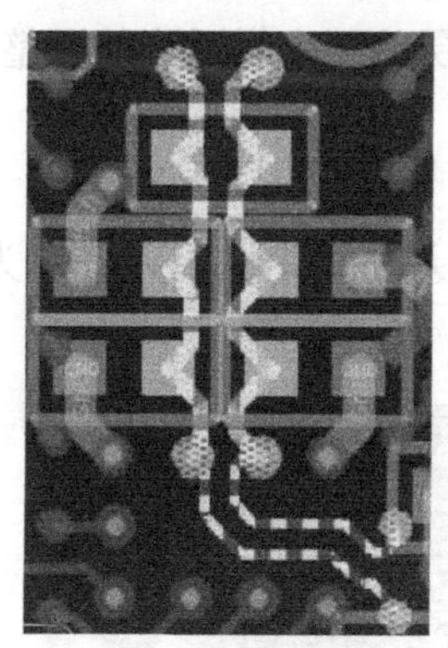

图 11.157 同源时钟线方法 1

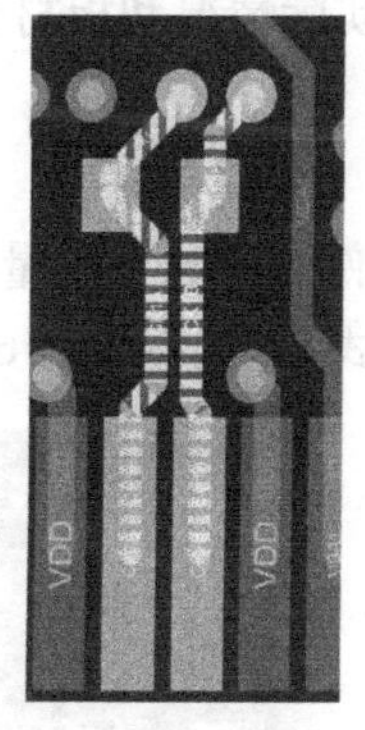

图 11.158 同源时钟线方法 2

11.9 USB 接口设计建议

为了保证良好的信号质量，USB 接口数据信号线按照差分线方式走线，差分数据线走线控制等长，走线间距保持均匀，USB 差分数据线阻抗应控制在 90Ω 公差 10Ω 的均匀差分阻抗，并且避免靠近时钟芯片，如时钟谐振器、时钟振荡器和时钟驱动器等。USB 走线长

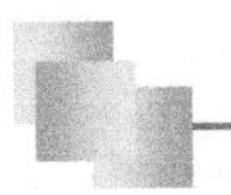

度建议控制在 5inch 以内。为了达到 USB 2.0 高速 480MHz 的速度要求，建议 PCB 布线设计采用以下原则。

11.9.1 电源和阻抗的要求

（1）USB 的输出电流是 500mA，需注意 VCC 及 GND 的线宽，若采用 1 盎司的铜箔，线宽大于 20mil 即可满足载流要求，当然线宽越宽电源的完整性越好。

（2）对差分信号进行阻抗控制，控制差分信号线的阻抗对高速数字信号的完整性是非常重要的，因为差分阻抗影响差分信号的眼图、信号带宽、信号抖动和信号线上的干扰电压。差分线阻抗一般控制在 90（±10%）Ω。假设要将 USB 差分线绘制到四层电路板中去，四层板的参考叠层，其中中间两层为参考层，参考层通常为 GND 或 VCC，并且差分线所对应的参考层必须完整，不能被分割，否则会导致差分线阻抗不连续。通过计算 TOP 和 BOTTOM 层上采用 4.5mil 的线宽及 5.0mil 的线间距就可以满足差分阻抗 90Ω，如图 11.159 所示。

	Subclass Name	Type	Thickness (MIL)	Dielectric Constant	Loss Tangent	Negative Artwork	Shield	Width (MIL)	Coupling Type	Spacing (MIL)	DiffZ0 (ohm)
1		SURFACE		1	0						
2	TOP	CONDUCTOR	1.65	4.5	0	☐		4.5	EDGE	5.0	90.547
3		DIELECTRIC	4.5	4.5	0.035						
4	GND	PLANE	1.2	4.5	0.035	☐	☒				
5		DIELECTRIC	44.48	4.5	0.035						
6	POWER	PLANE	1.2	4.5	0.035	☐	☒				
7		DIELECTRIC	4.5	4.5	0.035						
8	BOTTOM	CONDUCTOR	1.65	4.5	0	☐		4.5	EDGE	5.0	90.547
9		SURFACE		1	0						

图 11.159　对差分信号进行阻抗控制

提示，4.5mil 线宽及 5.0mil 线间距只是理论设计值，最终电路板厂依据要求的阻抗值并结合生产的实际情况和板材会对线宽线间距及到参考层的距离做适当的调整。

11.9.2 布局与布线

（1）在元件布局时，尽量使差分线路最短，以缩短差分线走线距离（√为合理的方式，×为不合理方式），如图 11.160 所示。

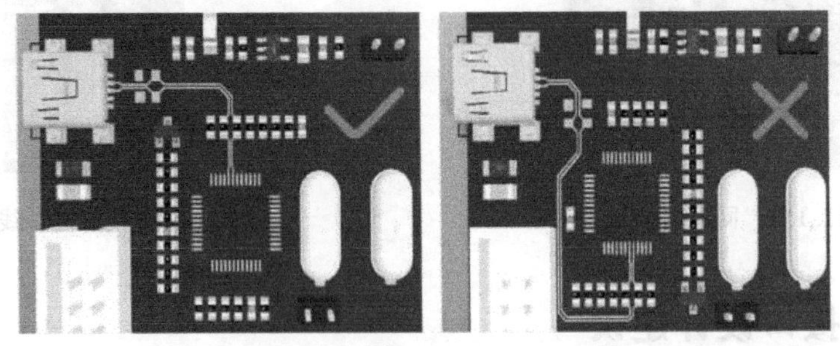

图 11.160　尽量使差分线路最短，以缩短差分线走线距离

（2）优先绘制差分线，一对差分线上尽量不要超过两对过孔（过孔会增加线路的寄生电感，从而影响线路的信号完整性），且需对称放置（√为合理的方式，×为不合理方式），

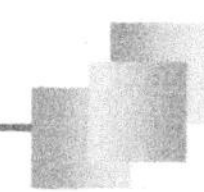

如图 11.161 所示。

（3）对称平行走线，这样能保证两根线紧耦合，避免 90°走线，弧形或 45°均是较好的走线方式（√为合理的方式，×为不合理方式），如图 11.162 所示。

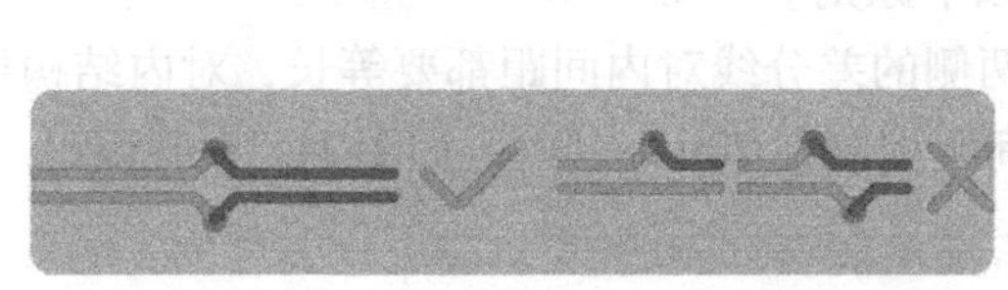

图 11.161　一对差分线上尽量不要超过两对过孔

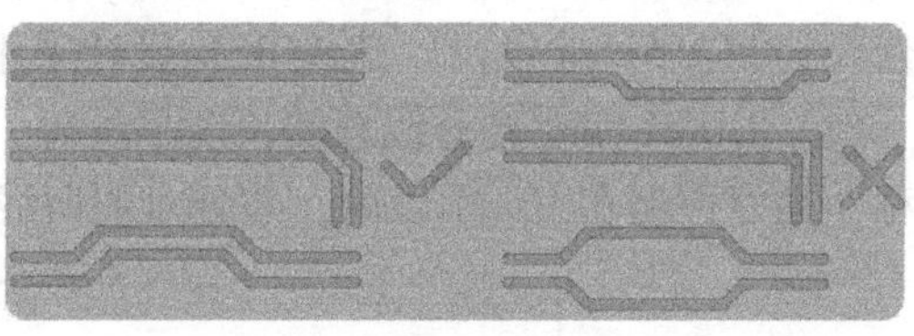

图 11.162　对称平行走线

（4）差分串接阻容、测试点、上拉/下拉电阻的摆放（√为合理的方式，×为不合理方式），如图 11.163 所示。

（5）由于引脚分布、过孔，以及走线空间等因素存在，使得差分线长易不匹配，而线长一旦不匹配，时序就会发生偏移，还会引入共模干扰，降低信号质量。所以，相应要对差分对不匹配的情况做出补偿，使其线长匹配，长度差通常控制在 20mil 以内，补偿原则是哪里出现长度差就补偿在哪里，如图 11.164 所示。

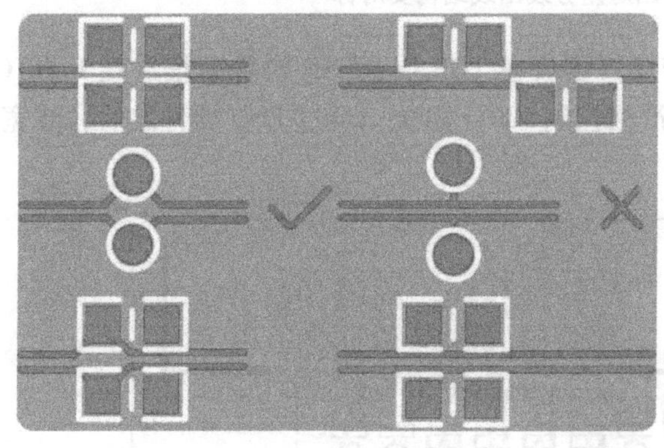

图 11.163　差分串接阻容、测试点、上拉/下拉电阻的摆放

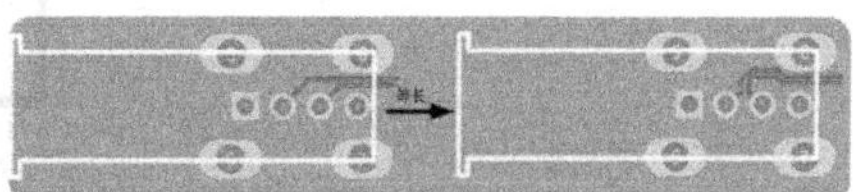

图 11.164　对差分走线进行补偿

（6）避免邻近其他高速周期信号和大电流信号，并保证间距大于 50mil，以减小串扰。此外，还应远离低速非周期信号，保证至少 20mil 的距离，如图 11.165 所示。

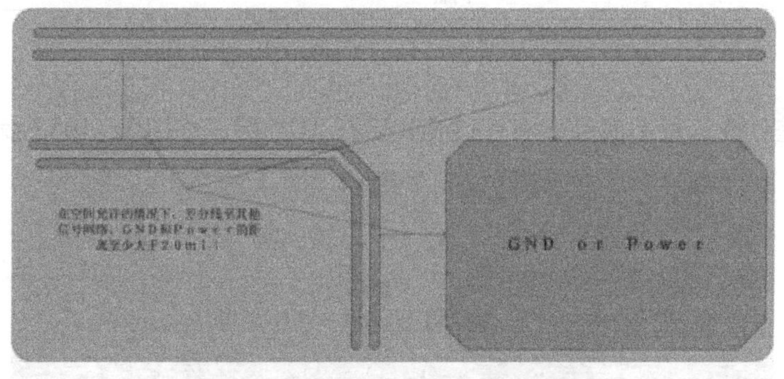

图 11.165　尽量增大差分线的间距

11.10 HDMI 接口设计建议

HDMI 接口的时钟和数据为高速差分信号，差分阻抗控制在 100Ω 公差 15% 内，走线长度建议控制在 5inch 以内。建议 PCB 设计采用以下原则。

（1）HDMI 四对差分线总的长度尽量短，两侧的差分线对内间距都要等长，对内结构要对称，最好控制在 10mil 以内，差分对的两线间距控制在 20mil 以内，如图 11.166 所示。

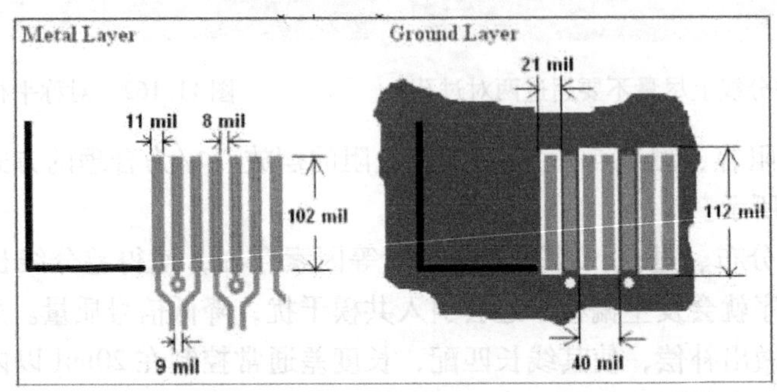

图 11.166　HDMI 四对差分线出线结构要对称

（2）ESD 器件靠近接口位置摆放，若接口摆放在 TOP 层，ESD 器件就摆放在 BOTTOM 层，通过过孔连接。四对差分线差分阻抗严格控制 100Ω 阻抗，经过 ESD 器件之后，线宽和线距不要发生变化，如图 11.167 所示。

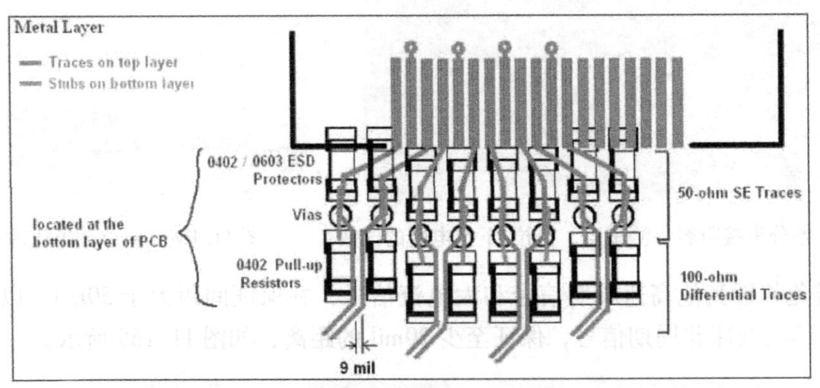

图 11.167　ESD 器件摆放出线元件位置和阻抗

（3）四对差分线尽量不换层，不打过孔，走在 TOP 层，如图 11.168 所示。

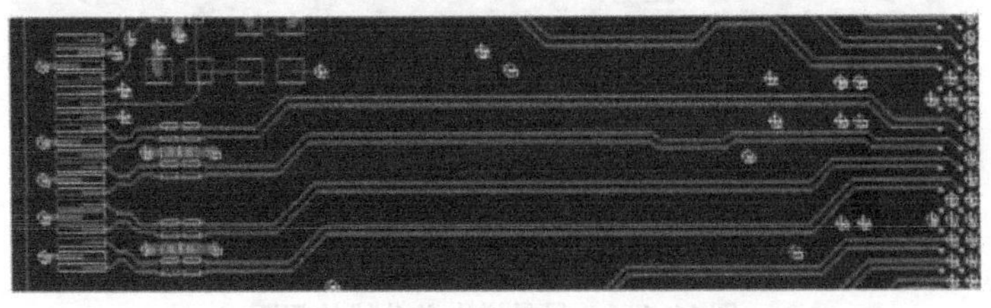

图 11.168　尽量不换层，TOP 层完成布线

（4）确保四对差分线不跨越地和电源分割，其下方有完整的回流平面，如图 11.169 所示，所有的 HDMI 走线，均使用同个参考层，不跨分割平面。

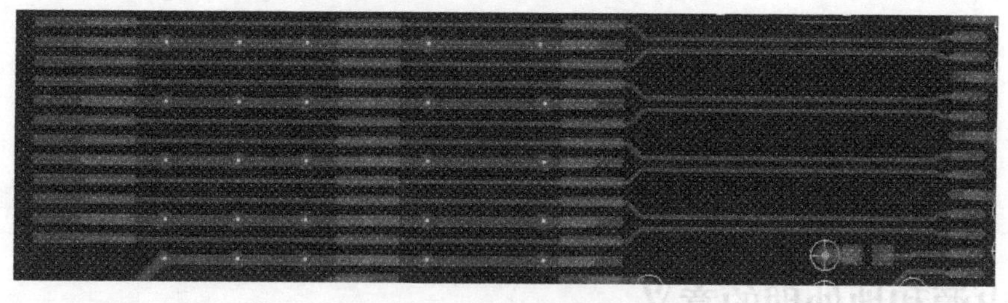

图 11.169　走线不跨分割平面

（5）四对差分线之间尽量远离，最好能做包地处理，如图 11.169 所示。

（6）弯度控制，避免突然弯转，绝对不能出现 90°弯曲或 T 形走线，如图 11.170 所示

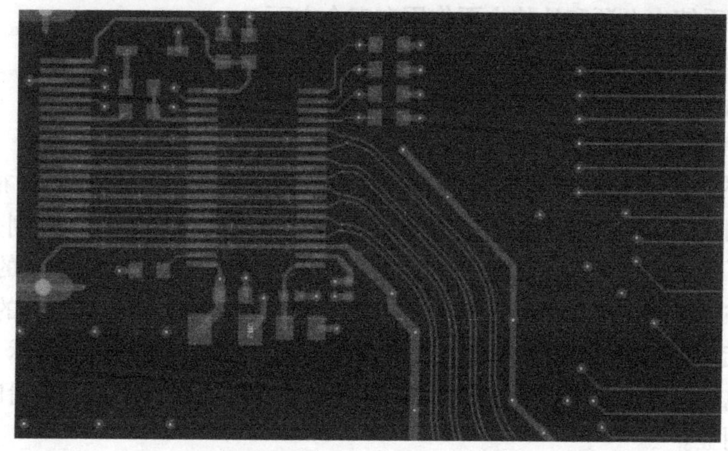

图 11.170　走线圆滑，绝对不能出现 90°弯曲

（7）过孔接地穿引，如果 HDMI 走线中出现了过孔，建议接地穿引（在靠近信号过孔增加一个接地孔，可以保持回流路径均匀连续）。

11.11　NAND Flash 设计建议

为减小信号反射，建议所有的信号线不要穿越电源和地分割区域，保持完整的电源地参考平面，两层 PCB 板传输线阻抗控制在 140Ω 公差 10%，四层 PCB 传输线阻抗控制在 50Ω 公差 10%。建议 PCB 设计采用以下原则。

（1）建议所有信号走线分布在邻近地平面的走线层，避免信号走线穿越电源或地分割区域，尽量保证信号走线都有完整的参考平面。

（2）在信号走线周围及换层过孔附近放置与地连通的过孔，保持良好的信号回流路径。

（3）所有信号线尽量短，并且在走线路径上尽量少打过孔，保证走线阻抗的连续性。

（4）相邻信号走线间距保持在 2～3 倍线宽。

（5）避免地址信号紧邻数据信号。

（6）各数据信号线尽量保持等长。

第12章 电源和地平面处理

12.1 电源和地处理的意义

一个性能良好的PCB设计，常常面临电源、地噪声的挑战，高速PCB普遍采用多层板来进行设计，这时电源、地常采用平面来处理，除了电源供电之外，还提供作为信号的回流路径。

在高速数字系统中电源和地的主要作用有三个方面。

（1）为数字交换信号提供稳定的地参考地电压。

（2）为所有的逻辑器件提供均匀的电源。

（3）控制信号之间的串扰。

高速PCB的电源设计要理清电源流，分析电源通道合理性，因为实际布线都有电阻，从电源输出端到实际负载的路线上都有压降。因高速电路元件的电压，特别是Core电压往往都很低，为了保证这些低电压的电路都能够正常工作，这就要求对布线中的电源通道进行重点分析和关注，来减少电压降。压降对供电效果有着直接的影响，与电流的载流能力与平面载流面积（走线的宽度）、铜皮厚度、允许温升都有关系。如图12.1所示，图中是3.3V的供电网络的电源平面分析图，3.298V电压在进入平面后存在压降，距离端口越远的地方，压降就表现越明显。

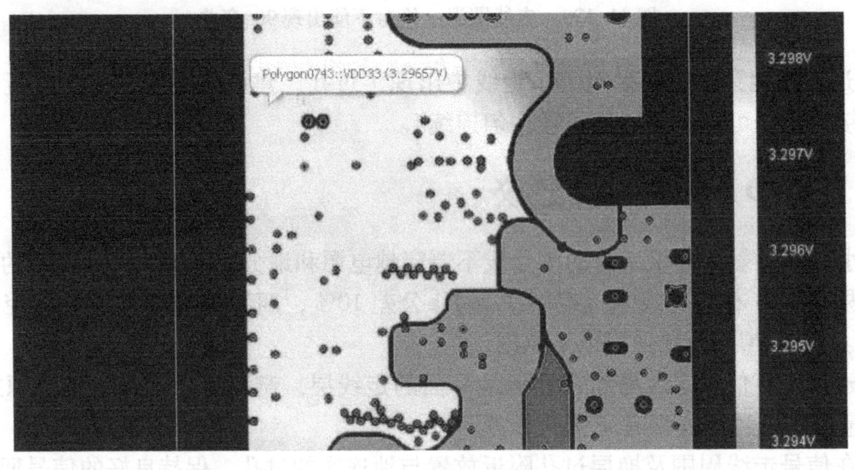

图12.1 3.3V的供电网络的电源平面分析

如图12.2所示是3.3V电源平面的电流密度分布图，从图中可以看出，电源平面分割中电源平面存在瓶颈，电流在经过瓶颈处时，密度明显增加。电流密度的增加会导致温升，而这种温升若过大，可能会造成电路板烧毁。

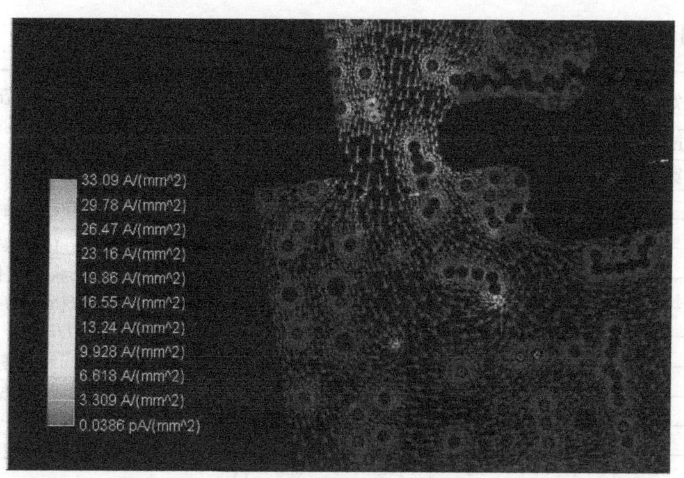

图 12.2　3.3V 电源平面的电流密度分布图

另外在电源的滤波效果上，需要考虑电源的阻抗，因为电源通道实际上不是一个理想的通道，而有电阻和阻抗，高速电路在门电路翻转时，需要瞬间的电源供给，而电流从电源模块给各个门电路翻转提供能量，是需要时间进行各级路径分配的，这可理解为一个分级充电的过程。如图 12.3 所示，当门电路翻转为高电平时，电流和功率也跟随电平发生变化，表现为最高；当门电路翻转为低电平时，电流和功率也跟着发生变化，表现为最低。

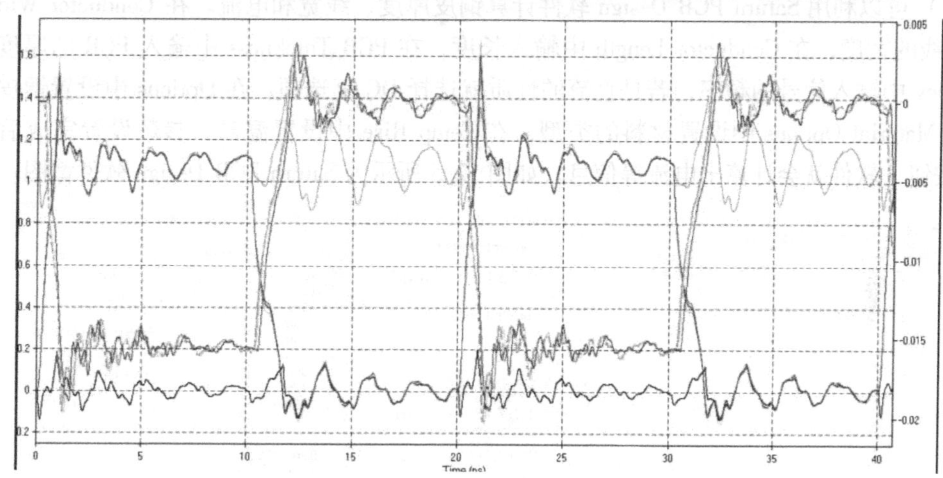

图 12.3　门电路电平翻转和电流与功率的关系

12.2　电源和地处理的基本原则

12.2.1　载流能力

每个芯片工作时都需要消耗一定的能量，这些能量的供给通道就是 PCB 上的走线，影响到 PCB 上走线的载流能力的几个关键因素就是线宽、铜皮厚度、温升、层厚度。

（1）铜皮厚度、线宽和电流的关系可以参考相关数据。国内常用 PCB 铜皮厚度、线宽

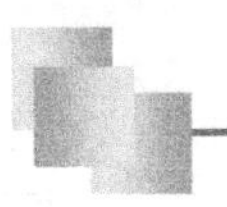

和电流表，如图 12.4 所示。

PCB设计铜箔厚度、线宽和电流关系表					
铜厚/35μm		铜厚/50μm		铜厚/70μm	
电流(A)	线宽(mm)	电流(A)	线宽(mm)	电流(A)	线宽(mm)
4.5	2.5	5.1	2.5	6	2.5
4	2	4.3	2.5	5.1	2
3.2	1.5	3.5	1.5	4.2	1.5
2.7	1.2	3	1.2	3.6	1.2
3.2	1	2.6	1	2.3	1
2	0.8	2.4	0.8	2.8	0.8
1.6	0.6	1.9	0.6	2.3	0.6
1.35	0.5	1.7	0.5	2	0.5
1.1	0.4	1.35	0.4	1.7	0.4
0.8	0.3	1.1	0.3	1.3	0.3
0.55	0.2	0.7	0.2	0.9	0.2
0.2	0.15	0.5	0.15	0.7	0.15
也可以使用经验公式计算：0.15×线宽(*W*)=A					
以下数据均为温度在10℃下的线路电流承载值					
导线阻抗：0.0005×*L*/*W*(线长/线宽)					
电流承载值与线路上元器件数量/焊盘以及过孔都有直接关系					

用铜皮作导线通过大电流时，铜皮宽度的载流量应参考表中的数值降额50% 去考虑;
由于敷铜板铜皮厚度有限,在需要流过较大电流的条状铜皮中,应考虑铜皮的载流量问题，仍以典型的35μm厚度为例，如果将铜皮作为宽为*W*(mm)，长度为*L*(mm)的条状导线，其电阻为0.005×*L*/*W*(Ω)。另外，铜皮的载流量还与印制电路板上安装的元件种类、数量以及散热条件有关。在考虑安全的情况下，一般可按经验公式0.15×*W*(A)来计算铜皮的载流量。

图 12.4　国内常用 PCB 铜皮厚度、线宽和电流表

（2）可以利用 Saturn PCB Design 软件计算铜皮厚度、线宽和电流。在 Conductor Width 中输入布线的宽度，在 Conductor Length 中输入长度，在 PCB Thickness 中输入 PCB 的厚度，在 Frequency 中输入信号的频率，若是直流的性质就选择 DC 复选项。在 Options 中设置铜皮的厚度，在 Material Options 中设置材料的类型，在 Temp Rise 中设置温升。参数设置完成后单击 Solve 按钮，软件就会计算出电流等信息。如图 12.5 所示为 Saturn PCB Design 软件截图。

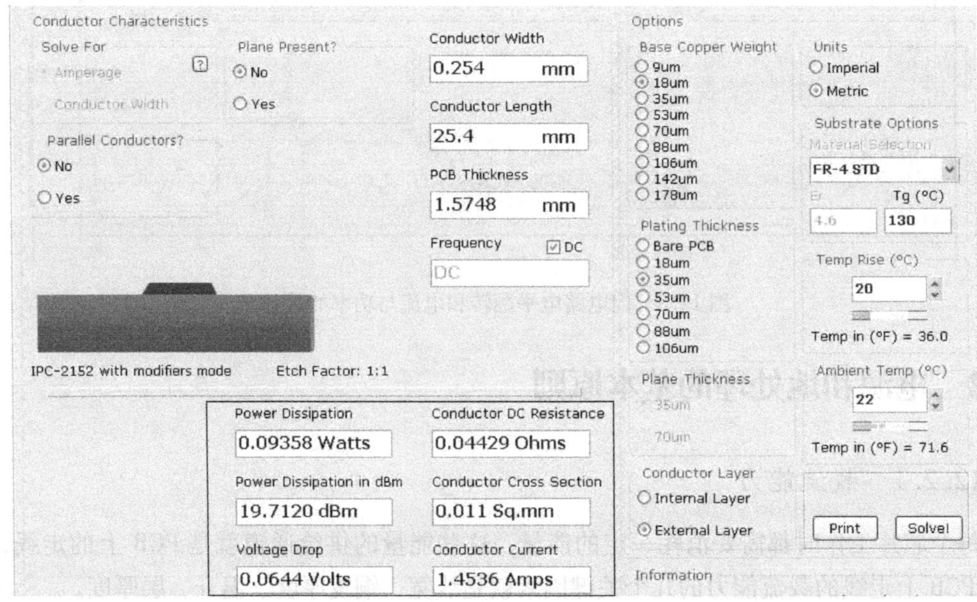

图 12.5　利用 Saturn PCB Design 软件计算铜皮厚度、线宽和电流

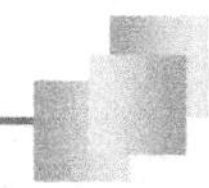

计算结果包括 Power Dissipation 消耗的功率、Conductor DC Resistance 直流电阻、Power Dissipation in dBm 功率消耗、Conductor Cross Section 导电电流密度、Voltage Drop 导体电压降，Conductor Current 导电电流。

修改不同线宽和线长参数可以获得不同的计算结果，除了能计算外层布线，也可以计算内层布线，经过计算后得到的结果，在实际的设计中可以作为参考使用。

12.2.2　电源通道和滤波

电源通道和滤波的基本要求如下。

（1）每一种电源都会有它的主要电源通道，合理地设计整板的电源通道才是成功的关键，规划整板电源主要的3个原则如下。

① 按照功能模块布局，电源流向明晰，避免输入、输出交叉布局。

② 各自功能模块相对集中、紧凑，避免布局交叉、错位。

③ 整个电源通路布线宽度要满足载流能力要求。

（2）电源模块或电源芯片，必须在其输入端加滤波电容，并且在满足 DFX 的前提下，将电容尽量靠近其电源输入端。

① 要减少电源内部生产的反灌到输入端的噪声电压。

② 防止当模块输入端接线很长时，输入端产生输入电压振荡。这种振荡可能产生几倍于输入电压的电压尖峰，轻则使电源输出不稳定，重则会对模块造成致命损坏。

③ 如果模块输入端出现不正常的瞬态电压时，此电容的不存在可抑制短暂的瞬间电压。

（3）电源模块或电源芯片，必须在输出端加滤波电容，并且在保证热设计的前提下，将电容放在靠近电源输出端。该电容有如下作用。

① 减小输出纹波数值。

② 改善模块在负载变化时的动态性能。

③ 改善模块某些方面的性能，如启动滤波、系统稳定性等。

（4）芯片端的滤波电容要考虑：电容主要用于保证电压和电流的稳定，处理器的耗电量处于极不稳定的状态，可能突然增大，也可能突然显小，对一些功耗大、高频、高速的元件，其电源设计需要考虑以下因素。

① 芯片周围均匀放置几个储能电容。

② 芯片电源引脚必须放滤波电容，靠近引脚。

③ 要考虑滤波电容的容值是否合理，以及不同容值对应哪些引脚设置，要合理分配，数量足够。

12.2.3　分割线宽度

电源、地分割方式要简捷合理，分割区域大小要满足载流能力需要。分割电压差越大，分割线就要越粗。分割线的粗细，可以通过 Saturn PCB Design 计算获得分割线的所需线宽，如图12.6所示。Voltage Between Conductors 功能框用来选择导体之间的电压差，Device Type Selection 用来设置选项对象的类型，比如 B1（Internal Conductors）内层导体、B4（External Conductors，With Permanent Polymer Coating）外层导体聚合物涂层。

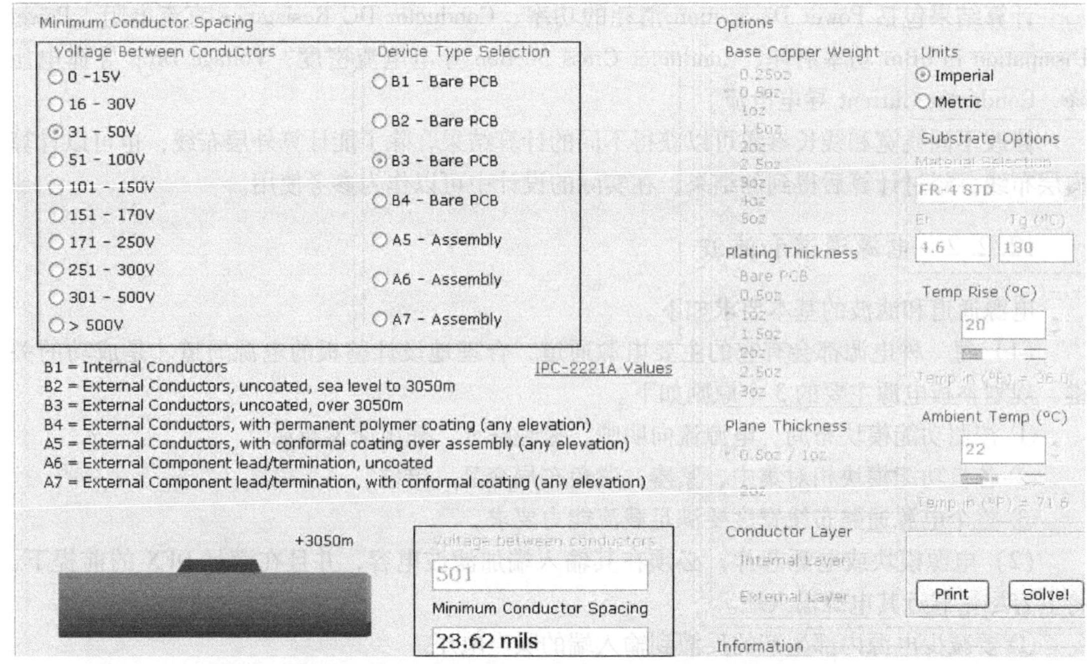

图 12.6　通过 Saturn PCB Design 计算获得分割线的宽度

注意，若在 BGA 等高密度区域进行分割，需要用相对比较细的分割线，以避免因分割线太粗导致部分电源引脚没有被有有效覆盖，而要用另外的层进行连接的情况。

12.3　内层铺铜

在多层电路板中，通常主要的电源电压会被做成电源层的内层平面方式，地会被做成地 GND 网络的内层平面方式。内层正片平面一般都需要先铺一块和板框 Outline 形状一样的完整铜皮，尺寸可以参考 Route Keepin 或比 Route Keepin 略小些。接下来讲述内层铺铜的方法，其中 Z－Copy 命令最为常用，下面讲述使用 Z－Copy 命令创建层铺铜皮的操作步骤。

（1）将电路板上显示的所有显示对象先关闭，只显示 Route Keepin 的显示区域，如图 12.7 所示（若没有添加 Route Keepin 的区域，使用 Outline 板框的区域也可以），将要参考 Route Keepin 来创建内层铜皮。选择 Edit—Z－Copy 命令，如图 12.8 所示，使用该命令将 Route Keepin 的区域复制到内电层中创建成 Shape 铜皮，完成铺铜。Z－Copy 命令创建的 Shape 铜皮的形状位置等均要和 Route Keepin 一样或相似。

（2）打开 Options 选项卡，在 Copy to Class/Subclass 下拉列表中选择 Shape 将要创建的目标层，如设置成 ETCH 中的 GND 层，表示将要在 GND 层上创建 Shape。Create dynamic shape 复选项用于设置要创建的铜皮是否为动态的，勾选后表示将要创建的是动态铜皮，一般内电层都需要创建动态铜皮。Copy 选项组中勾选 Voids 后表示将原来 Route Keepin 上的挖空区域也进行复制，勾选 Netname 表示将原来 Route Keepin 上的网络也进行复制，该处两个选项都不勾选。Size 选项组用于控制复制到新的层以后大小如何变化，选择 Contract 单选项后，表示形状保持不变内缩，选择 Expand 单选项后，表示形状保持不变外扩。内缩和外扩

的数值在 Offset 文本框中输入，如图 12.9 所示。

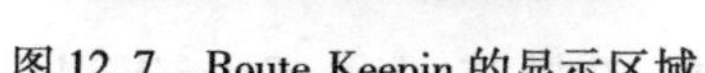

图 12.7　Route Keepin 的显示区域

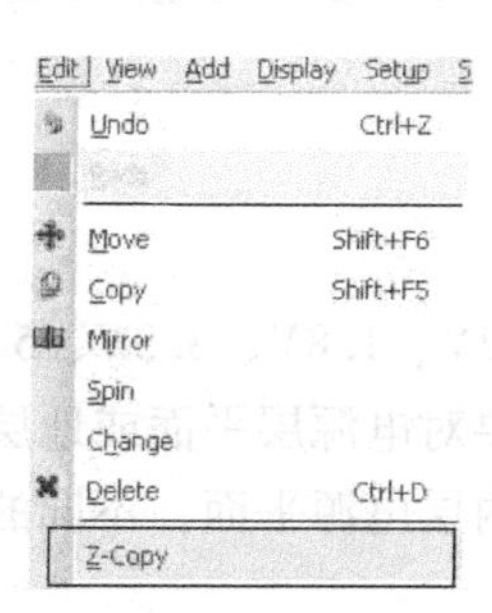

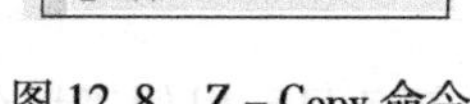

图 12.8　Z – Copy 命令

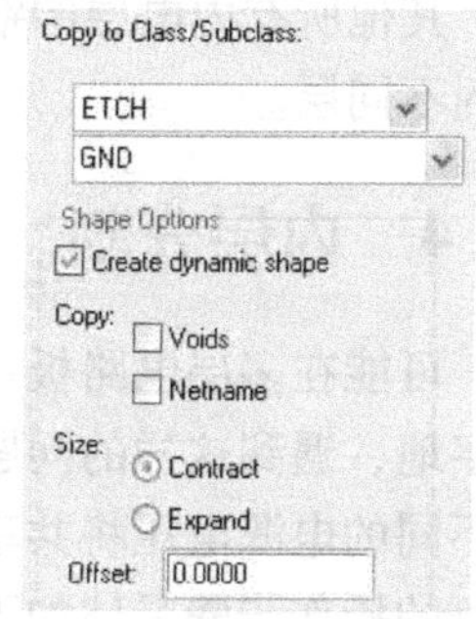

图 12.9　打开 Options 选项卡

（3）用鼠标单击 Route Keepin 区域的边缘或框选 Route Keepin 后，形状会自动复制 GND 层，并填充成 Shape 铜皮，完成的效果如图 12.10 所示。

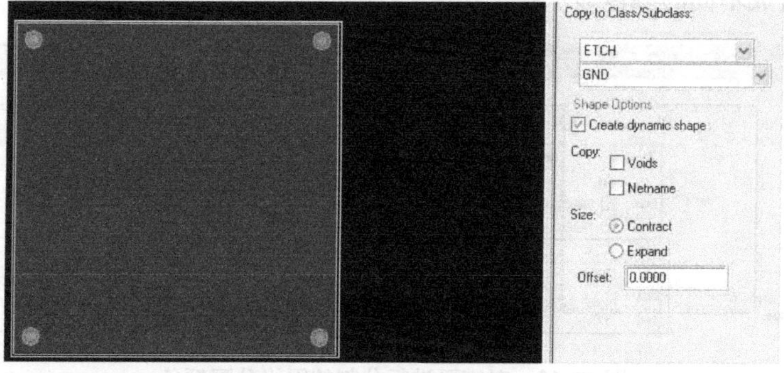

图 12.10　通过 Z – Copy 命令填充 GND 的 Shape 铜皮

（4）在工作区域右击，在弹出的快捷菜单中选择 Done 命令结束 Z – Copy 命令。

（5）给 GND 内层铜皮添加网络。选择 Shape—Select Shape or Void 命令，在右侧的 Find 选项卡中只勾选 Shape 复选项，单击 GND 层的 Shape 图形，整个铜皮高亮显示。在右侧的 Options 选项卡中的 Assign net name 下拉列表框中选择 Dgnd 网络后双击，表示给 GND 层铜皮添加 GND 网络。此时 GND 网络已经被添加到 GND 层铜皮，如图 12.11 所示，在铜皮上已经添加了 GND 字样的网络标态。

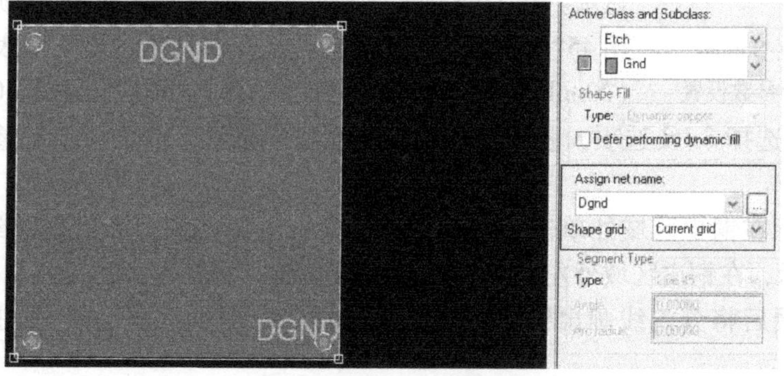

图 12.11　GND 网络已经被添加到 GND 层铜皮

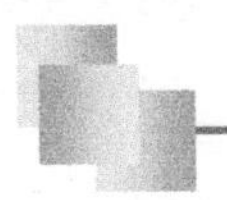

（6）在工作区域右击，在弹出的快捷菜单中选择 Done 命令结束 Select Shape or Void 命令。其他所有内电层的铜皮铺铜都可以参考上述步骤进行，选择不同的层，就可以将铜皮创建到不同层。

12.4　内层分割

可能在多层电路板中存在 1.2V、1.8V、3.3V、5.0V 等多个电源，或者存在模拟地和数字地，遇到这样的问题，就需要对电源层平面或地层平面进行内电层分割处理。分割后每个不同的电源电压将共享同一片内层电源平面，不同的地将共享同一片内层地平面。内电层分割的操作步骤具体如下。

（1）将需要进行分割的网络分颜色显示以便于划分内电层。选择 Display—Color/Visibility 命令，打开 Color Dialog 对话框，选择按照 Net 方式来显示，找到需要 1.2V、1.8V、3.3V、5.0V 的网络，选中这些网络之后将每个网络都设置成不同的颜色。如图 12.12 所示，已经将电压设置成不同的颜色显示。

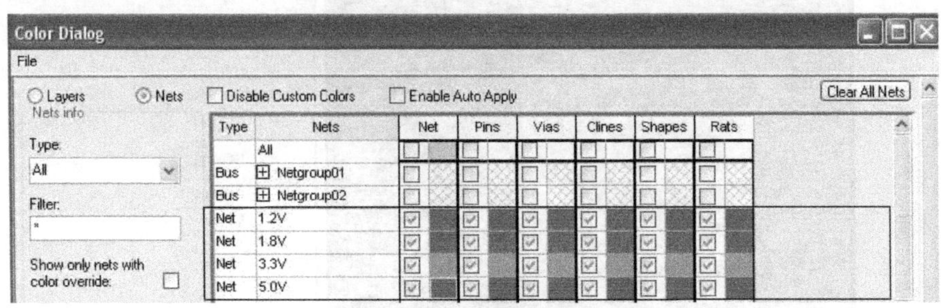

图 12.12　对需要进行分割的网络分配颜色

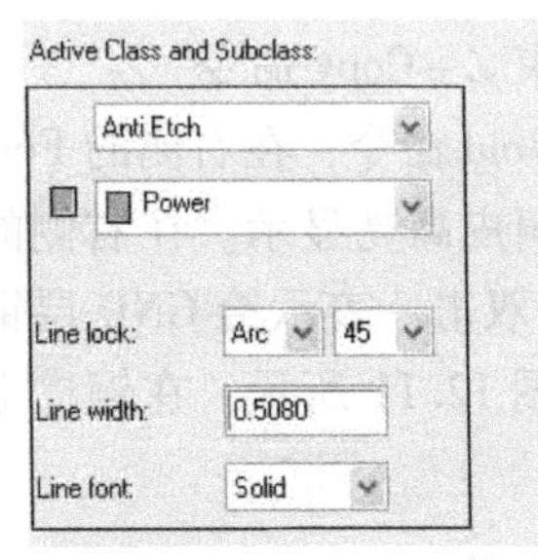

图 12.13　在 Options 选项卡中进行参数设置

（2）将要进行分割的电源平面铜皮显示出来，选择 Add—Line 命令，将进入添加线段的命令状态。在右侧的 Options 选项卡中进行参数设置。在 Active Class and Subclass 下拉列表中选择 Anti Etch 和 Power 选项，表示将要在 Anti Etch Class Power Subclass 层进行操作，分割 Power 的平面层。同时查看 Subclass Power 层前面的显示是否打开，若没有打开，单击就可以打开该层显示。在 Line lock 下拉列表中选择 Arc 和 45 选项，表示将要采用 45°的弧线进行分割。在 Line width 下拉列表中输入 0.508（20mil），表示铜皮分割后之间的间隙就是 0.508mm。在 Line font 下拉列表中选择 Solid 选项，表示使用实体显示分割线段。设置完成的参数如图 12.13 所示。

（3）用鼠标在铜皮区域外单击拉出分割线，根据电源网络分布的区域绘制分割区域。如图 12.14 所示，在铜皮区域外左侧单击后拉出分割线，沿着电源网络（1.2V）分布的区域绘制走线，最后将分割线画出铜皮区域外。这样，电源平面将会被分割成两个不同的铜皮。

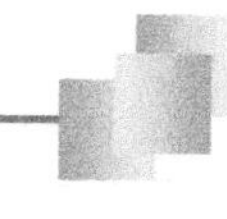

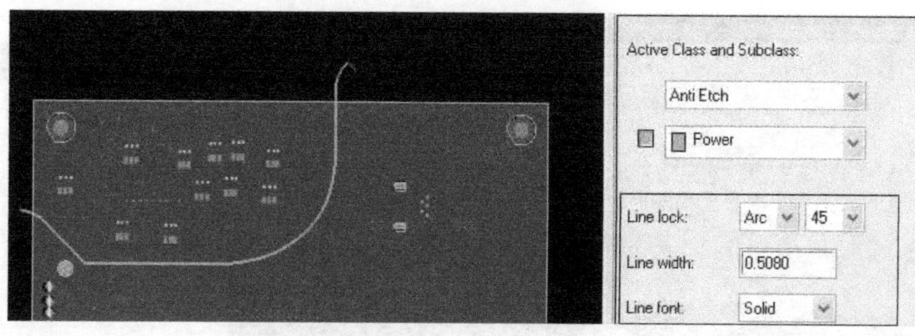

图 12.14　根据电源网络分布的区域绘制分割区域

（4）使用同样的方法，分别绘制 1.8V、3.3V、5.0V 电源网络各自的区域，将不同电压等级的网络连接都隔离在不同的区域内。需要注意，如果在整个铜皮边界处分割，分割线要延长到板框 Outline 之外才行。若是在铜皮内分割，分割线要形成封闭的区域才行，只有形成封闭的分割区域之后，才能将铜皮切断隔开。共计 4 个电压划分完成的区域如图 12.15 所示。

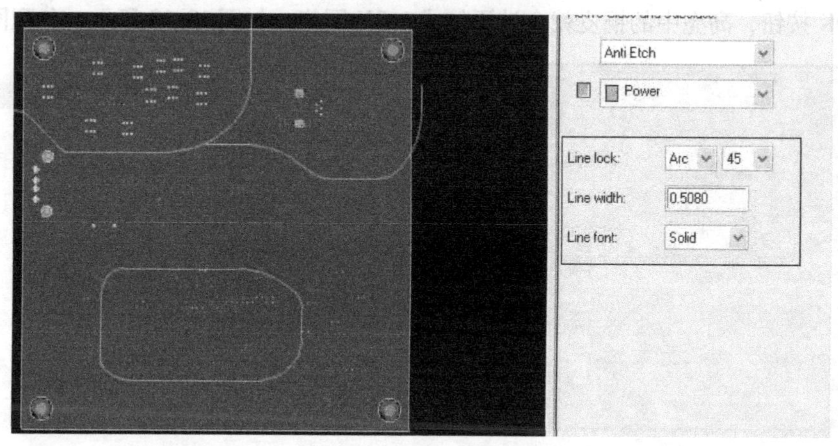

图 12.15　分别绘制 1.8V、3.3V、5.0V 电源网络区域

（5）分割区域绘制完成以后，在工作区域右键选择 Done 结束命令完成操作。

（6）给分割后的铜皮添加网络。选择 Edit—Split Plane—Create 命令，弹出 Create Split Plane 对话框。在 Select layer for split plane creation 下拉列表中选择要进行铜皮分割的层，选择 Power 代表将要在 Power 层进行铜皮分割。在 Shape type desired 选项组中选择分割后的铜皮的类型，Dynamic 表示动态铜皮，Static 表示静态铜皮。一般内电层都使用 Dynamic 动态铜皮，方便以后进行自动避让。设置完成以后的截图如 12.16 所示。

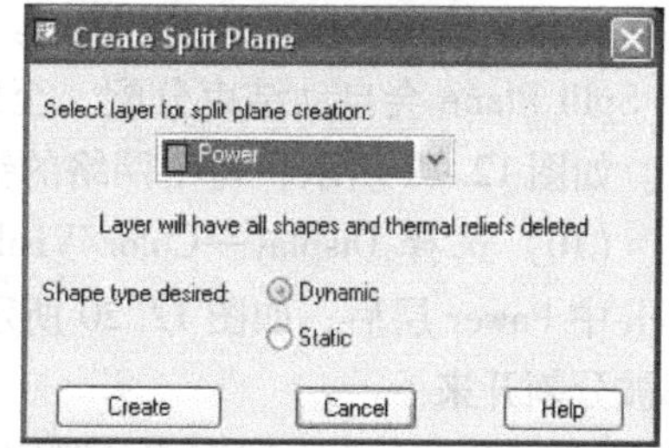

图 12.16　Create Split Plane 对话框

（7）单击 Create 按钮，弹出 Select a net 对话框。主窗口会自动缩放到需要创建的区域，同时会高亮显示出 Power 层中的一块分割后的铜皮区域。如图 12.17 所示，显示出左上角的分割区域。

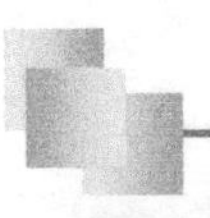

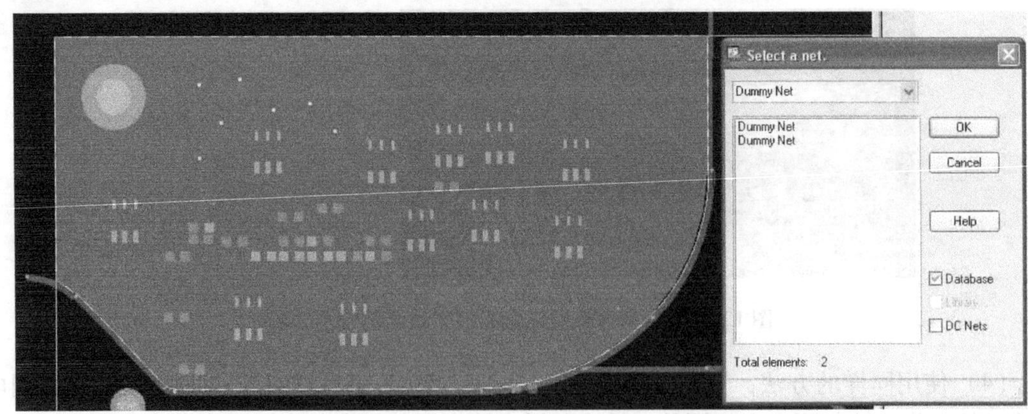

图 12.17　高亮显示 Power 层中的一块分割后的铜皮区域

（8）在 Select a net 对话框中，在 Dummy Net 下拉列表中选择 * 后，网络列表中会显示出所有的网络。比如当前的高亮区域铜皮需要分配成 1.2V 网络，在网络列表中找到 1.2V 网络后，单击 OK 按钮，高亮中的铜皮就会被添加成 1.2V 网络。如图 12.18 所示，分配网络 1.2V。

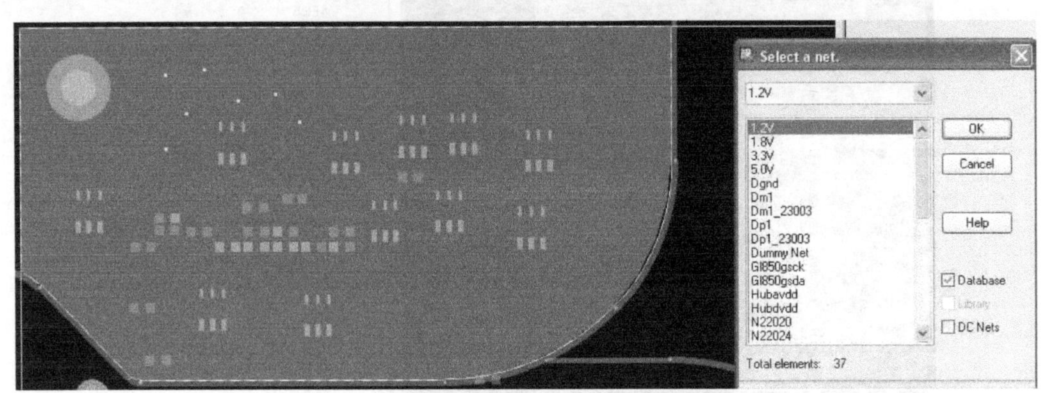

图 12.18　给高亮铜皮分配对应的网络

（9）1.2V 铜皮分配网络后，会高亮显示下一块铜皮，使用同样的方法选择 1.8V 网络，为当前高亮的铜皮赋予 1.8V 网络。继续给剩下的铜皮分配 3.3V 和 5.0V 铜皮网络后，Create Split Plane 会自动结束分配。至此，Power 内电层上分割出的 4 个铜皮区域都赋予了网络名。如图 12.19 所示，每个网络的铜皮都会用不同的颜色显示，并表示出网络的信息。

（10）选择 Display—Color/Visibility 命令，打开 Color Dialog 对话框，关闭显示的 Anti Etch 中 Power 层后，如图 12.20 所示。可以清晰地看到分割完成以后的 4 块铜皮区域，中间都被分割开来。

（11）Power 内电层铜皮分割完成以后的区域显示效果，不同的颜色代表不同的铜皮区域。完成以后可以使用 Show 命令来查看各个铜皮的 Net 属性，看是否和自己分配的属性相同，要确认。分割后的铜皮边界效果如图 12.21 所示。

（12）关于内层分割要注意的问题。

① 内层分割区域要分割形成闭合的区域，若是靠近板边缘，Anti Etch 分割线要画到板

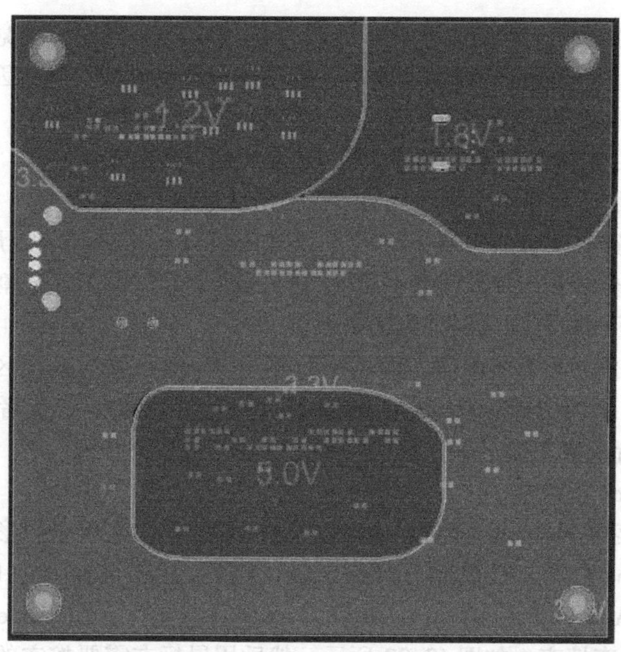

图12.19　对 Power 内电层上分割出的 4 个铜皮区域赋予网络

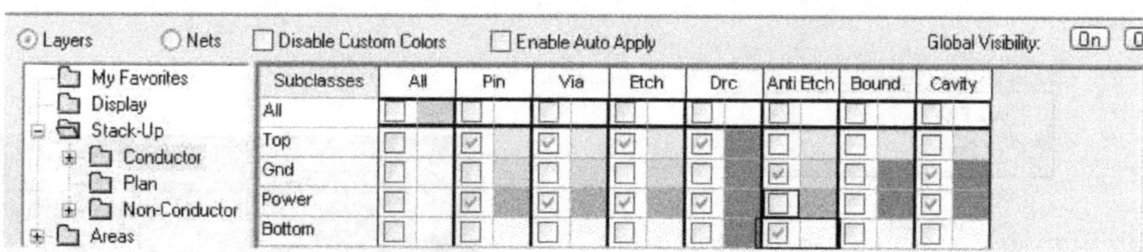

图 12.20　打开 Color Dialog 对话框

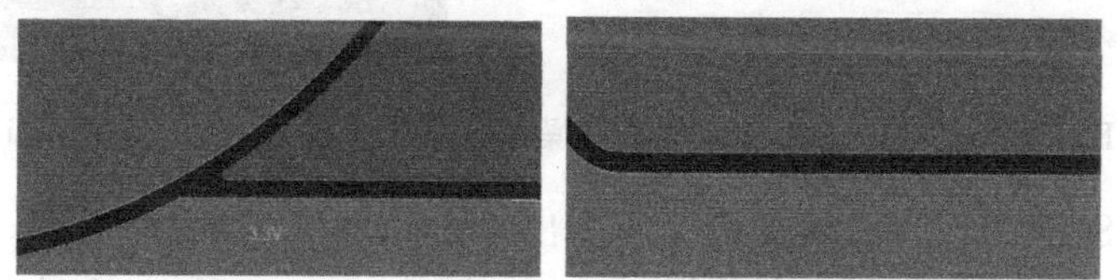

图 12.21　Power 内电层铜皮分隔完成以后的区域显示效果

框之外。内层的分割线每个区域电压不同，不同的区域都要形成一个完整的独立闭合区域，Allegro 会根据区域来分配网络表，若分割没有形成完整的区域，Allegro 不识别或者会分配错误。

② 若 Outline 不是连续的、完整的板框区域也是无法完成内层分配的，请在分配内层之前确认，不完整一定要想办法修改完整，让每个区域都成为独立区域，否则会出现错误。

③ 若将要分割的区域电压差距较小，Anti Etch 分割线可以采用较细的线宽，比如 15mil，若将要分割的区域电压差距较大，分割线的宽度要相应增加，可以使用 Saturn PCB Design 计算来获得分割线的宽度。

④ 分割线的宽度原则上若空间允许，可以加宽 Anti Etch 分割线线宽，保证不同电压等级之间的安全间距。另外，分割线加宽之后，也便于电路的制作，避免因工艺问题造成平面铜皮短路。

⑤ 内层分割线尽量采用弧形线或 45°线，避免使用 90°直角线。

⑥ 内层分割线尽量避开通孔类的元件，避免破坏 Flash 焊盘。

⑦ 本例中进行演示说明的内层采用了正片（Positive）形式，若内层采用负片（Negative）形式，铜皮的分割和正片方法是一致的，可以参考本例中正片分割方式进行。内电层设置成负片以后，不用进行内电层铺铜的操作。

（13）此外，可能在有些情况下，内层平面要挖空一些区域。挖空区域有两种方法，通过使用 Anti Etch 层进行绘制形状对区域的 Shape 来进行挖空，或者使用 Route—Shape Keeepout 命令来进行挖空。接下来介绍这两种方法的区域挖空步骤。

① 使用 Anti Etch 层挖空。

- 选择 Shape 菜单 Polygon、Rectangular、Circular 命令，挖空多边形、矩形、圆形。在右侧的 Options 选项卡的 Class and Subclass 下拉列表中选择 Anti Etch 和 Power 选项，表示将要在 Anti Etch Class，Power Subclass 层进行操作，在 Shape Fill Type 中设置成 Static Solid 静态填充，如图 12.22 所示。然后用鼠标在需要挖空的区域内拖动绘出挖空区域，如图 12.23 所示。

图 12.22　对 Anti Etch Class Power Subclass 层进行操作

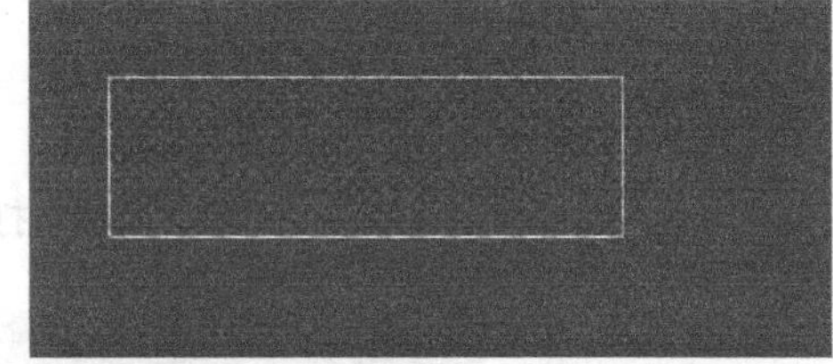

图 12.23　使用 Anti Etch 层挖空

- 选择 Edit—Split Plane—Create 命令，弹出 Create Split Plane 对话框。在 Select layer for split plane creation 下拉列表中选择 Power。在 Shape type desired 选项组中选择分割后的铜皮的类型 Dynamic。分别对各铜皮添加网络后，Anti Etch 添加的绘制图形已经被挖空。如图 12.24 和图 12.25 所示。

图 12.24　使用 Anti Etch 层挖空（开 Anti Etch）

图 12.25　使用 Anti Etch 层挖空（关 Anti Etch）

②使用 Shape Keeepout 命令进行挖空。选择 Route—Areas—Shape Keeepout 命令，然后用鼠标在需要挖空的区域内拖动绘出图形。图形绘制完成以后将会被自动挖空处理（动态铜皮会自动挖空），相对于 Anti Etch 层来看，Shape Keeepout 命令更为方便，操作步骤相对较少。完成挖空后的效果如图 12.26 所示。

图 12.26　使用 Shape Keeepout 命令进行挖空

注意：

Anti Etch 层和 Shape Keeepout 命令都支持 Class and Subclass 的选择，可以选择在 Gnd 层或 Power 层进行挖空，也可以选择成 All 所有的层都进行挖空。这样的挖空就比较灵活，可以在所有的层有效或者在某个单独的层有效。内层的挖空推荐使用 Shape Keeepout 命令，挖空后所见即所得，操作较简洁。

12.5　外层铺铜

（1）选择 Shape 菜单中的 Polygon、Rectangular、Circular 命令，Polygon 用来多边形铺铜、Rectangular 用来矩形铺铜、Circular 用来圆形铺铜，如图 12.27 所示。

（2）Options 选项卡设置。选择 Polygon 命令后，在右侧的 Options 选项卡中进行铺铜的设置。Active Class and Subclass 下拉列表用来选择铜皮所要铺在的层，设置成 Etch Top，表示将要在 Top 层进行放置铜皮。Type 下拉列表用来选择铜皮的类型，Dynamic copper 为动态类型的铜皮，可以自动避让，Static solid 为静态实心铜皮，Static crosshatch 为静态网格铜，静态铜皮不会进行自动避让，Unfilled 为静态不填充 Shape，电气层不能添加这种类型的 Shape。一般 Top 或者 Bottom 层上某个电压网络会使用静态实心铜皮绘制，地网络会使用动态铜皮绘制。Options 选项卡如图 12.28 所示。

（3）Assign net name 下拉列表用来设置将要添加铜皮赋予的网络。单击浏览按钮后进入网络列表对话框，通过浏览找到要赋予的网络后，单击 OK 按钮。被选择的网络会出现在 Assign net name 的文本框中。如图 12.29 所示，选择 Avdd 网络后，单击 OK 按钮。

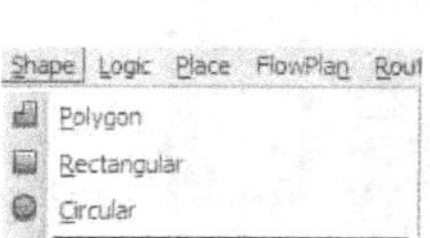

图 12.27　Shape 命令选项

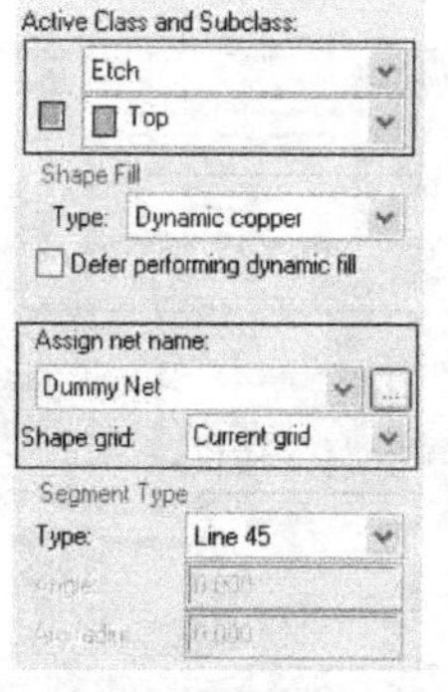

图 12.28　在 Options 选项卡中铺铜的设置

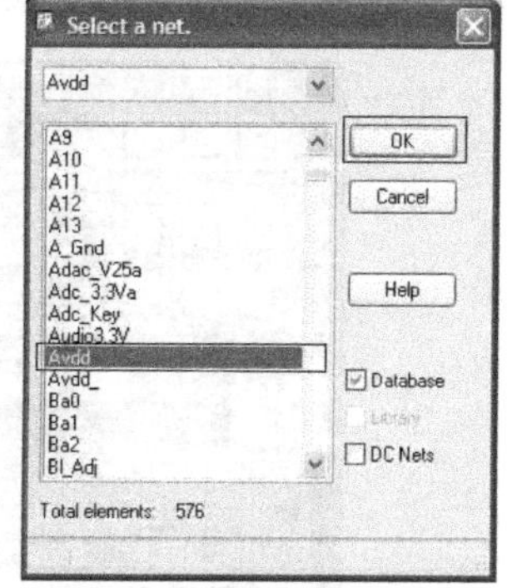

图 12.29　添加铜皮赋予的网络

（4）Shape grid 下拉列表用来设置铺铜使用的栅格，Current grid 表示当前栅格，None 表

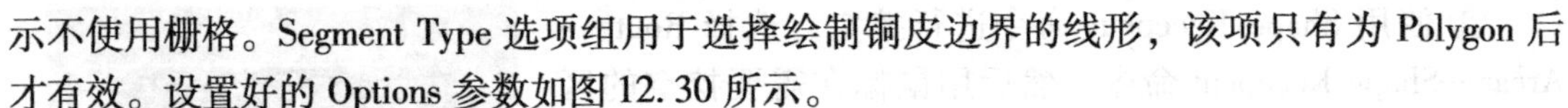

示不使用栅格。Segment Type 选项组用于选择绘制铜皮边界的线形，该项只有为 Polygon 后才有效。设置好的 Options 参数如图 12.30 所示。

一般情况下，VCC 电源类大电流的电压走线要在 Top 层或 Bottom 层，根据 Shape 连接的情况，Shape 的属性应设置成静态铜皮，这样可以保持在盖上动态铜皮之后，已经绘制好的静态电源类连接铜皮不发生变化。

（5）用鼠标在需要放置 Avdd 网络的区域内单击后拖动，Shape 图形就会挂在鼠标指针上，按照 Avdd 网络元件引脚摆放的位置，绘制出 Avdd 的 Shape 铜皮。绘制完成以后右键选择 Done 选项，铜皮会自动填充显示。如图 12.31 所示，所有的黄色网络就是 Avdd 的网络，通过绘制 Shape 铜皮进行连接。

图 12.30 设置铺铜使用的栅格

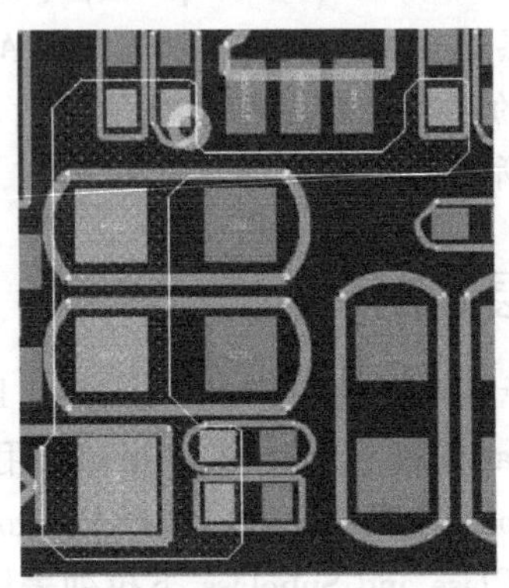

图 12.31 铜皮会自动填充显示

（6）外层 Top 添加 GND 动态铜皮的办法。选择 Shape 菜单中的 Polygon 命令，Active Class and Subclass 下拉列表用来选择 Etch Top，表示将要在 Top 层进行放置铜皮，Type 下拉列表设置成 Dynamic copper 动态类型的铜皮。Assign net name 下拉列表设置成 GND 网络。Shape grid 下拉列表用来设置铺铜使用的栅格。

用鼠标在需要放置 GND 网络的区域内单击后拖动，Shape 图形就会挂在鼠标指针上，按照 GND 网络元件引脚摆放的位置，绘制 GND 的铜皮。绘制完成以后右键选择 Done 选项，铜皮会自动填充显示。如图 12.32 所示，一般 GND 的铜皮都设置成 Dynamic copper 动态类型，这样可以方便其他对象的避让。

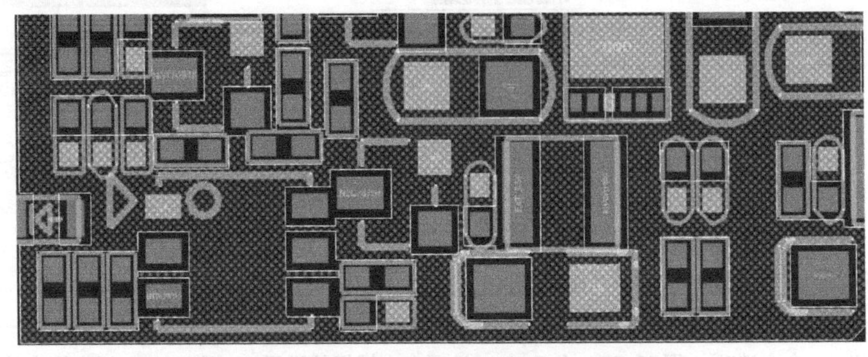

图 12.32 自动对不属于它自己的网络内的铜皮进行避让挖空

Dynamic copper 动态类型铜皮会根据电路板上网络的不同，自动对不属于它自己的网络

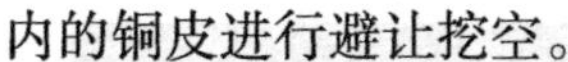
内的铜皮进行避让挖空。

12.6　编辑铜皮边界

因为一些 DRC 错误或使用动态铜皮之后不规则等原因，要对铜皮进行编辑，铜皮编辑的操作步骤如下。

（1）选择 Shape—Edit boundary 命令，在右侧的 Find 选择卡中勾选 Shape 复选项，单击要编辑的 Shape 铜皮，当前选中的 Shape 会高亮显示。

（2）打开右侧的 Options 选项卡，选择 Segment Type 选项组 Type 下拉列表中的 Line 45。表示将要使用直线 45°转角的方式对铜皮进行编辑。

（3）在要进行边界编辑的 Shape 边界上单击，拖动绘制出新的 Shape 边界，拖动的线的终点也要在 Shape 的边界上，绘制新的边界后系统会根据新的边界重新填充 Shape 铜皮，如图 12.33 和图 12.34 所示。

图 12.33　铜皮边界编辑前

图 12.34　铜皮边界编辑后

（4）在工作区域内，右键选择 Done 选项完成 Edit boundary 操作。

12.7　挖空铜皮

因为一些 DRC 错误或某些区域不需要铺铜的原因，要对铜皮进行挖空，挖空的具体操作步骤如下（这样的挖空只对当前选择 Shape 有效）。

（1）选择 Shape—Manual Void/Cavity 命令，后面会有 Polygon、Rectangular、Circular 三个命令。Polygon 为使用多边形来挖空、Rectangular 为使用矩形挖空、Circular 为使用圆形挖空，在这里以 Rectangular 使用矩形挖空为例进行讲解。

（2）在右侧的 Find 选择卡中勾选 Shape 复选项，单击要挖空的 Shape 铜皮，当前选中的 Shape 会高亮显示。

（3）用鼠标在要挖空的 Shape 处单击鼠标左键，拉动鼠标后会出现一个矩形的挖空区域，再次单击鼠标左键，铜皮上会出现一个矩形的挖空区域，如图 12.35 和图 12.36 所示。

（4）在工作区域内，右键选择快捷菜单中的 Done 选项完成挖空操作。

图 12.35　铜皮挖空前

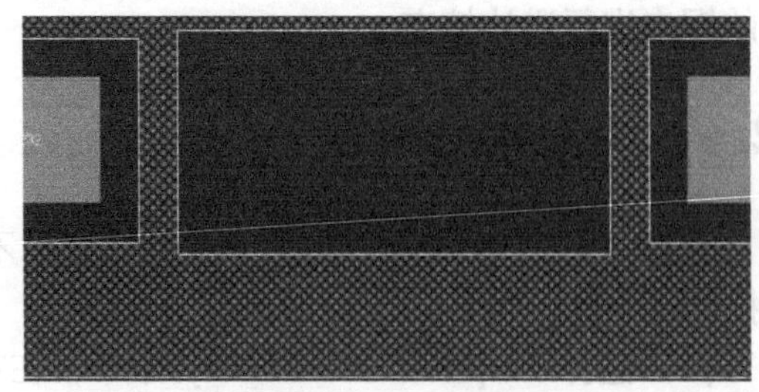
图 12.36　铜皮挖空后

12.8　铜皮赋予网络

在创建铜皮时忘记给铜皮赋予网络，已经绘制好的铜皮没有网络属性，这样的问题，可以采用给铜皮赋予网络解决。

（1）选择 Shape—Select Shape or Void 命令，在右侧的 Options 选择卡中设置参数。

（2）在 Find 选择卡中只勾选 Shape 复选项，单击要赋予网络的 Shape 铜皮，当前选中的 Shape 会高亮显示。

（3）打开右侧的 Options 选项卡，单击 Assign net name 下拉列表右侧的按钮后浏览所有网络列表，在其中找到需要赋予的网络后单击 OK 按钮。选中的网络会出现在 Assign net name 下拉列表中，此时网络已经被添加到当前选中的铜皮上，如图 12.37 和图 12.38 所示。

（4）在工作区域内，右键选择 Done 选项完成 Select Shape or Void 操作。

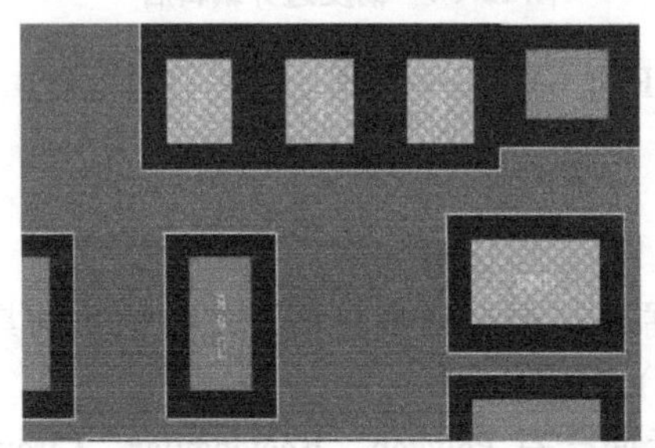
图 12.37　铜皮没有赋予网络之前不和任何网络连接

图 12.38　铜皮赋予 GND 网络后将网络连接

（5）另外，铜皮网络设置错误，需要更改的方法和上述方法一样，可以采用同样的方法对已经存在铜皮的网络进行网络修改。

12.9　删除孤岛

在电气层中，因为动态铜皮在自动挖空避让过程中经常会产生很多没有任何电气连接的孤岛铜皮，这些孤岛铜皮没有和任何铜皮连接，这样的铜皮在设计的过程中要进行删除，具体操作步骤如下。

（1）选择 Shape—Delete Islands 命令，在右侧的 Options 选择卡中设置参数。

（2）在右侧的 Options 选择卡中。

① Process layer 下拉列表用来选择将要删除哪个层的孤岛铜皮，所有的电气层都在该下拉列表中显示，如图 12.39 所示。

② Total design 会显示孤岛的总数量，Total on layer 会显示在当前选择层上孤岛铜皮的数量。单击 Delete all on layer 按钮后，会删除当前选择层中所有的孤岛铜皮。Net 可以显示当前高亮铜皮的网络名称，若无则为空。

③ First 或 Next 按钮，单击该按钮后会放大并定位当前层中的第一个孤岛，若当前系统中有多个孤岛，该按钮会变成 Next，再次单击该按钮后会定位到第二个孤岛。

④ Delete 按钮可以用来删除当前放大并定位的孤立铜皮。

⑤ 单击 Report 按钮后可以生产孤立铜皮的报告，其中会列出所有当前设计中的孤铜坐标和网络等信息。

⑥ Perm Highlight 按钮用来高亮显示孤立铜皮，如图 12.40 所示。

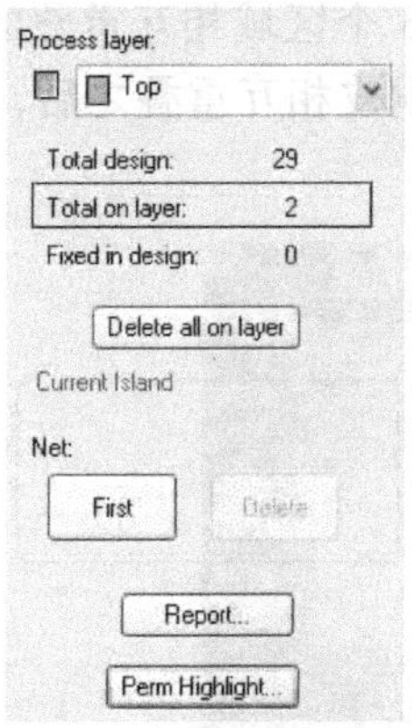

图 12.39　显示孤岛存在的层数

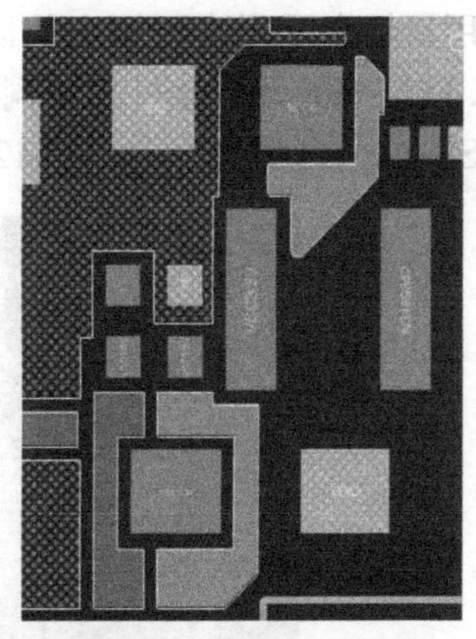

图 12.40　高亮显示孤立铜皮

（3）单击 Delete all on layer 按钮，删除当前层中存在的孤立铜皮，如图 12.41 所示。Shape 只有在 Smooth 的状态下才会显示孤岛的信息，才会有孤岛铜皮的删除。在进行孤岛删除之前，铜箔要处于 Smooth 的状态下，如图 12.42 所示。

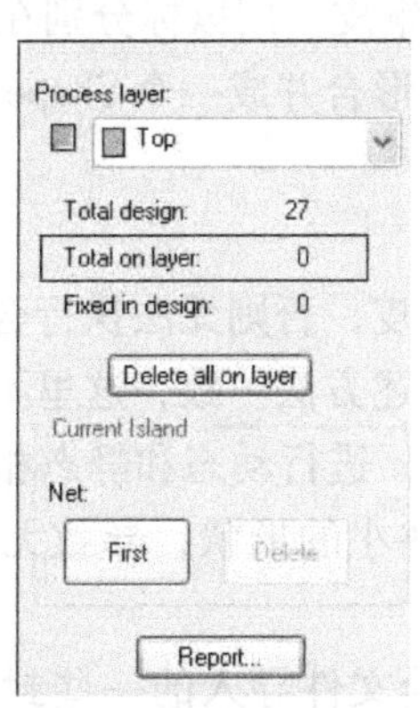

图 12.41　删除当前层中存在的孤立铜皮

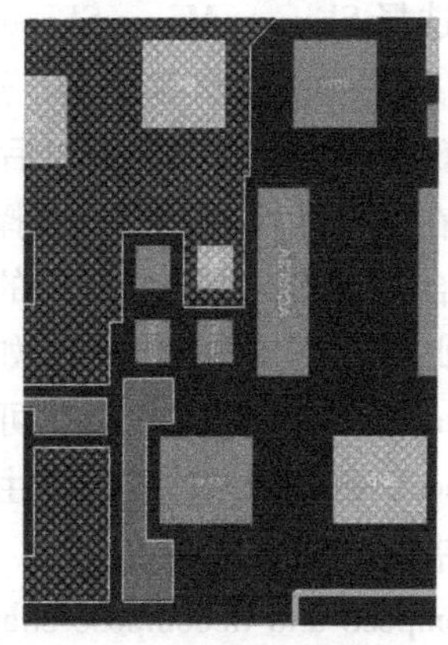

图 12.42　Top 层中孤铜删除后的图片

（4）当前层删除完成以后，在 Process Layer 下拉列表中选择其他含有孤岛的层继续进

行删除操作，每删除一块孤岛，控制面板中会实时显示当前层及整个电路板中孤岛的总数量。

（5）孤岛全部删除完成以后，在工作区域内，右键选择 Done 选项完成操作。

12.10 合并铜皮

Polygon、Rectangular、Circular 这 3 种不同类型 Shape 图形铜皮可以进行合并，组合成一些形状比较特殊的 Shape 图形铜皮，合并铜皮的操作步骤如下。

（1）先绘制出重叠的 Shape 图形。选择 Shape—Rectangular 命令，在右侧的 Options 选项卡的 Active Class and Subclass 下拉列表中选择 Etch 和 Top，代表将在 Top 层进行铜皮绘制。在 Shape Fill Type 下拉列表中选择 Static solid，表示将要绘制静态实心铜皮。在 Assign net name 下拉列表中选择铜皮的网络，比如 VCCX 网络。

（2）用鼠标在需要绘制铜皮的区域内进行单击，绘制出 3 个区域相互重叠的 Shape 铜皮。VCCX 网络上的元件通过 3 块铜皮形成连接，3 个 Shape 铜皮相互重叠之后，可以明显看到每个 Shape 的区域边界，如图 12.43 所示。

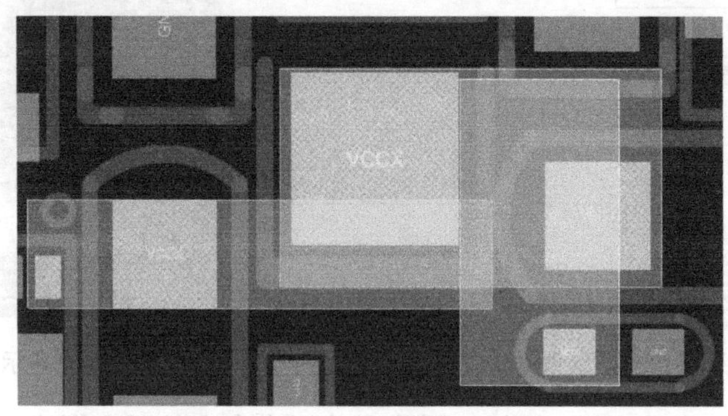

图 12.43　3 个 Shape 铜皮相互重叠

（3）在工作区域内，右键选择 Done 选项完成操作。

（4）选择 Shape—Merge Shape 命令，合并 3 个 Shape 图形铜皮。用鼠标分别在绘制好的 3 个 Shape 图形铜皮上分别单击，边界保持不变，3 个 Shape 图形合并成一个 Shape 铜皮，重叠的显示效果消失。合并完成以后的效果如图 12.44 所示。

（5）在工作区域内，右键选择 Done 选项完成操作。

（6）合并铜皮必须是同网络的静态铜皮或同网络的动态铜皮，否则无法执行合并操作。

（7）此外，铜皮的操作命令如下还有 3 个，操作方法和上述方法一致，这里不再讲述。

① Change shape type 命令，可以将铜皮切换为静态或动态，进行动态和静态相互转换。

② Check 命令用来检查铜皮由于自动避让产生一些过于狭小的形状，导致无法产生光绘文件的错误。

③ Compose and decompose shape 命令，从 DXF 文件或光绘文件导入的一些封闭的线条转换成铜皮。

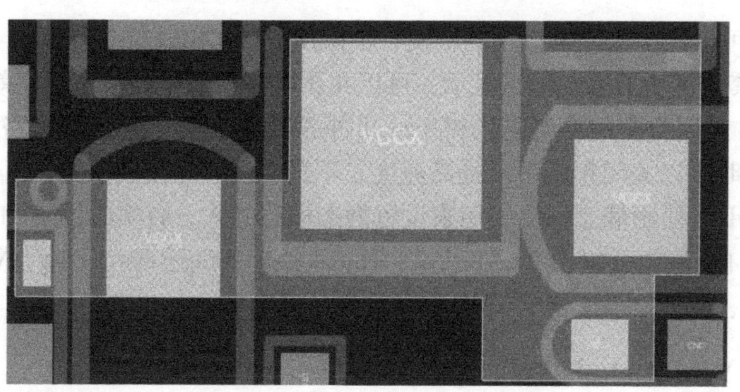

图 12.44　3 个 Shape 铜皮合并成一个 Shape 铜皮

12.11　铜皮属性设置

正片铜皮分为动态铜皮和静态铜皮，静态铜皮不会避让任何其他过孔等。可以用来做大面积的 VCC 引脚或者 Top、Bottom 层的大面积铜皮连接。动态铜皮会自动避让其他过孔，元件引脚等，但是动态铜皮会导致设计时更新速度变慢。

铜皮属性设置可选择 Shape—Global Dynamic Parameters 命令，执行后将出现 Global Dynamic Parameters 的控制面板。

12.11.1　Shape fill 选项卡

Shape fill 选项卡用于设置关于铜皮填充方式，在 Dynamic Fill 动态填充方式下有如下选项，如图 12.45 所示。

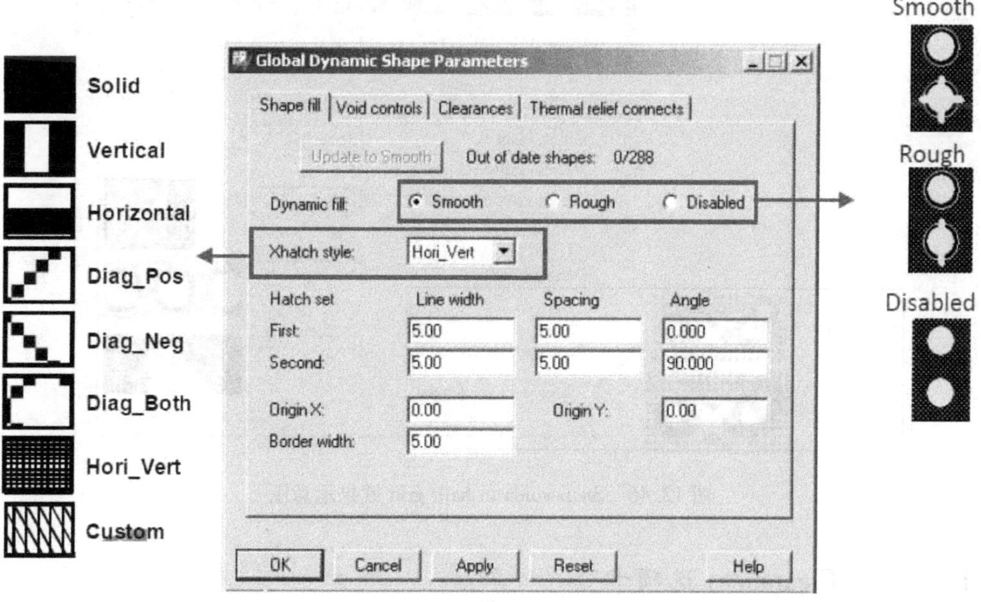

图 12.45　动态填充方式设置选项

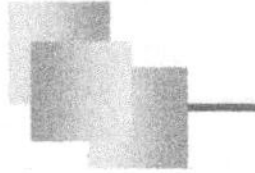

- Smooth：可以产生出光绘级别的铜皮，消除所有的 DRC。
- Rough：禁止自动平滑，粗略显示，可以在比较复杂的电路板上提高效率。
- Disabled：关闭所有的自动避让和 Smooth 平滑功能，对于复杂的电路板，同时有非常多的形状时可以关闭铜箔平滑提高速度，不过要注意短接的问题。
- Xhatch style：使用静态铜皮，用来设置静态填充方式，有实心铜皮和网格类铜皮，其中网格类的铜皮可以分为 Vertical、Horizontal、Diag_Pos、Diag_Neg、Diag_Both、Hori_Vert、Custom 等多种方式。

12.11.2　Void controls 选项卡

Void controls 选项卡用于设置铜皮的避让方式，控制铜皮避让方式，主要有如下选项，如图 12.46 所示。

- Artwork Format：光绘文件的格式，把铜皮的填充方式优化成矢量或光栅方式，设置格式必须和光绘设置的格式一致，常用 RS274X 格式。
- Minimum aperture for gap width：光栅方式的最小间隔宽度。
- Create pin voids：有两个选项 Inline 代表 Pin 之间的铜皮形状是包围还是挖空的铜箔。
- Acute angle trim control：控制尖角圆滑度。
- Snap voids to hath grid ：对其网络栅铺网格铜用这个选项。
- Suppress Shapes less than：铜皮自动避让时，若孤立未连接网络铜皮的形状小于设定的值，会被优化删除，在大面积动态铜皮时，会割出大量的小区域碎铜皮，手工删除很麻烦，就可以设置成合理的这个数字，系统就会自动删除很多小区域的碎铜皮，可以提高效率。

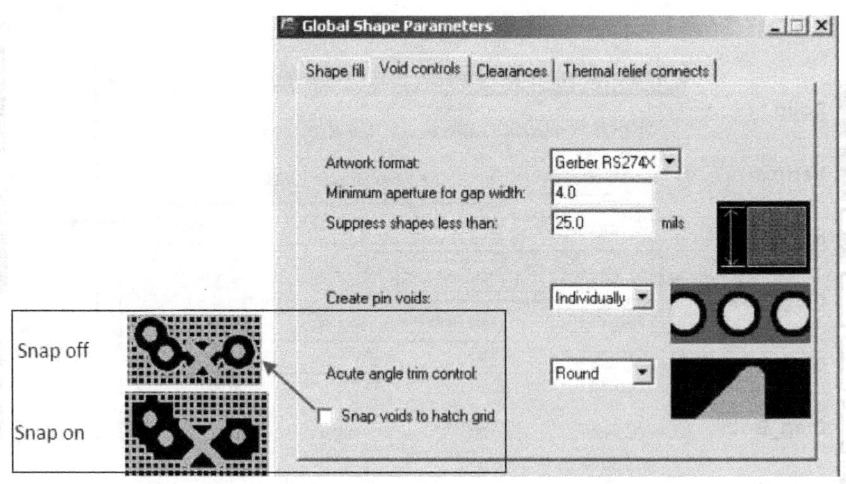

图 12.46　Snap voids to hath grid 效果示意图

12.11.3　Clearances 选项卡

Clearances 选项卡用于控制铜皮和其他元素之间的距离，使用 DRC 中的设置来控制铜皮

间距，这个地方能在 DRC 的数值基础上，再设置一个增量，对于单个铜皮控制不同间距比较有效，如图 12.47 所示。

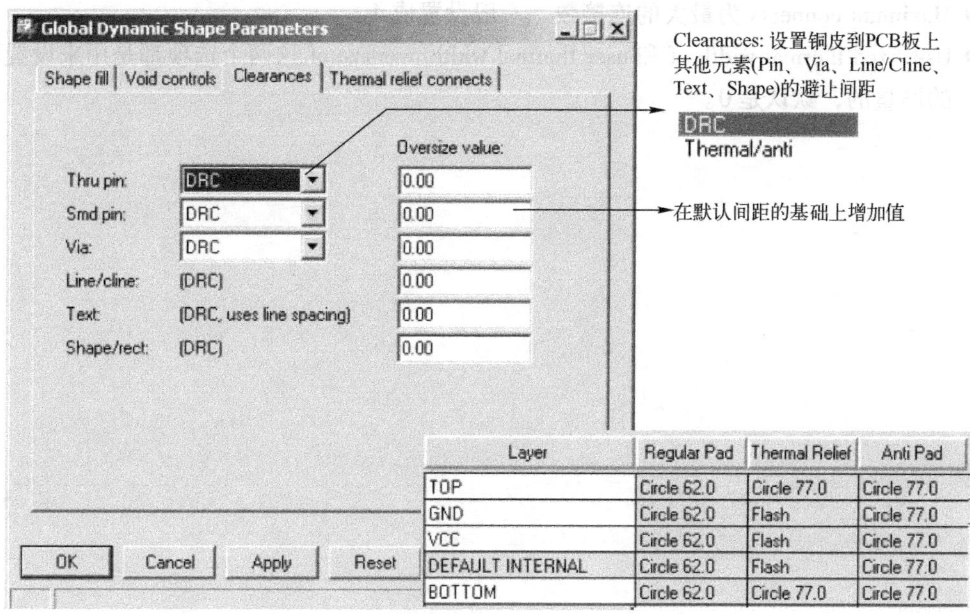

Layer	Regular Pad	Thermal Relief	Anti Pad
TOP	Circle 62.0	Circle 77.0	Circle 77.0
GND	Circle 62.0	Flash	Circle 77.0
VCC	Circle 62.0	Flash	Circle 77.0
DEFAULT INTERNAL	Circle 62.0	Flash	Circle 77.0
BOTTOM	Circle 62.0	Circle 77.0	Circle 77.0

图 12.47　控制铜皮和其他元素之间的距离

Oversize value 用来设置增量，方便对于不用的铜皮之间进行特殊的处理。

12.11.4　Thermal relief connects 选项卡

Thermal relief connects 选项卡用来设置 Via 和 Pin 与铜皮的连接方式，Orthogonal 为正交方式连接，Diagonal 为 45°斜角连接，Full contact 为全连接，8 way connect 为 8 脚方式连接，如图 12.48 所示。

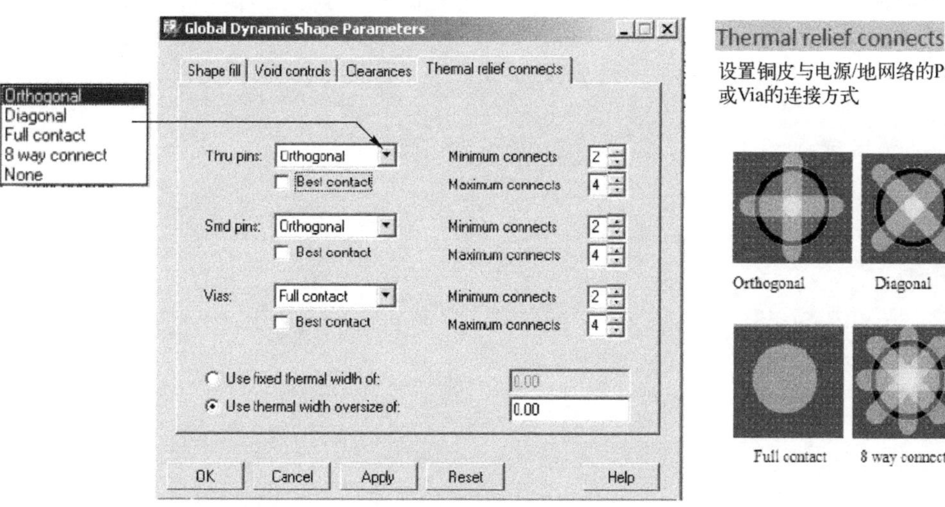

图 12.48　设置 Via 和 Pin 与铜皮的连接方式

- Best contact 复选项为满足最小连接引脚的数量。
- Minimum connects 为最小的连接数，一般设置成 2。
- Maximum connects 为最大的连接数，一般设置成 4。
- Use fixed thermal width of 和 user thermal width oversize of 这两个选项都是用来设置不同的增量的，默认是 0。

第13章　制作和添加测试点与MARK点

13.1　测试点的要求

电路板加工完成后需要进行测试，即对电路板的性能进行测试，例如，检测所有元件引脚间的连接，确保没有短路和断路的情况出现。目前电路板的测试主要有裸板测试和在线测试两种，这两种测试都需要添加测试点，测试点添加有一定的要求，具体如下。

（1）通孔类型的测试点，内钻孔要求大于0.4mm，外焊盘在0.7～1.2mm为宜，若电路板上元件密度很大，尺寸可以适当缩小。相邻测试点的间距最好保持在2.54mm以上，若元件密度很大，可以保持在不小于1.27mm。

（2）测试点尽量集中在元件焊接面上，而且要求分布均匀并便于削减探针压应力集中，距离周围元件在1mm之外，制止探针和元件撞击。测试面不能放置高度超过6.4mm的元件，过高的元件将导致在线测试夹具探针对测试点的接触不良。

（3）测试点距离PCB线路板边缘需大于5mm，测试点需放置在定位孔（配合测试点用来精确定位，最好用非金属化孔，定位孔误差应在±0.05mm内）环状周围3.2mm之外。

（4）测试点中间至片式元件端边的间隔 C 与SMD高度 H 有如下关系：SMD高度 $H \leqslant$ 3mm，$C \geqslant$ 2mm；SMD高度 $H \geqslant$ 3mm，$C \geqslant$ 4mm。

（5）也可以将元件面的SMD测试点通过过孔引到焊接面，过孔直径大于1mm，可用单面针床来测试，降低测试成本。

（6）禁止将测试点置于SMT元件上，这样容易伤害焊盘或元件。禁止使用过长元件脚（4.3mm）或过大的孔径（大于1.5mm）作为测试点。

（7）测试点应使用不易氧化的金属制作，以保证可靠接地，延长探针使用寿命。

13.2　测试点的制作

测试点使用Pad Designer来制作，制作办法和焊盘相同，以制作一个表贴直径为0.8mm的测试点为例，进行制作步骤说明。使用Pad Designer工具新建一个表贴直径为0.8mm的焊盘，将这个焊盘命名为tepsc0r8m.pad。

13.2.1　启动工具

选择Start—Programs—Cadence—Elease 16.6—PCB Editor Utilities—Pad Designer命令启动软件。Parameters标签用于设置尺寸单位和通孔类焊盘的钻孔参数，Layers标签用于设置焊盘各层的信息，在Units选项中选中Millimeter（毫米），注意在设计SMD焊盘时，该页面

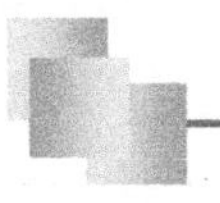

只需要设置 Units 项，其他选项为默认值，如图 13.1 所示。

图 13.1　在 Units 选项中选中 Millimeter

13.2.2　设置测试点参数

先勾选 Single layer mode 选项，表面是单面焊盘。单击 BEGIN LAYER 选项，在下面的 Regular Pad 的 Geometry 选项中选择 Circle 圆形，在 Width 栏输入 0.8，表示将要建立的是直径 0.8mm 的焊盘。单击 SOLDERMASK_TOP 表层阻焊层选项，在 Regular Pad 中选择 Circle 圆形，在 Width 栏输入 0.9，表示将要建立的是直径 0.9mm 的阻焊层。单击 PASTEMASK_TOP 表层助焊层选项，在 Regular Pad 中选择 Circle 圆形，在 Width 栏输入 0.8，表示将要建立的是直径 0.8mm 的助焊层，如图 13.2 所示。

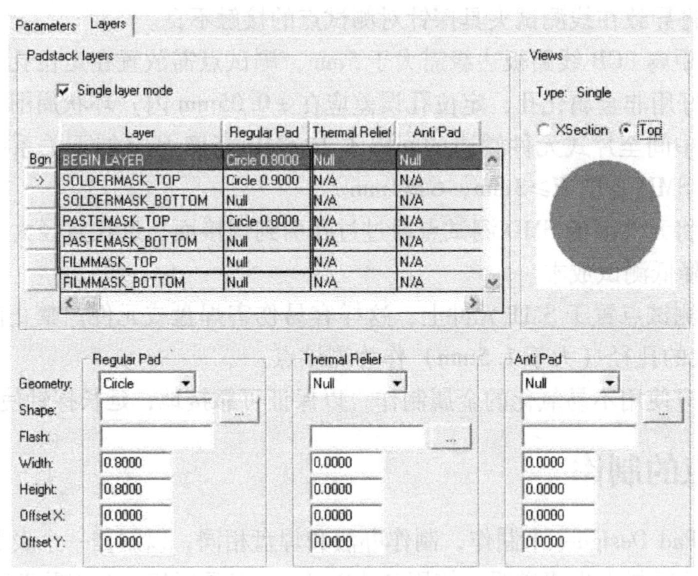

图 13.2　设置测试点各层参数

13.2.3　保存焊盘文件

选择 File 菜单下面的 Save AS 命令给焊盘命名，浏览到焊盘的保存路径下，单击 Save 按钮保存 tepsc0r8m. pad，如图 13.3 所示。

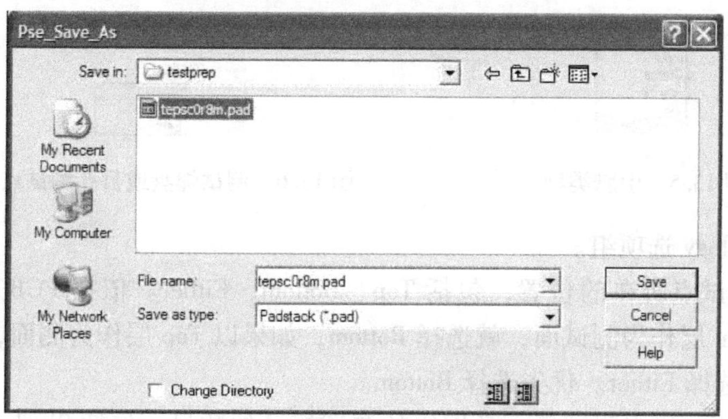

图 13.3　保存 tepsc0r8m. pad

13.3　自动加入测试点

13.3.1　选择命令

选择 Manufacture—Testprep—Parameters 命令，打开参数设置对话框，如图 13.4 所示。

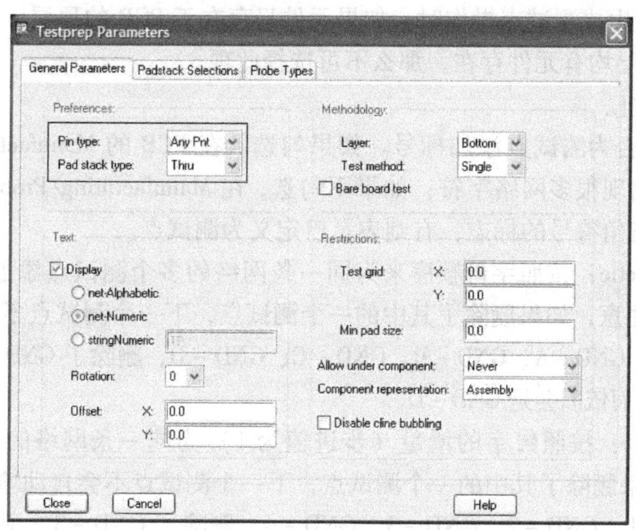

图 13.4　打开参数设置对话框

13.3.2　Preferences 功能组的参数设置

General Parameters 选项卡的设置详解如下。

（1）Pin type：引脚的类型选择，下拉列表中有 Input（输入）、Output（输出）、Any Pin（任意的输入/输出）、Via，Any Pnt（任意类属性的引脚作为生成测试点），如图 13.5 所示。

（2）Pad stack type：表示使用测试点的类型，下拉列表中包括 SMT/Blind、Thru、Either，如图 13.6 所示。Thru：表示生成通孔类型的测试点；SMT/Blind：选择表贴测试焊盘或盲孔测试点的类型；Either：SMT/Blind 和 Thru 都允许。

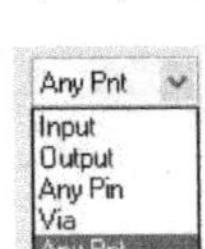

图 13.5　引脚类型

图 13.6　测试焊盘或盲孔测试点的类型

（3）Methodology 选项组。

① Layer：测试点所在的位置，包括 Top、Bottom、Either。依据 PCB 板设计的复杂程度，如果以 Bottom 层作为测试面，就选择 Bottom，如果以 Top 层作为测面，则选择 Top，如果两面测试，则选择 Either。优先选择 Bottom。

② Test method：指定测试每一条网络的测试探针的数目，包括 Single、Node、Flood 选项，选择系统默认的 Single。

③ Bare board test：光板测试。表示在测试时无论 PCB 上是否安装有元件。如果选中此项，只要元件引脚焊盘在 PCB 的测试板面就被定义成测试焊盘，那么在此板面的所有元件的引脚将均符合测试条件。同时，选项 Allow under component 和 Component representation 功能将被屏蔽。这样会带来隐患，生成一些不合格的测试点，像测试点可能会位于测试面的元件之下。如果不选中此项，元件引脚只能在非元件面被测试（指正面插件元件焊盘可在背面测试）。因此，在生成测试点操作时，如果元件只存在于 PCB 的顶层，可以选中此项。如果 PCB 的顶层和底层均有元件存在，那么不可选择此项。

（4）Text 选项组。

① Display：是否为测试点添加标号。如果勾选，在 PCB 的 Manufactuting/Probe_Bottom 或 Probe_Top 层会出现很多网络字符；如果不勾选，在 Manufactuting/Probe_Bottom 或 Probe_Top 层就可以看到三角符号的标志，有则表示已定义为测试点。

② net - Alphabetic：按照字母顺序来为同一条网络的多个测试点添加标号，第 27 个标号从 AA 起。需要注意，如果删除了其中的一个测试点，下一个测试点不会自动填补而依旧顺延，比如有测试点 GND - A、GND - B、GND - C、GND - D，删除了 GND - C，那么 GND - D 不会变成 GND - C，而依旧会是 GND - D。

③ net - Numeric：按照数字的增量（步进值为 1）为同一条网络的多个测试点添加标号。需要注意，如果删除了其中的一个测试点，下一个测试点不会自动填补而依旧顺延，比如有测试点 GND - 1、GND - 2、GND - 3、GND - 4，删除了 GND - 3，那么 GND - 4 不会变成 GND - 3 而依旧会是 GND - 4。

④ stringNumeric：该项设置可将 PCB 上所有测试点标识以一个任意输入的字符串来开始命名（默认的字符串为 TP），其后缀从 1 开始依次增加（步进值为 1），最后的 *N* 近似为单板上所有测试点的个数。

⑤ Rotation：指定添加丝印标号的方向，有 0、90、180 或 270 可选。

⑥ Offset：指定添加丝印标号相对于测试点在 *X* 轴、*Y* 轴方向上的偏移量。

（5）Restrictions 选择组（测试点的限制条件）。

① Test grid：定义栅格属性以便在栅格上添加测试点。0 表示没有栅格约束。

② Min pad size：定义生成测试孔在测试面的焊盘的最小值。此值需要和测试孔在测试

面的焊盘的最小值保持一致。如果选择小于此值的话，在测试点报告中会存在误报，即将一些不是测试孔的过孔认为是测试孔而在报告中出现。

③ Allow under component：能否将测试点放置在元件底下。

④ Component representation：设置元件的覆盖区域和外形，用来判断测试点和元件之间的距离是否满足要求，分为 Assembly 和 Placebound，目前公司库中的 Placebound 大于 Assembly，因此选择 Placebound 更为妥当。

⑤ Disable cline bubbling：用来设置在自动或手动添加测试点时，如果一个过孔被替换成测试点，周边的连接线是否自动进行绕行，以避免产生 DRC。一般要选择该项，使系统不对走线进行自动绕行，然后在添加完测试点后检查每个 DRC，并手动修改走线，否则系统在自动绕线时会产生一些不理想的走线效果，如图 13.7 和图 13.8 所示。

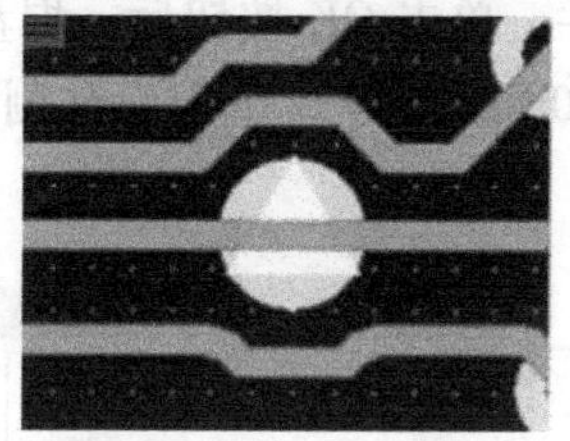

图 13.7　自动进行绕行以避免产生 DRC

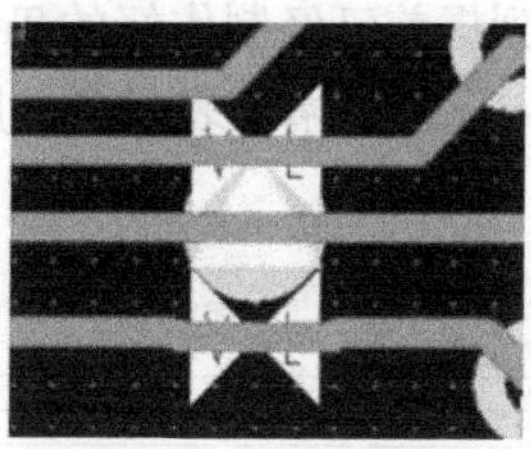

图 13.8　未进行自动避让

（6）通过上面对各个选项的详细叙述，结合实际情况，推荐在进行自动添加测试点的操作时，对参数的设置如图 13.9 所示。需要注意的是，自动加测试点前应在相关区域设置禁止加测试点区，比如 BGA 正下方不准绿油开窗，在加测试点前应在此加一块 Shape，Class 和 Subclass 分别指定于 Manufacturing 和 No probe bottom。

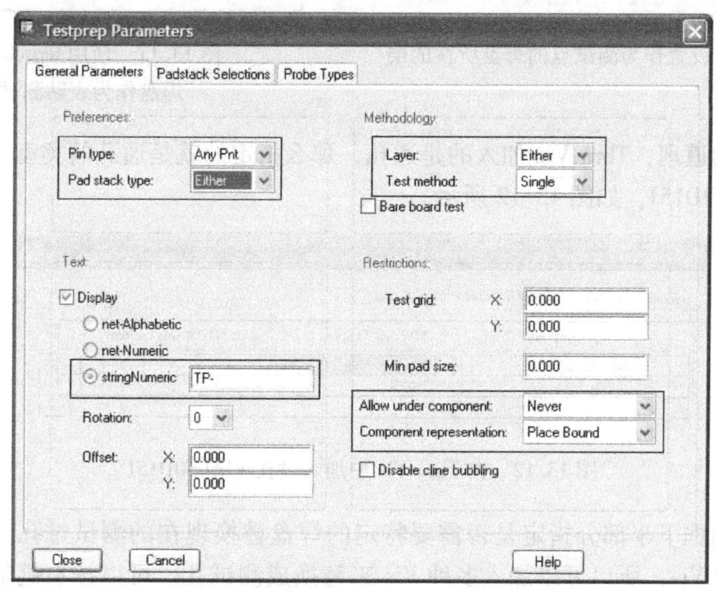

图 13.9　自动添加测试点的参数的设置

13.3.3　Padstack Selection 选项卡（指定测试点）

（1）该选择卡指定添加测试点所使用的焊盘，可以设置 Top 层和 Bottom 层使用哪些焊盘作为测试点使用，如图 13.10 所示。

（2）SMT TestPad：表贴类测试点。TOP Side Testpoint：Top 层的表贴测试点，该处表格用来指定 Top 层使用哪个焊盘作为测试点。BOTTOM Side Testpoint：Bottom 层的表贴测试点，该处表格用来指定 Bottom 层使用哪个焊盘作为测试点。若 Methodology 选择的是 Top Layer，就需要在 Top Side Testpoint 中进行焊盘的选择，若选择的是 Bottom Side 也是如此。

（3）用鼠标在表格后面的浏览按钮上单击，打开 Select a library padstack 对话框，勾选 Library 复选项之后表示将加载 Padpath 路径中所设置的所有焊盘文件，在文本框中通过浏览方式，找到提前已经制作好的 Tepsc0r8m 焊盘文件。单击 OK 按钮后，焊盘会被加入到 TOP Side Testpoint 栏表格，表示 Top 层中将使用 Tepsc0r8m 的焊盘作为表贴测试点，如图 13.11 所示。

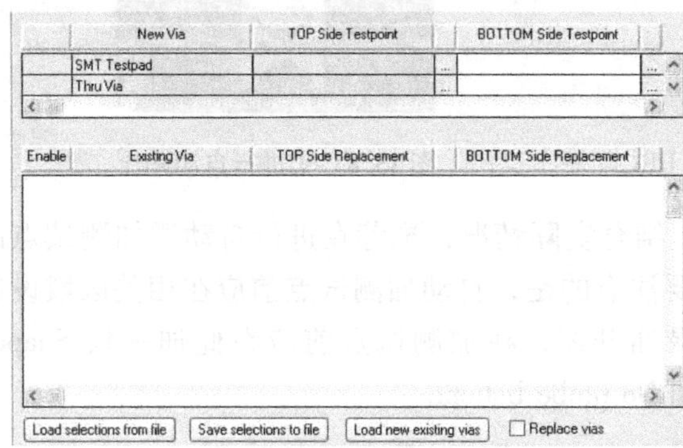

图 13.10　设置作为测试点的焊盘所在的层

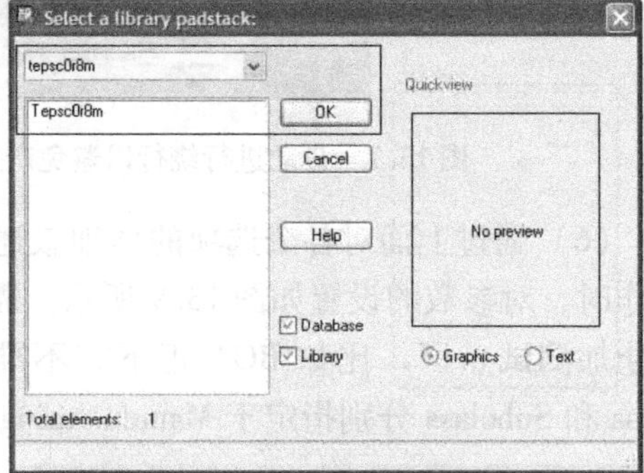

图 13.11　使用 tepsc0r8m 的焊盘作为表贴测试点

（4）同样的道理，Thru Via 加入的是通孔，那么指定的就是通孔的类型。在 Thru Via 中加入过孔 VIAC30D15I，如图 13.12 所示。

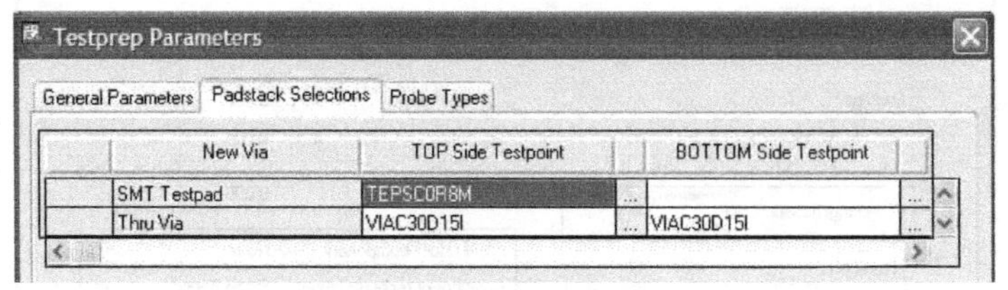

图 13.12　在 Thru Via 中加入过孔 VIAC30D15I

（5）该对话框下半部分指定是否需要特定的焊盘替换现在的测试过孔，在当前的设计中，一般有几种 Via，所以可以加入多种 Via 来替换成测试孔。可以按右键加入已经有的测试孔，在 Top/Bottom 层选择所要替换的过孔，注意，如果要替换的话，必须勾选左边的 Enable 复选项。

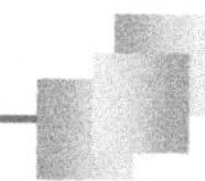

13.3.4　Probe Types 选项卡（探针的类型）

Probe Types 选项卡用来设置探针的类型、间距及表示测试点的图形。

（1）在 Probe Type 栏中输入名字，名字必须用数字，这个数字要和 Probe Space 的间距对应。在 Probe Space 栏中输入测试点的最小中心距，要和 Probe Space 对应，数字 0 表示没有最小间距限制。Figure 用符号表示每个类型，没有加号和圆圈，注意最左边的 Enable 复选项，只有选中的才会执行，如果选中多行，那么就会按照从大到小的次序来执行。

（2）在 Probe Type 栏中输入 10，在 Probe Space 栏中输入 10，在 Figure 栏中选择 HexagonX，勾选 Enable，表示启用设置，如图 13.13 所示。

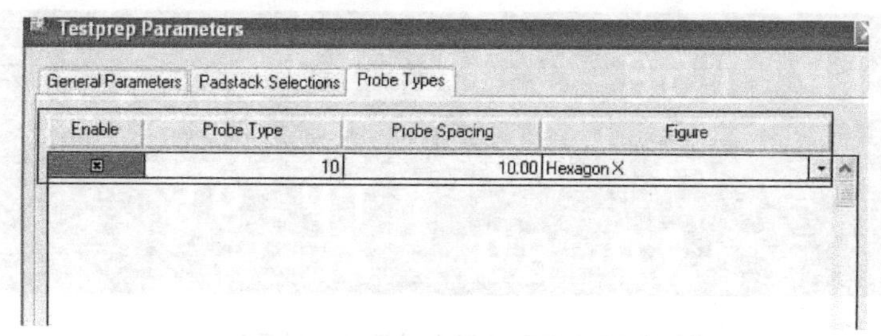

图 13.13　设置探针的类型、间距及表示测试点的图形

13.3.5　Testprep Automatic 自动添加测试点

以上的参数都设置完成后，单击 Close 按钮关闭参数设置对话框。选择 Manufacture—Testprep—Automatic 命令，进入 Testprep Automatic 对话框，如图 13.14 所示。

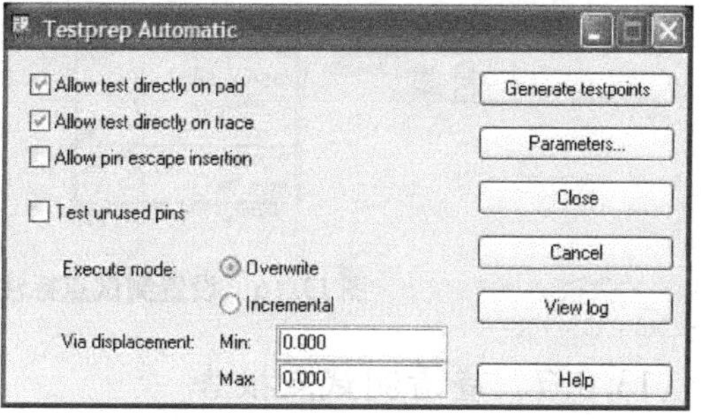

图 13.14　自动添加测试点对话框

（1）Allow test directly on pad：允许直接使用通孔焊盘作为测试点。

（2）Allow test directly on trace：用指定的表贴测试焊盘或盲孔测试焊盘（测试焊盘类型可单击 Parameters 按钮进行指定），自动在走线上添加测试点。必须注意，在生成测试点之处必须没有其他的焊盘或过孔存在。选择此项不会添加通孔类型的测试点，也不会在走线上引出一小段 Stub。

（3）Allow pin escape insertion：此项和 Test thru via（可单击 Parameters 按钮进行指定）项以及 Via displacement 项配合使用，可以给网络添加通孔测试点。选择此项时，PCB 上必须具有 Route keePing。

（4）Test unused pins：指定器件没有使用的引脚可作为测试点。

（5）Execute mode：模式选择。Overwrite：替换所有已经存在的测试点进行重新添加；Incremental：进行添加测试点时不替换已经存在的测试点。

（6）Via displacement：Min——设定一个距离引脚或过孔的最小值，以便在自动生成测试点时对过孔进行替换。此值设为 0 的话，表示没有距离要求，同时运用 DRC 规则进行在线检测。请注意，如果违反了 DRC 规则，那么将不会生成测试点。Max——指定一个距离引脚或过孔的最大值，以便能够自动生成测试点。

13.3.6　添加测试点

设置好参数之后，单击 Generate tespoints 按钮，Allegro 开始按照设置好的参数自动进行测试点的添加。可以在命令窗口中看到不断有添加测试点的信息被打印显示。添加的测试点会不断被添加到电路板走线上去。如图 13.15 所示，图中的 TP－158、TP－157、TP－148、TP－95、TP－89 都是已经自动添加好的测试点。

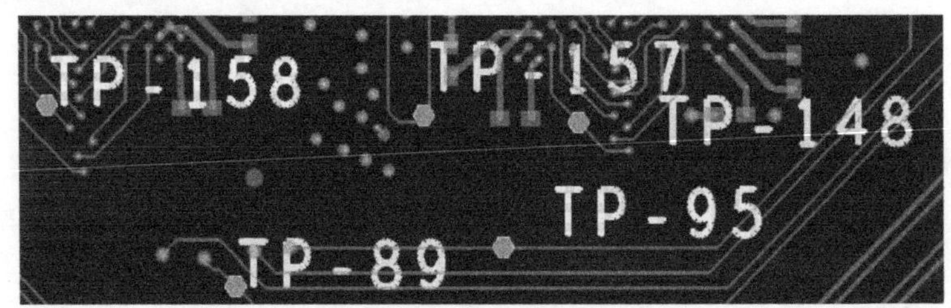

图 13.15　查看已经自动添加好的测试点

注意在 Color Visibility 对话框 Manufacturing 文件夹下的 Probe_Top 和 Probe_Bottom 复选项用来设置测试点标注字符的颜色及是否打开显示。只有该处勾选打开显示之后，测试点的标准字符才能显示，如图 13.16 所示。

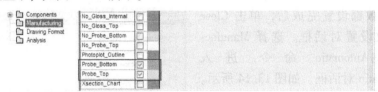

图 13.16　设置测试点标注字符的颜色及是否打开显示

13.3.7　查看测试点报告

添加测试点完成以后，单击 View log 按钮，弹出 Testprep Report 窗口，如图 13.17 所示。同时会在 probe_top&bottom 层产生六角符号来表示测试点的位置。

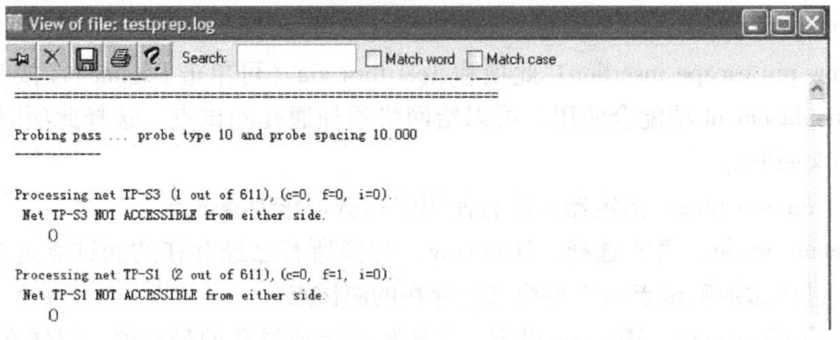

图 13.17　弹出 Testprep Report 窗口

13.4　手动添加测试点

前面讲述了自动产生测试点的方法，手动加入测试点也需要先进行测试点的参数设置，和前面讲述的参数设置一致，在这里不再进行讲述。手动添加测试点是用鼠标在需要添加测试点的网络上单击后添加一个测试点，具体的操作步骤如下。

13.4.1　手动添加测试点命令

选择 Manufacture—Testprep—Manual 命令，进入手动添加测试点命令以后，单击右侧的 Options 选项卡，其中包括用于设置手动添加测试点的一些命令，如图 13.18 所示。

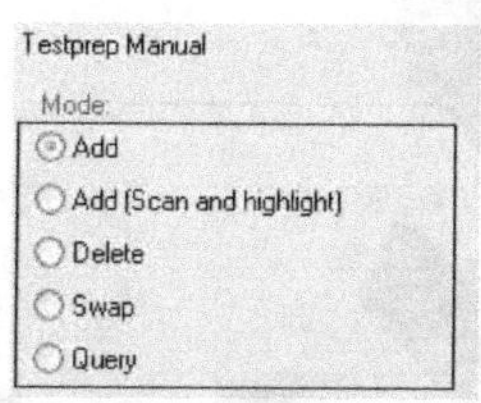

图 13.18　对测试点的操作

- Add：手工添加测试点。分为两种情况：其一，网络上已经具备过孔，通过调整优化走线，使用此命令可以直接将过孔替换成测试孔；其二，网络上没有过孔，需要手工在合适位置通过布线命令添加过孔，然后再使用此命令将添加的过孔替换成测试孔，或者手工直接在合适位置通过布线的命令添加测试孔，但是必须使用此命令将测试孔属性添加上去。
- Add (Scan and highlight)：选择此项可以逐个地扫描未加测点的网络并将其高亮显示，同时窗口会自动跳到包含这条网络的视窗，并且 Allegro 视窗下方的命令栏会显示没有测试点的网络。然后在此网络上进行手工添加测试点的操作。单击可进行 Done、Cancle 或 Next 操作。
- Delete：删除已经存在的测试点。
- Swap：将测试点属性交换到另外一个焊盘或过孔上。
- Query：单击你关注的测试点后，会显示该测试点的属性。

13.4.2　手动执行添加

在 Options 选项卡中选择 Add Mode 添加测试点模式，用鼠标在需要放置测试点的走线上单击就可以在单击的位置产生一个测试点，再次单击后确认摆放，将会产生测试点的标号，如图 13.19 所示。但单击的位置在 Testprep Parameter 中设置的参数约束内若不允许添加测试点，单击后将无法添加测试点。

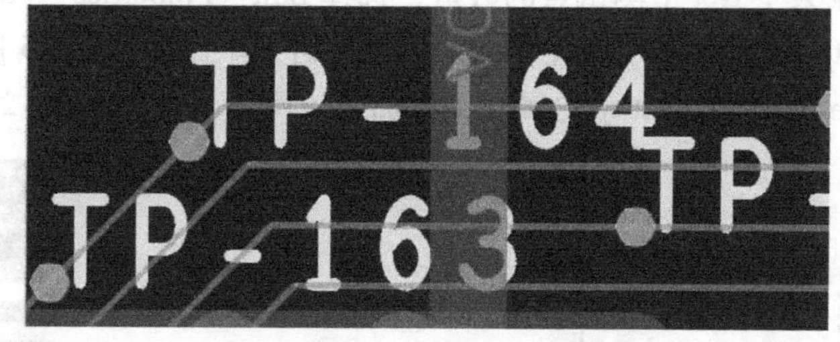

图 13.19　在走线上放置测试点

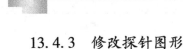

13.4.3 修改探针图形

修改探针图形，可以在 manufacturing—Probe Types 选项卡中设置探针的类型、间距及表示测试点的各种类型的图形，如图 13.20 所示。

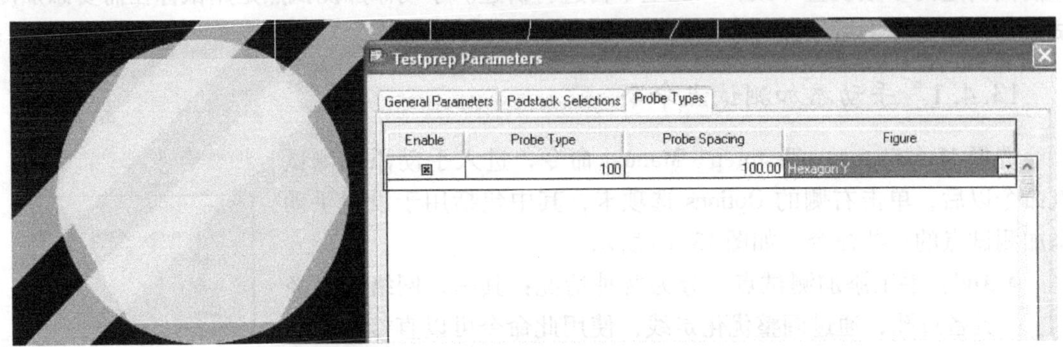

图 13.20 设置探针的类型、间距及表示测试点的各种类型的图形

13.5 加入测试点的属性

如果有些 Net 或者元件需要特殊处理的，可以增加约束条件。

（1）如果某一个 Net 不允许增加测试点，可以选择 Edit—Properties—Find 命令，查找 Net，选择不增加测试点的网络，在属性里面增加 No_Test 的属性。比如选择 A5 的网络，在 Edit Property 对话框中找到 No_Testt 的属性，添加到该网络上，如图 13.21 所示。

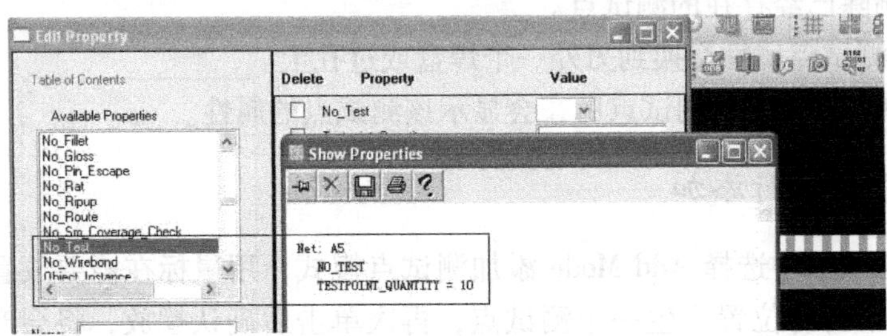

图 13.21 给测试点增加属性

（2）如果要控制某个 Net 上测试点的数量，选择 Edit—Properties—Find 命令，查找 Net，选择网络后找到 Testpoint_Quantity 属性，增加到该网络上。比如选择 A5 网络，在 Edit Property 对话框中找到 Testpoint_Quantity 的属性，添加到该网络上，如图 13.22 所示。

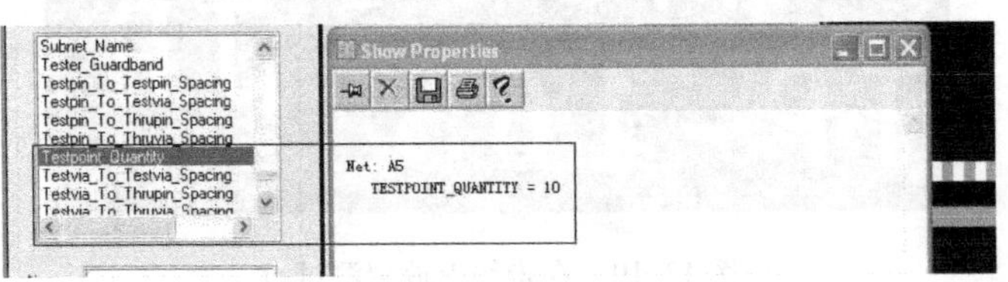

图 13.22 控制某个 Net 上测试点的数量

（3）在 Options 选择卡中，TESTPOINT_ALLOW_UNDER 用来定义测试点是否可以位于某个元件之下，单击元件进行定义，如图 13.23 所示。

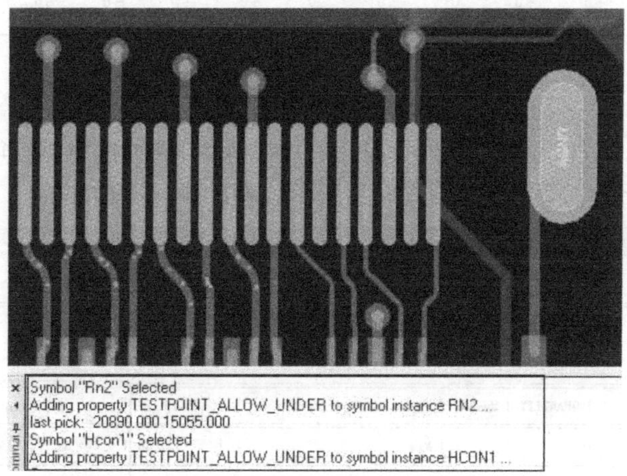

图 13.23　定义测试点是否可以位于某个元件之下

（4）测试点的锁定和解除锁定，选择 Maufacture—Fix/Unfix Testpoints 可以锁定或者解除锁定某个测试点，如图 13.24 所示。

（5）测试点的夹具文件。选择 Maufacture—Create FIXTURE 命令，用来生成测试点的夹具文件，如图 13.25 所示。

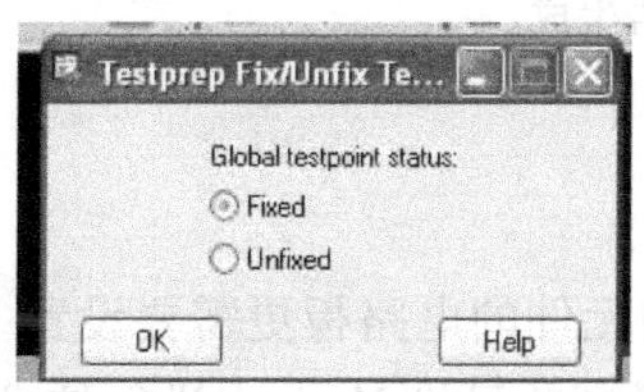

图 13.24　锁定或者解除锁定某个测试点

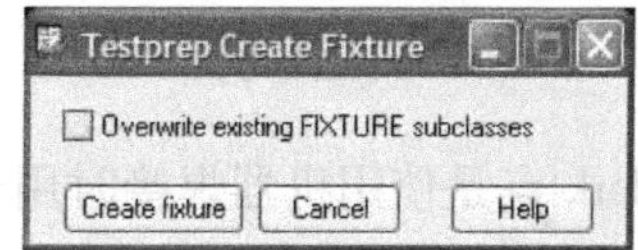

图 13.25　生成测试点的夹具文件

选择 Maufacture—Create Fixture 命令创建测试治具生成的文件，若需要多次生成，可以选择 Overwrite Exiting 命令，生成的文件就在和 PCB 相同的目录下。

如果以前没有执行过这个命令，单击界面中的 Create fixture 按钮后，系统会自动在 Manufacturing 的大类中添加两个 subclass，Fixture_Top 和 Fixture_Bottom，以方便后面检查使用。如果对测试点进行了修改，可重新执行该命令，注意选中 Overwrite existing FIXTURE subclass 复选项即可生成新的测试点夹具。

（6）选择 Maufacture—Create NC drill data 命令，生成测试点的钻孔数据。Top 层的测试点和 Bottom 层的测试点数据是分开的，分别命名为 top_probe. drl 和 bottom_probe. drl。

（7）在约束管理器中选择 Spacing—Spacing Constraint Set—All Layer——Vias，在右侧工作表编辑窗口中的 Test Via To 规则就是默认的测试点间距约束规则。测试点到元件 Pin 目前常用的间距是 5mil，可以根据电路板密度的情况，适当调整间距的设置规则，如图 13.26 所示。

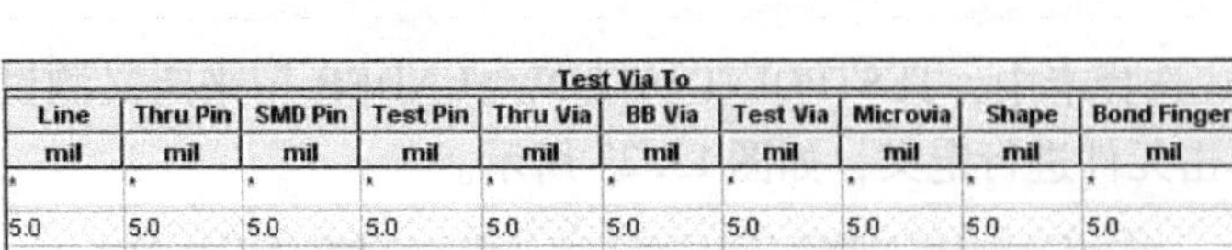

Test Via To									
Line	Thru Pin	SMD Pin	Test Pin	Thru Via	BB Via	Test Via	Microvia	Shape	Bond Finger
mil	mil	mil	mil	mil	mil	mil	mil	mil	mil
*	*	*	*	*	*	*	*	*	*
5.0	5.0	5.0	5.0	5.0	5.0	5.0	5.0	5.0	5.0
5.0	5.0	5.0	5.0	5.0	5.0	5.0	5.0	5.0	5.0

图 13.26　适当调整间距的设置规则

（8）生成测试点报告，选择 Tools—Quick Report—Testprep Report 命令，检查测试点是否都已经生成，可以查看文件，看是否符合要求，如图 13.27 所示。

Testprep Report

Search　　☐Match word　☐Match case

```
| Nets currently under test for TOP side ...

| Net Name    | QUANTITY | Number | Type | Pad Size | Location           | Reference Designation
| A2          |          |      1 | Via  |    31.50 | (1474.31 2814.69)  | TP15
| A4          |          |      1 | Via  |    31.50 | (1474.31 2750.69)  | TP14
| A9          |          |      1 | Via  |    31.50 | (867.54 2494.76)   | TP13
| A10         |          |      1 | Via  |    31.50 | (1790.08 2455.99)  | TP12
| A11         |          |      1 | Via  |    31.50 | (1759.96 2423.99)  | TP11
| A12         |          |      1 | Via  |    31.50 | (1741.87 2391.99)  | TP10
| A21         |          |      1 | Via  |    31.50 | (2092.65 1818.59)  | TP2
```

图 13.27　测试点报告生成

13.6　Mark 点制作规范

Mark 点是使用机器焊接时用于定位的点 。表贴元件的电路板更需要设置 Mark 点，因为在大批量生产时，贴片机都是操作人员手动或机器自动寻找 Mark 点进行校准的。不设置 Mark 点也可以，就是贴片时稍微麻烦一些，需要使用几个焊盘作为 Mark 点，这些点不能挂焊锡，所以效率相应就会降低。设置 Mark 点具体要求如下。

（1）一个完整的 Mark 点包括：Mark 点（也叫标记点或特征点）和空旷区。

（2）Mark 点形状：Mark 点的优选形状为直径为 1mm（±0.2mm）的实心圆，材料为裸铜（可以由清澈的防氧化涂层保护）、镀锡或镀镍，需注意平整度，边缘光滑、齐整，颜色与周围的背景色有明显区别。为了保证印刷设备和贴片设备的识别效果，Mark 点空旷区应无其他走线、丝印、焊盘或 Wait – Cut 等，如图 13.28 所示。

（3）空旷区圆半径 $r \geqslant 2R$（R 为 Mark 点半径），当 $r = 3R$ 时，设备识别效果更好。

（4）Mark 点位置：PCB 每个表贴面至少有一对 Mark 点位于 PCB 的对角线方向上，相对距离尽可能远，且关于中心不对称（以防呆）。Mark 点边缘与 PCB 边距离至少 3.5mm（圆心距板边至少 4mm）。以两个 Mark 点为对角线顶点的矩形，所包含的元件越多越好。如图 13.28 所示。

（5）MARK 点若做在覆铜箔上，与铜箔要进行隔离，如图 13.28 所示。

（6）MARK 点与其他同类型的金属圆点（如测试点等），距离不低于 5mm，如图 13.28 所示。

MARK分类	作用	地位	附图	备注
1、单板MARK	单块板上定位所有电路特征的位置	必不可少	局部MARK 单板MARK 拼板MARK也叫组合MARK	标记点或特征点 MARK点 空旷区 完整MARK点组成
2、拼板MARK	拼板上辅助定位所有电路特征的位置	辅助定位		
3、局部MARK	定位单个元件的基准点标记，以提高贴装精度(QFP、CSP、BGA等重要元件必须有局部MARK)	必不可少		

图 13.28　Mark 点制作规范

13.7　Mark 点的制作与放置

（1）在 Allegro 里面，Mark 点其实也是一个 Mechanical Symbol，要做 Mechanical Symbol 就要先做好焊盘 Pad，只不过要注意一点，SOLDERMASK_TOP 的区域比 TOP 和 PASTE-MASK_TOP 这两个层上的焊盘直径要大至少 1.0mm。（TOP 层 Regular Pad 采用 Circle 圆形直径 1.00mm，SOLDERMASK_TOP 层 Regualar Pad 采用 Circle 圆形直径 3.00mm，SOLDER-MASK_TOP 层 Regular Pad 采用 Circle 圆形直径 1.00mm），设置无误后，焊盘文件保存成 ps3r0cir1r0. pad，如图 13.29 所示。

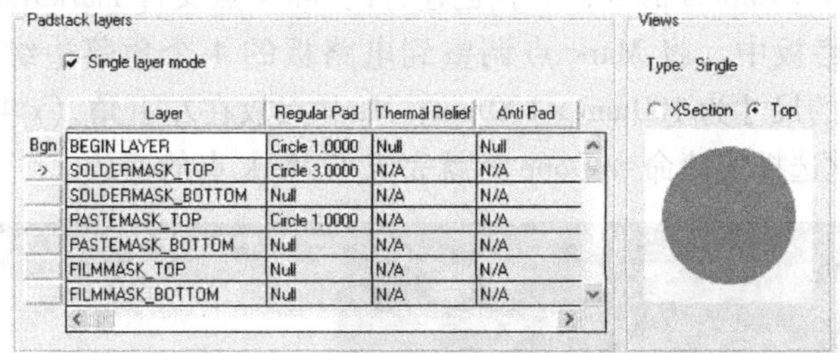

图 13.29　制作 Mark 点的 Pad

（2）焊盘建立好之后，创建 Mechanical Symbol 的 mark3r0cir1r0 文件，如图 13.30 所示。

（3）选择 Layout—Pins 命令，通过浏览的方式找到 ps3r0cir1r0. pad，使用坐标 x 0 y 0 将焊盘摆放在原点位置，如图 13.31 所示。

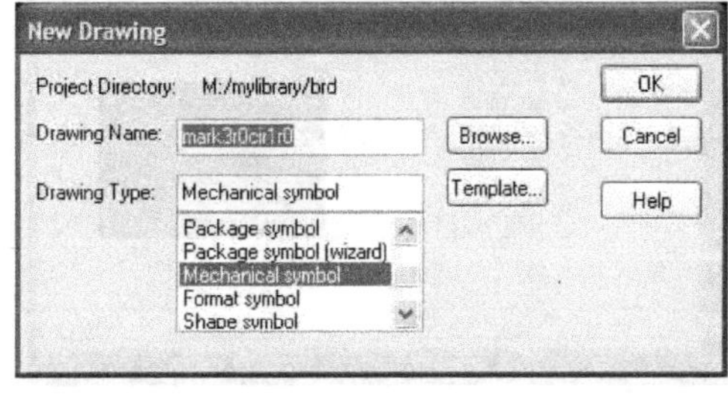

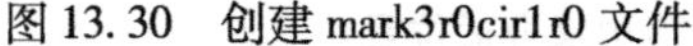

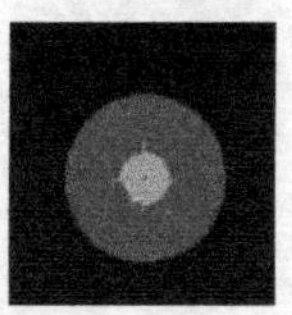

图 13.30　创建 mark3r0cir1r0 文件　　图 13.31　使用坐标 x 0 y 0 将焊盘摆放在原点位置

（4）选择 File—Save 命令保存制作好的机械图形文件，同时创建 Sysmbol 文件 mark3r0cir1r0. bsm，如图 13. 32 所示。

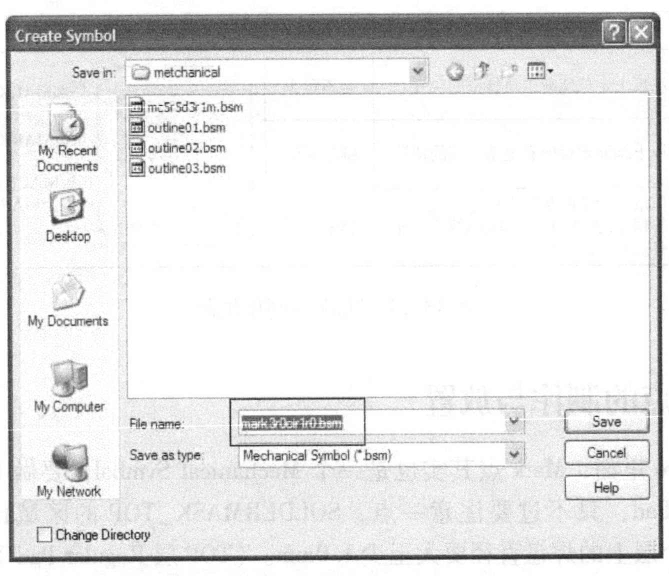

图 13. 32 创建 sysmbl 文件 mark3r0cir1r0. bsm

（5）制作完成后，打开需要摆放 Mark 的电路板 board 文件，选择 Place—Manually—Placement—Mechanical Symbols 命令，寻找创建好的 Mark 点文件 mark3r0cir1r0，找到后双击调用就可以放到电路板中。将 Mark 点调整到电路板的 4 个角落边缘中的两个对角，如图 13. 33所示电路板的尺寸为 100mm × 100mm，Mark 点放在左下角（x 4 y 4）和右上角（x 96 y 96）位置，右键选择快捷命令 Done 后就完成了 Mark 点的摆放。

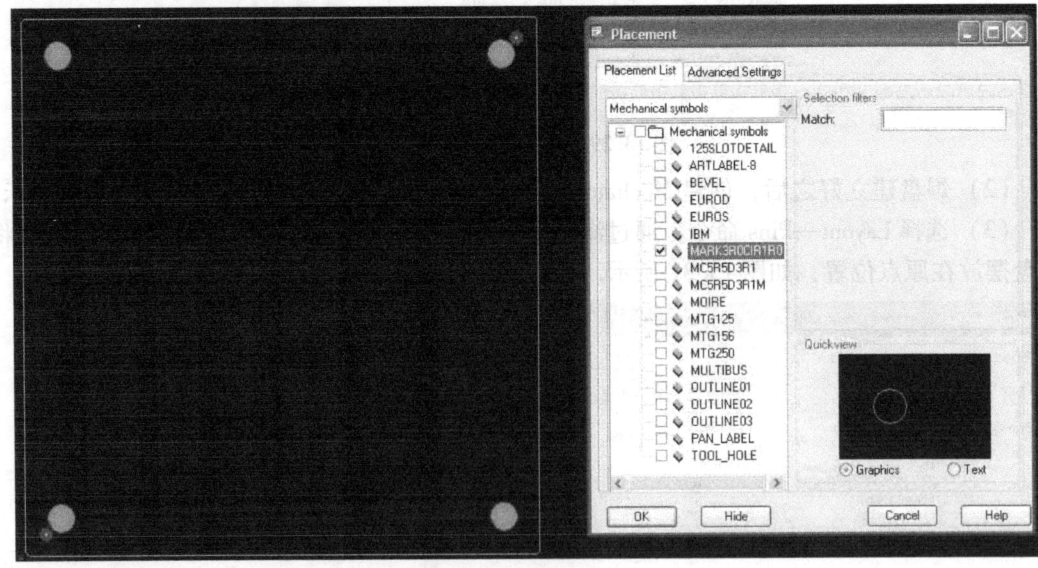

图 13. 33 Mark 调整到电路板的 4 个角落边缘合适位置

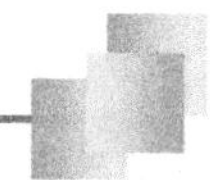

(6) 此外，还有一种带金属环的 Mark 点，带金属环的 Mark 点制作步骤如下。

① 创建 Mechanical Symbol 的 mark3r0cir1r0m 文件。选择 Layout—Pins 命令，通过浏览的方式找到 ps3r0cir1r0. pad，使用坐标 x 0 y 0 将焊盘摆放在原点位置。

② 选择 Shape—Circular 命令，在右侧的 Options 选择卡的 Active Class and Subclass 选项组中选择 Etch 和 Top，Shape Fill Type 中选择 Static solid。在命令行中输入 x 0 y 0 并回车，放下圆心的坐标，紧接着输入 x 1.5　y 0 并回车，将会产生摆放在 Top 层上的圆形 Shape 图形，如图 13.34 所示。

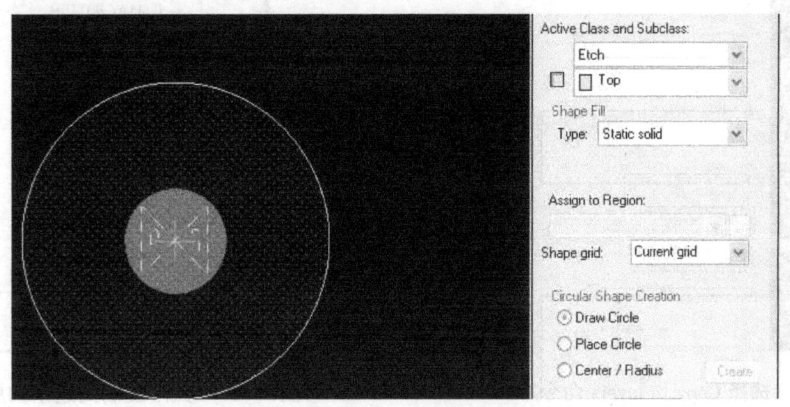

图 13.34　产生摆放在 Top 层上的圆形 Shape 图形

③ 选择 Shape—Manual Void—Circular 命令，用鼠标在刚才放置的 Shape 图形上单击，表示将要外空该图形。在命令行输入坐标 x 0 y 0 并回车，放下挖空圆心，输入 x 1.2 y 0 并回车，放下挖空区域，如图 13.35 所示。

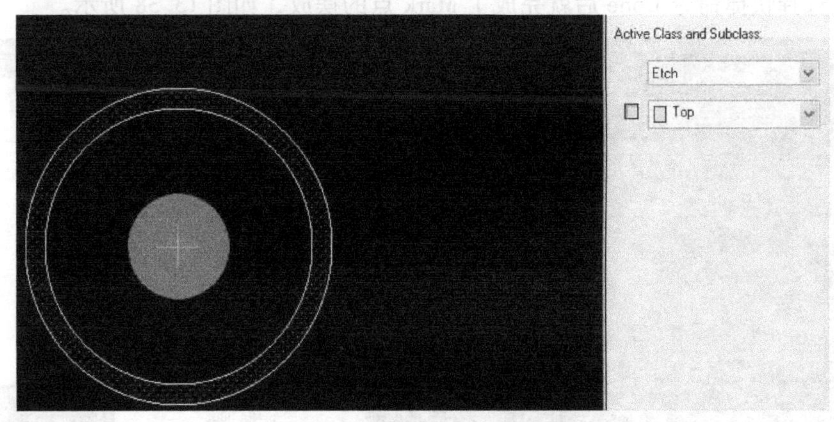

图 13.35　放下挖空区域

④ 选择 Shape—Select Shape or Void 命令，用鼠标单击刚才挖空的 Shape 图形。单击鼠标右键，在弹出的快捷命令菜单中选择 Copy to Layers 命令，弹出 Shape copy to layers 对话框。勾选 PACKAGE GEOMETRY 中的 PASTMASK_TOP 和 SOLDERMASK_TOP 两个层，单击 Copy 按钮，如图 13.36 所示。表示将当前选择的 Shape 图形复制到 PASTMASK_TOP 和 SOL-

DERMASK_TOP 两个层中去，完成后选择 File—Save 命令保存制作好的机械图形文件，同时创建 Symbol 文件 mark3r0cir1r0m. bsm，如图 13. 37 所示。

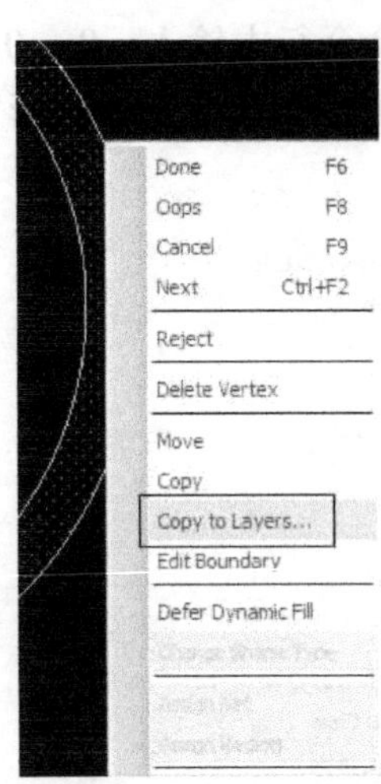

图 13. 36　选择 Copy to layers 命令

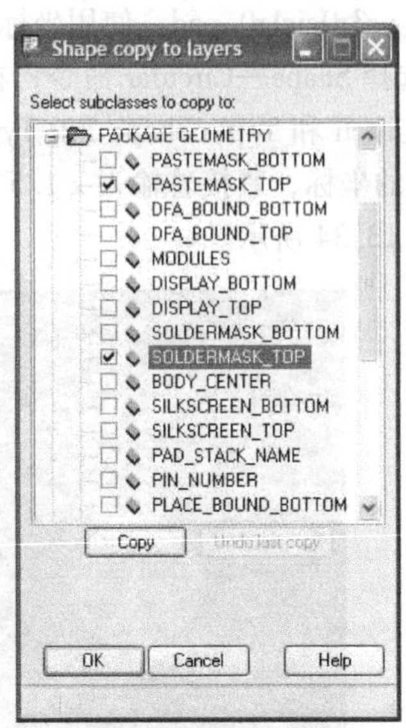

图 13. 37　图形复制到选中的层中去

⑤ 制作完成后，打开需要摆放 Mark 的电路板 boards 文件，选择 Place—Manually—Placement—Mechanical Symbols 命令，寻找创建好的 Mark 点文件 mark3r0cir1r0m，找到后双击调用就可以放到电路板中。将 Mark 点调整到电路板的 4 个角落边缘中的两个对角，电路板的尺寸为 100mm × 100mm，Mark 点放在左上角（x 3. 5 y 96. 5）和右下角（x 96. 5 y 3. 5）位置，右键选择快捷命令 Done 后就完成了 Mark 点的摆放，如图 13. 38 所示。

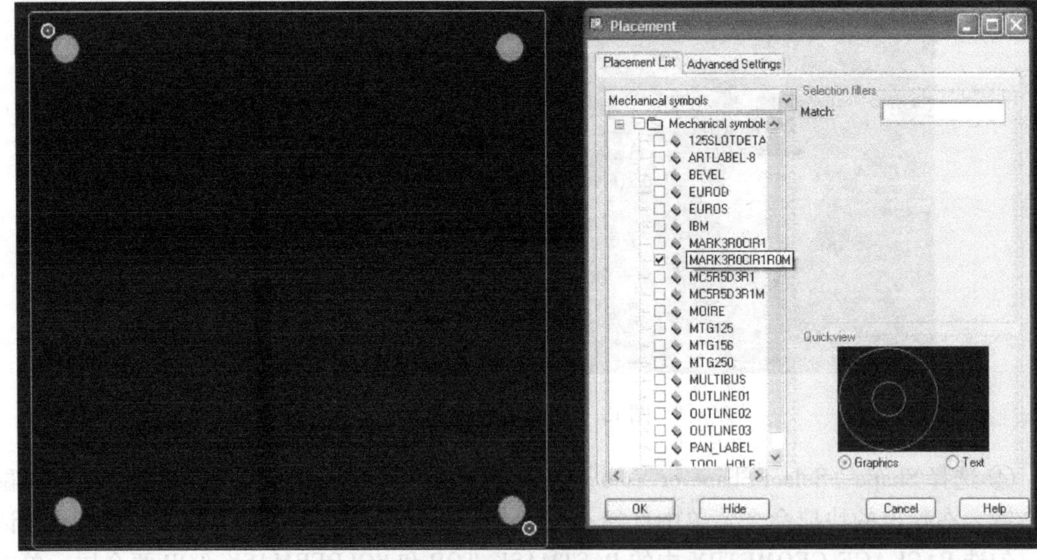

图 13. 38　查看完成 Mark 点的摆放效果

第14章 元件重新编号与反标

若电路板上所有的元件根据布局排列，按照水平或垂直继增或垂直继增的顺序，那么就很容易进行元件的定位和查找，也便于贴装和维修。所以通常在电路板上需要按照元件摆放的位置对元件重新进行编号，遵循一定的顺序来排列。元件编号反标是将电路板中重新编号的元件信息返回同步到原理图中，这样可以保证原理图和电路板中的元件编号统一，方便进行以后的升级和管理。

注意在电路板中进行元件重新编号之前，请做好备份，并确保 Capture CIS 导入 Allegro 文件无异常，重新编号使用的 Auto Rename 命令是属于批处理的命令，不具有可逆性，防止操作失误导致前功尽弃。

14.1 部分元件重新编号

（1）给需要重新编号的元件增加 Auto_Rename 属性。选择 Edit—Properties 命令，在右侧 Find 选项卡中，只勾选 Comps 复选项，如图 14.1 和图 14.2 所示。

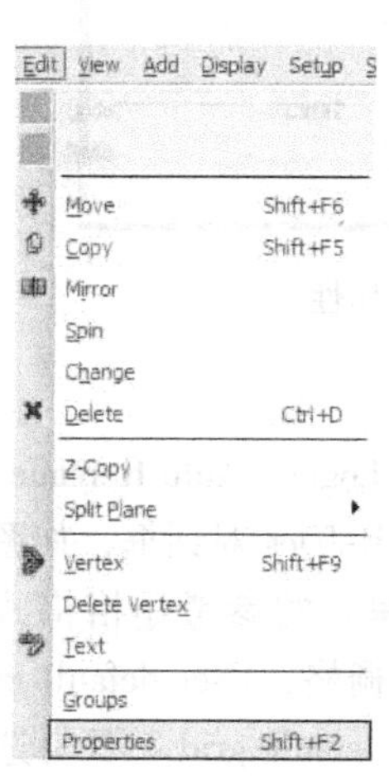

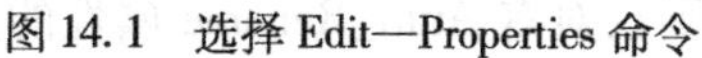
图 14.1 选择 Edit—Properties 命令

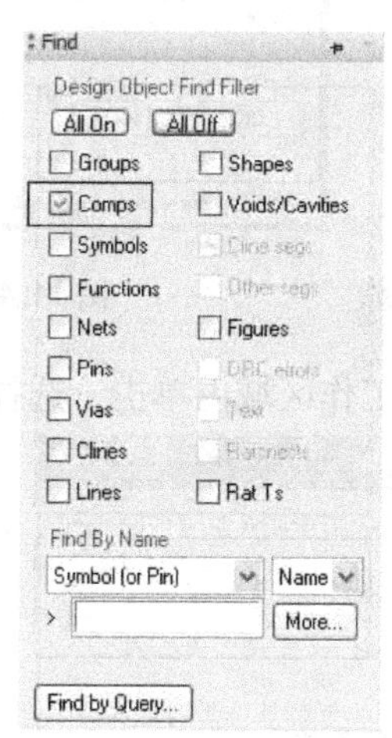

图 14.2 Find 选项卡中勾选 Comps 复选项

（2）用鼠标左键单击后框选需要重新进行编号的元件，如图 14.3 所示，并弹出 Show Properties 对话框。

（3）在 Show Properties 对话框左侧的 Available Properties 文本框中找到 Auto_Rename 属性，双击后将添加到右侧的属性列表中。单击 Apply 按钮后，会确认将 Auto_Rename 属性添加到已经选择好的元件属性列表中去，弹出 Show Properties 对话框，如图 14.4 所示。在其

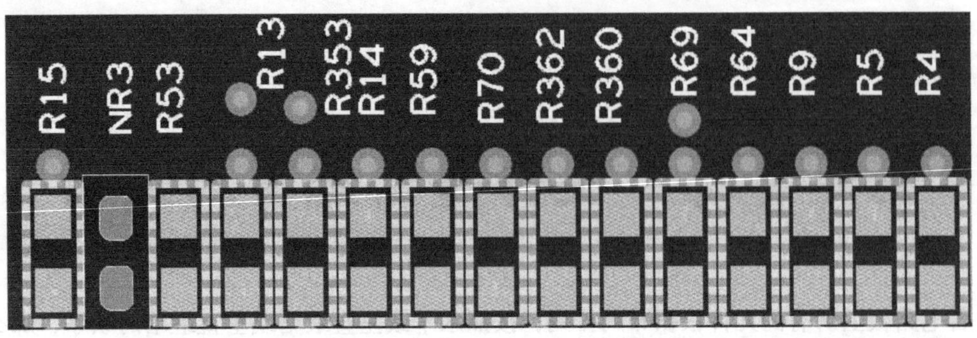

图 14.3　框选需要重新进行编号的元件

中可以清楚地看到选择的元件，已经添加 Auto_Rename 属性，确认无误后关闭 Show Properties 消息框和 Show Properties 对话框。

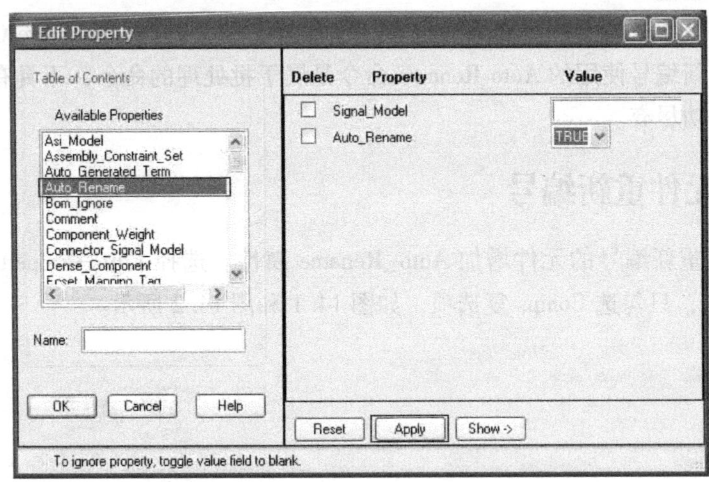

图 14.4　确认已经添加 Auto_Rename 属性

（4）在工作区域内单击，选择快捷命令 Done 完成操作。

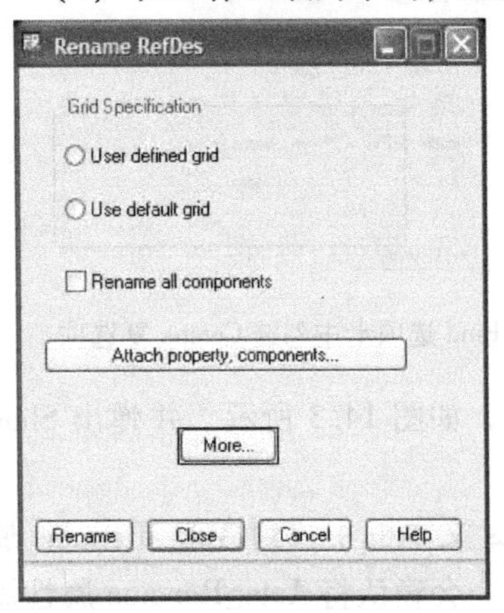

图 14.5　执行元件编号

（5）执行元件编号，Logic—Auto Rename Refdes—Rename 命令，弹出 Rename RefDes 对话框，如图 14.5 所示。Grid Specification 是重新编号的参考栅格格式设置，User defined grid 是使用定义的栅格，User default grid 是使用默认栅格，一般选择 User default grid。不勾选 Rename all components 复选项，则只对有 Auto_Rename 属性的元件重新进行编号。注意，如果元件有 Hard_Location 属性，则不能自动重命名，有 FIX 属性不影响重命名编号。

（6）单击 More 按钮，弹出 Rename Ref Des Set Up 对话框，如图 14.6 所示。

① Layer Options 选项组用来设置重新编号的层。选择 Layer 下拉列表中的 BOTH 选项表示重新编号在 Top 和

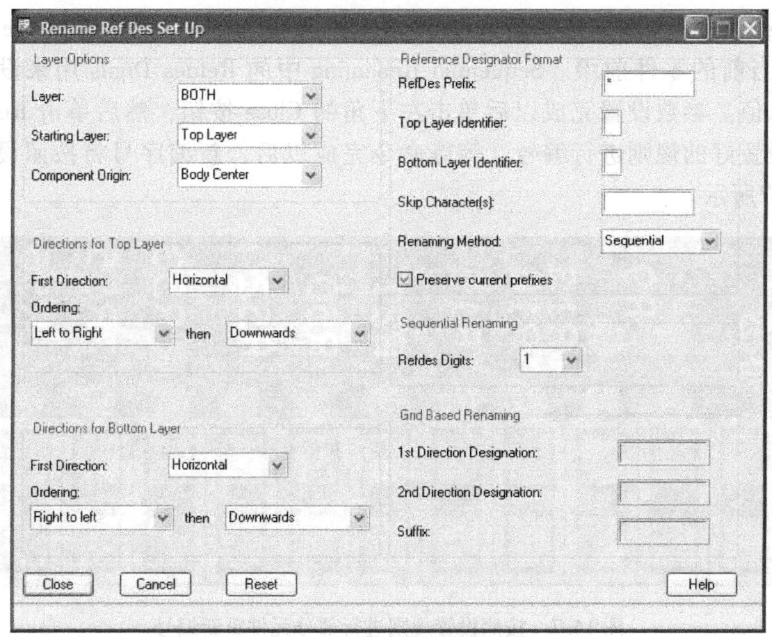

图 14.6　Rename Ref Des SetUp 对话框

Bottom 层中进行，若选择 TOP 和 BOTTOM 选项，则只在单个层进行元件重新编号。Starting Layer 下拉列表中选择 Top Layer 表示编号首先从 Top 层开始。Component Origin 下拉列表中选择 Body Center 表示元件的参考点放在元件中心。

② Directions for Top Layer 选项组用来设置 Top 层的标注方向和顺序，Top 层编号一般按照水平从左到右、从上到下的方式进行。在 First Direction 下拉列表中选择 Horizontal 选项，在 Ordering 下拉列表中分别选择 Left to Right 和 Downwards 选项。

③ Directions for Bottom Layer 选项组用来设置 Bottom 层的标注方向和顺序，Bottom 层编号一般按照水平从右到左、从上到下的方式进行。在 First Direction 下拉列表中选择 Horizontal 选项，在 Ordering 下拉列表中分别选择 Right to Left 和 Downwards 选项。

④ Reference Designator Format 选项组用来设置编号的格式。RefDes Prefix 文本框用来设置编号的前缀，清空后表示不添加任何前缀。Top Layer Identifier 文本框用来设置 Top 的层表示符号，默认是 T，清空后表示不添加。Bottom Layer Identifier 文本框用来设置 Bottom 的层表示符号，默认是 B，清空后表示不添加。Skip Character(s) 文本框用来设置可以忽略的字符。Renaming Method 文本框用来设置命名的方法，Sequential 表示按照顺序方式，Grid Based 表示基于栅格方式。勾选 Preserve current prefixes 表示保留当前的零件前缀。

⑤ Sequential Renaming 选项组。Refdes Digits 用来设置编号的位数格式，可以选择 1 ~ 5 之间的任何数字，比如选择 3，则用 C001、C002 的形式进行编号。

（7）设置参数执行重新编号。

在 RefDes Prefix 文本框中输入 * 表示不添加任何前缀，Top Layer Identifier 和 Bottom Layer Identifier 清空后表示不添加前缀。Skip Character（s）文本框清空表示不跳过任何字

符。Renaming Method 文本框选择 Sequential 表示按照顺序方式。勾选 Preserve current prefixes 表示保留当前的零件前缀。Sequential Renaming 中的 Refdes Digits 用来设置编号的位数，保持默认值。参数设置完成以后单击左下角的 Close 按钮，然后单击 Rename 按钮就会自动按照设置好的规则进行编号，等待命令完成以后，新编序号将按照设置的规则排列，如图 14.7所示。

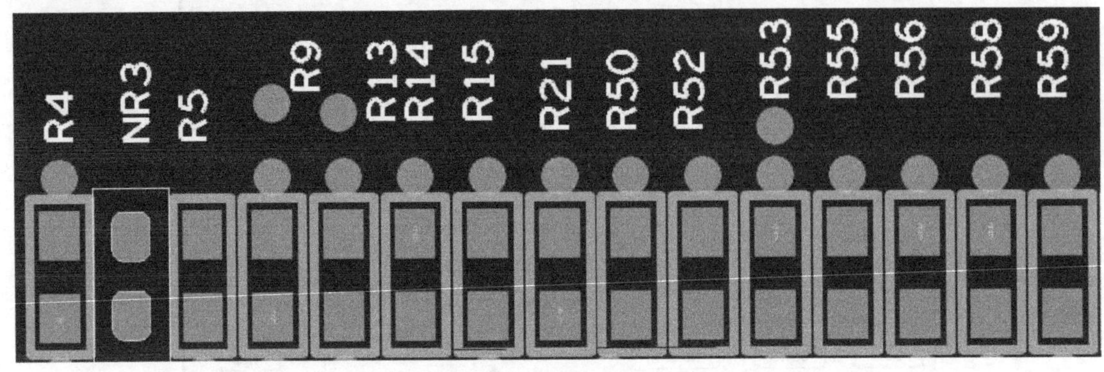

图 14.7　按照设置规则进行部分元件重新编号

14.2　整体元件重新编号

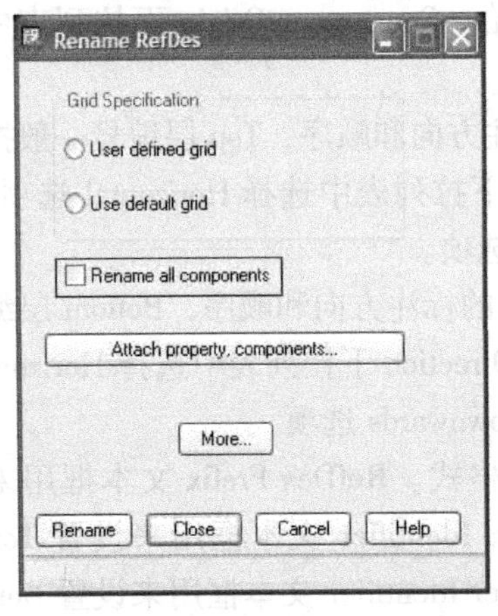

图 14.8　执行整体元件重新编号

（1）执行元件编号。选择 Logic—Auto Rename Refdes—Rename 命令，弹出 Rename RefDes 对话框。Grid Specification 是重新编号的参考栅格格式设置，User defined grid 表示使用定义的栅格，User default grid 表示使用默认栅格，一般选择 User default grid。勾选 Rename all components 复选项，表示将对所有的元件重新进行编号，如图 14.8 所示。注意，如果元件有 Hard_Location 属性，则不能自动重命名，有 FIX 属性不影响重命名。

（2）单击 More 按钮，弹出 Rename Ref Des Setup 对话框。设置参数，RefDes Prefix 文本框输入 * 表示不添加任何前缀，Top Layer Identifier 和 Bottom Layer Identifier 清空后表示不添加前缀。Skip Character(s) 文本框清空表示不跳过任何字符。Renaming Method 文本框选择 Sequential 表示按照顺序方式。勾选 Preserve current prefixes 表示保留当前的零件前缀。Sequential Renaming 中的 Refdes Digits 用来设置编号的位数，选择 1 的形式进行编号。参数设置完成以后单击左下角的 Close 按钮，然后单击 Rename 按钮就会自动按照设置好的规则进行编号，等待命令完成以后，新编序号将按照设置的规则排列。

（3）当重新编号完成以后，选择 File—Viewlog 命令，打开 View of file:rename. log 窗口，其中显示 rename. log 的文本内容，里面的内容说明当前的编号操作从哪些元件修改成了哪些元件，如图 14.9 所示，OLD C293　NEW C57 表示将原来的 C293 修改成了 C57。

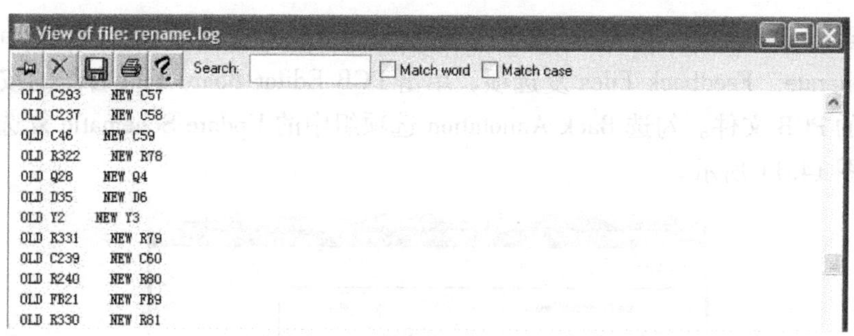

图 14.9　显示当前元件编号修改操作

14.3　用 PCB 文件反标

（1）在 View of file：rename. log 窗口中单击保存按钮将 rename. log 保存成 rename. swp 文件，如图 14.10 所示。

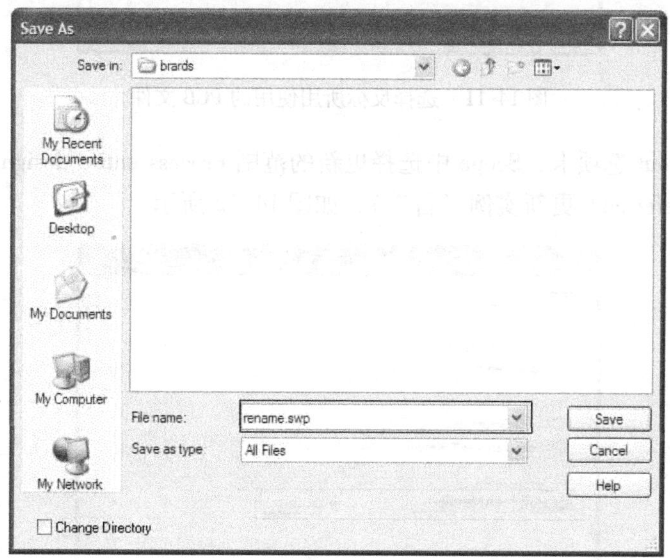

图 14.10　保存成 rename. swp 文件

（2）用文本编辑工具打开 rename. swp 文件，去除文件中的说明信息，去除 OLD 和 NEW 多余的信息，只保留重新命名元件的信息，保存成 Capture CIS 能够识别的文件 rename. swp 格式，如下所示。

```
R221    R8
R223    R9
R217    R10
R214    R11
```

（3）打开 Capture CIS 软件，开启和电路板对应的原理图文件，在工程管理器窗口中单击当前的原理图 Dsn 文件，在 Tools 菜单中选择 Back Annotate 命令，打开 Backannotate 对话框。勾选 Generate Feedback Files 复选项，单击 PCB Editor Board File 右侧的按钮，选择反标所用使用的 PCB 文件。勾选 Back Annotation 选项组中的 Update Schematic 复选项更新原理图操作，如图 14.11 所示。

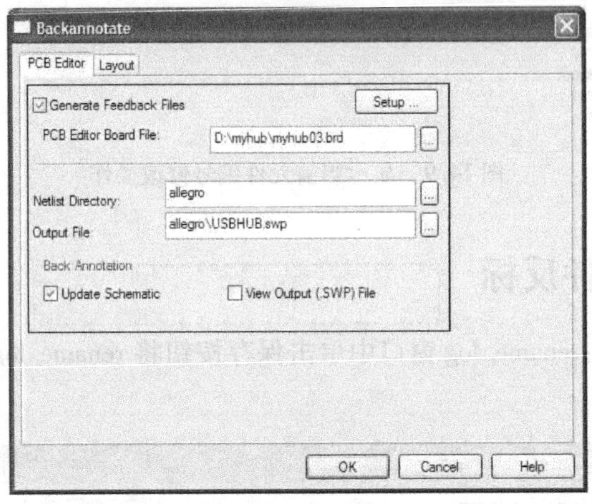

图 14.11　选择反标所用使用的 PCB 文件

（4）单击 Layout 选项卡，Scope 中选择更新的范围 Process entire design ，Mode 选择 Update Instances （Preferred）更新实例（首选），如图 14.12 所示。

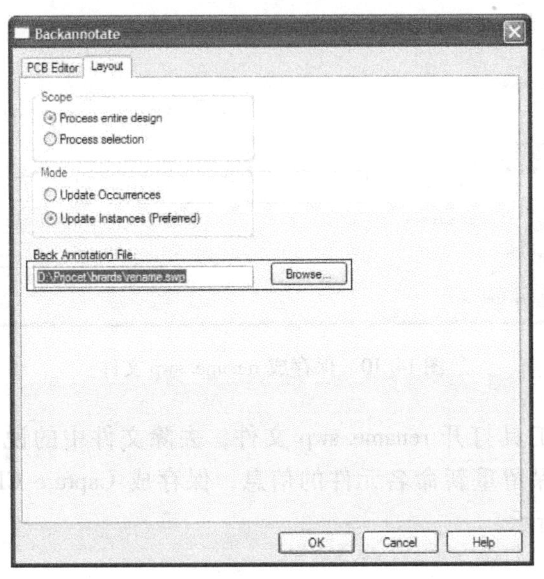

图 14.12　浏览到 rename. swp 文件

（5）在 Back Annotation File 选项中单击 Browse 按钮，浏览到 rename. swp 文件，单击 OK 按钮，将完成元件编号反标原理图的操作。元件编号反标以后，可以将 . brd 和原理图元件对比，或者同步网络表，看是否有错误，有错误要及时改正，注意，不要用不常用的编号。

14.4　使用 Allegro 网络表同步

（1）使用 Allegro PCB Design 软件打开已经修改过元件编号的 PCB 文件，选择 File—Export—Logic 命令，打开 Export Logic 对话框，在 Cadence 选项卡中选择将要导出的 Logic type 为 Design entry CIS，单击 Export to directory 文本框后面的按钮，设置好输出网络表文件路径。如图 14.13 所示，路径为 D:/myhub/allegro。

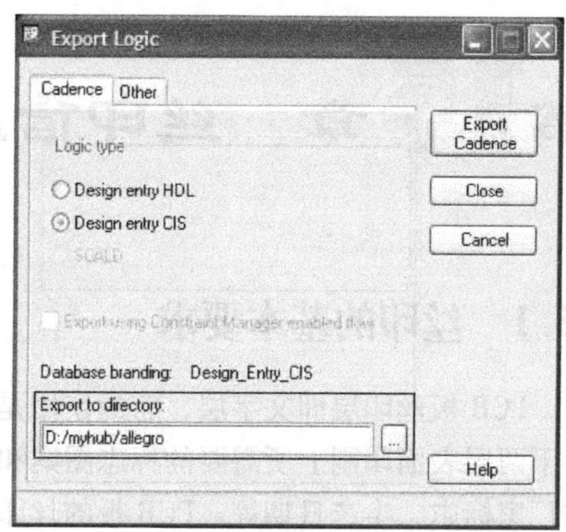

图 14.13　设置好输出网络表文件路径

（2）单击 Export Cadence 按钮，弹出网络表导出进度窗口，等导出完成以后，该进度窗口会自动关闭。打开导出的网络表文件目录，可以看到已经生成的 compView. dat、funcView. dat、netView. dat、pinView. dat 文件，这些文件就是从 Allegro 中导出来的网络表文件，如图 14.14 所示。

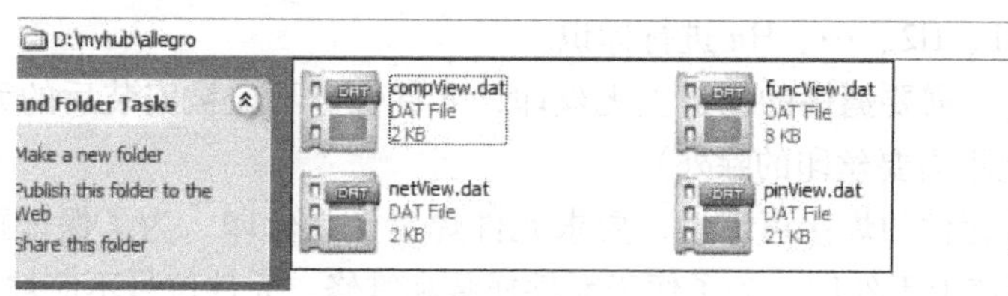

图 14.14　查看已经生成的文件

（3）打开 Capture CIS 软件，开启和电路板对应的原理图文件，在工程管理器窗口中单击当前的原理图 . dsn 文件，选择 Tools 菜单中的 Back Annotate 命令，打开 Back Annotate 对话框。不勾选 Generate Feedback Files 复选项，NetList 里面选择从 Allegro 导出的网络表的路径（这个路径里面必须有从 Allegro 导出的网络表，共 4 个 dat 文件），Output 的路径是 swp 文件的输出路径，注意这个文件是输出，也就是说原先不存在，系统默认的就可以，当然也可以改成名字和路径，但是注意路径中不要有中文名和空格。勾选 Update Schematic 复选项。单击确定按钮，回传就开始，在之后弹出的对话框中单击是按钮即可。Progress 窗口如图 14.15 所示。

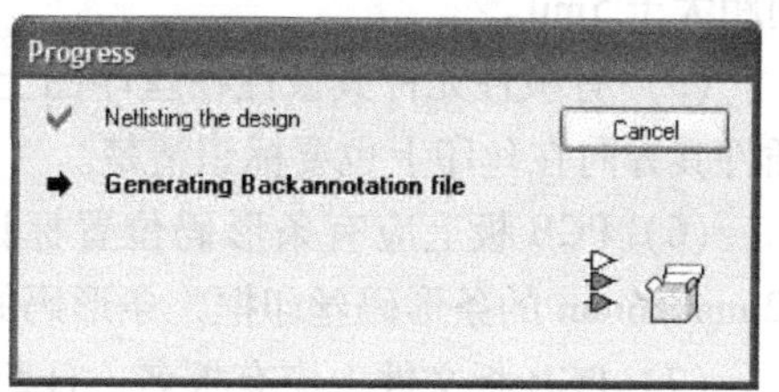

图 14.15　Progress 窗口

（4）网络表文件同步完成以后，Progress 窗口会自动消失，完成后可以查看原理图已经被改变。原理图进行过回传之后，最好再生成一次网络表，因为这时虽然原理图和 . brd 已经同步，但是网络表没有同步。

此外，使用 Allegro 网络表同步的方式，不仅可以支持元件重新编号，还可以支持引脚交换和功能交换，其方法与上述方法相同，读者可以自行尝试。

第15章 丝印信息处理和BMP文件导入

15.1 丝印的基本要求

PCB板丝印层即文字层，它的作用是为了方便电路元件的安装和维修等，在PCB板的上下两层表面印刷上所需要的标志图案和文字代号等，如元件标号和标称值、元件外廓形状和厂家标志、生产日期等。PCB板的丝印的设计基本要求如下。

(1) 丝印字符尽量遵循从左至右、从下往上的原则。对于电解电容、二极管等有极性的元件在每个功能单元内尽量保持方向一致。

(2) 方便PCB板的安装，所有元件、安装孔、定位孔都有对应的丝印标志，PCB板上的安装孔丝印用H1、H2、…、H*n*进行标识。

(3) 元件焊盘、需要搪锡的锡道上无丝印，元件位号不应被安装后的元件所遮挡（密度较高的PCB板上不需要丝印的除外）。

(4) 为了保证元件的焊接可靠性，要求元件焊盘上无丝印。为了保证搪锡的锡道连续性，要求搪锡的锡道上无丝印。为了便于元件插装和维修，元件位号不应被安装后的元件所遮挡。丝印不能压在导通孔、焊盘上，以免开阻焊窗时造成部分丝印丢失，影响识别。丝印间距大于5mil。

(5) 有极性元件其极性在丝印图上标识清楚，极性方向标记就易于辨认，有方向的接插件其方向在丝印上也要标识清楚。

(6) PCB板上应有条形码位置标识。在PCB板面空间允许的情况下，PCB板上应有42mm×6mm的条形码丝印框，条形码的位置应考虑方便扫描。

(7) PCB板文件上应有板名、日期、版本号等制成板信息丝印，位置明确、醒目。

(8) PCB板上应有厂家完整的Logo及防静电标识等。

15.2 字号参数调整

字号参数用来控制丝印文字的宽度、高度等，字号参数设置不合理可能会造成文字模糊，混乱、残缺的丝印可能造成严重的后果，比如元件焊反、调试不能快速、准确地找到问题等。

(1) 选择Setup——Design Parameter Editor命令，弹出Design Parameter Editor对话框，单击Text选项卡Setup Text Size右边的按钮，弹出Text Setup窗口，如图15.1所示，在该窗口完成对字号参数的设置。

(2) Text Blk栏表示字体字号，Width栏设置字体宽度，Height栏设置字体的高度，

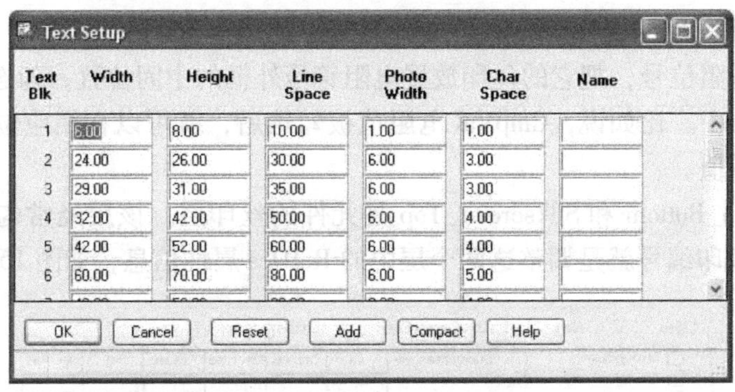

Text Blk	Width	Height	Line Space	Photo Width	Char Space	Name
1	6.00	8.00	10.00	1.00	1.00	
2	24.00	26.00	30.00	6.00	3.00	
3	29.00	31.00	35.00	6.00	3.00	
4	32.00	42.00	50.00	6.00	4.00	
5	42.00	52.00	60.00	6.00	4.00	
6	60.00	70.00	80.00	6.00	5.00	

图 15.1　在 Text Setup 窗口中设置字号参数

Line Space 栏设置字体行间隔，Photo Width 栏目设置字体线宽，Char Space 栏设置字符字体的间距。默认存在的字体字号有 25 种，单击 Add 按钮添加新一栏字体字号，可以手工输入修改字号参数。

（3）字号字体一般通用的单位是 mil，经常使用的有 4/25/20（使用在过密或者局部过密的 PCB 中），5/30/25（使用在常规的 PCB 中），6/45/35（使用在密度较小的 PCB 中）。单击 Add 按钮新增 26、27、28 字号，分别将常用的字体参数填入到 26、27、28 字号中（Line Space 栏，Char Space 栏设置成 5～30 均可，可以根据疏密程度而定）。数据填入以后如图 15.2 所示。

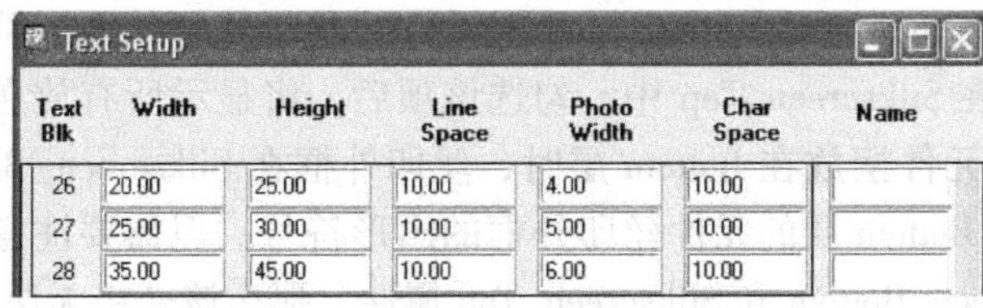

Text Blk	Width	Height	Line Space	Photo Width	Char Space	Name
26	20.00	25.00	10.00	4.00	10.00	
27	25.00	30.00	10.00	5.00	10.00	
28	35.00	45.00	10.00	6.00	10.00	

图 15.2　新增字号

（4）修改好保存后，就可以将自己设置的字体保存在软件里面，以后就可以使用自己新建的 Text Blk 26、27、28 来进行字体修改。

15.3　丝印的相关层

15.3.1　Components 元件属性显示

（1）选择 Display—Color/Visibility 命令，弹出 Color Dialog 对话框，在左侧选择 Components 文件夹（Class）后，在右侧将显示所有的 Subclasses。RefDes 是放置时产生的元件编号，比如 C1，U1 元件的编号就存在该属性中；Tolerance 是容许的误差值，一般不用；DevType 是 Device 中元件的类型定义，一般不用；CmpVal 是元件的真实值，比如 0.1μF，若 PCB 中需要显示，则需要将该项属性勾选，一般真实的标值不体现在丝印中；如图 15.3 所示。

（2）Assembly_Bottom、Assembly_Top 是元件装配层，该层可以用来显示 DevType、

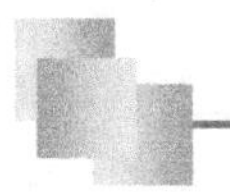

RefDes、CmpVal 等元件的属性，有些公司需要出安装图，为了手工焊接，把字符丝印放置器件内部，比如电阻位号，把它的丝印放置电阻符号外框的中间位置，勾选后对应的属性会显示在元件装配层中。比如说，CmpVal 电阻值被勾选后，就可以在相应位置打印出来放置安装图纸的电阻标值。

（3）Silkscreen_Bottom 和 Silkscreen_Top 是元件的丝印层，该层经常勾选来显示元件编号 RefDes，调整丝印编号就是调整这两个层中的 RefDes 属性信息，如图 15.3 所示。

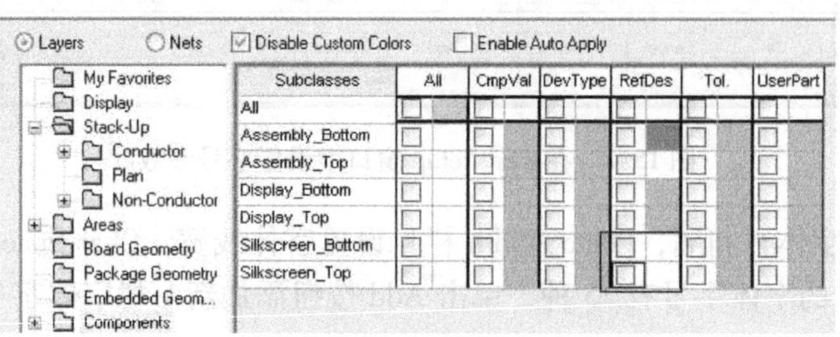

图 15.3 勾选显示元件编号 RefDes

15.3.2 Package Geometry 元件属性显示

（1）在左侧选择 Package Geometry 文件夹（Class）后，在右侧将显示所有的 Subclasses。Pin_Number 是元件引脚的编号属性，勾选后将显示元件的引脚编号。

（2）Silkscreen_Bottom 和 Silkscreen_Top 是元件的丝印外框的图形符号，当元件摆放在 Top 层时，丝印外框在 Silkscreen_Top 中，勾选该项后，将显示所有放在 Top 层的元件丝印外框的图形符号。当元件摆放在 Bottom 层时，丝印外框在 Silkscreen_Bottom 中，勾选该项后，将显示所有放在 Bottom 层的元件丝印外框的图形符号。但需要注意，元件在制作过程中，若未添加 Silkscreen_Bottom 和 Silkscreen_Top 属性，那么该处将无法显示，如图 15.4 和图 15.5 所示。

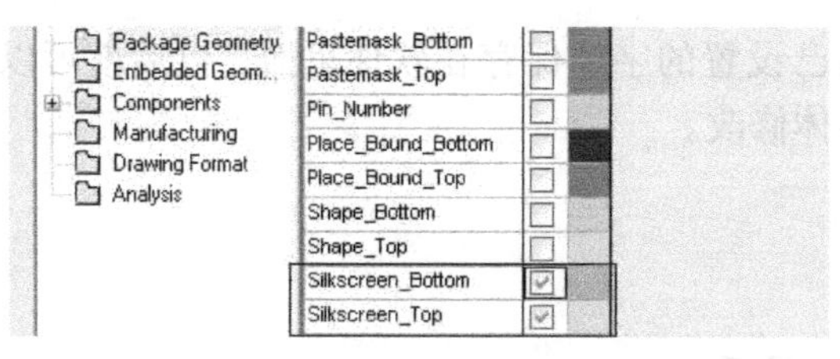

图 15.4 勾选显示元件丝印外框的图形

图 15.5 显示效果

15.3.3 Board Geometry 丝印属性显示

在左侧选择 Board Geometry 文件夹（Class）后，在右侧将显示所有的 Subclasses。Silkscreen_Bottom 和 Silkscreen_Top 是电路板中的丝印层，该层中经常来摆放板名、日期、版本号、厂家完整的 Logo 及防静电标识等丝印信息，如图 15.6 和图 15.7 所示。

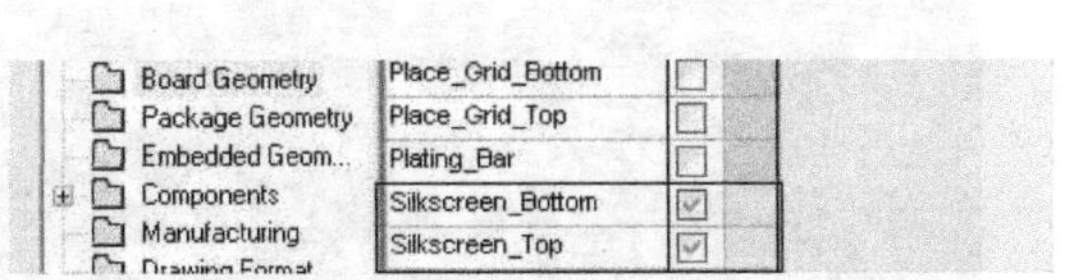

图 15.6　选择 Board Geometry 文件夹（Class）的丝印层

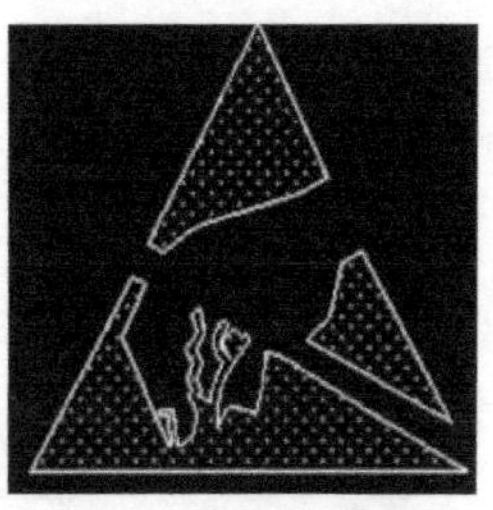

图 15.7　防静电标识

15.3.4　Manufacturing 丝印属性显示

（1）在左侧选择 Manufacturing 文件夹（Class）后，在右侧将显示所有的 Subclasses。Autosilk_Bottom 和 Autosilk_Top 层可以支持将 Board Geometry、Package Geometry、Components 中的 Silkscreen_Bottom 和 Silkscreen_Top 两个层的信息分别复制到该两个层中来，在生成 Artwark 时自动生成丝印层使用。在生成 Autosilk 时，可以支持自动调整丝印位置，以及碰到阻焊开窗的地方，丝印会自动消失，避免露锡的地方涂上丝印等。

（2）但 Autosilk_Bottom 和 Autosilk_Top 生成的过程是一个批处理的命令，当再次对 Board Geometry、Package Geometry、Components 中的 Silkscreen_Bottom 和 Silkscreen_Top 进行操作后，Autosilk_Bottom 和 Autosilk_Top 并不能跟着相应变化，还需要手工再次进行调整，显得稍微麻烦，如图 15.8 所示。

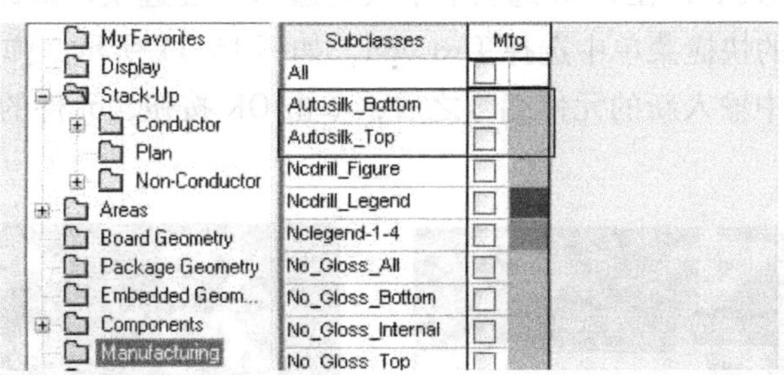

图 15.8　设置 Autosilk 的生成

15.4　手工修改元件编号

15.4.1　修改元件编号　方法 1

在 General Edit 模式下，选择 Edit—Text 命令，如图 15.9 所示。在右侧 Options 选项卡的 Active Class and Subclass 中选择 Ref Des 和 Silkscreen_Top，表示将要进行元件编号的编辑。用鼠标左键在需要修改的元件编号上单击，该编号将变成可编辑的状态（如图 15.10 所示），从键盘重新输入编号后回车，该元件的编号将会被改变。在工作区域内，右键选择快捷菜单中的 Done 命令完成操作。

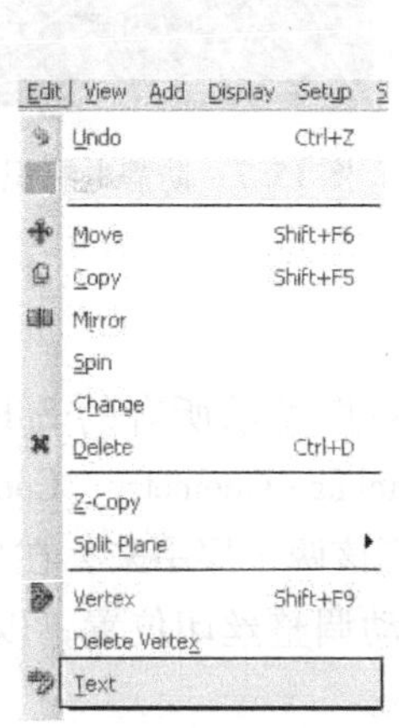

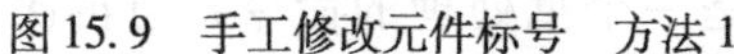

图 15.9　手工修改元件标号　方法 1

图 15.10　修改后的效果

15.4.2　修改元件编号　方法 2

在 General Edit 模式下，在 Find 选项卡中只勾选 Text 复选项，鼠标放在需要修改的元件编号上右击，在弹出的快捷菜单中选择 Text edit，如图 15.11 所示，弹出 Text Edit 窗口。在 Enter new text 文本框中输入新的元件编号之后，单击 OK 按钮，元件的编号将会被修改，如图 15.12 所示。

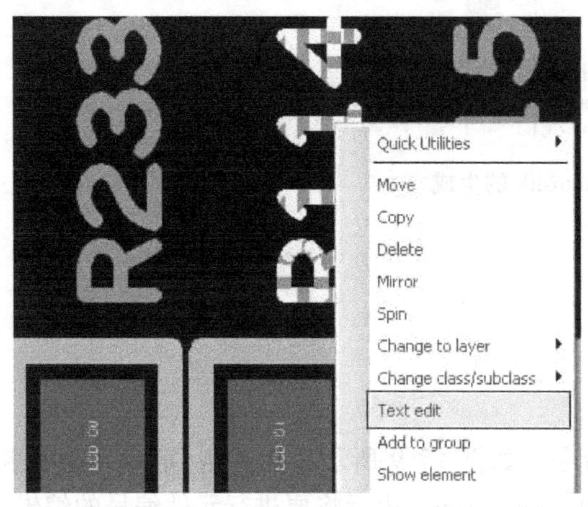

图 15.11　手工修改元件标号　方法 2

图 15.12　修改后效果

15.4.3　手工修改元件编号中出现的问题

若需要手工修改的元件编号已经存在于电路板中，那么 Allegro 会自动交换两个元件的

编号。如图 15.13 所示，需要经 R123 手工修改成 R119，选择 Edit—Text 命令，在右侧 Options 选项卡的 Active Class and Subclass 中选择 RefDes 和 Silkscreen_Top，表示将要进行元件编号的编辑。用鼠标左键在需要修改的元件编号 R123 上单击，该编号将变成可编辑的状态，从键盘重新输入编号 R119 后回车，发现两个元件编号自动进行了交换，如图 15.14 所示。元件编号在电路板中是唯一的，R123 只能有一个元件。在工作区域内，右键选择快捷菜单中的 Done 命令完成操作。

图 15.13　R123 和 R119 修改前的位置

图 15.14　R123 和 R119 修改后的位置

15.5　Auto Silkscreen 生成丝印

Autosilk_Bottom 和 Autosilk_Top 层可以支持将其他层丝印信息复制到该两个层中来，就需要使用 Auto Silkscreen 窗口，具体操作如下。

15.5.1　打开 Auto Silkscreen 窗口

选择 Manufacture—Silkscreen 命令，打开 Auto Silkscreen 窗口，如图 15.15 所示。

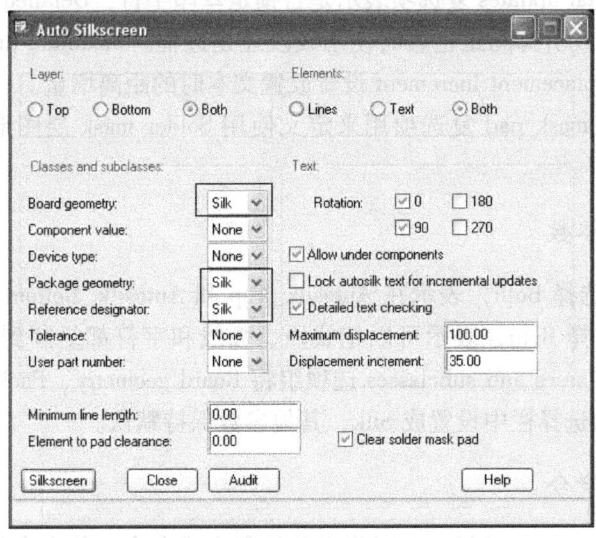

图 15.15　Auto Silkscreen 窗口

（1）Layer 选项组用来设置生成丝印的层，选择 Top 表示在 Autosilk_Top 层中生成丝印信息，选择 Bottom 表示在 Autosilk_Bottom 层中生成丝印信息，选择 Both 表示在 Autosilk_Top

和 Autosilk_Bottom 层中生成丝印信息。

（2）Elements 选项组用来设置要处理的图形类型，选择 Lines 只处理线段和弧线，选择 Text 只处理字符，选择 Both 表示可以把线段、弧线和字符都复制到 Autosilk_Top 和 Autosilk_Bottom 层中。

（3）Classes and subclasses 选项组用来控制从哪些其他的层中复制到 Autosilk_Top 和 Autosilk_Bottom 层中。其中列出了 7 种可以复制的 Class 和 Subclass，右侧的下拉列表中有 3 个选项。Silk 代表丝印；Any 代表首先选择 Silkscreen 层，若无，则复制 Assembly 层信息；None 表示不复制该层的信息。

常用的选项有 3 个，Board geometry、Package geometry、Reference designator。Board geometry 选择 Silk，表示将电路板中的 Silkscreen_Bottom 和 Silkscreen_Top 层中的信息复制到 Autosilk_Top 和 Autosilk_Bottom 层中。Package geometry 选择 Silk，表示将元件中的 Silkscreen_Bottom 和 Silkscreen_Top 层中的信息复制到 Autosilk_Top 和 Autosilk_Bottom 层中。Reference designator 选择 Silk，表示将元件编号在 Silkscreen_Bottom 和 Silkscreen_Top 层中的信息复制到 Autosilk_Top 和 Autosilk_Bottom 层中。其他选项不常用，选项均与上述类似，可以参考使用。

（4）Minimum line length 文本框定义 Autosilk_Top 和 Autosilk_Bottom 层中的最小线长。

（5）Element to pad clearance 文本框定义 Autosilk_Top 和 Autosilk_Bottom 层中图形与焊盘的间距。

（6）Text 选项组用来定义文字的处理。Rotation 用来定义复制文字到 Auto Silkscreen 后进行旋转的角度。Allow under components 复选项用来设置是否允许放到元件下面，Lock autosilk text for incremental updates 复选项表示是否锁定丝印字符，Detailed text checking 复选项设置执行文本和过孔或引脚间距检查时使用线段还是边框。Maximum displacement 设置文本的最大偏离距离，Displacement increment 设置放置文本时的距离增量。

（7）Clear solder mask pad 复选项用来定义使用 Solder mask 层图形来确定焊盘所在的区域。

15.5.2 设置参数

在 Layer 选项组选择 Both，表示在 Autosilk_Top 和 Autosilk_Bottom 层中生成丝印信息，在 Elements 选项组选择 Both，表示可以把线段、弧线和字符都复制到 Autosilk_Top 和 Autosilk_Bottom 层中。Classes and subclasses 选项组将 Board geometry、Package geometry、Reference designator 右侧的选择栏中设置成 Silk，其他参数保持默认。

15.5.3 执行命令

单击左下角的 Silkscreen 按钮，此时将启动丝印生成命令，待命令执行结束之后，选择 Display—Color/Visibility 命令，弹出 Color Dialog 对话框，在左侧选择 Manufacturing 文件夹（Class）后，在右侧将显示所有的 Subclasses。勾选 Autosilk_Bottom 和 Autosilk_Top 层后，自动生成的丝印就会显示在电路板中，如图 15.16 所示。

图 15.16　自动生成的丝印效果

15.6　手工调整和添加丝印

一般情况下，受到元件摆放位置的影响，丝印都是需要进行手动调整的，主要的调整内容包括统一丝印字号的调整、位置调整、方向调整、丝印画框区分元件。

通过上面的内容可知，Board geometry、Package geometry、RefDes 三个 Class 中都分别有 Silkscreen_Bottom 和 Silkscreen_Top 的两个层，若生成 Artwark 文件时，选该三个层出丝印底片，那么手工调整丝印将在这三个层中进行。若生成 Artwark 文件时，选用 Autosilk_Top 和 Autosilk_Bottom 层出丝印底片，那么手工调整丝印将在 Autosilk_Top 和 Autosilk_Bottom 层中进行。

15.6.1　统一丝印字号

因为元件库的差异，通常情况下丝印字号并不统一，这就要求对字号进行统一的调整，调整字符字号的步骤如下。

（1）选择 Edit—Change 命令，在右侧的 Find 选项卡中选择 Text 复选项，在 Option 选项卡中，Class 右侧的下拉列表中选择 RefDes，New subclass 下拉列表中选择 Silkscreen_Top，并选中 Silkscreen_Top 前面的颜色显示按钮和勾选复选项，表示要对 Silkscreen_Top 层进行操作。

（2）在 Text block 滚动框中输入字号，或者单击右侧的上下箭头来调整字号，也可以在文本框中单击，直接用键盘输入数字，比如输入 26，则代表字号设置中的编号为 26 的字号参数。

（3）在 Text Block 前面的复选框打钩，表示将按照 Text block 为 26 的字号对字符进行操作。设置完成后，如图 15.17 所示。Text block 为 26 的字符，是之前已经设置好参数的字符参数，若要设置，选择 Setup—Design Parameter Editor 命令，弹出 Design Parameter Editor 对话框，单击 Text 选项卡，在 Setup Text Size 窗口中进行字符的设置。

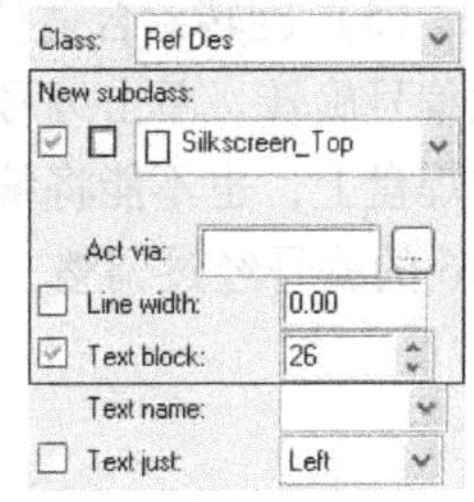

图 15.17　统一丝印字号设置

（4）框选整个电路板，此时可以看到被框选的所有 Silkscreen_Top 层中的字符大小都发生了变化，如图 15.18 和图 15.19 所示，经过调整之后，可以看到字符明显变小，变规范。右键选择 Done 命令完成 Change 命令。

图 15.18　字号修改前

图 15.19　字号修改后

15.6.2　丝印位置调整

（1）选择 Edit—Move 命令，选择 Edit—Change 命令，在右侧的 Find 选项卡中选择 Text 复选项。

（2）打开 Options 选项卡，在 Rotation 旋转的 Type 下拉列表中选择 Incremental，在 Angle 下拉列表中选择 90，在 Point 下拉列表中选择 Sym Origin，表示按照元件参考点以 90°增量的方式进行字符旋转。

（3）单击需要调整的元件编号，该编号会挂在鼠标指针上，并与元件之间存在着一条白色的连接线，如图 15.20 所示。

（4）右击，在弹出的快捷菜单中选择 Rotate 命令，此时元件编号多出一条白色的连接线，拖动鼠标围绕编号进行旋转，编号将会跟着鼠标旋转的方向进行每次增量 90°的旋转，如图 15.21 所示。

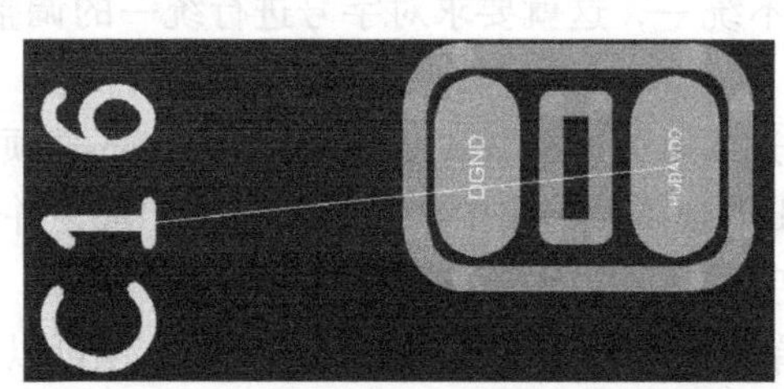

图 15.20　丝印位置调整

图 15.21　按 90°的增量旋转

（5）旋转到合适位置后（若元件水平放置，编号也水平放置，保存方向相同），单击完成编号旋转。单击编号移到合适位置放下编号，放置编号要避开元件的焊盘和过孔，不能放在焊盘上，也不能将编号放到元件底下，编号调整尽量往元件外侧摆放。如图 15.22 所示，C16 的编号经过调整，摆放在元件封装的左侧，而不要摆放在元件的过孔上。

图 15.22　旋转后的效果

15.6.3　翻板调整 Bottom 丝印

默认的正视中 Bottom 底层的丝印是反向 180°，这样可能会造成丝印摆放反向的问题，因此可以针对 Bottom 底层的丝印将电路板旋转 180°来进行，具体操作步骤如下。

（1）选择 Display—Color/Visibility 命令，弹出 Color Dialog 对话框，只开启 Components—Silkscreen_Bottom 层 RefDes、Package Geometry—Silkscreen_Bottom、Stack—UP—Bottom 层显示。

（2）选择 View—Flip Design 命令，电路板将旋转 180°显示，如图 15.23 和图 15.24 所示。

图 15.23　翻板前 Bottom 层显示

图 15.24　翻板后 Bottom 层显示

（3）翻板后 Bottom 层丝印的位置调整方式和 Top 层相同，丝印调整从上到下、从左到右侧。丝印要放在元件的周围空白的地方，尽量避免丝印覆盖过孔。经过调整之后的丝印如图 15.25 所示。

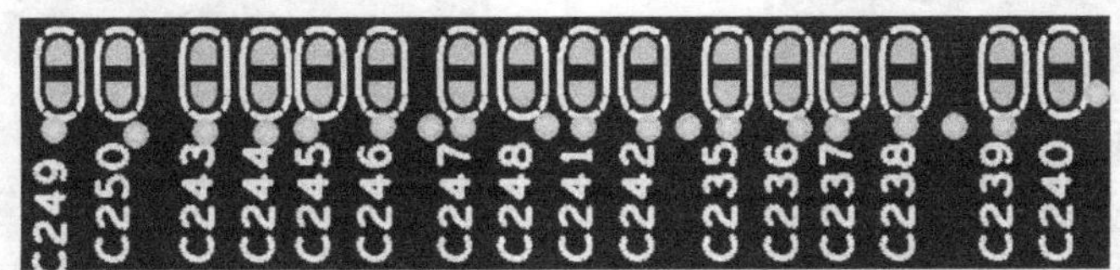

图 15.25　调整后的丝印

（4）逐个对元件丝印进行调整，完成以后，再次选择 View—Flip Design 命令，返回到正视图状态。

15.6.4　丝印画框区分元件

在有些密度比较高的电路板中，元件排列的密度很大，为了增加元件的可读性，丝印的调整要按照位置做成区域，用丝印画框的方式将元件框起来，增加元件的准确性。丝印画框也可以针对电路的功能区域进行划分，可以将电路板中同样功能的模块或功能框选起来，形成一个独立的区域，这样的电路板便于识图，也便于维修。

（1）选择 Add—Line 命令，在右侧 Options 选项卡的 Active Class and Subclass 中选择 Board Geometry 和 Silkscreen_Top，表示将要进行电路板丝印的编辑。

（2）在 Line Lock 中设置成 Line 90，表示将要绘制 90°的线段。在 Line width 文本框中输入 5mil，表示将要用 5mil 的线宽来绘制图形。

（3）在需要进行丝印画框区分元件的周围单击鼠标，拉出线段，框住整个元件和编号。

完成后在工作区域内，右键选择快捷菜单中的 Done 命令完成操作。完成的效果如图 15.26 所示。

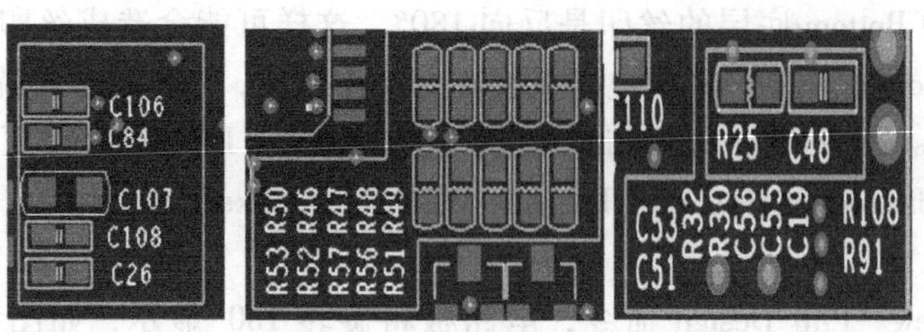

图 15.26　丝印画框区分元件

（4）经过丝印画框区分元件后，电路板上元件的编号可读性加强，增加元件的准确性。

（5）使用同样的方法，也可以将电路的某个区域进行画框，可以很清晰地看出电路的元件和功能，如图 15.27 和图 15.28 所示。

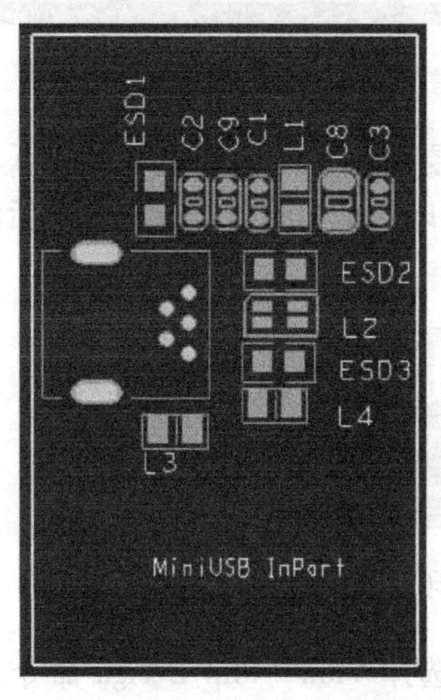

图 15.27　对电路的某个区域进行画框一

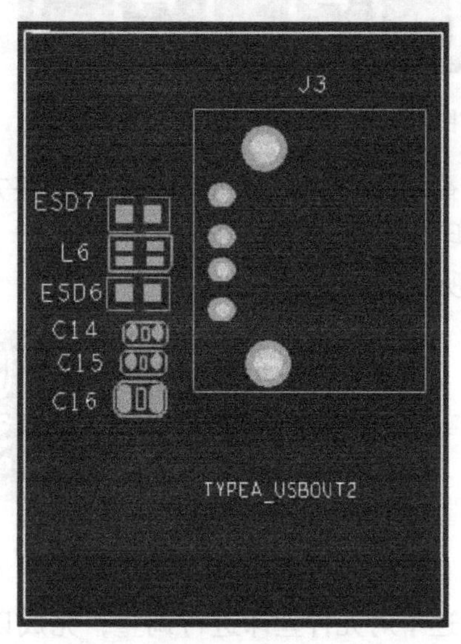

图 15.28　对电路的某个区域进行画框二

15.6.5　添加丝印文字

PCB 板名、日期、版本号、各种信号的接口说明、电路功能的说明等都需要在丝印层中添加文字说明，添加文字的操作步骤如下。

（1）选择 Add—Text 命令。在右侧 Options 选项卡的 Active Class and Subclass 中选择 Board Geometry 和 Silkscreen_Top，表示要把文字添加在电路板丝印层。

（2）在 Text Block 滚动框中输入字号，或者单击右侧的上下箭头来调整字号，也可以用在文本框中单击，直接用键盘输入数字，比如输入 26，则代表字号设置中的编号为 26 的字号参数。

（3）用鼠标在需要添加文字的位置处单击，该处将会出现一个白色小方块，高亮显示光标。

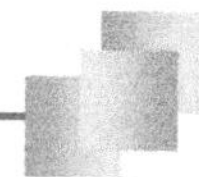

（4）用键盘输入需要添加的文字后，在工作区域内，右键选择快捷菜单中的 Done 命令完成操作，此时输入的文字已经添加到电路板中去，如图 15.29 所示。

TYPEA_USBOUT1

图 15.29　添加丝印文字

（5）注意，Allegro 直接输入的文字只支持英文和数字，中文无法输入，特殊符号中不支持，其他符号都支持输入，如图 15.30 所示。

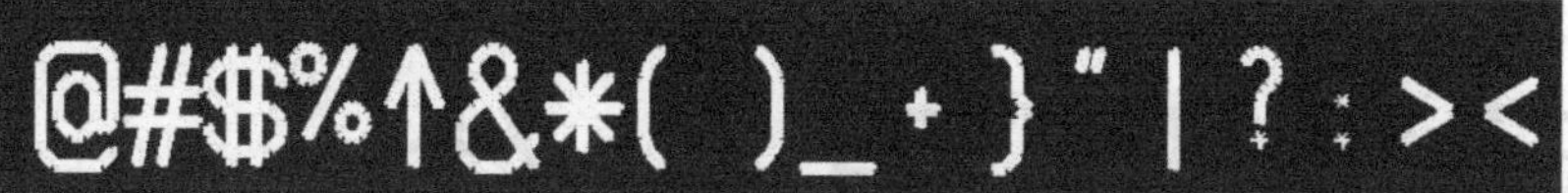

图 15.30　支持英文和数字的输入

15.7　丝印导入的相关处理

15.7.1　增加中文字

Allegro 软件本身不支持中文，所以要借用其他工具来完成字体的制作，然后导入到 Allegro 软件中。使用 Cadence 公司提供的 RATA Raster（BMP）To Allegro（IPF），IPF 格式来制作中文字体，然后导入到 Allegro 中，具体操作步骤如下。

（1）打开 Windows 自带的画图软件，创建一个要导入到 Allegro 的中文字体，比如写成"励志照亮人生"，如图 15.31 所示。

图 15.31　创建导入到 Allegro 的中文字体

（2）在画图中调整字体显示区域的大小，通过手工拖拉，以正好能够放下中文字"励志照亮人生"字体为宜。然后单击保存按钮，保存成单色的 bmp 的文件，如图 15.32 所示。

（3）打开 RATA Raster（BMP）To Allegro（IPF）软件，选择 Select BMP file 浏览找到刚才创建的 bmp 文件。在软件下面的参数设置中，Lines Thick 文本框线的宽度设置成 20。Scale：1 pixel 设置成 5。Pick Color 是像素的颜色选择，若是正片就选择黑色，负片就选择白色，用鼠标在导入的文字上单击，空白的地方将是白色，有字的地方会是黑色，颜色会在

图 15.32　保存成单色的 bmp 的文件

黑色和白色之间进行切换。设置好参数以后，单击 Make out. plt 按钮就可以生成 plt 文件，生成的 out. plt 文件和 bmp 文件在同一个目录下，如图 15.33 所示。

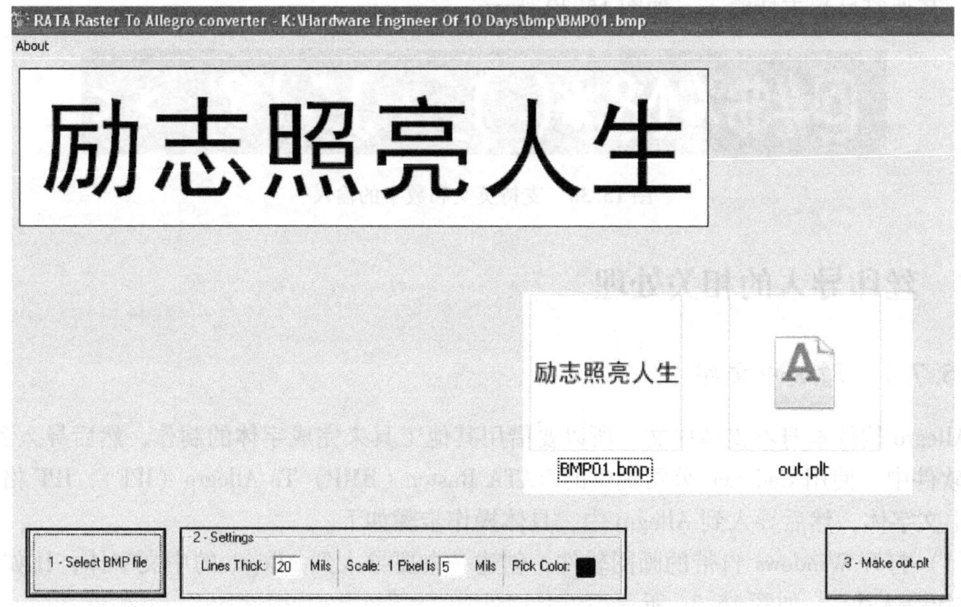

图 15.33　生成 out. plt 文件

（4）打开 Allegro PCB Design 软件，选择 File—Import—IPF 命令，在弹出的浏览框中浏览到刚输出的 out. plt 文件并双击后，文件会挂在鼠标指针上。

（5）在右侧 Options 选项卡的 Active Class and Subclass 中选择 BoardGeometry 和 Silkscreen_Top，表示将要导入的 IPF 文件放置在电路板丝印层。

（6）在合适的位置单击，放下中文字，就可以看到做好的中文字已经导入到 Allegro 里面，如图 15.34 所示。

图 15.34　放置导入的 IPF 文件

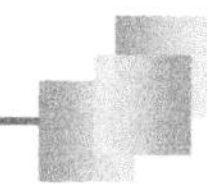

注意，当 IPF 文件挂在鼠标指标上时，在 Options 选项卡中要选择好 Class Subclass，一般选择 Board Geometry - Silkscreen_Top 或者 Autosilk_Top，单击鼠标左键就可以将字体放在选择的层中。

（7）也可以做出负片字体的效果，Pick Color 是像素的颜色，选择成白色，方法和上述相同，生成 out. plt 文件，导入到 Allegro 之后就是负片字体的效果，如图 15. 35 所示。

图 15. 35　负片字体的显示效果

（8）导入的中文字也可以放在电气层上，变成铜皮。文件挂在鼠标指针上后，在右侧 Options 选项卡的 Active Class and Subclass 中选择 Etch 和 Top，表示将要导入的 IPF 文件放置在 Top 电气层，在合适的位置单击，放下中文字，可以看到做好的中文字已经导入到 Allegro 里面，摆放在 Top 层，如图 15. 36 所示。

图 15. 36　变成铜皮的文字显示效果

（9）文件挂在鼠标指针上之后，可以右击，选择 Mirror 镜像、Rotate 旋转、Scale 按照比例放大等命令操作，有兴趣的读者可以自行尝试。操作办法就是当文件挂在鼠标指针上时，右键选择命令，然手拖动鼠标或者输入参数之后，命令就会被执行。可以进行放大、缩小、镜像和旋转，如图 15. 37 所示。

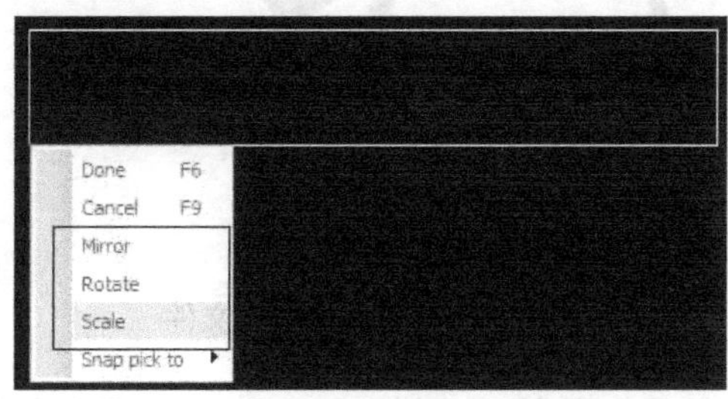

图 15. 37　镜像旋转比例放大操作

15. 7. 2　增加 Logo

（1）使用 Windows 自带的画图软件，打开 Logo 文件保存成单色的 bmp 的文件，如

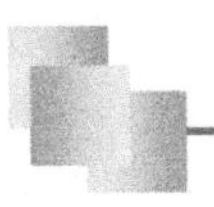

图 15.38 所示。

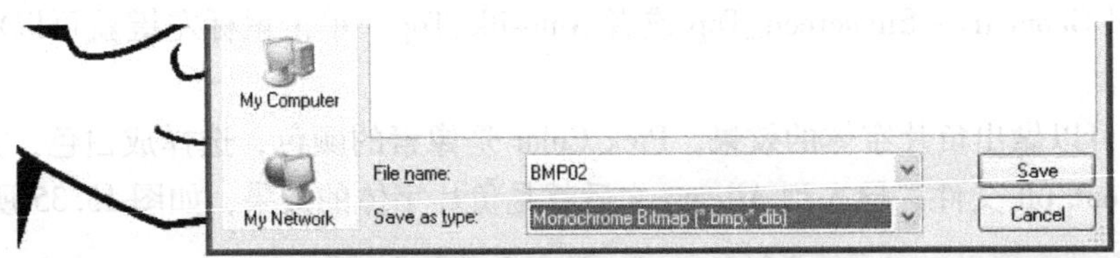

图 15.38　保存成单色的 bmp 的文件

（2）打开 RATA Raster（BMP）To Allegro（IPF）软件，选择 Select BMP file 浏览找到刚才创建的 bmp 文件。在软件下面的参数设置中，Lines Thick 文本框线的宽度设置成 20。Scale：1 pixel 设置成 5。Pick Color 是像素的颜色选择，若是正片就选择黑色，负片就选择白色，用鼠标在导入的文字上单击，空白的地方将是白色，有字的地方会是黑色，颜色会在黑色和白色之间进行切换。设置好参数以后，单击 Make out. plt 按钮就可以生成 plt 文件，生成的 out. plt 文件和 bmp 文件在同一个目录下。设置完成以后的界面截图如图 15. 39 所示。

图 15.39　生成 out. plt 文件

（3）打开 Allegro PCB Design 软件，选择 File—Import—IPF 命令，在弹出的浏览框中浏览到刚输出的 out. plt 文件并双击后，文件会挂在鼠标指针上。

（4）在右侧 Options 选项卡的 Active Class and Subclass 中选择 BoardGeometry 和 Silkscreen_Top，表示将要导入的 IPF 文件放置在电路板丝印层。

（5）在合适的位置单击，放下 Logo 图案，就可以看到做好的 Logo 图案已经导入到 Alle-

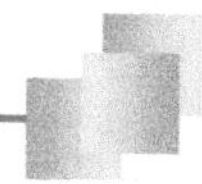

gro 里面，如图 15.40 所示。

图 15.40　查看 Logo 图案导入效果

（6）使用同样的方法，如图 15.41 至图 15.43 所示电路板中常见的图形，也是采用该方法导入到 Allegro 中的，有兴趣的读者可以自行尝试。

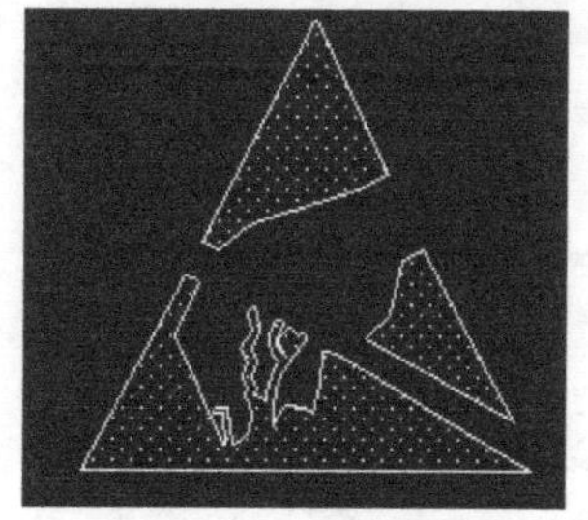

图 15.41　防静电

图 15.42　无铅标识

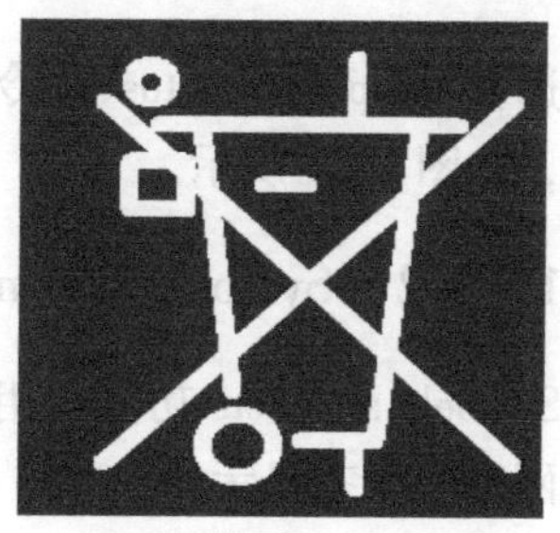

图 15.43　禁止随意丢弃

第16章　DRC 错误检查

16.1　Display Status

Display Status 是一个比较重要的窗口，借助 Display Status 可以对电路板上的元件 Net 布局情况、Shapes 的错误情况、DRC 状态的错误情况进行实时的了解。该窗口的常见功能和操作介绍如下。

16.1.1　执行命令弹出窗口

选择 Display—Status 命令，弹出 Status 窗口，如图 16.1 所示。

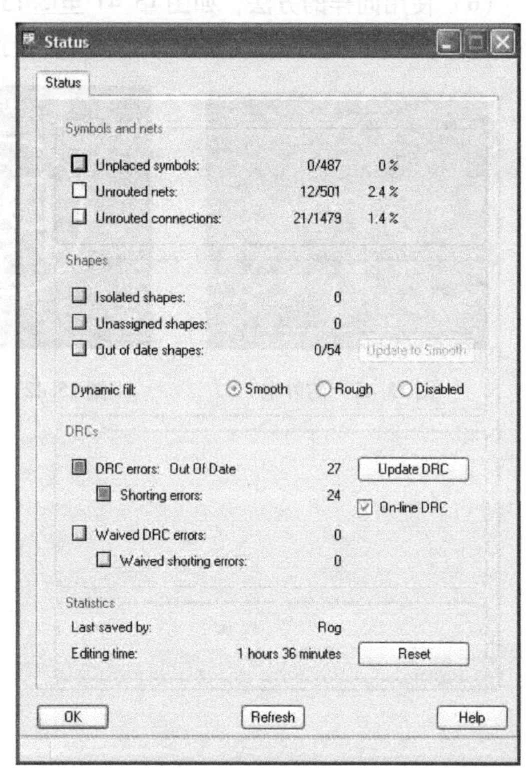

图 16.1　Status 窗口

16.1.2　Symbols and nets

Symbols and nets 功能组用来查看元件符号和网络的状态显示。

（1）Unplaced symbols：显示尚未摆放元件的数量和所有元件的数量，左侧颜色框中显示绿色表示所有的元件都已经被摆放到工作区域，黄色表示只有部分元件被摆放到工作区域，红色表示所有的元件都没有摆放。后面的百分比会根据摆放的情况给出，若不是 0%，就说明有元件尚未摆放到工作区域中，0% 就表示全部的元件已经摆放。

用鼠标在颜色框上单击，弹出 Unplaced Symbol Availability Check 窗口，可以用来查看元件摆放情况，如图 16.2 中所示，487 个元件已经有 486 个元件摆放，C91 Symbol 没有找到，尚未摆放。

（2）Unrouted nets：显示尚未连接的网络的数量（尚未进行布线的网络）和所有网络的数量，左侧颜色框中显示绿色表示所有的网络都已经连接，黄色表示只有部分网络没有连接，红色表示所有的网络都没有连接。后面的百分比会根据连接的情况给出，若不是 0%，就说明存在尚未连接的网络，0% 就表示全部的网络均已经连接。

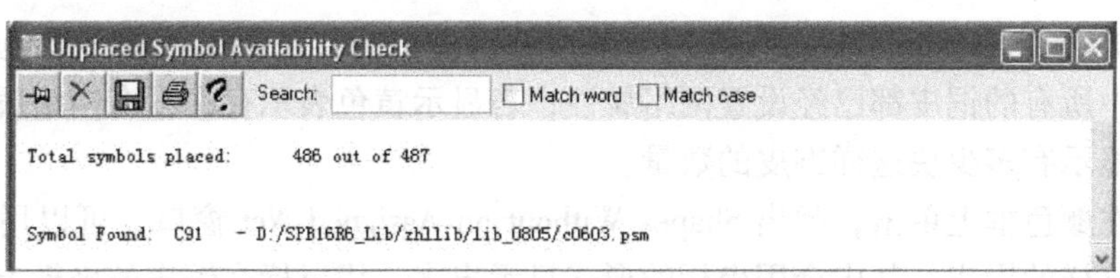

图 16.2　Unplaced Symbol Availability Check 窗口

(3) Unrouted connections 显示尚未布线元件引脚的数量和所有元件的引脚数量，左侧颜色框中显示绿色表示所有的元件引脚都已经布线，黄色表示只有部分元件引脚布线，红色表示所有的元件引脚都没有布线。后面的百分比会根据布线的情况给出，若不是 0%，就说明有元件引脚尚未布线，0% 就表示全部的元件引脚已经布线。

用鼠标在颜色框上单击，弹出 Unconnected Pins Report 窗口，可以用来查看元件引脚布线情况，若电路板中存在没有连接的元件引脚，就会显示在该报告中。如图 16.3 所示，N16832605、N16869046、N16869243 网络元件没有连接。

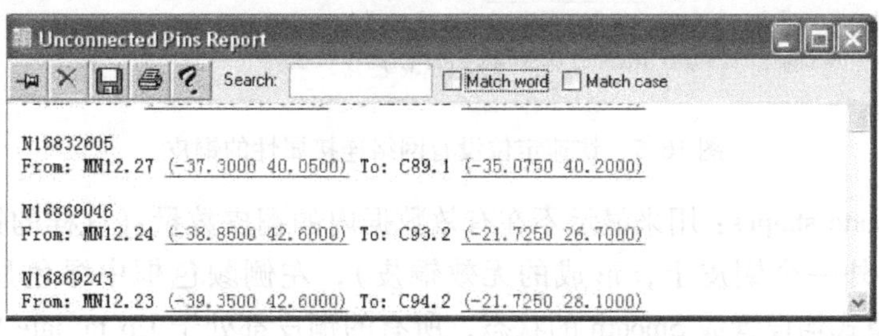

图 16.3　显示没有连接的元件引脚

16.1.3　Shapes 铜皮图形的状态显示

(1) Isolated shapes：显示铜皮中存在没有连接到任何网络的铜皮数量（铜皮是有网络属性，但受到其他线或元件等的隔离之后，变成孤立的铜皮，没有办法和其他任何网络连接），左侧颜色框中绿色显示 0 表示当前电路板中不存在这样的铜皮，若显示黄色表示存在没有连接到任何网络的铜皮，同时会显示有多少块这样铜皮的数量。

用鼠标在颜色框上单击，弹出 Isolated Shapes 窗口，可以用来查看有哪些地方存在这样的铜皮，其中会用坐标的形式显示出来，用鼠标在铜皮的坐标上单击，可以快速定位到该铜皮上去。如图 16.4 所示，AC97FS 网络中的一块铜皮是孤立铜皮。

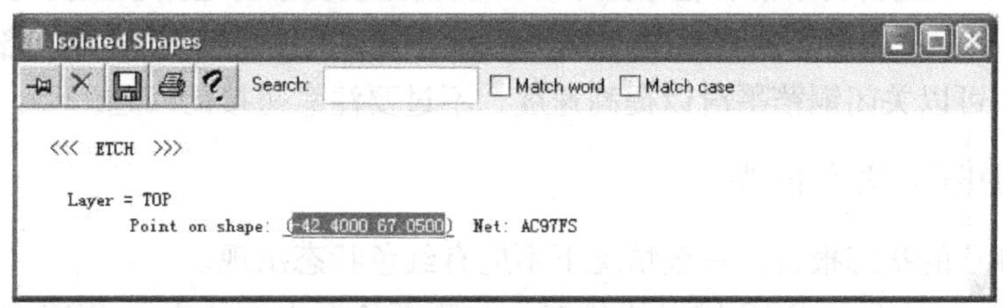

图 16.4　快速定位孤岛铜皮

（2）Unassigned shapes：显示没有网络属性的铜皮数量，左侧颜色框中绿色显示 0 表示当前电路板中所有的铜皮都已经设置网络属性；若显示黄色表示存在没有网络属性的铜皮数量，同时会显示有多少块这样铜皮的数量。

用鼠标在颜色框上单击，弹出 Shapes Without an Assigned Net 窗口，可以用来查看有哪些地方存在这样的铜皮，其中会用坐标的形式显示出来，用鼠标在铜皮的坐标上单击，可以快速定位到该铜皮上去。如图 16.5 所示，Shapes Without an Assigned Net 窗口显示在 Top 层中存在 3 块没有网络连接的 Shape 铜皮，分别是 -32.5000 64.05，-38.175 59.4500，-38.6000 60.4500，用鼠标在该坐标上单击后可以快速定位到该铜皮上去进行处理。

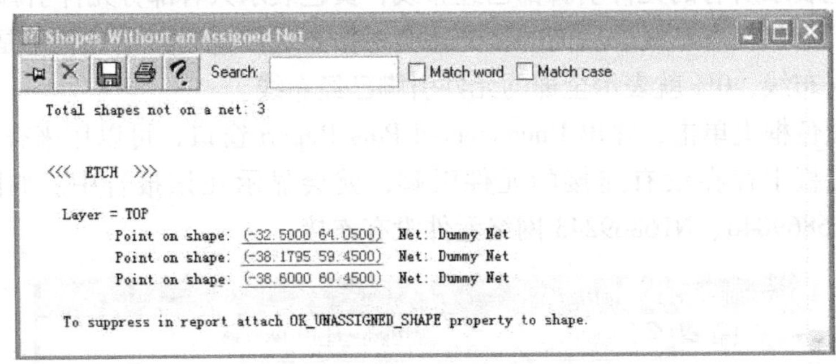

图 16.5 快速定位没有网络连接属性的铜皮

（3）Out of date shapes：用来显示不在有效数据内的铜皮数量（这样的铜皮多是一个铜皮覆盖重叠在另外一个铜皮上，形成的无效铜皮），左侧颜色框中绿色显示表示所有的 Shape 动态填充模式均设置成 Smooth 的状态，所有的铜皮都处于 Up to date 状态，铜皮数据都有效。红色表示所有的动态 Shape 动态填充模式均设置成 Rough 或 Disable 的状态，从而使所有的动态铜皮都属于 Out to date 状态。黄色表示有部分的动态 Shape 动态填充模式设置成 Rough 或 Disable 的状态，从而使部分的动态铜皮属于 Out to date 状态。

用鼠标在颜色框上单击，弹出 Dynamic Shapes State 窗口，可以用来查看有哪些地方存在这样的铜皮，其中会用坐标的形式显示出来，用鼠标在铜皮的坐标上单击，可以快速定位到该铜皮上去。

16.1.4 Dynamic fill

Dynamic fill：用于设置动态铜皮填充方式，在方式下有如下的设置选项。

（1）Smooth：可以产生光绘级别的铜皮，消除所有的 DRC。

（2）Rough：禁止自动平滑，粗略显示，可以在比较复杂的电路板上提高效率。

（3）Disabled：关闭所有的自动避让和 Smooth 平滑功能，对于复杂的电路板，同时有非常多的形状时，可以关闭铜箔平滑以提高速度，不过要注意短接的问题。

16.1.5 DRCs 状态报告

DRCs 是 DRC 的状态报告，一般情况下不应有红色状态出现。

（1）DRC errors：显示 DRC 错误的状态，左侧颜色框中红色表示 DRC 处于 Out of date 状态；黄色表示 DRC 处于 Up to date 状态，但存在 DRC 的错误要处理；绿色表示 DRC 处于

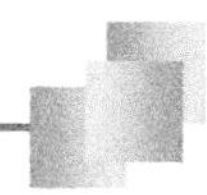

Up to date 状态，无 DRC 的错误要处理。

用鼠标在颜色框上单击，弹出 Design Rules Check（DRC）Report 窗口，可以用来查看有哪些地方存在 DRC，会列出违反规则的 DRC 错误情况。所有的错误都以坐标的形式显示出来，如图 16.6 所示，用鼠标在坐标上单击，可以快速定位到该处 DRC 上去进行修改查看。

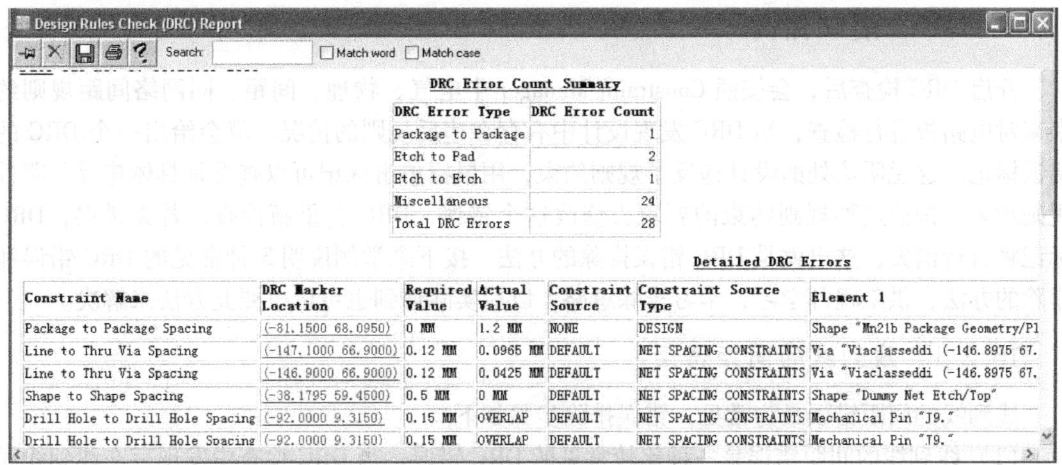

DRC Error Count Summary

DRC Error Type	DRC Error Count
Package to Package	1
Etch to Pad	2
Etch to Etch	1
Miscellaneous	24
Total DRC Errors	28

Detailed DRC Errors

Constraint Name	DRC Marker Location	Required Value	Actual Value	Constraint Source	Constraint Source Type	Element 1
Package to Package Spacing	(-81.1500 68.0950)	0 MM	1.2 MM	NONE	DESIGN	Shape "Mn21b Package Geometry/Pl
Line to Thru Via Spacing	(-147.1000 66.9000)	0.12 MM	0.0965 MM	DEFAULT	NET SPACING CONSTRAINTS	Via "Viaclasseddi (-146.8975 67.
Line to Thru Via Spacing	(-146.9000 66.9000)	0.12 MM	0.0425 MM	DEFAULT	NET SPACING CONSTRAINTS	Via "Viaclasseddi (-146.8975 67.
Shape to Shape Spacing	(-38.1795 59.4500)	0.5 MM	0 MM	DEFAULT	NET SPACING CONSTRAINTS	Shape "Dummy Net Etch/Top"
Drill Hole to Drill Hole Spacing	(-92.0000 9.3150)	0.15 MM	OVERLAP	DEFAULT	NET SPACING CONSTRAINTS	Mechanical Pin "J9."
Drill Hole to Drill Hole Spacing	(-92.0000 9.3150)	0.15 MM	OVERLAP	DEFAULT	NET SPACING CONSTRAINTS	Mechanical Pin "J9."

图 16.6 Design Rules Check（DRC）Report 窗口

（2）Shorting DRC errors：会引起短路问题的严重 DRC 错误报告，Allegro 会分析在 DRC 中有哪些会造成严重短路问题。用鼠标在颜色框上单击，弹出 Design Rules Net Shorts Check（DRC）Report 窗口，可以用来查看有哪些地方存在可能引起短路的 DRC 错误情况。所有的错误以坐标的形式显示出来，如图 16.7 所示，用鼠标在坐标上单击，可以快速定位到该处 DRC 上去进行修改查看。

Design Rules Net Shorts Check (DRC) Report

Search: Match word Match case

Drill Hole to Drill Hole Spacing	(-92.0000 9.3150)	0.15 MM	OVERLAP	DEFAULT	NET SPACING CONSTRAINTS	Mechanical Pin "J9."
Drill Hole to Drill Hole Spacing	(-92.0000 9.3150)	0.15 MM	OVERLAP	DEFAULT	NET SPACING CONSTRAINTS	Mechanical Pin "J9."
Drill Hole to Drill Hole Spacing	(-116.5500 9.3150)	0.15 MM	OVERLAP	DEFAULT	NET SPACING CONSTRAINTS	Mechanical Pin "J9."
Drill Hole to Drill Hole Spacing	(-116.5500 9.3150)	0.15 MM	OVERLAP	DEFAULT	NET SPACING CONSTRAINTS	Mechanical Pin "J9."
Drill Hole to Drill Hole Spacing	(-116.5500 9.3150)	0.15 MM	OVERLAP	DEFAULT	NET SPACING CONSTRAINTS	Mechanical Pin "J9."
Drill Hole to Drill Hole Spacing	(-116.5500 9.3150)	0.15 MM	OVERLAP	DEFAULT	NET SPACING CONSTRAINTS	Mechanical Pin "J9."

图 16.7 快速定位违反规则的 DRC

（3）Waived DRC errors：显示电路板中 Waived DRC errors 数量，绿色表示没有，红色表示存在。

（4）Update DRC 按钮，单击该按钮将执行 DRC 更新，只在 Online DRC 模式才有效。

（5）勾选 Online DRC 复选框后，将执行实时的 DRC 监控检查，若不勾选，只有在手动单击 Update DRC 按钮后才进行检查。

（6）注意在出光绘文件之前，这些 DRC 的状态都应认真检查，保证都无错误，或者有错误但这些错误必须是知道的预留的一些错误，要保证在出光绘之前电路的逻辑连接不能有重要的错误，否则电路板可能会报废，因此请重视这些检查功能。

16.1.6 Statistics 统计的显示

Statistics 统计的一些信息显示，Last save by：最后保存；Editing time：编辑所花费的时间，时间被累计计算。单击右侧的 Reset 按钮清空编辑所花费的时间变成 0，清空。

16.2 DRC 错误排除

开启 DRC 检查后，会按照 Constraint Manager 中电气、物理、间距、同网络间距规则约束来对电路板进行检查，当 DRC 发现设计中有存在违反规则的情况，就会给出一个 DRC 的错误标记。这说明该处的设计违反了规则约束，用鼠标单击标记可以查看是具体违反了哪种规则约束。按照这种规则约束的要求去修改这个错误，DRC 会重新检查，若无错误，DRC 标记将自行消失，这也就是 DRC 错误排除的办法。接下来举例说明 3 种常见的 DRC 错误和排除的办法，供工程师学习，学习排除思路，以后实际遇到也可以按照此方法来解决。

16.2.1 线到线的间距错误

线到线的间距错误最为常见，错误排除步骤如下。

（1）线到线的间距错误是一种比较常见的 DRC 错误，当 DRC 检查中发现存在线到线间距的错误之后，就会在错误处标记 L L 的 DRC 标记提示，如图 16.8 所示。

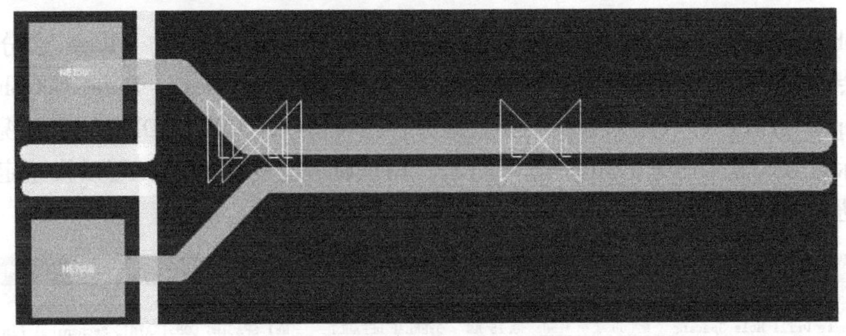

图 16.8　线到线的间距错误

（2）查看错误的原因。方法 1：选择 Display—Element 命令，在右侧的 Find 选项卡中只勾选 DRC errors 复选项，在 DRC Mark 上单击，弹出 Show Element 窗口，如图 16.9 所示。

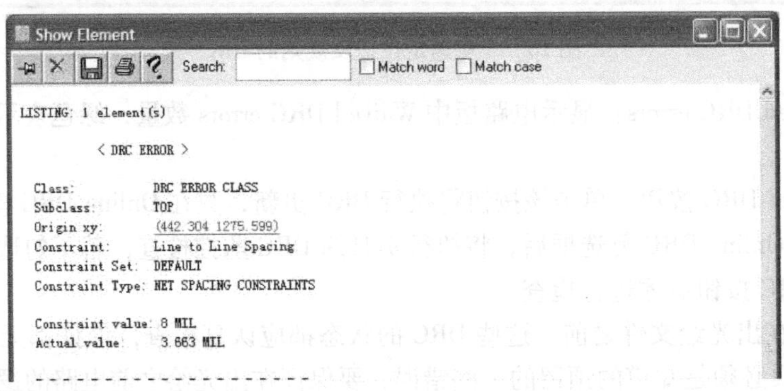

图 16.9　查看错误的原因，方法 1

（3）在 Show Element 窗口中可以看到在 Tot 层，Origin xy：（442. 304 1275. 599）处，违反了线到线的 DEFAULT 间距规则，约束规则要求间距是 8mil，而实际上是 3. 663mil。

（4）查看错误的原因。方法 2：选择 Setup—Constraints—Constraint Manager 命令可以启动约束管理器，单击 DRC 选项卡 Spacing 工作簿，在右侧的 DRC 错误列表中，同样可以看到该项错误，是违反了线到线的 DEFAULT 的间距规则，约束规则要求间距是 8mil，而实际上是 3. 663mil，如图 16. 10 所示。

Objects Name	Constraint Set	DRC Subclass	Values Required	 Actual	Object 1	Object 2
*	*	*	*	*	*	*
⊟ drcs						
⊟ Line to Line Spacing						
(442.304 1275.599)	Default	Top	8 MIL	3.663 MIL	Horizontal Line Segment "Net002, Etch/Top"	Horizontal Line Segment "Net001, Etch/Top"

图 16. 10　查看错误的原因，方法 2

（5）查看错误的原因。方法 3：选择 Display 菜单—Status 命令，弹出 Status 对话框，DRC errors：显示 DRC 错误的状态，用鼠标在左侧颜色框上单击，弹出 Design Rules Check（DRC）Report 窗口。同样可以看到该项错误，是违反了线到线的 DEFAULT 的间距规则，约束规则要求间距是 8mil，而实际上是 3. 663mil，如图 16. 11 所示。

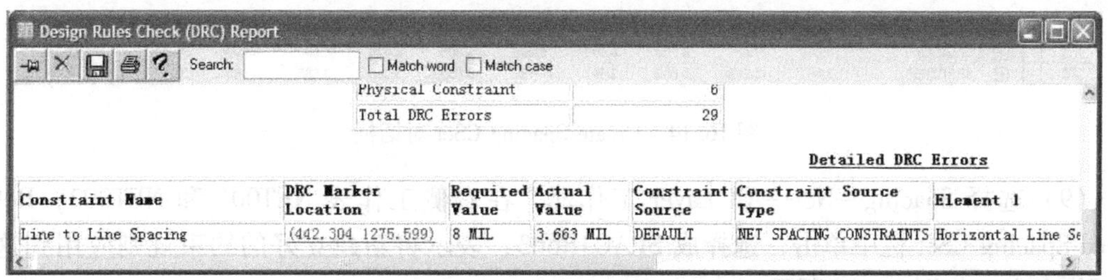

图 16. 11　查看错误的原因，方法 3

（6）解决 DRC 错误。线到线的 DEFAULT 的间距规则，约束规则要求间距是 8mil，而实际上是 3. 663mil，那么这就需要将线到线的间距修改为 8mil 以上，这个错误标记就会消失。选择 Route—Slide 命令，用鼠标单击两条线中的任何一条，拖动将两线距离拖开一些后，DRC 标记消失，如图 16. 12 所示。

图 16. 12　DRC 标记消失后效果

（7）验证错误消失的原因。选择 Display—Measure 命令，在右侧的 Find 选项卡中只勾选 Cline Segs 复选项，将鼠标到 NET001 和 NET002 两个线上单击，弹出 Measure 窗口。可以看到 Air Gap 间距为 12. 59mil，12. 59mil 大于约束要求的最小 8mil，所以该处布线符合约束规则要求，DRC 标记消失，如图 16. 13 所示。

（8）还有一种情况，若 NET001 和 NET002 两个网络的间距最大只能做到 3. 663mil，没有办法修改，那么也可以采用修改规则的办法来解决该 DRC 错误。在约束管理器中选择 Spacing—Spacing Constraint Set—All Layer 工作簿，在右侧工作表编辑窗口中的 DEFAULT 规

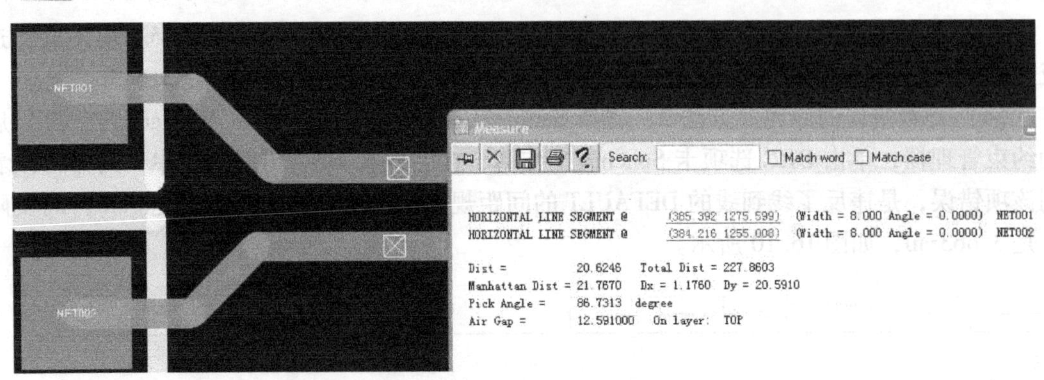

图 16.13 验证错误消失的原因

则就是默认物理约束规则。在 Name 栏，工程文件名上右击，在菜单中选择 Create—Spacing CSet 命令，弹出 Create Spacing CSet 对话框。或者选择菜单 Objects—Create—Spacing CSet 命令，弹出 Create Spacing CSet 对话框，新建立一条 SPAC3R663 的规则，如图 16.14 所示。

Objects			Line To										
			Line	Thru Pin	SMD Pin	Test Pin	Thru Via	BB Via	Test Via	Microvia	Shape	Bond Finger	Hole
Type	S	Name	mil	mil	mil	mil	mil	mil	mil	mil	mil	mil	mil
*		*	*	*	*	*	*	*	*	*	*	*	*
Dsn		⊟ drcs	8.000	8.000	8.000	8.000	8.000	8.000	8.000	8.000	8.000	8.000	8.000
SCS		⊞ DEFAULT	8.000	8.000	8.000	8.000	8.000	8.000	8.000	8.000	8.000	8.000	8.000
SCS		⊞ SPAC3R663	3.663	3.663	3.663	3.663	3.663	3.663	3.663	3.663	3.663	3.663	3.663

图 16.14 Create Spacing CSet 对话框

（9）选择 Spacing—Net—All Layer 工作簿，在右侧工作表 NET001 和 NET002，Referenced Spacing CSet 栏中单击，选择成 SPAC3R663，表示将新建立好的约束规则应用到这两个网络上去，如图 16.15 所示。

Objects			Referenced Spacing CSet	Line To										
				Line	Thru Pin	SMD Pin	Test Pin	Thru Via	BB Via	Test Via	Microvia	Shape	Bond Finger	Hole
Type	S	Name		mil	mil	mil	mil	mil	mil	mil	mil	mil	mil	mil
*		*	*	*	*	*	*	*	*	*	*	*	*	*
Net		NET001	SPAC3R663	3.663	3.663	3.663	3.663	3.663	3.663	3.663	3.663	3.663	3.663	3.663
Net		NET002	SPAC3R663	3.663	3.663	3.663	3.663	3.663	3.663	3.663	3.663	3.663	3.663	3.663

图 16.15 将新建立好的约束规则应用到这两个网络上去

（10）更新 DRC 的状态后，DRC 标记消失。可以看到 Air Gap 间距为 3.663mil，等于约束要求的最小 3.663mil，所以该处布线符合规则约束要求，DRC 标记消失，如图 16.16 所示。

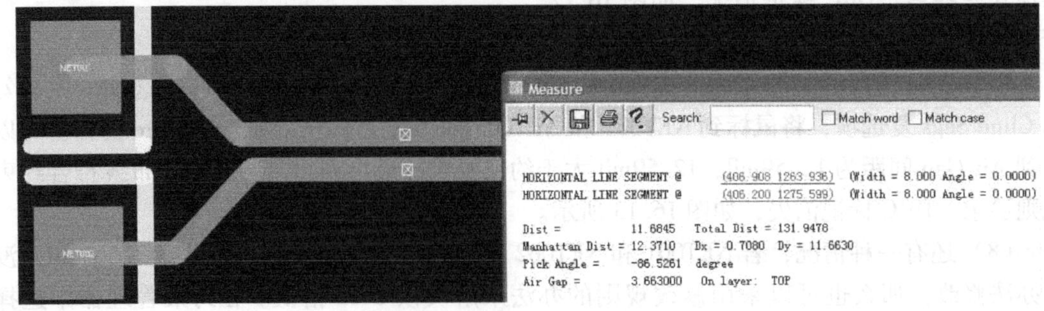

图 16.16 DRC 标记消失效果

16.2.2　线宽的错误

线宽的错误也是最为常见的，错误排除步骤如下。

（1）线宽的错误是一种比较常见的 DRC 错误，当 DRC 检查中发现有存在线宽的错误之后，就会在错误处标记 L W 的 DRC 标记提示，如图 16.17 所示。

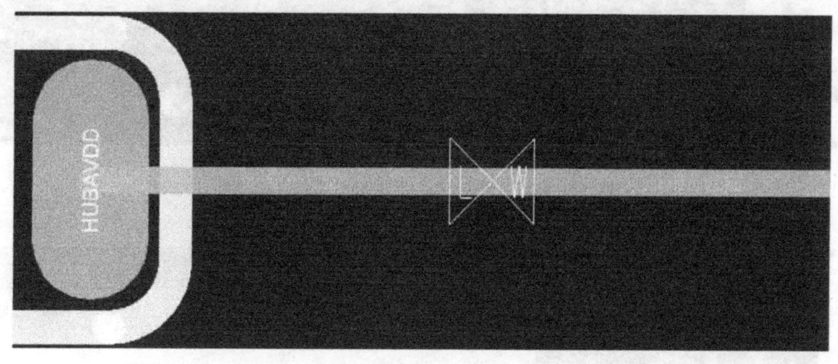

图 16.17　线宽的错误提示

（2）查看错误的原因。选择 Display—Element 命令，在右侧的 Find 选项卡中只勾选 DRC errors 的复选项，将鼠标移到 DRC Mark 上单击，弹出 Show Element 窗口，如图 16.18 所示。

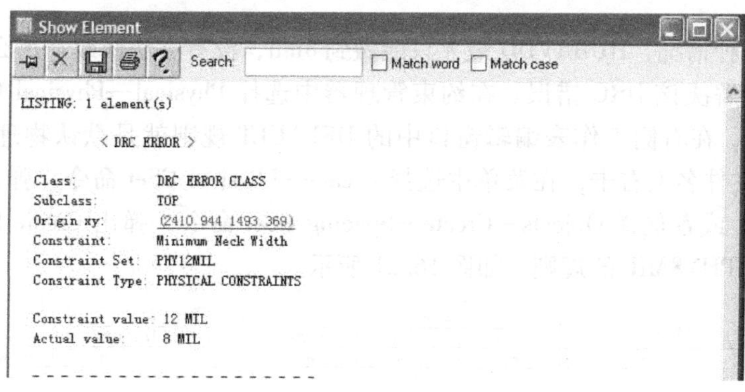

图 16.18　查看错误原因

（3）在 Show Element 窗口中可以看到在 Tot 层，Origin xy:(2410.944 1493.369) 处，违反了 Neck 最小线宽的约束规则，约束规则要求间距是 12mil，而实际上是 8mil。

（4）解决 DRC 错误。Neck 最小线宽的约束规则要求间距是 12mil，而实际上是 8mil，那么这就需要将线宽修改到 12mil，这个错误标记就会消失。选择 Route—Slide 命令，用鼠标单击 HUBAVDD 网络，在右侧的 Options 选项卡将 Line width 修改成 12 或 Constraint 后，拖动重新布线后，DRC 标记消失，如图 16.19 所示。

（5）验证错误消失的原因。选择 Display—Measure 命令，在右侧的 Find 选项卡中只勾选 Cline Segs 复选项，用鼠标在 HUBAVDD 网络上单击，弹出 Measure 窗口。Minimum Line Width 为 12mil、Minimum Neck Width 为 12mil，所以该处布线符合约束规则要求，如图 16.20 所示。

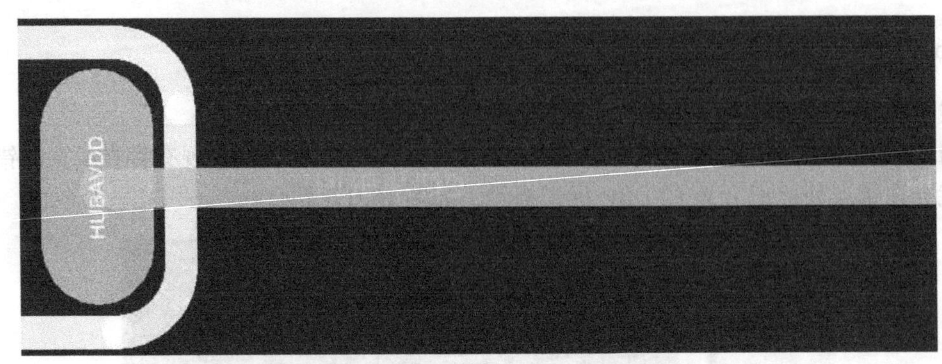

图 16.19　线宽错误 DRC 标记消失

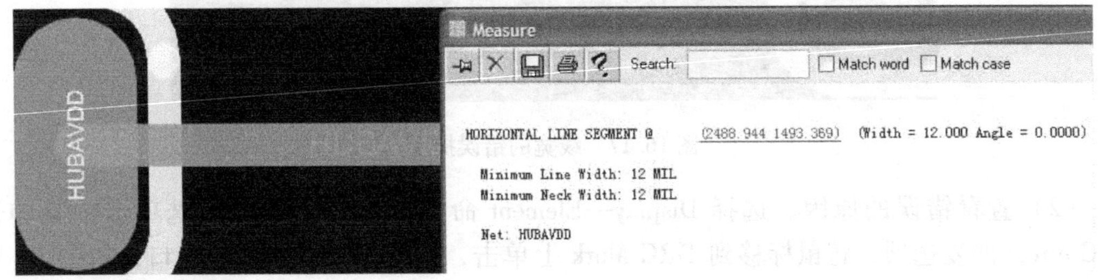

图 16.20　Measure 查看错误消失的原因

（6）还有一种情况，HUBAVDD 最大只能做到 8mil，没有办法修改，那么也可以采用修改规则的办法来解决该 DRC 错误。在约束管理器中选择 Physical—Physical Constraint Set—All Layer 工作簿，在右侧工作表编辑窗口中的 DEFAULT 规则就是默认物理约束规则。在 Name 栏，工程文件名上右击，在菜单中选择 Create—Physical CSet 命令，弹出 Create Physical CSet 对话框。或者选择 Objects—Create—Spacing CSet 命令，弹出 Create Spacing CSet 对话框，新建一条 PHY8MIL 的规则，如图 16.21 所示。

Objects			Line Width		Neck			
			Min	Max	Min Width	Max Length	Min Line Spaci	Primary Gap
Type	S	Name	mil	mil	mil	mil	mil	mil
*		*	*	*	*	*	*	*
Dsn		⊟ drcs	8.000	0.000	6.000	0.000	0.000	0.000
PCS		⊞ DEFAULT	8.000	0.000	6.000	0.000	0.000	0.000
PCS		⊞ PHY8MIL	8.000	8.000	8.000	8.000	8.000	8.000

图 16.21　在 Create Spacing CSet 对话框新建规则

（7）选择 Physical—Net—All Layer 工作簿，在右侧工作表 HUBAVDD，Referenced Spacing CSet 栏中单击，选择成 PHY8MIL，表示将新建立好的约束规则应用到这个网络中，如图 16.22 所示。

Objects			Referenced Physical CSet	Line Width		Neck	
				Min	Max	Min Width	Max Length
Type	S	Name		mil	mil	mil	mil
*		*	*	*	*	*	*
Dsn		⊟ drcs	DEFAULT	8.000	0.000	6.000	0.000
Net		HUBAVDD	PHY8MIL	8.000	8.000	8.000	8.000

图 16.22　新建立好的约束规则应用到这个网络中

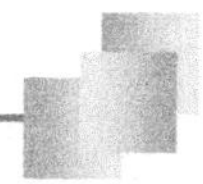

（8）更新 DRC 的状态后，DRC 标记消失。所有该处布线符合规则约束要求，DRC 标记消失。

16.2.3 元件重叠的错误

元件重叠的错误也是最为常见的，错误排除步骤如下。

（1）元件重叠是一种比较常见的 DRC 错误，当 DRC 检查中发现存在元件重叠的错误之后，就会在错误处标记 PP 的 DRC 标记提示，如图 16.23 所示。

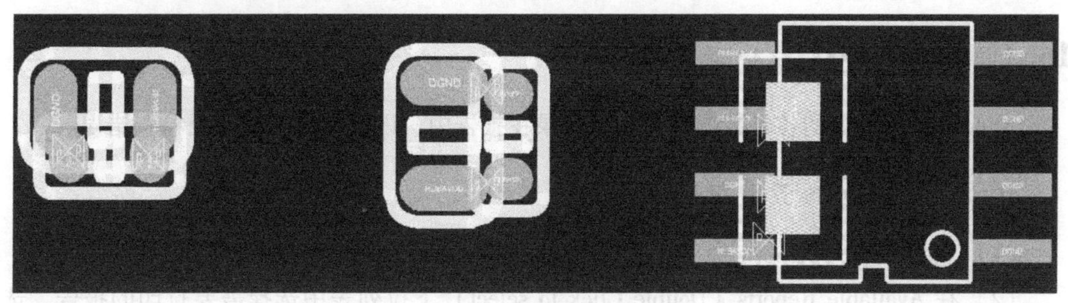

图 16.23 元件重叠的错误

（2）查看错误的原因。选择 Display—Element 命令，在右侧的 Find 选项卡中只勾选 DRC errors 的复选项，用鼠标在 DRC Mark 上单击，弹出 Show Element 窗口，如图 16.24 所示。

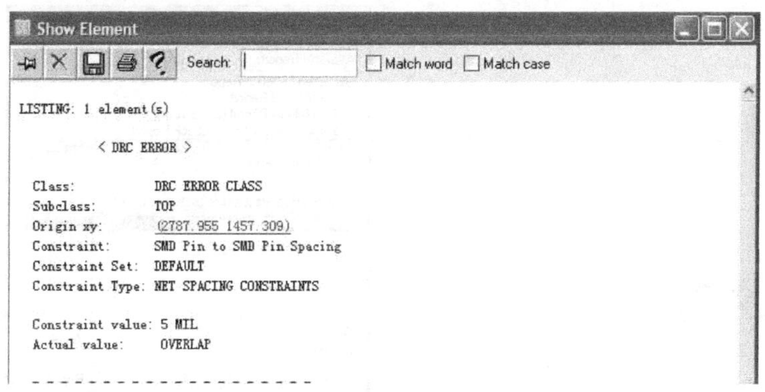

图 16.24 查看错误的原因

（3）在 Show Element 窗口中可以看到在 Top 层，Origin xy:(2787.955 1457.309) 处，违反了 SMD Pin to SMD Pin 的间距规则，约束规则要求间距是 5mil，而实际上是重叠。

（4）解决 DRC 错误。这就需要移开这两个元件，避免元件重叠，这个错误标记就会消失。选择 Edit—Move 命令，在右侧的 Options 选项卡中只勾选 Symbols 复选项，用鼠标拖动将元件分开后，DRC 标记消失，如图 16.25 所示。

（5）其他各种 DRC 错误解决办法请参考上面 3 种方法进行，在出现 DRC 错误标记之后选择 Element 命令，在右侧的 Find 选项卡中只勾选 DRC errors 复选项，用鼠标在 DRC Mark 上单击，弹出 Show Element 窗口。具体分析是违反了哪些约束规则造成的错误提示，按照规则约束的要求去做相应的修改，若修改后的结果符合规则约束，那么 DRC 标记将自动消失。

图 16.25　DRC 标记消失

16.3　报告检查

Allegro 对设计中的各种数据都详细地记录在报告中，以便于数据统计及检查错误。

16.3.1　Reports 查看报告

（1）选择 Tools—Reports 命令，弹出 Reports 对话框，如图 16.26 所示。

（2）在 Available Reports（Double Click to select）下拉列表中选择需要打印的报告，选择右侧上下滚动条可以在所有的报告中进行滚动显示，选择需要打印的报告，双击后选择的报告会出现在 Selected Reports 中，单击右下角的 Report 按钮后，选择的报告将被显示出来，如图 16.27 所示。

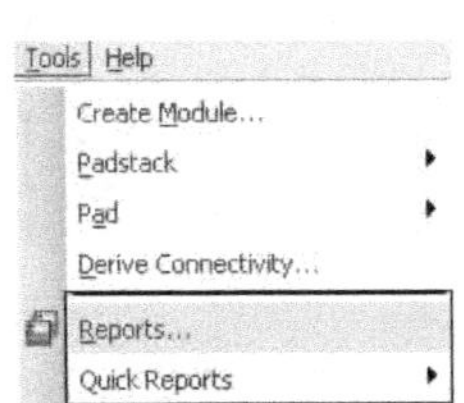

图 16.26　选择 Reports 命令

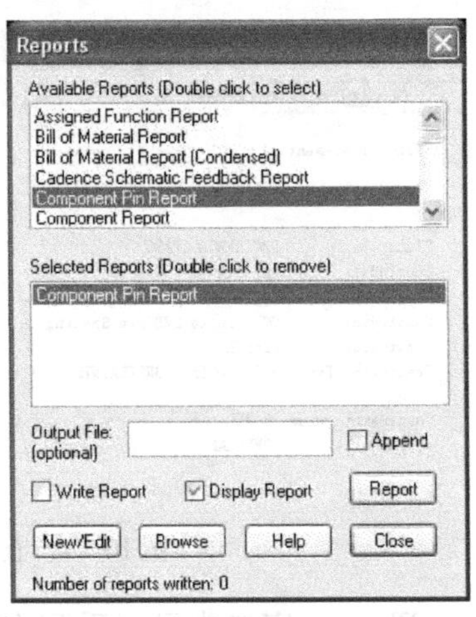

图 16.27　显示被选择的报告

16.3.2　Quick Reports 查看报告

（1）选择 Tools—Quick Reports 命令，用鼠标移动到右侧的二级菜单中单击需要打印的报告，选择的报告就会显示出来。经常使用的报告有如下几种。

（2）Report Unconnected Pins。选择 Report—Unconnected Pins 命令后打开该报告，可以查询到是哪些元件的 Pin 没有布线，这个报告很有用，若在布线中有遗漏的 Pin 网络布线，可以通过这个报告进行查看，并且单击错误之后光标就会跳转到出问题的坐标上去，通过查

询错误，修改完善 PCB 的布线，如图 16.28 所示。

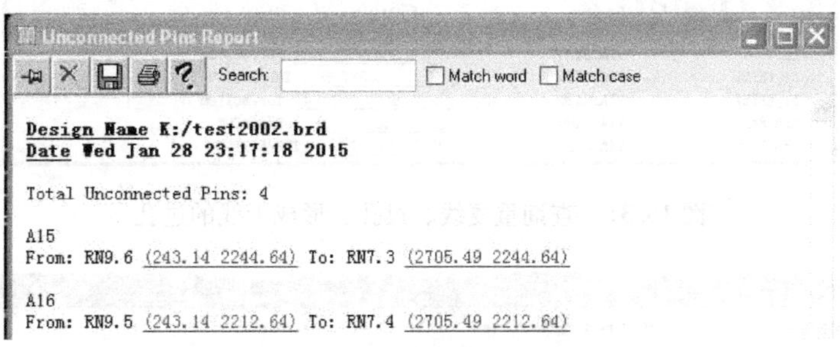

图 16.28 查询没有布线的元件 Pin

（3）Report Shape IslAnd。选择 Report—Shape IslAnd 命令后打开该报告，可以查询到是哪些铜皮孤立，这个报告很有用，若在布线中有遗漏的铜皮孤立，可以通过这个报告进行查看，并且单击错误之后光标就会跳转到出问题的坐标上去，通过查询错误，修改完善 PCB 的布线，如图 16.29 所示。

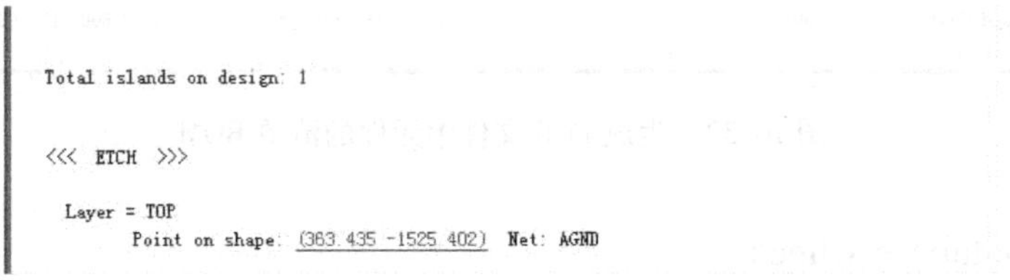

```
Total islands on design: 1

<<< ETCH >>>

  Layer = TOP
        Point on shape: (363.435 -1525.402)  Net: AGND
```

图 16.29 查询孤立的铜皮

（4）Report Shape no net。选择 Report—Shape no net 命令后打开该报告，可以查询到是哪些铜皮没有赋给网络，这个报告很有用，若在布线中有遗漏的铜皮忘记赋给网络，可以通过这个报告进行查看，并且单击错误之后光标就会跳转到出问题的坐标上去，通过查询错误，修改完善 PCB 的布线，如图 16.30 所示。

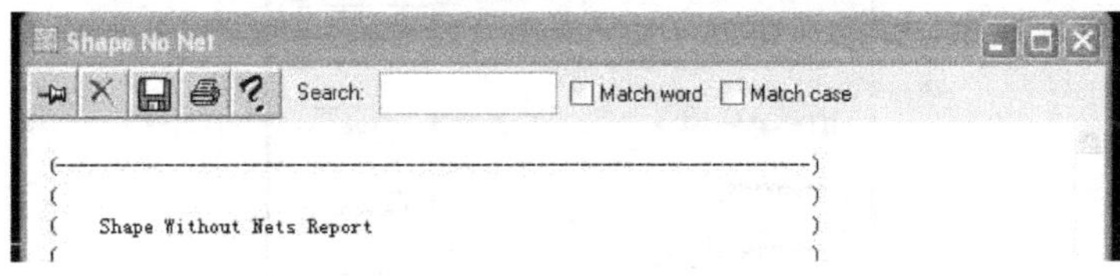

图 16.30 查询没有赋给网络的铜皮

（5）Dangling Line、Via And Antenna Report。选择 Report—Dangling Line、Via And Antenna Report 命令后打开该报告，可以查询重复线、过孔、形成天线的过孔报告。用鼠标单击存在错误的坐标后就会跳转到出问题的坐标上去，通过查询错误，修改完善 PCB 的布线，如图 16.31 所示。

（6）Component Report。选择 Tools—Report—Component Report 命令后打开该报告，用来生成 PCB 文件中元件的清单 BOM，包括元件在 PCB 上每个元件的位置坐标及方向。这个文件可以用来贴片，也可以用来做 BOM 表很实用，如图 16.32 所示。

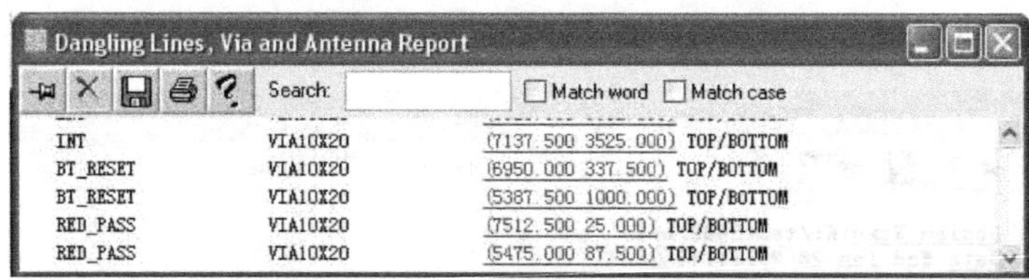

Dangling Lines, Via and Antenna Report
Search:
Match word
Match case
INT VIA10X20 (7137.500 3525.000) TOP/BOTTOM
BT_RESET VIA10X20 (6950.000 337.500) TOP/BOTTOM
BT_RESET VIA10X20 (5387.500 1000.000) TOP/BOTTOM
RED_PASS VIA10X20 (7512.500 25.000) TOP/BOTTOM
RED_PASS VIA10X20 (5475.000 87.500) TOP/BOTTOM

图 16.31　查询重复线、过孔、形成天线的过孔

Component Report

Design Name K:/mylibrary/05.brd
Date Tue Nov 17 16:53:39 2015
Total Components: 769

Component Report

REFDES	COMP_DEVICE_TYPE	COMP_VALUE	COMP_TOL	COMP_PACKAGE	SYM_X	SYM_Y	SYM_ROTATE	SYM_MIR
ANT1	ANT_UFL_1_A_MM9329-2700-A_W-G7	W-G7169		A_MM9329-2700-A	5187.500	3500.000	270.000	NO
B4	PANASONIC/EXC-3BB221H_0_L_0402_	60 OHM@100MHZ		L_0402	5175.000	850.000	0.000	NO
B7	PANASONIC/EXC-3BB221H_0_L_0402_	60 OHM@100MHZ		L_0402	5475.000	850.000	180.000	NO
B9	PANASONIC/EXC-3BB221H_0_L_0402_	60 OHM@100MHZ		L_0402	5275.000	887.500	180.000	NO
B10	PANASONIC/EXC-3BB221H_0_L_0402_	60 OHM@100MHZ		L_0402	5375.000	887.500	0.000	NO
B11	PANASONIC/EXC-3BB221H_0_L_0603_	60 OHM@100MHZ		L_0603	5937.500	3462.500	0.000	NO
BAT+1	CON1_0_TP_2X1D5_M_CON1	CON1		TP_2X1D5_M	5162.500	175.000	270.000	NO

图 16.32　生成 PCB 文件中元件的清单 BOM

16.3.3　Database Check

选择 Tools—Database Check 命令，打开 DBDoctor 窗口，如图 16.33 所示。用来检查 PCB 文件中存在的错误，Allegro 文件在其内部是通过数据库的方式存在的，使用这个功能可以对其内部存在的一些错误进行检查并自我修复，若遇到一些 DRC 时有时无的问题，可以尝试用数据库修复功能解决。

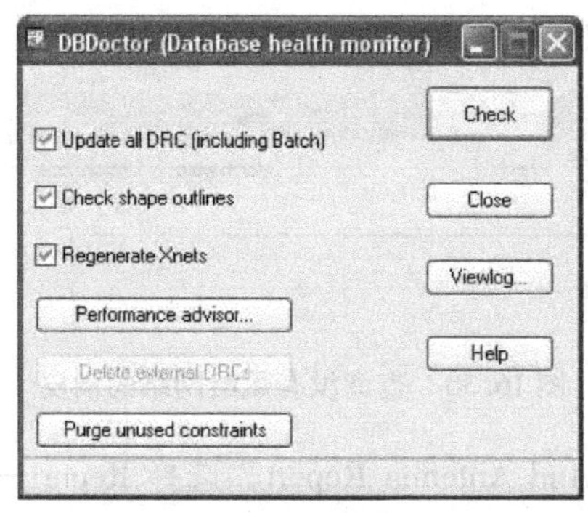

图 16.33　数据库修复功能

（1）勾选 Update all DRC 复选项以后表示更新检查 DRC 的标记。

（2）勾选 Check shape outlines 复选项以后表示检查 Shape 的边界。

（3）勾选 Regenerate Xnets 复选项以后表示检查 Xnet 网络表文件。

16.4 常见的 DRC 错误代码

常见的 DRC 错误代码如表 16.1 所示。

表 16.1 常见的 DRC 错误代码

代码	相关对象	说明
单一字符代码		
L	Line	走线
P	Pin	元件脚
V	Via	贯穿孔
K	Keep in/out	允许区域/禁止区域
C	Component	元件层级
E	Electrical Constraint	电气约束
J	T – Junction	呈现 T 形的走线
I	IslAnd Form	被 Pin 或 Via 围成的负片孤铜
错误代码前置码说明		
W	Wire	与走线相关的错误
D	Design	与整个电路板相关的错误
M	Soldermask	与防焊层相关的错误
错误代码后置码说明		
S	Shape/Stub	与走线层的 Shape 或分支相关的错误
N	Not Allowed	与不允许的设置相关的错误
W	Width	与宽度相关的错误
双字符错误代码		
BB	Bondpad to Bondpad	Bondpad 之间的错误
BL	Bondpad to Line	Bondpad 与 Line 之间的错误
BS	Bondpad to Shape	Bondpad 与 Shape 之间的错误
CC	Package to Package	Package 之间的 Spacing 错误
	Symbol Soldermask to Symbol	Soldermask 元件防焊层之间的 Spacing 错误
DF	Differential Pair Length Tolerance	差分对走线的长度误差过长
	Differential Pair Primary Max Separation	差分对走线的主要距离太大
	Differential Pair Secondary Max Separation	差分对走线的次要距离太大
	Differential Pair Secondary Max Length	差分对走线的次要距离长度过长
DI	Design Constraint Negative Plane IslAnd	负片孤铜的错误
ED	Propagation – Delay	走线的长度错误
	Relative – Propagation – Delay	走线的等长错误
EL	Max Exposed Length	走线在外层（Top&Bottom）的长度过长

续表

代 码	相关对象	说 明
双字符错误代码		
EP	Max Net Parallelism Length – Distance Pair	已超过 Net 之间的平行长度
ES	Max Stub Length	走线的分支过长
ET	Electrical Topology	走线连接方式的错误
EV	Max Via Count	已超过走线使用的 Via 的最大数目
EX	Max Crosstalk	已超过 Crosstalk 值
	Max Peak Crosstalk	已超过 Peak Crosstalk 值
HH	Hold to Hold Spacing	钻孔之间的距离太近
HW	Diagonal Wire to Hold Spacing	斜线与钻孔之间的距离太近
	Hold to Orthogonal Wire Spacing	钻孔与垂直/水平线之间的距离太近
IM	Impedance Constraint	走线的阻抗值错误
JN	T Junction Not Allowed	走线呈 T 形的错误
KB	Route Keepin to Bondpad	Bondpad 在 Keepin 之外
	Route keepout to Bondpad	Bondpad 在 keepout 之内
	Via Keepout to Bondpad	Bondpad 在 Via Keepout 之内
KC	Package to Place Keepin Spacing	元件在 Place Keepin 之外
	Package to Place Keepout Spacing	元件在 Place Keepout 之内
KL	Line to Route Keepin Spacing	走线在 Route Keepin 之外
	Line to Route Keepout Spacing	走线在 Route Keepout 之内
KS	Shape to Route Keepin Spacing	Shape 在 Route Keepin 之外
	Shape to Route Keepout Spacing	Shape 在 Route Keepout 之内
KV	BBVia to Route Keepin Spacing	BBVia 在 Route Keepin 之外
	BBVia to Route Keepout Spacing	BBVia 在 Route Keepout 之内
	BBVia to Via Keepout Spacing	BBVia 在 Via Keepout 之内
	Test Via to Route Keepin Spacing	Test Via 在 Route Keepin 之外
	Test Via to Route Keepout Spacing	Test Via 在 Route Keepout 之内
	Test Via to Via Keepout Spacing	Test Via 在 Via Keepout 之内
	Through Via to Route Keepin Spacing	Through Via 在 Route Keepin 之外
	Through Via to Route Keepout Spacing	Through Via 在 Route Keepout 之内
	Through Via to Via Keepout Spacing	Through Via 在 Via Keepout 之内
LB	Min Self Crossing Loopback Length	无
LL	Line to Line Spacing	走线之间太近
LS	Line to Shape Spacing	走线与 Shape 太近
LW	Min Line Width	走线的宽度太细
	Min Neck Width	走线变细的宽度太细

续表

代 码	相关对象	说 明
双字符错误代码		
MA	Soldermask Alignment Error Pad	Soldermask Tolerance 太小
MC	Pin/Via Soldermask to Symbol Soldermask	Pad 与 Symbol Soldermask 之间的错误
MM	Pin/Via Soldermask to Pin/Via Soldermask	Pad Soldermask 之间的错误
PB	Pin to Bondpad	Pin 与 Bondpad 之间的错误
PL	Line to SMD Pin Spacing	走线与 SMD 元件脚太近
	Line to Test Pin Spacing	走线与 Test 元件脚太近
	Line to Through Pin Spacing	走线与 Through 元件脚太近
PP	SMD Pin to SMD Pin Spacing	SMD 元件脚与 SMD 元件脚太近
	SMD Pin to Test Pin Spacing	SMD 元件脚与 Test 元件脚太近
	Test Pin to Test Pin Spacing	Test 元件脚与 Test 元件脚太近
	Test Pin to Through Pin Spacing	Test 元件脚与 Through 元件脚太近
	Through Pin to SMD Pin Spacing	Through 元件脚与 SMD 元件脚太近
	Through Pin to Through Pin Spacing	Through 元件脚与 Through 元件脚太近
PS	Shape to SMD Pin Spacing	Shape 与 SMD 元件脚太近
	Shape to Test Pin Spacing	Shape 与 Test 元件脚太近
	Through Pin to Shape Spacing	Through 元件脚与 Shape 太近
PV	BBVia to SMD Pin Spacing	BBVia 与 SMD 元件脚太近
	BBVia to Test Pin Spacing	BBVia 与 Test 元件脚太近
	BBVia to Through Pin Spacing	BBVia 与 Through 元件脚太近
	SMD Pin to Test Via Spacing	SMD Pin 与 Test Via 太近
	SMD Pin to Through Via Spacing	SMD Pin 与 Through Via 太近
	Test Pin to Test Via Spacing	Test Pin 与 Test Via 太近
	Test Pin to Through Via Spacing	Test Pin 与 Through Via 太近
	Test Via to Through Pin Spacing	Test Via 与 Through Pin 太近
	Through Pin to Through Via Spacing	Through Pin 与 Through Via 太近
RC	Package to Hard Room	元件在其他的 Room 之内
RE	Min Length Route End Segment at 135Degree	无
	Min Length Route End Segment at 45/90Degree	无
SB	135Degree Turn to Adjacent Crossing Distance	无
	90Degree Turn to Adjacent Crossing Distance	无
SL	Min Length Wire Segment	无
	Min Length Single Segment Wire	无
SN	Allow on Etch Subclass	允许在走线层上
SO	Segment Orientaion	无

续表

代 码	相关对象	说 明
双字符错误代码		
BB	Bondpad to Bondpad	Bondpad 之间的错误
SS	Shape to Shape	Shape 之间的错误
TA	Max Turn Angle	无
VB	Via to Bondpad	Via 与 Bondpad 之间的错误
VG	Max BB Via Stagger Distance	同一段线的 BB Via 之间的距离太长
	Min BB Via Gap	BB Via 之间太近
	Min BB Via Stagger Distance	同一段线的 BB Via 之间的距离太近
	Pad/Pad Direct Connect	Pad 在另一个 Pad 之上
VL	BB Via to Line Spacing	BB Via 与走线太近
	Line to Through Via Spacing	走线与 Through Via 太近
	Line to Test Via Spacing	走线与 Test Via 太近
VS	BB Via to Shape Spacing	BB Via 与 Shape 太近
	Shape to Test Via Spacing	Shape 与 Test Via 太近
	Shape to Through Via Spacing	Shape 与 Through Via 太近
VV	BB Via to BB Via Spacing	BB Via 之间太近
	BB Via to Test Via Spacing	BB Via 与 Test Via 太近
	BB Via to Through Via Spacing	BB Via 与 Through Via 太近
	Test Via to Test Via Spacing	Test Via 之间太近
	Test Via to Through Via Spacing	Test Via 与 Through Via 太近
	Through Via to Through Via Spacing	Through Via 之间太近
WA	Min Bonding Wire Length	Bonding Wire 长度太短
WE	Min End Segment Length	无
	Min Length Wire End Segment at 135Degree	无
	Min Length Wire End Segment at 45/90Degree	无
WI	Max Bonding Wire Length	Bonding Wire 长度太长
WW	Diagonal Wire to Diagonal Wire Spacing	斜线之间太近
	Diagonal Wire to Orthogonal Wire Spacing	斜线与垂直/水平线之间的距离太近
	Orthogonal Wire to Orthogonal Wire Spacing	垂直/水平线之间的距离太近
WX	Max Number of Crossing	无
	Min Distance between Crossing	无
XB	135 Degree Turn to Adjacent Crossing Distance	无
	90 Degree Turn to Adjacent Crossing Distance	无
XD	Externally Determined Violation	无
XS	Crossing to Adjacent Segment Distances	无

第17章 Gerber光绘文件输出

17.1 Gerber文件格式说明

使用Allegro完成电路板绘制以后，不能将.brd的文件直接发给工厂进行生产使用，主要有两个原因：第一，工厂不能打开.brd的文件格式，无法进行生产。第二，可能会造成泄密，别人拿到.brd原始的设计文件用于其他生产中。所以当完成电路板设计后，需要将电路设计转换成PCB制造商需要的生产文件，这就是Gerber文件（Gerber File），提供给工厂用于电路板的制作。

Gerber格式是电路板行业软件描述电路板（电路层、阻焊层、字符层等）图像及钻、铣数据的文档格式集合。在电子组装行业又称为模板文件（Stencil Data），在PCB制造业又称为光绘文件，可以说Gerber文件是电子组装业中最通用、应用最广泛的文件格式。当前国内Gerber使用的主要有两种格式：RS-274X（扩展Gerber格式）和老式的RS-274-D格式。

17.1.1 RS-274D

RS-274D是根据EIA的RS-274-D标准码于1985年衍生制定的，其资料内容包括Word Address资料及绘图机的参数档与控制码。这种格式的Gerber必须包含一个Aperture文件，也就是说，Gerber File和Aperture文件是分开的不同文件。RS-274D被使用至今已有数十年了，因电子产品的演变早已超出当初的需求，因此原有的RS-274D格式也慢慢地不堪使用，被由此衍生出的增强版RS-274X所替代。

17.1.2 RS-274X

RS-274X产生于1992年，即当今最为流行的资料格式，它是RS-274D的扩展版，是以RS-274D为基础的，只不过RS-274X格式的Aperture整合在Gerber File中，也即“内含D码”。一般情况下，只要生产工厂条件许可，应尽可能提供RS-274X Gerber文件，这样有利于各工序的生产准备。本书中将以Gerber RS-274X的格式作为讲解对象。

17.2 输出前的准备

因Gerber文件的正确与否直接关系着工厂电路板制作的成败，为了保证万无一失，Gerber文件输出前要对图纸参数、层叠结构、铺铜皮的参数、DRC的状态报告进行统一检查，只有在设置参数都核对正确后，才能进行Gerber文件输出操作。

17.2.1 Design Parameters 检查

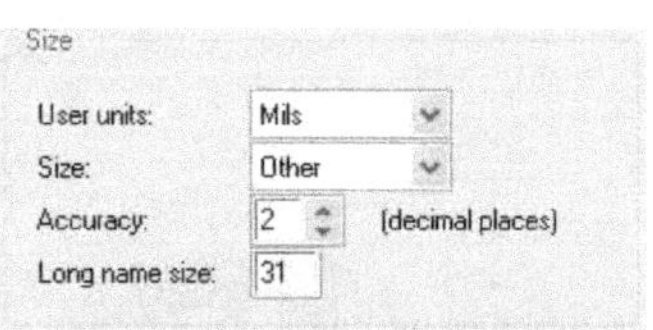

图 17.1 Design 对话框

（1）选择 Setup—Design Parameters—Design 命令，弹出 Design 对话框，如图 17.1 所示。

（2）User units：选择 Mils 或 Millimeter，设置的单位要和 Gerber 中设置的单位一致，两个地方设置保持单位统一。

（3）Accuracy：若单位设置是 Mils，精度设置成 2；若单位设置是 Millimeter，精度设置成 3 或 4；精度要和 Gerber 中的精度一致。

（4）为了保证 Gerber 中的所见即所得，在 Display 选项卡的 Enhanced Display Modes 显示模式中进行设置，勾选 Filled pads、Connect line endcaps、Thermal pads 复选项，如图 17.2 至图 17.5 所示。

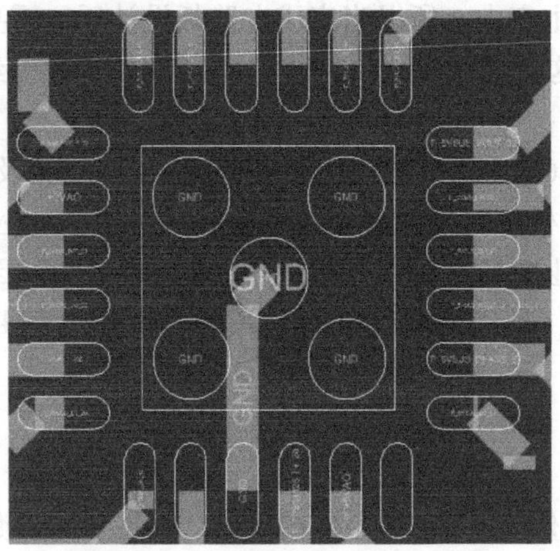

图 17.2 Filled Pads 没有勾选效果

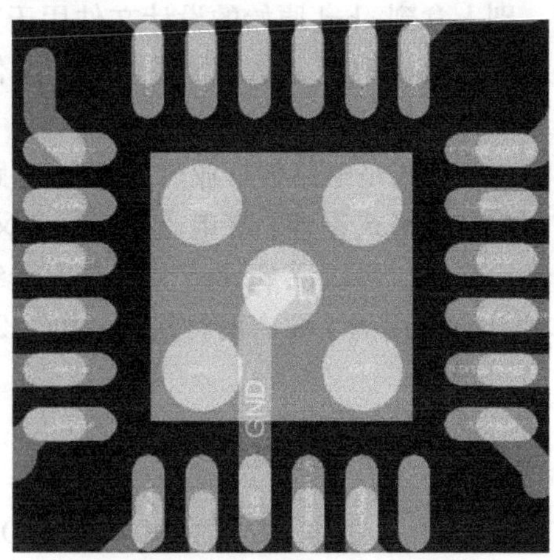

图 17.3 Filled Pads 勾选效果

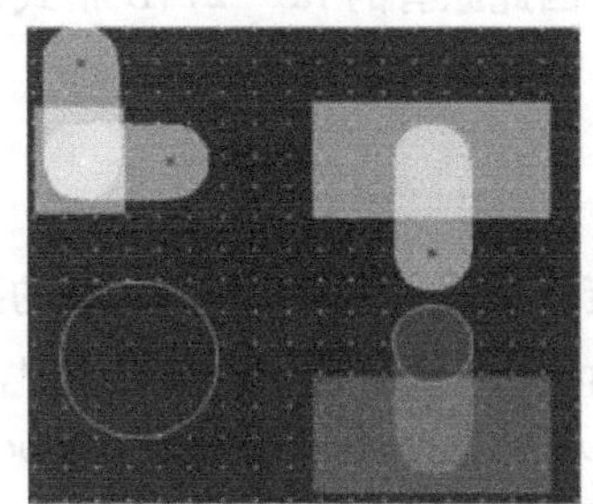

图 17.4 Thermal pads 没有勾选效果

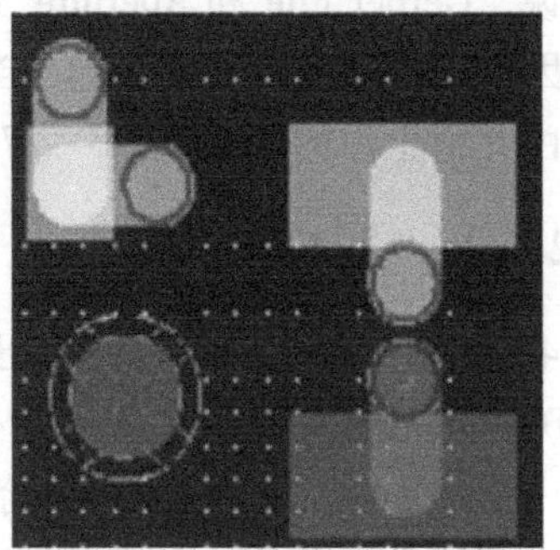

图 17.5 Thermal pads 勾选效果

17.2.2 铺铜参数检查

（1）选择 Shape—Global Dynamic Shape Parameters 命令，打开 Global Dynamic Shape Parameters 对话框。

（2）在 Shape Fill 选项卡中，Dynamic fill 选择 Smooth。Smooth 会自动填充、挖空。在运

行 DRC 时，所有的动态 Shape 中，产生底片输出效果的 Shape 外形。Rough 产生自动挖空的效果，不过只是大体的外形样子，没有产生底片输出效果。Disable 不执行填充、挖空。

（3）在 Void Controls 选项卡中，选择 Artwork format 要与 Gerber 中格式一致，工厂采用 RS274X，所以该处要设置成 RS274X。如果该处的格式和 Artwork ControlWork—General Parameters—Device Type 不一致的话，在 Create Artwork 时会报错。

17.2.3　层叠结构检查

（1）选择 Setup—Cross—Section 命令，弹出 Layout Cross Section 窗口。

（2）对层叠结构、叠层的厚度、叠层的正负片、介电常数进行检查。内层的电源或地层都要注意正负片，设置成 Negative 负片形式后，在 Artwork 中也需要保持负片，层的正负片设置要统一，如图 17.6 所示。

1		SURFACE	AIR			1	0	
2	TOP	CONDUCTOR	COPPER	1.2	580000	4.3	0	☐
3		DIELECTRIC	FR-4	3.2	0	4.3	0.035	
4	GND02	PLANE	COPPER	1.2	580000	4.3	0.035	☐
5		DIELECTRIC	FR-4	5.1	0	4.3	0.035	
6	SIG3	CONDUCTOR	COPPER	1.2	580000	4.3	0.035	☐
7		DIELECTRIC	FR-4	34.75	0	4.3	0.035	
8	SIG4	CONDUCTOR	COPPER	1.2	580000	4.3	0.035	☐
9		DIELECTRIC	FR-4	5.1	0	4.3	0.035	
10	POWER5	PLANE	COPPER	1.2	580000	4.3	0.035	☐
11		DIELECTRIC	FR-4	3.2	0	4.3	0.035	
12	BOTTOM	CONDUCTOR	COPPER	1.2	580000	4.3	0	☐
13		SURFACE	AIR			1	0	

图 17.6　Layout Cross Section 窗口

17.2.4　Status 窗口 DRC 的检查

（1）选择 Display—Status 命令，如图 17.7 所示。

（2）DRC check，每个电路板在输出 Gerber 之前，必须先 Run DRC，以确保电路板不存在致命错误。

执行 DRC 可以通过执行 Update DRC，在命令框中看结果。

（3）检查动态 Shape 铜皮，在 Shapes 选项中，如果 Update to Smooth 按钮是灰色的，则无问题，否则要选择 Update to Smooth 命令。如果检查到 error，相应的铜皮可能将无法生成，所以在输出 Gerber 前先执行 Update to Smooth 命令。

（4）查看 DRC errors 显示 DRC 错误的状态，为绿色表示 DRC 处于 Up To Date 状态，无 DRC 错误要处理，若存在错误，需要先进行错误处理，直到没有错误为绿色的 Up To Date 状态为止，再进行后面的操作。

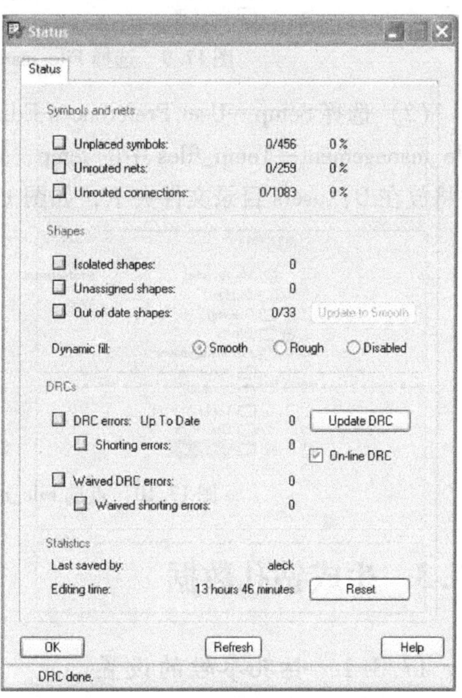

图 17.7　Status 窗口 DRC 检查

17.2.5 Database Check

（1）选项 Tools—Database Check 命令，打开 DBDoctor 窗口，如图 17.8 所示。检查 PCB 文件中是否存在错误，Allegro 文件在其内部是通过数据库的方式存在的，使用这个功能可以对其内部存在的一些错误进行检查并自我修复。

（2）勾选 Update all DRC 复选项，勾选 Check shape outlines 复选项，勾选 Regenerate Xnets 复选项，单击右侧的 Check 按钮进行错误检查。

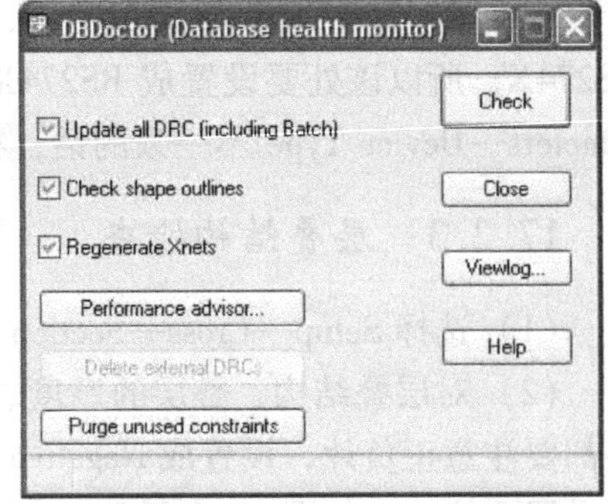

图 17.8　DBDoctor 窗口界面

17.2.6 设置输出文件的文件夹和路径

（1）选择 Setup—User Preferences Editor 命令，打开 User Preferences Editor 对话框，选择 File_management—Output_dir 中的 ads_sdart，Value 文本框中输入 Gerber，表示输出产生的文件将放在 Gerber 文件夹下，如图 17.9 所示。

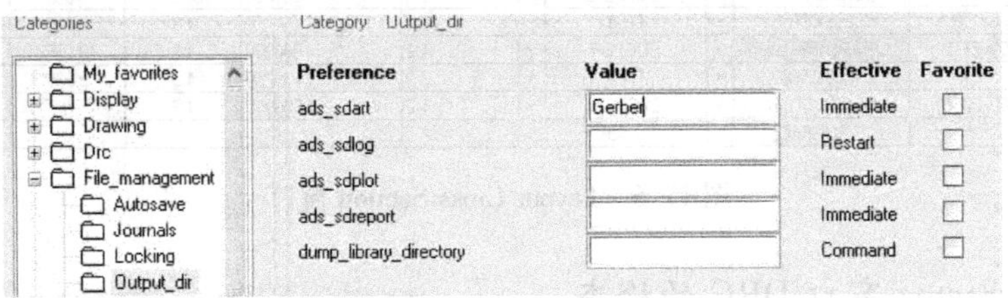

图 17.9　选择 File_management—Output_dir 中的 ads_sdart

（2）选择 Setup—User Preferences Editor 命令，打开 User Preferences Editor 对话框，选择 File_management—Temp_files 中的 temp，Value 文本框中输入'D:\users'，表示输出产生的文件将放在 D:\users 目录文件夹下，如图 17.10 所示。

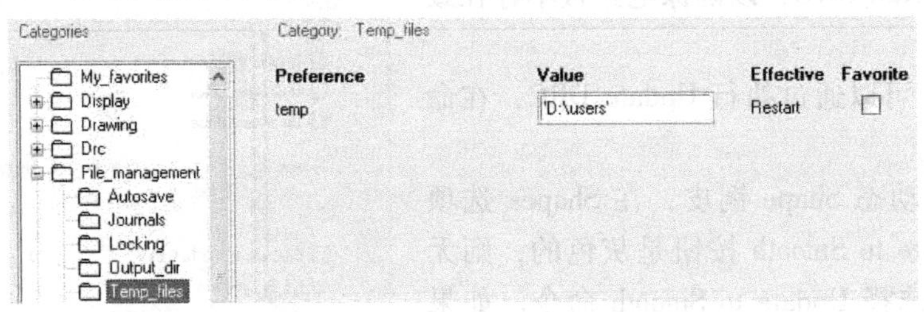

图 17.10　点选 File_management—Temp_files 中的 temp

17.3 生成钻孔数据

17.3.1 钻孔参数的设置

（1）选择 Manufacture—NC—NC Parameters 命令，弹出 NC Parameters 窗口。该窗口用来

设置生成钻孔文件的坐标格式、产生数据的单位、参数等，如图 17.11 所示。

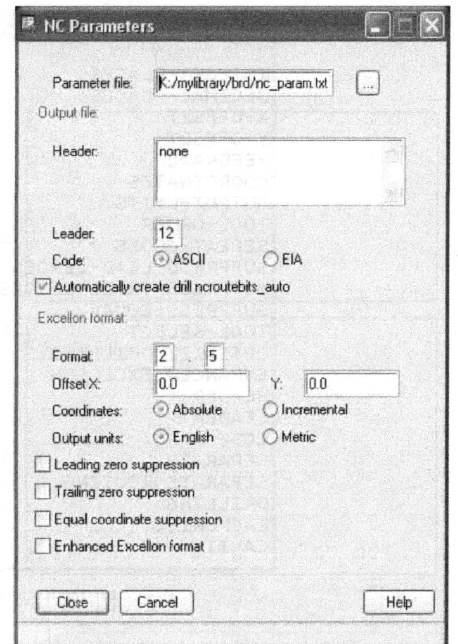

图 17.11　钻孔参数设置界面

（2）NC Parameters 窗口参数解释如下。

① Parameter file 文本框：指定参数文件的路径和名称（默认是 nc_param. txt），默认路径是当前工程所在的目录。单击右侧的按钮，可以导入保存于其他位置的定义的参数文件。

② Output file 选项组：输出文件内容设置。

- Header 下拉列表框：定义输出文件头的信息，是钻孔的注释信息，该处设置后，输出文件中将原样输出。一般保持默认的 none。
- Leader 文本框：指定数据的引导长度，默认为 12。
- Code 单选项：定义输出编码格式，默认为 ASCII 格式，一般保持默认。

③ Excellon format 选项组：定义计算机化钻机的控制机器的指令。

④ Format 文本框：定义钻孔文件中的坐标数据格式，前面的数字表示整数部分的格式，后面的表示小数部分的格式，也就是小数点后几位。要与 Artwork 基本参数设置匹配。

⑤ Offset X 和 Y 文本框：定义输出坐标数据与图纸原点的偏移量。一般保持默认值 0，0，表示不偏移。

⑥ Coordinates：选择输出的文件是相对坐标还是绝对坐标，一般保持默认的 Absolute 绝对坐标。

⑦ Output units：定义输出数据的单位，该处的设置与 Design Parameters 中设置保持一致，若 Design Parameters 中设置为 mil，该处选择 English 单选项。

⑧ Leading zero suppression 复选项：指定输出钻孔坐标的格式，前省零。

⑨ Trailing zero suppression 复选项：指定输出钻孔坐标的格式，后省零。

⑩ Equal coordinate suppression 复选项：指定简化相同的坐标。

⑪ Enhanced Excellon format 复选项：指定选择在 NC Drill 和 NC Route 输出文件中产生头文件。

（3）在以上的参数设置中，除了 Format 和 Output units 要根据具体的情况设置之外，其他参数都保持默认值即可，单击 Close 按钮后会在工程所在的目录下生成 nc_param. txt 钻孔参数文件，如图 17.12 所示。

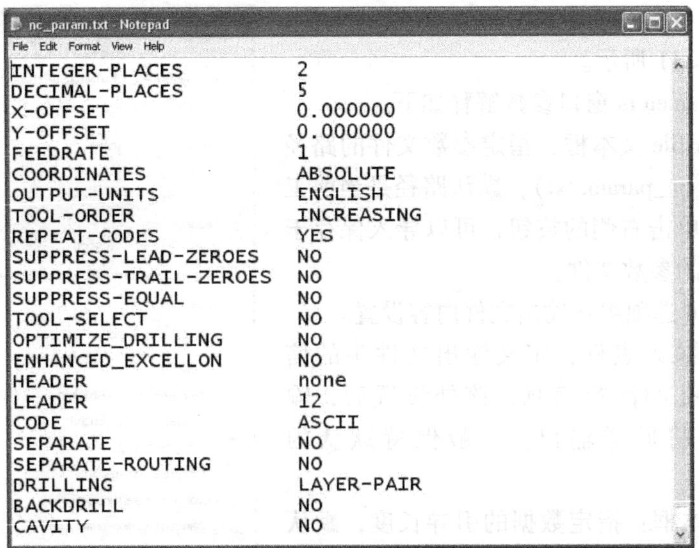

```
nc_param.txt - Notepad
File Edit Format View Help
INTEGER-PLACES            2
DECIMAL-PLACES            5
X-OFFSET                  0.000000
Y-OFFSET                  0.000000
FEEDRATE                  1
COORDINATES               ABSOLUTE
OUTPUT-UNITS              ENGLISH
TOOL-ORDER                INCREASING
REPEAT-CODES              YES
SUPPRESS-LEAD-ZEROES      NO
SUPPRESS-TRAIL-ZEROES     NO
SUPPRESS-EQUAL            NO
TOOL-SELECT               NO
OPTIMIZE_DRILLING         NO
ENHANCED_EXCELLON         NO
HEADER                    none
LEADER                    12
CODE                      ASCII
SEPARATE                  NO
SEPARATE-ROUTING          NO
DRILLING                  LAYER-PAIR
BACKDRILL                 NO
CAVITY                    NO
```

图 17.12　生成 nc_param. txt 文件内容

17.3.2　自动生成钻孔图形

（1）选择 Manufacture—NC—Drill Customization 命令，弹出 Drill Customization 窗口。在该窗口中会列出所有当前工程中所用到的钻孔信息，如图 17.13 所示。

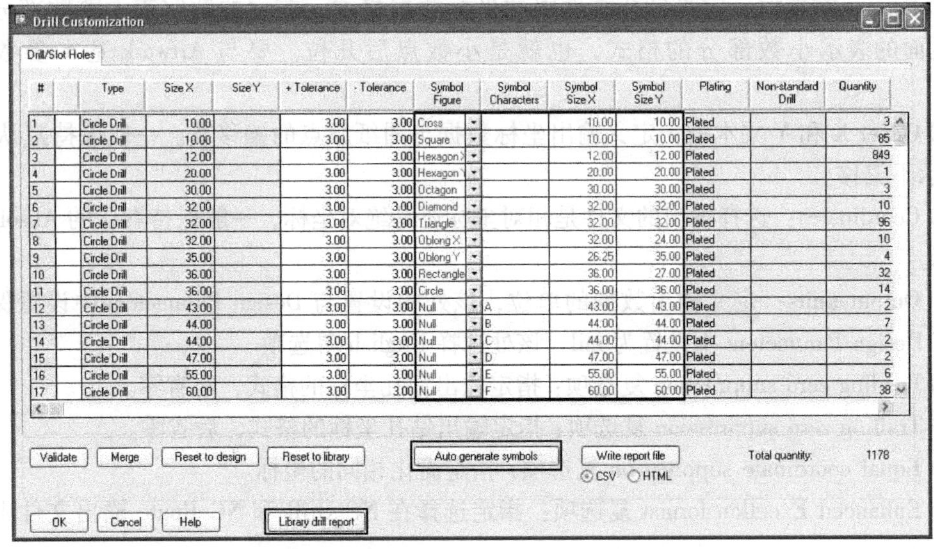

Drill Customization

Drill/Slot Holes

#		Type	Size X	Size Y	+ Tolerance	- Tolerance	Symbol Figure	Symbol Characters	Symbol Size X	Symbol Size Y	Plating	Non-standard Drill	Quantity
1		Circle Drill	10.00		3.00	3.00	Cross		10.00	10.00	Plated		3
2		Circle Drill	10.00		3.00	3.00	Square		10.00	10.00	Plated		85
3		Circle Drill	12.00		3.00	3.00	Hexagon X		12.00	12.00	Plated		849
4		Circle Drill	20.00		3.00	3.00	Hexagon Y		20.00	20.00	Plated		1
5		Circle Drill	30.00		3.00	3.00	Octagon		30.00	30.00	Plated		3
6		Circle Drill	32.00		3.00	3.00	Diamond		32.00	32.00	Plated		10
7		Circle Drill	32.00		3.00	3.00	Triangle		32.00	32.00	Plated		96
8		Circle Drill	32.00		3.00	3.00	Oblong X		32.00	24.00	Plated		10
9		Circle Drill	35.00		3.00	3.00	Oblong Y		26.25	35.00	Plated		4
10		Circle Drill	36.00		3.00	3.00	Rectangle		36.00	27.00	Plated		32
11		Circle Drill	36.00		3.00	3.00	Circle		36.00	36.00	Plated		14
12		Circle Drill	43.00		3.00	3.00	Null	A	43.00	43.00	Plated		2
13		Circle Drill	44.00		3.00	3.00	Null	B	44.00	44.00	Plated		7
14		Circle Drill	44.00		3.00	3.00	Null	C	44.00	44.00	Plated		2
15		Circle Drill	47.00		3.00	3.00	Null	D	47.00	47.00	Plated		2
16		Circle Drill	55.00		3.00	3.00	Null	E	55.00	55.00	Plated		6
17		Circle Drill	60.00		3.00	3.00	Null	F	60.00	60.00	Plated		38

Validate　Merge　Reset to design　Reset to library　Auto generate symbols　Write report file　CSV　HTML　Total quantity: 1178

OK　Cancel　Help　Library drill report

图 17.13　弹出 Drill customization 窗口

（2）Drill Customization 窗口中的参数解释如下。

① type 栏列出当前工程中所用到的钻孔的类型。

② Size 栏中，若钻孔是 Circle Drill（圆形）将显示钻孔的直径，若是 Oval Slot（椭圆形）和 Rectangle Slot（矩形）将显示长和宽。

③ Tolerance 栏中列出钻孔公差，定义钻孔所允许的正负容忍公差，该处执行修改钻孔

公差，用鼠标在需要修改的表格框内单击，用键盘输入数据后，当前的公差将会被修改。

④ Symbol Figure 栏中列出钻孔的表示图形符号。用鼠标单击该栏内数据后，可以在不同的图形符号中选择不同类型和不同尺寸的钻孔。其分别用不同的图形来表示，以避免钻孔不同，图形相同的问题出现，从而造成工厂无法识别钻孔。

⑤ Symbol Characters 栏中列出钻孔的表示符号字符。用鼠标单击该栏内数据后，可以用键盘输入不同的字符来表示不同类型和尺寸的钻孔。其分别用不同的符号字符来表示，以避免钻孔不同，符号字符相同的问题出现，从而造成工厂无法识别钻孔。

⑥ Symbol Size X 和 Symbol Size Y 栏中列出钻孔符号的直径或者长和宽。

Plating 栏中列出钻孔内壁是否上锡。Plated 为金属化（孔壁上锡），Non－Plated 为非金属化（孔壁不上锡）。

（3）为了能够让钻孔的符号和字符保持唯一性，或者因制作焊盘时不规范，忘记定义钻孔的图形符号和字符，单击 Auto generate symbols 按钮后，Allegro 会自动为当前电路板中的钻孔分配符号和图形。

（4）自动分配钻孔图形和字符完成以后，单击 Library dill report 按钮，弹出 Library Dill Report 对话框，如图 17.14 所示。在该对话框中可以查看所有钻孔焊盘信息，单击 Write report file 按钮可以将钻孔信息保存至输出文件中。

Library Drill Report

Drill/Slot Holes

	Padstack	Type	Size X	Size Y	+ Tolerance	- Tolerance	Symbol Figure	Symbol Characters	Symbol Size X	Symbol Size Y	Plating	r-stanc
1	100R110	Circle Drill	110.00		0.00	0.00	Circle	A	110.00	110.00	Plated	
2	55R36	Circle Drill	38.00		0.00	0.00	Circle	A	38.00	38.00	Plated	
3	55S36	Circle Drill	38.00		0.00	0.00	Circle	A	38.00	38.00	Plated	
4	60S85C35D	Circle Drill	35.00		0.00	0.00	Circle		50.00	50.00	Plated	
5	75R47	Circle Drill	47.00		0.00	0.00	Circle	A	47.00	47.00	Plated	
6	BCON100T_LIB_PAD1	Circle Drill	38.00		0.00	0.00	Circle	A	38.00	38.00	Plated	
7	BCON100T_LIB_PAD2	Circle Drill	38.00		0.00	0.00	Circle	A	38.00	38.00	Plated	
8	BCON100T_LLB_PAD1	Circle Drill	37.00		0.00	0.00	Circle	A	37.00	37.00	Plated	
9	BCON100T_LLB_PAD2	Circle Drill	37.00		0.00	0.00	Circle	A	37.00	37.00	Plated	
10	BCON100T_LLB_PAD3	Circle Drill	42.00		0.00	0.00	Circle	A	42.00	42.00	Plated	
11	BCON100T_LLB_PAD4	Circle Drill	42.00		0.00	0.00	Circle	A	42.00	42.00	Plated	
12	BCON156T_LIB_PAD1	Circle Drill	70.00		0.00	0.00	Circle	A	70.00	70.00	Plated	
13	BCON156T_LIB_PAD2	Circle Drill	70.00		0.00	0.00	Circle	A	70.00	70.00	Plated	
14	BCON156T_LLB_PAD1	Circle Drill	70.00		0.00	0.00	Circle	A	70.00	70.00	Plated	
15	BCON156T_LLB_PAD2	Circle Drill	70.00		0.00	0.00	Circle	A	70.00	70.00	Plated	
16	C64D64N	Circle Drill	64.00		0.00	0.00		A	64.00	64.00	Plated	
17	CIRCLE07	Circle Drill	27.56		0.00	0.00	Octagon		27.56	27.56	Plated	

Close　Help　Write report file　CSV　HTML

图 17.14　弹出 Library Dill Report 对话框

（5）单击 Close 按钮关闭该对话框。

17.3.3　放置钻孔图和钻孔表

（1）选择 Display—Color/Visibility 命令，弹出 Color Dialog 对话框，单击右上角的 Global Visibility Off 按钮，再单击 Apply 按钮后，关闭所有的层显示。

（2）选择左侧 Board Geometry 文件夹（Class）后，在右侧将 Outline 复选项勾选，表示将显示板框，单击 Apply 按钮后退出 Color Dialog 对话框。

（3）选择 Manufacture—NC—Drill Legend 命令，弹出 Drill Legend 窗口，用来放钻孔表到

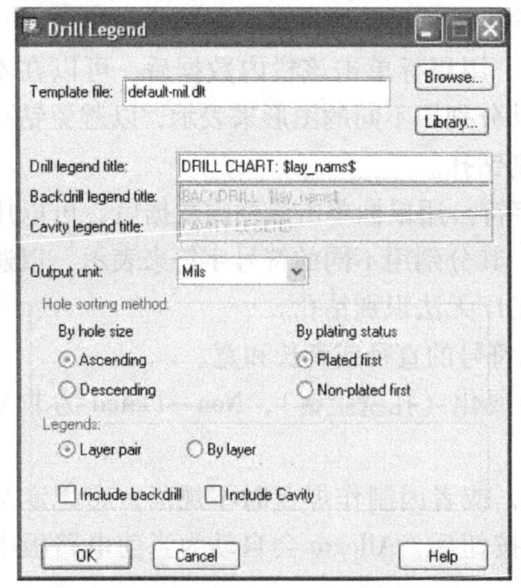

图 17.15　Drill Legend 窗口

电路板文件里面。Drill Legend 窗口如图 17.15 所示。

（4）Drill Legend 窗口中的命令参数解释如下。

① Template file：钻孔图例表格的模板文件，默认为 default - mil. dlt。

② Drill legend title：钻孔图例的名称，默认为 DRILL CHART。

③ Backdrill legend title：Backdrill 背钻的钻孔头信息。

④ Cavity legend title：腔体的钻孔头信息。

⑤ Output unit：单位为 Mils，设置单位应与电路板中的设置一致。

⑥ Hole sorting method：孔种类的排序方法。By hole size：按孔的大小顺序排序，有两个选项，Ascending 为升序，Descending 为降序。

⑦ By plating status：按是否金属化孔排序，有两个选项，Plated first 为金属化孔排在前面，Non - plated first 为非金属化孔排在前面。

⑧ Legends 选项组：Layer pair 表示非 HDI 的普通机械钻孔板，按照钻孔的层来产生钻孔文件。By layer 表示用于 HDI 盲埋孔类设计中，会按照每一层来生成钻孔数据文件。

⑨ Include back drill：勾选后表示生成背钻孔的数据。

⑩ Include Cavity：勾选后表示生成腔体数据。

（5）以上的参数设置中，除 Output unit、Layer pair、By layer、Include back drill 要根据具体要求设置之外，其他的参数都保持默认即可。单击 OK 按钮以后，会出现矩形白色框挂在鼠标指针上，将鼠标移动到合适的位置后，单击鼠标左键将生成电路板上所有钻孔的钻孔表文件，如图 17.16 所示。

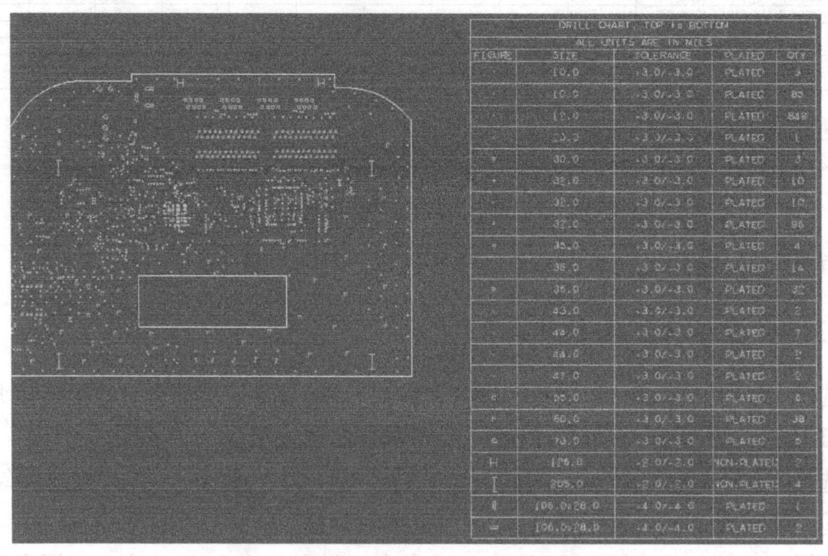

图 17.16　生成电路板上所有钻孔的钻孔表文件

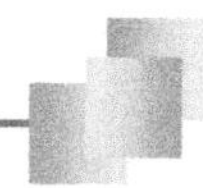

(6) 选择 File—Viewlog 命令，可以查看在钻孔表生成的过程中是否存在错误或警告，若钻孔表在生成过程中存在某些类型的孔没有生成，必须检查原因，以避免隐患问题的发生，如图 17.17 所示。

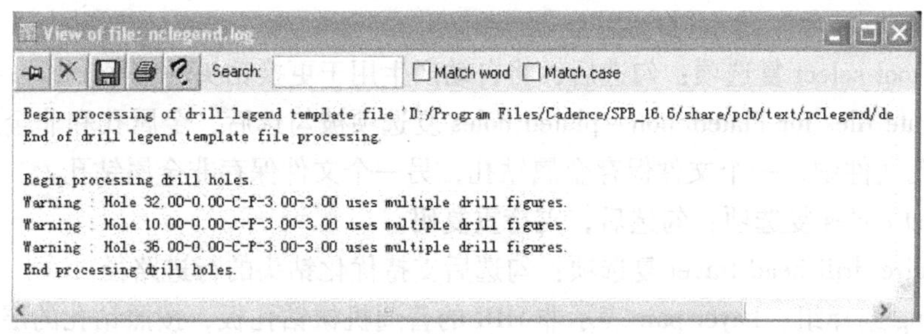

图 17.17 查看在钻孔表生成的过程中是否存在错误或警告

(7) 钻孔图和钻孔表的显示。钻孔图和钻孔表存在于 Nclegend - 1 - 6 层中，选择 Display—Color/Visibility 命令，弹出 Color Dialog 对话框，选择左侧 Board Geometry 文件夹 (Class) 后，在右侧勾选 Nclegend - 1 - 6，将可以打开或关闭钻孔图和钻孔表的显示，如图 17.18 所示。

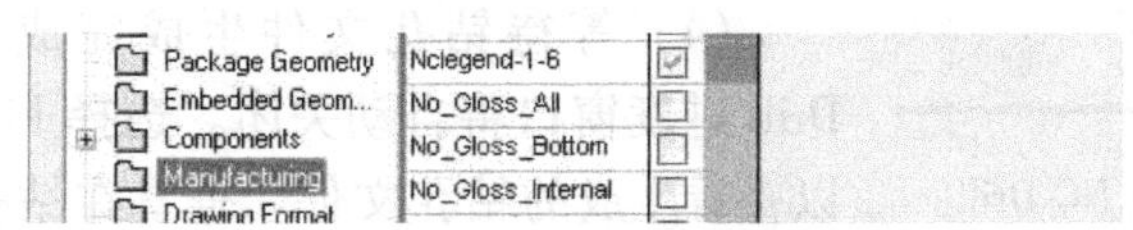

图 17.18 钻孔图和钻孔表的显示

注意：

Nclegend - 1 - 6，6 会跟随电路板的层数发生变化，4 层电路板中钻孔图和钻孔表在 Nclegend - 1 - 4 层中。

17.3.4 生成钻孔文件

钻孔文件为加工 PCB 的数控板床提供了加工方法，如果没有钻孔文件就无法对 PCB 进行加工，各层之间就不能进行互连。生成钻孔文件的步骤如下。

(1) 执行 Manufacture—NC—NC Drill 命令，弹出 NC Drill 窗口，如图 17.19 所示。

(2) NC Drill 窗口中的参数解释如下。

① Root file name 文本框：设置钻孔文件保存的路径和名称，钻孔文件的扩展名为 .drl。默认会以 brd 的名称作为钻孔文件的名称，可以支持修改。单击右侧的按钮后进入路径和文件名的设置对话框，选择路径和输入新的文件名称后，该处文本框中的钻孔文件名称及路径会被改变。

② Scale factor 文本框：设置坐标的钻孔

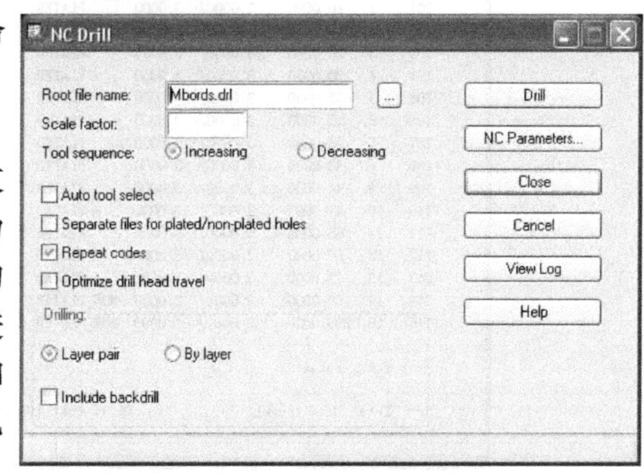

图 17.19 NC Drill 窗口

放大或缩小的倍数，文件中的坐标乘以这个倍数后才能得到实际输出的钻孔坐标。该处一般保持默认为 1:1 的比例，输出实际的钻孔坐标。

③ Tools Sequence 选项组：Increasing 为增加，Decreasing 为递减，设置钻孔的顺序是升序还是降序。

④ Auto tool select 复选项：勾选后，将自动产生用于更换钻头的编号。

⑤ Separate files for Plated/non－plated holes 复选项被勾选后，金属孔和非金属孔分别保存在两个钻孔文件中，一个文件保存金属钻孔，另一个文件保存非金属钻孔。

⑥ Repeat codes 复选项：勾选后，支持重复码。

⑦ Optimize drill head travel 复选项：勾选后支持优化钻头的行进路径。

⑧ Drilling 选择组：Layer pair 表示非 HDI 的普通机械钻孔板，按照钻孔的层来产生钻孔文件。By layer 表示用于 HDI 盲埋孔类设计，会按照每一层来生成钻孔数据文件。

⑨ Include backdrill 复选项：勾选后表示生背钻数据。

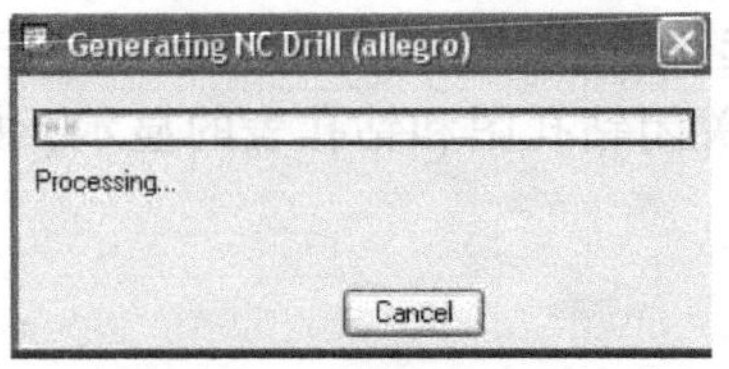

图 17.20　Generating NC Drill 进度窗口

（3）勾选 Auto tool select 和 Repeat codes 复选项，选择 Layer pair（通孔的电路板），单击右侧的 Drill 按钮弹出 Generating NC Drill 进度窗口，如图 17.20 所示。

（4）等待钻孔文件生成完成以后，Generating NC Drill 进度窗口将自动关闭。选择 File—Viewlog 命令，可以查看生成的钻孔文件。查看在钻孔文件生成的过程中是否存在错误或警告，若钻孔文件在生成过程中存在某些类型的孔没有生成，必须检查原因，以避免隐患问题的发生，如图 17.21 所示。

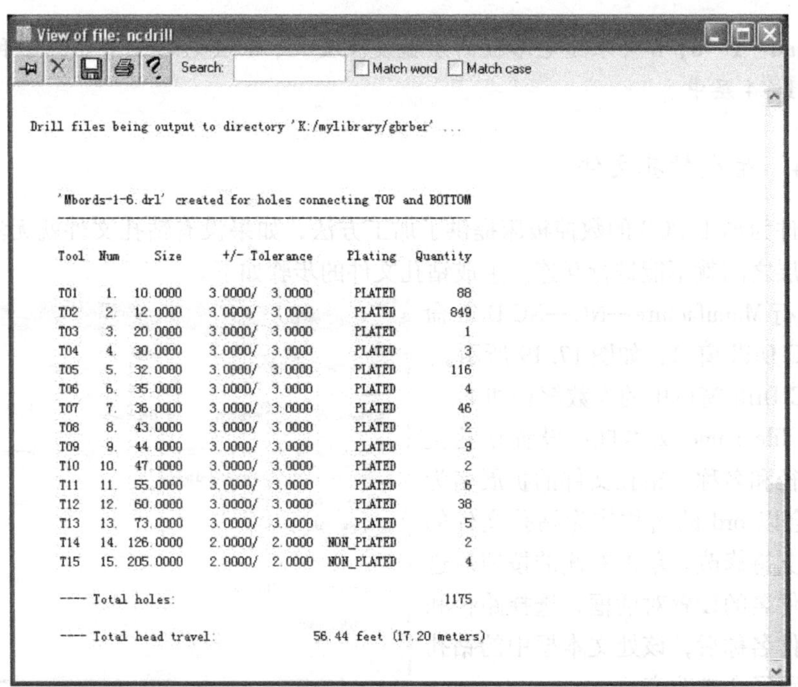

Drill files being output to directory 'K:/mylibrary/gbrber' ...

'Mbords-1-6.drl' created for holes connecting TOP and BOTTOM

Tool	Num	Size	+/- Tolerance	Plating	Quantity
T01	1.	10.0000	3.0000/ 3.0000	PLATED	88
T02	2.	12.0000	3.0000/ 3.0000	PLATED	849
T03	3.	20.0000	3.0000/ 3.0000	PLATED	1
T04	4.	30.0000	3.0000/ 3.0000	PLATED	3
T05	5.	32.0000	3.0000/ 3.0000	PLATED	116
T06	6.	35.0000	3.0000/ 3.0000	PLATED	4
T07	7.	36.0000	3.0000/ 3.0000	PLATED	46
T08	8.	43.0000	3.0000/ 3.0000	PLATED	2
T09	9.	44.0000	3.0000/ 3.0000	PLATED	9
T10	10.	47.0000	3.0000/ 3.0000	PLATED	2
T11	11.	55.0000	3.0000/ 3.0000	PLATED	6
T12	12.	60.0000	3.0000/ 3.0000	PLATED	38
T13	13.	73.0000	3.0000/ 3.0000	PLATED	5
T14	14.	126.0000	2.0000/ 2.0000	NON_PLATED	2
T15	15.	205.0000	2.0000/ 2.0000	NON_PLATED	4

---- Total holes: 1175

---- Total head travel: 56.44 feet (17.20 meters)

图 17.21　查看在钻孔文件生成的过程中是否存在错误或警告

（5）生成的钻孔文件，默认保存在和 brd 文件同目录中，文件名为 Mbords-1-6. drl，其中 Mbords 是 brd 文件的名称，6 层电路板，如图 17.22 所示。

图 17.22　生成的钻孔文件

17.3.5　生成 NC Route 文件

NC Drill 选择生成圆形的钻孔文件，若电路板中使用了椭圆孔、矩形或者长条形状的开槽孔，就需要出一个铣刀数据文件，单独生成 NC Route 文件。NC Route 生成的操作步骤如下。

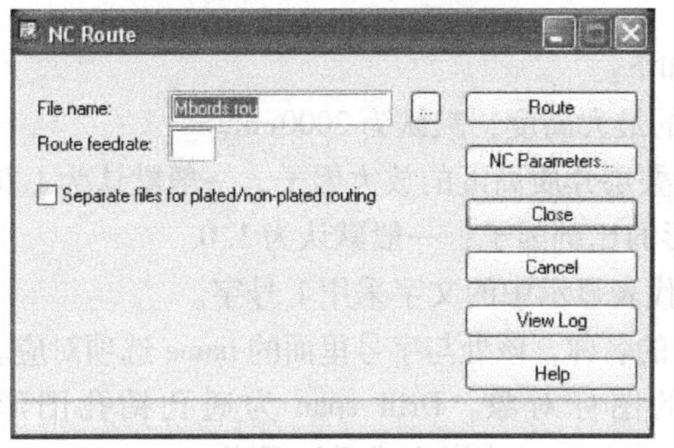

图 17.23　NC Roate 窗口

（1）选择 Manufacture—NC—NC Route 命令，打开 NC Roate 窗口，如图 17.23 所示。

（2）File name 文本框：设置文件保存的路径和名称，文件的扩展名为 .rou。默认会以 brd 的名称作为文件的名称，可以支持修改。单击右侧的按钮后进入路径和文件名的设置对话框，选择路径和输入新的文件名称后，该处文本框中的钻孔文件名称及路径会被改变。

（3）其他保持默认参数设置，单击右侧的 Route 按钮。选择 File—Viewlog 命令，可以查看生成的 Route 文件，如图 17.24 所示。

View of file: ncroute

Search:　Match word　Match case

```
(   Drawing            : Mbords.brd                    )
(   Software Version   : 16.6-2015S054                 )
(   Date/Time          : Wed Nov 18 14:55:58 2015      )
(                                                      )
(------------------------------------------------------)


Processing NC Parameters file 'nc_param.txt' ...

NC PARAMETERS
-------------

FORMAT               2.5
MACHINE-OFFSET                 x:0.00000  y:0.00000   (inch)
FEEDRATE             1
COORDINATES                    ABSOLUTE
OUTPUT-UNITS                   ENGLISH
TOOL-ORDER                     INCREASING
REPEAT-CODES                   YES
SUPPRESS-LEAD-ZEROES NO
SUPPRESS-TRAIL-ZEROES          NO
SUPPRESS-EQUAL                 NO
TOOL-SELECT                    YES
HEADER                         none
LEADER                         12
CODE                           ASCII
SEPARATE             NO
SEPARATE-ROUTING     NO
OPTIMIZE_DRILLING    NO
ENHANCED_EXCELLON    NO
```

图 17.24　查看生成的 Route 文件

图 17.25　生成的 Route 文件

（4）生成的 Route 文件，默认保存在和 brd 文件同目录中，文件名为 Mbords. rou，其中 Mbords 是 brd 文件的名称。生成的文件如图 17. 25 所示。

17.4　生成叠层截面图

叠层截面图，Cross Section Chart 就是层叠说明，目的就是工程师可以将 PCB 的层叠通过一个图表的方式写到文件里面告诉工厂。Cross Section Chart 生成方法步骤如下。

（1）选择 Manufacture—Cross Section Chart 命令，弹出 Cross Section Chart 窗口，如图 17. 26 所示。

（2）Cross Section Chart 窗口内的参数解释如下。

① Maximum chart height 文本框：设置字符的最大高度，默认为 2000mil。

② Dielectric height scale factor 文本框：设置叠层介质高度的放大因子，一般默认为 1. 0。

③ X scale factor 文本框：设置比例叠层图形的比例因子，一般默认为 1. 0。

④ Text block 文本框：设置文字的字号，1 代表显示中的文字采用 1 号字。

⑤ Text block name 文本框：设置文字的字号的名称，该处与字号里面的 name 选项对应。

⑥ Chart Options 选项组：用来控制显示的图标对象。Drill span 为通孔钻孔图形，Stacked Vias 为叠层过孔图形，Embedded component legend 为嵌入式元件图形。

⑦ Display Options 选项组：Dill label 叠层标签，Layer type 叠层的类型，Layer material name 图层材料名称，Individual layer thickness 图层中材料的厚度，Embedded status 内嵌入状态，Embedded attach method 内嵌入式 attach method。

（3）设置需要显示的参数之后，单击 OK 按钮，然后叠层截面图会挂在鼠标指针上，在合适的位置单击后，叠层截面图摆放在电路板区域中。如图 17.27 所示，是 6 层板的叠层截面图。

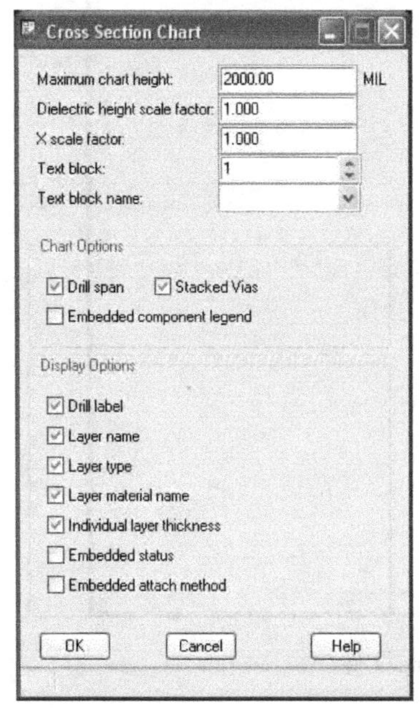

图 17. 26　Cross Section Chart 窗口

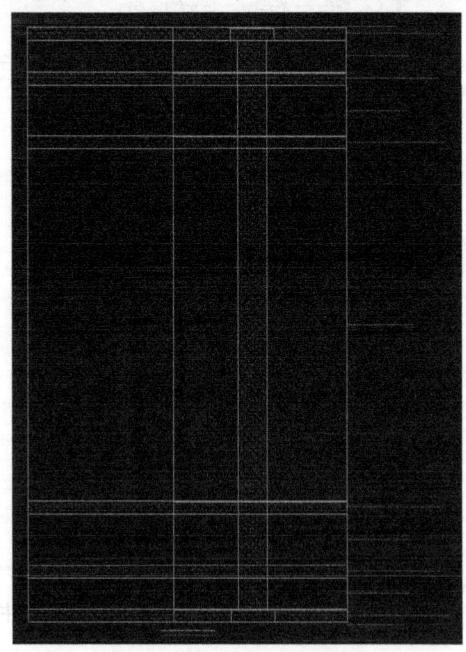

图 17. 27　叠层截面图摆放在电路板区域中

（4）叠层截面图的显示。叠层截面图存在于 Xsection_Chart 层中，选择 Display—Color/Visibility 命令，弹出 Color Dialog 对话框，选择左侧 Board Geometry 文件夹（Class）后，在右侧勾选 Xsection_Chart，将可以打开或关闭钻孔图和钻孔表的显示，如图 17.28 所示。

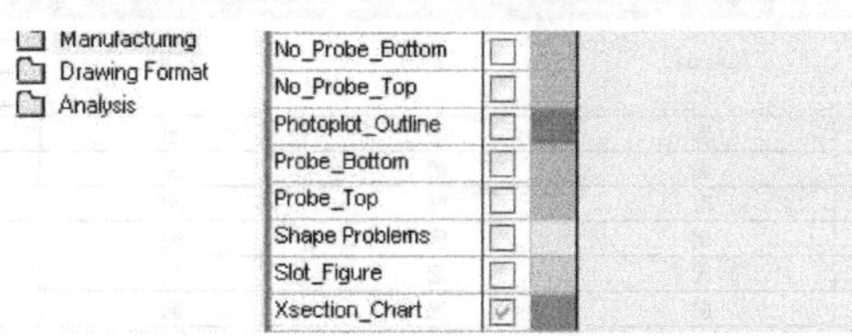

图 17.28　叠层截面图的显示

17.5　Artwork 参数设置

Artwork Control Form 对话框有 Film Control 和 General Parameters 两个选项卡。

17.5.1　Film Control 选项卡

（1）选择 Manufacture—Artwork 命令，弹出 Artwork Control Form 窗口，选择 Film Control 选项卡，如图 17.29 所示。

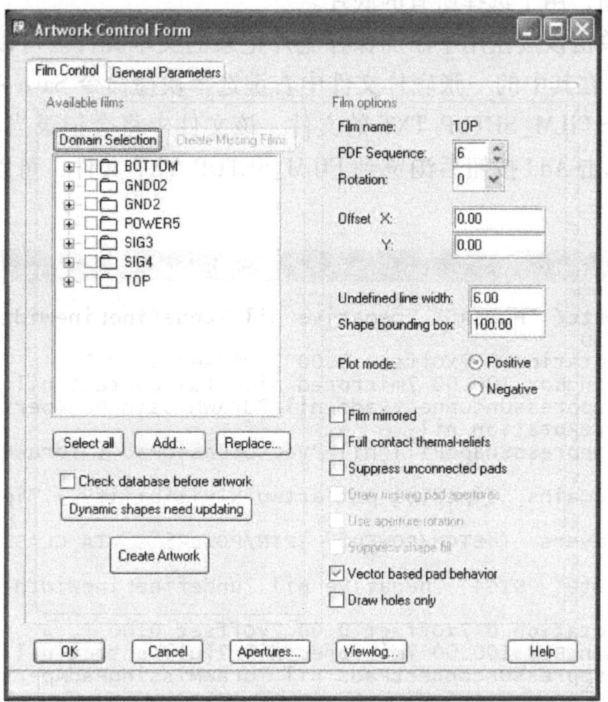

图 17.29　Artwork Control Form 窗口

（2）Available films 选择组用于控制可以输出的底片。

① Domain Selection 按钮用来控制输出底片的作用域，用鼠标单击后弹出 Film Domain

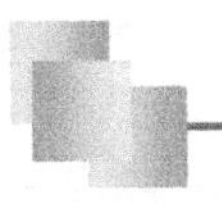

Setting 窗口。在该窗口中可以设置各底片所在的作用范围，默认作用域全部打开，用鼠标在表格框中单击后可以取消底片所在作用域范围，如图 17.30 所示。

Film Domain Setting

Film Name	Artwork	IPC2581	PDF	Visibility
BOTTOM	☒	☒	☒	☒
GND02	☒	☒	☒	☒
POWER5	☒	☒	☒	☒
SIG3	☒	☒	☒	☒
SIG4	☒	☒	☒	☒
TOP	☒	☒	☒	☒

OK　Cancel　Help

图 17.30　Film Domain Setting 窗口

② Available films 列表框：其中显示可用于底片产生的 Film 层，默认包括全部的电气层，每个电气层中包括走线、元件的引脚、过孔。文件夹的名称就是将要产生底片的名称，单击左侧的“+”符号，可以展开文件夹，显示该层底片内包含的内容。文件夹左侧的复选项被勾选后，表示将要采用该层输出底片。

③ Select all 按钮，用于选择所有的底片。

④ Add 按钮：单击该按钮用于添加保存底片记录的文本文件。可以单击 Select all 按钮选择全部底片文件，在其中的一张底片文件中右键选择快捷命令 Save All Checked。在当前工作目录下生成一个 FILM_SETUP. TXT 的文件，该文件中将会记录当前底片的设置参数，如图 17.31 所示。单击 Add 按钮后浏览到 FILM_SETUP. TXT 文件，可以将底片记录文件添加到当前底片中。

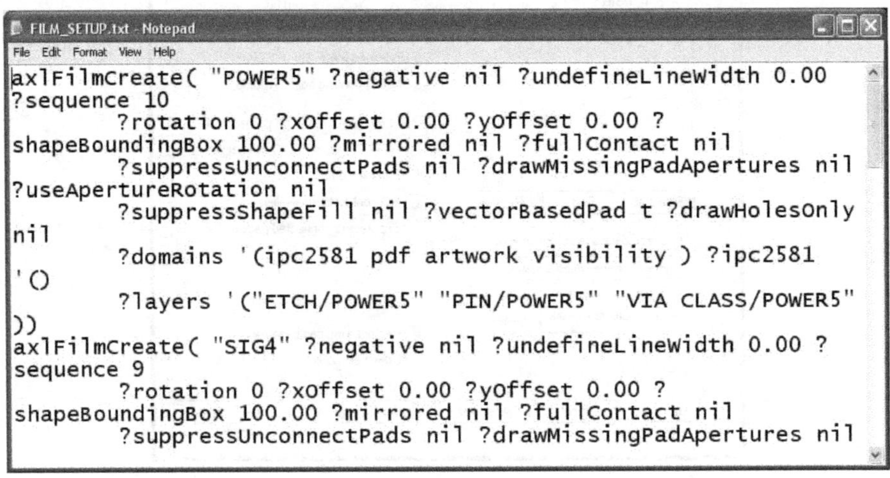
FILM_SETUP.txt - Notepad

File　Edit　Format　View　Help

```
axlFilmCreate( "POWER5" ?negative nil ?undefineLineWidth 0.00
?sequence 10
        ?rotation 0 ?xOffset 0.00 ?yOffset 0.00 ?
shapeBoundingBox 100.00 ?mirrored nil ?fullContact nil
        ?suppressUnconnectPads nil ?drawMissingPadApertures nil
?useApertureRotation nil
        ?suppressShapeFill nil ?vectorBasedPad t ?drawHolesOnly
nil
        ?domains '(ipc2581 pdf artwork visibility ) ?ipc2581
'()
        ?layers '("ETCH/POWER5" "PIN/POWER5" "VIA CLASS/POWER5"
))
axlFilmCreate( "SIG4" ?negative nil ?undefineLineWidth 0.00 ?
sequence 9
        ?rotation 0 ?xOffset 0.00 ?yOffset 0.00 ?
shapeBoundingBox 100.00 ?mirrored nil ?fullContact nil
        ?suppressUnconnectPads nil ?drawMissingPadApertures nil
```

图 17.31　FILM_SETUP. TXT 的文件内容

⑤ Replace 按钮：单击该按钮用于添加底片保存记录文本文件，从添加的底片记录文本文件替换当前已经设置的底片 Film 层。

⑥ 勾选 Check database before artwork 复选项后，在输出光绘之前对 Allegro 的数据库进行错误检查。

⑦ 单击 Dynamic shapes need updating 按钮，打开 Status 窗口，对动态 Shape 铜皮进行检查。

⑧ Create Artwork 按钮用来生成输出 Gerber 光绘文件。

（3） Film options 选择组，用来控制对底片的操作。

① Film name：底片名称，显示当前选中的底片名称。

② Rotation 下拉列表：指底片的旋转角度，一般保持默认的底片不旋转。

③ Offset X/Y 文本框：用于设置坐标数据与指定原点偏移值，一般使用默认值 0。

④ Undefined line width 文本框：未定义的线将采用该项设置的线宽，在转成底片时可以将未定义的线宽设置成一个默认的线宽，一般设置成 5 mil。

⑤ Shape bounding box 文本框：电路板 Outline 外扩的隔离线，只有负片才有用，一般使用 100 mil，表示板边周围的隔离线（Anti Etch），由 Outline 的中心线往外扩 100mil。

⑥ Plot mode：用于底片输出模式的控制，Positive 为正片，Negative 为负片。信号层面一般使用 Positive，电源、地层面一般使用 Negative，该处的正负片设置要与 Cross Section 中的保持一致。

⑦ Film mirrored 复选项：底片镜像，一般情况不需要镜像，不勾选。

⑧ Full contact thermal - reliefs 复选项：忽略 Thermal 采用全连接，Pad 的 Thermal - Relief 无效，这个选项只针对负片有用，是让连接 Plane 层面的所有 Pin 引脚都用全连接方式与 Plane 层面连接，不使用 Flash 焊盘连接，这样会加速散热，可以增加过孔电流通过能力。如果电路板上的 Via 过孔没有设计 Flash Symbol，勾选此项与否，都是 Full Contact。一般情况下不勾选此项。

⑨ Drawing missing pad apertures 复选项：在 Aperture 中无法直接描述的 D - code 的焊盘，采用 Line Draw 方式描绘。

⑩ Use aperture rotation 复选项：旋转镜头，一般情况下不需要，不勾选。

⑪ Suppress shap fill 复选项：去除未连接的焊盘，内层走线层可使用，一般情况下不选。

⑫ Vector based pad behavior 复选项：用向量来描述镜头，只有在 Gerber RS274X 中才有用，此项默认选择，对于 Raster - based 数据，若不选择此项，那么负片转出的隔离盘为被此处的孔掏空的样式，如图 17. 32 所示。

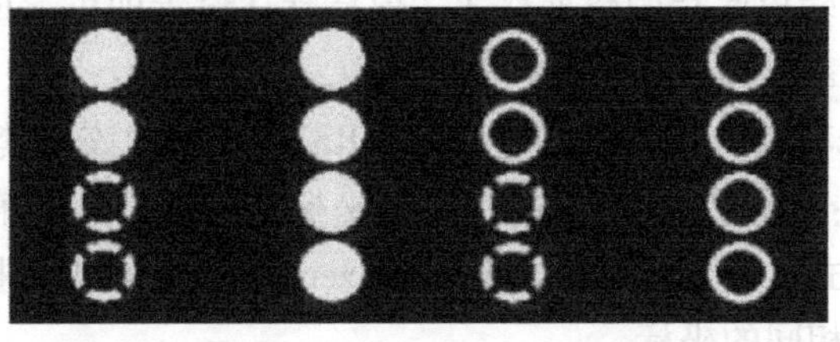

图 17. 32　有无 Vector based pad behavior 的区别

17. 5. 2　General Parameters 选项卡

（1） 选择 Manufacture—Artwork 命令，弹出 Artwork Control Form 窗口，选择 General

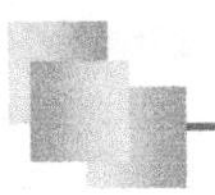

Parameters 选项卡，如图 17. 33 所示。

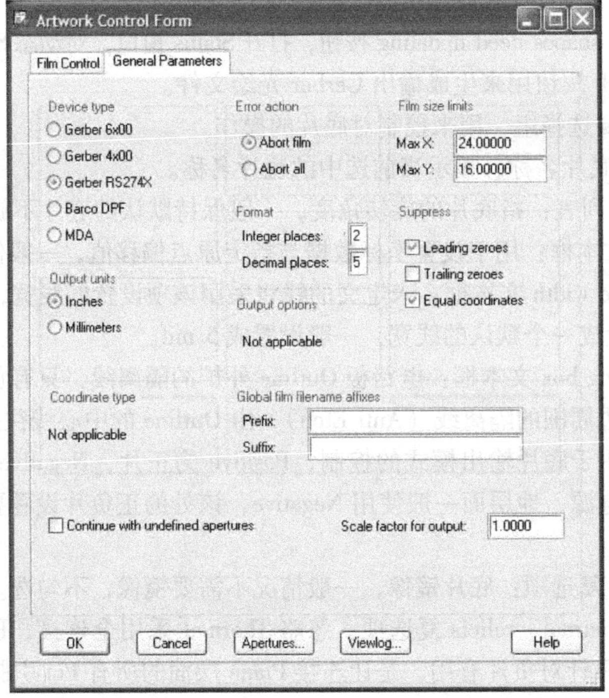

图 17. 33　Artwork Control Form 窗口

（2）General Parameters 选项卡中的参数设置。

① Device type 选项组：底片生成格式，一般选择 Gerber RS274X。

② Film size limits 设置组：底片稿图形最大尺寸范围，一般为默认值。

③ Coordinate type 选择组：坐标类型，用默认值 Absolute，RS274X 格式禁用。

④ Error action 选项组：指定错误发生时处理方式，Abort film 中止底片输出，Abort all 中止所有。选择 Abort film 只会停止转换这层的 Gerber 文件，继续转换其他层的 Gerber 文件。选择 Abort all 则停止后不再处理其他 Gerber 文件。错误情况，将会被记录到 photoplot. log 文件中。

⑤ Format 选项组：输出底片的数据格式，保持默认设置即可。Integer places 设置 5，表示 5 位整数；Decimal places 设置 3，表示 3 位小数。

⑥ Output options 选项组：选用默认值即可，RS274X 格式该项禁用。

⑦ Suppress 设置组：设置输出数据的格式和坐标。可选用默认值或都不选。Leading zeros：设置输出数据的格式，表示前省零。Trailing zeros：设置输出数据的格式，表示后省零。Equal coordinates：简化相同的坐标。

⑧ Output units 选项组：输出单位选择，与电路板选择的单位一致，一般用 Inches。

⑨ Scale factor for output 文本框：输出 Gerber 文件的比例，默认为 1。

⑩ Continue with undefined apertures 复选项：如果镜头没有被定义，则设置是否继续产生光绘文件。

17.6　底片操作与设置

底片的操作与设置以 6 层电路板为例进行讲解，具体步骤如下。

17.6.1　底片的增加操作

（1）打开 General Parameters 选项卡，选择 Device type 选项组中的 Gerber RS274X，选择 Error action 选项组中的 Abort Film。在 Format 选项组 Integer places 中设置 2，Decimal Places 中设置 5，Output units 设置成 Inches。其他参数均保持默认即可，如图 17.34 所示。

（2）打开 Film Control 选项卡，Available films 列表中显示可用于底片产生的 Film 层，默认包括全部的电气层，有 BOTTOM、GND2、POWER5、SIG3、SIG4、TOP 共计 6 个电气层。

（3）检查 TOP 文件夹的内容。在 TOP 文件夹的左侧单击“＋”号，展开 TOP 的内容，默认为 ETCH/TOP、PIN/TOP、VIA CLASS/TOP 共计 3 个层，确认层都存在没有丢失，如图 17.35 所示。

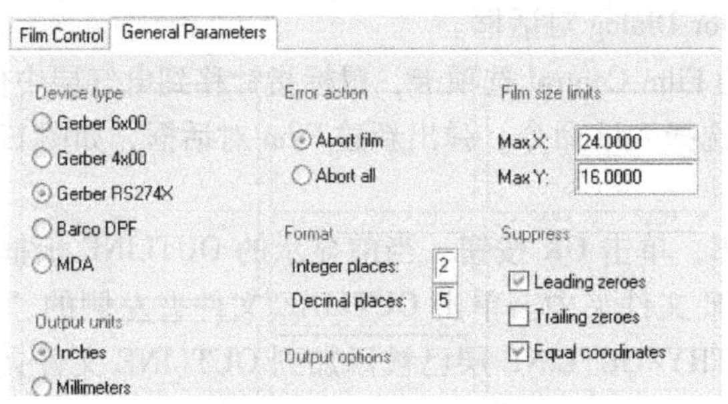

图 17.34　General Parameters 选项卡

图 17.35　展开 TOP 的内容

（4）检查 BOTTOM 文件夹的内容。在 BOTTOM 文件夹的左侧单击“＋”号，展开 BOTTOM 的内容，默认为 ETCH/BOTTOM、PIN/BOTTOM、VIA CLASS/BOTTOM 共计 3 个层，确认层都存在没有丢失，如图 17.36 所示。

（5）检查 GND2 文件夹的内容。在 GND2 文件夹的左侧单击“＋”号，展开 GND2 的内容，默认为 ETCH/GND2、PIN/GND2、VIA CLASS/GND2 共计 3 个层，确认层都存在没有丢失，如图 17.37 所示。

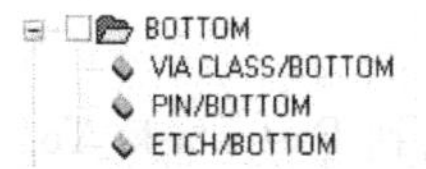

图 17.36　展开 BOTTOM 的内容

GND2
ETCH/GND2
PIN/GND2
VIA CLASS/GND2

图 17.37　展开 GND2 的内容

（6）检查 SIG3 文件夹的内容。在 SIG3 文件夹的左侧单击“＋”号，展开 SIG3 的内容，默认为 ETCH/SIG3、PIN/SIG3、VIA CLASS/SIG3 共计 3 个层，确认层都存在没有丢失，如图 17.38 所示。

图 17.38　展开 SIG3 的内容

（7）检查 SIG4 文件夹的内容。在 SIG4 文件夹的左侧单击“＋”号，展开 SIG4 的内容，默认为 ETCH/SIG4、PIN/SIG4、VIA CLASS/SIG4 共计 3 个层，确认层都存在没有丢失，如图 17.39 所示。

（8）检查 POWER5 文件夹的内容。在 POWER5 文件夹的左侧单击“+”号，展开 POWER5 的内容，默认为 ETCH/POWER5、PIN/POWER5、VIA CLASS/POWER5 共计 3 个层，确认层都存在没有丢失，如图 17.40 所示。

图 17.39　展开 SIG4 的内容

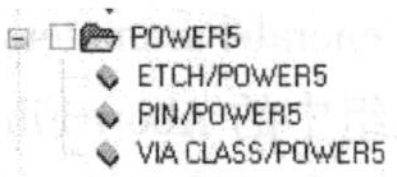

POWER5
ETCH/POWER5
PIN/POWER5
VIA CLASS/POWER5

图 17.40　展开 POWER5 的内容

（9）保持 Artwork Control Film 窗口打开的状态，选择 Display—Color/Visibility 命令，弹出 Color Dialog 对话框，单击右上角的 Global Visibility Off 按钮，单击 Apply 按钮后，关闭所有的层显示。

（10）选择左侧 Board Geometry 文件夹（Class）后，在右侧将 Outline 复选项勾选，表示只显示板框，单击 Apply 按钮后退出 Color Dialog 对话框。

（11）回到 Artwork Control Film 窗口的 Film Control 选项卡，鼠标指针移到电气层中任意一个文件上，右击，在弹出的快捷菜单中选择 Add 命令，弹出新建 Film 对话框，如图 17.41 所示。

（12）输入新建底片的名称，OUTLINE，单击 OK 按钮。当前显示的 OUTLINE 板框层，已经被添加到 Available films 中的 OUTLINE 文件夹中。单击 OUTLINE 文件夹左侧的“+”号，展开显示，可以看到 BOARD GEOMETRY/OUTLINE 层已被添加到 OUTLINE 文件夹中，如图 17.42 所示。

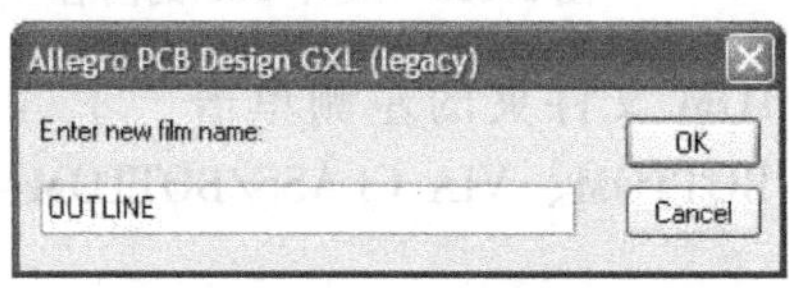

图 17.41　新建 Film 对话框

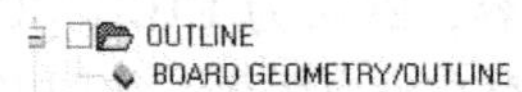

图 17.42　被添加到 OUTLINE 文件夹中

（13）保持 Artwork Control Film 窗口打开的状态，选择 Display—Color/Visibility 命令，弹出 Color Dialog 对话框，单击右上角的 Global Visibility Off 按钮，单击 Apply 按钮后，关闭所有的层显示。

（14）单击左侧的 Stack_UP 文件夹，在右侧列表中找到 Pastemask_Top 层中的 PIN 和 Via 属性并勾选，表示要显示该属性。单击右侧的 Package Geometry 文件夹，在左侧列表中找到 Pastemask_Top 并勾选，表示要显示该属性。

（15）回到 Artwork Control Film 窗口的 Film Control 选项卡，鼠标指针移到电气层中任意一个文件上，右击，在弹出的快捷菜单中选择 Add 命令，弹出新建 Film 对话框，如图 17.43 所示。

（16）输入新建底片的名称，PAST_TOP，单击 OK 按钮。当前显示的所有层，已经被添加到 Available films 的 PAST_TOP 文件夹中。单击 PAST_TOP 文件夹左侧的“+”号，展开显示，可以看到 VIA CLASS/PASTEMASK_TOP、PIN/PASTEMASK_TOP、PACKAGE GEOMETRY/PASTEMASK_TOP 层已被添加到 PAST_TOP 文件夹中，如图 17.44 所示。

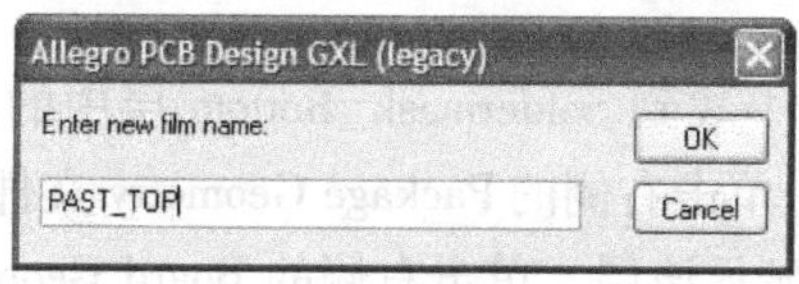

图 17.43　新建 Film 对话框

PAST_TOP
VIA CLASS/PASTEMASK_TOP
PIN/PASTEMASK_TOP
PACKAGE GEOMETRY/PASTEMASK_TOP

图 17.44　被添加到 PAST_TOP 文件夹中

（17）保持 Artwork Control Film 窗口打开的状态，选择 Display—Color/Visibility 命令，弹出 Color Dialog 对话框，单击右上角的 Global Visibility Off 按钮，单击 Apply 按钮后，关闭所有的层显示。

（18）单击左侧的 Stack_UP 文件夹，在右侧列表中找到 Pastemask_Bottom 层中的 PIN 和 Via 属性并勾选，表示要显示该层中的这两个对象。单击右侧 Package Geometry 文件夹，在左侧列表中找到 Pastemask_Bottom 并勾选，表示要显示层。

（19）回到 Artwork Control Film 窗口的 Film Control 选项卡，鼠标指针移到电气层中任意一个文件上，右击，在弹出的快捷菜单中选择 Add 命令，弹出新建 Film 对话框。

（20）输入新建底片的名称 PAST_BOTTOM，单击 OK 按钮。当前显示的所有层，已经被添加到 Available films 的 PAST_BOTTOM 文件夹中。单击 PAST_BOTTOM 文件夹左侧的"+"号，展开显示，可以看到 VIA CLASS/PASTEMASK_BOTTOM、PIN/PASTEMASK_BOTTOM、PACKAGE GEOMETRY/PASTEMASK_ BOTTOM 层已被添加到 PAST_BOTTOM 文件夹中，如图 17.45 所示。

（21）保持 Artwork Control Film 窗口打开的状态，选择 Display—Color/Visibility 命令，弹出 Color Dialog 对话框，单击右上角的 Global Visibility Off 按钮，单击 Apply 按钮后，关闭所有的层显示。

（22）单击左侧的 Stack_Up 文件夹，在右侧列表中找到 Soldermask_Top 层中的 PIN 和 Via 属性并勾选，表示要显示该层中的这两个对象。单击右侧的 Package Geometry 文件夹，在左侧列表中找到 Soldermask_Top 并勾选，表示要显示该层。单击右侧的 Board Geometry 文件夹，在左侧列表中找到 Soldermask_Top 并勾选，表示要显示该层。

（23）回到 Artwork Control Film 窗口的 Film Control 选项卡，鼠标指针移到电气层中任意一个文件上，右击，在弹出的快捷菜单中选择 Add 命令，弹出新建 Film 对话框。

（24）输入新建底片的名称 SOLD_TOP，单击 OK 按钮。当前显示的所有层，已经被添加到 Available films 的 SOLD_TOP 文件夹中。单击 SOLD_TOP 文件夹左侧的"+"号，展开显示，可以看到 VIA CLASS/SOLDERMASK_TOP、PIN/SOLDERMASK_TOP、PACKAGE GEOMETRY/SOLDERMASK_TOP、BOARD GEOMETRY/SOLDERMASK_ TOP 层已经被添加到 SOLD_TOP 文件夹中，如图 17.46 所示。

PAST_BOTTOM
VIA CLASS/PASTEMASK_BOTTOM
PIN/PASTEMASK_BOTTOM
PACKAGE GEOMETRY/PASTEMASK_BOTTOM

图 17.45　被添加到 PAST_BOTTOM 文件夹中

SOLD_TOP
VIA CLASS/SOLDERMASK_TOP
PIN/SOLDERMASK_TOP
PACKAGE GEOMETRY/SOLDERMASK_TOP
BOARD GEOMETRY/SOLDERMASK_TOP

图 17.46　被添加到 SOLD_TOP 文件夹中

（25）保持 Artwork Control Film 窗口打开的状态，选择 Display—Color/Visibility，弹出 Color Dialog 对话框，单击右上角的 Global Visibility Off 按钮，单击 Apply 按钮后，关闭所有的层显示。

（26）单击左侧的 Stack_Up 文件夹，在右侧列表中找到 Soldermask_Bottom 层中的 PIN 和 Via 属性并勾选，表示要显示该层中的这两个对象。单击右侧的 Package Geometry 文件夹，在左侧列表中找到 Soldermask_Bottom 并勾选，表示要显示该层。单击右侧的 Board Geometry 文件夹，在左侧列表中找到 Soldermask_Bottom 并勾选，表示要显示该层。

（27）回到 Artwork Control Film 窗口的 Film Control 选项卡，鼠标指针移到电气层中任意一个文件上，右击，在弹出的快捷菜单中选择 Add 命令，弹出新建 Film 对话框。

（28）输入新建底片的名称 SOLD_BOTTOM，单击 OK 按钮。当前显示的所有层，已经被添加到 Available films 的 SOLD_BOTTOM 文件夹中。单击 SOLD_BOTTOM 文件夹左侧的"+"号，展开显示，可以看到 VIA CLASS/SOLDERMASK_BOTTOM、PIN/SOLDERMASK_BOTTOM、PACKAGE GEOMETRY/SOLDERMASK_ BOTTOM、BOARD GEOMETRY/SOLDERMASK_ BOTTOM 层已被添加到 SOLD_BOTTOM 文件夹中，如图 17.47 所示。

（29）保持 Artwork Control Film 窗口打开的状态，选择 Display—Color/Visibility 命令，弹出 Color Dialog 对话框，单击右上角的 Global Visibility Off 按钮，单击 Apply 按钮后，关闭所有的层显示。

（30）单击左侧的 Components 文件夹，在右侧列表中找到 Silkscreen_Top 层中的 RefDes 并勾选，表示要显示该对象。单击右侧的 Package Geometry 文件夹，在左侧列表中找到 Silkscreen_Top 并勾选，表示要显示该层。单击右侧的 Board Geometry 文件夹，在左侧列表中找到 Silkscreen_Top 并勾选，表示要显示该层。

（31）回到 Artwork Control Film 窗口的 Film Control 选项卡，鼠标指针移到电气层中任意一个文件上，右击，在弹出的快捷菜单中选择 Add 命令，弹出新建 Film 对话框。

（32）输入新建底片的名称 SILK_TOP，单击 OK 按钮。当前显示的所有层，已经被添加到 Available films 的 SILK_TOP 文件夹中。单击 SILK_TOP 文件夹左侧的"+"号，展开显示，可以看到 REF DES/SILKSCREEN_TOP、PACKAGE GEOMETRY/SILKSCREEN_TOP、BOARD GEOMETRY/SILKSCREEN_TOP 层已经被添加到 SILK_TOP 文件夹中，如图 17.48 所示。

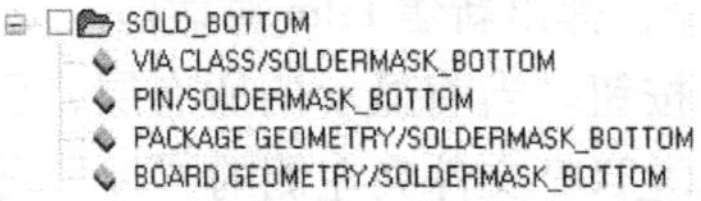

SOLD_BOTTOM
VIA CLASS/SOLDERMASK_BOTTOM
PIN/SOLDERMASK_BOTTOM
PACKAGE GEOMETRY/SOLDERMASK_BOTTOM
BOARD GEOMETRY/SOLDERMASK_BOTTOM

图 17.47　添加到 SOLD_BOTTOM 文件夹中

SILK_TOP
REF DES/SILKSCREEN_TOP
PACKAGE GEOMETRY/SILKSCREEN_TOP
BOARD GEOMETRY/SILKSCREEN_TOP

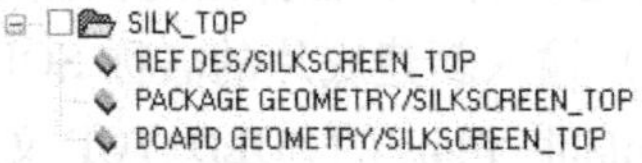

图 17.48　添加到 SILK_TOP 文件夹中

（33）保持 Artwork Control Film 窗口打开的状态，选择 Display—Color/Visibility 命令，弹出 Color Dialog 对话框，单击右上角的 Global Visibility Off 按钮，单击 Apply 按钮后，关闭所有的层显示。

（34）单击左侧的 Components 文件夹，在右侧列表中找到 Silkscreen_Bottom 层中的 RefDes 并勾选，表示要显示该对象。单击右侧的 Package Geometry 文件夹，在左侧列表中找

到 Silkscreen_Bottom 并勾选，表示要显示层。单击右侧的 Board Geometry 文件夹，在左侧列表中找到 Silkscreen_Bottom 并勾选，表示要显示层。

（35）回到 Artwork Control Film 窗口的 Film Control 选项卡，鼠标指针移到电气层中任意一个文件上，右击，在弹出的快捷菜单中选择 Add 命令，弹出新建 Film 对话框。

（36）输入新建底片的名称 SILK_BOTTOM，单击 OK 按钮。当前显示的所有层，已经被添加到 Available films 的 SILK_BOTTOM 文件夹中。单击 SILK_BOTTOM 文件夹左侧的“+”号，展开显示，可以看到 REF DES/SILKSCREEN_BOTTOM、PACKAGE GEOMETRY/SILKSCREEN_BOTTOM、BOARD GEOMETRY/SILKSCREEN_BOTTOM 层已经被添加到 SILK_BOTTOM 文件夹中，如图 17.49 所示。

（37）保持 Artwork Control Film 窗口打开的状态，选择 Display—Color/Visibility 命令，弹出 Color Dialog 对话框，单击右上角的 Global Visibility Off 按钮，单击 Apply 按钮后，关闭所有的层显示。

（38）单击左侧的 Manufacturing 文件夹，在右侧列表中找到 Nclegend－1－6 层并勾选，表示要显示层。将 Xsection_Chart 层勾选，表示显示该层。

（39）回到 Artwork Control Film 窗口的 Film Control 选项卡，鼠标指针移到电气层中任意一个文件上，右击，在弹出的快捷菜单中选择 Add 命令，弹出新建 Film 对话框。

（40）输入新建底片的名称 DRILL，单击 OK 按钮。当前显示的所有层，已经被添加到 Available films 的 DRILL 文件夹中，单击 DRILL 文件夹左侧的“+”号，展开显示，可以看到 MANUFACTURING/XSECTION_CHART、MANUFACTURING/NCLEGEND－1－6 已经被添加到 DRILL 文件夹中，如图 17.50 所示。

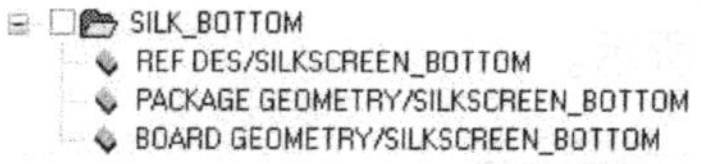

SILK_BOTTOM
REF DES/SILKSCREEN_BOTTOM
PACKAGE GEOMETRY/SILKSCREEN_BOTTOM
BOARD GEOMETRY/SILKSCREEN_BOTTOM

图 17.49　添加到 SILK_BOTTOM 文件夹中

DRILL
MANUFACTURING/XSECTION_CHART
MANUFACTURING/NCLEGEND-1-6

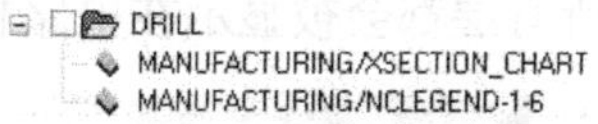

图 17.50　添加到 DRILL 文件夹中

注意：

在本例中，将 OUTLINE 板框作为单独的底片层存在，实际工程中也有读者将 OUTLINE 放在其他电气层，比如 TOP 或 BOTTOM 底片中，也有存放在 PASTEMASK 和 SOLDERMASK 的底片中，具体可以根据公司的要求，灵活调整。另外，还可以使用 AutoSilk_Top 和 AutoSilk_Bottom 来作为丝印的底片使用，根据具体要求灵活调整。增加完成的底片层如图 17.51 所示。

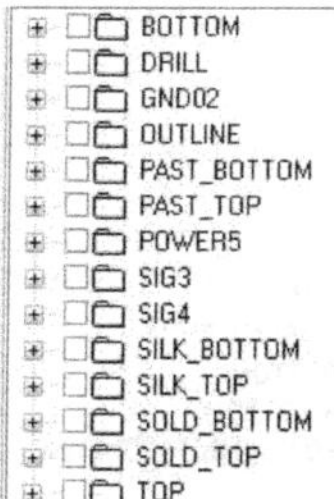

图 17.51　设置完成的底片文件夹截图

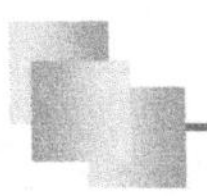

17.6.2　底片的删除操作

（1）底片的文件删除。单击要删除的底片文件夹，选择右键快捷菜单中的 Cut 命令，选择的底片文件会被移除，如图 17.52 所示。

（2）底片中的层删除。单击要删除的底片文件夹某个层，选择右键快捷菜单中的 Cut 命令，选择的底片文件中的某个层将被移除，如图 17.53 所示。

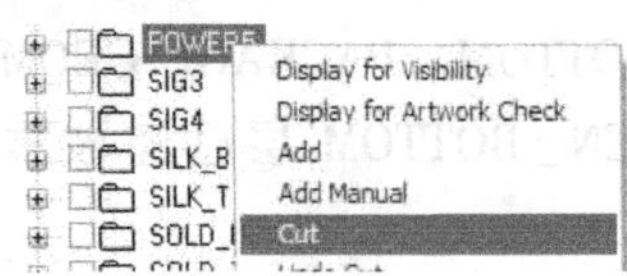

图 17.52　底片的删除操作

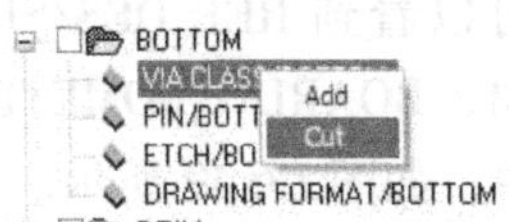

图 17.53　底片中的层删除

17.6.3　底片的修改操作

（1）更新底片文件。选择 Display—Color/Visibility 命令，弹出 Color Dialog 对话框，显示出需要更新的层到底片中的层。回到 Artwork Control Film 窗口的 Film Control 选项卡，在需要更新的底片文件夹上右击，在右键快捷菜单中选择 Match Display 命令，当前显示的层会被更新到当前选择的底片文件夹中，如图 17.54 所示。

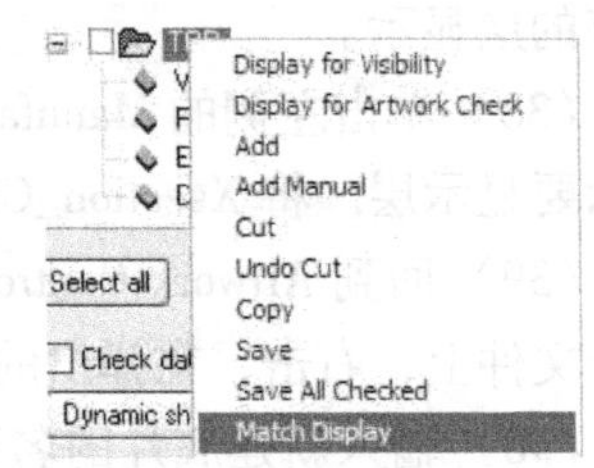

图 17.54　底片的修改操作

（2）底片的内容显示。在 Artwork Control Film 窗口的 Film Control 选项卡中，在需要显示的底片文件上右击，在右键快捷菜单中选择 Display for Visibility 命令，当前选择的底片文件夹中的所有层都会被显示在电路板中，如图 17.55 所示。

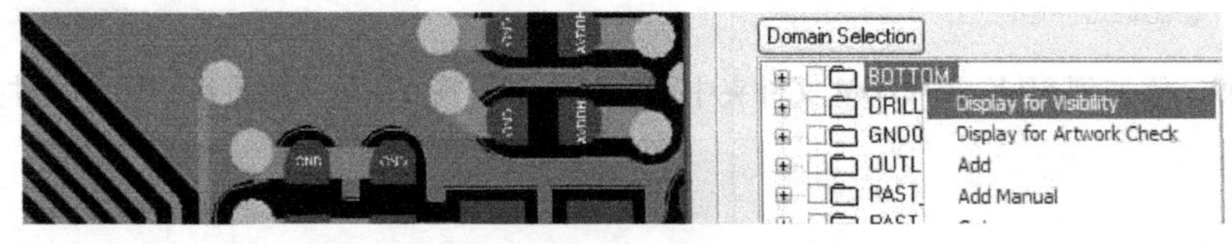

图 17.55　底片的内容显示

（3）在底片中添加层。在 Artwork Control Film 窗口的 Film Control 选项卡中，在需要添加层的底片文件夹内的某个文件上右击，在右键快捷菜单中选择 Add 命令。此时将弹出 Subclass Selection 窗口，在所有的 Subclass 中寻找需要添加的层，在前面的框内勾选后，单击左下角的 OK 按钮，选中的层将被添加到选择的底片文件夹内，如图 17.56 和图 17.57 所示。

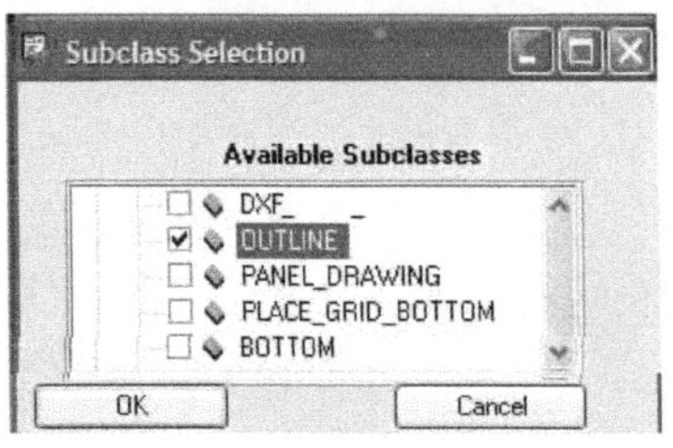

图 17.56　Subclass Selection 窗口

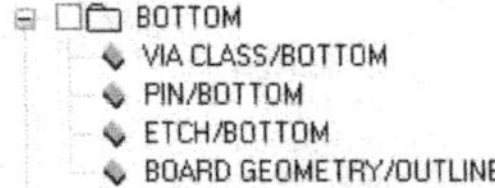

图 17.57　底片的内容显示

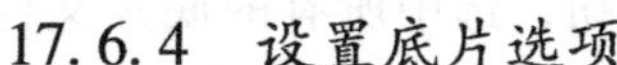

17.6.4　设置底片选项

单击 Film Control 选项卡，选择 Available films 列表中的底片文件夹，在右侧的 Film Options 选择组中就会显示选中底片的属性。例如，选择 SILK_TOP 的底片文件夹，Undefined line width 文本框中输入 5，Plot mode 中选择 Positive 正片，表示 SILK_TOP 底片中没有定义的线宽将使用 5mil 的线宽，该层使用正片输出。

PCB 中共有 BOTTOM、GND2、POWER5、SIG3、SIG4、TOP 共计 6 个电气层，这次电气层在 PCB 的叠层设置中均采用 Positive 正片的形式，在底片数值设置中，该 6 个层都需要设置成正片的形式，若在叠层管理中将某个电源层或 GND 层设置成负片 Negative 形式，那么在该处的底片设置中也需要相应地设计成负片 Negative 形式。

17.7　光绘文件的输出和其他操作

17.7.1　光绘范围（Photoplot Outline）

为了将光绘文件控制在一定的范围内，避免数据过大，可以增加 Photoplot Outline 光绘的范围设置。选择 Setup—Areas—Photoplot Outline 命令。拖动鼠标绘制出一个比电路板大的矩形框，框住全部的内容，这样产生的光绘文件只产生该区域内的部分，减少无用的数据，增加文件的可读性，如图 17.58 所示。

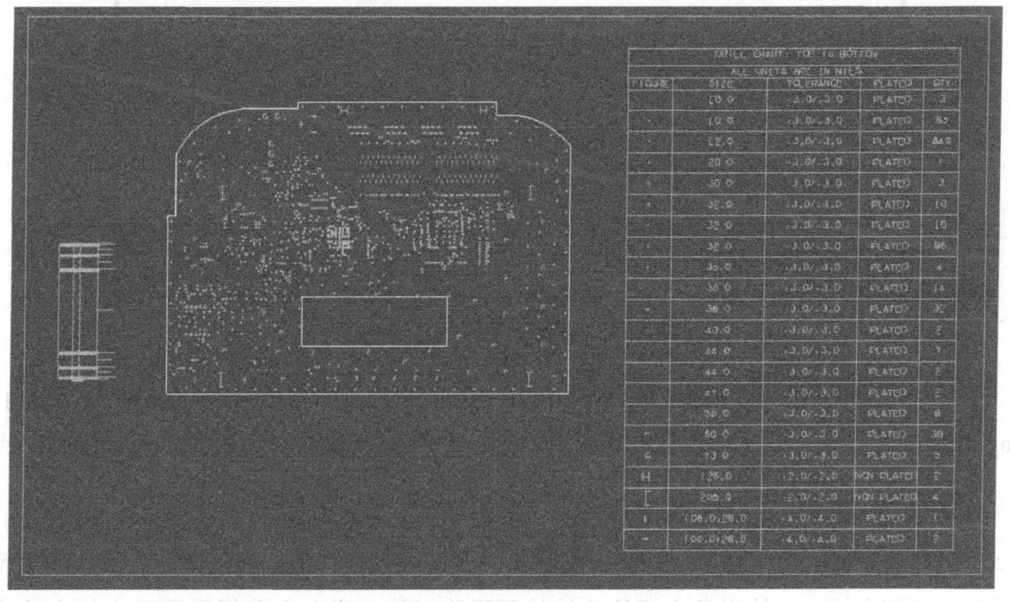

图 17.58　将光绘文件控制在一定的范围内

17.7.2　生成 Gerber 文件

（1）选择 Manufacture—Artwork 命令，弹出 Artwork Control Film 窗口，选择 Film Control

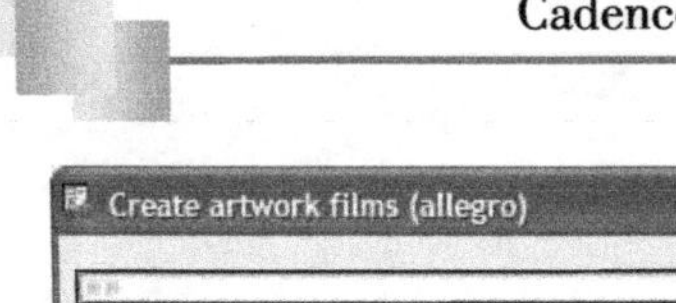

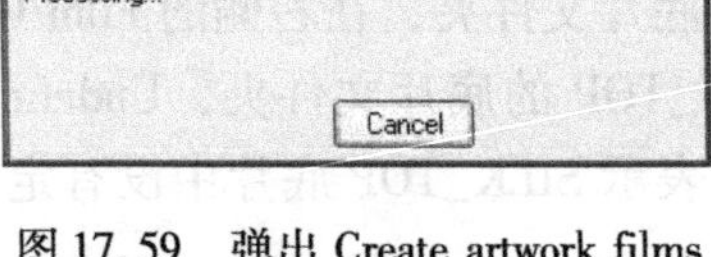

图 17.59　弹出 Create artwork films 进度对话框

选项卡。单击 Select all 按钮，选中所有的底片文件夹，单击 Create Artwork 按钮，执行底片创建命令。

（2）在底片创建过程中弹出 Create artwork films 进度对话框，如图 17.59 所示，等创建完成之后，该对话框自动消失。

（3）选择 File—Viewlog 命令，查看 Photoplot Log 文件，确保所有底片文件被准确地建立。看是否有错误发生，如图 17.60 所示。

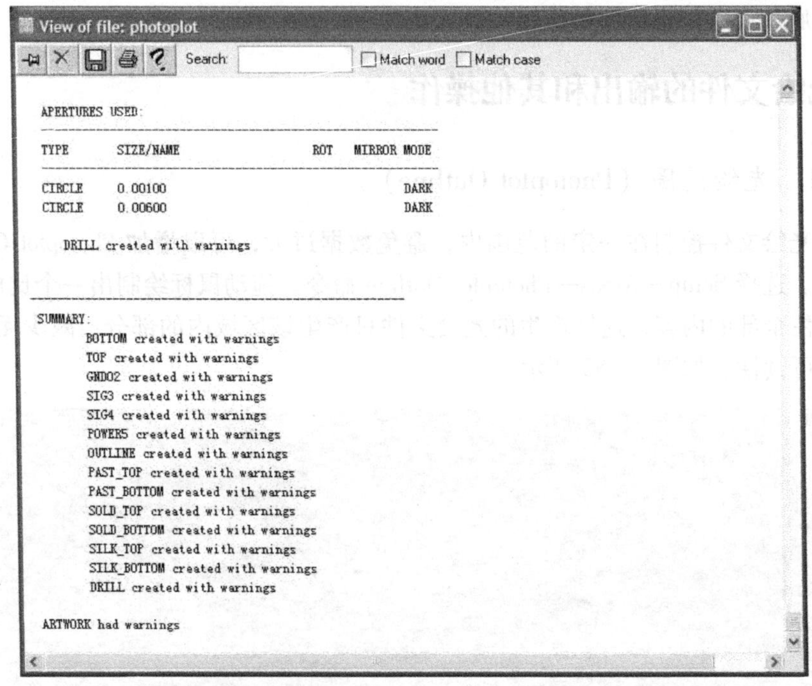

图 17.60　查看 Photoplot Log 文件

（4）在生成 Gerber 文件时，经常会出现警告，Photoplot outline rectangle not found … using drawing extents，这是在说你没有画 Photoplot Outline，软件自动用 Drawing Extents 代替了，这个警告问题不大。

（5）此外，推荐在输出光绘文件之前对电路板进行添加泪滴（Teardrop），泪滴可以避免信号传输时平滑阻抗，减少阻抗的急剧跳变，避免高频信号传输时由于线宽突然变小而造成反射，可使走线与元件焊盘之间的连接趋于平稳过渡。避免电路板受到巨大外力的冲撞时，导线与焊盘或导线与导孔的接触点断开。焊接上，可以保护焊盘，避免多次焊接造成焊盘的脱落，生产时可以避免蚀刻不均，过孔偏位出现的裂缝等。因此，推荐在输出 Gerber 之前加泪滴。注意，不要过早为电路板加上泪滴，泪滴最好在输出 Gerber 之前加上，并通过各项检查无误，再输出 Gerber 文件。

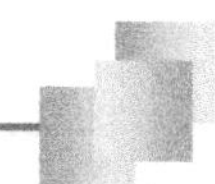

17.7.3　经常会出现的两个警告

（1）执行 Create Artwork 命令经常出现的警告 1，如图 17.61 所示。

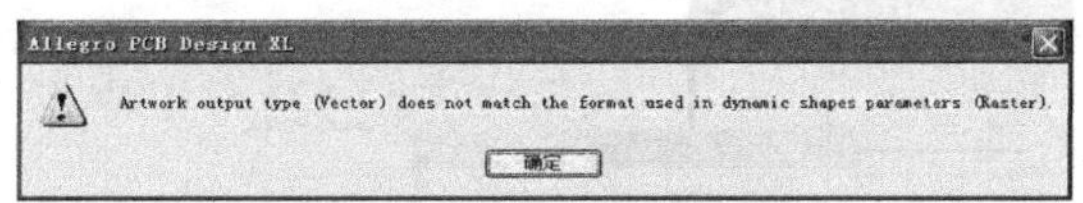

图 17.61　经常出现的警告 1

解决办法：这个警告是提示 Artwork 里面的底片格式与动态 Shape 里面底片格式参数设置不一致，只要把动态 Shape 里面的 Artwork Format 与底片参数的 Device Type 修改一致就可以解决该问题。

（2）执行 Create Artwork 命令经常出现的警告 2，如图 17.62 所示。

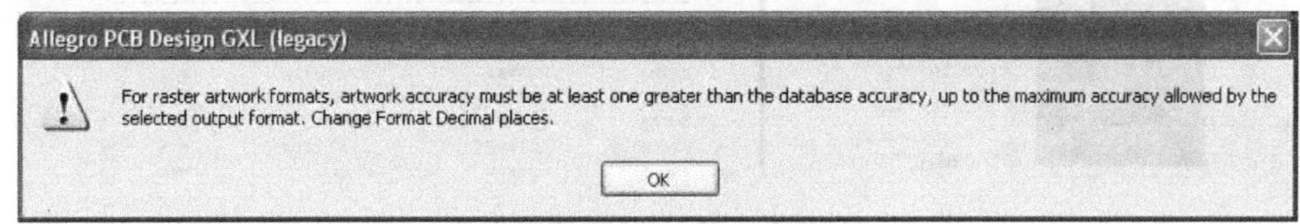

图 17.62　经常出现的警告 2

解决办法：该警告提示底片文件精度不够，需要根据文件的精度进行设置，Integer Places、Decimal Places 精度提高就可以解决。

17.7.4　向工厂提供文件

一般情况下，需要向电路板工厂提供的具体文件包括：输出的所有层面的 . art 底片文件，输出的 . drl 文件（电路板上有钻孔时），输出的 . rou 文件（电路板上有椭圆孔或矩形孔时）。以 6 层电路板为例，需要给电路板厂提供的制作文件如图 17.63 所示。

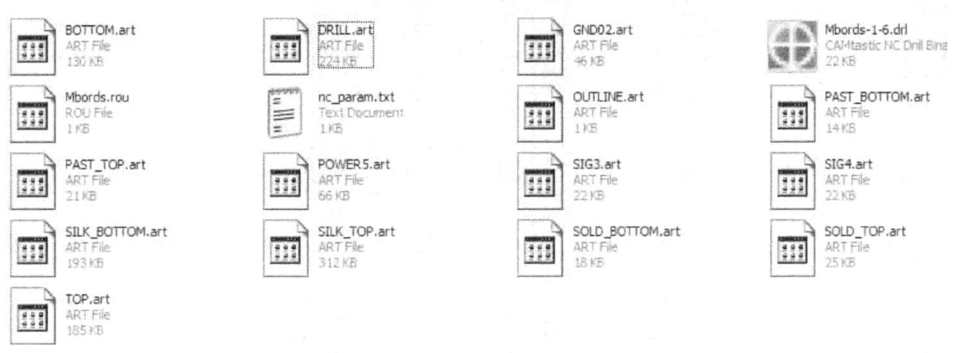

图 17.63　向工厂提供的文件截图

17.7.5　Valor 检查所需文件

Valor 是通过 Gerber 光绘文件和网表文件（IPC356）来进行检查的，选择 File—Export—IPC356 命令，如图 17.64 所示。

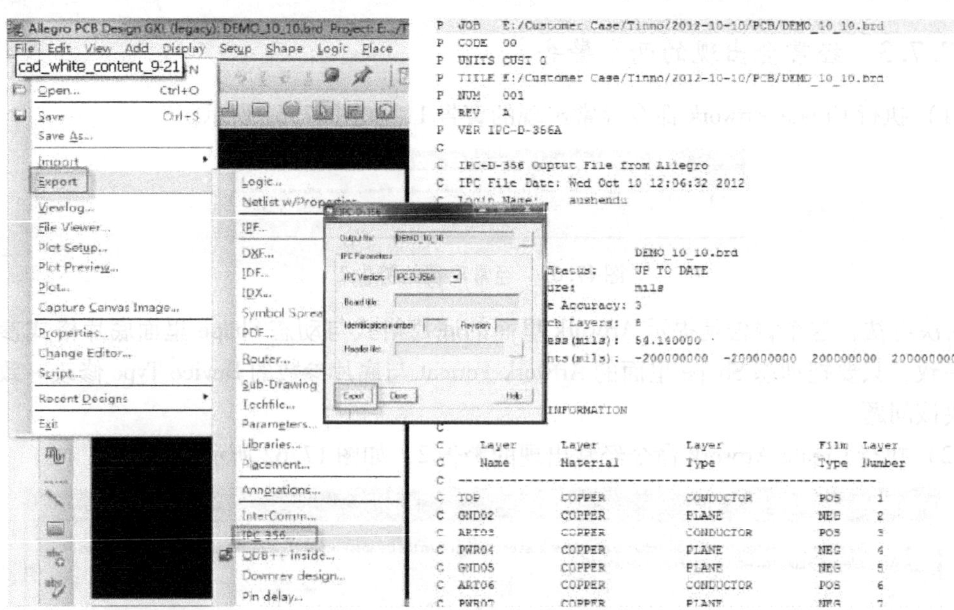

图 17.64 Valor 检查所需文件

17.7.6 SMT 所需坐标文件

SMT 所需坐标文件，在 SMT 贴片时需要，选择 File—Export—Placement 命令，可以输出该文件，如图 17.65 所示。

place_txt.txt - Notepad

```
UUNITS = MILS
C113      3251.06   2963.48   180  m C0402
C114      3136.06   2963.48   180  m C0402
C115      2896.06   2963.48   180  m C0402
C116      3016.06   2963.48   180  m C0402
C117      3486.06   2963.48   180  m C0402
C118      3366.06   2963.48   180  m C0402
C201      3606.06   2963.48   180  m C0402
C202      3726.06   2963.48   180  m C0402
C203      4051.06   2963.48   180  m C0402
C205      4166.06   2963.48   180  m C0402
C206      4286.06   2963.48   180  m C0402
C208      4401.06   2963.48   180  m C0402
C209      4521.06   2963.48   180  m C0402
C210      4876.06   2963.48   180  m C0402
C211      4641.06   2963.48   180  m C0402
C212      4756.06   2963.48   180  m C0402
R174      4656.06   2083.48   270    R0402
R186      4756.06   1903.48    90    R0402
R207      4556.06   2368.48   180  m R0402
R208      4596.06   2368.48   180  m R0402
D3        1201.06   3453.48     0    C-D10-H12-5
C231      1610.00   2435.00     0    C-D8XH12-3_5
C75       1705.00   2810.00     0    C-D8XH12-3_5
C135      1485.00   1735.00     0    C-D8XH12-3_5
R45        936.06   2548.48   270    R0402
SW1       1535.44   3659.83     0    SW-SPDT-6_6X17_78-5P
R228      2105.00   1895.00   270    R0402
R34       2190.00   2100.00    90    R0402
L4        1075.00   1715.00   180    L-11_5X6-2P
L5        1310.00   3030.00   180    L-11_5X6-2P
C120       926.06   2498.48    90    C0603
```

图 17.65 SMT 所需坐标文件

17.7.7　浏览光绘文件

选择 File—Import—Artwork 命令，通过导入光绘文件进行预览，或者在 Visibility 中的 Views 下拉列表选择 Film 进行预览，如图 17.66 所示。

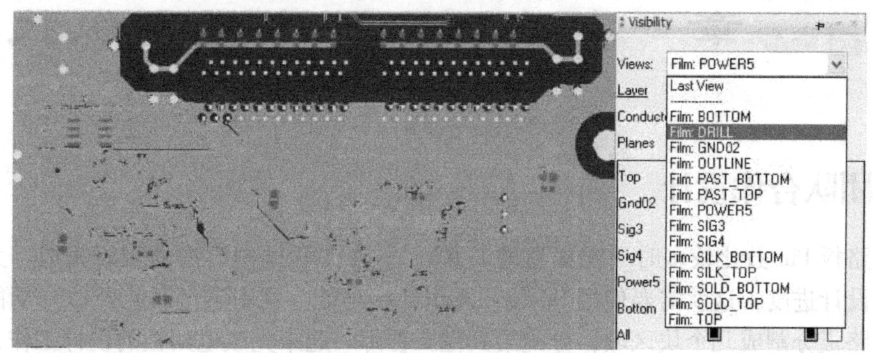

图 17.66　浏览光绘文件

17.7.8　打印 PDF

选择 File—Export—PDF 命令，可以支持分层打印，选择哪个层后就会打印哪个层，如图 17.67 所示。

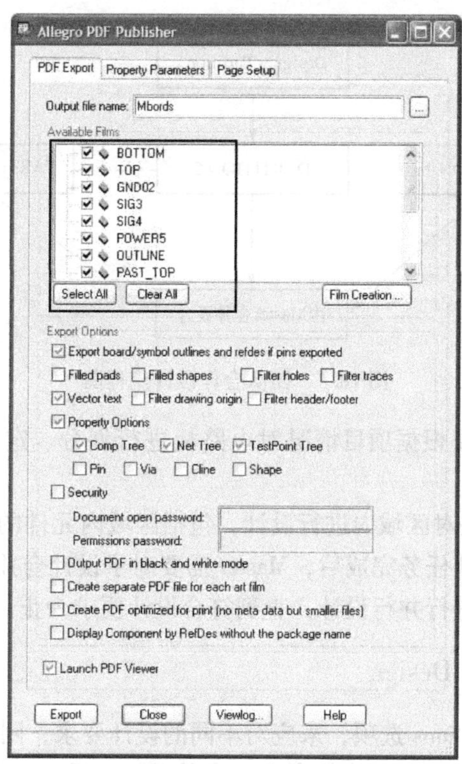

图 17.67　打印 PDF

第18章 电路板设计中的高级技巧

18.1 团队合作设计

当电路板 Pin 数比较多时（比如超过 1 万），一个工程师短时内就很难完成，为了加快电路板的设计进度，这就需要使用 Designer Partition 功能。利用该（团队合作）功能可以将复杂的电路板分割成几个块区域，分配给其他工程师一起来完成电路板的设计工作，当各个工程师都完成区域的设计工作之后，由 Master 将各区域合并产生一个完整的电路板文件。在大型电路板的设计中，使用该方法可以大大提升设计效率，缩短设计周期。

18.1.1 团队合作设计流程

团队合作设计流程图如图 18.1 所示。

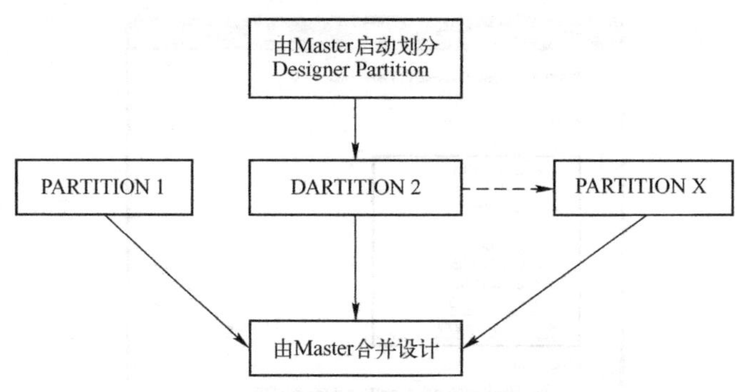

图 18.1 团队合作设计流程图

（1）Master 的工作需要根据项目情况对电路板进行划分、定义规则、预布局以及团队沟通合作。

（2）Partition 的工作是对区域内进行设计，包括区域内元件的摆放、删除不属于区域内的元件、布线等，区域设计任务完成后，Master 需要对子设计合并、优化等。当设计不能满足要求时，有可能需要再进行并行设计，直到符合设计要求为止。

18.1.2 使能 Team Design

Allegro 提供不同的 Options 选项，来应对不同的设计要求，团队合作设计功能要在 Allegro 启动时勾选 Team Design 复选项才能实现，或者通过选择 File—Change Editor 命令进行切换后，勾选 Team Design 复选项才能实现，如图 18.2 所示。

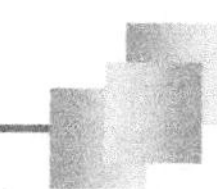

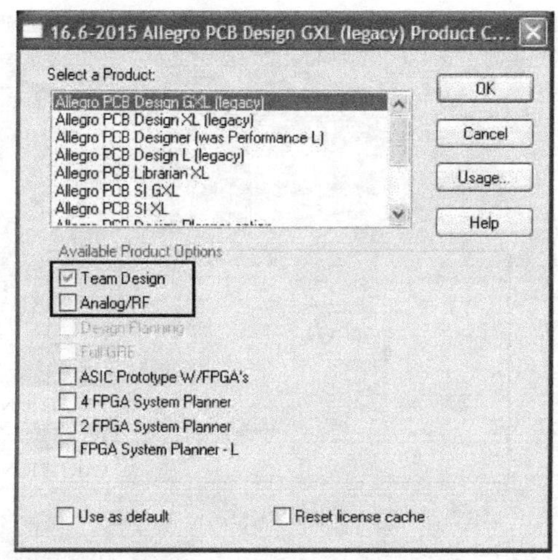

图 18.2　Allegro 启动时勾选 Team Design 复选项

18.1.3　创建设计区域 Create Partitions

（1）选择 Place—Design Partition—Create Partition 命令，在 Options 选项卡中的内容如图 18.3 所示。

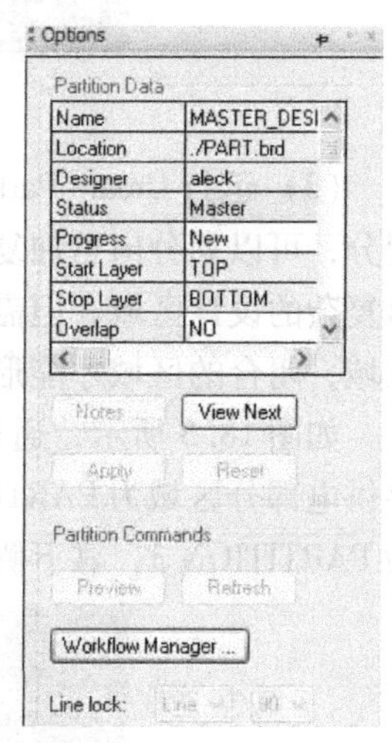

图 18.3　Options 选项卡

① Partition Data 功能组：

- Name：Partition 项目名，系统分配，不可修改。
- Location：当前目录下的电路板 . brd 的名称。
- Designer：设计者 Administrator 的名称，一般为计算名称。
- Status：角色，Master 负责创建区域。
- Progress：项目当前状态，New 表示新建区域。
- Start Layer：新建区域的开始层。
- Stop Layer：新建区域的结束层。
- Notes 按钮：备注。
- View Next 按钮：用于浏览下一个设计区域，划分区域有效。
- Apply 按钮：用于完成划分设计区域。
- Reset 按钮：用于复位划分区域，重新设计分区。

② Partition Commands 功能组：

- Preview 按钮：查看当前设计区域的元件。
- Refresh 按钮：刷新。
- Workflow Manager：用于打开团队合作设计管理。

（2）在 PCB 内合理划分 PCB 设计区域。在运行 Create Partition 命令后，默认的区域划分采用直线划分的方式，在需要划分的区域处单击，以画一条或多条直线的方式划分设计区域。画直线时软件可自动延伸。如图 18.4 所示，一条水平直线可以将当前的电路板分成两个设计区域。

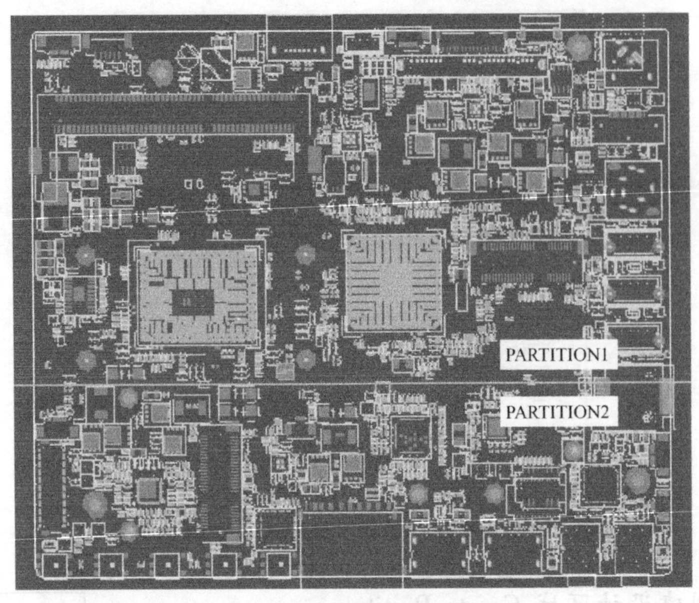

图 18.4　直线划分设计区域

（3）运行 Create Partition 命令，右键选择 Add Rectangle 或 Add Shape 命令后，进行区域划分，可以划分出更加复杂的区域。可以和划分多边形铜皮一样，沿着各芯片的周围，划分出复杂的设计区域。但需要留意 Add Rectangle 或 Add Shape 命令划分区域应是完整的闭合区域，闭合的区域才能形成 Partition。每个闭合的区域会形成一个独立的 Partition。

如图 18.5 所示，通过 Add Shape 命令将整个电路板划分出了 4 个设计区域，左上角内存供电部分区域为 PARTITION 1，右上角电源电路区域为 PARTITION 2，中间 CPU 电路区域为 PARTITION 3，靠下侧 I/O 接口电路区域为 PARTITION 4。

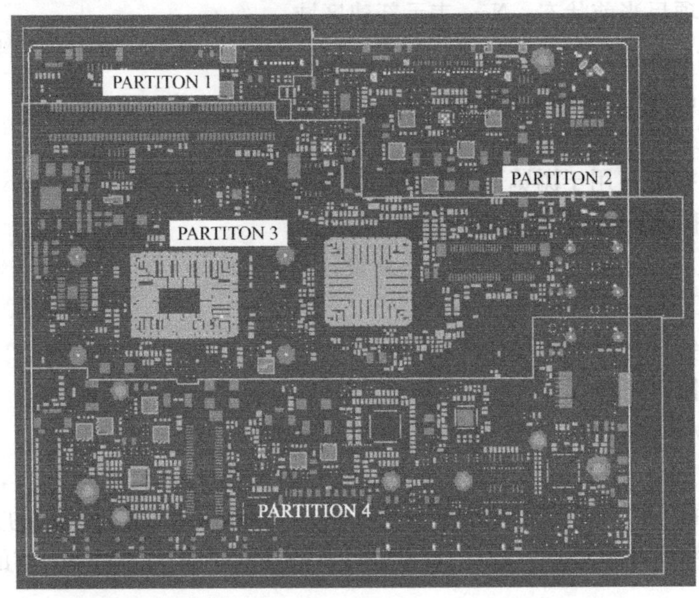

图 18.5　整个电路板划分出了 4 个设计区域

注意事项，直线划分与复杂划分不能交替用，在使用 Add Rectangle 或 Add Shape 命令进行复杂划分时，要注意多边形区域分割线要重合，之间不能留有间隔，因间隔会导致合并设计后，在间隔间的元素会产生 Prop_Fixd 属性，元素不能编辑的问题。

18.1.4　查看划分区域

划分好区域后单击 Options 选项卡中的或右键快捷菜单中的 Apply 按钮，在每个设计区会自动添加 PARTITION_X 区域名。Options 中的 Next View 按钮被激活，单击 Next View 按钮可以选取下一个设计区域，配合 Preview 命令可查看当前区域内的元件封装信息。

如图 18.6 所示，当 Is Shared 栏目显示为 Yes 时，元件的封装在多个 PARTITION 内都包括，说明划分区域线在元件封装的底部穿越。

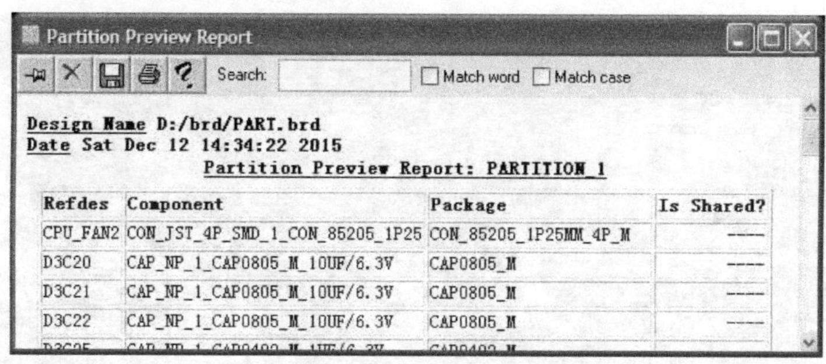

Design Name D:/brd/PART.brd
Date Sat Dec 12 14:34:22 2015
Partition Preview Report: PARTITION_1

Refdes	Component	Package	Is Shared?
CPU_FAN2	CON_JST_4P_SMD_1_CON_85205_1P25	CON_85205_1P25MM_4P_M	----
D3C20	CAP_NP_1_CAP0805_M_10UF/6.3V	CAP0805_M	----
D3C21	CAP_NP_1_CAP0805_M_10UF/6.3V	CAP0805_M	----
D3C22	CAP_NP_1_CAP0805_M_10UF/6.3V	CAP0805_M	----

图 18.6　查看当前区域内的元件封装信息

18.1.5　接口规划 GuidePort

（1）创建 GuidePort，选择 Place—Design Partition—GuidePort 命令，在右侧的 Options 选项卡中，单击 Create 按钮，如图 18.7 所示。将会在各区域边缘划分线与网络飞线交点自动产生 GuidePort，通过 GuidePort 来调整布线通道。

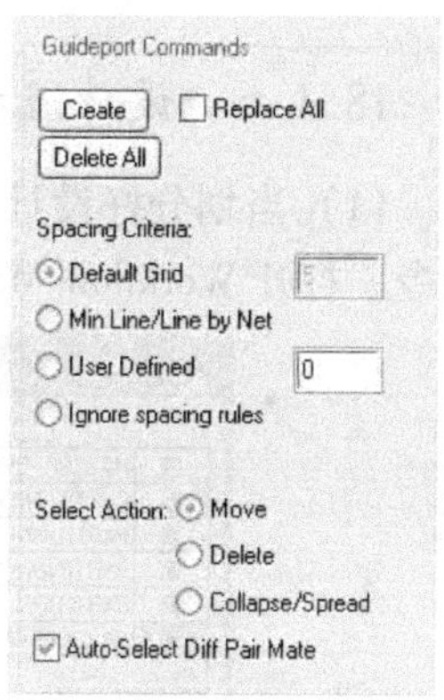

图 18.7 GuidePort 命令 Options 选项卡

Guideport Commands 接口规划命令解释如下。

① Create 按钮：用于创建 GuidePort。

② Replace All 复选项：将所有 GuidePort 刷新。

③ Delete All 按钮：删除所有 GuidePort。

④ Spacing Criteria：间距的规则设置。

- Default Grid：调整栅格点大小。
- Min Line/Line by Net：调整最小线间隔。
- User Defined：调整自定义间隔。
- Ignore Spacing rules：不自动调整间隔。

⑤ Select Action：选择的命令动作。

- Move：移动 GuidePort。
- Delete：删除 GuidePort。
- Collapse/Spread：调整伸展方式。

（2）调整 GuidePort。设置好 Spacing Criteria 方式，选择 Guideport Commands 命令，框选划分线上的 GuidePort 即可删除、移动及调整。调整 GuidePort 要根据 Layout 信号的流向、就近、布线方便的原则来调整接口位置，如图 18.8 和图 18.9 所示。

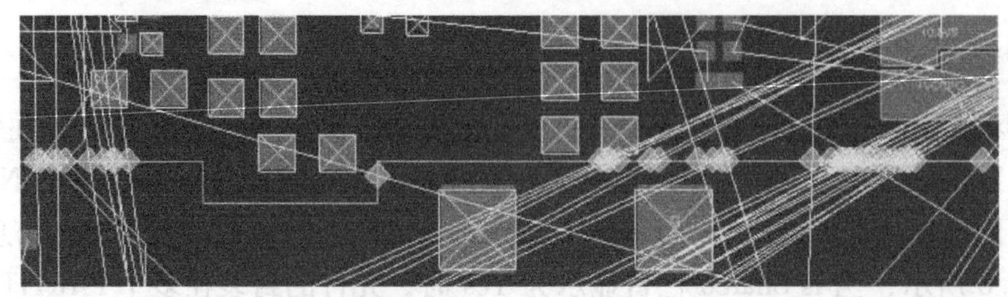

图 18.8　GuidePort 接口规划调整前的状态（有地方接口重叠，可能成为布线瓶颈）

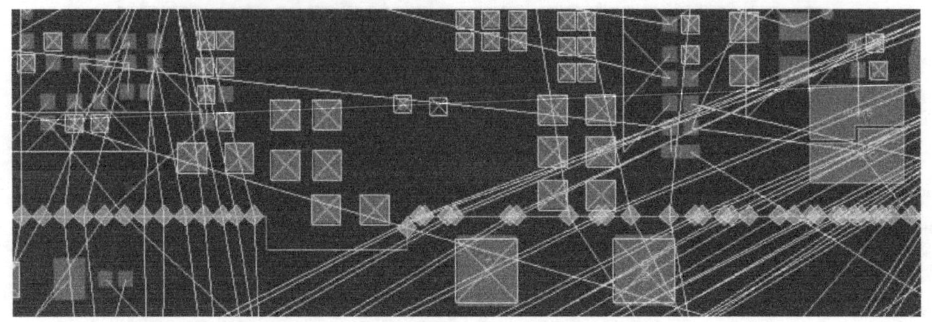

图 18.9　GuidePort 接口规划调整前的状态（调整接口，均匀分布）

18.1.6　设计流程管理

（1）当划分好设计区域和布线通道后，选择 Place—Design Partition—Workflow Manager 命令，打开 Workflow Manager 设计流程管理窗口，如图 18.10 所示。

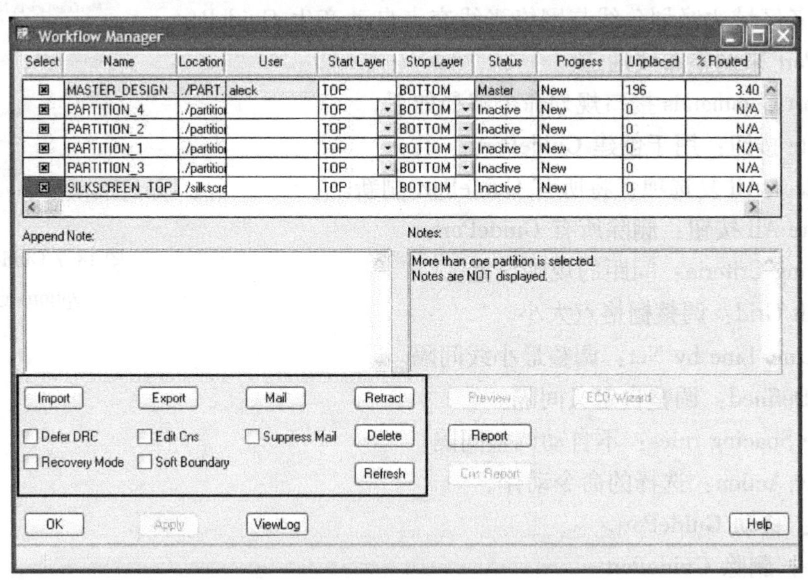

图 18.10　Workflow Manager 设计流程管理窗口

（2）窗口内功能解释如下。

① 窗口上侧表格栏目。Select 栏：框中打“X”表示选中该对象或区域部分。Name 栏：划分区域的名字显示栏。

② Location 栏：保存的目录栏，可单击进行修改，默认划分的区域保存在同.brd 文件相同的目录下。

③ User 栏：设计用户栏。建议用 E - mail 邮箱地址作为 User，这样每次添加的 Note 都可以发送到邮箱内。

④ Status 栏：设计区域的状态栏。若为 Exported，则子区域设计模块已导出；若为 Imported，则子设计模块已导入；若为 Inactive，则是初始状态。

⑤ Progress 栏：进展栏。若为 New，则子设计没有修改；若为 In Progress，则子设计在设计中；若为 Complete，则子设计已经完成。

⑥ Unplaced 栏：没有放置的器件数量。

⑦ % Routed 栏：已完成布线的比例，以百分比显示。

⑧ Append Note 文本框：用于添加备注信息，选中子设计即给子系统添加备注信息，以 E - mail 的方式发送给 User。不支持中文，每次添加的备注内容都保存在 MASTER_DESIGN 中。

⑨ Import 按钮：导入选中的子设计。

⑩ Export 按钮：导出选中的子设计。

⑪ Refresh 按钮：刷新选中的子设计内容。

⑫ Select All 按钮：选中所有子设计及 MASTER_DESIGN。

⑬ Report 按钮：显示选中子设计的进展状态

⑭ Preview 按钮：显示选中子设计的器件信息。

⑮ ViewLog 按钮：显示处理日志。

⑯ Mail 按钮：发送 E - mail。

⑰ Suppress Mail 复选项：禁止发送 E - mail。

⑱ Delete 按钮：删除选中的子设计。

⑲ Retract 按钮：撤销选中的子设计。

⑳ Recovery Mode 复选项：恢复模式。

㉑ Apply 按钮：确定。

㉒ Help 按钮：帮助。

（3）导出子区域设计。划分好设计区域后，WorkflowManager 窗口中会显示出所有的 Partition，即子设计。选中需要导出的子设计，添加好 Note 信息。单击 Export 按钮导出，发送 E - mail 备注信息给子设计工程师，同时当前目录下会产生多个 Partition_x 的目录，在每个 Partition 目录下有一个 *.dpf 的子设计文件。导出的子设计变为灰色，不可修改，如图 18.11 所示。导出完成后如图 18.12 所示。

（4）子区域设计。用 Allegro 打开 Partition 目录下的 *.dpf 文件，如图 18.13 所示，只有当前子设计区是高亮且可编辑的，其他区域变灰。划分边界以 GuidePort 为终点，进行布局布线。如果器件跨区域，会不能移动。在子设计环境下，不能对设计电气、物理规则进行

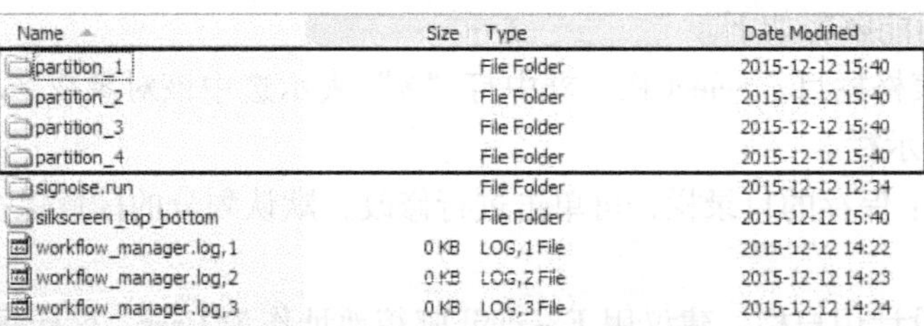

Name	Size	Type	Date Modified
partition_1		File Folder	2015-12-12 15:40
partition_2		File Folder	2015-12-12 15:40
partition_3		File Folder	2015-12-12 15:40
partition_4		File Folder	2015-12-12 15:40
signoise.run		File Folder	2015-12-12 12:34
silkscreen_top_bottom		File Folder	2015-12-12 15:40
workflow_manager.log,1	0 KB	LOG,1 File	2015-12-12 14:22
workflow_manager.log,2	0 KB	LOG,2 File	2015-12-12 14:23
workflow_manager.log,3	0 KB	LOG,3 File	2015-12-12 14:24

图 18.11　Partition_1 ~4 导出子设计文件

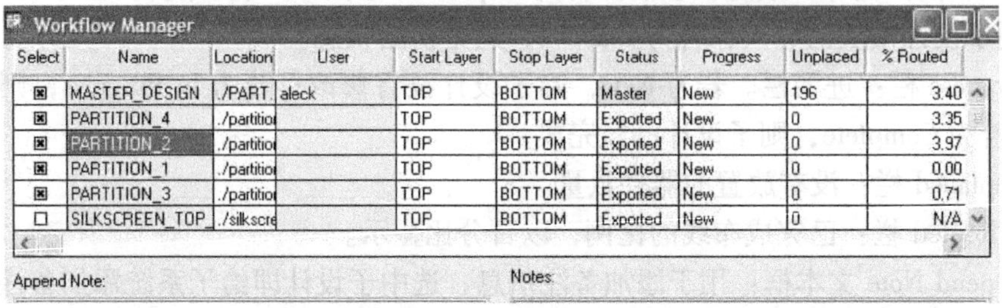

Workflow Manager

Select	Name	Location	User	Start Layer	Stop Layer	Status	Progress	Unplaced	% Routed
☒	MASTER_DESIGN	./PART.	aleck	TOP	BOTTOM	Master	New	196	3.40
☒	PARTITION_4	./partitio		TOP	BOTTOM	Exported	New	0	3.35
☒	PARTITION_2	./partitio		TOP	BOTTOM	Exported	New	0	3.97
☒	PARTITION_1	./partitio		TOP	BOTTOM	Exported	New	0	0.00
☒	PARTITION_3	./partitio		TOP	BOTTOM	Exported	New	0	0.71
☐	SILKSCREEN_TOP	./silkscre		TOP	BOTTOM	Exported	New	0	N/A

Append Note:　　Notes:

图 18.12　导出完成以后 Status 栏为 Exported，表示模块已导出

修改，当需要修改规则时，必须由 MASTER_DESIGN 导入子设计后修改，如图 18.14 所示。

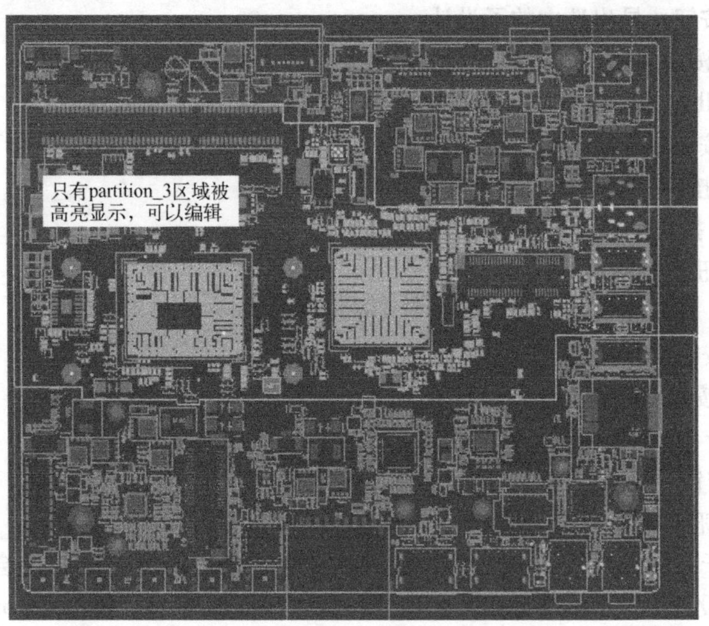

图 18.13　打开 partition_3. dpf，只有该区域内可以编辑

例如，打开 partition_3. dpf 设计之后，只有中间 CPU 的部分区域被高亮显示，其他 Partition 区域都灰暗显示，不可编辑。可以在该区域内移动元件和布线，不能进行电气和物理规则的修改。

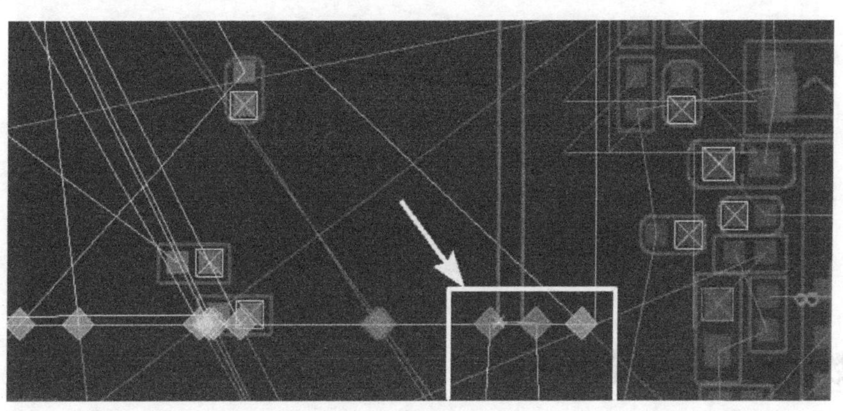

图 18.14　划分边界 GuidePort 为终点，布线只能在 partition_3 区域

小技巧：

在打开 partition_3. dpf 文件时，需先开启 Allegro 软件，在 Allegro 启动时勾选 Team Design 复选项以后，再使用 File—Open 命令，打开 partition_3. dpf 文件，否则将无法打开 partition_3. dpf 文件。

（5）合并设计。当子区域设计完成后，打开 MASTER_DESIGN，在 Workflow Manager 中选中需要导入的子模块，单击 Import 按钮即可导入子设计（导入的 . dpf 文件要和 MASTER 的 . brd 文件在同个目录内），如图 18. 15 所示。

Workflow Manager

Select	Name	Location	User	Start Layer	Stop Layer	Status	Progress	Unplaced	% Routed
☐	MASTER_DESIGN	./PART.	aleck	TOP	BOTTOM	Master	New	196	3.40
☒	PARTITION_4	./partitio		TOP	BOTTOM	Imported	New	0	N/A
☒	PARTITION_2	./partitio		TOP	BOTTOM	Imported	New	0	N/A
☒	PARTITION_1	./partitio		TOP	BOTTOM	Imported	New	0	N/A
☒	PARTITION_3	./partitio		TOP	BOTTOM	Imported	New	0	N/A
☐	SILKSCREEN_TOP_	./silkscre		TOP	BOTTOM	Exported	New	0	N/A

Append Note:　　Notes:

图 18. 15　Partition 合并设计操作

（6）导入低版本的子设计。设计周期中划分区域、合并设计操作了几次，如果想还原上一次划分区域的子设计，只要上次的子设计 . dpf 源文件有备份，同时在设计区域没有变化的条件下，可以勾选 Recovery Mode 复选项（恢复模式），选择上次的子区域设计即可导入。

（7）放弃导出的子设计。如果在设计中对其中的一个或多子设计需要放弃，那么只要选中相应的子设计，单击 Retract 按钮（撤销选中的子设计模块）即可。

（8）删除子设计。删除子设计的方法同放弃子设计的方法一样，不同点是删除子设计将会把划分区域删除。

在团队合作设计过程中，子区域设计相互独立，只能通过 Report、Refresh 了解其他设计进展，工程师之间必须做好沟通工作。划分区域边界不要有小缝隙，对设计重新划分区域时，需要导入所有子设计，导入、导出要有周期性，设计中注意备份。

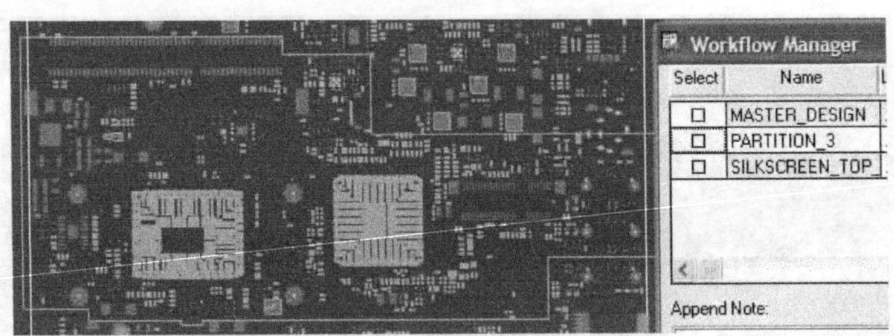

图 18.16　只留下 partition_3 区域，其他区域被删除

18.2　数据的导入和导出

Allegro 可以支持导入和导出 Constraint 约束文件、Tech File 文件、Netlist 网络表文件、Placement 布局文件、Sub Drawing（布局、布线、标注等）文件、Bundle 文件、Artwork 文件、IPF 文件、DXF 文件、IDX 文件、Pin delay 文件等。但因为篇幅的限制，不能一一讲解，下面选择比较常用的 Sub Drawing 文件和 Tech File 文件进行操作讲解，其他命令的使用方法均与此操作相似。

18.2.1　导出 Sub Drawing 文件

（1）导出 Sub Drawing 文件可以支持导出布线、铜皮和测试点等。选择 File—Export—Sub Drawing 命令；然后在右侧的 Find 选项卡中只勾选 Clines、Vias、Shapes 复选项，表示将进行布线、过孔、铜皮的操作；在 Options 选项卡中勾选 Preserve net of shapes、Preserve net of vias、Preserve Testpoints on vias 复选项，表示保护住铜皮和 Via 的网络名称（将铜皮和 Via 的网络属性传递导出），保护住在 Via 上设置的测试点属性，如图 18.17 所示。

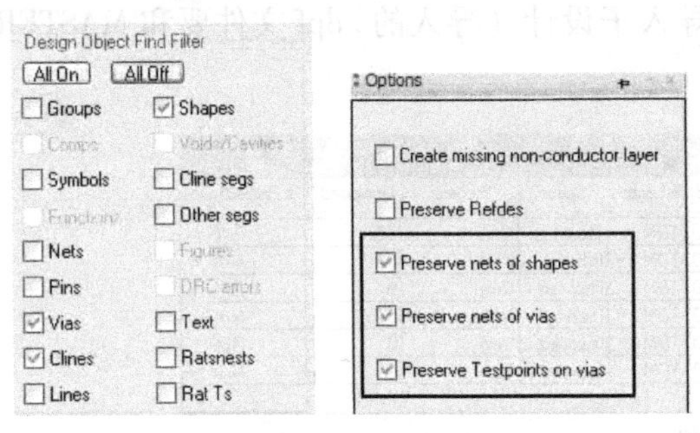

图 18.17　Sub Drawing 命令的属性设置

（2）在工作区域内选择需要 Sub Drawing 的对象，也可以通过鼠标拖动对所有电路板中的对象进行框选。当需导出的对象都选中之后，在 Command 命令窗口输入参考坐标，推荐使用 x 0 y 0 坐标，以便于定位。按回车键即可出现导出保存对话框，默认情况下，保存在当前 brd 文件目录中，默认名称为 standard.clp，如图 18.18 所示。

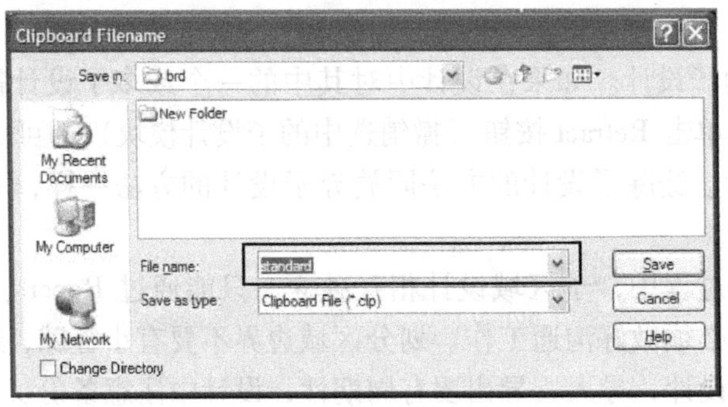

图 18.18　Sub Drawing 保存对话框

18.2.2　导入 Sub Drawing 文件

假如有其他 .brd 文件，布局和刚才导出的一样，但没有布线，就可以使用刚才创建的 Drawing 文件进行导入。其实 Sub Drawing 命令提供的也是一种复用的方式，采用该命令可以加快设计的速度。

(1) 选择 File—Import—Sub Drawing 命令，弹出 Select Sub drawing to Import 窗口，单击选择 standard Sub Drawing 文件，单击 OK 按钮，如图 18.19 所示。

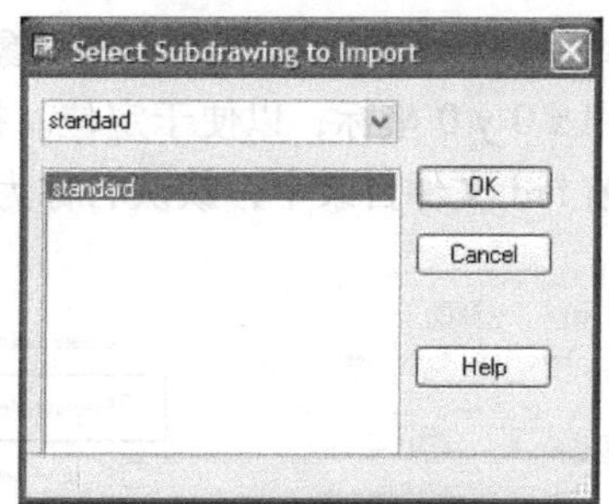

图 18.19　选择 standard Sub Drawing 文件

(2) 此时 standard Sub Drawing 文件将会变成一个白色框挂在鼠标指针上，在 Command 命令窗口输入参考坐标 x 0 y 0（该坐标需要和 Sub Drawing 文件导出时的坐标保持一致，否则导入的 Sub Drawing 会发生偏移），按回车键后，Sub Drawing 就已经被导入到当前的电路板中，如图 18.20 和图 18.21 所示。

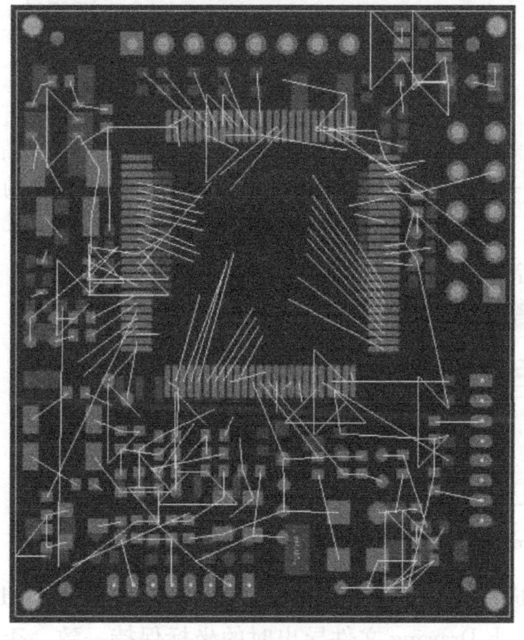

图 18.20　导入前电路板无布线

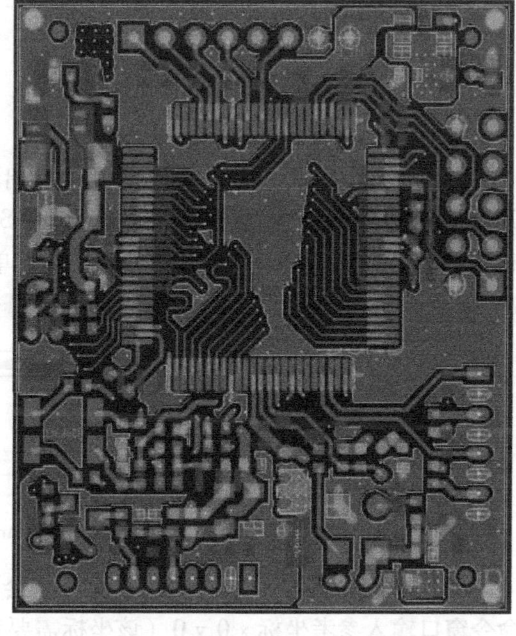

图 18.21　导入后铜皮、过孔、布线都正确连接

18.2.3　导出和导入丝印文件

有时候需要对丝印文件进行导出和导入操作，导入和导出丝印文件的方法如下。

(1) 调整当前电路板中的显示属性，需要将 Board Geometry 文件夹中的 SilkScreen_top 和 SilkScreen_Bottom 层打开，或者将 PackageGeometry 文件夹中的 SilkScreen_Top 和 SilkScreen_Bottom 层打开，或者将 Ref Des 文件夹中的 SilkScreen_Top 和 SilkScreen_Bottom 层打开（打开丝印层，根据具体的需要来定打开哪些层）。

（2）选择 File—Export—Sub Drawing 命令。然后在右侧的 Find 选项卡中勾选 Lines、Text、Shapes 复选项，表示将进行非电气线和字符的操作。在 Options 选项卡中勾选 Preserve Refdes 复选项，表示保护住元件的参考标号（将原件的参考标号属性传递导入），如图 18.22 所示。

（3）在工作区域内选择需要 Sub Drawing 的对象，也可以通过鼠标拖动对所有电路板中的对象进行框选。当需导出的对象都选中之后，在 Command 命令窗口输入参考坐标，推荐使用 x 0 y 0 坐标，以便于定位。按回车键即可出现导出保存对话框，默认情况下，保存在当前 brd 文件目录中，默认名称为 standard. clp，如图 18.23 所示。

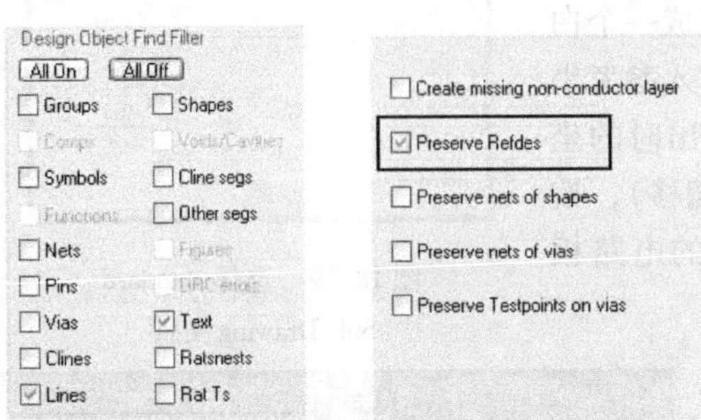

图 18.22　Sub Drawing 命令的属性设置

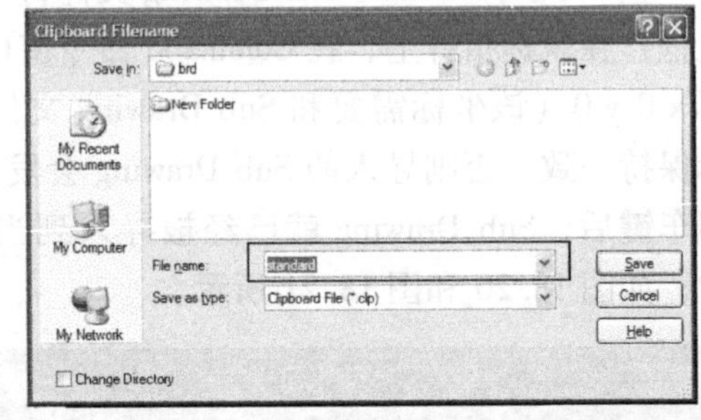

图 18.23　Sub Drawing 保存对话框

（4）导入 Sub Drawing 文件。

假如有其他 . brd 文件，布局和刚才导出的一样，但没有丝印，就可以使用刚才创建的 Drawing 文件进行导入。选择 File—Import—Sub Drawing 命令，弹出 Select Subdrawing to Import 窗口，选择 standard Sub Drawing 文件，单击 OK 按钮，如图 18.24 所示。

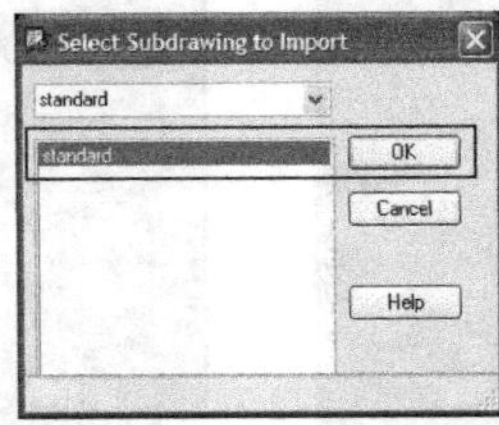

图 18.24　选择 standard Sub Drawing 文件

（5）此时 standard Sub Drawing 文件将会变成一个白色框挂在鼠标指针上，在 Command 命令窗口输入参考坐标 x 0 y 0（该坐标需要和 Sub Drawing 文件导出时的坐标保持一致，否则导入的 Sub Drawing 会发生偏移），按回车键后，Sub Drawing 就已经被导入到当前的电路板中，如图 18.25 所示。

（6）Sub Drawing 使用注意事项。

导出的 . brd 文件的坐标需要和导入的 . brd 文件的坐标保持一致，否则导入的对象将发生偏移。如果采用 Sub Drawing 导入的是元件的布局，默认情况下，元件的编号会变成 REFDES#的形式，但这可能不是想要的结果。可以在导出 Sub Drawing 时勾选 Preserve Refdes 复选项，然后在导入时勾选 Assign Refdes 复选项，这样再次进行导入之后，元件的编号将会被显示出来。

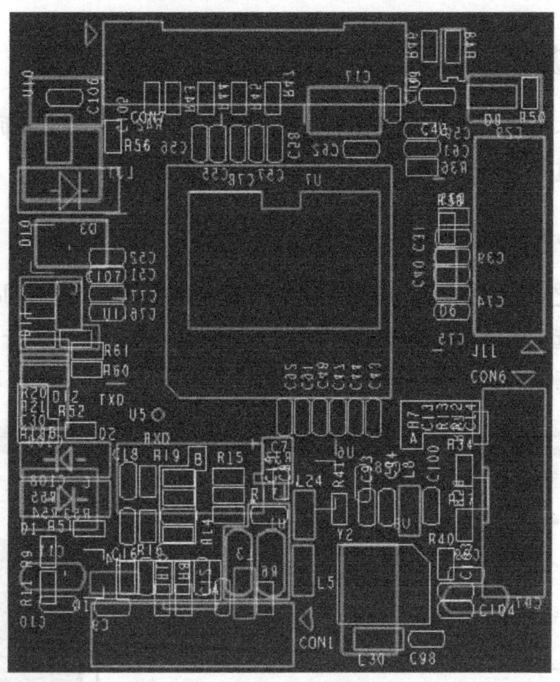

图 18.25　导入 Sub Drawing 后的丝印

18.2.4　导出和导入 Tech File 文件

Tech File 文件内包括了电路板中的叠层和规则设置等信息，利用导入该文件可以快速在新建的 . brd 文件中完成叠层和规则的设置，具体操作如下。

（1）选择 File—Export—Tech File 命令，将弹出 Tech File Out 对话框。单击 Output tech file 文本框右侧的按钮可以浏览选择输出的文件名称和路径（如 D:/brd/mboard. tcf），设置好之后，单击 Export 按钮，Tech File 文件就会被导出，如图 18.26 所示。

（2）新建 . brd 文件，选择 File—Import—Tech File 命令，将弹出 Tech File In 导入对话框。单击 Input tech file 文本框右侧的按钮就可以浏览选择输入的文件名称和路径（如 D:/brd/mboard. tcf）。设置好之后，单击 Import 按钮，Tech File 文件就会被导入。导入后查看叠层和规则等信息，会发现原来电路板上设置好的数据都被导入到当前新建的 . brd 文件中，如图 18.27 所示。

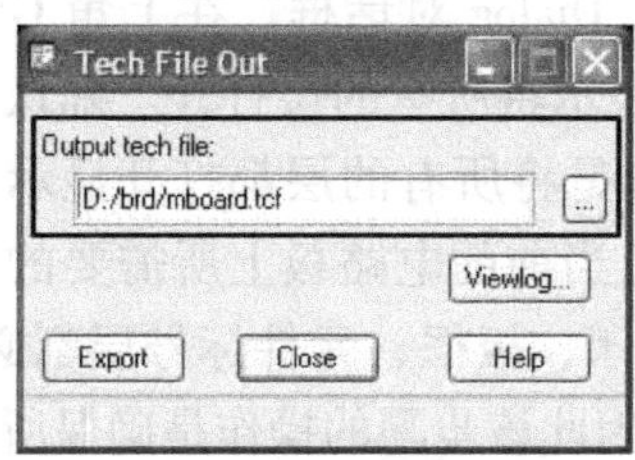

图 18.26　Tech File 文件导出对话框

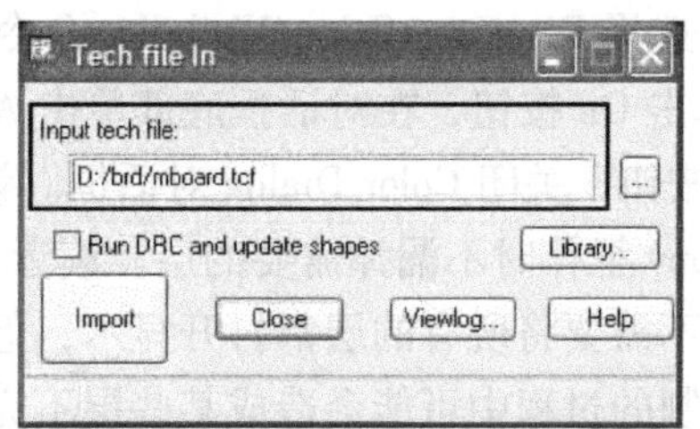

图 18.27　Tech File 文件导入对话框

18.3 电路板拼板

有时为了节省成本或者为了让输出的 Gerber 文件更规范，工程师需要在 Allegro 中进行拼板操作，下面将通过一个实例来讲解电路板拼板的操作。

18.3.1 测量电路板的尺寸

（1）电路板拼板之前必须测量电路的精确尺寸，选择 Display—Element 命令，在右侧的 Find 选项卡中，只勾选 Lines 复选项，移动鼠标到工作区域内，单击 Outline 按钮，将弹出 Show Element 窗口。在该窗口中会显示出电路板中板框的坐标，如图 18.28 所示。

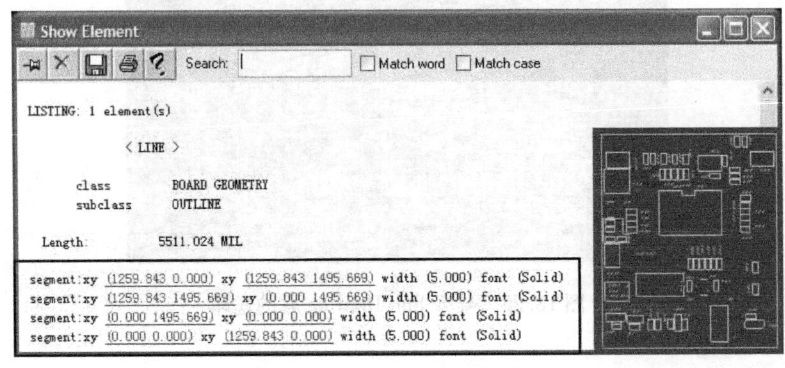

图 18.28 Outline 板框测量数据

（2）经过测量板框后，从数据中可以发现，电路板左下角的边放在 x 0 y 0 的坐标位置，水平方向宽度是 1259.8430mil，垂直方向长度是 1495.669mil。一般拼板在短边拼，那么在本例中就要在水平方向拼板。若采用水平方向 5 个拼接的方式，目前就需要重新复制出 4 片电路板。

（3）一般考虑到 V－cut 可以在电路板和电路板的边缘预留 2mm（78.74mil）的间隙，以便于进行 V－cut 操作，那么，经过计算，第一个电路板左下角的坐标是 x 0 y 0 ，第二个点的坐标是 x 1338.583mil y 0，第三个点的坐标是 x 2677.166 mil y 0，第四个点的坐标是 x 4015.749 mil y 0，第五个点的坐标是 x 5354.332 mil y 0。

18.3.2 使用 Copy 命令复制对象

（1）选择 Display—Color/Visibility 命令，打开 Color Dialog 对话框。在上角 Global Visibility 处单击 On 按钮，在对话框底部单击 Apply 按钮，表示将所有的层打开。确认完成以后单击 OK 按钮，关闭 Color Dialog 对话框。该步骤的操作是将所有的层都打开显示，目的是在执行 Copy 操作时不漏掉需要的层。读者可以根据自己当前的电路板上所需要的层灵活勾选，也并不需要将所有的层都打开显示，但电气层、丝印、板框、元件标号层都必须打开，否则在复制的过程中可能会造成某些层不完全的问题，因此该步骤的操作是确保所有的需要层都被打开显示。

（2）选择 Edit—Copy 命令，在 Find 选项卡中，勾选除 Groups 之外的所有复选项。Find

选项决定着将要复制的对象有哪些，因此这些对象要进行勾选，如图 18. 29 所示。

（3）在工作区域中左上角按住鼠标左键拖动，框选电路板中的所有对象。当对象都处于选中状态后，在 Command 命令窗口输入参考坐标 x 0 y 0，表示复制参考摆放坐标是原点坐标。按回车键后复制电路板会挂在鼠标指针上。在右侧的 Options 选项卡中，在 x 水平方向 Qty 栏中输入 4，表示将在水平方向复制 4 片电路板，在 Spacing 中输入间距 1338. 583，Order 栏中设置往右侧摆放 Right。设置完成的截图如图 18. 30 所示。

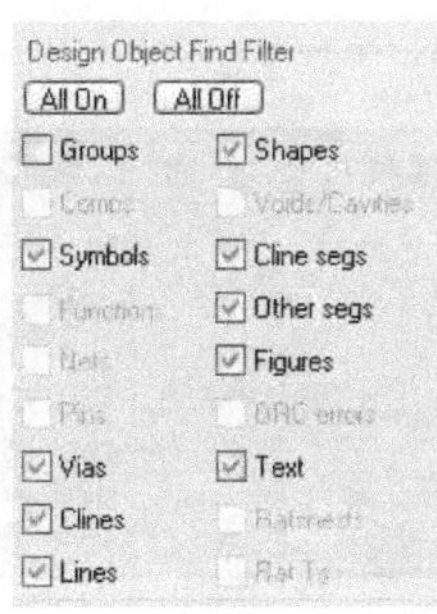

图 18. 29　Copy 命令 Find 选项卡

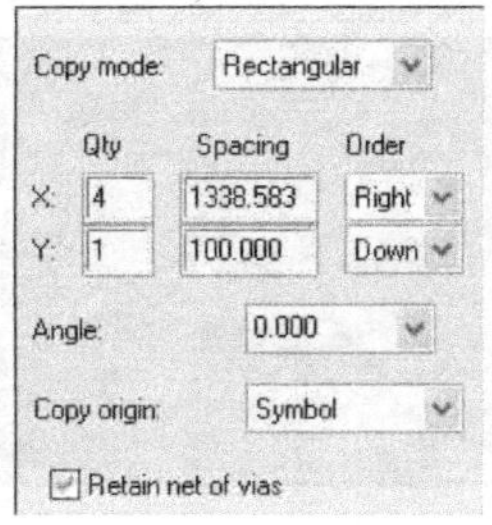

图 18. 30　Copy 命令 Options 选项卡

（4）在 Command 命令窗口输入摆放电路板左下角第一个坐标 x 1338. 583 y 0 并按回车键后，复制的 4 片电路板均已经摆放好，位置如图 18. 31 所示。

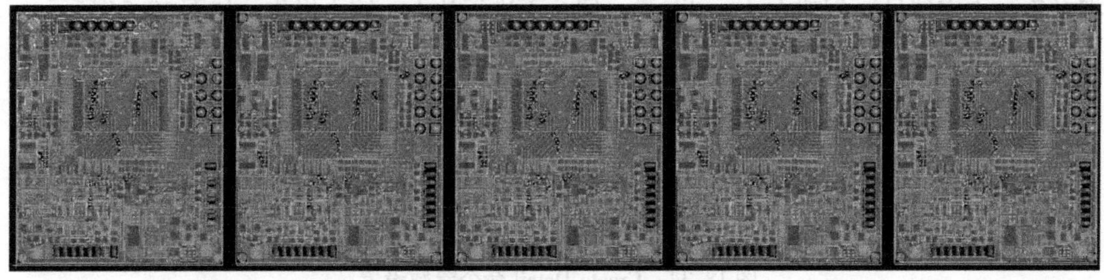

图 18. 31　复制完成的 5 片电路板

（5）在工作区域内右键选择 Done 命令结束 Copy 命令。选择 Display—Color/Visibility 命令，打开 Color Dialog 对话框。只开启板框 Outline 和 RefDes—Silkscreen_Top 两个层显示。这时会发现除第 1 个电路板之外，其他复制的 4 个电路板中的元件编号都变成了 U＊、R＊、C＊、J＊等，如图 18. 32 所示。

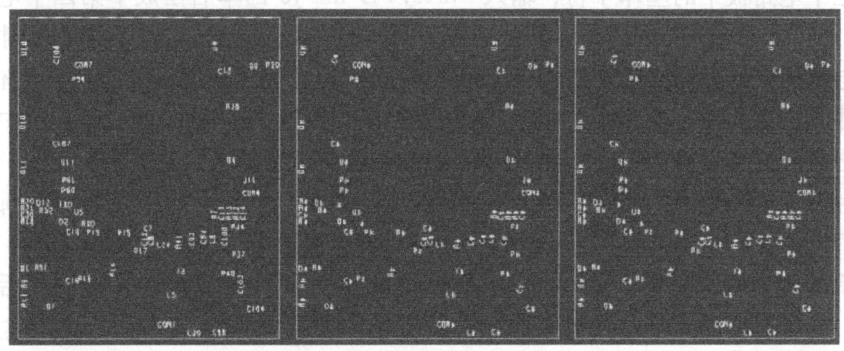

图 18. 32　复制的电路板中的元件位号都变成 U＊、R＊、C＊、J＊等

18.3.3 丝印编号的创建

（1）显然这样的编号并不是需要的，怎么解决呢？办法就是使用 Create Detail 命令将第 1 个电路板中完整的编号复制到后面 4 个电路板中。选择 Delete 命令，在 Finds 选项卡中只勾选 Text 复选项，表示只将对文字进行删除操作，移动鼠标框选后面的 4 个电路板，再次单击后，被框选的元件编号都被进行了删除操作。在工作区域内右键选择 Done 命令结束 Delete 命令，如图 18.33 所示。

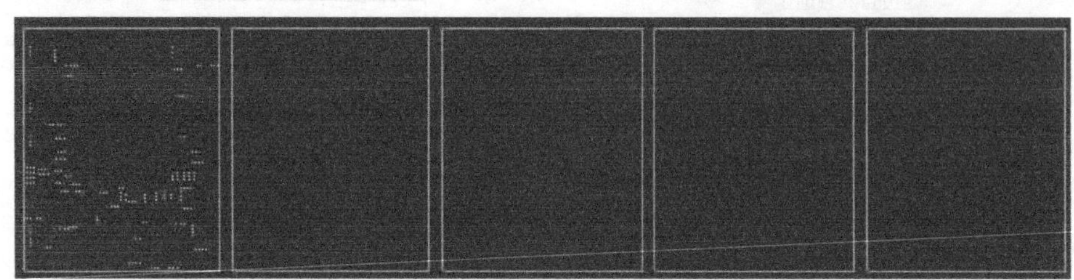

图 18.33　后面 4 个电路板的元件编号已经被删除

（2）选择 Manufacture—Drafting—Create Detail 命令，在右侧的 Options 选项卡中设置 Active Class and Subclass 为 Manufacturing 和 Autosilk_Top，Scaling factor 文件框中输入 1.0，表示将把对象（文字编号）创建在 Autosilk_Top 层，不进行放大、缩小操作，如图 18.34 所示。

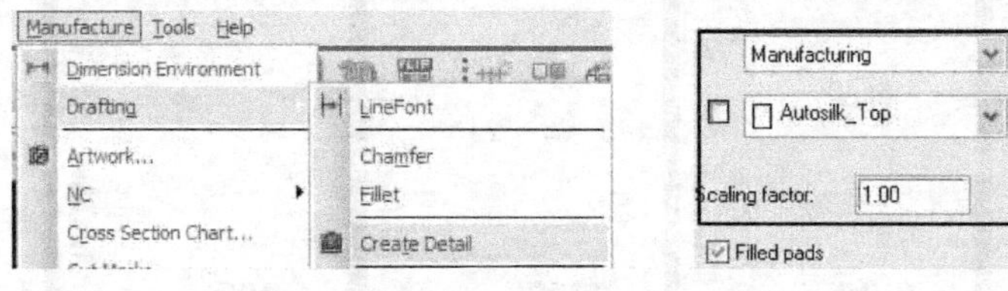

图 18.34　Create Detail 命令参数设置

（3）在 Find 选项卡中只勾选 Text 复选项，表示只对文字进行操作，鼠标移动到第一个电路板右上角处单击左键将会拉出白色选择框，在 Command 命令窗口输入坐标 x 0 y0 回车，此时 Create Detail 命令选择到的文字字符将会挂在鼠标上。紧接着在 Command 命令窗口输入 x 1338.583mil y0 回车后摆放下第二个电路板中的丝印字符，输入 x 2677.166 mil y0 回车后摆放下第三个电路板中的丝印字符，输入 x4015.749 mil y0 回车后摆放下第四个电路板中的丝印字符，输入 5354.332 mil y0 回车后摆放下第五个电路板中的丝印字符。此时可以看到后面 4 个电路板中的丝印文字字符均已经摆放完成，而且位置和第一个电路板中位置相同，但是需要注意，后面 4 个电路板中的丝印是放在 Manufacturing—Autosilk_Top 层中。在工作区域内单击鼠标右键选择 Done，结束 Create Detail 命令。完成后如图 18.35 所示。

（4）使用同样的方法，选择 Display—Color/Visibility 命令，打开 Color Dialog 对话框。只开启板框 Outline 和 RefDes—Silkscreen_Bottom 两个层显示。选择 Create Detail 命令，在 Command 命令窗口输入坐标，将 RefDes—Silkscreen_Bottom 中的字符丝印复制到后面的 4 个电路板中。同样后面的 4 个电路板中的元件编号丝印放在 Manufacturing—Autosilk_Bottom 层中。在工作区域内右键选择 Done 命令结束此时 Create Detail 命令。完成后如图 18.36 所示。

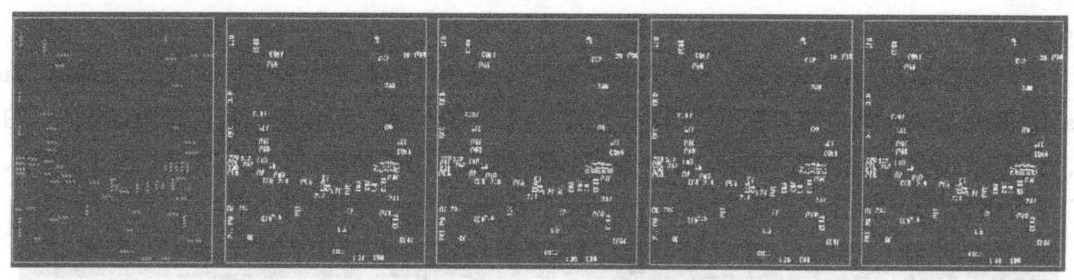

图 18.35 Autosilk_Top 层中丝印字符显示

图 18.36 Autosilk_Top&Bottom 层中丝印字符显示

（5）应用中，也有读者喜欢将丝印放在 Board Geometry 文件夹的 SilkScreen_Top 和 SilkScreen_Bottom 层中，使用 Create Detail 命令操作方法和上述方法相同，此处不再详述。

18.3.4 出现 DRC 错误的问题

将 DRC 显示打开会发现，在后面复制出的 4 个电路板有很多 DRC 错误标记，这些错误是由于这 4 个电路板中所有的布线、过孔、铜皮等没有网络属性造成的。但这些电路板的电气连接关系包括各个层的数据都是没有错误的，因此这些 DRC 的错误提示可以忽略，如图 18.37 所示。

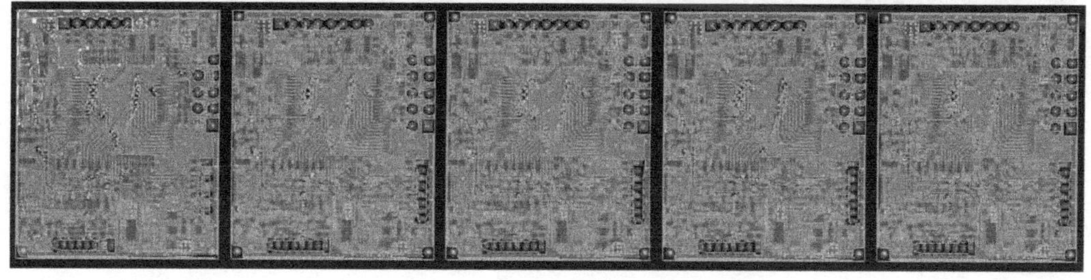

图 18.37 DRC 的错误提示可以忽略

18.3.5 拼板增加工艺边

（1）下面给拼板后的文件增加工艺边。一般该工艺边增加在拼板文件的上边，因此该拼板文件的工艺边要加在上下两个边上。工艺边一般是添加 5（196.8504mil）mm 的宽度，经过尺寸计算，下侧工艺边坐标左上角和右下角的坐标为 x 0 y 0 和 x 6614.175 y -196.8504，上侧工艺边坐标左上角和右下角的坐标为 x 0 y 1692.173 和 x 6614.175

y 1495.669。

（2）选择 Add—Rectangle 命令，在右侧的 Options 选项卡中设置 Active Class and Subclass 为 Board Geometry 和 Outline，输入下侧工艺边的坐标，将会在下侧创建好 Outline 的区域，在工作区域内右键选择 Done 命令结束 Add 命令。同样的道理，选择 Add 命令，输入上侧工艺边的坐标，将会在上侧创建好 Outline 的区域。完成后的效果如图 18.38 所示。

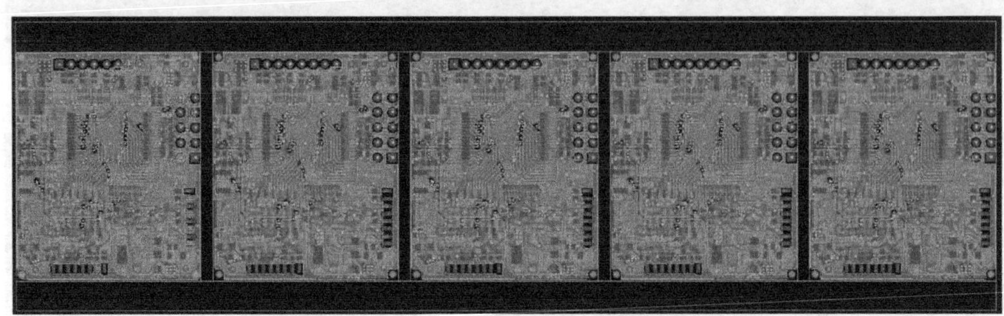

图 18.38　拼板在上、下两侧创建 5mil 工艺边

18.3.6　拼板增加 Mark

（1）摆放 Mark，选择 Place—Placement 命令，弹出 Placement 窗口，在 Placement List 选项卡中选择 Mechanical Symbols 命令找到 Mark 点文件。在 Command 命令窗口输入坐标 x 196.8504 y －98.4252、x 6417.3246 y －98.4252、x 6417.3246 y1593.7478、x 196.8504 y 1593.7478。4 个 Mark 将摆放在工艺边上（Mark 距离左右两侧板边缘 5mm）。摆放完成以后如图 18.39 所示。

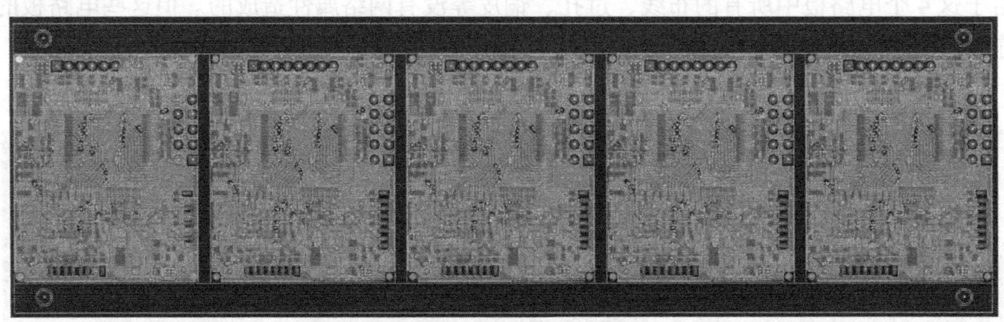

图 18.39　拼板增加 Mark 之后的效果

（2）注意，电路板拼板以后，在输出 Gerber 时，需要留意丝印层的处理问题，在本例中的丝印文件放在 Manufacturing—Autosilk_Top&bottom 层中，输出丝印中需要将这两个层进行勾选。在 Allegro 中也可以使用 Mirror 和 Rotate 命令完成拼接正反板。

18.4　设计锁定

Allegro 为了保护设计者的知识产权，提供了对电路板进行锁定和解锁的功能。如果一个文件被锁定后，在不知道密码的情况下，将不能打开该文件进行编制。设计锁定的操作如

图 18.40 所示。

（1）选择 File—Properties 命令，打开 File Properties 对话框，对电路板文件的锁定和解锁就在该对话框中完成，如图 18.40 所示。

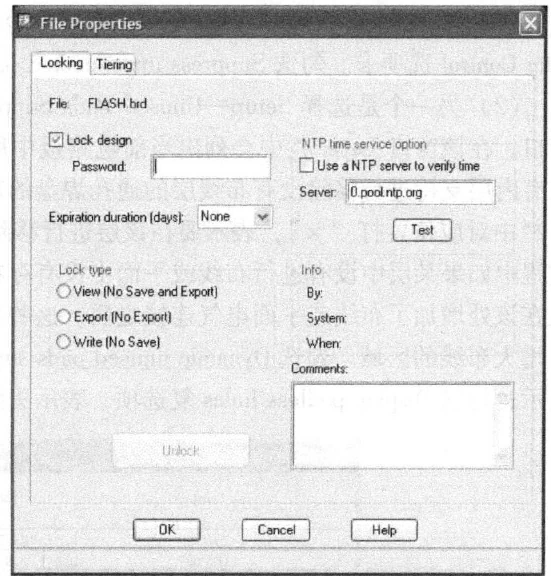

图 18.40　File Properties 对话框

（2）勾选 Lock design 复选项后，将启用锁定功能，Password 文本框用于输入锁定密码，Expiration duration (days) 文本框用于设置密码到期的持续时间，以天计算，可以设置 None 持续有效，14、90、180、165 天有效。Lock type 选项组用于设置锁定的类型。View (No Save and Export)，选择该项后文件不能进行保存和输出，File 菜单的 Export 中各种导出命令将不能使用。Export (No Export)，选择该项后文件不能进行输出。Write (No Save)，选择该项后文件不能进行保存。

（3）Password 文本框输入密码，比如 123456，在 Lock type 中选择 View (No Save and Export)，单击 OK 按钮后，弹出 Please confirm password 对话框，如图 18.41 所示，再次输入密码 123456，然后单击 OK 按钮。

（4）在当前 .brd 文件目录下生成格式为：文件名称_view_locked.brd 的文件，该文件就是已经锁定之后的电路板文件。如图 18.42 所示，文件名为 FLASH.brd 的文件，锁定后文件名为 FLASH_view_locked.brd。

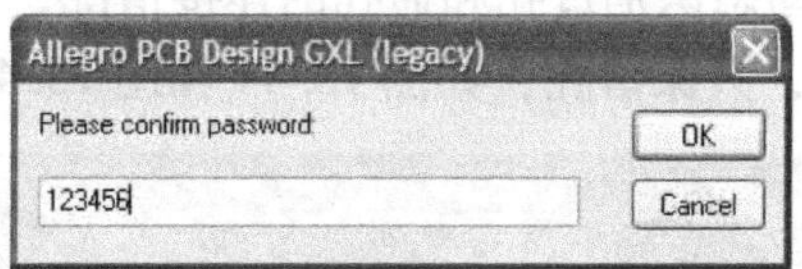

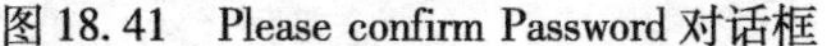

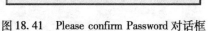

图 18.41　Please confirm Password 对话框

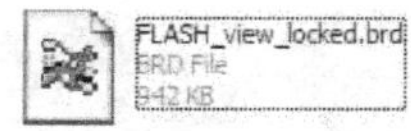

图 18.42　FLASH_view_locked.brd 文件

（5）双击 FLASH_view_locked.brd，打开文件，Allegro 会提示文件锁定，需要输入密码，输入正确密码之后，文件将被打开。文件可以被编辑，但无法保存，另外 File 菜单的 Export 中各种导出命令不能支持进行文件导出。若无法输入正确的密码，文件不能打开。

18.5　无焊盘功能

无焊盘功能就是可以移除没有布线层的通孔（Pins 和 Vias）焊盘的功能，这主要使用在高密度板中，当移除焊盘之后，焊盘的位置可以用来布线，这样可以增加布线的区域，提高电路板的布通率。具体设置操作步骤如下。

（1）Allegro 里面有两个地方支持进行焊盘的移除操作，一个就是在 Gerber 中去除未连接的过孔焊盘。选择 Manufacture—Artwork 命令，弹出 Artwork Control Film 对话框，选择 Film Control 选项卡。勾选 Suppress unconnected pads 复选项可以去除未连接的过孔焊盘。

（2）另一个是选择 Setup—Unused Pads Suppression 命令，弹出 Unused Pads Suppression 窗口。在该窗口 Layer 栏中会列出当前电路板中所有的电气层，Type 中会显示出各层类型，只有内层支持进行移除没有布线层的通孔焊盘的功能。用鼠标在所需进行移除的 Pins 和 Vias 栏中对应位置打“×”，表示要在该层进行移除通孔焊盘的功能；勾选后，电路板设计的过程中如果某层中没有进行布线或平面中没有存在电气连接，该处的焊盘将自动移除，但一旦在该处增加了布线或平面电气连接之后，这些去除的焊盘将会自动添加显示出来，这样可以增大布线的区域。勾选 Dynamic unused pads suppression 复选项，表示未使用焊盘可以动态显示；勾选 Display padless holes 复选项，表示去除焊盘之后显示孔，如图 18.43 所示。

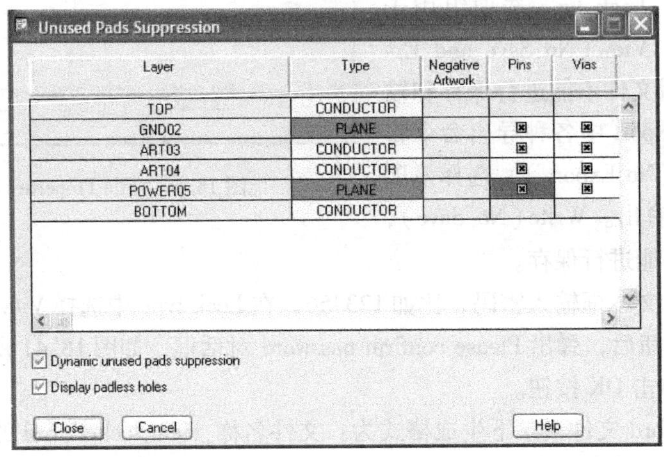

图 18.43　Unused Pads Suppression 窗口

（3）设置完成后单击 Close 按钮，Allegro 会动态识别过孔和通孔的连接情况，当发现存在无布线或平面电气连接的层，会自动移除焊盘，只保留孔，如图 18.44 和图 18.45 所示。

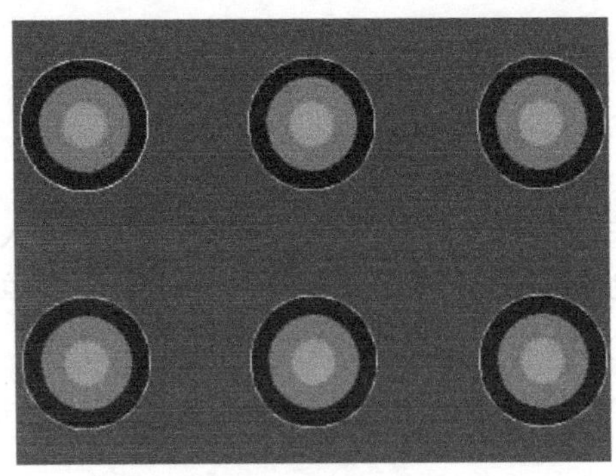

图 18.44　未连接焊盘存在

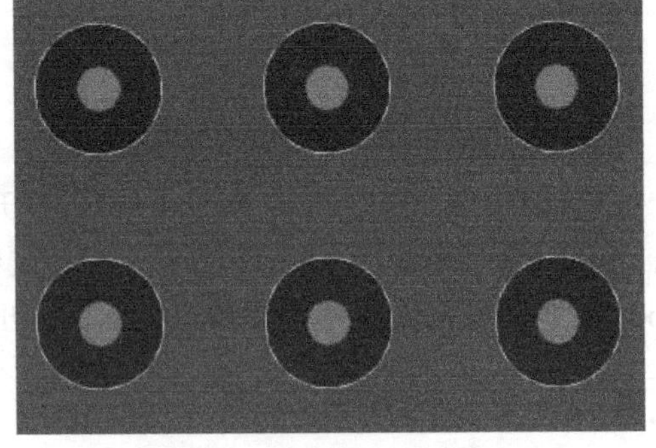

图 18.45　移除焊盘只保留孔

18.6　模型导入和 3D 预览

Allegro 支持导入 Step 模型在 3D 预览下显示电路板网络或电路板上元件的三维显示效

果。要想获得逼真的 3D 预览效果，就需要有真实的 Step 模型，Step 模型可以借助 Pro/e、Solidworks 等软件绘制出（也可以到 3D 模型的网站中下载）电路板元件的 3D 模型，导入 Allegro 中做 3D 的逼真预览匹配。通过 3D 匹配后更容易发现结构干涉、散热等方面的问题。

18.6.1　Step 模型库路径的设置

（1）通过制作或下载的方式获得各元件的 Step 模型文件，目前网络上有很多共享的模型库，通过下载获得常用的 Step 模型文件很方便，针对一些特殊的 Step 模型文件，需要自行进行制作。将获得的文件复制到需要的目录下，如图 18.46 所示的 Step 文件保存在 K:\mylibrary\step 目录下。

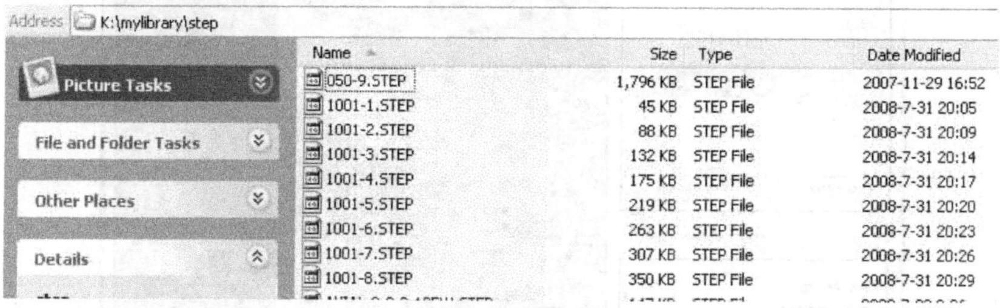

图 18.46　Step 文件保存在 K:\mylibrary\step 目录下

（2）选择 Setup—User Preference—Paths—Library 文件夹，找到 Steppath 选项，该选项用于指定 Step 模型库的路径。在该选项 Value 栏单击按钮打开 Steppath Items 对话框，单击添加按钮，增加 Step 模型文件路径，如图 18.47 所示。

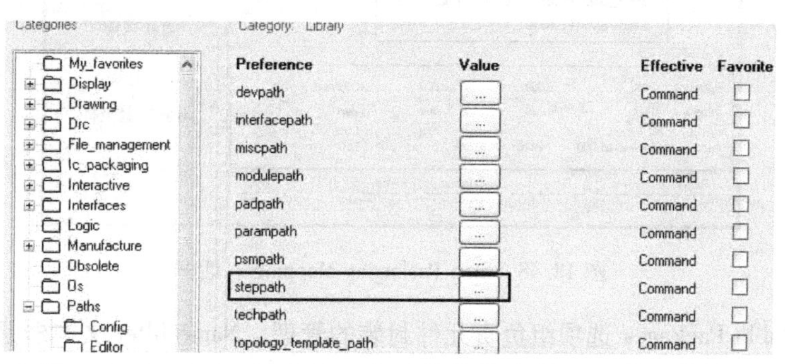

图 18.47　User Preference 窗口

（3）设置好路径（如 K:/mylibrary/step/）之后，单击 OK 按钮退出 Steppath Items 对话框，单击 OK 按钮退出 User Preference 窗口。

（4）Step 的注意问题。文件名字要规范，不能使用非法字符，比如圆括号、方括号等，这样会造成 Allegro 加载这些文件失败。另外，装配体保存的 Step 格式在 Allegro 中显示不出实体，请不要用装配体直接保存 Step 文件。解决办法是，把装配体文件先保存为 part（*.prt；*.sldprt），也就是零件格式，然后再打开这个零件文件，另存为 Step 格式即可，这样 Allegro 即能正常显示 3D 模型文件。

18.6.2　Step 模型的关联

Step 模型的关联就是在 Allegro 中对元件的封装指定 Step 模型，让封装和和 Step 关联，具体操作步骤如下。

（1）选择 Setup—Step Packaging Mapping 命令，弹出 Step Packaging Mapping 对话框，模型的关联在该对话框内完成，如图 18.48 所示。

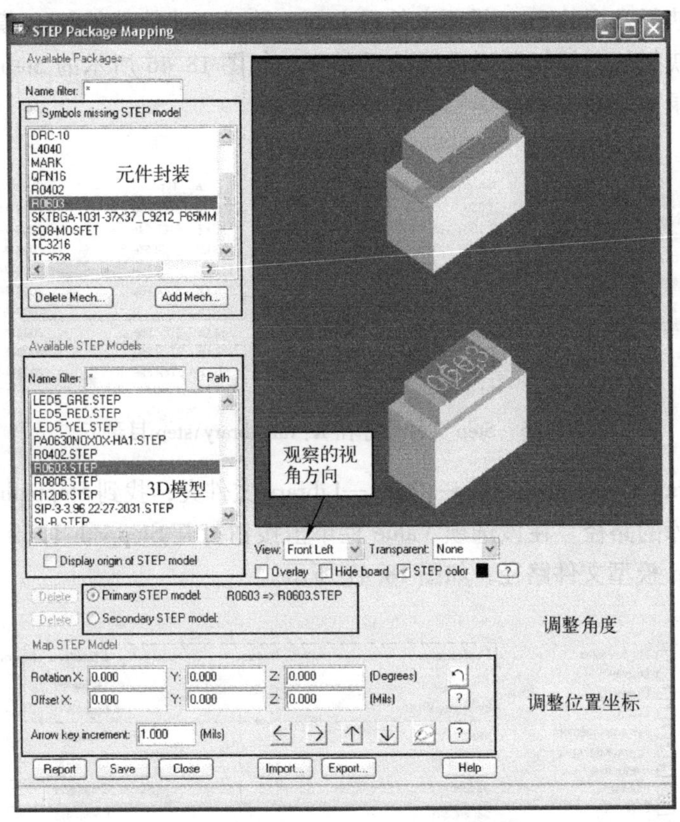

图 18.48　Step Packaging Mapping 对话框

（2）Available Packages 选项组负责元件封装的管理，Name filter 文本框是封装的选择过滤器，* 表示显示当前电路板中的所有元件封装，勾选 Symbols missing STEP model 复选项表示显示丢失 Step 模型元件封装。

（3）Available STEP Models 选项组负责 Step 模型的管理，Name filter 文本框是 Step 模型的选择过滤器，* 表示显示当前路径下所有的 Step 模型文件，勾选 Display origin of STEP models 复选项，表示显示 Step 模型的参考原点坐标。

（4）在 Available Packages 选项组中选择元件的封装，然后在 Available STEP Models 选项组选择对应的 Step 模型，在右侧的试图预览中就能看到 3D 的预览显示对比情况。如果 3D 视图有明显的偏移，那么需要在 Map STEP Model 选项组中调整 Step 模型的相对坐标，使其与元件封装中的封装位置一致。Rotation X、Y、Z 文本框用于输入三维旋转的角度数值，默认为 0，表示不进行旋转。Offset X、Y、Z 文本框用于输入三维偏移量，默认为 0，表示不

进行位置偏移。

（5）视图预览窗口下面有视图辅助的功能。View 为浏览视图的方向，有正视图（Front）、顶视图（Top）等。Transparent 为模型透明化设置。Overlay 表示将元件封装与 STEP 模型重合显示；Hide board 表示隐藏元件电路板，勾选该项后，3D 视图中将只显示封装和模型。单击 STEP color 右侧的？按钮，可以调整模型显示的颜色。

（6）当元件封装模型关联后会在 Primary STEP model 中看到关联的情况，单击 Save 按钮后，被选择的封装和模型将建立起关联关系。

18.6.3　实例调整 Step 位置关联

（1）如图 18.49 所示，以 R0402 电阻封装和 R0402. Step 模型关联为例，在 Available Packages 选项组中选择 R0402 封装，然后在 Available STEP Models 选项组选择 R0402. STEP 模型，在 3D 预览图中可以看到在封装和模型存在偏差，这是因为 Step 模型文件在制作时没有在参考原点。

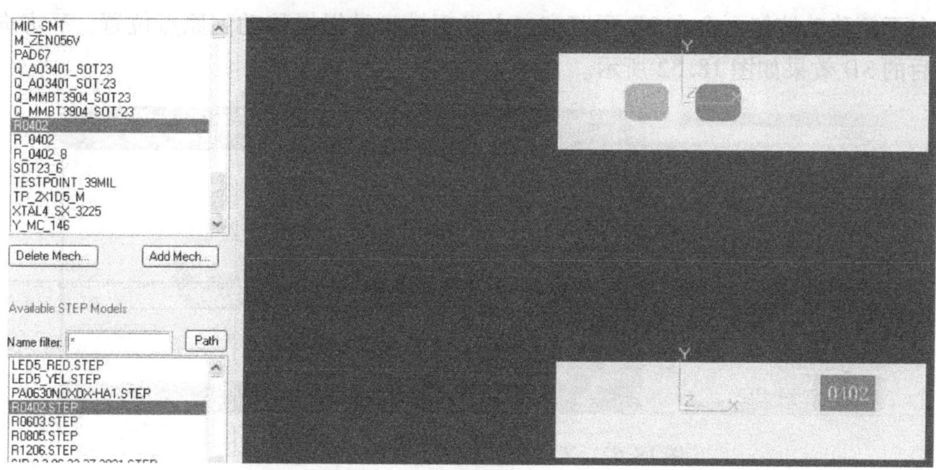

图 18.49　R0402. STEP 模型 3D 预览图

（2）在 View 中显示 Top 顶视图，勾选 Overlay 复选项，将封装和 Step 重合显示，如图 18.50 所示。这会更明显地发现 Step 模型存在靠右侧偏移的问题，那么就要在 X 方向上向左侧移动到原点位才能重合。

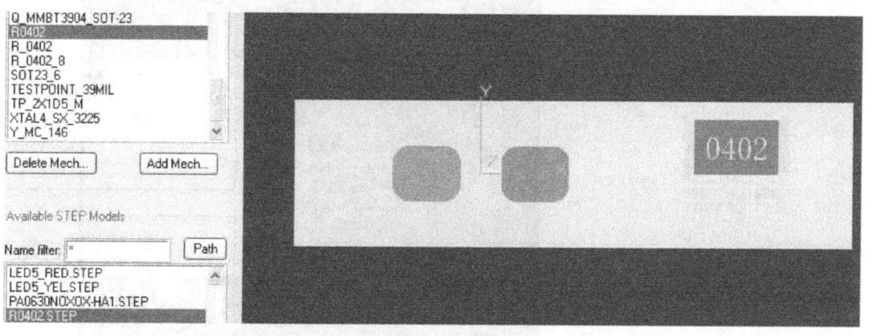

图 18.50　封装和 Step 重合显示

（3）在 Offset X 文本框中输入数字，或者不断单击向左侧移动按钮，会在 3D 预览窗口中发现模型被慢慢移动到原点位置。X 方向移动完成之后的 3D 效果如图 18.51 所示。

图 18.51　X 方向移动完成之后的 3D 效果

（4）若发现 Y 方向也存在偏移，用同样的方法，在 Offset Y 文本框中输入数字，或者不断单击向下侧移动按钮，会在 3D 预览窗口中发现模型被慢慢移动到原点位置。Y 方向移动完成之后的 3D 效果如图 18.52 所示。

图 18.52　Y 方向移动完成之后的 3D 效果

（5）在 View 中选择 Left 和 Right，查看 3D 预览窗口中的显示效果，发现完全重合，因此 Left 和 Right 中的参考值不用调整，该 R0402 电阻元件封装与 Step 模型位置匹配完成，如图 18.53 所示。

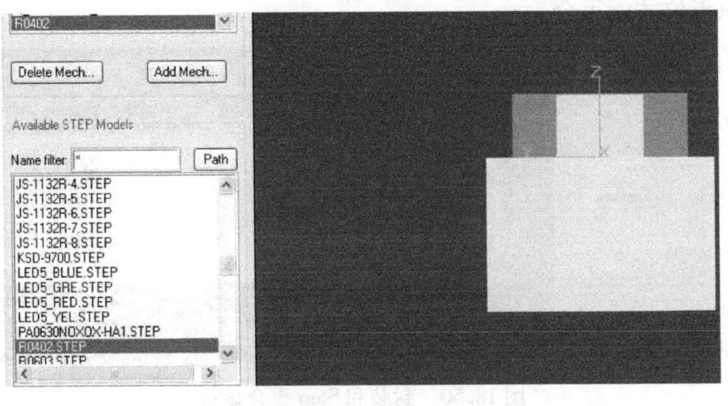

图 18.53　Left 和 Right 3D 预览窗口中的显示效果

(6) 在 View 中选择 Front Left，在 3D 预览窗口中的显示效果如图 18.54 所示，封装与 Step 模型的位置已经匹配。单击 Save 按钮，保存当前调整完成 R0402 电阻封装和 R0402. Step 封装模型的对应关联。

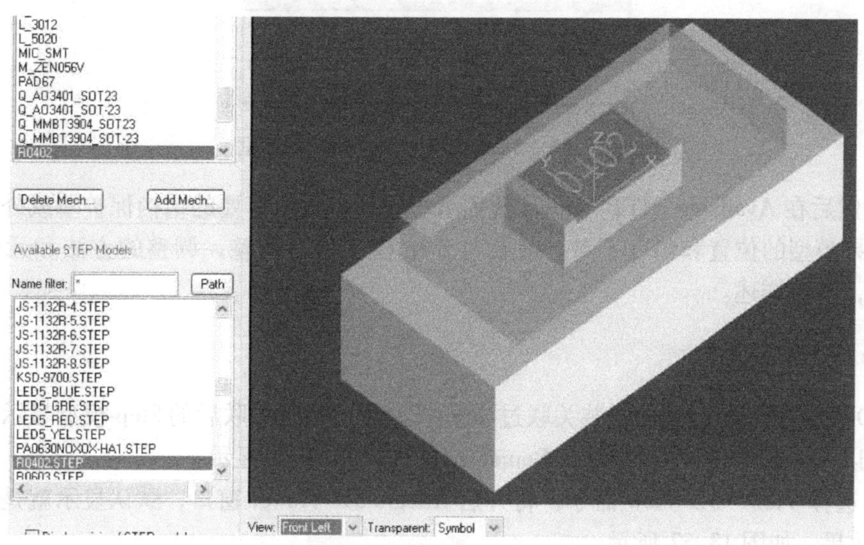

图 18.54　选择 Front Left 封装 Step 模型位置匹配

(7) 如果模型方向不对的话可以调整 Rotation 选项，上下有偏差的可以调整 Z 轴相对位置。有位置偏差的元件调整完毕后单击 Save 按钮保存。

(8) 单击 Report 按钮，弹出元件封装分配模型后的报告，如图 18.55 所示。当前电路板中所有的元件封装与模型分配的情况，若存在有元件没有分配模型，将空白显示。

STEP Package Mapping Report

Search: □ Match word □ Match case

Design Name M:/mylibrary/05.brd
Date Mon Dec 14 22:04:46 2015

STEP Package Mapping Report (UNITS: MILS)

SYMBOL_NAME	PRI/SEC	STEP_FILE	STEP_SIZE	STEP_DATE	STEP_ATTACHED	ROTATION_X	ROTATION_Y	ROTATION_Z	OFFSET_X	OFFSET_
B_0402	Primary	R0402. STEP	557001	07/28/08 09:36:00	YES	0.000	0.000	0.000	0.000	0.00
C_0402	Primary	R0402. STEP	557001	07/28/08 09:36:00	YES	0.000	0.000	0.000	0.000	0.00
C_0603	Primary	R0603. STEP	787384	07/28/08 09:36:00	YES	0.000	0.000	0.000	0.000	0.00
C_0805	Primary	R0805. STEP	729750	07/28/08 09:36:00	YES	0.000	0.000	0.000	0.000	0.00

图 18.55　STEP Package Mapping Report 窗口

18.6.4　关联板级 Step 模型

板级 Step 模型就是创建整个电路板模型，它是对整个电路板元件封装组成的一个 Step 模型。创建该模型的用途是便于对电路板整体元件的高度，尺寸、散热片安装、结构外壳（安装罩）的配合等问题评估。具体操作步骤如下。

(1) 单击 Add mech 按钮，弹出 Allegro PCB Design GXL（legacy）对话框，默认的名称为 STEP3D_MECH，如图 18.56 所示。该处的名称前面的前缀不能删除，若删除会报错。后

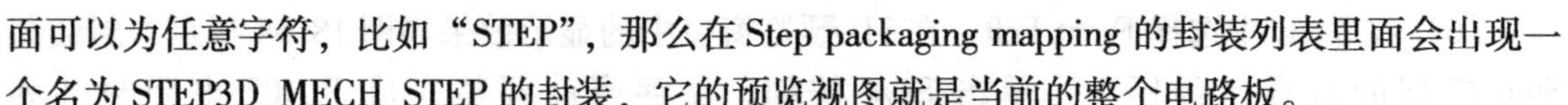

面可以为任意字符，比如“STEP”，那么在 Step packaging mapping 的封装列表里面会出现一个名为 STEP3D_MECH_STEP 的封装，它的预览视图就是当前的整个电路板。

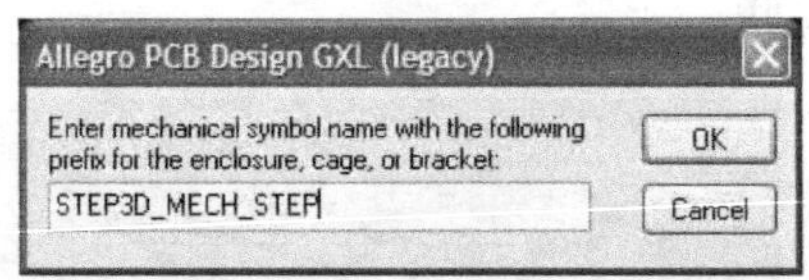

图 18.56　STEP3D_MECH_STEP 对话框

（2）然后在 Available STEP Models 选项组中添加整板所需要的结构保护罩或外壳的 Step 模型。如果模型的位置和角度不对，就要对 Step 模型进行调整，调整的方法和元件的调整方法一致，不再详述。

18.6.5　3D 预览

在 3D 预览中，若对元件封装关联过 Step 模型后，将以关联后的 Step 模型显示；若没有显示，将以元件制作过程中的 Place Boundary 层进行 3D 效果显示。

（1）选择 View—3D View 命令，将开启 Allegro 3D Viewer 窗口，默认显示就是当前电路板的 3D 效果，如图 18.57 所示。

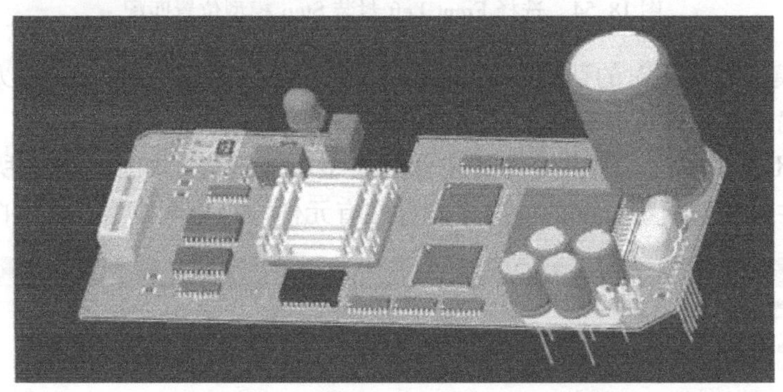

图 18.57　Allegro 3D Viewer 窗口显示效果

（2）在 View 菜单中选择不同的显示项目会得到不同的显示效果。比如 Z Scale，用户设置显示比例；Dynamic Layer Visibility，勾选该项后可以通过 Color/Visibility 来控制层的显示；Show Design Stackup 为显示叠层；Hide Pad 为隐藏焊盘显示；Hide Internal Layers 为隐藏内电层。

（3）Camera 菜单用来控制视图的角度，Zoom Fit 为全局显示，Top、Bottom、Left、Right 为分别从上、下、左、右、不同角度显示视图。

（4）Model 菜单用于控制显示的模式，Solid 为实心显示；Transparent 为透视图显示；Wireframe 为线框图显示。

（5）利用 3D 预览效果，可以很直观地发现电路板在设计中的不足之处。如图 18.58 和图 18.59 所示，电容和 PLCC 芯片之间存在干涉，电阻和发光二极管存在干涉，从图中可以直观地发现该问题。

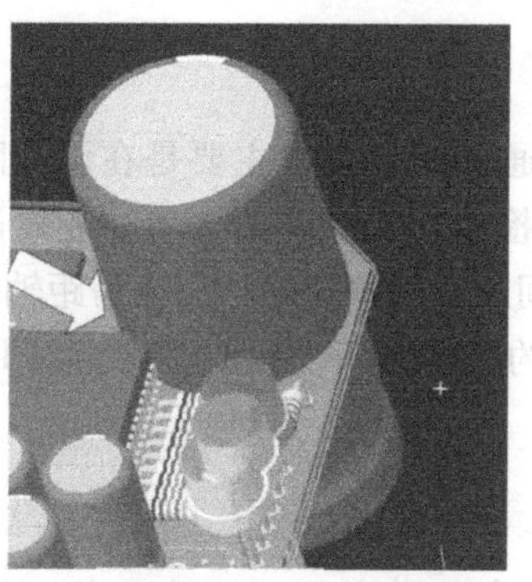

图 18.58　电容和 PLCC 芯片存在干涉

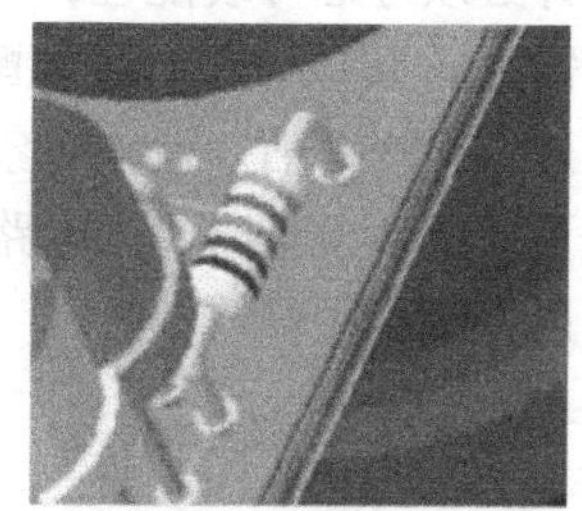

图 18.59　电阻和发光二极管存在干涉

（6）利用关联板级 Step 模型后，可以查看结构保护罩或外壳匹配情况，分析是否存在干涉，如图 18.60 所示。

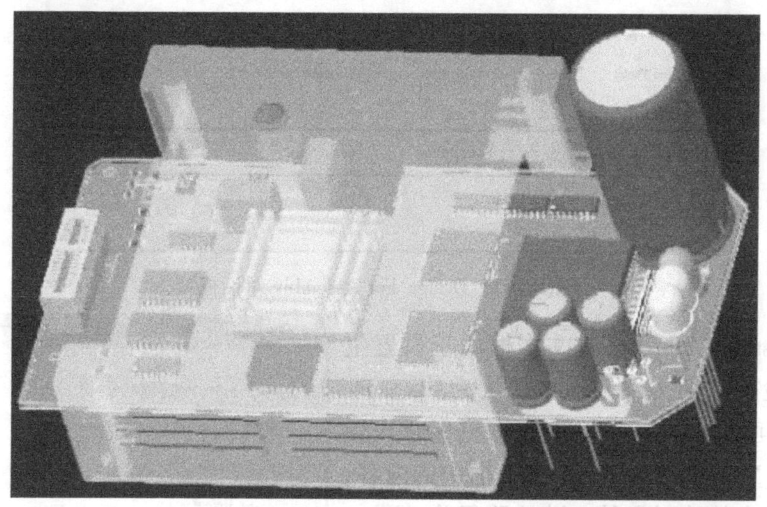

图 18.60　外壳 3D 预览图

18.6.6　Step 导出

为了电路板和结构能够进一步匹配，Allegro 提供了整个电路板模型导出的接口，选择 File—Export 命令，弹出 STEP Export 窗口，支持导出元件的 Step 模型、结构孔、引脚、过孔、铜片线、叠层基板等。勾选不同的选项将导出不同的内容。设置完成之后，单击 Export 按钮，选择的对象将被导出，导出文件可以使用 Pro/e、Solidworks 打开，进一步做结构匹配分析。设置好的界面截图如图 18.61 所示。

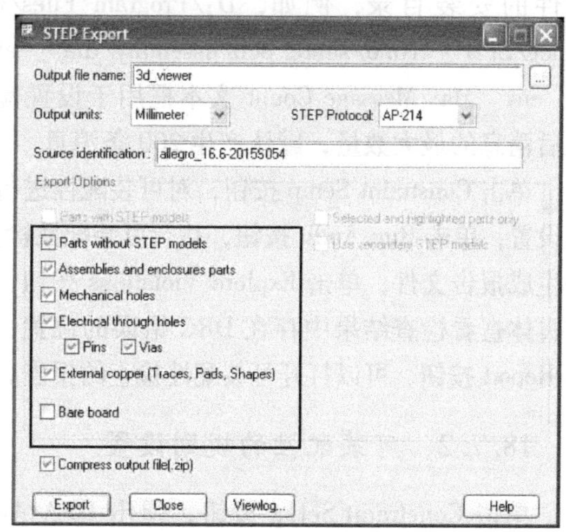

图 18.61　STEP Export 窗口

18.7 可装配性检查

电路板设计必须考虑可装配性，可装配性就是通常的 DFA，主要是在设计阶段考虑生成装配方面的需要。Allegro 针对可装配性有专门的检查功能，利用该项功能可以对生产装配方面的问题进行检查评估。检查对象包括，元件间距、引脚跨距、焊盘跨距轴向、过孔及测试点等。在可装配性检查时，当电路板设计中与约束规则不一致时，将会以 DRC 标记的形式标出来，以供工程师修改。

18.7.1 执行可装配性检查

（1）选择 Manufacture—DFx Check（legacy）命令，弹出 Design For Assembly 对话框，可装配性检查就在该对话框内完成，如图 18.62 所示。

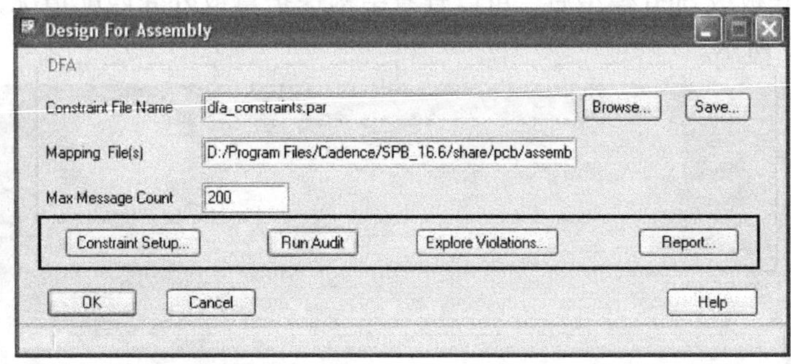

图 18.62 Design For Assembly 对话框

（2）Constraint File Name 文本框用于设置生成可装配性检查规则文件名称，默认为 dfa_constraints.par，可以单击 Browse 按钮浏览保存设置文件的路径。Mapping File（s）文本框中的内容，是可装配性检查的映射文件，默认路径为 Allegro 软件的安装目录，例如，D:/Program Files/Cadence/SPB_16.6/share/pcb/assembly/dfa_allegro.env。Max Message Count 文本框用于设置检查之后消息的最大数量，默认产生 200 条消息。

单击 Constraint Setup 按钮，对可装配性进行规则设置；单击 Run Audit 按钮，执行可装配性检查，并生成报告文件；单击 Explore Violations 按钮，可以具体查看检查结果中存在 DRC 错误的位置；单击 Report 按钮，可以打开可装配性检查的报告。

18.7.2 可装配性的规则设置

单击 Constraint Setup 按钮，弹出 DFA Audit Setup 对话框，如图 18.63 所示。在该对话框中

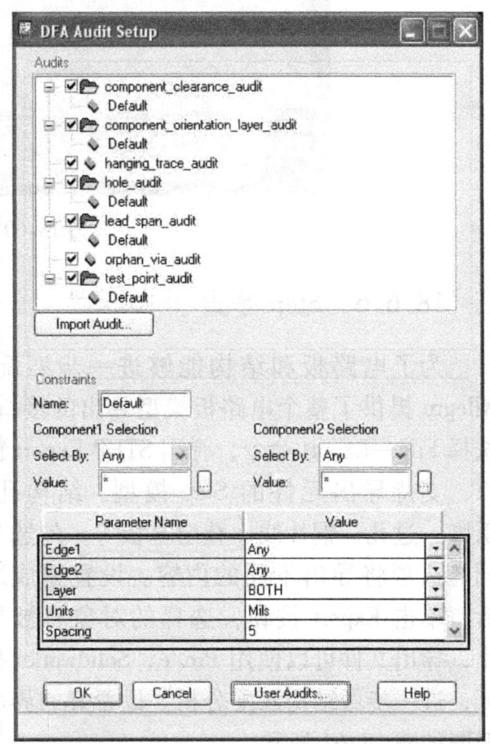

图 18.63 DFA Audit Setup 对话框

对可装配性的规则进行设置，接下来详细讲述，这也就是可装配性检查的检查项目内容。

Audits 选项组中 component_clearance_audit 选项，是对元件的间隙检查设置；component_orientation_layer_audit 选项，是对元件摆放位置的检查设置；hole_audit 选项，是对设计中的孔的检查设置；lead_span_audit 选项，是对焊盘跨距轴向的检查设置；test_point_audit 选项，是对测试点的检查设置。

5 个检查规则设置都有默认的检查参数，用鼠标单击某项检查规则后，将进入该项规则的设置。用鼠标在规则前面框中取消勾选可以取消该项规则检查。单击 Import Audit 按钮弹出 DFA Import Audit 规则导入对话框，通过单击浏览按钮可以导入新的规则加入到当前的规则中。

Constraints 功能组用来设置约束规则的具体参数，用鼠标单击以上的 5 个检查规则，Constraints 功能组会跟着不同的约束规则参数发生变化。

18.7.3　检查元件间距

（1）为了确保满足组装、调试和维修所需要的元件间隔要求，在电路板完成后，需要对元件间距进行检查。在 DFA Audit Setup 对话框中，选中 component_clearance_audit 的 Default 选项，则在下方的 Constraints 窗口进行规则设置，如图 18.64 所示。

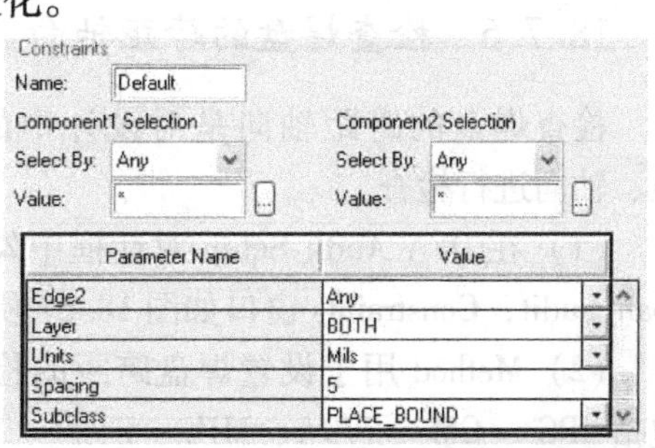

图 18.64　检查元件间距参数设置

（2）在该选项中可以设置规则名称、所需检查元件间距、特定某个元件封装到某个元件封装的间距等。规则具体设置有：Edge1 和 Edge2 设定间隔检查时所用元件的边界，Any 表示任意方向，可以选择 Left、Right、Top、Bottom、Side、End；Layer 设定检查间距的板层，有 TOP、BOTTOM、BOTH 选项；Units 设置显示单位，Spacing 用于设置最小间距，Subclass 设置检查元件间距时按照 Assembly 还是 Place_Bound 层来进行检查。

18.7.4　检查元件摆放

（1）元件检查包括：元件摆放方向是否适合焊接，元件是否摆放在允许摆放的两个板层 Top、Bottom，或者 Either。在 DFA Audit Setup 对话框中勾选 component_orientation_layer_audit，下方的 Constraints 窗口如图 18.65 所示。

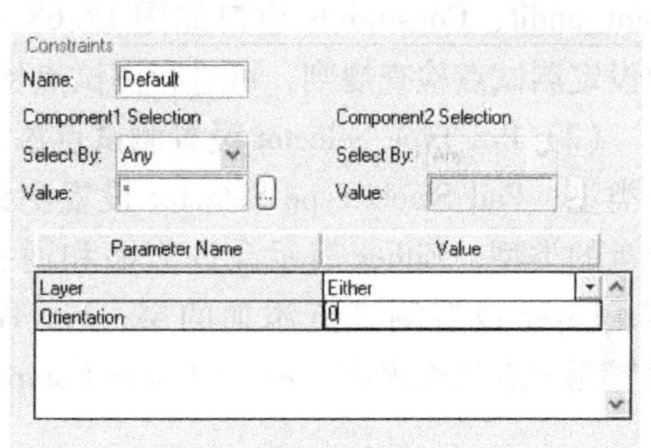

图 18.65　检查元件摆放

（2）其中，上半部分是选择所需检查的元件，可以设置 Any 任意所有元件，也可以设置特定的某个元件封装类型的元件，下面的 Layer 用于设定元件所在板层，有 TOP、BOTTOM、BOTH 选项，Orientation 用于设定元件摆放的角度。

18.7.5 检查设计中的孔

（1）在 DFA Audit Setup 对话框中勾选 hole_audit，Constraints 窗口如图 18.66 所示，工程师可根据需要设定相应的检查参数。

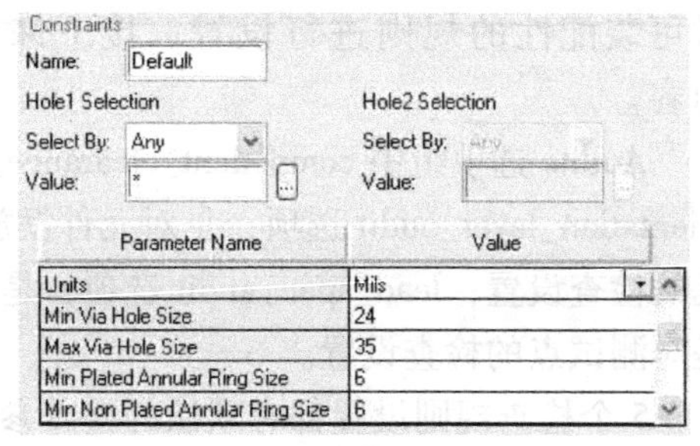

Parameter Name	Value
Units	Mils
Min Via Hole Size	24
Max Via Hole Size	35
Min Plated Annular Ring Size	6
Min Non Plated Annular Ring Size	6

图 18.66 检查设计中的孔

（2）Max No of drill bits 设置最大钻头，Units 设置显示单位，Min Via Hole Size 设置最小过孔的尺寸，Max Via Hole Size 设置最大过孔的尺寸，Min Plated Annular Ring Size 设置最小的金属化环尺寸，Min Non Plated Annular Ring Size 设置最小的非金属化环尺寸，Plated Hole Sizes 设置金属化孔尺寸，Non Plated Hole Sizes 设置非金属化孔尺寸。

18.7.6 检查焊盘的跨距轴向

检查焊盘的跨距轴向是对设计中的焊盘跨距、轴向进行检查。

（1）在 DFA Audit Setup 对话框中勾选 lead_span_audit，Constraints 窗口如图 18.67 所示。

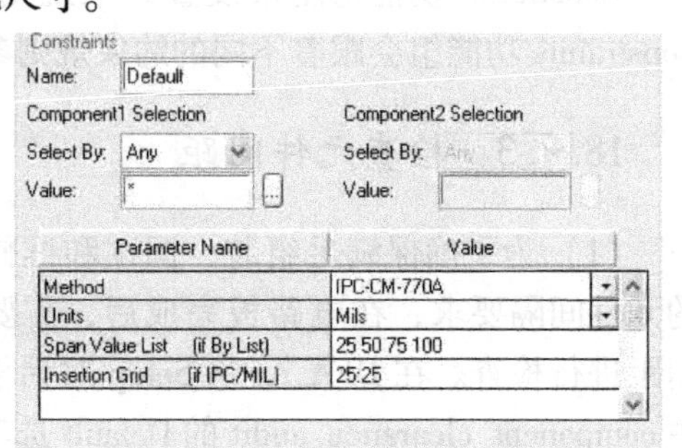

Parameter Name	Value
Method	IPC-CM-770A
Units	Mils
Span Value List (if By List)	25 50 75 100
Insertion Grid (if IPC/MIL)	25:25

图 18.67 检查焊盘跨距轴向

（2）Method 用于设置焊盘跨距的检查方法，包括 IPC - CM - 770A、MIL - STD - 275C、By List（自定义），Units 用于设定单位，Span Value List（if By List）用于设置用户自定义的焊盘跨距值，Insertion Grid 用于设置计算焊盘跨距的方法。

18.7.7 检查测试点

（1）在 DFA Audit Setup 对话框中勾选 test_point_audit，Constraints 窗口如图 18.68 所示，其中设定测试点检查规则，可进行测试点检查。

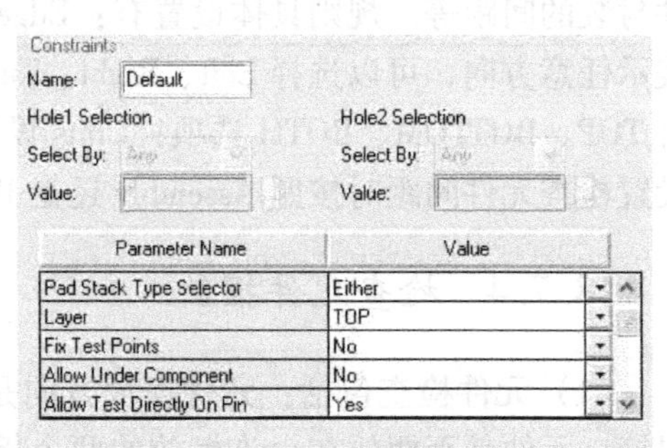

Parameter Name	Value
Pad Stack Type Selector	Either
Layer	TOP
Fix Test Points	No
Allow Under Component	No
Allow Test Directly On Pin	Yes

图 18.68 检查测试点

（2）Pin Type Selector 设置测试点添加在引脚的类型；Pad Stack Type Selector 设置测试点添加焊盘的类型，Either 表示允许表贴和通孔两种类型；Layer 设置测试点添加的层；Fix Test Points 设置测试点是否固定；Allow Under Component 设置测试点是否允许在元件下面。

18.7.8 检查和查找错误

在 DFA Audit Setup 对话框完成装配性的检查规则设置后，单击 OK 按钮，而后回到 Design For Assembly 对话框，单击 Run Audit 按钮即可进行装配性检查，并生成报告文件。

（1）单击 Explore Violations 按钮，弹出 Markers 窗口，如图 18.69 所示。检查中存在的错误均可以在该窗口中单击鼠标进行逐个浏览，也可以单击向左、向右的箭头按钮，在错误

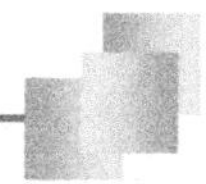

中进行切换浏览。当发现某个错误可以接受时，可以选择 Edit—Delete Marker 命令将错误的标记删除。

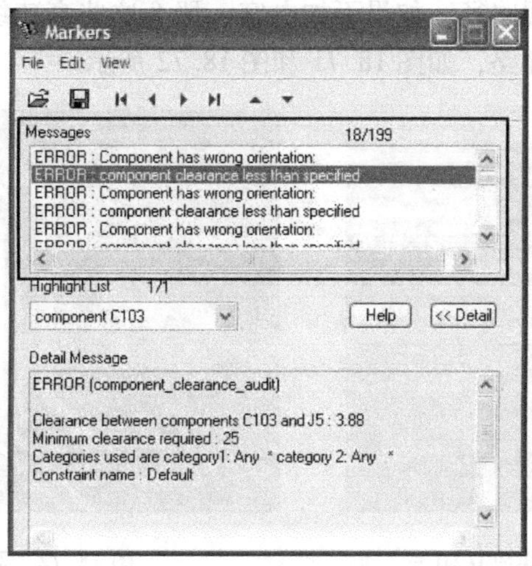

图 18.69　Markers 窗口

（2）例如，检查中发现 C15 和 C25 两个电容直接的间距为 17.0985mil，小于允许的规则 25mil，因此该处出现 DRC 错误标记，如图 18.70 所示。若该错误是可以接受的，可以选择 Edit—Delete Marker 命令将错误的标记删除。

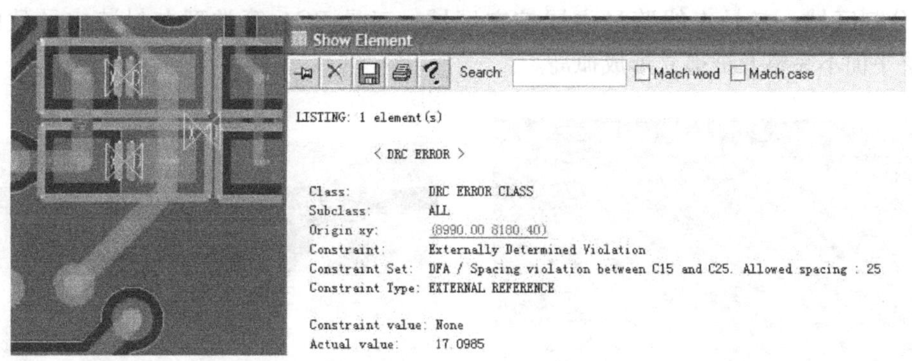

图 18.70　DRC 错误标记

18.8　跨分割检查

在电路板设计过程中，由于平面层的分割，可能会导致信号参考面不连续，对于低速信号，可能没什么关系。但在高速数字系统中，高速信号以参考面作为返回路径，即回流路径，如果参考平面不连续，信号跨分割，那么这些高速线的回流就会绕过分割区，这样就会形成一个很大的环路。这就会造成如下四个问题；一是增加了信号路径的电感；二是有可能同其他信号的回流路径环路重叠，使之在走线之间形成互感，增加信号串扰；三是大的环路还会形成大的对外辐射，对 EMI 不利；四是大的环路还很容易接收到外界的干扰。

因此，高速信号跨分割应尽量避免，若实在没有办法做到，就需要紧挨着高速信号在分割区域边缘摆放 0.01 ~0.1μF 小电容（采用高速信号包地处理方式也可以），其目的就是为这些高速信号增加交流返回路径，如果不加电容，那么这些高速线的回流就会绕过分割区，这样就会形成一个很大的环路，如图 18.71 和图 18.72 所示。

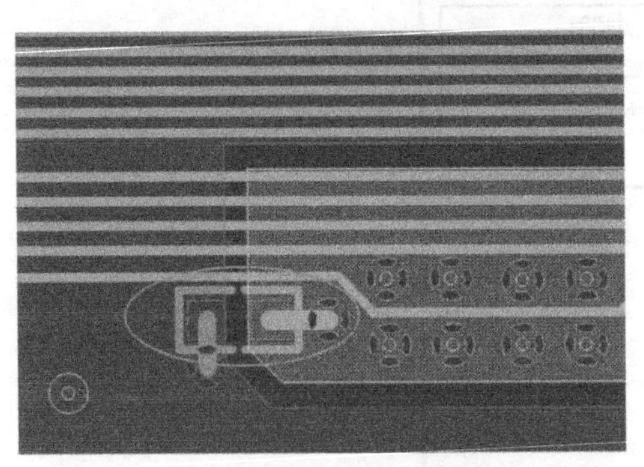

图 18.71　分割区域边缘摆放 0.01 ~ 0.1μF 小电容

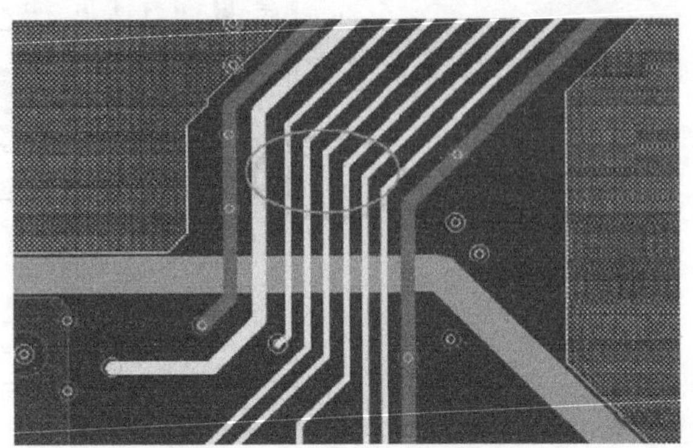

图 18.72　高速信号包地处理

（1）在 Allegro 中支持跨分割检查，选择 Display—Segments Over Voids 命令后，将会执行对跨分割检查功能，对当前电路板内走线下方存在不完整平面的网络给出高亮提示，如图 18.73 和图 18.74 所示。给出提示跨分割不完整主要有三种情况：一是走线跨过电源层或 GND 层分割区域；二是走线跨过内层挖空区域；三是 BGA 等类型在封装中导致电源或 GEND 层平面不完整及被孤立形成孤岛。

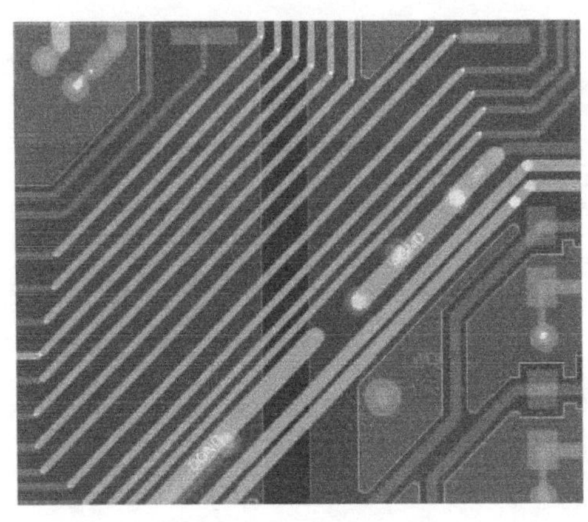

图 18.73　高亮 BUS 总线跨电源分割平面

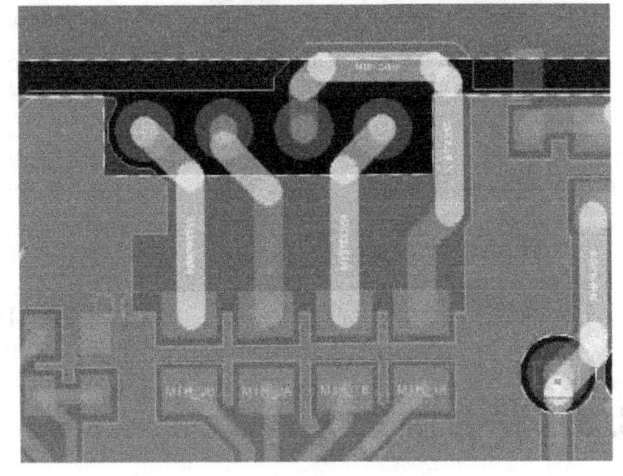

图 18.74　高亮走线跨过内层挖空区域

（2）检查完成以后，会弹出 View of file 窗口，显示跨分割的高亮网络的详细报告，如图 18.75 所示。Layer 栏列出网络所在的层，Location 栏列出跨分割的参考坐标，Spacing 栏列出跨分割的间距，Net Name 栏列出网络名称。用鼠标单击 Location 栏中的某个坐标，Allegro 会自动切换到该处进行显示，以便于对该问题进行修改。

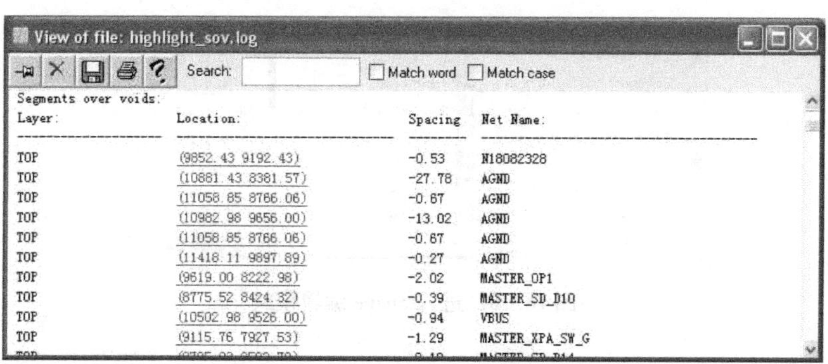

图 18.75　View of file 窗口

（3）Allegro 支持自动调整检查到的跨分割走线，选择 Route—Resize/Respace—Spread Between Voids 命令，用鼠标在跨分割走线的周围单击过孔和元件引脚，若空间足够大会自动进行走线推挤，将分割的走线避开分割面，如图 18.76 和图 18.77 所示。

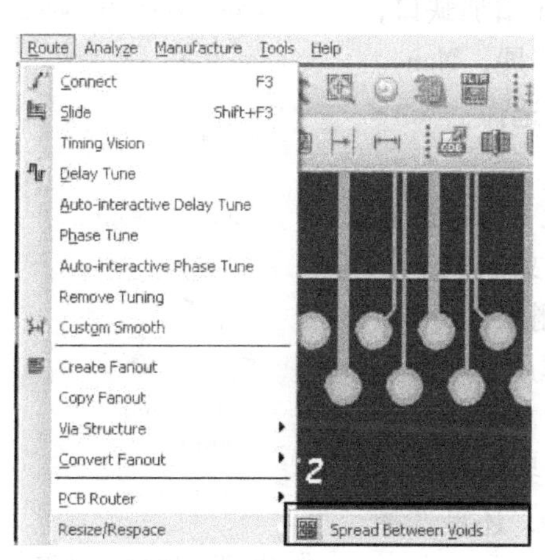

图 18.76　Spread Between Voids 命令

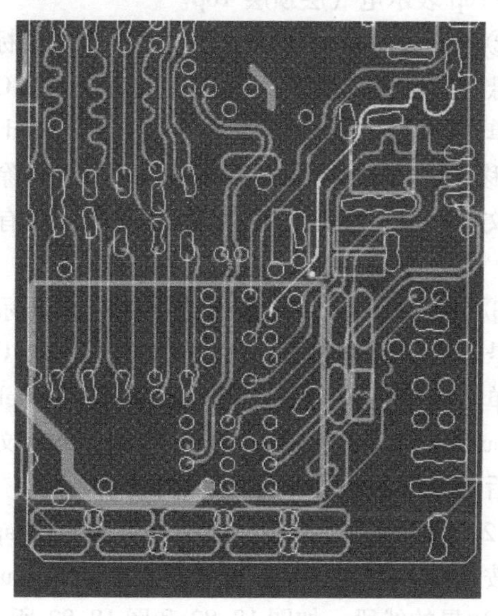

图 18.77　内存 DDR 调整布线后在 GND 平面内

18.9　Shape 编辑模式

Allegro 在 16.6 的版本上增加了 Shape Edit 模式，在该模式下，可以很方便对 Shape 进行编辑操作。比如对 Shape 图形增加边缘增缺口、倒角、圆滑角落等操作都可以在该模式下完成。下面具体说明几个常用的 Shape 编辑操作。

18.9.1　进入 Shape 编辑模式

选择 Setup—Application Mode—Shape Edit 命令，将切换到 Shape 编辑模式，也可以通过在窗口右下角的模式切换处单击 Shape edit 按钮，进入 Shape 编辑模式。如图 18.78 所示。

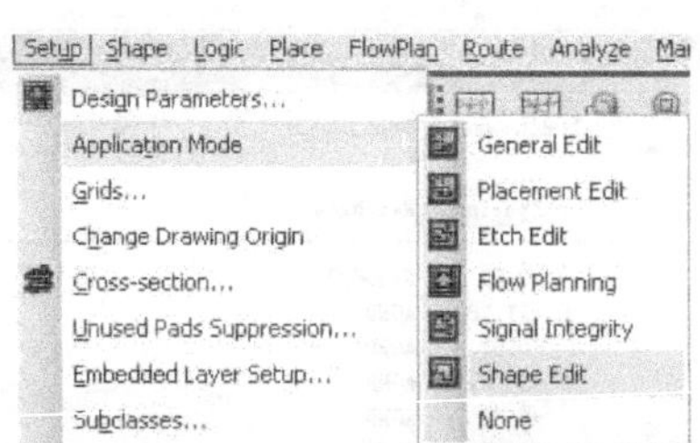

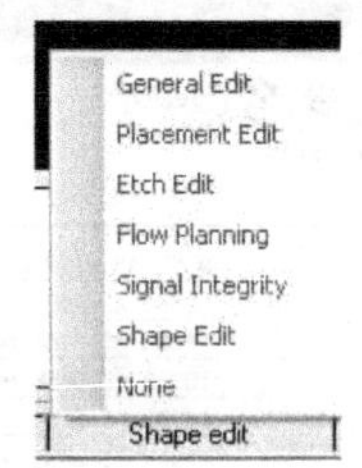

图 18.78　进入 Shape 编辑模式

18.9.2　Shape 编辑操作

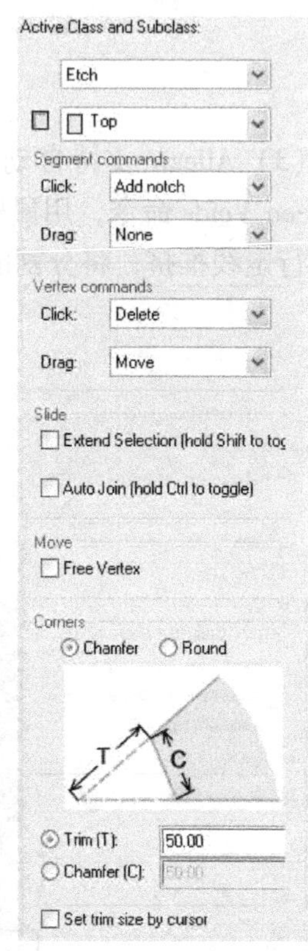

图 18.79　Options 选项卡

（1）Options 选项卡，如图 18.79 所示。

① 进入 Shape 编辑模式后，在右侧的 Options 选项卡中，Active Class and Subclass 选项组用来定义 Shape 编辑操作的层，Etch－Top 表示电气层顶层 Top。

② Segment commands 选项组用来定义鼠标靠近 Shape 边界线段悬停后的操作命令，如图 18.80 所示。Click 文本框用于定义单击后的操作命令，共有 5 种选择：Add notch 增加缺口，Move 移动，Slide 滑动，Remove/Extend 删除或扩展，None。Drag 文本框用于定义拖动后的操作命令，共有 3 种选择：Move 移动，Slide 滑动，None。

③ Vertex Commands 选项组用来定义鼠标靠近 Shape 边界顶点悬停后的操作命令，如图 18.81 所示。Click 文本框用于定义单击后的操作命令，共有 3 种选择：Delete 删除，Chamfer/Round 倒斜角/倒圆弧，Move 移动。Drag 文本框用于定义多拖动后的操作命令。

（2）Shape 选择切换。鼠标指针靠近 Shape 边界线段悬停后，按 TAB 键可以切换是选择整个 Shape Boundary，还是选择 Shape 边界的线段，如图 18.82 和图 18.83 所示。

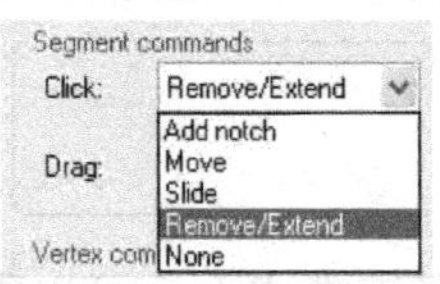

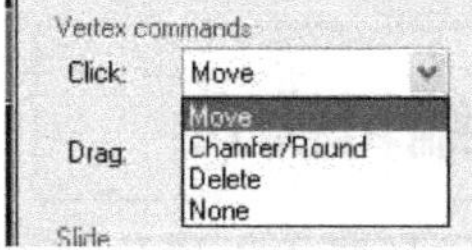

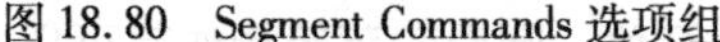

图 18.80　Segment Commands 选项组　　　图 18.81　Vertex Commands 选项组

（3）向内或向外增加缺口。在 Segment commands 选项组 Click 文本框中选择 Add notch，用鼠标在 Shape 边界单击将出现两个小白点，其中一个固定，另一个跟着鼠标移动，在两个点之间单击后，将向内或向外增加缺口改变 Shape 的边界，如图 18.84 和图 18.85 所示。

图 18.82　选择整个 Shape Boundary

图 18.83　Shape 边界的线段

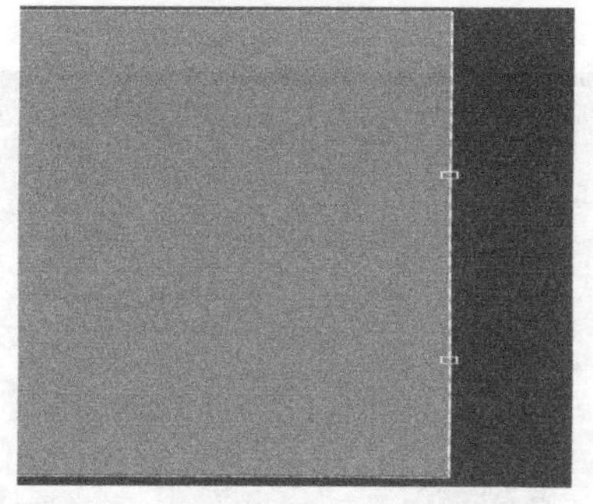

图 18.84　边界单击将出现两个小白点

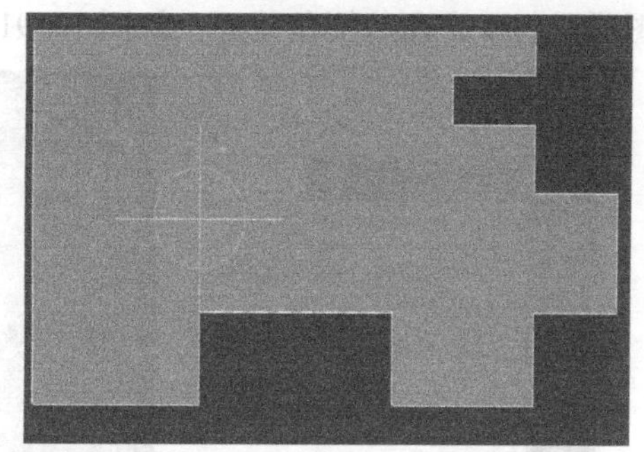

图 18.85　向内或向外增加缺口

（4）Shape 边界移动。在 Segment commands 选项组 Drag 文本框中选择 Move，用鼠标在 Shape 边界单击拖动，Shape 边界移动将跟随鼠标指针运动的方向移动，整个 Shape 的形状将会被改变，如图 18.86 和图 18.87 所示。

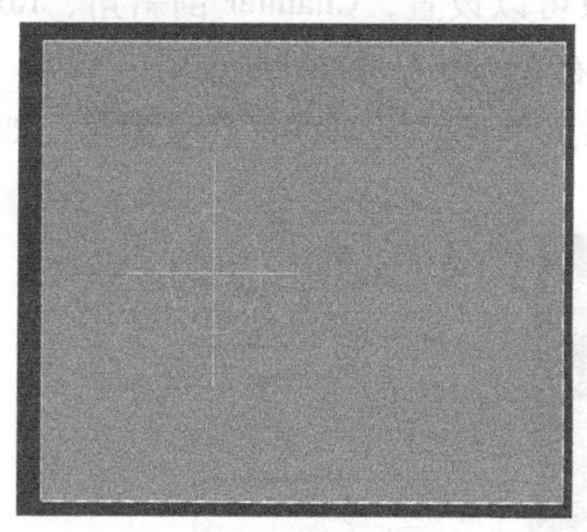

图 18.86　Shape 边界移动前

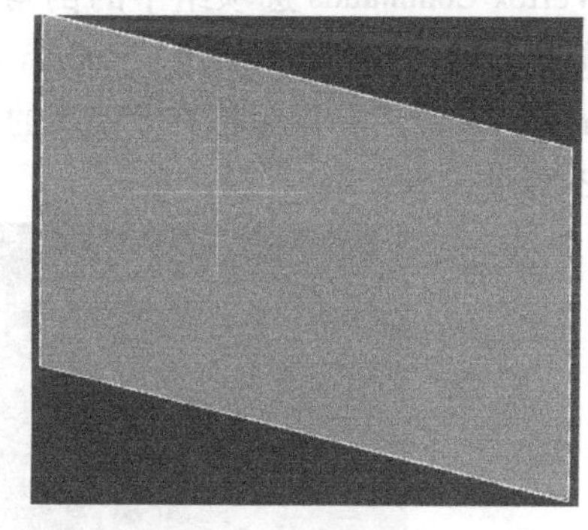

图 18.87　Shape 边界移动后，形状改变

（5）Shape 边界滑动。在 Segment commands 选项组 Drag 文本框中选择 Slide，用鼠标在 Shape 边界单击拖动，Shape 边界移动将跟随鼠标指针运动的方向移动，整个 Shape 的形状沿着拖动的方向整体往前或往后滑动，如图 18.88 所示。

用鼠标在 Shape 边界顶点拖动，Shape 边界顶点将跟随鼠标指针运动的方向移动，整个

Shape 的形状沿着拖动的方向整体往前或往后滑动，如图 18.89 所示。

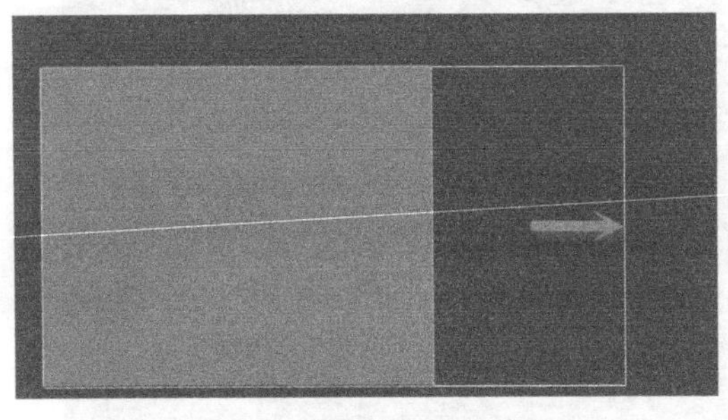

图 18.88　Shape 边界滑动

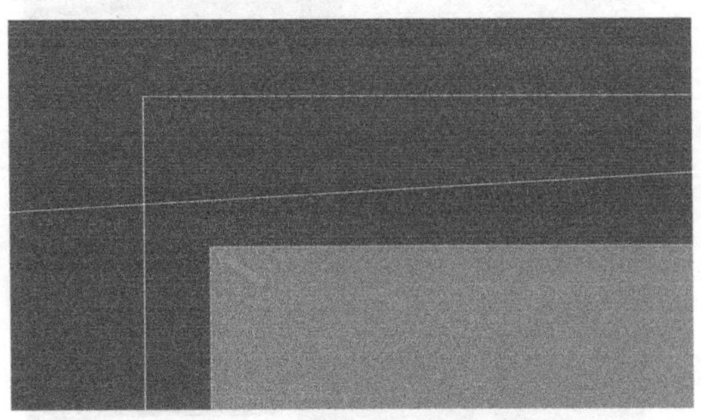

图 18.89　Shape 边界顶点拖动

（6）Shape 倒角。选中 Shape 后，选择右键命令 Trim Corners，如图 18.90 所示，将对 Shape 图形进行 4 个角落倒角处理，如图 18.91 所示。

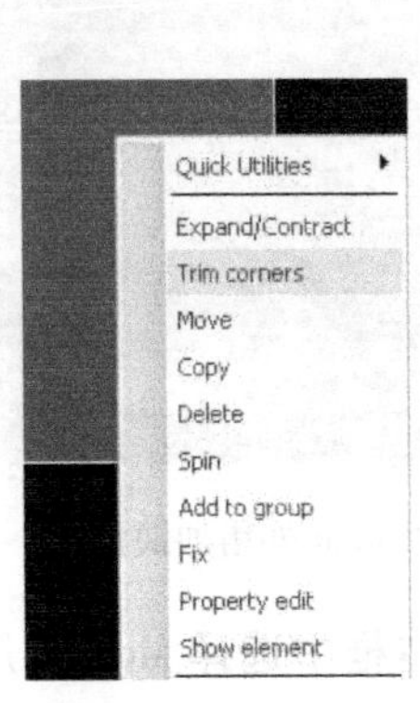

图 18.90　Trim Corners 命令

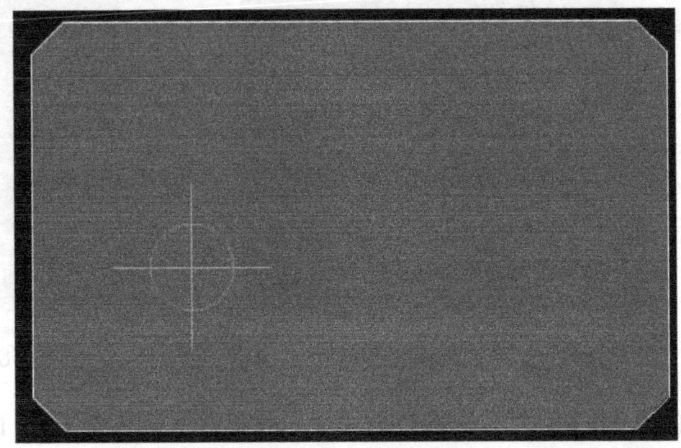

图 18.91　Shape 倒角

（7）Vertex Commands 选项组中的倒角的参数可以设置，Chamfer 倒斜角、Round 倒圆弧、Trim 修剪半径、Chamfer 倒角、Radius 半径。在 Vertex Commands 选项组 Click 文本框中选择 Chamfer/Round 后，用鼠标在 Shape 的边界顶点单击，该顶点将会被倒角，如图 18.92 和图 18.93 所示。

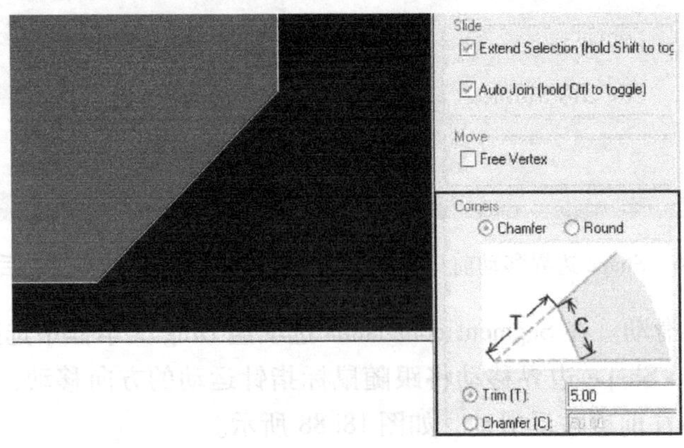

图 18.92　Chamfer 倒斜角

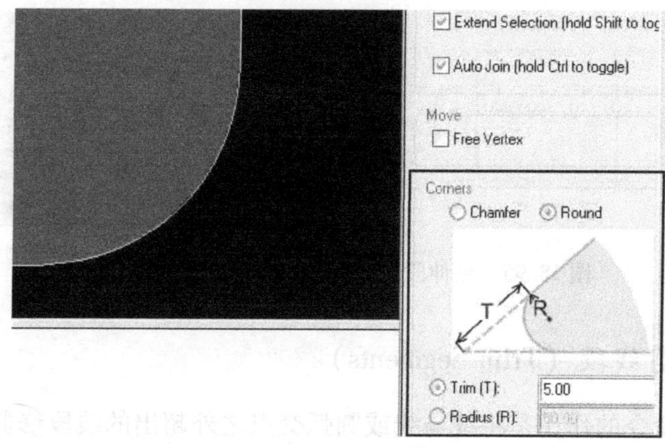

图 18.93　Round 倒圆弧

18.10　新增的绘图命令

新增的绘图命令可以选择 Manufacture—Drafting 命令，也可以当鼠标指针悬停在选项对象上后右击，在 Drafting 菜单中进行命令选择，如图 18.94 所示。

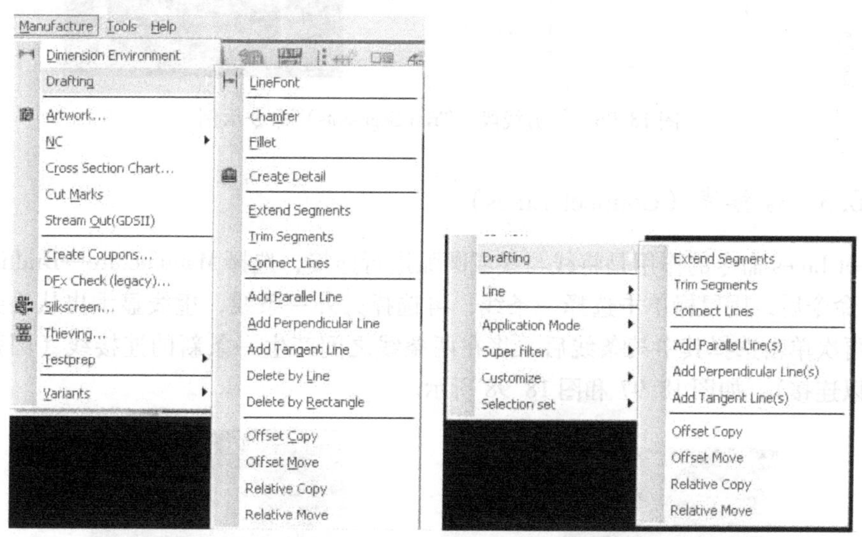

图 18.94　Drafting 菜单下新增的绘图命令

18.10.1　延伸线段（Extend Segments）

Exted Segments 命令的作用是将直线延伸到另外一个直线或圆弧投影的交点上，选择 Manufacture—Drafting—Extend Segments 命令后，用鼠标分别单击和圆弧选中后会将直线延伸到圆弧投影的交点上（虚线显示），如图 18.95 所示。

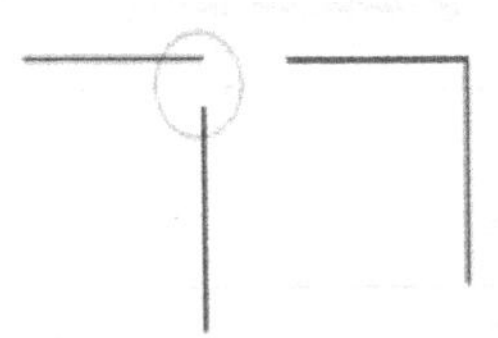
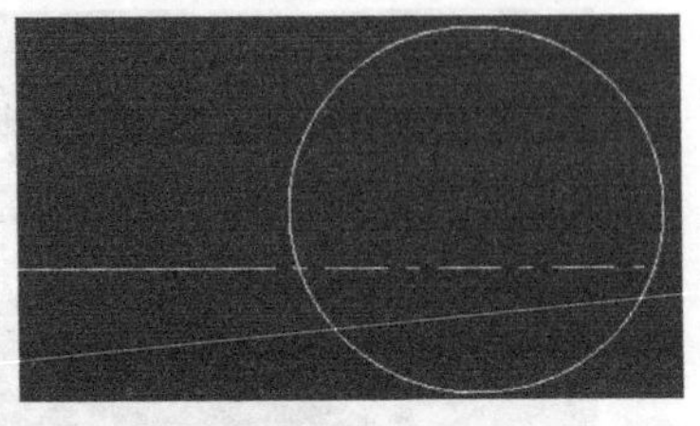

图 18.95　延伸段（Extend Segments）命令示例

18.10.2　修剪线段（Trim Segments）

Trim Segments 命令的作用是将线与线或圆弧交点之外超出的线段修剪删除，选择 Manufacture—Drafting—Trim Segments 命令后，用鼠标单击选择一条线，再选择另外一条线，再次单击选择要修剪的部分，该线段将被修剪删除，如图 18.96 所示。

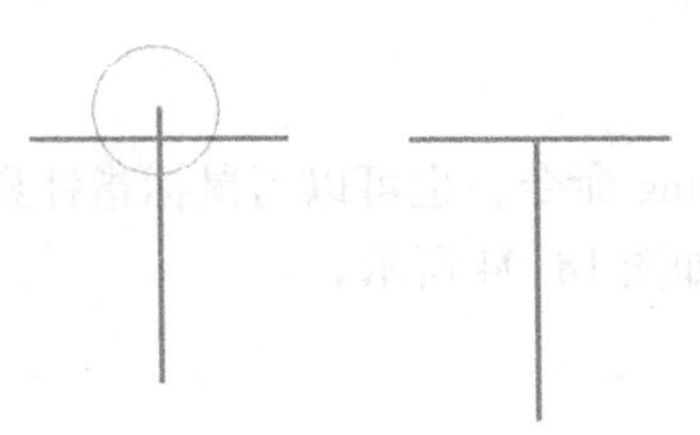
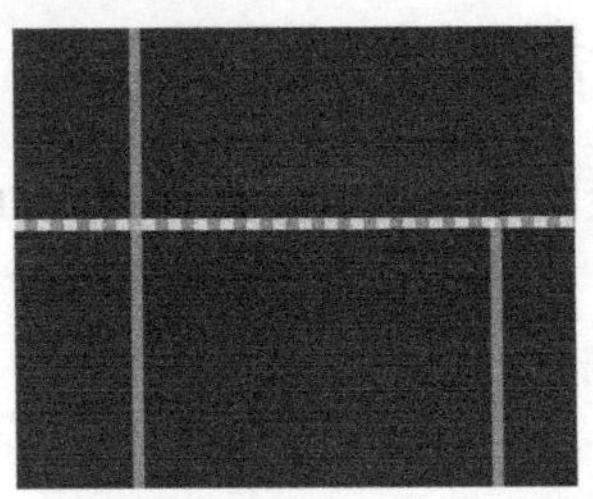

图 18.96　修剪线段（Trim Segments）命令示例

18.10.3　连接线（Connect Lines）

Connect Lines 命令的作用是将线与线或圆弧进行连接，选择 Manufacture—Drafting—Connect Lines 命令后，用鼠标单击选择一条线，再选择另外一条线，虚线显示出从头到尾所有线连接，再次单击选择其中某条线后，将在两条线之间产生一条新的连接线（圆弧或其他形状也可以连接），如图 18.97 和图 18.98 所示。

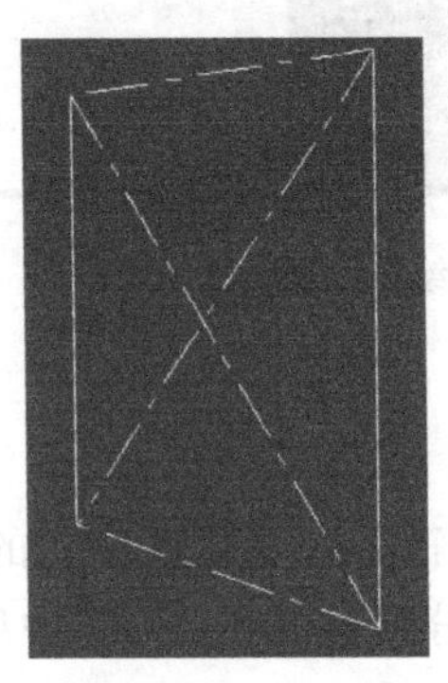

图 18.97　单击两条线产生的虚线连接

图 18.98　单击最上面一条线后，产生连接线

18.10.4　添加平行线（Add Parallel Line）

Add Parallel Line 命令的作用是增加平行线，选择 Manufacture—Drafting—Add Parallel Line 命令后，单击右侧的 Options 选项卡，Offset 表示添加平行线所要偏移的距离，Repetitions 表示平行线添加的数量。参数设置完成以后，单击参考线，将产生平行线（操作的线可以是 Clines、Line、Cline segs、Ohter segs），如图 18.99 所示。

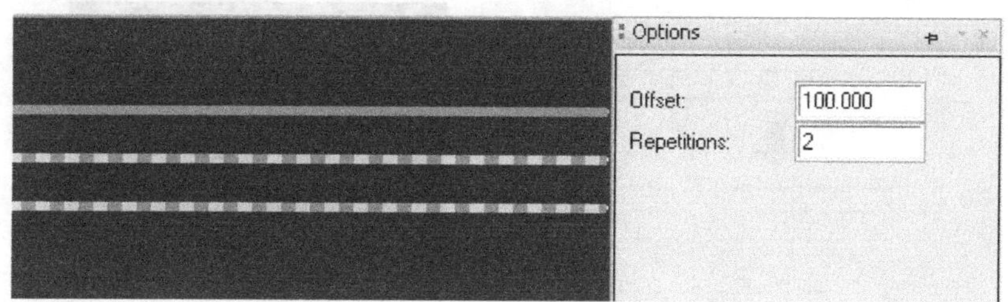

图 18.99　添加平行线（Add Parallel Line）

18.10.5　添加垂直线（Add Perpendicular Line）

Add Perpendicular Line 命令的作用是增加垂直线，选择 Manufacture—Drafting—Add Perpendicular Line 命令，其操作和添加平行线相同。

18.10.6　添加相切线（Add Tangent Line）

Add Tangent Line 命令的作用是增加相切线，选择 Manufacture—Drafting—Add Tangent Line 命令后，用鼠标单击两个相切的圆弧，将会标出它们的相切线，如图 18.100 所示。

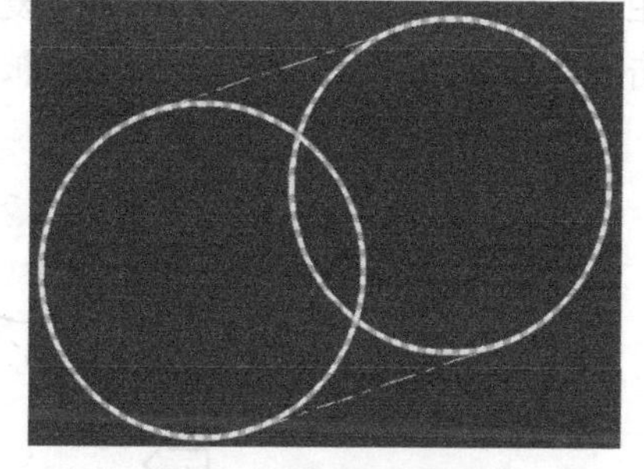

图 18.100　添加相切线（Add Tangent Line）

18.10.7　画线删除（Delete By Line）

Delete By Line 命令的作用是用画线的方式删除线段或圆弧的一部分，选择 Manufacture—Drafting—Delete By line 命令后，用鼠标单击要删除的操作的线段，若是多条则需要拖动框选，然后单击选择切点，拖动鼠标画出切线，被切线跨割的线段或圆弧将被部分删除，如图 18.101 所示。

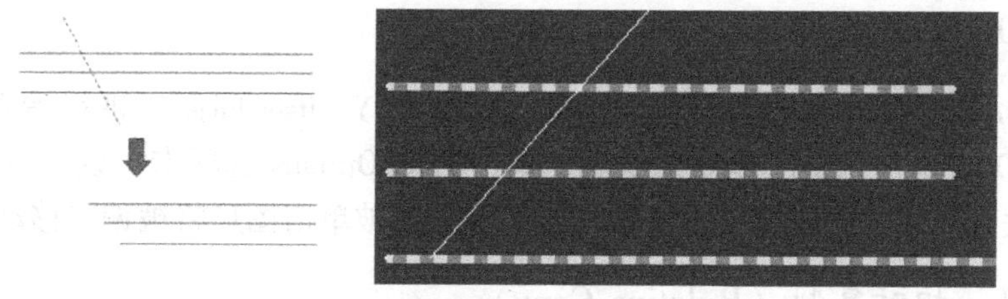

图 18.101　画线删除（Delete By Line）

18.10.8　画矩形删除（Delete By Rectangle）

Delete By Rectangle 命令的作用是用画矩形方式删除线段或圆弧的一部分，选择 Manufacture—Drafting—Delete By Rectangle 命令后，单击要删除的操作的线段，若是多条则需要拖动框选，然后单击选择切点，拖动鼠标画出矩形，被矩形跨割的部分线段或圆弧将被删除，如图 18.102 所示。

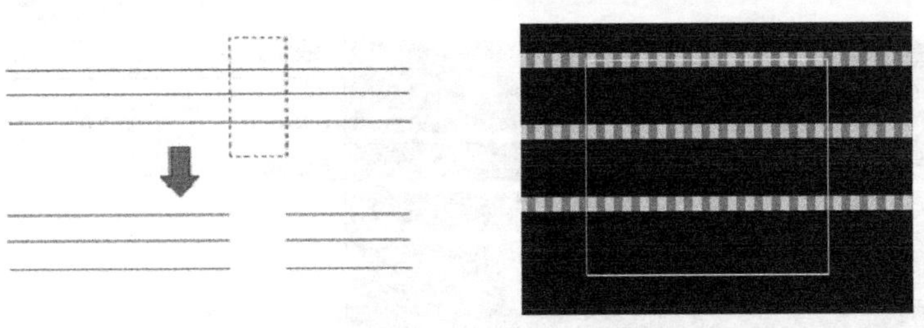

图 18.102　画矩形删除（Delete By Rectangle）

18.10.9　偏移复制（Offset Copy）

Offset Copy 命令的作用是按照设置的 X offset 和 Y offset 间距，进行偏移复制。选择 Manufacture—Drafting—Offset Copy 命令后，单击右侧 Options 选项卡，设置 X offset 水平间距、Y offset 垂直间距、Repetitions 复制数量、Width 复制线宽、Font 字体等参数。用鼠标单击要复制的图形后，被单击图形将被偏移复制，如图 18.103 所示。

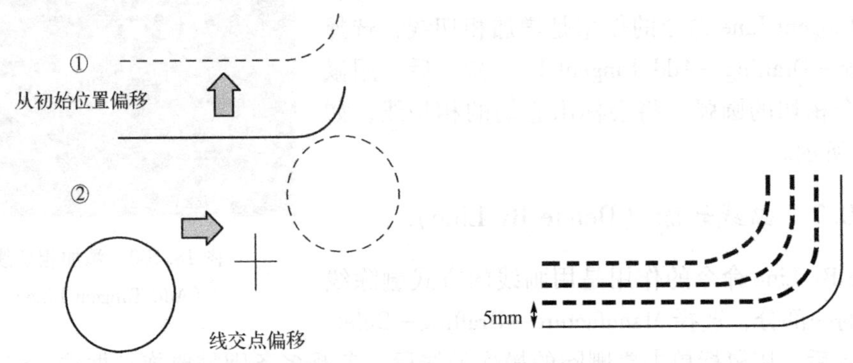

图 18.103　偏移复制（Offset Copy）

18.10.10　偏移移动（Offset Move）

Offset Move 命令的作用是按照设置的 X offset 和 Y offset 间距，进行偏移移动。选择 Manufacture—Drafting—Offset Move 命令后，单击右侧 Options 选项卡，设置 X offset 水平间距，Y offset 垂直间距。用鼠标单击要移动的图形后，被单击图形将被偏移移动。

18.10.11　相对复制（Relative Copy）

Relative Copy 命令的作用是以选择图形为基准，进行水平、垂直、奇数线旋转的镜像复制。选择 Manufacture—Drafting—Relative Copy 命令后，单击右侧 Options 选项卡，设置相对复制的模式有水平线、垂直线、奇数线三种。用鼠标单击基准图形，将按照设置的方式进行镜像复制，如图 18.104 至图 18.106 所示。

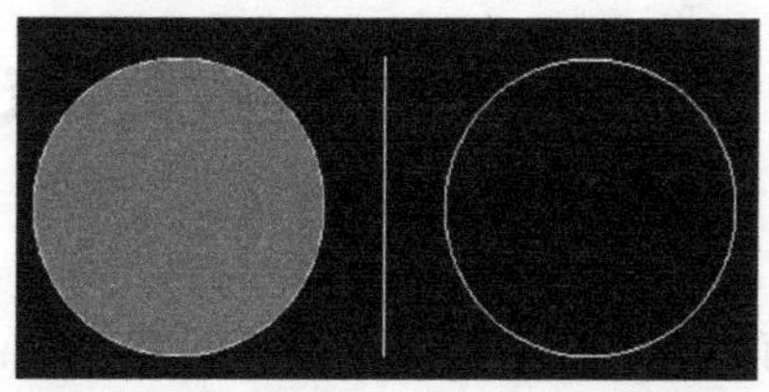

图 18.104　水平复制

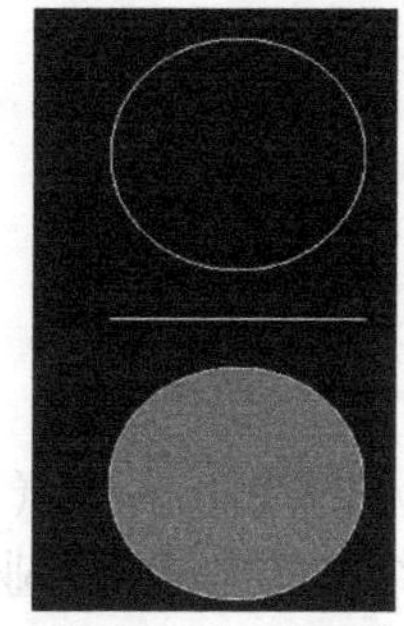

图 18.105　垂直复制

图 18.106 奇数线复制

18.10.12　相对移动（Relative Move）

Relative Move 命令的作用是以选择图形为基准，进行水平、垂直、奇数线旋转的镜像移动。选择 Manufacture—Drafting—Relative Move 命令，该命令的操作和 Relative Copy 命令的一致。

第19章 HDI高密度板设计应用

现在的电子产品在要求有强大功能的同时，也都朝着小巧、超薄、轻便的方向发展，这就对PCB设计提出了挑战。这就要求在PCB设计中需要采用小型化的BGA芯片封装，选择盲孔、埋孔、埋阻容的方式来减少PCB的体积，目前已被业界广泛采用。本章将介绍HDI高密度盲孔、埋孔、埋阻容的设计应用。

19.1 HDI高密度互连技术

19.1.1 HDI高密度互连技术

（1）HDI是High Density Interconnector的英文简写，即高密度互连（HDI），电路板是以绝缘材料辅以导体配线所形成的结构性元件。对于这类结构的电路板，业界曾经有过多个不同的名称。欧美称为SBU（Sequence Build Up Process），一般翻译为“序列式增层法”。日本业者则因为这类的产品所制作出来的孔结构比以往的孔要小很多，因此称这类产品的制作技术为MVP（Micro Via Process），一般翻译为“微孔制程”。也有人因为传统的多层板被称为MLB（Multilayer Board），因此称呼这类的电路板为BUM（Build Up Multilayer Board），一般翻译为“增层式多层板”。

（2）对于高速信号的电特性要求，电路板必须提供具有交流电特性的阻抗控制、高频传输能力、降低不必要的辐射（EMI）等。采用Stripline（带状线）、Microstrip（微带线）的结构，多层化就成为必要的设计。为减少信号传送的质量问题，会采用低介电质系数、低衰减率的绝缘材料，为配合电子元件构装的小型化及阵列化，电路板也不断地提高密度以满足需求。BGA（Ball Grid Array）、CSP（Chip Scale Package）、DCA（Direct Chip Attachment）等零件组装方式的出现，更促使电路板推向前所未有的高密度境界。凡直径小于150μm以下的孔在业界称为微孔（Microvia），利用这种微孔的几何结构技术所做出的电路可以提高组装、空间利用等的效率，同时对于电子产品的小型化也尤其重要。

19.1.2 HDI高密度互连技术应用

电子设计在不断提高整机性能的同时，也在努力缩小其尺寸。从手机到智能电子产品等小型便携式产品中，小是永远不变的追求。高密度互连（HDI）技术可以使终端产品设计更加小型化，同时满足电子性能和效率的更高标准。HDI目前广泛应用于手机、数码摄像机、平板电脑、笔记本电脑、汽车电子和其他数码产品中，其中以手机的应用最为广泛。HDI板一般采用积层法（Build-up）制造，积层的次数越多，板件的技术档次越高。普通的HDI板基本上是1次积层，高阶HDI板采用2次或以上的积层技术，同时采用叠孔、电镀填孔、

激光直接打孔等先进 PCB 技术。高阶 HDI 板主要应用于智能手机、平板电脑，高级数码摄像机、IC 载板等。

高阶 HDI 板层结构示意图如图 19.1 所示。

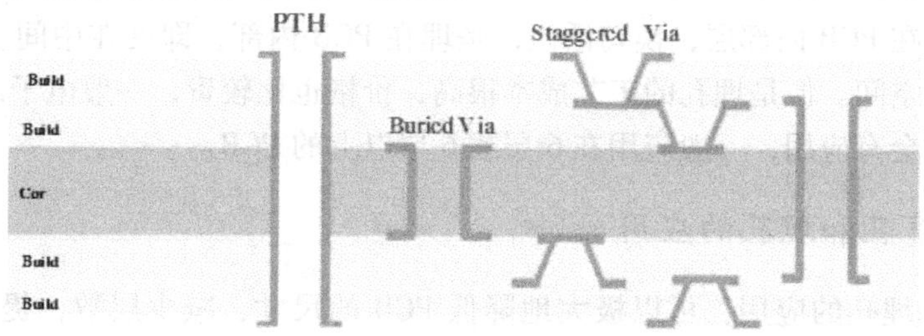

图 19.1　高阶 HDI 板层结构示意图

19.2　通孔、盲孔、埋孔的选择

普通盲埋孔结构和高阶 HDI 盲埋孔结构接图如图 19.2 和图 19.3 所示。

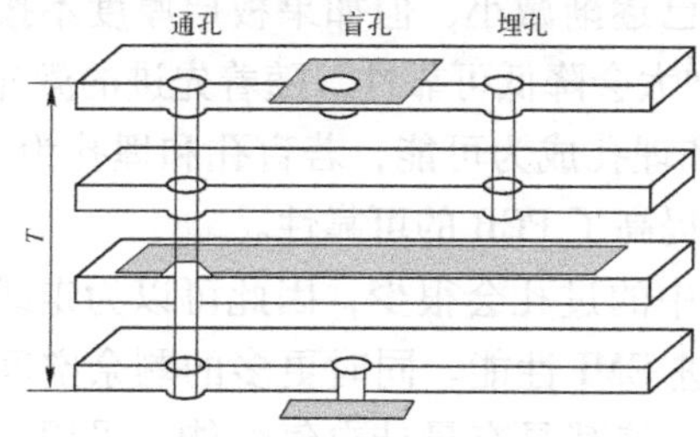

图 19.2　普通盲埋孔结构示意图

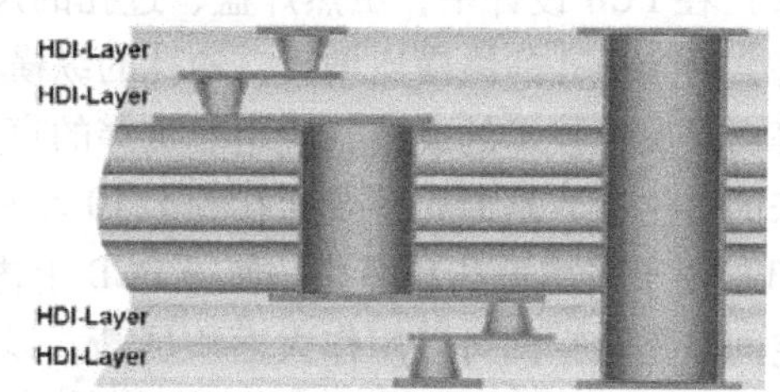

图 19.3　高阶 HDI 盲埋孔结构示意图

19.2.1　过孔

过孔（Via）：也称为通孔，是从顶层到底层全部打通的，在多层 PCB 中，过孔贯穿内层，对内层中不连接的走线会有妨碍。过孔分为以下两种。

（1）沉铜孔 PTH（Plating Through Hole），孔壁有铜或锡，一般是导电孔（Via pad）及元件孔（DIP PAD）。

（2）非沉铜孔 NPTH（Non Plating Through Hole），孔壁无铜或锡，一般是定位孔及螺丝孔。过孔由三部分组成，一是孔，二是孔周围的焊盘区，三是平面层隔离区。过孔的工艺过程是在过孔的孔壁圆柱面上用化学沉积的方法镀上一层金属，用以连通中间各层需要连通的铜箔，而过孔的上下两面做成普通的焊盘形状，可直接与上下两面的线路相通，也可不连接。过孔可以起到电气连接、固定或定位元件的作用。

19.2.2　盲孔（Blind Via）

盲孔只在 Top 层或 Bottom 层中的一层看得到，另外一面的层是看不到的，盲孔应用于表面层和一个或多个内层的连通，也就是说，盲孔从表面上钻入，但不钻透所有电气层。盲孔可能只要从 1 层到 2 层，或从 3 层到 4 层，采用盲孔的好处在于 1 层和 2 层导通不影响 3 层和 4 层的走线。而贯穿的过孔 1、2、3、4 层中不相关的层内的走线都会有影响。不过盲孔成本较高，一般应用在 4 层或 4 层以上的 PCB 中，且较小的孔（4mil 以下），需要激光钻孔。

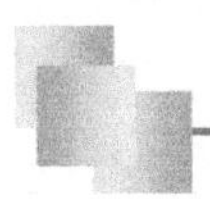

19.2.3 埋孔（Buried Via）

埋孔是指做在内层的过孔，PCB 压合后，无法看到，所以不占 Top 层和 Bottom 层面积，该孔上下两面都在 PCB 内部层，换句话说，是埋在 PCB 内部，即夹在中间。埋孔的好处就是可以增加走线空间。但是埋孔的工艺成本很高，价格也比较贵，一般电子产品不采用，只在高端的产品才会有应用，一般应用在 6 层或 6 层以上的 PCB。

19.2.4 盲孔和埋孔的应用

（1）盲孔和埋孔的应用，可以极大地降低 PCB 的尺寸，减少层数，提高电磁兼容性，增强电子产品特色，降低成本，同时也会使得设计工作更加简便快捷。在传统 PCB 设计和加工中，通孔会带来许多问题。首先占据大量的有效空间，其次大量的通孔密集摆放处也对多层 PCB 内层走线平面造成巨大障碍，这些通孔占去走线所需的空间，它们密集地穿过电源与地线层的表面，还会破坏电源地线层的阻抗特性，使电源地线层地电流回流路径加长。

（2）在 PCB 设计中，虽然焊盘、过孔的尺寸已逐渐减小，但如果板层厚度不按比例下降，将会导致通孔的纵横比增大，通孔的纵横比增大会降低可靠性。随着先进的激光打孔技术、等离子腐蚀技术的成熟，应用非贯穿的盲孔和埋孔成为可能，若盲孔和埋孔为 0.1mm，所带来的寄生参数是原先常规通孔的 1/10 左右，提高了 PCB 的可靠性。

（3）由于采用盲孔和埋孔，使得 PCB 上内层中的过孔会很少，因此可以为走线提供更多的空间。剩余空间可以用作大面积屏蔽，以改进 EMI 性能。同时更多的剩余空间还可以用于内层对元件和关键网线进行部分屏蔽或走线，使其具有最佳电气性能。采用盲孔和埋孔，可以更方便地进行元件引脚扇出，使得高密度引脚元件（如 BGA 封装元件）很容易布线，缩短连线长度，满足高速电路时序要求。

19.2.5 高速 PCB 中的过孔

在高速 PCB 设计中，看似简单的过孔也会给电路的设计带来很大的负面效应。为了减小过孔的寄生效应带来的不利影响，在设计中尽量做到以下 4 条。

（1）选择合理的过孔尺寸。在普通 PCB 设计中，过孔的寄生电容和寄生电感对 PCB 设计的影响较小，对 1 ~ 8 层 PCB 设计，一般选用 0.36mm/0.61mm（钻孔/焊盘）的过孔较好，一些特殊要求的信号线（如电源线、地线、时钟线等）可选用 0.41mm/0.81mm（钻孔/焊盘）的过孔，也可根据实际情况选用其余尺寸的过孔。对于多层一般密度的 PCB 设计，选用 0.25mm/0.51mm（钻孔/焊盘）的过孔较好，对于高密度的 PCB，既可以使用 0.20mm/0.46mm 的过孔，也可以使用盲孔和埋孔，对于电源或地线的过孔，则可以考虑使用较大尺寸，以减小阻抗。

（2）PCB 上的信号走线，特别是关键信号，尽量不换层，也就是说，尽量减少使用过孔。在信号换层的过孔附近放置一些接地过孔，以便为信号提供短距离回流路径。

（3）使用较薄的 PCB 有利于减小过孔的寄生电容和寄生电感。

（4）电源和地引脚要就近摆放过孔，过孔和引脚之间的引线越短越好，因为过长会导致寄生电感的增加。同时电源和地的引线要尽可能粗，以减少阻抗。

从成本和信号质量两方面综合考虑，在高速 PCB 设计时，工程师总是希望过孔越小越好，这样 PCB 上可以留有更多的布线空间，此外，过孔越小，其自身的寄生电容也越小，更适用于高速电路。但在高密度 PCB 设计中，采用非穿导孔以及过孔尺寸的减小同时带来了成本的增加，而且过孔的尺寸不可能无限制地减小，它受到 PCB 厂家钻孔和电镀等工艺技术的限制，在高速 PCB 的过孔设计中应均衡考虑。

19.3　HDI 的分类

根据盲孔和埋孔生成压合工艺的不同，可以按照阶数来进行分类，有四种：一阶、二阶、三阶和任意阶的 HDI。

19.3.1　一阶 HDI 技术

（1）一阶 HDI 技术是指盲孔仅连通表面及其他相邻的次外层成孔技术。通常采用激光孔进行（如 4/12mil），内层的盲孔一般采用普通孔。一阶 HDI 技术中采用 $1+N+1$ 的结构，N 代表常规通孔板的板层，1 表示在常规通孔板层的基础上再增加一层，需两次压合，如图 19.4 所示。

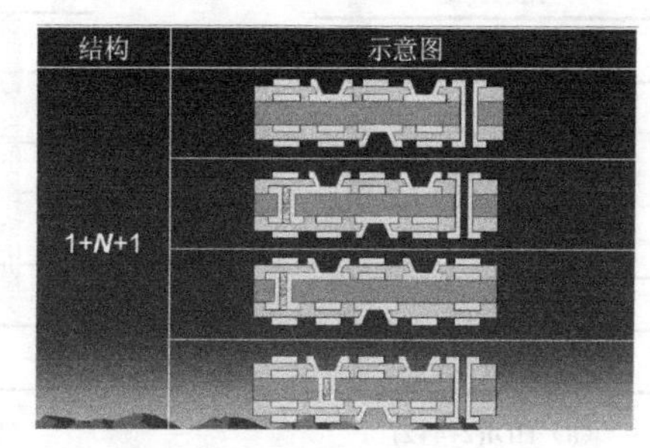

图 19.4　一阶 HDI 技术中采用 $1+N+1$ 的结构

（2）常见的 4 层和 6 层与 8 层 $1+N+1$ 的结构。图 19.5（a）中为 1+2+1 的 4 层结构，盲孔采用 VIA1－2、VIA3－4 两种类型。图 19.5（b）为 1+4+1 的 6 层结构，盲孔采用 VIA1－2、VIA5－6 两种类型。图 19.5（c）为 1+6+1 的 8 层结构，盲孔采用 VIA1－2、VIA7－8 两种类型，绿色为通孔示意图，蓝色为盲孔示意图。

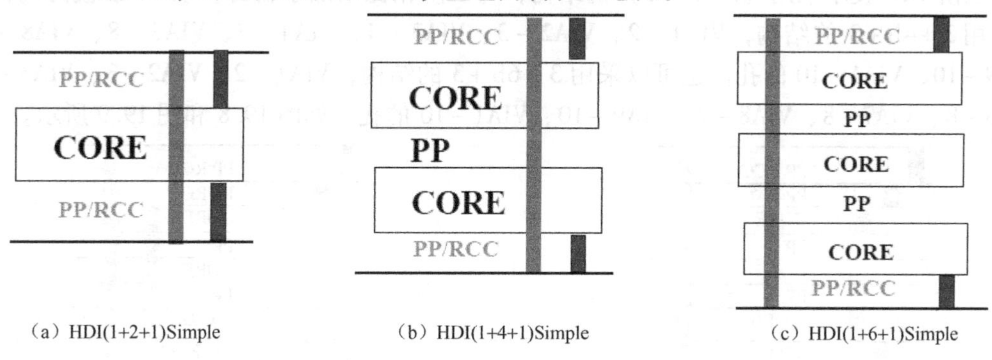

（a）HDI(1+2+1)Simple　（b）HDI(1+4+1)Simple　（c）HDI(1+6+1)Simple

图 19.5　常见的 4 层和 6 层与 8 层 $1+N+1$ 的结构

19.3.2　二阶 HDI 技术

（1）二阶 HDI 技术是在一阶 HDI 技术上的改进和提高而来的，激光盲孔直接由表层钻到第 3 层（$2+N+2$）或者由表层钻到第 2 层再由第 2 层钻到第 3 层两种形式（$1+1+N+1+1$），其加工难度远远大于一阶 HDI 技术。二阶 HDI 技术中采用 $2+N+2$ 的结构，N 表示常规通孔板的板层，2 表示在常规通孔板层的基础上再增加两层，需三次压合，如图 19.6 所示。

（2）8 层 $2+N+2$ 的结构。图 19.7（a）所示的 2+4+2 结构中，通孔采用 VIA1－8，

盲孔采用 VIA1－2、VIA7－8，埋孔采用 VIA2－3、VIA3－6、VIA6－7。图 19.7（b）所示的 2＋6b＋2 结构中，通孔采用 VIA1－8，盲孔采用 VIA1－2、VIA7－8，埋孔采用 VIA2－3、VIA2－7、VIA6－7。图 19.7（c）所示的 2＋6b＋2 结构中，通孔采用 VIA1－8，盲孔采用 VIA1－2、VIA7－8，埋孔采用 VIA2－3、VIA2－7、VIA6－7、VIA3－4、VIA5－6。图 19.7（c）相对于图 19.7（b）来说增加了 VIA3－4、VIA5－6 的盲孔。

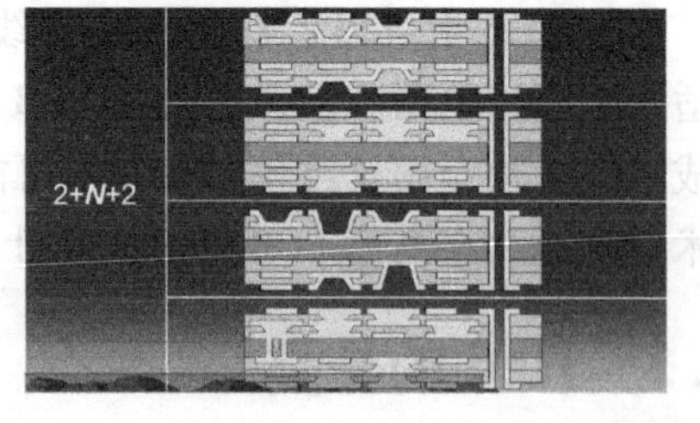

图 19.6　二阶 HDI 技术中采用 2＋*N*＋2 的结构

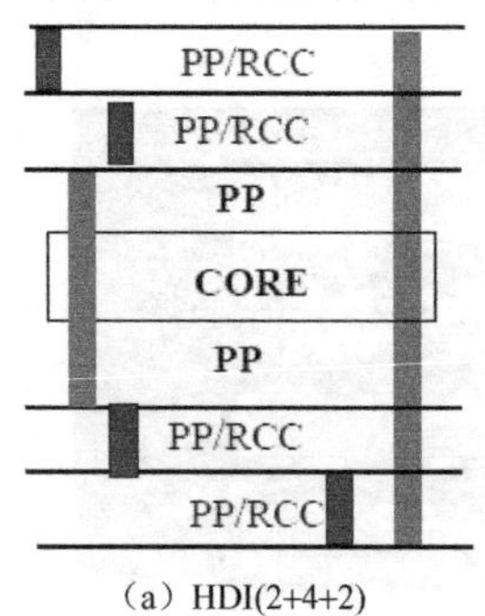

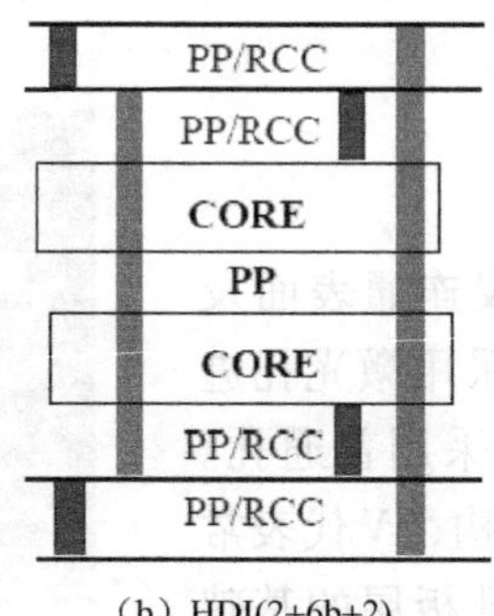

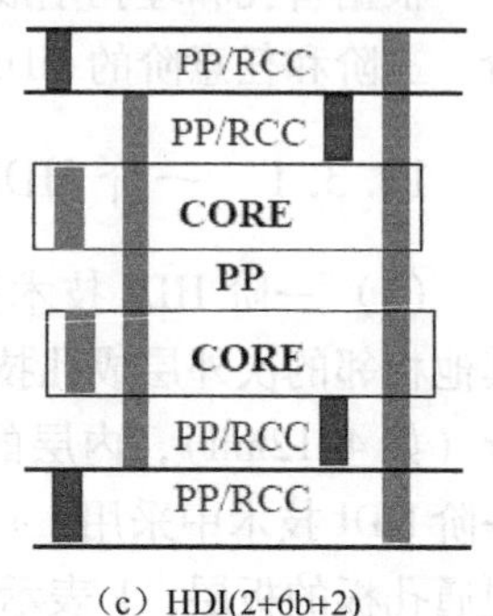

图 19.7　常见的 8 层 2＋*N*＋2 的结构

（a）HDI（2＋4＋2）　（b）HDI（2＋6b＋2）　（c）HDI（2＋6b＋2）

19.3.3　三阶 HDI 技术

三阶 HDI 技术采用（3＋*N*＋3）的结构，与二阶相比增加了盲孔。以 10 层板为例，可以采用 3＋4b＋3 的结构，VIA1－2、VIA2－3、VIA3－4、VIA4－7、VIA7－8、VIA8－9、VIA9－10、VIA1－10 的孔。也可以采用 3＋6b＋3 的结构，VIA1－2、VIA2－3、VIA3－4、VIA3－8、VIA7－8、VIA8－9、VIA9－10、VIA1－10 的孔，如图 19.8 和图 19.9 所示。

图 19.8　常见的 10 层 3＋*N*＋3 的结构（3＋4b＋3）

图 19.9　常见的 10 层 3＋*N*＋3 的结构（3＋6b＋3）

19.3.4　任意阶的 HDI

为了满足高端消费类电子产品小型化的需要，芯片的集成度越来越高，BGA 引脚间距越来越小，PCB 的布局也越来紧凑，布线的密度要求也越来越高，为了提高小面积中走线的布通率，这就需要使用任意阶的 HDI 技术。一般国内厂商任意阶的 HDI 技术还不够成熟，做到最复杂的结构也就是三阶 HDI 板。

19.3.5　多阶叠孔的 HDI

叠孔是采用盲孔与埋孔堆叠的方式来实现层与层之间的导通和互连，随着智能手机、平板电脑等消费类电子产品的飞速发展，推动 PCB 向高密度化、小型化方向发展。叠孔的使用可以最大限度地节约空间，已越来越受到业界的追捧，其应用将会越来越广泛。多阶 HDI 板的制作技术大多采用激光钻盲孔、电镀填盲孔的方式来实现层与层之间的互连，其制作难点在于盲孔加工、电镀填盲孔、精细线路制作和对位精准度的控制。叠孔制造的重点是堆叠重合性，也就是层间对准度和对互连可靠性的控制，如图 19.10 所示。

如图 19.11 所示，在 10 层板的叠层结构中，VIA1 - 2、VIA2 - 3、VIA3 - 4 就形成堆叠重合的叠孔，通过 VIA1 - 2、VIA2 - 3、VIA3 - 4 可以实现 Top 层到 2 层、3 层、4 层的连接。

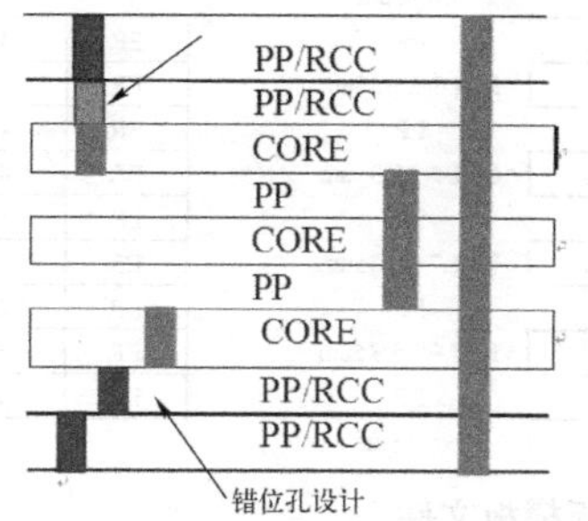

图 19.10　多阶叠孔的 HDI 错位孔设计

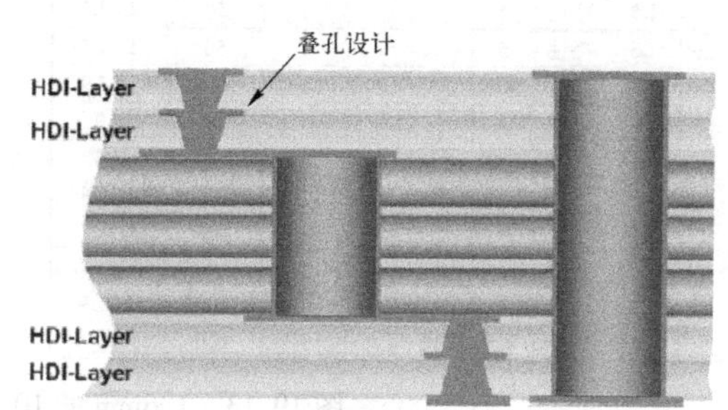

图 19.11　多阶叠孔的 HDI 叠孔设计

19.3.6　典型 HDI 结构

目前国内能够生产的 4 层、6 层、8 层、10 层 PCB 中，常见的一阶、二阶、三阶结构，具体如图 19.12 所示。

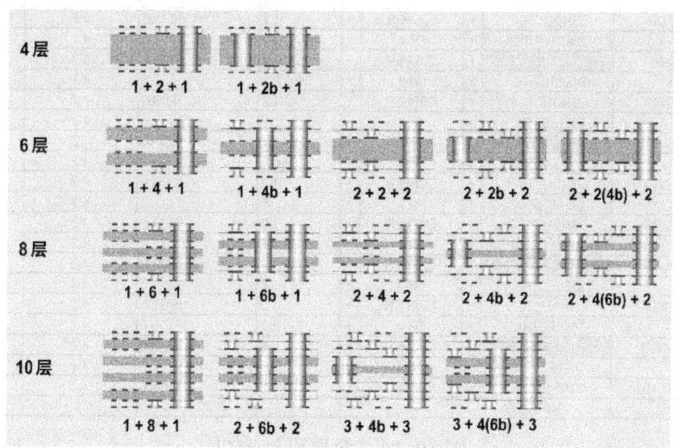

图 19.12　国内典型的常见多层 HDI 的一阶、二阶、三阶结构

19.4　HDI 设置及应用

以 10 层板为例进行设置说明，具体步骤如下。

19.4.1 设置参数和叠层

（1）打开 Allegro PCB Design 窗口，新建 10layerhdi. brd 文件。

（2）打开 Pad Designer 窗口，设计 VIAC12D4i. pad 的过孔文件，过孔的焊盘为 12mil，过孔的直径为 4mil。

（3）设置 Paths—Library—Padpath 为焊盘的路径，Psmpath 是 Allegro 数据库文件的路径，只有路径设置都正常，才能确保 VIAC12D4i 出现在 VIA 的列表中。

（4）按照叠层模板文件，设置厚度为 1.6mm 的 10 层电路板叠层，如图 19.13 所示。

	要求板厚:		1.6mm		板厚公差:			
	层次	阻抗属性	线宽 MIL	线距 MIL	铜皮间距	铜厚(成品)OZ	要求阻抗值OHM	参考层
设计参数	L1	特性	5			1	50	L2
	L3	特性	4.5			1	50	L2,L4
	L5	特性	5			1	50	L4,L7
	L6	特性	5			1	50	L4,L7
	L8	特性	4.5			1	50	L7,L9
	L10	特性	5			1	50	L9
	L1	差分	4.5	7		1	100	L2
	L3	差分	4	9		1	100	L2,L4
	L5	差分	4	8		1	100	L4,L7
	L6	差分	4	8		1	100	L4,L7
	L8	差分	4	9		1	100	L7,L9
	L10	差分	4.5	7		1	100	L9

	top 18um		
3.2mil	PP	ER	4.2
5.1mil	L2/L3 35/35um	ER	4.2
7mil	PP	ER	4.2
5.1mil	L4/L5 35/35um	ER	4.2
5mil	PP	ER	4.2
5.1mil	L6/L7 35/35um	ER	4.2
7mil	PP	ER	4.2
5.1mil	L8/L9 35/35um	ER	4.2
3.2mil	PP	ER	4.2
	bot 18um		

图 19.13　1.6mm 的 10 层电路板模板文件

（5）设置叠层。选择 Setup—Cross - Section 命令弹出 Layout Cross Section 对话框进入叠层设计窗口，按照模板文件进行叠层的设置，设置完成以后，单击 Apply 按钮确认，单击 OK 按钮关闭叠层窗口。设置完成的叠层文件截图如图 19.14 所示。

	Subclass Name	Type	Material	Thickness (MIL)	Conductivity (mho/cm)	Dielectric Constant	Loss Tangent
1		SURFACE	AIR			1	0
2	TOP	CONDUCTOR	COPPER	1.2	580000	4.2	0
3		DIELECTRIC	FR-4	3.2	0	4.2	0.017
4	GND2	PLANE	COPPER	1.2	580000	4.2	0.017
5		DIELECTRIC	FR-4	5.1	0	4.2	0.017
6	SIG3	CONDUCTOR	COPPER	1.2	580000	4.2	0.017
7		DIELECTRIC	FR-4	7	0	4.2	0.017
8	POWER4	PLANE	COPPER	1.2	580000	4.2	0.017
9		DIELECTRIC	FR-4	5.1	0	4.2	0.017
10	SIG5	CONDUCTOR	COPPER	1.2	580000	4.2	0.017
11		DIELECTRIC	FR-4	5	0	4.2	0.017
12	SIG6	CONDUCTOR	COPPER	1.2	580000	4.2	0.017
13		DIELECTRIC	FR-4	5.1	0	4.2	0.017
14	POWER7	PLANE	COPPER	1.2	580000	4.2	0.017
15		DIELECTRIC	FR-4	7	0	4.2	0.017
16	SIG8	CONDUCTOR	COPPER	1.2	580000	4.2	0.017
17		DIELECTRIC	FR-4	5.1	0	4.2	0.017
18	GND9	PLANE	COPPER	1.2	580000	4.2	0.017
19		DIELECTRIC	FR-4	3.2	0	4.2	0.017
20	BOTTOM	CONDUCTOR	COPPER	1.2	580000	4.2	0
21		SURFACE	AIR			1	0

图 19.14　叠层设计窗口

19.4.2 定义盲埋孔和应用

（1）定义盲埋孔。选择 Setup—B/B via Definitions—Define B/B via 命令，弹出 Blind/Buried Vias 窗口，如图 19.15 所示。

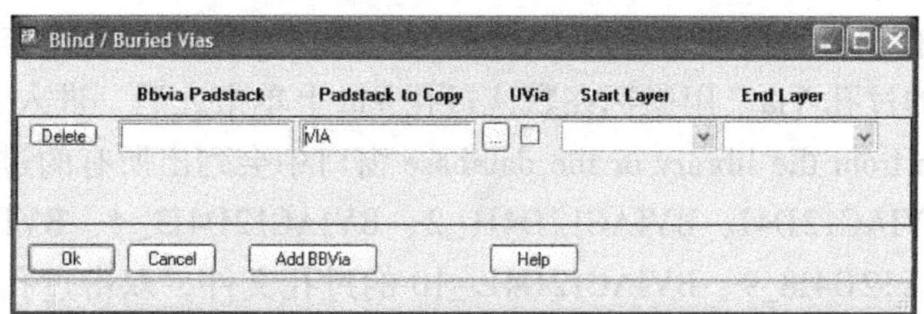

图 19. 15　Blind/Buried Vias 窗口

(2) Bbvia Padstack 栏的文本框用于定义盲埋孔的名称，Padstack to Copy 栏的文本框用于定义哪些盲埋孔来自于复制的过孔，单击右侧的按钮会弹出 Select a Padstack 窗口用来选择过孔。Start Layer 栏文本框用于定义盲埋孔从哪个层开始，End Layer 栏文本框用于定义盲埋孔在哪个层结束。

(3) 在 Padstack to Copy 栏中右侧的按钮上单击，在弹出的 Select a Padstack 窗口中选择 VIAC12D4I，在 Bbvia Padstack 栏的文本框输入 BVIAC12D4I1_2，在 Start Layer 栏的文本框选择 TOP，End Layer 栏的文本框选择 GND2，表示将要建立的是盲孔，从 Top 层开始到 GND2 层结束。BVIAC12D4I1_2 中的 B 代表盲埋孔，1_2 代表从 Top 层到内层的第二层。

(4) 输入完成以后，单击 Add BBVia 按钮将新增一行数据，按照上述办法，完成 BVIAC12D4I3_4、BVIAC12D4I4_7、BVIAC12D4I7_8、BVIAC12D4I8_9、BVIAC12D4I9_10 盲埋孔的定义。在输入数据的过程中，注意每个盲埋孔中的 Start Layer 和 End Layer 层选择，注意在选择过程中不要输入错误层。7 个类型的盲埋孔设置完以后单击 OK 按钮关闭定义窗口。完成后的界面截图如图 19. 16 所示。

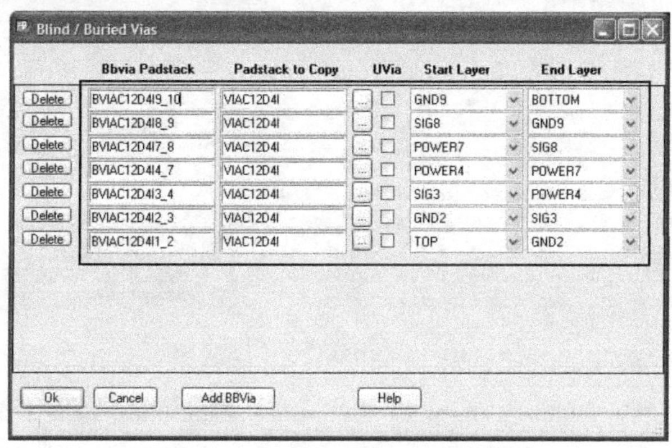

图 19. 16　定义盲埋孔界面

(5) 选择 Setup—Constraints—Physical 命令，打开约束管理器，选择 Physical—Physical Constraint Set—All Layer 工作簿，在右侧工作表编辑窗口中的 DEFAULT 规则就是默认物理约束规则。

(6) 在 Name 栏，工程文件名上右击，选择 Create—Physical CSet 命令，弹出 Create Physical CSet 对话框。或者选择 Objects—Create—physical CSet 命令，弹出 Create Physical CSet 对话框。在 Physical CSet 文本框中输入新建约束的名称（PHY_BBVIA）后单击 OK 按钮，新建约束就已经产生，如图 19. 17 所示。

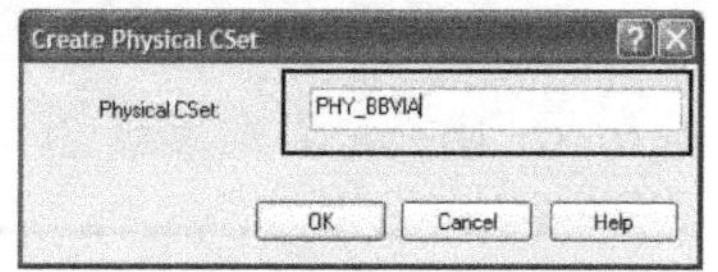

图 19. 17　新建约束界面

（7）用鼠标向右侧滑动滚动条，找到 Vias 栏，设置过孔的相关操作。默认下，系统会自动加载一个默认的过孔 Via。用鼠标在默认过孔 Via 上单击之后，进入 Edit Via List 过孔编辑窗口。Select a via from the library or the database 窗口中会列出所有的过孔文件，用鼠标上下拉滚动条，找到 VIAC12D4I、BVIAC12D4I1_2、BVIAC12D4I3_4、BVIAC12D4I4_7、BVIAC12D4I7_8、BVIAC12D4I8_9、BVIAC12D4I9_10 的过孔文件，双击过孔文件后，它会出现在右侧的 Via list 窗口中，如图 19.18 所示。

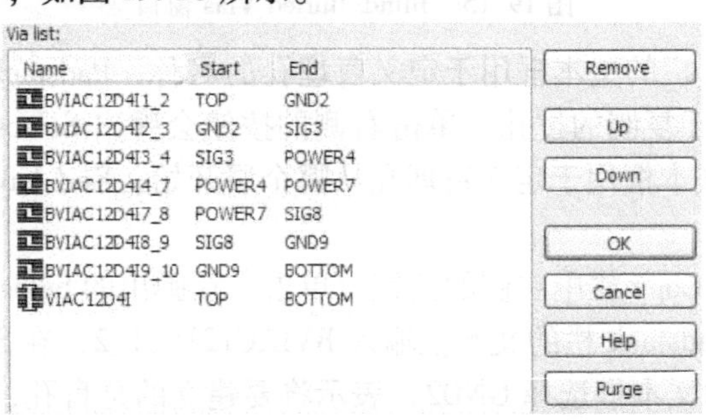

图 19.18　Via list 窗口

（6）需要注意的是，Via list 中的排列顺序与实际操作中优先选择的 Via 顺序有关，顺序排列在前面的具有优先使用权。添加过孔以后，在窗口下面的 Via List viewer 窗口中可以清楚地看到设置的通孔和盲埋孔，在该处可以单击 Undock viewer 按钮将该过孔预览窗口放大，可以清楚地看到各孔的开始层和结束层，以便于对孔的错误进行检查，如图 19.19 所示。

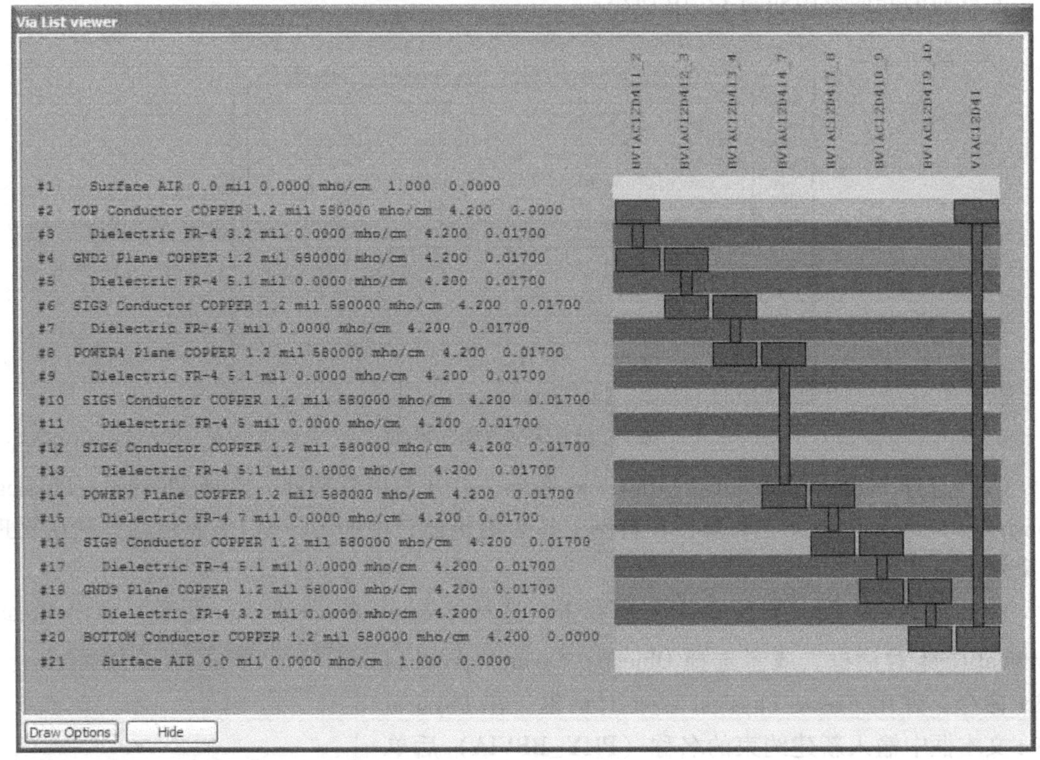

图 19.19　Via List viewer 窗口

19.4.3　盲埋孔设置约束规则

（1）孔设置完成以后单击 OK 按钮返回约束管理器设置界面，Pad connect 用来设置 Pad 的连接关系。一般情况下，在电路板的内层中有两种设置，选择 VIAS_VIAS_ONLY 表示只有 Via - Via 和 Via - microvia 允许相连。MICROVIAS_MICROVIAS_ONLY 只允许 microvia - Via - microvia 在 coincident 情况下连接。在该处将所有的内电层都设置成 VIAS_VIAS_ONLY 的连接方式。BB Via Stagger Min 栏用来检查盲埋孔中心距所允许的最小距离，如图 19.20 所示。

Objects			Vias	BB Via Stagger		Pad-Pad Connect
Type	S	Name		Min mil	Max mil	
*		*	*	*	*	*
Dsn		⊟ 10layerhdi	VIAC12D4I	5.0	0.0	ALL_ALLOWED
PCS		⊞ DEFAULT	VIAC12D4I	5.0	0.0	ALL_ALLO...
PCS		⊟ PHY_BBVIA	BVIAC12D4I1_2:B...	5.0	0.0	ALL_...
Lyr		TOP		5.0	0.0	ALL_ALLOWED
Lyr		GND2		5.0	0.0	VIAS_VIAS_O...
Lyr		SIG3		5.0	0.0	VIAS_VIAS_O...
Lyr		POWER4		5.0	0.0	VIAS_VIAS_O...
Lyr		SIG5		5.0	0.0	VIAS_VIAS_O...
Lyr		SIG6		5.0	0.0	VIAS_VIAS_O...
Lyr		POWER7		5.0	0.0	VIAS_VIAS_O...
Lyr		SIG8		5.0	0.0	VIAS_VIAS_O...
Lyr		GND9		5.0	0.0	VIAS_VIAS_O...
Lyr		BOTTOM		5.0	0.0	ALL_ALLOWED

图 19.20　约束管理器孔设置界面

（2）新建 PHY_BBVIA Physical 约束规则以后，可以将新建的约束规则应用到 Net 的网络中去，使网络表中的 Net 按照设置约束进行布线和 DRC 规则检查。找到 NET01、NET02、NET03、NET04、网络在表格中 Referenced Spacing CSet 栏对应的位置，用鼠标分别单击，在下拉列表中选择新建的 PHY_BBVIA，PHY_BBVIA 的规则就应用到这 4 个网络中去了，如图 19.21 所示。

Objects			Vias	BB Via Stagger		Pad-Pad Connect
Type	S	Name		Min mil	Max mil	
*		*	*	*	*	*
Dsn		⊟ 10layerhdi	VIAC12D4I	5.0	0.0	ALL_ALLOWED
Net		NET01	BVIAC12D4I1_2:BVIAC12...	5.0	0.0	ALL_ALLOWE...
Net		NET02	BVIAC12D4I1_2:BVIAC12...	5.0	0.0	ALL_ALLOWE...
Net		NET03	BVIAC12D4I1_2:BVIAC12...	5.0	0.0	ALL_ALLOWE...
Net		NET04	BVIAC12D4I1_2:BVIAC12...	5.0	0.0	ALL_ALLOWE...

图 19.21　盲埋孔规则应用设置界面

19.4.4　盲埋孔的摆放使用

（1）打开盲埋孔的显示标签，选择 Setup—Design Parameter Editor 命令，打开 Design Parameter Editor 窗口，选择 Display 选项卡，勾选 Via Labels 复选项，表示显示盲埋孔的所在层的标签。

（2）选择 Route—Connect 命令，在 Options 选项卡中选择 Top 和 Gnd2，表示将在 Top 层布线，然后切换到 Gnd2 层，在需要布线的 NET02 网络元件引脚上单击，Via 文本框中已经自动设置成 BVIAC12D4I1_2 的盲孔，双击就可以放下 BVIAC12D4I1_2 的盲孔，如图 19.22 所示。

（3）同样的道理，不断切换布线层，可以将所有的盲埋孔都依次摆放在电路板中，VIA 文本框中会根据所布线的层，自动选择盲埋孔。图 19.23 所示的 1:2 表示从 TOP 层到第 2 层的孔，3:4 表示从第 3 层到第 4 层的孔。

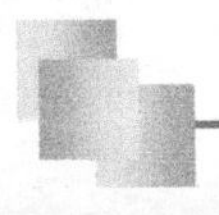

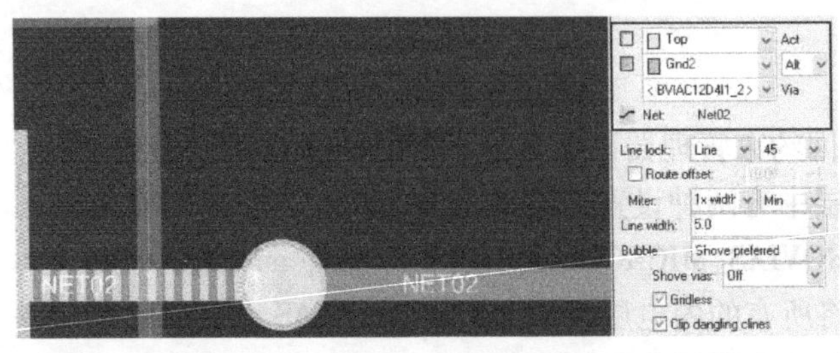

图 19.22　放置 BVIAC12D4I1_2 的盲孔

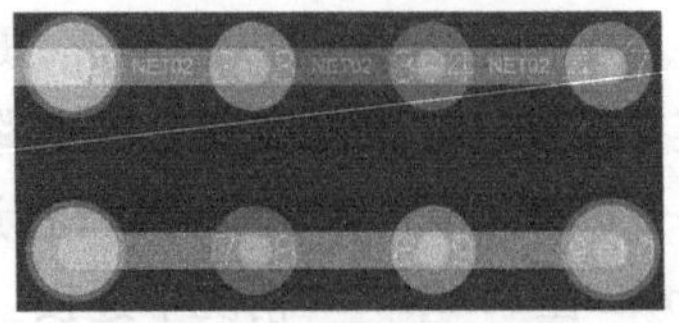

图 19.23　切换层放置 BVIAC12D4I1_2 的盲孔

（4）选择 Display—Element 命令，在 Find 选项卡中只勾选 Via 复选项，用鼠标单击显示 1:2 的过孔，弹出 Show Element 窗口，Padstack name 为 BVIAC12D4I1_2，Type 为 Bbvia Plated，同设置的一致，如图 19.24 所示。

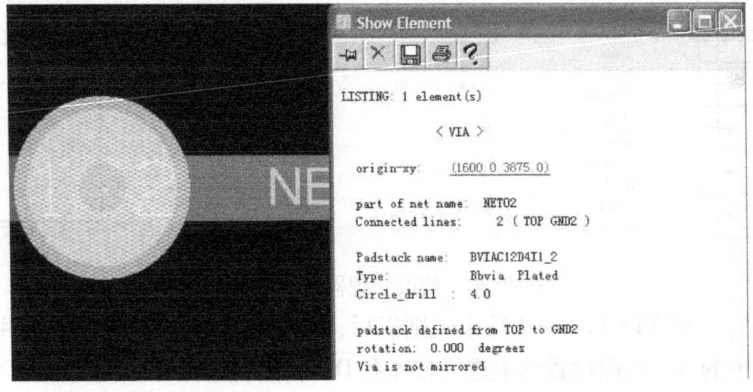

图 19.24　在 Show Element 窗口中查看盲埋孔信息

19.4.5　盲埋孔常见错误与排除

（1）若盲埋孔显示成 1 - 10 的格式，表示存在过孔重叠孔，即同网络之间的过孔重叠孔。如图 19.25 所示。

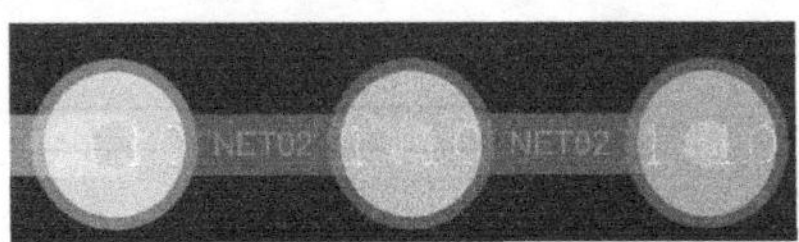

图 19.25　同网络之间的过孔重叠孔

（2）不同网络之间的过孔重叠孔会显示重合字符标志，Allegro 会根据 DRC 设置的 Blind/Buried Via to Blind/Buried Via Spacing 间距规则来进行检查，发现存在错误之后，给出 DRC 错误标记，如图 19.26 所示。

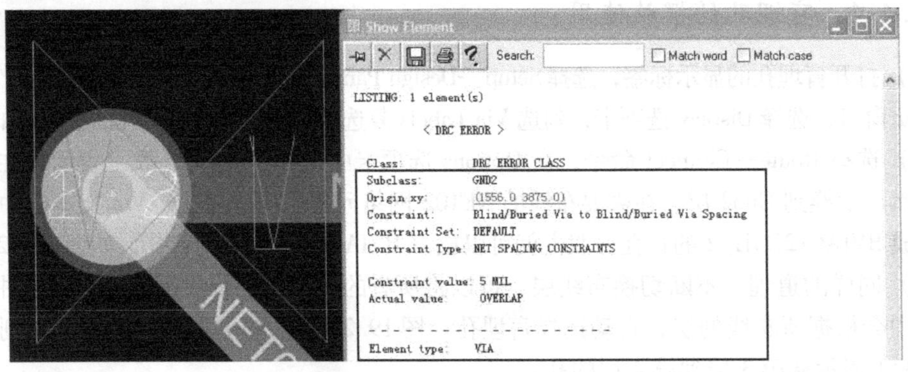

图 19.26　不同网络之间的过孔重叠孔重合字符标示

（3）若设计中允许不同网络之间在不同的层中存在过孔重叠孔，那么可以在约束管理器中选择 Setup—Constraints—Spacing 命令，打开约束管理器，找到 Spacing—Spacing Constraint Set—BB Via Gap 工作簿，将 Min BB Via Gap 的规则设置成 0。比如 BVIAC12D4I1_2 放在 Top 层和第 2 层，BVIAC12D4I4_7 放在第 4 层和第 7 层，这两个盲埋孔可以重叠。但需要注意 BVIAC12D4I1_2 和 BVIAC12D4I2_3 盲埋孔不能重叠，因为这样会在第 2 个面上重叠，造成电气短接，如图 19.27 所示。

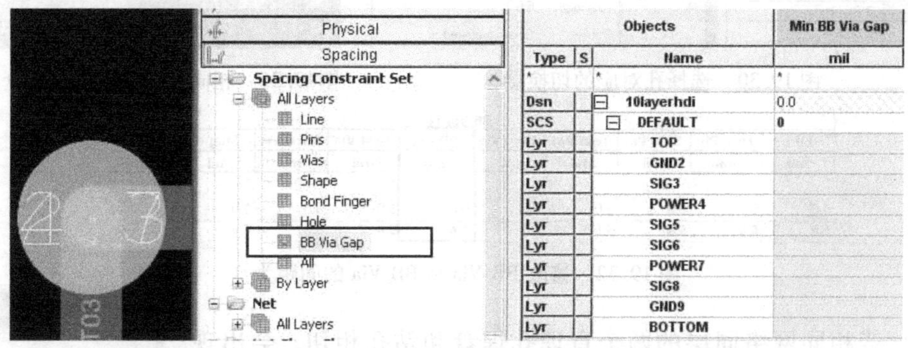

图 19.27　设置允许不同网络之间在不同的层中存在过孔重叠孔

（4）选中该重叠过孔之后，右键选择 3D View 命令，在 3D 预览效果中可以看到两个盲埋孔在位置上重叠，但在各层内相互独立，不连接，如图 19.28 和图 19.29 所示。

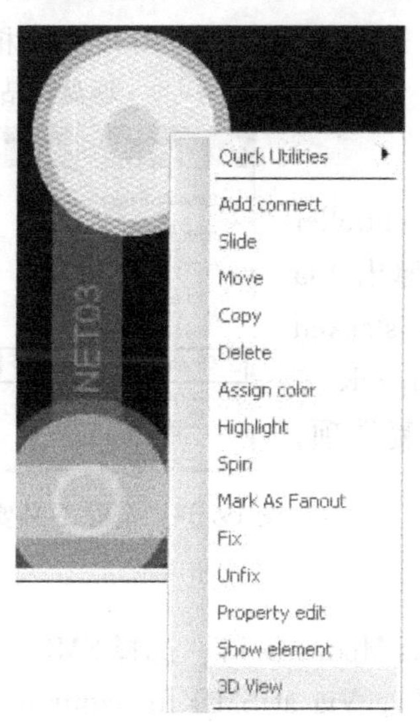

图 19.28　3D View 命令

图 19.29　3D 盲埋孔预览图

（5）选择 Route—Connect 命令，在 Options 选项卡的 Act 选项中设置成 WL，单击 Working Layers 按钮，打开 Working Layers 窗口。在该窗口中勾选需要布线的层可以设置在特定层中切换，自动选取对应的过孔，避免反复换层的操作，提高布线的效率，如图 19.30 所示。

（6）相同网络之间可以设置盲埋孔焊盘重叠相切，打开约束管理，选择 Spacing—Physical Constraint Set—All Layers 工作簿，修改 BB Via to BB Via 的间距为 0，如图 19.31 所示。该规则可以让不同层中或相同层中，相同网络的盲埋孔过孔的焊盘相切，如图 19.32 所示。

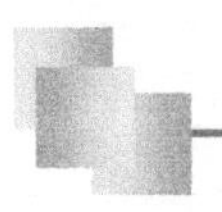

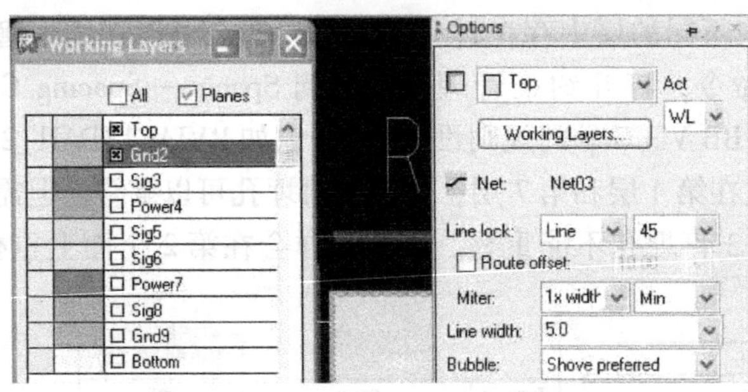

图 19.30　选择孔对应的切换层

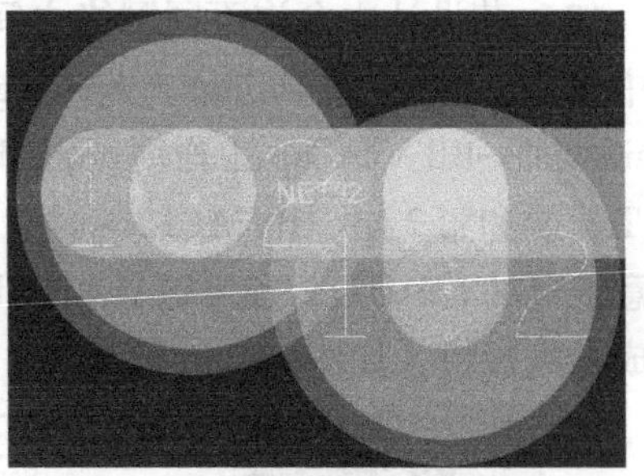

图 19.31　相同盲埋孔焊盘和焊盘相切

BB Via To									
Line	Thru Pin	SMD Pin	Test Pin	Thru Via	BB Via	Test Via	Microvia	Shape	Bond Finger
mil	mil	mil	mil	mil	mil	mil	mil	mil	mil
*	*	*	*	*	*	*	*	*	*
5.0	5.0	5.0	5.0	5.0	0.0	5.0	5.0	5.0	5.0
5.0	**5.0**	**5.0**	**5.0**	**5.0**	**0.0**	**5.0**	**5.0**	**5.0**	**5.0**

图 19.32　修改 BB Via to BB Via 的间距为 0

（7）若相同网络同层的两个盲埋孔焊盘和钻孔相切，会出现 Drill Hole to Via Same Net Spacing 间距 DRC 错误标记，一般情况下，盲埋孔焊盘和钻孔不允许相切，如图 19.33 所示。

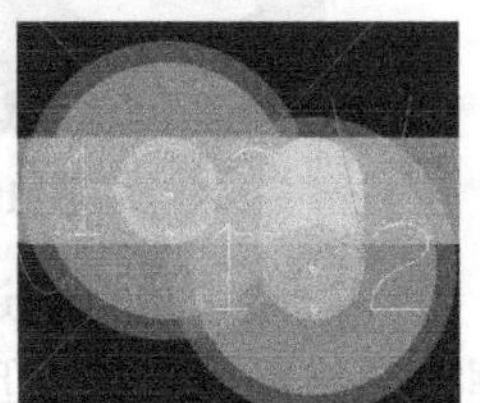

图 19.33　相同盲埋孔焊盘和钻孔相切

19.5　相关的设置和约束

19.5.1　清除不用的堆叠过孔

选择 Route—Gloss—Parameter 命令，弹出 Glossing Controller 窗口，单击 Via eliminate（减少过孔）前面的按钮，弹出 Via Eliminate窗口，如图 19.34 所示。勾选 Eliminate unused stacked vias 复选项，设置是否删除堆叠过孔。设置完成后单击 OK 按钮，在 Glossing Controller 窗口界面勾选 Via Wliminate 复选项，单击 Gloss 按钮开始进行 Via Eliminate 的优化操作。

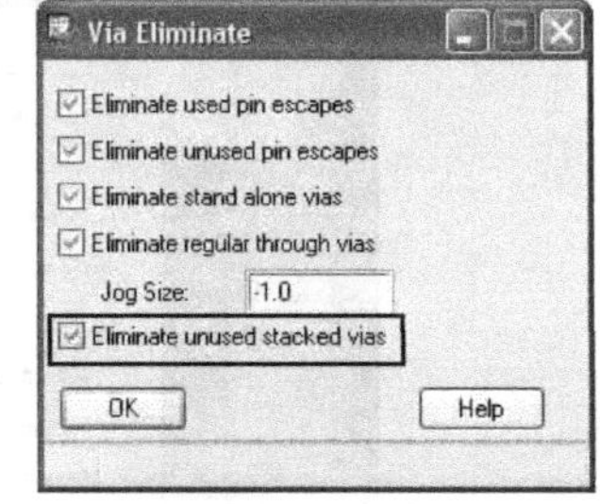

图 19.34　清除不必要的堆叠过孔

19.5.2　过孔和焊盘 DRC 模式

选择 Setup—Constraints—Modes 命令，弹出 Analysis Modes 窗口，选择 SMD Pin Modes 选项。Via at SMD Pin 设置成 On，允许过孔在焊盘上重叠。Via at SMD fit required 设置成 On，允许过孔在 SMD 焊盘区域内，允许过孔（通孔、盲埋孔）在焊盘内移动，但不允许超过焊盘的范围，设置成 Off 表示允许超过焊盘的范围，但是过孔的中心点不可以超过焊盘的边缘，违反后将给出 DRC 错误的标记，如图 19.35 和图 19.36 所示。

Via at SMD thru allowed 设置成 On，表示允许通孔的过孔在 SMD 焊盘内，设置成 Off，表示不允许通孔在焊盘内，一旦违反将给出 DRC 错误标记，如图 19.37 和图 19.38 所示。

Etch turn under SMD pin 设置成 On，表示不允许绕线在焊盘内，若焊盘内有绕线，将给出 DRC 错误标记，设置成 Off，表示允许在焊盘内绕线，不做 DRC 检查，如图 19.39 和图 19.40所示。

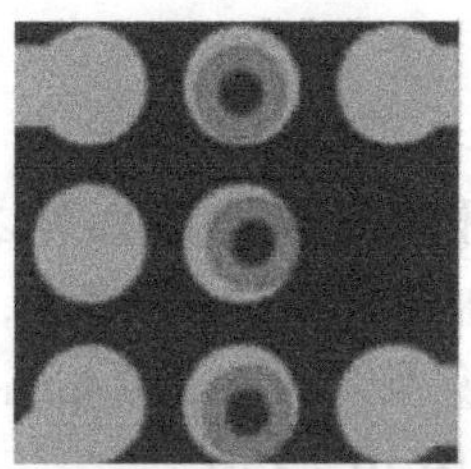

图 19.35　Via at SMD fit required 设置成 On

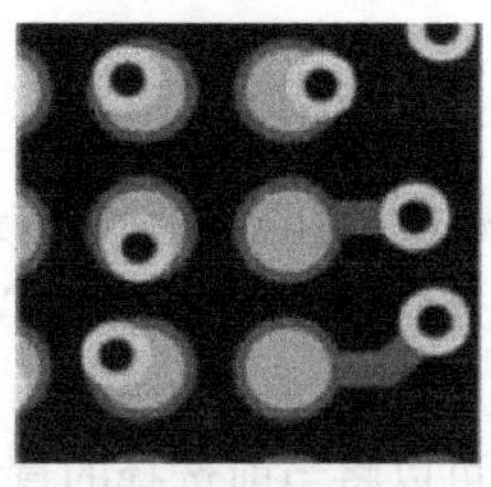

图 19.36　Via at SMD fit required 设置成 Off

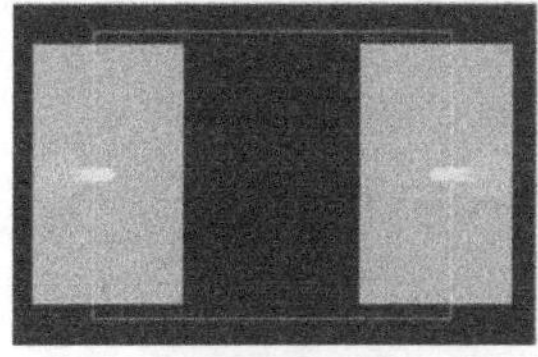

图 19.37　Via at SMD thru allowed 设置成 On

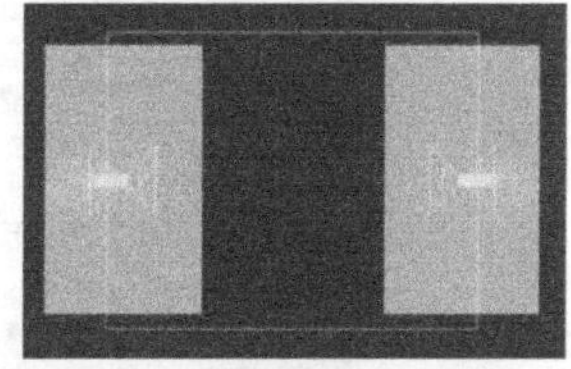

图 19.38　Via at SMD thru allowed 设置成 Off

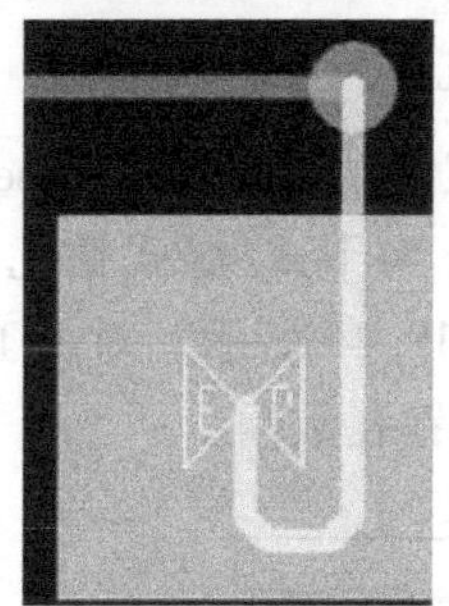

图 19.39　Etch turn under SMD pin 设置成 On

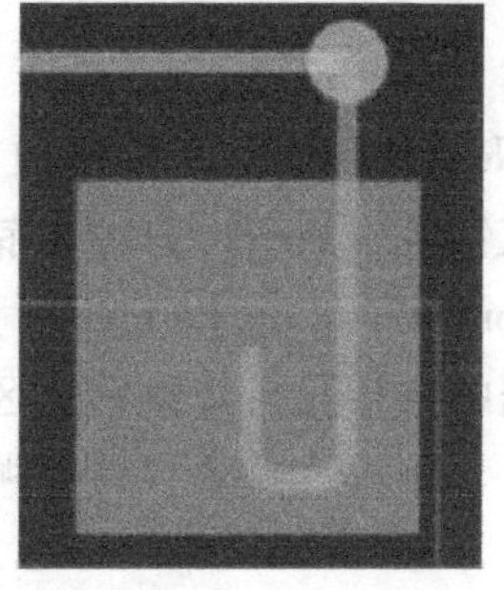

图 19.40　Etch turn under SMD pin 设置成 Off

19.5.3　Via - Via Line Fattening 命令

当同网络中多过孔距离比较近时，可以设置过孔之间的线加粗，以防止在加工过程中产生尖角，避免加工出现问题。选择 Route—Resize/replace—Via - Via Line Fattening 命令，打开 Via - Via Line Fattening 窗口，如图 19.41 所示。Maximum Via - to - Via Spacing 文本框用来设置最大过孔间距，小于该数值过孔间距线都将自动加粗（增肥），勾选 Waive Impedance/Max Line Width DRCs 复选项将放弃阻抗和最大线宽的 DRC。

Entire Design 单选项表示当前的设计内都有效，Selected Clines Only 单选项表示当前选中的有效，单击 Run Line Fattener 按钮执行线加粗操作，如图 19.42 所示。

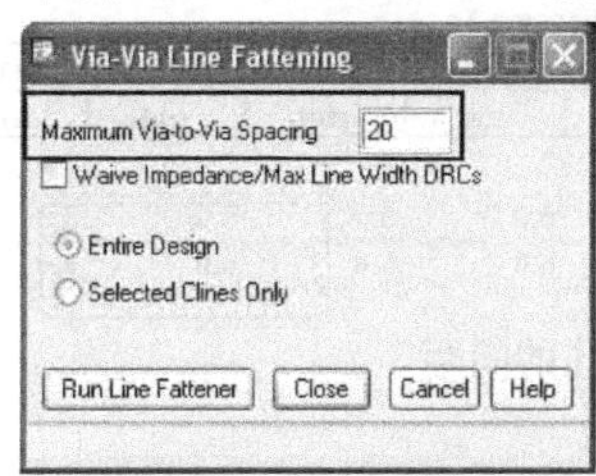

图 19.41　Via - Via Line Fattening 窗口

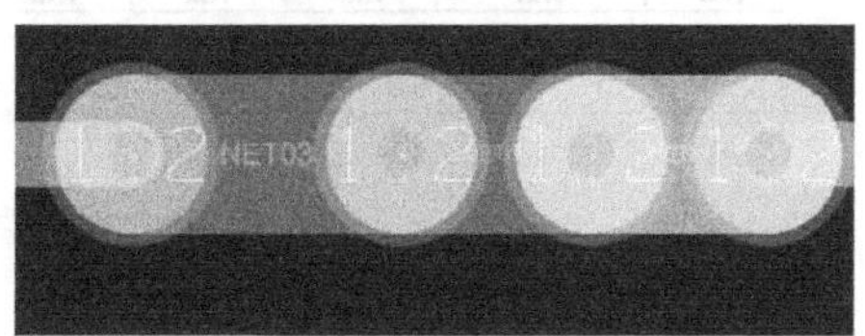

图 19.42　Via - Via Line Fattening 效果

19.5.4 Microvia 微孔

（1）Microvia 微孔是区别于盲埋孔新增加的孔类型，利用该类型的孔可以更好地实现 HDI 设计特殊规则的要求。选择 Tools—Padstack—Modify Design Padstack 命令，将鼠标移动到盲埋孔上右击，选择 Edit 菜单，弹出 Padstack Designer 窗口，在 Usage optins 选项组中勾选 Microvia 就可以将当前选择的盲埋孔转变成 Microvia，如图 19.43 所示。

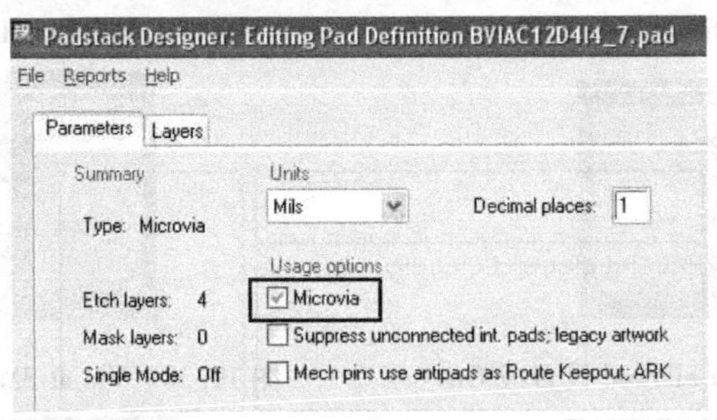

图 19.43 选择 Microvia 微孔

（2）在 Non_standard dirll 选项中可以对孔的加工工艺进行指定，Laser 为激光钻孔，Plasma 为电浆钻孔，Punch 为冲击钻孔，Wet/dry Etching 为干式/湿式钻孔，Photo Imaging 为影像孔，Conductive lnk Formation 为导电油墨孔，如图 19.44 所示。对加工工艺的指定可以在钻孔数据中将微孔与其他钻孔区别开来，产生不同的钻孔数据。

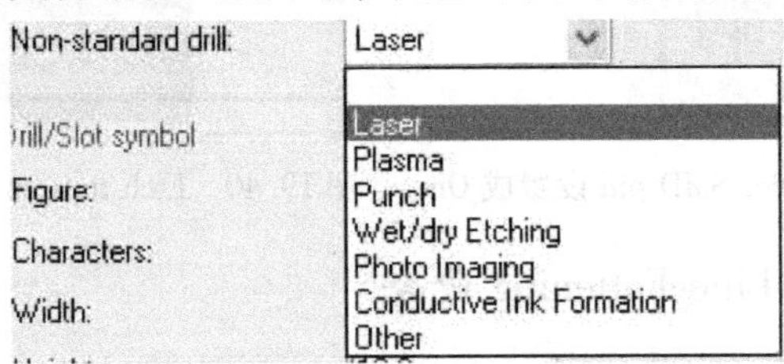

图 19.44 对孔的加工工艺进行指定

（3）选择 Setup—Constraints—Spacing 命令，打开约束管理器，选择 Spacing—Spacing Constraint Set—All Layer 工作簿，选择 Same Net Spacing—Same Net Spacing Constraint Set—All Layer 工作簿可以对微孔到其他孔的间距及相同网络之间微孔到其他孔的间距进行设置。比如 Microvia To BB Via 为微孔到盲埋孔的间距设置，Microvia To Microvia 为微孔到微孔的间距设置，如图 19.45 所示。

		Microvia To								
Shape	Bond Finger	Line	Thru Pin	SMD Pin	Test Pin	Thru Via	BB Via	Test Via	Microvia	Shape
mil	mil	mil	mil	mil	mil	mil	mil	mil	mil	mil
*	*	*	*	*	*	*	*	*	*	*
5.0	5.0	5.0	5.0	5.0	5.0	5.0	5.0	5.0	5.0	5.0
5.0	**5.0**	**5.0**	**5.0**	**5.0**	**5.0**	**5.0**	**5.0**	**5.0**	**5.0**	**5.0**

图 19.45 设置微孔到其他盲埋孔的间距

19.5.5 BB Via Stagger

BB Via Stagger 用于设置盲埋孔之间中心距所允许相互错开距离，Min BB Via Stagger 用

于设置盲埋孔中心距之间最小错开距离，Max BB Via Stagger 用于设置盲埋孔中心距之间错开最大距离。0 表示可以任意大的距离，最大距离不受限制。可以针对某个规则，或者某个网络进行单独的规则设置，如图 19.46 所示。

Vias	BB Via Stagger Min (mil)	BB Via Stagger Max (mil)
*	*	*
BVIAC16D81_2:BVIAC16...	5.000	0.000
BVIAC16D81_2:BVIA...	**5.000**	**0.000**

图 19.46　盲埋孔之间中心距所允许相互错开距离

19.5.6　Pad – Pad Connect 命令

Pad – Pad Connect 命令用来设置 Pad 的连接关系，在电路板的内层中有两种设置，如图 19.47所示。选择 VIAS_VIAS_ONLY 表示只允许 Via – Via 和 Via – microvia 相连。MICROVIAS_MICROVIAS_ONLY表示只允许 microvia – Via – microvia 在 coincident 情况下连接。在该处将所有的内电层都设置成 VIAS_VIAS_ONLY 的连接方式。

Vias	BB Via Stagger Min (mil)	BB Via Stagger Max (mil)	Allow Pad-Pad Connect	Allow Etch	Allow Ts
*	*	*	*	*	*
BVIAC16D81_2:BVIAC16...	5.000	0.000	ALL_ALLOWED	TRUE	ANYWHERE
BVIAC16D81_2:BVIA...	**5.000**	**0.000**	ALL_ALLO	**TRUE**	**ANYWHERE**

ALL_ALLOWED
VIAS_PINS_ONLY
VIAS_VIAS_ONLY
MICROVIAS_MICROVIAS_ONLY
MICROVIAS_MICROVIAS_COINCIDENT_ONLY
NOT_ALLOWED

图 19.47　Pad – Pad 的连接关系设置

19.5.7　Gerber 中去除未连接的过孔焊盘

在高密度电路板中，内层有很多没有连接的过孔焊盘，通常可以在输出 Gerber 时去除这些焊盘，可以减少 Via 的电容效应。选择 Manufacture—Artwork 命令，弹出 Artwork Control Form 对话框，选择 Film Control 选项卡，勾选 Suppress unconnected pads 复选项，去除未连接的过孔焊盘，如图 19.48 所示。

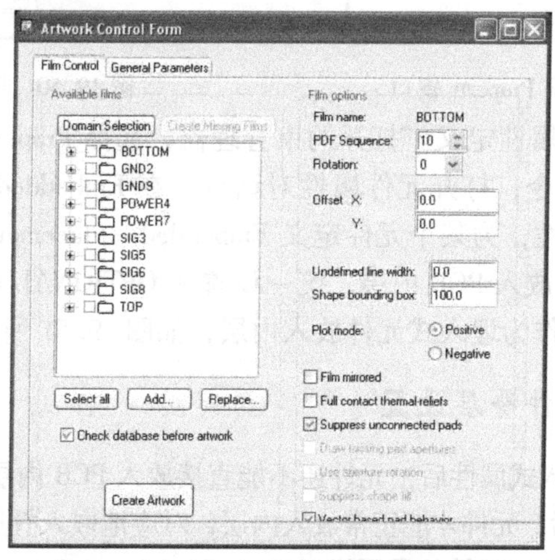

图 19.48　Gerber 中去除未连接的过孔焊盘

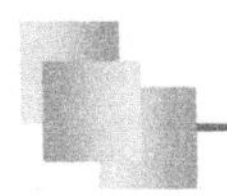

19.6 埋入式元件设置

随着设计复杂度的提升，设计难度的提高，PCB 布局布线区域受到越来越多的限制，于是，埋入式元件设计就变得越发重要。因此，Allegro 增加了埋入式元件设计的功能，下面讲述埋入式元件（Embedded Component）的设计过程。

19.6.1 添加元件属性

（1）全局埋入式元件属性设置。执行 Edit—Properties 命令，为电阻、电容等元件定义 Embedded 属性，以便将来这些元件可以作为埋阻、埋容元件放置到内层。

Find 选项卡中只勾选 Symbols 复选项，Find by name 文本框中选择 Device Type 类型，表示针对 Device 来进行查找。然后单击 More 按钮，弹出 Find by Name or Property 窗口，如图 19.49所示。选择要埋入的元件双击，之后元件会添加到右侧的 Selected objects 选择框中。单击 Apply 按钮，弹出 Edit Property 属性编辑窗口，将 Embedded_Placement 设置成 OPTIONAL 可选埋入式，如，图 19.50 所示。

Embedded_Placement 中可以设置的属性有 3 种：OPTIONAL 可选埋入式，该元件可以放在表面层，也可以作为埋入式元件放入内层；REQUIRED 必要埋入式属性，该元件必须作为埋入式元件放在内层，不可以置于表面层；EXTERNAL ONLY 只外置属性，该元件只能放在表面层，不可以作为埋入式元件置于内层。

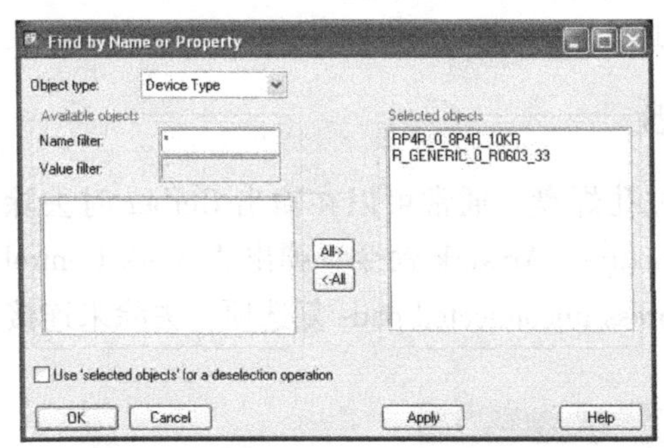

图 19.49 Find by Name or Property 窗口

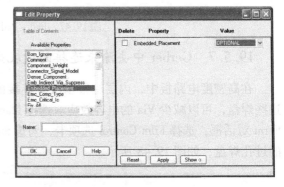

图 19.50 Edit Property 窗口

（2）局部埋入方式的属性定义。打开约束管理器，选择 Properties—Component—Component Properties—General 命令，打开元件属性对话框。在 Embedded 属性栏中，Placement 列用于定义元件的埋入式属性，为某个元件定义 Embedded—Placement 属性，这些元件就可以在 PCB 中作为埋入式元件放入 PCB 内层，统一设置成 OPTIONAL 可选埋入式，则该元件既可以放在表面层，也可以作为埋入式元件放入内层，如图 19.51 所示。

19.6.2 埋入式元件叠层设置

（1）设置好元件的埋入式属性后，元件还不能直接放入 PCB 内层，接下来要设置埋入元件的层叠。设置埋入的层叠后，元件才能正常放入内层，对应地嵌入叠层。选择 Setup—Embedded Layer Setup 命令，弹出埋入式元件的叠层设置 Embedded Layer Setup 窗口，如图 19.52 所示。

Objects			Rotation	Mirrored	Embedded			
Type	S	Name			Layer	Status	Attach	Placement
*		*	*	*	*	*	*	*
Dsn		⊟ 10layerhdi						
PrtD		⊞ R0603						
PrtD		⊟ R0805						
PrtI		R1	0.000	NO				OPTIONAL
PrtI		R2	0.000	NO				OPTIONAL
PrtI		R3	0.000	NO				OPTIONAL
PrtI		R4	0.000	NO				OPTIONAL
PrtI		R5	0.000	NO				OPTIONAL
PrtI		R6	0.000	NO				OPTIONAL
PrtI		R7	0.000	NO				OPTIONAL
PrtI		R8	0.000	NO				OPTIONAL
PrtI		R9	0.000	NO				OPTIONAL

图 19.51　局部埋入方式属性设置界面

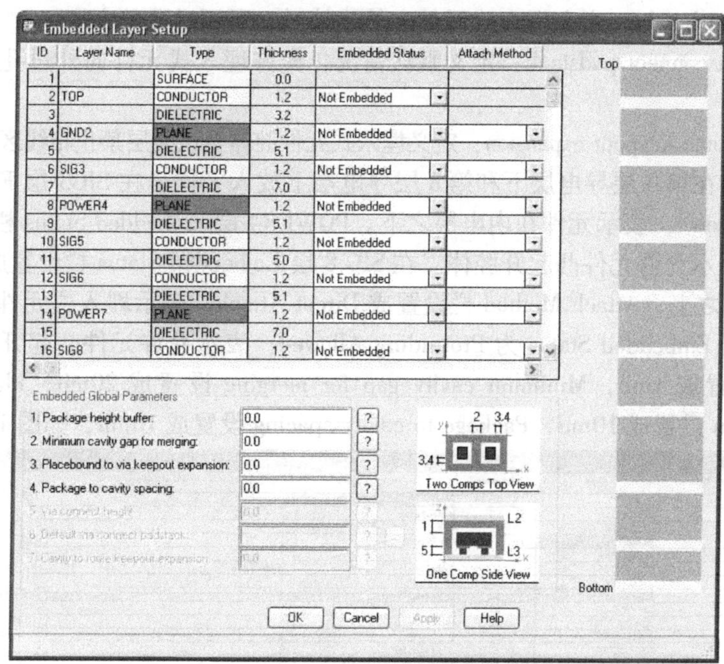

图 19.52　Embedded Layer Setup 窗口

（2）其中，上半部分为叠层设置，Embedded Status 栏用于设置埋入式元件状态，即设置内层元件方向，如图 19.53 所示。Body Up 表示元件在内电层之上；Body Down 表示元件在内电层之下；Not Embedded 表示该叠层不允许放置埋入元件；Protruding Allowed 表示允许元件凸起开腔体，即允许该内层下方或上方的导电层凸出本层。

（3）Attach Method 栏用于设置埋入式元件的连接方式，如图 19.54 所示。Direct Attach 表示埋入式元件直接连接内电层；Indirectly Attach 表示埋入式元件非直接连接上内电层，即以焊盘连接到内电层向外连接。

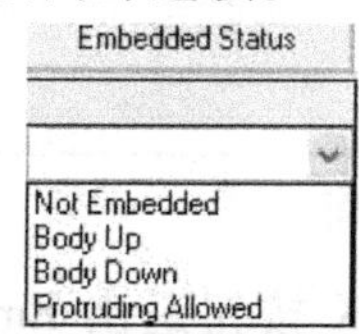

图 19.53　叠层设置选项

Direct Attach
Indirect Attach

图 19.54　埋入式元件的连接方式选项

（4）下半部分 Embedded Global Parameters 功能组用于设置全局埋入式元件的叠层参数，在右边的坐标中有对应的显示，选项如下。

- Package height buffer：定义埋入式元件腔体与相邻叠层的距离高度，可以计算出元件是否很高和相邻层有冲突。
- Minimum cavity gap for merging：定义腔体合成的最小距离，如25mil，即两个埋入式元件腔体间距接近至25mil 时，两个腔体即合为一个腔体。
- Placebound to via keepout expansion：定义元件的封装 Placebound 到元件外部禁止放置过孔区域的延伸距离，设置后系统将在 Placebound 的基础上自动创建该区域。
- Package to cavity spacing：定义元件封装外部至埋入式腔体的间距。
- Via connect height：定义埋入式元件向外连接时，所用过孔的高度。
- Default via connect padstack：定义默认情况，允许埋入式元件向外过孔相连接的焊盘类型。
- Cavity to route keepout expansion：定义埋入式元件腔体至该叠层禁止布线区域之间的距离。

（5）例如，在第 3 层导电层下和第 8 层导电层上放入元件，在 SIG3 层 Embedded Status 栏设置成 Body Down，表示元件在内电层之下。POWER4 层 Embedded Status 栏设置成 Protruding Allowed，表示允许元件凸起开腔体。在 SIG 8 层 Embedded Status 栏设置成 Body Up，表示元件在内电层之上，Attach Method 栏设置成 Direct Attach，表示埋入式元件直接连接内电层，POWER7 层 Embedded Status 为 Protruding Allowed，表示允许元件凸起开腔体。Package height buffer 设置成 1mil，Minimum cavity gap for merging 设置成 20mil，Placebound to via keepout expansion 设置成 10mil，Package to cavity spacing 设置成 10mil，如图 19.55 所示。

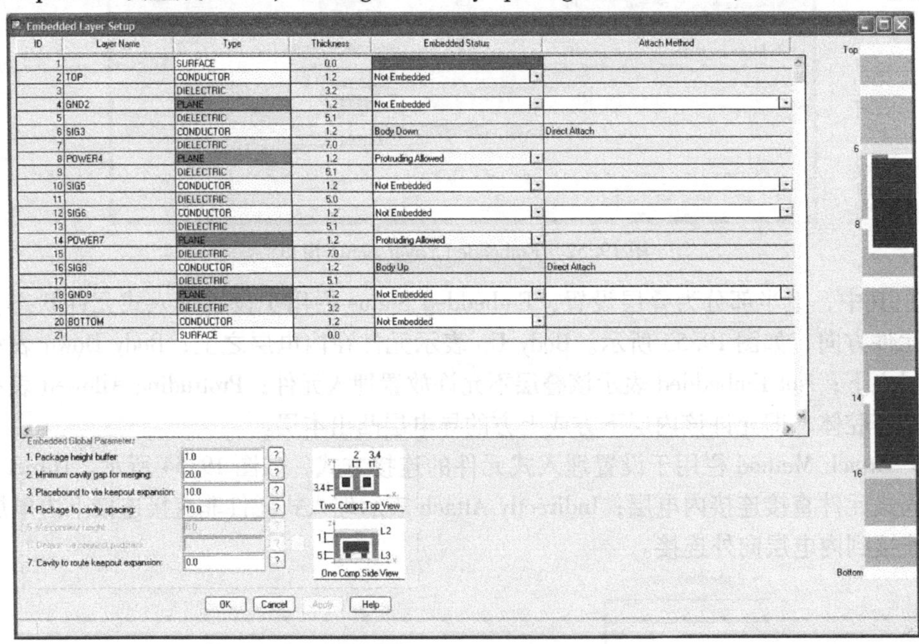

ID	Layer Name	Type	Thickness	Embedded Status	Attach Method
1		SURFACE	0.0		
2	TOP	CONDUCTOR	1.2	Not Embedded	
3		DIELECTRIC	3.2		
4	GND2	PLANE	1.2	Not Embedded	
5		DIELECTRIC	5.1		
6	SIG3	CONDUCTOR	1.2	Body Down	Direct Attach
7		DIELECTRIC	7.0		
8	POWER4	PLANE	1.2	Protruding Allowed	
9		DIELECTRIC	5.1		
10	SIG5	CONDUCTOR	1.2	Not Embedded	
11		DIELECTRIC	5.0		
12	SIG6	CONDUCTOR	1.2	Not Embedded	
13		DIELECTRIC	5.1		
14	POWER7	PLANE	1.2	Protruding Allowed	
15		DIELECTRIC	7.0		
16	SIG8	CONDUCTOR	1.2	Body Up	Direct Attach
17		DIELECTRIC	5.1		
18	GND9	PLANE	1.2	Not Embedded	
19		DIELECTRIC	3.2		
20	BOTTOM	CONDUCTOR	1.2	Not Embedded	
21		SURFACE	0.0		

图 19.55　埋入式元件设置界面

（6）设置完成后单击 Apply 按钮进行确认，单击 OK 按钮退出 Embedded Layer Setup 窗口。

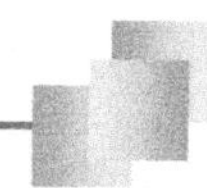

19.6.3　摆放埋入式元件

（1）摆放元件。在 Placement 窗口选择元件，用鼠标移动到工作区域中，元件会随着鼠标移动，右击，在右键菜单的 Place on Layer 中就可以选择埋入式元件将要放置的内电层（Embedded Layer Setup 设置的内电层 SIG3、SIG8,），单击 PCB 上元件放置的位置即可将该埋入式元件放置对应的位置和对应的内层，如图 19.56 所示。

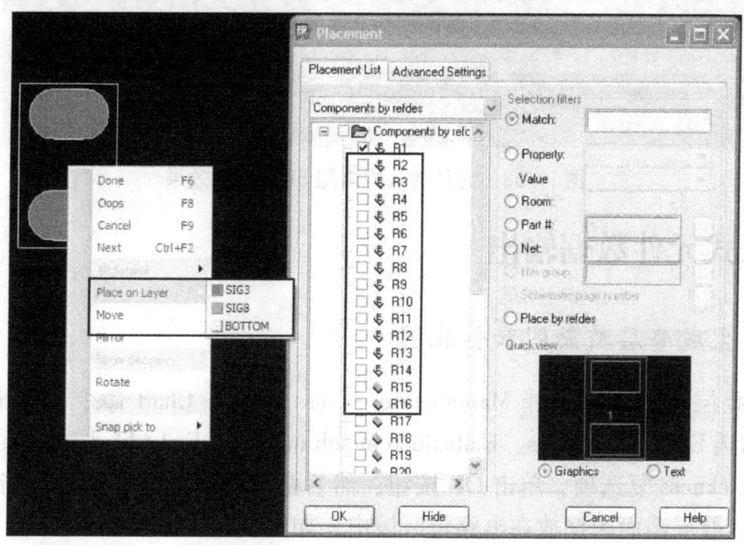

图 19.56　放置埋入式元件

（2）快速布局。选择 Place—Quickplace 命令，弹出 Quickplace 窗口，在 Place by property/value 选项中选择埋入式属性，Board Layer 用于设置埋入式元件放入内电层 SIG3 或 SIG8 中，如图 19.57 所示。

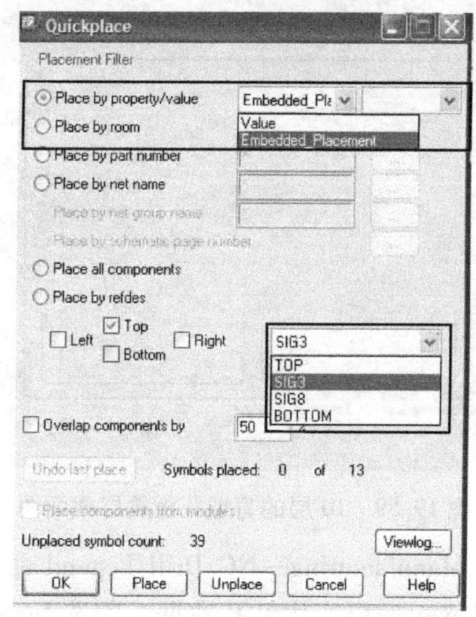

图 19.57　快速布置埋入式元件

（3）编辑埋入式元件。埋入式元件的编辑包括移动、删除、Module 复用等功能，均与普通元件的编辑一致，这里就不再详述。摆放后的效果如图 19.58 所示。

图 19.58　元件放入内电层 SIG3 后的效果

19.7　埋入式元件数据输出

19.7.1　生成叠层截面图和钻孔图

（1）生成叠层截面图。选择 Manufacture—Cross Section Chart 命令，弹出 Cross Section Chart 窗口。勾选 Embedded status、Embedded attach method、Embedded component legend、Individual layer thickness 复选项，单击 OK 按钮，然后叠层截面图会挂在鼠标指针上，在合适的位置单击后，叠层截面图摆放在电路板区域中，如图 19.59 所示。

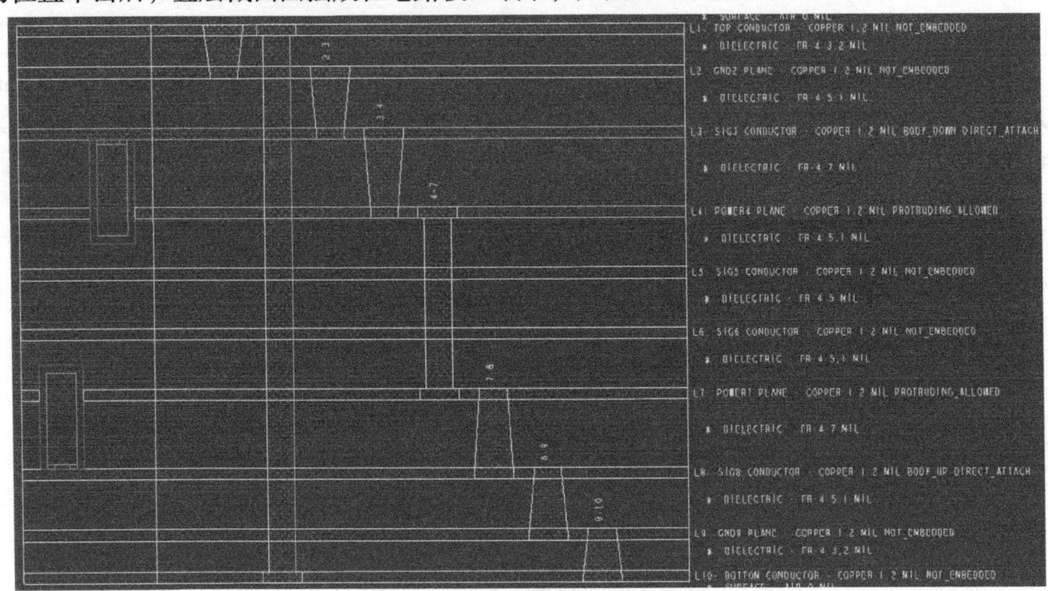

图 19.59　10 层的盲埋孔板叠层截面图

（2）创建钻孔图。选择 Manufacturing—NC Drill Legend 命令，弹出 Drill Legend 窗口，在 Legends 选项组中选择 By Layer 按层产生钻孔数据，勾选 Include Cavity 复选项表示包含埋入元件的数据，其他选项保持默认即可。单击 OK 按钮后，层钻孔图会挂在鼠标指针上，在合适的位置单击，叠层截面图摆放在电路板区域中。按照 By Layer 产生的钻孔图文件会写在 Color

Dialog 窗口 Manufacturing 中 Nclegend－b1－1－2、Nclegend－b1－2－3、Nclegend－b1－3－4、Nclegend－b1－4－5、Nclegend－b1－5－6、Nclegend－b1－6－7、Nclegend－b1－7－8、Nclegend－b1－8－9、Nclegend－b1－9－10 层，10 层电路板有 9 个层钻孔，如图 19.60 所示。

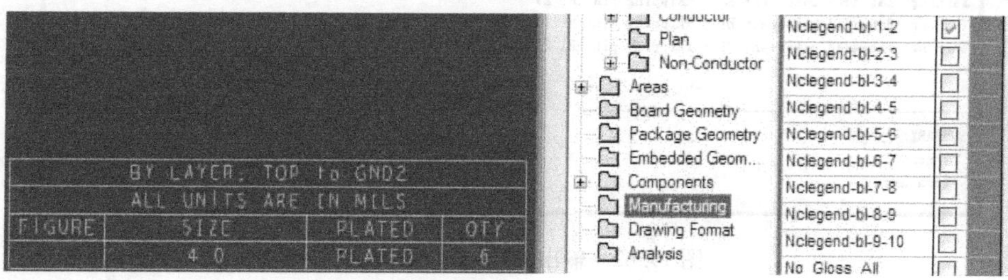

图 19.60　By Layer 产生的钻孔图层文件

19.7.2　输出报告和 IPC－D－356A 文件

（1）查看报告。选择 Tools—Quick Reports—Embedded Cavity Report 命令，埋入元件的腔体报告，Embedded Component Report 埋入元件清单报告，如图 19.61 所示。

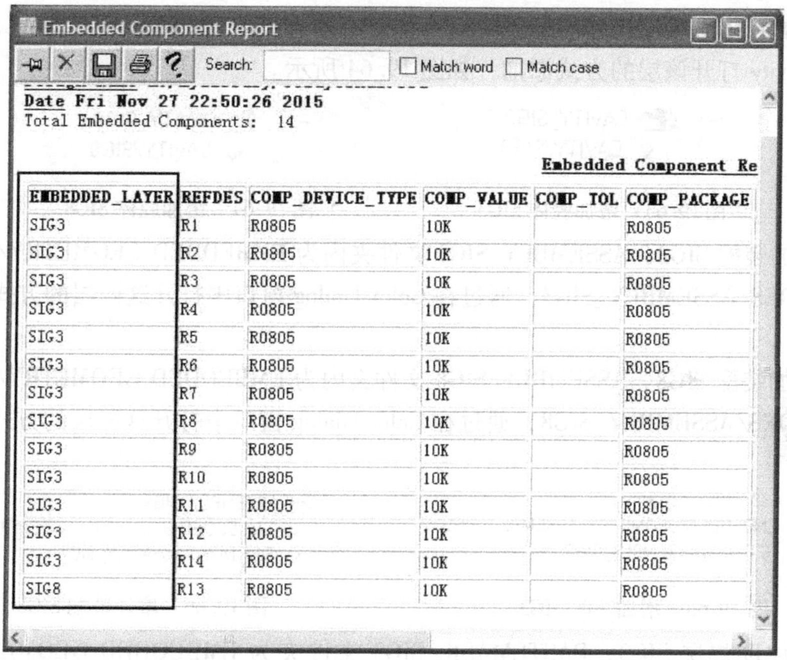

Embedded Component Report

Search: Match word Match case

Date Fri Nov 27 22:50:26 2015
Total Embedded Components: 14

Embedded Component Re

EMBEDDED_LAYER	REFDES	COMP_DEVICE_TYPE	COMP_VALUE	COMP_TOL	COMP_PACKAGE
SIG3	R1	R0805	10K		R0805
SIG3	R2	R0805	10K		R0805
SIG3	R3	R0805	10K		R0805
SIG3	R4	R0805	10K		R0805
SIG3	R5	R0805	10K		R0805
SIG3	R6	R0805	10K		R0805
SIG3	R7	R0805	10K		R0805
SIG3	R8	R0805	10K		R0805
SIG3	R9	R0805	10K		R0805
SIG3	R10	R0805	10K		R0805
SIG3	R11	R0805	10K		R0805
SIG3	R12	R0805	10K		R0805
SIG3	R14	R0805	10K		R0805
SIG8	R13	R0805	10K		R0805

图 19.61　查看埋入式元件的输出数据

（2）输出 IPC－D－356A 文件。IPC－D－356A 网表文件是三种测试点报告文件输出格式之一。这个文件用于裸板加工测试模式，它是用数字形式测试裸板电气性能的资料。选择 File—Export—IPC356 命令，弹出 IPC－D－356 的导出文件窗口，选择格式为 IPC－D－356A，单击 Export 按钮，就可以输出文件，如图 19.62 所示。

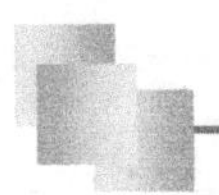

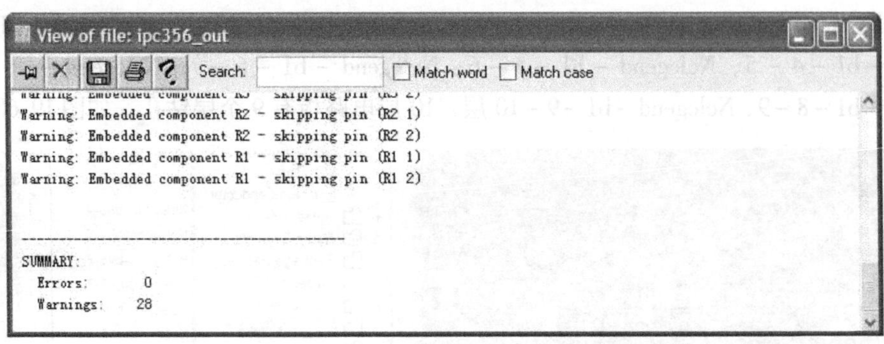

图 19.62　输出 IPC－D－356A 文件

19.7.3　输出 Gerber 光绘文件

输出光绘文件，其他和普通电路板一致，在该处只讲差异的地方，需要在 Artwork Control Form 窗口 Available Films 的文件夹中增加腔体、装配和助焊层文件夹等内容，具体如下。

（1）增加腔体 SIG3，CAVITY_SIG3 文件夹内为 CAVITY/SIG3，通过在 Color Dialog—Stack up—Cavity 打开该层的方式添加，如图 19.63 所示。

（2）增加腔体 SIG8，CAVITY_SIG8 文件夹内为 CAVITY/SIG8，通过在 Color Dialog—Stack up—Cavity 打开该层的方式添加，如图 19.64 所示。

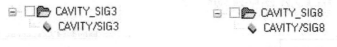

图 19.63　增加腔体 SIG3　　图 19.64　增加腔体 SIG8

（3）增加装配 SIG3，ASSEMBLY_SIG3 文件夹内为 EMBEDDED GEOMETRY/ASSEMBLY_SIG3、REF DES/ASSEMBLY_SIG3，通过在 Color Dialog 窗口中打开这两层的方式添加，如图 19.65 所示。

（4）增加装配 SIG8，ASSEMBLY_SIG8 文件夹内为 EMBEDDED GEOMETRY/ASSEMBLY_SIG8、REF DES/ASSEMBLY_SIG8，通过在 Color Dialog 窗口中打开这两层的方式添加，如图 19.66 所示。

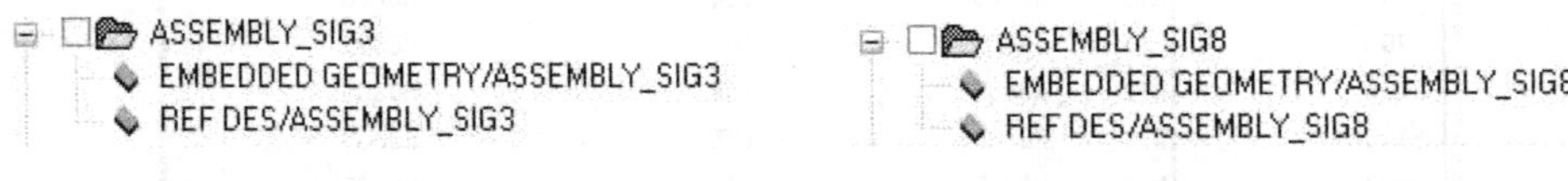

图 19.65　增加装配 SIG3　　图 19.66　增加装配 SIG8

（5）添加助焊层 SIG3，PASTEMASK_SIG3 文件夹为 EMBEDDED GEOMETRY/PASTEMASK_SIG3，如图 19.67 所示。

（6）添加助焊层 SIG8，PASTEMASK_SIG8 文件夹为 EMBEDDED GEOMETRY/PASTEMASK_SIG8，如图 19.68 所示。

图 19.67　添加助焊层 SIG3　　图 19.68　添加助焊层 SIG8

第20章 高速电路DDR内存PCB设计

20.1 DDR内存相关知识

20.1.1 DDR芯片引脚功能

以Micron DDR3 SDRAM为例，芯片引脚和功能描述如表20.1所示。

表20.1 DDR芯片引脚功能描述

芯片引脚符号	类　型	描　述
A0－A9，A10/AP，A11，A12/BC#，A13	Input	地址输入。为ACTIVATE命令提供行地址，同时为READ/WRITE命令提供列地址和自动预充电位（A10），以便从某个Bank的内存阵列里选出一个位置。LOAD MODE命令期间，地址输入提供了一个操作码。地址输入的参考值是VREFCA。A12/BC#：在模式寄存器（MR）使能时，A12在READ和WRITE命令期间被采样，以决定burst chop（on－the－fly）是否会被执行（HIGH＝BL8执行burst chop），或者LOW－BC4不执行burst chop
BA0，BA1，BA2	Input	Bank地址输入。定义ACTIVATE、READ、WRITE或PRECHARGE命令是对哪一个Bank操作的。BA［2:0］定义在LOAD MODE命令期间哪个模式（MR0、MR1、MR2）被装载，BA［2:0］的参考值是VREFCA
CK，CK#	Input	时钟。差分时钟输入，所有控制和地址输入信号在CK上升沿和CK#的下降沿交叉处被采样，输出数据选通（DQS、DQS#）参考与CK和CK#的交叉点
CKE	Input	时钟使能。使能（高）和禁止（低）内部电路和DRAM上的时钟。由DDR3 SDRAM配置和操作模式决定特定电路被使能和禁止。CKE为低，提供PRECHARGE POWER－DOWN和SELF REFRESH操作（所有Bank都处于空闲），或者有效掉电（在任何Bank里的行有效）。CKE与掉电状态的进入、退出以及自刷新的进入同步。CKE与自刷新的退出异步，输入Buffer（除了CK、CK#、RESET#和ODT）在POWER－DOWN期间被禁止。输入Buffer（除了CKE和RESET#）在SELF REFRESH期间被禁止。CKE的参考值是VREFCA
CS#	Input	片选。使能（低）和禁止（高）命令译码，当CS#为高时，所有命令被屏蔽，CS#提供了多Bank系统的Bank选择功能，CS#是命令代码的一部分，CS#的参考值是VREFCA
DM	Input	数据输入屏蔽。DM是写数据的输入屏蔽信号，在写期间，当伴随输入数据的DM信号被采样为高时，输入数据被屏蔽。虽然DM仅作为输入脚，但是，DM负载被设计成与DQ和DQS脚负载相匹配。DM的参考值是VREFCA。DM可选作为TDQS
ODT	Input	片上终端使能。ODT使能（高）和禁止（低）片内终端电阻。在正常操作使能时，ODT仅对下面的引脚有效：DQ［7:0］、DQS、DQS#和DM。如果通过LOAD MODE命令禁止，ODT输入被忽略。ODT的参考是VREFCA

（续）

芯片引脚符号	类　　型	描　　述
RAS#，CAS#，WE#	Input	命令输入。这 3 个信号，连同 CS#，定义一个命令，其参考值是 VREFCA
RESET#	Input	复位，低有效，参考值是 VSS，复位的断言是异步的
DQ0 – DQ7	I/O	数据输入/输出。双向数据，DQ［7:0］参考值是 VREFDQ
DQS，DQS#	I/O	数据选通。读时是输出，边缘与读出的数据对齐。写时是输入，中心与写数据对齐
TDQS，TDQS#	Output	终端数据选通。当 TDQS 使能时，DM 禁止，TDQS 和 TDDS 提供终端电阻
VDD	Supply	电源电压，1.5V ±0.075V
VDDQ		DQ 电源，1.5V ±0.075V。为了降低噪声，在芯片上进行了隔离
VREFCA	Supply	控制、命令、地址的参考电压。VREFCA 在所有时刻（包括自刷新）都必须保持规定的电压
VREFDQ	Supply	数据的参考电压。VREFDQ 在所有时刻（除了自刷新）都必须保持规定的电压
VSS	Supply	地
VSSQ	Supply	DQ 地，为了降低噪声，在芯片上进行了隔离
ZQ	Reference	输出驱动校准的外部参考。这个引脚应该连接 240Ω 电阻到 VSSQ

20.1.2　DDR 存储阵列

DDR 的内部是一个存储阵列，将数据“填”进去，可以把它想象成一张表格。和表格的检索原理一样，先指定一个行（Row），再指定一个列（Column），就可以准确地找到所需要的单元格，这就是内存芯片寻址的基本原理。对于内存，这个单元格可称为存储单元，那么这个表格（存储阵列）就是逻辑 Bank（Logical Bank，以下简称 Bank）。

如图 20.1 所示是 DDR 内部 Bank 示意图，这是一个 R×C 的阵列，B 代表 Bank 地址编号，C 代表列地址编号，R 代表行地址编号。如果寻址命令是 B1、R5、C5，就能确定地址是图中黑框的位置。目前 DDR3 内存芯片都是 8 个 Bank 设计，也就是说，一共有 8 个这样的“表格”。寻址的流程也就是先指定 Bank 地址，再指定行地址，然后指定列地址最终的确定寻址单元。

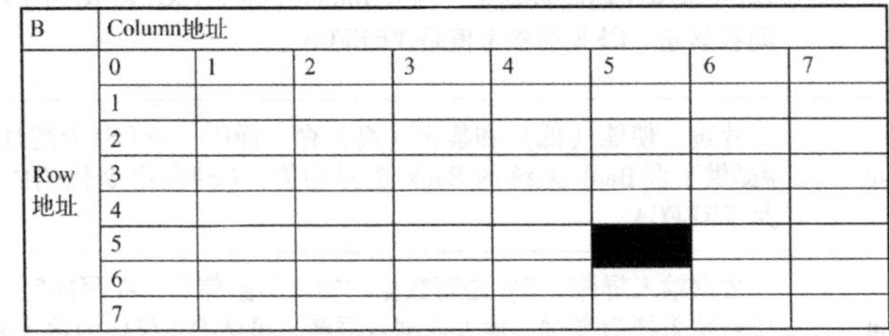

图 20.1　DDR 内部 Bank 示意图

20.1.3　差分时钟

差分时钟是 DDR 的一个必要设计，但 CK#的作用并不能理解为第二个触发时钟（可以

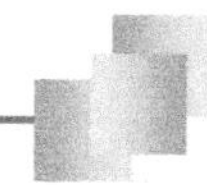

在讲述 DDR 原理时简单地这么比喻），而是起到触发时钟校准的作用。由于数据是在 CK 的上/下沿触发的，造成传输周期缩短了一半，因此必须保证传输周期的稳定性，以确保正确传输数据，这就要求对 CK 的上/下沿间距要有精确地控制。但因为温度、电阻性能的改变等原因，CK 上/下沿间距可能发生变化，此时与其反相的 CK# 就起到纠正的作用（CK 是上升快下降慢，CK#则是上升慢下降快）。而由于上/下沿触发的原因，也使 CL = 1.5 和 2.5 成为可能，并容易实现，如图 20.2 所示。

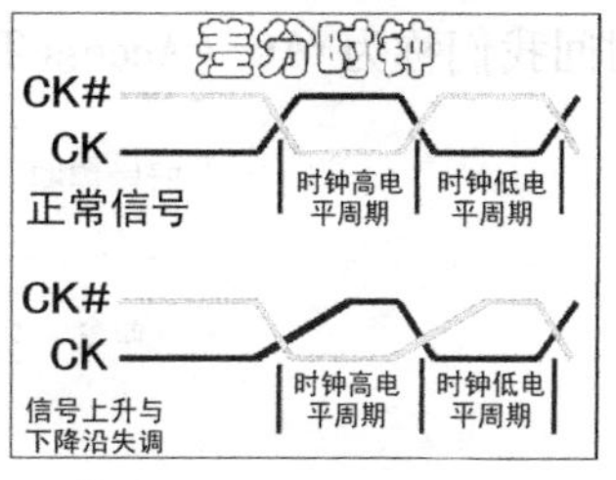

图 20.2　差分时钟

20.1.4　DDR 重要的时序指标

（1）tRCD，行有效到读/写命令发出之间的间隔时间。

在实际工作中，Bank 地址与相应的行地址是同时发出的，此时这个命令称为“行激活”（Row Active）。在此之后，将发送列地址寻址命令与具体的操作命令（是读还是写），这两个命令也是同时发出的，所以一般都会以“读/写命令”来表示列寻址。根据相关的标准，从行有效到读/写命令发出之间的间隔被定义为 tRCD，即 RAS to CAS Delay（RAS 至 CAS 延迟，RAS 就是行地址选通脉冲，CAS 就是列地址选通脉冲），我们可以理解为行选通周期。tRCD 是 DDR 的一个重要时序参数，广义的 tRCD 以时钟周期（tCK，Clock Time）数为单位，比如 tRCD = 3，就代表延迟周期为两个时钟周期，具体到确切的时间，则要根据时钟频率而定，DDR3 - 800，tRCD = 3，代表 30ns 的延迟，如图 20.3 所示。

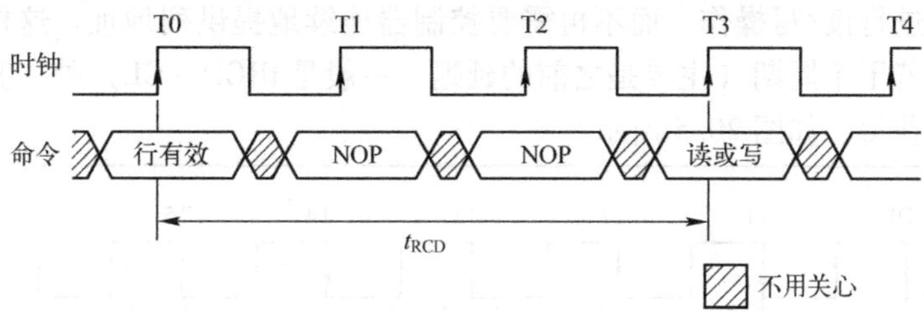

图 20.3　tRCD = 3

（2）CL，列地址脉冲选通潜伏期。

相关的列地址被选中之后，将会触发数据传输，但从存储单元中输出到真正出现在内存芯片的 I/O 接口之间还需要一定的时间（数据触发本身就有延迟，而且还需要进行信号放大），这段时间就是非常著名的 CL（CAS Latency，列地址脉冲选通潜伏期）。CL 的数值与 tRCD 一样，以时钟周期数表示。如 DDR3 - 800，时钟频率为 100MHz，时钟周期为 10ns，如果 CL = 2 就意味着 20ns 的潜伏期。不过 CL 只是针对读取操作。

（3）tAC，时钟触发后的访问时间。

由于芯片体积的原因，存储单元中的电容容量很小，所以信号要经过放大来保证其有效识别性，这个放大/驱动工作由 S - AMP 负责，一个存储体对应一个 S - AMP 通道。但它要有一个准备时间才能保证信号的发送强度（事前还要进行电压比较，以进行逻辑电平的判断），因此从数据 I/O 总线上有数据输出之前的一个时钟上升沿开始，数据即已传向 S - AMP，也就是说，此时数据已经被触发，经过一定的驱动时间最终向数据 I/O 总线进行输出，这段时间我们称为 tAC（Access Time from CLK，时钟触发后的访问时间），如图 20.4 所示。

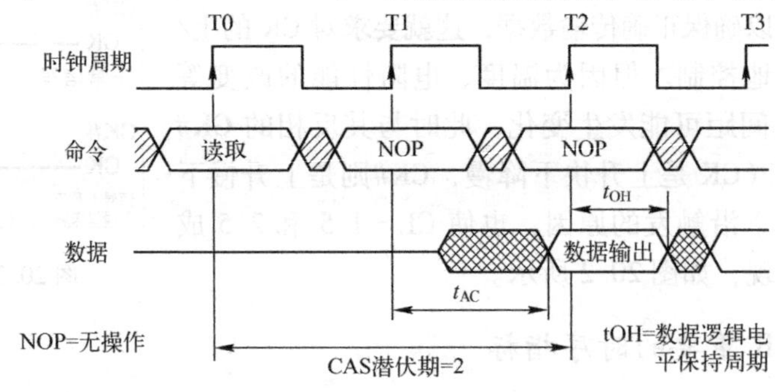

图 20.4　CL = 2，tAC = 1

（4）BL，突发长度。

目前内存的读/写基本都是连续的，因为与 CPU 交换的数据量以一个 Cache Line（即 CPU 内 Cache 的存储单位）的容量为准，一般为 64 字节。而现有的 Bank 位宽为 8 字节（64bit），那么就要一次连续传输 8 次，这就涉及经常能遇到的突发传输的概念。突发（Burst）是指在同一行中相邻的存储单元连续进行数据传输的方式，连续传输的周期数就是突发长度（Burst Lengths，BL）。

在进行突发传输时，只要指定起始列地址与突发长度，内存就会依次地自动对后面相应数量的存储单元进行读/写操作，而不再需要控制器连续地提供列地址。这样，除了第一笔数据的传输需要若干个周期（主要是之前的延迟，一般是 tRCD + CL）外，其后每个数据只需一个周期即可获得，如图 20.5 所示。

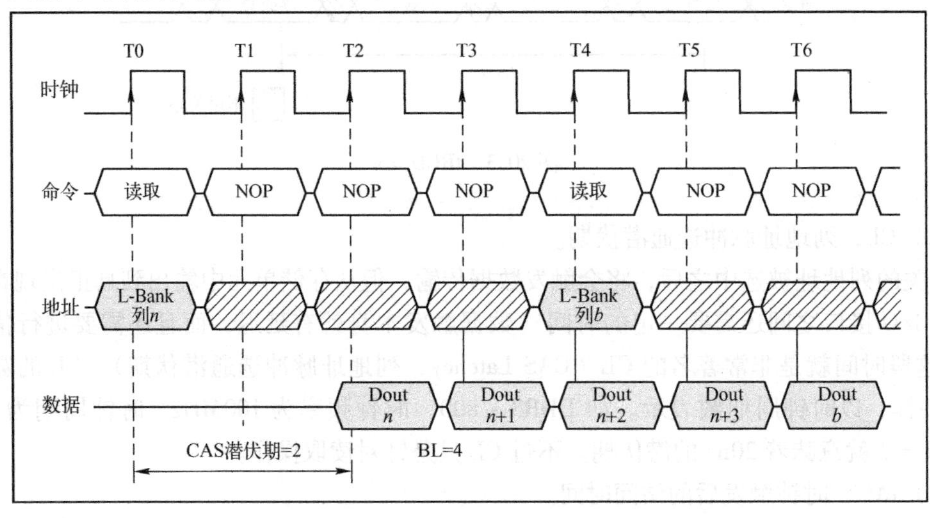

图 20.5　突发连续读取模式

突发连续读取模式是，只要指定起始列地址与突发长度，后续的寻址与数据的读取自动进行，而只要控制好两段突发读取命令的间隔周期（与 BL 相同），即可做到连续地突发传输。

（5）DQM，数据掩码。

谈到了突发长度时。如果 BL =4，那么一次就传送 4 ×64bit（可能有问题）的数据。但是，如果其中的第二笔数据是不需要的，怎么办？还都传输吗？为了屏蔽不需要的数据，人们采用了数据掩码（Data I/O Mask，DQM）技术。通过 DQM，内存可以控制 I/O 端口取消哪些输出或输入的数据。这里需要强调的是，在读取时，被屏蔽的数据仍然会从存储体传出，只是在“掩码逻辑单元”处被屏蔽。DQM 由 CPU 控制，为了精确屏蔽一个 P - Bank 位宽中的每个字节，每个 DIMM 有 8 个 DQM 信号线，每个信号针对一个字节。这样，对于 4bit 位宽芯片，两个芯片共用一个 DQM 信号线，对于 8bit 位宽芯片，一个芯片占用一个 DQM 信号，而对于 16bit 位宽芯片，则需要两个 DQM 引脚。

（6）tRP，行预充电有效周期。

在数据读取完毕之后，为了腾出读出放大器以供同一个 Bank 内其他行的寻址并传输数据，内存芯片将进行预充电的操作来关闭当前工作行。还是以 Bank 示意图为例。当前寻址的存储单元是 B1、R2、C6。如果接下来的寻址命令是 B1、R2、C4，则不用预充电，因为读出放大器正在为这一行服务。但如果地址命令是 B1、R4、C4，由于是同一个 Bank 的不同行，那么就必须要把 R2 关闭，才能对 R4 寻址。从开始关闭现有的工作行，到可以打开新的工作行之间的间隔就是 tRP（Row Precharge command Period，行预充电有效周期），单位也是时钟周期数。同理，在不同 Bank 间读写也是这样的，先把原来数据写回，再激活新的 Bank/Row，如图 20.6 所示。

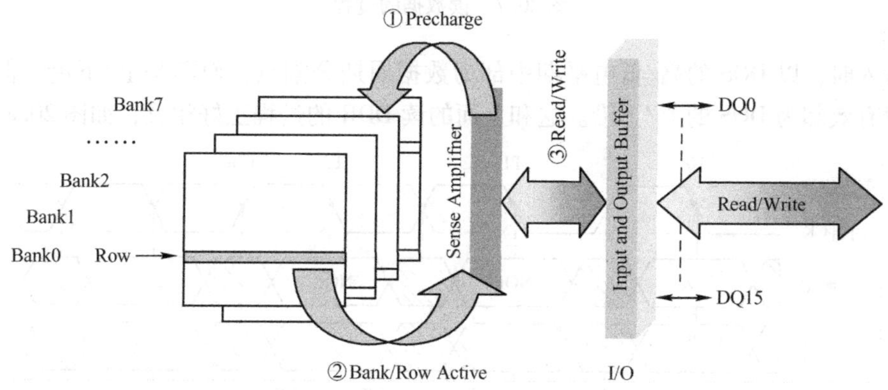

图 20.6　DDR3 数据的存储单元阵列

（7）DQS，数据选取脉冲。

DQS 是 DDR 中的重要功能，它主要用来在一个时钟周期内准确地区分出每个传输周期，并便于接收方准确接收数据。每一个芯片都有一个 DQS 信号线，它是双向的，在写入时它用来传送由 CPU 发来的 DQS 信号，读取时，则由芯片生成 DQS 向 CPU 发送。完全可以这样说，它就是数据的同步信号。

下面分别从数据的读和写两个方面来分析 DQS 的不同作用。

在读取时，DQS 与数据信号同时出现（也是在 CK 与 CK#的交叉点）；即在读取时，DQS 的上/下沿作为数据周期的分割点。但数据有效却是在 DQS 的高/低电平期中部，也就是 CK 的中间。

DDR 内存中的 CL 也就是从 CAS 发出到 DQS 生成的间隔，数据真正出现在数据 I/O 总线上相对于 DQS 触发的时间间隔称为 tAC。注意，这与 SDRAM 中的 tAC 不同。实际上，DQS 生成时，芯片内部的预取已经完毕，tAC 是指数据输出时间，由于预取的原因，实际的数据传出可能会提前于 DQS 发生（数据提前于 DQS 传出）。同时由于是并行传输，DDR 内存对 tAC 也有一定的要求，对于 DDR266，tAC 的允许范围是 ±0.75ns，对于 DDR333，tAC 的允许范围则是 ±0.7ns，其中 CL 里包含了一段 DQS 的导入期，如图 20.7 所示。

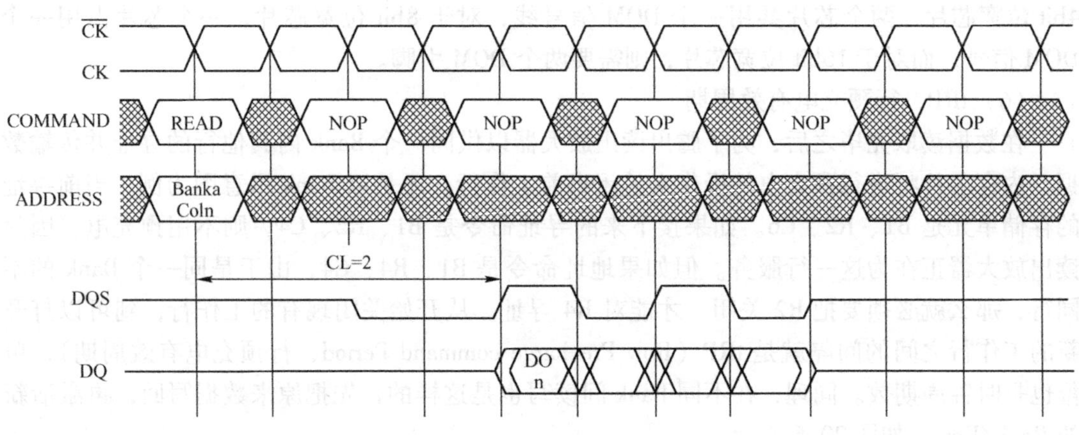

图 20.7　读数据的过程

在写入时，以 DQS 的高/低电平期中部为数据周期分割点，而不是上/下沿。但数据的接收触发有效却为 DQS 的上/下沿。这和上面的读 DDR 的过程正好相反，如图 20.8 所示。

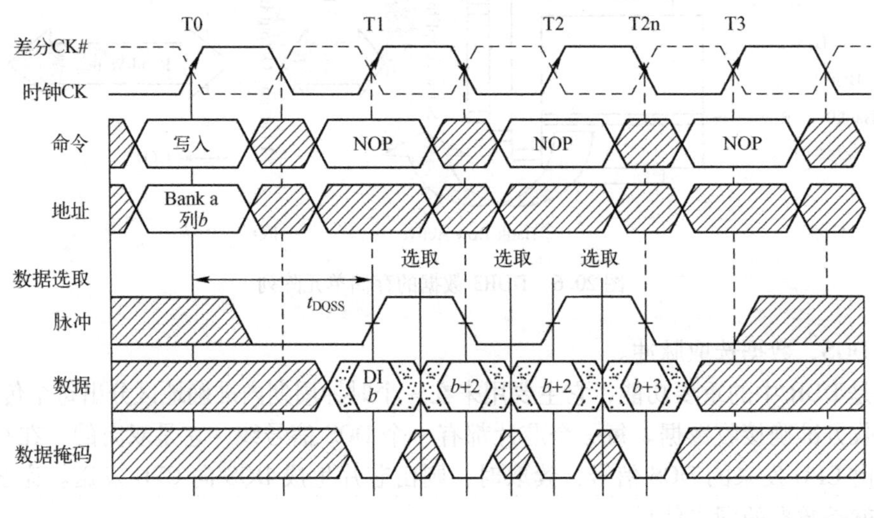

图 20.8　写数据过程

（8）容量的计算。

DDR3 容量和控制地址，如表 20.2 所示。

表 20.2　DDR3 容量和控制地址

Parameter	512Meg×4	256Meg×8	128Meg×16
Configuration	64Meg×4×8banks	32Meg×8×8banks	16 Meg×16×8banks
Refresh count	8K	8K	8K
Row addressing	32K（A［14:0］）	32k（A［14:0］）	16K（A［13:0］）
Bank addressing	8（BA［2:0］）	8（BA［2:0］）	8（BA［2:0］）
Colimn addressing	2K（A［11，9:0］）	1k（A［9:0］）	1K（A［9:0］）
Page size	1KB	1KB	1KB

以 256Meg×8 为例，行（Row）地址线复用 A［14:0］共计 14 根，列（Column）地址线复用 A［9:0］共计 9 根，Bank 数量为 8 个，I/O Buffer 通过 8 组数位线（DQ0～DQ7）来完成对外的通信，故此单个 DDR3 芯片的容量为 2Gbit，因为 1 个字节包含 8bit，因此容量是 256MB。

如果要做成容量为 2GB 的内存条则需要 8 个这样的 DDR3 内存芯片，每个芯片含 8 根数位线（DQ0～DQ7）则总数宽为 64bit，这样正好用了一个 Bank。

（9）ODT。

为了提升信号质量，从 DDR2 开始，将 DQ、DM、DQS/DQS#的 Termination 电阻内置到 Controller 和 DRAM 中，称之为 ODT（On Die Termination），如图 20.9 所示。Clock 和 ADD/CMD/CTRL 信号仍需要使用外接的 Termination 电阻。ODT 所终结的信号包括 DQS、RDQS、DQ、DM 等。需不需要该芯片进行终结由 CPU 控制。

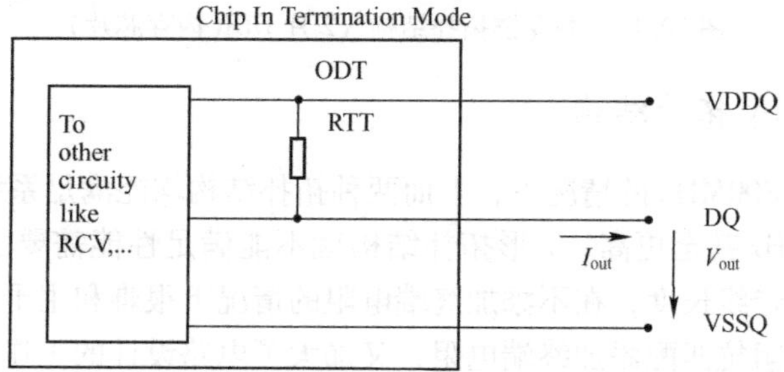

图 20.9　On Die Termination

20.2　DDR 的拓扑结构

在 DDR 的 PCB 设计中，一般需要考虑等长和拓扑结构。等长比较好处理，给出一定的等长精度通常是 PCB 设计师能够完成的。但对于不同速率的 DDR，选择合适的拓扑结构非常关键，在 DDR 布线中经常使用的有 T 形拓扑结构和菊花链、Fly－by 拓扑结构。

20.2.1　T 形拓扑结构

T 形拓扑结构，也称为星状拓扑结构。星状拓扑结构每个分支的接收端负载和走线长度尽量保持一致，这就保证了每个分支接收端负载同时收到信号，每条分支上一般都需要终端电阻，终端电阻的阻值应和连线的特征阻抗相匹配。星状拓扑结构可以有效地避免时钟、地址和控制信号的不同步问题。2 片 DDR 内存芯片的 T 形拓扑结构，如图 20.10 所示。

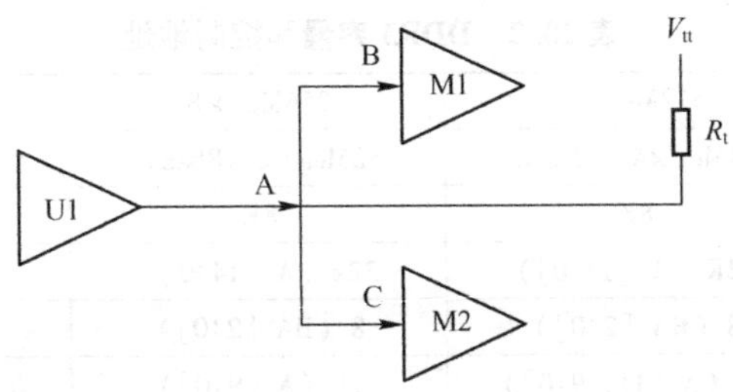

图20.10　T 形拓扑结构（2 片 DDR 内存芯片）

20.2.2　菊花链拓扑结构

菊花链拓扑结构，和 T 形拓扑结构不同，菊花链拓扑结构没有保持驱动端到各个负载走线长度尽量一致，而是确保各个驱动端到信号主干道的长度尽量短。菊花链拓扑结构走线的特点是牺牲了时钟、地址和控制信号的同步，但最大的特点是尽可能降低各负载分支走线长度，避免分支信号对主干信号的反射干扰。2 片 DDR 内存芯片的菊花花链拓扑结构，如图 20.11 所示。

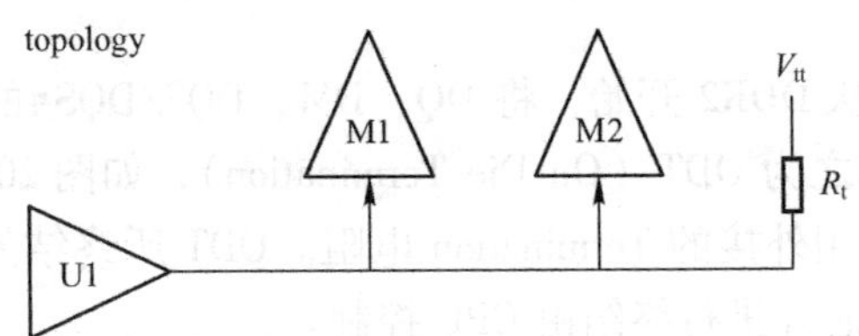

图 20.11　菊花链拓扑结构（2 片 DDR 内存芯片）

20.2.3　Fly – by 拓扑结构

在信号频率低于 800MHz 的情况下，上面两种拓扑结构均能满足系统性能需要。但是当信号速率到达 1000MHz 甚至更高，T 形拓扑结构就不能满足性能需要了。原因就在于 T 形拓扑结构过长的支路走线长度，在不添加终端电阻的情况下很难和主干道实现阻抗匹配，而为了实现各个支路的阻抗匹配添加终端电阻，又加大了电路设计的工作量和成本，这是我们不愿意看到的。因此，高速信号使用 T 形拓扑结构，特别是 Stub >4 时，支路信号对主干信号的反射干扰是很严重的。通常 DDR2 和速率要求不高的 DDR3，使用 T 形拓扑结构。菊花链拓扑结构主要在 DDR3 中使用，其主要优势是支路走线短，一般认为菊花链支路走线长度小于信号上升沿传播长度的 1/10，可以有效削弱支路信号反射对主干信号的干扰，不同的书本上说法也不一样，大体上走线长度小于上升沿传播长度的 1/6 ~ 1/10 都是可以的，实际设计中我们肯定希望这个长度越短越好。菊花链拓扑结构可以有效抑制支路的反射信号，但相对于 T 形拓扑结构，菊花链拓扑结构的时钟、地址和控制信号并不能同时到达不同的 DDR 芯片。为了解决菊花链拓扑结构信号不同步的问题，DDR3 的新标准中加入了时间补偿技术，通过 DDR3 内部调整实现信号同步。当信号频率高达 1600MHz 时，T 形拓扑结构已经无能为力，只有菊花链或其衍生的拓扑结构能满足这样的性能需求。一般的 DDR3 都会建议采用菊花链拓扑结构的改进型拓扑结构，即 Fly – by 拓扑结构。Fly – by 拓扑结构要求支路布线长度 Stub = 0，Fly – by 具有更好的信号完整性。2 片 DDR 内存芯片的 Fly – by 拓扑结构，如图 20.12 所示。

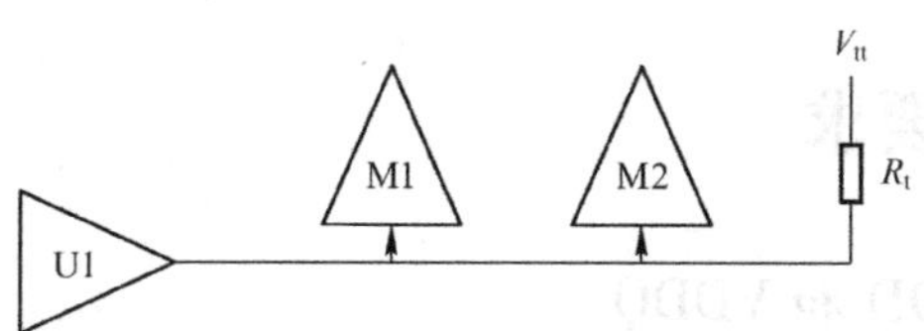

图 20.12　Fly-by 拓扑结构（2 片 DDR 内存芯片）

在菊花链拓扑结构的实际应用中，为了抑制 Stub 过长和分支太多对主干信号的反射干扰，以及加强主干信号驱动能力，一般在末端预留端接电阻电路。末端下拉电阻会增大 I/O 口驱动功耗，所以采用末端上拉电阻的方式进行端接。计算信号驱动部分的戴维南等效电压作为上拉电压 V_{tt}，R_t 为驱动部分的等效电阻，通常上拉电压取值为 I/O 驱动电压的一半，即 $V_{tt}=V_{ddr}/2$。

20.2.4　多片 DDR 拓扑结构

对于超过 2 片的 DDR 来说，通常是根据器件的摆放方式不同而选择相应的拓扑结构。如图 20.13 所示为针对不同摆放方式而特殊设计的拓扑结构，在这些拓扑结构中，只有结构 1 和结构 4 最适合 4 层板的 PCB 设计。然而，对于 DDR2-800，所列的这些拓扑结构都能满足其波形的完整性，而在 DDR3 的设计中，特别是在 1600Mb/s 时，则只有结构 4 是满足设计的。

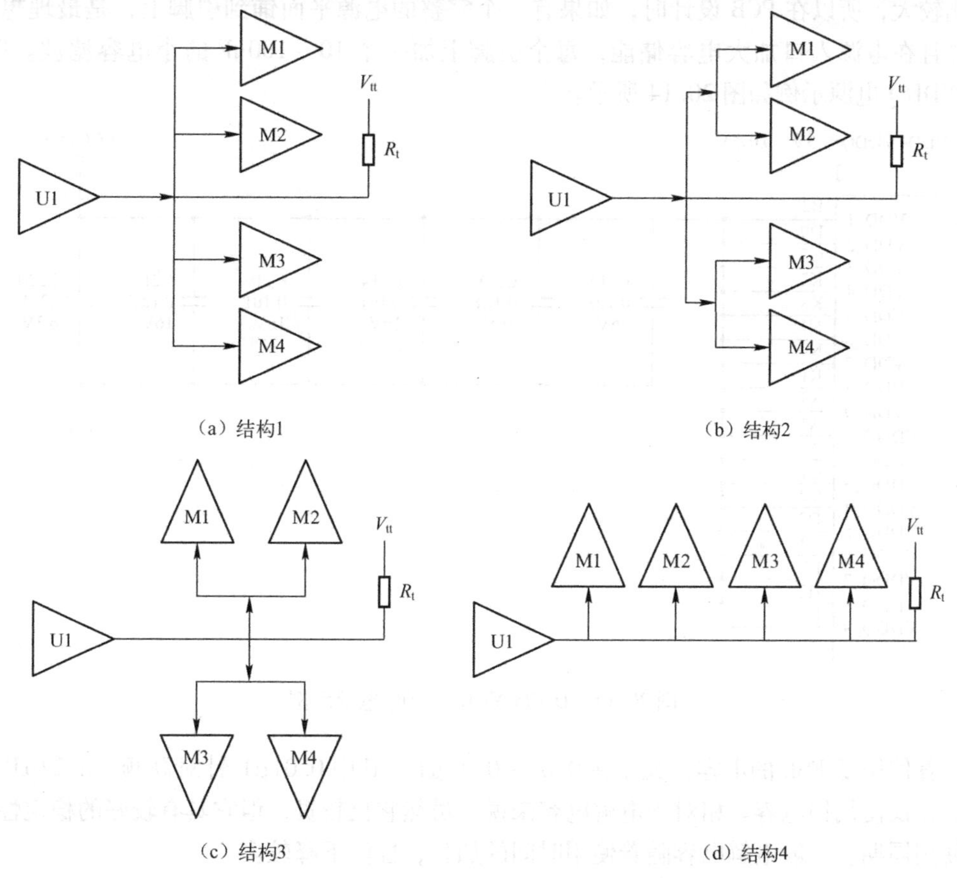

图 20.13　带有 4 片 DDR 的拓扑结构

20.3 DDR 的设计要求

20.3.1 主电源 VDD 和 VDDQ

主电源 VDD 和 VDDQ，如表 20.3 所示。

表 20.3 主电源 VDD 和 VDDQ

分　类	SDR SDRAM	DDR SDRAM	DDR2 SDRAM	DDR3 SDRAM	DDR4 SDRAM
工作电压	3.3V	2.5V	1.8V	1.5V	1.2V

DDR1 需要 2.5V 的电源，1.25V 的 VREF，1.25V 的 VTT；DDR2 需要 1.8V 的电源，0.9V 的 VREF；0.9V 的 VTT，DDR3 需要 1.5V 的电源，0.75V 的 VREF，0.75V 的 VTT。

主电源的要求是 VDDQ = VDD，VDDQ 是给 I/O buffer 供电的电源，VDD 是给芯片供电的工作电压，但在一般的使用中都是把 VDDQ 和 VDD 合成一个电源使用。有的芯片还有 VDDL，它是给 DLL 供电的，也和 VDD 使用同一电源即可。电源设计时需要考虑电压、电流是否满足要求，电源的上电顺序和电源的上电时间，单调性等。电源电压纹波的要求一般在 ±5% 以内。电流需要根据使用的不同芯片，及芯片个数等进行计算。由于 DDR 的电流一般都比较大，所以在 PCB 设计时，如果有一个完整的电源平面铺到引脚上，是最理想的状态，并且在电源入口加大电容储能，每个引脚上加一个 10～100nF 的小电容滤波。DDR3 VDD/VDDQ 电源示例如图 20.14 所示。

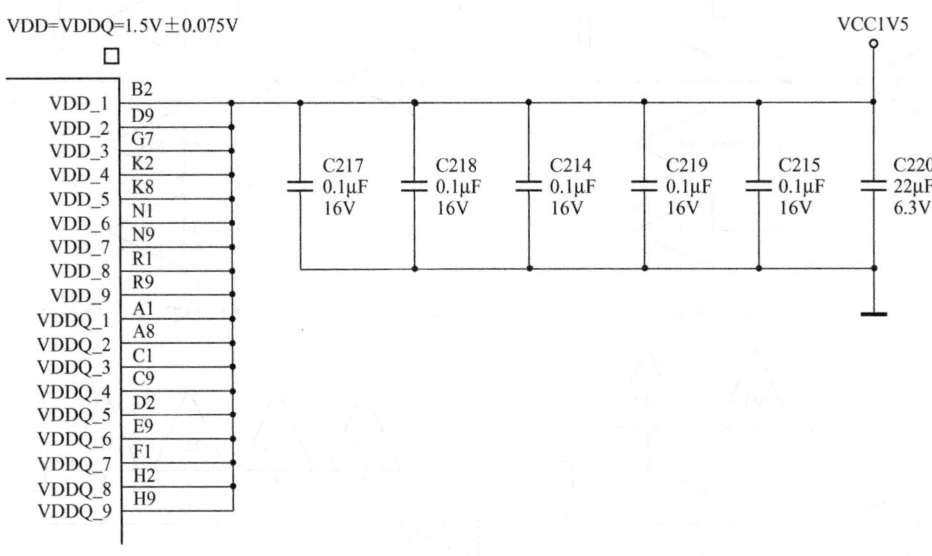

图 20.14 DDR3 VDD/VDDQ 电源示例

推荐使用低 ESL 的电容，大小在 0.01～0.22μF，其中 0.01μF 针对高频，0.22μF 针对低频。建议使用钽电容。相对于电解电容来说，虽然它比较贵，但它具有较好的稳定性和较长的使用周期。一般电解电容随着使用时间的加长，性能下降较多。

20.3.2　参考电源 VRF

参考电源 VREF 要求跟随 VDDQ，并且 VREF = VDDQ/2，所以既可以使用电源芯片提供，也可以采用电阻分压的方式得到。由于 VREF 一般电流较小，得在几毫安到几十毫安的数量级，所以用电阻分压的方式，既节约成本，又能在布局上比较灵活，放置离 VREF 引脚比较近，紧密地跟随 VDDQ 电压，所以建议使用此种方式。如图 20.15 所示，采用两个电阻分压得到 VTT 电压。

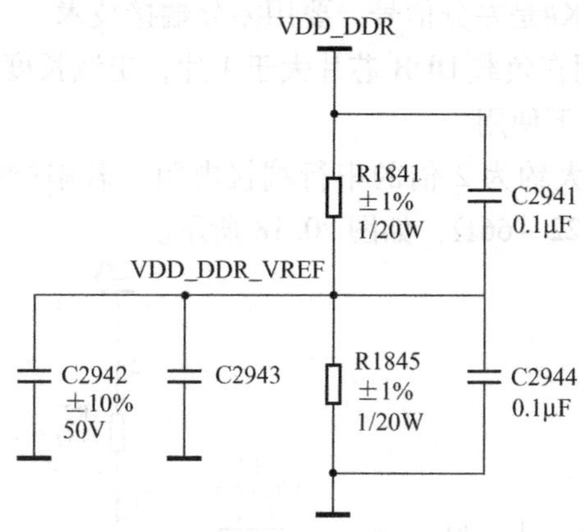

图 20.15　DDR2 VREF 参考电源电路

但是电源的噪声和抖动都会引起时序的公差，要注意 VREF 电压中的噪声要保持在 ±25mV，VREF 和 VTT 不要在同一层走线，如不可避免，要保证充足的间距，建议在 150mil 以上。

要注意分压用的电阻在 100 ~ 10kΩ 均可，需要使用 1% 精度的电阻。VREF 参考电压的每个引脚上需要加 10nF 的电容滤波，并且每个分压电阻上也并联一个电容。

对于较重的负载（DDR 芯片大于 4 片的情况），可使用 IC 来产生 VREF。IC 内部集成了两种电压，即 VTT 和 VRE 电压。

在 DDR3 中，VREFCA、VREFDQ 和 DDR2 中的 VREF 功能相同，可以使用外置的分压电阻或者电源控制芯片来产生，但在 DDR4 中 VREFCA 保留，而 VREFDQ 在芯片设计中已经取消，改为由芯片内部产生。如图 20.16 所示，DDR3 VREF 参考电源电路。

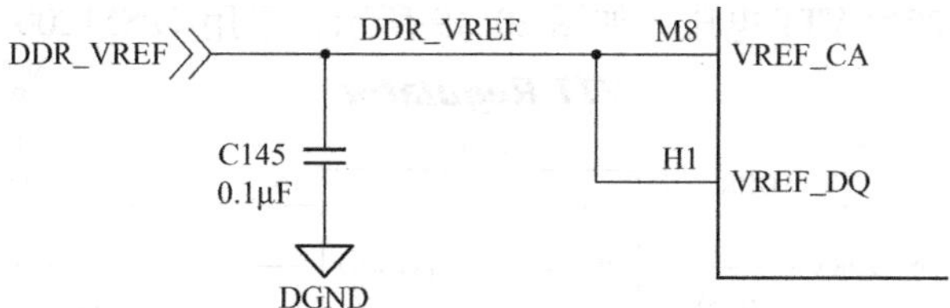

图 20.16　DDR3 VREF 参考电源电路

20.3.3 端接技术

（1）串行端接主要应用在负载 DDR 芯片不大于 4 片的情况。对于双向数据线来说，串行端接电阻要放置在走线的中间，用来抑制振铃，过冲和下冲。对于单向的地址线、控制线来说，串行端接电阻要放在中间或信号的发生端控制器处。串行端接中，电阻的取值范围一般在10～33Ω之间，当然串行端接中电阻的阻值和信号反射及振铃有关，可以通过信号仿真获得最佳的电阻值。如图 20.17 所示，R1 30Ω 为串行端接电阻。

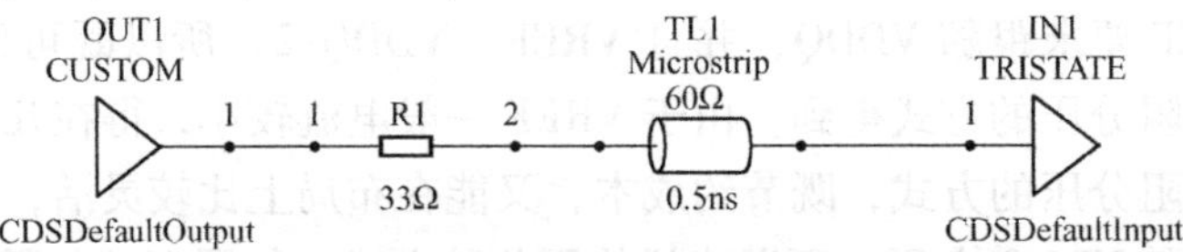

图 20.17　串行端接 R1 为串行端接电阻

说明：DDR 的 CK 与 CK#是差分信号，要用差分端接技术。

（2）并行端接主要应用在负载 DDR 芯片大于4 片，走线长度大于2000mil，或者通过仿真验证需要并行端接的情况下使用。

并行端接电阻 R2 取值大约为 2 倍的串行端接电阻，若串行端接电阻 R1 为 10～33Ω，那么并行端接电阻 R2 则为 22～66Ω，如图 20.18 所示。

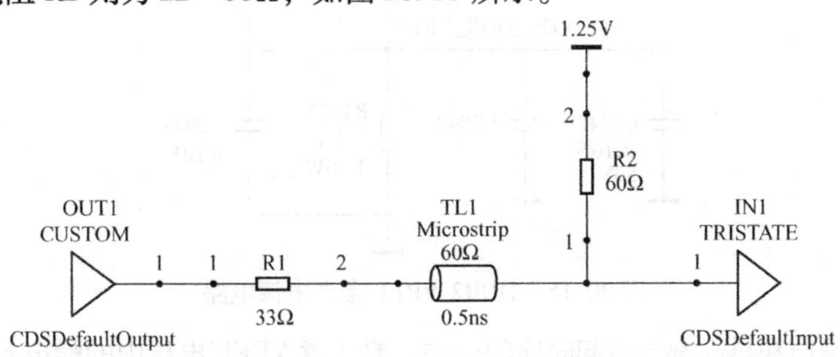

图 20.18　并行端接 R2 为并行端接电阻

20.3.4　用于匹配的电压 VTT

（1）VTT 为匹配电阻上拉到的电源，VTT = VDDQ/2（DDR2 和 DDR3），DDR4 中 VTT 等于 VDDQ。DDR 的设计中，当 DDR 芯片为 2 片或 1 片的情况下，总线上需要的电流不是很高，一般不需要进行 VTT 端接。当然可以通过仿真验证地址、控制、命令线上是否需要进行信号端接。

（2）一般 DDR 芯片为 4 片或 4 片以上的情况下，地址线和数据线的负载比较重，这时需要使用 VTT 芯片来产生 VTT 电压，如图 20.19 所示，采用 TPS51200 芯片产生电压。如果

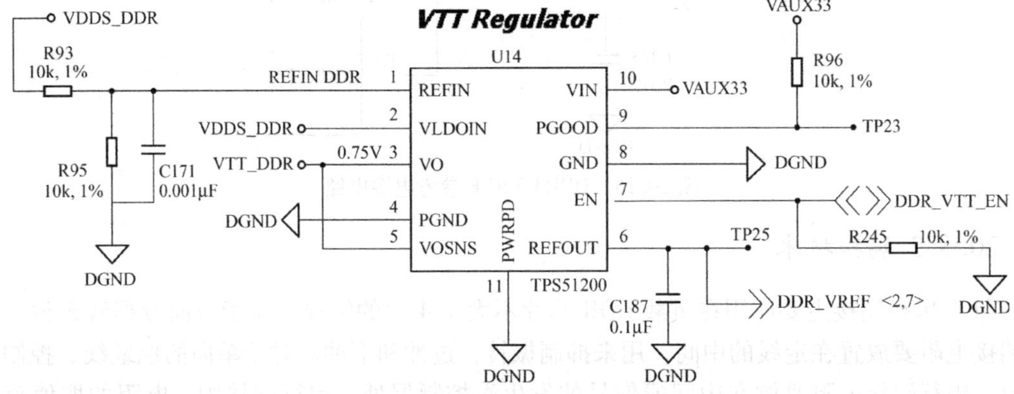

图 20.19　VTT 的电压电路使用 TPS51200 设计

使用 VTT，则 VTT 的电流要求比较大（2 ~3.5A），所以走线需要使用铜皮。并且 VTT 要求电源既可以吸电流，又能够灌电流才行。一般情况下可以使用专门为 DDR 设计的产生 VTT 的电源芯片来满足要求。而且，通常每个拉到 VTT 的电阻旁放一个 10 ~ 100nF 的电容，整个 VTT 电路上需要有大电容进行储能。

20.3.5　时钟电路

所有 DDR 的差分时钟线 CK 与 CK#必须在同一层布线，公差 ±20mil（最好是 ±10mil），最好在内层布线以抑制 EMI。如果系统有多个 DDR 器件的话，要用阻值 100 ~ 200Ω 的电阻进行差分端接。

（1）若时钟线的分叉点到 DDR 芯片的走线长度小于 1000mil，要使用 100 ~ 120Ω 电阻的进行差分端接，如图 20.20 所示。

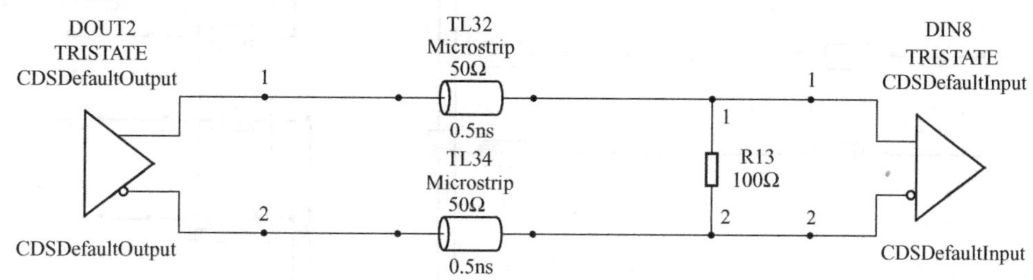

图 20.20　走线长度小于 1000mil，单片 DDR 芯片差分端接

（2）若时钟线的分叉点到 DDR 芯片的走线长度大于 1000mil，要使用 200 ~ 240Ω 的电阻差分端接，因为两个 200 ~ 240Ω 的电阻并联值正好为 100 ~ 120Ω。如图 20.21 所示，DDR2 芯片 4 片时钟电路拓扑示例，时钟采用 T 形拓扑，时钟信号从 SO - DIMM 到 DDR2 SDRAM 的链路拓扑结构，终端并联电阻靠近同组内的 DDR 芯片摆放。

（3）在需要 DDR3 芯片 2 片以上的布局中，时钟电路的拓扑多采用 Fly - by 的拓扑结构，如图 20.22 所示为 DDR3 的时钟电路，DDR_CLK 时钟的差分信号网络，R89 和 R88 为 33Ω 终端电阻，布局中 R89 和 R88、C167 靠近 DDR3 内存芯片摆放。

（4）DDR3 芯片 8 片时钟电路拓扑示例，时钟采用 Fly - by 的拓扑结构，终端并联电阻靠近同组内的 DDR 芯片摆放，如图 20.23 所示。

20.3.6　数据 DQ 和 DQS

DQS 信号相当于数据信号的参考时钟，它在走线时需要和 CLK 信号保持等长。DQS 在 DDR2 以下为单端信号，在 DDR2 可作为差分信号，也可做单端，做单端时需要将 DQS#接地，而在 DDR3 为差分信号，需要走 100Ω 差分线。由于内部有 ODT，所以 DQS 不需要终端并联 100Ω 电阻。每 8bit 数据信号对应一组 DQS 信号。如表 20.4 所示，DQ0 ~ DQ7 的数据信号线长度对应同组内的 LDQS 和 LDQS#信号 DQ8 ~ DQ15 的数据信号线长度对应同组内的 UDQS 和 UDQS#信号。

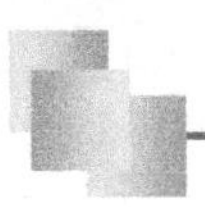

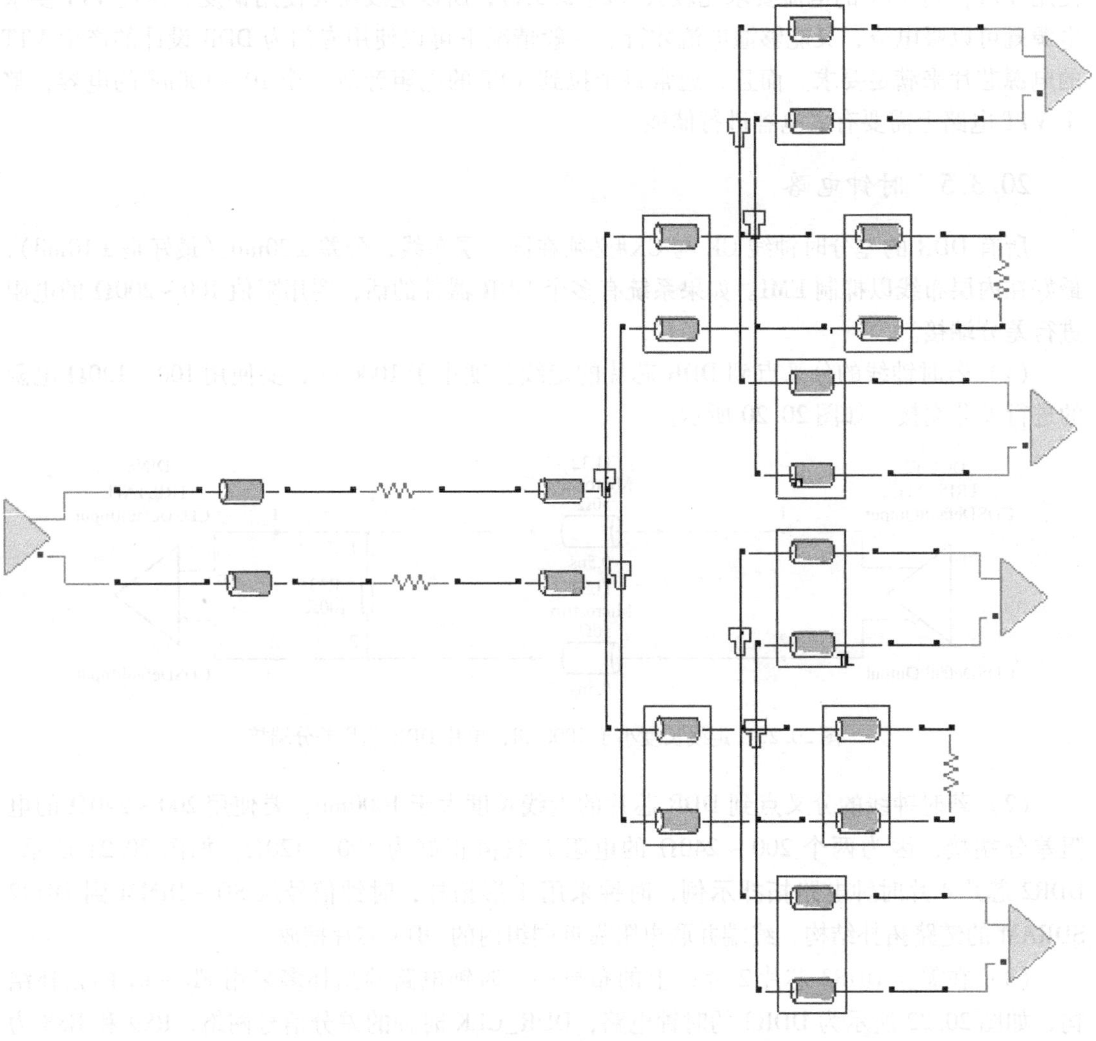

图 20.21　DDR2 芯片 4 片时钟电路拓扑示例

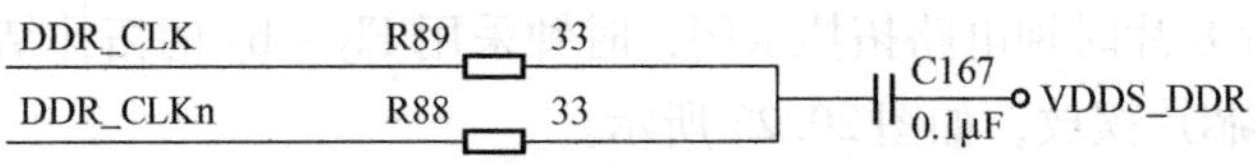

图 20.22　DDR3 的时钟电路（部分）

表 20.4　DQS 信号各组分布

DQS，DQM	数据 DQ	参　考	阻 抗 特 性
LDQS、LDQS#、LDM	于 DQ0 ~ DQ7 保持等长	时钟	LDQS、LDQS#差分信号 100Ω，单端线 50Ω
UDQS、UDQS#、UDM	于 DQ8 ~ DQ15 保持等长	时钟	UDQS、UDQS#差分信号 100Ω，单端线 50Ω

DQS 信号在走线时需要与同组的 DQS 信号保持等长，控制单端 50Ω 的阻抗。在写数据时，DQ 和 DQS 的中间对齐，在读数据时，DQ 和 DQS 的边沿对齐。DQ 信号多为一驱一，并且 DDR2 和 DDR3 有内部的 ODT 匹配，所以一般只需进行串联匹配即可。

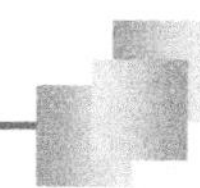

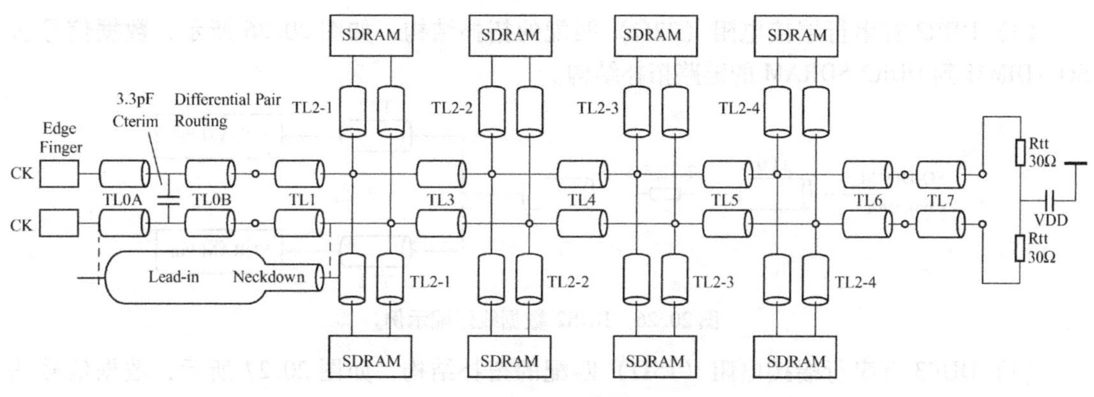

图 20. 23　DDR3 芯片 8 片时钟电路拓扑示例

（1）DDR2、DDR3 无串联电阻匹配的数据总线，如图 20. 24 所示，DDR_DQ0 ~ DDR_DQ15 为 15 位的数据总线。

DDR_D[15..0]　DDR_D[15..0]

网络	引脚	信号
DDR_D3	E3	DQ0
DDR_D6	F7	DQ1
DDR_D5	F2	DQ2
DDR_D7	F8	DQ3
DDR_D2	H3	DQ4
DDR_D0	H8	DQ5
DDR_D4	G2	DQ6
DDR_D1	H7	DQ7
DDR_D11	D7	DQ8
DDR_D8	C3	DQ9
DDR_D14	C8	DQ10
DDR_D12	C2	DQ11
DDR_D15	A7	DQ12
DDR_D10	A2	DQ13
DDR_D13	B8	DQ14
DDR_D9	A3	DQ15

图 20. 24　DDR_DQ0 ~ DDR_DQ15 为 15 位的数据总线（部分）

（2）DDR2、DDR3 无串行端接电阻的拓扑结构，如图 20. 25 所示，DQ 为一驱一的数据总线拓扑结构。

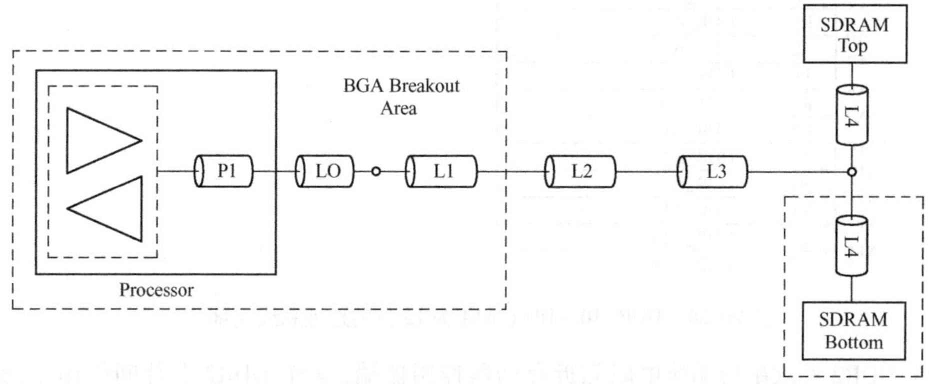

图 20. 25　DDR2、DDR3 无行端接电阻的拓扑结构

（3）DDR2 有串行端接电阻（22Ω）匹配的拓扑结构，如图 20.26 所示，数据信号从 SO－DIMM 到 DDR2 SDRAM 的链路拓扑结构。

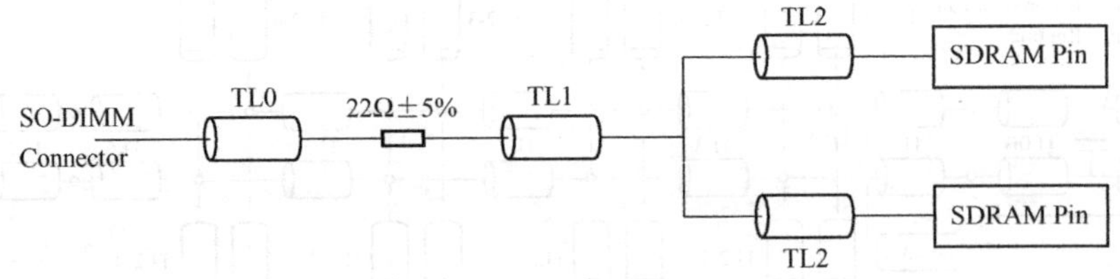

图 20.26　DDR2 数据线匹配示例

（4）DDR3 有串行端接电阻（15Ω）匹配的拓扑结构，如图 20.27 所示，数据信号从 Edge Finger 到 DDR3 SDRAM 的链路拓扑结构。

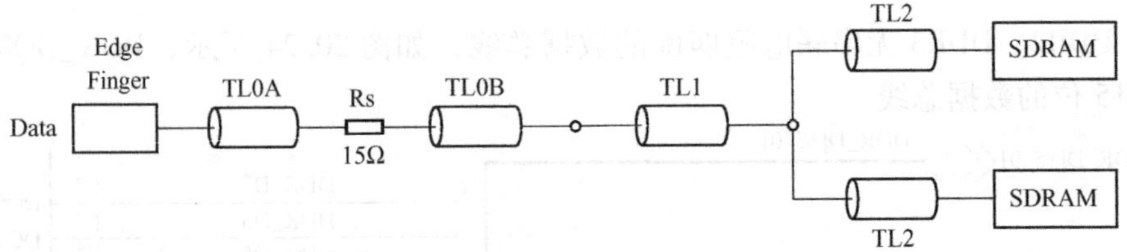

图 20.27　DDR3 数据线匹配示例

20.3.7　地址线和控制线

地址和控制信号速度没有 DQ 数据组的速度快，是单向信号，以时钟的上升沿为依据采样，所以地址和控制需要与时钟走线保持等长。但如果使用多片 DDR 时，地址信号为一驱多的关系，需要注意匹配方式是否适合。

（1）DDR2、DDR3 无串行端接电阻匹配的地址总线，如图 20.28 所示，DDR_A0～DDR_A14 为 15 位的地址总线。

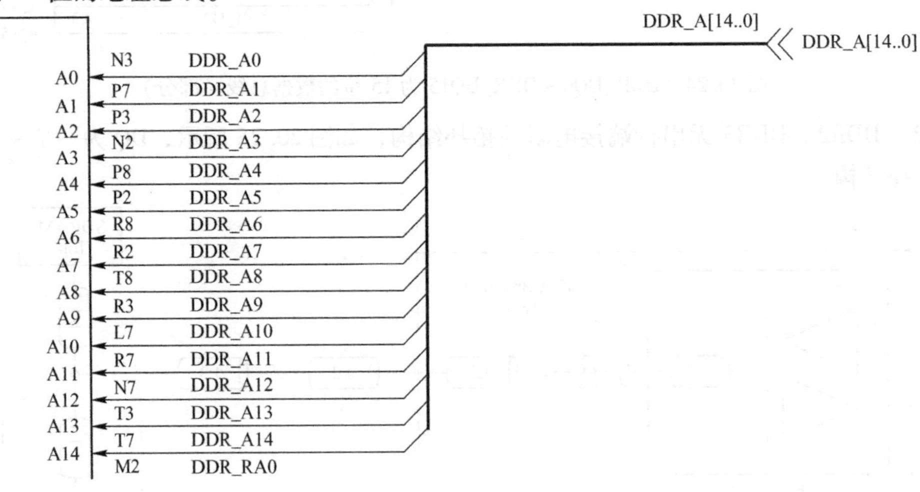

图 20.28　DDR_A0～DDR_A14 为 15 位的地址总线（部分）

（2）DDR2 要求串行端接电阻靠近存储器控制器端，2 个 DDR2 芯片间使用 T 形拓扑，拓扑的各分支尽量短，且短臂长度要相等，如图 20.29 所示。

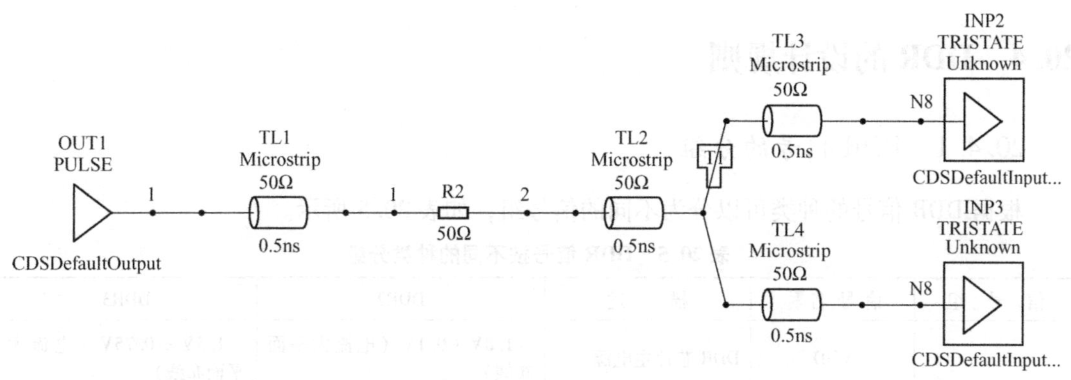

图 20.29　2 个 DDR2 芯片间使用 T 形拓扑链路

（3）DDR2 要求串行端接电阻靠近存储器控制器端，4 片 DDR2 芯片间使用 T 型拓扑，拓扑的各分支尽量短，且短臂长度要相等，如图 20.30 所示。

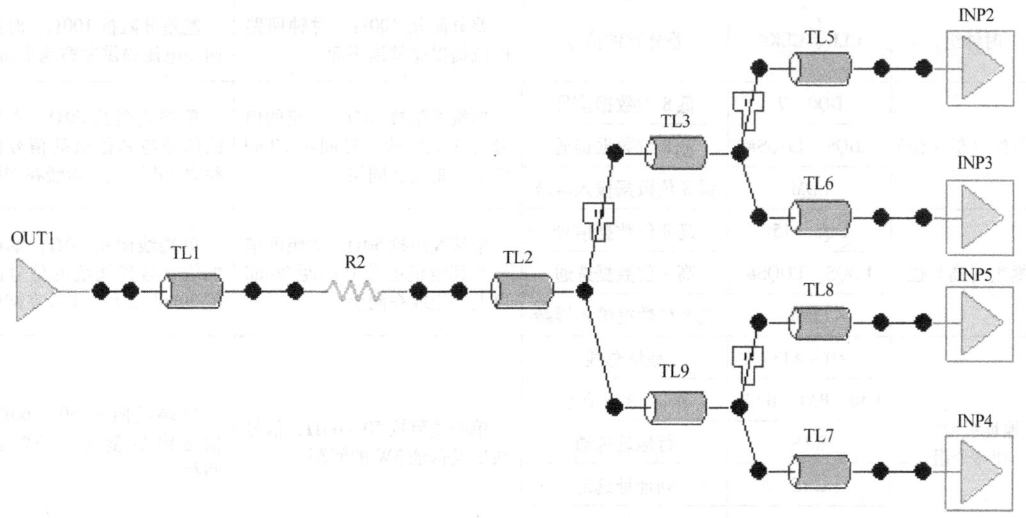

图 20.30　4 片 DDR2 芯片间使用 T 形拓扑链路

（4）4 片 DDR3 芯片地址线使用 Fly – by 的拓扑结构链路，如图 20.31 所示。

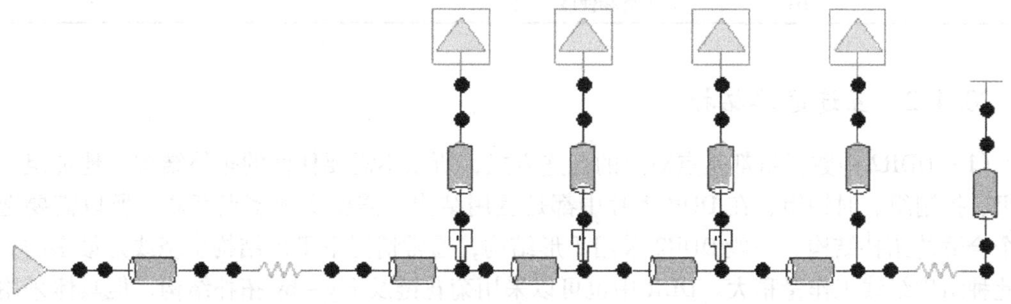

图 20.31　4 片 DDR3 芯片地址线使用 Fly – by 的拓扑结构链路

20.4 DDR 的设计规则

20.4.1 DDR 信号的分组

根据 DDR 信号的种类可以分为不同的信号组，如表 20.5 所示。

表 20.5 DDR 信号按不同的种类分组

<table>
<tr><th>信号组</th><th>信号名称</th><th>描述</th><th>DDR2</th><th>DDR3</th></tr>
<tr><td rowspan="4">电源组</td><td>VDD</td><td>DDR 芯片主电源</td><td>1.8V ±0.1V（电流大平面布线）</td><td>1.5V ±0.75V（电流大平面布线）</td></tr>
<tr><td>VREF</td><td>参考电压</td><td>0.9V ±0.04V</td><td>0.75V ±0.015V</td></tr>
<tr><td>VTT</td><td>端接电压</td><td>0.9V ±0.04V</td><td>0.75V ±0.015V</td></tr>
<tr><td>VSS、VSSQ</td><td>内存芯片供电接地引脚</td><td>0V（平面布线）</td><td>0V（平面布线）</td></tr>
<tr><td>时钟组</td><td>CLK、CLK#</td><td>差分时钟信号</td><td>差分阻抗 100Ω，时钟回路电流提供完整地平面</td><td>差差分阻抗 100Ω，时钟回路电流提供完整地平面</td></tr>
<tr><td rowspan="3">数据组（低 8 位）</td><td>DQ0 ~ 7</td><td>低 8 位数据信号</td><td rowspan="3">单端线阻抗 50Ω，本组的信号与其他组的信号间距 20mil 以上，走线在同层</td><td rowspan="3">单端线阻抗 50Ω，本组的信号与其他组的信号间距 20mil 以上，走线在同层</td></tr>
<tr><td>LDQS、LDQS#</td><td>低 8 位数据选通</td></tr>
<tr><td>LDM</td><td>低 8 位数据输入屏蔽</td></tr>
<tr><td rowspan="3">数据组（高 8 位）</td><td>DQ8 ~ 15</td><td>高 8 位数据信号</td><td rowspan="3">单端线阻抗 50Ω，本组的信号与其他组的信号间距 20mil 以上，走线在同层</td><td rowspan="3">单端线阻抗 50Ω，本组的信号与其他组的信号间距 20mil 以上，走线在同层</td></tr>
<tr><td>LDQS、LDQS#</td><td>高 8 位数据选通</td></tr>
<tr><td>LDM</td><td>高 8 位数据输入屏蔽</td></tr>
<tr><td rowspan="5">地址组地址和命令组</td><td>A0 ~ A13</td><td>地址总线</td><td rowspan="5">单端线阻抗 50 ~ 60Ω，信号线尽量保证 3W 的间距</td><td rowspan="5">单端线阻抗 50 ~ 60Ω，信号线尽量保证 3W 的间距</td></tr>
<tr><td>BA0、BA1、BA2、</td><td>Bank 选择信号</td></tr>
<tr><td>RAS</td><td>行地址选通</td></tr>
<tr><td>CAS</td><td>列地址选通</td></tr>
<tr><td>WE</td><td>写使能</td></tr>
<tr><td rowspan="3">控制组</td><td>CS#</td><td>片选</td><td rowspan="3">单端线阻抗 50 – 60Ω，信号线尽量保证 3W 的间距</td><td rowspan="3">单端线阻抗 50 – 60Ω，信号线尽量保证 3W 的间距</td></tr>
<tr><td>CKE</td><td>时钟选择</td></tr>
<tr><td>ODT</td><td>片上终端使能</td></tr>
</table>

20.4.2 互连通路拓扑

（1）DDR2 中数据组都是点对点的互连方式，所以不需要任何的拓扑结构。地址组、命令组、控制组、时钟组，在 DDR 多片中都是复用结构，需要实现多点互联，所以需要选择一个合适的拓扑结构。一般 DDR2 采用 T 形结构，通常情况下 T 形结构中绕线是最多的，采用此种结构绕线工作量稍大。DDR 中也可以采用菊花链及 Fly – by 拓扑结构，但具体采用哪种结构，可以参考主芯片的手册来进行，必要时可以进行仿真来获得更合理的拓扑结构。

（2）DDR3 是在 DDR2 的基础上发展而来，同样的道理，数据组都是点对点的互连方

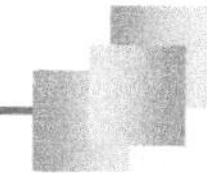

式，所以不需要任何的拓扑结构。地址组、命令组、控制组、时钟组，在 DDR 多片中都是复用结构，需要实现多点互连选择合适的拓扑结构。一般 DDR3 采用中菊花链及 Fly-by 拓扑结构，原因是在 DDR3 类型的控制器内部增加了读写平衡的功能。它可以调整 DQS 与 CLK 之间的公差，补偿由拓扑结构引起的周期延迟。

菊花链及 Fly-by 拓扑结构选择。Fly-by 拓扑结构在处理噪声方面，具有很好的波形完整性，然而在一个 4 层板上很难实现，需要 6 层板以上，而菊花链式拓扑结构在一个 4 层板上容易实现。所以采用菊花链或 Fly-by 拓扑结构可以参考主芯片的手册来进行，必要时可以进行仿真来获得更合理的拓扑结构。

20.4.3　布线长度匹配

为了保证 DDR 部分的时序及信号完整性，要对信号的布线长度进行控制。DDR 的布线长度控制有两种形式：一种是所有信号线等长；另一种是以字节为单位分组等长。

（1）所有信号线等长布线。该种布线方式在信号完整性上是最理想的，在设置约束规则上是较简单的，但由于布线空间的限制，使得这种方法耗时费力，甚至因为空间有限，设计无法实现。若是单片 DDR 芯片可以采用此种办法进行设计，若是多片 DDR 芯片，往往受到空间的限制，无法将所有的信号线都进行等长的匹配。单片 DDR 芯片布线长度匹配要求（DDR2 类型芯片）如表 20.6 所示。

表 20.6　单片 DDR 芯片布线长度匹配要求（DDR2 类型芯片）

信号组名称	DDR 线长布线要求	总线长
时钟组	CLK、CLK#长度公差控制在 25mil 内（有的芯片要求是 10mil）	布线尽量短，一般小于 5000mil
数据组	LDQS 和 LDQS#之间的走线长度范围为 50mil 内；数据组内以 DSQ 的走线长度为参照进行走线，允许公差范围为 50mil 内	最小时钟长度 -500mil，最大时钟 +500mil
地址组和命令组	以时钟走线长度为参照进行走线，相对于时钟来说，时钟、地址组和命令组，线长公差度控制在 300mil 内	最小时钟长度 -150mil，最大时钟 +150mil
控制组		最小时钟长度 -150mil，最大时钟 +150mil

（2）以字节为单位分组等长布线。该种布线方式以数据中每 8 个 bit 数据位为一个小组进行等长处理，实际工程等长处理容易实现，特别是数据线不用过多地进行绕线。但这种方式约束管理器设置较为复杂，需要进行多组 bit 单独设置约束规则，此种等长方式适合于多片 DDR 采用。

DD2 芯片和 DD3 芯片以字节为单位分组等长如表 20.7 和表 20.8 所示。

表 20.7　DDR2 芯片以字节为单位分组等长

信号组名称	DDR 线长布线要求	总线长
时钟组	CLK、CLK#长度公差控制在 25mil 内（有的芯片要求是 10mil）	布线尽量短，一般小于 5000mil

（续）

信号组名称	DDR 线长布线要求	总线长
Chip0，数据组（低8位）	LDQS0 和 LDQS0#之间的走线长度范围为 50mil 内；DQ［0:7］以同组内的 DSQ 的走线长度为参照进行走线，允许公差范围为 50mil 内	最小时钟长度 - 500mil，最大时钟 + 500mil
Chip0，数据组（高8位）	UDQS0 和 UDQS0#之间的走线长度范围为 50mil 内；DQ［8:15］以同组内的 DSQ 的走线长度为参照进行走线，允许公差范围为 50mil 内	最小时钟长度 - 500mil，最大时钟 + 500mil
Chip1，数据组（低8位）	LDQS1 和 LDQS1#之间的走线长度范围为 50mil 内；DQ［0:7］以同组内的 DSQ 的走线长度为参照进行走线，允许公差范围为 50mil 内	最小时钟长度 - 500mil，最大时钟 + 500mil
Chip1，数据组（高8位）	UDQS1 和 UDQS1#之间的走线长度范围为 50mil 内；DQ［8:15］以同组内的 DSQ 的走线长度为参照进行走线，允许公差范围为 50mil 内	最小时钟长度 - 500mil，最大时钟 + 500mil
地址组 地址和命令组	以时钟走线长度为参照进行走线，相对于时钟来说，每片 DDR 芯片的时钟、地址、控制线长公差度控制在 300mil 内	最小时钟长度 - 150mil，最大时钟 + 150mil
控制组		最小时钟长度 - 150mil，最大时钟 + 150mil

表 20.8　DDR3 芯片以字节为单位分组等长

信号组名称	DDR 线长布线要求	总线长
时钟组	CLK、CLK#长度公差控制在 10mil 内	布线尽量短，一般小于 4000mil
Chip0，数据组（低8位）	LDQS0 和 LDQS0#之间的走线长度范围为 50mil 内；DQ［0:7］以同组内的 DSQ 的走线长度为参照进行走线，允许公差范围为 50mil 内	最小时钟长度 - 200mil，最大时钟 + 200mil
Chip0，数据组（高8位）	UDQS0 和 UDQS0#之间的走线长度范围为 25mil 内；DQ［8:15］以同组内的 DSQ 的走线长度为参照进行走线，允许公差范围为 25mil 内	最小时钟长度 - 200mil，最大时钟 + 200mil
Chip1，数据组（低8位）	LDQS1 和 LDQS1#之间的走线长度范围为 25mil 内；DQ［0:7］以同组内的 DSQ 的走线长度为参照进行走线，允许公差范围为 25mil 内	最小时钟长度 - 200mil，最大时钟 + 200mil
Chip1，数据组（高8位）	UDQS1 和 UDQS1#之间的走线长度范围为 25mil 内；DQ［8:15］以同组内的 DSQ 的走线长度为参照进行走线，允许公差范围为 25mil 内	最小时钟长度 - 200mil，最大时钟 + 200mil
Chip0，数据组（低8位）	LDQS0 和 LDQS0#之间的走线长度范围为 25mil 内；DQ［0:7］以同组内的 DSQ 的走线长度为参照进行走线，允许公差范围为 25mil 内	最小时钟长度 - 200mil，最大时钟 + 200mil
地址组 地址和命令组	以时钟走线长度为参照进行走线，相对于时钟来说，每片 DDR 芯片的时钟、地址、控制线长公差度控制在 200mil 内	最小时钟长度 - 100mil，最大时钟 + 100mil
控制组		最小时钟长度 - 100mil，最大时钟 + 100mil

注意，以上给出的线长匹配参数，并不适合所有的项目。实际的项目中有些芯片资料的同组数据之间的公差允许标准是 10mil 之内，不同的数据组之间允许的公差标注是 100mil。

每个设计可能都有些不同的要求，建议参考相应的芯片手册和设计参考文档，以上的设计要求仅供学习时使用，不能覆盖所有的 DDR 线长要求。

20.4.4 阻抗、线宽和线距

（1）时钟信号：以地平面为参考，给整个时钟回路的走线提供一个完整的地平面，给回路电流提供一个低阻抗的路径。由于是差分时钟信号，在走线前应预先设计好线宽线距，计算好差分阻抗，再按照这种约束来进行布线。所有的 DDR 差分时钟信号都必须在关键平面上走线，尽量避免层到层的转换。线宽和差分间距需要参考 DDR 控制器的实施细则，计算差分阻抗控制在 100～120Ω。时钟信号到其他信号应保持在 20mil 以上的距离，来防止对其他信号的干扰。蛇形走线的间距不应小于 20mil。串联终端电阻值在 15～33Ω，可选的并联终端电阻值在 25～68Ω。

（2）数据信号组：以地平面为参考，给信号回路提供完整的地平面。特征阻抗控制在 50～60Ω。线宽要求参考实施细则。与其他非 DDR 信号间距至少为 20mil。长度匹配按字节通道为单位进行设置，每字节通道内数据信号 DQ、数据选通 DQS 和数据屏蔽信号 DM 长度差应控制在一定范围内。与相匹配的 DM 和 DQS 串联匹配电阻 RS 值为 0～33Ω，并联匹配终端电阻 RT 值为 25～68Ω。如果使用电阻排的方式匹配，则数据电阻排内不应有其他 DDR 信号。

（3）地址和命令信号组：保持完整的地和电源平面。特征阻抗控制在 50～60Ω。信号线宽参考具体设计实施细则。信号组与其他非 DDR 信号间距至少保持在 20mil 以上。组内信号应该与 DDR 时钟线长度匹配，差距至少控制在 25mil 内。串联匹配电阻 RS 值为 0～33Ω，并联匹配电阻 RT 值应该为 25～68Ω。本组内的信号不要和数据信号组在同一个电阻排内。

（4）控制信号组：控制信号组的信号最少，只有时钟使能和片选、VTT 信号。仍需要有一个完整的地平面和电源平面作为参考。串联匹配电阻值为 0～33Ω，并联匹配终端电阻值为 25～68Ω。为了防止串扰，本组内信号同样也不能和数据信号在同一个电阻排内。

（5）其他要求如表 20.9 所示。

表 20.9 其他要求

分　类	信号线类型	布线要求
时钟，DQS 差分	差分线	等差分信号线应尽量设计成紧耦合差分对，即差分对内间距应小于走线宽度。走线应对称，如同时改变线宽，同时打过孔等。对于时钟差分信号线，如有两个负载，则各分支线长度应尽量短且对称，每条分支线末端用 200Ω 电阻进行并联端接
数据、地址、命令	单端线	同一组控制线或同一组数据线间的走线间距应大于走线宽度 1.5 倍（最好 2 倍以上），而不同组间的信号线间距应大于走线宽度的 2 倍（最好 3 倍以上）。 若并联端接电阻的走线长度应控制在 250mil 以内。对于点对点拓扑的末端端接电阻，应放在接收器后面。如有多个负载，应采用 T 形连接，各分支线长度应短且对称，并在分支点进行阻抗匹配，阻值等于走线阻抗
VREF 参考电压	电源类型	VREF 参考电压线要有足够低的阻抗，且与其他 DDR2 信号线的间距大于 25mil
BGA 扇出	信号	在扇出线区域，由于空间限制，不能满足走线宽度和间距要求时，可适当减小走线宽度及减小走线间距，但该扇出线长度应小于 500mil

20.4.5 信号组布线顺序

为了确保 DDR 接口最优化，DDR 的布线应按照如下顺序进行。

（1）功率、电阻网络中的无源元件引脚交换，如地址线、数据线、控制线、时钟等数据线中的串行端接电阻及排阻，通过交换引脚可以让布线顺利进行。

（2）VTT 电源平面的规划和布线、VREF 的规划和布线。

（3）时钟布线。

（4）数据组信号线的布线。数据信号组的布线优先级是所有信号组中最高的，因为它工作在 2 倍时钟频率下，它的信号完整性要求是最高的。另外，数据信号组是所有这些信号组中占线最多的部分，也是最主要的走线长度匹配有要求的信号组。

（5）地址和命令信号布线。地址、命令、控制和数据信号组都与时钟的走线有关。因此，系统中有效的时钟走线长度应满足多种关系。应建立系统时序的综合考虑，以确保所有这些关系都能够被满足。

（6）VDDQ 或 VDD 电源的布线。

20.4.6 电源的处理

（1）DDR2 和 DDR3 的电源电压 VDD，使用内层单独的一个层来解决，以减少内存，必要时可以进行电源分割，将部分内层分割给 VTT 使用。电源层分割若空间允许要尽量大，这样以便于增加内层电源供电的横截面积的同时减少电压降。进行电源平面切割时，一般保证 DDR 数据线和地址线不跨切割，使 DDR 所有信号线都有一个完整的参考平面，以免由于跨切割带来的阻抗跳变，降低信号质量。

（2）VTT 的电流来看最大可以为 2.3～3.2A，VTT 电源应单独划分一块平面来供应电流，且最好放在 DDR 存储器端。如果并联终端匹配使用排阻的方式为上拉，那么最好每个排阻都添加一个 0.1μF 或 0.01μF 的去耦电容，这对于改善信号的完整性、提高 DDR 总线的稳定性都有很好的效果。

（3）由于 VREF 电压作为其他信号接收端的重要参考，故它的布线设计也是十分重要的。叠加在 VREF 电压的串扰或噪声能直接导致内存总线发生潜在的时序错误、抖动和漂移。很多电源芯片会把 VREF 和 VTT 从同一源输出，但是由于使用的目的不同，走线也完全不同。VREF 最好和 VTT 在不同的平面，以免 VTT 产生的噪声干扰 VREF。而且无论是在 DDR 控制器端还是 DDR 存储器端，VREF 引脚附近都应放置去耦电容，消除高频噪声。VREF 的走线宽度应越宽越好，最好为 20～25mil。

20.4.7 DDR 的布局

DDR 布局的总思路要求布局整齐、美观，要根据走线顺序调整 DDR 芯片的摆放位置。在确定了 DDR 拓扑结构后，就可以进行元器件的摆放，需要遵守以下原则。

（1）考虑到拓扑结构，仔细查看 CPU 地址线的位置，使得地址线有利于相应的拓扑结构布线。地址线上的匹配电阻靠近 CPU，数据线上的匹配电阻靠近 DDR。如果走 T 形拓扑，多片 DDR 中间距离要拉远一些，要预留足够的空间进行地址线、时钟线，控制线绕线和打孔。如图 20.32 所示是 DDR2 的元器件摆放示意图（未包括去耦电容），可以很容易看出，地址线可以走到两颗芯片中间然后向两边分，很容易实现星形拓扑结构，同时，数据线会很短。

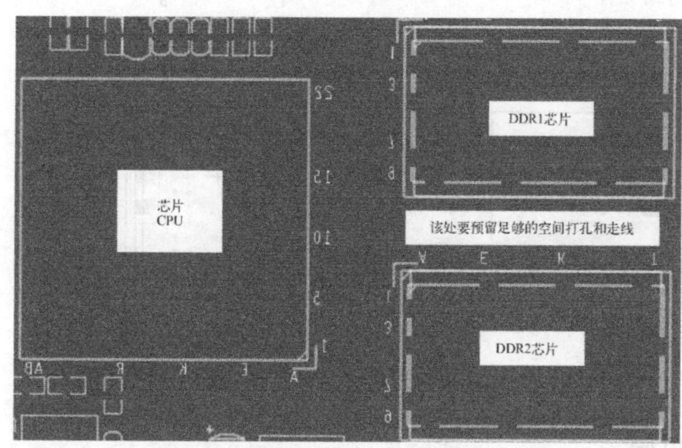

图 20.32　两片 DDR2 的布局

（2）将 DDR 芯片摆放并旋转，使得 DDR 数据线尽量短，也就是说，DDR 芯片的数据线引脚靠近 CPU。如果走菊花链或 Fly - by，相对来说两片 DDR 芯片距离可适当拉近，以节约空间。DDR3 与 CPU 之间在满足工艺要求的条件下，尽可能靠近，以免走线过长，如图 20.33所示。

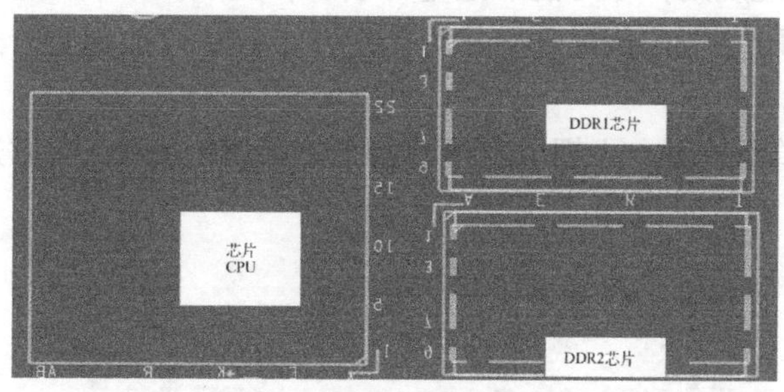

图 20.33　两片 DDR2 的布局

（3）如果有 VTT 端接电阻，将其摆放在地址线可以走到的最远的位置。一般来说，DDR2 不需要 VTT 端接电阻，只有少数 CPU 需要，DDR3 都需要 VTT 端接电阻，如图 20.34 所示。

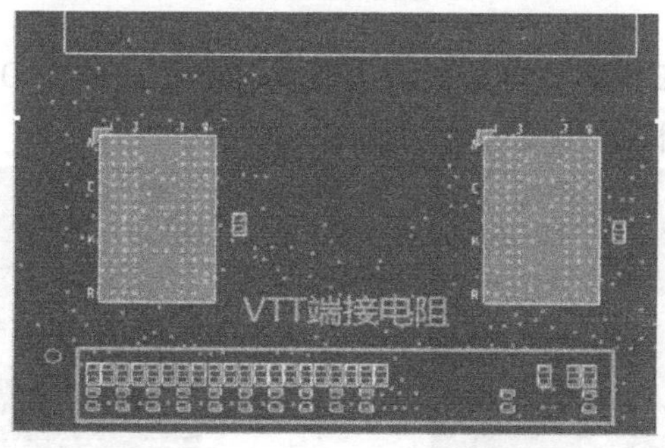

图 20.34　VTT 端接电阻的布局

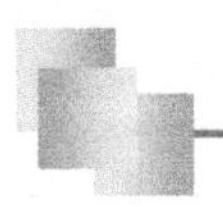

（4）VREF 电容的布局。VREF 旁路电容靠近 VREF 电源引脚放置，若 DDR 芯片放在 Top 层，那么 VREF 旁路电容放置在 Bottom 层，置于电源引脚的附近，如图 20.35 所示。

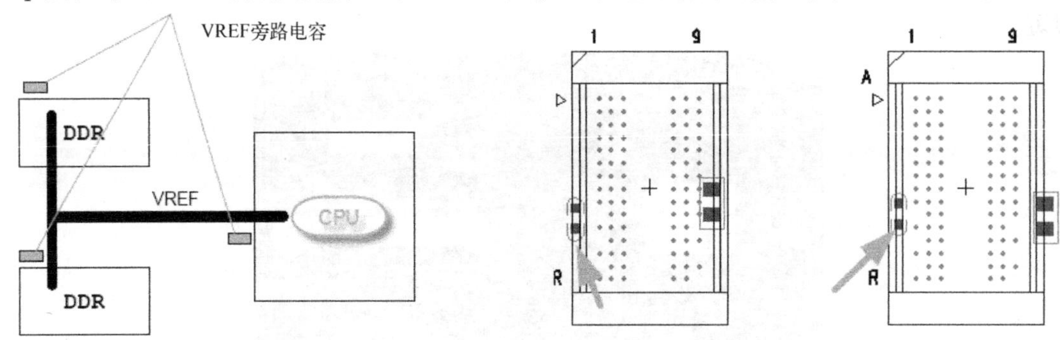

图 20.35　旁路电容的布局放在 DDR 芯片背面

（5）去耦电容的布局。

① 去耦电容靠近芯片的电源引脚放置，若 DDR 芯片放在 TOP 层，那么电容放在 Bottom 层（电容也可以放在 Top 层和 DDR 在同层，电容放在靠近 DDR 电源引脚的边上）。芯片的电源引脚需要放置足够的去耦电容，推荐采用 0603、0402 封装 0.1μF 的陶瓷电容，其在 20～300MHz 范围非常有效。

② 去耦电容的处理规则，尽可能靠近电源引脚，走线要求满足芯片的 POWER 引脚→去耦电容→芯片的 GND 引脚之间的环路尽可能短，走线尽可能加宽，这样做可以减小寄生参数和信号传播延迟。

③ 若 DDR 芯片单面放置，去耦电容推荐摆放在 DDR 芯片背面靠近电源引脚位置，如图 20.36 所示。

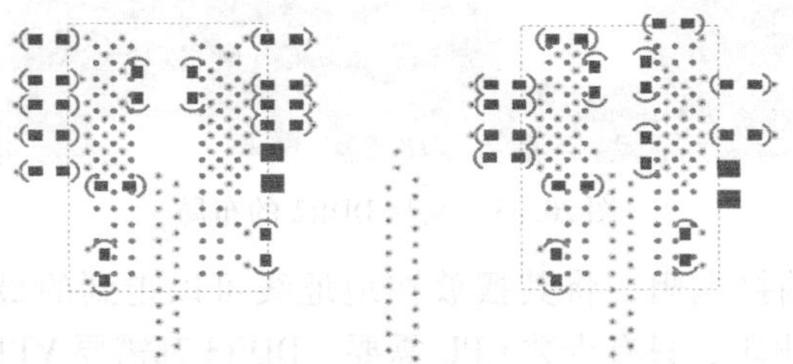

图 20.36　去耦电容摆放在 DDR 的背面

④ 若 DDR 芯片是正反面重叠摆放的，去耦电容推荐摆放在 DDR 芯片同层周围靠近电源引脚位置，如图 20.37 和图 20.38 所示。

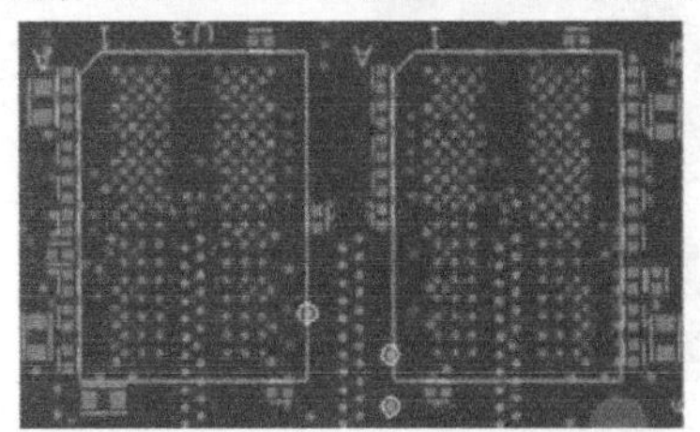

图 20.37　Top 层 DDR 和去耦电容的布局

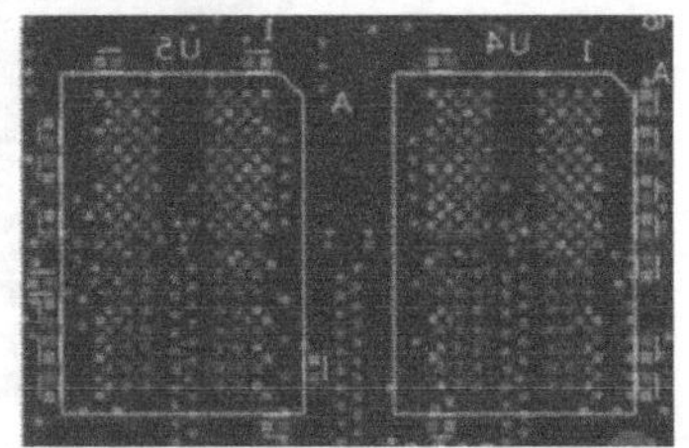

图 20.38　Bottom 层 DDR 和去耦电容的布局

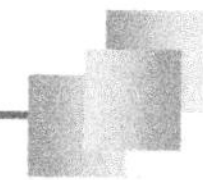

⑤ DDR 芯片上的电源、地线从焊盘引出后就近打孔 VIA 接电源、地平面。线宽尽量做到 8 ~ 12mil（视芯片的焊盘宽度而定，通常要小于焊盘宽度 20% 或以上）。VIA 的例子如图 20.39所示。

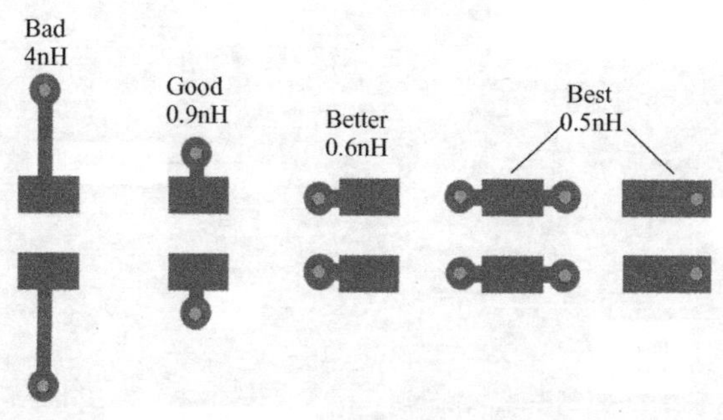

图 20.39　电容 Fanout 示例

⑥ 每个去耦电容的接地端，推荐采用一个以上的过孔直接连接至 GND，并尽量加宽电容引线。默认引线宽度为 20mil，如图 20.40 所示。

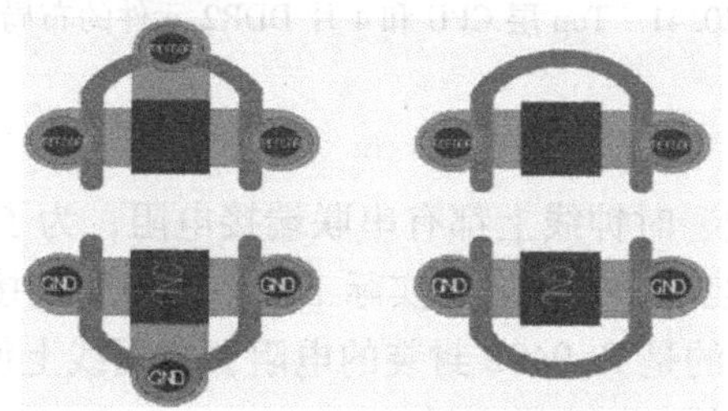

图 20.40　电容 Fanout 线宽

20.5　实例：DDR2 的 PCB 设计（4 片 DDR）

实例使用板厚为 1.6mm，6 层，4 片 FBGA60 封装 DDR2 芯片（4 片 DDR2 和 CPU 摆放在 Top 层，DDR2 内存芯片位号从左到右依次为 U9、U8、U6、U5，CPU 位号为 U2，内存芯片为三星 K4T1G084QE 封装为 FBGA60）。

20.5.1　元件的摆放

4 片 DDR2 芯片拓扑采用 T 形，调整 CPU 和 DDR2 内存的位置，将 DDR2 芯片摆放并旋转，使得 DDR2 数据线尽量短，也就是 DDR2 芯片的数据引脚要靠近 CPU。地址线上的匹配电阻靠近 CPU，数据线上的匹配电阻靠近 DDR2，2 片 DDR2 之间预留空间打孔及走线。去耦电容靠近 DDR2 芯片摆放到距离引脚的边上最近的地方。元件都摆放完成以后如图 20.41 所示（注意 U6 和 U5 及 U7 和 U8 的中间位置要预留足够的空间用于布线时候摆放过孔，最好将 U6 和 U5 及 U7 和 U8 的位置对称摆放，方便布线）。

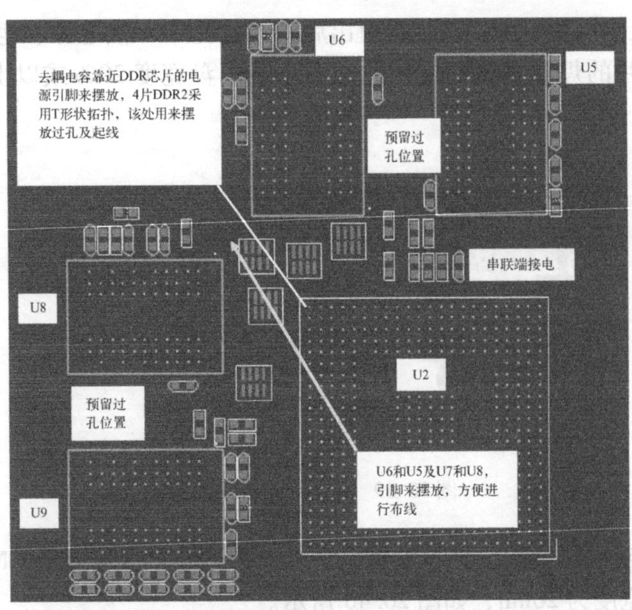

图 20.41　Top 层 CPU 和 4 片 DDR2 元件的布局图

20.5.2　XNET 设置

（1）因本例中在地址线、时钟线上都有串联端接电阻，为了方便规则设置，要将电阻两端的网络设置成 XNET。当然，若读者的实际工程中无串联端接电阻，则无须进行该步骤的设置。该例时钟线上使用的是 R_0402 封装的电阻，数据线上使用的是 R_0402_8 封装的排阻，所以要进行两个元件的 XNET 模型设置。

（2）选择 Analyze—Signal Model Assignment 命令，打开 Signal Model Assignment 窗口。用鼠标在需要分配模型的 R_0402_8 封装元件上单击，在 Signal Model Assignment 窗口，元件会快速定位选中单击的排阻元件，如图 20.42 所示。

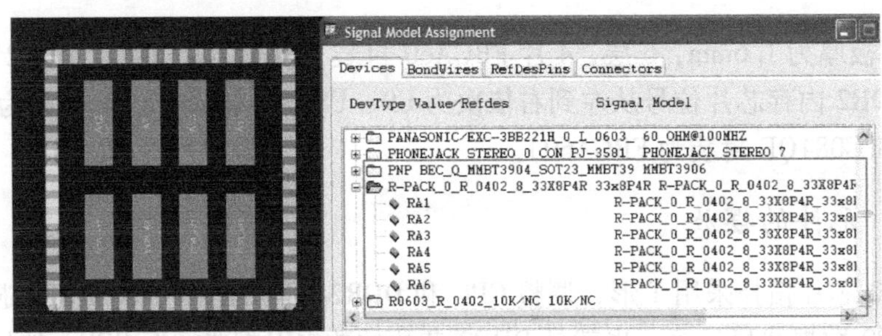

图 20.42　Signal Model Assignment 窗口选中 RN11 元件

（3）用鼠标单击选中该元件的 Devices 文件夹 P－PACK4_0_R_0402_8_33X8P4R，单击 Create Device Model 按钮弹出 Create Espice Device Model 窗口。选择 Create ESpiceDevice Model 单选项，单击 OK 按钮弹出模型创建对话框。在 Single Pins 中输入 1 2 3 4 5 6 7 8（1 和 2 是一个电阻，3 和 4 是一个电阻）后单击 OK 按钮，如图 20.43 所示。

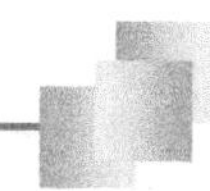

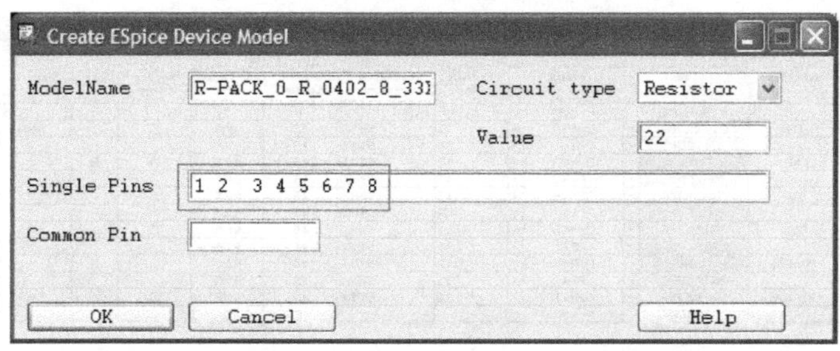

图 20.43　排阻创建 ESpiceDevice 模型

（4）使用同样的方法给 R0402 封装的地址线电阻元件创建 ESpiceDevice Model，在 Single Pins 中输入 1 2（1 和 2 是一个电阻）后单击 OK 按钮。界面返回到 Create Device Model 窗口，在该窗口单击 OK 按钮，两个 Devices 元件的模型就分配完成。在弹出的 Signal Model Assignment Changes 窗口中可以清楚地看到当前所做的修改，两个 Devices 被分配 ESpiceDevice 模型，如图 20.44 所示。

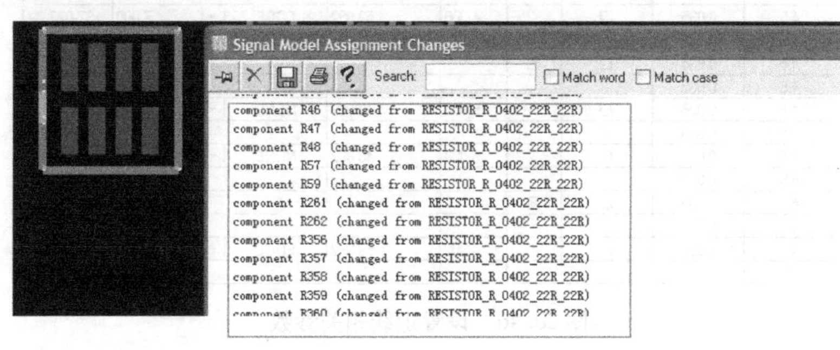

图 20.44　电阻创建 ESpiceDevice 模型

20.5.3　设置叠层计算阻抗线

DDR 走线线宽与阻抗控制密切相关，阻抗和 PCB 叠层的厚度和走线的宽度都有关系，设置步骤如下。

（1）选择 Setup—Layout Cross Section 命令，打开 Layout Cross Section 窗口。该例中 DDR2 的电路板使用 6 层电路板，在 Layout Cross Section 添加成 6 层结构，按照阻抗模板的要求输入 PP 的厚度和 Core 的厚度、材料的损坏、导电率等参数。设置完成的叠层如图 20.45所示。

（2）该 6 层电路板中第 2 层 GND2 和第 4 层 POWER4 为地和电源平面层，一般不用作布线。布线层为 TOP、SIG3、SIG4、BOTTOM 层，需要布线的地址线、数据线、控制线、时钟线都将在这 4 个层中进行走线。勾选 Show Single Impedance 和 Show Diff Impedance 复选项，计算 100Ω 和 50Ω 特征阻抗所需要的线宽。经过计算在 TOP、SIG3、SIG4、BOTTOM 层中线宽设置成 5mil 后，特征阻抗是 51.79Ω，可以满足单端阻抗的要求。当线宽设置成 4.3mil，间距设置成 7mil，阻抗为 97.029Ω，满足 100Ω 差分线线的阻抗要求（一般阻抗控制标准是目标值，±10Ω）。界面截图如图 20.46 所示。

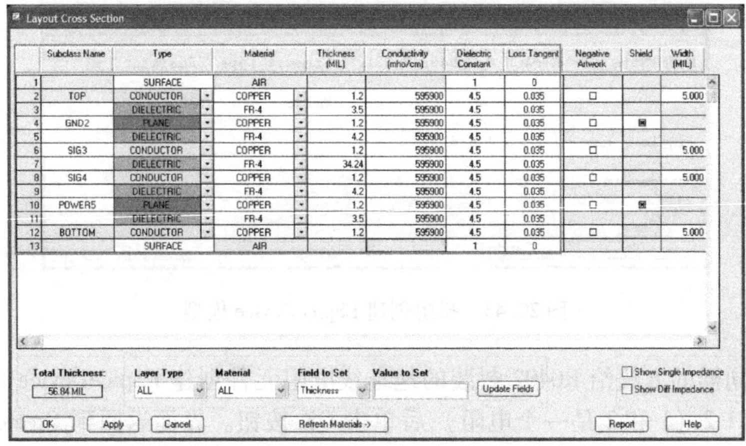

图 20.45　设置阻抗控制参数

Dielectric Constant	Loss Tangent	Negative Artwork	Shield	Width (MIL)	Impedance (ohm)	Coupling Type	Spacing (MIL)	DiffZ0 (ohm)
1	0							
4.5	0.035	□		4.300	53.992	EDGE	7.000	97.029
4.5	0.035							
4.5	0.035	□	☒					
4.5	0.035							
4.5	0.035	□		5.000	48.802	NONE		
4.5	0.035							
4.5	0.035	□		5.000	48.802	NONE		
4.5	0.035							
4.5	0.035	□	☒					
4.5	0.035							
4.5	0.035	□		4.300	53.992	EDGE	7.000	97.029
1	0							

图 20.46　设置走线相关参数

20.5.4　信号分组创建 Class

（1）创建差分对，打开约束管理器，选择 Physical—Net—All Layers，在右侧的 Object 栏中将时钟信号 DDR_MCLK +、DDR_MCLK - 设置成差分对 DDR_MCLK；将 DQS0 +、DQS0 - 设置成差分对 DQS0，将 DQS1 +、DQS1 - 设置成差分对 DQS1；将 DQS2 +、DQS2 - 设置成差分对 DQS2；将 DQS0 +、DQS0 - 设置成差分对 DQS3。共计 5 对差分对信号，其中 DQS0 +、DQS0 - 是第 1 片 DDR2 芯片的数据选通信号，DQS1、DQS1#是第 2 片 DDR2 芯片的数据选通信号，其他类似，如图 20.47 所示。

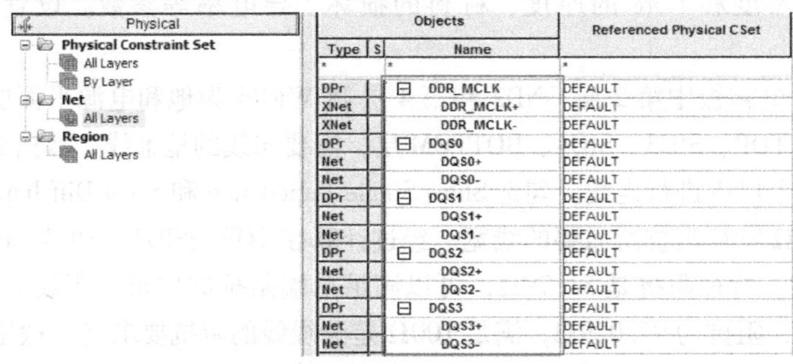

图 20.47　设置完成的 5 对差分对信号

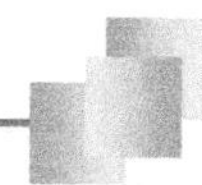

（2）设置数据线分组，在右侧的 Object 栏目中，按住 Ctrl 键后用鼠标选择 DM0～DM7、差分对 DQS0、DQM0 网络，右键选择 Create—Class 命令，创建成 DATA_CLAS_DDR0。DM0～DM7 为数据线，DQS0 为对应数据选通信号，DQM0 为数据输入屏蔽信号，如图 20.48 所示。

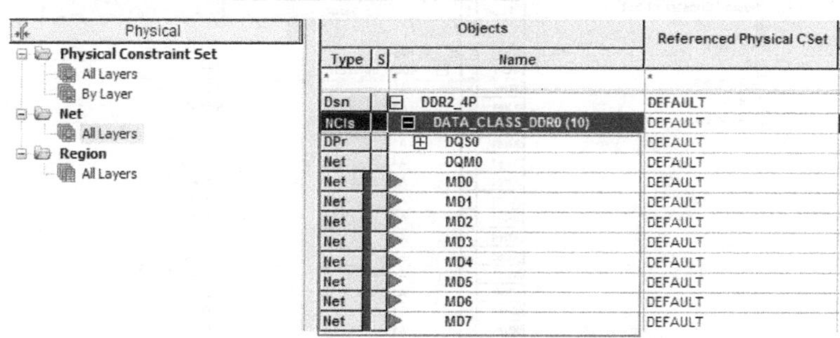

Type	S	Name	Referenced Physical CSet
*	*		*
Dsn		⊟ DDR2_4P	DEFAULT
NCls		⊟ DATA_CLASS_DDR0 (10)	DEFAULT
DPr		⊞ DQS0	DEFAULT
Net		DQM0	DEFAULT
Net		MD0	DEFAULT
Net		MD1	DEFAULT
Net		MD2	DEFAULT
Net		MD3	DEFAULT
Net		MD4	DEFAULT
Net		MD5	DEFAULT
Net		MD6	DEFAULT
Net		MD7	DEFAULT

图 20.48　创建 Class DATA_CLASS_DDR0

设置第 2 个数据分组，按住 Ctrl 键后用鼠标选择 DM8～DM15、差分对 DQS1、DQM1 网络，右键选择 Create—Class 命令，创建成 DATA_CLAS_DDR1。DM8～DM15 为数据线，DQS1 为对应数据选通信号，DQM1 为数据输入屏蔽信号，如图 20.49 所示。

设置第 3 个数据分组，按住 Ctrl 键后用鼠标选择 DM16～DM23、差分对 DQS2、DQM2 网络，右键选择 Create—Class 命令，创建成 DATA_CLAS_DDR2。DM16～DM23 为数据线，DQS2 为对应数据选通信号，DQM2 为数据输入屏蔽信号，如图 20.50 所示。

NCls		⊟ DATA_CLASS_DDR1 (10)	DEFAULT
DPr		⊞ DQS1	DEFAULT
Net		DQM1	DEFAULT
Net		MD8	DEFAULT
Net		MD9	DEFAULT
Net		MD10	DEFAULT
Net		MD11	DEFAULT
Net		MD12	DEFAULT
Net		MD13	DEFAULT
Net		MD14	DEFAULT
Net		MD15	DEFAULT

图 20.49　创建 Class DATA_CLAS_DDR1

NCls		⊟ DATA_CLASS_DDR2 (10)	DEFAULT
DPr		⊞ DQS2	DEFAULT
Net		DQM2	DEFAULT
Net		MD16	DEFAULT
Net		MD17	DEFAULT
Net		MD18	DEFAULT
Net		MD19	DEFAULT
Net		MD20	DEFAULT
Net		MD21	DEFAULT
Net		MD22	DEFAULT
Net		MD23	DEFAULT

图 20.50　创建 Class DATA_CLAS_DDR2

设置第 4 个数据分组，按住 Ctrl 键后用鼠标选择 DM24～DM31、差分对 DQS3、DQM3 网络，右键选择 Create—Class 命令，创建成 DATA_CLAS_DDR3。DM16～DM23 为数据线，DQS3 为对应数据选通信号，DQM3 为数据输入屏蔽信号，如图 20.51 所示。

NCls		⊟ DATA_CLASS_DDR3 (10)	DEFAULT
DPr		⊞ DQS3	DEFAULT
Net		DQM3	DEFAULT
Net		MD24	DEFAULT
Net		MD25	DEFAULT
Net		MD26	DEFAULT
Net		MD27	DEFAULT
Net		MD28	DEFAULT
Net		MD29	DEFAULT
Net		MD30	DEFAULT
Net		MD31	DEFAULT

图 20.51　创建 Class DATA_CLAS_DDR3

（3）设置地址线分组，在右侧的 Object 栏中，按住 Ctrl 键后用鼠标选择 A0～A13 地址线、BA0 ~ BA2 Bank 选择信号线、CAS#列地址选通信号线、DDR_WE 写使能信号线、RAS 行地址信号线。右键选择 Create—Class 命令，创建成 ADDR_DDR，如图 20.52 所示。

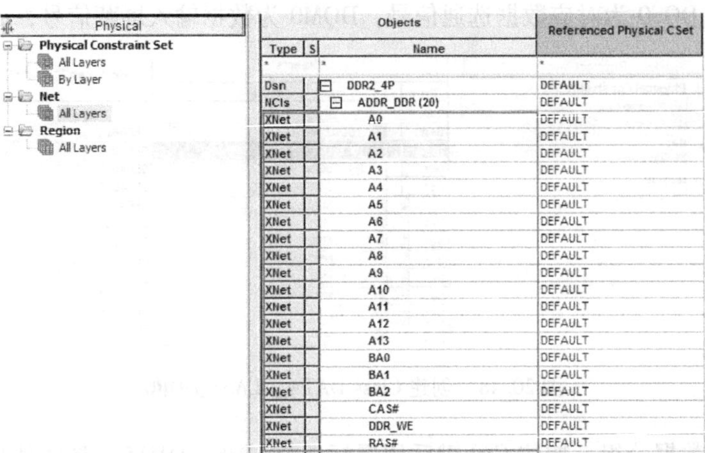

Type	S	Name	Referenced Physical CSet
*	*		*
Dsn		⊟ DDR2_4P	DEFAULT
NCls		⊟ ADDR_DDR (20)	DEFAULT
XNet		A0	DEFAULT
XNet		A1	DEFAULT
XNet		A2	DEFAULT
XNet		A3	DEFAULT
XNet		A4	DEFAULT
XNet		A5	DEFAULT
XNet		A6	DEFAULT
XNet		A7	DEFAULT
XNet		A8	DEFAULT
XNet		A9	DEFAULT
XNet		A10	DEFAULT
XNet		A11	DEFAULT
XNet		A12	DEFAULT
XNet		A13	DEFAULT
XNet		BA0	DEFAULT
XNet		BA1	DEFAULT
XNet		BA2	DEFAULT
XNet		CAS#	DEFAULT
XNet		DDR_WE	DEFAULT
XNet		RAS#	DEFAULT

图 20.52　设置地址线分组 ADDR_DDR

（4）设置控制线分组，在右侧的 Object 栏中，按住 Ctrl 键后用鼠标选择 CKE 时钟选择信号、MDDR_CS0 片选信号线、DDR_ODT 终端使能信号线，右键选择 Create—Class 命令，创建成 CONTROL_DDR，如图 20.53 所示。

NCls		⊟ CONTROL_DDR (3)	DEFAULT
XNet		CKE	DEFAULT
XNet		DDR_ODT	DEFAULT
XNet		MDDR_CS0	DEFAULT

图 20.53　设置控制线分组 CONTROL_DDR

20.5.5　差分对建立约束

（1）在约束管理器中选择 Electrical—Electrical Constraint Set—Routing—Differential Pair 工作簿，右击，在右键快捷菜单中选择 Create—Electrical CSet 命令，新建电气约束 DIFF100OHM。

Static Phase Tolerance 设置成 20mil，Min Line Spacing 设置成 7mil，Coupling Parameters 中 Primary Gap 设置成 7mil，Primary Width 设置成 4.3mil，Neck Gap 设置成 7mil，Neck Width 设置成 4.3mil，Tolerance（+/-）都设置成 0。设置完成后如图 20.54 所示。

Min Line Spacing	Coupling Parameters					
	Primary Gap	Primary Width	Neck Gap	Neck Widt	(+)Tolerance	(-)Tolerance
mil	mil	mil	mil	mil	mil	mil
*	*	*	*	*	*	*
0.000	0.000	5.500:5.500:5...	0.000	5.000	0.000	0.000
7.000	7.000	4.300	7.000	4.300	0.000	0.000

图 20.54　新建立电气约束 DIFF100OHM

（2）选择 Electrical—Net—Routing—Differential Pair 工作簿，找到 DDR_MCLK、DQS0、DQS1、DQS2、DQS3 差分对，在 Referenced Electrical CSet 栏中单击，在下拉框中选择 DIFF100OHM，将约束规则应用到这 5 个差分对网络中。

20.5.6　建立线宽、线距离约束

（1）在约束管理器中选择 Physical—Physical Constraint Set—All layer 工作簿，在右键菜单中选择 Create—Physical CSet 命令，新建 PHY5MIL 约束规则。设置线宽为 5mil，过孔使用 VIA10X20 和 VIA16C8D 两种类型，如图 20.55 所示。

Objects			Line Width		Neck		Vias
			Min	Max	Min Width	Max Length	
Type	S	Name	mil	mil	mil	mil	
*		*	*	*	*	*	*
PCS		⊞ PHY5MIL	5.000	5.000	5.000	5.000	VIA10_22MN:VIA8_16...

图 20.55　新建 PHY5MIL 约束规则

（2）选择 Physical—Net—All Layer 工作簿，找到 DATA_CLASS_DDR0、DATA_CLASS_DDR1、DATA_CLASS_DDR2、DATA_CLASS_DDR3、ADDR_DDR、CONTROL_DDR，在 Referenced Electrical CSet 栏中单击，在下拉列表中选择 PHY5MIL，将约束规则应用到这 6 个 Class 网络中，如图 20.56 所示。

Objects			Referenced Physical CSet	Line Width	
				Min	Max
Type	S	Name		mil	mil
*		*	*	*	*
NCls		⊞ ADDR_DDR (20)	PHY5MIL	5.000	5.000
NCls		⊞ CONTROL_DDR (3)	PHY5MIL	5.000	5.000
NCls		⊞ DATA_CLASS_DDR0 (10)	PHY5MIL	5.000	5.000
NCls		⊞ DATA_CLASS_DDR1 (10)	PHY5MIL	5.000	5.000
NCls		⊞ DATA_CLASS_DDR2 (10)	PHY5MIL	5.000	5.000
NCls		⊞ DATA_CLASS_DDR3 (10)	PHY5MIL	5.000	5.000

图 20.56　将物理约束规则应用到这 6 个 Class 网络中

（3）在约束管理器中选择 Physical—Spacing Constraint Set—All Layer 工作簿，在右键菜单中选择 Create—Physical CSet 命令，新建 SPAC5MIL 约束规则，如图 20.57 所示。

Objects			Line To						
			Line	Thru Pin	SMD Pin	Test Pin	Thru Via	BB Via	Test Via
Type	S	Name	mil	mil	mil	mil	mil	mil	mil
*		*	*	*	*	*	*	*	*
Dsn		⊟	10.000	5.000	5.000	5.000	5.000	5.000	5.000
SCS		⊞ SPAC5MIL	5.000	5.000	5.000	5.000	5.000	5.000	5.000
SCS		⊞ DIFF100	20.000	5.000	5.000	5.000	5.000	5.000	5.000

图 20.57　新建立 SPAC5MIL 约束规则

（4）在选择 Spacing—Net—All Layer 工作簿，找到 DATA_CLAS_DDR0、DATA_CLAS_DDR1、DATA_CLAS_DDR2、DATA_CLAS_DDR3、ADDR_DDR、CONTROL_DDR，在 Referenced Electrical CSet 栏中单击，在下拉列表中选择 SPAC5MIL，将约束规则应用到这 6 个 Class 网络中（该处的间距受到电路板尺寸限制，没有办法做到 3W 的间距，因此该处按照 1W 的间距进行设置），如图 20.58 所示。

Objects			Referenced Spacing CSet	Line	Thru Pin	SMD Pin	Test Pin
Type	S	Name		mil	mil	mil	mil
*		*	*	*	*	*	*
NCls		⊞ ADDR_DDR (20)	SPAC5MIL	5.000	5.000	5.000	5.000
NCls		⊞ CONTROL_DDR (3)	SPAC5MIL	5.000	5.000	5.000	5.000
NCls		⊞ DATA_CLASS_DDR0 (10)	SPAC5MIL	5.000	5.000	5.000	5.000
NCls		⊞ DATA_CLASS_DDR1 (10)	SPAC5MIL	5.000	5.000	5.000	5.000
NCls		⊞ DATA_CLASS_DDR2 (10)	SPAC5MIL	5.000	5.000	5.000	5.000
NCls		⊞ DATA_CLASS_DDR3 (10)	SPAC5MIL	5.000	5.000	5.000	5.000

图 20.58　将间距约束规则应用到这 6 个 Class 网络中

（5）在约束管理器中选择 Physical—Spacing Constraint Set—All Layer 工作簿，右键菜单中选择 Create—Physical CSet 命令，新建 SPAC10MIL 约束规则。再选择 Spacing—Net Class to Class—All layer 工作簿。选中 DATA_CLAS_DDR0、DATA_CLAS_DDR1、DATA_CLAS_DDR2、DATA_CLAS_DDR3、ADDR_DDR、CONTROL_DDR，新建成 Class to Class。在 Referenced Electrical CSet 栏中单击，在下拉列表中选择 SPAC10MIL，表示将要设置这 6 个不同 Class 之间的间距为 10mil，如图 20.59 所示。

NCIs		⊟ ADDR_DDR (5)	SPAC5MIL	5.000	5.000
CCIs		CONTROL_DDR	SPAC10MIL	10.000	10.000
CCIs		DATA_CLASS_DDR0	SPAC10MIL	10.000	10.000
CCIs		DATA_CLASS_DDR1	SPAC10MIL	10.000	10.000
CCIs		DATA_CLASS_DDR2	SPAC10MIL	10.000	10.000
CCIs		DATA_CLASS_DDR3	SPAC10MIL	10.000	10.000
NCIs		⊟ CONTROL_DDR (1)	SPAC5MIL	5.000	5.000
CCIs		ADDR_DDR	SPAC10MIL	10.000	10.000

图 20.59　设置这 6 个不同 Class 之间的距离为 10mil 中

20.5.7　自定义 T 形拓扑

地址线组、控制线组内的网络，4 片 DDR2 芯片都是共用的，为了便于建立约束规则，要建立 T 形拓扑结构。

（1）在约束管理器中选择 Electrical—Net—Routing—Wiring 工作簿，单击要建立拓扑的网络，比如地址线 A0，在 A0 上单击，右键选择 SigXplorer，如图 20.60 所示。

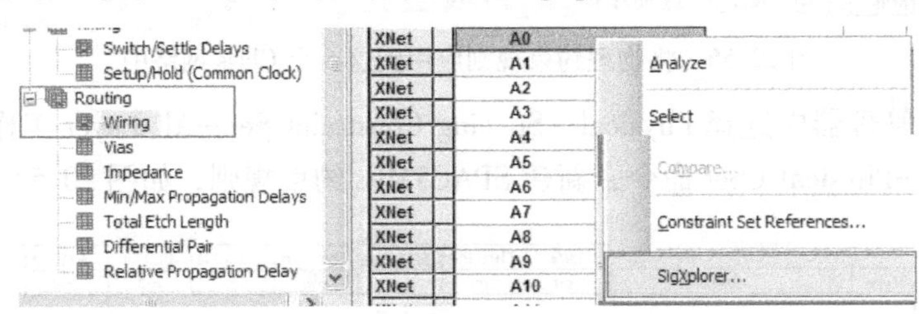

图 20.60　选择提取 A0 的拓扑结构

（2）提取到的 A0 地址线的拓扑结构，接下来需要按照实际的布线规划对拓扑结构进行适当的调整。A0 地址线是从 CPU U2 经过串联端接电阻到达 DDR2 U5、U6、U7、U8，采用 T 形结构中，第一个 T 点的位置要在 DDR2 左上角 4 片芯片的中间位置，所以需要在该处创建一个 T 点。鼠标在 RA6 电阻右侧和 TL4 之间的连接线上单击后，该段线段将消失。鼠标选中 TL4 后右键选择 COPY 命令，将重新复制 MICROSTRIP 模型，移动到 RA6 电阻后面位置摆放，用鼠标分别在新建模型两边端单击，将线与 RN6 电阻右侧及 TL4 左侧连接，此时将自动产生第一个 T 点（T1）。

添加第二个 T 点，鼠标在 U6 Cell 前单击取消连线，鼠标选中 TL3 后右键选择 COPY 命令，将重新复制出 MICROSTRIP 模型，移动到 U6 Cell 前面位置摆放，用鼠标分别在新建模型两边端单击，将线与 U6Cel 及 TL4 左侧连接，此时将自动产生第二个 T 点（T2）。使用同样的操作方法，在 U8 Cell 前面添加 MICROSTRIP 模型，产生第三个 T 点（T3）。

有时为了增大拓扑的兼容性，可以将某个连接数目不匹配的 Cell 设置成可选项，不然会在约束管理的拓扑结构中不匹配的部分给出红色出错提示。设置可选 Cell 的办法是，选

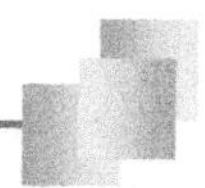

择 Set—Optional Pins 命令，然后用鼠标在需要设置可选项的 Cell 上单击，就会出现 Optional 提示，出现提示后表示该项已经设置成可选项。经过修改完成后的拓扑如图 20.61 所示。

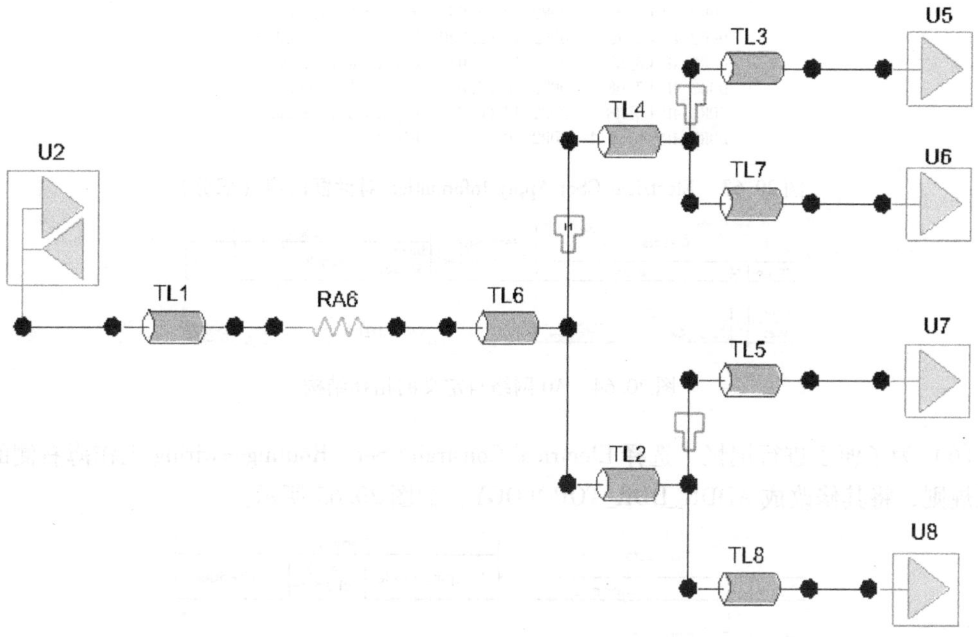

图 20.61　编辑 A0 的拓扑结构添加 T 点

（3）选择 Set—Constraints 命令，弹出 Set Topology Constraints 对话框，选择 Wiring 选项卡，如图 20.62 所示。在 Mapping Mode 文本框中选择 Pinuse and Refdes，在 Schedule 选择 Template，在 Verifly Schedule 中选择 Yes，单击 Apply 按钮以后，单击 OK 按钮退出该界面。

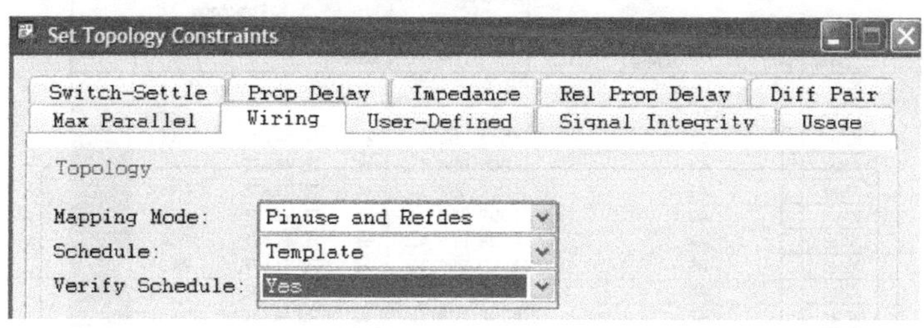

图 20.62　Set Topology Constraints 对话框

（4）选择 File—Update Constraint Manager 命令，将设置的拓扑更新到约束管理器中，同时会弹出 Electrical Set Apply Information 对话框，提示当前在拓扑上所产生的修改内容，如图 20.63 所示。在更新进入约束管理器之后会在 Wiring 下新建立一个 A0 的拓扑约束规则。

（5）在约束管理 Wiring 工作簿中，A0 网络中将会显示出已经设置好的拓扑结构。若拓扑结构不符合 A0 的实际网络走线情况，则该处就会出红色错误提示，若拓扑匹配，则显示 PASS。如图 20.64 所示。

Cset end point	Xnet end point	mapping mode
DDR2_4P RA6.1	DDR2_4P RA6.1	Refdes & Pinnumber
DDR2_4P RA6.2	DDR2_4P RA6.2	Refdes & Pinnumber
DDR2_4P U8.H8	DDR2_4P U8.H8	Refdes & Pinnumber
DDR2_4P U2.R20	DDR2_4P U2.R20	Refdes & Pinnumber
DDR2_4P U5.H8	DDR2_4P U5.H8	Refdes & Pinnumber
DDR2_4P U7.H8	DDR2_4P U7.H8	Refdes & Pinnumber
DDR2_4P U6.H8	DDR2_4P U6.H8	Refdes & Pinnumber
DDR2_4P NET.T.1	DDR2_4P A0.T.1	Floating T-Point

图 20.63　Electrical CSet Apply Information 对话框内容（部分）

Objects			Referenced Electrical CSet	Topology			
Type	S	Name		Verify Sched	Schedule	Actual	Margin
*		*	*	*	*	*	*
XNet		A_GND					
XNet		A0	A0	Yes	TEMPLATE	PASS	

图 20.64　A0 网络自定义的拓扑结构

（6）为了便于进行记忆，选择 Electrical Constraint Set—Routing—wiring 工作簿右侧的 A0 约束规则，将其修改成 ADDR_DDR_TOPOLOGY，如图 20.65 所示。

Objects			Topology		
Type	S	Name	Mapping Mode	Verify Schedule	Schedule
*		*	*	*	*
Dsn		⊟ DDR2_4P			
ECS		ADDR_DDR_TOPOLOGY	Pinuse and Re...	Yes	TEMPLATE

图 20.65　修改拓扑约束规则名称 ADDR_DDR_TOPOLOGY

（7）将 ADDR_DDR_TOPOLOGY 的拓扑规则应用到地址组、控制组的所有网络中，若被应用的网络符合该拓扑规则的要求，在 Topology 栏中将出现出绿色 PASS 的结果，如图 20.66所示。

Objects			Referenced Electrical CSet	Topology			
Type	S	Name		Verify Sched	Schedule	Actual	Margin
*		*	*	*	*	*	*
NGrp		⊟ NG1 (22)					
XNet		A0	ADDR_DDR_T...	Yes	TEMPLATE	PASS	
XNet		A1	ADDR_DDR_T...	Yes	TEMPLATE	PASS	
XNet		A2	ADDR_DDR_T...	Yes	TEMPLATE	PASS	
XNet		A3	ADDR_DDR_T...	Yes	TEMPLATE	PASS	
XNet		A4	ADDR_DDR_T...	Yes	TEMPLATE	PASS	
XNet		A5	ADDR_DDR_T...	Yes	TEMPLATE	PASS	
XNet		A6	ADDR_DDR_T...	Yes	TEMPLATE	PASS	
XNet		A7	ADDR_DDR_T...	Yes	TEMPLATE	PASS	
XNet		A8	ADDR_DDR_T...	Yes	TEMPLATE	PASS	
XNet		A9	ADDR_DDR_T...	Yes	TEMPLATE	PASS	
XNet		A10	ADDR_DDR_T...	Yes	TEMPLATE	PASS	
XNet		A11	ADDR_DDR_T...	Yes	TEMPLATE	PASS	
XNet		A12	ADDR_DDR_T...	Yes	TEMPLATE	PASS	
XNet		A13	ADDR_DDR_T...	Yes	TEMPLATE	PASS	
XNet		BA0	ADDR_DDR_T...	Yes	TEMPLATE	PASS	
XNet		BA1	ADDR_DDR_T...	Yes	TEMPLATE	PASS	
XNet		BA2	ADDR_DDR_T...	Yes	TEMPLATE	PASS	
XNet		CAS#	ADDR_DDR_T...	Yes	TEMPLATE	PASS	
XNet		CKE	ADDR_DDR_T...	Yes	TEMPLATE	PASS	
XNet		DDR_ODT	ADDR_DDR_T...	Yes	TEMPLATE	PASS	
XNet		DDR_WE	ADDR_DDR_T...	Yes	TEMPLATE	PASS	
XNet		RAS#	ADDR_DDR_T...	Yes	TEMPLATE	PASS	

图 20.66　Topology 栏中将会出现绿色 PASS 的结果

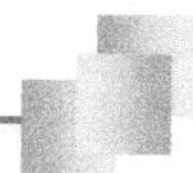

（8）打开地址组、控制组所有飞线显示，可以看到在该组网络中添加上 T 点显示。在 Allegro 中，T 点可作为元件的虚拟引脚使用，可以对 T 点按照正常的网络进行 Pin to Pin 的布线，也可以使用 Move 命令移动 T 点。选择 Move 命令在 Finds 选项卡中只勾选 Rat TS 选项，用鼠标单击 T 点后拖动，就可以将 T 点移动到想要的位置（T1 移动到上级两个元件中心部分，T2 移动到 U5 和 U6 中间，T3 移动到 U7 和 U8 中间），如图 20.67 所示，可以移动 T 点到左上角处，以便于对该部分过孔及走线进行规划和约束建立。

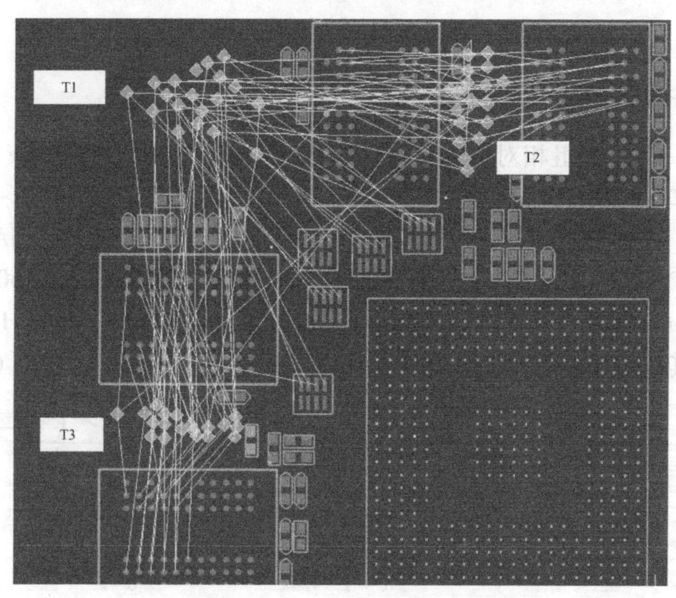

图 20.67　该组网络中已经添加上 T 点显示

若 Wiring 工作簿中的 Referenced Electrical CSet 栏目中，若某些网络出现了红的 ADDR_DDR_TOPOLOGY 字样，说明该网络不适用 ADDR_DDR_TOPOLOGY 的约束规则，该网络中的 T 点将无法产生，针对出错的网络需要去分析出错的原因。

（9）T 点也可以手工添加建立起拓扑约束。

手工添加 T 点的办法是，选择 Logic—Net Schedule 命令，用鼠标单击需要添加的网络上的元件引脚，比如 A1 网络的 RA3 的 Pin1，移动鼠标到左上侧处合适位置后右击，在右键快捷菜单中选择 Insert T 选项，T 点会挂在鼠标指针上，单击放置好 T 点。然后移动鼠标到 U5 和 U6 之间，右键选择 Insert T 选项，T 点会挂在鼠标指针上，单击放置好第二个 T 点。然后鼠标返回到第一个 T 点，单击后移动到 U7 和 U8 之间摆放第三个 T 点，摆放完成鼠标指针返回到第一个 T 点，右键选择 Done 命令结束当前命令。

切换到约束管理器 Electrical—Net Routing—Wiring 工作簿右侧的 A1 中，此时 A1 对应的 Schedule 显示 User Defined。单击 A1 网络，右键选择 Create—Electrical Cset 选项，将 A1 手工建立的拓扑约束建立成一个约束规则。然后将建立的 Wiring 规则应用到其他网络中去，其后面的操作方法和上述提取拓扑操作方法一致，可以按照上述方法进行。

（10）经过上述操作，在 DDR2 地址线组和控制线组建立起的 T 形拓扑结构如图 20.68 所示。

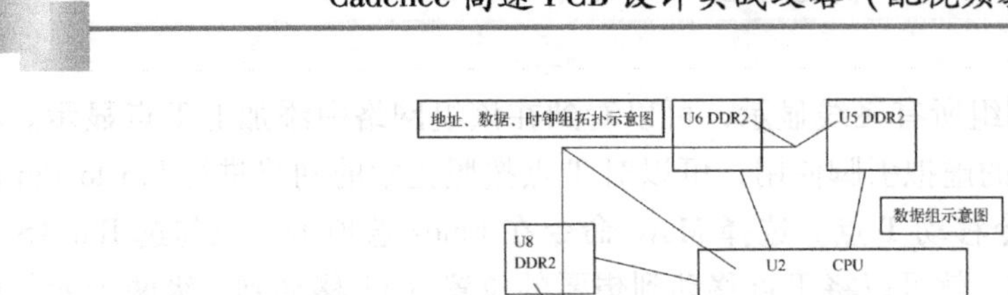

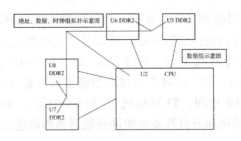

图 20.68　4 片 DDR2 芯片 T 型拓扑结构示意图

20.5.8　数据组相对等长约束

（1）设置第一组数据组相对等长约束。选择 Electrical—Net—Relative Propagation Delay 命令，在弹出窗口右侧的 Object 栏中，按住 Ctrl 键后用鼠标选择 MD0 ~ MD7、DQS0 +、DQS0 -、DQM0，右键选择 Create—Match Group 命令，创建成 DATA_MATCH_DDR0。在 DATA_MATCH_DDR0 Relative Delay 栏的 Delta：Tolerance 栏处输入 0MIL:50MIL，在 DQS0 + 网络 Delta：Tolerance 处右击，选择 Set Target 命令，表示将 DATA_MATCH_DDR0 组内信号设置相对等长，其线长目标为 DQS + 网络，允许 50mil 内的公差，如图 20.69 所示。

Objects			Pin Pairs	Pin Delay		Scope	Rel
				Pin 1	Pin 2		Delta:Tolerance
Type	S	Name		mil	mil		ns
*		*	*	*	*	*	*
Dsn		⊟ DDR2_4P01					
MGrp		⊟ DATA_MATCH_DDR0 (11)	All Drivers/All Re...			Global	0 MIL:50 MIL
Net		DQM0	All Drivers/All Receiv...			Global	0 MIL:50 MIL
Net		DQS0+	All Drivers/All Re...			Global	TARGET
Net		DQS0-	All Drivers/All Receiv...			Global	0 MIL:50 MIL
Net		MD0	All Drivers/All Receiv...			Global	0 MIL:50 MIL
Net		MD1	All Drivers/All Receiv...			Global	0 MIL:50 MIL
Net		MD2	All Drivers/All Receiv...			Global	0 MIL:50 MIL
Net		MD3	All Drivers/All Receiv...			Global	0 MIL:50 MIL
Net		MD4	All Drivers/All Receiv...			Global	0 MIL:50 MIL
Net		MD5	All Drivers/All Receiv...			Global	0 MIL:50 MIL
Net		MD6	All Drivers/All Receiv...			Global	0 MIL:50 MIL
Net		MD7	All Drivers/All Receiv...			Global	0 MIL:50 MIL

图 20.69　第一组数据组相对等长约束

（2）设置第二组数据组相对等长约束。按住 Ctrl 按键后用鼠标选择 MD8 ~ MD15、DQS1 +、DQS1 -、DQM1，创建成 DATA_MATCH_DDR1。在 DATA_MATCH_DDR1 Relative Delay 栏的 Delta：Tolerance 栏处输入 0MIL:50MIL，在 DQS1 + 网络 Delta：Tolerance 处右击，选择 Set Target 为目标，如图 20.70 所示。

MGrp		⊟ DATA_MATCH_DDR1 (11)	All Drivers/All Re...			Global	0 MIL:50 MIL
Net		DQM1	All Drivers/All Receiv...			Global	0 MIL:50 MIL
Net		DQS1+	All Drivers/All Re...			Global	TARGET
Net	Net DQM1	DQS1-	All Drivers/All Receiv...			Global	0 MIL:50 MIL
Net		MD8	All Drivers/All Receiv...			Global	0 MIL:50 MIL
Net		MD9	All Drivers/All Receiv...			Global	0 MIL:50 MIL
Net		MD10	All Drivers/All Receiv...			Global	0 MIL:50 MIL
Net		MD11	All Drivers/All Receiv...			Global	0 MIL:50 MIL
Net		MD12	All Drivers/All Receiv...			Global	0 MIL:50 MIL
Net		MD13	All Drivers/All Receiv...			Global	0 MIL:50 MIL
Net		MD14	All Drivers/All Receiv...			Global	0 MIL:50 MIL
Net		MD15	All Drivers/All Receiv...			Global	0 MIL:50 MIL

图 20.70　第二组数据组相对等长约束

（3）设置第三组数据组相对等长约束。按住 Ctrl 键后用鼠标选择 MD16 ~ MD23、DQS2 +、DQS2 -、DQM2，创建成 DATA_MATCH_DDR2。在 DATA_MATCH_DDR2 Relative Delay 栏的 Delta：Tolerance 栏处输入 0MIL:50MIL，在 DQS2 + 网络 Delta：Tolerance 处右击，选择

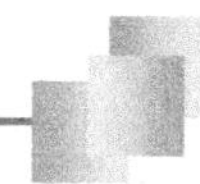

Set Target 为目标，如图 20.71 所示。

MGrp	DATA_MATCH_DDR2 (11)	All Drivers/All Re...	Global	0 MIL:50 MIL
Net	DQM2	All Drivers/All Receiv...	Global	0 MIL:50 MIL
Net	DQS2+	All Drivers/All Re...	Global	TARGET
Net	DQS2-	All Drivers/All Receiv...	Global	0 MIL:50 MIL
Net	MD16	All Drivers/All Receiv...	Global	0 MIL:50 MIL
Net	MD17	All Drivers/All Receiv...	Global	0 MIL:50 MIL
Net	MD18	All Drivers/All Receiv...	Global	0 MIL:50 MIL
Net	MD19	All Drivers/All Receiv...	Global	0 MIL:50 MIL
Net	MD20	All Drivers/All Receiv...	Global	0 MIL:50 MIL
Net	MD21	All Drivers/All Receiv...	Global	0 MIL:50 MIL
Net	MD22	All Drivers/All Receiv...	Global	0 MIL:50 MIL
Net	MD23	All Drivers/All Receiv...	Global	0 MIL:50 MIL

图 20.71　第三组数据组相对等长约束

（4）设置第四组数据组相对等长约束。按住 Ctrl 键后用鼠标选择 MD24 ~ MD32、DQS3 +、DQS3 -、DQM3，创建成 DATA_MATCH_DDR3。在 DATA_MATCH_DDR3 Relative Delay 栏的 Delta：Tolerance 栏处输入 0MIL:50MIL，在 DQS3 + 网络 Delta：Tolerance 处右击，选择 Set Target 为目标，如图 20.72 所示。

MGrp	DATA_MATCH_DDR3 (11)	All Drivers/All Re...	Global	0 MIL:50 MIL
Net	DQM3	All Drivers/All Receiv...	Global	0 MIL:50 MIL
Net	DQS3+	All Drivers/All Re...	Global	TARGET
Net	DQS3-	All Drivers/All Receiv...	Global	0 MIL:50 MIL
Net	MD24	All Drivers/All Receiv...	Global	0 MIL:50 MIL
Net	MD25	All Drivers/All Receiv...	Global	0 MIL:50 MIL
Net	MD26	All Drivers/All Receiv...	Global	0 MIL:50 MIL
Net	MD27	All Drivers/All Receiv...	Global	0 MIL:50 MIL
Net	MD28	All Drivers/All Receiv...	Global	0 MIL:50 MIL
Net	MD29	All Drivers/All Receiv...	Global	0 MIL:50 MIL
Net	MD30	All Drivers/All Receiv...	Global	0 MIL:50 MIL
Net	MD31	All Drivers/All Receiv...	Global	0 MIL:50 MIL

图 20.72　第四组数据组相对等长约束

20.5.9　地址、控制组、时钟相对等长约束

地址、控制组、时钟都是 T 形拓扑结构，每个网络上都存在多个元件的引脚，该组内的约束就不能像上述数据组的方式进行，在创建相对等长约束之前就需要先创建 Pin Pairs，使用 Pin Pairs 来创建网络中某一段布线的相对等长约束。相对等长约束根据拓扑的不同可以建立过 T 点的拓扑，也可以建立不过 T 点的拓扑。

第一种方法：过 T 点的设置方法是创建从 CPU 网络引脚到达第一个 T 点（T1）所有地址、控制、时钟线中该段 Pin Pairs 相对等长，然后在从 T1 到每个 DDR 芯片内的地址、控制组、时钟 Pin Pairs 相对等长。这样的方式也叫 A + B 的方式，一般对称结构多采用此种方式设置约束规则。

（1）创建地址组 A0 网络的 Pin Pairs，选择 Electrical—Net—Relative Propagation Delay 命令，在弹出窗口右侧的 Object 栏中，找到 A0 网络，右键选择 Create—Pin Pair 命令。弹出 Create Pin Pairs of A0 对话框，左侧的 First Pins 文本框中指定从哪个引脚开始，右侧的 Second Pins 文本框中指定到哪个引脚结束，比如 First Pins 文本框选择 U2. R20（Tri），Second Pins 文本框选择 A0. T. 1，将会创建出从 CPU U2 的 R20 引脚到 A0. T. 1 之间的 Pin Pairs，如图 20.73 所示。

（2）因需要创建 A + B 的结构，有 4 片 DDR 芯片，所以该处要创建 5 个 Pin Pairs。第 1 个选择 First Pins 文本框中的 U2 R20（Tri），Second Pins 文本框中的 A0. T1，单击 Apply 按钮后将创建出 CPU U2 的 R20 引脚到 A0. T. 1 之间的 Pin Pairs。第 2 个选择 First Pins 文本框

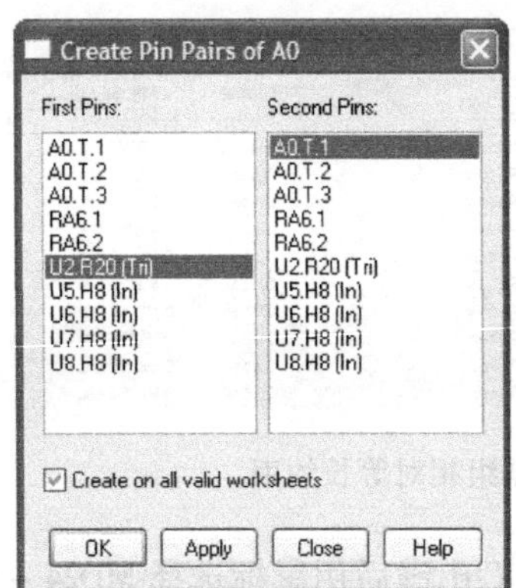

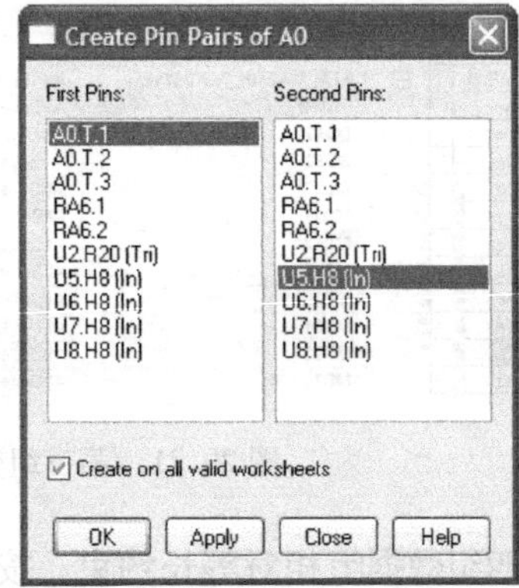

图 20.73　Create Pin Pairs of A0 对话框

中的 A0. T. 1，Second Pins 文本框中的 U5. H8（In），单击 Apply 按钮后将创建出 A0. T. 1 到 U5 的 H8 引脚之间的 Pin Pairs。第 3 个选择 First Pins 文本框中的 A0. T. 1，Second Pins 文本框 U6. H8（In），单击 Apply 按钮后将创建出 A0. T. 1 到 U6 的 H8 引脚之间的 Pin Pairs。第 4 个选择 First Pins 文本框中的 A0. T. 1，Second Pins 文本框中的 U7. H8，单击 Apply 按钮后将创建出 A0. T. 1 到 U7 的 H8 引脚之间的 Pin Pairs。第 5 个选择 First Pins 文本框中的 A0. T. 1，Second Pins 文本框中的 U8. H8（In），单击 Apply 按钮后将创建出 A0. T. 1 到 U8 的 H8 引脚之间的 Pin Pairs，如图 20. 74 所示。

Objects			Referenced Electri	Pin Pairs	Pin Delay		Scope
Type	S	Name			Pin 1 mil	Pin 2 mil	
*		*	*	*	*	*	*
NGrp		⊞ DATA_GROUP_DDR3 (10)					
NGrp		⊟ NG1 (22)					
XNet		⊟ A0	ADDR_				
PPr		A0.T.1:U5.H8					
PPr		A0.T.1:U6.H8					
PPr		A0.T.1:U7.H8					
PPr		A0.T.1:U8.H8					
PPr		U2.R20:A0.T.1					

图 20.74　创建 A0 网络中的 Pin Pairs

（3）使用同样的方法，分别单击 A1 ~ 13、BA0 ~ BA2、CAS#、RAS#、CKE、DDR_ODT、DDR_WE、MCLK +、MCLK - 网络创建 U2 到 T1 和 T1 到 U5、U6、U7、U8 之间的 Pin Pairs。

（4）按住 Ctrl 键用鼠标单击 A0 网络中的 Pin Pairs A0. T. 1：U5. H8、A0. T. 1：U6. H8、A0. T. 1：U7. H8、A0. T. 1：U8. H8 等所有 A1 ~ 13、BA0 ~ BA2、CAS#、RAS#、CKE、DDR_ODT、DDR_WE、MCLK +、MCLK - 网络内 T1 到 U5、U6、U7、U8 之间的 Pin Pairs。右键选择 Create—Match Group 命令，创建 Match Group ADDR_MATCH_DDRARM。在 ADDR_MATCH_DDRAR Pin Pairs 栏内设置成 Longest Pin Pair，Relative Delay 栏的 Delta：Tolerance 栏处输入 0MIL:50MIL，在 U2. L20：U5. E8［MCLK +］Delta：Tolerance 列处右击，选择 Set Target，设置成目标，其他布线长度参考时钟线长度，如图 20. 75 所示。

MGrp	⊟ ADDR_MATCH_DDRARM (96)	Longest Pin P.	Global	0 MIL:50 MIL
PPr	A0.T.1:U5.H8 [A0]		Global	0 MIL:50 MIL
PPr	A0.T.1:U6.H8 [A0]		Global	0 MIL:50 MIL
PPr	A0.T.1:U7.H8 [A0]		Global	0 MIL:50 MIL
PPr	A0.T.1:U8.H8 [A0]		Global	0 MIL:50 MIL
PPr	A1.T.1:U8.H3 [A1]		Global	0 MIL:50 MIL
PPr	A1.T.1:U5.H3 [A1]		Global	0 MIL:50 MIL
PPr	A1.T.1:U7.H3 [A1]		Global	0 MIL:50 MIL
PPr	A1.T.1:U6.H3 [A1]		Global	0 MIL:50 MIL
PPr	A2.T.1:U5.H7 [A2]		Global	0 MIL:50 MIL
PPr	A2.T.1:U6.H7 [A2]		Global	0 MIL:50 MIL
PPr	A2.T.1:U7.H7 [A2]		Global	0 MIL:50 MIL
PPr	A2.T.1:U8.H7 [A2]		Global	0 MIL:50 MIL
PPr	MCLK+.T.1:U6.E8 [MCLK+]		Global	TARGET
PPr	MCLK+.T.1:U7.E8 [MCLK+]		Global	0 MIL:50 MIL
PPr	MCLK+.T.1:U8.E8 [MCLK+]		Global	0 MIL:50 MIL
PPr	MCLK-.T.1:U5.F8 [MCLK-]		Global	0 MIL:50 MIL
PPr	MCLK-.T.1:U6.F8 [MCLK-]		Global	0 MIL:50 MIL
PPr	MCLK-.T.1:U7.F8 [MCLK-]		Global	0 MIL:50 MIL
PPr	MCLK-.T.1:U8.F8 [MCLK-]		Global	0 MIL:50 MIL

图 20.75　Group ADDR_MATCH_DDRARM 相对等长约束（部分截图）

（5）使用同样的方法，按住 Ctrl 键用鼠标单击 A1 ~ 13、BA0 ~ BA2、CAS#、RAS#、CKE、DDR_ODT、DDR_WE、MCLK +、MCLK - 网络内，CPU U2 到 T1 的所有网络 Pin Pairs，创建成 Match Group ADDR_MATCH_TREE。在 Delta：Tolerance 栏处输入 0MIL∶50MIL，在 U2. L20：MCLK + . T. 1 ［MCLK +］ Delta：Tolerance 列处右击，选择 Set Target，设置成目标，其他布线长度参考时钟线长度，如图 20.76 所示。

MGrp	⊟ ADDR_MATCH_TREE (24)	Longest Pin P.	Global	0 MIL:50 MIL
PPr	U2.L20:MCLK+.T.1 [MCLK+]		Global	TARGET
PPr	U2.M20:MCLK-.T.1 [MCLK-]		Global	0 MIL:50 MIL
Pin Pair U2.L20:MCLK+.T.1	20:A0.T.1 [A0]		Global	0 MIL:50 MIL
PPr	U2.Y18:A1.T.1 [A1]		Global	0 MIL:50 MIL
PPr	U2.R19:A2.T.1 [A2]		Global	0 MIL:50 MIL
PPr	U2.W19:A3.T.1 [A3]		Global	0 MIL:50 MIL
PPr	U2.T20:A4.T.1 [A4]		Global	0 MIL:50 MIL
PPr	U2.Y19:A5.T.1 [A5]		Global	0 MIL:50 MIL
PPr	U2.T19:A6.T.1 [A6]		Global	0 MIL:50 MIL
PPr	U2.V19:A7.T.1 [A7]		Global	0 MIL:50 MIL
PPr	U2.U20:A8.T.1 [A8]		Global	0 MIL:50 MIL
PPr	U2.Y20:A9.T.1 [A9]		Global	0 MIL:50 MIL
PPr	U2.W18:A10.T.1 [A10]		Global	0 MIL:50 MIL
PPr	U2.U19:A11.T.1 [A11]		Global	0 MIL:50 MIL
PPr	U2.W20:A12.T.1 [A12]		Global	0 MIL:50 MIL
PPr	U2.V20:A13.T.1 [A13]		Global	0 MIL:50 MIL
PPr	U2.W16:BA0.T.1 [BA0]		Global	0 MIL:50 MIL
PPr	U2.W17:BA1.T.1 [BA1]		Global	0 MIL:50 MIL
PPr	U2.Y17:BA2.T.1 [BA2]		Global	0 MIL:50 MIL
PPr	U2.P19:CAS#.T.1 [CAS#]		Global	0 MIL:50 MIL
PPr	U2.Y15:CKE.T.1 [CKE]		Global	0 MIL:50 MIL
PPr	U2.M19:ODT.T.1 [DDR_ODT]		Global	0 MIL:50 MIL
PPr	U2.W15:MDDR_WE.T.1 [DDR_		Global	0 MIL:50 MIL
PPr	U2.N20:RAS#.T.1 [RAS#]		Global	0 MIL:50 MIL

图 20.76　创建 ADDR_MATCH_TREE 相对等长约束

第二种办法：不过 T 点的设置方法是创建从 CPU 网络引脚分别到 4 片 DDR 芯片的引脚 Pin Pairs，然后再使用每个网络中相同的某段 Pin Pairs 创建成一个相对等长约束。通过这样的方式来控制从 CPU 到达每个 DDR 芯片内的地址、控制组、时钟相对等长。例如，本例中可以采用从 U2 到 U5 的地址、控制组、时钟等长；从 U2 到 U6 的地址、控制组、时钟等长；从 U2 到 U7 的地址、控制组、时钟等长；从 U2 到 U8 的地址、控制组、时钟等长。读者可以参考 DDR3 实例中的地址线设置方式进行，在此不再详述。

20.5.10　布线的相关操作

（1）走线规划，按照元件摆放的位置和层叠的设置情况，对走线进行规划，根据该实例中的实际情况，经过分析后，适合该电路板的走线规划如表 20. 10 所示。

表 20. 10　针对该电路板的走线规划

电气层	类型	走线规划
TOP	布线层	数据组布线
GND2	平面	参考平面 GND
SIG3	布线层	T1 到 T2、T3 的地址线，时钟线
SIG4	布线层	T2 到 U5、U6 的地址线、T3 到 U7、U8 的地址线，时钟线
POWER5	平面	DDR2 DVDD 供电 1. 8V 电源平面
BOTTOM	布线层	CPU 到 T1 部分的地址线，过孔放在 T1 点上

（2）Fanout 扇出，因 U2、U5、U6、U7、U8 都是 BGA 类型的封装，为了便于布线，需要进行扇出操作。

计算扇出的线宽和对角线过孔尺寸，BGA 类型的封装焊盘与焊盘中心距都为 31. 5mil（0. 8mm），焊盘和焊盘之间水平间隙为 15. 5mil，在两个焊盘之间走一条线，线宽和间距都为 5mil 较为合理（阻抗和线宽、线距都符合要求）。焊盘和焊盘对角线中心间距为 44. 547mil，焊盘和焊盘之间对角线间隙为 28. 547mil，因此在对角线摆放 Via10/18 过孔较为合理（28. 547 − 18 = 10. 547，10. 547 ÷ 2 = 5. 2735）。

（3）选择 Route—Create Fanout 命令，在 Finds 选择卡中只勾选 Symbols 复选项；在 Options 选项卡中，勾选 Include All Same Net Pins 复选项，表示扇出操作包括所有相同的网络引脚；Start 下拉列表设置成 Top，表示从 Top 层开始扇出；Via 文本框中设置 VIAC18D10I，表示使用 Via10/18 过孔进行扇出；Via Direction 设置成 BGA Quadrant Style，勾选 Override Line Width 设置线宽为 5mil，Pin – Via Space 设置成 Centered，表示扇出过孔摆放在焊盘的中心位置；如图 20. 77 所示。

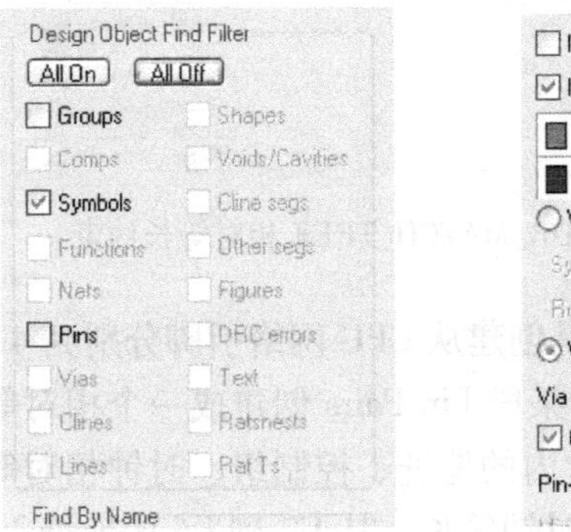

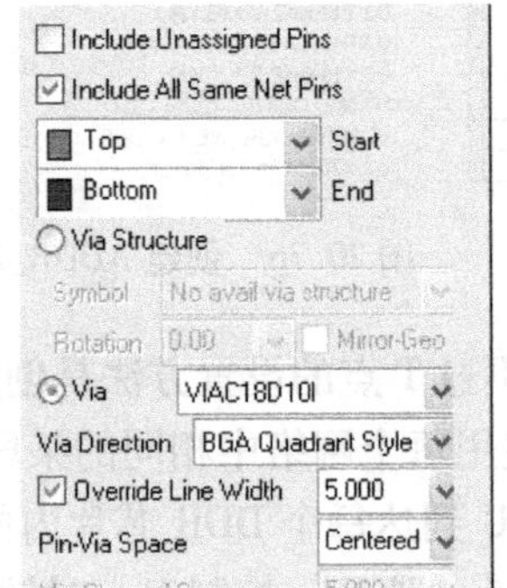

图 20. 77　Create Fanout 命令参数设置

（4）用鼠标在 U2、U5、U6、U7、U8 处单击，所有 U2、U5、U6、U7、U8 中有网络属性的引脚就会完成扇出，如图 20. 78 和图 20. 79 所示，右键选择 Done 命令后退出当前命令。

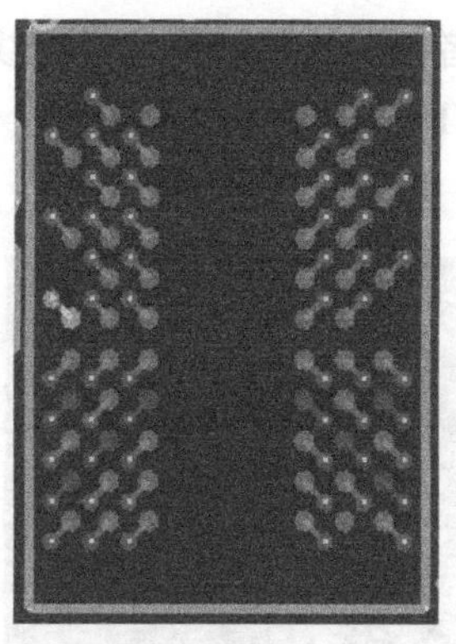
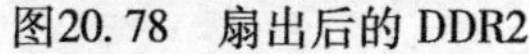

图20.78　扇出后的 DDR2

图 20.79　扇出后的 CPU

（5）加粗电源和 GND 的线宽度，选择 Edit—Change 命令，在 Class 下拉列表中选择 Etch，在 New subclass 下拉框中选择 Top，勾选 Line Width，设置为 15，表示修改线宽为 15mil。移动鼠标指针到 U2、U5、U6、U7、U8 封装内，找到 GND 和 DDR1.8V 网络，分别用鼠标单击，GND 和 DDR1.8V 网络都会被修改成 15mil 的线宽，右键选择 Done 命令后退出当前命令。

（6）删除 CPU 四个边上最外侧的两排扇出线和过孔。因为 CPU 焊盘和焊盘之间要走一条 5mil 的线，最外两排焊盘可以采用 Top 层平行出线的方式来布线，因此不需要扇出引脚，要将两排扇出线和过孔删除。选择 Edit—Delete 命令，在 Finds 选择卡中勾选 Vias 和 Clines 复选项，将鼠标指针移动到 CPU 封装位置，在每个边框选择最外侧的两排走线和过孔，即可删除扇出线和过孔，如图 20.80 和图 20.81 所示。右键选择 Done 命令后退出当前命令。

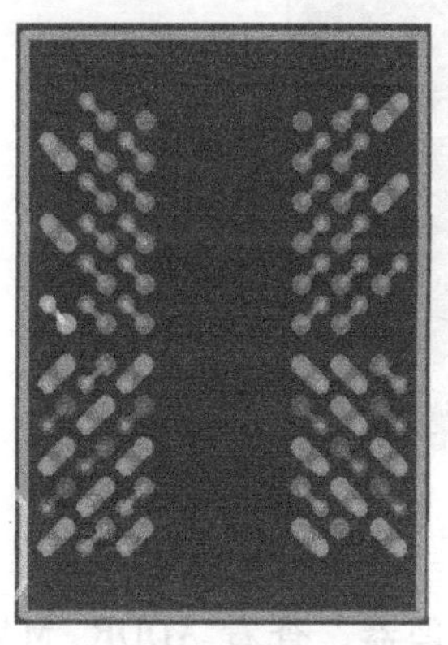

图 20.80　电源和 GND 扇出加粗的 DDR2

图 20.81　电源和 GND 扇出加粗及删除最外侧扇出后的 CPU

（7）时钟、地址组、控制组布线。

① 由于 DDR2 的时钟、地址、控制组采用的是远端分支的 T 形拓扑结构，因此要保证从 CPU 到 T1 点的等长。根据规划，时钟、地址、控制组布线从 CPU 到 T1 的部分都在 Bottom 层进行，将时钟、地址、控制组线拉出以后，往 T1 位置拉线。让时钟、地址、控制组内布线在 T1 点位置上放过孔换层，调整 T1 点的位置，让每个网络的过孔放在 T1 点上面，根据时钟线的长度调整地址和控制组的线长。若出现时钟线较短，其他线都较长的情况时，

参考所有布线中最长的线来对时钟进行绕线操作，或者以最长的线作为目标线进行绕线，其目的是让所有的时钟、地址、控制组线在 CPU 到 T1 点的等长，如图 20.82 和图 20.83 所示。

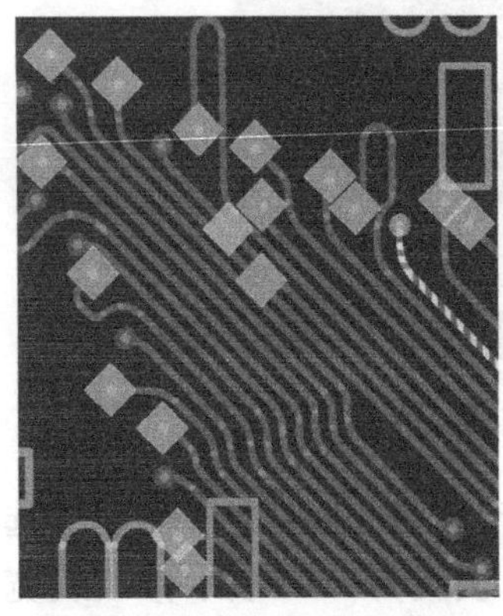

图 20.82　过孔放在 T 点上

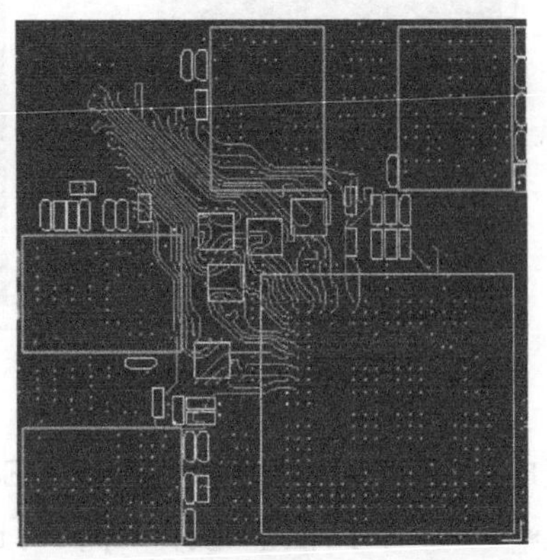

图 20.83　地址线从 CPU 到 T1 点的等长的布线方式

② 在 Top 层，对 U5 和 U6 两片 DDR 的时钟、地址、控制组进行布线，将所有的换层过孔摆放到 U5 和 U6 之间的中间位置，如有可能，尽量让 U5 和 U6 的布线对称，如图 20.84 所示。若 U6 和 U5 及 U7 和 U8 完全对称，可以在 U6 和 U5 布线和过孔摆放完成以后，直接将布线和过孔复制到 U7 和 U8 处相应的位置粘贴，这样做会提高布线效率。在 Top 层内无法完成的布线，切换到 SIG4 层继续进行布线，如图 20.85 所示。

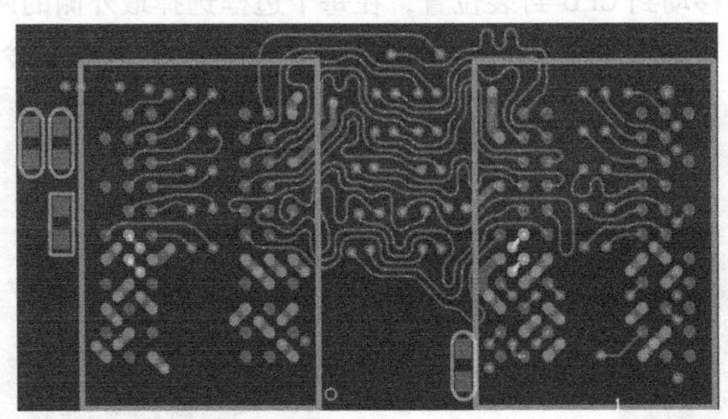

图 20.84　Top 层时钟、地址、控制组进行布线过孔摆放在 U5 和 U6 中间位置

③ 时钟、地址组、控制组布线完成以后，打开约束管理器，查看 ADDR_MATCH_DDRARM 和 ADDR_MATCH_TREE 组内布线是否都符合相对等长约束的要求。Actual 和 Margin 栏内都为绿色表示布线符合规则约束。若存在红色就说明存在错误，有线长不在约束的范围内，需要对不符合的线长进行调整，直到没有红色错误为止，如图 20.86 和图 20.87 所示。

④ 时钟、地址组、控制组相对等长的约束，为了统一，使用了 0MIL:50MIL 较为严格的等长条件，实际项目中 0MIL:200MIL 都是符合时序要求的，具体的约束数值可以参考相应的芯片手册和设计参考文档。

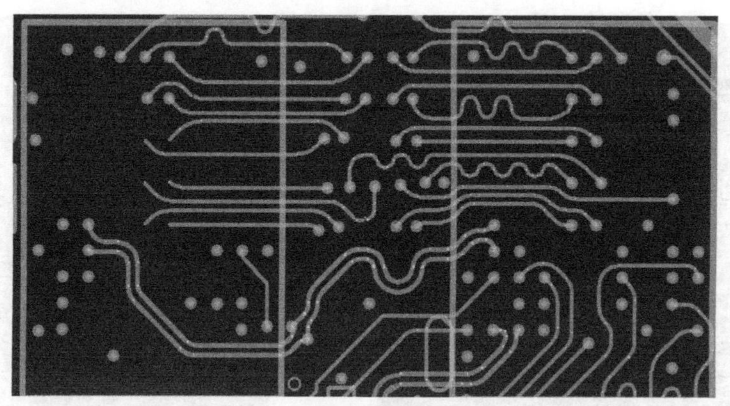

图 20.85　SIG4 层时钟、地址、控制组进行布线

MGrp	ADDR_MATCH_DDRARM	Long...	Global	0 MIL:50 MIL					
PPr	A0.T.1:U6.H8 [A0]		Global	0 MIL:50 MIL	8.953 MIL	41.047 MI	+	1344.588	0.2398
PPr	A0.T.1:U7.H8 [A0]		Global	0 MIL:50 MIL	13.256 MI	36.744 MI	+	1348.890	0.2406
PPr	A0.T.1:U8.H8 [A0]		Global	0 MIL:50 MIL	16.142 MI	33.858 MI	+	1351.776	0.2363
PPr	A2.T.1:U5.H7 [A2]		Global	0 MIL:50 MIL	19.264 MI	30.736 MI	-	1316.370	0.2302
PPr	A2.T.1:U6.H7 [A2]		Global	0 MIL:50 MIL	18.623 MI	31.377 MI	-	1317.011	0.2349
PPr	A2.T.1:U7.H7 [A2]		Global	0 MIL:50 MIL	2.587 MIL	47.413 MI	-	1333.047	0.2378
PPr	A3.T.1:U5.J2 [A3]		Global	0 MIL:50 MIL	44.205 MI	5.795 MIL	+	1379.839	0.2461
PPr	A3.T.1:U6.J2 [A3]		Global	0 MIL:50 MIL	37.776 MI	12.224 MI	+	1373.411	0.2399
PPr	A4.T.1:U5.J8 [A4]		Global	0 MIL:50 MIL	19.212 MI	30.788 MI	-	1316.422	0.2294
PPr	A4.T.1:U6.J8 [A4]		Global	0 MIL:50 MIL	19.235 MI	30.765 MI	-	1316.400	0.2345
PPr	A4.T.1:U7.J8 [A4]		Global	0 MIL:50 MIL	20.239 MI	29.761 MI	-	1315.396	0.2344
PPr	A4.T.1:U8.J8 [A4]		Global	0 MIL:50 MIL	17.230 MI	32.77 MIL	-	1318.405	0.2298
PPr	A6.T.1:U5.J7 [A6]		Global	0 MIL:50 MIL	30.207 MI	19.793 MI	-	1305.427	0.2267
PPr	A6.T.1:U6.J7 [A6]		Global	0 MIL:50 MIL	48.365 MI	1.635 MIL	-	1287.269	0.2288
PPr	A6.T.1:U7.J7 [A6]		Global	0 MIL:50 MIL	47.569 MI	2.431 MIL	-	1288.066	0.2296
PPr	A6.T.1:U8.J7 [A6]		Global	0 MIL:50 MIL	37.918 MI	12.082 MI	-	1297.717	0.2261
PPr	A7.T.1:U5.K2 [A7]		Global	0 MIL:50 MIL	21.811 MI	28.189 MI	-	1313.823	0.2340
PPr	A7.T.1:U6.K2 [A7]		Global	0 MIL:50 MIL	37.630 MI	12.37 MIL	-	1298.005	0.2263
PPr	A7.T.1:U7.K2 [A7]		Global	0 MIL:50 MIL	41.561 MI	8.439 MIL	-	1294.074	0.2255
PPr	A7.T.1:U8.K2 [A7]		Global	0 MIL:50 MIL	28.288 MI	21.712 MI	-	1307.347	0.2328
PPr	A8.T.1:U6.K8 [A8]		Global	0 MIL:50 MIL	40.448 MI	9.552 MIL	-	1295.186	0.2307
PPr	A8.T.1:U7.K8 [A8]		Global	0 MIL:50 MIL	42.991 MI	7.009 MIL	-	1292.644	0.2302
PPr	A9.T.1:U5.K3 [A9]		Global	0 MIL:50 MIL	0.516 MIL	49.484 MI	-	1335.119	0.2379
PPr	A9.T.1:U6.K3 [A9]		Global	0 MIL:50 MIL	11.193 MI	38.807 MI	+	1346.827	0.2347
PPr	A9.T.1:U7.K3 [A9]		Global	0 MIL:50 MIL	0.715 MIL	49.285 MI	+	1336.349	0.2323
PPr	A9.T.1:U8.K3 [A9]		Global	0 MIL:50 MIL	2.126 MIL	47.874 MI	-	1333.509	0.2377
PPr	A10.T.1:U5.H2 [A10]		Global	0 MIL:50 MIL	37.710 MI	12.29 MIL	-	1297.924	0.2316
PPr	A10.T.1:U6.H2 [A10]		Global	0 MIL:50 MIL	47.367 MI	2.633 MIL	-	1288.267	0.2249
PPr	A10.T.1:U7.H2 [A10]		Global	0 MIL:50 MIL	34.694 MI	15.306 MI	-	1300.940	0.2273

图 20.86　ADDR_MATCH_DDRARM 组内信号布线后规则检查结果（部分截图）

MGrp	ADDR_MATCH_TREE (16)	Long...	Global	0.000 MIL:50.000 MIL					
PPr	U2.R19:A2.T.1 [A2]		Global	0 MIL:50 MIL	41.455 MI	8.545 MIL	+	1075.679	0.1848
PPr	U5.L8:A13.T.1 [A13]		Global	0 MIL:50 MIL	16.400 MI	33.6 MIL	-	1005.530	0.1727
PPr	U2.T19:A6.T.1 [A6]		Global	0 MIL:50 MIL	24.006 MI	25.994 MI	+	1045.936	0.1796
PPr	U2.T20:A4.T.1 [A4]		Global	0 MIL:50 MIL	24.293 MI	25.707 MI	-	997.638	0.1713
PPr	U2.U19:A11.T.1 [A11]		Global	0 MIL:50 MIL	14.957 MI	35.043 MI	+	1036.887	0.1780
PPr	U2.U20:A8.T.1 [A8]		Global	0 MIL:50 MIL	41.455 MI	8.545 MIL	+	1063.386	0.1825
PPr	U2.V19:A7.T.1 [A7]		Global	0 MIL:50 MIL	25.341 MI	24.659 MI	+	1047.271	0.1798
PPr	U2.W16:BA0.T.1 [BA0]		Global	0 MIL:50 MIL	16.400 MI	33.6 MIL	-	1005.530	0.1727
PPr	U2.W17:BA1.T.1 [BA1]		Global	0 MIL:50 MIL	24.006 MI	25.994 MI	+	1045.936	0.1796
PPr	U2.W18:A10.T.1 [A10]		Global	0 MIL:50 MIL	13.098 MI	36.902 MI	+	1035.029	0.1773
PPr	U2.W19:A3.T.1 [A3]		Global	0 MIL:50 MIL	24.006 MI	25.994 MI	+	1045.936	0.1796
PPr	U2.Y17:BA2.T.1 [BA2]		Global	0 MIL:50 MIL	24.293 MI	25.707 MI	-	997.638	0.1713
PPr	U2.Y18:A1.T.1 [A1]		Global	0 MIL:50 MIL	14.957 MI	35.043 MI	+	1036.887	0.1780
PPr	U2.Y19:A5.T.1 [A5]		Global	0 MIL:50 MIL	41.455 MI	8.545 MIL	+	1063.386	0.1825
PPr	U2.Y20:A9.T.1 [A9]		Global	0 MIL:50 MIL	25.341 MI	24.659 MI	+	1047.271	0.1798
PPr	U5.L8:A13.T.1 [A13]		Global	0 MIL:50 MIL	16.400 MI	33.6 MIL	-	1005.530	0.1727

图 20.87　ADDR_MATCH_TREE 组内信号布线后规则检查结果（部分截图）

⑤ 切换到 SIG3 层，对时钟、地址、控制组进行 T1 到 U5、U6、U7、U8 段的布线，如图 20.88所示。在布线过程中，线段将信号全部布通，然后根据 DRC 的提示对线段进行等长处理，布线长度参考时钟线线长度进行。

（8）数据组布线。

① 在 Top 层，数据组布线每组数据中参考 DQS0 + 进行，推荐的每组内公差控制在 50mil 之内，4 片数据组之间的公差控制在 400mil 之内。在 T 层内无法完成的布线，切换到 SIG4 层继续进行布线，如图 20.89 所示。

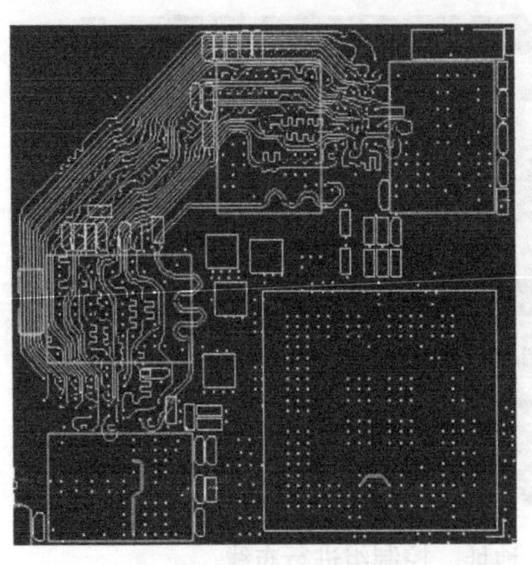

图 20.88　时钟、地址、控制组进行 T1 到 U5、U6、U7、U8 段的布线

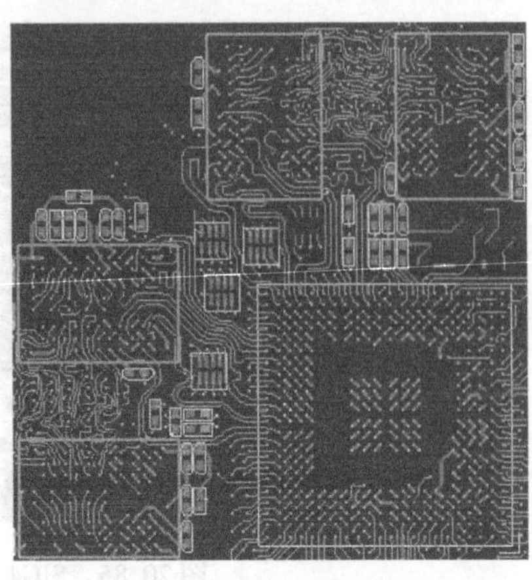

图 20.89　Top 层中数据组完成后的布线

② 数据组布线完成以后，打开约束管理器，查看 4 个组内布线是否都符合相对等长约束的要求。Actual 和 Margin 栏内都为绿色，表示布线符合规则约束。若存在红色就说明存在错误，有线长不在约束的范围内，需要对不符合的线长进行调整，直到没有红色错误为止，如图 20.90 至图 20.93 所示。

Type	S	Objects Name	Referenced Electric	Pin Pairs	Pin Delay Pin 1 (mil)	Pin Delay Pin 2 (mil)	Scope	Relative Delay Delta:Tolerance (ns)	Actual	Margin	+/-	Length (mil)	Delay (ns)
*		*	*	*	*	*	*	*	*	*	*	*	*
MGrp		⊟ DATA_MATCH_DDR0 (11)		All D...			Global	0 MIL:50 MIL		43.493 MIL			
PPr		U2.AA11:U5.C2 [MD1]					Global	0 MIL:50 MIL	4.461 MIL	45.539 MIL	-	691.590	0.1117
PPr		U2.AA15:U5.B3 [DQM0]					Global	0 MIL:50 MIL	6.507 MIL	43.493 MIL	-	689.544	0.1109
PPr		U2.AA16:U5.D7 [MD2]					Global	0 MIL:50 MIL	1.164 MIL	48.836 MIL	+	760.208	0.1344
PPr		U2.AA22:U5.D9 [MD5]					Global	0 MIL:50 MIL	3.915 MIL	46.085 MIL	+	762.959	0.1355
PPr		U2.AB11:U5.D1 [MD4]					Global	0 MIL:50 MIL	3.821 MIL	46.179 MIL	+	762.865	0.1356
PPr		U2.AB12:U5.B1 [MD6]					Global	0 MIL:50 MIL	6.507 MIL	43.493 MIL	-	689.544	0.1109
PPr		U2.AB16:U5.B3 [MD3]					Global	0 MIL:50 MIL	3.409 MIL	46.591 MIL	+	762.453	0.1361
PPr		U2.AB17:U5.C8 [MD0]					Global	0 MIL:50 MIL	2.810 MIL	47.19 MIL	+	761.854	0.1360
PPr		U2.AB22:U5.B9 [MD7]					Global	0 MIL:50 MIL	2.122 MIL	47.878 MIL	-	756.922	0.1351
PPr		U5.A8:U2.AB18 [DQS0-]					Global	0 MIL:50 MIL	10.194 MIL	39.806 MIL	-	748.850	0.1336
PPr		U5.B7:U2.AA17 [DQS0+]					Global	TARGET	TARGET			759.044	0.1342

图 20.90　DATA_MATCH_DDR0 组内信号布线后规则检查结果

Name	Referenced Electric	Pin Pairs	Pin 1	Pin 2	Scope	Delta:Tolerance	Actual	Margin	+/-	Length	Delay
⊟ DATA_MATCH_DDR1 (11)		All D...			Global	0 MIL:50 MIL		41.632 MIL			
U2.AA12:U6.D1 [MD12]					Global	0 MIL:50 MIL	4.461 MIL	45.539 MIL	+	696.050	0.1119
U2.AA13:U6.C2 [MD9]					Global	0 MIL:50 MIL	8.368 MIL	41.632 MIL	+	699.957	0.1125
U2.AA14:U6.B3 [DQM1]					Global	0 MIL:50 MIL	1.250 MIL	48.75 MIL	+	692.840	0.1113
U2.AA18:U6.D7 [MD10]					Global	0 MIL:50 MIL	7.534 MIL	42.466 MIL	+	699.123	0.1124
U2.AA19:U6.C8 [MD8]					Global	0 MIL:50 MIL	1.565 MIL	48.435 MIL	+	693.154	0.1114
U2.AA20:U6.A8 [DQS1-]					Global	0 MIL:50 MIL	5.138 MIL	44.862 MIL	+	696.728	0.1125
U2.AA21:U6.D9 [MD13]					Global	0 MIL:50 MIL	3.146 MIL	46.854 MIL	+	694.736	0.1117
U2.AB14:U6.B1 [MD14]					Global	0 MIL:50 MIL	3.209 MIL	46.791 MIL	+	694.799	0.1117
U2.AB15:U6.D3 [MD11]					Global	0 MIL:50 MIL	1.995 MIL	48.005 MIL	+	693.585	0.1115
U2.AB20:U6.B7 [DQS1+]					Global	TARGET	TARGET			691.590	0.1117

图 20.91　DATA_MATCH_DDR1 组内信号布线后规则检查结果

Type	S	Name	Referenced Electric	Pin Pairs	Pin 1	Pin 2	Scope	Delta:Tolerance	Actual	Margin	+/-	Length	Delay
MGrp		⊟ DATA_MATCH_DDR2 (11)		All D...			Global	0 MIL:50 MIL		33.754 MIL			
PPr		U2.J21:U7.B9 [MD23]					Global	0 MIL:50 MIL	9.680 MIL	40.32 MIL	-	692.716	0.1213
PPr		U2.J22:U7.D9 [MD21]					Global	0 MIL:50 MIL	16.746 MIL	33.754 MIL	-	686.149	0.1215
PPr		U2.N21:U7.A8 [DQS2-]					Global	0 MIL:50 MIL	0.363 MIL	49.637 MIL	-	702.033	0.1245
PPr		U2.P21:U7.C8 [MD16]					Global	0 MIL:50 MIL	4.616 MIL	45.384 MIL	-	697.780	0.1237
PPr		U2.P22:U7.B7 [DQS2+]					Global	TARGET	TARGET			702.395	0.1244
PPr		U2.R21:U7.D3 [MD19]					Global	0 MIL:50 MIL	4.162 MIL	45.838 MIL	-	698.233	0.1229
PPr		U2.R22:U7.D7 [MD18]					Global	0 MIL:50 MIL	2.854 MIL	47.146 MIL	-	699.541	0.1241
PPr		U2.T22:U7.B3 [DQM2]					Global	0 MIL:50 MIL	8.630 MIL	41.37 MIL	-	693.765	0.1231
PPr		U2.W21:U7.B1 [MD22]					Global	0 MIL:50 MIL	5.446 MIL	44.554 MIL	-	696.949	0.1230
PPr		U2.Y21:U7.D1 [MD20]					Global	0 MIL:50 MIL	1.552 MIL	48.448 MIL	-	700.843	0.1232
PPr		U2.Y22:U7.C2 [MD17]					Global	0 MIL:50 MIL	3.288 MIL	46.712 MIL	-	699.107	0.1242

图 20.92　DATA_MATCH_DDR2 组内信号布线后规则检查结果

Type	S	Name	Referenced Electric	Pin Pairs	Pin 1	Pin 2	Scope	Delta:Tolerance	Actual	Margin	+/-	Length	Delay
MGrp		⊟ DATA_MATCH_DDR3 (11)		All D...			Global	0 MIL:50 MIL		24.555 MIL			
PPr		U2.K21:U8.B9 [MD31]					Global	0 MIL:50 MIL	0.649 MIL	49.351 MIL	+	667.946	0.1074
PPr		U2.K22:U8.D9 [MD29]					Global	0 MIL:50 MIL	25.445 MIL	24.555 MIL	+	692.743	0.1114
PPr		U2.M21:U8.C8 [MD24]					Global	0 MIL:50 MIL	4.097 MIL	45.903 MIL	+	671.395	0.1079
PPr		U2.N22:U8.D7 [MD26]					Global	0 MIL:50 MIL	1.056 MIL	48.944 MIL	+	668.354	0.1075
PPr		U2.T21:U8.D3 [MD27]					Global	0 MIL:50 MIL	0.691 MIL	49.309 MIL	+	667.988	0.1074
PPr		U2.U21:U8.B1 [MD30]					Global	0 MIL:50 MIL	3.446 MIL	46.554 MIL	+	670.744	0.1078
PPr		U2.U22:U8.B3 [DQM3]					Global	0 MIL:50 MIL	3.944 MIL	46.056 MIL	-	663.354	0.1066
PPr		U2.V21:U8.D1 [MD28]					Global	0 MIL:50 MIL	0.738 MIL	49.762 MIL	-	666.559	0.1072
PPr		U2.V22:U8.C2 [MD25]					Global	0 MIL:50 MIL	3.256 MIL	46.744 MIL	+	670.554	0.1077
PPr		U8.A8:U2.L22 [DQS3-]					Global	TARGET	TARGET			667.298	0.1077
PPr		U8.B7:U2.L21 [DQS3+]					Global	0 MIL:50 MIL	7.388 MIL	42.612 MIL	+	674.686	0.1089

图 20.93　DATA_MATCH_DDR3 组内信号布线后规则检查结果

（9）DDR2 布线的一些注意事项。

- DDR2 的数据线最好能保证同组线同层布线。
- DDR2 的数据、地址及控制组最好能保证同组线有同样数量的过孔。
- DDR2 的数据组和地址组最好能保持 20mil 以上的间距。
- DDR2 的 VREF 信号宽度最好能保持在 15～20mil。

20.6　实例：DDR3 的 PCB 设计（4 片 DDR）

实例使用 4 片 FBGA75 封装 DDR3 芯片（4 片 DDR3 和 CPU 摆放在 Top 层，DDR3 内存芯片位号从左到右依次为 U5、U4、U3、U2，CPU 位号为 U1，内存芯片为 MT41J128M8JP－125）。

20.6.1　元件的摆放

（1）4 片 DDR3 芯片采用 Fly－by 的拓扑结构，调整 CPU 和 DDR3 内存的位置，将 DDR3 芯片摆放并旋转，使得 DDR3 数据线尽量短，数据引脚靠近 CPU。去耦电容靠近 DDR3 芯片摆放到芯片背面。元件都摆放完成以后如图 20.94 和图 20.95 所示（注意 U5、U4、U3、U2 芯片要靠上对齐，水平方向保持等间距）。

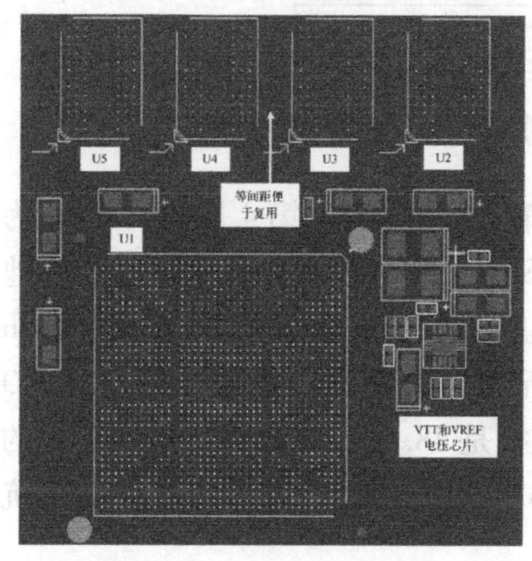

图 20.94　Top 层 CPU 和 4 片 DDR3 元件的布局图

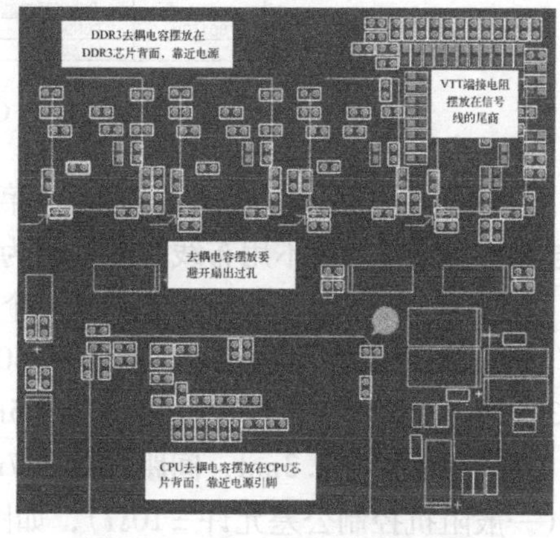

图 20.95　Bottom 层去耦电容和 VTT 端接电阻的布局图

（2）VERF 和 VTT 电压都是由芯片产生的，滤波电容要求靠近芯片引脚摆放，VREF 的滤波电容靠近 DDR3 内存芯片摆放，若每个芯片都有电容，每个芯片的电容都要靠近本身的芯片摆放，如图 20.96 所示。

（3）VTT 端接电阻要放在信号的尾端，要靠近最后 DDR3 芯片 U2，每个 VTT 端接电阻对应应放置一个滤波电容，电容和电阻都摆放在 Bottom 层，电阻要和电容很近，如图 20.97 所示。

（4）设置叠层计算阻抗线。

① 选择 Setup—Layout Cross Section 命令，打开 Layout Cross Section 窗口。本例中 DDR3 的电路板使用 8 层电路板，在 Layout Cross Section 添加 8 层结构，按照阻抗模板的要求输入 PP 的厚度和 Core 的厚度、材料的损坏、导电率等参数，如图 20.98 所示。

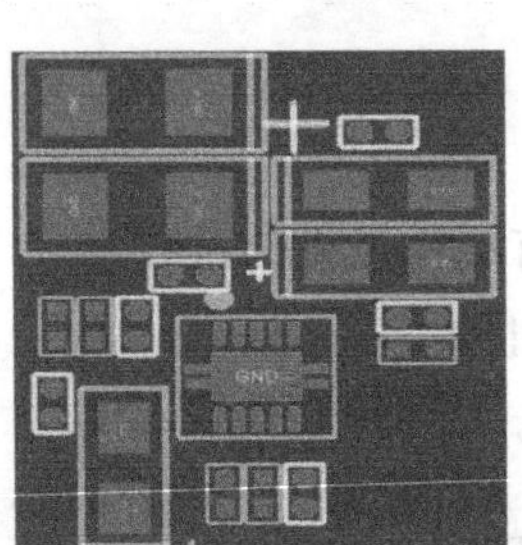

图 20.96　VERF 和 VTT 电压芯片周围电容摆放

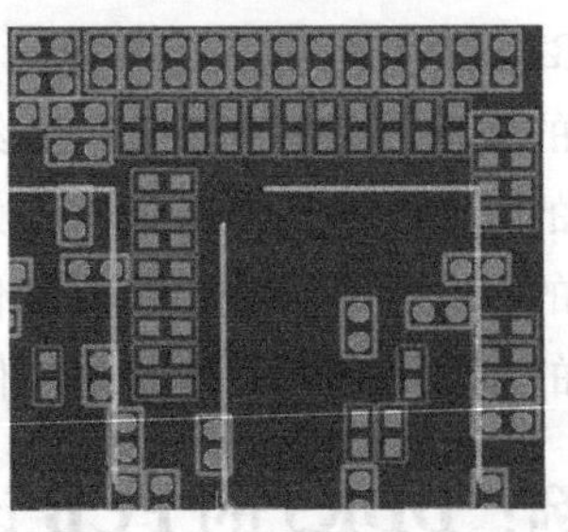

图 20.97　VTT 端接电阻靠近最末端的 U2 DDR3 芯片摆放

	Subclass Name	Type	Material	Thickness (MIL)	Conductivity (mho/cm)
1		SURFACE	AIR		
2	TOP	CONDUCTOR	COPPER	1.2	595900
3		DIELECTRIC	FR-4	3.2	595900
4	GND2	PLANE	COPPER	1.2	595900
5		DIELECTRIC	FR-4	5.1	595900
6	SIG3	CONDUCTOR	COPPER	1.2	595900
7		DIELECTRIC	FR-4	9.84	595900
8	POWER4	PLANE	COPPER	1.2	595900
9		DIELECTRIC	FR-4	13	595900
10	GND5	PLANE	COPPER	1.2	595900
11		DIELECTRIC	FR-4	9.84	595900
12	SIG6	CONDUCTOR	COPPER	1.2	595900
13		DIELECTRIC	FR-4	5.1	595900
14	GND7	PLANE	COPPER	1.2	595900
15		DIELECTRIC	FR-4	3.2	595900
16	BOTTOM	CONDUCTOR	COPPER	1.2	595900
17		SURFACE	AIR		

图 20.98　输入 PP 的厚度和 Core 的厚度、材料的损坏、导电率等参数

② 该 8 层电路板中第 2 层 GND2、第 5 层 GND5、第 7 层 GND7、第 4 层 POWER4 为地和电源平面层，一般不用布线。布线层为 TOP、SIG3、SIG6、BOTTOM 层，需要布线的地址线，数据线、控制线、时钟线都在这 4 个层中进行走线。勾选 Show Single Impedance 和 Show Diff Impedance 复选项，计算 100Ω 和 50Ω 特征阻抗所需要的线宽。经过计算，在 TOP、SIG3、SIG4、BOTTOM 层中线宽设置成 5mil 后，特征阻抗是 48. 19，可以满足单端阻抗的要求。当线宽设置成 4. 3mil，间距设置成 7mil，阻抗为 93. 557Ω，满足 100Ω 差分线的阻抗要求（一般阻抗控制公差允许 ±10Ω），如图 20. 99 所示。

	1	0							
1.2	4.5	0.035	☐		4.300	51.48	EDGE	7.000	93.557
3.2	4.5	0.035							
1.2	4.5	0.035	☐	☒					
5.1	4.5	0.035							
1.2	4.5	0.035	☐		5.000	48.198	NONE		
9.84	4.5	0.035							
1.2	4.5	0.035	☐	☒					
13	4.5	0.035							
1.2	4.5	0.035	☐	☒					
9.84	4.5	0.035							
1.2	4.5	0.035	☐		5.000	48.198	NONE		
5.1	4.5	0.035							
1.2	4.5	0.035	☐	☒					
3.2	4.5	0.035							
1.2	4.5	0.035	☐		4.300	51.48	EDGE	7.000	93.557
	1	0							

图 20.99　计算层叠阻抗

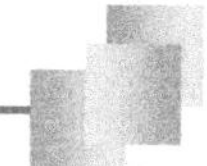

20.6.2　信号分组创建 Class

（1）创建差分对。打开约束管理器，选择 Physical—Net—All Layers 工作簿，在右侧的 Object 栏中将时钟信号 DM2_DDR0_CLK0 +、DM2_DDR0_CLK0 - 设置成差分对 DM2_DDR0_CLK0；将 DM2_DDR0_DQS0 +、DM2_DDR0_DQS0 - 设置成差分对 DM2_DDR0_DQS0；将 DM2_DDR0_DQS1 +、DM2_DDR0_DQS1 - 设置成差分对 DM2_DDR0_DQS1；将 DM2_DDR0_DQS2 +、DM2_DDR0_DQS2 - 设置成差分对 DM2_DDR0_DQS2；将 DM2_DDR0_DQS3 +、DM2_DDR0_DQS3 - 设置成差分对 DM2_DDR0_DQS3。共计 5 对差分对信号，其中、DM2_DDR0_DQS0 +、、DM2_DDR0_DQS0 - 是第一片 DDR3 芯片的数据选通信号，其他类推，如图 20.100 所示。

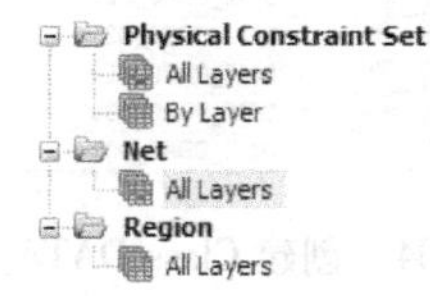

Type	S	Name	Physical CSet
*	*		*
DPr		⊟ DM2_DDR0_CLK0	DEFAULT
Net		DM2_DDR0_CLK0+	DEFAULT
Net		DM2_DDR0_CLK0-	DEFAULT
DPr		⊟ DM2_DDR0_DQS0	DEFAULT
Net		DM2_DDR0_DQS0+	DEFAULT
Net		DM2_DDR0_DQS0-	DEFAULT
DPr		⊟ DM2_DDR0_DQS1	DEFAULT
Net		DM2_DDR0_DQS1+	DEFAULT
Net		DM2_DDR0_DQS1-	DEFAULT
DPr		⊟ DM2_DDR0_DQS2	DEFAULT
Net		DM2_DDR0_DQS2+	DEFAULT
Net		DM2_DDR0_DQS2-	DEFAULT
DPr		⊟ DM2_DDR0_DQS3	DEFAULT
Net		DM2_DDR0_DQS3+	DEFAULT
Net		DM2_DDR0_DQS3-	DEFAULT

图 20.100　设置完成的 5 对差分对信号

（2）设置数据线分组，在右侧的 Object 栏目中，按住 Ctrl 按键后用鼠标选择 DM2_DDR0_D0 ~ DM2_DDR0_D7、DM2_DDR0_DQS0 +、DM2_DDR0_DQS0 -、DM2_DDR0_DQM0 网络，右键选择 Create—Class 命令，创建成 DATA_CLASS_BYTE0，如图 20.101 所示。

设置第 2 个数据分组，按住 Ctrl 键后用鼠标选择 DM2_DDR0_D8 ~ DM2_DDR0_D15、DM2_DDR0_DQS1 +、DM2_DDR0_DQS1 -、DM2_DDR0_DQM1 网络，右键选择 Create—Class 命令，创建成 DATA_CLASS_BYTE1，如图 20.102 所示。

Objects			Referenced Physical CSet
Type	S	Name	
*	*		*
NCls		⊟ DATA_CLASS_BYTE0 (11)	DEFAULT
Net		DM2_DDR0_DQM0	DEFAULT
Net		DM2_DDR0_DQS0+	DEFAULT
Net		DM2_DDR0_DQS0-	DEFAULT
Net		DM2_DDR0_D0	DEFAULT
Net		DM2_DDR0_D1	DEFAULT
Net		DM2_DDR0_D2	DEFAULT
Net		DM2_DDR0_D3	DEFAULT
Net		DM2_DDR0_D4	DEFAULT
Net		DM2_DDR0_D5	DEFAULT
Net		DM2_DDR0_D6	DEFAULT
Net		DM2_DDR0_D7	DEFAULT

图 20.101　创建 Class DATA_CLASS_BYTE0

Type	S	Name	Physical CSet
NCls		⊟ DATA_CLASS_BYTE1 (11)	DEFAULT
Net		DM2_DDR0_DQM1	DEFAULT
Net		DM2_DDR0_DQS1+	DEFAULT
Net		DM2_DDR0_DQS1-	DEFAULT
Net		DM2_DDR0_D8	DEFAULT
Net		DM2_DDR0_D9	DEFAULT
Net		DM2_DDR0_D10	DEFAULT
Net		DM2_DDR0_D11	DEFAULT
Net		DM2_DDR0_D12	DEFAULT
Net		DM2_DDR0_D13	DEFAULT
Net		DM2_DDR0_D14	DEFAULT
Net		DM2_DDR0_D15	DEFAULT

图 20.102　创建 Class DATA_CLASS_BYTE1

设置第 3 个数据分组，按住 Ctrl 键后用鼠标选择 DM2_DDR0_D16 ~ DM2_DDR0_D23、DM2_DDR0_DQS2 +、DM2_DDR0_DQS2 -、DM2_DDR0_DQM2 网络，右键选择 Create—Class 命令，创建成 DATA_CLASS_BYTE2，如图 20.103 所示。

设置第 4 个数据分组，按住 Ctrl 键后用鼠标选择 DM2_DDR0_D24 ~ DM2_DDR0_D31、DM2_DDR0_DQS3 +、DM2_DDR0_DQS3 -、DM2_DDR0_DQM3 网络，右键选择 Create—Class 命令，创建成 DATA_CLASS_BYTE3，如图 20.104 所示。

NCls	DATA_CLASS_BYTE2 (11)	DEFAULT
Net	DM2_DDR0_DQM2	DEFAULT
Net	DM2_DDR0_DQS2+	DEFAULT
Net	DM2_DDR0_DQS2-	DEFAULT
Net	DM2_DDR0_D16	DEFAULT
Net	DM2_DDR0_D17	DEFAULT
Net	DM2_DDR0_D18	DEFAULT
Net	DM2_DDR0_D19	DEFAULT
Net	DM2_DDR0_D20	DEFAULT
Net	DM2_DDR0_D21	DEFAULT
Net	DM2_DDR0_D22	DEFAULT
Net	DM2_DDR0_D23	DEFAULT

图 20.103　创建 Class DATA_CLASS_BYTE2

NCls	DATA_CLASS_BYTE3 (11)	DEFAULT
Net	DM2_DDR0_DQM3	DEFAULT
Net	DM2_DDR0_DQS3+	DEFAULT
Net	DM2_DDR0_DQS3-	DEFAULT
Net	DM2_DDR0_D24	DEFAULT
Net	DM2_DDR0_D25	DEFAULT
Net	DM2_DDR0_D26	DEFAULT
Net	DM2_DDR0_D27	DEFAULT
Net	DM2_DDR0_D28	DEFAULT
Net	DM2_DDR0_D29	DEFAULT
Net	DM2_DDR0_D30	DEFAULT
Net	DM2_DDR0_D31	DEFAULT

图 20.104　创建 Class DATA_CLASS_BYTE3

（3）设置地址线和控制线分组。在右侧的 Object 栏中，按住 Ctrl 按键后用鼠标选择 DM2_DDR0_A0 ~ A14、DM2_DDR0_BA0 ~ BA2、DM2_DDR0_WEN、DM2_DDR0_RSTN（复位信号）、5、DM2_DDR0_ODT0、DM2_DDR0_CSN0、DM2_DDR0_CLK0 +、DM2_DDR0_CLK0 -、DM2_DDR0_CKE、DM2_DDR0_CASN，右键选择 Create—Class 命令，创建成 ADDR_DDR，如图 20.105 所示。

NCls	ADDR_DDR (27)	DEFAULT
Net	DM2_DDR0_A0	DEFAULT
Net	DM2_DDR0_A1	DEFAULT
Net	DM2_DDR0_A2	DEFAULT
Net	DM2_DDR0_A3	DEFAULT
Net	DM2_DDR0_A4	DEFAULT
Net	DM2_DDR0_A5	DEFAULT
Net	DM2_DDR0_A6	DEFAULT
Net	DM2_DDR0_A7	DEFAULT
Net	DM2_DDR0_A8	DEFAULT
Net	DM2_DDR0_A9	DEFAULT
Net	DM2_DDR0_A10	DEFAULT
Net	DM2_DDR0_A11	DEFAULT
Net	DM2_DDR0_A12	DEFAULT
Net	DM2_DDR0_A13	DEFAULT
Net	DM2_DDR0_A14	DEFAULT
Net	DM2_DDR0_BA0	DEFAULT
Net	DM2_DDR0_BA1	DEFAULT
Net	DM2_DDR0_BA2	DEFAULT
Net	DM2_DDR0_CASN	DEFAULT
Net	DM2_DDR0_CKE	DEFAULT
Net	DM2_DDR0_CLK0+	DEFAULT
Net	DM2_DDR0_CLK0-	DEFAULT
Net	DM2_DDR0_CSN0	DEFAULT
Net	DM2_DDR0_ODT0	DEFAULT
Net	DM2_DDR0_RASN	DEFAULT
Net	DM2_DDR0_RSTN	DEFAULT
Net	DM2_DDR0_WEN	DEFAULT

图 20.105　设置地址线和控制线分组 ADDR_DDR

20.6.3　差分对建立约束

（1）在约束管理器中，选择 Electrical—Electrical Constraint Set—Routing—Differential Pair 工作簿，在右键快捷菜单中选择 Create—Electrical CSet 命令，新建电气约束 DIFF100OHM。

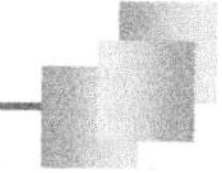

将 Static Phase Tolerance 设置成 10mil，Min Line Spacing 设置成 7mil，将 Coupling Parameters 中的 Primary Gap 设置成 7，Primary Width 设置成 4.3，Neck Gap 设置成 7，Neck Width 设置成 4.3，Tolerance（+/-）都设置成 0，如图 20.106 所示。

Uncoupled Length		Static Phase Tolerance	Coupling Parameters					
Gather Contro	Max		Primary Gap	Primary Width	Neck Gap	Neck Widt	(+)Tolerance	(-)Tolerance
	mil	ns	mil	mil	mil	mil	mil	mil
*	*	*	*	*	*	*	*	*
			0.000	5.500:5.500:5...	0.000	5.000	0.000	0.000
		10 mil	7.000	4.300	7.000	4.300	0.000	0.000

图 20.106　新建电气约束 DIFF100OHM

（2）选择 Electrical—Net—Routing—Differential Pair 工作簿，找到时钟和 DQS 的差分对网络，在 Referenced Electrical CSet 栏中单击，在下拉列表中选择 DIFF100OHM，将约束规则应用到这 5 个差分对网络中，如图 20.107 所示。

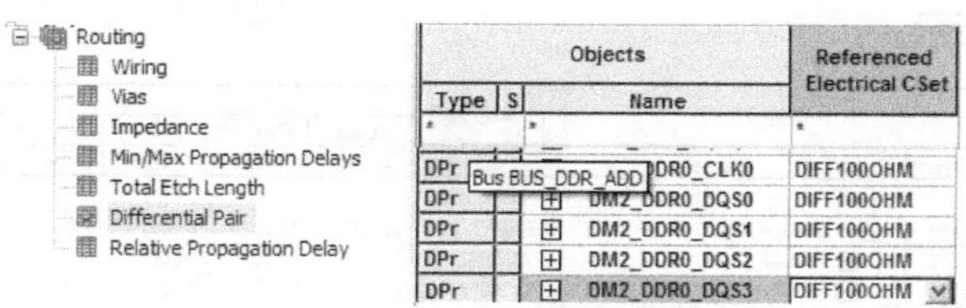

图 20.107　差分对建立约束

20.6.4　建立线宽、线距离约束

（1）在约束管理器中，选择 Physical—Physical Constraint Set—All Layer 工作簿，在右键菜单中选择 Create—Physical CSet 命令，新建 PHY5MIL 约束规则。设置线宽为 5mil，过孔使用 VIA10_22 和 VIA8_16 两种类型，如图 20.108 所示。

Objects			Line Width		Neck		Vias
			Min	Max	Min Width	Max Length	
Type	S	Name	mil	mil	mil	mil	
*		*	*	*	*	*	*
PCS		⊞ PHY5MIL	5.000	5.000	5.000	5.000	VIA10_22MN:VIA8_16...

图 20.108　新建 PHY5MIL 约束规则

（2）选择 Physical—Net—All Layer 工作簿中，找到 DATA_CLASS_TYPE0、DATA_CLASS_TYPE1、DATA_CLASS_TYPE2、DATA_CLASS_TYPE3、ADDR_DDR，在 Referenced Physicad CSet 栏中单击，在下拉列表中选择 PHY5MIL，将约束规则应用到这 5 个 Class 网络中，如图 20.109 所示。

Physical
Physical Constraint Set
All Layers
By Layer
Net
All Layers
Region
All Layers

Objects			Referenced Physical CSet
Type	S	Name	
*		*	*
Dsn		⊟ ddr3_4p01	DEFAULT
NCls		⊞ ADDR_DDR (27)	PHY5MIL
NCls		⊞ DATA_CLASS_BYTE0 (11)	PHY5MIL
NCls		⊞ DATA_CLASS_BYTE1 (11)	PHY5MIL
NCls		⊞ DATA_CLASS_BYTE2 (11)	PHY5MIL
NCls		⊞ DATA_CLASS_BYTE3 (11)	PHY5MIL

图 20.109　将物理约束规则应用到这 5 个 Class 网络

（3）在约束管理器中，选择 Physical—Spacing Constraint Set—All Layer 工作簿，在右键菜单中选择 Create—Physical CSet 命令，新建 SPAC5MIL 约束规则，如图 20.110 所示。

Objects			Line To						
			Line	Thru Pin	SMD Pin	Test Pin	Thru Via	BB Via	Test Via
Type	S	Name	mil	mil	mil	mil	mil	mil	mil
*		*	*	*	*	*	*	*	*
Dsn		⊟ ddr3_4p01	10.000	5.000	5.000	5.000	5.000	5.000	5.000
SCS		⊞ SPAC5MIL	5.000	5.000	5.000	5.000	5.000	5.000	5.000

图 20.110　新建 SPAC5MIL 约束规则

（4）选择 Spacing—Net—All Layer 工作簿，找到 DATA_CLASS_TYPE0、DATA_CLASS_TYPE1、DATA_CLASS_TYPE2、DATA_CLASS_TYPE3、ADDR_DDR，在 Referenced Spacing CSet 栏中单击，在下拉列表中选择 SPAC5MIL，将约束规则应用到这 5 个 Class 网络（该处的间距受到电路板尺寸限制，没有办法做到 3W 的间距，因此该处按照 1W 的间距进行设置），如图 20.111 所示。

Objects			Referenced Spacing CSet	Line	Thru Pin	SMD Pin	Test Pin
Type	S	Name		mil	mil	mil	mil
*		*	*	*	*	*	*
Dsn		⊟ ddr3_4p01	DEFAULT	10.000	5.000	5.000	5.000
NCls		⊞ ADDR_DDR (27)	SPAC5MIL	5.000	5.000	5.000	5.000
NCls		⊞ DATA_CLASS_BYTE0 (11)	SPAC5MIL	5.000	5.000	5.000	5.000
NCls		⊞ DATA_CLASS_BYTE1 (11)	SPAC5MIL	5.000	5.000	5.000	5.000
NCls		⊞ DATA_CLASS_BYTE2 (11)	SPAC5MIL	5.000	5.000	5.000	5.000
NCls		⊞ DATA_CLASS_BYTE3 (11)	SPAC5MIL	5.000	5.000	5.000	5.000

图 20.111　将间距约束规则应用到这 5 个 Class 网络

（5）在约束管理器中，选择 Physical—Spacing Constraint Set—All Layer 工作簿，在右键菜单中选择 Create—Physical CSet 命令，新建 SPAC20MIL 约束规则。选择 Spacing—Net Class to Class—All Layer 工作簿。选中 DATA_CLASS_TYPE0、DATA_CLASS_TYPE1、DATA_CLASS_TYPE2、DATA_CLASS_TYPE3、ADDR_DDR，新建成 Class to Class。在 Referenced Spacing CSet 栏中单击，在下拉列表中选择 SPAC20MIL，表示将要设置这 5 个不同 Class 之间的距离为 20mil，如图 20.112 所示。

Objects			Referenced Spacing CSet	Line	Thru Pin	SMD Pin
Type	S	Name		mil	mil	mil
*		*	*	*	*	*
Dsn		⊟ ddr3_4p01	DEFAULT	10.000	5.000	5.000
NCls		⊟ ADDR_DDR (4)	SPAC5MIL	5.000	5.000	5.000
CCls		DATA_CLASS_BYT	SPAC20MIL	20.000	20.000	20.000
CCls		DATA_CLASS_BYT	SPAC20MIL	20.000	20.000	20.000
CCls		DATA_CLASS_BYT	SPAC20MIL	20.000	20.000	20.000
CCls		DATA_CLASS_BYT	SPAC20MIL	20.000	20.000	20.000

图 20.112　设置这 5 个不同 Class 之间的距离为 20mil

20.6.5　自定义 Fly - by 拓扑

地址线组、控制线组内的网络，4 片 DDR3 芯片都是共用的，为了便于建立约束规则，要建立 Fly - by 拓扑结构。

（1）在约束管理器中，选择 Electrica—Net—routing—wiring 工作簿，单击要建立拓扑的

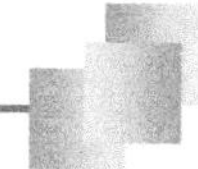

网络，比如地址线 A0，在 A0 上右击，右键选择 SigXplorer，如图 20.113 所示。

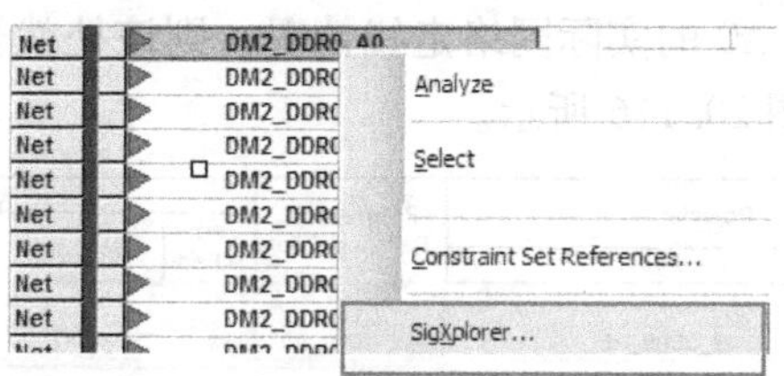

图 20.113 选择提取 A0 的拓扑结构

（2）提取到的 DM2_DDR0_A0 地址线的拓扑结构，接下来需要按照实际的布线规划对拓扑结构进行适当的调整。按照 CPU 和 DDR3 摆放顺序来调整 Fly - by 拓扑结构，从 U1 到 U5、U4、U3、U2，最后到 VTT 端接电压。按照 CPU 和 DDR3 摆放顺序调整完成的 Fly - by 拓扑结构如图 20.114 所示。

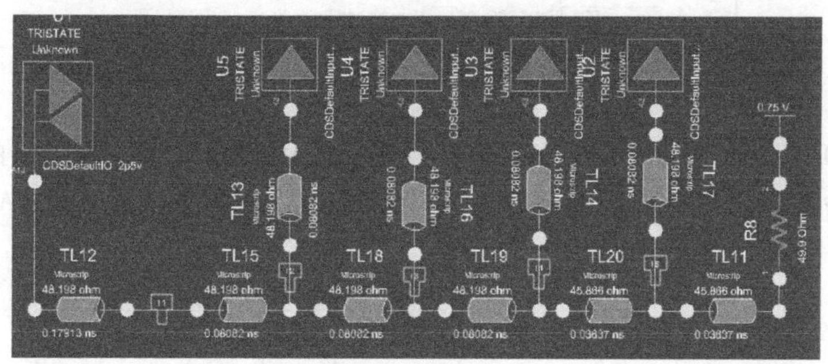

图 20.114 编辑后 A0 网络的 Fly - by 拓扑结构

（3）选择 Set—Constraints 命令，弹出 Set Topology Constraints 对话框，选择 Wiring 选项卡。在 Mapping Mode 文本框中选择 Pinuse and Refdes，在 Schedule 文本框中选择 Template，在 Verifly Schedule 文本中选择 Yes，单击 Apply 按钮以后，单击 OK 按钮退出该界面，如图 20.115 所示。

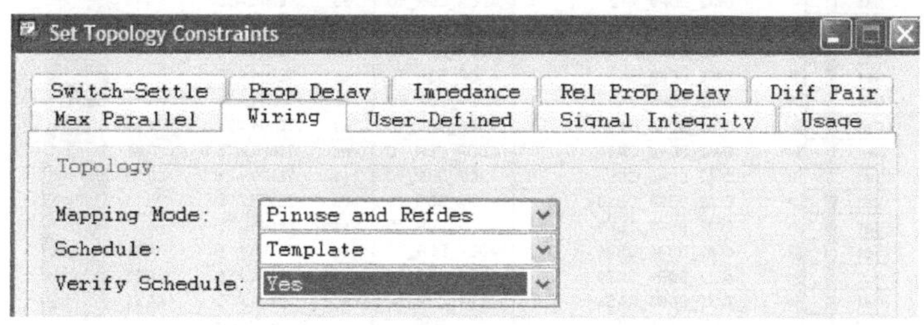

图 20.115 选择 Wiring 选项卡

（4）选择 File—Update Constraint Manager 命令，将设置的拓扑结构更新到约束管理器中，同时会弹出 Electrical Set Apply Information 对话框，提示当前在拓扑结构上所产生的修改内容，在更新进入约束管理器之后，会在 Wiring 下新建一个 DM2_DDR0_A0 的拓扑约束规则。

（5）在约束管理 Wiring 工作簿中，DM2_DDR0_A0 网络中将会显示出已经设置好的拓扑结构。若拓扑结构不符合 A0 的实际网络走线情况，则该处就会出现红色错误提示，若拓扑匹配，则显示 PASS，如图 20. 116 所示。

Objects			Referenced Electrical CSet	Topology			
Type	S	Name		Verify Schedu	Schedule	Actual	Margin
*		*	*	*	*	*	*
Net		DM2_DDR0_A0	DM2_DDR0_A0	Yes	TEMPLATE	PASS	

图 20. 116　A0 网络自定义的拓扑结构

（6）为了便于记忆，选择 Electrical Constraint Set—Routing—Wiring 工作簿，在右侧的 DM2_DDR0_A0 约束规则，将其修改成 ADDR_DDR_TOPOLOGY，如图 20. 117 所示。

Objects			Topology		
Type	S	Name	Mapping Mode	Verify Schedule	Schedule
*		*	*	*	*
ECS		ADDR_DDR_TOPOLOGY	Pinuse and Re...	Yes	TEMPLATE

图 20. 117　修改拓扑约束规则名称为 ADDR_DDR_TOPOLOGY

（7）将 ADDR_DDR_TOPOLOGY 的拓扑规则，应用到地址组、控制组的所有网络中，若被应用的网络符合该拓扑规则的要求，在 Topology 栏中将会显示绿色 PASS 的结果，如图 20. 118所示。

Objects			Referenced Electrical CSet	Topology			
Type	S	Name		Verify Schedu	Schedule	Actual	Margin
*		*	*	*	*	*	*
Net		DM2_DDR0_A0	ADDR_DDR_T...	Yes	TEMPLATE	PASS	
Net		DM2_DDR0_A1	ADDR_DDR_TO..	Yes	TEMPLATE	PASS	
Net		DM2_DDR0_A2	ADDR_DDR_TO..	Yes	TEMPLATE	PASS	
Net		DM2_DDR0_A3	ADDR_DDR_TO..	Yes	TEMPLATE	PASS	
Net		DM2_DDR0_A4	ADDR_DDR_TO..	Yes	TEMPLATE	PASS	
Net		DM2_DDR0_A5	ADDR_DDR_TO..	Yes	TEMPLATE	PASS	
Net		DM2_DDR0_A6	ADDR_DDR_TO..	Yes	TEMPLATE	PASS	
Net		DM2_DDR0_A7	ADDR_DDR_TO..	Yes	TEMPLATE	PASS	
Net		DM2_DDR0_A8	ADDR_DDR_TO..	Yes	TEMPLATE	PASS	
Net		DM2_DDR0_A9	ADDR_DDR_TO..	Yes	TEMPLATE	PASS	
Net		DM2_DDR0_A10	ADDR_DDR_TO..	Yes	TEMPLATE	PASS	
Net		DM2_DDR0_A11	ADDR_DDR_TO..	Yes	TEMPLATE	PASS	
Net		DM2_DDR0_A12	ADDR_DDR_TO..	Yes	TEMPLATE	PASS	
Net		DM2_DDR0_A13	ADDR_DDR_TO..	Yes	TEMPLATE	PASS	
Net		DM2_DDR0_A14	ADDR_DDR_TO..	Yes	TEMPLATE	PASS	
Net		DM2_DDR0_BA0	ADDR_DDR_TO..	Yes	TEMPLATE	PASS	
Net		DM2_DDR0_BA1	ADDR_DDR_TO..	Yes	TEMPLATE	PASS	
Net		DM2_DDR0_BA2	ADDR_DDR_TO..	Yes	TEMPLATE	PASS	
Net		DM2_DDR0_CASN	ADDR_DDR_TO..	Yes	TEMPLATE	PASS	
Net		DM2_DDR0_CKE	ADDR_DDR_TO..	Yes	TEMPLATE	PASS	
Net		DM2_DDR0_CLK0+	ADDR_DDR_TO..	Yes	TEMPLATE	PASS	
Net		DM2_DDR0_CLK0-	ADDR_DDR_TO..	Yes	TEMPLATE	PASS	
Net		DM2_DDR0_CSN0	ADDR_DDR_TO..	Yes	TEMPLATE	PASS	
Net		DM2_DDR0_ODT0	ADDR_DDR_TO..	Yes	TEMPLATE	PASS	
Net		DM2_DDR0_RASN	ADDR_DDR_TO..	Yes	TEMPLATE	PASS	
Net		DM2_DDR0_WEN	ADDR_DDR_TO..	Yes	TEMPLATE	PASS	

图 20. 118　Topology 栏中出现绿色 PASS 的结果

（8）打开地址组、控制组所有飞线显示，可以看到已经在该组网络中添加上 T 点显示。若在 Wiring 工作簿中的 Referenced Electrical CSet 栏内，若某些网络出现了红色的 ADDR_DDR_TOPOLOGY 字样，则说明该网络不适用 ADDR_DDR_TOPOLOGY 的约束规则，该网络中的 T 点将无法产生，针对出错的网络需要分析出错的原因。

例如，DM2_DDR0_RSTN 网络（复位信号）使用 ADDR_DDR_TOPOLOGY 的拓扑规则出现提示，说明 DM2_DDR0_RSTN 网络结构和 ADDR_DDR_TOPOLOGY 的拓扑不能完全匹配，如图 20.119 所示。

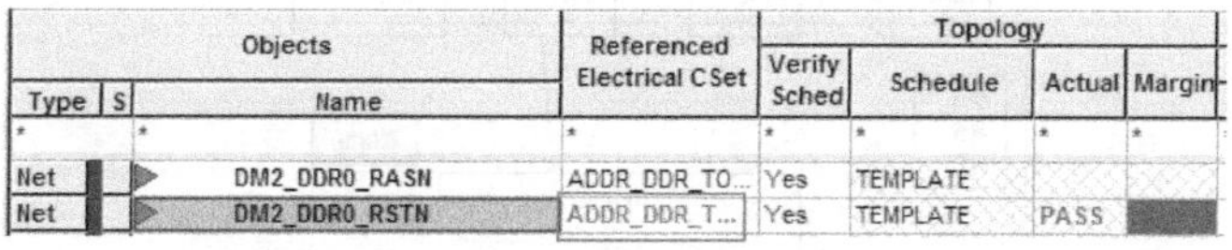

Objects			Referenced Electrical CSet	Topology			
Type	S	Name		Verify Sched	Schedule	Actual	Margin
*	*		*	*	*	*	*
Net		DM2_DDR0_RASN	ADDR_DDR_TO...	Yes	TEMPLATE		
Net		DM2_DDR0_RSTN	ADDR_DDR_T...	Yes	TEMPLATE	PASS	

图 20.119　DM2_DDR0_RSTN 网络与拓扑规则不匹配

分析不匹配的原因，选中 DM2_DDR0_RSTN 网络，右键选择 SigXplorer 命令。进入 SigXplorer 窗口后，发现在 DM2_DDR0_RSTN 网络拓扑与 ADDR_DDR_TOPOLOGY 比较少了 VTT 端接的电阻及电压，所以不能完全匹配。若需要匹配，可以在 ADDR_DDR_TOPOLOGY 拓扑规则中将 VTT 端接的电阻设置成 OPTIONAL 可选项后，该拓扑即可与 DM2_DDR0_RSTN 网络匹配。

DM2_DDR0_RSTN 网络的拓扑结构如图 20.120 所示。

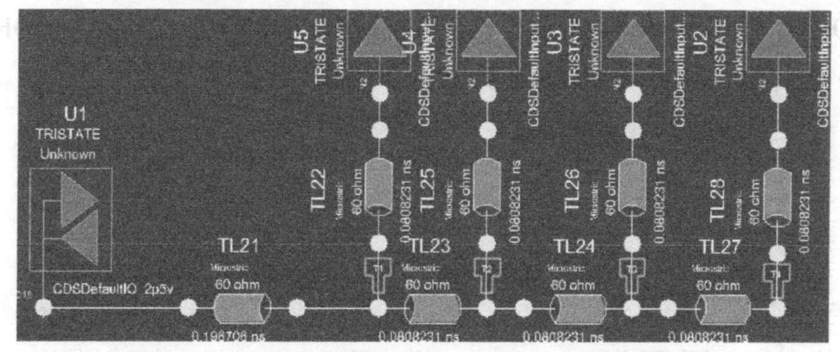

图 20.120　DM2_DDR0_RSTN 网络的拓扑结构

设置完成拓扑结构之后，自动添加 T 点后飞线 Bundle 显示效果如图 20.121 所示。

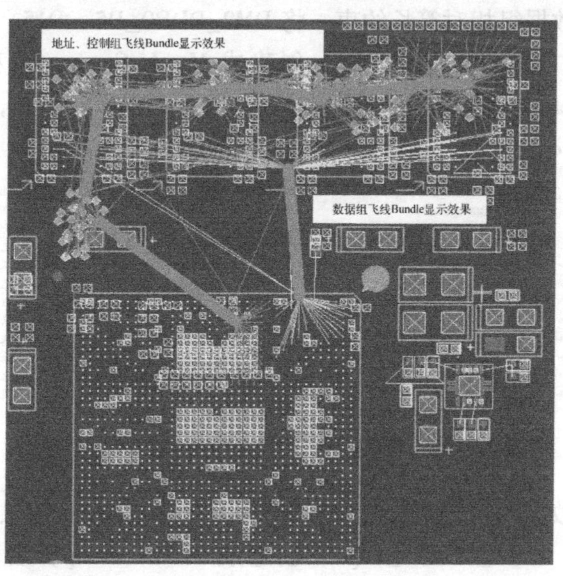

图 20.121　设置完成拓扑结构之后，自动添加 T 点后飞线 Bundle 显示效果

（9）经过上述的操作，在 DDR3 地址线组和控制线组建立起的 Fly - by 拓扑结构如图 20.122所示。

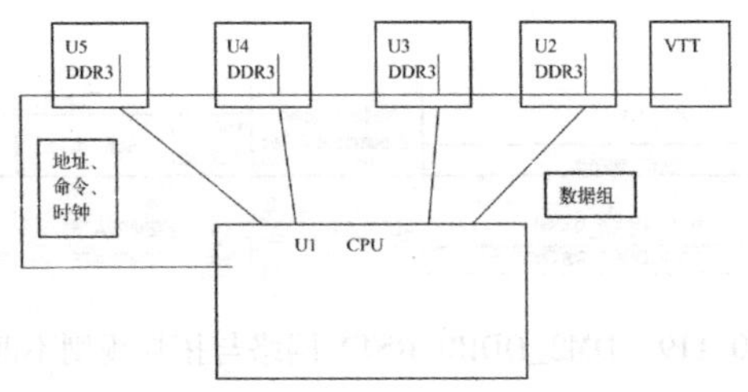

图 20.122　4 片 DDR3 芯片 Fly - by 拓扑结构示意图

20.6.6　数据组相对等长约束

（1）设置第一组数据组相对等长约束。选择 Electrical—Net—Relative Propagation Delay 命令，在右侧的 Object 栏中，将 DM2_DDR0_D0 ~ D7、DM2_DDR0_DQS0 +、DM2_DDR0_DQS0 -、DM2_DDR0_DQM0 创建成 Match Group，名称为 DATA_MATCH_BYTE0。在 Relative Delay 栏的 Delta：Tolerance 栏处输入 0.000MIL:10.000MIL，在 DM2_DDR0_DQS0 + 网络 Delta：Tolerance 处右击，选择 Set Target 为目标，如图 20.123 所示。

MGrp	⊟ DATA_MATCH_BYTE0 (11)		All Drivers/All ...	Global	0.000 MIL:10.000 MIL
Net	DM2_DDR0_DQM0		All Drivers/All Rec...	Global	0.000 MIL:10.000 MIL
Net	DM2_DDR0_DQS0+	DIFF1000...	All Drivers/All ...	Global	TARGET
Net	DM2_DDR0_DQS0-	DIFF1000...	All Drivers/All Rec...	Global	0.000 MIL:10.000 MIL
Net	DM2_DDR0_D0		All Drivers/All Rec...	Global	0.000 MIL:10.000 MIL
Net	DM2_DDR0_D1		All Drivers/All Rec...	Global	0.000 MIL:10.000 MIL
Net	DM2_DDR0_D2		All Drivers/All Rec...	Global	0.000 MIL:10.000 MIL
Net	DM2_DDR0_D3		All Drivers/All Rec...	Global	0.000 MIL:10.000 MIL
Net	DM2_DDR0_D4		All Drivers/All Rec...	Global	0.000 MIL:10.000 MIL
Net	DM2_DDR0_D5		All Drivers/All Rec...	Global	0.000 MIL:10.000 MIL
Net	DM2_DDR0_D6		All Drivers/All Rec...	Global	0.000 MIL:10.000 MIL
Net	DM2_DDR0_D7		All Drivers/All Rec...	Global	0.000 MIL:10.000 MIL

图 20.123　DATA_MATCH_BYTE0 相对等长约束

（2）设置第 2 组数据组相对等长约束。将 DM2_DDR0_D5 ~ D15、DM2_DDR0_DQS1 +、DM2_DDR0_DQS1 -、DM2_DDR0_DQM1 创建成 Match Group，名称为 DATA_MATCH_BYTE1。在 Relative Delay 栏的 Delta：Tolerance 栏处输入 0MIL:10MIL，在 DM2_DDR0_DQS1 + 网络 Delta：Tolerance 处右击，选择 Set Target 为目标，如图 20.124 所示。

MGrp	⊟ DATA_MATCH_BYTE1 (11)		All Drivers/All ...	Global	0 MIL:10 MIL
Net	DM2_DDR0_DQM1		All Drivers/All Rec...	Global	0 MIL:10 MIL
Net	DM2_DDR0_DQS1+	DIFF1000...	All Drivers/All ...	Global	TARGET
Net	DM2_DDR0_DQS1-	DIFF1000...	All Drivers/All Rec...	Global	0 MIL:10 MIL
Net	DM2_DDR0_D8		All Drivers/All Rec...	Global	0 MIL:10 MIL
Net	DM2_DDR0_D9		All Drivers/All Rec...	Global	0 MIL:10 MIL
Net	DM2_DDR0_D10		All Drivers/All Rec...	Global	0 MIL:10 MIL
Net	DM2_DDR0_D11		All Drivers/All Rec...	Global	0 MIL:10 MIL
Net	DM2_DDR0_D12		All Drivers/All Rec...	Global	0 MIL:10 MIL
Net	DM2_DDR0_D13		All Drivers/All Rec...	Global	0 MIL:10 MIL
Net	DM2_DDR0_D14		All Drivers/All Rec...	Global	0 MIL:10 MIL
Net	DM2_DDR0_D15		All Drivers/All Rec...	Global	0 MIL:10 MIL

图 20.124　DATA_MATCH_BYTE1 相对等长约束

（3）设置第 3 组数据组相对等长约束。将 DM2_DDR0_D16 ~ D22、DM2_DDR0_DQS2 +、DM2_DDR0_DQS2 -、DM2_DDR0_DQM2 创建成 Match Group，名称为 DATA_MATCH_

BYTE2。在 Relative Delay 栏的 Delta：Tolerance 栏处输入 0MIL:10MIL，在 DM2_DDR0_DQS2 + 网络 Delta：Tolerance 处单击右键，选择 Set Target 为目标，如图 20.125 所示。

MGrp	⊟ DATA_MATCH_BYTE2 (11)		All Drivers/All ...	Global	0 MIL:10 MIL
Net	DM2_DDR0_DQM2		All Drivers/All Rec...	Global	0 MIL:10 MIL
Net	DM2_DDR0_DQS2+	DIFF1000...	All Drivers/All ...	Global	TARGET
Net	DM2_DDR0_DQS2-	DIFF1000...	All Drivers/All Rec...	Global	0 MIL:10 MIL
Net	DM2_DDR0_D16		All Drivers/All Rec...	Global	0 MIL:10 MIL
Net	DM2_DDR0_D17		All Drivers/All Rec...	Global	0 MIL:10 MIL
Net	DM2_DDR0_D18		All Drivers/All Rec...	Global	0 MIL:10 MIL
Net	DM2_DDR0_D19		All Drivers/All Rec...	Global	0 MIL:10 MIL
Net	DM2_DDR0_D20		All Drivers/All Rec...	Global	0 MIL:10 MIL
Net	DM2_DDR0_D21		All Drivers/All Rec...	Global	0 MIL:10 MIL
Net	DM2_DDR0_D22		All Drivers/All Rec...	Global	0 MIL:10 MIL

图 20.125　DATA_MATCH_BYTE2 相对等长约束

（4）设置第 4 组数据组相对等长约束。将 DM2_DDR0_D0 ~ D7、DM2_DDR0_DQS0 +、DM2_DDR0_DQS0 −、DM2_DDR0_DQM0 创建成 Match Group，名称为 DATA_MATCH_BYTE0。在 Relative Delay 栏的 Delta：Tolerance 栏处输入 0MIL:10MIL，在 DM2_DDR0_DQS0 + 网络 Delta：Tolerance 处右击，选择 Set Target 为目标，如图 20.126 所示。

MGrp	⊟ DATA_MATCH_BYTE3 (11)		All Drivers/All ...	Global	0 MIL:10 MIL
Net	DM2_DDR0_DQM3		All Drivers/All Rec...	Global	0 MIL:10 MIL
Net	DM2_DDR0_DQS3+	DIFF1000...	All Drivers/All ...	Global	TARGET
Net	DM2_DDR0_DQS3-	DIFF1000...	All Drivers/All Rec...	Global	0 MIL:10 MIL
Net	DM2_DDR0_D24		All Drivers/All Rec...	Global	0 MIL:10 MIL
Net	DM2_DDR0_D25		All Drivers/All Rec...	Global	0 MIL:10 MIL
Net	DM2_DDR0_D26		All Drivers/All Rec...	Global	0 MIL:10 MIL
Net	DM2_DDR0_D27		All Drivers/All Rec...	Global	0 MIL:10 MIL
Net	DM2_DDR0_D28		All Drivers/All Rec...	Global	0 MIL:10 MIL
Net	DM2_DDR0_D29		All Drivers/All Rec...	Global	0 MIL:10 MIL
Net	DM2_DDR0_D30		All Drivers/All Rec...	Global	0 MIL:10 MIL
Net	DM2_DDR0_D31		All Drivers/All Rec...	Global	0 MIL:10 MIL

图 20.126　DATA_MATCH_BYTE3 相对等长约束

20.6.7　地址、控制组、时钟相对等长约束

地址、控制组、时钟都是 Fly - by 的拓扑结构，存在共用，因此在创建相对等长约束之前需要先创建 Pin Pairs，使用 Pin Pairs 来创建网络中某一段布线的相对等长约束。

本例设置方法为：从 U1 到 U5 的地址、控制组、时钟等长；从 U1 到 U4 的地址、控制组、时钟等长；从 U1 到 U3 的地址、控制组、时钟等长；从 U1 到 U2 的地址、控制组、时钟等长（也可以使用从 U1 到 U5、U5 到 U4、U4 到 U3、U3 到 U2 的方法，方法均相同）。

（1）创建地址、控制组、时钟内所有网络的 Pin Pairs，格式为从 U1 到 U5、U1 到 U4、U1 到 U3、U1 到 U2（方法和 DDR2 实例中相同，如有疑问可以参考 DDR2 实例中的相同部分内容，在此不再详述）。

（2）按住 Ctrl 键后用鼠标选择 DM2_DDR0_A0 ~ A13、DM2_DDR0_BA0 ~ BA2、DM2_DDR0_WEN、DM2_DDR0_RSTN（复位信号）、DM2_DDR0_RASN、DM2_DDR0_ODT0、DM2_DDR0_CSN0、DM2_DDR0_CLK0 +、DM2_DDR0_CLK0 −、DM2_DDR0_CKE、DM2_DDR0_CASN 内 U1 到 U5 芯片网络的 Pin Pairs。创建成 Match Group ADD_CON_CLK_U5。在 Delta：Tolerance 栏处输入 0MIL:30MIL，在 U1. B12:U5. F7 ［DM_DDR0_CLK0 +］的 Delta：Tolerance 列右击，选择 Set Target 目标，如图 20.127 所示。

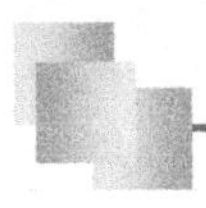

MGrp	⊟ ADD_CON_CLK_U5 (27)	Longest .	Global	0 mil:30 mil
PPr	U1.A12:U5.G7 [DM2_DDR0_CLK0-]		Global	0 mil:30 mil
PPr	U1.A13:U5.K3 [DM2_DDR0_A0]		Global	0 mil:30 mil
PPr	U1.A14:U5.M2 [DM2_DDR0_A7]		Global	0 mil:30 mil
PPr	U1.B12:U5.F7 [DM2_DDR0_CLK0+]		Global	TARGET
PPr	U1.B13:U5.M7 [DM2_DDR0_A11]		Global	0 mil:30 mil
PPr	U1.B14:U5.K8 [DM2_DDR0_BA1]		Global	0 mil:30 mil
PPr	U1.B16:U5.N3 [DM2_DDR0_A13]		Global	0 mil:30 mil
PPr	U1.B17:U5.H2 [DM2_DDR0_CSN0]		Global	0 mil:30 mil
PPr	U1.C13:U5.G3 [DM2_DDR0_CASN]		Global	0 mil:30 mil
PPr	U1.C14:U5.H7 [DM2_DDR0_A10]		Global	0 mil:30 mil
PPr	U1.C18:U5.G9 [DM2_DDR0_CKE]		Global	0 mil:30 mil
PPr	U1.D13:U5.F3 [DM2_DDR0_RASN]		Global	0 mil:30 mil
PPr	U1.D16:U5.L3 [DM2_DDR0_A2]		Global	0 mil:30 mil
PPr	U1.D17:U5.N7 [DM2_DDR0_A14]		Global	0 mil:30 mil
PPr	U1.D18:U5.N2 [DM2_DDR0_RSTN]		Global	0 mil:30 mil
PPr	U1.E13:U5.H3 [DM2_DDR0_WEN]		Global	0 mil:30 mil
PPr	U1.E18:U5.G1 [DM2_DDR0_ODT0]		Global	0 mil:30 mil
PPr	U1.F13:U5.J2 [DM2_DDR0_BA0]		Global	0 mil:30 mil
PPr	U1.G13:U5.K2 [DM2_DDR0_A3]		Global	0 mil:30 mil
PPr	U1.H13:U5.L8 [DM2_DDR0_A4]		Global	0 mil:30 mil
PPr	U1.J13:U5.L2 [DM2_DDR0_A5]		Global	0 mil:30 mil
PPr	U1.K13:U5.M3 [DM2_DDR0_A9]		Global	0 mil:30 mil
PPr	U1.L13:U5.M8 [DM2_DDR0_A6]		Global	0 mil:30 mil
PPr	U1.N14:U5.N8 [DM2_DDR0_A8]		Global	0 mil:30 mil
PPr	U1.N15:U5.J3 [DM2_DDR0_BA2]		Global	0 mil:30 mil
PPr	U1.N16:U5.K7 [DM2_DDR0_A12]		Global	0 mil:30 mil
PPr	U1.N17:U5.L7 [DM2_DDR0_A1]		Global	0 mil:30 mil

图 20.127　创建 ADD_CON_CLK_U5 相对等长约束

（3）按住 Ctrl 键后用鼠标选择 DM2_DDR0_A0 ~ A13、DM2_DDR0_BA0 ~ BA2、DM2_DDR0_WEN、DM2_DDR0_RSTN（复位信号）、DM2_DDR0_RASN、DM2_DDR0_ODT0、DM2_DDR0_CSN0、DM2_DDR0_CLK0 +、DM2_DDR0_CLK0 -、DM2_DDR0_CKE、DM2_DDR0_CASN 内 U1 到 U4 芯片网络的 Pin Pairs。创建成 Match Group ADD_CON_CLK_U3。在 Delta：Tolerance 栏处输入 0MIL:30MIL，在 U1. B12:U3. F7 [DM_DDR0_CLK0 +] 的 Delta：Tolerance 列右击，选择 Set Target 目标，如图 20.128 所示。

MGrp	⊟ ADD_CON_CLK_U3 (27)	All Driver...	Global	0 MIL:30 MIL
PPr	U1.A12:U3.G7 [DM2_DDR0_CLK0-]		Global	0 MIL:30 MIL
PPr	U1.A13:U3.K3 [DM2_DDR0_A0]		Global	0 MIL:30 MIL
PPr	U1.A14:U3.M2 [DM2_DDR0_A7]		Global	0 MIL:30 MIL
PPr	U1.B12:U3.F7 [DM2_DDR0_CLK0+]		Global	TARGET
PPr	U1.B13:U3.M7 [DM2_DDR0_A11]		Global	0 MIL:30 MIL
PPr	U1.B14:U3.K8 [DM2_DDR0_BA1]		Global	0 MIL:30 MIL
PPr	U1.B16:U3.N3 [DM2_DDR0_A13]		Global	0 MIL:30 MIL
PPr	U1.B17:U3.H2 [DM2_DDR0_CSN0]		Global	0 MIL:30 MIL
PPr	U1.C13:U3.G3 [DM2_DDR0_CASN]		Global	0 MIL:30 MIL
PPr	U1.C14:U3.H7 [DM2_DDR0_A10]		Global	0 MIL:30 MIL
PPr	U1.C18:U3.G9 [DM2_DDR0_CKE]		Global	0 MIL:30 MIL
PPr	U1.D13:U3.F3 [DM2_DDR0_RASN]		Global	0 MIL:30 MIL
PPr	U1.D15:U3.L3 [DM2_DDR0_A2]		Global	0 MIL:30 MIL
PPr	U1.D17:U3.N7 [DM2_DDR0_A14]		Global	0 MIL:30 MIL
PPr	U1.D18:U3.N2 [DM2_DDR0_RSTN]		Global	0 MIL:30 MIL
PPr	U1.E13:U3.H3 [DM2_DDR0_WEN]		Global	0 MIL:30 MIL
PPr	U1.E18:U3.G1 [DM2_DDR0_ODT0]		Global	0 MIL:30 MIL
PPr	U1.F13:U3.J2 [DM2_DDR0_BA0]		Global	0 MIL:30 MIL
PPr	U1.G13:U3.K2 [DM2_DDR0_A3]		Global	0 MIL:30 MIL
PPr	U1.H13:U3.L8 [DM2_DDR0_A4]		Global	0 MIL:30 MIL
PPr	U1.J13:U3.L2 [DM2_DDR0_A5]		Global	0 MIL:30 MIL
PPr	U1.K13:U3.M3 [DM2_DDR0_A9]		Global	0 MIL:30 MIL
PPr	U1.L13:U3.M8 [DM2_DDR0_A6]		Global	0 MIL:30 MIL
PPr	U1.N14:U3.N8 [DM2_DDR0_A8]		Global	0 MIL:30 MIL
PPr	U1.N15:U3.J3 [DM2_DDR0_BA2]		Global	0 MIL:30 MIL
PPr	U1.N16:U3.K7 [DM2_DDR0_A12]		Global	0 MIL:30 MIL
PPr	U1.N17:U3.L7 [DM2_DDR0_A1]		Global	0 MIL:30 MIL

图 20.128　创建 ADD_CON_CLK_U3 相对等长约束

（4）按住 Ctrl 键后用鼠标选择 DM2_DDR0_A0 ~ A13、DM2_DDR0_BA0 ~ BA2、DM2_DDR0_WEN、DM2_DDR0_RSTN（复位信号）、DM2_DDR0_RASN、DM2_DDR0_ODT0、DM2_DDR0_CSN0、DM2_DDR0_CLK0 +、DM2_DDR0_CLK0 -、DM2_DDR0_CKE、DM2_DDR0_CASN 内 U1 到 U2 芯片网络的 Pin Pairs。创建成 Match Group ADD_CON_CLK_U2。在 Delta：Tolerance 栏处输入 0MIL:30MIL，在 U1. B12:U2. F7 [DM_DDR0_CLK0 +] 的 Delta：Tolerance 列右击，选择 Set Target 目标，如图 20.129 所示。

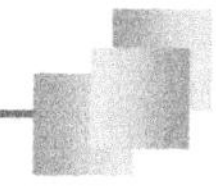

U1.A12:U2.G7 [DM2_DDR0_CLK0-]	Global	0 MIL:30 MIL
U1.A13:U2.K3 [DM2_DDR0_A0]	Global	0 MIL:30 MIL
U1.A14:U2.M2 [DM2_DDR0_A7]	Global	0 MIL:30 MIL
U1.B12:U2.F7 [DM2_DDR0_CLK0+]	Global	TARGET
U1.B13:U2.M7 [DM2_DDR0_A11]	Global	0 MIL:30 MIL
U1.B14:U2.K8 [DM2_DDR0_BA1]	Global	0 MIL:30 MIL
U1.B16:U2.N3 [DM2_DDR0_A13]	Global	0 MIL:30 MIL
U1.B17:U2.H2 [DM2_DDR0_CSN0]	Global	0 MIL:30 MIL
U1.C13:U2.G3 [DM2_DDR0_CASN]	Global	0 MIL:30 MIL
U1.C14:U2.H7 [DM2_DDR0_A10]	Global	0 MIL:30 MIL
U1.C18:U2.G9 [DM2_DDR0_CKE]	Global	0 MIL:30 MIL
U1.D13:U2.F3 [DM2_DDR0_RASN]	Global	0 MIL:30 MIL
U1.D15:U2.L3 [DM2_DDR0_A2]	Global	0 MIL:30 MIL
U1.D17:U2.N7 [DM2_DDR0_A14]	Global	0 MIL:30 MIL
U1.D18:U2.N2 [DM2_DDR0_RSTN]	Global	0 MIL:30 MIL
U1.E13:U2.H3 [DM2_DDR0_WEN]	Global	0 MIL:30 MIL
U1.E18:U2.G1 [DM2_DDR0_ODT0]	Global	0 MIL:30 MIL
U1.F13:U2.J2 [DM2_DDR0_BA0]	Global	0 MIL:30 MIL
U1.G13:U2.K2 [DM2_DDR0_A3]	Global	0 MIL:30 MIL
U1.H13:U2.L8 [DM2_DDR0_A4]	Global	0 MIL:30 MIL
U1.J13:U2.L2 [DM2_DDR0_A5]	Global	0 MIL:30 MIL
U1.K13:U2.M3 [DM2_DDR0_A9]	Global	0 MIL:30 MIL
U1.L13:U2.M8 [DM2_DDR0_A6]	Global	0 MIL:30 MIL
U1.N14:U2.N8 [DM2_DDR0_A8]	Global	0 MIL:30 MIL
U1.N15:U2.J3 [DM2_DDR0_BA2]	Global	0 MIL:30 MIL
U1.N16:U2.K7 [DM2_DDR0_A12]	Global	0 MIL:30 MIL
U1.N17:U2.L7 [DM2_DDR0_A1]	Global	0 MIL:30 MIL

图 20.129　创建 ADD_CON_CLK_U2 相对等长约束

20.6.8　走线规划和扇出

（1）走线规划。按照元件摆放的位置和层叠的设置情况，对走线进行规划，根据本实例中的实际情况，经过分析后，适合该电路板的走线规划如表 20.11 所示。

表 20.11　适合该电路板的走线规划

电 气 层	类　　型	走 线 规 划
TOP	布线层	数据线，FPGA 芯片扇出
GND2	平面	参考平面 GND
SIG3	布线层	控制线、部分数据线，时钟线
POWER4	平面	1.5V DDR 供电平面
GND5	平面	参考平面 GND
SIG6	布线层	地址线、部分数据线
GND7	平面	参考平面 GND
BOTTOM	布线层	VREF，VTT，数据线

（2）Fanout 扇出。因 U1、U5、U4、U3、U2 都是 BGA 类型的封装，为了便于布线需要进行扇出操作。扇出线宽和过孔的尺寸计算请参考 DDR2 实例 Fanout 扇出部分内容。加粗电源和 GND 的线宽度，将 V 1.5V 和 GND 网络的扇出线宽修改为 12mil。删除 CPU 四个边上最外侧的两排扇出线和过孔，因为 CPU 焊盘和焊盘之间走一条 5mil 的线，最外两排焊盘可以采用 Top 层平行出线的方式来布线，因此不需要扇出引脚，要将两排扇出线和过孔删除，如图 20.130 和图 20.131 所示。

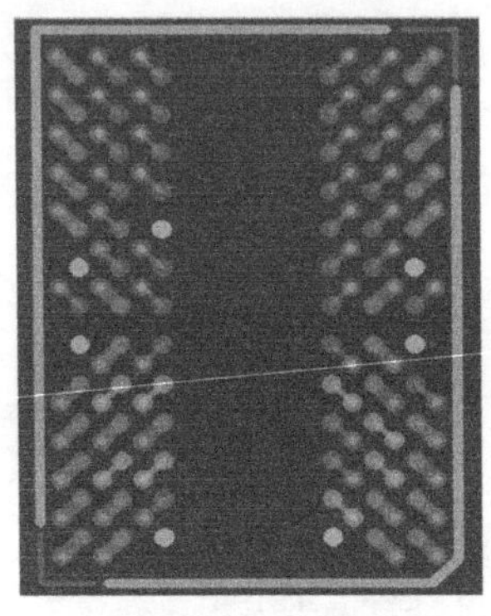

图 20.130　扇出后电源加粗的 DDR3

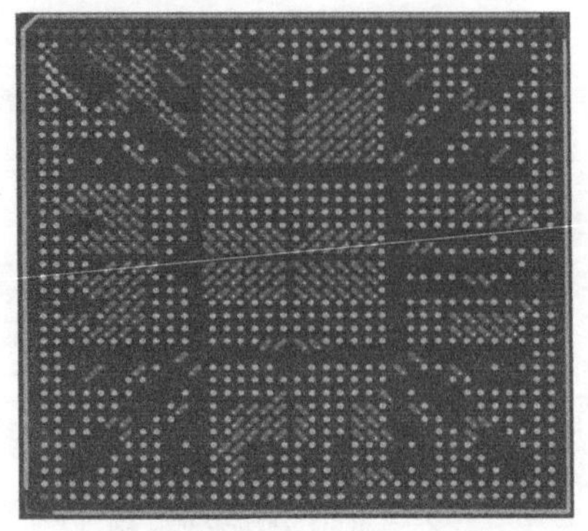

图 20.131　扇出后电源加粗及删除最外侧扇出后的 CPU

20.6.9　电源的处理

（1）DDR3 电源主要有 VDD 1.5V、VTT 和 VREF（0.75V），VDD 1.5V 电流比较大，而且在 DDR3 芯片和 CPU 周围都有分布，因此需要在电源平面层分配一个完整的区域或层，通过内电层供电的方式来处理。本例中将 VDD 1.5V 直接分配在 POWER4 层，通过整个层给 DDR3 内存和 CPU 提供电压，如图 20.132 所示。

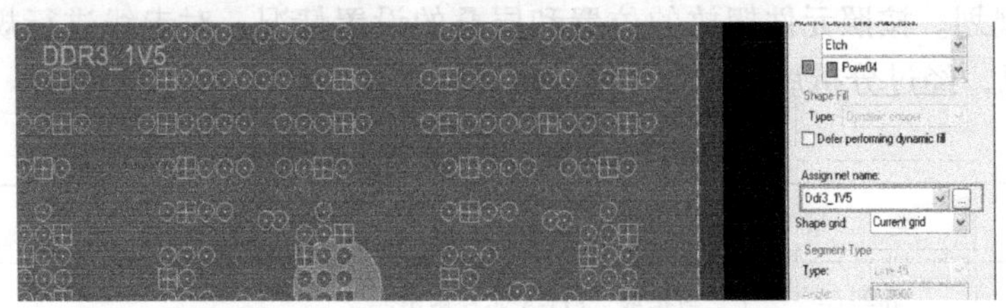

图 20.132　POWER4 层网络为 DDR3_1R5 网络

（2）VTT 电源电流较大，一般都是在 Top 层或者 Bottom 层通过铜皮之间连接，铜皮的宽度要尽量宽，在本例中 VTT 电源放在 Bottom 层，通过铜皮连接，图 20.133 所示。

（3）VREF 的电流不大，一般不用单独的层为其分配电源，使用 25mil 以上的布线进行连接即可。布线中要先经过电容后连接到 DDR3 内存芯片引脚，如图 20.134 所示。

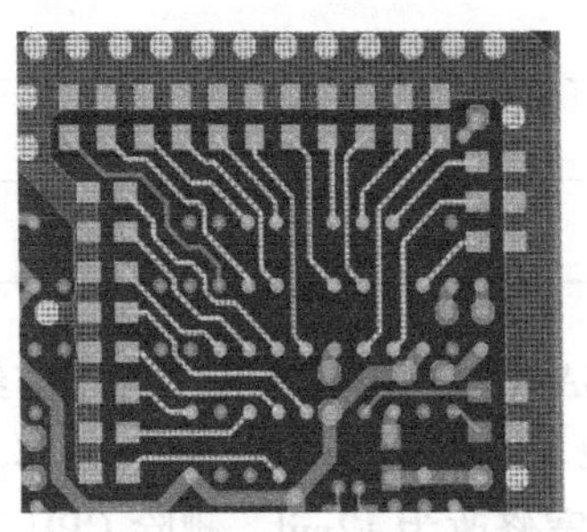

图 20.133　VTT 电源通过铜皮连接

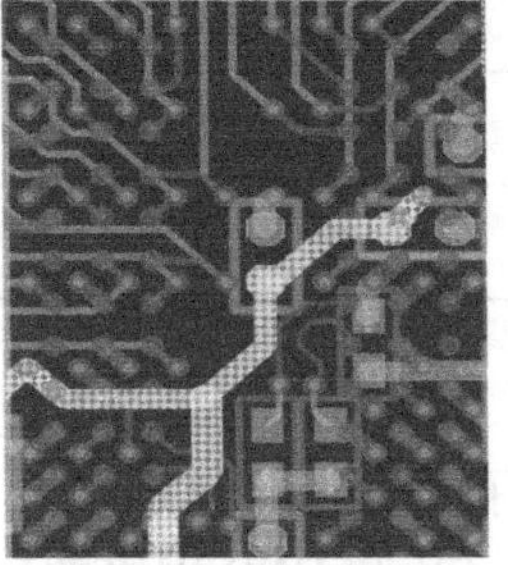

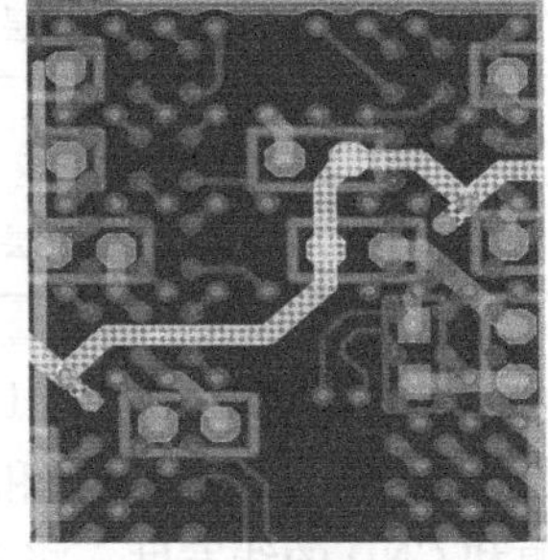

图 20.134　电容靠近 DDR3，VREF 引脚摆放，布线要先经过电容

20.6.10　布线的相关操作

（1）时钟组、地址组、控制组布线

由于 DDR3 的时钟、地址、控制组采用的是 Fly－by 拓扑结构，因此要保证 U1 到 U5、U1 到 U4、U1 到 U3、U1 到 U2 的等长。布线中先布线 U1 到 U5 之间的信号线（在 SIG3 层进行布线），布通完成后，根据等长的要求调整 U1 到 U5 之间的信号线，将 Pin Pairs 中最长的线，设置成目标线，其他线均参考该线进行绕线。U1 到 U5 之间绕线完成以后紧接着对 U1 到 U4 绕线，按照此方式完成所有地址线、时钟组、控制组的绕线，如图 20.135 和图 20.136所示。

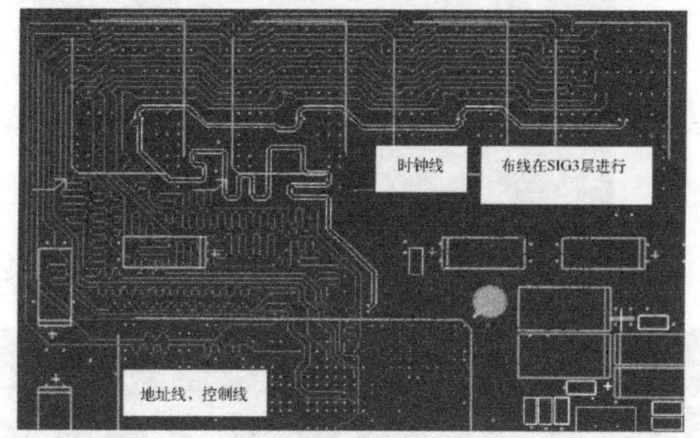

图20.135　SIG3 层时钟组、地址组、控制组布线后的截图

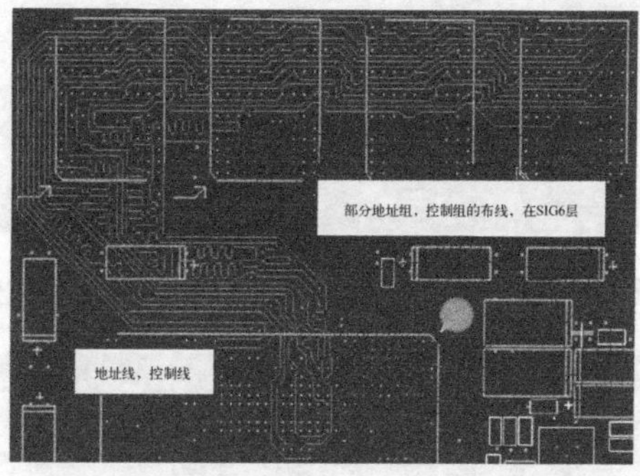

图 20.136　SIG6 层地址组、控制组布线后的截图

（2）时钟组、地址组、控制组布线完成以后，打开约束管理器，查看约束是否都符合相对等长约束的要求。Actual 和 Margin 栏内都为绿色表示布线符合规则约束。若存在红色就说明有错误，有线长不在约束的范围内，需要对不符合的线长进行调整，直到没有红色错误为止，如图 20.137 所示。

MGrp	⊟ ADD_CON_CLK_U5 (27)	Lo...	Global	0.000 MIL:30.000 MIL		1.076 MIL
PPr	U1.A13:U5.K3 [DM2_DDR0_A0]		Global	0.000 MIL:30.000 MIL	20.300 MIL	9.7 MIL
PPr	U1.N17:U5.L7 [DM2_DDR0_A1]		Global	0.000 MIL:30.000 MIL	6.030 MIL	23.97 MIL
PPr	U1.D15:U5.L3 [DM2_DDR0_A2]		Global	0.000 MIL:30.000 MIL	28.924 MIL	1.076 MIL
PPr	U1.G13:U5.K2 [DM2_DDR0_A3]		Global	0.000 MIL:30.000 MIL	4.525 MIL	25.475 MIL
PPr	U1.H13:U5.L8 [DM2_DDR0_A4]		Global	0.000 MIL:30.000 MIL	20.013 MIL	9.987 MIL
PPr	U1.J13:U5.L2 [DM2_DDR0_A5]		Global	0.000 MIL:30.000 MIL	9.182 MIL	20.818 MIL
PPr	U1.L13:U5.M8 [DM2_DDR0_A6]		Global	0.000 MIL:30.000 MIL	20.465 MIL	9.535 MIL
PPr	U1.A14:U5.M2 [DM2_DDR0_A7]		Global	0.000 MIL:30.000 MIL	15.497 MIL	14.503 MIL
PPr	U1.N14:U5.N8 [DM2_DDR0_A8]		Global	TARGET	TARGET	
PPr	U1.K13:U5.M3 [DM2_DDR0_A9]		Global	0.000 MIL:30.000 MIL	28.783 MIL	1.217 MIL
PPr	U1.C14:U5.H7 [DM2_DDR0_A10]		Global	0.000 MIL:30.000 MIL	16.486 MIL	13.514 MIL
PPr	U1.B13:U5.M7 [DM2_DDR0_A11]		Global	0.000 MIL:30.000 MIL	1.773 MIL	28.227 MIL
PPr	U1.N16:U5.K7 [DM2_DDR0_A12]		Global	0.000 MIL:30.000 MIL	11.850 MIL	18.15 MIL
PPr	U1.B16:U5.N3 [DM2_DDR0_A13]		Global	0.000 MIL:30.000 MIL	0.705 MIL	29.295 MIL
PPr	U1.D17:U5.N7 [DM2_DDR0_A14]		Global	0.000 MIL:30.000 MIL	18.754 MIL	11.246 MIL
PPr	U1.F13:U5.J2 [DM2_DDR0_BA0]		Global	0.000 MIL:30.000 MIL	8.222 MIL	21.778 MIL
PPr	U1.B14:U5.K8 [DM2_DDR0_BA1]		Global	0.000 MIL:30.000 MIL	20.916 MIL	9.084 MIL
PPr	U1.N15:U5.J3 [DM2_DDR0_BA2]		Global	0.000 MIL:30.000 MIL	7.286 MIL	22.714 MIL
PPr	U1.C13:U5.G3 [DM2_DDR0_CAS		Global	0.000 MIL:30.000 MIL	4.874 MIL	25.126 MIL
PPr	U1.C18:U5.G9 [DM2_DDR0_CKE]		Global	0.000 MIL:30.000 MIL	15.440 MIL	14.56 MIL
PPr	U1.B12:U5.F7 [DM2_DDR0_CLK0		Global	0.000 MIL:30.000 MIL	20.107 MIL	9.893 MIL
PPr	U1.A12:U5.G7 [DM2_DDR0_CLK0		Global	0.000 MIL:30.000 MIL	18.300 MIL	11.7 MIL
PPr	U1.B17:U5.H2 [DM2_DDR0_CSN0		Global	0.000 MIL:30.000 MIL	6.068 MIL	23.932 MIL
PPr	U1.E18:U5.G1 [DM2_DDR0_ODT0		Global	0.000 MIL:30.000 MIL	16.027 MIL	13.973 MIL
PPr	U1.D13:U5.F3 [DM2_DDR0_RASN		Global	0.000 MIL:30.000 MIL	16.715 MIL	13.285 MIL
PPr	U1.D18:U5.N2 [DM2_DDR0_RSTN		Global	0.000 MIL:30.000 MIL	26.982 MIL	3.018 MIL
PPr	U1.E13:U5.H3 [DM2_DDR0_WEN]		Global	0.000 MIL:30.000 MIL	11.458 MIL	18.542 MIL

图 20.137　经过绕线之后地址、数据、时钟符合约束规则（U1 到 U5 之间布线，其他同理）

（3）数据组布线，按照芯片摆放位置先将所有的数据线布通，在按照芯片分组进行绕线。当所有的数据信号布通后，在每组的数据内参考 MD2_DDR0_DQS＋进行，也可以以同组内最长的线作为目标，其他线均参考该线进行绕线。在本例中，DDR3 同组数据组之间允许公差为 10mil，4 片 DDR3 之间公差控制在 200mil 之内。完成效果如图 20.138 至图 20.140 所示。

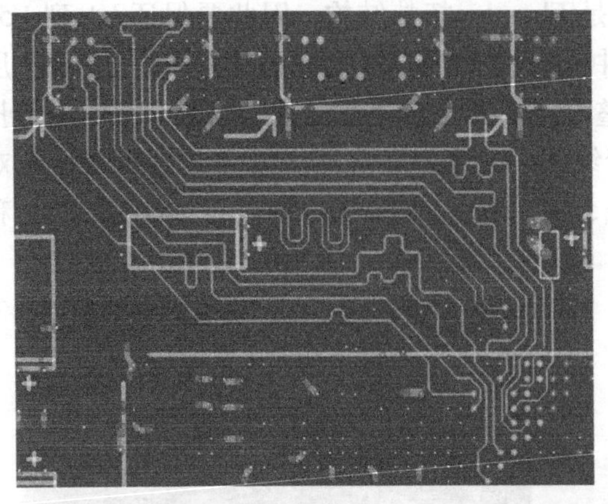

图 20.138　DDR3 U5 布线在 Bottom 层（完成效果）

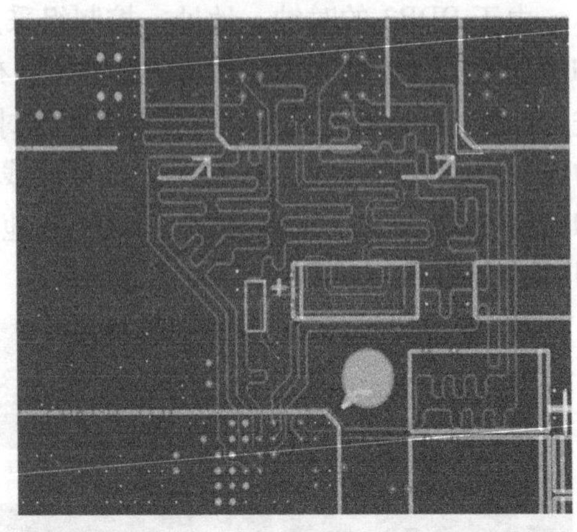

图 20.139　DDR3 U3 布线在 SIG3 层（完成效果）

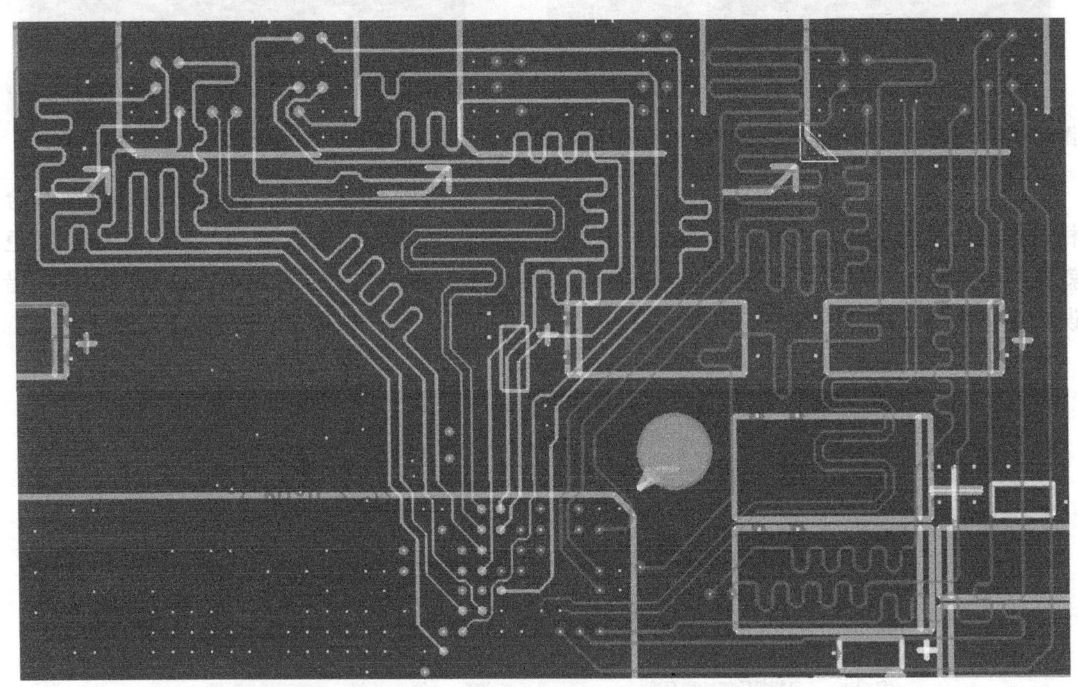

图 20.140　DDR3 U4 和 U2 布线在 SIG6 层（完成效果）

（4）数据组布线完成以后，打开约束管理器，查看 4 个组内布线是否都符合相对等长约束的要求。Actual 和 Margin 栏内都为绿色表示布线符合规则约束。若存在红色就说明有错误，有线长不在约束的范围内，需要对不符合的线长进行调整，直到没有红色错误为止，如图 20.141 所示。

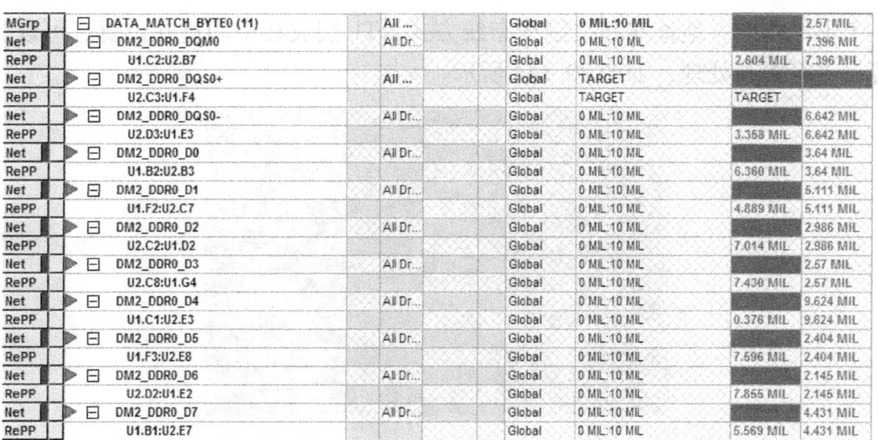

Type	Name	Scope	Level	Constraint	Actual	Margin
MGrp	DATA_MATCH_BYTE0 (11)	All ...	Global	0 MIL:10 MIL		2.57 MIL
Net	DM2_DDR0_DQM0	All Dr...	Global	0 MIL:10 MIL		7.396 MIL
RePP	U1.C2:U2.B7		Global	0 MIL:10 MIL	2.604 MIL	7.396 MIL
Net	DM2_DDR0_DQS0+	All ...	Global	TARGET		
RePP	U2.C3:U1.F4		Global	TARGET	TARGET	
Net	DM2_DDR0_DQS0-	All Dr...	Global	0 MIL:10 MIL		6.642 MIL
RePP	U2.D3:U1.E3		Global	0 MIL:10 MIL	3.358 MIL	6.642 MIL
Net	DM2_DDR0_D0	All Dr...	Global	0 MIL:10 MIL		3.64 MIL
RePP	U1.B2:U2.B3		Global	0 MIL:10 MIL	6.360 MIL	3.64 MIL
Net	DM2_DDR0_D1	All Dr...	Global	0 MIL:10 MIL		5.111 MIL
RePP	U1.F2:U2.C7		Global	0 MIL:10 MIL	4.889 MIL	5.111 MIL
Net	DM2_DDR0_D2	All Dr...	Global	0 MIL:10 MIL		2.986 MIL
RePP	U2.C2:U1.D2		Global	0 MIL:10 MIL	7.014 MIL	2.986 MIL
Net	DM2_DDR0_D3	All Dr...	Global	0 MIL:10 MIL		2.57 MIL
RePP	U2.C8:U1.G4		Global	0 MIL:10 MIL	7.430 MIL	2.57 MIL
Net	DM2_DDR0_D4	All Dr...	Global	0 MIL:10 MIL		9.624 MIL
RePP	U1.C1:U2.E3		Global	0 MIL:10 MIL	0.376 MIL	9.624 MIL
Net	DM2_DDR0_D5	All Dr...	Global	0 MIL:10 MIL		2.404 MIL
RePP	U1.F3:U2.E8		Global	0 MIL:10 MIL	7.596 MIL	2.404 MIL
Net	DM2_DDR0_D6	All Dr...	Global	0 MIL:10 MIL		2.145 MIL
RePP	U2.D2:U1.E2		Global	0 MIL:10 MIL	7.855 MIL	2.145 MIL
Net	DM2_DDR0_D7	All Dr...	Global	0 MIL:10 MIL		4.431 MIL
RePP	U1.B1:U2.E7		Global	0 MIL:10 MIL	5.569 MIL	4.431 MIL

图 20.141　经过绕线之后数据组布线符合约束规则（U1 到 U2 之间布线，其他同理）

20.7　DDR 常见的布局、布线办法

（1）T 形结构中，DDR 芯片中间要预留足够大的空间，一般情况下，中间区域用于地址和控制组的布线，T 点的过孔也会在中间区域，要预留足够大的空间，如图 20.142 所示。

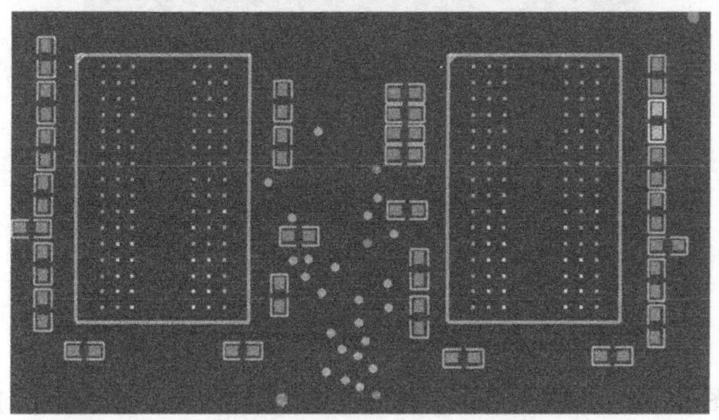

图 20.142　DDR 芯片中间要预留足够大的空间

（2）T 形结构中，地址线和控制组的 T1 点过孔通常摆放在两个芯片之间的位置，这样才容易保持 T 点后面的 ARM 臂左右相等对称，因此地址线和控制线从 DDR 芯片扇出线要做成鱼骨架结构，这样方便进行等长处理，如图 20.143 所示。

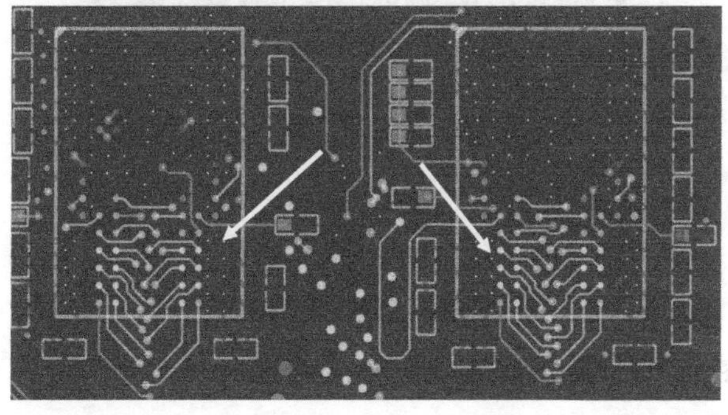

图 20.143　T 形结构中地址线和控制线鱼骨架结构的处理

（3）T 形结构中，地址线和控制线布线方式，T1 摆放在中间过孔位置，可以方便进行约束设置，进行等长处理，如图 20.144 所示。

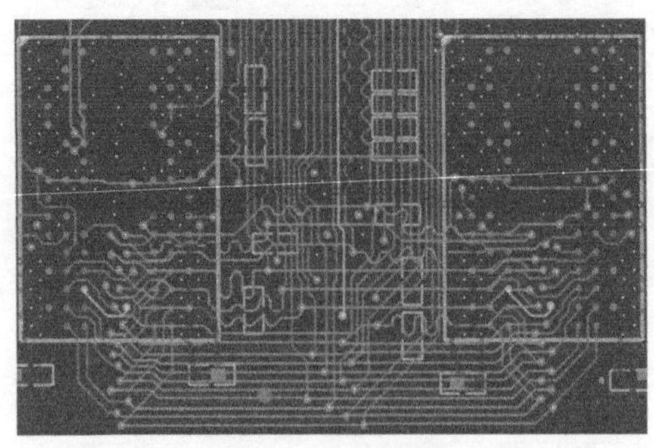

图 20.144　T 形结构中，地址线和控制线布线方式

（4）T 形结构中，数据组布线、地址组和控制组的布线及参考电源 VREF 的布线结构。控制组和地址组布线放在两个芯片的中间，数据线布线在地址组和控制组两侧，VREF 做成 T 形结构，如图 20.145 所示。

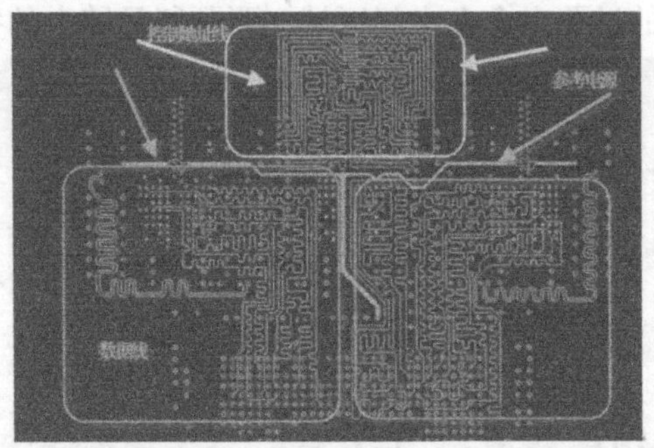

图 20.145　数据组布线、地址组和控制组的布线（信号层 1）

（5）T 形结构中，数据组布线、地址组和控制组的布线结构。地址组和控制组中间通过孔，两侧做成 ARM 臂，如图 20.146 所示。

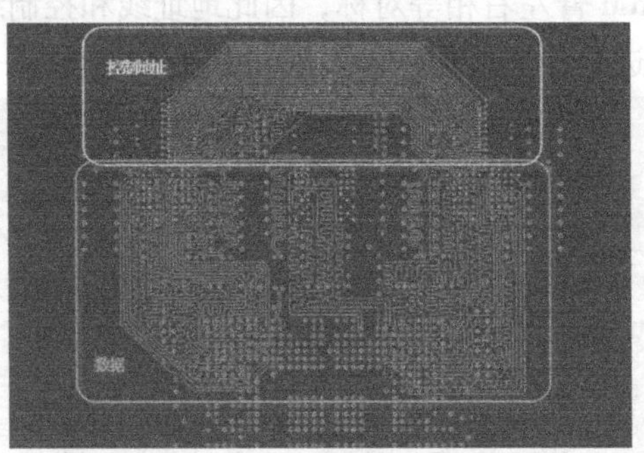

图 20.146　数据组布线、地址组和控制组的布线（信号层 2）

（6）T 形结构中，数据组布线、地址组和控制组的布线，如图 20.147 所示。

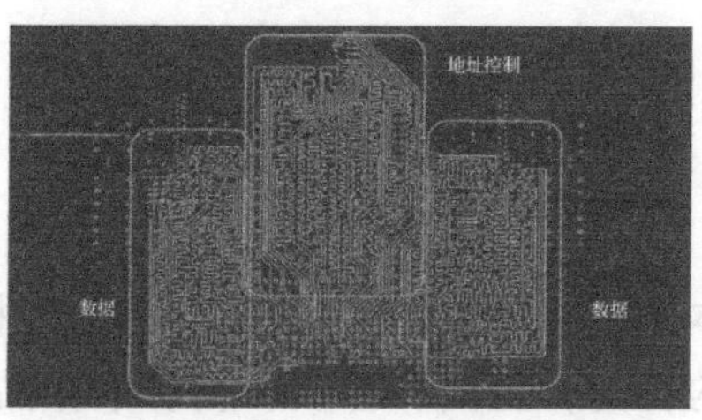

图 20.147　数据组布线、地址组和控制组的布线（信号层 3）

(7) 地平面处理的问题。一个好的地平面设计，能保证地平面的完整性，这个平面的完整性保证了信号回流的连续性和信号回流的简短性，但如图 20.148 和图 20.149 所示的平面处理方法正好阻碍了信号的简短回流。

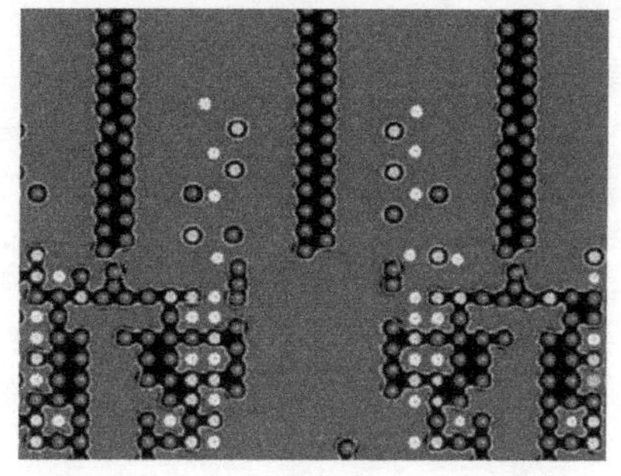

图 20.148　平面层不合理设计 1

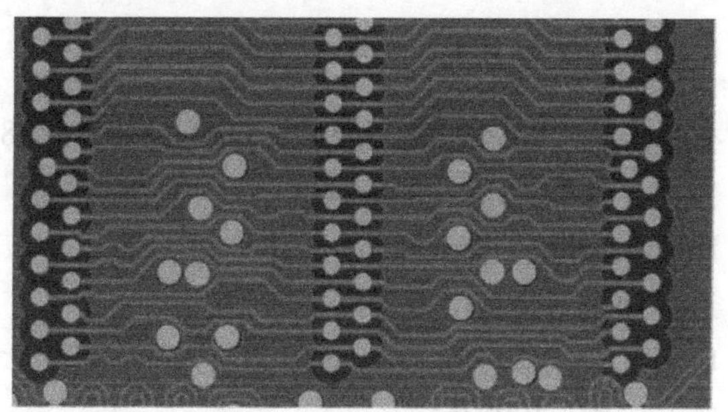

图 20.149　平面层不合理设计 2

举报电话：（010）88254396；（010）88258888

传　　真：（010）88254397

E-mail：dbqq@phei. com. cn

通信地址：北京市万寿路173信箱

电子工业出版社总编办公室

邮　　编：100036